Richard Newald

Probleme und Gestalten des deutschen Humanismus

Studien von Richard Newald†

Walter de Gruyter & Co., Berlin 30

vormals G. J. Göschen'sche Verlagshandlung · J. Guttentag, Verlagsbuchhandlung
Georg Reimer · Karl J. Trübner · Veit & Comp.

1963

Kleinere Schriften zur Literatur- und Geistesgeschichte

Herausgegeben von

Hans-Gert Roloff

Archiv-Nummer: 43 38 63 1

Satz und Druck: Thormann & Goetsch, Berlin 44

INHALT

Humanitas, Humanismus, Humanität 1
Beiträge zur Geschichte des Humanismus in Oberösterreich 67
Der Übergang vom Mittellatein zum Humanistenlatein 113
Klassisches Altertum und deutsche Literatur 122
Vier Gestalten aus dem Zeitalter des Humanismus 151
Einleitung 151
Johann Müller aus Königsberg in Franken 163
Konrad Bickel aus Wipfeld bei Würzburg 182
Desiderius Erasmus von Rotterdam 223
Ulrich von Hutten 280
Elsässische Charakterköpfe aus dem Zeitalter des Humanismus.. 326
Johann Geiler von Kaisersberg 326
Jakob Wimpfeling 346
Sebastian Brant 368
Thomas Murner 387
Matthias Ringmann 443
Quellenverzeichnis 458
Nachwort des Herausgebers 460
Bibliographie der Arbeiten Richard Newalds 485
Namenregister 507

HUMANITAS, HUMANISMUS, HUMANITÄT
(1947)

Der Titel dieser Ausführungen mutet fremdartig an durch den Gleichklang der drei Worte und dadurch, daß das Wort Humanismus von zwei anderen eingerahmt wird, die dasselbe bedeuten und sich nur dadurch unterscheiden, daß das erste aus dem Lateinischen stammt und das letzte in der deutschen Sprache ein Fremdwort ist. Ihre Begriffsinhalte jedoch decken sich nicht völlig; denn, wenn wir von dem zeitlosen Begriffe der Menschlichkeit und dem Menschentum, der hinter den drei Worten liegt, absehen und die historischen Begriffe und Ideenkomplexe, welche dahinterstehen, ins Auge fassen, so halten wir mit diesen drei Worten drei verschiedene geistige Situationen in der Bildungsgeschichte des Abendlandes fest, die damit gleichsam ringförmig zusammengeschlossen werden: Zunächst einen „auf dem Gedanken der reinen Menschenbildung beruhenden Kulturbegriff, den die Griechen auf der Höhe ihrer Entwicklung ausgeprägt haben [1]". Er wurde dem Abendland durch die Römer vermittelt und ist überall auf den Spuren einer geistigen Durchdringung mit dem Griechentum sichtbar; sodann eine im wesentlichen durch eine andere Einstellung zur Antike bedingte abendländische geistige Bewegung, welche die sogenannte Neuzeit einleitet, und schließlich eine im unmittelbaren Zusammenhang mit der deutschen Klassik und dem Idealismus stehende geistige und sittliche Haltung. Diesen drei geistigen Situationen gilt unsere Betrachtung. Es wird darauf verzichtet, die Zwischenglieder, auch nur die wichtigsten, anzuführen und die Fäden, welche die drei geschlossenen Einheiten miteinander verbinden, aufzudecken. Das würde uns zu weit abbringen, und auf lange Strecken sind dazu überhaupt noch keine Vorarbeiten geleistet worden, auf die man sich stützen könnte. Wer diesen Problemen im Zusammenhang nachgeht, dem schwebt nichts Geringeres als Ziel vor als eine Bildungsgeschichte des Abendlandes. Erst in einer solchen bekämen die hier gebotenen Ausführungen einen Hintergrund.

Ausgangspunkt der Betrachtung ist der Begriff Humanitas. Er ist von der Geschichte des Wortes nicht zu trennen. Man muß sich allerdings darüber klar sein, daß mit der Anwendung des Wortes auf einen bestimmten Begriff dieser nicht ein für allemal festgelegt ist, sondern daß die aus einer geschichtlichen Lage sich ergebende einmalige Geisteshaltung, welche

[1] Werner Jaeger, Antike und Humanismus. Leipzig 1925, S. 12.

Humanismus genannt wird, gewisse Elemente enthält, denen man eine lange Dauer wünscht, und die man in verschiedenen geschichtlichen Stufen immer wieder beobachten kann. Treten mehrere dieser Elemente, welche aus dem Komplex Humanismus losgelöst werden, auf, so spricht man von humanistischen Zeitaltern, von einem ersten, zweiten, dritten Humanismus oder von Neuhumanismus. Ebenso wenig wird das Wort Humanist eindeutig angewendet. Es bezeichnet zunächst den Vertreter eines neuen Bildungsideals in einer bestimmten Periode der abendländischen geistigen Entwicklung, die mit Petrarca einsetzt und mit Montaigne zu Ende geht. Es wird aber auch auf einen Menschen- oder Gelehrtentypus angewendet, der nicht an die Zeit, sondern an einen bestimmten Arbeitsstoff oder eine Geisteshaltung geknüpft ist, denen gewisse Bindungen anhaften. Ganz frei vom Verdacht geistiger Gehemmtheit ist der Humanist nicht. Man hat deshalb den Kosmiker ihm gegenüber als eine Art Gegenpol aufgestellt. So kam man zu Gegensatzpaaren wie Erasmus und Paracelsus, Lessing und Herder. Diese Haltungen sollen in den Typen ganz besonders in Erscheinung treten. Man sieht dem Begriff seine Herkunft von einem Bildungsideal an, wenn das Wort Humanist auch auf den Anhänger oder Besucher einer Bildungsanstalt, einer Schule, angewendet wird, die diese besonderen Ideale verwirklichen soll. Damit haftet ihm einerseits etwas Ledernes und Langweiliges an, andererseits aber doch noch der schwache Schimmer geistiger Höhe und die Vorstellung, daß sich eine geistige Elite unter diesem Banner sammelt. Der die technischen Fächer pflegende Schultypus, dem der Name von den Realien zugeteilt wurde, brachte der Allgemeinheit einen neuen Gegensatz zum Bewußtsein, in dessen Verfolg dem Humanisten ein Streben nach den höchsten Idealen und ein Leben in einer anderen Welt angedichtet wurde. Die Karikatur des weltfremden Gelehrten und Professors trägt somit auch humanistische Züge.

Es ließen sich ungezählte Beispiele und Belege für diese und ähnliche Auffassungen anführen, in denen die Worte Humanismus und Humanist bald in diesem, bald in jenem Sinne und in vielen Varianten gebraucht werden. Aber, selbst wenn es gelänge, die wesentlichsten Stellen aus einem weitverzweigten Schrifttum zu sammeln und nach dem Sinn und der Bedeutung des Wortes zu ordnen, könnte man doch nicht zu einer Begriffsbestimmung gelangen, weil die Inhalte zwar manches gemeinsam haben, doch nicht scharf von verwandten oder ähnlichen Begriffsbezirken abgegrenzt werden können. Deshalb muß ein fester Ausgangspunkt gewonnen werden, bei dem die Entwicklung einsetzt, d. h. es muß da begonnen werden, wo in der abendländischen Geistesgeschichte zum ersten Male bewußt die besonderen Bildungsideale mit einer moralischen Haltung verbunden sind, die als zeitloses Vorbild aufgestellt und empfohlen wird.

Das Wort Humanismus ist zu einem selbständigen Glied einer weitverzweigten Wortsippe geworden, welche dem Lateinischen entstammt, aber zu einem allgemein verstandenen abendländischen Kulturausdruck geworden ist, der von dem Stammworte homo abgeleitet wird. In dieser besonderen Anwendung des Wortes ist aber nicht der Unterschied zwischen dem Menschen und anderen Lebewesen oder zwischen Mensch und Gott das Entscheidende, sondern der Unterschied zwischen Menschen und Menschen. Das setzt das Bewußtwerden einer besonderen Würde und die Erkenntnis voraus, daß nicht alle Menschen gleich sind, daß es verschiedene Bildungsgrade gibt, nach denen die Menschen in Klassen eingeteilt werden können, daß es höhere und niedere Stufen oder geistige Rangordnungen gibt, welche mit politischen, kriegerischen oder wirtschaftlichen Ordnungen nichts zu tun haben. Diese Erkenntnis hebt einzelne Menschen, welche die gleichen Beobachtungen gemacht und ihresgleichen mitgeteilt haben, über die Masse oder nach anderen Grundsätzen gestufte Schichten hinaus. Sie schließt Gleichgesinnte zusammen, welche durch dieselben oder ähnliche Erlebnisse zu den nämlichen Schlüssen geführt wurden. Das Feld, auf dem diese Selbsterkenntnis des Anderssein als die anderen vor sich geht, ist die Sprache; denn die gepflegte Sprache, welche dem Menschen ermöglicht, seine Gedanken in eine edle Form zu gießen — was er gedacht hat, so auszudrücken, daß er es Gleichgesinnten mitteilen kann, und daß es andere Menschen gibt, welche diese Fähigkeit nicht besitzen, weil sie sie nicht ausgebildet haben und nicht ausbilden wollen —, die gepflegte Sprache also ist die vernehmbare Erscheinungsform einer geistigen Höhe, die sich über ein bisher gültiges Maß erhebt. Der Ungebildete lallt, verwendet die mühsam erlernten Wörter in seinem Lebenskreis in den gleichen Formen, ohne sich darüber klar zu sein, daß er Möglichkeiten besitzt, auch Anderes, Fremdes, Geistiges, Geheimgedachtes mit seiner Sprache zu gestalten. Er fängt aus seinem Lebenskreis auf, was ihm zusagt, und paßt es seinem Ermessen und mit seinen Mitteln seiner Ausdrucksmöglichkeit an. Geistig bleibt er ein Stummer, der seinen Mitmenschen nichts zu sagen hat, weil sie sein Lebens- und Wirkenskreis nicht berührt; ein Lallender, dem weder die Schönheit einer Dichtung noch ein sprachlich geformter Gedanke verstehbar ist. Einer solchen Haltung den geistigen Werten gegenüber konnten sich die Strebenden, die an sich selbst arbeiteten und einen höheren Grad von Bildung erreichten, auf eine höhere Bildung berufen, die sie ihrer geistigen Kraft, der Sprachbeherrschung, verdankten. Der Unterschied, den der Grieche erkannt hatte, und der mit den beiden Begriffen „Hellene" und „Barbar" für alle Zeiten festgelegt ist, wächst aus der Erkenntnis, daß der Grieche in seiner gepflegten Sprache klangvollere, schönere und bessere, ja die einzigen Ausdrucksmöglichkeiten seines Wesens besitzt im Gegensatz zu dem lallenden Barbaros, den seine Sprache schon von einer sich dieser Ausdrucksmöglichkeiten bedienenden Kulturgemeinschaft ausschließt. So mußte dieser Unterschied zwischen Menschen und Menschen zum Bewußtsein kommen. Es kommt dazu, daß das klassische Altertum auch Maßstäbe, die für Sachen galten, an die Menschen, nämlich die Sklaven, anlegte. Das Entscheidende für das Werden des Begriffes Humanitas, der der griechischen Paideia entspricht, ist, wie dieses Wort anzeigt, die Bildung, d. h. im eigentlichsten Sinne des Wortes, daß etwas Bildhaftes vor dem geistigen Träger Gestalt wird, der das Wesenhafte zu erfassen strebt. Damit erwacht der Mensch zum Bewußtsein seiner selbst, zur Individualität. Alles geistige Schaffen rückt daher in den Umkreis der Erziehung, deren Inhalt die objektive Kultur ist, sich also in lebendiger Entwicklung entfaltet. Im Suchen nach dem Wesenhaften werden die Gesetze gefunden, nach denen der Geist Gestalt gewinnt. So wird die Einheit zwischen Form und Geist hergestellt. Die Gesetzlichkeit des Geistigen steht über den beiden großen griechischen Weisheitsregeln: Erkenne dich selbst! Werde, der du bist! Das ist die geistige Weite, welches das lateinische Wort Humanitas umspannt.

Diese Tatsache ist ein Symbol für das Werden der abendländischen Einheit; denn die Voraussetzungen dazu sind von den Griechen geschaffen worden, die Wortprägungen, welche sie schließlich in einem mehrere Jahrhunderte währenden Vorgang bilden und darstellen, sind römischen Ursprunges. Von den Griechen kommt die schöpferische Kraft, sie sind die Erfinder, die Entdecker, die Gestalter. Die Römer waren in diesen Bereichen des Geistigen die Aufnehmenden, die das fremde Gedankengut ihren Daseinsbedingungen anpaßten, auf ihre Weise und für ihre besonderen Zwecke umprägten und ihm die Namen gaben, welche zu Trägern der geistigen Güter werden konnten. Sie sind es, in deren Linsen das strömende Licht in Strahlen aufgelöst, dann wieder neu gesammelt und weitergegeben wird, ein wenig verändert mit anderen Farbennuancen, aber von frischen Kräften beseelt.

I.

Die römische Geburtsaristokratie, welche die griechische Bildung in sich aufgenommen hatte, drückte den Gegensatz zwischen Bildung und Unbildung als den zwischen dem Menschlichen und Unmenschlichen aus, nicht so, daß sie unter dem Menschlichen das verstand, was den Durchschnittsmenschen angemessen ist, sondern aus der Erkenntnis, daß sich die Menschen von ihresgleichen durch den Grad der Bildung unterscheiden. Erst die Bildung, die Erziehung macht den Menschen zum wahren Menschen, durch sie gelangt er zu einer adligen Norm hohen Menschentums. Das tritt in dem allgemeinen Begriff deutlich in Erscheinung, für welchen das Wort Humanitas geprägt wurde[2]. Während der Grieche mit den Ausdrücken Hellene und Barbar einen sprachlichen und darüber hinaus einen nationalen

[2] Vgl. Rudolf Pfeiffer, Humanitas Erasmiana. Leipzig 1931. = Studien der Bibliothek Warburg 22, S. 3 f.

Gegensatz, der unter den Menschen bestand, bezeichnete, streifte der zur Weltherrschaft berufene Römer die Begrenzung, welche dieser griechischen Vorstellung anhaftet, ab und gab ihm jene Weite, die für manche spätere Zeit ganz unverständlich ist. Niemand, er komme woher er wolle, aus den Fernen Asiens, dem eisigen Norden, einsamen Gebirgstälern oder vom Rande der Wüsten Afrikas, kann ausgeschlossen werden aus dieser Gemeinschaft im Geiste, deren Symbol die Humanitas ist, wenn er über dieses Maß von Bildung verfügt. Vor solcher Weite fallen viele Grenzen und Schranken, wie sie die Menschen immer untereinander aufrichten, aber die Weite darf nicht darüber hinwegtäuschen, daß die Gemeinde jener, welche der wahren Bildung teilhaftig sind, klein ist, eine Schar von auserwählten, geistig emporgehobenen, innerlich freien Menschen. Diese Bildung ist nicht das Monopol eines Standes, einer Klasse, eines Berufes, etwa der Gelehrten. Vielen kann sie fremd sein, denen das Wissen allein ohne die Umgangsformen Arbeitsziel ist. Auch im Bereiche des Sittlichen erhält diese Weite keine Beschränkung. Sie spannt ihren Bogen nicht über die moralisch Guten und Edlen, die Menschen mit reinem Herzen, welche gewiß eine besondere Achtung verdienen. Ihnen können die Fähigkeiten des Erkennens und Wissens mangeln, das läßt sie nicht teilhaben an der Gemeinschaft derer, welche die Humanitas zur Einheit zusammenschließt. Diese ruht auf der harmonischen Durchdringung der Kräfte und Regungen des Verstandes und Herzens; in der Bildung, d. h. mit anderen Worten in der Seele des wahren Trägers der Humanitas müssen sich die Kräfte des Verstandes und Gefühls die Waage halten. Daraus wäre die Regel abzuleiten, daß weder ein Zeitalter des Rationalismus, wie das der Aufklärung, noch eines des Irrationalismus, wie die von Rousseau ins Leben gerufene Geniebewegung, an der wahren Humanitas, ihrer klassischen Harmonie, dem geistigen Zusammenschluß der Weltbürger einen Anteil haben kann.

Weite und Beziehungsreichtum des Begriffes Humanitas können aus den Werken von Cicero und Varro erschlossen werden. Terenz prägte das Wort: Ich bin ein Mensch, nichts Menschliches ist mir fremd [2a]. Zum wichtigsten Vermittler dieses Bildungsbegriffes an die Nachwelt ist Cicero geworden. Wo immer Humanitas im Laufe von beinahe zwei Jahrtausenden in der Geistesgeschichte des Abendlandes auftaucht, wird sie aus den Schriften Ciceros, seiner Nachfolger oder jener gewonnen, die seine Schriften geistig verarbeitet haben. Ihre Geschichte führt über einsame Wege, in kleine Hütten, in die Zellen der Klöster, über steinige einsame Weiten und saftige Triften. Wer sie aufmerksam verfolgt, bangt davor, daß sie, die in geistigen Kämpfen so schwer Errungene, der Menschheit verlorengehen könnte, und wenn er fürchtet, den Glauben an ihr Wiedererstehen zu verlieren, sieht er sie wieder aufblühen und einen Glanz gewinnen, der über

---

[2a] Heautontimorumenos I 1,25.

die Zeiten strahlt so frisch und lebendig, wie wenn sie neu geschaffen worden wäre.

Diese Weite des Begriffes macht ihn zeitlos, löst ihn von seiner Heimat, denn überall, zu allen Zeiten, bei allen Völkern kann die Humanitas eine Heimat finden, wenn sich die Menschen redlich um sie bemühen. Wohl gibt es Stätten, an denen man sie besonders pflegt, wohl bildet sie Traditionen, die sich lange halten können und kehrt da gerne wieder ein, wo man ihr einmal Niederlassung gewährte, aber es bedarf einer gepflegten Wohnung und einer besonderen Art von Menschen, wenn sie ihre segensreiche Wirkung lange entfalten soll. Ihre Grundlage ist die geistige Bildung. Auf Wissenschaften, welche zu dieser Bildung führen, legt sie besonderen Wert. Dazu gehört alles, was mit der Sprache und den sprachlichen Ausdrucksmitteln sowohl dem Stoff als dem Inhalte nach in Beziehung ist. Durch Studien auf diesen weiten Gebieten wird sie erworben. Bildung, Beherrschung der Sprache, Studien sind die Grundlagen für das Wachstum der Humanitas. Alle Anstalten, in welchen Bildung vermittelt wird, sind ihre erste Heimat. Dort erhalten die Menschen, welche zu ihr geführt werden sollen, das erste Rüstzeug. Methode und Stoff des Unterrichts stehen unter ihrem unmittelbaren Einfluß. Aber gerade diese Hauptdomäne der Humanitas birgt das Gefahrenmoment eines Abgleitens von der Höhe in sich. Sowie sie sich der Größe ihrer Aufgaben nicht bewußt bleibt, haftet ihr etwas Schulmeisterliches an, wird sie im Formalen und Stofflichen von einer starren Maske überzogen. Wenn die vorbereitende Tätigkeit zum Selbstzweck wird, werden die hohen Ziele vergessen. Sie wird damit der Mißachtung ausgesetzt, erhält krampfhafte Züge und kann ganzen Zeitaltern den Weg zur wahren Bildung verbauen.

Die Geschichte des Unterrichts wandelt auf den Spuren der Humanitas. Sie pflegt die Wissenschaften und schafft dadurch Kultur, sie macht jungfräuliches Land urbar, rodet den Boden, wo einst Wälder standen, entfernt die Steine aus den Äckern, führt ihnen Nahrung zu, um das Wachstum zu fördern; nie entfesselt sie zerstörende Kräfte, sondern sucht Keime zum Wachsen zu bringen, die sich nicht entfalten konnten, weil sie der rauhen Natur ausgesetzt waren. Sie lenkt die Kräfte der Natur, hält sich an bestehende Einrichtungen, gestaltet sie langsam um, macht sie besser, entwickelt sie, versieht ausgebrannte Formen mit neuem Inhalt und, wo sie zerstören, barbarische Bräuche abschaffen muß, greift sie mit milder Hand ein durch das Vorbild. Sie sucht die Menschen zu überzeugen, daß ihr Beginnen zu nichts führen kann, sie bringt sie dazu, schlechte Gewohnheiten abzulegen. Sie freut sich, wenn sie ein edleres Reis in einen naturgewachsenen jungen Obstbaum senken kann, wenn sie das Wilde mit maßvoller Zucht bändigen kann. In ihren Gärten blühen edle Rosen. Ihre Aufgabe und Arbeit hat kein Ende. Was immer sie gebrauchen kann und was ihr zur Erlangung ihrer hohen Ziele nützlich ist, nimmt sie auf. So bestehen neben der Humanitas und ihren ersten Anfängen die altrömischen sittlichen Ideale, die männliche Tüchtigkeit und die Sauberkeit des Charakters. Sie veredelt sie und führt sie höheren Zwecken zu. Die Gesetze ihres Wirkens ruhen sicher in ihrem Wesen. Sie strahlt Ruhe und Selbstsicherheit aus. Auch die Formen, in denen sie sich äußert, kommen aus ihrem Wesen und lassen sich davon nicht trennen, in ihnen liegt ihre Seele, sie kommen aus ihrer Natur, der alles Krampfhafte, Harte, Gewollte und Gezwungene zuwider ist. Sie löst Fesseln, gießt Balsam in offene Wunden, spricht segnende Worte darüber und heilt sie. Dem sinnlosen Spiel roher Gewalten entnimmt sie die einzelnen Kräfte und führt sie neuen Verwendungen zu, so daß sie in ihrem Dienste wirken können. Sie strahlt Heiterkeit und Freude aus, doch kann sie scharf werden und harte Worte finden gegen ihre Feinde, die sie mit den Waffen der Sprache bekämpft und der Lächerlichkeit preisgibt. Die Ironie ist ihre stärkste Waffe; wo sie nicht angewendet werden kann, weil man sie nicht versteht, muß sie fliehen. Dort kann sie ihre geistige Überlegenheit nicht zum Bewußtsein bringen. Harmonisch führt sie die Seelenkräfte des Menschen und gibt ihm eine besondere Weihe, wenn er ihr dient. Sie schafft die Formen des gesellschaftlichen Verkehrs zwischen den Menschen und darüber hinaus zwischen Nationen und Staaten. Sie bedient sich einer sprachlichen Ausdrucksform, deren wichtigste Gesetze von dem Streben nach Klarheit und Einfachheit bestimmt sind. In Zeitaltern, welche ihr hold sind, tragen ihre Jünger die Verantwortung für die Wohlfahrt des Staates. Es gibt keine Berufe und Aufgaben, die zum Wohle der Menschheit zu wirken bestimmt sind, an denen die Humanitas nicht ihren Anteil haben könnte. Überall, wo bleibende Werte für die Menschheit geschaffen werden, hat sie ihren Anteil. Ihre erste Bewährung und ihre Ursprungsbedingungen im klassischen Altertum geben diesem die besondere Weihe eines ehrfurchtgebietenden Ansehens.

Sentimentale Züge mangeln ihr, aber sie werden ihr gerne angeredet. Was sie schaffen und leisten will, geschieht aus Liebe zu den Menschen, aus wahrhafter Ergriffenheit eines mitfühlenden Herzens und verstehender Milde. Auf solchen Grundlagen erwächst von selbst eine liebenswerte, verstehende, selbstsichere und überlegene Haltung, die sich in allen Lebenslagen bewährt. Daraus folgt, daß der Träger der Humanitas von seinem erworbenen geistigen Besitz spendet, mitteilsam und auf die Verbreitung seiner Ideen bedacht ist. Aus dieser seiner Pflicht erwächst sein Streben nach öffentlicher Wirkung. Von den einzelnen Erbstücken, welche die Antike an das Abendland weitergab, unterscheidet sich die Humanitas wesentlich, insofern sie weder zeitliche noch persönliche Bindungen kennt. Eben ihr Urgrund, das Menschliche, bindet sie an keine Schule, an keine philosophische Lehre, an kein Gedankengebäude. Sie sucht die Gemeinschaft im Geiste, besitzt eine selbstverständliche ethische Grundlegung, welche aber nicht in Regeln erfaßt werden kann. Sie schenkt ihren Trägern das Gefühl einer naturhaften Selbstverständlichkeit, das sie nie verläßt. Ihre Erscheinungsform vermittelt den Eindruck einer in sich geschlossenen einheitlichen Prägung. Und doch — darin liegt ein scheinbarer Widerspruch — ist die Humanitas schmiegsam und anpassungsfähig, sowohl in ihrer Gesamtheit wie in einzelnen Teilen. Sie kann sich mit festgefügten Weltanschauungen und Systemen verbinden, es können sich wesentliche Bestandteile aus ihr lösen und in anderen Kreisen wirksam werden. Sie kann absinken, verbessert werden, einzelne können sich auf sie berufen und glauben, nur sie hätten sie gepachtet. Sie kann Bedingungen eingehen, welche sie von ihrer Höhe hinabziehen, kann vorübergehend vom Schauplatz verschwinden, doch nur scheinbar. Ein Blick auf ihre Wandlungen und eine Skizze ihrer wichtigsten Erscheinungsformen in der abendländischen Geistesgeschichte zeigen, daß ihrem Wesen etwas Unvergängliches anhaftet, etwas, das sich in allen Stürmen der Zeit bewährt hat, daß ihre Grundidee, die reine Menschenbildung, immer wieder aufleuchtet.

Wollte man ganz auf ihren Spuren durch das Geistesleben des Abendlandes wandeln, so müßte man die Entwicklung der Bildung, der Ideale und geistigen Ziele der Menschheit und deren Auseinandersetzung mit den zerstörenden Kräften darstellen. Überall wird man ihr oder ihren Feinden begegnen, welche verschiedenster Herkunft sein können. Diese gewinnen immer wieder Einfluß auf die Erziehung des Menschengeschlechtes, wenn ihr Auftreten von erschütternden, aufpeitschenden und eindrucksvollen Erlebnissen begleitet wird; denn es wandeln sich die Ideale, zu welchen die Menschen und besonders die Jugend erzogen werden soll, und darnach richten sich Methode und Stoff der Erziehung und des Unterrichts. Verblassen diese Ziele, so versinken die Richtpunkte, und eine Erstarrung tritt ein. Das Wachhalten und die Lenkung des lebendigen Geistes auf die sich immer klarer abzeichnenden Ziele, die Erweiterung des Gesichtskreises sind aber nicht immer von der Erkenntnis einer Stetigkeit des geistigen Wachstums begleitet. Äußere Umstände, eine Veränderung der Wachstumsbedingungen, ein Erlahmen der Kräfte, eine Ausschöpfung der geistigen Inhalte können die Ursache sein. Diese und ähnliche Beobachtungen werden immer wieder gemacht.

Die einzelnen Erscheinungen als Ganzes zu sehen, beschwört die Gefahr einer Schematisierung herauf. Aber wie könnte man anders die großen Ideen fassen, welche das Abendland in seiner wechselvollen Geschichte begleiten, wenn man nicht versuchte, sie von äußerlichen zeitlichen und örtlichen Bindungen zu lösen und als Kräfte im geistigen Raum sichtbar zu machen? Die Fragen, welche sich uns zuerst stellen, sind diese: Wie bewahrt die Humanitas ihre Lebenskraft, als Idee oder geistige Einheit? Welche Teile lösen sich von ihrem Wesen und gehen Bindungen mit anderen Elementen ein? Welche versinken, schlummern oder ruhen, bis sie wieder unter ganz bestimmten Bedingungen zum Leben erweckt werden? Im wesentlichen ist das Schicksal der Humanitas bestimmt durch ihr Verhältnis zum Christentum, denn mit diesem mußte sie sich auseinandersetzen, so daß die Frage über das Fortbestehen der Humanitas nur im Zusammenhang mit der Frage des Verhältnisses zwischen Antike und Christentum gestellt werden kann. Ebenso wie dieses Wandlungen unterworfen ist, die zwischen einander umschlingender liebender Vereinigung und erbitterter Todfeindschaft liegen, schwankt das Schicksal der Humanitas. Es steht in einem unmittelbaren Zusammenhang mit der Einschätzung und Wertung des antiken Geistesgutes.

Als Ganzes versank die Humanitas in Vergessenheit. Doch lösten sich einzelne Züge aus ihrem Bilde. Man begegnet ihnen immer vereinzelt an den Stätten der Bildung. Aber nicht in ihrem Zeichen schließen sich die Menschen des Abendlandes zusammen, nicht als Menschen, denen das Edle ihrer Natur zum Bewußtsein gekommen ist, sondern als Christen, als vom Geist Gottes Beseelte. Mit dem Worte Humanitas verbindet sich der Begriff des Vergänglichen, Hinfälligen, Zerbrechlichen. Ansätze und Voraussetzungen zum Aufstieg der Humanitas sind immer da zu beobachten, wo das Erbe des klassischen Altertums in hohem Werte stand. Es dauerte lange, bis die Humanitas in neuem Glanz erstrahlte und ihre segenspendende Wirkung ausgießen konnte. In seinen einzelnen Phasen kann dieser Vorgang hier nicht überblickt werden. Man könnte ja doch nur Stationen dieses weiten Weges feststellen. Deshalb begnügen wir uns damit, ihn unter dem Bild des wogenden Meeres zu veranschaulichen, dessen Wellenspiel das Wasser in Höhen treibt und in Tiefen versinken läßt, ewig wechselnd und von der Unruhe der Zeiten gestört.

Viele Lehren des Christentums, Verheißungen, Vorbilder und Gleichnisse, die der Sohn Gottes den Menschen verkündete, zeigen verwandte Züge mit dem, was die Humanitas als Bildungsprogramm aufgestellt hatte. Deshalb bietet die Geistesgeschichte oft das gleiche Bild einer friedlichen Durchdringung und gegenseitigen Festigung der gleichen hohen Ideale, welche dem Wohle der Menschheit dienen sollen. Der Gleichklang der Ethik, die Nächstenliebe, die Bewertung der Einzelseele, der Gedanke von einer friedlichen Zusammenarbeit der Völker, die Forderung der Selbsterkenntnis, die Verpflichtung zu gegenseitiger Hilfsbereitschaft zeigen die wichtigsten Stellen, an denen sich beide vereinigen konnten. In der Bergpredigt mit ihrer eindringlichen schlichten Redekunst und ihrer kristallklaren eindeutigen Sprache liegt eines der stärksten Fundamente, auf denen Christentum und Humanitas gemeinsam bauen konnten. Den Mächten der Zerstörung und des inneren Zerfalls widersetzten sich die aufbauenden Kräfte des Christentums und der Antike in edlem harmonischen Zusammenwirken.

Das war die große Tat der humanistischen Kirchenväter und der ersten abendländischen Mönche. Von ihnen wurde der Begriff des christlichen Humanismus oder humanistischen Christentums geprägt. Der große Basilius, der sprachkundige Hieronymus, der Retter des geistigen Erbes Cassiodor, der Kulturspender Benedikt von Nursia — sie alle waren sich dessen bewußt, daß ihre Aufgabe nicht im Niederreißen lag, sondern im Aufbauen, in der Verbreitung einer harmonischen Bildung des Verstandes und Herzens. Ihnen waren die Weisen des Altertums, welche die Humanitas geformt hatten und von ihr beseelt waren, Vorläufer der christlichen Lehre und Sitte, weil sie das Höchste erreicht hatten, was der Mensch ohne die Hilfe Gottes und sein unmittelbares Eingreifen erlangen kann. Deshalb müssen ihre Leistungen und Werke Ansehen genießen und beispielhafte Bedeutung besitzen. Wohl ist manches vom Dunkel des Heidentums und einer Weltanschauung getrübt, die das Gebot der Nächstenliebe nicht kannte, auch waren die Menschen nicht teilhaftig der Segnungen der Sakramente, und ihr Blick richtete sich, mehr der natürlichen Sittenlehre folgend, auf das Irdische, das zeitliche Wohl, sie wußten noch nichts von einer ewigen Seligkeit, einer Gemeinschaft der Heiligen, einer überirdischen Heimat der Menschen. Aber was die Menschen aus eigener Kraft in der Entwicklung der guten Keime, welche die Natur in sie gelegt hatte, erreichen konnten, das wurde den Besten von ihnen zuteil, indem sie ihrer Natur, ihrer Seele folgten, auf deren Grund das Christentum eine Heimstätte hatte. Deshalb darf man zwar keineswegs alles aufnehmen und gutheißen oder wahllos mit den geistigen Gütern, welche das Altertum geschaffen hat, umgehen, sondern muß es vom Standpunkt der Nützlichkeit aus beurteilen und danach die Auswahl treffen. Wie die Bienen wollen wir sein und den Honig aus den schönen Blüten ziehen, um uns selbst und anderen Freude daraus zu bereiten! Dieser immer wiederholten Forderung des Kirchenvaters Basilius und der gelehrt-kalligraphischen wissenschaftlichen Betätigung der Benediktinermönche verdankt das antike Kulturgut seine Erhaltung. Von einer lebendigen Wirkung kann auf weite Strecken hin keine Rede sein. Vieles erweckt, von der Ferne aus gesehen, den Eindruck eines schematischen Mechanismus, der kein Eigenleben besitzt, einer Wiederkehr des Gleichen, einer Tradition, die ihr Dasein um ihrer selbst willen führt.

Mit der Bewertung und Auffassung vom Menschen und seinen Aufgaben steht und fällt, was die Humanitas an Bildungsgut besitzt. Zwischen ihr und dem Geist der Askese klafft ein tiefer Riß. Die Forderung der Entäußerung alles Menschlichen, die Ansicht, daß alles Irdische den Menschengeist von seiner wahren Bestimmung abziehe, das letzte Ziel der Mystik, welche den Menschen sein wahres Glück und Ziel in der Vereinigung mit Gott finden läßt, die Ausrichtung des Menschen nach dem Jenseitigen, die Verachtung der materiellen und geistig-weltlichen Güter, sowie der Mittel, welche abseits von den Zielen stehen, denen die Menschen nach ihrer Natur zustreben sollen, bieten der Humanitas keine geeigneten Wachstumsbedingungen. Ihr Dasein wird häufig bedroht, aber vergessen wurde sie nicht. Zwischen dem humanistischen Christentum der Kirchenväter und der Humanitas Erasmiana stehen einzelne gelehrte und wissenschaftliche Vereinigungen, blühende Stätten der Bildung und vom Geist eines reinen veredelten, dem Göttlichen angeglichenen Menschentums beseelte Werke der Dichtung und bildenden Kunst.

II.

Im Geistesleben der Völker kann oft die Beobachtung gemacht werden, daß aus der Erkenntnis, die Keime einer neuen Zeit zu entwickeln, auf einmal der Ruf laut wird: Zurück zu den Quellen! Dort, wo das Wasser reiner fließt, müssen wir schöpfen! Ein langes und langsames Strömen hat allerhand Unrat den fließenden Massen beigefügt. Wir müssen zurückkehren zur Natur, zum Unverbildeten, das sich nun unter besonderer Obhut weiterentwickeln soll. Diese Vorstellung wird von der Unzufriedenheit über sinnlos gewordene Einrichtungen, lastende Traditionen, Hemmungen eines gesunden Wachstums und dem Unmut über Zeit und Menschen begleitet. Das alles erweckt den Geist der Kritik und läßt die Erkenntnis reifen, daß das nicht mehr Lebensfähige und aus Ehrfurcht Weitergeschleppte durch Besseres ersetzt oder überhaupt radikal beseitigt werden muß. Je nach den Formen, in welchen sich dieser Vorgang vollzieht, spricht man dann entweder von Reformen oder Revolutionen unter der Voraussetzung, daß jene sachte ans Werk gehen und im Stand sind, auf friedlichem Weg einen neuen Geist in ein altes Wirkensfeld zu setzen und edle Früchte hervorzubringen. Das Wort Reform deutet genau so wie das Wort Renaissance an, daß der Blick derer, welche unter diesem Zeichen eine Besserung herbeiführen wollen, nach rückwärts gerichtet ist, daß die Ideale in einer verklärten Vergangenheit liegen. Die geistige Bewegung, welche das Mittelalter ablöst, wird mit den Ausdrücken Humanismus, Renaissance oder Reformation bezeichnet [3]. Das alles stellt aber nur eine Seite eines großen Vorganges heraus. Es handelt sich um eine alle geistigen Bezirke erfassende Bewegung, bei deren Abschluß die Welt wesentlich anders aussah als vorher.

Es kann hier nicht darum gehen, auch nur die wichtigsten Erscheinungen, welche alle aufs innigste miteinander zusammenhängen, zu erwähnen oder auf die zahlreichen theoretischen Erörterungen über die Anfänge der neuen Zeit und deren Wesensbestimmung einzugehen. Es soll auch hier nicht

---

[3] Rudolf Wolkan, Über den Ursprung des Humanismus. In: Z. f. österr. Gymn. 67 (1916), S. 241—68.

in einen Streit über abgegriffene Worte, die ihre scharfe Prägung verloren haben, eingegriffen werden, sondern es soll lediglich vom Aufleben des Ideals der Humanitas die Rede sein. Ehe dieses in seiner edelsten Form, der Humanitas Erasmiana, in Erscheinung tritt, mußte es sich in harten Kämpfen durchsetzen. Teile aus dem großen Begriffe der Humanitas verbinden sich mit vielen verschiedenartigen Kräften, bis sie sich wieder zu der einheitlichen Form eines umfassenden Bildungsbegriffes entwickeln konnten, der mit der antiken Humanitas auf gleicher Stufe steht. Die Erweiterung der Ansprüche, welche das mittelalterliche Christentum an den Menschen stellte, beschwor den Kampf zwischen Kirche und Staat herauf, der im Grunde nichts anderes ist als ein Kampf um die Seelen und Körper der Menschen. Das Streben der Kirche nach einer Weltherrschaft rief die Menschen auf, sich von den Fesseln zu befreien und ihr Menschentum zu retten. Auf religiösem Boden führte dieser Befreiungskrieg zur Bildung von Sekten, zur Mystik im Streben der Seele nach einer Vereinigung mit der Gottheit, auf weltlichem Boden zum Erwachen eines neuen Lebensgefühles, das in der Vagantenlyrik, in den Liedern der Troubadours und Minnesänger seinen angemessenen Ausdruck fand. Es rief auf zu einer von den Dogmen unberührten Frömmigkeit, zur Befreiung von lastenden Autoritäten, es richtete die Blicke der Menschen vom Himmel auf die Erde, die Freuden der Welt und die Schönheit der Frau, deren Stellung in der Gesellschaft begründet wurde. Es verlangt eine Wiedergeburt, eine Reinigung, die Rückkehr zu den Quellen. Es bäumt sich auf gegen den Geist der Askese, gegen die Forderung, daß die Menschheit gegenüber der Welt absterben müsse. Dennoch bewahrt es seine Ehrfurcht vor der Gottesgelehrtheit, ja es schließt mit ihr den Bund zum Kampf gegen die Verweltlichung der Kirche. Sehnsüchtig richten sich die Blicke der Italiener nach ihrer großen nationalen Vergangenheit. Sie sehen sie in verklärtem Licht und als Vorbild von einem edlen Glanz umgeben. Damit eröffnen sich der wissenschaftlichen Forschung neue Gebiete, aus denen Regeln für das Handeln der Menschen abgeleitet werden können. In diesem Zeichen treten ihnen die Schriften der Antike klarer vor Augen. Es dämmert das Bewußtsein, daß sich die Vergangenheit einer edleren und reineren Ausdrucksform bedient habe. Das führt schließlich zur Erkenntnis, daß die Sprache sich verbildet hat, und zur Forderung, sie von den Schlacken der Zeit zu säubern und unmittelbar von den alten Vorbildern zu lernen. Mit dem Aufstieg des republikanischen Stadtstaates, der Rückkehr zum römischen Recht, der Einführung neuer Wirtschaftsformen, dem wachsenden Ansehen der Gedanken- und Formenwelt Ciceros steigt auch die Humanitas aus der Vergessenheit in ein volleres geistiges Licht. In inbrünstiger Verehrung wandte sich Petrarca mit den Worten an Cicero: „Du bist jene lebendige Quelle, mit deren Flut wir unsere Wiesen wässern, du bist jener Führer, dessen Weisungen wir folgen, dessen Beifall unsere Freude, dessen

Name unser Schmuck ist[4]." Worte wie „virtus", „studium", „litterae" erhalten einen hellen Klang.

Das geistige Besitztum des Menschen weitet sich. Wer die Grundlagen des Zeitalters sucht, muß vielen verschiedenartigen, aber auf das gleiche Ziel gerichteten Kräften nachgehen. Es ist weder das Streben nach einer neuen Weltordnung noch der Wille zu einer Wiedergeburt im Geiste, noch das Wiederaufleben der Antike und ihr Vorbild für einen ungebundenen Lebenswandel, noch die Befreiung des Individuums von Fesseln und Bindungen, was die Entwicklung hemmte und für sich allein einen Wandel der Auffassungen herbeiführte, sondern viele Kräfte waren zusammen am Werke und führten langsam eine neue Zeit herauf. Die Rolle, welche der Humanitas in diesem Kräftespiel zufällt, ist die einer versöhnenden Harmonie, eines Ausgleichs der Gegensätze, eines Zusammenschlusses. Nur ganz vereinzelt zeigen sich Kräfte, welche sich von der Bindung an das Christentum lösen, sich ganz im Geiste der Antike einem neuen Lebensgenuß weihen und die Gesetze des Handelns vom Menschentum her bestimmen lassen wollen. Zutiefst sitzt das Christentum in den Herzen der Humanisten. Mögen sie sich noch so uneinig sein über die äußeren Formen, sich noch so entrüsten über den Mißbrauch, der mit den Gnadenmitteln betrieben wird, mögen sie die Form verachten, deren sich die Vertreter der Gottesgelehrtheit bedienen, oder über die Gegenstände spotten, die mit einem nicht zu überbietenden Eifer um ihrer selbst willen behandelt werden: sie haben das Gefühl, daß sich eine alte Zeit totläuft und daß neue beschwingende Kräfte, die aus dem Menschentum kommen, einen Wandel herbeiführen werden. Das hebt aber auch ihr Selbstbewußtsein und erklärt ihren Willen, im Gedächtnis der Nachwelt weiterzuleben.

Dennoch wäre es verfehlt, zu glauben, daß die Humanitas unmittelbar aus den Erfahrungen und Erlebnissen der Menschen zu einer geistigen Macht geworden ist. Wohl blieben einzelne ihrer Elemente lebendig, aber als Gesamtwert erhielt sie erst Daseinsrecht im Kreise der platonischen Akademie in Florenz. Gelehrsamkeit und Bildung verkörpert der von Cicero erfaßte und von Aulus Gellius weithin vermittelte Begriff Humanitas. Er zeigt sich in der italienischen Frührenaissance und feiert seine Auferstehung bei Leonardo Bruni Aretino und Lorenzo Valla. Man versteht darunter Bildung in Kunst und Wissenschaft, die Äußerungen eines höheren Lebensbedürfnisses, welches den Menschen von allen anderen Lebewesen unterscheidet. Valla spricht von dem Hunger nach Wissen und Verständnis. Die Grundlage der Bildung ist also hier das Verstehen, das nachfühlende Erfassen von Denkmälern der antiken Kultur oder überhaupt von großen, meist literarischen Schöpfungen. In der Gedankenwelt des Marsilio Ficino wird gleichsam das neue Daseinsrecht der Humanitas begründet, indem sie

[4] Ebda. S. 268.

an das Göttliche gebunden wird. Zwischen der niederen Liebe, welche nach dem Vorteilhaften und Nützlichen sieht und der höchsten beglückenden Liebe zu Gott, dem Ursprung der Liebe und Schönheit, ohne dessen Wärme niemand etwas lieben, ohne dessen Pracht nichts geliebt werden kann, steht die Liebe zum Nächsten, zum Mitmenschen. Es ist ehrbar und nützlich, einen würdigen Mann zu lieben, „für die Seele, die man ihm hingibt, empfängt man zwei zurück, die seine und die eigene, die sich in seiner befindet[5]". In diesen Gedankengängen führt Ficino die Humanitas hinaus über den Gattungsbegriff und verbindet sie mit der Forderung nach allgemeiner Menschenliebe; denn die Menschen sind die Teile eines und desselben Körpers und müssen deshalb zusammenwirken. Damit wird die Forderung nach Milde und Güte gestellt. So versöhnen sich Christentum und Antike. Aber eine folgerichtige Entwicklung dieses Gedankens muß zu einer Profanierung des Gottesbegriffes führen. Dadurch, daß Gott näher an den Menschen herangerückt wird und dieser sich ihm aus Gründen des persönlichen, geistigen und materiellen Vorteils zuneigt, verliert das Göttliche an Macht und Bedeutung. In dieser Richtung wird das Menschliche vergöttlicht, werden menschliche, wenn auch auf das höchste gesteigerte Wertmaßstäbe auf Gott übertragen, und Gott selbst bietet durch die Erhöhung der menschlichen Größe und Würde die Gewähr für das Glück der Menschen.

In den Spekulationen des Marsilio Ficino kann der Beginn jener Entgöttlichung festgestellt werden, welche von der Höhe des Mittelalters die Bahnen sachte hinabführt. Denn dort war das Göttliche in unnahbare Erhabenheit gehüllt und hob den Menschen zu sich, wenn er die Schlacken des Menschlichen, die Sünden und Laster, die Neigungen und Begierden, das Streben nach irdischem Glück von sich abgestreift, wenn er sich von dem befreit hatte, was ihn zum Menschen macht. Das gerade wurde gering bewertet, weil es bedeutungslos war für das höhere Leben und die Glückseligkeit, welche des Menschen im Jenseits harrt. Das Leben nach dem Tode war das wichtige. Die Schicksale auf dieser Erde blieben für das Seelenheil belanglos, wenn sie nicht als Mittel zur geistigen Läuterung angesehen wurden.

Da setzt nun eine Entwicklung ein, die bis zum heutigen Tage noch kein Ende fand, die vielleicht überhaupt nicht abgeschlossen werden kann. Wieder sind Kräfte am Werk, welche aus der Antike stammen und das Menschentum emporheben, indem sie es aus den Bindungen lösen wollen. Sie wirken den Vereinigungsbestrebungen entgegen, welche die Humanitas dem Christentum anglichen. Es ist eine oft unterbrochene Entwicklung, deren entscheidende Phasen uns noch beschäftigen werden. Daß der Stolz auf eigene Leistungen und Entdeckungen, auf Erkenntnisse, die früheren

[5] Walter Dress, Die Mystik des Marsilio Ficino. Berlin 1929. = Arbeiten zur Kirchengeschichte 14, S. 121 f.

Zeiten verborgen waren, die menschlichen Kräfte beschwingt, und in seiner Gefolgschaft sich Überheblichkeit und Selbstbewußtsein sowie moralische Grundsätze einstellen, die mehr nach Nutzen und Erfolg als nach inneren Werten fragen, bestimmt einen sehr stark beachteten, aber in seiner Bedeutung überschätzten Zug des neuen Zeitalters: das Herrenmenschentum, welches jenseits von Gut und Böse steht und sein Handeln nur vom Nutzen abhängen läßt.

Von größerer Bedeutung und für die spätere Zeit sichtbarer ist die mit dem Aufstieg des Humanismus Hand in Hand gehende Beurteilung der schönen Form, d. h. die Entdeckung der Möglichkeiten, welche die sprachliche Ausdrucksfähigkeit in sich verschließt. Auf den Spuren der genialen Schrift des Lorenzo Valla über die Eleganz der lateinischen Sprache bahnt sich eine andere Einstellung zur Sprache an. Sie ist ein Instrument, dessen Ausbildung und Anwendung in die Hand der Menschen gelegt ist, bedarf einer besonderen Pflege, wenn sie das Gedachte verstehbar und schön wiedergeben soll. Ihre Kenntnis und Beherrschung führen erst zum richtigen Verstehen der Dinge und der Erscheinungen. Sie muß — das ist seine Forderung — von den Schlacken der Zeit gereinigt werden, damit sie die Möglichkeit der klaren Wiedergabe der Gedanken erhält. In dieser Auffassung schließt die Philologie einen im Laufe der Zeit nicht immer segensreichen Bund mit der Humanitas. Ihre edelste Erscheinungsform, in der sie uns im Zeitalter der Wiedergeburt begegnet, wurde von Erasmus geprägt. Bei ihm erhält das Menschliche einen hohen Sinn. Es bezeichnet alles, was sich auf die gegenseitige gute Gesinnung der Menschen zueinander bezieht. Humanitas erhält den weiten Sinn eines der Natur des Menschen würdigen Betragens. Dieser Begriff hat einen schwer faßbaren Umfang. Man hat darunter im allgemeinen Bildung und Gelehrsamkeit zu verstehen, im besonderen die geistige Potenz, die Persönlichkeit und auch den Stil. Erasmus mußte sich gegen die Vorwürfe, seine Ansichten seien weltlich, heidnisch und neu, rechtfertigen, wobei er sich auf die Kirchenväter berufen konnte. Denn er verfährt ganz nach dem Rezept des Basilius. Er kann sagen, daß er Altes zu wirksamem Leben wieder einsetze, daß er das Gute im Heidentum mit dem Christlichen versöhne. Der antike Menschlichkeitsbegriff erhält für ihn seine Krönung in der göttlichen Offenbarung des Evangeliums. Gleichzeitig wird damit die antike Auffassung von Menschentum und Menschenwürde wiederhergestellt und lebt die Forderung nach innerer Freiheit wiederum auf, die auf der freien Entschließung und dem freien Handeln beruht. So fällt dem Menschen die volle Verantwortung für seine Handlungen zu und damit nimmt er die Pflicht auf sich, „zum wahrhaft christlichen inneren Kriegsdienst, in dem der bonitas naturae, der natura bene condita, der im Grunde guten Menschennatur zum Siege verholfen und damit die tranquillitas Christi hergestellt wird [6]“.

[6] Rudolf Pfeiffer, a. a. O., S. 14.

Die Höhe des Humanismus ist mit dieser Auffassung erreicht. Ein Weiterschreiten auf diesem Wege schien unmöglich. Wir können darin das letzte Abendrot einer versinkenden Zeit sehen, der es noch einmal gelang, das Erbe der Antike mit den lebendigen Kräften des Christentums zu einer unlöslichen Einheit zusammenfügen, oder den Beginn einer neuen Zeit, in der sich langsam die Kräfte aus den Zusammenhängen lösen und neue Gestalten bilden. Die Gedankengänge des christlichen Humanismus und das Streben danach schließen das Jahrtausend abendländischer Geistesgeschichte, welches wir Mittelalter zu nennen pflegen, in sich ein. Sie eröffneten es und legten ihm eine hohe Verpflichtung auf, der es je nach der Zeitlage und dem Wollen der Menschen nachgekommen ist. Sie schließen es ab und werden zum Vermächtnis für kommende Geschlechter.

Zeigt sich die Humanitas in ihrer ersten Erscheinungsform mehr von der Zeit losgelöst, so kettet sie nun die beginnende Neuzeit an das Zeitliche, weil sie im Zurückblicken auf den Ursprung diesen verklärt und mit einer besonderen Weihe umgibt. Wohl wird auf die praktischen Auswirkungen und die Verpflichtung zur Verbreitung kultureller Güter noch besonderer Wert gelegt, aber die Bindung an das klassische Altertum wird nun fester. Damit erhält der Begriff innere Kraft durch das Ansehen heischende Alter und eine Überlegenheit, welche ihm die zeitige Ferne durch Idealisierung der Voraussetzungen verleiht. Man kann beobachten, wie dieses Ideal, in dem sich der Wunsch der Besten eines Zeitalters erfüllt, von da ab allem anhaftet, was in Beziehung zu der weitverzweigten Wortfamilie gesetzt werden kann. Humanismus ist der „Inbegriff schöner Menschlichkeit, gewonnen auf den Wegen der Seele durch selbst errungenes Verstehen der Ideen und Formen ganz großer Menschen einer alten unvergleichlichen Kultur [7]“. Dadurch, daß diese Ideen und Formen nur durch den Unterricht vermittelt werden können, ist nun die Geschichte des Begriffes Humanitas noch enger an die Geschichte der geistigen Erziehung geknüpft, soweit sie den Zusammenhang mit Bildung und Kultur wahrt. Kultur ist da im besten Sinne des Wortes zu gebrauchen, nicht als formlose Innerlichkeit oder äußerer Apparat, sondern als Autonomie des Geistes. „Sie ist hellstes Wissen des Geistes um sich selbst und sicheres Ruhen in seiner Form. Sie ist zweckfreies Sein und Können ... Alle echte Bildung ist daher humanistisch, Bildung des Menschen zum Menschen [8].“ Eine Geschichte dieser Kulturbewegung folgt den ständigen Traditionsbewegungen der Bildung, ist also humanistisch, insofern die antiken Bildungsideen, welche der Humanismus verkörpert, sich immer als geistig schöpferische, aufbauende Kraft erweisen. Man kann von der Zauberkraft sprechen, die im Wesen dieses Humanen oder Kulturschöpferischen liegt, von der Zauber-

---

[7] Karl Brandi, Mittelalterliche Weltanschauung, Humanismus und nationale Bildung. Berlin 1925, S. 5.

[8] Werner Jaeger, a. a. O., S. 8.

kraft, „durch ihre Reinheit und gesetzhafte Objektivität auch andere, von Naturform schwächere und dumpfere, aber innerlich tief bewegte und nach Ausdruck ringende Völker zur geistigen Selbstbefreiung zu führen, ihre Zunge zu lösen, ihren verschleierten Blick hell und zielklar, ihre mächtigen Hände gewandt und sicher zu machen [9]".

Die geistige Rückkehr zum Griechentum, die Aufnahme des Studiums der griechischen Sprache und das damit verbundene Einströmen griechischen Geistesgutes in die abendländische Bildungswelt bläst dem Humanismus neuen Wind in die Segel. Der von den Römern dem christlichen Mittelalter und Abendland übermittelte Begriff findet bei den wenigen, welche den Zugang zum Geiste des Griechentums suchen, wieder in seine ursprüngliche geistige Heimat zurück. Man könnte von da ab zwischen einem falschen Humanismus, der den Geist den Bedürfnissen der Zeit dienstbar macht und damit mechanisiert, und einem echten Humanismus unterscheiden, der in der Kultur die erzieherische Form alles Lebens erkennt.

Zu dieser Form hat sich der Humanismus erst im 18. Jahrhundert entwickelt, zu einer Zeit, als das Griechentum nach mehr als zweihundertjährigem redlichen Bemühen und erkennendem Verstehen zu einer geistigen Macht wurde. Wohl wirkt die Bildung auf weite Strecken und in vielen geistigen Bezirken veredelnd und bestimmt die Formen des gesellschaftlichen und diplomatischen Verkehrs, aber Selbstzweck ist sie nicht. Der Humanismus liefert die Waffen zu den geistigen und religiösen Kämpfen, welche sich nun austoben. Schüchtern und erst noch wenig sichtbar löst sich die weltliche Wissenschaft von Religion und Konfession. Der Theologie geht die königliche Stellung, welche sie im Mittelalter eingenommen hatte, verloren. Langsam reift die Erkenntnis, daß wahre und echte Bildung auch außerhalb einer religiösen Gemeinschaft gedeihen kann. Diese Bildung schafft schließlich vielleicht die einzige Grundlage, auf der sich die Anhänger verschiedener religiöser und geistiger Richtungen verstehen lernen konnten und verständigten. Über die Toleranz führt einer der breitesten Wege zur Humanität. Es wäre verfehlt, diesen Begriff als eine Wiederaufnahme oder direkte Fortsetzung des Humanismus anzusehen; denn ebenso wie dieser nur eine Erscheinung und ein besonderes Kennzeichen einer anderen Zeit ist, ist auch der Humanitätsbegriff nur eine Einzelerscheinung, welche am Ende eines Zeitwandels steht, indem sich die Kräfte des Verstandes und Gefühls zu einheitlich harmonischem Wirken zusammengefunden haben. In der eisigen Kälte der Verstandesklarheit erstarrt die Bildung, und in der tränenfeuchten Treibhausluft der Empfindsamkeit gedeiht zwar die Menschenliebe, aber eine von besonderer Art, die ohne eine Wahl zu treffen, jeden Freund und Bruder nennt und ihn nicht nach seiner Würdigkeit prüft.

Die Auffassung vom Menschen mußte sich erst in den Werken der

[9] Werner Jaeger, a. a. O., S. 21.

Dichtung läutern. Moralische Gliederpuppen und Mechanismen, sentimentale Schwärmer, kraftprotzende Titanen, liebende, sich hingebende und sich opfernde Frauen, Machtweiber, deren verführerische Schönheit triumphiert, wenn ihr die Männer zu Füßen liegen, vertreten zwar alle irgendeine Eigenschaft oder Seite des Menschentums, aber sie sind, in diesem Zusammenhange gesehen, nur Durchgangsstadien und zeit- oder geschmackgebundene Erscheinungsformen, denen nichts Wertbeständiges anhaftet. Erst als die edle Menschlichkeit den Muttermord, das Verbrechen wider die Natur, sühnte und im Barbarenlande über die rauhen Sitten triumphierte, als dem auf das Recht seines Dichtertums pochenden Tasso aus dem Munde einer edlen Frau gesagt werden konnte: „Erlaubt ist, was sich ziemt!", gewann ein zeitloses Ideal der Bildung und Sittlichkeit Gestalt. Aus der Dichtung wurde dieses Ideal für das Leben und die Philosophie gewonnen.

Das Wort Humanitas bezeichnete im Zeitalter der Renaissance ganz allgemein höhere Bildung und gelehrte Kenntnisse. Da diese ohne die alten Sprachen nicht möglich war und nur auf einer solchen Grundlage erworben werden konnte, bezeichnete das Wort Humanist, welches im 18. Jahrhundert allenthalben gebraucht wird, einen Kenner und Liebhaber der alten Sprachen, die im besonderen der Gegenstand seiner Studien sind. Ihre Pflege hat das Ziel vor Augen, mehr Mensch zu werden, eine höhere Menschheit zu erreichen. Ganz allgemein besteht jedoch kein Unterschied zwischen einem Humanisten und einem Gelehrten, wobei an einer gewissen Verbreiterung der Kenntnisse über verschiedene Wissensgebiete festgehalten wird. So sagt Johann Friedrich Bertram (1699—1741) in seiner *Einleitung in die schönen Wissenschaften* (1728): „Wer entweder in allen oder doch den meisten bishero bezeichneten Wissenschaften wol beschlagen ist und etwa aus einer oder anderen sein besonderes Werk machet, muß vor einen Humanisten erkant werden." Diese Weite haftet dem Begriff so lange an, als die Bildung auf den Grundlagen ruhte, welche die Antike schuf. Erst als in dem technischen 19. Jahrhundert die Erfahrung lehrte, daß Bildung auch ohne direkte Kenntnis der klassischen Sprachen erworben werden könne, veränderte sich der Begriffsinhalt des Wortes. Im 19. Jahrhundert erst wurde das Wort Humanismus von der allgemein pädagogischen Richtung auf den geistesgeschichtlichen Begriff, den man vorher als das Zeitalter des Wiederauflebens der Wissenschaften bezeichnet hatte, übertragen, ohne daß ein Unterschied gemacht wurde zwischen den einzelnen Gebieten, in welchen sich der Geist der neuen Zeit besonders äußerte. Seit Georg Voigts klassischem Werk *Die Wiederbelebung des klassischen Altertums* (1859) ist es schwierig, ja fast unmöglich, Humanismus und Renaissance als geschichtliche Begriffe voneinander scharf abzugrenzen. Dieser wird mehr in den Bereichen der bildenden Kunst, jener in denen der Wissenschaften und Dichtung angewendet und ist somit enger an die Sprache und Philologie gebunden.

III.

Seine theoretische und geschichtsphilosophische Begründung erhält der Humanitätsbegriff des 18. Jahrhunderts von Herder. Er ist keineswegs eine in sich geschlossene Einheit, ein harmonisch nach allen Seiten abgegrenztes geistiges Gebilde. Kaum irgendeine Idee des Anregers Herder, auf den so viele geistige Bewegungen als auf einen Ahnherrn und Ausgangspunkt zurückblicken, trägt solche Kennzeichen, und gerade deshalb hat Herder auch eine so anregende Kraft ausgeübt, weil man so viele Keime in seinen Werken finden kann, Keime, von deren innerer Kraft und Entwicklungsrichtung er selbst nur Ahnungen haben konnte. Das Wort Humanität ist ein Lieblingswort des reifen Herder, der nach seiner geschlossenen Geschichtsphilosophie sich dem Problem der Humanität zuwendete und Rhapsodien darüber schrieb. So könnte man seine *Briefe zur Beförderung der Humanität* nennen, die er in zehn Sammlungen (1793 bis 1797) veröffentlichte. Es ist darin weniger von den Auswirkungen und der Bewährung der Humanität in Politik und Kirche die Rede als von den humanisierenden Kräften der Wissenschaften und Künste. An einem Rundgang, der von der Gegenwart, der Lebensgeschichte Benjamin Franklins, ausgeht und bis in die Literatur und Kunst des Altertums ausgedehnt wird, werden auf zeitgeschichtlichen und allgemeinen Gedanken ruhende Ausblicke nach vielen Richtungen geworfen. Humanität ist eine schöne Blume, „Poesie in Denkart, Sitten und Sprache [10]".

Im Humanitätsbegriff vereinigt sich alles, was die antike Humanitas, das Christentum und der Humanismus vorgeformt hatten. Es ist ein weiter Bildungsbegriff, auf dessen ethische Grundlegung großer Wert gelegt wird. Aus den verschiedensten Lehrern der Menschheit und Ordnern der Menschengesellschaft werden die Grundsätze abgeleitet. „Geselligkeit ist der Grund der Humanität, und eine Gesellung menschlicher Seelen, ein wechselseitiger Darleih erworbener Gedanken und Verstandeskräfte vermehrt die Masse menschlicher Erkenntnisse und Fertigkeiten unendlich [11]." Auf seinem Naturidealismus baut Herder weiter. Die höchste und fruchtbarste Weisheit entspringt aus dem Volk, ist stets mit Liebe zur Natur verbunden und ruht auf Menschenkenntnis und Erfahrungen, die der einzelne mit den Menschen gemacht hat. Ein Geist, der die Humanität in sich aufgenommen hat, lebt mit „erwählten größeren Seelen [12]" zusammen, die er sich zu Vorbildern genommen hat. Meistens stammen diese Vorbilder aus dem Altertum. Herder beruft sich da auf ein Wort Friedrichs des Großen: „Die ganze Haushaltung des menschlichen Geschlechts ist eingerichtet, um Menschenliebe

[10] Herder, Sämtliche Werke. Hrsg. v. Bernhard Suphan. Berlin 1877—1913. Bd. 18 (1883), S. 5.

[11] Herder, a. a. O., Bd. 17 (1881), S. 10 f.

[12] Herder, a. a. O., Bd. 17, S. 30 f.

einzuflößen. Die Ähnlichkeit der Menschen untereinander; die Gleichheit ihres Loses und das unentbehrliche Bedürfnis, das einer vom andern hat; Unglücksfälle, die die Bande des Bedürfnisses noch stärker anziehen; die natürliche Neigung, die man zu seinesgleichen hat, unsre Selbsterhaltung, die uns Humanität predigt; die ganze Natur scheint sich zu vereinigen, um uns eine Pflicht einzuprägen, die unser Glück macht und täglich neue Annehmlichkeiten auf unser Leben verbreitet [13]." Auf dieser Stufe beginnt sich der Humanitätsbegriff Herders von den sentimentalen Voraussetzungen der Philanthropie und der Glückseligkeitsphilosophie der Aufklärung zu lösen und darüber zu erheben. Ohne es auszusprechen und ihm selbst vielleicht gar nicht bewußt, sieht er das Menschlichkeitsideal vor Augen, das in Goethes *Iphigenie* zur selben Zeit dichterischen Ausdruck fand, als er den Prinzipien in der Geschichte der Menschheit nachging und feststellen konnte, daß der geistige Aufstieg des Menschengeschlechtes im Zeichen der Entwicklung und Formung der edlen Seelenkräfte steht. Wieder ein Wort Friedrichs des Großen: „ein schlechtes Herz verdunkelt bei mir die Fähigkeiten des Geistes [14]" ist ganz in seinem Sinn gesprochen. So schützt Herder das Wachstum seines weltumspannenden Humanitätsbegriffes vor dem Geiste der Eroberungen und des Krieges. „Reine Bemühungen zum Besten der Menschheit können in einem Staat schwerlich gedeihen, solange der Eroberungsgeist die Fahne schwingt und die erste Staatslivrei träget [15]." Dennoch gibt es Kampffelder, auf denen sich die Humanität bewähren muß gegen Aberglaube, Intoleranz und Pfäfferei. Von diesem Standpunkt aus verurteilt er die Gesetzgebung des sonst so hoch gepriesenen Kaisers Joseph II. und wünscht den rechtlichen Schutz für das Wachstum von Sprachen kleinerer Nationen: „Wahrlich, wie Gott alle Sprachen der Welt duldet, so sollte auch ein Regent die verschiednen Sprachen seiner Völker nicht nur dulden, sondern auch ehren ... Die beste Kultur eines Volkes ist nicht schnell; sie läßt sich durch eine fremde Sprache nicht erzwingen; am schönsten, und ich möchte sagen, einzig gedeihet sie auf dem eignen Boden der Nation, in ihrer ererbten und sich forterbenden Mundart. Mit der Sprache erbeutet man das Herz des Volks [16]." So wird auch hier sichtbar, daß eine der tragfähigsten Grundlagen der Humanität die Auffassung von der Sprache als einer bildenden geistigen Macht ist, deren wichtigste Organe die Wissenschaften und Künste sind.

Der Zeitgeist, dessen Macht und Auswirkung als groß und unsichtbar bezeichnet werden, wird nahe an die Humanität herangerückt, ihr Freund, Vorbote, Diener, ja ihr Genius selbst genannt. „Seine ernste Mutter, die selbstdenkende Philosophie hat ihn, zumal in den Schriften der Alten,

[13] Herder, a. a. O., Bd. 17, S. 33.
[14] Herder, a. a. O., Bd. 17, S. 36.
[15] Herder, a. a. O., Bd. 17, S. 55.
[16] Herder, a. a. O., Bd. 17, S. 59.

unterwiesen; sein ernster Vater, der mühsame Versuch, hat ihn erzogen und durch Vorbilder der würdigsten, größten Männer gereift und gestärket[17]." Er ist „die Summe der Gedanken, Gesinnungen, Anstrengungen, Triebe und lebendigen Kräfte, die in einem bestimmten Fortlauf der Dinge, mit gegebenen Ursachen und Wirkungen sich äußern. Die Elemente der Begebenheiten sehen wir nie, wir bemerken bloß ihre Erscheinungen und ordnen uns ihre Gestalten in einer wahrgenommenen Verbindung[18]". Trotz der Zuversicht, von der die über viele Gebiete sich verbreitenden Erörterungen und Diskussionen getragen werden, werden die Ziele in weite Fernen gerückt. Herder weiß — das Studium der geschichtlichen Erscheinungen hat ihn dessen belehrt — daß „menschliche Einrichtungen nie zu einem gewissen Grade der Vollkommenheit kommen[19]" und daß man sich mit dem Beinahe begnügen müsse. In den Taten und in der Seele müsse man die Göttin Humanität verehren.

Der Begriff Humanität umfaßt Menschheit, Menschlichkeit, Menschenrecht, Menschenpflicht, Menschenwürde, Menschenliebe in eindeutiger Bestimmtheit und trennt sie von den Nebenbedeutungen der Niedrigkeit, Schwäche und des falschen Mitleids, sowie allen Trivialitäten, welche die Zeit damit zu verbinden pflegt, von allen Bestrebungen, die vom Ich nicht loskommen. Er ist nichts Fertiges, sondern liegt in der Menschennatur und muß durch ständige Übung erworben werden. „Das Göttliche in unserm Geschlecht ist also Bildung zur Humanität; alle großen und guten Menschen, Gesetzgeber, Erfinder, Philosophen, Dichter, Künstler, jeder edle Mensch in seinem Stande, bei der Erziehung seiner Kinder, bei der Beobachtung seiner Pflichten, durch Beispiel, Werk, Institut und Lehre hat dazu mitgeholfen. Humanität ist der Schatz und die Ausbeute aller menschlichen Bemühungen, gleichsam die Kunst unsres Geschlechtes. Die Bildung zu ihr ist ein Werk, das unablässig fortgesetzt werden muß; oder wir sinken, höhere und niedere Stände, zur rohen Tierheit, zur Brutalität zurück[20]." Das älteste Menschen- und Völkerrecht ruht auf der Erkenntnis der unentbehrlichen heiligen Pflichten der Menschen gegenüber ihren Mitmenschen. Sie werden in einer tieferen Betrachtung der Menschennatur erworben, ihre Voraussetzung sind gesammelte Erfahrungen über unsere Kräfte und Anlagen, unseren Beruf und unsere Pflichten. Humanität steht höher als das „weiche Mitgefühl mit den Schwächen unsres Geschlechts", höher als das „sanfte Zuvorkommen im Umgange[21]". Sie ist „ein Gefühl der menschlichen Natur in ihrer Stärke und Schwäche, in Mängeln und Vollkommenheiten, nicht ohne Tätigkeit, nicht ohne Einsicht". Deshalb ist es Pflicht des Trägers

[17] Herder, a. a. O., Bd. 17, S. 78.
[18] Herder, a. a. O., Bd. 17, S. 80.
[19] Herder, a. a. O., Bd. 17, S. 102.
[20] Herder, a. a. O., Bd. 17, S. 138.
[21] Herder, a. a. O., Bd. 17, S. 152.

der Humanität, daß er „aus sich selbst macht, was aus ihm werden kann und soll“. Und so ist der letzte Zweck aller menschlichen Einrichtungen, aller Wissenschaften und Künste, die Menschen zu „humanisieren, d. i. den Unmenschen oder Halbmenschen zum Menschen zu machen und unserm Geschlecht zuerst in kleinen Teilen die Form zu geben, die die Vernunft billigt, die Pflicht fordert, nach der unser Bedürfnis strebet [22]“. Nie dürfen die Humaniora genannten Wissenschaften zum leeren Zeitvertreib oder zu eitlem Putz ausarten.

Eine der gefährlichsten Kräfte, welche der Ausbreitung der Humanität entgegenarbeitet, ist der Wahn. Er wird um so gefährlicher, je mehr er von starken Charakteren und großen Geistern Besitz ergreift. „Die Wahrheit muß man durch Gründe mühsam erforschen, den Wahn nimmt man durch Nachahmung oft unvermerkt, aus Gefälligkeit, durch das bloße Zusammensein mit dem Wähnenden, durch Teilnehmung an seinen übrigen guten Gesinnungen, auf guten Glauben an. Wahn teilt sich mit, wie sich das Gähnen mitteilt, wie Gesichtszüge und Stimmungen in uns übergehen, wie eine Saite der andern harmonisch antwortet [23].“ Die Mittel, welche die Menschheit vor dem Wahn bewahren, müssen bedacht und klug angewendet werden. Vor allem hüte man sich davor, ihn durch eine aktive Stellungnahme zu verbreiten, d. h. ihm gedankenlos zu folgen, ihn zu bestaunen oder sich in das Parteigetriebe zu stürzen. Unschädlichen Wahn dulde man, schädlichem weiche man aus. Man dürfe aber weder diesen noch jenen erbittern und reizen, man hüte sich davor, durch Gewalt oder Überredung dem Wahn beizukommen. „Durch Waffen werden Irrtümer weder bestritten noch ausgerottet; der schlechteste Wahn hingegen dünkt sich eine Märtyrer-Wahrheit, sobald er mit Blute gefärbt dastehet [24].“ Man lasse den Wahn unbeachtet, zerstreue ihn und bringe ihn auf andere Gedanken. „Die Zeit allein kann ihn heilen.“ Er ist eine schwere Krankheit der Seele. „Freie Untersuchung der Wahrheit von allen Seiten ist das einzige Gegenmittel gegen Wahn und Irrtum, von welcher Art sie sein mögen [25].“ Dennoch kann sich auch der Wahn zum Nutzen der Menschen auswirken, weil die Gegensätze den Strom der menschlichen Erkenntnisse läutern. Unter solchen Voraussetzungen kann ein langer und viel geläuterter Wahn zur Wahrheit werden.

Einen besonderen Wert legt Herder auf die moralische Grundlegung der Humanität. Verstand und Herz sind daran in gleicher Weise beteiligt. Das Sittlich-Schöne liegt in der Menschennatur und bildet den Keim zur Entwicklung der Tugenden. Herder spricht von dem Geziemenden, dem „höchsten Anständigen“, das den Antrieben echtes und inneres Leben ein-

---

[22] Herder, a. a. O., Bd. 17, S. 153.
[23] Herder, a. a. O., Bd. 17, S. 229.
[24] Herder, a. a. O., Bd. 17, S. 232.
[25] Herder, a. a. O., Bd. 17, S. 233.

haucht, das das Prinzip der inneren Wohlgestalt ist. Er erhebt damit die Moral über den reinen Zweck- und Nützlichkeitsstandpunkt der Aufklärung, wie ja die Humanität bei Herder überhaupt ein Prinzip ist, das auf allen kulturellen Gebieten vorhanden war, aber entschlummert ist und nun wieder geweckt werden muß. Die menschlichen Handlungen erhalten durch die Humanität eine neue Seele und Antrieb zu einer gesunden Entwicklung. Der Organismusgedanke Herders breitet sich über diese Bezirke aus, und wenn man von unserer verworrenen Zeit auf Herder zurückblickt, so kann man gespannt sein, wie er den Fragen von Nation, Menschheit und geistigem Weltbürgertum gerecht wird. Er vereinigt sie in einem harmonischen Bau. Das Wesen der Nationen liegt für Herder in ihren Sprachen und literarischen Schöpfungen, und diese werden an dem Maß ihrer Leistungen für die Menschheit gemessen. Die Sprache ist „ein göttliches Organ der Belehrung, Strafe und Unterweisung für jeden, der für sie Sinn und Ohr hat. Das Band der Zunge und des Ohrs knüpft ein Publikum; auf diesem Wege vernehmen wir Gedanken und Rat, wir fassen Entschließungen, und teilen mit einander Belehrung, Leid und Freude. Wer in derselben Sprache erzogen ward, wer sein Herz in sie schütten, seine Seele in ihr ausdrücken lernte, der gehört zum Volk dieser Sprache [26]". Die Sprache ist das wichtigste Bildungsmittel einer Nation. Es ist Pflicht der Angehörigen dieser Nation, sie zum kräftigsten Ausdruck der Empfindungen klarer und edler Gedanken zu machen. Durch die gemeinsame Sprache werden alle Stände als Sprossen eines Baumes erzogen, daß sie mit- und zusammenempfinden können. Sie ist Trägerin der Vernunft, Kraft und Wahrheit. Aber bei aller Liebe für die eigene Nation haben deren Angehörige die Pflicht, „das Gute zu erkennen, das nur im großen Gange der Zeiten und Völker fortschreitend bewirkt werden konnte [27]". Über der Nation darf nie die Menschheit vergessen werden.

Aus vielen Zügen floß das Bild zusammen, das als die höchste Blüte der Schönheit, Wahrheit und Güte unserer Natur anzusehen ist. Aber Herder schwebt keineswegs in den Wolken eines weltfremden und tatsachenfeindlichen Optimismus oder verschweigender Schönfärberei. Er spricht von dem Verbrechen beleidigter Menschheit, dessen sich die kolonisierenden Völker schuldig gemacht haben. „Nicht der weise, sondern der anmaßende, zudringliche, übervorteilende Teil der Erde muß unser Weltteil heißen; er hat nicht kultiviert, sondern die Keime eigener Kultur der Völker, wo und wie er konnte zerstöret [28]." Eine ideale Kulturgeschichte der Menschheit muß in rein menschlichem Sinne geschrieben, sie muß unparteiisch wie der Genius der Menschheit sein, darf weder eine Nation bevorzugen noch eine andere beleidigen, sie muß somit von Rangordnungen

[26] Herder, a. a. O., Bd. 17, S. 286 f.
[27] Herder, a. a. O., Bd. 18, S. 137.
[28] Herder, a. a. O., Bd. 18, S. 222 f.

absehen, das Urbild der Menschheit zu erfassen suchen, denn sie hat es nicht mit einem Beinhaus oder einer Rumpelkammer zu tun, sondern mit der lebendigen Schöpfung, die nicht eng begrenzt ist auf Europa, sondern sich über die Erde erstreckt, soweit das Menschliche und sein Einfluß reicht.

Bei der hohen Einschätzung der Antike, welche in Herders *Briefen zur Beförderung der Humanität* sichtbar wird, tritt die Bedeutung des Christentums keineswegs zurück. Herder, der Vertreter der obersten Kirchenbehörde in Weimar, steht himmelweit davon entfernt, das antike Gedankengut mit der Absicht wiederaufleben und wirksam werden zu lassen, daß er einer Wiederholung, Kopierung oder Regeneration dieser Verhältnisse das Wort redet. Herder bewertet die Religionen nach ihrer Wirkung im Sinne der Humanität. Deshalb ist ihm die christliche Lehre die Humanität selbst „im weitsten Inbegriff, in der reinsten Quelle, in der wirksamsten Anwendung[29]". Er ist von der Ewigkeit des Christentums überzeugt, welche nach seiner Auffassung in dem inneren Keim selbst liegt, „den die Sonne ruft, dem die ganze Natur ihre Stärke zuhauchet". Die Stimme des Christentums „umfaßt alle Stände, dringt durch alle Gewölbe und trifft den wesentlichen Punkt der Menschheit[30]". Die hohe Sendung des Christentums ist es, einen friedenstiftenden Bund über die Menschheit zu ziehen. Dadurch wird das Christentum „ein ewiges Institut zur Humanität". Es ist somit die Auswirkung einer ins höchste gesteigerten allgemeinen Menschenvernunft und Billigkeit, welche Herder eine Matrone nennt, „die Öl und Arznei am Arm, die einen Fruchtstengel in der Hand trägt, nicht etwa nur als Symbole, sondern als die stillwirkenden Mittel wo nicht zu einem ewigen Frieden, so gewiß doch zu einer allmählichen Verminderung der Kriege[31]". Mit Trauer aber muß Herder feststellen, daß gerade die friedliebenden, die billigsten Gemüter Erasmus, Grotius, Comenius, Leibniz von ihren Zeitgenossen Anfeindungen erfuhren. „Die Ursache ist leicht zu finden: weil sie parteilos und jene mit Vorurteilen befangene streitende Parteien waren. Diesen gaben Unwissenheit, Eigennutz, blindes Herkommen, gekränkter Stolz und zehn andere Furien das Streitgewehr oder den Dolch der Verleumdung in die Hände, jene kämpften friedlich hinter dem Schilde der Wahrheit und Güte. Der goldene Schild der Wahrheit und Güte bleibt, ihre Streiter können persönlich fallen, aber ihr Sieg ist wachsend und unsterblich[32]." Diese Gedankengänge Herders und seine auch aus dem Geiste der Zeit fließende Liebe zum Frieden decken sich ganz mit dem, was Erasmus in seiner *Klage des Friedens* und auch in vielen anderen Werken mit besonderer Eindringlichkeit vorgebracht hatte. Der Unterschied besteht nur darin, daß Erasmus von einer bestimmten politischen Lage, die er klar erfaßt

[29] Herder, a. a. O., Bd. 17, S. 121.
[30] Herder, a. a. O., Bd. 17, S. 301.
[31] Herder, a. a. O., Bd. 18, S. 268.
[32] Herder, a. a. O., Bd. 17, S. 338.

hatte, und von geschichtlichen Gegebenheiten ausging, während Herders Gedanken alle Bindungen an die Gegenwart möglichst zu lösen und die gewonnenen Ideale zu verewigen suchten. Deshalb wurde Herder nicht von solchen Enttäuschungen heimgesucht wie Erasmus und brauchte sich auch nicht darum zu bemühen, seine Gedanken jeweils der veränderten politischen Situation anzupassen. Er hatte es leichter, Optimist zu bleiben und seiner hoffenden Zuversicht Ausdruck zu verleihen. Zudem konnte er sich dabei auf Kant berufen. Mit ihm kann Herder trotz Ungerechtigkeit, Fort- und Rückschritten, des ewigen Wechsels von Zerstörung und Aufbau, Verwirrung und scheinbarer Zwecklosigkeit doch „ein immer stärkeres Aufblicken der Humanität [33]" erkennen. Soweit auch der Rahmen gesteckt ist, in welchem das Wirken der Humanität gezeigt werden soll, erwachsen ist sie doch auf einer nationalen Grundlage. Ihre Äußerungen werden in drei Gebieten sichtbar, in denen sie auch am stärksten wirkt. Herder spricht von dem heiligen Dreieck der Dichtung, Philosophie und Geschichte. Dazu gesellt sich noch die Kunst. Wenn er von den ersten Erscheinungsformen der Humanität spricht, so kommt er immer auf die Griechen. Er stellt den Unterschied in den Auffassungen des klassischen Altertums fest, der in der naiven Sicht der Übersetzungen des 16. Jahrhunderts deutlich wird, denen er entgegenhalten kann, daß seine Zeit in das Wesen des klassischen Altertums tiefer eingedrungen sei. Sie befleiße sich „mit Griechen und Römern idealisch in ihrer Welt zu leben [34]". Damit ist das ganze Verhältnis zur Antike in einem bezeichnenden Schlagwort ausgedrückt. Das Altertum wird weder als starres Vorbild klassizistisch-humanistisch entsprechend einer Geisteshaltung, die dem 17. Jahrhundert besonders in den romanischen Ländern eigentümlich ist, angesehen, noch als geschichtliche Erscheinung von einmaliger Größe wie im 19. Jahrhundert und in unseren Tagen, sondern als Idee, von der eine unsterbliche Wirkung ausgeht, die sich in den Bahnen des Menschentums, der Humantät, bewegt. Darum erklärt er es für töricht, „in die Zeiten Griechenlands oder Roms sich zurückzuwünschen [35]". Er fordert, das aufzusuchen, „was wir am Vaterlande achten und lieben müssen, damit wir es würdig und rein lieben". Deshalb lesen wir die Griechen, um den zarten Keim der Humanität gelehrt zu entfalten und in das Herz der Jugend zu pflanzen, aber es geht nicht um den Stoff und Inhalt, sondern um den Geist ihrer Komposition, die mit der inneren Zustimmung des Herzens bemerkt werden muß.

Die früheste Erscheinungsform der Humanität liegt in der griechischen Kunst. Herder will sie als stumme Schule der Humanität angesehen wissen. Sie verkörpert das Ideal der Menschenbildung. Die Götter- und Heldengestalten sind reine Formen der Menschheit. „Die griechische Kunst kannte,

---

[33] Herder, a. a. O., Bd. 17, S. 407.
[34] Herder, a. a. O., Bd. 18, S. 321.
[35] Herder, a. a. O., Bd. 17, S. 314.

ehrte und liebte die Menschheit im Menschen. Den reinen Begriff von ihr zu erfassen, hatte sie sich auf vielseitigen, mühsamen Wegen über schroffen Felsen, durch tiefe Abgründe, mit manchen Übertreibungen und Härten unablässig bestrebet, bis dann selbst diese übertreibende Mühe, die die Wahrheit um so schärfer verfolgte, nicht anders als zum Gipfel der Kunst führte. In allen Menschenaltern und jeder ihrer merkwürdigsten Situationen in beiden Geschlechtern hatte sie die Blüte des Lebens gewonnen, die auf solchem Stamme blühet; denn die Griechen besaßen noch Einfalt des Geistes, Reinheit des Blickes, Mut und Kraft genug, diese als eine vollständige, durch sich bestehende Idee in ihren Werken darzustellen und zu vollenden. Im Kinde dachten und bildeten sie die Kindheit, im Jünglinge den Frühling des Lebens, im Manne den Göttersohn voll Selbstgenusses in Kraft und Würde [36]." So ordneten sich „dauerhafte Kategorien der edelsten und schönsten Menschenexistenz [37]". Im menschlichen Gliederbau hält die griechische Kunst „Mechanik und Statik menschlicher Seelenkräfte" fest. Durch ihr Menschengefühl sind die Griechen zu dieser geistigen Höhe gelangt „durch Einfalt der Gedanken und durch ein lebhaftes Studium des wahresten völligsten Genusses, kurz, durch Kultur der Menschheit [38]". Als vergöttlichte Menschen konnten die Griechen ihre Götter erkennen, von denen Herder eine einzigartig einfühlende Charakteristik gibt. Die Griechen erfüllen die hohe Sendung der Ordnung, sie erfanden und vollendeten Ideale, sie schufen die Klassen der Menschheit. „Die Griechen wagten es, den Menschen in der Herrlichkeit zu zeigen, die ihm Gott anschuf [39]."

Schon hier zeigt sich, daß Herder zwar die Bedeutung der Form in Kunst und Dichtung hoch einschätzte, daß sie ihm aber nie Selbstzweck wurden. Sie sind tot ohne den Geist, den großen Gedanken, die Seele. Jedes Kunstwerk besteht für ihn wie ein Organismus aus Leib und Seele. Ohne diese Seele wird die Form zur Larve. Form und Geist, wie sie sich in der griechischen Plastik äußern, kommen von der natürlichen Anlage, „der wahren und ruhigen Besinnung im Menschen", der „reinen Unbefangenheit", dem „richtigen Gefühl", dem „tieferen Mitgefühl", „kurz der einzigen und echten Humanität [40]". Die innere Seelenruhe und der harmonische Ausgleich sind entscheidend. Von dieser inneren Seelenruhe sagt Herder, daß sie „auch am Gegengewicht und Kampf lebendiger Kräfte vermöge der Symmetrie und Eurhythmie des Körpers und der in ihn sanft-ergossenen Seele auf sich selbst haftet [41]".

„Vom Leben ging die Poesie der Alten aus, dahin wirkte sie, ihr

[36] Herder, a. a. O., Bd. 17, S. 352.
[37] Herder, a. a. O., Bd. 17, S. 353.
[38] Herder, a. a. O., Bd. 17, S. 354.
[39] Herder, a. a. O., Bd. 17, S. 371.
[40] Herder, a. a. O., Bd. 17, S. 374.
[41] Herder, a. a. O., Bd. 17, S. 374.

letzter Zweck war reine Gestalt, Philosophie des Lebens [42]." Die echte Poesie ist an das Bestehen und die edle Auffassung von Religion und Sitte gebunden. Wie in einem Spiegel stellt Homer die Welt dar, alle Gestalten sind gleich menschlich und mild. „O Homer, so oft ich von neuem deine Iliade lese, finde ich in ihr neue Züge der ordnenden Weisheit, Klugheit und Menschenliebe, mit der du wilde Verhältnisse eines rohen Zeitalters erzählest [43]." Das Gleiche gilt für den Anfang der Geschichtsschreibung, welche für alle Zeiten von Herodot festgelegt wurde, in dem der „unangestrengte milde Sinn der Menschheit [44]" waltet und wirkt. Die Geschichte ist gleichzeitig zu einem Studium der Humanität und einem Werkzeug des echtesten Vaterlandsgeistes geworden. Dasselbe gilt auch von Tacitus, der so viele Gemüter angezogen hat. „Je redlicher es jemand meinte, je mehr er die politische Welt aus eigner Erfahrung kennengelernt hatte, desto mehr liebte er den alten Geschichtschreiber und ward gar selbst sein Kommentator [45]." Darin liegt eben der hohe Wert der Antike für die Erziehung. „Das Gemüt der Jugend will gesammlet, will auf den Kern gerichtet, will fürs Leben gebildet und gestärkt sein [46]." Die systematische Ordnung, das Gefühl vom Wahren, Guten und Schönen, die Ordnung in eine Gestalt kann man daraus lernen. Die bloße Beschreibung und Schilderung der Charaktere, Sitten, Grundsätze und Meinungen genügt nicht, ihre Darstellung und Verknüpfung ist das Wesentliche. „Das Gefühl moralischer Schicklichkeit, Würde und Grazie durch Lesung der Alten in uns zu wecken und zu erhalten, ist um so nötiger, da in der gegenwärtigen Welt eine Konvenienz in niederträchtigen, frechen Meinungen, die für Grundsätze gelten und im offenen Gebrauch sind, dasselbe ganz zu ersticken drohen [47]." Endziel ist es, den Charakter der Menschheit zu wahren. Diese Regel ist logisch, poetisch und ethisch zugleich. „Wer sie fand, wer in seiner Jugend nach ihr gebildet wurde, der kann sie nicht vergessen; sie hat sich seinem Gemüt eingedrückt als Herz seines Herzens, als die Seele seiner Seele [48]."

Im Zeichen der Humanität steht das ganze Problem der Erziehung, welche den Menschen zur Vollkommenheit führen soll, die ihn verpflichtet, seine von der Natur geschenkten Kräfte anzuwenden, um damit für sich und andere zu wuchern. Der Urgrund dieser Kräfte ist Leben, Erhaltung und Gesundheit. Die Erziehung lehrt ihren richtigen Gebrauch. Im Rahmen der menschlichen Gesellschaft müssen die Pflichten erfüllt werden; die Leistungen der Menschen im Dienste der Menschheit leben fort und wachsen weiter. Dadurch nimmt die physische Gewalt der Menschheit zu. Jede

---

[42] Herder, a. a. O., Bd. 18, S. 516 f.
[43] Herder, a. a. O., Bd. 17, S. 181.
[44] Herder, a. a. O., Bd. 18, S. 283.
[45] Herder, a. a. O., Bd. 17, S. 253.
[46] Herder, a. a. O., Bd. 18, S. 84.
[47] Herder, a. a. O., Bd. 18, S. 86.
[48] Herder, a. a. O., Bd. 18, S. 86.

Einzelleistung ist das Glied einer unendlichen Kette und mit anderen Erscheinungen verknüpft. Je mehr Erkenntnis und Übung zunehmen, um so mehr entwickeln sich die menschlichen Kräfte. Sie haben Gelegenheit, Hindernisse, die sich ihnen in den Weg stellen, zu überwinden mit den Waffen, die sie in sich tragen. Aus der Not, der Bezähmung der Leidenschaften wachsen neue Schöpfungen. Der wahre Verstand schließt ein Bündnis mit der Billigkeit und Güte. „Verstand und Güte sind die beiden Pole, um deren Achse sich die Kugel der Humanität beweget [49].“ Der Sinn des Schlechten, der Laster und Fehler, des Elends und Unglücks ist, daß sie schließlich dem Ganzen zum besten gereichen. Reinheit, Bedeutung und Leistung einer Religion werden an deren Wirken für die Humanität gemessen. „Es ist nur ein Bau, der fortgeführt werden soll, der simpelste, größeste; er erstrecket sich über alle Jahrhunderte und Nationen; wie physisch, so ist auch moralisch und politisch die Menschheit im ewigen Fortgange und Streben [50].“

Überall sieht es die Humanität als ihre Aufgabe an, Einengungen aufzuheben. So überwindet denn Herder auch mit ihr den klassizistischen Standpunkt gegenüber der antiken Kunst. Sie kann nicht mehr Vorbild sein wie für die Nachahmungstheorie, welche aus ihr die Regeln für ihre Kunstübung ableitete, sondern, wie er selbst in seiner Genieperiode gesagt hatte, der Dichter muß wie die antiken Dichter aus der Natur heraus und wie diese schaffen. So sind ihm auch jetzt die Werke der antiken Kunst Vorbilder, aus denen man denken und handeln lernen müsse, d. h. die moderne Denkart und Sprechweise müsse sich im Kleinsten und Größten der Würde, Bedeutsamkeit und Wohlordnung der Alten anpassen. In ihrer Komposition „hat alles Zweck, Plan und Ordnung. Nichts stehet am unrechten Ort, nichts ist müßig und unschicklich dahingeworfen; und im Ganzen herrscht, wo es irgend sein kann, lebendige Darstellung und Handlung. Die griechische Sprache z. B. ist von der Bildung der Worte an bis zum Bau ihrer Silbenmasse und Perioden ein Muster des Wohlklanges, der Zusammenfügung, der Bedeutsamkeit und Grazie des Ausdrucks [51]“.

In der Beurteilung der künstlerischen Schöpfungen des Mittelalters ist Herder ganz ein Kind seiner Zeit. Erst mit dem Wiederaufleben der Wissenschaften und Künste im Zeitalter der Renaissance nahm für ihn die Humanität ihre segensreiche Arbeit wieder auf. So wie er als Träger der Humanität aus dem Altertum u. a. besonders Homer, Pythagoras, Sokrates, Plato, Pindar, Aristoteles, Epikur, Zeno, Tacitus und Marc Aurel genannt hatte, so beginnt die lange Reihe der neueren Förderer der Humanität mit Petrarca. Er trug „das große, unaustilgbare Gepräge der Liebe des Altertums in

---

[49] Herder, a. a. O., Bd. 17, S. 120.
[50] Herder, a. a. O., Bd. 17, S. 122.
[51] Herder, a. a. O., Bd. 18, S. 85.

seiner Seele[52]" und führte zu Geschmack, innerer Norm und Regel zurück, welche seit dem Untergang der Antike vergessen waren. Er studierte die römischen Redner, Dichter und Weisen nicht nur der Sprache wegen, sondern er machte „ihren großen Sinn, ihre hohe Gedankenweise zur seinigen[53]". Er schuf das Ideal der Liebe. Wie im Brennpunkt einer Linse sammelte er gleichsam die verstreuten Strahlen der alten Liebesdichtung und schuf aus ihnen das reine weibliche Ideal sittlicher Humanität. Besonders werden noch Erasmus und Comenius genannt, den Herder zu St. Pierre in Parallele setzt, denn beide streben dem gleichen Ziele, dem Wohle der Menschheit, zu. Ferner nennt er noch Grotius, Leibniz und Shaftesbury. Bei Gianbattista Vico, dessen Anregungen ihm über die Engländer und Hamann vermittelt wurden, verweilt er mit besonderer Vorliebe. Er mußte ihn als seinen bedeutsamsten Vorläufer ansehen, weil er in seiner neuen Wissenschaft das Prinzip der Humanität der Völker in der Voraussicht und Weisheit gefunden hatte. Während Herder früher sich mehr dem englischen Sensualismus verpflichtet gefühlt hatte, stellte er nun die großen Leistungen der Franzosen von Montaigne über Rousseau und Buffon zu den Enzyklopädisten in ein helles Licht. Er vergegenwärtigte sich einen großen ewigen Staat vernünftiger Intelligenzen, die dort das edelste Bürgerrecht, Humanität, genießen. Mild und segensreich ist ihr Wirken. Auf dieser Grundlage kommt Herder zu dem Ergebnis, daß die Reformation zu früh und zu spät gekommen sei. Es schwebt ihm eine ähnliche Lösung im Widerstreit der Meinungen vor, wie sie Erasmus noch lange zwischen den Parteien versuchte. Wie dieser und jeder Träger der echten Humanität haßte er alle Anwendung von Gewalt und revolutionäres Gebaren. Eine „fortgehende, natürliche, vernünftige Evolution der Dinge[54]" war sein Wahlspruch, von dem er glaubte, daß sich alle Verständigen über ihn einig seien.

Der edle Bau der Humanität, welchen Herder errichtete, erhielt seine Grundmauern aus den reichen Erfahrungen der Vergangenheit. Er ragt über die Zeiten aus einem Jahrhundert, das die Menschenrechte forderte und ihnen blutige Opfer brachte. Wenige nur fühlten sich in diesem Bau heimisch. Ihnen teilte sich die innere Wärme mit, welche sie von der gleichmäßig segenspendenden Glut seines Feuers empfingen. Es war ein edles Vermächtnis und reiches Erbe, das zum Wohle der Menschheit nutzbar gemacht werden sollte. Die Humanität der deutschen Klassik tritt in den Idealen der Kunst und Natur, den geistigen Bereichen der Menschheit, in Erscheinung. Sie hat alle Bindungen zu den Konfessionen und Religionssystemen gelöst und bestimmt deren Wert nach ihren Leistungen für die

[52] Herder, a. a. O., Bd. 17, S. 269.
[53] Herder, a. a. O., Bd. 17, S. 269.
[54] Herder, a. a. O., Bd. 18, S. 332.

Menschheit. Das ist ein wesentlich anderer Maßstab als jener, welchen der christliche Humanismus des Erasmus an die Erscheinungen und Äußerungen der geistigen Welt angelegt hatte. Da war der Humanismus die Grundlage der Bildung, aber Höhe und Umfang der geistigen Welt bestimmte das Christentum. Dieses war das einigende Band und nur im Hinblick darauf konnte die wahre Bildung erworben werden. Nun waren die Maßstäbe der Bewertung andere, sie wurden vom Menschen und seinem geistigen Wohl aus bestimmt. Das Christentum galt als Vollendung der Humanität, aber der göttliche Hauch und der überirdische Glanz waren von ihm genommen. Die Grenzen, welche zwischen Hellenen und Barbaren, zwischen Christen und Heiden aufgerichtet waren, fielen. Auch der Barbar oder Heide konnte, ohne seine Natur oder seinen geistigen Standort aufzugeben, durch die Bewährung seines Menschentums der Gaben teilhaftig werden, welche die Humanität verlieh. Die Humanität kann aus eigener Kraft durch die Entwicklung der natürlichen Anlagen ohne Gnade und Hilfe von oben errungen werden. Bildung, Erziehung und Streben, die Fähigkeiten, welche in der Natur eines jeden Menschen liegen, bringen ihm Achtung und Ehre ein und lassen ihn teilhaben an der Gemeinschaft jener, welche die geistigen Güter verwalten und an ihnen weiterbauen. Die Pflege der Wissenschaften und Künste erhält ein bestimmtes Richtungsziel, das nur dann in religiösen Bereichen liegen kann, wenn diese veredelnd und erzieherisch im Sinne der Humanität wirken. Die Grundsätze der Duldung, welche die Gesetzgebung der Zeit bestimmten, verdammten den Fanatismus als gefährlichen Menschheitswahn, den Aberglauben als Feind der menschlichen Vernunft und des stetigen Fortschreitens, alle Vorurteile einer Bevorzugung, mag sie durch Herkunft, Familie oder Zugehörigkeit zu irgendeiner Gemeinschaft, die sich besser fühlt als andere, bestimmt sein. Die Verschiedenheit der Menschen, welche das gleiche Recht und die gleiche Möglichkeit des geistigen Aufstieges besitzen, ruht darauf, wie sie ihre Anlagen genutzt und ausgebildet haben, also auf ihren Leistungen im Bereiche des Geistigen, in Wissenschaft und Kunst.

IV.

Die große Leistung des 18. Jahrhunderts, wie es uns Wilhelm Dilthey zu sehen gelehrt hat, liegt in einer fortschreitenden Formung eines völlig neuen Bewußtseins, des Glaubens an eine innige geistige Verbundenheit der Menschen, in einem stetigen geistigen Fortschritt zu Lebensformen, die dem Wesen des Menschen besser entsprechen. Weltbild und Humanitätsidee des ganzen Zeitalters stehen, wie man es bei Herder sehen konnte, in einem innigen Zusammenhang. Aber während die Humanitätsidee eine vom Gefühl, ethischen und ästhetischen Idealen bestimmte Erscheinung bleibt und diese gleichsam beseelt, erhält sie eine allgemeine Grundlegung durch Wilhelm v. Humboldt [55], der seine Philosophie, welche man eine Synthese der edelsten Zeitgedanken nennen kann, ganz auf die Humanitätsidee abstellt.

Er bietet eine Theorie der Humanität, welche bis ins Einzelne aus der Natur des Menschen und seiner Stellung im Weltzusammenhang motiviert wird. Er geht von der psychologischen Analyse aus und stellt erst später den metaphysischen Zusammenhang her, von dem aus der Mensch zu verstehen ist.

Während Herder über die Humanität rhapsodiert und das ganze Thema von den verschiedensten Seiten und Persönlichkeiten aus in seinen Erscheinungsformen und Auswirkungen betrachtet, sucht Humboldt auf der Grundlage der Humanität ein philosophisches System herzustellen. Er schlägt viele Brücken zu Kant, Herder, Goethe, Schiller, Fichte, zur Romantik und Klassik und zu den Vertretern der Altertumswissenschaft, was vielleicht das Entscheidendste für die Zukunft des Humanitätsbegriffes war: denn als Unterrichtsminister und geistiger Begründer der Berliner Universität hatte er die Möglichkeit, auf weite zeitliche und räumliche Strecken hin zu wirken und das, was er sich mühsam geistig errungen hatte, zu einem Programm zu gestalten, dessen praktische Auswirkung deutlich sichtbar ist. In ihm vereinigen sich sehr viele formende Kräfte, die allerdings selten in harmonischem Zusammenklang wirken. Oft wird die geschlossene Einheit gelöst und nicht selten zerstört oder unterhöhlt, was mühsam aufgebaut worden war. Deshalb kann man nach Humboldt ein Absinken des Humanitätsgedankens von seiner geistigen Höhe feststellen, was zum Teil auch dadurch bedingt war, daß er sich zu sehr an erzieherische Zwecke binden ließ. Andererseits wird man aber auch von einem langsamen Werden einer neuen Auffassung und Einstellung zu den Vorbildern sprechen können, aus denen der Humanitätsgedanke abgeleitet wurde, zu den Griechen.

Es ist charakteristisch, daß sich die große geistige Bewegung des 18. Jahrhunderts insofern aus der abendländischen Gemeinschaft absondert, als sie zwar ohne das gemeinsame geistige Erbe der römischen Kultur gar nicht denkbar ist, aber ihre Vorbilder doch im Lichte der Sonne Homers und nicht im Glanze der versöhnenden Einigkeit Vergils sucht. Man kann beinahe von einer Regel sprechen, daß ein Aufstieg und eine höhere Bewertung Homers die humanistischen Zeitalter einleiten. So wie Petrarca im Gegensatz zum Mittelalter, das Homer zwar traditionsgemäß als Vater der Dichtkunst anerkannte, ihn aber doch als Lügner ansah, weil er den Krieg um Troja nicht als Augenzeuge und ohne Gewährsmänner schilderte,

---

[55] Vgl. Eduard Spranger, Wilhelm von Humboldt und die Humanitätsidee. Berlin 1909, S. 415.

weil er Odysseus, durch dessen List Troja erobert wurde, eine umfangreiche Dichtung widmete — so wie Petrarca sich an Homer begeisterte, Boccaccio die homerische Götterwelt seinen Zeitgenossen nahebrachte und der päpstliche Hof die gelehrtesten Männer des 15. Jahrhundert beauftragte, Homers Werke ins Lateinische zu übersetzen, stieg das Ansehen Homers auch im 18. Jahrhundert, von d'Aubignac und Vico angefangen, der den Urzustand und die guten Anlagen der Menschheit aus Homers Dichtungen ableitete, über Pope, Wood, Hamann, die Homerübersetzer im Göttinger Hain und Herder zu Goethe und Schiller. Es scheint, daß eine stärkere Auswirkung des Griechentums und ein Zurücktreten der lateinischen Tradition für die sogenannten humanistischen Zeitalter charakteristisch ist.

In Humboldts Humanitätsbegriff treffen sich wie an der wichtigsten Stelle eines Strahlenbündels alle keimfähigen idealistischen Bestrebungen eines geistig überreifen Zeitalters. Sie unterscheiden sich von den Ausführungen Herders, welche die breite Auswirkung der Humanitätsidee fast nach allen Richtungen hin verfolgen und mehr auf Erscheinungsformen als auf Inhalt und Wesen abgestellt sind. Wohl ist sie auch in seiner Weltanschauung ein Zentralproblem, aber dieses steht nur vorübergehend ganz in seinem Interessenkreis und nur in loser Beziehung zu anderen geistigen Bezirken, während für Humboldt alles zur Humanitätsidee in Beziehung gesetzt wird und sein ganzes geistiges Streben, wie dies von Eduard Spranger erkannt wurde, darauf zurückgeführt werden kann. Alle neuen Erkenntnisse werden mit der Humanitätsidee in Einklang gebracht oder auf sie abgestellt. Sie wird im Verlauf dieses reichen Lebens erweitert und vertieft und zeigt eine einzigartige, zur Harmonie hinstrebende geistige Kraft. Humboldt gebraucht selbst immer den Ausdruck Humanität. Aber die spätere Zeit hat sich daran gewöhnt, diese Weltsicht als Neuhumanismus zu bezeichnen. Man muß sich bei der Anwendung dieses Wortes jedoch darüber klar sein, daß es einen allgemeinen Bildungsbegriff, ein Zeitideal bezeichnet, nach dem sich Erziehung und Unterricht ausrichten; denn in diesem einschränkenden Sinne wird das Wort häufig gebraucht, wodurch die großen Zusammenhänge mit dem Ganzen der Weltanschauung nicht gewahrt bleiben. Von der Humanitätsidee Humboldts aus eröffnet sich der Zugang zur Philosophie, zur Geschichtsauffassung, zur Ethik, zur neueren Sprachwissenschaft und nicht zuletzt zur Altertumswissenschaft im allgemeinen und zur Auffassung des Griechentums im besonderen. Das erste Moment der Humanitätsidee ist die Individualität. Diese erweitert sich zur Angleichung des Seins und Lebens mit allen und für alle Seelenkräfte zur Universalität und entwickelt sich von der Sehnsucht nach dem Leben durch den Trieb nach Bildung und Form zur Totalität. Humboldt nimmt die Sehnsucht nach Menschen, nach Kraft und innerer Größe, das Vermächtnis der Genieperiode, auf und vereinigt es mit dem ästhetischen

Zug der Zeit zum Griechentum. „Er badete sich in dem Morgenrot der griechischen Welt [56]." In ihr sieht er seine psychologischen, sittlichen und ästhetischen Ideale Gestalt gewinnen. Homer, Pindar, Aischylos und Thukydides sind seine Lieblinge. Ihre Schriften vermitteln ihm hohe Lebenswerte. Aus den Griechen gewinnt er aber auch die begriffliche Grundlage seiner Humanitätsidee, eine Darstellung des Bildes der Menschheit, wie diese von den einzelnen Zeiten aufgefaßt wurde, und was sie zu seiner Erweiterung leisteten. Das führt ihn zu dem Plan, die erforschten geschichtlichen Wirklichkeiten an dem gewonnenen Ideal der Menschheit zu messen und die Folgerungen daraus zu ziehen. Die Erweiterung seines Lebenskreises durch Reisen, seine diplomatischen Aufgaben in Rom, der Verkehr mit fremden Menschen, die Zunahme seines Wissens vornehmlich in Philosophie und Geschichte sowie der Drang zu tätigem Schaffen lassen Humboldt auf den Bahnen der Humanität in die Metaphysik vorstoßen. Er berührt sich mit Gedankengängen Schellings, er bewundert — man sieht, wie sich sein politisches Ideal danach ausrichtet — die Geistesverfassung eines Perikles und sucht Menschheit und Griechentum in metaphysisch-spekulativer Betrachtung als Einheit zu erkennen. So kommt er zu einer universalhistorischen Gesamtanschauung, die am Ende seines Lebens durch neue, aus der Abschließung seines Innern, der indischen Philosophie und dem Tod seiner Frau gewonnene Gesichtspunkte noch vertieft wird.

Schon dieser Entwicklungsgang zeigt, daß Humboldt eine harmonische Persönlichkeit ist, die vom Reichtum und der Wärme des Empfindens getragen wird. Im Gegensatz zu Herder besitzt er keinen schriftstellerischen Ehrgeiz. Er will das tiefste menschliche Fühlen in sich tragen, er gewinnt seine Erkenntnisse durch ruhige Betrachtung. So ist ihm jede Gestalt das Symbol eines geistigen Gehaltes. Er trifft sich mit dem Griechischen in der harmonischen Einheit von Freiheit und Notwendigkeit, der Einheit, welche zwischen dem Geist der Natur und der Menschheit besteht, in der Erkenntnis des Zusammenhanges zwischen dem All und dem Menschen. Seine harmonische Persönlichkeit hat die inneren Widerstände und Erschütterungen überwunden. Die von ihm geforderte allgemeine Bildung ruht im Aufnehmen menschlicher Erscheinungen, im ewigen Studium naturhafter Vorgänge; denn immer sieht er den Menschen im Zusammenhang des Alls. Auf den inneren Eigentümlichkeiten ruht die wahre Humanität, sie wird durch praktische Erfahrungen oder auf abstraktem Wege von den Idealen her gewonnen. Durch dieses tiefste Studium der Menschen gelangt man zur höchsten Menschlichkeit. Die Humanitätsphilosophie ist also nichts anderes als die von allen Bekenntnissen losgelöste Religion der Menschheit. Das ist eine zwangsläufige Schlußfolgerung der Toleranz in dem hohen Sinne, wie sie Lessings Parabel von den drei Ringen in *Nathan dem Weisen* verkündet

[56] Eduard Spranger, a. a. O., S. 49.

hatte. „Wahre Humanität geht auf die innere Eigentümlichkeit zurück, in der jedes Erzeugnis seine Wurzel hat, und beurteilt es so als eine besondere Gestaltung der unendlich mannigfaltigen menschlichen Kräfte[57]." Damit wird das Individuum in die großen geschichtlichen Bewegungen hineinverflochten und wird gleichzeitig auch das Studium des Menschen als der Weg zur höchsten Menschlichkeit bestimmt.

Von hier aus gewinnt Humboldt die Grundlage für seine Geschichtsphilosophie, die nichts anderes ist als „eine Betrachtung der wirklichen Geschichte unter dem Gesichtspunkte der Humanitätsidee, die Beurteilung eines tatsächlichen Verlaufes durch ein regulatives Ideal[58]". Ziel der Geschichte ist die Entfaltung der Menschheitsidee, der Humanität. Daraus wird die Forderung abgeleitet, die Wirklichkeit zu achten. Aus vielen Quellen wird Humboldts Humanitätsphilosophie gespeist. Von Shaftesbury und Winckelmann, von Sulzer und Mendelssohn, von Herder und Moritz, Goethe und Schiller, von Kant und der Romantik führen zahllose Fäden zu ihm und werden in sein System hineinverwoben. So wie er den Gegensatz der Geschlechter aufhebt, indem er die Frau als das bildende und formende, den Mann als das erregende und stoffliche Prinzip ansieht, die Frau als Erzieherin zur Humanität bewertet, vereinigt er Philosophie, Wissenschaft, Ethik, Ästhetik und Staatslehre unter dem Banner der Humanität zu harmonisch bildendem Wirken in der gleichen Richtung. Das Sinnlich-Schöne und das Moralische sind identisch. Wie für Kant ist auch für ihn die vollendete Kultur eine durch Freiheit wiedergewonnene Natur. Wie für Schiller, so stellt auch für ihn der Spieltrieb im künstlerischen Schöpfer die Einheit von Stoff und Form her. Wie für Herder ist auch für ihn das Kunstwerk ein Organismus. Aber in allen geistigen Bezirken wird nur erkennende Vorarbeit geleistet. Diese hat die vorbereitende Aufgabe, zur wahren Humanität zu führen. So befreit die Kunst von den Schranken der Wirklichkeit, sie stellt die menschliche Natur dar, wie sie sein sollte, und erhebt sie ins Reich des Ideals. In Goethes *Hermann und Dorothea*, einem Epos also, das als die wahre Dichtung der Humanität gelten kann, wird der Menschheitsbegriff gestaltet; denn hier erscheint die Menschheit in ihrem ganzen Umfang, in der Vereinigung von Individualität, Universalität und Idealität. Was aber befähigt den Menschen überhaupt, sein Wesen zu erkennen, zu formen und zu bilden? Es ist „die Gabe", von der höchsten Geistigkeit zur Welt der Wirklichkeit zu gelangen und ihre innere Übereinstimmung zu ahnen, eben diese Gabe ist es, die sein Wesen zur Totalität, zur Humanität erhob.

Man hat gegen diese universale und harmonische Weltauffassung den Vorwurf erhoben, daß sie das Christentum als eine der Kräfte zur Bildung

---

[57] Eduard Spranger, a. a. O., S. 233.

[58] Eduard Spranger, a. a. O., S. 251.

der Humanität ansieht, es aber geringer bewertet als das Griechentum, weil dieses Vorbilder aufgestellt habe, die aus einem weiten universalen Lebenskreis stammen. Ein solcher Vorwurf und eine solche Problemstellung werden aber den Verhältnissen nicht gerecht. Allerdings ist das Christentum nicht mehr wie in den Zeiten des Erasmus die Krönung der Humanitas und der Zweck der Bildung nicht mehr die Erziehung zum Christentum, sondern dieses ist neben anderen Erscheinungen eine geschichtliche Größe, die sich in das Weltbild der Humanität einordnet. Aber ganz ohne die Berücksichtigung der religiösen Lage am Ende des 18. Jahrhunderts kann man die Verhältnisse kaum richtig beurteilen. Während man bei Herder noch von einer Humanitätsreligion sprechen kann, treten bei Humboldt die religiösen Elemente ganz zurück hinter den ästhetischen, ethischen und von dem Gedanken der Bildung her bestimmten Elementen. Von einer Einheit des Glaubens und Wissens kann bei ihm nicht mehr die Rede sein; denn die Grundlagen der Religion werden nunmehr fast ausschließlich vom Gefühl, der historischen Erfahrung und der Bewertung der Leistungen in bezug auf die Förderung der Humanität getragen, während das bloße Wissen ohne geistige Verarbeitung nicht imstande ist, wahre Bildung zu vermitteln. Es kommt auf das erkennende Verstehen an. Damit eröffnet sich auch eine neue Art des geschichtlichen Denkens. Für Humboldt liegt das Verstehen darin, daß wir genötigt werden, vermöge der Einbildungskraft die Vorgänge in uns zu wiederholen, die objektiven Daten andeutend zu symbolisieren. Auf diese Weise wird das kritische Zeitalter überwunden, indem die Kritik nur insofern ein Daseinsrecht erhält, als sie zur Bestimmung der „objektiven Daten“, der Tatsachen und Wahrheiten führt.

Wie kaum ein anderer seiner Zeitgenossen hat Humboldt sämtliche Ideen und Methoden seines Zeitalters geprüft, selbständig durchgedacht und in ein System geordnet. Er fordert das Verständnis der Menschen, Zeiten und Nationen, und daß man daraus Erfahrungen gewinne. Deshalb scheint ihm das Studium der Griechen so besonders bildungfördernd, weil es die Menschenkenntnis erweitert, die Fähigkeit der Beurteilung vergrößert, den Charakter erhöht und verbessert. Will der Mensch zum wahren Genusse der Humanität gelangen und an ihren segensreichen Wirkungen teilhaben, so muß er sich um die vollständigste Übersicht über alle Teile des Menschengeschlechtes bemühen. „Was wir sind“ — darunter versteht Humboldt das Persönliche, die geistige Potenz, sowohl was den erworbenen und verarbeiteten Stoff als die Auswirkung der geistigen Kräfte betrifft — „ist vollständig unser Eigentum [59].“ Die Humanität verlangt eine energische Zentralisation vom Geiste aus; nur dadurch kann ein Gleichgewicht von Form und Stoff hergestellt, kann die sittliche Harmonie des Charakters erzielt werden. So wie ein Kunstwerk muß auch die Humanität als geistige

[59] Eduard Spranger, a. a. O., S. 425.

Schöpfung erlebt und darf nicht an feststehenden Begriffen gemessen werden. Das System, welches Humboldt für die Humanität schafft, besitzt nur insofern Allgemeingültigkeit, als es in seinen Teilen und in seiner Gesamtheit durch Erfahrung und Selbstbildung gewonnen wird. Es darf nie zu einem starren System werden, sonst verliert es seine Bedeutung, ja es kann sich sogar zum Unsegen auswirken. Die Entwicklung des 19. Jahrhunderts geht auf weite Strecken nach dieser Richtung hin; denn die Worte Humanität und Humanismus, deren Begriffsinhalte bald deutlich voneinander geschieden werden, werden zu Gefäßen, in denen ein geistiger Gehalt aufgenommen wird, der kein selbsterworbener geistiger Besitz ist und von konventionellen Elementen durchsetzt wird.

Aus der Geschichte und Dichtung wird die Humanitätsidee Humboldts gespeist. Aus der Dichtung wird der Gedanke einer konkreten Idee der Menschheit gewonnen. Die Kunst leitet gleichsam ab, was die Humanität im Original darstellt. So wirkt sich die Humanitätsidee als Erscheinungsform in der einen Richtung nach unten aus, während der menschliche Trieb zur Humanität nach oben hin strebt und als ein ins Unendliche fortgesetzter Versuch angesehen wird, in der Individualität das Ideal zu erreichen. Er kann deshalb nie zu einem Ziel kommen und Erfüllung finden. Wie eng berührt sich hier Humboldt mit dem Grundgedanken von Goethes *Faust!* Dennoch werden die Verwirklichung und Erfüllung dieses Strebens nicht in die unerreichbare Höhe der Ideale gebannt, sondern auf dieser Erde festgehalten. Sie waren Wirklichkeiten im Griechentum, denn den Griechen gelang es, das schönste und reinste Menschendasein zu höchster Vollendung zu erheben in der Entwicklung der höheren menschlichen Triebe zum Geistigen, des Triebes zur Ordnung, Schönheit und Sitte. Sie erkannten die geordnete geistige Welt, den Kosmos, den Organismus, das Wesen des Kunstwerkes und das Wesen der Humanität. So wie für Schiller die Griechheit die höhere reinere Menschheit verkörperte fern von den erst später erkannten geschichtlichen Wahrheiten und Grundlagen, werden auch nun die Ideale in das Griechentum hineinverlegt. Das aber ist Neuhumanismus, dessen Bildungsprogramm Humboldt für die Unterrichtsanstalten festlegte. Es ruht gefestigt auf seinem geschichtsphilosophischen Dogma: „Die Verbindung der Eigentümlichkeiten der Alten und Neuern in eine einzige Form hervorzubringen, könnte man gleichsam die Endabsicht des deutschen Charakters nennen oder vielmehr das, wohin jeder von seinem Teil mitzuwirken streben muß, dem es um eine wahrhaft idealische Veredelung unseres Nationalcharakters zu tun ist [60]." Das Griechentum ist also zugleich die Verwirklichung einer nationalen Humanität, wie es auch die Symbole der Menschheit verkörpert. In romantischer Verschmelzung werden Wissenschaft und Poesie nicht voneinander geschieden, was um so leichter einzu-

[60] Eduard Spranger, a. a. O., S. 262.

sehen ist, als das wahre Verständnis der griechischen Originaldichtungen nur auf der Grundlage einer vertieften Sprachenkenntnis, einer wissenschaftlichen Ausbildung möglich ist.

Die Bedeutung Humboldts für die Bildung liegt darin, daß er wie keiner seiner Zeitgenossen den Bildungswert erkannte, der im Studium und in der Beherrschung der antiken Sprachen, besonders des Griechischen, liegt. Deshalb stellte er die Erlernung der alten Sprachen, ohne die er seine Bildungsidee nicht verwirklichen konnte, in den Mittelpunkt der modernen höheren Bildung und konzentrierte „die übrigen Kulturelemente, die er als Formkräfte der reinen Geistesbildung anerkannte, um diesen Mittelpunkt[61]". Eine Verwirklichung dieses Programms stellt hohe Anforderungen, sie verlangt den ganzen Menschen. Eine Bevorzugung einzelner Elemente und ein Zurücktreten anderer stört die Einheit und tötet den lebendigen Geist, von dem es getragen wird. Humboldt wußte um die menschlichen Unzulänglichkeiten, welche sich immer wieder als hemmende Kräfte in den Weg stellen, aber so lange der Blick auf das Ganze, d. h. den Mittelpunkt seines Bildungsprogrammes gerichtet blieb, war dieses Bildungsprogramm eine lebendig wirkende Kraft im geistigen Leben, um deren Erhaltung man sich allerdings ständig bemühen mußte. Das ist es auch, die persönliche Eroberung des Griechentums und überhaupt der Bildung, wofür Humboldt ein selbständiges großes Vorbild sein konnte. Der Bildungsgang, den er für sich selbst gefunden und zu dem ihm die Griechen den Weg gewiesen hatten, sollte maßgebend werden. Dabei ist er sich durchaus im klaren darüber, daß bei den Griechen nicht zu allen Zeiten die gleiche Idealität vorhanden war; sie hat keineswegs in allen Individuen die ganze Nation umspannt. Wenn Humboldt von den Alten spricht, so meint er die Griechen, im engeren Sinn sogar nur die Athener, während ihm Rom der Körper ist, „dem Griechenland die Seele einhauchte". Was für den Humanismus in seinen verschiedenen zeitbedingten Prägungen das wichtigste Kennzeichen bildet, ist die „Veredelung der eigenen Art durch die fremde[62]". Das ist das Vermächtnis der Antike, um das sich alle humanistischen Zeitalter und jeder einzelne, der sich Humanist nennen darf, bemühen. Das unterscheidet sie von jenen, die sich am Stoff um des Stoffes willen freuen, den Raritätenkrämern und ewigen Parallelenziehern, für die der Weisheit letzter Schluß ist, daß es nichts Neues unter der Sonne gibt. Nur auf dieser Grundlage und nur bei einer solchen Einstellung zur Antike besitzt sie den erziehenden, unterrichtenden und bildenden Wert, der immer wieder in Frage gestellt werden kann, sei es aus religiösen Gründen, indem man ihn für überflüssig hält, weil in den heiligen Büchern

---

[61] Werner Jaeger, a. a. O., S. 26.

[62] Albert Rehm, Neuhumanismus Einst und Jetzt. München 1931. = Münchener Universitätsreden 22, S. 13.

nicht davon die Rede ist, sei es aus rein materiellen und praktischen Gründen, weil man das Wissen um die fremde Art für einen unnützen Ballast hält und als eine Liebhaberei bezeichnet, für die es sich nicht lohne, so viel Zeit und geistige Kraft aufzuwenden und überdies, was verdiene man denn überhaupt damit? Als brotlose Beschäftigung für solche, welche in anderen geistigen Regionen und nicht auf dieser Erde leben, konnte schließlich alles bezeichnet werden, was in Beziehung zum Humanismus stand. Ja, es wurde ihm nachgesagt, daß er welt- und lebensfremd sei. Damit löste man ihn völlig von seinen Ursprüngen und, wenn man auch in den Vorwürfen gegen ihn zu weit ging, so waren sie doch berechtigt. Die wahre Heimat des Humanismus liegt nicht in der Gelehrtenstube oder im Wolkenkuckucksheim. Darin und in der Gleichgültigkeit gegen alles Religiöse, die schließlich zu einer Geringschätzung oder Ablehnung der religiösen Werte, zu einer Überbewertung des Menschlichen, einer Übersteigerung des Menschentumes führen konnte, lagen die großen Gefahren, denen Humanitätsgedanke und Humanismus im 19. Jahrhundert ausgesetzt waren und denen sie nicht standhielten. Nicht deshalb, weil sie wertlos wurden, sich überlebten oder ihre Sendung erfüllt hatten, sondern weil die Träger dieser hohen Gedanken sie als Gegebenheiten übernahmen und nicht mit einem neuen Geist füllen konnten; weil wohl noch die Gefäße und Gestalten da waren, nicht aber ihr lebenskräftiger und wirkender Inhalt; weil das selbständige Bemühen um die Erkenntnisse einem trägen Sichausruhen auf den Errungenschaften einer geistig wirksamen und kulturschöpferischen Nation gewichen war; weil die geistige Belastung es den Nachgeborenen schwer, ja unmöglich machte, mit eigenen geistigen Leistungen hervorzutreten — deshalb sank die Humanitätsidee von ihrer Höhe hinab. Das Epigonenbewußtsein klammert sich an Autoritäten, die sich nie für solche gehalten, sondern wie Erasmus sich nur als Wegweiser oder als Wetzsteine bezeichnet hatten. Es gehört zum Wesen des Humanisten, daß er eine Mittlerstellung einnimmt, daß er den Weg zur Bildung bestimmt, aber für sich selbst kein Ansehen fordert, sondern für die Vorbilder, mögen sie zur Nachahmung empfohlen werden oder als Ideale für eine geistige Haltung oder Einstellung zu den Dingen maßgebend sein.

Humanismus und Humanitas schließen Cicero, Erasmus, Herder, Humboldt und die vielen anderen zu einer geistigen Gemeinschaft zusammen, und gerade diejenigen, welche ihr Wesen erfaßten und sie zur bestimmenden höchsten Idee eines Systems erhoben, sind sich dessen bewußt, daß sie an einer ewigen Aufgabe mitlösen helfen, an den Problemen, welche der Mensch und die menschliche Natur dem Menschen gestellt haben, stellen und immer aufs neue stellen werden. Daß der Humanismus nicht immer mit dem Schritt der Zeit geht, liegt daran, daß es häufig an den Berufenen fehlt, die den neuen Situationen, vor welche die Menschheit gestellt wird, gewachsen sind, daß die Menschen, dem Gesetz der Beharrung folgend, nicht imstande sind, das sich ihnen als neu Offenbarende unter humanistischen Voraussetzungen und Gesichtspunkten zu beurteilen. Das kann aber keineswegs als ein Versagen des Humanismus bezeichnet werden, dessen Anpassungsfähigkeit und Lebenkraft sich eben dann bewähren, wenn seine Träger zur Klarheit über sich selbst und ihre Zeit gelangten.

Den Späteren mag es scheinen, daß die Höhepunkte des Humanismus in der Geschichte, an denen die Idee der Humanitas ihre reinste Gestaltung empfing, von den Trägern der Gedanken nur als Ausblicke oder Ausgangspunkte in eine glückliche Zukunft angesehen wurden. Wenn sie sich auch dessen bewußt waren und es aussprachen, daß eine Verwirklichung ihrer Ideale immer an den bösen Mächten, denen die Natur verfällt, scheitert, so sind sie sich doch auch klar darüber, daß ihre Zeit und Umgebung von diesen Zielen weit entfernt ist und es nötig wäre, den eingeschlagenen Weg fortzuschreiten. Es ist wohl auch kein Zufall, daß das Ideal der Humanitas gerade in stürmischen Zeiten, die von Not und Krieg oder schweren geistigen Kämpfen und Auseinandersetzungen heimgesucht werden, seinen besten Glanz erhält. Die Flucht aus dem Chaos in einen wohlgeordneten geistigen Kosmos, der unter dem Gesetz einer schönen und edlen Menschlichkeit steht, und der Wunsch zur Versöhnung der Gegensätze zu einem harmonischen Ausgleich durch ein Gespräch von Mensch zu Mensch sind für die geistigen Situationen, in welchen die Humanitas zur Weltanschauung wird, charakteristisch. Das Urteil über die Bedeutung der Leistungen und die Erkenntnis, daß ein Höhepunkt an Bildung erreicht oder überschritten wurde, bleibt einer späteren Zeit vorbehalten, einer Zeit, die mit sehnsüchtigem Blick nach rückwärts sieht und sich aus der Vergangenheit Richtlinien für die Zukunft ableitet.

So lebensvoll und geistgeladen auch Humboldts Humanitätsidee war und so segensreich sie sich auswirkte, solange sie in seinem Geist verstanden wurde, so bedeutsame Leistungen auf allen Gebieten der Bildung im Verfolg seiner Ideen zu beobachten sind; auch dieses Erbe bedurfte treuer Hüter und edler Verwalter, welche mit dem Pfund wuchern, das ihnen übergeben wurde. Mit anderen Worten: die Abkehr vom Idealismus, eine andere Einstellung zur Vergangenheit, brennende Fragen der Zeit, eine Fülle von Problemen, welche der Menschheit zur Lösung vorgelegt wurden, und schließlich auch die ständigen Fortschritte der klassischen Altertumswissenschaft, die im 19. Jahrhundert dem Altertum als Realität und lebendigem Organismus näher kam als die vorhergehenden Zeiten, zeigten, daß gerade die Griechenauffassung Humboldts, auf der sein System aufgebaut war, erschüttert werden konnte. Sie ruhte auf einer seherischen Projektion seines persönlichen Wollens und widersprach den Wirklichkeiten. Sobald diese erkannt waren, verloren auch die Normen, welche Humboldt aufgestellt hatte, ihre Gültigkeit. Wohl war auch ihm der Unterschied zwischen dem

Griechentum und seiner geistigen Umgebung bewußt, aber er suchte ihn in dem Begriffe des Menschheitsvolkes auszugleichen und zu beheben. Er rechnete doch mit den Gegebenheiten und schränkte die Ideale der Griechen dahin ein, daß sie Naturkinder von frischer Sinnlichkeit waren, aber „das ganze Reich der Innerlichkeit, jenes Unendliche, das sich in der Selbstbesinnung auftut, noch nicht entdeckt" hatten. Er spricht also in enger Berührung mit Gedankengängen Herders und Schillers dem Griechentum die absolute Idealität ab und sieht „die Möglichkeit eines Fortschrittes über die Antike[63]" hinaus. Dennoch konnte er diese letzten Folgerungen nicht ziehen, weil er davon überzeugt war, daß das Griechentum nie erreicht werden konnte, daß man über seine geistige Welt ebenso wenig hinauskommen könne, wie die Wirklichkeit über die Kunst hinausschreitet. Es gelang Humboldt nicht, den unvereinbaren Gegensatz, der zwischen Ideal und Wirklichkeit besteht, versöhnend auszugleichen, auch dadurch nicht, daß er im Griechentum ein Symbol der Menschheit sah.

V.

Das Wesen des Humanismus bringt es mit sich, ja es bedingt gleichsam, daß er nicht von festen Formen getragen wird oder über ganz bestimmte Ausdrucksmittel verfügt. Das ist teils aus seiner Fähigkeit zu erklären, sich den bestehenden Verhältnissen anzupassen und jene Formen zu wählen, mit denen seine Träger ihre Ziele am besten zu erreichen glauben, teils auch aus der Zeitlosigkeit und der Wiederkehr der humanistischen Geisteshaltung, die überall auftauchen kann, wo sie günstige Lebensbedingungen findet. Da alle humanistischen Erscheinungsformen, unter denen wir die antike Humanitas, die Zeitalter des Humanismus und der Humanität zusammenfaßten, Bildungsideale erstreben und sich um ihre Verwirklichung bemühen, stehen sie mit den höheren Bildungsanstalten und dem Wissenschaftsbegriff in engem Zusammenhang. Die Bildungsvermittler, die Gelehrten und Lehrer, sind also die Träger des Humanismus, welche sich zusammenfinden entweder als Lehrkörper einer Schule, deren geistiges Antlitz sie formen oder in einer freien Vereinigung und geselligen Zusammenkünften, bei denen Fragen der Bildung und Wissenschaft behandelt werden. Unter allen Arten und Möglichkeiten solcher Vereinigungen hat die Schöpfung Platons am meisten Schule gemacht; denn wenn man die Bildungsideale des Abendlandes verfolgt und ihre Entwicklung zur Höhe sucht, so trifft man fast immer auf den Namen der platonischen Schöpfung Akademia.

Im Bewußtsein, daß die Kulturwerte der Antike für die Nachwelt gerettet werden müssen, daß die Bildung nicht dem Untergang geweiht

---

[63] Eduard Spranger, a. a. O., S. 469 f.

werden und der Zerstörung anheimfallen darf, zog sich der Staatsmann Cassiodor mit Gleichgesinnten zu einer gelehrten Lebensgemeinschaft zurück und gründete das Vivarium, befahl Benedikt von Nursia seinen Jüngern, die bildungsvermittelnden Werke des klassischen Altertums abzuschreiben. Da hieß es: „Rettet die Bücher vor dem Zugriff der Barbaren!" Man wußte, daß das Buch der wichtigste und entscheidendste Vermittler dieser Bildung, der Bewahrer vor dem Ansturm der Barbarei war. Die Hüter des geistigen Erbes, die vielen Namenlosen, welche in unseren Augen eine rein mechanische Tätigkeit ausübten, sind für Schicksal und Wandlung des Humanismus von ebensolcher Bedeutung, wie die geistigen Träger und Schöpfer von Systemen, die Anreger und Organisatoren, welche durch ihre Werke und ihr persönliches Beispiel auf ihren fernen und nahen Umkreis wirken konnten. Die Gelehrten am Hofe Karls des Großen vereinigten sich in einer Akademie, als deren Mitglieder sie sich antike Namen wählten. Unmittelbar an Platons Schöpfung knüpfte die nach ihm benannte Akademie zu Florenz an. Sie wurde nach dem päpstlichen Hof zum wichtigsten Vermittler humanistischen Gedankengutes im 15. Jahrhundert. In losen Vereinigungen taten sich die Männer des Humanismus zu Heidelberg, Paris, Erfurt, am Oberrhein zu Schlettstadt und Basel, zu Wien und Krakau zusammen, um wissenschaftliche Pläne und Arbeiten zu besprechen, um Einwände oder Anerkennung ihrer Ausführungen zu hören, anzunehmen oder abzulehnen. Rührendes Bemühen, liebevolle Tatkraft und glühendes Streben nach Wahrheit und neuen Erkenntnissen schlossen die vielen losen und engen Vereinigungen von Gelehrten und Förderern der Wissenschaft zusammen, mochten ihre Zusammenkünfte den Charakter gelehrter Sitzungen, den von Symposien oder Trinkgenossenschaften haben, bei denen gemeinsam meist satirische literarische Arbeiten gegen die geistige Barbarei besprochen wurden. Es ist eigentümlich, daß mit dem Aufstieg humanistischen Gedankengutes nicht nur die Diskussion über Homer und Vergil zusammenhängt, sondern auch der Aufstieg des Platonismus und Neuplatonismus und deren höhere Bewertung und Einschätzung als in den Zeiten, da Aristoteles ein Günstling der Zeit war. Das hängt auch damit zusammen, daß der Humanismus der Systematik zwar nicht abhold ist, aber allen Formen auszuweichen sucht, welche starr und als Zwang empfunden werden können. Er ist oft den Gefahren einer schulmeisterlichen Schematisierung preisgegeben worden und hat damit vorübergehend seine Würde eingebüßt.

Ziel und Streben des Humanismus und seiner Anhänger ist ein geistiges freies Reich, das nur von einer freien Vereinigung Berufener betreten werden kann. Damit kann der Begriff einer Ritterschaft des Geistes verbunden werden, wie dies im 19. Jahrhundert der Fall war, wo der Humanismus unter Berufung auf seine Beziehung zum Menschlichen säkularisiert wurde. Diese Geistesritterschaft, wie sie vereinzelt in der Vergangenheit bei einem humanistischen Ritter vom Schlag eines Ulrich von Hutten begegnet, wird unter besonderer Betonung von dessen publizistischer Tätigkeit über die Männer der Feder, die Tagesjournalisten und Leitartikelschreiber, die stimmungmachenden Parteigänger besonderer Richtungen ausgedehnt, obwohl dem Humanismus gerade in diesen Bereichen nie eine dauernde Heimstätte bereitet werden kann. D. h. nicht, daß er es ablehnt, streitbar zu sein, die Waffen der Ironie und die Lauge des Spottes nie anwendet, aber es liegt in seinem Wesen, daß er überall da, wo er Barbarei wittert, fern bleiben will und jede Gemeinschaft zurückweist, welche ihn von seinen Ursprüngen entfernt. Man könnte im 19. Jahrhundert auf lange Strecken von einem echten und einem unechten Humanismus sprechen. Eines von vielen Merkmalen für diesen ist es, daß das Symposion zum Stammtisch hinabsinkt und die ritterliche Tafelrunde über die mönchische Gemeinschaft gestellt wird.

Wenn Rabelais das Ideal einer humanistischen Gemeinschaft darstellen will, so sieht er sie in einem Kloster Gestalt gewinnen. Es ist die Abtei Thelema, die Abtei vom freien Willen, welche zwar mit der Absicht gestiftet wurde, daß sie völlig anders eingerichtet werden sollte als die übrigen Klöster. Deshalb gibt es keine Ordensregel, keine Tageseinteilung, keine Mauern, sondern Verstand und Bedarf müssen Arbeit und Leistung bestimmen. Nicht als Versorgungsanstalt für Alte und Kranke, für Häßliche und solche, welche für andere Berufe untauglich sind, ist dieses Kloster gegründet worden, in das nur schöne, begabte und starke Menschen, die an keine Verpflichtungen gebunden sind, aufgenommen werden dürfen. Sie können ohne Einwilligung der Oberen aus der Gemeinschaft ausscheiden, über reiche Geldmittel verfügen und die Freiheit nach dem Grundsatz genießen: Tu, was du willst! Wozu soll man auch Regeln vorschreiben, da den wahrhaft Gebildeten doch eine innere Stimme sagt, wie sie sich betragen sollen? Tugendhaft zu handeln, das Laster zu meiden, den Nächsten zu lieben und mit der Umgebung in Freundschaft auszukommen, Wissenschaft und Kunst zu pflegen, sich das Leben schön und leicht zu machen, den Zwang aller Bildungshemmungen abzustreifen, die freie Entfaltung der edlen menschlichen Fähigkeiten zu fördern: das ist es, was diese Gemeinschaft der auserwählten Jünglinge und Jungfrauen aneinanderbindet. Es ist immer wieder der Blick in Ideale, sei es der Vergangenheit, wo sie das Griechentum verwirklicht hatte, sei es der Zukunft in einem erträumten Wunschland. Es tut dabei nichts zur Sache, ob man an eine Verwirklichung glaubt oder sich nur in sehnsuchtsvollen Gedanken und Wünschen damit beschäftigt. Immer ist die Überzeugung wach, daß der Humanismus, die wahre Humanität als Entfaltung der besten menschlichen Kräfte nur wenigen Auserwählten beschieden ist und daß diese zwischen sich und den anderen jede Gemeinsamkeit ablehnen. So verbietet denn auch der Spruch am Eingangstor zur Abtei Thelema den Zutritt denen, welche irdischen

Gütern nachjagen, eine edle Gesinnung vorspiegeln, das Recht mißbrauchen oder verbiegen, und den Ausbeutern des Volkes. Aufnahme finden nur die Freien im Geiste, die Edlen, Guten und Schönen, die Aufrechten, welche an ihrer Überzeugung auch dann festhalten, wenn sie verfolgt werden. D. h. mit anderen Worten: Der Humanismus wohnt in der Gesinnung. Sie ist die Voraussetzung für sein Gedeihen und Wachstum. Nur aus einer edlen Gesinnung kann wahre und echte Bildung entstehen. Diese aber ist nicht bloße Anhäufung des Wissens, Stoffhuberei, sondern geistige Verarbeitung des Materials, damit es als lebendige Kraft wirken kann. Daraus schon läßt sich die Zeitlosigkeit der humanistischen Ideale ableiten.

So wie der Humanismus und der weite Umkreis seiner Gedankenwelt keine festen Formen besitzt, den Bedürfnissen der Menschen und Zeiten angepaßt wird und sich in gar vielen Erscheinungsformen äußert, ist es verfehlt, von diesen zu sagen, sie seien richtig oder falsch, weil die Keime zu einer abwegigen Entwicklung in sie hineingelegt sind. Es geht daher nicht an, die große mit Petrarca einsetzende humanistische Bewegung, deren Höhepunkt Erasmus und Ende Montaigne bezeichnen, als echten Humanismus gegen den Neuhumanismus oder das Zeitalter der Humanität auszuspielen, weil der echte Humanismus daran erkannt werden könne, daß er auf einer hohen Auffassung der Sprache ruhe. Dem gegenüber ist daran zu erinnern, daß der Humanismus allerdings immer eine edle sprachliche Form pflegt — aber nicht als Selbstzweck, denn die Sprache bleibt nur die Vermittlerin der Gedanken. Als geistige Kraft stellt der Humanismus die Einheit von Gehalt und Gestalt, von Stoff und Form her. Mit der Erschöpfung der Ausdrucksmöglichkeiten der humanistischen lateinischen Sprachform erstarrte die ganze geistige Bewegung in einem Formalismus um seiner selbst willen, genau so wie im Neuhumanismus Humboldts schließlich durch Übertreibung griechischer Vorbildlichkeit die Harmonie der geistig-stofflichen Einheit gestört wurde. Schon der Umstand, daß in den humanistischen Zeitaltern aus dem unerschöpflichen Vorrat der Antike nicht immer die gleichen Ideen, Formen, Vorbilder oder Gestalten aufgerufen werden, sondern daß es die geistigen Bedürfnisse der Zeiten sind, welche dem Verwandten, Ähnlichen oder Vorbildlichen, dem in der Antike Vorgebildeten zu neuem Leben verhelfen, zeigt, daß die Masse der Antike von der Zukunft her immer wieder neu belebt werden muß, wenn sie wirksam werden sollte. Es ist daher verfehlt, Cicero als den alleinigen Vermittler des wahren Humanismus zu bezeichnen, nur jene Zeitalter oder Menschen als humanistisch anzusehen, welche ihm verpflichtet sind oder sich auf sein Vorbild berufen, und die anderen, in welchen sein Einfluß nicht zu bemerken ist, als unhumanistisch zu bezeichnen. Gewiß ist Cicero einer der wichtigsten Vermittler der antiken Humanitas für das Abendland geworden, aber keineswegs alle humanistischen Zeitalter oder Persönlichkeiten kündigen sich mit einem Preis Ciceros an oder fühlen sich ihm in erster

Linie geistig verpflichtet, ebensowenig wie nur das römische oder nur das griechische Altertum als Maß angesehen werden kann, an das sich die jeweiligen Bedürfnisse einer modernen vorwärtsstrebenden Zeit angleichen, denn das ist es ja, was humanistische Zeitalter kennzeichnet, daß sie modern empfinden, die Gegenwart umgestalten und in die Zukunft hineinbauen wollen und daß sie sich in ihren Bestrebungen auf Vorbilder aus der Antike berufen können, die ihnen das sagen, dessen sie bedürfen. Es tut dabei nichts zur Sache, daß sie ihr Sehnen und Wollen, ihr Formempfinden und ihre Kunstauffassung in das hineinlegen, was die Antike überliefert hat, daß sie sie mit ihren Worten und Gedanken sprechen lassen.

Wie es dem Humanismus des 15. Jahrhunderts um sprachlich formale Probleme ging, wie die Magie des Wortklanges der klassischen Latinität die Gelehrten begeisterte, wie man sich dessen bewußt wurde, daß die Beherrschung der Sprache den geistigen Wirkenskreis des Menschen vergrößere, wie also die Antike ihre Aufgabe für diese Zeit darin erfüllte, daß sie Wegweiserin eines philologischen Zeitalters wurde, so ging es den Schöpfern des Neuhumanismus um eine Geisteshaltung, welche der Menschennatur entsprach. Sie fanden sie auf zwei Wegen, deren erster aus der antiken Plastik, d. h. den damals bekannten Skulpturen, zum größten Teil hellenistischen Kopien der großen klassischen Originalschöpfungen, das Dogma von der edlen Einfalt und stillen Größe ableitete, während der zweite, wie bereits angedeutet, von Homer über dessen Neuentdecker zu Herder, Goethe und Humboldt führte. Beide Wege vereinigen sich im Natur- und Kunstidealismus der deutschen Klassik. Beide entfernen sich von der lateinischen Tradition und ihren Formidealen, die seit dem 15. Jahrhundert maßgebend gewesen waren. Man könnte auch sagen: in einem Zeitalter, in dem bei den großen abendländischen Völkern sich die eigenen nationalen Sprachen ihre besonderen Stil- und Ausdrucksmöglichkeiten geschaffen hatten, die denen des Humanistenlatein überlegen waren, hatte die lateinische Rhetorik mit ihrer Erziehung zur Form ihre Aufgabe erfüllt. Was nunmehr aus der Antike herausgeholt oder in sie hineingelegt wurde, waren innere Bewegtheit und Unruhe, wie sie die sogenannte Volksdichtung, welche Vico, Hamann und Herder entdeckt hatten, ausstrahlt, sowie die klassische Ausgeglichenheit einer harmonischen Ruhe, welche die leidenschaftliche Bewegtheit eindämmt. Auch der Blick nach dem Gegensätzlichen in der naiven und sentimentalischen Dichtung, der klassischen und romantischen Literatur, blieb an den Erscheinungen der Antike haften und wählte sich aus ihr Vorbilder nicht zur Nachahmung, sondern für die geistige Grundhaltung des künstlerischen Schaffens.

Wer die Humanitas Erasmiana und die Bildungideale des 16. Jahrhunderts mit denen des Neuhumanismus vergleicht, dem werden außer diesen noch andere Unterschiede auffallen, vor allem, daß der Begriff der Frömmigkeit ersetzt wird durch den des Kunstenthusiasmus. Das Erziehungsideal, welches der Straßburger Schulmann Johannes Sturm auf die Formel „sapiens et eloquens pietas" gebracht hatte, bedeutete einen Abstieg von der erasmischen Höhe des christlichen Humanismus, weil nunmehr die allgemeinen Begriffe und Ideale auf besondere Bezirke eingeengt wurden, denn es hieß nicht mehr fromme Hingabe an das überirdische Wesen, sondern Erkenntnis Gottes im Rahmen eines bestimmten Glaubensbekenntnisses, Übungen in Gebet, Gesang und Musik, Erziehung zu sittlicher Tüchtigkeit, Beherrschung des Wissensstoffes und gewandte Handhabung der lateinischen Sprache. So vollzieht sich auch im 19. Jahrhundert auf dem Boden des Humanismus eine der des 16. Jahrhunderts parallele Entwicklung, indem das Lehrprogramm nach besonderen Grundsätzen normiert wird. Dabei erhebt sich die Frage, ob ein Lehrprogramm überhaupt Bildungsideale verwirklichen kann, weil für diese keine festen Normen aufgestellt werden können. Eine der vielen und vielleicht die wichtigste Ursache, weshalb der Humanismus im 17. Jahrhundert von seiner lebendigen Kraft einbüßte und nicht mehr so wirkenskräftig und bildungfördernd war, ist diese, daß sein internationales Ausdrucksmittel, die am klassischen Vorbild geschulte lateinische Sprache, schließlich ausgeschöpft und unfähig war, den Bedürfnissen einer neuen Zeit gerecht zu werden und nachzukommen. Diese Sprache dachte und dichtete sich selbst in Gedankengängen und Formen, welche kein inneres Eigenleben mehr besaßen, sondern als Gewohnheit, Herkommen oder ehrwürdiges Vorbild angesehen wurden, über die es kein Hinausschreiten gab. Automatisch stellten sich Gedanken, Worte und Formen ein. Das schöne Wort von der stolzen Macht der Form, welches der niederländische Dichter Johannes Secundus geschaffen hatte, verlor seinen tiefen Sinn. In seinem Wesen aber bedeutete es nichts anderes als das Ideal der deutschen Klassik, welches Goethe „geprägte Form, die lebend sich entwickelt", genannt hat. Dahinter steht die Erkenntnis, daß selbst die geprägteste Form, welche Goethe schon früher dem „literarischen Sansculottismus" gegenüber ausgespielt hatte, nie um ihrer selbst willen Bestand hat, sondern daß sie den Bedürfnissen der Zeit und der Individualität ihrer Träger angepaßt werden soll. Es ist die untrennbare Einheit Form und Geist, welche aus dem ewigen humanistischen Geiste gefordert wird. In dieser Forderung ist sich die Theorie des Humanismus, so wie sie die platonische Akademie in Florenz geformt hatte, einig mit den hohen Forderungen, welche das Zeitalter der Humanität für die Kunst aufgestellt hat.

Die erkennbarste Erscheinungsform des Humanismus liegt nicht im Bereich der Gedanken, der Theorie und ihrer Gesetze — seien sie von vornherein aufgestellt oder seien sie aus vorbildlichen Werken abgeleitet —, sondern im Reich der Kunst und ihrer sinnlich faßbaren Schöpfungen. Erst vom sinnlichen Eindruck, seiner Erfassung und Verarbeitung führt der Weg zu den Ideen, welche sich mit den Formen zu einer unlöslichen Einheit verbinden. Das Genießen des Schönen ist nur eine Vorstufe, eine Station auf dem Weg zur Erkenntnis der harmonischen Schönheit. Daraus kann mühelos die innige Verbindung zwischen Humanität und klassischer Formgebung gefolgert werden. Die Gestaltung der Idee, des geistigen Bildes, in einer sinnlich faßbaren Gestalt verlangt von dem Schöpfer und dem Aufnehmenden gefühlsbedingte Beschwingtheit, Aufgeschlossenheit und Aufnahmebereitschaft für das Formschöne. Aber diese gefühlsmäßigen Regungen dürfen sich nicht mit dem Genießen allein begnügen. Erst wenn der Verstand die Gedanken erfaßt hat, welche hinter den Bildern stehen, wenn es ihm gelang, die Idee zu erhaschen und ihre Erscheinung im sinnlich faßbaren Werk zu erkennen, vollzieht sich in seinem nachschaffenden Inneren ein Vorgang, der ihm den künstlerischen Schöpfungsprozeß geistig näherbringt. Er hat diese Erde verlassen und wandelt im Lande der Freiheit, in dem nicht die ungebändigten Triebe herrschen, sondern in dem jeder, wie es die Abtei Thelema vorschreibt, tun kann, was er will, d. h. dem inneren Gesetz seiner Persönlichkeit, seiner Menschennatur und -würde folgt und die von selbst sich einstellenden Grenzen und Maße nie überschreiten kann. Das ist die freie Gesetzlichkeit in der Harmonie des Geistigen mit dem Sinnlich-Faßbaren.

VI.

Der Weg und die Wandlungen des Humanismus im 19. Jahrhundert und die bewegenden Kräfte, welche diese Veränderungen herbeiführten, sind schon angedeutet worden. Im wesentlichen wird man von einer Störung der Einheit sprechen können, welche auch im Bedeutungswandel der Worte Humanismus und Humanität zu verfolgen ist. Der Sinn, den das Wort „human" nun erhält, das schon im 17. Jahrhundert freundlich und leutselig bedeutet und im 18. Jahrhundert gleichsam zu dem höheren Sinn von Menschenwürde aufsteigt, zeigt diese Scheidung, diese Trennung zweier Bezirke an. Auf den Spuren der Humanität strömen viele Erscheinungen, die aus dem Mitleid entspringen, in den Begriff ein und drängen gleichsam die Bildungswerte, die Herder noch damit verbunden hatte, zurück, während sich diese dem Humanismus gesellten. Damit wird die Einheit von Fühlen und Denken, unbewußtem Empfinden und erfassendem Verstehen gestört, wird die Harmonie zerrissen, welche für die Humanitas in ihrer antiken, erasmischen und herderschen Prägung kennzeichnend war. So verbindet sich mit dem Worte Humanität die Bedeutung einer weichen Sentimentalität, Schwärmerei oder Resignation. Ihre Triebfeder ist die Barmherzigkeit, das Mitleid.

Von hier aus lassen sich viele Brücken zum Christentum und zu den Geboten des Weltheilands schlagen. Das Christentum wurde im 19. Jahrhundert als Humanitätsreligion aufgefaßt, Christus wurde zu einer Gestalt, in der die menschlichen Tugenden, welche auf der Barmherzigkeit ruhen, das bestimmende Element sind. Damit wurde er seiner Göttlichkeit entkleidet und zu einem edlen vorbildlichen Menschen, dessen ausgleichende Milde und segensreiches Vorbild für den Verkehr der Menschen untereinander maßgebend sein sollen. Die Religionssysteme werden danach völlig belanglos, weil ihnen die göttlichen Grundlagen entzogen werden. Die Entwertung des Göttlichen zeigt sich darin, daß nur noch die ethischen Werte übrigbleiben und anerkannt werden, weil sie der Vernunft entsprechen und von praktischer Bedeutung sind. Alles andere wird als rein äußerlich und nebensächlich angesehen. Die Kirchengeschichte des 19. Jahrhunderts bietet zahlreiche Beispiele für solche Erscheinungen. Auch diese Auffassung wandelt auf humanistischen Bahnen, insofern sie an die Vorstellung von den naiven ersten zur Kultur berufenen Menschen, den Griechen, anknüpfen kann. Hierin verbindet sich rousseauisches mit neuhumanistischem Gedankengut. Im Gegensatz zu Zerrissenheit und Weltschmerz, von denen das unbefriedigte Zeitalter des Vormärz heimgesucht wird, steht die naturhafte, reine und schöne körperliche und geistige Haltung der Griechen. Sie verkörpern die schöne Einheit. Da lebt nun die arkadische Landschaft und Schäferwelt in geistigen Bezirken wieder auf.

Das Bild, das man sich von den Griechen machte, ist unbeschwert von aller Problematik und wird von beschwingter Heiterkeit und anmutigem Frohsinn getragen. Erst als die Forschung im Zeichen des jungen Nietzsche und Erwin Rohdes den ringenden heimgesuchten, leidenden und nach innerer Befreiung lechzenden Bezirken der griechischen Religion ihre Interessen zuwandte, als aus wahlverwandter Stimmung der Pessimismus in der Antike entdeckt wurde, verlor das Bild von der ewigen Ruhe und Heiterkeit des Olymps seine Allgemeingültigkeit. Durch den Kontrast mit dem Dynamischen, Dionysischen konnte das Statische, Apollinische richtig gewürdigt und in seiner Bedeutung erfaßt werden. An der Einheit des Griechentums wurde festgehalten. Aber die harmonische Einheit der Humanitätsidee Herders und Humboldts löste sich in die Sentimentalität des Menschlichkeitsbegriffes und in die Überbetonung des Menschlichen auf, das souverän seine Rechte forderte. Ruhte jene auf dem Leid und dessen Milderung, kämpfte sie gegen die Trägheit des Herzens an, so berief sich dieses auf die über Herkommen und Sitte triumphierenden Rechte der Persönlichkeit. In diesem Zeichen wurde die geltende moralische Konvention als Heuchelei angeprangert und der Satz verkündet, daß sich die große Persönlichkeit ihre moralischen Grundsätze selbst schafft. Damit ging die Vorstellung einer in sich selbst ruhenden und sicher handelnden Persönlichkeit verloren; so wurde die Lebensregel der Abtei Thelema, auf die sich besonders die Wende zum 20. Jahrhundert berief, in einem Sinne aufgefaßt, der die Einheit des Humanitätsgedankens zerschlug. „Tue, was du willst!" hieß nun der Willkür, dem Einfall des Augenblicks, dem Genießen um seiner selbst willen, der Roheit und den Trieben die Tore öffnen, die Überlegung ausschalten, das weise Maßhalten als griesgrämlich verspotten, planlose Selbstbildung und Willkür an die Stelle eines geschlossenen Bildungsprogramms setzen. Es gelang nicht, dieses den veränderten Bedürfnissen der Zeit anzupassen; denn was diese Zeit an neuem erlebte, was an Problemen sich ihr zur Lösung stellte, was sie zu bewältigen hatte, indem sie es einordnete und in entwicklungsgeschichtliche Zusammenhänge stellte, wurde mehr bestaunt und bewundert, als daß man sich geistig mit ihm auseinandersetzte.

Die Bewunderung der menschlichen Leistungen, welche den Wirkungskreis des Menschen durch Maschine und Mechanisierung, Material und Technik ins Ungeahnte steigerte, brachte den Menschen ihre zunehmende Macht zum Bewußtsein, von deren Auswirkung sie selbst noch keine Ahnung hatten. Wo Technik und Material über den Geist triumphieren, wo Idee und Bild die neuen Einrichtungen und ihre Auswirkungen nicht verfolgen können, wo die Gedanken nicht zu Ende gedacht oder in eine selbstgeschaffene Ordnung gebracht werden, findet die Humanitas keine Heimstätte.

In solchen Zeiten wird der Wert der Bildung, welche sich vor wichtigen Erscheinungen der Zeit abschließt, sie verneint oder sie nicht beachtet, mit einem scheinbaren Recht in Frage gestellt. Da ist es eine leicht verständliche, nahezu zwangsläufige Folgerung, daß der Humanismus als Bildungsmittel und seine erziehende Aufgabe einer scharfen Kritik unterworfen werden, ja daß ihm für das Zeitalter der Technik auf weite Strecken seine Daseinsberechtigung abgesprochen wird. Es konnte ihm sogar nachgesagt werden, daß er versagt habe, weil seine Vertreter in ihrer Selbstüberheblichkeit sich darauf berufen zu können glaubten, daß sie die Hüter des Geistes seien, und einen Trennungsstrich zwischen ihrer Welt und der der bloßen Materie zogen. Das so häufig angewendete Wort „Geist", welches in sehr verschiedenem Sinne ausgelegt wurde, konnte die chaotische Lage ebensowenig klären wie das mechanisierte Gedankenspiel mit den polaren Gegensätzen, mit These und Antithese. Gerade jene, welche sich so selbstbewußt auf den Geist beriefen, verfielen nicht selten den Verlockungen einer Methode oder Mechanik, mit der sie den Ideen und Gedanken beizukommen suchten, welche an das Materielle, z. B. an sinnlich wahrnehmbare Ausdrucksformen, gebunden sind. Sie waren sich dessen kaum bewußt, daß sie, besonders wenn sie sich einem Kunstwerk mit einer solchen Einstellung nahten, dessen Einheit zerstörten, indem sie die Analyse des Materiellen, der äußeren sichtbaren oder hörbaren Erscheinungen um ihrer selbst willen betrieben, während sie dem Sinn, dem geistigen Gehalt gegenüber versagten. Mit anderen Worten: Sie hielten ein rein äußeres Verfahren für eine Methode, einen Weg, um in die Geheimnisse der Ideen einzudringen. Allein schon die Anwendung naturwissenschaftlicher Forschungsweise auf Gebiete und Stoffe der Geisteswissenschaften zeigt, daß das Wesen der verschiedenartigen Forschungsgegenstände nicht erkannt wurde. Zwar ist die Beobachtung der Einzelheiten — ein Vorgang, der mit der zunehmenden Anwendung des Mikroskopes parallel läuft — bedeutsam verfeinert worden, aber gerade dadurch wurden die Zusammenhänge innerhalb der Einheit eines Organismus in einem Kunstwerk oder in einer geistigen Schöpfung zerrissen. Der Blick des Beobachters richtete sich zu sehr auf die Einzelheiten und nicht auf das Ganze.

Dem Vertreter des Humanismus im 19. Jahrhundert ist mit Recht nachgesagt worden, daß er über der notwendigen und unerläßlichen Andacht zum Kleinen vergessen kann, darauf zu sehen, wie alles sich zum Ganzen webt. Eine in sich abgeschlossene Bildung, wie sie das Humanitätsideal fordert, wird von dem Gedanken eines Universalismus getragen. Sie sträubt sich gegen das Spezialistentum, das für Erscheinungen, welche außerhalb eines engen Kreises liegen, kein Interesse aufbringt und von unnützem Kräfteaufwand spricht, wenn der Versuch gemacht wird, diesen Kreis zu erweitern. Aber gerade einem solchen Universalismus kann vorgeworfen werden, daß er Küstenschiffahrt betreibt und sich mit der Oberfläche der Erscheinungen beschäftigt, daher nicht imstande ist, sie aus der Tiefe seines Wesens zu erfassen. Ebenso wie man sehr verschiedener Meinung darüber sein kann, wer in unserer Zeit ein Träger wahrer Bildung ist und man zwischen den Gebildeten und Ungebildeten mannigfache Grenzlinien ziehen kann, ist der Begriff der Bildung an sich schwer zu fassen. Im humanistischen Sinne müssen sich in der Weite seines Begriffsumfanges Herzens- und Verstandesbildung die Waage halten, und es wird auch weniger auf das gegenwärtige Wissen, welches aus dem Träger der Bildung hervorsprudelt, auf die Masse des Stoffes und die Weite der Gebiete, welchen dieser Stoff angehört, Wert gelegt werden dürfen als auf die Art und Weise, wie diese Bildung sich äußert, wie sich in ihr eine Persönlichkeit spiegelt oder wie diese die Dinge und Erscheinungen, welche ihr begegnen, beurteilt, wie sie sich mit ihnen auseinandersetzt, wie sie angewendet werden, um nutzbar für die Menschheit zu sein. Von diesem Gesichtspunkte aus gesehen, kann der Humanitätsgedanke, der nie die abendländische Tradition zerreißt und immer wieder, sobald er wirksam wird, aus seinen antiken Ursprüngen neu abgeleitet wird, gar nicht veralten. Es heißt das Wesen des Humanismus völlig verkennen, wenn erklärt wird, er habe versagt, ja er sei verantwortlich für die geistigen Krisen der Gegenwart, er tauge nichts, und seine Kräfte müßten beim Bau einer neuen Weltordnung ausgeschaltet werden. Damit erklärt man entweder, daß diejenigen, welche als Vertreter des Humanismus angesehen werden und ihn in Mißkredit gebracht haben, nichts vom Wesen des Humanismus und der Humanitätsidee wissen, oder daß man entschlossen ist, eine utopische Welt aufzubauen, in welcher man freiwillig darauf verzichtet, Traditionen und Entwicklungen fortzusetzen, sich eines treuen Begleiters der Menschheit zu bedienen, indem man sich Grundlagen für eine Bildung schafft, die völlig unberührt von der abendländischen Kultur ist, d. h. daß man sich mit bewußter Absicht geistig von den Griechen löst.

Was immer eine Generation wie die unsrige erlebt und gelitten hat, was sie sich und anderen vorzuwerfen hat als Verbrechen an der Menschheit und Menschlichkeit, was sie an Abscheu und Scham über ihre Zeitgenossen empfand, erklärt den Willen, neu anzufangen und den Pessimismus zu überwinden, aus der Tiefe und dem Dunkel emporzusteigen, eine neue geistige Welt zu schaffen und neue Bildungsideale aufzustellen. Gerade dieses aber verpflichtet auch dazu, nicht wahllos alles zu verdammen, Verantwortliche am Unglück und der Katastrophe der Menschheit in der Vergangenheit oder in den Sternen zu suchen, sondern einzelne Erscheinungsformen und kulturelle Gedanken auf ihren Wert hin zu prüfen, das Ewige und Zeugungskräftige im Zeitlichen zu suchen, in seiner Reinheit wieder herzustellen, nutzbar zu machen und weiterzugeben an die Kommenden, aus dem Chaos, den Trümmern, den Ruinen einer zusammengebrochenen Welt, welche zum Untergang reif war, einen Kosmos zu gestalten, in dem die einzelnen wieder erschlossenen und wirkungsfähigen Kräfte sinnvoll walten. Die geschichtliche Erfahrung und nicht ein einseitiger Historismus, der sich an die äußeren Erscheinungen hält, kann lehren, daß eine Besinnung auf die kulturellen Werte und ihre abendländischen Schöpfer, die Griechen, immer dann eintrat, wenn die Menschheit nach dem Leuchtfeuer der Zukunft Ausschau hielt, wenn sie schaffensfroh nach vorwärts blickte. Dann sah sie ihr Wollen bei den Griechen als Wirklichkeit. Vieles, was im alten Hellas gedacht wurde, begleitet als unvergängliche Idee das Denken, die Bilder des geistigen Lebens und Wirkens seit zweieinhalb Jahrtausenden. Es ist Baustoff der Bildung und braucht nicht erst auf seine Daseinsberechtigung und seinen Wert geprüft zu werden. Es steht immer bereit, ragt wie tönende Säulen aus zeitlicher Ferne über das Reich des Verschütteten und Vergessenen hervor, bringt noch in fernster Zukunft Saiten zum Mitschwingen und läßt sie den Ton aufnehmen und weitergeben. Nie aber wiederholen sich die Vorgänge im Reiche des Geistigen unter den gleichen Erscheinungsformen. Es ändern sich immer wieder Auffassungen und Betrachtungsweisen. So kann sich das Griechentum mit seiner geistigen und belebenden Kraft bald als Vorbild, in dessen Nachahmung sich der Kunstwille einer Zeit erschöpft, bald als ideale geistige Welt einer harmonischen Einheit, welche die Kräfte des Fühlens und Denkens zu gemeinsamem Wirken aneinanderbindet, offenbaren. Neue Einsichten bereiten eine neue, wiederum zeitlich bedingte Auffassung vom Griechentum vor.

Mit der positiver werdenden historischen Auffassung läuft die Entwicklung des historischen Denkens parallel; denn dieses wächst mit dem zunehmenden Verständnis der eigenen Lage, aus deren Erkenntnis das Ähnliche in der Vergangenheit im klassischen Altertum erfaßt wird. Mit der Förderung des Verständnisses für die einzelnen geschichtlichen Erscheinungen sucht man Klarheit über das eigene Wesen zu gewinnen. Das Griechentum verliert als Gesamtheit seine Allgemeingültigkeit und Vorbildlichkeit. Aber mit der steigenden Erkenntnis und dem wachsenden Verstehen für das Einzelne und die Gesamtheit der griechischen Kultur werden Maßstäbe zur Beurteilung der geistigen Umgebung gewonnen. Das Suchen nach den menschlichen Werten, deren Zeitbedingtheit erkannt wird, wenn man das Ewige und Gleichbleibende aus ihnen löst, kann von nun an, den veränderten Verhältnissen angepaßt, als Voraussetzung und Grundlage des Humanismus gelten. So wird die enge Bindung an die Altertumswissenschaft gelockert, welche Wilhelm v. Humboldt und Friedrich August Wolf dadurch hergestellt hatten, daß sie deren Bedeutung für die Bildung hervorhoben; denn die Altertumswissenschaft gilt nunmehr als geschichtliches Fach, dessen Beherrschung keineswegs schon Humanismus bedeutet. Man hat diesen vielmehr als ein Bildungsprinzip aufzufassen, das aus keiner abendländischen Kultur hinweggedacht werden kann. Erst das Bewußtsein der gegenseitigen geistigen Durchdringung von griechischer und späterer Kultur ist es, was das Wesen des Humanismus bestimmt. Erziehung zur Kultur und reine Menschenbildung stellen eine geschichtliche Entwicklung dar, in der immer wieder Höhepunkte, Aufsteigen und Absinken zu beobachten sind. Im Verfolg dieser Entwicklung wird man mit staunendem Bewundern stets auf die Zauberkraft der Humanitas stoßen. Ihre Reinheit, Klarheit und Harmonie, ihre selbstsichere Ruhe und harmonische Ausgeglichenheit führen Zeiten und Völker aus einem unbewußten Dämmerzustand, einem Suchen und Sehnen nach geistiger Entfaltung zu einer Selbstbefreiung im Geiste, zu einer neuen Menschwerdung, einer Wiedergeburt. Diese kann sich aber nicht im Erfassen des Stofflichen allein, im Nutzbarmachen praktischer Erkenntnisse vollziehen, sondern erst nach inneren Kämpfen, Enttäuschungen, leidvollem Ringen um die Befreiung von allen Hemmungen, welche sich der Entfaltung des Menschentums entgegenstellen. Die wahre Bildung darf nie nach den Bedürfnissen des Augenblicks fragen, dem die geistigen Güter angepaßt werden sollen, sondern nach dem Gleichbleibenden, das von der Erscheinungen Flucht nicht verändert wird. Wesen und Urform menschlicher Bildung behalten ihre Kraft und wirken sich aus, wenn sie von allen Zeitbedingtheiten gelöst an der Quelle, in ihrer ersten Erscheinungsform, erfaßt werden. Es muß also darum gehen, in der griechischen Bildungsidee „den Wert und das wahre Wesen einer reinen Menschenbildung und ihrer Stellung innerhalb der Gesamtkultur eines Volkes zu verstehen. Philosophischer, gestaltungsmächtiger ist nirgends und zu keiner Zeit das Problem der Erziehung des Menschen gestellt und gelöst worden als bei den Griechen, und wo es irgend wieder in der Geschichte der späteren Völker in seiner ganzen Schwere und Tiefe empfunden und aufgeworfen worden ist, da führte solche Besinnung stets mit innerer Notwendigkeit zur Wiedergeburt der griechischen Bildungsidee und des griechischen Geistes [64]".

An dieses griechische Bildungserlebnis, das dem Abendland auf weite Strecken durch die römische Formung der Humanitas vermittelt wurde, bleibt der Humanismus gebunden. Er darf also nicht als abstrakte Idee gefaßt werden, weil er von seinem Mutterboden, der griechischen Kultur, nicht losgelöst werden kann. Er ist ebensowenig Methode wie bloßer Wissensstoff, schwärmende Begeisterung oder phantasievolle Sinngebung. Auf seinen Spuren durch die Geschichte des Abendlandes wandern heißt den Auswirkungen und der Wiederaufnahme des griechischen Bildungserlebnisses nachgehen. Es tut nichts zur Sache — schon mehrmals wurde darauf hingewiesen — ob dieses unmittelbar aus der geschichtlichen Situation, in der es sich formte und auswirkte, erkannt wurde oder als Humanitas in seiner römischen Gestalt.

VII.

Die Darstellung des Bildungsproblems, der wir nun gefolgt sind, gleicht nicht einem Weg, der vorher auf einem Plan verfolgt oder durch Merkzeichen festgelegt wurde, sondern eher einem genießenden Wandeln ohne bestimmtes Ziel in einem großen Park. Da verweilt man, wo es einem gefällt, besieht eine besonders einladende Gruppe von mehreren Seiten, geht eilenden Schrittes in einer bestimmten Richtung und bewegt sich dann wieder im Kreise; denn der Grundsatz, von dem man geleitet wird, ist genießende Betrachtung oder betrachtendes Genießen. Deshalb sucht man jene Stellen am liebsten auf, welche schöne Ausblicke gewähren und verweilt bei ihnen lange, weil man von ihnen aus neue Schönheiten entdeckt, das Einzelne in der Zusammenschau mit dem Ganzen und das Ganze in seiner Zusammensetzung aus den Einzelheiten zu erfassen sucht. Man bewundert die Natur, deren Wachstum unmerkbar gelenkt wurde. Es offenbaren sich Schönheiten, die sich in gebändigter Freiheit entfalten konnten, weil die Natur von einem Willen gelenkt wurde, der die inneren Gesetze dieses Organismus kannte, sie aber nicht gewaltsam bändigte und lenkte, sondern gewähren ließ. Man findet in einer solchen Parklandschaft, die man planlos durchstreift, nur in der Absicht, zu genießen, Gegenstände und Erscheinungen, bei denen mit besonderer Liebe verweilt wird, während man an anderen achtlos vorübergeht. Zu jeder Tages- oder Nachtzeit, in allen Jahreszeiten liegt eine andere Stimmung über dem wohlgepflegten kleinen Reich der Natur. Wir selbst legen unsere Stimmungen in die Er-

---

[64] Werner Jaeger, a. a. O., S. 24 f.

scheinungen und beleben sie damit gleichsam. So könnte es sein, daß wir einmal im Zustande der Selbstversunkenheit der Zeit und Umgebung völlig vergessen und nicht wissen, ob die eindrucksvolle Naturerscheinung, die wir mit sinnenden Augen verfolgten, Ende oder Anfang einer Entwicklung, Abschluß oder Beginn eines Werdens ist. Wir halten eine Phase fest, beobachten sie schärfer, glauben harte Konturen zu sehen, schneiden sie aus dem Zusammenhang und trennen ... Wir können von der Leuchtkraft des Geschauten geblendet werden, wenn wir ein Bild von all dem lösten, was vor oder nach seiner Erscheinung lag. Das Wissen um die Zusammenhänge einer solchen Erscheinung ist belanglos gegenüber dem Bilde, welches wir festhalten. Wir glauben in ihr Wesen tiefer eindringen zu können, wenn wir uns die Eindrücke bewahren und uns daraus ein Gesamtbild formen.

Doch könnte das Bild des Gartens und der freien humanistischen Vereinigung, wie sie das ideale Kloster Thelema geformt hat, für unsere Zeit nur dann Geltung beanspruchen, wenn sich Bildung und Wissenschaftsideale von den zerstörenden Mächten der Zeit hätten freihalten können, wenn die Parklandschaft, die uns die geistige Welt des Humanismus versinnbildet, von Stürmen, Brand und Unheil verschont geblieben wäre. Aber auch über sie rasten die Stürme, in die Wipfel ihrer stolzen Bäume schlugen die Blitze, über die Matten brausten die Wasser und legten den steinigen Grund bloß. Blätter und Blüten wurden in den Wirbelsturm hineingerissen, die Mauern fielen, welche das friedliche Eiland von der übrigen Welt abschlossen. Wer soll sich in dem Labyrinth der Zerstörung zurechtfinden? Wo soll nun einer anfangen zu pflegen? Was kann er retten? Was verfiel endgültig den unheimlichen Mächten des Unterganges? Soll sich einer ein Reich geistig neu bauen, das fern von der Wirklichkeit liegt, soll er sich in eine Welt des Scheins hineinträumen? Soll er sich in trüber Zurückgezogenheit abschließen und für sich selbst ganz allein zu leben versuchen, soll er sich gewaltsam in eine geistige Welt hineinversetzen, die keinen Zusammenhang mehr hat mit den Gegebenheiten, eine Welt, die nur insofern eine Daseinsberechtigung hat, als er sich auf seiner Flucht vor den grauenvollen Tatbeständen dahin begab, um seine Ruhe zu finden? Soll er sich abschließen und für sich allein leben, zu einem Verächter der Menschen werden, weil er es für zwecklos hält, andere an dem teilnehmen zu lassen, was sein Inneres bewegt? Soll er in müder Resignation und aus der Erkenntnis, daß er den Dingen und Verhältnissen machtlos gegenübersteht, die Hand in den Schoß legen, zusehen oder kritisieren und sich fernhalten von dem Getriebe auch da, wo er ein ehrliches, wenn auch unzulängliches Bemühen sieht? Solche Fragen legt sich jeder vor und sucht, sie auf seine Weise zu lösen, meistens aus einer einseitigen Einstellung zu den Menschen und Tatsachen.

Humanistisch ist eine solche Haltung nicht; denn es drängt sich das eigene Ich, sein geistiges Wohlergehen, zu sehr in den Vordergrund. Es ist schwer, aus Schutt und Trümmern zu bauen, das wertlos gewordene Gerät durch etwas Neues zu ersetzen, das wirklich Brauchbare zu erkennen, was seinen Dienst erfüllt und zweckmäßig angewendet werden kann. Ein geistiger Zusammenbruch muß mit anderen Mitteln überwunden werden als ein materieller. Mit Rechnen und Konstruieren, sowie der Grundlegung der wirtschaftlichen und technischen Möglichkeiten allein ist es nicht getan. Es bedarf der Einkehr und Prüfung. Wie mit der Aufzählung und dem Erfassen der Symptome eine Krankheit des Körpers nicht geheilt werden kann, so kann auch das Siechtum der Seele nicht dadurch beseitigt werden, daß jene Zustände, in welchen es sich äußert, festgestellt, erkannt und durch andere ersetzt werden, die ebenso zweifelhafter Herkunft sind. Was nützt die Feststellung, daß das Rechtsgefühl, die Sitte, die Formen des Verkehrs der Menschen untereinander im argen liegen, daß die Achtung der Menschen vor einander geschwunden ist, daß Macht und Gewalt mit der Angst die Menschen niederhalten können, daß mit heiligen Gütern der Menschheit Mißbrauch getrieben wird, daß das Suchen nach dem Wertbeständigen im Geiste dem Streben nach Einfluß und Geltung gewichen ist, was nützen solche Feststellungen und Klagen über die Zeit, wenn das Bemühen um die Wiederkehr einer bewährten Geisteshaltung und einer neuen Ordnung sich nicht durchsetzen kann, weil es sich nur in schwachen Atemzügen äußert?

Sollte es in dieser Darstellung nur darum gehen, einzelne wichtige Erscheinungsformen, einige Denker und ihre Systeme aus der Gesamtentwicklung herauszugreifen, um das Wesen eines Begriffes daraus abzuleiten oder zu zeigen, daß es verschiedene Möglichkeiten der Auffassung gibt, und aus einer festen Bildungsmasse einzelne Elemente gelöst und verwertet werden können, so wäre nun innerhalb selbstgezogener Grenzen die Aufgabe erfüllt. Das Ergebnis wäre etwa dieses, daß für unsere Tage der sogenannte erneuerte oder dritte Humanismus, wie ihn Werner Jaeger geprägt hat, maßgebend sein sollte, und daß es die Aufgabe jener, welche sich zu Rettern der Bildung berufen fühlen, sei, sich geistig mit den Bildungsfragen wieder da auseinander zu setzen, wo dem dritten Humanismus etwas frühzeitig von Hans Drexler [65] ein Nekrolog oder, wie er selbst sagte, ein kritischer Epilog gehalten wurde. Was dieser an die Stelle eines höheren Bildungsideals zu setzen unternahm, war ein schnell zusammengebrautes Ragout, in dem Ideologien und Schlagworte durcheinander wirbelten. Das wirklich Lebenskräftige und Entwicklungsfähige aber stammte gerade aus jenen geistigen Bezirken, die als veraltet und überlebt bezeichnet wurden, und die man durch das „Neue“ zu ersetzen suchte. Es ist unnötig, nun nochmals ein Totengräberlied anzustimmen. Wichtiger dürfte es sein, der Frage näherzutreten, warum Humanitas und Bildung in der unmittel-

[65] Hans Drexler, Der dritte Humanismus. Ein kritischer Epilog. Frankfurt/M. 1942.

baren Vergangenheit so an Ansehen und Bedeutung verlieren konnten, warum die Barbarei, die Brutalität und der Wahn solche Triumphe feierten und nicht nur ein materielles, sondern ein geistiges Chaos herbeiführten, oder welche Mächte der Humanitätsidee Humboldtscher Prägung die innere Kraft nahmen und sie aushöhlten. Es ist mehrmals darauf hingewiesen worden, daß die innere Harmonie, der Ausgleich der Kräfte, welche sich in Humboldts Humanitätsidee zusammenfinden, im 19. Jahrhundert gestört und auseinandergerissen wurden. Von Versuchen, sie wieder herzustellen, ist die Zeit über nicht viel zu merken.

Die verschiedenen Auffassungen von Bildung und überhaupt das, was man sich unter Bildung vorzustellen beliebt, spiegeln die zerrissene Einheit des Begriffes wider. Es läßt sich da eine erschreckende Veräußerlichung beobachten, die dadurch nicht verhindert wird, daß man von kultiviert spricht, wenn jemand sich gut anzuziehen versteht, über einen gewissen modernen Geschmack verfügt, auf ein gepflegtes Heim und eine behagliche Umgebung Wert legt, während man mehr in den geistigen Bezirken von Bildung spricht. Man redet von Herzensbildung und will damit sagen, daß jemand menschenfreundlich und hilfsbereit ist, also die Humanität praktisch betätigt. Andererseits wird Bildung auch mit Wissen gleichgesetzt, mit der Beherrschung eines gewaltigen Stoffes von Kenntnissen, ohne daß dabei ein besonderer Wert auf äußere Formen gelegt zu werden braucht. Als Hüter der Bildung gelten allzu ausschließlich die Lehrenden. Es ist in Vergessenheit geraten, daß sie nur so lange als Träger der Humanitas oder des Humanismus gelten können, als sie Schöpfer einer Bildung sind und diese gleichsam repräsentieren. Das erfordert eine besondere geistige Haltung, die dem 19. Jahrhundert langsam und unserer Zeit mit zunehmender Schnelle verlorengegangen ist. Das ist die für die humanistischen Zeitalter selbstverständliche sittliche Haltung. Verdient diese die Bezeichnung human, so kann sie darauf verzichten, sich rechthaberisch durchzusetzen und Mittel anzuwenden, welche einen anderen, der es wagt, anderer Meinung zu sein, gewaltsam zum Schweigen bringen sollen. Ein ins Maßlose gesteigertes Geltungsbedürfnis, der Wille zur Autorität und die Absicht, Meinungen als Dogmen anzuerkennen und zu verhindern, daß andere verbreitet werden, sind die Einbruchsstellen der neuen Barbarei. Verschwunden ist das gelehrte Bekennertum. Wird ein Bekenntnis abgelegt, so ruht es auf einer mit mehr oder weniger Selbstbewußtsein und Brutalität vorgetragenen Lehrmeinung oder Auffassung, die nun mit verschiedenen Machtmitteln, nicht durch ihre innere Überzeugungskraft, durchgesetzt werden sollen. Das kommt nicht mehr aus einer in sich geschlossenen Persönlichkeit, einer harmonischen und innerlich bescheidenen Haltung, welche sich klar darüber ist, daß der Irrtum ein steter Begleiter der Menschen auf ihren geistigen Wegen ist. Man wird also von einer Industrialisierung und Materialisierung der Bildung sprechen dürfen, wenn man davon hört, wie das geistige Eigentum sorgsam und eifersüchtig gehütet wird, und wie man versucht, eine gewonnene Erkenntnis mit einem geistigen Patent zu schützen und damit eine auf anderen Wegen gewonnene Idee oder selbständig erworbene Kenntnis als Plagiat verketzert, statt daß sich derjenige, welcher das Glück hatte, früher zu bestimmten Ergebnissen zu kommen, darüber freut, daß ein anderer auf anderen Bahnen zu einem gleichen oder ähnlichen Ziele kam, und er damit die Wahrscheinlichkeit oder Richtigkeit eigener Gedankengänge bestätigt findet. Mit der Karikatur und Fliegenden-Blätter-Gestalt des weltfremden deutschen Professors setzte ein begreifliches Bemühen der Gelehrten ein, sich davon zu distanzieren und den Weltmann zu spielen, ohne es zu sein. Mit einer solchen Veräußerlichung ging aber auch die zunehmende Betriebsamkeit, Vielschreiberei und der Wille zu Macht und Ansehen Hand in Hand. Die billige Preisgabe einer gewissen Sorte von Gelehrten, die man nur nach ihren äußeren Eigenschaften beurteilte, an die Lächerlichkeit hat das Ansehen und die Achtung vor Bildung und Wissenschaft untergraben. In einer Zeit, in welcher Sport und Politik vom Volk mit ausschließlichem Interesse aufgenommen werden, bleibt wenig Raum für wirkliche Bildung, weil diese nicht auf dem Markt und in aller Öffentlichkeit zur Schau gestellt oder besprochen werden kann. Das Gerede von der Kultur, die behördlich angeordneten Kulturveranstaltungen und von oben geregelten Kulturabkommen über den Austausch geistiger Güter verkennen das Wesen der wahren Bildung, die nur e i n e n Zwang, den der geistigen Selbstzucht, verträgt.

In humanistischen Zeitaltern besteht eine ständige Wechselwirkung zwischen der Bildung und ihren Trägern. Sie sind es, welche die Bildungsideale aufstellen, und die Bildung ist es, welche sie zu einer Gemeinschaft im Geiste zusammenschließt, mögen sie noch so verschiedene Auffassungen von Einzelheiten haben oder verschiedenartige Wissensgebiete pflegen. Somit kann es nicht am Wissensstoff und seiner immer größer werdenden Weite oder an dem zunehmenden Spezialistentum allein liegen, daß unsere Zeit so humanismusfremd geworden ist, wenn dieses auch zu einer Entfremdung der Vertreter einzelner Abteilungen geführt hat. Von entscheidender Bedeutung ist die Störung des gelehrten Ethos geworden, der sittlichen Haltung, welche das Wesen des Bildungsträgers bestimmen sollte. Sie ist oft und oft beschworen worden. Auf die Gefahren, welche ihr Verlust bedeutet, ist immer wieder hingewiesen worden. Dennoch ist uns das gelehrte Ethos entglitten und nun, da es völlig zu entschwinden droht und zurückgerufen werden soll, setzt ein einseitiges Bemühen darum ein, als ob es einzelne Vertreter einer gewissen Weltanschauung oder besondere Gruppen für sich pachten könnten, und ihnen ein solcher Besitz dann auch gewisse Rechte einräumen könnte. Das gelehrte Ethos aber hat weder mit einem besonderen Stand, noch mit einer Clique, noch mit einer bestimmten Weltanschauung, noch mit dem Temperament, noch mit besonderen Fächern etwas zu tun.

Auch mit dem, was man landläufig Charakter zu nennen pflegt, hat es wenig gemeinsam. Es ist eine seelische Haltung, die erarbeitet und errungen wird. Das ist die selbstverständliche Voraussetzung. Es ziert seinen Träger ebenso wie der Anstand, der im Verkehr der Menschen untereinander üblich sein sollte. So wie dieser die Rechte der Persönlichkeit, Eigentum und Freiheit der anderen achtet und auf ihr sittliches Empfinden Rücksicht nimmt, soll das gelehrte Ethos Grundlage und Voraussetzung für einen Gelehrten sein. Es ist mitunter schwer errungen worden; denn das Streben nach Wahrheit läßt sich nicht leicht trennen von dem nach Einfluß, dem Geltungsbedürfnis, dem Ehrgeiz und dem Drang, über die Grenzen hinaus zu schreiten und von all dem, was in der Dämonie einer starken Seele liegen kann. Es ist dazu nötig, daß viele Rücksichten fallen, es werden Opfer verlangt, tragische Konflikte und Versuchungen können aufsteigen, denen Widerstand geleistet werden muß. Die Voraussetzung zur Gewinnung des gelehrten Ethos ist das Streben nach Selbsterkenntnis, wie es der Spruch von Delphi verlangt. Äußere Ehrungen und Anerkennungen dürfen nie Selbstzweck werden, sondern sie müssen der Ansporn zu neuen Leistungen sein, sie verpflichten zur Weiterarbeit, nicht zu selbstgefälligem Ruhen. An Gelegenheit zur Bewährung und dazu, ein großes menschliches Vorbild zu zeigen, hätte es den akademischen Lehrern Deuschlands, als den vornehmsten Vertretern des Humanismus, während der letzten Jahrzehnte nicht gefehlt. Die Haltung, welche einzelne zeigten, hat größere Gruppen nicht begeistern und zur Nachfolge aufrufen können. Es ist wie so oft in der Geschichte, daß ein großer Augenblick erst zu spät erkannt wurde, und die besten Glossen, welche dazu gemacht werden, Treppenwitze blieben. Was die Welt von den höchsten Lehranstalten mit einem gewissen Rechte glaubte verlangen zu können, vermochten sie auf dem Gebiete der Vermittlung menschlicher und moralischer Werte nicht zu bieten. Da haben sie versagt. Aus dieser Tatsache müssen die Folgerungen gezogen werden.

Das ist vielleicht wichtiger, als den Ursachen dieser Erscheinungen nachzugrübeln. Man wird sie u. a. in der Materialisierung, der Technik und Mechanisierung der Arbeitsmethoden zu suchen haben, in erster Linie aber in dem drohenden Verlust einer geistigen Haltung, welche allein die Bildung zu tragen imstande ist. Ein handwerksmäßig mechanisierter Betrieb begünstigt das Wachstum des Zynismus und mit ihm das der reinen Zweckwissenschaften, welche der Ideen und bildhaften Erscheinungen nahezu ganz entbehren können. Sie stellen denn auch den Wert der Bildung und damit den der Humanitas in Frage. Es ist keine Entschuldigung oder Rechtfertigung dieser Erscheinung, daß auch die griechische Wissenschaft eine ähnliche Entwicklung erlebte, oder daß Verfall und Abstieg eintreten müssen, wenn einmal Höhen erreicht wurden. Es liegt vielmehr an den Menschen, in diesem Falle an den Gelehrten, sich in die Wellentäler schleudern und sich von den Wassern dahintreiben zu lassen. Keinen, der den Namen eines

Jüngers der Wisseschaft verdient, konnte ein Schicksal treffen, über dem er das innere Gleichgewicht verlor, d. h. wer im Menschentum einer Persönlichkeit ruht, kann im Kern seines Wesens nicht erschüttert werden. Die humanistische Lebenshaltung muß sich auch in den schwersten Lagen bewähren, wenn sie wirklich erworben, erlebt und damit echt ist.

Man sollte daraus lernen und entsprechende Folgerungen ziehen; denn man wird beobachten und erfahren können, daß Anmaßung und Selbstgerechtigkeit Krisen und Umstürze leichter überdauern als die geistigen Werte, welche zum Wesen des Humanismus gehören. Die Humanitas — das hat unsere Wanderung gezeigt — braucht immer ein Gegenspiel, das von den rohen Kräften der Zerstörung, dem Barbarentum, der Unbildung und den Feinden des geistigen Wachstums geführt wird. Es sind diesmal vielleicht weniger die geistigen Feinde des klassischen Altertums, die einst aus religiösen Gründen oder mit dem Hinweis auf die Zweckmäßigkeit des Unterrichts für die Lebenspraxis ihre Ablehnung des Humanismus nährten, als die gefährdeten sittlichen Voraussetzungen und erschütterten Grundlagen humanistischer Lebenshaltung, welche wiedererworben, geschützt, erhalten und verbreitert werden müssen, wenn die abendländische Kultur nicht zugrunde gehen soll. Wir verbinden mit dem Kulturbegriff häufig die Vorstellung harmonischer Heiterkeit, Freude und Anmut, so daß er als ein Luxusgegenstand für wenige glückliche geistige Besitzer, als etwas angesehen werden muß, auf das man verzichten muß, wenn andere Werte auf dem Spiele stehen. Als ob Kultur überhaupt von den anderen Lebensäußerungen zu trennen, von materiellen Grundlagen und Mitteln allein abhängig wäre, als ob sie nicht in einer Seelenhaltung ruhen müßte. Sie zu erlangen oder sie wiederzugewinnen, ist die erste Forderung der Gegenwart. Im milden Glanz der inneren Wahrhaftigkeit und sittlichen Sauberkeit wird sie gedeihen.

Keinem Zeitalter, am wenigsten dem unseren, das mit falschen Propheten so überreich gesegnet war und ist, steht es an, mit Doktrinen, Forderungen und Programmen, deren Durchführbarkeit recht fraglich ist, in die Zukunft hineinzubauen. Aber es ist von Nutzen, zur Besinnung aufzurufen und auf die Beständigkeit und Bewährung geistiger Werte hinzuweisen. Über Enttäuschungen und bittere Erfahrungen kommt man nicht hinweg, wenn man eine Reue zur Schau stellt über Dinge und Erscheinungen, für die man nicht verantwortlich ist. Das hieße eine neue geistige Welt auf Heuchelei und Lüge gründen oder den Teufel mit Beelzebub austreiben. Soll die Menschheit wirklich aus den Katastrophen, die über sie hereingebrochen sind, Lehren für eine neue Weltordnung gewinnen, so müssen aus der lebendigen Erinnerung wieder die Vorstellungen der Achtung und Ehrfurcht aufsteigen, welche zum ewigen Bestand der Humanitas gehören. Sie sind die Leitsterne, nach denen sich die Erziehung in der Pädagogischen Provinz von *Wilhelm Meisters Lehrjahren* ausrichtet. Werden sie ihr mildes

Licht durch den Nebel der Barbarei in die Herzen der Menschen hineinleuchten lassen, die guten Willens sind? Wieder ist es eine bange Frage an die Zukunft, an das Schicksal, deren Antwort in einem Bedingungssatz gegeben wird, dem ein „vielleicht" folgt. Die geschichtlichen Erfahrungen lehren, daß die Menschen zu allen Zeiten dieselben sind, daß bei den Individuen zu besonderen Zeiten und unter besonderen Umständen diese oder jene guten und noch mehr die schlechten Eigenschaften in Erscheinung treten, daß das Ideal der Humanitas mühsam aus Erlebnissen gewonnen wurde. Es hat sich fast immer aus dem Gegensatz zu einer Umwelt, in der die Barbarei herrschte, entwickelt oder neu gestaltet. Ja diese bildet den blutigen und feurigen Hintergrund, von dem sich das wahre geistige Licht abhebt. Wohl trägt keiner, der sich Humanist nennen darf, das Schwert in der Hand, verwendet Werkzeuge, die zum Wohl und Aufstieg der Menschen dienen könnten, zu ihrem Verderben, läßt sich keiner zu einem Bündnis mit dem Bösen verleiten oder versucht es, Kräfte des Verderbens zu entfesseln, sondern das Streben nach neuen Erkenntnissen, der Wille, sie nutzbar zu machen, an seinem Menschentum zu bauen, Zusammenhänge zwischen dem Zeitlichen und Ewigen bloßzulegen, geistige Werte zu schaffen, sind die Wesenszüge des Humanisten. Aus geistigen Kämpfen ist der Humanismus entsprungen und in geistigen Kämpfen muß er sich bewähren. Er hat sich durch die Jahrhunderte behauptet, wenn es auch auf lange Strecken nur einzelne Persönlichkeiten waren, welche die lebendige Erinnerung daran wach hielten, indem sie ihm treu blieben.

Unser Zeitalter fordert zum Vergleich mit der Lage jener Jahrzehnte heraus, in denen die alte Welt unterging. Gerade da bewährte sich für die wenigen Vertreter wahrer Bildung und Seelengröße — diese Einheit fordert die Humanitas — das Ideal, welchem sie nachlebten. Sie sind wie Symmachus davon überzeugt, daß sie auf verlorenem Posten stehen, wenn sie sich gegen die Ausschließlichkeit, mit der sich neue Ideologien sturmfroh und rücksichtslos durchsetzen, wehren und für sich und ihre geistige Welt das gleiche Daseinsrecht beanspruchen, welches die anderen so ungestüm und ausschließlich fordern. Das entfesselte Losbrechen des Neuen, das sich ohne die Erfahrung einer erworbenen Bildung und unbeschwert von geistigen Besitztümern durchsetzen will, ist der geschworene Feind humanistischer Lebenshaltung. Diese fordert Achtung und Ehrfurcht, die beide in ihrem besonderen Sinne verstanden werden sollen als Anerkennung des Daseinsrechts anderer, ihrer geistigen und materiellen Lebensformen, die sie sich geschaffen haben, als verstehendes Bemühen um die Wesensart der Erscheinungen, mit denen sich der einzelne geistig auseinandersetzen muß, um das, was über uns ist, um das, was neben uns und uns gleich ist, um das, was unter uns steht. Hier gilt es, ein harmonisches Verhältnis, eine gültige Rechtsordnung zu schaffen. Achtung und Ehrfurcht dürfen nicht von einem bequemen Autoritätsglauben, dessen Mutter die Denkfaulheit ist, oder von einem sich selbst erniedrigenden Hinnehmen der Gegebenheiten und Tatsachen getrübt oder gar mit devoter Unterwürfigkeit verwechselt werden. Sie können nur gedeihen in einer wirklich freien geistigen Welt, die sich der einzelne schaffen muß, indem er mitbauen hilft, seine Leistung immer wieder an Erfahrungen und Erlebnissen mißt und auf ihre Wertbeständigkeit hin prüft.

VIII.

Der Blick in die Vergangenheit, aus dem wir durch die Erkenntnis der Erscheinungsformen Klarheit über das Wesen des Humanismus zu gewinnen suchten, das kritische Streiflicht, mit dem wir die geistige Lage der Gegenwart flüchtig überstreuten, führt uns zu Fragen an die Zukunft. Daß der Humanismus als aufbauende geistige Kraft bei der Gestaltung einer neuen Welt ein entscheidendes Wort mitsprechen kann, steht außer Zweifel. Eine Bildungsmacht, die seit zweieinhalb Jahrtausenden die abendländische Menschheit auf ihren geistigen Wegen begleitet hat, hat so viele Bewährungsproben geliefert, daß die Frage nach ihrem Daseinsrecht überflüssig ist. Sie ist — das hat unsere Darstellung mehrfach gezeigt — kein starres System. Es hieße ihr Wesen verkennen, sie als solches oder nur als einmalige historische Erscheinung aufzufassen; denn diese ist gesetzmäßig den Kräften des Werdens, Erstarrens und Vergehens ausgeliefert. Ebensowenig ist sie an einen bestimmten Stoff gebunden oder von der Masse des geistigen Besitzes abhängig. Die Frage, welche sich uns stellt, richtet sich also weniger nach dem Stoff und seinen Inhalten, seiner Zeitgebundenheit. Das Zeitliche soll vielmehr von den Fesseln gelöst werden, welche die Erscheinungsformen an das Ewige und Wertbeständige binden. Das Entscheidende ist das Wie, die seelische Beschaffenheit und Einstellung zu den Fragen, den Ideen als den Urgestalten des geistigen Seins. Wir haben die Pflicht der Mitwelt und den kommenden Geschlechtern gegenüber, die Grundlagen und Voraussetzungen des geistigen Seins so aufzufassen, als wären sie neu. Die Erfüllung dieser Pflicht erfordert eine harte Gedankenarbeit; denn zuerst muß das Vorhandene geprüft, als Ergebnis einer Entwicklung erfaßt und das Zeitgebundene, das Sterbliche, das Vergehende losgelöst werden von dem Wirkenskräftigen und Ewig-Lebendigen. Da heißt es, die Quellen, die zeitlichen Ursprünge aufsuchen, das kristallklare Wasser aus den Tiefen der Vergangenheit schöpfen, das Wesenhafte erkennen, klare Begriffe bilden, sich von dem unnütz mitgeschleppten Ballast, den Banalitäten freimachen. Das Gebildete, das Erkannte, was hinter der Erscheinung steht, die platonische Idee muß wieder zum Leben erwachen. Aus dem dunklen Bewußtsein, daß wir die Dinge jetzt anders sehen, als wir selbst sie früher sahen, als die Generationen vor uns sie sahen, muß der Weg zu den Wesenheiten gefunden und beschritten werden.

Erfahrungen und Erlebnisse, welche in einem überreichen Maße auf uns einstürmten, haben unser Innerstes, den Kern unseres Wesens, erschüttert. Wir dürfen uns nicht am alten Weine berauschen, ihn in neue Schläuche füllen und in den Trugbildern, die uns dann unsere Phantasie vorgaukelt, die Erfüllung dessen finden, was uns nottut. Wir sahen Welten und scheinbar für die Dauer geschaffene Formen zusammenstürzen, wie Menschen vom Glücksrad in schwindlige Höhen gehoben und ins Chaos der Vergessenheit geschleudert wurden, wie blühende Städte, Werke, die fest in einer lebendigen Überlieferung ruhten und unser geistiger, zu seiner Pflege verpflichtender Besitz waren, in Flammen aufgingen und unter Trümmern begraben wurden. Wir sahen uns unheimlichen Mächten der Zerstörung und der Vernichtung ausgeliefert, sahen uns dem Tode nah, ohne Anspruch auf Heldentum zu erheben, wenn wir auch nicht zitterten, wir litten weniger unter dem Verlust äußerer Güter, die das Feuer oder die Menschen raubten, als unter dem Verlust der Ehre, unter der üblen Nachrede und Verleumdung. Wir haben unsere festen Antworten auf die Frage nach Bedeutung, Wesen und Sinn des Lebens, auf die Frage nach dem Tode und auch auf die Frage: Was ist der Mensch? Wir sahen die Großen klein werden, mußten als Phrase und Lüge erkennen, was wir geglaubt hatten. Wir sahen viele Kleine von einst in einer wirklichen Größe des Menschentums, die sie verklärte. Wenige Generationen sind, seit die Welt steht, so vom Unglück heimgesucht worden wie die unsrige. Wir werden auf harte Proben gestellt und mancher von jenen, die in einem geistigen Bewußtsein leben — nur von solchen kann hier die Rede sein —, zerbricht an der Härte des Schicksals. Wenn wir aus der nicht wegzuleugnenden Tatsache des völligen geistigen Zusammenbruches einer Zeit zwar zur Erkenntnis einer vollständigen Umwertung der geistigen Werte kommen, aber nicht zu der der völligen Wertlosigkeit des Daseins, wenn wir auf dem schwankenden Grund einer Zeit ohne Gleichgewicht und Schwerpunkt die Frage nach ewigen Werten stellen, die, von wo immer aus gesehen, ihre Bedeutung nicht verlieren, so haben wir schon damit die Grundlagen unseres Daseinsrechtes erlangt. Wie der einzelne sie beantwortet, ob er im Glauben, in der Hingabe seiner Seele an Gott Trost und Kraft zum Leben findet, ob er sich einer Gemeinschaft anschließt und daraus neue geistige Kräfte gewinnt, ob er seine Daseinsberechtigung in der Erfüllung seiner Pflicht nachweist und sich durch Arbeit in einen werdenden gesellschaftlichen oder staatlichen Organismus einordnet, ist im Grunde da gleichgültig, wo der Lebenswille stark ist und über die Selbstvernichtung und Apathie triumphiert.

Die materielle Arbeit und die Schaffung materieller Werte sind, abgesehen von den Schwierigkeiten, die sich der Herstellung sinnlich-faßbarer Werte in den Weg stellen, nicht in Verlegenheit, wo sie einzusetzen haben. Sie werden sich bemühen, Fehler der Vergangenheit zu vermeiden, Abweichungen von einer sich nun ergebenden Entwicklung, die man früher nicht ahnen konnte, auszugleichen, aber im wesentlichen heißt es für diese Gebiete, da weiter zu wirken und fortzufahren, wo die Tätigkeit unterbrochen werden mußte. Man empfindet die Zwischenzeit als Vakuum, das überwunden wird. Die Versuchung liegt nahe, auch auf geistigem Gebiete Anknüpfungspunkte an Erscheinungen, Formen und Gedanken zu suchen, die da liegen, wo der Weg in das Chaos und in die Vernichtung abzweigt. Aber das wäre ein unmögliches Beginnen; denn in den Bereichen des Geistigen und der Bildung, die einem ständigen Wandel unterworfen sind und sich immer in der Entwicklung befinden, lassen sich Zeiträume — und seien sie noch so kurz — nicht vernichten oder ausschalten, weil das Erlebte seine Spuren in das Gedächtnis der Menschen tief eingeprägt hat und keiner auf eine Auseinandersetzung damit verzichten kann. Es gibt in der Entwicklungsgeschichte des geistigen Lebens dunkle Stellen, Zeiten geringerer Regsamkeit, der Erlahmung oder des scheinbaren Rückschritts, aber keine leeren Räume und keinen Stillstand. Die Erkenntnis eines Abwegs verpflichtet zur Untersuchung der Ursachen und tiefen Gründe, zur Feststellung der Punkte, von denen aus die Bahnen erst sachte und dann mit rasender Geschwindigkeit in das Chaos hinabgleiten, in die geistige Einsamkeit und Verlassenheit.

Unter den vielen Aufgaben, die sich unserer Zeit stellen, ist die Überwindung dieses Zustandes, der eine völlige Apathie zur Folge haben kann, vielleicht eine der wichtigsten. Die Grundlage dieser Einsamkeit ist das Fehlen geistiger Inhalte, die Erkenntnis, daß Bildung und geistiges Leben den Stürmen der Zeit nicht standgehalten haben, ist das tiefe Wissen um die Armut im Geiste. So schwer und hart ein solches Bewußtsein auch auf die Menschen drücken kann, die Armen im Geiste sind dennoch die ersten, welche die Bergpredigt als Selige preist. Sie suchen nach den Zielen und bahnen sich ihren Weg, der sie aus der Verlassenheit emporführt. Wenig vermag ihnen äußere Hilfe oder ein leuchtendes Richtzeichen zu nützen, wenn sie sich nicht aus eigener Kraft zurechtfinden können. Aus ihren eigenen und den Erfahrungen der Menschheit müssen sie lernen, an großen Beispielen müssen sie die innere Kraft gewinnen, die sie von dem Gefühl der Verlassenheit befreit. Erst ihr Wille zum Aufstieg, verbunden mit der begeisternden Kraft des Vorbildes, führt sie empor. Glücklich die Menschen, glücklich das Volk, welches diese begeisternde Kraft auf seine zeitliche Umwelt ausstrahlt und den Gesunkenen zur Nachfolge verpflichtet. Wir werden sie vergebens unter den Mitlebenden dieser aufgewühlten, geistig kranken Zeit suchen, auch nicht in den Ländern, die von den äußeren Leiden des Krieges verschont blieben. Auch ihre Augen sind geblendet von dem vernichtenden Feuer, auch ihr Fühlen und Denken ist aus dem Gleichgewicht geraten und ruht nicht sicher in ihrer menschlichen Natur, ihrer Humanitas.

Deshalb wird man die Vergangenheit aufrufen müssen, um aus ihr

Vorbilder zu gewinnen, nicht im Geiste eines Historismus, der die Vergangenheit rein äußerlich erfaßt und ihre Formen nachahmt, ohne den darin wohnenden Geist erkannt zu haben, sondern mit dem Willen, das Innerlich-Verwandte auf sich wirken und sich von ihm hinreißen zu lassen. Deshalb wird zwar die eigene Vergangenheit, die kein Volk verleugnen darf, wenn es sich nicht selbst aufgibt, manche wichtige Anregung geben und zu einer anderen neuen Beurteilung, welche näher bei der Wahrheit liegt, führen können, aber es genügt nicht, die bildenden Elemente allein aus der eigenen Vergangenheit und geschichtlichen Erfahrungen zu gewinnen. Man muß zurückgehen zu den Ursprüngen abendländischer Bildung, in das Altertum, zu den Griechen. Man wird versuchen müssen, die humanistische Geisteshaltung wiederzugewinnen und dann eine neue geistige Welt zu bauen. Mag man diese Haltung nennen wie man will, mag man bildende Kräfte aus der geistigen Welt zu lebendigem Wirken bringen, die sich einst nur in einem beschränkten geistigen Umkreis entfalteten und dann in einen langen Schlaf versanken, mag man edle Formen mit neuem Geiste beseelen, Einzelheiten herausgreifen, Persönlichkeiten zu wirkenskräftigem Leben erwecken oder Epochen neu erstehen lassen, deren Geist und Gesinnung der unseren verwandt ist: das Griechentum wird dem ehrlichen Sucher der Gegenwart seinen geistigen Trost nicht versagen, wird seine Hoffnungen nicht enttäuschen. So wie es in seinen einzelnen Äußerungen langsam erwacht ist, zieht es die verwandten Züge der Gegenwart an sich und vereinigt sich mit ihnen in neuen Schöpfungen. Das Griechentum wird immer seine zeugende Kraft bewahren. Über den Ruinen lebt und webt ein unvergänglicher zeugungskräftiger Geist. Oft ist er in der Geschichte beschworen worden mit unzulänglichen Mitteln, so daß er sich in Formen äußerte, die seinem Wesen innerlich fremd sind, immer aber mit brennendem Herzen und aus der geistigen Not einer Zeit heraus, die nicht mehr sicher in sich ruhte. Nie hat er sich versagt, nicht immer hat er Segen, Glück, Jugend und Schönheit gespendet, was so viele Zeitalter suchten, indem sie ihre eigenen Wunschbilder in das graue Altertum hineinlegten.

Vermessenheit wäre es, die neuen geistigen Lebensformen des Humanismus, die kommen müssen, wenn die Kultur des Abendlandes nicht im Chaos versinken soll, zu beschreiben oder, ohne die Gedanken zu Ende gedacht zu haben, zu sagen, diese Zeit, dieses System, dieser Denker, diese künstlerische Ausdrucksform wird sich als besonders ergiebig oder anregend erweisen. Immer wenn die Menschheit sich vor einer geistigen Schranke sieht, wenn sich die Möglichkeiten geistigen oder künstlerischen Schaffens erschöpft haben und die Ansätze zu einer neuen Entwicklung zwar vorhanden, aber noch nicht deutlich sichtbar sind, ertönt der Ruf: Zurück! Er ist die Parole für jene, welche im Sturmlauf in die neue Zeit hineineilen wollen. Aus dem Gefühl einer inneren Unruhe verlangen sie nach der

Ruhe in einem Geist, der sich bewährt hat. Sie werfen die unnütze Fracht, mit der ihr Schiff belastet war, in die Flut und suchen sich von den Vorurteilen zu befreien, die ihnen die Sicht in die Ferne versperrten. So erlebten die reinen Formen des Christentums im Zeitalter des Humanismus ihre Wiedergeburt und wurde die geistige Haltung des christlichen Humanismus der Kirchenväter wieder aufgenommen.

Dabei aber wurden keineswegs die Zwischenglieder einer großen geistigen Entwicklung beiseite geschoben, sondern sie wurden auf ihren Wert hin geprüft und nur das verworfen, was nach der Ansicht der Zeit für die Gegenwart und den Neubau der Zukunft wertlos schien. Eine solche Umwertung der Werte, eine Prüfung des geistigen Bestandes ist die unmittelbare Voraussetzung einer geistigen Wiedergeburt, der Schaffung einer neuen geistigen Ordnung. Sollte eine Zeit wie die unsere, welche das Menschentum in seinem dämonischen Wahn am Werk erlebte, welche in ihrer Überheblichkeit so weit ging, das göttliche Richteramt sich anzumaßen, und selbst bestimmte, was gut und böse ist, welche, von wenigen Einsichtigen gewarnt, dennoch das Unheil heraufbeschwor, ihre Götzenbilder umtanzte, in Superlativen schwelgte, von Einmaligkeiten redete und in der Anmaßung ihre höchste Befriedigung fand, nun, nachdem sie in Elend und unter den Trümmern einer Welt, die sich als geistig nicht lebensfähig erwies, unter dem Fluch der Menschen versinkt, sollte eine solche Zeit, die ihre bittersten Erfahrungen mit den Menschen gemacht hat, nicht besonders dazu berufen sein, das Wesen des Menschen aus bisher verschlossenen Urgründen zu erfassen, das Bild des Menschen, seine Idee, zu erkennen, besser zu erkennen als andere Zeiten, in denen Gesetze und Konventionen den Verkehr der Menschen untereinander regelten und das Losbrechen der Dämonie als Barbarei verdammten? Seit sich Ethos, Recht und Sprache, die geistigen Schöpfungen der Menschen, die tragenden Säulen einer jeden Kultur, im Abendlande zum ersten Male aus dem Chaos bildeten und dem Kosmos Gestalt verliehen, geistige Welten bauten, ist es die ewige Aufgabe der geistigen Kräfte, im Überirdischen, den sinnlich-unfaßbaren Regionen, in denen die Freiheit der Gedanken wohnt, das Wesenhafte aufzusuchen und es in den Ausdrucksformen der Sprache und Kunst zu bannen. In Zeiten der Not und des Leidens klingen solche Forderungen eindringlicher und mahnen zur Besinnung und Überschau, zum Rückblick in die Vergangenheit, zu einer geistigen Wiedergeburt, zu einem erfrischenden Hinabtauchen in die klaren Quellen.

Je eindringlicher, lauter und inbrünstiger der Ruf zu den Quellen in die Zeit hinaus schallt, desto weiter klingt er zurück in die Fernen, aus denen das Gute und Zeugungskräftige kommen soll, das die Keime weiterentwickelt. Vieles, was uns umgibt, eine Entwicklung hemmt, unser Suchen erschwert und uns unsicher macht, gleicht dem Ausgeleierten, Erschöpften, Zerredeten und legt ein erschütterndes Zeugnis ab von geistiger Leere und

Banalität. Man darf nicht zu viel erwarten von dem, was die Vergangenheit noch übrig gelassen hat. Man darf es aber auch nicht zu gering schätzen; denn vieles Keim- und Entwicklungsfähige liegt verstreut, regt sich schüchtern, kann sich nicht entfalten, wird in seinem Wachstum gehemmt. Die alten Lebensformen führen ein Schattendasein, weil für die neuen Inhalte des Lebens, welche sich regen und bereits da sind, noch keine neuen Gestalten geschaffen werden konnten, weil das Denken der Zeit sich den völlig neuen Tatbeständen noch nicht angepaßt hat, weil die geistige Auseinandersetzung des Menschen mit Umwelt, Vergangenheit und Zeit erst beginnt. Wer nach Situationen in der Vergangenheit sucht, welche mit unserer verglichen werden können, kann manche Analogien finden, z. B. zu der Auseinandersetzung zwischen Christentum und Heidentum in den ersten Jahrhunderten unserer Zeitrechnung, zum Zeitalter am Vorabende des Dreißigjährigen Krieges, als sich die religiösen Fronten längst gebildet hatten und vom einzelnen verlangt wurde, sich für eine von beiden zu entscheiden; dennoch taten sich einzelne zusammen, welche ihren Gott außerhalb der religiösen Gemeinschaften suchten und in inbrünstigem Glauben um eine neue religiöse Form kämpften. Auch in zeitlichen Fernen kann der Suchende eine ähnliche geistige Situation erkennen: als die Voraussetzungen für die geistige Entwicklung, für die Grundlegung der abendländischen Kultur geschaffen wurden, als es galt, Gedanken und Formen zur Einheit zu binden, als sich der Menschengeist regte und mündig wurde, da wurde das Menschentum entdeckt, wurde aus einer Welt von Bruchstücken und Trümmern die geistige Ordnung geschaffen. In dieser Freiheit, welche von Überlieferungen und Autoritäten kaum belastet war, offenbarte sich der Menschengeist für das Abendland zum erstenmal deutlich sichtbar in seiner Erhabenheit und Größe. Wir erschauern heute noch vor den Ahnungen und Erkenntnissen der Weisen Griechenlands, welche die Grundlagen der abendländischen Bildung schufen.

Wahrlich an Aufgaben, Arbeit und Aufforderungen zu Leistungen fehlt es unserer Zeit nicht. Sie ist nicht berufen, Ernten der Väter in die Scheuer zu bringen, Erworbenes zu hüten, in der sicheren Ruhe einer geordneten Welt still zu wirken, zu bauen, zu weben, fortzuschaffen und neue Glieder an Ketten zu schließen. Wir müssen die Not und innere Unruhe zur Tugend erheben und Vorurteile überwinden, indem wir die Erscheinungen und Dinge auf ihren Wert hin prüfen. Wir müssen Wegzeichen aufstellen in einer Richtung, die aus dem Dunkel nach dem Licht hin strebt. Wer die Berufung in sich fühlt, in einem solchen Sinne zu schaffen, ist sich dessen bewußt, daß er nicht über die Höhen wandeln und sich nicht im Reiche des schönen Scheins der genießenden Ruhe hingeben darf. Ihm ziemt die Haltung des Humanisten, wie sie Erasmus beschreibt: er sei Wegweiser und Wetzstein! Dieses Schicksal weist die Zeitwende den Menschen zu. Aus der Erkenntnis dieser zu erfüllenden Sendung wächst die ewige Aufgabe des Bemühens um das Wesen des Menschen. Alle Rätsel des geistigen Lebens werden durch dieses Bemühen näher an die Lösung herangebracht oder finden gar eine Lösung, die den Bedürfnissen der Zeit entspricht.

Noch ruht der Druck des Erlebten über der Zeit, um uns herum stürzen noch immer Formen und Gebilde, Einrichtungen und Anschauungen, die zum ehernen Bestand unseres geistigen Daseins zu gehören schienen. Vieles wurde so zerredet, daß der geistige Inhalt völlig aus ihm geflohen ist. Manches blähte sich auf und zog geistige Kräfte an sich, um sie zur Befriedigung eines unstillbaren Machthungers nach unwürdigen Zielen hin zu lenken. Begriffe wie Nation und Staat verlieren ihren Sinn, indem sie für sich das Recht des Selbstzwecks beanspruchten und dadurch zwangsläufig in Brutalität und Barbarei ausarteten. Gedanken und Ordnungen, welche von Bestand und Dauer sein sollen, werden nicht um ihrer selbst willen geschaffen und um einen Mechanismus in Betrieb zu setzen oder zu erhalten, sondern aus dem Kern, dem Bild, der Idee steigt das Wachstum und schließt die Teile zum Ganzen zusammen, solange der Geist lebendig ist. Die erste Frage, welche wir stellen müssen, und auf welche wir die Antwort nicht schuldig bleiben dürfen, ist die nach dem Wesen des Menschen. Es hat sich uns geoffenbart, wir haben mehr als andere Generationen darüber erfahren, wir glaubten eine Zeitlang, eine Lösung gefunden zu haben, die dem Stein der Weisen zu gleichen schien, indem wir über das Wesen des Deutschen nachsannen und es zum Maß der Dinge erhoben. Daß diese Lösung falsch war, hat die Erfahrung gelehrt. Zwangsläufig ergab sich in gleichartigen Gedankengängen eine neue Zuweisung und Aberkennung der Menschenrechte. Beides widerspricht dem Wesen der Humanitas. Dieses läßt sich nicht stören durch den Mißbrauch der Worte.

Die Humanitas ist ein schwer errungener geistiger Besitz des Abendlandes. Sie gehört zum eisernen Bestand der geistigen Güter, ist der geistige Gegenpol zur Barbarei, sie muß immer aufs neue aufgesucht werden, keinem fällt sie mühelos als Geschenk der Unsterblichen in den Schoß. Wer sie als Bildungselement in der geistigen Entwicklung des Abendlandes verfolgt, glaubt an sie und ruft sie aus den überirdischen Regionen herbei. Ihre Gaben senken sich nicht wie Gnaden auf den, der sie nicht verdient, aber sie gehorchen willig dem Notruf, dem weithin klingenden Schall vom Rolands-Horn. Sie zeigt ihre Huld der alles überwindenden geistigen Arbeit und den redlichen Bemühungen um das Erkennen des Menschen.

BEITRÄGE ZUR GESCHICHTE DES HUMANISMUS IN OBERÖSTERREICH
(1926)

Die beiden geistigen Bewegungen, welche die sogenannte Neuzeit einleiten, heißen Humanismus und Renaissance; als ihre Tochter wird die Reformation angesehen. Klare Scheidungslinien zwischen diesen drei bedeutsamen Erscheinungen in der europäischen Geistesgeschichte zu ziehen, scheint ein müßiges Beginnen; denn sie besitzen viele gemeinsame Züge und können nicht auseinander gehalten werden, da die Verkünder der neuen Lehre — wie alle Menschen — Kinder ihrer Zeit waren, einer Zeit, in der sich ein neues Lebensideal bildete, entweder aus dem Alten erwachsend oder im Widerspruch zum Vorhandenen sich zeugend. Wer aus den Quellen der Zeit schöpft, wird in den vielen Zeugnissen Altes und Neues nebeneinander finden, er muß sein Augenmerk auf Kleinigkeiten und unscheinbare Dinge lenken, um in ihnen das Pulsieren des neuen Lebensgefühls feststellen zu können.

Dieses äußert sich nun in verschiedener Weise: es tritt neben dem Alten auf, stellt sich in keinen bewußten Gegensatz zum Vorhandenen; es macht noch nicht den Eindruck, als wollte es eine Geistesrevolution hervorrufen. Dies blieb der Reformation vorbehalten. Der Humanismus — ihr Vorkämpfer — mußte sich erst langsam den Boden schaffen, auf dem er sich lebensfähig und kräftig zu erweisen hatte. Nicht schroff und scharf betonte er seine Gegensätze zur herrschenden Weltauffassung. Er griff zurück auf die Quellen der Weisheit, auf Rom und Griechenland, dessen Schicksal nun durch den Fall von Konstantinopel (1453) den westeuropäischen Völkern nähergebracht wurde; er sah in der Antike sich das Ideal einer großen Zeit gestalten. Der Einzelne ging nicht mehr unter, wie dies so eigentlich das Wesen der mittelalterlichen Weltanschauung ist: er erhob sich über die Masse und war bestrebt sich zu einer Persönlichkeit auszubilden. Als langsamer Werdegang vollzieht sich dieser Prozeß, den man symbolisch vielleicht am besten mit dem Sklaven Michelangelos umschreiben kann, jener Titanengestalt, die — eins mit dem klotzigen rauhen Felsen — sich mit übermenschlicher Kraft von der Materie losringt.

Unter der Sonne Italiens gestaltete sich das Lebensideal freier und lebte sich in einer großangelegten Kunst aus. Es stand in keinem Gegensatz zur Kirche; denn deren Häupter selbst dienten ihm. Sie fühlten sich berufen, die Tradition Roms wieder aufleben zu lassen, während das heilige römische Reich deutscher Nation von einem Schattenkaiser regiert wurde und die großen Traditionen des römischen Imperiums vergessen zu haben schien. — Die Stellung zu Kirche und Schule scheidet den italienischen Humanismus vom deutschen. Dieser lernte von jenem, doch entfaltete er sich in neuer Weise. Beiden gemeinsam ist der universale Grundzug, die Begünstigung des heimischen Idioms, der Sprache des Volkes, trotz allen Schwärmens für eine klassische Latinität. — Aber auf deutschem Boden stand das religiöse Interesse im Vordergrund, weil die Nation das Mittelalter noch nicht überwunden hatte. Dem Ansturm gegen die alte Kirche diente der Humanismus ebenso, indem er den Vorkämpfern die geistigen Waffen hiezu lieferte, wie er sich später dem von Melanchthon neuorganisierten Schulwesen unterordnete, weil er als das wirksamste Mittel angesehen wurde, die Menschheit von der Barbarei der finsteren Vergangenheit zu befreien.

Das große Arbeitsfeld: der Humanismus in Österreich liegt seit Horawitz brach. Die deutsche Forschung geht noch immer fast mit der gleichen Geste der Überlegenheit wie Enea Silvio Piccolomini über die Wiener Gelehrtenwelt des 15. Jahrhunderts hinweg oder sie wertet die Zeugnisse des Humanismus aus dem Kreise Johanns von Neumarkt und Karls IV. zu ungunsten mancher Werke der Wiener Universitätslehrer um die Wende zum 15. Jahrhundert und der vielen deutschen Übersetzungen, die im Zeichen der Klosterreform entstanden. Freilich auch hier kennt die Geschichte, wie immer, keine schroffen Brüche, sondern langsame Übergänge, kein plötzliches Beginnen sondern ein langsames Werden.

1. EINLEITUNG

Zwischen Enea Silvio Piccolominis wenig erfreulicher Schilderung von der geistigen Bedeutung Wiens und dem begeisterten Brief des oberösterreichischen Adeligen Christoph von Schallenberg an den damaligen Wiener Bibliothekar Hugo Blotius liegt ein Zeitraum von rund 150 Jahren, in denen sich die Geschichte des Humanismus in Österreich abspielt. - Der Humanismus in den Donauländern aber beginnt ebensowenig mit der Ankunft des für die Antike begeisterten kaiserlichen Protonotars in Wien, wie er nach Schallenberg etwa 1591 auf seiner Höhe steht; denn dazu könnten wohl die Worte Anlaß geben: „Ille locus mei genii, ibi tandem ponam tabernaculum, ibi amici, ibi aula, ibi Musae, ibi Mars, Venus, ibi dii deaeque, ibi, qui cornu non feriunt, sed ferunt [1].“ Treffender schreibt Bruschius [2] von den Wienern, daß sie niemals Fasten, sondern stets Ostern

[1] Hans Hurch, Christoph von Schallenberg. Ein österr. Lyriker des 16. Jhdts., Bibl. d. lit. Ver. Bd. 253. Tübingen 1910, S. 195 f.

[2] A. Horawitz, Caspar Bruschius. Ein Beitr. zur Gesch. d. Humanism. u. d. Reformation. Prag 1874, S. 133.

feiern. Ein Brief Schellhorns[3] bestätigt dies: „In hisce Austriae provinciis plus gulae luxuriaeque indulgetur quam in ulla parte totius Germaniae ... Ebrietatis vitium, si usquam viget, viget certe in Austria propter vini vilitatem et copiam." — Geistesgeschichtliche Prozesse und neue Strömungen auf geistigem Gebiet sind wohl von Ereignissen und Persönlichkeiten abhängig, aber sie bedürfen, um zur Reife zu kommen, um Gemeingut der Gebildeten zu werden, eines Bodens, in den der geistige Same gesenkt wird. Sonst geht das Wirken des einzelnen Mannes spurlos unter und erst einer späteren Zeit ist es vorbehalten, sein geistiges Schaffen zu exhumieren und die Tragik des Schicksals eines Zufrühgeborenen festzustellen.

Es ist ungerecht, wenn Enea den Thomas Ebendorffer von Haselbach zwar als einen großen Gottesgelehrten preist, doch mit dem spöttischen Bemerken, er sei seit 22 Jahren über die Interpretation des ersten Kapitels Jesaias nicht hinausgekommen: wohl werden an der Wiener Universität scholastische Studien mit Eifer betrieben, aber ihre Lehrer unterscheiden sich vorteilhaft von vielen ihrer Kollegen an anderen deutschen Universitäten; denn die Wiener haben die Verbindung mit dem Leben nicht verloren, sie sind keine einseitigen Gottesgelehrten. Sie bauen wohl noch ihre Denkkonstruktionen kunstvoll verschnörkelt in mittelalterlichen Gedankenkreisen; aber der Sinn für Natur fehlt ihnen nicht und das haben sie mit den ersten Predigern, mit der deutschen Mystik gemein. — Die deutsche Literaturgeschichte ist bisher achtlos an Heinrich Langenstein von Hessen (1325—97) vorübergegangen, der als Vertreter der Pariser Gelehrsamkeit nach Wien berufen und so eigentlich der geistige Begründer und Ordner dieser Schöpfung Rudolfs IV. wurde.

Heinrich Langenstein stammte aus Hessen, er studierte in Paris. Er ist als Verfasser theologischer und astronomischer Schriften bekannter, denn als der Schöpfer eines einzigartigen deutschen Buches *Erchantnuss der sund*, das er für Herzog Albrecht IV. verfaßte. Das Werk ist eine selbständige freie Übersetzung seines lateinischen Werkes *De confessione*. Es zeigt einen formsinnigen Denker, der anschaulich und klar, mit vielen Hinweisen auf die Natur, aus großer Menschenkenntnis schöpfend, eine dichterisch gesehene Lehre von der Beichte wiedergibt und die Hauptsünden behandelt. Gerade der Natursinn wirkte in Langensteins Schüler Franz von Retz[4] (1343—1427), der als eine typische Übergangserscheinung unsere besondere Beachtung verdient. Er steht noch ganz auf dem Boden der mittelalterlichen Weltanschauung, ihm fehlt noch der Formsinn, die Begeisterung für die Antike, deren Autoren wie Cicero, Quintilian, Horaz,

[3] Amoen. hist. Eccl. I. 672 f bei A. Czerny, Der zweite Bauernaufstand in Oberösterreich 1595—97. Linz 1890, S. 14.

[4] G. M. Häfele, Franz von Retz. Ein Beitr. zur Gelehrtengesch. des Dominikanerordens u. der Wiener Universität am Ausgang des Mittelalters. Innsbruck 1918, S. 259 ff.

Ovid für ihn ausschließlich von moralisch-asketischer und homiletischer Bedeutung sind. Aber gerade sein Natursinn wurzelt auf antikem Boden, so wenn er die Erfindung des Ackerbaus auf Ovid [5] zurückführt. In seinen feinen Beobachtungen über das Leben der Bienen zeigen sich zweifellos Nachwirkungen einer Georgicalektüre [6]. Auch läßt sich in seinen Werken eine gewisse Beziehung zur Facetienliteratur feststellen [7]. Wenn wir aber nach literarischen Anklängen in seinen Sittenpredigten suchen, so werden wir finden, daß diese keineswegs in der auf dem Boden der Renaissance erwachsenen Selbstbespiegelung wie etwa in den Schilderungen Wiens durch Enea Silvio wurzeln, als vielmehr in dem ehrlichen Streben zu bessern und zu bekehren wie bei Heinrich von Melk [8]; denn diese Reformbestrebungen sind noch ganz mittelalterlich und lassen sich wohl am ehesten mit denen der Cluniacenser vergleichen. — Dieselben lebendigen Anschauungen treten uns bei Heinrich Langenstein entgegen und wie sein Werk über die Beichte von seinen Zeitgenossen und Nachfahren geschätzt wurde, das zeigen die vielen Handschriften, in denen es überliefert ist [9]. Allerdings steht es unter dem vielgepriesenen *Ackermann aus Böhmen.* Aber an Bedeutung für die Zeit steht es über diesem; denn von ihm aus ist neben den Urkunden mit ihrem gekünstelten Kanzleistil die deutsche Prosa als etwas Neues in weite Kreise gedrungen. Hier ist ein Wendepunkt für die Entwicklung der deutschen Prosa in Österreich anzusetzen. — Auch Denis hat schon auf ein anderes Werk, dessen deutsche Übersetzung von Langenstein geleitet wurde, hingewiesen: nämlich die deutsche Übersetzung des *Rationale divinorum officiorum.*

Nach Langenstein wirkten Heinrich von Oyta, Johannes Nider, Nikolaus von Dinkelspühl an der Wiener Universität. Mathematik und Astronomie blühen empor. Der oberösterreichische Schneiderssohn Johann von Gmunden (1380—1442), der Vorläufer Georgs von Peuerbach, erhielt 1406 die Magisterwürde und wanderte dann über den Semmering nach Italien. Daß er mit führenden Männern des italienischen Humanismus verkehrte, ist nicht nachzuweisen, aber es war ihm dennoch vergönnt, das Morgenrot der neuen Zeit zu schauen. Dieses langsame Tasten der Nichtitaliener und ihre Versuche, sich in den neuen Formen zurechtzufinden, erfaßt man wohl am besten, wenn man Filelfos Verherrlichung Wladislaus' († 1444 bei Warna), deren Einwirkung auf den polnischen Humanismus nicht zu verkennen ist, mit den gleichzeitigen unbeholfenen lateinischen

[5] Ebda. S. 255 ff. Metamorphosen 5, 651 ff.

[6] Häfele a. a. O., S. 230 ff.

[7] Ebda. S. 251 f.

[8] Vgl. ebda. bes. S. 300 ff., 309 ff.

[9] J. W. Nagl und J. Zeidler, Deutsch-österr. Literaturgesch. 1. Bd. (Wien 1899) S. 319 ff. — Den richtigen Namen Langensteins stellte Denifle urkundlich als Heinrich Hainbuch fest. Vgl. L. Pastor, Gesch. d. Päpste 1. Bd. (5.—7. Aufl. 1925) S. 162.

Versuchen Nikolaus Petschachers [10] vergleicht, der sich noch kein klassisches Muster genommen hatte. Dieser verfaßte leoninische Verse als Epitaph auf Albrecht und dennoch schlägt er beim Tode Wladislaus' freiere Töne an:

„Ut canapi silve sic stabant agminis haste
Grando sagittarum sic ferit ymber humum."

Ließen sich die Zeugnisse vom Zunehmen des Besuches italienischer Universitäten durch donauländische Gelehrte und Studenten auch mehren [11]: sie geben doch nur zu berechtigten Vermutungen Anlaß; denn eben in den Jahren des Konstanzer und Basler Konzils, wo italienische Gelehrte auf der Suche nach alten lateinischen Handschriften die süddeutschen Klöster durchsuchten, in der Zeit, da der Ruf nach einer reformatio laut wurde, da lagen auch die Geburtswehen des Humanismus in Österreich. Rascher und lebensvoller wirkte sich das neue Lebensgefühl und Ideal in Schwaben aus, da es der Einbruchspforte näher liegt [12]. In Österreich hemmte bereits die drohende Türkengefahr eine freiere geistige Entwicklung. Dennoch wurde der Verkehr mit Italien auf dem Gebiete des Handels reger: venezianische Kaufleute kamen häufiger nach Wien.

Straffer aber werden die Beziehungen zu Italien innerhalb des Benediktinerordens gehalten, da die Reform von Subiaco in Melk festen Fuß faßte [13]. Nikolaus Seiringer, der im Jahre 1418 Abt wurde und gleichzeitig die Reform seines Ordenshauses durchführte, war in Subiaco gebildet worden. Italienische Mönche kamen nach Melk, deutsche lernten das Stammhaus der Reform in Italien kennen. Der augenfälligste Beweis, daß in Melk mit der Reform auch der neue Geist des Humanismus einzog, ist die Wiederaufnahme der Klosterannalistik durch den Prior Petrus von Rosenheim [14] im Jahre 1418, dessen Schriftzüge denen Poggio Bracciolinis

[10] Joh. Huemer, Historische Gedichte aus dem 15. Jhdt., Nicolaus Petschacher. In: Mitteilungen d. Instituts f. österreich. Geschichtsforschung 16. Bd. (1895) S. 633—652. — H. Zeißberg, Analekten zur Geschichte des 15. Jhdts. In: Zeitschr. f. österr. Gymnas. (1871) S. 82 ff.

[11] A. Luschin-Ebengreuth, Österreicher an italienischen Universitäten zur Zeit der Reception des römischen Rechtes. In: Blätter d. Vereins f. Landesk. in Niederösterr. N. F. Bd. 14—19 (1880—85); ders. in Sitzungs-Ber. der Wiener Akad. d. Wissensch. phil.-hist. Kl. Bd. 118, 124, 127.

[12] P. Joachimsohn, Frühhumanismus in Schwaben. In: Württemberg. Vierteljahrhefte f. Landesgesch. N. F. 5. Bd. (1896) S. 63—126, 257—291.

[13] I. Keiblinger, Gesch. d. Benediktinerstiftes Melk. Wien 1851, S. 507 ff.

[14] Hs. 486 fol. 74 r der Stiftsbibliothek, erstmals erwähnt bei W. Wattenbach, Das Schriftwesen des Mittelalters. 3. Aufl. Leipzig 1896, S. 103, ferner bei I. Zibermayr, Die Legation des Kardinals Nikolaus Cusanus und die Ordensreform in der Kirchenprovinz Salzburg. Reformationsgeschichtl. Studien u. Texte, Heft 29., Münster 1914, S. 103 A. Abgebildet ist die angeführte Seite: Monumenta Palaeographica 2. Serie, Lieferung 14, Tafel 1 (= 371 des Gesamtwerkes). München 1913 [Uhlirz].

sehr nahe stehen. Und eben als die Reform zu Melk Fuß gefaßt hatte, wurde mit ihr auch der Plan zur Tat, den der 1411 zur Regierung gelangte Herzog Albrecht V. mit Nikolaus von Dinkelspühl besprochen hatte. Dieser war auch als Vertreter der Wiener Universität mit Thomas Ebendorffer beim Basler Konzil. — Sämtliche an der Klostervisitation Beteiligten stehen mit Wien in Verbindung, auch Schlitpacher. Beachtenswert ist ferner die Verbindung, welche von Hessen nach Wien führt. Wir konnten sie bereits durch Heinrich Langenstein nachweisen. Die geistige Verbindung scheint angehalten zu haben, denn Abt Stefan von Melk (1451—1453) stammte aus Niederhessen, desgleichen auch Johannes Hinderbach, der seine Bildung an der Wiener Universität empfing und durch Enea der Renaissance zugeführt wurde [15]. Die Schotten von Wien kehrten nach Regensburg zurück und deutsche Mönche zogen in dem babenbergischen Hauskloster ein. Die ständigen Visitationen von 1421, 1436 und 1451 hoben die Ordenszucht und wenn sich gerade in diesem Zeitraum von etwa zwei Jahrzehnten auch ein bedeutsames Streben nach der Schaffung kultureller Werte äußert, so ist dies nicht zuletzt die Kundgebung eines neuen Lebensgefühls: die Schreiberschulen wurden neu eingerichtet, Kirchen wurden erbaut, im Bereiche des Klosters Garsten unter Abt Friedrich II. (1442—1444) allein drei: in Steyr, Molln und Weyer. In allen Benediktinerklöstern wird man um diese Zeit das Pulsieren eines neuen Lebens feststellen können: die Bibliotheken wurden vergrößert [16]. In Göttweig läßt sich das Studium des platonischen Dialogs *Timäus* nachweisen [17]. Humanistisch gebildet war auch der Abt Benedikt I. von Seitenstetten (1437—1441), der Begründer der Gnadenkirche auf dem Sonntagsberg [18]. — Über die geistige Bedeutung der Klostervisitationen unterrichten vor allem die Dialoge, welche Pez [19] mitteilt. Man staunt über die Fülle von historischem Wissen, welche besonders das vierte Kapitel: „De experientia in visitatione" bietet. Für Melk bedeutsam ist wohl auch der Besuch des Klosters durch Kardinal Bessarion (1460) [20]. Enea Silvio war der Gönner des Stiftes. Über seinen Tod schreibt der Chronist: „Magnam Mellicensium notitiam si non plane familiaritatem contraxerit [21]". Weniger freundlich wird 1514 von dem Besuche des päpstlichen Legaten Beroaldus

[15] V. v. Hofmann-Wellenhof, Leben und Schriften des Dr. Johannes Hinderbach, Bischof von Trient (1465—86). In: Zeitschr. d. Ferdinandeums 3. Folge, 37. Bd. (1893) S. 203—262.

[16] G. E. Frieß, Studien über das Wirken der Benediktiner in Österreich für Kultur, Wissenschaft und Kunst. Seitenstettener Programm 3. Abt. S. 47.

[17] Ebda. S. 48.

[18] Ebda. S. 22.

[19] Scriptores rer. Austriac. 2. Bd. Lipsiae 1723, S. 626 ff.

[20] Keiblinger a. a. O., S. 601. Vgl. auch unten Anm. 39.

[21] A. Schramb, Chronicon Mellicense. Viennae 1702, S. 469.

berichtet, der im Auftrage Leos X. zum Ankauf wertvoller Handschriften nach Melk gekommen war [22].

Und nicht anders wirkte sich die Reform der Augustiner Chorherrenstifter aus. Ihr Stammsitz ist Raudnitz, sie steht in direktem Zusammenhang mit Karl IV. und Johann von Neumarkt. Ihre Wirkungen sind jedoch nicht so lebensvoll und bedeutsam, weil sie aus zweiter Hand und nicht aus Italien kommen; denn es sind tschechische Mönche und nicht Avignoner, wie Burdach behauptet, welche diese Reform durchführten [23]. Erst von der Mitte des 15. Jahrhunderts an wirkte die Raudnitzer Reform mit der gleichen Intensität und Kraft wie die Melker Reform. Vom Jahre 1451 an lassen sich die Auswirkungen beider nicht mehr auseinander halten; denn da sind sie an die Wirksamkeit eines Mannes geknüpft, an Nikolaus Cusanus, dessen Visitation den Höhepunkt der Entwicklung bezeichnet. Allerdings wollen diese reformatorischen Bestrebungen nicht bewußt Neues schaffen: man wollte die Klosterkunst und -gelehrsamkeit wieder erwecken; denn Cusanus geht von der Blütezeit des Reiches unter Otto I. aus, er ist sich seines ungepflegten Stiles wohl bewußt. Er fühlt, daß er am Wendepunkt zweier Zeiten steht, er will das Alte erneuern und beklagt gleichzeitig diejenigen, „qui hoc aevo dies graves ad finem ducunt". Und eben weil er die letzten Tage der Menschheit im Jahre 1460 kommen sieht, ist er bestrebt, seine Zeitgenossen — bereits in Basel 1436 [24] — auf die Unstimmigkeiten im Kalender aufmerksam zu machen. Daß diese Kalenderreform von Georg von Peuerbach [25] und Regiomontan weitergeführt wurde, zeigt das Wirken cusanischer Ideen in Österreich. Jener, obwohl mit Bessarion in Verkehr stehend, konnte noch nicht griechisch [26].

Schwäbischer Humanismus wirkte auf Österreich ein in der Gestalt des Melkers Johannes Schlitpacher, der als Visitator eine bedeutende Rolle spielte. Schlitpacher stammte aus Weilheim, er wurde in der humanistisch eingestellten Stadtschule in Ulm erzogen, er starb 1482 als Prior von Melk. Wohl steht er in seinen Werken noch stark auf scholastischem Standpunkt. Aber dennoch blitzen manchmal die Lichter der neuen Lehre in seinen Arbeiten auf. Er knüpfte sein *Fragmentum veteris legis,* durch das er das Auffinden von Bibelstellen aus dem Alten Testament erleichtern will, an

---

[22] M. Kropff, Bibliotheca Mellicensis. Viennae 1747, S. 77.

[23] K. Burdach, Vom Mittelalter zur Reformation. Halle 1893, S. 58, 95. Zibermayr, Cusanus S. 21 ff.

[24] Vgl. seine Coniectura de novissimis diebus.

[25] 1446 als Georgius Awnpekh S. S. A. an der Wiener Universität immatrikuliert: A. Willibald, Die Peuerbacher Scholarn der Wiener Universität des 15. Jhdts. In: Linzer Tagespost, 10. Jänner 1926. A. Goldmann, Familienname, Geburtsort und Geburtsdatum des Astronomen Georg von Peuerbach. In: Heimatgaue 4. (1923) S. 75 f.

[26] Frz. C. Fl. v. Khautz, Versuch einer Geschichte der österreichischen Gelehrten. Frankf. u. Leipz. 1755, S. 34 ff.

das Werk seines Mitbruders Petrus von Rosenheim an. Er liest nicht mehr wie die Scholastiker, ihm kommt es auf große Zusammenfassungen an. Lehrreich erscheint mir in dieser Hinsicht die bei Kropff nicht erwähnte Vorrede dieses Werkes, welche in einer Kremsmünsterer Handschrift [27] steht. Es ist ihm um ein genaues Zitieren zu tun und darum „ut rapido cursu transcurrem saltem aliquos libros veteris testamenti". Er will aus jedem Kapitel den wichtigsten oder mehrere Gegenstände herausgreifen und sie in einem Hexameter zusammenfassen, doch bei der Fülle des Stoffes sei es begreiflich, wenn er nur einige Teile des Alten Testamentes behandle, im übrigen verweise er auf das Werk, welches „quidam felicis recordationis nostri ordinis et monasterii Medlycensis quondam monachus . . . eddidit"[28].

Die Ordensreformen schaffen also den Boden. Sie ziehen ein neues Gelehrtengeschlecht heran, das wohl noch ganz im Geiste der Gründungen erzogen ist, aber sie befähigen es gleichzeitig zur Aufnahme des in Italien wiedergeborenen neuen Geistes. Die Kulturwege, welche die Klöster mit Italien verbinden, werden festgehalten. An die Person des Cusanus knüpft sich eine neue Verbindung, die für das Kunstleben Oberösterreichs von besonderer Bedeutung sein sollte. Meister Michael Pacher aus Bruneck schafft in der Salzburger Diöse sein Meisterwerk, die Krönung Marias, den geschnitzten Hochaltar zu St. Wolfgang [29]. Im Norden Oberösterreichs gestaltete sich unter den Händen eines unbekannten Meisters der geschnitzte Wolfgangaltar zu Kefermarkt. Wohl gehören beide Werke der Hochgotik an, doch führte Pacher, als erster Vertreter der van Eyckschen Reform, den Realismus in der Tafelmalerei ein. Seine Gestalten sind lebensvoller, plastischer gesehen. Er hat, unter dem Bistum Brixen erwachsen, den neuen Geist der Malerei auch aus Italien übernommen [30]. Nikolaus Cusanus und Johannes Hinderbach haben ihm diesen vermittelt. — Wenn Adalbert Stifter, der Leiter der Restaurierungsarbeiten am Kefermarkter Altar, diesen für ein Werk Albrecht Dürers erklärt, so ist er im Irrtum, wenn er aber in den lebensvollen Gestalten — ich meine hier vor allem die Rittergestalt des heiligen Georg — eine gewisse Verwandschaft mit den klassischen Kunstwerken der Griechen sieht, so hat er ahnend das erste Zeugnis vom Wirken des neuen italienischen Geistes in der bildenden Kunst seines Heimatlandes begriffen. Versündigt freilich hat sich Stifter bei seinen

[27] Hs. 117 fol. 96 r. Auch die Stiftsbibliothek St. Peter in Salzburg besitzt dieses Werk Schlitpachers: Hs. b X 28. (aus dem Jahre 1474). Ferner wird ihm dortselbst ein fünfmal vorhandenes Manuale viaticum über die Regel des hl. Benedikt zugeschrieben: a III 33, 2); b II 1, 10); b IX 19, 6); b X 28; b XI 19, 7) u. 8).

[28] Vgl. Kropff a. a. O., S. 369 ff.

[29] Zibermayr, Die St. Wolfganglegende in ihrem Entstehen und Einfluß auf die österreichische Kunst. In: 80. Jahresbericht des oberösterr. Musealvereines (Linz 1924) S. 139—232.

[30] Vgl. unten Anm. 82.

Restaurierungsarbeiten an dem Geist der Gotik dadurch, daß er die lebensvollen Farben abwaschen ließ.

Als Bote und Verkünder der italienischen Renaissance trat Enea Silvio Piccolomini[31] in angesehener Stellung am kaiserlichen Hofe mit einem neuen, bisher nicht geahnten Lebensideal bestimmend in die Geistesgeschichte Österreichs ein. Er spottet, wie bereits erwähnt, über die Vertreter der Scholastik. Ihm ist auch der Reformgeist zu gering. Und deshalb kämpft er, der die Gegensätze von deutschem und italienischem Wesen so scharf empfand, der an dem Zwiespalt litt wie kaum ein anderer, mit der Waffe des ätzenden Spottes gegen alles, was ihm unmodern, veraltet und barbarisch erscheint. Eben sein ciceronianisches Latein, die Kunst Briefe zu schreiben, die Kunst der Freundschaft und des Lebens, die Mittel, durch die er sein Auftreten zu verklären wußte, werden ihm abgelauscht. Seine Briefe, mit deren Abschriften ein schwunghafter Handel getrieben wird, öffnen vielen die Augen. Gerade der Wiener Boden, auf dem sich schroffe geistige Gegensätze stets zu versöhnen wußten, vollzog fast kampflos die Einigung zwischen Altem und Neuem. Die Lebenskunst war die Basis, auf der sich beide entgegenkamen.

Wieder waren es Klöster, in denen der erste Widerhall von Eneas Wirken laut wurde. Nach der großen Wandlung, welche die Reform in Melk, wie wir oben gesehen haben, im Sinne des Humanismus hervorrief, ist die Verbindung mit Italien für Klosterneuburg bedeutsam, dessen Chorherr Johannes von Perchtoldsdorf 1421 aus Italien einen Schreiber und einige italienische Handschriften mitbrachte[32]. Dadurch gelangte die Schreiberschule zu rascher Blüte. Auch läßt sich die individualistische Schreibart, welche Randglossen verfaßt, Lesefrüchte sammelt und zeitgenössische Ereignisse verzeichnet, schon verhältnismäßig früh nachweisen. Die Bücherkäufe mehren sich um diese Zeit. Bewegt sich der Verkehr des Propstes Georg von Klosterneuburg[33] mit Bischof Leonhard von Passau, dem Enea Silvio wohl in aufrichtiger Dankbarkeit, daß er seine Gastfreundschaft in Ebelsberg genossen hatte, eine Grabschrift verfaßte[34], noch

[31] A. Weiß, Aeneas Silvius Piccolomini, als Papst Pius II., sein Leben und Einfluß auf die literarische Kultur Deutschlands, Grazer Rektoratsrede 1897. Der Briefwechsel des Eneas Silvius Piccolomini, hrsg. von R. Wolkan, 1.—3. Abteilg. Wien 1909—1918, Fontes rerum Austr. Bd. 61, 62, 67, 68.

[32] B. Černik, Das Schrift- und Buchwesen des Stiftes Klosterneuburg während des 15. Jhdts. In: Jahrb. des Stiftes Klosterneuburg 5. Bd. (1913) S. 104.

[33] H. J. Zeibig, Briefe aus dem 15., 16. u. 17. Jhdt. an den Propst und das Stift Klosterneuburg. In: Notizenbl. Beilage z. Arch. f. österr. Geschichtsquellen 6. Bd. (1856) S. 495, 532, 554, 594.

[34] M. Rupertsberger, Ebelsberg, Einst und Jetzt. Linz 1913, S. 154 f. G. Voigt, Enea Silvio de' Piccolomini als Papst Pius II. und sein Zeitalter. Berlin 1856—63, 2. Bd. S. 286.

in den alten Formen mit wenigen Anklängen an den Meister des Briefstiles (ca. 1436), so bemerkt man doch das Eindringen der neuen Formen und der antiken Vorbilder, wenn man die Briefe des Reformpropstes Simon (1453) dagegen hält. Und eben in diesen Jahren wirkten zwei junge Chorherren [35], die den italienischen Humanismus mit einer Begeisterung aufnahmen, die uns heute noch mitfühlen läßt, daß Enea als der Künder einer neuen frohen Botschaft nach Österreich gekommen war. Es ist das Wesen solcher Anreger, daß sie Jünger heranbilden, die sich dann selbst wieder als Entdecker und Bahnbrecher fühlen. Nicht anders ist der von Winthager († 1467) geschriebene Traktat zu verstehen: *Absolutio quaestionis, quae moveri possit contra Terentium* [36]. Da wird der „poeta-vates" der italienischen Renaissance zum „minister dei" und in Zusammenhang gebracht mit Jacobus I, 17. Da wird mit Paulus Thess. V, 21 der Wert der Antike geprüft, die Bedeutung der Klassiker für die Kirchenväter betont, ja Christus selbst wird zum Lehrer der Eloquenz. Endlich stellt sich Winthager in einen bewußten Gegensatz zu der Unterordnung unter die kirchlichen Gebote, wenn er erklärt, von diesem Studium nicht abweichen zu wollen: „qui poetas legere aut docere non desino, etiam admonitus, ne id agam." Derselbe Winthager tritt in einem philosophisch-theologischen Gespräch mit Wilhelm von Savona, Joh. de Brethaym und Georg von Peuerbach als Unterredner über den Gegenstand auf, ob die Toten zu beweinen seien. Wilhelm von Savona O. F. M. setzte sich für die Schaffung einer rhetorischen Lehrkanzel an der Wiener Universität ein. Aber noch war die Zeit dazu nicht gekommen. Wohl klagte Bohenus nach der Abreise Eneas (1455) in einem Brief an Georg von Peuerbach [37]: „Perdidi solacium meum, dominum meum, reverendissimum dominum Senensem, cum quo non numquam animi laxandi causa convenire solebam. Ejus mihi humanissima conversacio voluptati cessit et utilitati." Die folgenden Jahre waren der Entfaltung des humanistischen Lebensideals wenig günstig. Wohl erschien noch einmal ein Apostel der neuentdeckten Antike, der platobegeisterte Kardinal Bessarion, als päpstlicher Legat auf österreichischem Boden (1460). Doch war seine politische Sendung, zum Kampf gegen die Türken aufzurufen, von keinem Erfolg gekrönt [38]. Einige Wochen, ehe der

[35] Zeibig, Die Bibliothek des Stiftes Klosterneuburg. Ein Beitr. zur österr. Literaturgesch. (o. J.) S. 9. — B. Černik, Die Anfänge des Humanismus im Chorherrenstift Klosterneuburg. In: Jahrb. d. Stiftes Klostern. 1. Bd. (1908) S. 57—94.

[36] Klosterneub. Hs. 243 a. Derselbe Text — jedoch ohne Angabe des Verf. (= Winthager) — befindet sich in Hs. 11 Bl. 17 r—21 v in der Stiftsbibliothek Kremsmünster.

[37] A. Czerny, Aus dem Briefwechsel des großen Astronomen Georg von Peuerbach. In: Arch. f. österr. Gesch. 72. Bd. (1887) 1. Hälfte, S. 297.

[38] A. Bachmann, Urkundliche Nachrichten zur österreichisch-deutschen Geschichte im Zeitalter Friedrichs III. Wien 1892, Fontes rer. Austr. 2. Abt. 46. Bd. Nr. 2, 3, 12.

Wiener Reichstag zusammentrat (im Mai), konnte sich Bessarion auch seinen Lieblingsstudien widmen. Er verkehrte damals mit den beiden Astronomen der Universität Georg von Peuerbach und Regiomontan [39]. Der erste Rhetoriker an der Wiener Universität war der Minoritenmönch Petrus Amaltheus aus Portenau in Friaul (ca. 1493), doch hatte auch damals der italienische Humanismus an der Wiener Universität keinen besonderen Erfolg aufzuweisen [40].

Diese Bestrebungen schienen indes nur eine Vorbereitung auf Kaiser Maximilian, Konrad Celtis und die gelehrte Donaugesellschaft zu sein, die Wien zu einem Brennpunkt des geistigen Lebens machen wollte, allerdings nur auf kurze Zeit; denn schon kündeten die Vorboten der Reformation: Kaltenmarkter, Turrianus und einzelne Schottenmönche, welche über den Mißbrauch des Ablasses und Reliquienhandels ihre Stimmen erschallen ließen, das Wetterleuchten eines neuen Zeitalters an, in dem die kaum erweckte geistige Bewegung aus ihren Bahnen geworfen wurde [41].

Die Gefahren, denen die humanistischen Bestrebungen in Wien nicht ausweichen konnten, lagen in einer üppigen Sinnlichkeit. Dies war seit Enea Silvio nicht anders geworden; denn das Phäakenvolk am Strand der Donau war ein „lacerum et incompositum vulgus" geblieben. Die Kriege wirkten nicht hebend auf die geistige Entwicklung. Doch darf nicht vergessen werden, daß Matthias Corvinus der Universität seinen besonderen Schutz angedeihen ließ [42]. Mit B. Pergers Ernennung zum Superintendenten der Universität kam neues Leben in die Gelehrtenwelt: Girolami wurde aus Venedig berufen, Celtis und Cuspinian gewannen an Boden. Seit den Tagen Peuerbachs wurden wieder Cicero, Sallust, Vergil, Horaz und Lucan mit neuem Verständnis gelesen. Daß Reuchlin [43] am Hofe Friedrichs III. in Linz den Rabbiner Loans kennen lernte, der ihn in das Hebräische einführte, hatte auf die geistige Entwicklung der Universität und des Landes

---

[39] L. Mohler, Kardinal Bessarion als Theologe, Humanist und Staatsmann. 1. Bd. Darstellung. Paderborn 1923, Quellen und Forschungen aus dem Geb. d. Gesch., hrsg. v. d. Görres-Gesellschaft 22. Bd. S. 299 f.

Ein abschließendes Urteil über die Einwirkung Bessarions auf das deutsche Geistesleben wird erst nach dem Studium umfangreicher Aktenbestände, auf welche Mohler S. 292 f. A. im Anschluß an Pastor aufmerksam macht, möglich sein.

[40] Horawitz, Der Humanismus in Wien. Histor. Taschenbuch, 6. Folge, 2. Bd. Leipzig 1883. Ferner für die Zeit unter Kaiser Max I. vgl. G. Bauch, Die Rezeption des Humanismus in Wien. Eine literarische Studie zur deutschen Universitätsgeschichte. Breslau 1903.

[41] B. Raupach, Das evangel. Österreich und Presbyteriologia Austriaca. 5 Bände. Hamburg 1736—41, 1. Bd., S. 3 ff.

[42] K. Schober, Die Eroberung Niederösterreichs durch Mathias Corvinus i. d. Jahren 1482—1490. In: Blätter des Vereines f. Landesk. v. Niederösterr. (1879) S. 186.

[43] K. Schiffmann, Johannes Reuchlin in Linz. Eine histor. Erzählung. Saarlouis 1914.

keinen Einfluß. Balbis Streitsucht und päderastische Neigungen verhinderten, daß diesem genialen Vertreter des italienischen Humanismus Wien eine dauernde Heimstätte wurde. Obwohl Perger die Italiener begünstigte und gegen den Willen Krachenbergers und Fuchsmagens den Minoriten Giovanni Riccuzzi Vellini (Camers) und Angelo Cospi aus Bologna berief, so gewannen doch die deutschen Humanisten, unter denen der St. Gallener Joachim Watt (Vadianus) eine hervorragende Stelle einnimmt, an Bedeutung. Der in Steyr geborene Geschichtsschreiber Kaiser Maximilians Josef Grünpeck[44] hat daher ein Recht zu schreiben (1496): „Fateor Germaniam nostram non minus quam Italiam liberalissimis studiis literatissimisque hominibus affluere."

Zu den bereits genannten traten die Baiern Agricola und Collimitius, die Schwaben Suntheim und Brassican, die Oberösterreicher Puelinger und Johannes Tichtel[45] aus Grein, der die Eleganz von Celtis' Stil anstrebte, doch nie erreichte. In gewissem Sinne erinnert er in seiner gläubigen Frömmigkeit an den biederen Westfalen Johann von Soest, doch steht jener an Bedeutung turmhoch über seinem Kollegen; denn ihm war die Beschäftigung mit den Alten Lebensbedürfnis geworden, wenn er auch nie mehr als ein Genießer und Nachempfinder geblieben ist. Der Franke Cuspinian darf nicht unerwähnt bleiben, der mit Fürsten vertraulich verkehrte[46]. Bei diesem fähigsten Kopf der späteren Wiener Humanisten beurteile man, welche Bedeutung man der gelehrten Bildung für die Befähigung zum diplomatischen Dienst beimaß. Von den Kreisen der Universität dringt der Humanismus aufs neue in die Klostermauern. Abt Chelidonius von den Schotten in Wien, als Dramatiker bedeutsam, gehört dem neuen Geschlecht an, wie Abt Wolfgang Haberl (Herbelinus) von Mondsee, durch dessen Auftrag das erste Kunstdenkmal mit der Darstellung heidnischer Figuren in Oberösterreich, der Pilgerbrunnen in St. Wolfgang, von Lienhard Rännacher und Peter Mülich geschaffen wurde[47], Abt Johann von Kremsmünster, der mit Celtis, Fuchsmagen und Trapp in freundschaftlichem Verkehr stand.

Hatten sich so in Wien, als der Zentrale einer Gelehrtenrepublik, die bedeutendsten Geister des Jahrhunderts gefunden, so gingen dennoch ihre Bestrebungen fast spurlos in der traurigen Zeit unter. Wie die traurigen

---

[44] Czerny, Der Humanist und Historiograph Kaiser Maximilians I. Joseph Grünbeck. In: Arch. f. österr. Gesch. 73. Bd. (1888) 2. Hälfte, S. 356.

[45] Horawitz, Johannes Tichtel. Ein Wiener Arzt des 15. Jhdts. In: Berichte und Mitt. des Altertumsvereins zu Wien 10. Bd. (1869) S. 25—34.

[46] J. Voigt, Schreiben Cuspinians an den Markgrafen Albrecht von Brandenburg. In: Notizenbl. (Beil. z. Arch. f. Kunde österr. Geschichtsquellen) 6. Bd. (1856) S. 416. Vgl. ferner: H. Ankwicz, Das Tagebuch Cuspinians. In: Mitt. d. Instit. f. österr. Geschichtsf. 30. Bd. (1909) S. 280—326.

[47] Ph. M. Halm, Der St. Wolfgangbrunnen zu St. Wolfgang. In: Kunst und Kunsthandwerk 15. Bd. (1912) S. 674.

Verhältnisse und inneren Fehden unter Friedrich III. der Entfaltung eines neuen Lebensideals durchaus im Weg gestanden waren und wie man nach der Regentschaft dieses schwachen Monarchen ein neues Zeitalter gekommen sah, so brachten nun Türkenkriege, Bauernaufstände, die spanischen Habsburger und endlich die religiösen Kämpfe die Musen zum Schweigen.

Da trat als eine neue Macht von überragender Bedeutung der ständische Adel, Herren und Ritter, in die Bewegung. Die Richtung, die er vertrat, war national. — Es ist dem heutigen Beurteiler der österreichischen Geschichte des 16. Jahrhunderts nicht schwer, in den vielen entfesselten Kräften, die sich aneinander messen, die Vorbedingungen zur späteren Entwicklung zu erkennen. Der Adel wünscht eine nationale Regierung; er hat im Kampfe für Luther und gegen die Päpste eine Abneigung gegen alles Romanische gefaßt und darum auch gegen die spanischen Habsburger, gegen die Jesuiten. Wie verletzt sich der oberösterreichische Adel durch die Schmähungen eines spanischen Prahlers fühlte, zeigt die Begebenheit, die sich am 25. Mai 1521 bei dem Turnier zutrug [48], das anläßlich des Beilagers Ferdinands in Linz stattfand. Damals besiegte Sebastian von Losenstein seinen Gegner in einer für diesen schmählichen Weise. Der zeitgenössische Chronist beschließt treuherzig seinen Bericht: „Und sein die Spanier mit der that etwas stiller geworden." — Der Adel bekämpfte die Klöster auch mit aus dem Grunde, weil er sich durch ihre Säkularisation eine Bereicherung seines Besitzes erhoffte. Die Ordenszucht verfiel, auch Klöster suchten ihr neues Lebens- und Bildungsideal in Wittenberg, nicht mehr in Italien. Trotz der strengen Verordnung Ferdinands I. studieren die Adligen an der Luther-Universität und wenn sie nach Italien ziehen, so geschieht es, um die berühmten Lehrer des römischen Rechtes in Padua und Bologna zu hören. Wohl halten sie an dem erzieherischen Werte der Alten, die nach Melanchthon und später nach Sturm unterrichtet werden, fest; aber es ist nicht mehr der sinnliche Lebensgenuß und die Lebenskunst, die sie sich aus ihnen herauslesen wie die früheren aus Ovid und Horaz: es ist ihnen darum zu tun, geistige Waffen und geistige Kräfte zu besitzen, um ihre Gegner zu schlagen. Die Bildung ist ihnen Mittel zum Zweck geworden. Wenn sie Geschichte treiben, so gehen sie ihrem Stamm nach und leiten ihn nicht mehr wie in früheren Tagen von römischen Familien ab, sondern von germanischen. Typisch hiefür ist die damals befestigte Familientradition des Hauses Starhemberg [49], daß sein Ahne Winulph mit Alarich als erster in Rom eingedrungen sei. Und wie sich hier das germanische Heidentum als eine ehrenvolle Stammutter erweist, so wird das Römertum für die Kloster-

[48] F. I. Proschko, Streifzüge im Gebiet der österr. Geschichte und Sage I; ein merkwürdiges Turnier in Linz, 15. Musealbericht (1855).

[49] J. Schwerdling, Geschichte des uralten und seit Jahrhunderten um Landesfürst und Vaterland höchst verdienten, theils fürstl. theils gräfl. Hauses Starhemberg. Linz 1830, S. 1 f.

gründungen beansprucht. Die Geschichte St. Florians stellt eine solche Beziehung durch die Gründungslegende her. Andere Klöster nehmen einen Römerstein zum Ausgangspunkt ihrer Geschichte, mit dem die Gründung dann wenigstens in einen örtlichen Zusammenhang gebracht wird, wie etwa bei Mondsee oder in Lambach, wo eine Handschrift des 13. Jahrhunderts [50] mit der lateinischen *Vita Adalberonis*, des Gründers, und den Abschriften der wichtigsten Urkunden auch die Inschrift des Römersteins enthält.

So wird der Kampf des neuen mit dem alten Glauben als ein Widerstreiten des Germanentums gegen das Römertum aufgefaßt, eine Ansicht, die der frühe deutsche Liberalismus wohl von hier übernommen hat. Der oberösterreichische Adel des 16. Jahrhunderts ist sich des Deutschtums seiner Heimat, deren Rechte er mit dem Schwert gegen Avaren und Magyaren behauptet hatte, wohl bewußt. Wenn er im 16. Jahrhundert gegen die Türken zu Feld zieht, so geschieht dies allerdings nicht so sehr aus nationalen Erwägungen; denn die drohende Kriegsgefahr war ihm vielmehr ein Anlaß, vom Kaiser für seine Leistungen Zugeständnisse in der freien Ausübung seines Glaubens zu erlangen. Der Adel wurzelte geistig in Wittenberg.

Es mag heute unbegreiflich erscheinen, daß dieses starke, gebildete Herrengeschlecht in seinem Kampf um die evangelischen Freiheiten unterging. Und doch: als es sich um die Erhaltung ihres eigenen Besitzes, als es sich um das gerechtfertigte Begehren der Bauern nach größeren Freiheiten handelte, da waren sie taub und gingen mit ihren Widersachern, den Vertretern des Prälatenstandes, gemeinsam gegen „das gemain pöfl" vor. — Wiedertäufer, doch ohne jene blutigen Auswüchse in Münster, durchschwärmten das Land. Der Flacianismus fand zu Eferding einen ihm günstigen großen Herrn. Blutgerichte und Verbrennungen peitschten die nervös-erregten Gemüter noch mehr auf. Der Mangel einer Einheit aller Bevölkerungsklassen, das Bündnis mit Bayern und eine gewissenlose barbarische Justiz führten den Untergang der Bewegung herbei, die auf die geistige Entwicklung der Donauländer von entscheidendem Einfluß gewesen wäre. Die Politik der spanischen Habsburger hatte kein Verständnis für die nationale Eigenart ihres Landes, die in den Glaubenskriegen und den Eroberungszügen gegen die Türken umgeformt wurde; denn das herrschende Haus war den Gedankenkreisen entfremdet worden, die sein Adel im stolzen Bewußtsein der Zusammengehörigkeit der ganzen Nation noch mit einem historisch geschulten Weitblick vertreten hatte. Die Dynastie konnte sich nicht dazu verstehen, nicht mehr als eine deutsche angesehen zu werden. Ihre späteren Versuche, eine erfolgreiche westlich orientierte Politik zu betreiben, scheiterten daran, daß sie in jenem Jahrhundert keinen Wert darauf gelegt hatte, für eine deutsche Dynastie zu gelten. An den Ausläufern dieser unentschiedenen, schwankenden Politik des 16. Jahrhunderts

[50] Mscr. membr. 50.

krankt das Land heute noch. Nach der Entscheidung herrschte in Wissenschaft, Kunst und Literatur der romanische Geist vor. Freilich die Gegensätze wurden zu einer Harmonie und vollständigen Einheit miteinander verschmolzen in der Barockkunst. Das nationale Erbe wiederum zu wecken, blieb der Romantik vorbehalten. — —

Eine Literaturgeschichtschreibung, die von dem Stammescharakter, den Eigenschaften des Blutes und der Landschaft ausgeht, sieht in den geistigen Wandlungen eines Zeitalters allzusehr das Wirken von Kräften, die zwischen Himmel und Erde sind. Wollte man den Umstand, daß die Altstämme die humanistischen Bestrebungen eher aufnahmen und verarbeiteten als die Neustämme, darin begründet finden, daß der Römerboden hiezu günstiger war als der kolonisierte ost- und norddeutsche, so vergesse man nicht, daß die kulturellen Einwirkungen römischer Legionssoldaten und Marketender jedenfalls sehr gering gewesen sein müssen, daß sie kaum auf Jahrhunderte hinaus wirken konnten. Wichtiger und bedeutsamer ist das historische Erleben und das Gedächtnis, das einem Volke von seiner Vorzeit geblieben ist. Wie sich um die beiden Hauptflüsse des deutschen Ländergebietes die Sage der Nibelungen gewoben hat, so werden Rhein- und Donauland auch für die Ausbildung des deutschen Schrifttums von einzigartiger Bedeutung. In den Zeiten, da Flüsse die Hauptverkehrsadern des Landes sind, ist seine Geschichte an Flußläufe geknüpft. Die Eroberungszüge der Römer, Christianisierung und Völkerwanderung, die Kreuzzüge führen viel fremdes Volk durchs Land. Der Handel wird begünstigt, die Schaulust der Menge findet reichliche Nahrung. Kulturzentren wollen sich ausbreiten, sie haben das Bestreben sich in alte Kulturwege einzuordnen oder neue zu schaffen. Das Erleben trauriger Zeiten wirkt nicht hemmend auf geistige Verhältnisse. Im Gegenteil: es macht aus den Menschen leichtlebige Philosophen, die davon überzeugt sind, daß es wieder anders werden muß, es befähigt das Volk zum rascheren Erfassen und Aufnehmen neuer Ideen.

Auf literarischem Gebiet ist die Zeit — das Drama ausgenommen — arm. Volksdichtung und Meistergesang führen ihr Dasein neben den gelehrten klassischen Versuchen von Dichtungen in der Sprache Latiums. Der Zeit fehlt die Muße zur Erzeugung von Kunstwerken. Es sind alle zu sehr Gegenwartsmenschen, um mit nachhaltigem Eindruck wirken zu können. Auch was wissenchaftlich geleistet wird, wird in den Dienst eines ganz bestimmten Zweckes gestellt. Eben deshalb sind so wenige Werke von dauerndem Werte geschaffen worden. Aber in der Zeit selbst pulsiert ein Leben von einer Kraft und einem Selbstgefühl, dessen sich kaum eine zweite rühmen kann. Wenn es im folgenden zum erstenmal versucht wird, eine Darstellung der humanistischen Bestrebungen in Oberösterreich zu geben, so schien es nötig in diesen einleitenden Ausführungen die Bewegung in ihrer Gesamtheit zu skizzieren, um so die Voraussetzungen, Zentren, Wege und Kultureinflüsse zu zeigen. Es ist aber auch ebenso nötig darauf hinzuweisen, daß im Folgenden keine einheitliche Geschichte des Humanismus in Oberösterreich dargestellt wird. Diese ließe sich von einer Behandlung der Verhältnisse in Niederösterreich, Steiermark und Salzburg nur sehr willkürlich trennen. Die folgende Darstellung möchte schon durch ihren Titel andeuten, daß sie keine zusammenhängende Geschichte geben, sondern nur einzelne Bestrebungen in das Gesamtbild des Humanismus und Äußerungen seines Geistes in die Kulturgeschichte des Landes einordnen will. Die Ungleichmäßigkeit in der Behandlung der einzelnen Kulturzentren ist mir wohl bewußt, möge sie den Eindruck eines Bauplatzes erwecken, auf welchem viele rohe, unbehauene Steine neben einigen fertigen liegen.

2. DER KLOSTERHUMANISMUS

Kremsmünster

Am 17. Dezember 1451 besuchten Abt Martin von Schotten, Abt Laurentius von Mariazell und Johannes Schlitpacher im Auftrage des Kardinallegaten Nikolaus von Cusa das Kloster. Schlitpachers Visitationsprotokoll [51] findet Kremsmünster „ad temporalia in bono statu“. Und das wohl mit vollem Recht [52]. Die von Abt Friedrich von Aich (1274—1325) begründete Schreiberschule gelangte unter Abt Jacob Treutlkofer (1419—54) zu neuer Blüte. Das Breviarium, welches unter ihm (1425) geschrieben wurde, zeigt Miniaturen und Initialen, in denen sich noch kein italienischer Einfluß feststellen läßt. Schöne Papierhandschriften stammen von Georg Gwiner de Stira, der in Wien studierte. Friedrich Kersperger (prof. 1429) gab Proben seiner Begabung in einer metrischen Behandlung der Lebensgeschichte des Ordensstifters. Zeigen Konförderationen mit anderen Konventen auch noch keinen Austausch geistiger Güter an, so ist es doch bedeutsam, daß — wohl im Zeichen der Visitationszeit — in den Jahren 1448—54 sieben geschlossen wurden, und zwar mit Tegernsee, Lambach, Melk, Michelbeuern, Mondsee, St. Peter in Salzburg und Klosterneuburg. — Unter Ulrich Schoppenzaun (1454—84) wurde die Glasmalerei eifrig betrieben, wie überhaupt die Bildung des Konventes unter diesem Abt bedeutsam stieg. Pius II. verlieh Johann Haslinger, Pfarrer in Pfarrkirchen, am 26. Jänner 1461 auf seine Bitte einen Ablaß für den St. Georgstag. Es

---

[51] Zibermayr, Johann Schlitpachers Aufzeichnungen als Visitator der Benediktinerklöster in der Salzburger Kirchenprovinz. Ein Beitr. z. Gesch. d. cusan. Klosterreformen (1451/52). In: Mitt. d. Inst. f. österr. Geschichtsf. 30. Bd. (1909) S. 258 ff.

[52] Th. Hagn, Das Wirken der Benediktinerabtei Kremsmünster. Linz 1848, S. 35 ff. — M. Pachmayr, Historico-chronologica Series abbatum et religiosorum monasterii Cremifanensis O. S. B. Styrie 1772/82, S. 240 ff., 265. Hier möchte ich wie schon öfter auf den ausgezeichneten Hss.-Katalog von P. Hugo Schmidt verweisen, den ich bei meinen Studien an Ort und Stelle benützen durfte.

liegt nach dem Wortlaut der Urkunde nahe, daß Haslinger die persönliche Bekanntschaft des Humanistenpapstes gemacht hatte.

Von besonderer Bedeutung ist jedoch eine im Jahre 1474 geschriebene Papierhandschrift [53], auf deren Vorsatzblatt steht: „Fecit hunc codicem precio scribi religiosus frater Johannes Urkauff conventualis in Krembsmünster ac plebanus in Ried [54] pro ipso monasterio 1474". Darunter hat eine Hand des 16. Jahrhunderts Sebastian Brants *Carmen elegiacum de Francisci Petrarcae laudibus et praestantia* geschrieben. Die Handschrift enthält von sauberer Hand geschrieben drei Abhandlungen Petrarcas: *De remediis utriusque fortunae,* Excerpte aus *De solitaria vita* und endlich *De ignorancia sui et aliorum.* Hierauf folgt die bekannte *Dissertatio de ducenda uxore.* — Die Handschrift ist ein hinreichender Beweis, daß damals in Kremsmünster bereits Renaissanceliteratur gelesen wurde. Mit Urkauff in Zusammenhang steht wohl auch eine Reihe später zu behandelnder Handschriften, die nach dem Tode ihres Eigentümers, des Vertreters der humanistischen Bewegung in Spital am Pyhrn, Michael Wochners († 1480), in den Besitz Kremsmünsters gelangte. In einer dieser Handschriften [55] hat eine spätere Hand den Briefwechsel von Konrad Celtis und Sixtus Tucher nachgetragen. — Urkauff lebte noch 1511 als Pfarrer in Kirchberg bei Kremsmünster. Von ihm berichtet der fleißige Chronist Pachmair [56], daß er viele gedruckte Bücher besessen habe und unter anderen 1482 eine Diogenes Laertiusübersetzung und Poggios Facetien kaufte. Ein Blick in den Inkunabelnkatalog der Stiftsbibliothek überzeugt uns davon, daß die bahnbrechende Literatur der italienischen Renaissance fast vollzählig vertreten ist: Enea Silvio, Boccaccio in drei Exemplaren, Marsilio Ficino, Filelfo, Platina, alle bedeutenden lateinischen Autoren und lateinische Übersetzungen von Plutarch und Plato, Homer und Phokylides. Daß Regiomontans Werke für die Bibliothek angeschafft wurden, darf uns in dem Kloster, dessen mathematisch-naturwissenschaftliche Interessen schon früh bezeugt sind, nicht wundernehmen.

Neben Urkauffs humanistischen Studien ist eine Briefsammlung [57] von besonderer Bedeutung, welche sich, wie ja fast immer, im Anschluß an rhetorische Abhandlungen und Anweisungen zur Abfassung von Briefen vorfindet. Die Handschrift ist sicherlich erst nach 1457 entstanden, da Enea als Papst Pius II. genannt wird. Uns interessieren vor allem Briefformeln [58], deren Originale wohl zum Hauptteil von Kremsmünsterer Konventualen stammen, da wiederholt Pfarreien des Stiftes genannt sind.

---

[53] Hs. 181.
[54] Ried bei Kremsmünster.
[55] Hs. 149, Bl. 258 v—260 v.
[56] S. 265.
[57] Hs. 76.
[58] Bl. 246 v—271 v.

Der Inhalt ist echt frühhumanistisch und zeigt große Ähnlichkeit mit den noch zu behandelnden St. Florianer und Lambacher Briefsammlungen: Verherrlichungen und Anhimmelungen großer Männer mit der mehr oder weniger deutlichen Bitte um ein Viaticum, Floskeln von eigener Unfähigkeit in der Kunst des Schreibens, Entschuldigungsphrasen. In allen läßt sich die Lektüre von Enea Silvios Briefen nachweisen. Die Verfasser dieser Briefe — leider sind sie nicht genannt — stehen zweifellos in Zusammenhang mit Urkauff. Ob eine italienische Pergamenthandschrift [59] des 15. Jahrhunderts, in welcher deutlich die Nachahmung älterer Schriftzüge zu erkennen ist, schon damals im Besitze des Klosters war, wage ich nicht zu entscheiden. Sie enthält lateinische Dichtungen zum Lobe Isottas. Der Verfasser scheint der Schreiber und Sekretär König Alfons I. von Sizilien, Porcellius Neapolitanus, zu sein. 1539 sind dieselben Gedichte in Paris mit anderen von Basinius Trebanius bei Simon Colinaeus gedruckt worden. Am Schlusse der Handschrift [60] steht ein — meines Wissens unbekanntes — italienisches Terzinengedicht zum Lob Isottas.

Nachhaltiger als auf andere Klöster Oberösterreichs scheint Enea Silvio auf Kremsmünster gewirkt zu haben. Zwei Handschriften [61] überliefern den Werther der italienischen Renaissance, Lucrezia und Euryalus, die *Historia de duobus amantibus*, und den Traktat *De amoris remedio*. Eine andere [62] enthält den *Tractatulus de miseria curialium*, von dem auch ein Nürnberger Druck der deutschen Übersetzung (1478) durch Wilhelm von Hirnkofen genannt Renwart vorhanden ist [63]. Somit sind auch hier die Ausstrahlungen des humanistischen Kreises um Nikolaus von Wyle zu beobachten. Die erwähnten Handschriften stehen mit anderen in einer Reihe [64]. Einheitlich ist der Charakter ihrer Schriftzüge und auch ihr Inhalt läßt sich damit sehr wohl in Einklang bringen. Außer grammatisch-rhetorischen Abhandlungen, Horaz, Pseudoovid, Enea, Lionardo Bruni, Pietro Paolo Vergerio treten die damals so verbreiteten politischen Reden aus Friedrichs III. Umgebung in größerer Anzahl auf. Sie gehören ihrem Stil und ihrer Form nach in die Traditionen Eneas. Sein Beispiel machte Schule und wie sich Johannes Hinderbach als Fortsetzer von Eneas Geschichte berufen fühlte, so tritt in diesen Handschriften ein doctor artium et medicinae Erasmus Röckel auf. Dieser war um 1471 in der kaiserlichen Kanzlei tätig, er vertrat den Geist Eneas, wenn er zum Türkenkrieg aufforderte. Er schildert die schwierige Lage des Reiches in nicht gerade klassisch-vollendetem Latein, aber überall sind dennoch Anklänge an Enea heraus-

[59] Hs. 90.

[60] Bl. 134 v—137 v.

[61] Hs. 120, Bl. 251 r—270 v und Hs. 329, Bl. 237 ra—253 rb.

[62] Hs. 225.

[63] Der Hs. 329 beigebunden.

[64] Hss. 134 und 225.

zuhören. Er stellt den politischen Zustand Europas dar, klagt über die Herrschsucht der Stände und kommt endlich auf die Bedeutung des Kaisertums zu sprechen [65]. Auch cusanische Ideen aus der *Concordantia catholica* sind hinein verflochten. Beachtenswert ist Röckels Absicht am Schlusse dieser *Epistola ad laudes Imperii Romani ad Fridericum III.*: „Quonam de singulari eius vite et nature resolutionem determinabo. Cum ego opus grandissimum conpilabo, in quo de omnibus mundi scienciis codices in uno volumine coniungam, ubi de celi figuris eiusque nativitate mea nativitate sub concurrente sufficientissime egregieque declarabo". Inhaltlich berührt sich diese Reihe von Handschriften mit der an Michael Wochners Namen geknüpften wenig; denn dort wirken ausschließlich italienische Kräfte, während hier die deutschen Ideen Gregor Heimburgs stark zu Wort kommen. P. Hugo Schmidt vermutete, daß diese Handschriften aus dem Besitze Röckels stammen, ja daß Röckel selbst viele Teile geschrieben habe. In diesem Zusammenhang ist es wertvoll festzustellen, daß sie bereits 1480 im Besitz Kremsmünsters waren.

Der rege Austausch geistiger Werte kam vor allem einem späteren Nachfolger des Abtes Ulrich zugute — wenn auch seine kurz regierenden Nachfolger wie Wolfgang Widmer (1488—1500) mit Humanisten freundschaftlich verkehrten —, dem Mährer Johannes Schrein(er) de Zlawings, der als magister artium 1484 in Passau nachzuweisen ist. Damals empfahl ihn Canonicus Dr. Ulrich von Alm dem Abte [66]. Es steht nicht genau fest, wie lange Schreiner an der Domschule zu Passau lehrte; jedenfalls legte er 1487 zu Kremsmünster die feierlichen Gelübde ab und wurde bald hernach an der Schule beschäftigt. Durch Schreiner und dessen Onkel Thomas Handl de Zlawings wurde die Bibliothek mit Geschenken reichlich bedacht. Eine Anzahl der früher erwähnten Inkunabeln und eine Ovidhandschrift [67] stammt aus dem Besitz dieser angesehenen Familie, durch welche böhmisch-humanistische Gedankenkreise vermittelt wurden; denn wenn der spätere Abt Johannes Schreiner (1505 bis 1524) mit den Gelehrten der Donaugesellschaft in regem geistigem Verkehr steht, so gibt dies zu der Vermutung Anlaß, daß Bohuslaw Lobkowitz von Hassenstein (1462—1510) [68], der ungefähr gleichaltrig mit Schreiner war, diese Verbindung herstellte. Freilich Hassenstein ist ein ganz anderer Feuergeist als sein Landsmann; er schließt mit Petrus Schottenius aus Straßburg ein pyladische Freundschaft in Bologna, er dichtet in form-

[65] Hs. 225, Bl. 23 v.

[66] Pachmayr, a. a. O., S. 274. Derselbe Dr. Ulrich von Alm starb 1503 als Pfarrer von Enns. (Schiffmann, Arch. zur Gesch. der Diöz. Linz. 1. Bd. S. 146.)

[67] Hs. 146.

[68] P. A. Budik, Leben und Wirken der vorzüglichsten lateinischen Dichter des 15. u. 16. Jhdts. Wien 1828, 3. Bd. S. 46 ff.

vollendeten lateinischen Versen, reist nach Griechenland, läßt den antiken Himmel auf sich wirken, kauft einen wertvollen Platoncodex um 2000 Gulden und, was besonders bezeichnend erscheinen muß: er hält seinen Standesgenossen rücksichtslos in scharfen Worten ihre Unbildung vor.

Abt Schreiner scheint eine aufnehmende Natur gewesen zu sein, einer jener Männer, die im persönlichen Verkehr ihr bedeutendes Wissen zeigen, die anregen und durch ihr Beispiel wirken, eine liebenswürdige Herrennatur, in der sich wie in wenigen die Ideale der Renaissance und des Christentums versöhnten. Eine ähnliche Erscheinung mag Abt Wolfgang Haberl von Mondsee gewesen sein. Als Verfasser von gelehrten Werken trat keiner der beiden Männer auf: Aber Kaiser Maximilian weilte in Mondsee und würdigte Abt Wolfgang seiner Freundschaft, sein Rat Fuchsmagen war Schreiners Vertrauter [69]. Der zweite Humanist, mit dem der gelehrte Abt in Beziehungen stand, ist Dr. theol. Johannes Trapp [70]. Dieser gehörte dem Wiener Humanistenkreise an und war mit Camers (= Ricuzzi) eng befreundet. Er empfing seine Bildung in Paris, wurde von Kaiser Maximilian wiederholt zur Abfassung theologischer Gutachten aufgefordert und war endlich viermal Rektor der Wiener Universität. Er stand von 1506 an in ständigem Briefwechsel mit Schreiner, nicht weniger als 51 Briefe stammen von seiner Hand. Sie sind meist aus Wien geschrieben, man wird aus ihnen über viele politische Neuigkeiten unterrichtet. Es scheint nicht ausgeschlossen, daß Trapp wenigstens in den ersten Jahren des Briefwechsels in einer gewissen Abhängigkeit von dem Kloster stand, da er über die Verhältnisse vieler Konventualen sehr gut unterrichtet war und vor allem ausführlich über die Weingärten, ihre Herhaltung und die Ernte schreibt. So klagt er über das Unwetter am 27. Mai 1507, durch das der ganze Wein in Grinzing, Dornbach und Ottakring vernichtet worden sei. Auch über oberösterreichische Verhältnisse ist Trapp gut unterrichtet. Man hat aus dieser Korrespondenz dennoch nicht den Eindruck, daß es sich um den Bericht eines Untergebenen handelt. Hinter dem glatten Latein steckt ein freier gewandter Weltmann von guten Umgangsformen.

---

[69] Stiftsarchiv: Personalien der Äbte. A Nro I. (1507—1509). S. Ruf, Doctor Johannes Fuchsmagen, Rath des Herzogs Sigmund von Tirol, Kaiser Friedrichs III. und Kaiser Maximilians I. Rechtsgelehrter, Schriftsteller und erstes Mitglied der Humanisten-Gesellschaft in Wien (1469—1510). In: Zeitschr. des Ferdinandeums 3. Folge 21. Heft. (Innsbruck 1877) S. 93—119. In der auf S. 117 angeführten Hs. der Innsbrucker Universitätsbibliothek könnte vielleicht ein Erzeugnis des Abtes Schreiner zu finden sein, von dem Pachmayr S. 305 leider nur jene fünf eleganten Disticha auf die Klostergründung anführt.

[70] Stiftsarchiv: Personalien der Äbte. A Nro. I. (1506—1520). Über Trapp vgl. J. Aschbach, Geschichte der Wiener Universität 2. Bd. 1877, S. 115, 118 f, 123, 174. Auch Th. Wiedemann, Geschichte der Reform. u. Gegenreformation im Land unter der Enns. 5 Bände. Prag 1879—86, erwähnt ihn 1. Bd. S. 13. Darnach starb er am 12. November 1524.

Auch mit Celtis stand Schreiner in Briefwechsel[71]. Jedenfalls zeigen uns diese seine Beziehungen, daß er das neue Lebensideal erfaßt hatte.

Unter Abt Johann erscheint auch Laurenz Mitternauer als Konventuale des Klosters. Er ist 1519 als provisor in Wels bezeugt mit zwei anderen Konventualen Petrus Gros plebanus in Talham und Johann Hasel cooperator in Wels[72]. Mitternauer ist eine interessante Gestalt, nicht so sehr wegen seiner Bedeutung oder geistigen Bildung als wegen seines Lebens, das ihn von den Quellen der Gelehrsamkeit zum rauhen Kriegshandwerk und dann wieder in die Klostermauern führte. Czerny folgend schildern wir kurz seinen Lebensgang: Er studierte 1484 in Erfurt, wurde wegen Raufhandels in Gefangenschaft gesetzt, worüber er launig schreibt: „In quo tempore non laute vixi sed pocius amaritudinem cordis sepissime expressi timoris causa et hoc hospicium cum suis ferculis et collacionibus non opto nec desidero". Er befindet sich bei der Kaiserwahl Maximilians, im Jahre 1490 ist er Söldner im Dienste des Abtes von Gleink, im darauffolgenden Jahr wurde er durch einen ungarischen Pfeil bei Kämpfen an der Enns verwundet, „de quo parum risi, sed magno cum dolore medicum quesivi". Abenteuerliche Meinungen über die Zeit und phantastische Bemerkungen zeigen seine urwüchsige, frische Naivität, die sich wenig Gedanken über außergewöhnliche Ereignisse macht. Vom Unwetter (1507) sagt er: „equi mugitum dederunt veluti boves", im Jahre 1498 habe die Franzosenkrankheit Menschen, Schweine, Kühe und Fische befallen. In den Jahren 1503 und 1506 nahm er— vielleicht schon im geistlichen Gewand — an den Passauer Synoden teil. Doch heißt es über die Verhandlungen wenig ehrerbietig: „Ez was als trisch trasch, misch masch und vexa populorum". 1513 ist er in Innsbruck nachzuweisen und 1519 befand er sich in Wels. Seine kurzen chronikalischen Bemerkungen über die letzten Tage Kaiser Maximilians sind von Bedeutung für den Historiker. In Humanistenweise feiert er den Kaiser als „virum magne virtutis et amatorem justicie". Obwohl er geistliche Kleider trug, blieb er stets der alte derbe Landsknecht, der den hingerichteten Wiener Bürgern (am 9. August 1522) seine Bewunderung nicht versagen konnte, der den Tod Papst Hadrians VI. mit den Worten verzeichnete: „Ultimum in nomine diaboli clausit diem".

Durch die Reformation wurde Kremsmünster weniger als andere Klöster in Mitleidenschaft gezogen. Abt Gregor Lechner[73] (1543—58) begründete das heute noch bestehende Gymnasium. Sein Nachfolger Markus

---

[71] In den Regesten (Abteilung Schulwesen) ist auch eine Korrespondenz Schreiners mit Celtis um 1509 verzeichnet, doch war diese z. Zt. im Stiftsarchiv nicht auffindbar.

[72] Hs. 40, Bl. 265 r. Vgl. A. Czerny, Chronik-Aufzeichnungen eines Oberösterreichers aus der Zeit Kaiser Max I., 32. Musealber. (1874). — K. Meindl, Geschichte der Stadt Wels. 1878, 2. Bd., S. 78, 88, 97. Er lebte noch 1544.

[73] Supplementum Bruschianum sive Casparis Bruschii Chronicon sive centuria secunda. (Vindob. 1962) S. 168 f.

Weiner, der sich 1564 verheiratete, büßte diese Tat mit einer strengen Gefangenschaft zu Linz. Der Schwabe Erhard Voit verschärfte aufs neue die Ordenszucht, er ließ die „liberey“ bauen. Johann Spindler hielt 1592 in Mondsee eine Visitation ab. Er stand in gelehrter Korrespondenz mit Reichard von Strein, dem Verfasser der *Annales historici*, verkehrte mit dem Begründer der Macht seines Hauses Georg Sigismund Grafen von Lamberg. Er erntete die Früchte der Tätigkeit Gregor Lechners insofern, als damals die mit der Anlage der Schacherteiche begründete Fischzucht überall gerühmt wurde. Eben unter Abt Spindler (1589—1600) kam als das letzte Zeugnis humanistischer Arbeitsweise eine interessante, wohl aus Italien stammende Cicerohandschrift [74] in den Besitz der Bibliothek. Eigentümer dieser Handschrift war Nikolaus Seld, der spätere Abt von Gleink (1601—1608). Dieser numerierte die einzelnen *Epistolas ad familiares* und fertigte ein Register nach Materien geordnet dazu an: er benützte sie also als Formelbuch.

Nach diesem Zeugnis aber wirken bereits andere geistige Kräfte, die mit den humanistischen Bestrebungen in keinem Zusammenhang mehr stehen. Der Italiener Alexander a Lacu und der Heiligenkreuzer Anton Wolfradt [75], der spätere Fürstbischof von Wien, huldigen bereits einem anderen Ideal.

Die eingehende Schilderung der Verhältnisse, wie sie in Kremsmünster lagen, berechtigt die Annahme von Horawitz, daß sich der Humanismus in den Alpenländern im 15. Jahrhundert nur darauf beschränkte, Werke der italienischen Renaissance abzuschreiben und sie zu lesen. Zur selbständigen Produktion kommt es — einzelne Briefe und Grabinschriften ausgenommen — auch in späterer Zeit nicht. Ähnlich wie in Kremsmünster liegen die Verhältnisse in Schlägl [76]. Dort wird Propst Andreas Rieder mit Recht als zweiter Gründer gefeiert (1444—81). Um 1450 ließ er die Stiftskirche vergrößern. Er unterhielt Beziehungen zu Passau, zu Paulus Wann, über den noch gelegentlich St. Florians zu sprechen sein wird. Unter ihm gelangte eine große Anzahl wertvoller Renaissancehandschriften und Inkunabeln aus dem Besitze der Familie Rabenstein in die Stiftsbibliothek [77].

---

[74] Hs. 261.

[75] B. Gsell, Zur Lebensgeschichte des Anton Wolfradt, Abtes von Kremsmünster, Fürstbischofs von Wien. In: Stud. u. Mitt. a. d. Benedikt.- u. Cisterc.-Orden 4. Bd. S. 41, 255. — A. Hopf, Anton Wolfradt, Fürstbischof von Wien und Abt des Stiftes Kremsmünster, Geheimer Rat und Minister Kaiser Ferdinands II. In: 37.—39. Bericht der Gumpendorfer Communaloberrealschule im 6. Bez. (Wien 1891—93).

[76] L. Pröll, Geschichte des Prämonstratenserstiftes Schlägl im oberen Mühlviertel. Linz 1877, S. 96.

[77] Die Hss. 106, 117, 124, 126, 131, 132, 134, 136, 143, 207, 208, 213, 231. Vgl. hiezu K. Burdach, Forschungen zur nhd. Sprach- und Bildungsgeschichte. In: Sitz.-Ber. der preuß. Akademie der Wissenschaften (1920) S. 83.

Der Inhalt dieser Handschriften stimmt im wesentlichen mit den gelegentlich Wochners zu behandelnden Handschriften überein. Wir finden in ihnen dieselben Autoren und Werke vertreten wie dort, ein näheres Eingehen ist in diesem Zusammenhang überflüssig, da der 1922 erschienene Katalog von Gottfried Vielhaber [78] ausreichend über ihren Inhalt unterrichtet. — Propst Johannes (1482—90) ließ viele Bücher abschreiben. Er wird als Mehrer der Bibliothek gerühmt. Unter seinem Nachfolger, dem 1493 abgesetzten Ulrich II., herrschen Jagd- und Tafelfreuden vor. Als ein Denkmal der neuen Kunst, in dem hinter der gotischen Hauptgestalt ein Renaissanceornament erscheint, ist in unserem Zusammenhang der von Evermod Hager behandelte Grabstein des Propstes Siegmund Zerer († 1533) bedeutsam. Die Zeiten der Reformation spielen Schlägl stark mit, bis jener in der Geschichte Kremsmünsters so bedeutsame Abt Alexander a Lacu, Abt von Wilhering und Kremsmünster auch zum Administrator von Schlägl bestellt wurde.

Mondsee

Bedeutsamere Zusammenhänge mit geistesgeschichtlichen Bestrebungen des Zeitalters lassen sich in Mondsee, der ältesten Klostergründung auf österreichischem Boden, nachweisen. Abt Johann II. Trennbeck (1415—20), der das Kloster beim Konstanzer Konzil vertrat, kam wohl als erster in Berührung mit italienischen Humanisten. Auswirkungen des neuen Geistes lassen sich jedoch so früh nicht nachweisen, zumal Trennbeck bereits 1420 an der Pest starb. Unter seinem Nachfolger Simon Reuchlin (1420—63) fanden die mehrfach erwähnten Klostervisitationen statt. Die Äbte Eberhard von Weihenstefan und Johann von Schotten, Prior Thomas von Lambach traten 1435 als Visitatoren auf, 1451 die bereits bekannten mit Schlitpacher. Durch die Annahme der Reform kam das Kloster zu voller Blüte, ja es wurde ein Brennpunkt der Melker Regel. In St. Wolfgang wurde ein zweiter Konvent errichtet, ähnlich wie in Kremsmünster wurden um diese Zeit viele Konföderationen mit anderen Klöstern geschlossen. Das Erbe Reuchlins wurde von Benedikt Eck von Piburg (1463—99) fortgesetzt. Unter beiden Äbten wurde großer Wert auf die Erweiterung der Bibliothek und die Beschäftigung mit den Wissenschaften gelegt. Leider stehen einer Rekonstruktion des Standes der Bibliothek um 1490 große Schwierigkeiten im Wege. Der Katalog aus dem Jahre 1632 zeigt eine staunenswerte Fülle von Humanistenliteratur. Das Chronicon Lunaelacense [79] ist ungenau. Das eine läßt sich jedoch aus dem darin mitgeteilten Katalog ersehen, daß die Bücherbestände und die Tätigkeit der Angehöri-

[78] Catalogus Codicum Plagensium manuscriptorum. Auctore Godofriedo Vielhaber †. Supplevit et edidit Gerlacus Indra. Linz 1922.

[79] Horawitz a. a. O., S. 770 f. vgl. Anm. 92. Mantissa Chronici Lunaelacensis bipartita. München 1749, S. 350—416.

gen des Ordenshauses sich kaum von denen anderer Klöster unterschieden haben. Neben den antiken Autoren erscheinen Filelfo, Ficino, Valla, Bruni, Platina, Poggio und Georg von Peuerbach. Hymnendichter wie Hieronymus von Werdea († 1475), von dem es in einer Kremsmünsterer Handschrift heißt, er habe so viel geschrieben, daß es sechs Pferde nicht ziehen könnten [80], haben allerdings andere Klöster um diese Zeit nicht aufzuweisen. Wohl sind seine Werke noch ganz im scholastischen Geist gehalten. — Auch in dem einen ist Mondsee glücklicher als die übrigen Klöster: seiner Nähe von Salzburg und dem geistigen Verkehr mit dem humanistischen Bistum Brixen, wo Nikolaus Cusanus als Bischof wirkte, verdankt es die Verbindung mit Michael Pacher, mit welchem 1471 der Vertrag über die Anfertigung des großen Flügelaltares in St. Wolfgang geschlossen wurde [81]. Dieser wurde 1481 vollendet. Das Altarwerk Pachers zeigt uns den überreifen Geist der Gotik in glücklicher Vereinigung mit einer Glaubenstiefe, die kaum einem Zeitalter beschieden war. In ihm tritt der tiefernste Grundgedanke der Ordensreform in Erscheinung. In ihm zeigt sich aber auch zum erstenmal neben den realistischen Einflüssen der van Eyckschen Reform ganz deutlich der Einfluß italienischer Meister auf dem Boden unserer Heimat. Semper [82] behauptet geradezu, die Pacherschule fuße in Venedig und Padua. Die herbe, plastisch-anatomische Auffassung, die perspektivische Behandlung zeigen deutlich die Einwirkungen von Pisano, Squarcione und Mantegna [83]. Ungefähr zur selben Zeit entstand in Mondsee der mächtigste mittelalterliche Bau des Landes: die Stiftskirche.

So war der Boden für den schon mehrmals genannten Abt Wolfgang Haberl vorbereitet worden (1499—1522). Maximilian I., der bereits Abt Benedikt begünstigte [84], zeigte sich dem Kloster besonders gewogen. Eine Schule wurde errichtet [85]. Da Mondsee 1506 zu Österreich kam, wird der Zusammenhang des eingangs erwähnten Pilgerbrunnens zu St. Wolfgang (1515) mit dem Wiener Humanismus klarer. Zwischen der Vollendung der beiden Kunstwerke von St. Wolfgang, die nur wenige Schritte auseinander liegen, ist kaum ein Menschenalter vergangen und doch: mit der Weltentsagung und Erdentrücktheit ist es vorüber: Freude und heiterer Lebensgenuß treten uns zum erstenmal in den der Antike nachempfundenen mythologischen Gestalten des Brunnen entgegen. Abt Wolfgang, der seinem Namenspatron zu Ehren dieses Kunstwerk schaffen ließ, begründete auch

[80] Chron. Lun. S. 244.

[81] Zibermayr, Michael Pachers Vertrag über die Anfertigung des Altars in der Kirche zu St. Wolfgang. In: Mitt. d. Inst. f. öst. Geschichtsf. 33. Bd. (1912) S. 468 ff.

[82] H. Semper, Michael und Friedrich Pacher. Ihr Kreis und ihre Nachfolger. Zur Geschichte der Malerei und Skulptur des 15. und 16. Jahrhunderts in Tirol. Eßlingen 1911, S. 4 f., 229.

[83] Ebda. S. 186, 209.

[84] Chron. Lun. S. 271.

[85] Suppl. Brusch. S.156.

eine Holzschnittwerkstätte in seinem Kloster [86]. Die Abfassung der Hausgeschichte wurde vom Abt eifrig gefördert [87]. Dies ist ebenso ein Zeugnis für die Beschäftigung mit humanistischen Studien wie die bedeutende Anzahl von astronomisch-medizinischen Handschriften aus dieser Zeit, welche das Chronicon Lunaelacense anführt [88]. Wie sehr Kaiser Maximilian das Kloster begünstigte, zeigt, daß er es kurz nach der Vereinigung mit seinem Ländergebiet besuchte und sich mehrere Tage dort aufhielt. 1513 erbat er sich sogar von Abt Wolfgang einen Priester seines Konvents zur Abfassung seines Testamentes: Prior Florian wurde mit dieser ehrenden Aufgabe betraut. Wanderhumanisten wie Aventin [89], Cuspinian [90], Bruschius [91] und Matthäus Lang erscheinen als Gäste des Ordenshauses.

Als typischer Übergangsmensch muß uns in diesem Kloster eine Persönlichkeit anmuten, die Horawitz [92] eingehend behandelt hat: Leonhard Schilling (1474—1540). Dieser lebte noch ganz in den Weltanschauungen des mittelalterlichen Mönchsideals. Spurlos gingen die Stürme der Zeit an ihm vorüber: er trat gegen seinen Bruder und viele seiner Freunde, die zum Bekenntnis Luthers abgefallen waren, auf. Mutwillige jüngere Mitbrüder verekelten ihm das Dasein durch Lausbübereien und allerhand Schabernack, hinter dem er — im Teufelsglauben befangen — den bösen Geist Poliel sah. Kaiser Maximilian zeichnete ihn 1506 besonders aus und versprach ihm ein Bistum, doch lehnte er ab. Die stille Gelehrtenarbeit besteht bei ihm in nichts anderem als im Bücherabschreiben. In seinen selbständigen Werken tritt niemals ein origineller Gedanke auf: alles ist angelesen, angelernt, oft kaum gediegen verstanden und kritiklos wiedergegeben. Der Humanismus erscheint an ihm nur als oberflächliche Tünche. Der Kern seines Wesens ist stets mittelalterlich geblieben. Er schreibt auch bereits gedruckte Bücher ab, weil er diese wie Lionardo Bruni für gewöhnlicher hielt. Er schreibt Scholastisches, aber auch Werke der Renaissance wie Boccaccio, Vergerio, Valla, Francesco Barbaro und Nicolaus von Cusa. Ja er beruft sich sogar auf sie als Zeugen [93]: „Nefas et opprobrium igitur putandum est, discedere et deviare ab usu et consuetudine virorum tam insingnium et probatorum tamque praeclarorum nobilium." Er bekennt sich offen zu seinem Sohn Bartholomaeus, damals Konventualen in Lambach,

---

[86] G. Gugenbauer, Der graphische Schmuck der Mondseer Codices der Wiener Hofbibliothek. In: Mitt. d. Gesellsch. f. vervielfältig. Kunst, (Beil. der „Graph. Künste", Wien 1912) Nr. 4, S. 73.

[87] Zibermayr, St. Wolfganglegende S. 167.

[88] S. 408 ff.

[89] Zibermayr S. 148.

[90] Ebda. S. 200.

[91] Horawitz, Bruschius S. 130.

[92] Zur Geschichte des Humanismus in den Alpenländern II. In: Sitz.-Ber. d. phil.-histor. Klasse der Akad. d. Wissenschaften in Wien, 114. Bd. S. 385 ff. u. 769 ff.

[93] Horawitz a. a. O., S. 799.

und hält seinem Bruder, der Lutheraner geworden war, vor, daß er ein Weib genommen habe. Trotz mancher Renaissanceanschauungen kann Schilling nicht als nennenswerter Vertreter der neuen Geistesrichtung gelten. Ja, wenn sich von dieser einzigen Person ein Schluß auf die Gesamtheit ziehen ließe, so wäre es auch im 16. Jahrhundert durch den Wiener Humanistenkreis mit dem geistigen Leben in den oberösterreichischen Klöstern nicht anders geworden. Ein solches Urteil abschließend zu fällen, wäre verfrüht. Von Männern wie Abt Schreiner in Kremsmünster und Haberl in Mondsee muß der Humanismus mit ganzer Seele erfaßt worden sein. Vielleicht fördern glückliche Zufälle noch Briefe zutage, durch welche diese Vermutung bestätigt wird. Ich halte einen entgegengesetzten Schluß für ebenso voreilig wie die Frage, welche Horawitz [94] aufgeworfen hat, ob man in Österreichs Klöstern überhaupt noch deutsch fühlte. Dagegen halte man bloß eine Erscheinung wie die Suntheimischen Tafeln in Klosterneuburg, wo zum erstenmal von humanistischer Seite die Genealogie des deutschen Geschlechtes der Babenberger behandelt wurde, dagegen halte man ferner die Anhänglichkeit humanistischer Äbte an Maximilian I. und endlich die Bevorzugung deutscher Künstler. Mit der Gegenreformation wurde es allerdings anders, doch von einer endgültigen Entnationalisierung der Ordensgeistlichkeit wird auch da nicht gesprochen werden können. Es ist selbstverständlich, daß die Jesuiten und energischere Naturen wie Alexander a Lacu der Zeit einen neuen Stempel aufzudrücken versuchten, aber der Boden des Landes blieb nach wie vor deutsch und die Mönche hüteten das nationale Erbe.

Unter den schwierigen wirtschaftlichen Verhältnissen, die der Reformation folgten, litt auch Mondsee. Zur Achthundertjahrfeier des Stiftes (1550) verfaßte der Konventuale Wolfgang Pledel eine humanistische Schrift *De studiorum medio* [95]. Damit schließt das für das Kloster so bedeutsame Jahrhundert, dem der humanistisch-gebildete Chronist folgendes Distichon gewidmet hatte:

„Ecce sub Austriacis Fanum tibi surgit alaudis
Hospitium pariter casta Minerva capit.“

Lambach

Wir kommen zum letzten der heute bestehenden Benediktinerklöster auf oberösterreichischem Boden, zu Lambach, der Gründung des Würzburgers Adalbero [96]. Wechselvolle Schicksale in auf- und absteigender Linie hatte das Kloster stets erlebt. Abt Johannes III. Dachsberg (1422—36) hatte die Reform durchgeführt. Sein Nachfolger Thomas de Retz (1436—74) nahm

---

[94] S. 806.
[95] Chron. Lun. S. 339.
[96] Breve Chronicon monasterii beatae virginis Lambacensis O. S. B. Linz 1857.

als Prior von Lambach an der Visitation des Jahres 1436 teil. Deshalb ist es erklärlich, daß Schlitpachers Visitationsprotokoll den Zustand Lambachs als „satis bonum" bezeichnet. 1458 erhielt der Abt von Pius II. die Pontifikalinsignien. 1469 finden wir ihn unter den Visitatoren von Ranshofen. Der Lambacher Profeß Friedrich wurde zum Abt von Niederaltaich (1475 bis 1491) bestellt. Dies wird nur dadurch verständlich, daß Abt Thomas bis zu seinem Lebensende an den Reformgedanken festhielt, da noch 1472 eine Beratung wegen des Ausbaues der Melker Union in Lambach stattfand, welcher aber scheiterte [97]. Daß die geistigen Güter des Klosters damals gemehrt wurden, zeigt vor allem eine Handschrift des 15. Jahrhunderts [98], ein Formelbuch mit Briefmustern Enea Silvios, das wohl vor 1457 geschrieben worden ist. Ein vorhergehendes Register zeigt die Verwendung als Briefsteller deutlich. Im Anschluß an die 47 Briefe [99] folgt die so häufig mit diesen Briefen auftretende Abhandlung von Augustinus Datus *De modo dictandi* sowie die Erklärung einer Anzahl von rhetorischen Hilfsmitteln. Eine kleinere Formelsammlung vom Jahre 1458 bringt einige Briefe Coluccio Salutatis, Eneas Türkenrede und einen Brief. Von ähnlicher Art ist eine dritte Handschrift, im Jahre 1495 geschrieben, in der die „praecepta et elegancie" Filelfos stehen [100].

Die direkten Wirkungen dieser humanistischen Studien kann man nun in Lambach äußerst glücklich in der von Horawitz [101] behandelten Handschrift wie an einem Schulbeispiel beobachten; denn gerade die in dem Formelbuch erscheinenden Phrasen, Wendungen und Bilder tauchen hier auf. Die Handschrift ist nach dem Tode des Humanistenabtes Johannes IV. Schwarzwadel (1504) geschrieben. Wir sehen aus den Briefen, daß die Ordenszucht zerfällt. In eitler Nachahmung der Humanisten wird die Schlußformel „Valete in Summo Jove" gebraucht. Der Konventuale Leonhard Püchler betreibt italienisch. Mit Kremsmünster steht man in regem Austausch geistiger Güter. Einer der Hauptvertreter des Humanismus war wohl Prior Paulus, der mit Celtis im Briefwechsel stand und auf seine Bitte von ihm eine Grabschrift für den verstorbenen Abt Johannes erhielt:

„Quicunque has nostras peregrinus tendis ad aedes
    Hancque meam tumulam   noscere forte volens
Sum comes ex Lambach, cui nomen Adalbero quondam
    Inclytus et praesul   Herbipolensis eram
Henricus caesar Francorum repulitur urbe

[97] Zibermayr, Cusanus S. 90.

[98] Mscr. chart. 245.

[99] In der oben angeführten Ausgabe von Wolkan konnten folgende festgestellt werden: Nr. 2. 3. 7. 37. 38. 45. 53. 55. 61. 62. 63. 65. 66. 69. 70. 72. 73. 76. 77. 85. 87. 88. 91. 93. 100. 101.

[100] Mscr. chart. 247 u. 291.

[101] Humanismus I. Sitz.-Ber. 111. Bd. S. 331 ff. Mscr. chart. 302.

Pontificem summum quando secutus eram
Hinc ego sub patriae cogebar pergere fines
Fundavi hocque sacrum monte monasterium
Quod rogo (si poteris) parvo cum munere dones
Ut tibi sidereum det Deus ipse polum."

In all den Briefen zeigt sich eine bedeutende Belesenheit auch in Terenz, Cicero, Quintilian. Dennoch ist vieles ganz formelhaft angewendet und entbehrt häufig der logischen Verbindung. Auch die Inkunabeln humanistischen Inhalts sind in der Lambacher Bibliothek gut vertreten. — So wie Celtis für Abt Johannes eine Grabschrift verfaßt hatte, schrieb Bruschius eine für den letzten Humanistenabt Ludwig Goldkofer (1534 bis 1554). Mit diesem Epigramm wird zugleich auch das Ende der humanistischen Bestrebungen, die uns Lambach in Verbindung mit dem Zentrum Wien zeigen, besiegelt.

In dem auf steiermärkischem Boden gelegenen Benediktinerkloster Admont[102] liegen die Verhältnisse ganz analog. Ein Johann von Konstanz ist 1422/23 als Lehrer in Admont nachzuweisen. Abt Andreas Stettheimer (1423—66) erbaute eine neue Bibliothek. Unter ihm gelangte neben einer Reihe von Werken antiker Autoren auch eine Boccacciohandschrift in den Besitz des Klosters. Mit dem italienischen Humanismus aber trat Abt Gottesgnad (1481—90) in engste Fühlung: er antwortete 1486 Ermolao Barbaro in schwungvoller Rede und auf einer Bronzemedaille wurde ihm der Ehrentitel eines Orators zuteil. Er erwarb der Bibiothek wertvolle Handschriften, unter diesen die Briefe Lionardo Brunis und Polizianos. Aber auch diese verheißungsvollen Ansätze zeitigten keine Früchte.

St. Florian und die übrigen Klöster

Neben Kremsmünster ist das Augustiner Chorherrenstift Sankt Florian das bedeutendste Ordenshaus in Oberösterreich. Wir treten bei der Behandlung der humanistischen Bestrebungen dieses Stiftes in einen anderen Wirkungskreis; denn nicht von Subiaco und Melk zieht der neue Geist hier ein, sondern von Raudnitz. Daß diese Reformgesetze eine Trennung von Schreiber und Buchbinder anordnen, daß kurz nach der Visitation im Herbst 1451 eine Neukatalogisierung sämtlicher Bücher nachzuweisen ist, wird in diesem Zusammenhang bedeutsam. Es ist wohl kein bloßer Zufall, daß dem Reformpropst Lucas Fridenstainer de Maur (1438—59) ein Jahr vor seinem Tode von Pius II. das Recht des Infultragens zugestanden wurde. Eben in diesen scheinbar äußerlichen Handlungen hat man vielleicht ein captatio benevolentiae für den italienischen Humanismus zu

[102] J. Wichner, Kloster Admont und seine Beziehungen zur Wissenschaft und zum Unterricht. Graz 1892, S. 36. 59. 64 f.

sehen [103]. Zur ersten Blüte gelangten die humanistischen Studien unter den Pröpsten Caspar II. Vorster und Petrus II. Sighartner. Während der Regierungszeit dieser beiden Würdenträger wurden viele interessante Briefe geschrieben [104]. Czerny hat bei seiner eingehenden Behandlung dieser Briefsammlungen [105] auf den Freundeskreis hingewiesen, der sich um den Scholasticus Steinhehler gebildet hatte. Man staunt über die Vielseitigkeit dieses Mannes, dessen lebensvolles Bild diese Briefe widerspiegeln. Eine feine gesellige Bildung herrscht in diesem Kreise. Wenn seine Angehörigen einander Briefe schreiben und allerhand Aufmerksamkeiten erweisen, wenn sie Neuigkeiten mitteilen, dann bemühen sie sich bereits, diese in klassisch gewählten, schönen, anschaulichen Worten auszudrücken. Das Ansehen, welches Steinhehler genoß, geht aus Briefen von anderen humanistisch bestrebten Männern hervor. So entschuldigt sich Ulrich Eberhardi am 13. November 1466 [106]: „Tu denique inerti stilo meo et puerili veniam dato, nam rethoricae musae praeceptore egeo penitus." Andreas von St. Pölten schließt am 26. August 1468 die Entschuldigung seiner Ungelehrtheit an das horazische „Scribimus indocti doctique poemata passim" [107] mit einem Witzwort an: „Ergo indoctum iter transvadamus". Ein ähnliches Zeugnis für das Eindringen des neuen Geistes, wie wir es in Klosterneuburg bei Winthager feststellen konnten, wurde auch in St. Florian von einem Schüler der Rhetorik geboten, der sich auf Boethius beruft [108]: „Omnia enim sunt scibilia in via rationis, apud potentiam clari intellectus nihil est impossibile." — Wie frei sprechen die Pröpste von der schlechten Regierung Friedrichs III.! Wie scharf ist die Kritik, welche Propst Caspar an sie anlegt. — Eine interessante Verbindung führt uns von St. Florian auch nach Passau, zu dem oft genannten, doch nicht gekannten Passauer Domprediger Paulus Wann [109], der auch der Wiener Universität nahestand. Aus den wenigen, charakteristischen Beiträgen, die in diesen Sammlungen von ihm stammen, geht hervor, daß er humanistisch stark interessiert war. Die Domschule Passau, die wir gelegentlich Schreiners und Schlägls erwähnten,

---

[103] Die Äbte von Reichersberg, die sich gegen die Reform sträubten, wurden meines Wissens erst später infuliert.

[104] Codices epistolares 96 u. 350, sowie die Briefsammlungen des Augustin Auer (1477—89) im Stiftsarchiv; Hs. XI 350, 6) Bl. 38 r—55 r der Stiftsbibliothek. Dortselbst befindet sich auch unter XI 547 A eine Abschrift der genannten Briefsammlungen von der Hand Czernys. Vgl. B. Černik, Die Schriftsteller der noch bestehenden Augustiner-Chorherrenstifte Österreichs. Wien 1905, S. 127.

[105] Aus dem geistl. Geschäftsleben in Oberösterreich im 15. Jhdt. Linz 1882.

[106] Ebda. S. 91.

[107] Horaz, Epist. 2, v. 117.

[108] Czerny, Geschäftsleben S. 104.

[109] So tut ihn die A. D. B. 41., S. 158 mit ein paar Zeilen ab. Vgl. auch Aschbach, 1. Bd. S. 570.

darf daher auch nicht außeracht gelassen werden, wenn über die humanistischen Bestrebungen in Oberösterreich gehandelt wird.

Treten die literarischen Erzeugnisse St. Florians auch in den späteren Jahren etwas zurück, so fand doch der neue Geist der Renaissance eine begeisterte Aufnahme in den Klostermauern. War unter den Pröpsten Caspar und Petrus eine Reihe wertvoller Miniaturhandschriften entstanden und hatte die Kleinkunst eine neue Blüte erlebt, so entfaltete Petrus III. Maurer (1508—45) eine bedeutende Bautätigkeit. Unter ihm schuf Albrecht Altorfer [110], der Meister der Donauschule, neben anderen Gemälden den erst jetzt [111] wieder erkannten Bilderzyklus über die Florianlegende. Das Grabmal, welches sich Propst Petrus setzen ließ, ist ein einzigartiges Marmorrelief, auf dem die Kreuzigung dargestellt wird. So wirkte sich in St. Florian vor allem der neue Geist in den Formen der Plastik und Malerei aus. Dabei dürfen die Bestrebungen Maurers für die Wissenschaft nicht übersehen werden. Er unterhielt einen Bücheragenten [112] in Venedig, wie Vadianus an Agricola 1514 schreibt. Das Eindringen des Luthertums — Propst Sigismund (1553—72) ließ zwei Kleriker in Wittenberg studieren — war den humanistischen Bestrebungen nicht zum Vorteil. Die Verordnung der Aufhebung der poetischen Schulen (1569) [113], weil man in ihnen Stätten für die Verbreitung des Luthertums sah, wirkte wenig günstig. Das letzte Aufflackern des Humanismus geht aus einem Brief (1580) Abt Johannes von Lambach an den Propst von Sankt Florian hervor, in dem diesem ein Baier Georg Vogel als Lehrer der Rhetorik empfohlen wird. Doch zeigen sich in dem schwulstigen, von antiker Mythologie strotzenden Gedicht, das Vogel als Probe seines Talentes von sich gab, bereits die ersten Spuren der von den Jesuiten begünstigten Barockdichtung.

Im Kloster Wilhering, dessen Äbten bald nach der Visitation durch den Abt von Morimond (1451) [114] ebenfalls von Pius II. (1458) die Pontifikalkleidung zugebilligt wurde, fanden die humanistischen Studien ihren Ausdruck in den Werken, welche Konrad Paesdorfer [115] abschrieb. Dort ist die Begünstigung der neuen Ideen an die Werke des Danteüber-

---

[110] A. Altdorfers Donaureise i. J. 1511 und das St. Florentiner Altarwerk, Mitt. d. Gesellsch. f. vervielf. Kunst (1907) Nr. 2, S. 29.

[111] Zibermayr, St. Wolfganglegende S. 195.

[112] Czerny, Die Bibliothek des Chorherrenstiftes St. Florian. Geschichte und Beschreibung. E. Beitr. zur Kulturgesch. Oberösterreichs. Linz 1874, S. 70.

[113] Czerny, Die Klosterschule von St. Florian. Entstehung, Verlauf und Ende 1071—1783. Linz 1873, S. 67.

[114] J. Stülz, Geschichte des Cistercienser Klosters Wilhering. Linz 1840, S. 66.

[115] 1459 im Collegium zum hl. Nikolaus eingetragen. F. Maurer, Das Kollegium zum hl. Nikolaus an der Universität in Wien, Beiträge zur Österr. Erziehungs- und Schulgeschichte 11. Heft. Wien und Leipzig 1909, S. 23.

setzers Matteo Rondo [116] geknüpft. Im Anschluß an Proben aus seiner lateinischen *Divina comedia* bringt die Handschrift die Vita des Terenz, Petrarcas Lob Italiens und die für Schulzwecke entstandene *Arenga de commendacione studii humanitatis atque amoenitate aestivalis temporis.* Aus allen Handschriften, welche Paesdorfer [117] anfertigte, geht seine Beschäftigung mit den neuen Studien hervor. In der letztgenannten ist vor allem eine Anzahl von Briefen des Bohenus an Georg von Peuerbach bemerkenswert. Hurch vermutete, was Maurer später nachwies, daß das Collegium des heiligen Nikolaus in Wien, wo die Kleriker nach der Reform durch den Abt von Morimond [118] studieren mußten, dem Humanismus Eingang in die Zisterzienserklöster verschaffte. Dies wird auch dadurch bestätigt, daß das unter Friedrich III. aufgelöste Collegium unter Maximilian wieder zu einer kurzen Blüte gelangte [119].

Nicht anders steht es mit den übrigen Klöstern Oberösterreichs: In Engelszell hielt Abt Erasmus (1456—69), der Erbauer des Chores, ständige Verbindung mit der Wiener Universität [120]. Abt Leonhard von Garsten (1419—34), der beim Basler Konzil anwesend war, wurde als Pfleger der Wissenschaften gefeiert, Benedikt I. (1473—88) verkehrte mit den Florianer Humanisten, bei Wolfgang Krenfuß (1537—59) war Caspar Bruschius ein gern gesehener Gast [121]. Man gewinnt überhaupt den Eindruck, als ob alle jene Klöster, welche Bruschius zur Zeit, da er sein Supplementum schrieb (1552), besuchte, in einer neuen humanistischen Blüte standen; denn in diesem Sinne feiert er fast sämtliche Äbte der auf oberösterreichischem Boden liegenden Ordenshäuser. So hat dieser Wanderhumanist für den Vorgänger des Abtes Wolfgang, Pangraz Holzner (1524—37), bereits eine ganz heidnisch gedachte Grabschrift verfaßt, deren letzte Distichen lauten [122]:

„Non refert, qua quis requiescat mortuus urna
Qua moriaris humo, qua tumuleris humo
Omnibus a terrae regionibus est vel ad Orcum
Aut ad Olympiacas semita certa domos.“

---

[116] Hs. 102 Grillnberger, Stud. u. Mitt. a. d. Ben. u. Cist.-Ord. 12. Bd. (1891) S. 314.

[117] Hss. 67. 77. 106. J. Hurch, Aus einem Wilheringer Formelbuch, ebda. 11. Bd. (1891) S. 104 ff u. 275 ff.

[118] Maurer S. 14.

[119] Ebda. S. 32 ff.

[120] O. Schmid, Übersichtliche Geschichte des aufgehobenen Cistercienser Stiftes Engelszell in Oberösterreich. In: Stud. u. Mitt. a. d. Ben.- u. Cist.-Ord. 5. Bd. S. 418, 6. Bd. S. 124.

[121] Fries, Stud u. Mitt. 2. Bd. 1. Hälfte S. 243. 2. Hälfte S. 40. 253. Horawitz, Bruschius S. 127.

[122] Suppl. Brusch. S. 132 f.

Abt Kronfuß hingegen dichtete sich selbst ein Epithaphium. Er ist somit vielleicht der einzige der oberösterreichischen Äbte, welchem die Musen ihre Gaben geschenkt haben.

Später als in den übrigen Klöstern zeigten sich die Wirkungen des Humanismus in Reichersberg, dessen Pröpste sich gegen die Visitation durch Nikolaus Cusanus sträubten [123]. Dank der Energie des damaligen (1451) Schaffners und späteren Propstes Bartholomäus Hoyer [124] wurde jedoch die Reform wieder aufgehoben. An der Visitation des Jahres 1466 ist Paulus Wann beteiligt [125]. Der neue Geist zog in Reichersberg wohl erst unter Probst Johann I. (1482—93) ein, dessen späterer Nachfolger Matthäus Purkner 1505 von Kaiser Maximilian zum Ehrenhofkaplan ernannt wurde [126]. Ein abschließendes Urteil kann jedoch über Reichersberg nicht gefällt werden, da fast sämtliche Handschriften beim Brande des Klosters [127] am 20. Oktober 1624 zugrunde gingen. — In Suben wurde es erst unter dem gelehrten Abt Johann VI. (1493—1509) besser. — Über Ranshofens humanistische Bestrebungen sind wir durch das maßgebende Urteil des bedeutendsten Vertreters des neuen Lebensideals auf bairischem Boden, Aventins, einigermaßen unterrichtet [128]. So läßt sich wohl unter Propst Friedrich Gunderstorffer (1439—48) [129] eine kurze Blüte nachweisen. Sein Nachfolger Erhard Gossenberger indes erhält von Aventin das weniger schmeichelhafte Attribut: „Imprudens rerum humanarum fuit." Erst der dem niederösterreichischen, durch die Raudnitzerreform zu einem Mittelpunkt gewordenen Kloster Dürnstein entstammende Propst Wolfgang (1468—91) brachte das Kloster zu neuem Ansehen. Der 1504 gewählte Propst Kaspar Turndl aus Mühldorf [130], der Erbauer der Kirche, bekannte sich zu dem neuen Zeitgeist dadurch, daß er seine Kleriker zum Studium an die Wiener Universität sandte und 1517 Aventin veranlaßte, die Annalen des Klosters zu verfassen. Dieser schreibt von sich [131]: „Bibliothecam, librum donationum excussi et vetusta monumenta perscrutatus sum." — Um die Mitte des 16. Jahrhunderts entfaltete Bischof Wolfgang von

---

[123] B. Appel, Geschichte des Chorherrenstiftes Reichersberg. Linz 1853, S. 204 f.

[124] K. Meindl, Bartholomaei Hoyer dicti Schirmer, cellarii 1462—69, Registrum procurationis rei domesticae pro familia Reichersperg. In: Arch. f. österr. Gesch. 61. Bd. (1881) S. 33.

[125] Appel S. 214.

[126] Ebda. S. 225.

[127] Ebda. S. 253.

[128] Johannes Turmairs, genannt Aventinus, Sämtl. Werke. 1. Bd. München 1881, S. 60—101.

[129] Ebda. S. 74.

[130] Ebda. S. 75 f.

[131] Ebda. S. 62.

Salm in Passau, zu dem Bruschius in naher Beziehung stand [132], eine bedeutsame Mäzenatengesinnung, doch wurde seinen Bestrebungen ein plötzliches Ende gesetzt, da er wegen seines intimen Verkehrs mit Anhängern des Luthertums und seiner allzu weltlichen Gesinnung seines Amtes enthoben werden mußte.

So sieht man sich zu dem Schlusse veranlaßt, daß die unter dem ständigen Einfluß der Wiener Universität stehenden Klöster durchschnittlich um ein Menschenalter früher dem Humanismus zugeführt wurden als die auf bairischen Boden liegenden; denn die Ingolstädter Universität scheint weniger nachhaltig gewirkt zu haben. Freilich müßte diese Behauptung erst durch eine Untersuchung der Verhältnisse der bairischen Klöster erwiesen werden. Für Salzburg trifft allerdings die von Horawitz [133], der der Klosterreform überhaupt keine Bedeutung zuerkennt, ausgesprochene Vermutung nicht ein, nämlich, daß sich ein regeres Leben erst um die Wende zum 16. Jahrhundert zu entfalten begann. Im Gegenteil! Kaum wird sich in einem Benediktinerkloster um die Mitte des 15. Jahrhunderts ein so regsames geistiges Leben nachweisen lassen wie in Salzburg in St. Peter. Ein geradezu beispielloser Reichtum an deutschen Handschriften läßt nicht nur die Annahme berechtigt erscheinen, daß sich die Schreiberschule unter einer zielbewußten energischen Leitung befand: er zeigt auch den deutlichen Willen, die lateinische religiöse Literatur weiten Kreisen des Volkes durch Übersetzungen zugänglich zu machen, so Augustin, hl. Bernhard, Heinrich von Langenstein, Nikolaus von Dinkelspühl, Gerson, Johannes Nider, Thomas a Kempis und der Dominikus Capranica fälschlich zugeschriebene Traktat über die Kunst des Sterbens[134]. Beziehungen des Nonnenklosters St. Peter zu Augsburg können durch eine prächtige Heiligenlegende [135] von der Hand der Klara Hätzlerin nachgewiesen werden. Die zweibändige Foliohandschrift ist ein Geschenk des Dompropstes Hans von Wildgeferd. Unter der Übersetzungsliteratur der Bibliothek verdient jedoch eine deutsche Übersetzung von Ciceros Offizien [136] aus dem Jahre 1471, deren Herkunft jedoch nicht ganz feststeht, unsere besondere Beachtung. Aber nicht nur Übersetzungen sind vertreten, sondern auch die Originale, wie Petrarca in einer Handschrift [137] aus dem Jahre 1452, die das Eigentum

---

[132] R. Reichenberger, Wolfgang von Salm, Bischof von Passau (1540—55). Ein Beitrag zur Geschichte des 16. Jhdts. Stud. u. Darstellungen a. d. Gebiete d. Gesch. i. A. d. Görresgesellsch., hrsg. v. H. Grauert, 2. Bd. 1. Heft. Freiburg 1902, S. 74 ff.

[133] Humanismus I. S. 336.

[134] Die Hs. ist in St. Peter siebenmal vorhanden: a II 12, 1); a II 14, 2); a IV 37, 1); b I 35, 8); b II 13, 12); b IV 40, 7); b V 20, 1). Vgl. Studienbibliothek Salzburg Hs. V 1 G 115, 3). Über Capranica vgl. A. Franz, Katholik 1. Bd. (1900), S. 132 ff.

[135] b XII 19 a u. b.

[136] b III 38.

eines Erhard Mänseer de salina war. Schon 1456 sind Eneas vorbildliche Briefe nachzuweisen [138]. Ein Jahr später sind bereits humanistische Stileinflüsse festzustellen [139]. Zu Ende des Jahrhunderts scheint die Stiftsbibliothek bereits die meisten Frühdrucke der Renaissancewerke besessen zu haben [140]. Damals trat Abt Virgil Pichler als Visitator in Göß und St. Georgen auf [141]; im gleichen Geiste war sein Zeitgenosse Erzbischof Leonhard Keutschach auf die Hebung der klösterlichen Disziplin bedacht [142]. Durch die Handschriften läßt sich ein ständiger Zusammenhang mit der Wiener Universität nachweisen. Josef Grünpeck schreibt seine St. Peterer-Chronik [143]. Mit dem Ausgangspunkt des Reformationshumanismus stellt Staupitz eine bedeutsame Verbindung her. Leider ist sein Nachlaß unter Abt Martin (1584—1615) [144] verbrannt worden; nur zwei Handschriften seiner Predigten [145] sind noch erhalten. Mit Männern der gelehrten Donaugesellschaft trat Abt Kilian Pütreich [146], der sich echt humanistisch den Namen Illocuples zulegte, in Verbindung. Ich fühle mich versucht anzunehmen, dieser sei der Schwager von Leopold Fuchsmagen, welcher eine Margaretha Pietreich ehelichte [147], gewesen. — Daß im Zeichen des Humanismus in Salzburg und seiner Umgebung Astronomie und Alchemie betrieben wurde, wofür ein besonderer Reichtum von Handschriften [148] spricht, darf uns bei der Stadt, in welcher Theophrastus Paracelsus seine Tage beschloß († 1541), in der der humanistische Erzbischof Matthäus Lang von Wellenburg wirkte (1519—1540) [149], nicht wundernehmen.

Schwieriger liegen die Verhältnisse in den nördlich der Donau gelegenen, durch die Hussiteneinfälle schwer heimgesuchten Klöstern. So hatte Baumgartenberg unter Abt Stefan von Dornach (1421—1454) stark gelitten. Das Ordenshaus erholte sich jedoch bald. Pius II. verlieh Abt Wolfgang I. (1454—1462) im gleichen Jahre wie dem Abte von Wilhering

---

[137] b IX 8.

[138] a IV 23, 1).

[139] b II 14, 10) Bl. 131 r.

[140] Vgl. a VII 38.

[141] b V 20, 7) Bl. 52—61.

[142] Ebda. 6) Bl. 49—51 v.

[143] a VII 44, 1). Czerny, Grünbeck S. 325.

[144] K. Foltz, Geschichte der Salzburger Bibliotheken. Wien 1877, S. 24.

[145] a II, 11, b V 8.

[146] Horawitz, Humanismus I. S. 344 ff.

[147] Ruf S. 95.

[148] St. Peter a VI 10; 17; 18; a VII 12; b IV 8; b VIII 12; b IX 11; b XI 30; b XII 21. Salzburg Studienbibliothek V 1 A 3, V 1 H 149, 166, 167, V 1 J S, 222, 261, 262, V 1 G 81.

[149] Suppl. Brusch. S. 237. — Für den Salzburger Kreis wäre endlich noch die Durchforschung des von J. E. Koch-Sternfeld, Salzburg u. Berchtesgaden (1810) 2. Bd. S. 75 ff. und öfter benützten Berchtesgadener Copialbuches nötig. (Dieses befindet sich in der Stud.-Bibl. Salzburg).

die Pontifikalien. Abt Hartmann Schedner, der 1541 zur Regierung gelangte, wird von Bruschius [150] gefeiert. In ganz ähnlicher Weise vollzieht sich die Entwicklung in Waldhausen, das unter Propst Otto Scheinbeck (1413—49) von den Hussiten zerstört wurde. Martin Egg (1454—57) wird als Mehrer der Bibliothek gerühmt. Konrad Schrodt (1500—1530) stand in naher Beziehung zum Hof Maximilians I. [151]. Daß Humanisten in Waldhausen gern gesehene Gäste waren, zeigt das Epigramm von Andreas Cydonius, welches Bruschius mitteilt [152]:

„Phoebus ad Eurotan pavit, Pan rura fovebat
Sylvarum dryades percoluere domos.
Hic Jovis hospitium est hic sunt quoque Thessala, Tempe.
Quis velit hunc igitur non habitare locum?"

Wir kommen zum Abschluß wieder zu unserem Ausgangspunkt, der Stiftsbibliothek Kremsmünster, zurück. Diese besitzt eine Reihe von Handschriften [153], die den Charakter gemeinsamer Schriftzüge aufweisen und auch inhaltlich zusammenstimmen. Als Eigentümer und wohl auch als Schreiber erscheint ein Michael Wochner, *Canonicus in Hospitali,* sehr häufig mit der Jahreszahl 1456. Dieser war also ein Konventuale des Kollegiatstiftes Spital am Pyhrn, wo er am 17. September 1480 starb [154]. Das Nekrologium rühmt seinen Eifer und hebt seine besonderen Verdienste um die Weinkultur hervor, wie ja überhaupt im Jahrhundert des Humanismus der Weinbau zu einer besonderen Blüte kam [155]. Wochner stammte aus Aurbach; welches unter den fünf Orten des gleichen Namens in Ober- und Niederösterreich seine Heimat war, bleibt dahingestellt. Uns interessieren hier vor allem seine einheitlich in braunes Leder gebundenen Handschriften, die er dem Kloster Kremsmünster vermachte. Sie sind der Hauptsache nach als Formelbücher anzusehen. Von den Verfassern der abgeschriebenen Briefe gehören dem italienischen Humanismus an: Guarini, L. B. Alberti, Lionardo Bruni, Poggio, Marcus Capesanus, Andreas Julianus, Ermolao Barbaro, Lodovico Malatesta, die schöne Isota Nogarola u. v. a. Es erscheinen ferner politische Reden und Briefe von Enea Silvio und Gregor Heimburg. Unter den alten klassischen Werken nimmt Cicero eine hervorragende Stelle ein,

---

[150] Suppl. Brusch. S. 173.

[151] Ebda. S. 176. Vgl. auch über den Prediger der neugegründeten Prager Universität Konrad v. Waldhausen: H. Vonschott, Geistiges Leben im Augustinerorden am Ende des Mittelalters u. zu Beginn der Neuzeit. Histor. Stud. Heft 129 (Berlin 1915) S. 45 f.

[152] Suppl. Brusch. S. 174.

[153] Hss. 4. 10. 11. 40. 47. 143. 147. 149.

[154] B. Schroll, Necrologium des ehemaligen Collegiatstiftes Spital am Pyhrn in Oberösterreich. In: Arch. f. österr. Gesch. 72. Bd. (1888) 1. Hälfte S. 131, 159.

[155] K. Haselbach, Das Weinbuch des Johann Rasch und die Weinkultur in Niederösterreich, vornehmlich im 16. Jhdt. In: Bll. d. Ver. f. Landesk. v. Niederösterr. 15. Bd. (1881) S. 161—186.

ferner Pseudoovid, Horaz, Persius, Terenz mit der bereits erwähnten Verteidigung der alten Schriftsteller, Juvenal und Venantius Fortunatus. Von Werken italienischer Humanisten sind vor allem zu nennen: Brunis Phalarisübersetzung, Boccaccio *De casibus virorum illustrium, De mulieribus claris* und Albertis *Canis.*

3. DER ADEL UND SEINE BESTREBUNGEN UM WISSENSCHAFT UND BILDUNG

Reisen nach Italien und das Studium der Rechtswissenschaft an den italienischen Universitäten brachten den oberösterreichischen Adel in engere Beziehung zu wissenschaftlichen Bestrebungen[156]. Auch dürften Ereignisse wie die Dichterkrönung von Delius (1492) und die Aufführung des *Ludus Dianae* in Linz (1501) nicht ganz ohne Wirkung gewesen sein. Allerdings gehören Büchersammler um die Mitte des 15. Jahrhunderts noch zu großen Seltenheiten. Wenn man von humanistischen Bestrebungen in Oberösterreich um diese Zeit überhaupt reden kann, so hängen sie ausschließlich mit dem Klosterhumanismus zusammen. Selbständige Bestrebungen sind überaus selten. Der einzige vielleicht, der hier genannt werden kann, ist Christoph von Zelking († 1491), der den Altar zu Kefermarkt errichten ließ und besonderen Wert auf die Ausbildung seiner Söhne legte. Es scheint für die Hochschätzung der Kunst zu sprechen, daß Pachers Schwiegersohn dem angesehenen Tiroler Adelsgeschlecht der von Neuhaus auf Villanders entstammte[157]. Die Berührung, zu welcher einzelne Adelige durch ihre Stellung zum Herrscherhaus mit Enea als Protonotar kamen, war ohne nachhaltigen Einfluß; man müßte denn auf dem Grabmal jenes Ulrich von Schaunberg († 1498), der wegen seiner unwandelbaren Treue und Anhänglichkeit an Friedrich III. von Enea (1445) gerühmt wurde, die Spuren eines italienischen Meißels in Wilhering feststellen[158]; denn die Handstellung ist noch ganz gotisch, derb und klotzig der Kopf, doch im Faltenwurf zeigen sich bereits bewegtere Linien.

Man darf sich indes unter den Adligen keine Rauf- und Saufbolde vorstellen, die keine höheren geistigen Interessen hatten. Freilich Männer von dem Geist eines Hutten, von der tiefen Bildung deutscher Kirchenfürsten sind in Oberösterreich schwerlich zu finden. Kriegshandwerk und Bauernaufstände haben sie alle rauher gemacht und wenn sie Bücher sammeln,

[156] Zibermayr, Das oberösterreichische Landesarchiv im Bilde der Entwicklung des heimatlichen Schriftwesens. Ein Gedenkblatt zum 25jährigen Bestande. Linz 1921, S. 10. Anm. 39.

[157] C. Fischnaler, Die Erben Michael Pachers. In: Zeitschr. d. Ferdin. 3. F. 37. Heft (1893) S. 359.

[158] So bei Stülz, Die Herren und Grafen von Schaunberg und ihre Gräber in der Stiftskirche zu Wilhering. In: Ber. u. Mitt. des Altertumsvereines zu Wien 10. Bd. (1869) S. 45.

dann zeigt sich vielleicht darin das Bestreben, es jenen andern in Italien gleichzutun. Der Drang Maecenaten zu sein äußert sich überall, doch fehlen die heimischen Horaze.

Mit den Auswirkungen der Reformation aber beginnt eine neue Lebenswelle. Die Jörger von Tollet treten in Verbindung mit Luther und lassen sich einen Kaplan namens Stiefel kommen. Der Reformator tröstet Herrn Bartholomaeus von Starhemberg über den Tod seiner Gemahlin und fordert ihn auf, für ihr Seelenheil keine Messen lesen zu lassen, er sendet ihm einen Mann namens Warnstorffer als Boten. Wohl wären diese noch keine Zeugnisse für eine höherstehende Bildung; aber der Ehrgeiz, der sich nun allerorten fühlbar macht, die Klöster, bisher die einzigen Bildungsstätten des Landes, zu überflügeln, die Erkenntnis, daß Wissen Macht sei, die rasche Verbreitung der lutherischen Schriften und das Leben in der Zeit und für die Zeit wirken mit. Wittenberg und Tübingen werden vor allem aufgesucht, in Italien studiert man römisches Recht. Vermöge der Bildung fühlt man sich über den Bauernstand erhaben, der niedergekämpft werden muß. Man trachtet nach Möglichkeit Bildungsmittel und -anstalten zu schaffen: unter diesen stehen Bibliotheken und Schulen an erster Stelle.

Nun erscheint es nicht sehr wunderbar, daß Simon Minervius Schaidenreisser einem oberösterreichischen Adeligen Johann Fernberger auf Egenberg seine Druckausgabe der ersten deutschen Odyssee (1537) widmet, daß mit den reformatorischen Bestrebungen die wissenschaftlichen Hand in Hand gingen. Wohl war jenen durch Kaltenmarkter, Turrianus und einige Schottenmönche der Boden bereitet worden, aber es war doch etwas Neues, daß Paul Speratus als Gegner Ecks in Wien auftrat und Leonhard Freisleben (Eleutherobius) zu Anfang des Jahres 1524 in Linz predigte[159]. Nicht besser wurden die Verhältnisse durch eine strenge Justiz, die an Kaspar Tauber, Lienhard Kaiser im damals bairischen Schärding, den Wiedertäufern Balthasar Hubmair, Jakob Huter, Leonhard Schreiner und seinen 77 Genossen das Todesurteil vollstreckte. Die Aufstände von 1525 und die schrecklichen Ereignisse in Münster schienen diesem Vorgehen ein Recht einzuräumen. Die mißverstandenen evangelischen Freiheiten begünstigten den Aufruhr, aber die Fäden spannen sich weit über das Land; sie reichen durch den Tiroler Huter von der Schweiz bis nach Schlesien, durch den Oberösterreicher Bünderlin bis in den Elsaß[160].

Dadurch, daß den Klöstern nicht mehr die ausschließliche Leitung der Schulen zustand, wurde der Unterricht von weltlichen, evangelisch

[159] Czerny, Der erste Bauernaufstand in Oberösterreich 1525. Linz 1882, S. 52 ff.

[160] Vgl. hiezu A. Nicoladoni, Johannes Bünderlin von Linz und die oberösterr. Täufergemeinden 1525—31. Berlin 1893, S. 35. — J. Jäckel, Zur Gesch. d. Wiedertäufer in Oberösterr., 47. Musealber. (Linz 1889). — Beck-Loserth, Der Anabaptismus in Tirol (1526—36). In: Arch. f. öster. Gesch. 78. Bd. S. 452.

gesinnten Männern in den Städten gehalten: in Steyr [161] erhielt Dr. med. Sigismund Wunder neben dem Recht, seine Praxis auszuüben, auch die Erlaubnis, Hebräisch, Lateinisch und Griechisch öffentlich zu lehren. Im gleichen Jahre (1526) stellten die Wiedertäufer unter Hubmair daselbst eine Druckerpresse — wohl die erste in Oberösterreich — auf. Unter Kuttner, Pegaeus, Spanelius und endlich unter Georg Mauritius erreichte das weltliche Schulwesen zu Steyr seinen Höhepunkt. Dieser wurde zu Ende des Jahrhunderts durch ein kaiserliches Edikt des Landes verwiesen (1599). In ergreifenden Worten klagt der biedere Nürnberger Schulmeister [162]:

„Dein Jugend hab gelehrt ich zwar
Nun in die acht und zwanzig jahr
Jetzt aber alt und fast verdrossen
Werd ich ins Elendt naußgestoßen."

Noch rettete Aegid Weichselbaumer die letzten Reste der Linzer Landschaftsschule (1608—24) nach Steyr. — Nicht anders ließen sich die Freistädter die Bildung ihrer Jugend angelegen sein, auch an ihrer Schule war Spanelius eine Zeitlang tätig [163].

Am bedeutsamsten zeigen sich die Bestrebungen des Adels an der in der Mitte der Sechziger Jahre des 16. Jahrhundert in Blüte stehenden Landschaftsschule, einer Gründung der oberösterreichischen Stände [164]. Das Muster und Vorbild dieser Schule ist die von Johann Sturm in Straßburg geleitete, deren höchstes Erziehungsziel die „sapiens ac eloquens pietas" war. Uns interessiert in diesem Zusammenhang weniger das Schicksal der Schule, ihre Verlegung von Enns nach Linz, als die Einwirkungen der Antike, die sich vor allem in den Schulordnungen zeigen. In der ersten (1569) von Balthasar Khuenegger verfaßten wird die Frage erörtert, „ob von nötten sei, das Pottentaten, Fürsten, Herren und Edlleuth studieren und gelehrt sein sollen". Der Schreiber beruft sich auf Plato und Herodot, er bezeugt, daß die Nachrichten über die Skythen wahr seien, da er dasselbe von

---

[161] Černy, Die Anfänge der Reformation in der Stadt Steyr 1520—1527. 52. Musealber. (Linz 1894) S. 26. Vgl. auch A. Rolleder, Die Schulen der Stadt Steyr in der Reformationszeit. Beiträge zur österr. Erziehungs- u. Schulgesch. 18. Heft Wien 1918.

[162] V. Preuenhuber, Annales Styrenses. Nürnberg 1740, S. 326 f.

[163] Jäckel, Zur Gesch. der lat. Schulmeister in Freistadt in Oberösterr. In: Beitr. z. öst. Erz.- u. Schulgesch. 3. Heft (Wien 1901) S. 121 ff.

[164] F. X. Stauber, Historische Ephemeriden über die Wirksamkeit der Stände in Österreich ob der Enns. Linz 1884 S. 39 ff. Ferner Manuskript im oberösterr. Landesarchiv von demselben: Miscellanea zur Geschichte des Landes Österreich ob der Enns 1. Bd. Die Landschaftsschule von deren Entstehung bis zur Auflassung mit einem chronologischen Anzeiger aus den ständischen Archivakten und -Annalen entnommen und kopiert. Ferner K. Schiffmann, Das Schulwesen im Lande ob der Enns bis zum Ende des 17. Jhdts. Linz 1900.

Kaufleuten über Livland vernommen, „weil ich in Preußen studiert". Plutarch ist ihm wohl vertraut. Er zitiert eine Unzahl von Beispielen, er mahnt zu einer rechten Anwendung der Studia und gibt dem Aristophanes gegen Sokrates recht. Schließlich sucht er nachzuweisen, daß die Folgen des Nachlassens in den Studien hauptsächlich darin bestehen, daß die Menschheit wieder — ähnlich wie die letzten Merowinger — in die alte Barbarei des Papsttums zurückfalle. — Als Lehrer wirkten unter anderen in Linz Memhard, Anomaeus und Calaminus, dessen Berufung der gelehrte Historiker Reichard Freiherr von Strein befürwortet zu haben scheint. Daß dieser Mann imstande war, ein hochwertiges Bildungsideal zu vertreten, braucht nicht erst nachgewiesen zu werden. Christoph von Schallenberg war sein Schüler. Dieser verfügte über eine tiefgründige Bildung, über ein klares, richtiges, scharfes Urteil, Mannesmut, Energie und über ein weiches, zartes, lyrisches Empfinden. Seit den Minnesängern hat kein Dichter mehr in Österreich einen so stark empfundenen eigenen Ton angeschlagen. — Die Schule wurde aufgehoben und wieder eröffnet: es ist ein ständiges Proben der Kräfte aneinander, das einem in den Akten, die über diese langwierigen Verhandlungen geführt wurden, entgegentritt.

Im Jahre 1608 kam Hieronymus Megiser [165], Memhards Schwiegersohn, nach Linz. Er besprach mit Enenkel den großangelegten Plan einer Ausgabe der österreichischen Geschichtsquellen und wirkte so bestimmend auf die wissenschaftliche Entfaltung des Landes: Hätte bestimmend wirken können; denn der Wunsch, den Calaminus für die Schule in Linz begeistert ausgesprochen hatte [166]:

> „ut Austriam Astraea nunquam deserat,
> hic Musae studiis florere perennibus optant.
> Edocet hic artes ipsa Minerva bonas."

ging in seinem Sinne nicht in Erfüllung. Wohl fehlten die Männer nicht wie die bereits genannten Lehrer an der Landschaftsschule, denen sich als letzter der große Astronom Johannes Kepler [167] anschließt. So war das Land ob der Enns gerade an den naturwissenschaftlich-astronomischen Bestrebungen des Humanismus wie kaum ein anderes beteiligt. Erscheinungen wie der Schneiderssohn Johann von Gmunden, Georg von Peuerbach und Kepler setzten das Land in eine bedeutsame Beziehung zur Geschichte der Erforschung des Weltalls. Das einzige Kulturinstitut Oberösterreichs, das an dieser Tradition heute noch festhält, ist wiederum das Kloster

---

[165] M. Doblinger, Hieronymus Megisers Leben und Werke. In: Mitt. d. Inst. f. öst. Gesch.-Forsch. 26. Bd. (1905) S. 431.

[166] Schiffmann, Georg Calaminus. In: Beitr. z. österr. Erz.- u. Schulgesch. 2. Heft (1899) S. 21.

[167] Bei Fr. Kurz, Beiträge zur Geschichte des Landes Österreich ob der Enns 1. Teil. Leipzig 1805, S. 527 ff. und bei F. Proschko, Kepler in Linz, 14. Musealbericht (Linz 1854) S. 17 ff., sind Keplers Briefe aus Linz abgedruckt.

Kremsmünster. — Es wäre ein müßiger Versuch, sich die Entwicklung der Landschaftsschule zu einer Universität in der Phantasie auszumalen. Sie war mit einem Schlag unterbunden, als die Jesuiten im Landhaus zu Linz einzogen, die ketzerischen Bücher der Bibliothek in Fässer schlagen und in die Donau werfen ließen [168]. Mit dem Zusammenbruch der ständischen Herrlichkeit und der Aufrichtung des Absolutismus kehrten andere Musen und eine andere Minerva in den alten Räumen ein, in denen sich, ganz im Geiste des Humanismus, der Wille des Zeitgeistes nach einem Fortbestehen und Fortleben im Gedächtnis der Nachwelt geäußert hatte in der Begründung des ständischen Archives als einer wissenschaftlichen Quellensammlung zur Landesgeschichte [169].

Selbstherrlich waren diese Geschlechter: viele gaben lieber ihr Hab und Gut auf als ihren Glauben. Kaiser Maximilian gegenüber pochten sie auf ihre Freiheiten und in dem Streit, der sich an der Bahre des toten Kaisers um die Reichskleinodien erhob, äußert sich ein tief wurzelndes Rechtsempfinden [170]. Sie rivalisieren mit ihren niederösterreichischen Kollegen, vertreten ihr Deutschtum gegenüber Kaiser Karl V. In den ständigen Verhandlungen mit der Reichsregierung über die Landesabgaben führen sie eine deutliche energische Sprache. Treu und ehrlich schützen sie den vertriebenen Schulmeister Anomaeus, wie sie scharf und unerbittlich gegen Memhard auftreten, der seine Pflichten verletzt hatte. Bei dieser scharfen geistigen Struktur des Adels darf uns das Fehlen eines Sinnes für die Lage des Bauernstandes nicht verwundern. Jene offenbart sich auch in dem selbstherrlichen Gefühl, auf eigene Faust eine Reformation durchzuführen: Rüdiger IX. von Starhemberg begünstigte die Flacianer und gab ihrem überall ausgewiesenen Prediger Magdeburgius auf seinem Schloß in Eferding eine sichere Unterkunft, der Prediger und Wiedertäufer Hans Schlaffer wurde 1526 von den Brüdern Zelking gastfreundlich aufgenommen [171].

Wie weit ausgreifend der gesellschaftliche Verkehr dieser Adeligen damals gewesen sein muß, geht aus den wenigen Briefen und Stammbüchern hervor, die sich auf unsere Zeit gerettet haben. Die Bildung, auch die der Frauen, war bedeutend. Man schloß Bekanntschaften und Freundschaften an den Universitäten, beherbergte berühmte Männer in den Schlössern, man fühlte in jeder Lebensäußerung, daß man in einem großen Zeitalter lebte. So treffen wir unter den Gästen auf oberösterreichischen Adelsschlössern viele deutsche Gelehrte. Eck weilte 1516 als Gast auf Spielberg bei der Familie Scherfenberg [172]. Viele Autogramme sind in den Gedenk-

---

[168] Czerny, Eine verschollene Bibliothek. In: Mitt. d. Inst. f. öst. Gesch.-Forsch. 1. Bd. (1880) S. 306.

[169] Zibermayr, Landesarchiv S. 14—18.

[170] K. Eder, Die Stände des Landes ob der Enns. In: Heimatgaue 6. Bd. (1925) S. 19.

[171] Nicoladoni, Joh. Bünderlin S. 29, 50, 298.

[172] Czerny, Erster Bauernaufst. S. 45 f.

büchern verewigt [173]. Man verehrte einander Geschenke und, so einem die Muse besonders günstig war, auch lateinische Gedichte. Nun wurde das Leben auf den Schlössern auf einmal behaglich: zum Sitz der Musen wurden die Bibliotheken, die nun mit großem Sammeleifer errichtet und, wie uns das klassische Beispiel der Widmannstetterschen Bibliothek in der Münchener Staatsbibliothek [174] zeigt, nach ganz bestimmten Gesichtspunkten der Liebhabereien ihres Eigentümers zusammengestellt wurden. Die meisten sind längst zugrunde gegangen: Reste sind in den Beständen der Klosterbibliotheken aufgegangen; noch zu Lebzeiten des Calaminus verbrannte die Bibliothek Gundackers von Starhemberg in Peuerbach „et vatum pater omnium ille Homerus", die Bibliothek Helmhart Jörgers wurde im 17. Jahrhundert von Joachim Enzmiller erworben, sie kam mit der Bibliotheca Windhagiana nach Wien [175]. Die Bücher, welche der Stolz Erasmus von Röderns waren [176], sind zerstreut. Nicht anders geschah es mit der herrlichen Bibliothek des Freiherrn Job. Hartmann Enenkel, von der sich nur wenige Handschriften im Besitze des Klosters Schlierbach und des Landesarchivs in Linz befinden. Noch unterrichtet aber der handschriftliche Katalog [177], wohl von der Hand des Eigentümers selbst, von den Schätzen, die er sein eigen nennen durfte. Enenkel ist 1576 geboren, er war Landrat in Oberösterreich, später Rat und Regent der niederösterreichischen Lande, 1601 vermählte er sich mit der Witwe des Dichters Christoph von Schallenberg, Marusch von Lappitz. Enenkels Bibliothek stand auf dem Schloß Lichteneck im Hausruckviertel. Er starb 1627. Ihm bereitete nicht nur das Sammeln und Aufnehmen sondern die wissenschaftliche Arbeit selbst Freude. Seine Interessen waren universal: historische, geographische, naturwissenschaftliche und klassisch-philologische Werke in allen Kultursprachen umfaßte seine sicherlich über 8000 Bände starke Bibliothek.

Wenn sich nun einzelne Adelige einen solchen Luxus leisten konnten, so darf es nicht wundernehmen, daß die Stände selbst als Gesamtheit einen Stolz dreinsetzten, eine bedeutende Bibliothek zu unterhalten. Wenn je das Wort „Habent sua fata libelli" Bedeutung gewonnen hat, so bei dem Schicksal dieser Büchersammlung, welche bei der Einführung der Gegenreformation einen schweren Schlag auszuhalten hatte. Damals sollten laut

---

[173] F. Krackowitzer, Das Archiv von Schlüsselberg. Linz 1899, Nr. 123—127, 130, 132—138; ferner G. Loesche, Zur Gesch. des Protestantismus in Oberösterreich. In: Jahrb. f. d. Gesch. d. Protestantismus im ehemal. und im neuen Österreich, 45. u. 46. Jahrg. (1925) S. 62 ff.

[174] O. Hartig, Die Gründung der Münchener Hofbibliothek. In: Abhandlungen d. bair. Akad. d. Wiss. phil. hist. Kl. 28. Bd. 3. Abhdlg. (1917).

[175] E. Hager, Ein Kulturbild aus der Vergangenheit des Schlosses Tollet bei Grieskirchen, Festschr. zur 300-Jahrfeier der Stadt Grieskirchen (1913) S. 22.

[176] L. Pröll, Ein Blick in das Hauswesen eines österr. Edelmannes a. d. ersten Viertel des 17. Jhdts. In: Jahresber. d. Piaristengymnasiums (Wien 1888/89).

[177] Schlüsselb.-Arch. 169. Vgl. bes. seine Deutschen Hss. S. 688 ff.

Befehl sämtliche Werke reformatorischen Inhalts verbrannt oder in die Donau geworfen werden. Im Laufe des 17. Jahrhunderts wurde der Bestand bedeutend vergrößert, nach dem geschriebenen Katalog aus dem Jahre 1660 und dem gedruckten von 1702 ist er dem einer mittleren Klosterbibliothek ungefähr gleich [178]. Auch als im Jahre 1774 in Linz die Studienbibliothek gegründet wurde, hielten die Stände an ihrer Bibliothek fest. Zu deren Schaden; denn im Jahre 1800 ging sie beim Brand des Landhauses zugrunde, doch nicht die ganze: 100 Bände [179], die irgendwo in einem Winkel versteckt waren, um vor den gierigen Blicken nachforschender Gegenreformatoren sicher zu sein, die vielleicht auch ein Mann rettete, den es erbarmte, daß so viel Weisheit verbrannt werden sollte, fristeten unscheinbar ihr Dasein. Die schönen, kostbaren Einbände und Holzschnitte haben sie mit vor dem Untergang bewahrt. Nach den Hauptwerken der Reformation enthält die überaus wertvolle Sammlung eine Anzahl Bände mit Flugschriften reformatorischen Inhalts. Es ist die größte Sammlung dieser Art, welche Österreich besitzt. Und so sprechen wenigstens heute noch nach dreihundert Jahren die Bücher dafür, daß jene Männer, deren Eigentum sie waren, wohl rauh und derb waren, aber daß sie auch bestrebt waren, der Wissenschaft eine dauernde Heimstätte in ihrem Hause zu verschaffen.

Wie eine Sonnengestalt erscheint uns da jener bereits mehrmals genannte Christoph von Schallenberg, der seine erste Bildung in der Linzer Landschaftsschule erhielt. In seinen Dichtungen ist die Antike lebendig. Er bildet sich einen eigenen Parnaß, indem er wie die Barockdichtung Christliches mit Antikem zur Einheit zu verschmelzen sucht. So wird ihm Janus zum Vorläufer Christi [180], Helena und Nestor sind ihm vertraute Gestalten, die Sänger Amphion und Orpheus stellt er mit David zusammen. Er fühlt sich als Dichter und will einer bleiben, auch wenn er das Studium des Rechts erwählt hat. „Nequeo Parnassum linquere“ schreibt er. Heiteren Becherfreuden und Liebesabenteuern ist er nicht abgeneigt, doch weiß er, wo Venus und Bacchus regieren: „Sanctus spiritus inde fugit.“ Mit bissiger Schärfe wendet er sich gegen die Jesuiten:

„Ast tibi tuta magis vero et propiora putantur
Quo magis a longe mendacia gesta petuntur.“

Mit anmutigem Humor spricht er seine Freunde Schwarzenthaller

„Schwarzenthaller habes nomen, quod valle moraris
Saepe nigra hinc podager factus et hinc chirarger“

und Tollinger an:

---

178 Landesarchiv Linz, Landschaftsakten Bd. 434.

179 F. Krackowitzer, Die Sammelbände a. d. Reformationszeit im Landesarchiv zu Linz 1904.

180 Ged. 1. B. 24. v. 8. bei Hurch S. 31.

„Tollinger, soleat quod pocula tollere, dictus
Tollit aquas nunquam tollit at usque merum.“

Mit Kunst und Geschick verwendet Schallenberg lange vor Opitz das metrische Spiel des Echos.

Dieser Lichtgestalt Widerspiel ist Georg Erasmus Freiherr von Tschernembl,[181] der Besitzer von Windegg und Schwertberg, ein Anhänger Calvins, ein gerader, aufrichtiger Charakter, eine ganze Persönlichkeit. Er hielt einst vor den ungarischen Ständen eine formvollendete Rede in klassischem Latein. Er war energisch, nüchtern und kalt in seinen Anschauungen, tief religiös, ein starrer Republikaner, der seine Kraft für die Souveränität des Adels einsetzte. Ungekannt starb er in der Verbannung zu Genf. Das tragische Schicksal dieses Mannes war, daß er den Luther-Calvinschen Zwiespalt in die Stände Oberösterreichs hineintrug und dadurch den Untergang seiner Partei beschleunigen half.

Als letzter Vertreter der oberösterreichischen Stände sei nun noch Georg Sigismund von Lamberg[182] genannt, das Widerspiel seiner evangelischen Standesgenossen. Seine Brüder waren geistliche Würdenträger. Er begann seine politische Laufbahn nach einer strengen katholischen, jesuitischen Erziehung in Italien als Hofmarschall des Erzbischofs von Salzburg (1600), nahm als Hofmarschall des Erzherzogs Matthias am Reichstag zu Regensburg teil, bekleidete die Würde eines Landeshauptmanns in Oberösterreich (1604—07), wurde Obristhofmeister der Kaiserin (1608—12) und führte endlich als Burggraf in Steyr mit energischer Hand die Gegenreformation durch (1615—31). 1628 lehnte er die ihm wiederum angebotene Stelle eines Landeshauptmanns ab. Georg Sigismund starb 1632 in Kitzbühel. Die Männer, mit denen er verkehrte, gehören ganz anderen Kreisen als den bisher behandelten an. Als Freund der Wissenschaft legte er den Grundstein zu der noch heute bestehenden Bibliothek seines gräflichen Hauses [183]. Seine Studienzeit in Italien war gut angewendet worden. Er beherrschte vier Sprachen in Rede und Schrift. Auf die Erziehung seiner Söhne verwendete er besondere Sorgfalt. Sie besuchten italienische Universitäten und später schickte er sie mit einem italienischen Hofmeister an die Prager Universität. Er stand in ständigem Briefwechsel mit Kardinal Aldobrandini, Damian Castiglia und Gabriel Girardi in Prag, Angelo Mensurato in Wien, er unterstützte die Ordenshäuser der Kapuziner in Passau und Wien und brachte Alessio di Borgogna als Guardian in Steyr unter (1626—28).Aus diesen flüchtig hingeworfenen Tatsachen wird man unschwer erkennen, daß dieser kaisertreue Gegner der oberösterreichischen

[181] Stülz, Georg Erasmus Freih. von Tschernembl. In: Arch. f. österr. Geschichtsquellen 9. Bd. (1853) S. 169—226.

[182] Nach Akten im Familienarchiv des gräfl. Lamberg. Hauses in Steyr: Abteilung Familienarchiv I.

[183] Katalog im Landesarchiv zu Linz: Fideikommißakten.

Stände seine geistigen Kräfte auf einem anderen Boden gebildet und genährt hatte als seine Standesgenossen. Ihm gehörte die Zukunft.

Georg Sigismund von Lamberg vertritt jenen Typus von Adeligen, die die Bestrebungen ihrer evangelischen Standesgenossen nach deren Untergang und Ausweisung aus dem Lande fortsetzen wollen. In diesem Zusammenhang müssen als gleichstrebende Männer die Grafen Khevenhiller, welche im Schlosse Kammer ihr wertvolles Familienarchiv um diese Zeit begründeten, und der oberösterreichische Landeshauptmann und Nachfolger Herberstorfs: Hans Ludwig Kuefstein genannt werden[184]; denn sie waren bestrebt, die wichtigsten Denkmäler der Zeitgeschichte für die Nachwelt zu erhalten.

Wenn in den vorstehenden Ausführungen versucht wurde, die Zeugnisse über das Wirken einer der einschneidendsten geistigen Bewegungen in der Geschichte des Landes ob der Enns zusammenzutragen, so bestätigen diese Studien im Ganzen nur die Ergebnisse der Untersuchungen von Horawitz. Freilich ist bei der Lückenhaftigkeit und Verstreutheit des Materials noch kein abschließendes Urteil möglich. In diesem Sinne glaubt die Arbeit einer kommenden Forschung wenigstens die Grundlage geschaffen zu haben.

Blicken wir noch kurz zurück auf das Gemeinsame der Entwicklung im Geistesleben des Landes in jenen beiden so bedeutsamen, von Kriegen, Aufständen und wirtschaftlicher Not heimgesuchten Jahrhunderten: Oberösterreich brachte keinen nennenswerten Vertreter des Humanismus hervor; denn die neue Lehre wurde von den Wissensdurstigen mehr wie eine Modeerscheinung, nicht wie eine Bewegung, die aus einem Kulturbedürfnis heraus entsteht, angesehen. Ihre Blüte und ihr geistiger Hochstand ist an die Reformbestrebungen des 15. Jahrhunderts geknüpft. Diese sind ihrem Wesen nach eine Renaissance der Ottonischen Zeit, sie erwachsen gleichsam organisch als ein Ergebnis der beständigen Entwicklung des Fortschrittes; denn in ihnen regt sich noch keine bewußte Opposition gegen das schlecht und morsch gewordene Alte. Im Gegenteil: sie suchen es durch die Zufuhr der neuen Ideen wieder lebensfähig und stark zu machen. Dennoch zeigen sich deutliche Verschiedenheiten in der Arbeitsweise und im persönlichen Verkehr, die nun beide, verglichen mit den vergangenen Jahrhunderten, eine bedeutsame Umgestaltung erfahren. Der Blick weitet sich: die Wiener Universität, Gäste aus Italien, adelige Studenten in Bologna und Padua, der Hof Friedrichs III. in Linz bringen fremde Elemente und neue Anschauungen in den Gesichtskreis. Die Gelehrsamkeit steigt in ihrem Wert, ihre Vertreter suchen mit Absicht das Forum der Öffentlichkeit auf: sie schaffen für ein kommendes Geschlecht und wünschen in dessen Munde zu sein, sie begründen die historische Forschung, deren Wert ihnen dadurch

---

[184] Zibermayr, Landesarchiv S. 28 f.

aufgegangen ist, daß die Vergangenheit mit der Gegenwart in Beziehung gesetzt wird. Eben daraus fließt die Quelle der Ruhmsucht, die dem Vergänglichkeitsglauben des Mittelalters widerstrebt, daraus fließt die Absicht von den Nachkommen genannt und gepriesen zu werden. Dadurch wird die Liebe zur Heimat, die nun mit anderen berühmten Kulturstätten bewußt in Wettbewerb treten will, gefördert. Wie die neue Lehre den Menschen als Herren in die Natur stellte, so suchte dieser die Gesetze zu ergründen, nach denen sich die Sterne bewegen, suchte die Zukunft zu erforschen, Krankheiten und Leiden zu lindern, von denen die Menschheit heimgesucht wird, und holte sich Rat bei den Werken der antiken Meister. Wie aus der Entdeckung der Weisheit und Schönheit der klassischen Autoren die Verachtung des barbarischen Mönchlateins und die Wiederkehr zu den klassischen Mustern ihre natürliche Erklärung findet, so zeigt sich im Bildungsdrang weiter Kreise auch das Bestreben einer Vergeistigung der deutschen Prosa in den Übersetzungen der antiken Vorbilder und der jungen lateinischen Predigtenliteratur. — Wertvoll wäre es, auch in der architektonischen Anlage der Städte und Bauten die Einwirkung antiker und italienischer Vorbilder festzustellen, wie ja überhaupt die Vertreter aller Wissensgebiete, die aus der Geschichte und durch die Geschichte lernen wollen, bei solchen Fragen zu Wort kommen sollten. So sehen wir das neue Lebensideal sich in gesellschaftlichen Formen äußern: Briefmuster sind es vor allem, die auf den schriftlichen Verkehr wirken: zur Dichtung, zur Behandlung humanistischer Fragen fühlt sich keiner berufen. Symposia, wie sie in Italien und in der Nähe von Wien stattfanden, mögen auf oberösterreichischem Boden selten oder nie stattgefunden haben; dennoch steht es wohl mit dem Humanismus in Zusammenhang, daß der Wein in jenen Jahren seine besonderen Freunde fand. —

So lagen die Verhälntisse wohl durchaus in den wenigen ruhigeren Zeiten. Durch Kaiser Maximilian I. kam ein frischerer Zug in die Zeit; denn durch die Ernennung verschiedener Äbte zu kaiserlichen Räten, ihre Verwendung im diplomatischen Dienst und ihre engeren Beziehungen zu den Humanistengesellschaften schien sich eine neue Blütezeit vorzubereiten. Wiederholt weilen deutsche Humanisten als Gäste in den Klöstern unserer Heimat. So ist es bedeutsam, daß der Vater der bairischen Geschichtsschreibung, Aventin, zu Ranshofen und Mondsee in nahe Beziehungen tritt. Hatte sich der Humanismus bisher fast ausschließlich auf die Klöster beschränkt, so wurde es mit der Reformation wesentlich anders. Freilich entspricht dieser Humanismus nicht mehr dem stillen Genießertum und der harmlosen Daseinsfreude der ersten Jahrzehnte: er war zu einem Kampfmittel geworden und eben diese Erkenntnis seiner Vertreter ließ bedeutsame Schöpfungen auf dem Boden des Landes entstehen, die sich bei einer anderen historischen Entwicklung vielleicht zu Kulturinstituten ersten Ranges hätten entwickeln können. Das Herrenmenschentum, das die

Vertreter des oberösterreichischen Adels an den Tag legen, ist seinem Wesen nach der Ausdruck der gleichen Moral, die von Macchiavellis Fürsten gefordert wird. Diese Selbstherrlichkeit der Persönlichkeit rettet sich weit in das 17. Jahrhundert hinüber und tritt auch bei Männern in Erscheinung, die die Geschichte wegen ihrer Grausamkeit an den Pranger gestellt hat, wie bei Herberstorf.

Mögen wir solche Charaktere als Auswüchse einer rohen, barbarischen Zeit hinstellen; sie zogen ein Gutteil ihrer Kraft aus der Überlegenheit, die ihnen vermöge ihrer Studien zuteil geworden war. — Nach jenen rauhen, blutigen Jahren des unseligen Bürgerkrieges aber war dem Land ob der Enns eine segensreiche Zeit beschieden, die es im Zeichen des Humanismus zu einer geistigen Hochblüte führte, wie sie kaum ein anderes Land aufzuweisen hat. Auch sie ist wieder an die Klöster des Landes geknüpft, wo die prunkvollen Theateraufführungen allein schon von einer hohen geistigen Bildung Zeugnis ablegen, wo ein Mann wirkte, ein Polyhistor und gottbegnadeter Dichter, den seine Zeitgenossen feierten, weil er das schwere deutsche Schicksal im Verse Latiums besungen hatte: der Benediktinerpater Simon Rettenbacher in Kremsmünster. Wie sich in diesem Manne das humanistische Ideal in stiller Gelehrtenarbeit äußerte, so tritt es heute sinnfälliger entgegen, wenn wir die herrlichen Barockbauten unserer heimatlichen Stiftskirchen betrachten; denn das Große, Freie, das Lebensvolle und Anmutige zog seine Kraft aus der Antike, dem Nährboden der europäischen Kultur, der sich wie kaum jemals in der deutschen Geschichte mit der christlichen Vorstellungs- und Gedankenwelt zu einer Einheit verwob, in der Kunst und Leben, Wissenschaft und Religion einem großen Ziele zustrebten.

DER ÜBERGANG VOM MITTELLATEIN ZUM HUMANISTENLATEIN
(1941)

Die einzigartige Erscheinung des Nachlebens der lateinischen Sprache erfordert eine Betrachtung, die von den Voraussetzungen und Lebensbedingungen einer Spache ausgeht und sich dann dem Sonderfall zuwendet. Wir pflegen die alten Sprachen (griechisch und lateinisch) als untergegangene oder tote zum Unterschied von den in Gebrauch stehenden lebenden zu bezeichnen. Damit soll gesagt werden, daß diese von den Angehörigen der verschiedenen sozialen Schichten oder Vertretern einer keineswegs einheitlichen Bildung gebraucht und verstanden werden, während jene nicht mehr im allgemeinen Gebrauche stehen und ihre Kenntnis gleichsam das Reservat einer geistig bestimmten Klasse ist. Aber auch da bestehen verschiedene Möglichkeiten, indem die Denkmäler, welche in einer toten Sprache abgefaßt sind, entweder lediglich als Bildungsmittel angesehen oder als Vorbild für die eigene literarische Produktion übernommen werden können. Im einen Fall verhält sich der Einzelne der Sprache gegenüber, in der das Denkmal abgefaßt ist, rein aufnehmend, während es im anderen Fall die Nachahmung hervorruft und zu einer idealen sprachlichen Formung ansporn, die sich über die augenblicklichen Bedürfnisse des Tages zu erheben trachtet.

So leicht und klar sich diese Verhältnisse in der Theorie abgrenzen lassen, so verwoben und verwirrt erscheinen sie in der Praxis. Das hängt damit zusammen, daß wir unter dem Wort Sprache sehr verschiedene Erscheinungen verstehen. Mit dem Begriff Sprache können wir Verhältnisse meinen, wie sie da bestehen, wo eine Volkseinheit — mögen ihre mundartlichen Ausdrucksformen noch so vielfältig sein — sich auf eine Norm geeinigt hat, die, schriftlich oder mündlich wiedergegeben, von jedem Einzelnen verstanden wird. Dieser gewaltige Organismus ist aber in beinahe unzählbare Einzelbezirke aufgeteilt, von denen jeder auch als Sprache bezeichnet wird. In dem Sinne unterscheiden wir die Sprache einer Landschaft, eines Ortes, ja sogar einer Sippe oder einer sozialen Schicht, einer Berufsklasse, wie der Handwerker, Soldaten, Kaufleute, Weidmänner, Seeleute, Bergmänner und Studenten, um nur wenigstens einige zu nennen. Jede Gemeinschaft bildet eine Sonderaussprache aus, sei es, daß diese Gemeinschaft durch das Zusammenleben und wirtschaftliche Bedingungen miteinander verbunden ist — wir sprechen dann von Mundart — sei es, daß der gleiche Beruf und die gleiche Tätigkeit das zusammenhaltende Band bildet, wir reden dann von Standes- oder Berufssprachen. In diesen Erscheinungen offenbart sich das Leben einer Sprache, das sich immer weiter verzweigt, ja zu einer immer größer werdenden Verschiedenheit hindrängt. Würden diese Kräfte allein sich hemmungslos auswirken können, so würden die Angehörigen einer Sprachgemeinschaft die einer anderen nicht mehr verstehen. Diese Entwicklung entfaltet die zentrifugalen Kräfte im Leben der Sprache. Sie sind es, welche das Wesen einer lebenden Sprache bestimmen, deren Entfaltungsfeld vor allem die gesprochene Sprache ist. Sie stellt eine sich stets ändernde, von den Bedürfnissen und Forderungen des Augenblicks geformte, weite Gedankenwelt dar, in der alle Elemente, die das Wesen einer Sprache bestimmen, vereinigt sind. In ihr wirkt sich bei der Wiedergabe neuer Eindrücke und Erscheinungen die sprachschöpferische Tätigkeit aus, sie umfaßt die individuell geformte Sprache eines jeden Einzelnen und besitzt ein unberechenbares Wachstum, weil sie sich den Verhältnissen anpassen muß. Eine Darstellung ihrer Grammatik stellt bei jedem Laut, jeder Form und jeder syntaktischen Wendung eine Fülle von Erscheinungen fest, die sich von ihrem Ursprung mehr oder weniger weit entfernt haben. Durch diese Vorgänge können aus bestimmten sprachlichen Gruppen wieder selbständige Sprachen entstehen. Man pflegt sich ihre Zusammengehörigkeit unter dem Bilde der Sprachfamilie zu vergegenwärtigen, unter deren einzelnen Gliedern wohl gewisse Gemeinsamkeiten bestehen, aber jedes einzelne stellt für sich eine Individualität dar. Die Ausweitungstendenzen einer Sprache können unter Umständen so stark sein, daß sie einer durch Krieg oder kulturelle Überlegenheit überwundenen Sprachgemeinschaft aufgezwungen werden. Somit fällt der Begriff einer Volks- oder Rasseneinheit nicht immer mit dem einer sprachlichen Einheit zusammen. Dabei entsteht zuerst eine Sprachmischung, die langsam einer Übernahme der überlegenen Sprache Platz machen kann. Die sprachlichen Veränderungen begleiten dann eine kulturelle Durchdringung. Dabei verhalten sich die einzelnen Elemente der Sprache verschieden, indem der Wortschatz zuerst aufgegeben wird, dann die Formenlehre, schließlich die Syntax, am zähesten hält sich die Lautgebung der aufgegebenen Sprache. Die Lebens- und Wachstumsbedingungen einer Sprache sind von den verschiedensten Umständen abhängig, ja diese selbst bestimmen das Antlitz und die Entwicklung einer Sprache.

Führen die skizzierten Verhältnisse das natürliche Wachstum einer Sprache vor Augen, so stellen jene Verhältnisse, die zur Ausbildung einer Schriftsprache, d. h. einer verbindlichen sprachlichen Ausdrucksnorm führen, das Streben nach Einheit dar. Diese wird durch zentripetale Kräfte erreicht. Sie werden bestimmt durch politische oder kulturelle Voraussetzungen, die den Spaltungen Einhalt zu gebieten versuchen, und erreichen durch niedergelegte, allgemein verbindliche Regeln eine sprachliche Norm, die in schriftlichen Denkmälern festgehalten wird und, da sie von einer regierenden Zentralstelle aus gebraucht wird, gleichsam unter einer staatlich-politischen

Kontrolle steht. Ihr Geltungsbereich ist zunächst Alles, was mit der Verwaltung und Rechtsprechung zusammenhängt, und dehnt sich dann auf literarische Erzeugnisse aus, die das Interesse der Angehörigen des Staates zu gewinnen suchen. Sie wird sich vornehmlich an die Sprache des Regierungszentrums halten, denn auch sie bedarf des lebenspendenden Quells der Sprache eines Volksteils. Sie muß bei bestehenden Verschiedenheiten sich für die Anwendung einer Ausdrucksweise entscheiden, welche in den Gesetzen einer Grammatik niedergelegt werden kann. Eine solche Grammatik hat nicht die Aufgabe einer Beschreibung von bestehenden sprachlichen Verhältnissen, sondern sie wird zu einem Gesetzbuch, an das man sich halten muß. Sie regelt den sprachlichen Gebrauch und erhebt einen Zustand über andere gleichartige hinaus. Dadurch erhält sie etwas Gekünsteltes und wird von jenen Volksteilen, die weiter ab von dem regelnden Mittelpunkt liegen, nur mit einer gewissen Mühe übernommen werden können. Sie wird sich um so schwerer durchsetzen können, je weniger die Notwendigkeit ihrer Anwendung eingesehen wird. Sie ruht auf einem starken Kulturbewußtsein. Diese geschilderten Zustände sind in hohem Maße von geschichtlichen Voraussetzungen abhängig.

Der Satz, daß Sprachgeschichte Kulturgeschichte und Sprachwissenschaft Kulturwissenschaft ist, wird beinahe zu einem Gemeinplatz. Kenntnis der kulturellen und wirtschaftlichen Grundlagen einer Epoche ist die Voraussetzung für ein richtiges Erfassen ihres sprachlichen Zustandes. Liegt dieser in der Vergangenheit, so muß man sich klar darüber sein, daß die gesprochene Sprache dieser Epoche sich unserer Kontrolle entzieht und wir nur aus sehr wenigen Kriterien ein unvollständiges Bild (oft kaum dieses) davon gewinnen können. Wir sind also viel mehr auf die Denkmäler der Schriftsprache angewiesen und haben uns darüber klar zu sein, daß diese einen älteren und normierten Sprachzustand versinnbilden, der sich von der gesprochenen Sprache der Zeitgenossen oft sehr stark unterscheiden kann. Doch muß auch die Schriftsprache gewisse Angleichungen an den herrschenden oder sich durchsetzenden Gebrauch vornehmen, sobald denen, die sie anwenden, zum Bewußtsein kommt, daß sie sich von der gesprochenen Sprache entfernt haben. Es kommt dabei auch auf die Art des Denkmals an: aus der Sprache einer plautinischen Komödie kann die Redeweise des Volkes wohl erschlossen werden, nicht aber aus dem Werk eines Geschichtsschreibers oder einer Staatsrede, deren Stil unter anderen Lebensbedingungen steht. Es lagern sich immer verschiedene Sprachschichten übereinander, an höchster Stelle steht die Schriftsprache, an tiefster die Sprache der untersten Volksschicht. Der einzelne Dazwischenstehende wird sich dieser Erscheinung bewußt, wenn er seine Ausdrucksweise den Bedürfnissen des von ihm Angesprochenen anpaßt. So wird sich auch da eine sozial bedingte Sprachmischung einstellen. Uns bleiben die einzelnen Phasen einer solchen Entwicklung verborgen, wir können nur auf ihr Vorhandensein hinweisen und sind uns, wenn wir eine Erscheinung feststellen können, keineswegs immer im Klaren, wo sie einzuordnen ist. Die sich darbietenden Entwicklungsmöglichkeiten sind beinahe unendlich. Das Eintreffen der einzelnen ist nicht zu errechnen. Man wird sich daher auf weite Strecken nur mit einer Beschreibung begnügen müssen.

Wir kehren nun, da wir uns dem eigentlichen Thema zuwenden, auf die Bezeichnung der lebenden und toten Sprachen zurück und stellen die Frage: Wann kann man vom Latein als toter Sprache sprechen? Die Antwort ist nicht eindeutig zu geben. Man kann sagen: überhaupt nicht, weil es noch immer, besonders von der römisch-katholischen Kirche, gebraucht wird und sich in Einzelheiten den Bedürfnissen der Gegenwart anpaßt, z. B. wenn im Diplom eines Doctor honoris causa von Elektrizität oder Schokolade die Rede sein muß. Man kann aber auch versuchen einen Zeitpunkt zu wählen, der um das Ende des ersten Jahrtausends nach Christus liegt, und erklären, daß mit der Ausbildung der romanischen Sprachen zu selbständigen Sprachen, also mit der Differenzierung und Verselbständigung der Tochtersprachen, das Latein als tote Sprache angesehen werden muß. Ohne darauf näher einzugehen, denn Zahlenangaben in der Sprachgeschichte haben immer etwas Mißliches an sich: die Anwendung des Terminus „Mittellatein“ für die internationale Verkehrssprache des Mittelalters setzt voraus, daß seine Vorstufen, das klassische und Spätlatein, überwunden sind. Diese Annahme stellt eine Zäsur fest, ohne daß eine solche besteht; denn über den zeitlichen Anfang des Mittellatein wird man sich nicht so leicht einigen können. Es wird aus verschiedenen Quellen gespeist, dem Spätlatein, dem Kirchenlatein, d. i. der Sprache der Kirchenväter und der Heiligen Schrift, und dem Volkslatein. Dieses zeigt sich besonders im Verlust des Gefühls für klassich-grammatische Korrektheit [1].

Das Mittellatein, soviel ist sicher, stellt einen eigenartigen Sprachzustand dar, den Paul de Lagarde geistreich in Beziehung auf den Ausdruck „tote Sprache“ mit dem eines Toten verglich, aus dessen Körper das Leben entschwunden ist, aber Haare und Nägel wachsen ihm dennoch. Das will sagen, daß die lebendige Basis einer als zusammengehörig mit der allgemeingültigen Schriftsprache angesehenen Volkssprache entschwunden ist, d. h. daß die romanischen Mundarten selbständig geworden sind und jeder, der eine von ihnen gebraucht, zwar noch das Bewußtsein einer Verwandtschaft mit der lateinischen Sprache in sich trägt, aber nicht ohne weiteres Latein und die einzelnen Tochtersprachen versteht. Es öffneten und weiteten sich also verschiedene Klüfte, die im Römischen Weltreich, vor allem im westlichen Raume des Mittelmeers, noch nicht bestanden hatten. Aber die allgemeine Verkehrssprache blieb aus Gründen der Tradition, des Unterrichts, der Bildung, der gemeinsamen Religion und des Gefühls der Zusam-

[1] Karl Strecker, Einführung in das Mittellatein. 3. Aufl. Berlin 1939, S. 8—14.

mengehörigkeit des Abendlandes das Latein, dessen sich auch die Germanenstämme, sofern sie ihre eigene Sprache bewahrt hatten, bedienen mußten, wenn sie an dieser Kultur teilhaben wollten.

Diese internationale Gebildetensprache, welche es ermöglicht, daß jemand außer seiner Muttersprache nur noch Latein zu beherrschen brauchte, und zwar als lebendige Sprache, ist durch das ganze Mittelalter hindurch jenes Band, das die Einheit der christlichen gebildeten Menschheit umschlang. Es entspricht der universalen Weltherrschaftsidee des Mittelalters, macht es möglich, daß staatliche und politische Grenzen auf geistigem Boden eine sehr geringe Rolle spielen, garantiert gleichsam eine einheitliche europäische Bildung und läßt Vertreter verschiedener Völker miteinander in edlen Wettstreit treten, in dem das, was sie schrieben oder sagten, in seiner ursprünglichen Formulierung von allen Gebildeten verstanden wurde. Die wohlausgebildete und immer wieder geformte Sprache bot viel größere Möglichkeiten als die Volkssprache, sich in einer festgelegten und allgemein anerkannten Terminologie klar und verstehbar auszudrücken. Deshalb galten die Volkssprachen als minderwertig und wenn sie gebraucht wurden, so geschah es meistens, um in lateinischer Sprache überlieferte Werke weiteren Kreisen bekanntzumachen. Die Kenntnis und der Gebrauch des Latein gaben dem Klerus die Überlegenheit über alle anderen Stände und machten ihn auf weite Strecken zum alleinigen Träger der Bildung. Die schulmäßige Aneignung der lateinschen Sprache hatte eine vollständige Fertigkeit in ihrer Anwendung zum Ziel, d. h. wer es in seinen Werken anwendete, dachte lateinisch. Er hatte es nicht nötig, in seiner Muttersprache den Gedanken vorzuformen, den er dann ins Lateinische übertrug, sondern er formte ihn von vorn herein in lateinischer Sprache. Dazu hätte ihm die Volkssprache kaum die Möglichkeit bieten können. Aber diese verfügte doch über Worte, Phrasen, Vorstellungen und Bilder, die ihm von Jugend auf geläufig waren und die er in ein ihm vertrauter gewordenes Idiom erst übertragen mußte. Es entwickelte sich also ein eigenartiges Sprachgefühl, das bei den Einzelnen von ihrer nationalen Herkunft aus bestimmt wurde und dadurch stellten sich bei den Angehörigen einer jeden Nation, sobald sie das Lateinische anwendeten, gewisse Eigentümlichkeiten ein, die zwar von den Anderen verstanden, aber kaum gebraucht wurden. Allerdings ist in der Beurteilung dieser Verhältnisse die größte Vorsicht am Platz. Man kann erst nach eingehenden Untersuchungen über die Sprache der einzelnen Autoren darüber urteilen, ob wirklich die Volkssprache auf ihr Latein abgefärbt hat. Die Bewertung der beiden Sprachen fiel zu Ungunsten der Volkssprache aus, das gelehrte Latein stand höher. Das ist ungefähr mit dem Verhältnis der deutschen Sprache zur französischen im 17. und 18. Jahrhundert zu vergleichen, da es manche vorzogen sich in ihren Briefen, Tagebüchern und Dokumenten des Französischen zu bedienen und das Deutsche auf den leichteren Gebrauch beschränkten.

Das Mittellatein besaß ein gewisses Wachstum, es blieb trotz der mittelalterlichen Auffassung von Grammatik und Sprache gewissen Wandlungen unterworfen, es hat auch manche Zutat oder Vereinfachung gegenüber dem klassischen Latein erfahren. Beispiele von Bedeutungswandel u. a. ließen sich anführen. Das klassische Latein, nach dessen Grammatik man sich ausrichtet, zog der Anwendung des sprachlichen Idioms keine feststehenden oder unübersteigbaren Grenzen. Es gibt Zeiten, in denen die Grenzen verengt und humanistische Auffassungen vorweggenommen werden, in denen das verwilderte Wachstum eingedämmt wird durch Rückbesinnung und die Erhebung klassischer Texte zum Vorbild, wobei aber viele Elemente unklassischer Herkunft erhalten bleiben, und andere, in denen sie weitgespannt werden, indem man dem wilden Wachstum keine Schranken in den Weg legt. Das Mittellatein, jene Sprache, die in der karolingischen Renaissance ihre Formung erfährt, birgt die Traditionen der antiken Rhetorik in sich, ist also, sofern es sich um Prosatexte handelt, den Gesetzen des Rhythmus unterworfen.

Schon aus den Wachstumsbedingungen ergibt sich, daß es ein einheitliches Mittellatein, also eine Sprache, deren sich alle Autoren des Mittelalters bedienen, nicht gibt, und daß auf persönliche stilistische Eigentümlichkeiten oder die gewählten Vorbilder besonders zu achten ist. Die beiden Grenzen, zwischen denen sich das Mittellatein bewegt, sind ein korrektes, am antiken Vorbild geschultes und ein sich den jeweiligen Verhältnissen anpassendes Latein, für dessen dichterische Ausdrucksmöglichkeiten die Lyrik und dessen logische Klarheit die scholastische Terminologie zeugen.

Die Entwicklungsmöglichkeiten nach diesen Seiten hin sind einerseits in der christlichen Dichtung, welche den Reim zum neuen Prinzip erhob und neben die alte metrische die neue rhythmische Dichtform stellte, begründet, anderseits in dem Bedürfnis, das durch eigene Geisteskraft Errungene festzulegen. Es hängt von der sich wandelnden Einstellung zur römischen Antike und ihren Autores ab, ob man die eigene Ausdrucksweise an diesen Vorbildern ausrichtet oder sich von ihnen entfernt. Das Mittelalter bediente sich in der Theorie und Praxis der drei quintilianischen Stilcharaktere, des hohen, niederen und mittleren Stiles, und hatte dafür seine Vorbilder. Mit der Ausbildung der Prosa in der Volkssprache, welche sich in einer jahrhundertelangen Entwicklung aus den Glossen über Interlinearversionen, Übersetzungen und Urkunden auf selbständige Werke ausdehnte, verlor das Mittellatein langsam seine allgemeine Geltung. Das geht mit dem Teilhaben des Laienelements an der Bildung Hand in Hand. Mit der zunehmenden Verwendung der Volkssprache, besonders in den sogenannten Privaturkunden, erwacht der Sinn für eine am klassischen Vorbild geschulte lateinische Sprache. So nimmt bereits das Mittelalter in der Zeit Rudolfs von Habsburg die als paradox anmutende Erscheinung vorweg, daß die Pflege der Volkssprache mit einer strengeren Beobachtung der lateinischen

Grammatik und ihrer Regeln parallel verläuft. Das läßt sich daraus erklären, daß jene Bezirke, in welchen die lateinische Sprache der Gefahr einer Aufnahme fremder, barbarischer Elemente besonders ausgesetzt war, ihr nun entzogen wurden, und diejenigen, welche sie anzuwenden hatten, sich bemühten sie in ihrer Reinheit wieder herzustellen. Diese Verhältnisse begünstigten einen Wandel in der Auffassung der Sprache, in der Einstellung zum Wort überhaupt. Dem kam die theologische Auffassung vom Wort, das am Anfang war, entgegen. Sie schrieb dem Wort einen sensus literalis, den eigentlichen Sinn, in dem es gebraucht wurde, einen sensus moralis, der seine Nützlichkeit ausdrückte, und einen sensus mysticus, einen geheimen, tieferen Sinn zu. Ihm spürte man im Zeitalter der Wiedergeburt nach und auf diesen Wegen der Mystik stößt man zu einer neuen Auffassung vom Wesen der Sprache vor.

Der Gedanke der Wiedergeburt, der Reformation, der Rückkehr zur Reinheit, die durch die geschichtliche Entwicklung getrübt worden sei, gipfelt in dem Rufe „Ad fontes!". Zurück zu den Quellen! Er mußte auch zu einer neuen Auffassung von der Sprache und einer Umwandlung des Unterrichts in der Grammatik führen. Die Lehrmethode des Mittelalters, über die wir nur wenig unterrichtet sind, hatte nach der Meinung der neuen Männer die reinen Quellen getrübt, seine Lehrbücher mußten durch andere ersetzt werden, die Entfernung von den Vorbildern galt es zu überwinden, sie sollten unmittelbar wirken. So wie die Schrift der Humanisten in der Schrift der karolingischen Zeit ein Vorbild an Klarheit, Anmut und Harmonie gefunden hat, so stellen die Anweisungen für den sprachlichen Ausdruck nun die Antike heraus. Am klassischen Latein sollte die eigene lateinische Ausdrucksweise die verlorene Schönheit und Eleganz wiedergewinnen. Die Sprache ist also nicht reines Mittel zum Zweck sondern künstlerischer Ausdruck, wohlerwogene Formung des Gedankens. Daß diese Auffassung zuerst im klassischen Lande der Renaissance, das die eigenen hohen Ahnen näher vor Augen hatte als die anderen, ausgesprochen wurde, ist nicht zu verwundern. Das Preislied der lateinischen Sprache sang Lorenzo Valla (*De latinae linguae elegantia.* ca. 1440, gedruckt 1471). Er betont ihre künstlerische formale, die kulturell wertende, die erzieherische und nationale Bedeutung. Sie ist die Lehrmeisterin und Gesetzgeberin aller Völker, sie hat den Weg zu jeder Weisheit gesichert, sie leuchtet über die Zeiten. Valla nimmt den Kampf auf, sie von der Barbarei zu befreien. Dabei beruft er sich auf die alten Grammatiker, Caesar, Messala, Varro und das Triumvirat Donatus, Servius, Priscianus. Ungelehrte Schwätzer voll Anmassung sind ihm Isidorus, Papias und die anderen. Auf die von Jahr zu Jahr zunehmende Anzahl der lateinischen Grammatiken und ihre hohen Auflagen sei nur kurz verwiesen [2]. Eine vollständige Zusammen-

[2] Guarino, Perottus, Sulpitius u. a. Vgl. zu diesen Ausführungen: Otto Funke, Die Frühzeit der englischen Grammatik. Bern 1941, S. 13 f. u. 87.

fassung, die uns leider noch immer fehlt, wäre sehr verdienstvoll.

Die spätmittelalterliche Grammatik setzte sich die dialektische Schulung zur Aufgabe. Die ersten humanistischen Grammatiken wollten vor allem die sprachliche Norm nach den klassischen Mustern niederlegen, und die einzelnen Nachzügler suchten, sofern sie nicht einem klaren knappen Formalismus verfielen, an die Philosophie anzuschließen. Der Gegensatz zur mittelalterlichen Lateinpraxis und -theorie wird aus diesen Erscheinungen deutlich. Die Auffassung vom Wesen und Zweck der Sprache hat sich gewandelt und damit auch die Ansichten über ihre Gestalt. Und nun vollzieht sich jener eigentümliche Vorgang eines Zurückgehens auf die alten Muster, ihre Ausrufung zu Vorbildern für die eigene sprachliche Produktion. Der unglückliche Ausdruck „Neulatein" für diese rein sprachliche Erscheinung, der die Philologie so wenig Beachtung schenkt, läßt zu Unrecht vermuten, es handle sich bei dieser sprachlichen Ausdrucksform um eine unmittelbare Fortsetzung des Mittellatein. Es kann in der Sprachgeschichte immer wieder vorkommen, daß besonders in der Schriftsprache, ältere abgestorbene Formen und Eigentümlichkeiten wieder ins Leben gerufen und der lebendigen Sprache gleichsam aufgepfropft werden. Aber überall, wo es sich um lebende Sprachen handelt, wird es sich bei solchen Vorgängen um Kompromißlösungen handeln, deren Ergebnisse ein Mischprodukt sind. Die Absage an das Mittellatein, seine Verpönung als Küchenlatein oder Verspottung in den Dunkelmännerbriefen lehnt die geschichtliche Entwicklung von fast mehr als einem Jahrtausend ab; man bedient sich einer starren sprachlichen Form, deren Einmaligkeit zum Gesetz erhoben wird. Der Zugang zu ihr mußte aber doch durch das Mittellatein gewonnen werden, über das man sich zu erheben trachtete. Man bediente sich beim Ausdruck seiner eigenen Gedanken und Empfindungen eines Idioms, das voraussetzte, daß es für alle Zeiten eine Allgemeingültigkeit besitze. Während man im Mittellatein unbewußt dem Wesen einer Sprache, d. h. ihren Lebensbedingungen und Veränderungen nachgab, regelte man nun die Ausdrucksweise gesetzmäßig und sagte von jemandem, der sich nicht an die Regeln hielt, er mißhandle die Sprache. Aus dieser hohen Auffassung von Sprache lebten Generationen von Grammatikern, auch jene, die nunmehr begannen, die Volkssprachen in Grammatiken einzufangen. Von ihr lebten die Sprachakademien als gesetzgebende Körperschaften und Autoritäten, in ihr wurden die Philologie und überhaupt alle Wissenschaften eingebettet; denn auch diese Sprache war internationales Verständigungsmittel, aber sie war dennoch ein beschränktes Ausdrucksmittel, weil sie sich ganz ausschließlich an Auserwählte wendete. Ihre kunstvolle Anwendung führte bald zur Virtuosität und in der Dichtung überschattete das beherrschte Wort und übernommene Bild die eigene Empfindung. Als sklavische Nachbildung der Antike wird das Humanistenlatein tot genannt, denn die Grundsätze, unter denen es gebraucht wird, schließen jede Wandlung aus.

Man sollte sich aber davor hüten, ein Werturteil über das Neulatein abzugeben. Mit der einfachen Feststellung, daß es sich bei dieser Sprache um die Herübernahme des klassischen Latein handle, erklärt man, daß lexikalische Fragen nicht existieren oder daß es keinem gelungen sei, einen eigenen Stil in dieser Sprache zu prägen. Das stimmt nur zum Teil. Man wird trotz der Heranziehung der heidnischen Mythologie, trotz übernommener klassischer Redewendungen und der verachteten Centopoesie, die sie auf weiten Strecken hervorbringt, dennoch bei sehr vielen Autoren einen eigenen persönlichen Stil beobachten können. Die Wahl des klassischen Lieblingsautors, der Gebrauch des Wortschatzes, der beschränkt und weit sein kann, die Handhabung der poetischen Formen bedingen einen individuellen Geist, der sich nicht unter die Schablone beugt. Es galt diesen Männern als höchstes Lob, wenn eines ihrer Werke für ein antikes gehalten wurde. Da verzichteten sie trotz ihrer Eitelkeit darauf, sich selbst als Dichter feiern zulassen. Man wird den Tatsachen nicht gerecht, wenn man diesen Dichtern ein Stilgefühl abspricht, denn sie selbst fühlten sich nicht unter dem drückenden Zwang des poetischen Gesetzes. Ihnen erschien die Antike zeitlos, sie war ihnen ein lebenspendender Quell. Die Brüder der römischen Klassiker, deren Schönheit nun wieder lebendig geworden war, reichten ihnen über eineinhalb Jahrtausende die Hand.

Wenn das mittellateinische Schrifttum auch vom aesthetischen Standpunkte aus eine günstige Bewertung erfährt, so sinkt die Waagschale des Humanistenlateins. Es ist, als wollten sich der alte Gegensatz und die scharfe Wandlung in der poetischen Auffassung, die durch die Renaissance hervorgerufen wurden, noch nach Jahrhunderten wieder auswirken. Der Umstand allein, daß sich die besten Köpfe der abendländischen Nationen durch mehr als zweihundert Jahre dieser gesäuberten Sprache bedienten, daß eine beinahe unfaßbare Produktion in allen Dichtungsgattungen und Wissenschaften vorliegt, führt zu einer günstigeren Bewertung. Man sollte sich davor hüten, diesem Schrifttum Zeitferne nachzusagen; es beschäftigt sich zumeist mit den Fragen, welche die Zeit aufs Tiefste bewegten. Es ruht auf der durch die Theorie gewonnenen Einsicht der Zeitlosigkeit einer hohen Kunst, die das Formale über Stoff und Inhalt stellt. Eine Zeit, die im Hinblick auf diese Dichtung das Wort von der vis superba formae geprägt hat, sollte mehr aus ihrer Eigengesetzlichkeit heraus und weniger von späteren ästhetischen Theorien her beurteilt werden. Sobald man im neulateinischen Schrifttum Originalität, Natur und Genie vermißte, gab man ihm den Todesstoß. Man empfand die stolze Macht der Form als Zwang und zerstörte sie. Das wurde aber erst möglich, als die Ausdrucksfähigkeit der verschiedenen nationalen Sprachen so zugenommen hatte, daß sie über bessere und verständlichere Ausdrucksmöglichkeiten als das Latein verfügten, als die Muttersprache an die Stelle einer in der Schule gelehrten Sprache treten konnte.

KLASSISCHES ALTERTUM UND DEUTSCHE LITERATUR
(1954)

EINLEITUNG

Das Thema Klassisches Altertum und deutsche Literatur — mag man es problem-, stoff-, geistes- oder formgeschichtlich anpacken — kann nur im Zusammenhang mit der abendländischen Entwicklung behandelt werden. Das ergibt andere Zäsuren und erfordert die Überschau größerer Zeiträume als jener, die man zusammenzufassen gewohnt ist. Es soll damit nicht gesagt werden, daß die großen Perioden, welche sich dem klassischen Altertum gegenüber gleichartig verhalten, auch in anderen Zusammenhängen Geltung haben. Sieht man im Griechentum die erste Stufe des klassischen Altertums, so erweisen sich das Römertum mit der Rezeption der griechischen Kultur und seinen eigenen Leistungen sowie die Spätantike, in der sich viele Elemente aus dem Orient und Römertum im Zeichen des Hellenismus vereinigen, als zweite und dritte kulturelle Einheit. Dabei handelt es sich weniger um drei voneinander scharf abgegrenzte historische Perioden, sondern um die Zusammenfassung: 1. der griechischen Kultur von Homer bis Aristoteles, 2. der römischen Kultur in den letzten Jahrhunderten der Republik und den ersten der Kaiserzeit, 3. der synkretistischen Kultur des Mittelmeerbeckens in den ersten Jahrhunderten unserer Zeitrechnung. Die zweite kulturelle Einheit ist ohne die erste, die dritte trotz ihrer teilweisen Gleichzeitigkeit mit der zweiten ohne diese und die erste nicht denkbar. Diese Einheiten zeigen, daß in einem verhältnismäßig kurzen Zeitraum unvergängliche Werte geschaffen wurden, deren Nachleben oder Art der Aufnahme auf dem Gebiete des deutschen Schrifttums hier zu skizzieren sind.

Jeder dieser Zeiträume ist gekennzeichnet durch eine besondere Art, die Dinge und Erscheinungen zu betrachten. Sie wiederholt sich in umgekehrter Reihenfolge in den kommenden Jahrhunderten; denn das an die Spätantike anschließende Mittelalter übernimmt deren Sehweise und gibt die kulturellen Werte in gleichbleibender Überlieferung so weiter, wie es sie übernommen hat. Die anschließende Periode, deren Einsatz man als Renaissance bezeichnet, nimmt im wesentlichen Haltungen des Römertums auf und wird von den romanischen Völkern getragen. Sie wird abgelöst von einem Zeitalter, das sich um die Erkenntnis des Griechentums bemüht. Man wird also diese drei Zeiträume, welche wir Vermittlung, Wiedergeburt und Wiedergewinnung nennen, etwa mit dem 7., 14. und 18. Jahrhundert voneinander abgrenzen können. Es sind aber damit nicht nur geschichtliche Perioden gemeint, sondern auch geistige Haltungen dem Erbe des klassischen Altertums gegenüber, die an keine Zeit gebunden sind. Die noch zu beschreibende Einstellung zur Antike im Zeitalter der Vermittlung kann auch in unserer Zeit vorkommen. Die ständige Auseinandersetzung des Abendlandes mit der Antike ist mit der geistigen Entwicklung eines Schülers zu vergleichen vom Lernen der Anfangsgründe an bis zur Aneignung der neuesten Erkenntnisse in der klassischen Altertumswissenschaft. Das ist der Weg, den wir gehen müssen, wenn wir dem Nachleben der Antike folgen.

Der Ausdruck Nachleben ist irreführend und wird dem Wesen des kulturwissenschaftlichen Begriffes, um den es hier geht, nicht gerecht. Die Wirkenskraft irgendeiner antiken Erscheinung liegt nicht in dieser selbst, sondern in der Aufnahmebereitschaft eines Zeitalters, einer Prädisposition, der Voraussetzung besseren oder anderen Verstehens, wobei es nicht darauf ankommt, daß die antike Erscheinung richtig, d. h. so verstanden wird, wie sie zur Zeit ihrer Entstehung verstanden wurde. Es kommt auf die Resonanz an; denn das Wirksamwerden einer antiken Erscheinung kann mit dem Anschlagen eines Tones oder dem Aufleuchten eines Lichtstrahles und dessen Reflexion verglichen werden. Solche Resonanzen oder Reflexionen können in der Geschichte des Nachlebens eines Motivs oder einer Gestalt von verschiedenen Nuancen begleitet werden und verschieden stark wirken. Es können auch nur gewisse Einzelheiten aus einem größeren Komplex eine besondere Wirkungskraft zeigen. Das Verstehen einer Erscheinung ist ohne Einfluß auf deren Nachwirkung und Lebenskraft. Auf antiken Voraussetzungen können sich Polaritäten bilden oder Namen mit Vorstellungen verbinden, zu denen sie ursprünglich keine Beziehungen hatten. Im Zeichen von Aristoteles und Platon stehen ratio und sensus, Dialektik und Mystik, Orthodoxie und Häresie gegeneinander. Hinter den Symbolen Homer und Vergil erscheinen Volks- und Kunstdichtung, barbarische und gepflegte poetische Form. Auch die Bande, die einen vorbildlichen Geist an das Heidentum binden, können sich lösen, und der fromme Glaube kann ihm die heimliche Taufe erteilen, wie einem Seneca oder Statius. Gewisse geistige Haltungen wie die stoische können sich mit der christlichen vereinigen, feste philosophische Terminologien und bestimmte Vorstellungen, z. B. der Logos, können von den spätantiken Philosophenschulen in die christlichen Bildungsstätten hinüberwechseln. So vollzieht sich ein Bedeutungswandel, dessen einzelne Phasen kaum scharf festzustellen sind.

In der Auseinandersetzung zwischen Antike und Christentum liegen die Voraussetzungen zum Nachleben und zur Auflösung der Antike. Das Christentum wird selbst zum Vermittler antiker philosophischer Gedanken und Vorstellungen, die sich in sein System einpassen (Logos). Die stoische Ethik öffnet dem Christentum den Weg in das Heidentum. Die ersten Kirchenväter an der südwestlichen Mittelmeerküste begründeten die hohe Rangordnung der Theologie, indem sie den Glauben mit der Philosophie, der geistigen Schöpfung der Griechen, zusammenschlossen. Was die Antike dabei an Freiheit verlor, gewann das Christentum an Kraft und Möglichkeit einer siegreichen Auseinandersetzung mit anderen Systemen und Lehrmeinungen. Ihnen stellte es neue oder neu nuancierte Begriffe entgegen, so wie es den antiken Geheimkulten einen neuen Sinn gab und damit Möglichkeiten des Übertritts eröffnete. Die Entwicklung des Christentums steht im Zeichen einer vorsichtigen Fühlungnahme mit der antiken Philosophie und einer scharfen Ablehnung der öffentlichen Götterkulte des Heidentums. Der Weltfreude und dem Sinnengenuß setzte es die Askese entgegen. Es richtete den Blick ins Jenseits und bereitete die Menschen zum Leben in einer anderen Welt vor. Deshalb bewertete es das geistige Gut der Antike nach seiner Brauchbarkeit im Sinne des Bienengleichnisses von Basilius oder der zahlreichen Anweisungen, die Augustin gab, und lehnte mit Tertullian Theater und Spiele ab. Im Christentum war kein Platz für die antiken Götter und das antike Drama. Dennoch führten diese in der Natur als Sterne, Dämonen oder Teufel ein Leben im Geisterreich und gewannen dann ihr Wesen über die Allegorie wieder, bis sie in Schillers *Göttern Griechenlands* auferstehen konnten. Die Reste des antiken Dramas verflüchtigten sich in der Überlieferung des Mimus und des Schulgespräches, dessen Vorbild Terenz gab. Auf christlicher Grundlage bildete sich eine neue dramatische Überlieferung. Sie vereinigte sich im 16. Jahrhundert mit der des jungen weltlichen Schulspieles, das sich die neuentdeckte römische Komödie und Seneca zum Vorbild genommen hatte. Erst als Aristoteles zum Gesetzgeber des klassizistischen französischen Dramas erhoben wurde und die italienische Oper aus dem Geist der Musik sich als wiederaufgenommenes antikes Drama gab, waren über die Katharsisinterpretation Lessings die Voraussetzungen da zum Verständnis des klassischen griechischen Dramas. Daß diese Erscheinung gleichzeitig mit einer Krisis in den christlichen Konfessionen zusammenfällt, hat sein Gegenstück in der Krisis der antik-weltlichen Überlieferung im Höhepunkt der kluniazensischen Reform, im Triumph der Askese; denn mit dieser entfernte sich die gesamte abendländische Entwicklung am weitesten von ihrer antiken Grundlegung. Man verfolgte sie mit Haß, weil man lediglich das Heidentum darin erkannte, für das neben dem Geiste der Askese kein Platz war.

Die breite Nachlebenforschung hat vielleicht allzu großen Wert darauf gelegt, Herkunft und Ausgangspunkt der einzelnen Erscheinungen festzustellen, ohne andere Möglichkeiten in Betracht zu ziehen. Viele Motive und Einzelheiten, welche die volkstümliche Überlieferung weitertrug, können, selbst wenn sie auch in den antiken Texten belegt sind, nicht mit einem antiken Herkunftsstempel versehen werden. Das gilt für die ewigen Menschheitsprobleme oder besondere Typen, an deren Formung der Anteil der Antike nicht zu bestimmen ist. Die Geschichte des Nachlebens einer antiken Idee oder Gestalt hat weniger Wert auf die Feststellung des Ausgangspunktes zu legen als auf Schicksal und Wandlung. Sie wird feststellen, daß dieselbe Erscheinung einmal als Vorbild, das andere Mal als abschreckendes Beispiel angesehen wird, und ihre Aufgabe darin sehen, zu ergründen, warum einem Zeitalter oder einer Person nur eine bestimmte Auffassung eigentümlich ist. Die ständige Auseinandersetzung der verschiedenen Zeiten mit dem klassischen Altertum bewegt sich zwischen schroffer Ablehnung und inniger Liebe, sorgfältiger Auswahl und Bemühung, es in seiner ganzen Fülle zu erfassen. Auch die verschiedenen geistigen Haltungen selbst, welche einzelne Zeitalter kennzeichnen, sind in der Antike vorgebildet.

Die erste Berührung mit der antiken Kultur mußte den germanischen Völkern ihre Unterlegenheit in den sprachlichen und künstlerischen Ausdrucksmöglichkeiten zeigen. Die Geschichte der deutschen Kultur hat auf weite Strecken die Einbeziehung des deutschen Volkes in den geistigen Lebensraum der Antike darzustellen. Die Fülle der zusammengewachsenen geistigen Organismen, die keine Lebenskraft mehr besaßen, konnte nur in Einzelheiten und Zügen wirken, die aus dem Zusammenhang gerissen und als selbständig angesehen wurden. Handwerkliche Erfahrungen und technisches Können — das Errichten von Ziegelbauten und Keltern des Weines — waren leichter zu lernen als das Denken in einer Sprache, welche abstrakte Begriffe und geistige Vorgänge gestalten konnte und sich im Rechtswesen und in der Verwaltung bewährt hatte. Der Zugang zu dem, was die lateinische und griechische Sprache gestalten konnten, war nur für den offen, der ihren Gebrauch beherrschte. Eine Sprache, die von allen sozialen Schichten eines Volkes getragen wird, kann die Entwicklungsstufen nicht überspringen, die andere in langem Bemühen erklommen haben. Die Sprache Roms wurde nach dem Zusammenbruch des westlichen Verwaltungsapparates die Amtssprache und das künstlerische Ausdrucksmittel der universalen katholischen Weltkirche. Die Bildung, deren Monopol die Kirche als Herrin über die Schule für mehr als ein Jahrtausend besaß, war an die Kenntnis der lateinischen Sprache gebunden. Sie bildete als Grammatica das Rückgrat der romanischen Sprachen und formte die westgermanische Mundart zur deutschen Sprache, gab ihr also die Form in der Prosaübersetzung, die am Anfang des deutschen Schrifttums steht. Schwer fügte sich die gleichartige Satzglieder wie Quadern aneinanderreihende germanische Prosa dem logisch gebauten Satzgefüge des Lateinischen. So schwer ließ sich auch der stabende Vers vom neuen Reimvers

Otfrieds ablösen. Die Geschichte der deutschen Verskunst und noch mehr die Geschichte der deutschen Prosa — zumeist der deutschen Übersetzungen aus dem Lateinischen — hat immer wieder von der Bemühung um die Angleichung der widerborstigen deutschen an die lateinische Sprache zu berichten. Die römische Kirche überlieferte die Methode des Unterrichts und den Kanon der Schulautoren. Sie wachte über dem Lehrstoff und bestimmte, wie er zu verstehen sei. Sie übergab die Kolonisation der deutschen Gebiete dem Benediktinerorden, durch dessen Schreiberschulen alle erhaltenen Texte der lateinischen Autoren gegangen sind.

Das Instrument der mittelalterlich-abendländischen kulturellen Einheit ist die lateinische Sprache, das Mittellatein. Sein Verruf als „Küchenlatein" brachte zunächst das klassische Latein zu Ehren, dessen Gebrauch eine geistige Elite zusammenschloß, begünstigte aber auch gleichzeitig das Wachstum der Volkssprachen, beschwingte die Übersetzertätigkeit und hob das Selbstbewußtsein. Das Latein gab einen Bezirk nach dem andern ab, von der Gewohnheit, Urkunden in deutscher Sprache auszustellen (13. Jh.), an bis zur Abfassung deutscher wissenschaftlicher Werke und Dissertationen im 18. Jahrhundert. Man darf diese ein halbes Jahrtausend umspannende Entwicklung aber keineswegs als einen Emanzipationsvorgang ansehen, an dessen Ende der Verzicht auf die antike Kultur steht; denn in dem Maße, als die Anwendung der lateinischen Sprache ab- und die der deutschen zunimmt, nimmt die Möglichkeit zu, die römische Antike zu verstehen. Der Weg zum Griechentum wird frei. Die deutsche Literatur geht diesen Weg früher als die anderen europäischen, denen sie bis dahin nachgefolgt war. Mit der Kenntnis des Griechischen steht es in den deutschen Gebieten nicht sonderlich. Die irischen Mönche haben zuletzt die griechische Tradition aufgegeben, der Reformgedanke nahm sie mit dem Streben, das Evangelium in der Ursprache kennen zu lernen, wieder auf. Aber man liest dennoch die griechischen Dichter, Geschichtschreiber und Philosophen noch lange in lateinischer Übersetzung. Erst im 18. Jahrhundert gehört die Kenntnis der griechischen Sprache in Deutschland zu einem wesentlichen Bestandteil der Bildung. Im Geltungsbereich der Sprachen bewährt sich somit die gewählte Einteilung, der wir zu folgen haben. Wir werden uns bei dieser Skizze besonders darum bemühen, zu zeigen, welche Auswahl aus dem bereitliegenden Stoff die einzelnen Zeitalter treffen.

Es gibt auch einen breiten Überlieferungsstrom, der von der Antike her weiterfließt, versickert oder unter günstigen Voraussetzungen anschwillt, indem er das Gedankengut der Zeit in sich aufnimmt. Man versteht darunter alles, was volkstümliche Überlieferung heißt, vom hohen Gottesglauben angefangen bis zum primitiven Heilverfahren, was in der zum Teil mündlichen Überlieferung wucherndes Wachstum bewährt, aber auch zerredet, zersungen oder zerspielt wird. Dennoch muß man sich klar darüber sein, daß die Erscheinungen, welche Gegenstand volkskundlicher Forschung sind, nicht auf besondere literarische Gattungen beschränkt bleiben, und daß die sogenannte Kunstdichtung des Mittelalters sich in ähnlichen, wenn auch auf gewisse gesellschaftliche Schichten (Ordensleute, Ritter) beschränkten Überlieferungen bewegt. So sind im Zeitalter der Kreuzzüge Elemente griechisch-orientalischen Erzählungsgutes über Matrosenkneipen und Elemente des spätgriechischen Romans über die gelehrt-gesellschaftliche Unterhaltung weitergetragen worden. Münchhausen und Eulenspiegel haben in Antiphanes von Berge und Lukian hohe Ahnen. Der Motivforschung öffnet sich da ein weites Feld, aber sie wird vorerst kaum mehr als die Verbreitung, nicht aber das Leben eines solchen Motivs feststellen können. Es bleibt eine offene Frage, ob derartige Einzelheiten aus der Literatur über das Lesen oder aus der mündlichen Erzählung durch das Hören weiterverbreitet wurden.

Ist aber gelehrte oder wissenschaftliche Überlieferung am Werk, so kann verfolgt werden, auf welchen Wegen sich altes Gedankengut bewegte, welchen Wandlungen es unterworfen war, und wie es sich mit bodenständigem Denken vereinigte. Im Bereich der Mystik trifft es jedoch kaum den Sachverhalt, wenn von der anregenden Kraft des Neuplatonismus oder seiner christlichen Umformung durch Pseudodionysius Areopagita gesprochen wird; denn dieser konnte zu einem französischen Nationalheiligen und Vater mittelalterlicher Geistigkeit werden, weil seine Schriften die Ordnung im Reich der unsichtbaren Wesen herstellten und der vom Gefühl geleitete Glaube darin erfüllt sah, was er ersehnte. Der Weg, dessen Ziel die Unio mystica, die Vereinigung mit dem Urquell der Weisheit und des Lebens ist, ließ sich ohne Schwierigkeit aus den Bereichen der Philosophie und ihrer freien Symbolik in die feste Ordnung des Glaubens übertragen, wie er auch von dieser wieder in die freieren Gefühle hinüberwechseln konnte. Die Entwicklung des Christentums zeigt, daß die Geschichte des Neuplatonismus auf lange Strecken mit der Ketzerei oder dem Aufstieg der Toleranz zusammenfällt; denn die Orthodoxie wittert immer Gefahren aus dem Bereich der Freiheit. Auch die starre Regel, das Gesetz der normativen Ästhetik brach zusammen, als die klassische Ästhetik die Einheit des Schönen und sittlich Guten erkannte. Vielleicht hat der Neuplatonismus weder in der mittelalterlichen Mystik noch im Bereich der Wiedertäufer, Rosenkreuzer, des Pietismus und Irrationalismus einen entscheidenden Antrieb ausgeübt, weil er nie als System, sondern nur durch einzelne Elemente oder als allgemeine Seelenhaltung und Einstellung zu den Dingen wirken konnte und man das eigene Denken oder die eigenen Erkenntnisse in ihm bestätigt fand. Es wäre daher kaum richtig, ihn als treibende Kraft im geistigen Leben des Abendlandes zu bezeichnen. Doch werden die Zeiten, welche rüstig in die Zukunft hineinschreiten, fast immer vom Geiste des Neuplatonismus berührt.

I. VERMITTLUNG

Die einheitliche Einstellung des abendländischen Mittelalters zum klassischen Altertum bestimmt die christliche Spätantike. Beiden Zeitaltern eigen ist der Verlust des Sinnes für Formen, Gewicht und Bedeutung der Erscheinungen und feststehenden Systeme, die hohe Bewertung des Glaubens, das Aufsuchen einer Autorität, die Ausrichtung nach dem Jenseits, das Zerschlagen der großen Organismen, der Baudenkmäler, die man als Steinbrüche für das eigene Schaffen verwertet, der philosophischen Systeme, der literarischen Werke, deren Gestalten symbolische Bedeutung erlangen, deren Zitate ansehenheischende Beweiskraft annehmen. Daraus ergibt sich die Technik der wissenschaftlichen Arbeitsweise und der gelehrten Dichtung.

Man hat mit Recht von einer „Atomisierung" der antiken Philosophie gesprochen. Dieser Begriff kann ohne Schwierigkeit auf die gesamte antike Erbschaft übertragen werden. Einerseits legt sich das antike Wissen als Autorität zwischen die Welt der Erscheinungen und die Menschen, anderseits wird es in Teilchen aufgelöst, die zur beliebigen Verwendung bereitstehen. Wissenschaftliche und künstlerische Arbeit gleicht einem Zusammensetzspiel nach einem bestimmten Plan, sei es, daß aristotelisches und neuplatonisches Gedankengut in die Kuppel einer Summa eingebaut werden, sei es, daß antikes Wesen in Enzyklopädien aufgespeichert wird. Die Vielfalt der Verwendungsmöglichkeiten zeigt sich darin, daß die aus ihren Zusammenhängen gelöste Einzelheit an beliebiger Stelle als Baustein verwertet oder allegorisch in einem anderen als dem ursprünglichen Sinne gedeutet wird und dadurch Beweiskraft erhält. Das eigene Können mißt sich kaum an den Schöpfungen der Antike. Sie galten als Vorbilder, wenn sie sich in das Weltbild einbauen ließen. Philosophen und Dichter sind Zeugen der göttlichen und irdischen Wahrheit: Vergil als anima naturaliter christiana mit seiner Verkündung des Weltheilands, Dares und Dictys, die nach der Meinung des Zeitalters als kriegsteilnehmende Augenzeugen die Vorgänge um Troja schilderten, nicht aber Homer, der lange nach der Zerstörung dieser Stadt lebte und gleich seinem Helden Odysseus, durch dessen List sie erobert wurde, als Lügner zu werten ist. Das verhindert aber nicht, daß die Irrfahrt des Odysseus und seine glücklich überstandene Versuchung durch die Sirenen als Weg der Seele ausgedeutet wird. Am Trojanerkrieg und Alexander dem Großen versucht sich die lateinische Epik, ehe die Stoffe der volkssprachlichen Dichtung im Umkreis des Thüringer Hofes und im alemannischen Sprachgebiet gewonnen werden. Ovid verdankt sein Ansehen im Mittelalter viel weniger der *Ars amatoria* oder den Märchen seiner *Metamorphosen* als der Kunst des Kalendermachens, die er als Dichter der *Fasti* bewährte. Lukian trägt das antike Pathos, Seneca die stoische Haltung, Cicero die Redekunst durch die Jahrhunderte des Mittelalters. So werden alle Leistungen der Antike an ihrem

Nutzen oder ihrer Brauchbarkeit gewertet. Das gilt auch für die mathematisch-naturwissenschaftliche Überlieferung, die von Byzanz und den ehemaligen griechischen Kolonien im Orient über Afrika, Sizilien oder Spanien durch mehrere Übersetzungsfilter (syrisch, arabisch, hebräisch, lateinisch) in das Abendland vom 12. Jahrhundert an hinüberströmte. Aus der bereitstehenden Masse der Antike — mag sie gestaltlos sein oder sich einer neuen praktischen Ordnung gefügt haben — wählt der einzelne oder das ganze Zeitalter aus, was seinem Denken und Wünschen entspricht. Der übernommene Stoff wird ausgewertet, umgedeutet, idealisiert. Seine Verarbeitung steht im Zeichen eines Zweckes. Auswertung und Behandlung der antiken Stoffmasse folgen der Weisung der Schlagworte exempla und autores. Zum Vorbild oder Abscheu erweckenden Beispiel wird die Fabel, die kleine Anekdote, die aus dem Zusammenhang genommene Begebenheit. Ansehen und Glauben an die Wahrheit fordert der große Name eines Dichters oder weisen Meisters weniger für die Gesamtheit seiner Leistungen als für die Einzelheit. Sprichwörter, moralische Lehrsätze, weise Aussprüche und verwertbare Zitate werden nach Stoffen geordnet in Florilegien, Blütenlesen, verstaut. Mögen die Herkunftsstempel bei den Einzelheiten stimmen oder vertauscht werden: der große Name des wirklichen oder verwechselten Verfassers bürgt für die Wahrheit.

Es ist für das Zeitalter der Vermittlung eigentümlich, daß es von seiner christlichen Höhe über die heidnische Antike triumphiert, daß es sich aber im Menschlich-Weltlichen selbst in der Antike wiederfindet. Die Anfänge des Rittertums lagen in Griechenland und traten zuerst vor Troja in Erscheinung, wie es im *Moritz von Craon* berichtet wird. Aber trotz Alexander waren die eigentlichen Erben dennoch die Römer mit ihrem Ahnherrn, dem frommen Aeneas. Die ältere römische Geschichte bleibt lediglich eine Sammlung von Beispielen der Ritterlichkeit, bis deren Träger das Kaisertum wird, das noch immer lebendig war. Mittelalterliche Fresken, welche Bibel, klassisches Altertum, Heldensage und höfische Welt gleichwertig nebeneinanderstellen, drücken diese Einheit der ritterlichen Haltung im Kampf gegen das Schlechte auch in den gleichen Physiognomien und Gewändern der Gestalten aus, so wie die Darstellung der weisen Meister, eines Aristoteles, Platon, Cato, Cicero, Seneca, Marc Aurel diese nicht mit individuellen Zügen, kaum mit kennzeichnenden Symbolen ausstattet. Sie unterscheiden sich von den Kirchenvätern und Gelehrten der christlichen Zeit nur durch die mangelnden Beziehungen zum Christentum. In weltlich-gesellschaftlichen Bezirken, im Umkreis der sittlichen Ordnung, der Lebensformen, des Handels und Wandels hat das klassische Altertum kraft seines ehrwürdigen Alters Normen und Gesetze aufgestellt, deren Autorität auch in der Poetik und Kunsttheorie sichtbar wird. Die poetria beruft sich auf Aristoteles, ohne dessen Poetik zu kennen, und auf Horaz, wie sich die rhetorica auf Quintilian, Cicero und die drei genera dicendi beruft, den hohen, den nidern und den mittel-swanc. Die Einheit von Poetik und Rhetorik hält sich über die große Auseinandersetzung zwischen Gottsched und den Schweizern hinaus, bis Schiller an deren Stelle die Polarität der naiven und sentimentalischen Dichtung setzt.

Die mittellateinische Dichtung auf deutschem Boden bietet manchmal eine eigentümliche Mischung von antiker Formgebung und Auffassung mit heimischen Stoffen: das *Waltharius*-Epos — die Forschung über Verfasser und Datierung des Werks ist seit Jahren im Fluß —, das die Geschichte der heimkehrenden Königskinder und des Helden, der alle Einzelkämpfe mit seinen Widersachern besteht, in Vergilischen Versen und, wie Panzer nachwies, nach dem Muster der *Thebais* des Statius schilderte, der *Ruodlieb*, der in der Form des spätantiken Romans Erlebnisse und Abenteuer eines Reisenden berichtet, die *Ecbasis Captivi* mit der Fabel des sich befreienden Wolfes, Hrotsvith von Gandersheim, die sich bemühte, die Mustergespräche des Terenz, an denen die Schüler konversieren lernten, durch sittsame dialogisierte Unterhaltungen zu ersetzen, oder der Erzpoet, der anakreontisch, horazisch oder ovidisch sang. Wer metrice in lateinischen Versen dichtete, kam auf die klassischen Vorbilder zurück, nicht aber wer rhythmice dichtete mit dem Spiele des Reims der christlichen Hymnik. Er setzte genau so wie die vokale Kirchenmusik mit ihren Chorälen spätantike Überlieferungen fort.

Die *Kaiserchronik* in ihrer schematischen Anlage verwertet antiken Baustoff. Sie bringt uns den Abstand von der antiken Geschichtschreibung zum Bewußtsein, den Verlust der Kritik, die Gleichgültigkeit den Tatsachen gegenüber. Diese werden ohne Rücksicht auf ihren geschichtlichen Standort verwertet, denn die Zweispurigkeit des Geschehens im Himmel und auf der Erde ist das Entscheidende. Jenes steigt von seinen Höhen ins Sacerdotium, dieses erhöht sich im Imperium. Auf beiden Säulen ruht die mittelalterliche Weltordnung. Die Geschichte des Imperiums beginnt mit Caesar, aber den Aufgang des Reiches hat Vergil in der *Aeneis* beschrieben, wie es noch Murner in seiner ersten deutschen Übersetzung (1515) bestätigt, die er Kaiser Maximilian widmete. Wo Gottes und der Welt Reich zusammenstoßen, ist dieses zunächst das Heidentum: Simon Magus, der Gegenspieler von Petrus, Nero, der die Reihe der Christenverfolger eröffnet. Von der geschichtlichen Wahrheit weiß solche Geschichtschreibung nichts. Sie sucht die höhere, beispielhafte, nützliche, moralische Wahrheit. Das erfüllt die Vorschrift der *Ars poetica* des Horaz, daß prodesse und delectare, die Mischung des Angenehmen mit dem Nützlichen, Ziel der Dichtung sei. Niemand fragte danach, ob Tarquinius wirklich als römischer Kaiser und Nachfolger Neros regierte, aber mancher hätte sich gewundert, wenn ihm die Geschichte der keuschen Lukretia vorenthalten worden wäre oder Einzelheiten, welche die *Mirabilia urbis Romae*, der Baedeker mittelalterlicher Rompilger, zu berichten wußten. Das Römertum mußte da oft seine heldenhaft vorbildliche Haltung einbüßen. Die verbrannte Hand ist für Odnatus eine gerechte Strafe für seinen Meineid. Jovinus muß deshalb in den geheimnisvollen Erdriß springen, weil er sich das Recht auf den Besitz aller römischen Frauen und Mädchen angemaßt hat. Was war da noch von Mucius Scaevola oder Marcus Curtius wiederzuerkennen?

Die abendländische Alexandertradition nahm der Moselfranke Lamprecht auf. Die Hauptquellen des Mittelalters waren Curtius Rufus und der spätgriechisch-alexandrinische Roman, der sich als Werk eines Zeitgenossen, des (Pseudo-)Kallisthenes, ausgab. Dieser berührt sich mit dem abenteuerlichen Reiseroman. In zwei lateinischen Fassungen, der des Julius Valerius (ca. 300 n. Chr.) und der *Historia de praeliis* des Neapolitanischen Erzpriesters Leo (ca. 950), wurde der Stoff dem Abendland bekannt. Alexanders Brief an Aristoteles über die Wunder Indiens und eine Beschreibung seiner Reise nach dem Paradies sind zwei wichtige Nebenquellen, welche die zahlreichen deutschen Alexanderdichtungen speisen. Alexander bleibt fast immer von Grauen umwittert. Er ist für Lamprecht das abschreckende Beispiel der giricheit, er durchstößt die Grenzen, welche seiner Menschlichkeit gesetzt sind. Vorstufen von Flugzeug und Unterseeboot sind dafür Symbole. Nach der französischen Vorlage des Alberich von Besançon hat Lamprecht gearbeitet. Er bietet die Geschichte eines Helden und umrahmt sie mit dem Vanitasgedanken. Mochte sich Alexander hier auch als liebevoll, großmütig, edelsinnig und mild, kurzum berührt von der spätantiken Humanität zeigen: er war doch ein Heide und strebte in seinem übermût über die ihm von der Natur und Gott gesetzten Grenzen hinaus. Superbia ist sein Laster. Hier tönt als kluniazensischer Nachklang das Memento mori. Der Vanitasgedanke, zu dessen Symbol Alexander wird, tritt in der höfischen Zeit zurück. Für Rudolf von Ems wird Alexander zum Träger und Sinnbild des hohen mûtes, Alexanders Erziehung, die von Aristoteles geleitet wird, bietet Gelegenheit zu den ersten Ansätzen eines ritterlichen Fürstenspiegels, zur Darstellung körperlicher und geistiger Übung unter Leitung eines Berufenen. An die Stelle des germanischen Waffenmeisters tritt der heidnische Philosoph. Schon bei Lamprecht bereitet sich eine Betrachtungsweise vor, die über das Heidentum hinwegsieht und das antike Bildungsgut zu schätzen beginnt.

Nach Alexander wird Aeneas in den Bereich der höfischen Ritterlichkeit einbezogen. Lamprecht ist daher als Vorläufer Heinrichs von Veldeke anzusehen, dessen *Eneit* den Grundstein für die höfischen Epen aus antiken Stoffkreisen legt. Aeneas als Freier Lavinias und Sieger über Turnus konnte zum Träger ritterlicher Minne werden. Der Kampf um Troja, der sich an

Dares, Dictys und die *Ilias latina* hielt, konnte etwa im *Bůch von Troie* des Herbort von Fritzlar oder im *Trojanerkrieg* Konrads von Würzburg als Vorstufe des Kreuzzuges, Bestrafung des Frauenräubers Paris oder als ungerechter Eroberungskrieg angesehen werden. Dieser Gedanke hielt sich bis in das 15. Jahrhundert, da die Eroberung von Byzanz (1453) als gerechte Strafe an den Enkeln der Eroberer von Ilion angesehen wurde. Diese Beispiele mögen beweisen, wie die Sage als Geschichte politisch ausgewertet wird, wie der gesamte Erzählungsstoff, den die Antike bot, als lehrhaftes Beispiel, Vorbild oder Abschreckung galt. Diese gleichbleibende Haltung, die nur durch verschiedene Einstellung der Zeiten zu den Dingen etwas Schillerndes erhält, das im Wandel der Auffassung einer bestimmten Erscheinung oder Gestalt sichtbar wird, läßt sich von der zweiten Hälfte des 12. Jahrhunderts an bis in das 16. Jahrhundert hinein verfolgen. Nur in so eindeutig festliegenden Gestalten wie Nero oder Julian Apostata bleibt das Heidentum der kennzeichnende Zug. Außer dem Stoff boten die antiken Quellen auch eine Fülle von fremdartigen Namen, die ungedeutet blieben oder etymologisiert Anlaß zu sonderbaren Erklärungen boten und Beziehungen nach vielen Seiten hin öffneten. Heidnische Fabel- und Stoffsammlung für Künstler begannen Ovids *Metamorphosen* in der Verdeutschung des Albrecht von Halberstadt zu werden, die Jörg Wickram wieder erneuerte. So schwebt über hausbacken ritterlichen oder bürgerlichen Bearbeitern doch ein Hauch weltfroher Sinnlichkeit, der antike Stimmungen ahnen läßt. Aber die Einzelheit, wie die traurige Geschichte von Pyramus und Thisbe, wahrt ihre beispielhaften Züge, mag sie der Steinmetz im Kapitell einer romanischen Säule (Münster zu Basel) verewigen, der Prediger im Märlein berichten oder der Erzähler zur Unterhaltung gestalten. Erst in der grotesk-satirischen Bearbeitung des Rüpelspiels verschwimmt die ursprüngliche Sinngebung der tragischen Liebesgeschichte zu einer Zeit, da sie im ernsten Drama Shakespeares längst schon ihren ursprünglichen Gehalt zurückgewonnen hatte.

Nur in der Lyrik gewinnt man den Eindruck, in einer festeren Überlieferung von der Antike her zu stehen, einer Überlieferung allerdings, die im Zeichen einer tendenziösen Auswertung steht, aber dennoch vom Geist der Antike berührt wird. Das trifft bei den wenigen Beispielen zu, in denen bisher die Beziehungen der Lyrik zur Antike nachgewiesen wurden. Sie vermitteln den Eindruck, daß es sich um ein Aufleuchten antiker Motive handelt. Darin aber zeigt sich vielleicht eine engere Verwandtschaft mit der Antike. Denn wie der Erzpoet die Welt sah, so unbeschwert und frohsinnig betrachtete man sie auch in der Antike. Doch ist es schwer, zwischen literarisch-gelehrter Wiederaufnahme eines Motivs oder unmittelbarer naiver Wiedergabe eines Erlebnisses zu unterscheiden. Man gibt diese Vorstellung ungern preis bei der Beurteilung von Walthers *Unter der linden* (39,11 ff.) oder seiner Beobachtung der aus dem Bade steigenden schönen

Frau (53,25 ff.). Aber je mehr man sich von Walthers gelehrter Bildung überzeugen muß, um so näher liegt es, zu glauben, daß er den Ehrgeiz hatte, ein deutscher Ovid zu sein, daß eben doch Ovids Sapphoepistel und andere Elemente aus seinen Gedichten, atomisiert in Florilegien oder als Originale, bewußt aus der Erkenntnis einer geistigen Verwandtschaft zur Geltung kommen. Die Forderung nach dem Erlebnis in der deutschen Kunstdichtung sollte jedoch kaum vor der Geniebewegung gestellt werden. Nach solchen Proben verdient Walther die Bezeichnung „deutscher Ovid" eher als Heinrich von Morungen. Erst eine Topik des Minnesangs wird sich um die Herkunft der einzelnen Bilder und Formen zu bemühen haben und über die festen oder losen Zusammenhänge des Minnesangs mit der Antike Aufschluß geben können.

Mag sich die mittelalterliche Legende auch mit Mythos und Sage der Hellenen berühren, St. Georg der Drachentöter mit Perseus, der Seefahrer Brandan mit Odysseus oder Gregorius auf dem Stein mit Oedipus, so wird man doch kaum von einer bewußten Umformung oder christlichen Umdeutung sprechen können. Deutlicheren Spuren alter Weisheit begegnet man in dem jetzt so umstrittenen sogenannten „Tugendsystem", in der Wertskala jener Eigenschaften, welche den Tüchtigen krönen. Da sind von Cicero und Seneca her stoische Moralbegriffe lebendig. Der langsame Aufstieg, die Freude an antiken Quellen, das Zurückfluten des Interesses am Orient und jener Welt, die den Kreuzfahrern nahegebracht worden war, läßt sich darin zeigen, daß der orientalische Hintergrund der wunderbaren Seefahrt des Herzogs Ernst der Umwelt des spätgriechischen Seefahrer- und Abenteurerromans Platz macht im *Appollonius* des Heinrich von Neustadt, d. h. an die Stelle Sindbads tritt der spätantike Seefahrer.

Man stößt im Mittelalter häufig auf die Meinung, daß große Geister der Antike im Besitz einer geheimen Weisheit standen, die ihnen als besondere Gnade oder als Geschenk der Dämonen, der Teufel, in deren Gestalt sich die olympischen Götter verbergen, zuteil wurde. So erhält das Wort magus einen doppelten Sinn. Die drei Weisen aus dem Morgenland, denen der Stern die Geburt des Erlösers verkündete, werden so genannt wie Vergil, Apollo oder auch Merkur, der seine Eigenschaft als Seelenführer an den Erzengel Michael abgegeben hat, und dessen Stab als Wünschelrute gedeutet wird. In solchen Zügen und Einzelheiten, die verschieden gewertet und gedeutet werden können, erweist sich das Erbe des klassischen Altertums lebendig. Dazu kommen die vielen aus den alten Texten stammenden *τόποι*, die loci, als Schmuck, Aufputz oder sinngebender Inhalt der Rede. Ansehen und Bewährung schützen vor dem Untergang. Der Bilder- und Formelschatz zeigt, wie dies E. R. Curtius an einleuchtenden Beispielen für das Mittelalter nachwies, seine zähe Lebenskraft in der gesamten poetischen, lateinischen und volkssprachigen literarischen Überlieferung des Abendlandes bis an die Schwelle des 18. Jahrhunderts.

Die drei antiken Stilcharaktere sind in der Dichtung lateinischer und deutscher Sprache und in der Kunstprosa lateinischer Sprache zu beobachten. Daß sie auch auf die prosaische Formgebung in deutscher Sprache von Einfluß waren, ist oft vermutet und nur ganz vereinzelt aufgezeigt worden. Wir kommen hier auf einen Komplex von Problemen, um deren Erfassung als Einzelheit oder Gesamtheit man sich noch kaum bemüht hat. Es kann uns hier nur darum gehen, die Zusammenhänge anzudeuten. Die Entwicklung der deutschen Prosa aus der Übersetzung lateinischer Texte wird durch folgende Stationen bestimmt: Interlinearversion, Übertragung in eine der Vorlage ebenbürtige Form, die sich um eine sinngemäße Eindeutschung und um die Wiedergabe rhythmisch-formaler Eigentümlichkeiten bemüht. Als Wunschziel seiner Aufgabe schwebt dem mittelalterlichen Übersetzer ein Text vor, der in einer der lateinischen ebenbürtigen deutschen Kunstprosa abgefaßt ist. Das läßt ihn sein besonderes Augenmerk auf die rhythmischen Satzschlüsse lenken, die beim lauten deklamatorischen Vorlesen des Textes besonders deutlich sichtbar werden. Es geht also um eine doppelte Nachbildung im Deutschen, um eine des Inhalts und eine der Form. Der Übersetzer ist beider Sprachen ungefähr gleich mächtig. Er sieht seine Aufgabe darin, einen lateinischen Text, der für einen beschränkten Kreis verständlich war, in einen deutschen zu verwandeln, der für eine breitere Schicht auf anderer Bildungsgrundlage berechnet ist. Er ist sich dessen bewußt, daß der Bereich des Lateinischen Kirche, Schule und Gelehrsamkeit ist, der des Deutschen das Leben in seinem weiten Umfang. Er weiß auch um die Breite und Umständlichkeit deutscher Ausdrucksweise, wenn er den Text einer deutschen Predigt in einem lateinischen Gerippe festhält, das besser zu überschauen ist. Benützte er aber das lateinische Gerippe als ausführliche Gliederung und Gedankenhort seiner deutschen Predigt, so gestaltete er deren deutschen Text, wie es ihm der Augenblick eingab, und nicht nach Regeln, die aus der klassischen Rhetorik abzuleiten sind. Für die deutsche Gebrauchsprosa der Urkunden und Erbauungswerke gilt es aber, daß Texte, welche höhere Geltungsansprüche erhoben, wichtige Sinneseinschnitte rhythmisch abschlossen. In Zeiten der Verwilderung, wenn die reine Zweckprosa das Wort hat, wie in den Flugschriften der Reformationszeit, verliert sich diese Gewohnheit, die dem natürlichen Wachstum und den Lebensbedingungen der deutschen Sprache zuwiderlaufen kann. Der lateinische Rhythmus, wie ihn die Bibel und Gebetstexte zeigen, konnte als Vorbild auch dem deutschen prosaischen Text die Form schenken. Er dehnte seinen Geltungsbereich weiter aus. Das führte aber kaum zu einer Vergewaltigung des deutschen Sprachrhythmus. Es scheint, daß sich im Rhythmus der deutschen Kunstprosa dieser Übergang reibungsloser und sanfter vollzog als in der metrischen Gesetzgebung, die ihre Vorschriften erließ. Die deutsche Kunstprosa hat einen dem Ohr vertrauten Rhythmus ohne besonderen Zwang vom Lateinischen ins Deutsche übernommen.

II. WIEDERGEBURT

Die schillernde Bedeutung des Wortes Renaissance wird darin sichtbar, daß man es auf eine wiederkehrende Erscheinung, die an keine bestimmte Zeit gebunden ist, und auf die mit Petrarca einsetzende geistige Bewegung anwendet, die um 1500 ihren Höhepunkt erreichte. Man spricht von einer karolingischen, einer ottonischen Renaissance und mit Haskins von einer Renaissance des 12. Jahrhunderts. Ähnlich steht es mit dem Wort Humanismus. Doch bezeichnet dieses auch eine bestimmte gelehrte Haltung, die besonders im Umkreis der Erziehung und Bildung sichtbar wird. Einzig darin unterscheidet sich der Bedeutungsumfang beider Worte, daß im Bereich der bildenden Kunst nur von Renaissance und nicht von Humanismus, im Bereich der Schule nur von Humanismus und nicht von Renaissance gesprochen wird. Die schon dem 18. Jahrhundert vertraute Vorstellung vom Wiederaufleben der Wissenschaften im 15. Jahrhundert verführte zu der Auffassung, daß das klassische Altertum dem Mittelalter nichts zu bieten hatte. Selbst die Behauptung, daß dem Mittelalter die stoffliche und der beginnenden Neuzeit die formale Antike vertraut war, sollte nicht dahin verallgemeinert werden, daß das Mittelalter den antiken Formen verständnislos gegenüberstand, und das neue Zeitalter sich über die Stoffe erhob, indem es ihnen einen neuen Sinn gab.

Das Schlagwort „zurück zu den Quellen“ kennzeichnet die neue geistige Bemühung. Man will zu den reinen Ursprüngen, dem Christentum der Bergpredigt, der klaren Sprache Latiums, wie sie Cicero gebrauchte, zurückkehren. Man sucht darin aber nicht nur das verstandesmäßig faßbare Vorbild, sondern eine geistige Erneuerung. Deshalb darf der irrationale Zug, der sich mit mystischen Gedankengängen paart, nicht unterschätzt werden. Mit der Rückkehr des Papstes aus dem Exil in Avignon erfüllte sich der Wunsch der römischen Patrioten. Ihr politisches Wollen begeisterte sich an der Größe des einstigen Caput mundi, wie sich die deutschen Humanisten und Geschichtschreiber an den Taten der Germanen begeisterten, die ihnen die wiederaufgefundenen Schriften des Tacitus nahebrachten. Das Erwachen des Arminiuskultes in den Schriften von Hutten, die Beschäftigung mit der germanischen Urgeschichte, wie sie Konrad Celtis forderte, die Übersetzung der Werke Caesars durch Ringmann belegen die nationalen Antriebe der neuen Zeit. Neue künstlerische Ausdrucksmöglichkeiten bot die römische Komödie in Reuchlins *Henno,* bot Cicero als Schulmeister, bot die aus den wiederentdeckten Skulpturen sich offenbarende Schönheit des menschlichen Körpers in den Künsten und Bezirken des gesellschaftlichen Lebens. Der enge Zusammenhang der äußeren Gestalt mit dem geistigen Antrieb wird darin sichtbar, daß Scaligers klassische Poetik das Wort forma im Sinne von idea gebraucht. Es kennzeichnet den absinkenden Klassizismus, daß das antike Vorbild seine Kraft verliert und schließlich zur Bedeutung einer

Schablone herabsinkt. Was immer in diesem Zeitraum, den wir Wiedergeburt nennen, Anspruch auf hohe Dichtung erhebt, ist „klassizistisch" in dem Sinne, daß die unerreichbaren Muster der Antike, Vergil, Horaz, Cicero, Lukian, Livius, Seneca oder ein anderer Kanon, Geltung beanspruchen, daß die poetische Theorie zum Rückgrat der Dichtung wird. Im Zeitalter der absoluten Geltung des römischen Rechtes herrschen auch die poetischen Gesetze. Nur vorübergehend tritt das Griechentum als Bildungsmacht hervor. Es wird zumeist durch den Filter lateinischer Übersetzungen wirksam. Aber die römische Antike in ihrem weiten Umfang wird zur ausschlaggebenden Bildungsmacht. Damit Hand in Hand geht ein Verweltlichungsprozeß; denn der christliche Humanismus, dessen sichtbarster Vertreter Erasmus ist, verliert mit dem Aufstieg der Orthodoxie an Bedeutung, und neben der christlichen Kirche erhebt sich langsam ein heidnischer Tempel. Daß um 1500 Hieronymus und Cicero, nach 1700 Horaz und Anakreon die Günstlinge der Zeit sind, zeigt, daß die Rhetorik langsam aufhört, im Reich der Poesie mitzusprechen, daß man im Altertum die eigene Lebensfreude wiederfindet und sich von seinen Gewährsleuten zum Sinnengenuß mahnen läßt.

Die Antike verstärkte den Zug des neuen Zeitalters zur Selbstbeobachtung. In einigen Bezirken der Wissenschaft verliert sie den Anspruch absoluter Gültigkeit. Da bieten ihre Erkenntnisse den Ausgangspunkt für neue Forschungen. Das geozentrische System des Ptolemaius wird vom heliozentrischen des Nikolaus Kopernikus abgelöst. So wird man sich an einigen Stellen der Grenzen der Antike bewußt. Es ist also ein fortwährender Verlust ihres Ansehens festzustellen. Damit Hand in Hand geht der Wandel des antiken Kostüms, das sich immer weniger den Zeitverhältnissen anpaßt und schließlich zum Bewußtsein bringt, wie anders geartet das Altertum war. Während man im 16. Jahrhundert noch immer das Vertraute, Lebensnahe und Menschliche in der Antike sucht, beginnt man sie später als Zwang zu empfinden. Das ist am Zurücktreten der Anachronismen zu beobachten. Die antiken Helden ziehen nicht mehr mit Kanonen ins Feld, die Konsuln sind keine römischen Bürgermeister mehr, der Zweikampf zwischen Aeneas und Turnus verliert den turniermäßigen Anstrich. Aber noch immer wertet man die Handlungen und Vorgänge in der Antike nach den Maßstäben einer zeitbedingten Ethik.

Die Ehrfurcht vor dem Text beginnt sich durchzusetzen. Aber der langsame Aufstieg der Philologie und die Bemühungen zweier Jahrhunderte um die Herstellung des Urtextes sind für die Übersetzer, welche sich im 2. und 3. Jahrzehnt des 16. Jahrhunderts auf die klassischen Autoren stürzen, wenig maßgebend. Sie lassen Stellen aus, die ihnen weniger wichtig erscheinen, schwellen anderwärts den Text an und eröffnen damit Einblicke in den Geschmack der Zeit. Mit besonderer Vorliebe wenden sich die neuen Kräfte der Fabel zu, um sie erzieherisch auszuwerten. Zwischen Stainhöwels

Aesop und Rollenhagens *Froschmeuseler* liegen die Bearbeitungen von Luther, Camerarius, Hans Sachs, Brant, Alberus, Waldis. Noch für Abraham a Sancta Clara erfüllt sie die gleiche Aufgabe wie das Predigtmärlein des Mittelalters. Man ist noch weit davon entfernt, das Wesen der Fabel zu erfassen oder sich für deren Herkunft zu interessieren. So geht vieles unter den Namen Aesop und Phaedrus, was aus mittelalterlichen Sammlungen Babrios, Planudes, Romulus, Rimicius u. a. stammt, so daß im Stoff zwischen Boners *Edelstein,* Waldis oder Alberus kaum Unterschiede festzustellen sind. Ja, noch sammelt man eine Fülle von Einzelheiten unter verschiedenen Gesichtspunkten, wie einst Vincenz von Beauvais im *Speculum maius* aus der Mitte des 13. Jahrhunderts. Auf gleicher Stufe der mittelalterlichen Zusammenfassung der *Gesta Romanorum* glaubt man sich bei der Lektüre des Plinius, der *Memorabilia* des Valerius Maximus, der *Quaestiones naturales* des Seneca. Das Staubecken, aus dem das Wissen um die Antike im breiten Umfang verwertet wurde, und das dem Abendland bis ins 18. Jahrhundert hinein Quelle war, sind die *Adagia* des Erasmus und deren zahllose Nachahmungen. Sie geben Stoff für gelehrtes Gespräch und Betrachtung, für das Drama, den Roman, ja noch für Schillers Ballade *Die Kraniche des Ibykus.* Man gewinnt den Eindruck, als ob sich die atomisierte Antike des Mittelalters wieder zu kleineren Stoffteilchen sammelt, Züge zur besonderen Charakterisierung einer Gestalt oder Erscheinung sichtbar werden und sich bestimmte Vorstellungen aus einer starren Masse lösen. Das erste dieser Stoffrepertorien, durch welche die Antike zu neuer Wirkenskraft kam, ist auch das lebendigste gewesen. Als sie nichts mehr zu bieten vermochten, hatte sich das Bild der Antike völlig gewandelt.

Im Zeitalter der Wiedergeburt wurde das römische Drama wirkenskräftig. Die Komödien des Terenz und des wiederentdeckten Plautus fanden den Weg aus der Schule in das Volksschauspiel oder in die beispielhafte Handlung des religiösen Dramas der Reformation. Ein Stoff wie der des verlorenen Sohnes forderte geradezu heraus, Buhlszenen nach dem Vorbild der alten Lustspiele zu gestalten. Trotz der Aufführung einzelner griechischer Tragödien im Original oder in lateinischer Übersetzung — wie sie das Straßburger Akademietheater um 1600 bot — hat von den drei griechischen Tragikern nur Euripides schwache Spuren hinterlassen. Aber das gesamte abendländische Drama des 16. und 17. Jahrhunderts — die Werke Shakespeares sind davon nicht ausgeschlossen — haben bleibende und stärkste Anregungen von Seneca bekommen. Die stoische Haltung seiner Helden forderte im Jesuitendrama, bei Corneille und Gryphius die Bewunderung der Zeitgenossen heraus. Aus Seneca gewann die Märtyrertragödie ihr theoretisches Rückgrat, und in diesem Sinne wurde denn auch die Poetik des Aristoteles nach französischem Muster ausgelegt: Reinigung der Leidenschaften durch Mitleid (Scheu vor der bewunderten Größe) und Schrecken (nicht Furcht oder bangende Angst). Die Auseinandersetzung darüber vollzog sich in einer Zeit, die ein Recht zu haben glaubte, über die naiv aufgenommene und wiedergegebene Antike triumphieren zu können, etwa Hans Sachsens hausbackene Art, antike mythologische und geschichtliche Stoffe auf die Bühne zu bringen. Mag die Antike in seinem Schaffen auch Ansehen und Kraft eingebüßt haben, so behält sie doch noch vieles von ihrer beispielgebenden Bedeutung.

Spott und Streitlust des Zeitalters der Reformation erweckten Lukian zum Leben. Sein Dialog machte bei Erasmus und Hutten Schule. Durch das ganze 16. Jahrhundert können in der Literatur aristophanische Züge beobachtet werden, vom *Eccius dedolatus* angefangen über Naogeorg bis zur gewandten Übersetzung ins Lateinische von Nikodemus Frischlin. Aber hier wie überall, wo es sich um Texte aus dem klassischen Altertum handelt, ist zu beobachten, daß es immer das Besondere ist, dessen die Aufnehmenden bedürfen, nicht aber die gesamte Erscheinung oder die Fülle der Leistungen, die zur Bewunderung oder Nachahmung aufrufen. Dennoch kann auch hier kaum mehr von einer Atomisierung der Antike die Rede sein. Wenn auch die τόποι und beweiskräftigen Zitate Geltung haben, so liegt doch der Hauptwert darauf, einzelne Züge, Eigenschaften, Begebenheiten oder Typen nach antikem Vorbild zu gestalten. Die Charaktertypen des römischen Lustspiels und des Theophrast kommen der aufsteigenden Erfahrungspsychologie entgegen. Diese sieht ihre Beobachtungen bereits in den antiken Texten bestätigt. Aber man schließt nicht mehr, daß die Erscheinungen so sind, weil die Antike sie so darstellt, sondern man freut sich dessen, daß die eigene Erfahrung durch die Antike bestätigt wird. Man kommt dem Allgemeinen und Menschlichen in ihr näher. Dabei bewahrt sie ihr Ansehen. Das gilt besonders im Bereich des allegorischen Spieles. Was Celtis, Chelidonius oder Sebastian Brant auf die Bühne bringen, sind Handlungen, die von personifizierten Eigenschaften, Tugenden und Lastern ausgeführt werden, wie der Streit zwischen Tugend und Sinnenlust. Gleichzeitig eröffnet ein Spiel wie die Wahl des Herkules zwischen Arbeit und Vergnügen, nach der spätantiken Fabel des Prodikos, auch den Zugang zur alten Mythologie. Diese gewinnt über die Allegorie an Gehalt und erhält die Möglichkeit, den einzelnen Gestalten individuelle Züge anzugliedern; ja es verbindet sich damit auch die andere Möglichkeit, psychologische Züge unter der festen Form wenigstens durchschimmern zu lassen.

Die antiken poetischen Formen konnten sich in der Dichtung in deutscher Sprache erst dann entfalten, als die gelehrten Dichter nicht mehr ausschließlich in lateinischer Sprache dichteten. Das protestantische Kirchenlied, das sich vereinzelt der dem deutschen Brauch angepaßten sapphischen Strophe bedient, und Fischart mit seinen gereimten Hexametern und Pentametern sind frühe Vorboten. Erst von Opitz an beginnt man zu pindarisieren, deutsche Hymnen und Oden zu dichten. Im Verlauf setzen sich Epigramm, Elegie, Heroide, Satire und poetischer Brief nach dem

Vorbild von Horaz neben den romanischen Formen in der deutschen Dichtung des 17. Jahrhunderts fest. Es bleibt aber eine Ausnahme, wenn die Dichtung das Nebeneinander von Golgatha und Parnaß aufsucht oder, wie in der frühchristlichen Kunst, die Beziehung zwischen Herkules und Christus, darüber hinaus aber noch zwischen Alkmene und Maria herstellt. Man muß mit der Bezeichnung „fortschreitende Entwicklung" auf solche Erscheinungen vorsichtig sein. Es ist zum mindesten verfrüht, in ihnen eine Vorwegnahme von Kleist oder Hölderlin zu sehen. Es kann sich vorerst nur darum handeln, daß eine heidnische Erscheinung, Episode oder Gestalt christlich umgedeutet wird, also um eine Wiederholung jener Gleichsetzung der Sirenen mit den versuchenden Mächten der menschlichen Seele.

Trotz der Bemühungen um den reinen Text der antiken Quellen, um die Feststellung richtiger Lesarten, Konjekturen, die den Ursinn einer Stelle zu erfassen bestrebt sind, legt man doch keinen besonderen Wert darauf, irgendwelche Stoffe oder Erkenntnisse im Wortlaut des Originals zu besitzen, zumal, wenn ihr Gehalt den Bedürfnissen eines Zeitalters entspricht. Die heiligen Texte der Bibel allein bilden eine Ausnahme. Aus solcher Einstellung erklärt es sich, daß nicht nur lateinische, sondern auch französiche Übersetzungen an die Stelle eines griechischen Originals treten können. *Ilias* und *Odyssee* werden aus den lateinischen Übersetzungen von Lorenzo Valla, Griffolini, Raphael von Volterra, Simon Lemnius, Eobanus Hessus bekannt, Plutarch aus der französischen von Amyot. Doch gewinnt in Deutschland die Freude an den parallelen Lebensbeschreibungen erst im Zeitalter der „Kerls" an Boden. Aber die moralischen Abhandlungen hinterlassen ihre Spuren in der Erbauungsprosa des 16. und 17. Jahrhunderts. Es steht auch bei den deutschen Übersetzungen anderer griechischer und lateinischer Werke keineswegs fest, daß sie das Original übertrugen. So hat sich — bei den Gedichten von Anakreon und Horaz ist es nachgewiesen worden — mitunter eine französische Fassung zwischen das Original und die deutsche Übersetzung geschoben. Es lassen sich zahllose Beispiele erbringen, daß französische Auffassung und Sehweise im Zeitalter der Gegenreformation die Antike gleichsam monopolisieren und für das ganze Abendland verbindlich festlegen. Der letzte Versuch dieser Art wird noch im Zeitalter Wielands unternommen von St. Barthélemy mit den *Reisen des jungen Anacharsis,* einer Romanenzyklopädie des Griechentums und Hellenismus. Das zeigt, wie schwer es den romanischen Ländern wird, sich von solcher Sehweise zu emanzipieren, als Friedrich August Wolf daran ging, die Vision vom Volksdichter Homer, welche Vico, Wood, Hamann, Herder und Goethe mit Begeisterung weitertrugen, wissenschaftlich zu unterbauen.

Zieht man die Bilanz einer rund drei Jahrhunderte währenden Beschäftigung oder Auseinandersetzung mit der Antike, so kommt man zur Feststellung, daß um die Mitte des 18. Jahrhunderts in der deutschen Literatur ein Standpunkt erreicht ist, der ungefähr mit dem der anderen abendländischen übereinstimmt, und deren Anregungen nicht mehr wahllos, sondern prüfend aufgenommen werden. Man wird sich des Unterschiedes in der Formgebung bewußt. Solche Bedeutung hatte die Schulung am antiken Vorbild, mochte dieses selbst oder durch anderer Vermittlung wirksam werden. Daß in der berühmten französischen Auseinandersetzung über Wert und Bedeutung der Antike von den „Modernen" die Ansicht geäußert werden konnte, es sei der Triumph über die Antike gelungen, war viel weniger durch die Mittel, mit denen dieser Triumph erreicht wurde, bedeutungsvoll als dadurch, daß man entschlossen schien, den bildenden Wert der Antike in Frage zu stellen. Kurze Zeit später erhob sich die lange Auseinandersetzung über den Begriff „Nachahmung". Batteux, den Joh. A. Schlegel übersetzte, sah darin das Prinzip der Künste. Begann man sich über die Nachahmung des Stofflichen zu erheben und dem Formalen allein Bedeutung zuzuerkennen, so setzte man damit den Schlußstein auf eine lange Entwicklung. Ihre Überwindung durch Winckelmann, Lessing, Herder, die Geniebewegung und Romantik erwies, daß man über die stoffliche und formale Nachahmung der Antike hinauskommen konnte, indem man ihre Betrachtungsweise übernahm, also nicht nachahmte, w a s die Antike bot, sondern w i e sie es bot. Damit war aber der Schritt zur Wiedergewinnung des Griechentums getan.

III. WIEDERGEWINNUNG

Streng philosophische Arbeit, vor allem der Niederländer und Richard Bentleys, und intuitive Erfassung geistiger Gemeinsamkeiten bedingen den Aufstieg und die Wiedergewinnung des Griechentums. Einzelne Gestalten wie Sokrates, werden von Symbolen zu lebensvoll erfaßten Persönlichkeiten. Auch hier wird das eigene Wollen in die Antike hineingelegt, es trifft auf ihren Sinn und führt über das Ideal, welches das Griechentum nun verkörpert, zur Wahrheit, zur Erkenntnis geschichtlicher Gegebenheiten, zum geschichtlichen Denken, zur Vision geistiger Organismen und ihrer besonderen Art. Das neue Lebensideal, das sich an den Griechen ausrichtet, erhält durch Shaftesbury belebende Kraft. Wenn Lessing erklärt, daß alles Stoische untheatralisch sei, weil es Bewunderung errege und diese ein kalter Affekt sei, so entthront er die vorbildlichen Dramen Senecas und setzt mit der Analyse einzelner Züge Sophokles an dessen Stelle, wie er Homer als Muster epischer Darstellung aufstellte. Denn an ihm kann die Technik der epischen Kunst genau so gelernt werden wie die Dramaturgie an Aristoteles oder die Geometrie an Euklid. Daß Lessing Homer über Vergil, Shakespeare und die griechischen Tragiker über Voltaire und Corneille stellte, daß er die französischen Vorbilder verspottete, ist zu Unrecht als nationale Befreiung von unzulänglichen oder unpassenden Vorbildern angesehen worden; denn es ist ihm viel weniger darum gegangen, ein Nationalgefühl zu wecken, als um die Begründnug eines neuen dramatischen Stils. An die Stelle ausgeleierter Schablonen und erschöpfter Formen, aus denen die Lebenskraft geflohen war, an die Stelle der römischen Antike setzte er die griechische, die Winckelmann entdeckt hatte. Wenn Klopstock in seinen Oden die antiken Götternamen durch die nordischen ersetzte, so ist dies mit Recht als Äußerung eines naiven Nationalgefühls anzusehen. Wenn aber seine bardischen Nachfolger den von ihm erschlossenen Motivschatz in ihren Gesängen ableiern, so tun sie dasselbe, nur mit anderer Lautstärke, aber mit ebenso eingebildeten Empfindungen wie die Anakreontiker um Vater Gleim, der von Wein und Liebe sang und Wasser dazu trank. Wenn dieser noch dazu als „deutscher Tyrtaios" gepriesen wird, so ist das eine Wiederholung des Preises, den Opitz als „deutscher Maro" entgegennahm. Mit viel mehr Recht als Geßner hätte der Maler Müller als „deutscher Theokrit" gepriesen werden können; denn erst über den Einbruch des Realismus und Naturalismus wurde der Weg zum Griechentum frei, zu den Kerls Plutarchs, zu den Helden der *Ilias,* zur Häuslichkeit des Odysseus. Doch wäre es verfehlt, von einem Rückschlag zu sprechen, wenn Werther am 12. Oktober 1772 aufhört, Homer zu lesen, und mit Ossian beginnt, denn beide Dichter stehen für Goethe auf der gleichen Ebene. Aber der vermeintliche nordische Sänger mit seiner Empfindsamkeit kommt Goethes Wertherstimmung besser entgegen als Homer, so wie seiner fordernden Epoche das Wort Pindars ἐπικρατεῖν δύνασθαι entsprochen hatte, wie er in der Verkennung von dessen streng gebauten Strophen ihn zum Vorbild seiner freien Rhythmen zu wählen glaubte. Wie sich die jungen Genies in der dionysischen Antike finden, so finden sich die Klassiker in der apollinischen.

Das Ziel der eigenen Sehnsucht war in der Kalokagathie, in der μεσότης ihrer großen Gestalten verkörpert. Die edle Menschlichkeit der deutschen Klassik, der neue Humanitätsgedanke spiegelte sich in einer zu idealen Sphären erhobenen Antike im Zeitalter des Perikles. Die Bemühung um den deutschen Homer im Umkreis des Göttinger Hains, Bürgers Übergang von der Prosa über den Blankvers zum Hexameter, Stolbergs deutsche *Ilias* und der deutsche Homer von Voß zeigen das Ringen um die Wiedergabe der Urform epischer Dichtung. So meinten es die Zeitgenossen, und so sah man Homer durch mehr als ein Jahrhundert, idyllisch verklärt von einem Sprachvirtuosen und bürgerlichen Pedanten, der sein Können bespiegelte, weil er glaubte, das Original ersetzen zu können. So erscheint es auch als tragischer Irrtum, daß Goethe sich froh fühlte, Homeride zu sein, und in der *Achilleis* mit dem Vater der Dichtung wetteifern wollte, wenn man sich davon überzeugen mußte, daß der Hexameter der deutschen Sprache Gewalt antue und ihrem Geist nicht entspreche. Aber so dachte eine spätere Zeit, die um die sprachlichen und rhythmischen Voraussetzungen und ihre zeitlichen Bedingungen mehr wußte oder zu wissen glaubte als die Zeitgenossen. Es sollte jedoch Wert darauf gelegt werden zu ergründen, warum gerade von dieser zeit- und formbedingten Übersetzung eine solche Wirkung ausgehen konnte, und warum sie so lange als größte Übersetzerleistung angesehen wurde; denn die Übersetzung hält nur eine Phase aus der Geschichte eines großen, zeitlosen Werkes fest und führt nur eine zeitbedingte Interpretation vor. Es kommt dabei nicht so sehr auf das Verstehen und die korrekte Wiedergabe des Sinnes an als auf die Stimmung und darauf, ob die Atmosphäre des Originals in der Übersetzung erfaßt ist, ob die Umwelt des Originals mit der Umwelt des Übersetzers in Einklang gebracht werden kann, ob ein Gleichklang des Stils erzielt wird. Wenn aber Goethe sich eine Übersetzung Homers in der naiv-lebendigen Sprache des Zeitalters der Reformation wünschte, weil diese dem Geist des Originals entspreche, so ahnte er, daß die naive Prosa der *Ilias* des Johannes Baptista Rexius (1584), obwohl dieser aus einer lateinischen Vorlage übertrug, vom Geiste des Originals stärker berührt war, als die kunstvolle Dichtersprache seiner Zeit; denn Rexius fühlte trotz seiner Mißverständnisse, Anachronismen und Unbeholfenheiten die Ähnlichkeit zwischen den griechischen Heerführern vor Troja und seinen adeligen Landsleuten, den Vertretern des Herrenstandes, die der Gegenreformation trotzten und mit ihren selbstgeworbenen Landsknechten sich durch kühne Waffentaten gegen die Türken auszeichneten. Männer vom Schlag eines Christoph v. Schallenberg, wie sie Rexius begegneten, haben mit den Gestalten der *Ilias* mehr gemeinsam als die Zeitgenossen von Voß, dessen Phantasie das hätte ersetzen müssen, wozu der andere seine Parallelen aus dem Leben fand. Dieses Beispiel mag zeigen, daß unter der Voraussetzung einer geistigen Wahlverwandtschaft in beschränktem Umfang Möglichkeiten zu einer Wiedergewinnung bestehen und das bessere Verständnis keineswegs vor Irrtümern schützt, die in das Original einen Sinn hineinlegen, an den sein Schöpfer nicht gedacht hat.

Noch wußte das 18. Jahrhundert nichts von den Entstehungsbedingungen und den Voraussetzungen der griechischen Schöpfungen. Es bemühte sich um ihre genetische Erfassung und ahnte organische Entwicklungen. Es stellte Götter und Heroen an jene Plätze, wo früher christliche Symbole und allegorische Gestalten gestanden hatten. Es sah im Griechentum keine Realität, sondern ein Reich, in dem sich ein hohes künstlerisches Wollen mühelos erfüllte; denn man fand sich selbst im Griechentum wieder und darin seine Sehnsucht befriedigt. Man begeisterte sich an den Symbolen und gab ihnen Leben. Sonst wäre es unfaßbar, daß die Gipsabgüsse von Dresden und Mannheim, die spärlichen Bestände zumeist spätantiker hellenistischer Kopien, welche die römischen Sammlungen bargen, Anregungen weitergaben, wie sie später kaum mehr von den griechischen Originalen oder dem Pergamonaltar ausgingen; denn diese Anregungen führten weniger zu einer Wiederbelebung der plastischen Kunst als zu einer Neugestaltung des geistigen Lebens und der künstlerischen Ausdrucksmittel. Es klingt wie ein Vorwurf an die Zeitgenossen der deutschen Klassik, wenn diese als Lebenshaltung einer dünnen Schicht in einer kurzen Zeit angesehen wird und von ihr behauptet wird, daß sie nicht in die Breite wirken konnte und, als sie zu wirken begann, nicht mehr richtig verstanden wurde. Als Grund dafür wird nicht selten angeführt, daß es sich um Ideale handelte, die ihr aus einer fremden Kultur aufgezwungen wurden. Es geht aber nicht um die Herkunft oder um Bodenständiges, sondern darum, daß sich eine in ihren wesentlichen Gedanken übereinstimmende geistige Elite in einer idealen Kulturperiode wiederfand, von der man kaum weiß, ob sie nicht auch von einer dünnen Schicht getragen wurde. Winckelmann ist nicht in dem Sinne als Entdecker des Griechentums anzusehen, daß er dessen Wesen erkannte und dessen Besonderheit gegenüber den bisherigen Kunstidealen betont hätte, sondern er berief sich auf die der Renaissance längst bekannte Lehre von der Proportion. Er ist Klassizist und bahnt der Klassik den Weg. Er findet nach der Bewegtheit und Beschwingtheit der Barockkunst wieder zurück zur einfachen menschlichen Figur. Aber was man in der Antike als neu entdeckte, war das moralische Pathos und der moralische Naturbegriff. Sie wies also auch einen Weg, der von Rousseau über Heinse hinausführte.

Die Klassik legte wenig Wert auf neue Stoffe; denn vor Schiller gab es Dramen mit Don Carlos, Wallenstein, Maria Stuart, Wilhelm Tell als Helden, vor Goethe ist Iphigenie nach dem Vorbild des Euripides klassizistisch gestaltet worden. Wie dankbar erwiesen sich Stoffe nach Art der Alkeste, des Orpheus oder des Alexanderfestes für die Oper. Die Stoffe waren also viel weniger von Bedeutung als ihre Behandlung. Der Wert lag nicht auf dem Was, sondern dem Wie. Nicht nur die Sehweise und Auffassung der einzelnen Gestalten änderten sich, sondern man ahnte, daß in diesen Gestalten das Wollen einer neuen Zeit und ihre idealen Forderungen lagen, daß das geistige Fassungsvermögen solcher Gestalten wie Iphigeniens, Orests, Helenas, Pandoras oder des Prometheus sich geweitet hatte. Man fand sich selbst in ihnen wieder. Die Begegnung der deutschen Dichtung und des deutschen Geistes mit dem Griechentum ist eines der Hauptanliegen der Goethezeit, der deutschen Klassik. Sie erfüllt sich im Helenaakt von Goethes *Faust.* Man mag Euphorion als unerreichbares Ideal, als wiederkehrenden Lord Byron, als die dem irdischen Leben entschwebende romantische Dichtung ansehen: er ist auch als Symbol für den Vorgang der Wiedergeburt des Griechentums zu bewerten. Der Kairos einer solchen Wiederkehr ist an besondere Voraussetzungen geknüpft. Die Heerschau der griechischen Mythologie in der klassischen Walpurgisnacht eröffnet zugleich Einblicke in die höchste Schönheit und das Dunkel der Häßlichkeit; denn die Antike in ihrer Weite war für Goethe nicht allein das Symbol apollinischer Helle oder jener kalten Marmorpracht einer klassizistisch nachahmenden bildenden Kunst, sondern auch der düsteren Mächte. Wie ihm Prometheus die Formästhetik und Epimetheus die Kräfte des Gemüts verkörperten, so öffneten ihm die orphischen Vorstellungen Einblick in die treibenden Kräfte des geistigen Lebens: Daimon als Bildung, Tyche als Zufall, Eros als kosmische Macht, Ananke als der von außen kommende Zwang, Elpis als hoffendes Bescheiden.

Trotz der Verdienste, die sich Wieland mit seinen Übersetzungen für die Wiedererweckung des Griechentums erwarb, trotz des Widerspiels seiner Entwicklung im Schicksal Agathons, steht er der Antike anders gegenüber als Goethe. Denn Wieland projiziert sein Schicksal in eine Welt, die seiner Kunst gehorcht. Wenn er sich als Lucianus redivivus fühlt, wie es die zahlreichen, auf die Gegenwart anspielenden Anmerkungen zu seiner Übersetzung zeigen, so setzt er eben eine der vielen Masken auf, die sein Wesen verhüllen. Für Goethe und vielleicht noch mehr für Hölderlin hat die Antike Anteil am geistigen Sein; denn Hölderlin sah, daß die Griechen den Weg, den er selbst wandeln wollte, gegangen waren. Soweit Wieland von den Gedankengängen Winckelmanns berührt wird, fühlte er sich, wie dieser und Herder, von der antiken Schönheit angezogen, ohne nach der Bedeutung der Kunst für den Menschen zu fragen wie Goethe, und ohne von der Kunst über die erziehende Kraft hinaus Erlösung zu verlangen, wie Schiller; denn für diesen ist — hier folgt er dem Denken Plotins — das Schöne ein Imperativ. Die völlig andere Einstellung der Romantik zur Antike wird darin sichtbar, daß sich Sokrates, in dem Christian Wolff einen verwandten Freidenker verehrte, zum Vertreter des gesunden Menschenverstandes bei den Popularaufklärern wandelte. Die Romantik aber sah über das Problem des Wissens hinweg und fühlte sich von der Ironie des Sokrates angezogen. Es ist kein Zufall, daß zur Zeit, als sich die höchste menschliche Würde im klassischen Altertum spiegelte, auch der Alltag und die banale Wirklichkeit über seine Unnahbarkeit spotteten. Blumauers travestierte *Aeneis*, und Meisls dramatische Götterparodien visierten — um mit Fischart zu sprechen — das klassische Altertum auf den Wiener Meridian. Schillers ehrliche Entrüstung über Blumauers Verfahren, das seinen geliebten Vergil aus der Erhabenheit in den Staub zog, mußte darüber hinwegsehen, daß auch das allzu Menschliche in seiner Hausbackenheit die Verbindung mit der Antike aufnehmen konnte, und daß die gewollte Parodie sich in vielen Vorstellungen mit der unbewußten berührt, die uns in der Übersetzungsliteratur des 16. Jahrhunderts begegnet ist.

Für die Romantik waren die Erkenntnisse der Klassik ein Durchgangsstadium. Ihre Begründer fühlten sich berufen zu vollenden, was die Klassik begonnen hatte. Im Griechentum fand Friedrich Schlegel zunächst sich selbst und eine heitere Sinnenwelt, deren Abglanz die *Lucinde* ist. Aber vom Ziel, ein Winckelmann der griechischen Poesie zu werden, rückte er ab, bis er sein schillerndes Wesen schließlich im mittelalterlichen Christentum gefunden zu haben glaubte. Während im Bereich der Dichtung nun die christliche Welt des Mittelalters die des klassischen Altertums verdrängt und die Besinnung auf die nationalen Kräfte neue Werte in der deutschen Geschichte findet, wird das Griechentum noch zu einer Bildungsmacht. Der von Herder angeregte, von Wolff und Humboldt gefestigte Neuhumanismus ist der eigentliche Nutznießer des wiedergewonnenen Griechentums. Nun trat an die Stelle des verblichenen Erziehungsideals der Gegenreformation, das Petrus Canisius in der *Ratio studiorum* niedergelegt hatte und die Jesuitenschulen in den romanischen Ländern vertraten, das Ziel einer freien Ausbildung der Persönlichkeit durch die Schule im Geiste der wiedergewonnenen griechischen Bildung. Man wollte die Probleme des Lebens und der Wissenschaft so anpacken wie die Griechen. Die Freiheit wurde einem Gesetz unterstellt, das nicht mehr als Zwang empfunden werden konnte. Der Vernunftidealismus Schillers und Kants und der Naturidealismus Goethes und Herders waren sich darin einig, daß ihnen die Griechen den Weg zur Erfüllung ihrer Wünsche gewiesen hatten. Da erst wurde Platon in seiner Größe und Bedeutung, nicht mehr in der Verschleierung des Neuplatonismus, sichtbar. Schleiermachers Übersetzung zeigte endlich den wahren Platon. Fichtes *Reden an die deutsche Nation* leben aus seinem Geist. Aber in den Spekulationen von Schubert, Schelling und Bader erwies sich Neuplatonismus als Bildungsmacht.

Der alte Klinger, dem sich erst spät das Interesse der Wissenschaft zuwendete, suchte sich — aus seinen Bearbeitungen des Medeastoffes wird es sichtbar — in der Antike über sein eigenes Wesen klar zu werden. Er bietet eines der seltenen Beispiele, daß ein antiker Stoff zu einem persönlichen Bekenntnis verwertet wird. Kleist geht seinen eigenen Weg zur Antike. Er konnte die klassizistische Antike der Franzosen und die apollinische der deutschen Klassik nicht auseinanderhalten, wenn er die Starrheit der Antike mit dem sinnlos gewordenen Gesetz vergleicht, und sich deshalb von der dionysischen Antike angezogen fühlen, als er die *Penthesileia* gestaltete. Aber nicht dieses verscheucht das Zwielicht über seinem Verhältnis zur Antike, daß er die Tragik des Äschylos mit der Shakespeares zu einer neuen Einheit gestalten wollte und sich nicht von Euripides und Sophokles anregen ließ. Solche Gedanken werden kaum wieder aufgenommen, weil sie Unmögliches wollen. Ja, es mag als bedrohlicher Rückfall erscheinen, wenn Rokokodichtung und Anakreontik im 19. Jahrhundert weiterklingen, Geibel in seinem *Klassischen Liederbuch* alte Übersetzungen antiker Lyrik erneuert oder die Ruinenpoesie über zerfallenen Tempeln und Heiligtümern träumt. In kaum einem anderen Bezirk tritt das Epigonentum der ersten Hälfte des 19. Jahrhunderts so deutlich hervor wie in unserem Problemkreis. Das Junge Deutschland nahm eine Haltung wieder auf, die für Heinse zur Offenbarung seines Künstlertums geworden war und sich in der Romantik wiederholt hatte. Grillparzer wird oft als Klassizist bezeichnet. Das erscheint nur berechtigt, wenn man seine Abhängigkeit von der barocken Kunstgesetzgebung erweisen könnte. Aber das dürfte schwierig sein; denn so sicher es ist, daß seine dramatische Leistung ohne die Wiener Theaterüberlieferung nicht zu denken ist, und daß einzelne Motive, Vorstellungen und Elemente von den Anfängen des Wiener Theaters bis in seine Zeit beobachtet werden können, so ist doch darauf hinzuweisen, daß die von der Höhe des Hoftheaters abgesunkenen Vorstadtbühnen bessere Hüter der Überlieferung waren als jenes, das sich der französischen Kunstgesetzgebung gefügt hatte. Wenn Grillparzer aber in die volkstümliche Spielüberlieferung zu stellen ist, so hat er versucht, diese wieder für die höhere Literatur zu retten. Das gilt weniger für sein erstes Künstlerdrama *Sappho* als für die Trilogie des *Goldenen Vließes*, in der er sich trotz der stofflichen Berührung mit der *Medea* des Euripides als selbständiger Gestalter eines antiken Stoffes bewährte. Hier geht es nicht mehr wie in Goethes *Iphigenie* um die Bezähmung der Barbarei durch edle Menschlichkeit, sondern um das harte Aufeinanderstoßen von urzeitlicher Wildheit mit einer höheren Kultur, deren Träger aber durch den Besitz des geheimnisvollen Schatzes in seiner sittlichen Haltung auf eine Probe gestellt wird, die er nicht bestehen kann. So wurde in einem antiken Stoff die Spannung, die ehemals zwischen Christentum und Heidentum gestaltet wurde und sich immer mit dem Triumph des Christentums löste, auf die Probleme der kulturellen und sittlichen Werte übertragen und eine neue Tragik geoffenbart, die das Zeitalter der Humanität noch nicht gesucht hatte. Das beleuchtet die einsame Stellung des Tragikers Grillparzer. Da kann es dann kaum mehr als ein Kuriosum gelten, daß die Betrachtung antiker geschichtlicher Ereignisse und Personen aus der Froschperspektive Grabbes bewies, daß eine zeitnahe Darstellung auf den ideellen Gehalt eines Stoffes verzichten muß.

In kaum einem Gebiet besteht die Möglichkeit einer innigeren Verbindung mit der Antike als im Bereich der Lyrik. Diese schon bei der mittelalterlichen Dichtung gemachte Beobachtung, welche die Entscheidung zwischen dem anregenden Erlebnis und einem literarischen Anstoß so schwer macht, trifft auch auf das Schaffen Mörikes zu, in dessen Gedichten so viele gemeinsame Züge mit seinem Lieblingsdichter Catull festzustellen sind. Im Bereich der Lyrik läßt sich viel öfter beobachten, daß die geistige Wahlverwandschaft den guten Übersetzer macht. In Platens Werken meldet sich ein neuer Klassizismus an. Die antiken Strophenformen verlieren von ihrer Erhabenheit und vom hymnischen Schwung, den ihnen Klopstock gewann, und der in den Versen Hölderlins neue Kraft aus einem an der Antike geschulten Formempfinden zog. Nunmehr erfüllt sie das Pathos. Sie schreiten auch noch bei Rudolf Alexander Schröder auf dem Kothurn der Erhabenheit; denn sein neuester deutscher Horaz wirkt durch die edle Wortwahl und wendet sich ähnlich wie die Dichtung Stefan Georges an die Auserwählten. Er hebt sich bewußt von der Sprache des Volkes ab und kann den Eindruck nicht vermitteln, den Horaz auf seine Umwelt dadurch erreicht hatte, daß er die Umgangssprache der gebildeten Literatur fähig machte. Anders als im Zeitalter der Reformation beschwingte Aristophanes die Literaturkomödie: Goethes Wolkenkuckucksheim, Platens verspottete Schicksalstragödie und Karl Rosenkranz, der die Lage in der Philosophie nach Hegels Tod in einer Komödie darstellte. Zu einer lebendigen Macht hätte er durch die Übersetzung von Droysen werden können, wenn der Deutsche nicht alles so ernst nähme und über sich selbst ohne Bitterkeit lachen könnte. Die Politik hätte einem deutschen Aristophanes oft genug Anlässe und Stoffe bieten können. Nur die *Politische Wochenstube* von Robert Prutz atmet den Geist des ungezogenen Lieblings der Grazien.

Aus der romantischen Überlieferung von Creuzer und Bachofen und Wagners Musikdrama erfaßte Nietzsche die Geburt der Tragödie und entdeckte die Philosophie des Dionysos. Sie konnte als wirksames Gegenspiel gegen die von ihrer Höhe abgesunkene ausgehöhlte apollinische Antike ausgespielt werden. In der Erkenntnis vom Wechsel entgegengesetzter polarer Strömungen konnte sich die Vorstellung ewiger Wiederkehr gleicher Erscheinungen, daher auch der antiken, bilden. Entscheidend war es, daß Nietzsche, einem Zug der Zeit folgend, nicht mehr das Menschentum in seiner mühsam errungenen Würde, sondern in der Dämonie seines Urzustandes aufsuchte. Der Urmensch, der sich zum Herrn der Erde berufen fühlte, wurde zum Vorbild der Götter, die jenseits von Gut und Böse stehen. Die ganze Philosophie Nietzsches läßt sich aus seiner Auffassung der Antike ableiten, von der auch noch die allegorisch-epische Kunst seines Jüngers Spitteler berührt wird.

Es hat dem Ansehen der Antike wenig gefrommt, daß so mancher Gymnasiast in seinen ersten epischen Versuchen mit Homer und in seinen ersten dramatischen mit Sophokles wetteifern wollte. Das bedeutet eine Verkennung ihrer künstlerischen Ausdrucksmittel und einen Rückfall in die gelehrt-klassizistische Übung. Die Übersetzungen boten ein ähnliches Material, wie es die lateinischen Originale einst der neulateinischen Dichtung des 16. und 17. Jahrhunderts geboten hatten. Nur daß einzelne Vertreter dieser, wie Petrus Lotichius Secundus, Jakob Balde oder Simon Rettenbacher ihre Persönlichkeit und ihr Erleben in ihren lateinischen, nach antikem Vorbild geschaffenen Versen widerspiegeln konnten, während solche Art von Dichtung in einer lebenden Sprache — fast einem poetischen Jargon — bestenfalls als Centopoesie zu bezeichnen ist. Man fügt Formeln, Phrasen, Bilder, Vossische Wortprägungen und Vergleiche, mit denen eine dürftige Handlung aufgeputzt wird, zu einem Gebilde zusammen, das mit

Dichtung kaum mehr etwas zu tun hat. So ist es begreiflich, daß sich das Bedürfnis zum Zusammenschluß geistiger Eliten bildete, die aus dem gesamten Erbe der Antike eine strenge Auswahl trafen.

Begeisterung für Sinnlichkeit, Lebenslust und Lebenskunst, Neigung zur Dekadenz sprachen aus den Epen von Robert Hamerling, wie Prunkfreude und farbige Üppigkeit in den Bildern seines Zeitgenossen Makart lebendig wurden. Nero und Petronius waren beliebte Gestalten. Das entsprach dem Geist der Gründerzeit. Nachdem sich die Psychoanalyse des Ödipusmotivs zur Erklärung einer seelischen Anlage bedient hatte, waren die Gestalten der griechischen Heroenzeit für die neuen dramatischen Auffassungen von Hofmannsthal (*Elektra*, *Oedipus und die Sphinx*) frei. Gerhart Hauptmanns *Bogen des Odysseus* suchte das ewige Problem der Heimkehr und des Zurückfindens zu gestalten, noch ehe es in der Dichtung der Zwanzigerjahre so aktuell wurde. Die Macht der tragischen Gestalten des griechischen Dramas wird darin sichtbar, daß das Leid über die Not und den Wahnsinn eines Krieges, das mutige Bekenntnis zum Frieden in der neuerstandenen Übersetzung der *Troerinnen* des Euripides von Werfel und der *Antigone* von Hasenclever eindrucksvoller sichtbar werden, als in den zahlreichen Romanen, die den Krieg schildern, wie er ist. Es bringt uns die Zeitlosigkeit der antiken ethischen Werte zum Bewußtsein, wenn wir vom Schicksal dieser Gestalten bedrückt und befreit werden, wenn ihr Leid noch nach Jahrtausenden zum Widerspiel des unseren werden kann. Darin liegt aber die andere Gefahr, daß die Antike propagandistisch ausgenützt und entwertet werden kann. Auch sie ist nicht gefeit gegen die Entweihung durch jene, die keine Kunst um ihrer selbst willen kennen. So erscheint auch in der maßgebenden literarischen Entwicklung ein Zug zu den Urproblemen der Frühzeit. Das wird auch in der Fragestellung nach dem Wesen der Kunst und des Schöpfertums sichtbar, um die sich Rilke unter dem Symbol des Orpheus bemühte. Es deutet darauf hin, daß nach der Überwindung des falschen Scheins, der Rationalisierung und der damit verbundenen Verkitschung der Antike nun wieder der Weg frei ist, jene Anliegen der Zeit, welche die Gemüter am stärksten bewegen, im Spiegelbild der Antike zu klären. Die Überwindung des Rationalismus zeigt sich nicht nur in der Mythisierung der Erscheinungen und Persönlichkeiten, sondern auch in der Ehrfurcht und Achtung vor den Geheimnissen, um deren langsame Entschleierung man sich nun bemüht.

Daß die Antike und im besonderen das Griechentum auch noch für unsere Zeit, ähnlich wie für die Klassik, die Erscheinungsform der höchsten Schönheit ist, ist eine Illusion, die auf der Verwechslung von Klassik und Klassizismus ruht und darüber hinwegsieht, daß Klassik ihrem Wesen nach kein Dauerzustand sein kann. Die breite Kenntnis der Antike, die uns die Wissenschaft des Spatens beschert hat, gewährt uns immer tiefere Einblicke in das materielle und geistige Leben der Antike. Sie stellt sich uns dadurch nicht mehr so sehr als Ziel der Sehnsucht vor, aber es wird uns gegenwärtig, daß ihr Leben unter denselben Gesetzen stand wie das unsere. Sie ist uns ähnlich nähergerückt wie jene Zeiten, die sie auf eine andere, der ihren gleiche Zivilisationsstufe stellen mußten, um überhaupt einen Zugang zu bekommen. Wir nähern uns wieder einer naiven Betrachtungsweise. Zwischen dieser und der ersten liegt eine Zeit geistiger Nähe, in der sich Wünsche und Ideale mit dem Griechentum verbanden, in der es Vorbild und Forderung war und als Ziel der Bildung bestimmt, Grieche zu sein im Sinne von Goethe, d. h. im Sinne eines Glaubens. Und wie immer ist dieser Glaube durch das Wissen um die Erscheinungen, durch die wiedererkannte Wahrheit zerstört worden; denn so manches erwies sich als Irrtum und nährte die Erkenntnis des antiken Zwanges, der sich verhängnisvoll auswirkte und in der Kunstdichtung den deutschen Vers vergewaltigte, indem er ihn unter Grundsätze und vorbildliche Formen stellte, die seinem Wesen nicht gemäß waren. Das konnte zu der widersinnigen Behauptung führen, es gebe in der deutschen Sprache Positionslängen, zum Zusammenwerfen von Sinnschwere und Quantität der Silben oder gar dazu, den Versfuß als Zelle anzusehen, aus der sich die Rhythmen und Strophen dann entwickelten. Mag man bedauern, daß das organische, bodenständige Wachstum der deutschen Kunstdichtung ihrer Eigengesetzlichkeit dadurch entrückt wurde, wie man auch bedauern kann, daß die beständigsten Bildungswerte in unserem geistigen Leben auf fremdem Boden gewachsen waren, so wird man sich doch klar darüber sein müssen, daß solche Symptome, bei deren Betrachtung noch immer gefühlsmäßige Beurteilung mitspricht, auch dafür Zeugen sind, daß der geistige Lebensraum der Deutschen in einer breiten, von der Antike her nicht abreißenden, lebendigen abendländischen Überlieferung steht. Diese aufzugeben, hieße, sich über die eigene Vergangenheit hinwegzusetzen, und bedeutete den Verzicht auf geistige Güter und Zusammenhänge, die sich immer als fest erwiesen haben. Man wird nicht sagen können, wie das Bild der Antike in der Zukunft aussehen wird. Es ist anzunehmen, daß die eingehende Erforschung der Vorsokratiker wieder mehr Wert auf naturwissenschaftliche Zusammenhänge legt. Aber man wird sagen können, daß ein Verzicht auf die Antike als Bildungsgut uns auch in unserer eigenen Vergangenheit keine geistige Heimat mehr bieten wird [1].

---

[1] Literatur: L. Cholevius, Geschichte der dt. Poesie nach ihren Elementen (1854/56). Merker-Stammler 1 (1925/26) S. 49—81. — R. Newald, Jahresber. üb. die Fortschr. d. klass. Altertumswiss. Bd. 232.57 (1931); Suppl. Bd. 250 (1935); GRM. 22 (1934) 106—115; Kulturwissenschaftl. Bibliographie zum Nachleben der Antike, hrsg. v. d. Bibliothek Warburg 1. 1931 (1934). 2. 1932 (1938). — E. R. Curtius, Europäische Literatur und lat. MA. (Bern 1948). — J. Schwietering: ZfdA. 61 (1924) 61—82. — Ch. H. Haskins, The Renaissance of the Twelfth Century (Cambridge 1927). — E. Norden, Die antike Kunstprosa (1898, 3. Aufl. 1915/18). — G. Finsler, Homer in der Neuzeit von Dante bis Goethe (1912). —

W. Süss, Aristophanes und die Nachwelt (1911). — G. Billeter, Die Anschauungen vom Wesen des Griechentums (1911). — L. Denecke, Ritterdichter und Heidengötter (1929). — F. v. Bezold, Das Fortleben der antiken Götter im mal. Humanismus (1922). — K. Borinski, Die Antike in Poetik und Kunsttheorie (1914/24). — A. Heusler, Deutscher und antiker Vers (1917). — W. Rehm, Griechentum und Goethezeit (1936). — K. Heinemann, Die tragischen Gestalten der Griechen in der Weltliteratur (1929). — R. Benz, Wandel des Bildes der Antike in Deutschland (1948).

VIER GESTALTEN
AUS DEM ZEITALTER DES HUMANISMUS
(1946)

EINLEITUNG

Um die Klärung des Begriffes Humanismus hat sich die Wissenschaft in den letzten Jahrzehnten immer wieder bemüht. Es blieb aber häufig ein Reden um das Wort. Deshalb kann man die Frage aufwerfen, ob dadurch wirklich eine Förderung des Verständnisses dieser Zeit eingetreten ist. Worte, welche viel gebraucht werden, gleichen Münzen, deren Prägung im Lauf der Zeit unscharf geworden ist. Wert oder Kaufkraft einer Münze bleiben gleich wie die lautliche oder schriftliche Gestalt des Wortes. Die unklar gewordenen Konturen des Bildes und der Inschrift aber gleichen dem Begriff, der an ursprünglicher Festigkeit eingebüßt hat, dessen Umrisse verschwimmen. So wie die saubere Prägung der Münze nur durch Vergleichung mit besser erhaltenen Stücken erschlossen werden kann, werden die einzelnen Entwicklungsstufen des Bedeutungswandels aus der Anwendung des Wortes in literarischen Werken vergangener Zeiten erkannt. Doch läßt sich dieser Vergleich nicht ins einzelne durchführen, weil die ursprüngliche Ausdrucksweise, der Wortschatz eines jeden Schriftstellers seine Besonderheiten aufweist. Wenn auch die einzelnen Begriffe nicht immer deutlich von anderen abgegrenzt werden, so stehen doch klare Vorstellungen hinter ihnen, die ihren besonderen Sinn haben. Ließen sich diese Vorstellungen zwingend und allgemein verbindlich an die Worte ketten, so wäre das gegenständliche Denken erfunden, und man könnte mit Ideen schalten und walten wie mit Dingen. Die Grenze zwischen Konkretem und Abstraktem, Materie und Geist, hat auch der, der sie leugnet, nie überschreiten können. Die Vermittlung von Begriffen, Vorstellungen und Gedanken besorgt die Sprache, sei es, daß sie unmittelbar in ihrer lautlichen Gestalt vom Menschen zum Menschen, vom Munde des einen in das Ohr des anderen erklingt, sei es, daß sie über Zeit und Raum hinweg die einmal geformten Erkenntnisse weiterträgt. Die unzulängliche Gestalt oder Formung eines Gedankens kann im Unvermögen ihres Schöpfers, in der schlechten Überlieferung oder darauf beruhen, daß eine spätere Zeit oder eine andere Sprache mit einer ihr fremden Vorstellungswelt nicht zu Rande kommt und ihr die sich deckenden Ausdrücke nicht zu Gebote stehen.

Daß es nicht leicht ist, zu eindeutiger Klarheit über den Sinn eines Wortes zu kommen, kann das Beispiel Humanismus oder Humanist zeigen. Abgesehen davon, daß der etymologische Zusammenhang mit homo und die weitere Bildung Humanität große geistige Zusammenhänge eröffnen, ist eine Erklärung des Begriffes auch deshalb schwierig, weil unter dem Wort sowohl eine allgemeine geistige Haltung verstanden wird, welche bei allen Kulturvölkern und in allen Zeiten wiederkehren kann, als auch eine bestimmte Periode der abendländischen Geistesgeschichte, welche mit Petrarca und Montaigne in ihrem Ausgangs- und Endpunkt bezeichnet wird, ohne daß man sich bemüht, eine scharfe Grenze gegen den Begriffsinhalt von Renaissance, Reformation, Klassizismus oder Barock zu ziehen oder die verschiedenen Formen der gleichen Erscheinung bei den einzelnen Nationen festzustellen.

Die Diskussion über das Wesen von Humanismus und Renaissance sowie die verdienstvollen Quellenveröffentlichungen fordern gleichsam dazu heraus, Bilder der einzelnen Persönlichkeiten zu entwerfen. Dabei besteht allerdings die Gefahr, daß ein solches Bild mit Maßstäben arbeitet, welche die Größenverhältnisse verzerren und die literarischen Leistungen zu sehr als persönliche Manifeste ihrer Schöpfer und zu wenig als Erzeugnisse des Zeitgeistes ansehen. Das würde besser in Erscheinung treten, wenn die bedeutendsten literarischen Werke und wichtigsten Ereignisse in zeitlicher Abfolge, Bedeutung und Wirkung dargestellt werden könnten. Aber es ist nicht leicht, solche Denkmäler zu finden und die einzelnen Phasen der Entwicklung in den verschiedenen Kulturzentren so darzustellen, daß die Persönlichkeiten ihrer Schöpfer ganz zurücktreten. Der Umstand, daß die biographischen Arbeiten über einzelne Humanisten sehr ungleichmäßig sind und erst auf einen gemeinsamen Meridian visiert werden müssen, führte dazu, aus der Herren eigenem Geist den Geist der Zeit zu beschwören.

Von diesem Standpunkte aus wurden die Gestalten gewählt, und von ihm aus ergab sich fast zwangsläufig die Darstellung. Die Gestalten wurden als lebensvolle Persönlichkeiten aufgefaßt und aus ihren Handlungen und Äußerungen ihr Wesen und ihr Charakter erschlossen, ihr Verhältnis zur Wissenschaft an sich, zur Umwelt, zu den Ereignissen und Menschen gezeigt.

Es gibt gewisse Wesensmerkmale, welche in ihrer Zusammenfassung oder einzeln als humanistisch gelten können. Dennoch ist es gefährlich, aus dem Auftreten einzelner Symptome zwingende Schlüsse zu ziehen. In diesem Sinne gibt es einen Gelehrtentypus humanistischer Prägung ebensowenig wie einen Gelehrtentypus an sich. Was ist das Gemeinsame im Wesen von Männern, deren jeder als Humanist angesehen wird, wie Petrarca, Boccaccio, Poggio, Lorenzo Valla, Enea Silvio, Pico della Mirandola, Marsilio Ficino, Ermolao Barbaro, einem Bohemien wie Peter Luder,

Regiomontan, Celtis, Cuspinian, Peutinger, Erasmus, Pirckheimer, Vadian, Hutten, Melanchthon?

Ähnlich steht es auch um die Ideen, die man als besonders kennzeichnend für den Humanismus zu nennen pflegt. Liebhaber der Wissenschaften hat es zu allen Zeiten gegeben, immer gab es feinsinnige und verständnisvolle Förderer der Kunst, streitbare Eifersucht unter Rivalen, gehässige Verdächtigungen, hinter denen sich der Ehrgeiz verbarg, Geltungsdrang und Formsinn, der sich nach klassischen Idealen ausrichtete, Lebensfreude und Liebessehnsucht, Prometheustrotz und selbstlose Hingabe an hohe Ziele.

Das Zeitalter des Humanismus hat sich häufig als bevorzugtes Forschungsgebiet erwiesen. Die Aufklärung sah in dem Wiederaufblühen der Wissenschaft den ersten hellen Schimmer, der sich in ihr selbst dann in seiner Klarheit zeigte. Herrenmenschen und Machtweiber zogen die Jünger der Geniebewegung an. Für hemmungslose Sinnlichkeit und Daseinsgenuß konnte die Renaissance treffliche Vorbilder aufstellen. Geistige Zucht und Innerlichkeit kündeten die Romantiker aus der altdeutschen Kunst Albrecht Dürers. Mit den Aufstandsbewegungen im Zeitalter des Humanismus konnten Zeiten, welche Revolutionen ersehnten und erlebten, Tyrannenhasser und Republikaner enge Freundschaft halten. Große Persönlichkeiten in Samt und Purpur wandelten durch Novellen und Romane. Vor dem stoffgierigen Historismus des Professorenromans war auch die humanistische Zeit nicht sicher. Im Drama des späteren Naturalismus, der sich wieder an geschichtliche Stoffe und Gestalten wagte, triumphierte das Herrenmenschentum eines Cesare Borgia. Immer glaubte der Beurteiler das typisch Renaissancemäßige vor seinem geistigen Auge zu sehen. Nur der Spießbürgerlichkeit tat es nie wohl, mit dem Feuer der Renaissance zu spielen. Sie mußte befürchten, daß ihr die Gänsehaut von Zeit zu Zeit über den Rücken laufe. Kraftvolle Männlichkeit sah sich im Spiegel der Renaissance genau so wie dekadente Überfeinerung und Lebensüberdruß.

Diese biographischen Versuche wollen die Ideen und ihre Träger, die Gedanken und ihre Schöpfer aneinanderbinden, ohne den oft dunklen Ursprüngen der Ideen nachspüren oder das geheimnis- und wechselvolle Kräftespiel der zeitgestaltenden Mächte aufdecken zu können. Nicht das ist das Wesentliche, daß ein Gedanke geäußert wird — wie vieles ist in der Geschichte der Menschheit längst vorgedacht, ohne wirkenskräftig zu werden! — sondern daß er auf einen Boden fällt, in dem er fruchtbar werden kann. Fruchtbar und aufnahmebereit für die Saat ist nur der beackerte Boden, wenn die Zeit gekommen ist. — Wie geht die Entwicklung nun vor sich? Sind es die Ideen, die von dort kommen, woher der Wind weht, die sich der Menschen bedienen und aus ihnen laut und vernehmlich reden, oder sind es die Menschen, die sie aus eigener Kraft in günstigen Augenblicken aus einem inneren Bedürfnis erzeugen? Mit anderen Worten: liegen die

Ideen wirklich in der Luft? Brauchen sie nur ausgesprochen zu werden? Werden sie mühelos geschaffen, oder wälzen sie sich aus der harten Arbeit ihres Schöpfers langsam in die Welt? Wer diese Fragen beantworten könnte, hätte den Stein der Weisen für alle geschichtliche Wissenschaft gefunden. Ursprung und Herkunft der Gedanken sind in undurchdringliches Dunkel gehüllt. Bestenfalls kann ihr Wachstum nahe am Ursprung und in wichtigen Phasen der Entwicklung beobachtet werden. Entscheidend für ihr Gedeihen und die Entfaltung neuer oder alter, wieder lebenskräftig gewordener Ideen ist das geschichtliche Erleben, sind die Erschütterungen, welche das geistige Sein der Menschen erfährt, ist der menschliche Wille, eine unhaltbare Lage zu beseitigen oder bestehende Werte dadurch zu erhalten, daß sie mit neuer Lebenskraft ausgestattet werden. In der verwirrenden Fülle der Eindrücke, die auf den einzelnen einstürmen, kann er sich nicht auf einen Standpunkt stellen, der über den Parteien thront. Erziehung, Erlebnisse, Naturveranlagung und persönliche Neigung stellen ihn an seinen Platz, lassen ihn zaudern oder sich entscheiden, zuschauen und das Kräftespiel beobachten, oder seinen Teil an der Gestaltung beitragen. Was er im Einzelfall tut, läßt sich für einen Menschen der Vergangenheit ebensowenig errechnen wie für einen der Gegenwart. Immer liegen Gefühl und Verstand im Widerstreit und lassen den Ausgang unsicher erscheinen.

Wenn sich aus dem Erlebnis der Gegenwart solche Gedanken vordrängen, so soll dennoch eine ähnliche Lage im Zeitalter des Humanismus und der Reformation nicht dazu herausfordern, wie es in ernsten und populären Schriften unserer Zeit zu geschehen pflegt, Parallelen zu ziehen und durch Namen und Persönlichkeiten aus der Vergangenheit solche der Gegenwart nur schwach zu verdecken. Geschichtliche Ereignisse und Persönlichkeiten sind immer einmalig und zeitbedingt, mag jemand auch noch so viele ähnliche Erscheinungen in der nahen oder fernen Vergangenheit zu sehen glauben. Eine lebhafte Phantasie wird dadurch zur Wahrsagerei verführt. Hintergründe oder letzte Wahrheiten braucht, wer sie kennt, nicht zu verbergen; denn jeder wäre ihm dankbar, wenn er sie enthüllen könnte.

Wer dem Fortleben und der späteren Beurteilung dieser Gestalten nachgeht, wird beobachten können, daß das Scheinwerferlicht der Forschung immer nur einzelne Seiten und Züge ins Helle stellt und die übrigen im Dunkeln läßt. Geschichtliche Gestalten, deren Wirken den Zeitgenossen genug getan hat, üben auf späte Enkel immer noch eine besondere Anziehungskraft aus. Sie suchen sich aus ihnen das Nachahmenswerte oder Verabscheuungswürdige heraus, sie wahren ihren Standpunkt. Zur Erkenntnis des wahren Bildes zu kommen, scheint vergebliches Bemühen zu sein, weil jede Zeit die Gestalt vor ihren verzerrenden Spiegel stellt, sich ein Bild nach ihrem Bilde zurechtlegt und Züge verwirft, welche andere vor ihr gesehen haben, und andere erkennt, die vorher niemand aufgefallen sind. Sinnlos wäre es, wenn das letzte Ziel alles Bemühens das Erwerben und der Besitz der Wahrheit wäre. Alle Wissenschaft, deren Ziel die Erforschung der Vergangenheit ist, sollte sich auf Lessings Wort aus der Duplik besinnen: „Nicht die Wahrheit, in deren Besitz irgendein Mensch ist oder zu sein vermeint, sondern die aufrichtige Mühe, die er angewandt hat, hinter die Wahrheit zu kommen, macht den Wert des Menschen. Denn nicht durch den Besitz, sondern durch die Nachforschung der Wahrheit erweitern sich seine Kräfte, worin allein seine immer wachsende Vollkommenheit besteht. Der Besitz macht ruhig, träge, stolz. Wenn Gott in seiner Rechten alle Wahrheit und in seiner Linken den einzigen, immer regen Trieb nach Wahrheit, obschon mit dem Zusatze, mich immer und ewig zu irren, verschlossen hielte und spräche zu mir: Wähle! — ich fiele ihm mit Demut in seine Linke und sagte: Vater, gib! Die reine Wahrheit ist ja doch nur für dich allein!"

Jede Arbeit dieser Art ist ein Eroberungszug oder ein zäher Kampf um Erkenntnisse, die man erwerben muß, um sie zu besitzen. Sie bleibt keinem Gelehrten und keiner Generation erspart. Man muß sich dessen bewußt bleiben, daß die Akten über einen großen Geist der Vergangenheit oder eine lebenskräftig wirkende Idee nicht geschlossen werden können. Die Aufgabe der geschichtlichen Wissenschaft liegt weniger im Herbeischaffen neuen Materials, denn das muß sich einmal erschöpfen, als im Durchdenken und Überlegen, im Erkennen und Urteilen, im Streben, ein neues, in sich abgeschlossenes Bild, das möglichst aus der vollen Kenntnis der Quellen gewonnen wird, zu entwerfen. Aus dieser Einstellung zu den Dingen sind die vorliegenden Versuche entstanden. Sie sind dem Tage, der Gegenwart, dem eigenen Wissen und Erleben verpflichtet. Deshalb erheben sie nicht den Anspruch auf lange Geltung und Dauer. Sie wollen der Gegenwart Männer aus der Vergangenheit zeigen, die selbst Kinder ihrer Zeit waren, unter ihrem Druck und ihren Vorurteilen litten, ihnen erlagen oder sie bekämpften, Ziele und Aufgaben vor sich sahen, um deren Erfüllung sie sich oft erfolglos bemühten. Sie alle stehen zwischen dem Mittelalter und der Neuzeit. Von der Geburt des Ältesten bis zum Tode des letzten liegt genau ein Jahrhundert des Übergangs, in dem das geistige Leben des Abendlandes aus einer festgeordneten Bahn gerissen wurde und eine neue Auffassung sich bildete.

So tauchen aufs neue große geistesgeschichtliche Begriffe, Mittelalter, Scholastik, Mystik, Devotio moderna, Humanismus, Renaissance und Reformation auf, mit denen sich jeder einzelne der Dargestellten in seinem Leben auseinandersetzen mußte; denn das waren die Mächte der Zeit, die absterbenden und aufsteigenden, die ausgeleierten, verschwommenen, deutlich umrissenen, durch Begeisterung gehobenen und mit stiller Liebe umfangenen. Noch klingen die Worte Taulers an die minnende Seele weiter, umranken einander Himmelssehnsucht und geistige Freiheit, sucht die Seele den Weg zur Vereinigung mit dem höchsten Wesen, müht sich der scharfe Verstand um ein ausgeklügeltes Weltgedankengebäude, noch steht die Einheit der aus den verschiedensten Elementen zusammengewachsenen Welt auf den Säulen des Kaisertums und des Papsttums. Diesen Eindruck vermittelt noch das Konstanzer Konzil, dessen äußerliche Pracht aber nur den oberflächlichen Blick hinwegtäuschen konnte über die Gefahren, welche vorläufig gebannt waren. Der Scheiterhaufen, in dem das Leben der beiden Ketzer verglühte, war der Vorbote schwerer Kämpfe. Der eine Papst, der wieder rechtmäßig die dreifache Krone und den Fischerring trug, hinterließ seinen Nachfolgern ein gerütteltes Maß von Pflichten, die an Musenhöfen und im Reiche des schönen Scheins nicht erfüllt werden können. Dunkle Schatten legten sich bereits über das Schicksal Südosteuropas. Am lautesten aber erscholl der Ruf nach einer Reform an Haupt und Gliedern. Er ist viel wesentlicher und bestimmt den Gang der Zeit deutlicher als die Frage, wer über dem andern stehe, das Konzil oder der Papst. Von da ab richtete sich das Mönchstum wieder an der alten Regel aus. In Subiaco, Melk, Bursfeld, Windesheim, Raudnitz lebte ein williger Geist, der die alten Ideale in ihrer Reinheit aufflammen ließ, begeisterte und mit sich riß. Strenge Visitationen sahen überall nach dem Rechten, in den Schreibstuben regten sich emsige Federn und Pinsel, in den Bauhütten, Maler- und Schnitzerwerkstätten zog neues Leben ein. Der Ruf nach Umgestaltung, Ausrichtung, Neuformung im Sinne einer entschwundenen geistigen Haltung verstummte das ganze Jahrhundert hindurch nie. Domkapitel und Weltpriester gaben ihn weiter, suchten durch Beispiel und Vorbild zu wirken, Kardinallegaten durchzogen das Land und dienten der gleichen Aufgabe. Von der mittelalterlichen Predigt Bertholds von Regensburg an über die Mystik und Tauler zu Heinlin vom Stein und Geiler von Kaisersberg läßt sich das zunehmende Bedürfnis des Insichgehens, der sittlichen Neuformung des Menschen beobachten. Aber trotz aller Eindringlichkeit und nicht geringer Erfolge: Mittel, neue Lebenskraft aus den zerfallenden Teilen hervorzuzaubern, gewährte der Ruf erst dann, als er sich mit den Mächten des Umsturzes verband und den Bruch mit der Kirche vollzog.

Aus der Gedankenwelt der Mystik stammt der Begriff der Wiedergeburt, des Erneuerungsbades, der Verjüngung. Die Voraussetzung für sein Fruchtbarwerden ist die Erkenntnis des Alterns. Eine Erneuerung aus sich heraus wurde gefordert. Die Zeit wollte wieder jung werden, sie sah sich von einer Wissenschaft belastet, deren Massen der einzelne nicht mehr bewältigen konnte und wollte. Einsichtige konnten die Ausartung der Wissenschaft in eine bloße Arbeitstechnik erkennen, die sich schließlich selbst darin ad absurdum führte, daß sie durch ein mechanisches Kartenspiel vermittelt wurde. Waren die Universitäten als geistige Autoritäten beim Konstanzer Konzil zum erstenmal in der Öffentlichkeit hervorgetreten, so hatten sich im ganzen 15. Jahrhundert, das so viele Neugründungen im Westen des Reiches sah, im geistigen Kampf zwischen dem alten und neuen

Weg, dem Nominalismus und Realismus, zwischen den Vertretern der alten philosophisch-artistischen und denen der neuen humanistisch-poetischen Wissenschaft zu bewähren. Längst waren diese Kämpfe gegenstandslos geworden, als die Universitäten sich zu entscheiden hatten, ob sie dem alten oder dem neuen Glauben dienen wollten. In der Schulordnung Melanchthons und der Ratio studiorum der Jesuiten fällt den Studia humaniora eine dienende Stellung zu. Einst aber waren sie Selbstzweck und wirkten befreiend. Wer sich ihnen ergab, glaubte das Zaubermittel zu besitzen, durch die Wissenschaft zur Freiheit zu gelangen.

Aus einem stolzen Kulturbewußtsein und der Erkenntnis des Gegensatzes von Bildung und Unbildung wurde der Begriff der Humanitas geboren. Seine griechische Vorstufe ist die παίδευσις, worunter Isokrates den edlen Gebrauch des λόγος versteht. Damit wird der Gegensatz zwischen Hellenentum und Barbarentum festgelegt, wird die Pflege kultureller Werte zur Aufgabe, die später als hohe geistige Verpflichtung vom römischen Adel um den jüngeren Scipio übernommen wurde, der jenen Gegensatz, der zwischen Bildung und Unbildung bestand, erweiterte, indem er das Menschentum in den Mittelpunkt rückte und zwischen dem Menschlichen und Unmenschlichen schied. Da stand nun nicht mehr das menschliche Wesen mit seinen Fehlern und Schwächen, das Durchschnittsmäßige im Brennpunkt, sondern das hohe und edle Menschentum, das sich darüber erhebt. Gelehrte Studien eröffnen den Weg zur Humanitas. Sie wirkt veredelnd auf alles Tun, weil dieses von der Würde der Persönlichkeit, die von ihrem inneren Werte durchdrungen ist, bestimmt wird. Das sichere Insichruhen läßt auch in schwierigen Lagen keinen Zweifel aufkommen, wie man sich zu verhalten hat. Die Selbstverständlichkeit der Formen gesellschaftlichen Umgangs wird gleichsam von innen heraus ohne konventionelle Vorschriften geregelt. Geistiger Besitz darf nicht vergraben werden, es besteht die Verpflichtung, aus ihm zu spenden und Herold der Bildung zu sein. Es gibt wenige kulturelle Begriffe, die ihren ursprünglichen Sinn so frei gewahrt haben, denn trotz des Mißbrauches und der Inanspruchnahme für kleinliche und persönliche Interessen ließ sich der Begriff Humanitas nie in ein System pressen. Er konnte entwertet werden, indem die Vergänglichkeit und Fragwürdigkeit des Menschlichen gegenüber dem Göttlichen betont wurde, aber seine Stunde schlug im Zeitalter der Wiedergeburt, als die Forderung nach Menschenbildung erhoben wurde. Dies geschah nicht im Gegensatz zur christlichen Ordnung, sondern aus einem Zeitbedürfnis heraus, welches im geistlichen und weltlichen Bildungsbereiche die Quellen des Evangeliums und der alten römischen, der klassischen Sprache in ihrer ursprünglichen Reinheit sehen wollte. Die Erkenntnis, daß sich theologische Spekulation und lateinische Sprachübung seit dem Untergang der Antike weiterentwickelt hatten, daß vieles in Vergessenheit geraten oder anderes überaltert war, daß die Welt verjüngt werden müsse, eröffnete dem theologischmystischen Gedanken der Wiedergeburt auch das Feld weltlicher Gelehrsamkeit. Sie empfahl der Nachahmung neue Vorbilder und schulte den Formsinn. Nun wurde die Humanitas zur geliebten Himmelstochter. Derselbe Marsilio Ficino, der ihre niedrige Herkunft durch den Zusammenhang mit humus erklärt hatte, wehrte sich gegen diese falsche Etymologie und bestimmte ihr wahres Wesen so: „Est enim humanitas ipsa prestanti corpore nympha, coelesti origine nata Aetherio ante alias dilecta Deo [1]".

Diese Definition gibt noch keinen Hauptschlüssel zum Verständnis der neuen Zeit. Humanisten im Sinne von Gelehrten, die sich einer am klassischen Latein geschulten Ausdrucksweise bedienen, gab es auch im Mittelalter wie das Gefühl für die Schönheiten der Natur und des menschlichen Körpers, das Bewußtsein des Nachruhms, das humanistisch gelehrte Ethos, den Individualismus und andere Erscheinungen, die man als „typisch humanistisch" zu bezeichnen pflegt. Nur daß sich solche Erscheinungen im Mittelalter bloß auf kleinen Räumen und in zeitlich begrenzten Abschnitten nachweisen lassen. Man könnte mit gleichem Erfolg das typisch Mittelalterliche in der Gedankenwelt der Humanisten aufsuchen, wie man das Humanistische im Mittelalter aufgesucht hat: das Ergebnis ist bloß, daß der Nachspürende Widersprüche und Nahtstellen zu erkennen glaubt, wo einst das Leben wogte. Der Gegensatz zwischen Bildung und Wildheit, der im neuen Zeitalter deutlicher und allgemeiner als früher in Erscheinung tritt, ist uralt, nur hat sich der Begriff des Barbarentums von der Grundlage der Rasse auf die der Bildung und Form verschoben. Das barbarische Latein, das man verabscheut, ist das Mönchslatein, die mittelalterliche Gebrauchssprache. Sie gerät als internationales Verständigungsmittel für den Mann von wahrer Bildung in Verruf. Vom Wiederaufleben des Paganismus, einer feindlichen Haltung gegenüber dem Christentum, einer Emanzipation der Vernunft, einem Triumph des Verstandes und Willens über den Autoritätsglauben und ein übermächtiges Gefühlsleben, einer ersehnten Rückkehr zu den antiken Verhältnissen kann in dem Zeitalter, das ein neues Weltsystem schuf und seinen Gesichtskreis durch die Entdeckung neuer Weltteile weitete, nicht die Rede sein.

Das Bewußtsein einer geistigen Verbindung unserer Zeit mit dem Zeitalter des Humanismus durch eine gelehrt wissenschaftliche Haltung, die auf die Gegenwart noch bestimmend wirkt, führte dazu, in der Übergangszeit vom 15. zum 16. Jahrhundert das Trennende stärker hervorzuheben und methodische und wissenschaftliche Erkenntnisse des 17. und 18. Jahrhunderts in das 16. zu verlegen. Dies tritt besonders deutlich an dem Versuch in Erscheinung, eine viel spätere Auffassung des Griechentums schon bei den führenden Humanisten festzustellen und zwischen dem naiven Bild

[1] Marsilio Ficino, Epist. lib. V, fol. 805. (Zitiert nach E. Cassirer, Individuum und Kosmos in der Philosophie der Renaissance. Leipzig/Berlin 1927, S. 101, Anm. 2).

der Antike, das in den Übersetzungen Murners, Dietrichs von Pleningen und Schaidenreißers, bei Hans Sachs und Fischart Gestalt gewinnt, und dem eines Eobanus Hessus, Erasmus oder Aventinus eine Scheidewand aufzurichten. Mögen die Humanisten auch tiefer in das Wesen der Antike eingedrungen sein: sie gaben ihr wie in allen Zeiten viel von ihrem eigenen Wesen, das sich nur wenig von dem der volkstümlichen Dichter unterscheidet. Zur Formung dieses Bildes der Antike stehen dem Zeitalter des Humanismus im wesentlichen die gleichen Texte zur Verfügung wie dem Mittelalter. Auch die Humanisten wissen, daß das klassische Altertum im Dunkel der Vergangenheit, aus dem es kein Vorwärts mehr gibt, entschwunden ist, aber so, wie sich die karolingische Zeit und das Mönchstum berufen sahen, die literarischen Schätze zu retten und ihren Geist daran zu schulen, so bemühen sich auch die Humanisten um das gleiche Ziel. Sie sehen ihre Aufgabe im Erhalten und Bewahren, in der Überlieferung des reinen Wortlautes an die Nachwelt. Dieser philologisch-textkritische Wesenszug des Humanismus ist bereits bei hervorragenden Vertretern der karolingischen Renaissance wie Lupus von Ferrière vorhanden, nun aber bestimmt *er* und nicht mehr das bloße Abschreiben und Weitergeben der Texte oder die komplizierte Denkoperation mit schwierigen Begriffen die gelehrte Tätigkeit für die kommenden Generationen. Dieser philologisch-literarische Zug, nicht die Wiederaufnahme einer bereits einmal vorhandenen Geisteshaltung scheint mir eines der bestimmenden Kennzeichen des neuen Zeitalters zu sein. Der homo litteratus, gleichgültig ob Pfaffe, Mönch oder Laie, vertritt nun durch mehr als drei Jahrhunderte und in den romanischen Ländern, wo der Journalist sein Erbe übernommen hat, noch länger den Typus des Gelehrten, der sich weltoffen mit den brennenden Fragen der Zeit beschäftigt. Als Diplomat, Politiker, Ratgeber, Hofmann, akademischer Lehrer, Dichter und Kunsttheoretiker sieht er seine vornehmste Aufgabe in der Erhaltung, Verbreitung und Nährung der Bildung und stellt die Einheit zwischen der äußeren und inneren Lebensform her. Die Erfindung des Buchdruckes führte ihn schnell zu hohem Ansehen. Die Mächtigen dieser Erde werben um Gunst und Beistand des redegewandten Mannes, der theoretisch begründete, was sie planten, der den geistigen Grundstein zu kriegerischen Unternehmen, wirtschaftlichen und politischen Reformen legte. Es ist wie so oft bei den großen geschichtlichen Veränderungen: die Menschen mit ihren Eigenschaften, Absichten, Anlagen und Taten sind immer die gleichen, Schicksalswendungen entfesseln ihre Leidenschaften oder steigern ihre guten Eigenschaften, so daß das mittlere Maß dennoch das gleiche bleibt. Das Entscheidende für die Geschichte, Sieg oder Untergang, bleibt allen Mitlebenden verborgen. Sie sehen nur die Mittel, mit denen der Sieg errungen wurde, sie überschätzen Technik und Methode und können nur wenige Veränderungen bemerken, weil die erlebte Zeit immer als Einheit erfaßt wird. Die Perioden und Einschnitte späterer Geschichtsbücher sind ihnen noch unbekannt.

Zu gesicherten Ergebnissen über das Wesen dieser Zeit wird auch die Ideen- und Formgeschichte kaum kommen, obgleich der häufige Gebrauch einzelner Worte, der Aufstieg neuer Vorbilder, vor allem des Briefschreibers Cicero, Erörterungen über Plato und Aristoteles, die Pflege vernachlässigter Wissensgebiete, die Einführung einer neuen Maltechnik, auf einen Wandel des Zeitgefühls schließen lassen, so sind doch die einzelnen Erscheinungen nicht als etwas völlig Neues anzusehen, weil Ähnliches auch im Mittelalter vorkam. Nur ihr häufiges Auftreten läßt den Schluß auf ein Zusammenwirken verschiedener gleichgerichteter Kräfte zu, welche den ganzen Lebens- und Gedankenumkreis umwandeln wollen und eine neue Zeit heraufführen. Die Kräfte selbst aber finden den Nährboden zu ihrer Entfaltung im Mittelalter. Das Bestreben, dieses als geschlossene Einheit, die sich in der Summa theologiae des großen Aquinaten und dem Weltgedicht Dantes offenbart, anzusehen, sieht der Gegensätze zu viele und vergißt, daß sich in zweihundert Jahren die Welt ändern muß. Man erkennt den Vorgang nicht richtig, wenn man dem Mittelalter die statischen und dem Humanismus die dynamischen Kräfte zuspricht oder Beharrung und Fortschritt in ihnen zu erkennen glaubt, als ob jeder Mensch des Überganges vor die Entscheidung zwischen diesem und jenem gestellt würde und an einem Tage verfluchte, was er am vorhergehenden gesegnet hatte. Gewiß werden die vielen Möglichkeiten des Zwiespalts, welche dem einzelnen in solchen Übergangszeiten begegnen, nicht übersehen werden können, aber er wird seine Entscheidungen nicht im Sinne einer Zugehörigkeit zu den Vertretern des Alten oder des Neuen treffen, sondern er wird aus dem Kern seiner Persönlichkeit handeln, für diese also das gleiche Recht beanspruchen, das für die Beurteilung der Übergangszeit gefordert werden sollte.

Eine der vielen Betrachtungsweisen geistesgeschichtlicher Vorgänge sucht dem Generationsproblem einen entscheidenden Einfluß auf die Durchführung neuer Ideen und Progamme zuzuschreiben. Es ist selbstverständlich, daß ein Ereignis, welches die Gemüter aufregt, weil es als Zeichen einer Zeitwende angesehen wird, von einem Siebzehnjährigen anders betrachtet wird als von einem Fünfzigjährigen, daß Mitschüler, welche unter dem Einfluß der gleichen Lehrer und Meinungen stehen, von einem gemeinsamen Bildungserlebnis aus die Dinge beurteilen. Dennoch ist auch die Herkunft, Veranlagung und Erziehung, die Ausbildung im weitesten Sinne des Wortes, von maßgebender Bedeutung für das Werden und Wirken einer Persönlichkeit, deren Charakter aus Äußerungen, Handlungen oder physiognomischen Merkmalen erschlossen werden muß. Die persönlichen Erfahrungen mit Menschen können sehr oft zu Erkenntnissen über Erscheinungen aus der Vergangenheit führen. Man pflegt das „lebensnahe Wissenschaft treiben“ zu nennen. Aber gerade da besteht die Gefahr des ewigen Parallelenziehens zwischen dem gegenwärtigen Bekannten und dem unbekannten Vergangenen. Eine Zeitlang verhieß auch die literarhistorische Anthropologie, um die es ziemlich still geworden ist, die Rätsel und Probleme geistiger Physiognomien lösen zu können, indem der Versuch gemacht wurde, die Menschendarstellung in den Werken eines Schriftstellers als Einheit zu betrachten. Das mag bei Dichtern der neueren Zeit und am besten unter diesen bei Erzählern zu einigermaßen sicheren Ergebnissen führen, wenn sich der Dichter oder Personen seiner Umgebung als Charaktere oder in einzelnen Zügen in den Gestalten spiegeln, wenn das Schicksal eines Helden mit unerbittlicher Konsequenz zum tragischen Ende geführt wird, vor dem den Dichter selbst eine gütige Vorsehung bewahrt hat. Dies zu erkennen ist nur da möglich, wo man über einzelne Lebensumstände des Dichters unterrichtet ist, wie bei der Erlebnisnovelle Enea Silvio Piccolominis *Euryalus und Lucretia,* bei so vielen Werken Goethes, bei Rilkes Tagebüchern und dem *Malte Laurids Brigge.* Da kann der Philologe triumphieren, wenn er in Briefen oder Tagebüchern ähnliche Wendungen wie in den Dichtungen findet. Liegt aber das Leben und Erleben eines Dichters im Dunkel, dann sind Rückschlüsse aus Charakterzügen seiner Gestalten auf sein Wesen oft recht gefährliche Unternehmungen, Abstecher ins Reich der Phantasie, in dem das Mögliche an die Stelle des Gesicherten tritt. Noch schwieriger ist es, aus satirischen Werken eines Verfassers andere Schlüsse auf sein Wesen zu ziehen als den einen, daß er sarkastisch veranlagt sei; denn Urbild und Verzerrung, Vorwurf und Zutat sind nur dann in ihren richtigen Maßen zu erkennen, wenn dem Beurteiler die Zustände bekannt sind, so daß er Verhältnisse und Abstand bestimmen kann. Eine andere Frage, welche aus dem Charakter des Verfassers beantwortet werden kann, sucht zu ergründen, aus welcher Gesinnung heraus die Satire geschrieben wurde, allgemeiner Lust am Verkleinern, Mißgunst, Weltschmerz, Resignation, ehrlichem Willen zu bessern oder dem Pathos des Zornes; denn Ergebnis und Form eines Werkes können trotz der verschiedenen Voraussetzungen und Entstehungsursachen einander ziemlich ähnlich sein.

Die Berührung und Verbindung mit dem italienischen Humanismus, die Abhängigkeit der ersten deutschen Humanisten von den italienischen, die ersten Kulturzentren, der Hof der Pfalzgräfin Mechthild in Rottenburg, der Wiener Hof, die Tätigkeit des Apostels der neuen Weltsicht, Enea Silvios, der Klosterhumanismus und das Aufblühen gelehrter Studien im Zeichen der Reform kennzeichnen den Frühhumanismus um die Mitte des 15. Jahrhunderts. Die Gestalt Regiomontans berührt diese Kreise nur wenig. Er ist der zeitloseste unter den Gestalten, weil er eine Wissenschaft vertritt, die am allerwenigsten vom Zeitgeist berührt wird. Dennoch zeigt gerade sein Wirken, wie sich die große geistige Umwälzung in einer neuen Gestaltung des Weltbildes, sei es in einer neuen Auffassung von der Zusammensetzung oder Gestaltung der Welt, sei es einer neuen Berechnung der Bewegung der Weltkörper vorbereitet. Das Rheingebiet, die Devotio moderna, der Heidelberger Musenhof, Nürnberg, der Osten, Maximilians I.

Bildungsabsichten, fast alle Bildungszentren, welche im letzten Jahrzehnt des 15. Jahrhunderts den neuen Idealen huldigten, stehen mit Celtis im Zusammenhang. Er erkämpfte der neuen Wissenschaft der Poetik ihren festen Platz, durch ihn wurde das Griechische als Lehrfach an den Universitäten langsam anerkannt. Auf Erweiterung des Bildungsstoffes, den Aufstieg neuer Formideale und einer freieren natürlichen Lebensauffassung ist sein Streben gerichtet. Er ist einer der ersten, der für die Gleichberechtigung der artistischen Fakultät kämpft und sie von ihrer dienenden Rolle zu der der mithandelnden Schwestern erheben will. Sein universales Wissenschaftsideal und seine Absicht, alle Jünger der neuen Weltsicht in gelehrten Gesellschaften zusammenzufassen, verheißen eine neue Entwicklung, die sich aber nicht entfalten konnte. Den Weg zur Höhe wies Erasmus, dessen Wirken harmonisch da endet, wo es begonnen hatte. Aus der Devotio moderna entsprang es, und in der Rückkehr zu den Formen des Spätmittelalters fand es seinen Abschluß. Dem Ruf zu den Quellen ist er unter allen am besten gefolgt. Keinem sind sie in ihrer Reinheit so klar gesprudelt wie ihm. Er trennte sein Wollen und seine Ziele ganz von der Scholastik, wie er seinem Willen zur Klarheit darin Ausdruck gab, daß er jedes Abweichen von der Einfachheit und Schönheit der Form als Barbarei bezeichnete. Der Antibarbarus und Humanist Erasmus ist dennoch keine Kampfnatur. Das verbietet ihm sein christlicher Humanismus, dessen reinstes Vorbild er bei dem humanistischen Kirchenvater Hieronymus findet. Sein Aufenthalt ist der Westen, nicht oft und nicht lang hat er außerhalb des rheinischen Stromgebietes gewirkt. Sein Ansehen hat den Philologen einen Platz unter den theologischen Gelehrten eingeräumt und eine Anzahl von wissenschaftlichen Forschungsaufgaben eröffnet, von denen manche bis heute noch nicht erfüllt sind. Er lebte in seiner Wissenschaft, und wenn ihn Leben und Politik berührten, so wahrte er seinen Standpunkt, aber Entscheidungen traf er nicht. Er war der unumstrittene König im Reich der Wissenschaft, und doch hat er sein Ansehen und seine Persönlichkeit nie in die Waagschale geworfen. Das tat der Mann des Wagnisses, wie es seine Devise sagt: Ulrich von Hutten, der vom Erbe des Konrad Celtis und der Geisteswelt des Erasmus berührt wird. Als Poetiker wie Celtis begann er, als Kämpfer gegen die Unform der scholastischen Sprache und Methode errang er seinen Ruhm, den der Geist des Erasmus überschattete. Im Feuer der Empörung und des Aufruhrs gab er die Wissenschaft preis und kämpfte für ein freies Vaterland, für sein Recht, das ihm verweigert wurde, und schließlich um das nackte Dasein. —

So werden die vier Gestalten zu Ahnung, Erfüllung, Höhe und Abstieg einer geistigen Bewegung, die sich wie jede ihresgleichen nicht entfalten und weiterwirken konnte, weil sie in die Rauheit des Tages hineingerissen wurde und nicht mehr sie selbst bleiben konnte.

JOHANN MÜLLER AUS KÜNIGSBERG IN FRANKEN

Wenn man Leben und Leistung besonders begnadeter und frühverstorbener Menschen überblickt, so hat man den Eindruck, als ob Geister, die in einer höheren Welt der Erkenntnisse leben, menschliche Gestalt angenommen hätten, um diese Erkenntnisse den Erdgeborenen zu vermitteln, und nach Erfüllung dieser Sendung, oder nachdem sie einsehen mußten, daß sie ihre Erdenbahn zu früh antraten, wieder in ihre höhere Welt zurückkehrten. Die Menschen, mit denen sie leben, gehen entweder verständnislos an ihnen vorüber, nachdem sie sie vielleicht für eine Weile als Wunderkinder erklärt hatten oder sie fühlen die Überlegenheit des Geistes und legen seiner Auswirkung bewußt oder unbewußt Hindernisse in den Weg. Ihre Lehrer, die sie bald überholen, werden eifersüchtig, weil sie dem kühnen Gedankenflug nicht folgen können und nicht einsehen wollen, daß sie bei den einstigen Schülern nun lernen könnten. Der Erdenweg dieser Himmelssöhne steigt in Höhen, die der Blick nur weniger Zeitgenossen erreicht. Der Nachwelt wird ihre Größe nur unvollkommen bewußt, sie hält sie für Hüter geheimer Weisheiten und stattet sie mit den Fähigkeiten der Zauberei aus. Mit diesen behaftet, hält sich ihr Nachruhm in der volkstümlichen Überlieferung. Wüßten die, deren Geist in die Gefilde höherer Erkenntnisse zurückgekehrt ist, darum, sie würden darüber lächeln, weil sie es längst erfahren haben, daß es ihr Schicksal ist, mißverstanden zu werden.

Ein solcher Geist ist der fränkische Müllerssohn Johann Müller aus Königsberg, einem kleinen Städtchen in Unterfranken zwischen Bamberg und Schweinfurt. Er selbst ist in Matrikeln der Universitäten, die er besuchte, als Joannes Molitoris de Künigsperg, Joannes de Monte regio oder Regio monte eingetragen. In Briefen an italienische Gelehrte nannte er sich Johannes Germanus oder Francus. Der vollklingende Name Regiomontanus wurde ihm erst nach seinem Tode zugelegt. Er ist die wörtliche Übersetzung des Namens Königsperger, unter dem sein Träger in der volkstümlichen Überlieferung weiterlebt als der Mitverfasser des großen Planetenbuches, das zwischen 1534 und 1870 siebzehn deutsche Ausgaben und ungezählte Übersetzungen erlebt hat. Der marktschreierische Titel lautet in der Frankfurter Ausgabe bei Heinrich Ludwig Brönner von 1789: *Das / Große / Planeten-Buch / Welches / aus dem Platone, Ptolomeo, Hali, / Albumasar, Barlaam und Johann / Königsperger / aufs fleißigste zusammengezogen / Benebst der / Geomantie, Physiognomie und / Chiromantie, wie auch der alten Weiber / Philosophie, und kleinen Cosmographie / Darinnen nicht nur / was dem Menschen für Glück, Unglük, / Reichthum, gute und böse Zeit / begegnen kann / Ingleichen, wie einem jeden alle Jahre seine / Revolution zu setzen, und ein Mensch durch alle / Monate des Jahres sich verhalten soll, kürzlich / und deutlich berichtet, sondern auch alle Län- / der und Wasser beschrieben werden*[2].

Ein deutscher Kalender, der zwei Jahre nach Regiomontans Tod in Venedig 1487 gedruckt wurde, beginnt mit den holprigen deutschen Versen:

Das büchlin behende / du billich lernen solt
Und es achten für edel gestain / silber / und golt
Kalendarius gehaißen zu latein
Leret dich der sunnen höch und mondes schein
Czwelif zeichen / und beider liechte finsternus
Czaigt dir uff vil iare mit kurtzer gedechtnus
Guldin zal / mittelzeit tzwischen fasnacht / beide ciclon
Sonntagbuchstab / ostern / und pfingsten schon
Dar zu erkennen bruch und newen man
Artznei pflegen und gute zeit zu aderlan
Verkündet auch tages und nachtes leng durchs iar
Dar zu der sunnen auff und nidergang offenbar
Quadranten und stunde machen höffelich
Allenthalb zebrauchen gewiß und maisterlich
Das hat gemacht maister hans von königsperg genant
In teutschen und welschen landen wol erkant
Czu venedig gedrückt mit hübscher vernuft und fünden
Als die nach gemelten maister wol künden[3].

Darin ist das Lebenswerk des großen Astronomen leicht faßbar verzeichnet.

Über die Jugend und erste Ausbildung Johann Müllers in seiner Heimatstadt wissen wir nichts. Sein Geburtsdatum wird mit dem 6. Juni 1436 angegeben. Die Annahme, daß sein wohlhabender Vater seine außergewöhnliche frühe Begabung erkannte und förderte, ist berechtigt. Was sich der Knabe in Königsberg aneignen konnte, besaß er im Alter von elf Jahren. Die Anlage zur Beobachtung und der Erfahrungshunger sind ein Erbteil des fränkischen Stammes. Man mag sich dabei an Müllers späteren Stammesgenossen Goethe erinnern. Wie diesem fließen auch ihm die ersten Quellen der Weisheit an der Leipziger Universität, die ihn zum Winter 1447 immatrikulierte. Schon bald hatte er Gelegenheit, seinen kritischen Geist zu erproben an dem ersten gedruckten Kalender, den Gutenbergs Offizin 1448 herausgegeben hatte. Er enthielt die Mondphasen und Stellungen der Planeten für alle fünfzehn Tage. Daß Gutenberg die besten Fachleute mit der Herstellung des Textes und der Tabellen betraute, ist anzunehmen. Aber der zwölfjährige Leipziger Student verstand es besser: er berechnete die Örter der Planeten für jeden Tag und genauer als Guten-

[2] E. Zinner, Leben und Wirken des Johannes Müller von Königsberg genannt Regiomontanus. München 1938, Tafel 35.

[3] E. Zinner, a. a. O., Tafel 32.

bergs Helfer. Eine Anleitung zu seinen Berechnungen konnte Johann Müller in Leipzig nicht erhalten; denn erst von 1460 an lassen sich dort wissenschaftliche Arbeiten dieser Art nachweisen. Eine gründliche Ausbildung konnte sich ein so hervorragend begabter Knabe nur da aneignen, wo das Studium der Mathematik und Astronomie in Blüte stand, und das war an der Wiener Universität. Dort wurde Johannes Müller am 15. April 1450 immatrikuliert.

Der geistige Vater und Organisator dieser Hochschule war Heinrich Hembuche von Langenstein, selbst als Verfasser astronomischer Werke und Vorkämpfer gegen die Sterndeuterei bekannt. Er legte besonderen Wert auf die Pflege der mathematischen Fächer, die schon durch Abt Engelbert von Admont († 1331) und den Rektor an der St. Stefansschule (1337—1341) Konrad von Megenberg eine Heimstätte im Südosten des deutschen Sprachgebietes erhalten hatten. Heinrichs von Langenstein Studienprogramm in diesen Fächern ist umfangreicher als an allen deutschen Universitäten. Die vorgeschriebene Kenntnis der Werke Euklids und der Planetenlehre des Gherardo da Sabbioneta für den Lizenziaten zeigt die hohen Anforderungen, welche in diesem Wissenszweig gestellt wurden. Der gelehrte Johann von Gmunden führte von 1420 an eine Reform des Unterrichts durch, indem er neben der Erklärung der Lehrbücher von Euklid, Sacrobosco und anderen auch die Hauptwerke des 14. Jahrhunderts behandelte und Anleitungen zur Herstellung von Geräten gab, aus denen mit Hilfe von Planetentafeln die Bewegung der Weltkörper zu ersehen war. Auch Kalender stellte er her. Seinen reichhaltigen Nachlaß erhielt die Universität Wien (1442), sie verfügte damit über ein einzigartiges Lehrmaterial. Wohl auf Johanns von Gmunden Anregung hin konstruierte der Prior von Klosterneuburg Georg Müstinger später vier Sonnenuhren, mit deren Hilfe er eine schlechtgehende Uhr berichtigen wollte. Bald nachher leitete die bedeutsame Erfindung eines Unbekannten, die Verbindung von Kompaß und Sonnenuhr, die Beobachtungswissenschaft in neue Bahnen. Gelehrte Studien, Zeitmessung und Beobachtungen des gestirnten Himmels, Theorie und Praxis wurden in Wien also eifrig betrieben. Sie erfuhren eine besondere Förderung durch Kaiser Friedrich III., der sie für seine Neigung, die Zukunft zu ergründen, von berufenen Vertretern auszunützen verstand. Eine besondere Anziehungskraft auf einen jungen Studenten mußte die Wiener Universität auch als Heimstätte des Frühhumanismus ausüben. Sein Begründer war der kaiserliche Protonotar, der elegante Weltmann und gewandte Briefschreiber Enea Silvio Piccolomini. Wohl richteten sich die Anregungen des temperamentvollen Italieners mehr auf die Formen des gelehrten Verkehrs und die Kunst der Mitteilung in einer an den lateinischen Dichtern geschulten Ausdrucksweise, aber eben damit zogen auch die Kräfte, welche ein neues Bildungsideal heraufführten, in Wien ein.

Eneas Freund Georg Awnpekh aus Peuerbach in Oberösterreich hielt als Magister der artistischen Fakultät von 1453 an unter anderem Vorlesungen über Vergil und Juvenal, er arbeitete mit dem Hofastronomen Johann Nihil zusammen, berechnete Jahrbücher der Planetenbewegungen, stellte Reisesonnenuhren her, deutete Kometen. Seine humanistische freiere Lebensauffassung verhielt sich der Sterndeutung gegenüber nicht mehr ablehnend. Die Kirche begann, diesen Wissenszweig, dessen Entfaltung das allgemeine Bedürfnis der Zeit forderte und der Humanismus unter Berufung auf die Freiheit des Menschen begünstigte, nun zu dulden. Seine Leistung innerhalb der Geschichte der Sternkunde besteht darin, daß er sich nicht begnügte, den Wissensstoff zu sammeln und die überlieferten Einzelheiten in einem Kompendium niederzulegen, eine Summa oder ein Speculum seiner Disziplin niederzuschreiben, sondern darin, daß er grundlegende Lehrbücher und Tabellen verfaßte. Er gab Anweisungen für die Herstellung von Sonnenuhren heraus und bemühte sich, neue Geräte zur Zeitmessung herzustellen. Er versuchte, Entfernung und Größe der Kometen zu berechnen. Was aber noch viel mehr als diese einzelnen Leistungen und Arbeiten bedeutete, das war seine neue Einstellung zur Wissenschaft: er übernahm nichts von dem überlieferten Wissen ohne eingehende Prüfung, und dazu bot ihm die Beobachtung einen neuen Stoff. Ein solcher Mann konnte den jungen Regiomontanus in die Wissenschaft einführen. Als Georg von Peuerbach am 8. April 1461 im Alter von 37 Jahren starb, konnte Regiomontan die Fackel aus seiner sinkenden Hand in Empfang nehmen, sein Vermächtnis antreten und weiterbauen. Dem jungen Adepten eröffneten sich in Wien Sinn und Wesen seiner Wissenschaft. Sein dunkler Drang sah deutliche Aufgaben und Ziele vor sich. Hier konnte er lernen, daß die Erforschung des Weltalls von den Mitteln abhängig ist, mit denen sie betrieben wird. Es kam ihm zum Bewußtsein, daß Beobachtung und Spekulation, Erfahrung und Idee, Verstand und Phantasie zusammenwirken müssen, um die Voraussetzungen des Weltgebäudes zu ergründen. Hier erfuhr er, daß die Grundlegung seiner Wissenschaft Beobachtung ist, daß sie nicht durch Erklärung von Texten wie Philologie oder Denken allein wie Philosophie gefördert werden kann. Aus der Fülle des Festgestellten muß sie fortschreiten zu den Erkenntnissen, indem sie die Ursachen zu ergründen sucht, deren Wirkungen sie beobachtet oder erfahren hat. Deshalb muß sie bestrebt sein, die Instrumente, welche der Beobachtung dienen, immer weiter auszubauen und zu verfeinern. Die Mathematik muß ihre dienende Helferin sein. Ihre Bindung an diese rationalste Wissenschaft schließt aber deshalb nicht aus, daß die Bahnen und Stellungen der Sterne in den Zusammenhang mit dem Leben der Menschen gebracht und zu Spekulationen ausgewertet wurden, welche das Schicksal der Menschen ergründen wollen. Die Deutung des Sternlaufes verdunkelt durch Jahrhunderte die Erforschung des Weltraums, sie kann Selbstzweck werden, bietet Scharlatanen ein weites Tummelfeld, muß manchem, der zu Besserem berufen war, den Lebensunterhalt geben und stellt ihm so erst die Mittel zur ernsten Forschung zur Verfügung; denn wenige können einen Kompromiß ablehnen, weil sie sich dessen nicht bewußt werden, daß sie ihre Kraft unnütz vergeuden, wenn sie sie auf das Unergründliche anwenden. Es wäre aber verfehlt zu glauben, daß eine rationalistische Grundhaltung dem Astronomen zugute kommt. Schon der Drang in das Weglose und der Wille, die weiten Räume des ins Unendliche sich öffnenden Himmels geistig zu durchqueren, sind von gefühlsmäßigen Erwägungen und dem Glauben an überirdische Kräfte geleitet, die sich harmonisch auswirken und im Klange der Sphärenmusik für den Menschengeist faßbar werden können. Der Zug nach oben, nach der Vereinigung mit dem Höchsten, die Grundlegung aller Mystik, verbindet sich im Sternenkundigen mit dem kühnen Willen, die äußeren Grenzen der Menschheit zu durchbrechen. Wie der Magier die Naturkräfte für seine Zwecke dienstbar machen will, so werden er und der Sternenkundige als Menschenkinder höherer Art angesehen, denen eine höhere Weihe zuteil wurde, denen aber auch große Gefahren drohen.

Mit der Sterndeutung hat sich Regiomontan nie gern und aus eigenem Triebe abgegeben, wenn auch seine ersten kleineren Arbeiten in Wien unter ihrem Zeichen stehen. Leonore von Portugal, der Braut Kaiser Friedrichs III., stellt er Ende 1451 die Nativität, offenbar zur Zufriedenheit des kaiserlichen Bestellers, der ihn dann auch mit der gleichen Aufgabe für seinen erstgeborenen Sohn Maximilian (22. März 1459) betraute. Das war schon gegen Ende von Regiomontans Wiener Zeit. Jetzt sieht er seine Leistung nicht mehr als Schülerarbeit, sondern als gelehrte Tätigkeit an. „Wahrlich", so schreibt er in der Vorrede an den Kaiser, „eine schwere Last hast du auf meine Schultern gelegt, denn ein solches Ding verlangt sehr große und viele Berechnungen, natürlich auch Erwägungen über die Natur der Sterne, so daß eine solche Deutung von keinem Erfahrenen in wenigen Tagen geliefert werden kann. Indessen ist dein Wohlwollen mir gegenüber so groß, daß ich mich gezwungen fühle, alle Kräfte anzuspannen und deinen Wünschen zu gehorchen. Um so lieber übernehme ich diese Arbeit, als ich weiß, daß du bei deiner überall bewährten, größeren Klugheit meine Deutung richtig verstehen wirst [4]." Und an die Kaiserin wendet er sich mit den Worten: „Schwer und außerordentlich schwierig ist es, über die Zukunft etwas Genaues aus den Sternen zu ersehen. Wer dies unternehmen will, muß viele Dinge kennen. Wer wird nämlich die Natur der Sterne und ihren verschiedenartigen Einfluß richtig vermischen, falls er nicht eine volle und vollständige Kenntnis der Wissenschaft und Philosophie besitzt? ... Obwohl mir die Natur eine gewisse Begabung mitgegeben hat, so weiß ich doch, daß ich die hierzu nötigen Kenntnisse nicht

[4] E. Zinner, a. a. O., S. 37.

habe. Jedoch muß ich der allerhöchsten Kaiserin Leonore gehorchen [5]." Fast sieht es aus, als necke er die gleichaltrige hohe Gönnerin.

Vielleicht boten ihm die beiden Deutungen, welche seine Tätigkeit in Wien umrahmen, die Möglichkeit, einmal Hofastrolog zu werden. Aber danach stand sein Sinn nicht. Zur vorgeschriebenen Zeit erreichte er die akademischen Grade: am 16. Januar 1452 wurde er Baccalaureus und am 11. November 1457 Magister der freien Künste. Ein Jahr später begann er mit einer Vorlesung über Optik und Euklid, doch scheint er auf die akademische Lehrtätigkeit kein besonderes Gewicht gelegt zu haben. Er übte sich in der Beobachtung des Wetters, um es aus der Stellung der Planeten erklären zu können. In viele Bücher schrieb er mit zierlicher Handschrift, die langsam die eckigen gotischen durch die Rundung und Klarheit der humanistischen Züge ersetzt, seine Bemerkungen. Aus ihnen geht hervor, daß er das gesamte Wissen der Zeit um die Himmelskunde beherrschte. Er verglich die Angaben verschiedener Gelehrter über die gleichen Erscheinungen und suchte zu den Tatsachen vorzudringen. In einer Kritik der Planetenlehre des al-Bitruji schrieb er ahnungsvoll: „Da die Sonne der Quell der Wärme und des Lichtes ist, muß sie zwischen den Planeten sein wie der König im Königreich, wie das Herz im Lebewesen [6]." Es ist kaum anzunehmen, daß er die einzige ähnliche Bezeichnung der Sonne aus dem klassischen Altertum von Theon von Smyrna gekannt hat: er muß aus Eigenem als Erforscher und nicht als Ausleger der Himmelserscheinungen zu diesem Ergebnis gekommen sein. Mit Eifer schrieb er viele fachwissenschaftliche Werke ab und versah sie mit seinen Bemerkungen, in denen er manches mit dem Prädikat: „Das taugt nicht!" (nihil valet) oder ironisch wie „Er hat einen herrlichen Verstand!" kennzeichnete. Die Frage nach der Gültigkeit der Sterndeutung beschäftigt ihn immer wieder. Seine Einstellung ist nicht immer die gleiche, er mißt den Zeichen des Tierkreises eine größere schicksalbestimmende Bedeutung bei als den Planeten. Seine endgültige Meinung hat er wohl in dem Satz niedergelegt: „Das Geschick des Menschen ruht in seinem Gott; Gott nämlich erniedrigt und befreit [7]." Mit Fragen der Mathematik, der Harmonie der Töne hat er sich eingehend beschäftigt. Die Fülle der Bemerkungen zeigt einen großen Interessenkreis, in dessen Mittelpunkt die Sternkunde steht. Überall greift er Anregungen zu neuer Arbeit auf und weitet den Horizont der wissenschaftlichen Überlieferung seines Faches. Ob ihn Forschergeist und die Erkenntnis, daß die Ungenauigkeiten der Berechnungen auf der Unrichtigkeit der Voraussetzungen des ptolemäischen Systems beruhen, dazu führten, den erdbedingten Standpunkt des antiken Weltbildes anzuzweifeln, kann mangels Beweisen nicht entschieden werden.

---

[5] E. Zinner, a. a. O., S. 37 f.

[6] E. Zinner, a. a. O., S. 47 f.

[7] E. Zinner, a. a. O., S. 48.

In Wien schloß Regiomontan seine Lehrjahre ab. Georg von Peuerbach konnte ihm nichts mehr bieten. Innig fromme Gläubigkeit, die von der Frivolität anderer Gelehrter der Zeit absticht, bildet den ruhenden Pol seines beweglichen Geistes, der die forschende Bahn in das Weglose eingeschlagen hat. Er will die Geheimnisse des Weltalls mit den Mitteln der Forschung und ahnend zugleich erfassen. Darum studierte er auch Griechisch, um die dunklen Stellen der lateinischen Euklidübersetzung richtig erklären zu können.

Am 5. Mai 1460 traf Kardinal Bessarion als päpstlicher Gesandter in Wien ein. Seine Sendung bestand darin, den Kaiser zur Teilnahme an einem Feldzug gegen die Türken zu gewinnen. Vielleicht noch mehr als mit der Erfüllung dieser Aufgabe war der hohe geistliche Würdenträger mit wissenschaftlichen Plänen beschäftigt, deren Verwirklichung er von Georg von Peuerbach erhoffte. Er nahte ihm mit dem Auftrag, einen kurzen erläuternden Auszug zum *Almagest*, dem Lehrbuch des Ptolemaios, zu verfassen. Das nahm der Gelehrte gern an, da er sich mit der Übersetzung des Werkes, welche Gherardo da Cremona besorgt hatte, eingehend beschäftigt hatte. Mit diesem Auftrag war auch eine Einladung zu längerem Aufenthalt in Italien verbunden, die Georg von Peuerbach unter der Bedingung annahm, daß ihn sein Freund und Schüler Regiomontan dahin begleite. In ahnungsvoller Eile schrieb Georg von Peuerbach den Auszug der ersten sechs Bücher. Zur Vollendung dieser Arbeit und zur Abfassung einer Dreieckslehre verpflichtete er Regiomontan auf dem Totenbett.

Wahrscheinlich reiste der 25jährige Gelehrte im Gefolge Bessarions im Oktober 1461 von Wien ab und arbeitete von Ende November an in Rom nach Aufträgen des hohen Gönners. Über sein Anstellungsverhältnis, seinen Verkehr mit den bedeutendsten Vertretern des römischen Humanismus ist nichts in Erfahrung zu bringen. Er war weder der erste noch der letzte deutsche Gelehrte, den der Zauberhauch der Ewigen Stadt in seinen Bann zog. Im Dienste des Kardinals widmete sich Regiomontan den Arbeiten, die er von Georg von Peuerbach übernommen hatte. Dazu kam eine ausgebreitete Tätigkeit auf mechanischem Gebiet in der Herstellung von Beobachtungsgeräten, im Abschreiben seltener Texte und im Aufspüren wertvoller Handschriften auf dem Büchermarkt. Ende November 1463 entdeckte er in Venedig sechs Bücher der Arithmetik des Diophant. Eine Untersuchung der zum großen Teil noch erhaltenen, in Venedig aufbewahrten Büchersammlung Bessarions wird gewiß noch eine Reihe von Handschriften zutage fördern, die Regiomontan herstellte oder für den Kardinal erwarb.

Noch zu Ende des Jahres 1462 konnte Regiomontan den *Auszug aus dem Almagest* seinem Brotherrn überreichen. Diese Bearbeitung des wichtigen antiken Handbuchs ist das gemeinsame Werk Georgs von Peuerbach und Regiomontans. Sie befreien den Kern des *Almagest* von umständlichen

Ableitungen und schwierigen Berechnungen, die seit der Entdeckung des Sinussatzes von Dschabir im 12. Jahrhundert überflüssig geworden waren, und wiesen auf Mängel der Lehre und die Widersprüche hin, welche sich aus den Beobachtungen der Bewegung des Sternhimmels ergaben. Regiomontan schreibt: „Mag die Ungenauigkeit der Geräte diese Unterschiede verursacht haben, mag die Natur den Sternen eine uns unbekannte Bewegung zugeteilt haben, sehr schwierig ist es und wird es sein, die Größe dieser Bewegung wegen ihrer Kleinheit zu bestimmen; denn wenn unsere Vorgänger durch die Geräte getäuscht wurden, so werden auch wir notwendigerweise getäuscht, da unsere Beobachtungen nichts ergeben werden, wenn wir sie nicht mit den Beobachtungen des Altertums vergleichen. Aber wenn wir den Sternen eine unbekannte Bewegung zuschreiben, so ist es nötig, die Sterne beharrlich im Auge zu behalten und die Nachwelt von der Überlieferung zu befreien [8].“ Ganz selbständig ist Regiomontans Anleitung zur Berechnung der Koordinaten der Sterne. Mit diesem Werk wurde der Grundstein für neue Forschungen gelegt. Kopernikus und Galilei benützten es eifrig.

In der Widmung dieses Auszuges an Bessarion wies Regiomontan bereits auf seine im Entstehen begriffene *Dreieckslehre* hin. Dieses Werk blieb unvollendet und wurde erst 1533 veröffentlicht. Es brach mitten im fünften Buche, in dem zum erstenmal der Cosinussatz angewendet wurde, ab. Trotz mancher Unausgeglichenheiten hat es anregend auf die wissenschaftliche Forschung gewirkt und die ganze spätere Entwicklung der Trigonometrie gefördert. Es bildet nach Regiomontans eigenen Worten, die nicht zuviel verheißen, eine Grundlage für alle Berechnungen in der Geometrie und Sternkunde: zur Feststellung der täglichen Himmelserscheinungen, der Finsternisse und der Planetenbewegungen, auch der Größe und Entfernungen der Kometen. Es kann nicht wundernehmen, daß Regiomontans Leistungen und beinah unerschöpfliche Arbeitskraft, die sich gleichzeitig mehreren neuen Aufgaben widmete, ihm schon sehr bald ein großes Ansehen in der italienischen Gelehrtenwelt eintrugen. Das kann aus dem leider nicht mehr vollständig erhaltenen Briefwechsel vor allem mit Giovanni Bianchini, dem Leiter der Verrechnungskammer in Ferrara, ersehen werden. Die beiden Gelehrten legen einander wissenschaftliche Fragen vor und berichten über ihre Unternehmungen und Aufgaben, die sie sich stellten. Die Überlegenheit des Jüngeren und das vorsichtige Mißtrauen des Älteren, der sich davor hütete, seine Blößen zu zeigen, und schließlich erkennen mußte, daß seine geplanten Tafeln einen zweifelhaften Wert besaßen, veranlaßten diesen, den Briefwechsel abzubrechen. Den Schlußstein zu den Erörterungen setzte Regiomontans letzter Brief von Anfang des Jahres 1464 mit den Worten: „Glaubt mir, viel und sehr viel trage ich mit mir herum, das ich eurem Urteil unterbreiten möchte, wenn

[8] E. Zinner, a. a. O., S. 61.

man Muße hätte; Gedanken, die teils als völlig sicher gelten können, teils in der Luft schweben und den Geist zur Untersuchung aneifern. Denn damit ich mit dem obersten Himmel die Rede beginne, die bisher Stoff zu unserer Unterhaltung geliefert hat, so kann ich mich nur wundern über die geistige Trägheit unserer gewöhnlichen Sternkundigen, die wie leichtgläubige Weiber als göttliche und unveränderliche Wahrheit ansehen, was sie in den Büchern ihrer Tafeln oder Erklärungen finden; sie glauben den Schriftstellern und vernachlässigen die Wahrheit ... Wahrhaftig gibt es genügend Stoff zu eingehenden Erwägungen. Wir haben vor Augen die Spuren unserer Vorgänger, weshalb wir behutsamer vorgehen können, falls wir nur unseren Geist auf diese Sache richten werden. Wenn es für mich die Möglichkeit gäbe, ein Leben neben Euch zu führen, so würde ich hoffen, daß sich für diese Dinge tausend Hilfsmittel und Früchte ergeben würden. In der Tat ist mein Herr im Begriff, nach Griechenland in Religionssachen zu reisen; ich soll aber auf seinen Befehl in Italien zurückbleiben. Mögen jene zur Vernichtung der Türken schreiten, ich werde mit Eurer und der übrigen Freunde Hilfe die himmlischen Vorgänge ins richtige Gleis zu bringen versuchen. Mögen jene auf Erden Frieden schaffen, wir werden uns darum sorgen, die himmlischen Bahnen von ihrem Rost zu befreien und sie in ihre königlichen Gefilde zurückzuversetzen[9]."

Im April 1464 hielt Regiomontan in Padua eine Vorlesung über die Sternenkunde des al-Farghani. Nur der Wortlaut der Einleitung, die mit einer geschichtlichen Darstellung der Mathematik als der grundlegenden Wissenschaft beginnt, ist erhalten. Sternenkunde, Physik und Musik erheben sich über diese Hilfswissenschaft. Unter den neueren Gelehrten hebt er die beiden Paduaner Petrus de Abano und Johannes de Dondis sowie Georg von Peuerbach ganz besonders hervor. Es liegt ihm daran, den Nutzen der Mathematik zu preisen und das Lob der Wissenschaft, welche die Größe der Weltkörper berechne, zu verkünden. Göttlich sei die Wissenschaft der Sterndeutung, aber die Voraussetzungen, um sie richtig betreiben zu können, müssen durch ernste Beschäftigung errungen werden. Nach dem kurzen Aufenthalt zu Padua kehrte Regiomontan wieder in das Gefolge Bessarions nach Venedig zurück. Dort beschäftigte er sich mit den Problemata Almagesti, einem Werk, das gleichfalls unvollendet blieb. Sein Text, der frühere Arbeiten fortführte und vor allem Fragen der sphärischen Astronomie behandelte, ist verschollen. In den Tagen der Erwartung des Krieges beschäftigten ihn die Betrachtungen und Versuche des Nikolaus Cusanus, der den Weg zur Bestimmung des Kreisumfanges mehr aus seiner Philosophie als aus Erfahrung und Beobachtung gewonnen zu haben glaubte. Schon Georg von Peuerbach konnte sich mit solchen Spekulationen nicht einverstanden erklären. Sowohl über diesen als auch über Bessarion, dem Nikolaus Cusanus im Jahr 1462 eine neue kleine Schrift über die Quadratur

[9] E. Zinner, a. a. O., S. 78 ff.

des Kreises zugesandt hatte, konnte Regiomontan in die ihm fremde Gedankenwelt und Methode eingeführt werden. Aus der Einleitung zu einer ebenfalls unvollendeten *Widerlegungsschrift* Regiomontans ist der Satz bemerkenswert: „Die unermeßliche Vollkommenheit des höchsten Gottes wird uns offenbar, während wir den unersättlichen Wissensdrang des Geistes erwägen; denn wenn auch die Wissenschaften sich zu vergrößern pflegen, so ist eine Vollständigkeit nicht zu erzielen. Je weiter wir im Wissen vorschreiten, um so mehr bleibt — wie wunderbar — zu lernen übrig, und zuletzt geschieht, wie man zu sagen pflegt, daß sich die Zweifel mehren, je mehr man gelernt hat. Also ist der höchste Grad der Vollendung von keinem Menschen zu erreichen; vielmehr wendet sich die Neigung nach der, wenn auch unvollständigen, Erledigung eines Falles einer anderen Untersuchung zu, was sich sicherlich bei diesem berühmten Mann und sorgfältigen Untersucher der tiefsten Dinge zugetragen hat [10]."

Ende Juli 1464 reiste Bessarion, von Regiomontan begleitet, nach Ancona zur Begrüßung des auf den Tod kranken Papstes Pius II. In dieser Zeit und während der Wahl des neuen Papstes schrieb Regiomontan einen *Dialog* nieder, in dem das angesehene Lehrbuch der Sternkunde des Gherardo da Sabbioneta einer Kritik unterzogen wird. Ein Geist wie Regiomontan, dem die Probleme seiner Wissenschaft in einer Fülle zuströmten wie keinem seiner Zeitgenossen, sieht sich zur Klärung seiner Ansichten immer wieder veranlaßt, in einen Gedankenaustausch mit Fachgenossen zu treten, weil er sich davon eine Förderung verspricht. Aus diesem Bedürfnis, das ihn den brieflichen Verkehr mit Bianchini hatte aufnehmen lassen, suchte er noch in Venedig eine Verbindung mit dem florentinischen Sternforscher Paolo da Pozzo Toscanelli, der jedoch nicht darauf einging. Nun regte Leon Battista Alberti zu einem Gedankenaustausch zwischen Regiomontan und Jakob von Speyer, dem Hofastronomen des Fürsten Federico d'Urbino, an. Nur zwei Briefe, von denen man den Eindruck hat, daß der eine der beiden Partner den anderen aufs Glatteis führen will, gingen zwischen den beiden Gelehrten hin und her. Jakobs Neigung zur Sterndeutung konnte sich von Regiomontans höherer Bewertung der Sternkunde abgestoßen fühlen. Mit großem Eifer nahm Regiomontan in Rom seine griechischen Studien wieder auf und stellte eine schöne Abschrift des Neuen Testaments in griechischer Sprache her. Von wem er die Anleitung dazu bekam, ist nicht festzustellen. Die Annahme, daß es ein Mitglied des Hofes seines Gönners gewesen sei, wird kaum fehlgehen. In der philologischen Atmosphäre am Hofe des Kardinals bekam Regiomontan den Sinn für die beste Überlieferung der Texte, mit denen er sich studierend oder abschreibend beschäftigte. Er brachte es auch so weit, kleine Gedichte in griechischer Sprache zu verfassen. Aber diese Bestrebungen konnten für ihn nie zum Selbstzweck

[10] E. Zinner, a. a. O., S. 88.

werden. Das mußte ihn in Gegensatz zu seiner Umgebung bringen. Er, der die Fülle des antiken Wissens nur als Unterbau für jene Wissenschaft ansehen konnte, der er seinen Geist weihte, der ohne es zu wollen seine geistige Überlegenheit wie im Briefwechsel mit den Fachgenossen so sicher auch im persönlichen Verkehr zeigen mußte, weil er nur der zu erforschenden Wahrheit diente, zieht in die Einsamkeit.

Zwei Jahre, vom Sommer 1465 bis zum Sommer 1467, wissen wir nichts von Regiomontan. Eins dürfen wir annehmen, daß ihn sein wacher und immer wieder aufnehmender Geist nicht untätig sein ließ. Die Annahme, daß er sich eingehende Kenntnisse in der Technik des Buchdrucks und der Herstellung von Beobachtungsinstrumenten aneignete, hat die meiste Berechtigung. Hatte er doch schon am Hofe Bessarions ein neues Gerät, das er in einer dem Kardinal gewidmeten Schrift Meteoroskop nannte und beschrieb, und mit dem man die Länge und Breite der Orte auf der Erdoberfläche bestimmen konnte, sowie mehrere Klappsonnenuhren hergestellt. Im Sommer 1467 wurde Regiomontan von Johann Vitez, dem Erzbischof von Gran und Kanzler des Königs Matthias von Ungarn, nach der neugegründeten Universität Preßburg als Lehrer der Mathematik berufen. Vitez, der mit Georg von Peuerbach befreundet war, hatte Regiomontan anscheinend schon in Wien kennengelernt. Vorlesungen hat Regiomontan jedoch nicht gehalten. Vitez zeigte das größte Interesse an der Fertigstellung der Tabulae directionum. Bei den Arbeiten auf der Burg Gran wurde Regiomontan von dem polnischen Magister Martin Ilkusch unterstützt. Wahrscheinlich hat er dort auch die Jahrbücher der Planetenbewegung für Vitez hergestellt. Später befand er sich in Ofen am Renaissancehof des Königs Matthias, dem er durch seine großen Kenntnisse des wissenschaftlichen und humanistischen Schrifttums ein wertvoller Ratgeber beim Ausbau der Bibliothek sein konnte. Dem König widmete Regiomontan sein großes Tafelwerk *Tabula primi mobilis.* In der Vorrede spricht er von der verdunkelten und durch Flecken entstellten Sternkunde, aus seinen Tafeln könne die oberste und rascheste himmlische Bewegung erkannt werden; er geht so weit, diesem Werk die Unsterblichkeit voraussagen, da es auf rein mathematischem und unverletzlichem Grunde ruhe.

Im Kreis Bessarions zu Rom schon hatte Regiomontan von Georg von Trapezunt, dem Widersacher des Kardinals, gehört. Der duldsame Kirchenfürst sah sich zur Zeit, als sich Regiomontan in seinem Hofstaate aufhielt, veranlaßt, gegen den Trapezuntier eine Streitschrift als Verteidigung seines geliebten Platon zu verfassen. Sie wurde später unter dem Titel *In calumniatorem Platonis* übersetzt. Darin wird Georg zu den Menschlein gezählt, die sich nicht scheuen, unnützes Zeug zu schwätzen. Derselbe Georg von Trapezunt, der offenbar hoffte, sich in König Matthias einen Gönner zu erwerben, widmete ihm eine Erklärung zum Handbuch des Ptolemaios. Diese war schon 1451 verfaßt und sehr bald als geistiges Eigentum Theons erkannt worden. Jacobus Cremonensis machte Papst Nikolaus V. auf Fehler in diesem Werk aufmerksam. Dagegen setzte sich der eitle Grieche in einer Widmung an König Matthias zur Wehr. Dieser beauftragte nun Regiomontan mit einem Gutachten. Daraus wurde ein selbständiges Werk: *Die Verteidigung Theons*. Sie ist nur in einer Handschrift der Sternwarte von Pulkowo erhalten und bisher noch nicht veröffentlicht worden. Neben kleineren Aufsätzen und Bemerkungen bringt das Werk den Nachweis, daß Georg von Trapezunt seine Weisheit aus dem Theon gestohlen habe, daß das Werk von Dummheiten strotze und sein Verfasser der böseste und unverschämteste Schwätzer sei. Wenn solche Ausdrücke in Briefen oder Invektiven italienischer Humanisten vom Schlage eines Poggio oder Aretino vorkommen, so braucht man sie nicht sehr ernst zu nehmen. Im Munde eines Regiomontan bedeuten sie mehr als eine augenblickliche Entrüstung. Sie sind der Ausdruck des wahren Gelehrtentums, das das Recht geistigen Eigentums ritterlich schützt, das zwischen den Meinungen der anderen und der eigenen Forschung zu unterscheiden versteht. Ein solcher Standpunkt dem Plagiat gegenüber wird zu dieser Zeit in den anderen Wissensgebieten, wo das Abschreiben ohne Quellenangabe an der Tagesordnung ist, höchst selten eingenommen. Im Auftrage von Vitez und König Matthias war Regiomontan auch mit der Herstellung von Geräten beschäftigt. Er veröffentlichte gleichzeitig Schriften, in denen diese Geräte beschrieben werden und Anleitungen zu ihrem Gebrauch gegeben werden. Ein Türkengerät — von seinem Erfinder Franco 1284 Turketus genannt, vom 15. Jahrhundert an hieß es Torquetum —, das die Lage von Horizont, Äquator und Tierkreis veranschaulichte, ein Dreistab, der zur Messung unzugänglicher Türme und Mauern diente, ein Astrolab und eine messingne Himmelskugel seien besonders erwähnt. Gewiß empfing auch Ilkusch von Regiomontan wertvolle Anregungen zur Herstellung solcher Instrumente. Nachdem Regiomontan die ungarische Hauptstadt verlassen hatte, führte Hans Dorn, dessen Geschicklichkeit in der Herstellung metallener Beobachtungsgeräte gerühmt wird, diese mechanischen Arbeiten fort. Es ist nicht zuviel gesagt, daß die gesamte astronomische Forschung Osteuropas durch Regiomontans Aufenthalt in Ungarn teils begründet, teils auf eine neue Grundlage gestellt, teils mit wertvollen Antrieben ausgestattet wurde.

Ein italienisches Prognosticon auf das Jahr 1471 war die Veranlassung, daß Regiomontan seinen Wirkungskreis in Ungarn aufgab. Die Unrichtigkeit der Vorhersage konnte aus den falschen Angaben über die Stellung der Sterne erwiesen werden. Regiomontan kannte die flüchtige Arbeitsweise der Italiener und erklärte, daß erst die Bewegung der Planeten auf Grund von Beobachtungen festgestellt werden müsse. Diese Beobachtungen zu machen, reiche die Kraft eines einzelnen nicht aus. Auf des Königs Frage, ob er solche Beobachter kenne, nannte er den Magister Christian

Roder. Darauf erteilte ihm der König den Auftrag, nach Nürnberg zu reisen, um dort für ihn mit anderen Gelehrten Beobachtungen anzustellen. Regiomontan mag diesen Auftrag gern ausgeführt haben, weil die Atmosphäre der Spannung zwischen dem König und Vitez für seine Unternehmungen keine günstige Voraussetzung war.

Nach mehr als zwanzigjähriger Abwesenheit kehrte Regiomontan in seine fränkische Heimat zurück. Aus dem begabten Knaben war in der Fremde ein angesehener Gelehrter der Himmelskunde geworden, ein Mann, der das Ganze seiner Wissenschaft stets im Auge behielt, dem weder die Luft des Hofes noch die freie Lebensauffassung einer neuen Zeit etwas hatte anhaben können, der sicher auf unwegsamen Pfaden wandelte, zu keinen Zugeständnissen zu bewegen war, der Großes ausgeführt hatte und noch größere Pläne zu verwirklichen hoffte. Seine Wanderjahre waren zu Ende, nun begann seine Meisterzeit.

Was der späte Beurteiler, der nur Lebensstationen, Werke und Leistungen Regiomontans in zeitlicher Reihenfolge aneinanderfügen kann, in den Quellen kaum findet, sind Zeugnisse über seine rein menschlichen Beziehungen und jene Eigenschaften, die im persönlichen Verkehr bestimmend wirken; denn niemand hat den Eindruck wiedergegeben, den er von ihm hatte, ja nicht einmal einzelne Züge, aus denen die Umrisse eines Bildes zu gewinnen wären, lassen sich mit Sicherheit feststellen. Desgleichen ist man nur auf Vermutungen über sein Äußeres angewiesen. Keiner der berühmten Maler und Holzschneider, deren Lebensweg den seinen kreuzte — darunter waren Pinturicchio, Ghirlandajo, Veit Stoß und Grasser —, hat seine Züge festgehalten. Der Holzschnitt, den die Schedelsche *Weltchronik* (1493) brachte, und eine Federzeichnung, welche keine Gesichtszüge erkennen läßt, als Entwurf dazu, stammen von Michael Wolgemut und können am ehesten noch den Anspruch auf Porträtähnlichkeit [11] erheben. Das mag auch von der Gestalt eines Astronomen gelten, die ein Nürnberger Druck von 1545 abbildet, den die *Prosopographia Pantaleons* in ihrem zweiten Band wiederholt (1565/66), darunter den Namen Joannes Regiomontanus setzend. Die konventionellen Symbole und Gesten des Astronomen oder Gelehrten im allgemeinen sind auch an der Johannes de Monte regio bezeichneten Gegenfigur des priesterlich dargestellten Ptolemaios auf dem Titelholzschnitt im Venediger Druck des Almagestauszuges (1496) zu beobachten. Wenn der Kupferstich von G. W. Knor in dem Bildwerk von Friedrich Roth-Scholtz, *Icones bibliopolarum et typographorum* Nürnberg 1726 erster Teil Nr. 39 auf ein zeitgenössisches, allerdings mangelhaft wiedergegebenes und jezt verschollenes Porträt zurückgeht, so war die Gestalt Regiomontans untersetzt, auf einem kurzen Hals ruhte ein großer runder Kopf. Die Stirne ist auf allen Darstellungen, auch den modernen der Büste in der Walhalla und dem Denkmal in

[11] Vgl. E. Zinner, a. a. O., S. 192—197, Tafel 2—5, 29.

Königsberg, von der Schaube bedeckt. Eine starke Nase und ein breiter dünnlippiger Mund lassen auf Energie und geistige Überlegenheit, die sich auf keine Kompromisse einlassen, schließen. Während die Augen auf den Holzschnitten entweder auf ein Gerät oder in die Unendlichkeit gerichtet sind, blicken sie auf dem Kupferstich klar, frei und durchdringend in die Welt. Anscheinend sind sie dunkel gewesen. Die feingeformte Ohrmuschel deutet auf musikalischen Sinn. Ein solcher Mann steht fest auf dem Boden, er rechnet mit den Gegebenheiten, wird sich nie zu nutzlosen Spekulationen hinreißen lassen, hat Erfahrungen im Verkehr mit Menschen gesammelt, die ihn zwar nicht mißtrauisch machten, aber davon überzeugten, daß er allein schaffen muß und nur der helfenden Hände, die seinem Geist dienen, bedarf. Er ist ein Diener und Freund der Wahrheit, wie es ein unbeholfener Holzschnitt zeigt, der Philalethes mit einem schlangenförmigen Ölzweig vor die geflügelte Göttin der Wahrheit stellt.

Über Regiomontans Stellung und Zugehörigkeit zum Humanismus kann wenig ausgesagt werden. Sein Verhältnis zur Wissenschaft ist zeitlos. Er überprüft das gesamte vorliegende Material seiner Disziplin, sucht deren Zweige und helfende Kräfte in ein Verhältnis zu bringen, schafft sich die Mittel seiner Forschung selbst, erkennt die Probleme und sucht nach Lösungen. Es ist ihm in allem um die Schaffung tragfähiger Grundlagen für den Weiterbau zu tun. Er bricht mit der Wissenschaftsauffassung der Spätantike und des Mittelalters, die ihr Ziel in der enzyklopädischen Stoffsammlung oder im Einbau der eigenen Forschung in ein bestehendes System sah; denn er fühlt mehr, als er aus rationalen Voraussetzungen beweisen kann, daß die Weltordnung des Ptolemaios durch eine andere ersetzt werden müsse. Er will „die himmlischen Bahnen von ihrem Rost befreien und sie in ihre königlichen Gefilde zurückversetzten“. Die Werke, die Regiomontan verfaßte, geben ihm wenig Anlaß, auf Sprache und Form besonderen Wert zu legen, pathetisch oder begeistert zu reden, Gehalt und Gestalt aufeinander abzustimmen. Die Gesetze der Harmonie regierten in dem Bau, den er auszuführen bestrebt war. Warum sollte eine unscharfe, vom Gefühl bestimmte Ausdrucksweise den Sinn seiner Worte verdunkeln? Gewiß hat ihn der platonische Geist im Kreise Bessarions berührt, aber er zieht einen klaren Trennungsstrich zwischen seinen Bestrebungen und der Philosophie, mochte sie scholastisch-rationalistisch oder mystisch-gefühlsmäßig bestimmt sein. Er weiß, daß ihm auf seinen Wegen das reine Denken die Ziele nur vorgaukeln, nicht näher bringen kann. Die Kunst als Selbstzweck und Künderin neuer Schönheitsideale sagt ihm wenig. Nur da, wo sie ihm Instrumente schafft, und als Fertigkeit fühlt er sich zu ihr hingezogen. Sicher ruht seine Seele in einer kindlich frommen Gottgläubigkeit. Wer könnte in einem solchen Geist die Elemente aus ihrer harmonischen Vereinigung trennen und sie dem Mittelalter oder der humanistischen Weltsicht zuweisen?

Was ist denn an dem ganzen Wicht
Original zu nennen?

Als Regiomontan im Frühsommer 1471 in Nürnberg mit seinem Plan, durch Beobachtung der Himmelsvorgänge eine neue Grundlage seiner Wissenschaft zu schaffen, eingezogen war, nahm er die Verbindung mit dem Rektor der Universität Erfurt, Christian Roder, auf und versuchte, mit ihm, wie einst mit Bianchini, einen fördernden Briefwechsel zu eröffnen. „Mögen andere", so schrieb er ihm Anfang Juli, „die Wut der Kriege zähmen, so wollen wir auf unsere Weise, zwar nicht im Turnier, sondern durch das beharrliche Nachschlagen der Bücher kämpfen; unsere Waffen mögen nicht Kampfriemen, nicht Spieße, nicht Rammböcke oder Wurfmaschinen, sondern die Geräte des Hipparch und Ptolemaios sein, die ich bereits aus Erzguß ansehnlich, riesig und sehr geeignet für die Sternbeobachtung hergestellt habe[12]." Als Bundesgenosse bei diesen Unternehmungen gegen die Feinde der Wissenschaft sei ihm Roder willkommen. Ihr gemeinsamer Kampf solle den Schreibfehlern gelten, welche die Reinheit der Texte entstellen, und den unzulänglichen Kommentaren, deshalb plane er, alle mathematischen Werke durch den Buchdruck herstellen zu lassen. Seine Einstellung zur Astrologie hoffe er demnächst in einer eigenen Schrift niederzulegen. Dann erhebt er die Forderung nach Beobachtungen, aus denen die Fehler der alphonsischen Tafeln und ihrer Töchter verbessert werden können. Auf Grund von Roders Erfurter Beobachtungen und seiner eigenen in Wien, Rom, Padua, Ungarn und Nürnberg hoffe er Fehlerquellen auszuschalten und bessere Planetentafeln herzustellen. Nun habe er sich in Nürnberg niedergelassen, wo die besten Möglichkeiten zur Herstellung von Beobachtungsgeräten und zum Gedankenaustausch und brieflichen Verkehr mit anderen Gelehrten bestünden. Nach den Planetentafeln wolle er Jahrbücher der Planetenbewegungen für dreißig Jahre und darüber hinaus drucken lassen. Hierauf schlägt er Roder vor, Fragen zu behandeln, deren Lösung der Wissenschaft förderlich sei, und teilt ihm gleich achtunddreißig mit. Daran schließt er er die Bitte um leihweise Übersendung von Büchern aus Erfurt. Vielleicht hoffte er auf eine Berufung als Professor dahin. Bald mußte er sich jedoch in diesen Hoffnungen getäuscht sehen; denn Roders Antwort blieb aus.

In den ersten Nürnberger Jahren wurde Regiomontan von König Matthias, später wahrscheinlich von einigen Nürnberger Bürgern besoldet. Der gelehrte Arzt Hermann Schedel schreibt, daß er seine Arbeiten allen geheimhalte und wenig Verkehr habe. Somit hat er sein Haus und die darin untergebrachte Offizin nur selten verlassen. Seine Drucker und wenige seiner Schüler, wie Bernhard Walther und Martin Behaim, verpflichtete er, über die im Entstehen begriffenen Werke nichts verlauten zu lassen. Das mag den Anlaß zu manchem Märchen, das über den Wundermann umlief, gegeben haben. Im Sommer 1472 begab sich Regiomotan zu einem kurzen

[12] E. Zinner, a. a. O., S. 124 f.

Aufenthalt nach Italien, „um neue Bücher zu holen, wie einige glauben". So schrieb Hermann Schedel. Neben der Ausführung seines reichen Programms — der Herstellung neuer Planetentafeln und Jahrbücher und der Drucklegung der wichtigsten Werke, wovon Regiomontan an Roder schrieb —, beschäftigten ihn zu Vergnügen und Ablenkung einige mathematische Arbeiten, die Widerlegung einer falschen Erklärung der Elemente Euklids von Johanes Campanus, Untersuchungen über Gleichgewichtsfiguren und Gleichungen höheren Grades sowie ein Lehrbuch der Geometrie, *Der Feldmesser*, von ihm selbst als „Werk ergiebigen Vergnügens" bezeichnet. Aus der Fülle von Lehrsätzen und Aufgaben, die er vor allem in diesem Werk mitteilt — es sind insgesamt mehr als ein halbes Tausend —, geht seine Überlegenheit sämtlichen gelehrten Zeitgenossen gegenüber hervor, und es ist leicht zu ersehen, daß diese sich unfähig fühlten, sich in eine Diskussion mit ihm darüber einzulassen. Was für ihn ein geniales Spiel war, war für die meisten seiner gelehrten Zeitgenossen ein Gegenstand des Unbehagens und der Furcht, die ihnen seine unbestrittene Überlegenheit zum Bewußtsein brachten.

Regiomontan hat seine Offizin nach seinen Bedürfnissen und Absichten eingerichtet, er verwendete Typen, die sich von denen anderer Druckereien unterscheiden. Neben für den Tabellendruck geschulten Setzern benötigt er auch Zeichner und Formschneider. Unter seinen Helfern steht Bernhard Walther an erster Stelle. Er setzte Regiomontans Beobachtungen nach dessen Abreise nach Italien vom 2. August 1475 an sehr gewissenhaft fort. Ferner haben Konrad Scherpp bei der Herstellung von Geräten und Michael Wolgemut im Entwerfen der mathematischen Figuren und wohl auch als Holzschneider mitgearbeitet. In seiner Verlagsanzeige bittet Regiomontan, daß Gott sein Unternehmen begünstigen möge. „Dann wird der Tod nicht bitter sein, wenn der Veranstalter bald sterben sollte: wenn er ein solches Geschenk den späteren Geschlechtern hinterlassen hat[13]." Es ist von 29 Werken anderer Verfasser, zum Teil Übersetzungen, Bearbeitungen und kritischen Auszügen und 22 eigenen die Rede; dazu kommen Kartensammlungen, Beschreibungen und Anweisungen zum Gebrauch von Geräten. Ausgeführt wurde der Druck von nur vier der angegebenen Werke. Schon 1472 erschien als erstes Werk der neuen Offizin Georgs von Peuerbach Planetentheorie. Die wichtigsten Drucke sind die sehr beliebten *Kalender*, ein lateinischer und ein populärer deutscher, und das große 448 Blätter umfassende Tabellenwerk *Ephemerides* (1474). Darin sind die tägliche Stellung der Planeten von 1475 bis 1505, ferner die Phasen und Stellungen des Mondes sowie die einzelnen Festtage und Sonntagsbuchstaben zu ersehen. Sie bilden die Grundlage für die Wetterbeobachtung, geleiten Kolumbus auf seinen Weg in die Neue Welt und bleiben für die nächsten dreihundert Jahre Muster. In den Kalendern, besonders dem deutschen,

[13] E. Zinner, a. a. O., S. 133.

hatten die Kalendermacher Vorbilder, die durch eine fortwährende Verbesserung sehr bald von den guten Absichten und dem wissenschaftlichen Fundament, das ihnen ihr Urheber gegeben hatte, abglitten. Viele der 22 Arbeiten Regiomontans, welche das Programm ankündigte, lagen zum Teil schon fertig im Manuskript oder ziemlich weit gefördert vor. Die meisten davon sind verloren oder verschollen. Zu einem kleinen Teil wurden sie später gedruckt wie eine bei Johann Schöner 1531 und 1544 erschienene *Abhandlung über Abstand, Größe und wahren Ort des Kometen*, welche drei Möglichkeiten der Berechnung angibt, jedoch die Beobachtung des Kometen von 1472 nicht mehr praktisch verwertet. Mit besonderem Eifer setzte Regiomontan in Nürnberg seine Tätigkeit als Hersteller von Meßinstrumenten fort. Viele davon, wie die Kunstuhr mit der Darstellung des Planetenlaufes, sind verschollen. Sein Geschick in dieser Tätigkeit hatte er schon in Italien und Ungarn bewiesen. In Nürnberg benützte er für seine Beobachtungen den Dreistab und entwarf ein Astrolabium Armillare, ein aus kreisförmigen Ringen, die Meridian, Parallelkreis, Tierkreis, Mond- und Sonnenbahn versinnbildlichten, bestehendes Gerät, zu dessen Gebrauch er eine kleine Schrift veröffentlichte, welche erst 1544 herausgegeben wurde. Er selbst hat dieses Instrument nicht mehr angewendet, aber die Genauigkeit der Beobachtungen Walthers ruht auf der Benützung dieses Gerätes.

Man wird sich vielleicht die Frage vorlegen, warum sich Regiomontan als Verleger und Inhaber einer mechanischen Werkstätte, als Leiter von Unternehmungen, deren Organisation viel Zeit, Arbeit und Geld erforderte, in Nürnberg niederließ und es nicht vorzog, an einem Fürstenhofe wie bisher oder als Professor an einer Universität zu wirken. Die Antwort darauf kann nur in Vermutungen bestehen, die aber dem Kern der Wahrheit ziemlich nahekommen dürften. Als Hofbeamter hätte er sich in die Abhängigkeit von einem höheren Willen begeben. Keiner der damaligen Fürsten, die einen Sternkundigen an ihren Hof zogen, hätte ihm eine Möglichkeit schaffen können, so unabhängig als freier Gelehrter seinen Plänen zu leben, wie er es als selbständiger Unternehmer in der freien Reichsstadt Nürnberg konnte. Der Hofastrologie, Anfertigung von Horoskopen und der Sterndeutung als Lebensaufgabe konnte sich ein Regiomontan nicht ausschließlich widmen. Zwar lehnte er es nicht ab, aus den Sternen zukünftige Ereignisse abzulesen, aber er hatte seine eigene Meinung darüber. Er erkannte die Fragwürdigkeit und die Widersprüche solcher Versuche und hatte vor, eine besondere Schrift darüber zu veröffentlichen, die er im Brief an Roder ankündigte. Ähnliche Anforderungen wären an ihn als akademischer Lehrer gestellt worden. Sein Fach war nur ein Teilgebiet in der untersten, der artistischen Fakultät und wurde meistens von Männern gelehrt, die auch über andere Wissenszweige vortragen mußten. Er wußte nur zu gut, daß ihm da vielleicht größere Bibliotheken und vollständigere Büchersammlungen zur Verfügung standen, aber die eigentliche Forschung sah er nicht gefördert. Die Nachfrage nach astronomischen Werken, Tabellen und Kalendern, Zeitmessungsinstrumenten, wie Sonnenuhren, ließen ihm die Vereinigung eines astronomischen Buchverlags mit einem feinmechanischen Betrieb als vorteilhafte Unternehmung erscheinen. Für ihn waren beide nicht Selbstzweck, sondern nur die Voraussetzung zur Schaffung einer finanziellen Grundlage für die Erfüllung seiner Forschungsaufgaben. Eine Sternwarte brauchte Regiomontan für seine Beobachtungen nicht. Der Dreistab, das größte Instrument, dessen er dazu bedurfte, war zweieinhalb Meter lang. Er konnte leicht transportiert und überall aufgestellt werden. Der schnelle Absatz der Jahrbücher — zwischen 1481 und 1500 wurden elf Auflagen gedruckt — und Kalender, der spätere Aufschwung des Handels mit Taschensonnenuhren, deren Herstellungszentrum Nürnberg war, zeigen, daß Regiomontan auch als Geschäftsmann sich keinen verstiegenen Hoffnungen hingab. In einem mag er sich aber getäuscht haben: daß der Verwirklichung seiner Pläne sein früher Tod ein plötzliches Ende setzen könnte. Oder hat die Ahnung davon ihn bestimmt, noch eine möglichst reiche Ernte in die Scheuer zu bringen?

Über dem letzten Lebensjahr des Gelehrten liegt undurchdringliches Dunkel. Ende Juli 1475 verließ er Nürnberg, um sich zu längerem Aufenthalt nach Rom zu begeben. Seine Hinweise auf die Unstimmigkeiten im Kalender, ein Anliegen, über das Bessarion schon 1470 dem Papste Paul II. berichtet hatte, veranlaßt dessen Nachfolger, Sixtus IV., Regiomontan zur Kalenderverbesserung nach Rom zu berufen. Nur ungern soll er diesem Wunsche gefolgt sein. Gewiß befand sich in seinem Gepäck die Handschrift einer Abhandlung über die Erneuerung der kirchlichen Kalenderrechnung und vielleicht noch manches andere verschollene Werk. Nichts ist über ihr Schicksal und die letzte Lebenszeit ihres Verfassers bekannt. Im Juni 1476 ist er zu Rom gestorben. Später tauchten Gerüchte auf, daß er von Anhängern seines Widersachers Georg von Trapezunt vergiftet worden sei. Das Wahrscheinlichste ist, daß er das Opfer einer pestartigen Seuche geworden ist, die als Folge einer Überschwemmung vom Anfang Januar 1476 auftrat. Unbekannt ist sein Grab. Schedel berichtet, daß er auf dem Gottesacker zu Rom beerdigt wurde. Aber niemand wußte zu sagen, wo das lag, was an Regiomontan sterblich war. Ehrfurchterregend klingt den späteren Zeitgenossen sein königlicher Name, den er der Vaterstadt verdankt. Ein Epigramm seines Landsmannes Celtis nennt ihn den leuchtendsten königlichen Stern, den Hirten der Sterne und die Zier des Frankenlandes.

Regiomontans Nachlaß, um den sich König Matthias bemühte, ging in den Besitz Bernhard Walthers und Konrads Scherpps über. Die Offizin und die mechanische Werkstätte stellten ihre Tätigkeit ein oder wurden von anderen übernommen. Nach Walthers Tod (19. Juni 1504) wurden Instrumente und Bücher verkauft und von dem Erlös eine Jahrzeit zu St. Sebald für den „erleuchten" Meister Johannsen Müller von Königsberg, Konrad Scherpp, Bernhard Walther, dessen Ehefrau und alle ihre Vorfahren und Wohltäter gestiftet. Ein großer Teil der Bücher fand sich später im Besitz Willibald Pirckheimers. Manche Bücher der reichen Sammlung sind festgestellt. Die besonders interessanten Stücke, vor allem die noch nicht gedruckten abgeschlossenen oder unvollendeten Abhandlungen Regiomontans sind bisher nur zum Teil aufgefunden worden. So kann seine Leistung nicht ganz gewürdigt werden. Von seiner einzigartigen Arbeitskraft, der Klarheit und einleuchtenden Anordnung seiner Werke, seinem keine Zugeständnisse kennenden Wahrheitsstreben und seiner Sprachbegabung ist schon gesprochen worden. Eine Untersuchung der wenigen deutschen Schriften, die er veröffentlichte, dürfte ihn auch als Sprachschöpfer zeigen. Seine Hochachtung vor den Werken der griechischen Gelehrten machte ihn zum gewandten Übersetzer. Er wollte die Originale in ihrer Ursprünglichkeit wiederherstellen und durch Berücksichtigung von Entdeckungen späterer Zeiten auf den Stand der gegenwärtigen Forschung bringen. Kurz nach ihrer Veröffentlichung genügten ihm Werke, die für andere noch lange grundlegend waren, nicht mehr. Nach seiner Rückkehr aus Italien wollte er, gestützt auf seine und Walthers Beobachtungen, mit den neuen Instrumenten die Berechnung neuer Planetentafeln in Angriff nehmen. Die neuen Beobachtungen sollten offenbar auch die Grundlagen zu einer genaueren Erforschung der Sonnenbahn schaffen. Dieses Forschungsziel beschäftigte ihn schon in Wien. Er fühlte sich als berufener Fortsetzer, nicht als bloßer Erneuerer der antiken Sternweisheit. Die Zweifel an der Richtigkeit des ptolemäischen Systems führten ihn zu der Vermutung, daß sich die Erde bewege. Es zu beweisen, fehlte ihm die Zeit. Er rüttelte an den Grundlagen des alten Weltbaus, und seine Anregung nahm Nikolaus Kopernikus auf, der vermutlich von seinem Lehrer Dominico Maria Novara während seines Studienaufenthaltes in Bologna mit diesen Ideen Regiomontans bekannt gemacht wurde.

Drei Kulturkreise, den deutschen, italienischen und osteuropäischen, durchschnitt Regiomontans Lebensbahn. Wenig Anregung hat er von außen bekommen. Einen fruchtbaren Boden schuf er für die Kommenden. Vor seinem Auftreten stand sein Wissensgebiet auf antik mittelalterlicher Grundlage. Diese suchte er durch eine neue zu ersetzen. Müßig ist die Frage nach dem, was er noch geleistet hätte, wenn seine Lebenszeit länger gewesen wäre. Die Antwort auf die andere nach seinen großen Plänen und Absichten verwehrt das traurige Schicksal seines Nachlasses. Mag uns die Tragik des Unvollendeten erschüttern, die wir unter dem Symbol der verlöschenden Fackel zu sehen pflegen: Der Brand, den sie entzündete, leuchtet über die Jahrhunderte. Seine Flammen begruben die Weltsicht der alten Zeit. Den Weltraum durchmaß der forschende Blick und durchdrang den Nebel unendlicher Räume, um in ihnen Gesetz und Wandel zu erkennen. Es erübrigt sich, die Frage nach menschlicher Größe zu stellen und Wertmaße an eine solche Gestalt anzulegen; denn was ist erhebender, dieses Kräftespiel zu errechnen oder es ahnend in grandioser Vision zu schauen?

KONRAD BICKEL AUS WIPFELD BEI WÜRZBURG

Wer nach dem Lebensbuch Regiomontans das von Konrad Celtis aufblättert, kann sagen: „Wie anders wirkt dies Zeichen auf mich ein!" Gewiß steht der Erzhumanist und gelehrte Poet oder dichtende Gelehrte vielen auch deshalb näher, weil die Quellen über sein Leben aus Selbstzeugnissen und Briefen stärker fließen als bei vielen anderen, weil dadurch Einblicke in sein inneres Leben, Sinnen und Trachten eröffnet werden und auch Allzumenschliches über ihn bekannt ist. Nicht nur am Temperament, an der Veranlagung oder inneren Berufung zu wissenschaftlicher Betätigung — sei es in stiller Gelehrtenstube, sei es öffentlich als Mittelpunkt einer Gesellschaft, der Aufgaben und Forschungsziele gestellt werden —, sondern es scheint auch an den Wissenschaften selbst zu liegen, daß ihre Jünger verschiedene Pfade wandeln. Die Berechnung liegt im Hauptwirkensfeld des Astronomen und Mathematikers, die gegenseitige mündliche oder schriftliche Verständigung über Fragen und Probleme in dem des Vertreters der Geisteswissenschaft. Dem einen ist die sprachliche Ausdrucksform nur Mittel zum Zweck, er kann sie sogar auf weite Strecken entbehren, da vor allem, wo es sich um die Berechnung von Zahlen oder Standorten handelt; dem andern ist die Sprache bei allen seinen Unternehmungen unentbehrlich: als Trägerin seiner Gedanken soll sie ihm Klarheit über die Begriffe schaffen, sie allein gibt ihm die Möglichkeit der Auswirkung und des Durchsetzens seiner Absichten, sie ist ihm nicht nur Mittel, sondern immer auch ein Gegenstand der Forschung. Dadurch erhalten aber die Begriffe von richtig und falsch, möglich und unmöglich einen relativen Wert, während sie für den Mathematiker von absoluter Bedeutung sind. Er sieht sich immer einem Entweder-Oder gegenüber, der Geisteswissenschaftler nur zu oft einem Sowohl-Als auch oder einem Kompromiß; deshalb ist ihm die sprachliche Formung eine Herzensangelegenheit, weil er mit ihr überzeugen kann. Allein schon der Umstand, daß Lösungen oder Ergebnisse einer Berechnung nicht angezweifelt werden können und sich nur Weg und Methode ändern, auf welchen man dazu gelangt, das Ziel aber dasselbe bleibt, und daß die Auslegung eines Textes unter vielen Möglichkeiten die wahrscheinlichste wählt, aber sehr häufig zu einer absoluten Sicherheit nicht kommen kann, zeigt die größere Abhängigkeit der Geisteswissenschaft von der Sprache. Sie läßt nie auf ganz festem Grunde bauen, sie durchfurcht wie ein Pflug das Erdreich und bewegt ihren Stoff, indem sie seine Teile immer aufs neue mischt. Das birgt die Gefahr des Zerredens von festen Begriffen, des haarspaltenden Definierens, des unermüdlichen Diskutierens, ja sogar des Vergessens, um was es eigentlich geht, in sich. Das führt immer wieder zu neuen Programmen, endlosen Erörterungen, Planungen, deren Verwirklichung nie eintritt oder hinter dem Wunschbild weit zurückbleibt.

Das Lebensbild Regiomontans konnte zeigen, daß die neue Wissenschaft und Weltsicht sich von Italien her über die Alpen langsam ausbreiteten, ihre Apostel wie Enea Silvio und Bessarion kleine gelehrte Kreise bildeten und kunstsinnige Fürsten neue Kulturzentren schufen. Die Universitäten öffneten ihnen ihre Pforten nur langsam. Der einheitliche Wissensbau widersetzte sich den neuen Kräften, deren zerstörende Wirkung man vorerst nur ahnte. Die Scholastik nahm für sich das Recht in Anspruch, die Vertreterin des Alten und Wohlgegründeten zu sein, sie mißtraute unsteten leichtfertigen Wanderpoeten wie Peter Luder, deren Lebensführung Theologen und ernsten Männern manches Ärgernis gab. Der neue Geist zog auch damals in der Gestalt des Naturburschentums und mit der Berufung auf die Rechte des Lebens ein. Der Vorwurf, daß er über der Form den Inhalt, über der Welt das wahre Heil vergesse, den Blick zu sehr auf das Diesseits und nicht auf die ewigen Güter richte, konnte ihn schwer treffen, aber nicht zerschlagen. Gerecht war er nicht; denn kaum einer, der der neuen Auffassung huldigte, ist Gottesleugner gewesen, nur nahte er dem Gestalter und Leiter der Welt anderen Sinnes, er legte Bescheidenheit und Demut ab, meldete sich als vorlauter Besserwisser zu Wort, vertraute, wenn es ihm gut ging, mehr der eigenen Kraft als der Hilfe von oben und betete inbrünstig, wenn ihm die Not an den Leib ging. In seinem Gotteshaus errichtete er einem Sokrates, Plato, Cicero, Vergil und Homer Altäre neben denen der Heiligen und brachte ihnen Weihrauchopfer dar. Sein Dasein war nicht mehr an die stille Klosterzelle oder einen ortgebundenen Wirkungskreis geknüpft, der Wander- und Wissenstrieb führte ihn in die Ferne, er wollte sein Weltbild aus eigenen Erfahrungen bauen. Frei schweifte sein Blick vom Sattel seines Rößleins, das ihn und seine paar Habseligkeiten trug, in die Ferne. Im Kreis von Landsknechten und fahrenden Handwerksgesellen saß er in der Schenke, gab seine Geschichtlein zum besten oder lauschte den Erzählungen anderer Landfahrer. Eine feste Studienordnung, die ihn die akademischen Grade zur festgelegten Zeit erreichen ließ, gab es für ihn ebensowenig wie e i n e Wissenschaft, der er sich ausschließlich weihte. Der Zug nach dem Ganzen, der Einheit des neuen Weltbildes, das sich ihm außerhalb oder neben der Theologie erhob, tritt immer deutlicher hervor, und deshalb suchte er die berühmten Lehrer der verschiedensten Wissensgebiete auf. Die Freuden, welche Bacchus und Venus schenken, genießt er in vollen Zügen. Sein Vaterland ist die Welt und seine Heimstätte da, wo er sich mit Gesinnungsgenossen zusammenfindet. Die Kräfte der Beharrung stößt er von sich, immer ist er neuen Unternehmungen zugetan, deren Vollendung ihm versagt bleibt.

Unter diesem Zeichen steht das Leben des Winzerssohnes aus Wipfeld bei Würzburg, Konrad Bickels[14]. Am 1. Februar 1459 ist er geboren. Ein

[14] Conradus Celtis Protucius, Quattuor libri Amorum ... Ed. F. Pindter. Leipzig 1934. — Der Briefwechsel des Konrad Celtis. Ges., hrsg. u. erl. v. Hans Rupprich. München 1934 = Humanistenbriefe 3. — Fünf Bücher Epigramme von Konrad Celtis. Ed. K. Hartfelder. Berlin 1881.

älterer Bruder, der sich dem geistlichen Stand gewidmet hatte, erteilte ihm Lateinunterricht. Das mochte dem Vater, der ihm die Lebensbahn des Weinbauern vorschrieb, nicht passen. Er konnte des Sohnes Drang in die Weite nicht eindämmen. Am 9. Oktober 1477 entlief ihm der Achtzehnjährige nach Köln, wo er mit dem Studium als Artist begann. Es war Zufall, daß ihm an der Hochburg der Scholastik die ersten Quellen der Weisheit flossen. Wählerisch ist er nie gewesen, und da, wo er die günstigsten Bedingungen fand, ließ er sich zu längerem Aufenthalt nieder. Das Dunkel, das über dem Kölner Aufenthalt und den ersten Studien des entlaufenen Winzers liegt, ist schwer zu erhellen, weil es an Zeugnissen fehlt. Man dürfte jedoch mit der Vermutung, daß Celtis sich in Köln in den Schutz der Brüder vom gemeinsamen Leben stellte, welche dort ein Haus [15] besaßen und es als eine ihrer wichtigsten Aufgaben ansahen, begabten Armen das Studium zu ermöglichen, ziemlich nah an die Wahrheit herankommen. Das innige Verhältnis zu Rudolf Agricola, in dem Celtis durch sein ganzes Leben ein nachahmenswertes Vorbild verehrte, fände mit dieser Annahme eine einleuchtende Erklärung, mochte nun Celtis aus eigenem Antrieb Köln verlassen haben oder mit der Empfehlung eines Fraterherren vor Agricola erschienen sein. Damit stünde die erste wissenschaftliche Ausbildung des Konrad Celtis wie die des Erasmus im Zeichen der Devotio moderna, der Wegbereiterin des Reformgedankens und des Humanismus im Rheingebiet. Das Kölner Haus der Brüder vom gemeinsamen Leben wurde 1417 gegründet. Die Aufnahmebedingungen von Zwolle betonten, daß „nur wirklich arme, fleißige und bescheidene Studierende, welche mit guten Zeugnissen versehen sind, aufgenommen werden [16]“. In Köln galten anscheinend ähnliche Bestimmungen, doch läßt sich nicht nachweisen, ob die armen Scholaren sich darum bemühen mußten, „durch Betteln von Tür zu Tür oder durch verschiedene Dienstleistungen bei den Bürgern der Stadt die Kosten ihres Unterhaltes aufzubringen [17]“. Daß in einer gemeinsamen, geistliche und wissenschaftliche Übungen pflegenden Erziehung, welche das Leben Christi als Vorbild hinstellt, Gott in der eigenen Seele finden will und auf das Eigenleben des Einzelnen Wert legt, der Gedanke des Zusammenschlusses von Gelehrten in Gesellschaften entstehen kann, zeigt auch das Wirken des Mutianus Rufus, der bei Alexander Hegius in Deventer seine erste Ausbildung empfangen hatte. Der Kreis, den Mutian zu Beginn des 16. Jahrhunderts in Gotha um sich versammelte, trägt manchen verwandten Zug mit den Sodalitäten, deren Seele Celtis war.

Es war eine besondere Gunst des Schicksals, daß es Celtis zum Wintersemester 1484 nach Heidelberg führte, wo er eine Lebensfreundschaft

[15] M. Schoengen, Die Schule von Zwolle. Diss. Freiburg/Schw. 1898, S. 22, Anm. 1).

[16] M. Schoengen, a. a. O., S. 57.

[17] M. Schoengen, a. a. O., S. 60.

mit dem Kanzler der Hochschule, dem späteren Bischof von Worms Johann von Dalberg, schloß. Entscheidender noch war der Unterricht im Griechischen, den er bei Rudolf Agricola empfing. Das war die Luft, in der Celtis zum Humanisten geweiht wurde. Von dem frühvollendeten Agricola (1442 bis 1485), der sich sieben Jahre in Italien, zu Rom und Ferrara, aufgehalten hatte, ging eine beschwingende Kraft aus, die sich Celtis mitteilte. Von dem vornehmgehaltenen Wesen des Lehrers mag er nicht viel mitbekommen haben, aber sein Erbe nahm er auf, indem er dem Studium des Griechischen einige Universitäten öffnete, sich um die Methodik des Unterrichts bemühte und Schule machte. Bei Agricola konnte er seinen Sinn für die Form und sprachliche Schönheit des Lateinischen und Griechischen schulen. Seine musikalische Anlage fand in den Problemen der antiken Metrik ein ergiebiges Arbeitsfeld. Er war einer der ersten Deutschen, dem das Griechentum den Zugang zu einer universalen Bildung bot. In Heidelberg begann sein Bildungsprogramm Gestalt zu gewinnen. Er war bedacht auf die Weckung des Formsinnes. Das bereitete den Boden vor für die neuen Ideale, als deren Apostel er sich fühlte. Diese Bildung lag — das war das Neue — neben jener, deren höchstes Ziel die Gottesgelehrtheit war. Wenn hier überhaupt von einem Kampf die Rede sein kann, so ist es der Beginn eines Emanzipationsvorganges, der die unterste der Fakultäten, die artistische, schließlich in den gleichen Rang mit den anderen führte. Ergaben sich Gegensätze zwischen dem neuen Bildungsideal und den alten Auffassungen, so lagen sie fast ganz im Reich der Methode oder des Persönlichen, denn die Vertreter des Alten und der Beharrung setzen dem Neuen, von dem sie fühlen, daß es ihre beherrschende Stellung untergräbt, immer Widerstand entgegen.

Als Verbreitungsmittel der neuen Gedanken erwiesen sich die bisherigen höheren Erziehungseinrichtungen, deren fast ausschließliche Aufgabe die Ausbildung von Theologen war, nicht mehr als ganz brauchbar. Es ging nun um den engen Zusammenschluß Gleichgewillter zu persönlichem Gedankenaustausch, um die Schaffung eines engeren Verhältnisses zwischen Lehrer und Schüler. Damit soll nicht gesagt sein, daß man Ähnliches nicht schon vereinzelt in den vorhergehenden Jahrhunderten finden kann oder daß dieser Gedanke ausschließlich ein Kennzeichen der neuen Weltsicht ist. Es ist sogar, wie bereits gesagt, sehr wahrscheinlich, daß Celtis durch die Beziehungen zur geistigen Welt der Fraterherren, wie sich die Brüder vom gemeinsamen Leben und Anhänger der Devotio moderna nannten, schon früh damit vertraut wurde und diese ihn in seine großen Planungen von akademischen Vereinigungen hinüberleitete. Damit tritt wenigstens eine mittelbare Beziehung zum klassischen Altertum und dessen Bildungseinrichtungen, den Akademien, auf. Im Florenz der Medici und im Rom der Renaissancepäpste glaubt man etwas Ähnliches wie Platons Akademie geschaffen zu haben. Es kommt viel weniger auf die Unterschiede in den

Zielen und Auswirkungen dieser Einrichtungen an als auf die Begründung von Körperschaften, die eine geistige Elite sein wollen. Diese neuen Organisationen stehen in einem losen Zusammenhang mit den Universitäten, insofern ihnen die Professorenschaft Mitglieder zuführt und sich ihre Hilfskräfte über ein Studium ausweisen müssen. Sie üben auf die Entwicklung der Wissenschaften, aber auch für gewisse Strecken der Künste eine Kontrolle aus, die mitunter heilsam, häufiger aber als Zwang empfunden wird. Agricola kannte die Einrichtung der von Pomponius Laetus 1460 gegründeten ersten römischen Akademie, welche die Belebung der Antike, die Pflege der Philologie und Sprachreinheit und die Behandlung archäologischer Fragen als ihre Hauptaufgabe ansah. Sie setzte von Bessarion begründete Traditionen fort.

Die Erkenntnis, daß es eine ungeahnte Fülle von wissenschaftlichen Aufgaben, sei es im Bereich der Gottesgelehrtheit, sei es in dem der neuen humanistischen Wissenschaften, gibt und diese nicht von einem einzelnen, sondern nur von einer Gruppe Gleichgesinnter gelöst werden können, führte zur Gründung von gelehrten Vereinigungen, also einer neuen Organisation des Wissenschaftsbetriebes. Celtis war Seele und Begründer vieler gelehrter Sodalitäten, welche in den Hauptgebieten des Reiches ihren Sitz hatten. Ob er diesen Plan als Vermächtnis Agricolas, auf Anregungen des Heidelberger Kreises hin oder erst nach seinem Aufenthalt in Rom, wo er die von Leto begründete Akademie kennengelernt hatte, aufnahm, läßt sich nicht nachweisen. Zweifellos hat Letos Ideenwelt sehr stark auf seine deutschen Schüler gewirkt, stärker vielleicht als auf seine Landsleute. Die von ihm geleitete römische Akademie trug den Stempel seiner Persönlichkeit und pflegte die Kunde des Altertums. Den gelehrten Sodalitäten nördlich der Alpen, an deren Gründung Celtis beteiligt ist, fehlt diese Einheit. Sie sind ursprünglich als eine ganz Deutschland umfassende Gesellschaft gedacht, deren einzelne Niederlassungen sich später als selbständige Einrichtungen erweisen. Ihr Ziel ist, die Vertreter des neuen Geistes in Deutschland zusammenzuschließen und damit nationale Aufgaben zu erfüllen. Die Mitglieder der Akademien in Florenz und Rom treten zu gegenseitigem Gedankenaustausch zusammen, während die Gründungen, deren Pate Celtis ist, sich als Ansätze zu Arbeitsgemeinschaften erweisen, deren Ziel die Erforschung der Vorzeit im weitesten Sinne des Wortes ist. Daß der lebhafte, allen Anregungen zugängliche, planende Geist, der seine Umwelt für seine Pläne zu interessieren wußte, mit seinem Talent zur Freundschaft der richtige Mann war, solche Vereinigungen später ins Leben zu rufen und zu leiten, liegt auf der Hand. Die werbende Kraft und seine Ansehen heischende Persönlichkeit kamen ihm wohl schon in Heidelberg zum Bewußtsein.

Von da an geleiten viele Freunde und gleichgesinnte Genossen der Wissenschaft in steigender Zahl seinen Lebensweg. Der fahrende Werber des Humanismus erlebte seine Lehr- und Wanderjahre in einem. Seßhaft ist er nie richtig geworden, so wie er auch nie zu planen aufgehört hat. Vermittlung und Mittelpunkt zu sein, ist seine Sendung. Die Ziele des Heidelberger Kreises mit Rudolf Agricola, Johann von Dalberg, Trithemius und Wimpfeling werden von Celtis in die Weite getragen. Er wird die Seele der gelehrten Gesellschaften, die sein kaiserlicher Gönner Maximilian I. förderte. Dadurch wurde sein Ansehen, das durch die Dichterkrönung eine besondere Weihe erhalten sollte, gefestigt. Er konnte die Sendung, zu der er sich berufen fühlte, mit den großen, wenn auch wenig klaren humanistischen Planungen des Kaisers in Einklang bringen und als Primus inter pares wirken. Das bezeichnet auch seine ganz andere Geistesart Erasmus gegenüber, der sich als Kaiser der Humanisten fühlte, der seine Aufgaben konsequent und meistens ohne Mitarbeiter erfüllte, der vollendete und abschloß, weil er wußte, was er seinen Kräften zumuten konnte. Bei sehr vielen Lebensäußerungen von Celtis hat man den Eindruck eines nahezu unerschöpflichen Kraftbewußtseins und deshalb sehr oft auch den eines Mißverständnisses zwischen Wollen und Können.

In den Jahren um die Wende zum 16. Jahrhundert gibt es keine bedeutende geistige Bewegung und keinen Anhänger der neuen Weltsicht, der nicht in Beziehung zu Celtis stand. Das mag eigentümlich erscheinen, weil ihn sein universales Streben kein akademisches Studium abschließen und keinen akademischen Grad erwerben läßt, obwohl er die Universitäten aufsucht, an ihnen studiert und später als Professor wirkt. Mit mangelnden Kenntnissen, Angst vor Prüfungen oder aufsässigen Lehrern wird das kaum zu erklären sein, da er ja seinen Studienort nach eigenem Ermessen wechseln konnte. So wird man mit der Vermutung der Wahrheit ziemlich nahe kommen, daß seine ungebändigte Künstlernatur den handwerksmäßigen Aufstieg durch die akademischen Grade und Würden als lästig empfand. Gegenüber der zu feinmechanischem Gedankenspiel werdenden Scholastik haben es die Anhänger des Humanismus nicht leicht, sich durchzusetzen. Ein Vorspiel zu diesem Kampf läßt sich schon früh darin erkennen, daß die Devotio moderna von den Bettelorden angefeindet wurde und in den Reformklöstern der Augustiner, aber auch bei Gerson und Pierre d'Ailly Anhänger und warme Verteidiger fand. Die erzieherischen Grundsätze und reformatorischen Absichten des deutschen Humanismus — die Hauptunterscheidungsmerkmale von seinem künstlerisch und schöpferisch wirkenden italienischen Vorbild — treten auch im Wirken von Konrad Celtis klar hervor. Aber seine Generation ist von starkem Selbstbewußtsein und Stolz auf die eigene Leistung erfüllt. Während der Kreis, den Enea Silvio in Deutschland um sich sammelte, und die deutschen Gelehrten, welche zu Bessarion in Beziehung traten, vorerst noch ganz geblendet sind von dem neuen Formideal, und die spärlichen Lichter, welche sie ihrem holprigen Latein aufsetzen, um es „klassisch" zu machen, in ein paar Phrasen aus

Cicero und anderen Prosaikern bestehen, sind sich die Jüngeren dessen bewußt, daß sie Ebenbürtiges leisten können. Sie berufen sich auf Buchdruck und Schießpulver, Meßinstrumente und Berechnungsdaten, Bauwerke und holzgeschnitzte Statuen, den Aufstieg der Wissenschaften und die Pflege der neuen Form und weisen entrüstet den Vorwurf der Barbarei zurück. Sie haben lange an den Universitäten Italiens gelernt und sind sich bewußt, nun in ihrer Heimat Kulturzentren ins Leben rufen zu können. Sie sind mündig geworden. Das stolze Bewußtsein des Stadtbürgertums in Augsburg und Nürnberg, die Hebung von Verkehr, Handel, Gewerbe und Industrie konnten diese Einstellung zu den Begründern der neuen Zeit nur begünstigen. Im Studium des Griechischen fühlte man sich nördlich der Alpen noch unterlegen. So wuchs der Ehrgeiz, den Vorbildern auch darin nachzueifern. Celtis war nicht der letzte Deutsche, der an den Bindungen, welche die deutsche Kultur mit der römischen und romanischen zusammenschließen, rüttelte und engere Beziehungen zwischen den Griechen und seinen Landsleuten herstellen wollte. Vielleicht haben die Germanen nach seiner phantasievollen Vorstellung sogar griechisch gesprochen. Gewiß aber wurden sie durch den Unterricht „griechisch lebender" Druiden, die Tiberius aus Gallien vertrieben hatte, zu einem Kulturvolk. Die Kultstätten der Druiden [18] übernahmen dann die neuen Träger geistigen Lebens: die Klöster. Diese später bei Celtis erscheinenden Gedanken zeigen, wie er historische Vorläufer seiner Akademiegründungen sucht und glaubt, durch Schaffung kultureller Mittelpunkte seine Ideen verbreiten zu können. Diese vorgefaßten Meinungen führen ihn zu recht eigentümlichen Kombinationen. Sie zu verurteilen oder zu verspotten, hieße spätere Maßstäbe einer kritischen Wissenschaft auf sie anwenden. Daß er versuchte, die Schleier zu lüften, welche über der Vorzeit seines Volkes lagen, und den Urquellen seiner Geschichte nachzuspüren, ist das Wesentliche.

Über den Bildungsgang von Celtis, die gehörten und fördernden Vorlesungen läßt sich nichts sagen. Nach Agricolas Tod begab er sich zum Wintersemester 1485/86 nach Erfurt und im darauffolgenden Semester nach Leipzig, lernend und lehrend zugleich. Schon hielt er philosophische Vorlesungen, über deren Wert und Bedeutung nichts gesagt werden kann, kaum daß sie selbständige Gedanken enthielten. Seine in Köln gefaßte Vorliebe für Albertus Magnus mag sich mit dem Versuch einer Versöhnung der antiken Systeme verbunden haben. Von viel größerer Bedeutung sind seine Vorlesungen über Ciceros Rhetorik, den Bau der Horazischen Verse und antiken Metren. Sein erstes erhaltenes gedrucktes Werk, *Ars versificandi et carminum* (Leipzig, Kachelofen 1486) bildet die Grundlage seiner Vorlesungen. Diese kleine Verskunst schließt sich äußerlich den mittelalterlichen Poetiken eines Galfred von Vinosalvo und anderer an, denn auch

[18] P. Joachimsen, Geschichtsauffassung und Geschichtsschreibung in Deutschland unter dem Einfluß des Humanismus. Leipzig/Berlin 1910, S. 112, 162.

sie ist zum Teil in leoninischen Hexametern abgefaßt. Celtis geht von den metrischen Einheiten aus und erklärt an Beispielen aus Horaz und Boethius die einzelnen antiken Versmaße. Die Abhandlungen über den Aufbau der Gedichte, die Längen und Kürzen der Silben sind zum Teil in Prosa, zum Teil in Hexametern abgefaßt, die Regeln hingegen, welche er offenbar von seinen Schülern auswendig lernen ließ, in leoninischen Hexametern, die sich dem Gedächtnis gut einprägen. Nach Anweisungen über die Lektüre von Dichtungen zeigt sich ein Ansatz zu allgemeiner ästhetischer Betrachtung, dieser aber wird sehr bald wieder von Regeln abgelöst, deren Beobachtung die besonderen Schwierigkeiten in der Handhabung einzelner Metren meistern soll. In der Widmung des Werkes an den eben erst zur Regierung gelangten Kurfürsten Friedrich III. den Weisen von Sachsen betont Celtis die Vorliebe des jugendlichen Fürsten für die Dichtkunst und preist den Dienst der Musen, weil durch ihn der Geist sich über die schwersten Sorgen erhebe und frei von allem Körperlichen in den himmlischen Gefilden wandle. Persönlicher, vertrauter und ausführlicher sind die beiden poetischen Grüße [19] an Fridianus Pighinutius aus Lucca, den Erzieher und Orator des Erzbischofs von Magdeburg Ernst von Sachsen. Wenn es auch da vor allem um eine Verherrlichung des sächsischen Herrscherhauses geht, so wird doch der Verkünder des klassischen Formideals mit verehrenden Worten gefeiert und zur Genesung vom Fieber beglückwünscht. Diese poetischen Briefe sind in gewandten Distichen abgefaßt, denen Pighinutius in gleicher Art antwortet, indem er den Aufstieg Deutschlands aus der Barbarei preist, Celtis auffordert, weiter tätig zu sein und ein geschichtliches Werk zu schreiben [20]. In der *Ars versificandi* begegnet uns zum ersten Male der volle Name ihres Verfassers. Celtis meint, ein Poet müsse nach dem Vorbild der alten Römer drei Namen [21] haben, und übersetzt seinen Namen zweimal ins Griechische. Den Namen Bickel, der entweder als eine Kurzform von Burkhard oder wahrscheinlicher als eine Ableitung eines der beiden althochdeutschen Verba pichan a) hauen, stechen, b) pechen angesehen wird, faßt er gleichbedeutend mit Meißel auf und prägt den Namen κέλτης aus einer falschen Lesart der Vulgata Job 19, 24, in der κέλλω (treiben, bewegen) durch sculpo (meißeln, bilden) wiedergegeben ist. Den Namen Protucius leitet er von τύκος (Meißel) ab. Der Name Celtis wird von den Zeitgenossen häufig mit Celticus verbunden. Eine Beziehung zu den bei Plinius Hist. Nat. 13, 104 erscheinenden Namen Celtis (Lotosblume) habe ich nicht feststellen können.

Ebenfalls mit seiner Lehrtätigkeit in Leipzig, wo Celtis bereits Griechisch lehrte und schon im Wintersemester 1486/87 die Tragödien

[19] Briefw. Nr. 2 u. 3.

[20] Briefw. Nr. 4.

[21] C. Bursian, Geschichte der classischen Philologie in Deutschland. München/Leipzig 1883, S. 109, Anm. 2.

Senecas erklärte, hängt die Absicht zusammen, alle Werke dieses römischen Dramatikers nach dem Erstdruck (Ferrara 1484) herauszugeben, ein Plan, von dem er nur ein Bruchstück verwirklichte; denn 1487 gab er den *Hercules furens* und die *Coena Thyestis* heraus. Er widmete sie dem Fürsten Magnus von Anhalt mit einer Epistel in Prosa und einer kürzeren in sapphischen Strophen [22]. Die Taten der Griechen und Römer haben sich dem Gedächtnis der Menschheit für ewige Zeiten eingeprägt, aber es gebe in Deutschland wenige Fürsten, welche dies aus dem Studium der Quellen erfahren. Celtis habe es sich nicht lange zu überlegen brauchen, wem er die Arbeit widmen wolle, er ehre den Fürsten damit. Welche hervorragenden Beispiele und Meinungen bieten Senecas Dramen!

Mit den beiden Büchern begründete Celtis seinen Ruhm. Er bewies damit, daß er das neue Formideal erfaßt hatte und Anspruch darauf erheben konnte, ein Dichter genannt zu werden. Der Weg über die Theorie zur Praxis ist in der lehrbaren Kunst des Dichtens höher einzuschätzen als der umgekehrte oder die Vernachlässigung der Theorie zugunsten der Praxis. Denn das Wissen um das Wie macht in diesen Zeiten den Dichter, nicht das „von der Empfindung volle Herz". Mit der Ausgabe der Tragödien Senecas, welche erst um 1300 bekannt geworden waren, zeigt Celtis einerseits sein besonderes Interesse an der von den italienischen Frühhumanisten im Kreise um Mussato entdeckten dramatischen Form, andrerseits aber doch auch eine ganz mittelalterliche Einstellung gegenüber der Antike, denn der Wert, den er den Dramen zuschreibt, liegt im Beispielhaften. Er möchte sie als Fürstenspiegel gewertet wissen. Damit zeigt er, daß es ihm weniger um neue Erkenntnisse und deren Fruchtbarmachen durch die Dichtkunst zu tun ist als um neue Stoffe, Formen und Beispiele.

Die Widmung der *Ars versificandi* an Friedrich III. den Weisen führte Celtis zu einem neuen äußeren Erfolg. Auf Empfehlung des Kurfürsten beim Kaiser wurde Celtis am 18. April 1487 auf der Burg zu Nürnberg als erster Deutscher mit dem Lorbeer des Dichters gekrönt. Welch glänzende Rechtfertigung seines einstigen Durchbrennens aus dem Elternhause! Jetzt wurde sein dreifacher Poetenname in Ehren genannt. Mit einem Schlag hatte er den höchsten akademischen Grad erreicht, konnte sich Doktor nennen und besaß die Befähigung, an den Universitäten als Lehrer aufzutreten. Die kaiserliche Urkunde [23], welche ihn mit allen Rechten ausstattete, wurde ihm bei der festlichen Krönung mit dem Ring und einem Kusse überreicht. Sie hebt seine jahrelange Beschäftigung mit dem Griechischen und seine unerreichten Kenntnisse in dieser Sprache hervor. Als Gabe des Dankes widmete Celtis dem Herzog Georg von Sachsen eine kleine Gedichtsammlung [24], die es sich vor allem zur Aufgabe macht, den Ruhm

[22] Briefw. Nr. 5 u. 6.

[23] Briefw. Nr. 7.

[24] Briefw. Nr. 8 u. 9.

Kaiser Friedrichs III. zu verkünden. Für Celtis bedeutet die Krönung Verpflichtung zu unermüdlicher Arbeit im Dienste der Musen.

Sehr bald nachher begab er sich nach Italien. Er konnte sich nun den italienischen Vertretern des Humanismus ebenbürtig an die Seite stellen. In Rom vervollkommnete er seine Kenntnisse des Griechischen unter Pomponius Laetus; Papst Innozenz VIII. gewährte ihm eine Audienz. Unter dem Eindruck der klassischen Ruinenfelder feierte er den Ruhm der Ewigen Stadt mit ähnlichen Worten wie einst Hildebert von Lavardin; aber die Trümmer reden ihm keine lebendige Sprache, er weiß, daß es beständigere Schöpfungen gibt:

Rom, du Stadt der Konsuln und Kaiser der vielen, was blieb denn
Übrig von deinem Ruhm? Stadt der Ruinen zu sein.
Alles verschlinget die Zeit und nichts bleibt ewig auf Erden,
Nur die Tugend allein ist's und die Schrift, was bleibt [25].

In Padua hörte Celtis Vorlesungen bei Giovanni Calfurnio und Marcus Musurus. In Bologna besuchte er Beroaldus, in Ferrara Guarini den Jüngeren, in Venedig den Buchdrucker Aldus Manutius und Sabellicus. Im Frühling 1489 wendete er sich von Venedig über Triest und Kroatien nach Ofen und von da nach Krakau. Dort hielt er sich von Ostern 1489 bis zum Herbst 1491 auf.

Der Umstand, daß das Reisegepäck von Celtis, das von Krakau nach Ingolstadt befördert werden sollte, verlorenging und trotz der Bemühungen zahlreicher Freunde nicht wieder aufgebracht werden konnte, erklärt, daß man sowohl über seinen Aufenthalt in Italien wie den in Krakau nicht sehr viel weiß. Erst von seinem Einzug in Ingolstadt an fließen die Quellen reicher. Aus späteren Briefen von Freunden und Gelehrten geht hervor, daß neben dem Wandertrieb auch die Absicht, sich Kenntnisse in den mathematischen und sternkundlichen Fächern zu erwerben, die Wahl dieses Studienortes bestimmte. Anhängliche Schüler wie der bedeutendste Frühhumanist Schlesiens Laurentius Corvinus hielten ihm lange Treue und Freundschaft. Sie versicherten ihn ihrer Anhänglichkeit. Durch Albert Blar, einen Schüler Georgs von Peuerbach und Regiomontans, den späteren Lehrer des Nikolaus Kopernikus, erhielt Celtis eine gediegene Ausbildung in der Sternkunde. Zu selbständigen wissenschaftlichen Untersuchungen oder gar zur Fortsetzung der Aufgaben, die Regiomontan ungelöst hinterlassen hatte, fühlte er sich nicht berufen. Aber die in seinem Testament erwähnten Geräte zeigen, daß er Himmelsbeobachtungen anstellte. Einmal geknüpfte Verbindungen hat Celtis trotz langer Unterbrechungen aufrechterhalten wie die mit dem Kanonikus bei St. Florian in Krakau, Johannes von Sommerfeld. Die Hauptquelle für die Krakauer Zeit des Konrad Celtis ist das erste Buch seiner *Amores*, in dem Hasilina von Rzytonic regiert. Ihr zuliebe läßt er sich von dem späteren Erzbischof von Lemberg

[25] Epigramme II, Nr. 46.

Bernardinus Wilczek im Tschechischen, der damaligen Hofsprache in Polen, unterrichten. Mögen sich die einzelnen Erlebnisse auch in der poetischen Fassung verklärt, verstärkt und verdichtet haben: sie sind aus unmittelbaren Eindrücken und lebenswahr gestaltet worden. Daß Hasilina ihre Liebe außer ihrem Ehemann auch noch anderen schenkt, daß sie Celtis, dem sie selige Stunden versprochen hat, vor ihrer Tür in der Kälte warten läßt, während sie sich mit einem Priester vergnügt, gibt dem Dichter Gelegenheit, über die Allgewalt der Liebe zu sprechen und seine Eifersucht in lebendigen Farben zu malen. Sei sie auch hart und untreu: er kann von ihr nicht los, mit neuen Künsten fesselt sie ihn immer wieder, zum Selbstmord treibt sie ihn, er möchte einen der höchsten Gipfel in den Karpathen besteigen und sich von dort in die Tiefe stürzen, dann bestatte man ihn und setze auf seinen Grabstein den Vers:

Hier fand Celtis von starrenden Felsen vernichtet die Ruhe,
Da sich felsig und starr ihm die Geliebte gezeigt [26].

Diese Gedichte an Hasilina, welche lang vor der Drucklegung (1502) abgefaßt, von Celtis vorgetragen und in seinem Freundeskreis durch Abschriften verbreitet wurden, haben alle Konvention und Sitte der höfischen Zeit abgelegt. Sie sind ganz persönlich und verschleiern nichts, so daß Hasilina [27] ihn mahnen mußte, aus Dankbarkeit von dem zu schweigen, was zwischen ihnen vorgefallen war. Die Welt des schönen Scheins ist versunken, und die Wirklichkeit ersteht lebendig in den Werken der Dichter. Mehr als eine Parallele zur volkstümlichen erotischen Lyrik drängt sich auf. — In die Nähe und Weite führt den Dichter der Wandertrieb. Er fährt in das Bergwerk zu Wielicka und vergleicht sich mit Herkules, den der Weg in die Unterwelt führte. Dann fährt er die Weichsel nordwärts, verbringt einen Sommer in Danzig und wird nach Jahren vom dortigen Sekretär Meister Petrus Neve daran erinnert, daß er aus der Kenntnis der antiken Schriftsteller die Namen der Landschaft und der Städte festgestellt habe. Es sei Brauch, sagt Petrus [28], daß die Städte zwei Namen tragen. Der Name Gedanum sei von Celtis als Hafen der Goten, Portus Gothorum, richtig interpretiert worden.

Wenn wir dem Dichter glauben, daß sich in Krakau sein Schicksal entschieden habe, so ist es wohl kaum das Liebeserlebnis mit Hasilina, das ihn zu einem anderen Menschen gemacht hat, denn Ähnliches wiederholt sich mit Elsula in Nürnberg, mit Ursula im Rheinland und Barbara in Lübeck, sondern die Erkenntnis neuer wissenschaftlicher Aufgaben. Kein Humanist hat Landschaft und Geschichte so als Einheit gesehen wie er,

---

[26] G. Ellinger, Geschichte der neulateinischen Literatur Deutschlands im 16 Jh.: 1. Bd. Italien und der deutsche Humanismus in der neulat. Lyrik. Berlin 1929, S. 444 f.

[27] Briefw. Nr. 255.

[28] Briefw. Nr. 143.

keiner ist mit so weltoffenen Augen durchs Land gezogen und hat versucht, was er sah und erlebte in das Weltbild einzuordnen, das er aus dem Studium der Weisheit der Alten gewonnen hatte. Erlebtes, kühne Phantasiegestalten, die weit über das Erkennbare und Greifbare hinausschreiten, Bilder und Wünsche, Erforschtes und Geschautes, fügen sich ihm zu einem Bauwerk zusammen, dessen Maße und Einzelheiten aus dem wirren Gesamtbild schwer herauszulösen sind. Der Drang nach Erkenntnis, nach dem Erfassen der Urgründe des Seins ist gewaltiger als das Streben nach Wahrheit, nach dem vollen Begreifen der Einzelheit. Die Welt, welche sich ihm nun öffnet, ist ein Reich des Wunderbaren und Geheimnisvollen. Was die Himmelskunde erahnte, was die neuentdeckten Werke der römischen Geschichtsschreiber berichteten, was die griechische Sprache erschloß und die Kunst, geschult an wiederaufgefundenen Gestalten und Bauwerken, sichtbar vor das Auge stellte, was der Geist sich fern von der Scholastik, aber doch an ihr gebildet, zusammenspekulierte: alles geht auf die Formung eines einheitlichen Weltbildes, den harmonischen Zusammenklang, wie er im Reich der Sphären zu hören ist, aus. In der Einzelheit wird nur ein Abbild der großen Welt gesehen, in die sie sich einfügt. Ziel einer solchen Forschung ist das Universum, sie sucht die Kraft, die die Welt im Innersten zusammenhält, Geist und Materie sind ihr eins. Sie geht immer vom Großen aus, vom Weltgeist, den sich jeder auf seine besondere Weise, aber nie im Widerspruch mit dem Christentum, bilden kann. Was sie an mechanischen Hilfsmitteln besitzt, dient der Messung der Zeiteinheiten oder der Abstände und Winkel im Weltall. Sie sucht nach dem für das menschliche Auge Fernen, sie ergründet nicht das Nahe und Kleine. Deshalb ist das Fernrohr früher geschaffen worden als das Mikroskop, der Weltraum früher erforscht worden als das Leben der Zelle und das Dasein des Atoms, denn die Geheimnisse des Lebens und der Bewegung sind für diese Zeit noch unerkennbar, man vermutet sie in der Ferne bei Gott.

Die Äußerungen des neuen Lebensgefühls sind auch bei Celtis ähnlich wie bei Regiomontan darin zu beobachten, daß er an die antike Wissenschaft anknüpft, nur daß eben Regiomontans Wissenschaft mit festen Zahlen und klaren Maßen rechnet, während im Betätigungsfeld des Celtis die Gefühlskräfte überwiegen. In diesem nordischen Sommer (1489 oder 1490) in Danzig — vielleicht auch während einer Seefahrt nach Rostock und Lübeck — mag Celtis aus der Absicht heraus, sein Lebenswerk unmittelbar an die Antike anzuschließen, auf den Gedanken gekommen sein, seine deutsche Heimat, das einstige Barbarenland, das nun durch seine Leistungen und seine Tätigkeit dem alten und neuen Rom in keiner Hinsicht mehr nachstehe, der alten Welt einzufügen, die Alpengrenze gleichsam aufzuheben und im Norden einen Markstein zu errichten, wie einst Herkules einen im Westen mit seinen Säulen aufgestellt hatte. Celtis vermag nicht zwischen Mythologie und Geschichte zu scheiden sowie auch nicht zwischen dem, was sein Geist wünschte und sein Leben erfuhr. An Selbstbewußtsein hat es ihm nie gefehlt. Das Bild, das er später von sich im vierten Buche der *Amores* entwirft, mag damals zuerst Gestalt gewonnen haben: die Reise nach Thule läßt ihn dichterisch von Lübeck aus in das Unerforschte vorstoßen. Wenn er das unverbildete Naturvolk der Lappen, die ihm einen Urzustand der Menschheit zu verkörpern scheinen, darstellt, kann er sich als zweiter Tacitus fühlen, der sich mit der Schilderung Germaniens seiner Zeit und seinen Landsleuten gegenüber in einer ähnlichen Lage wie Celtis mit der Lapplands seinen Zeitgenossen gegenüber befand. So wie die Stellung vieler Bilder und Plastiken dieser Zeit sich an antiken Vorlagen schult und das bewegte Leben festzuhalten sucht, so werden auch Ziele und Aufgaben unmittelbar aus den alten Vorbildern übernommen und die gleichen geistigen Standorte bezogen.

Daß die Reise nach dem Norden von Krakau aus in Celtis auch die Planung seines großen landbeschreibenden Werkes der *Germania illustrata* begünstigte, wird man mit Recht annehmen können. Ihr unmittelbares Vorbild [29], die *Italia illustrata* des Flavio Biondo, ist schon aus dem Namen zu erkennen. Diese sollte der ersten Absicht ihres Verfassers nach ein Hilfsmittel für den sein, der die alten römischen Orte in seiner Zeit feststellen wollte und die Zusammenhänge zwischen Vergangenheit und Gegenwart suchte, ähnlich wie es später Ringmann in seiner Übersetzung von Cäsars Gallischem Krieg tat aus dem Bewußtsein heraus, seinen Zeitgenossen den geschichtlichen Boden, auf dem sie wandelten, zu erklären. Darüber hinaus aber ist Biondos geographisches Werk eine Aneinanderreihung von Beschreibungen und Geschichten einzelner Städte und ihrer bedeutenden Söhne. Der *Italia illustrata* gegenüber bedeutet die *Weltchronik* des Nürnberger Physikus Hartmann Schedel von 1493 einen Rückschritt, sie erweist sich als Spiegel des geschichtlich Wissenswerten zwischen der Erschaffung der Welt und dem Jüngsten Gericht im Geiste des Mittelalters und ist ganz von den Quellen abhängig, die sie ausschreibt. In einem aber geht diese „scholastische Arbeit im humanistischen Gewande" über die alten Methoden und Darstellungsweisen des gleichen Vorwurfes hinaus: in der Einbeziehung geographischer Darstellungen. Auch da ist sie nicht original, sondern folgt Enea Silvio Piccolomini. An die verdienstvollen Städtebeschreibungen Schedels kann Celtis anknüpfen. Die Anregung Sebald Schreyers, der Celtis am 30. November 1493 vertraglich [30] zu einer Verbesserung von Schedels *Weltchronik* verpflichtete, wurde zwar nicht verwirklicht und teilt damit das Schicksal des *Archetypus liberalium artium* von Peter Danhauser, woran Schreyer gleichfalls sehr interessiert war. Bei diesem Werk, das später — anschließend an die *Roma triumphans* des Flavio Biondo — den Titel *Archetypus triumphantis Romae* erhielt, handelt es sich um eine illustrierte

[29] Joachimsen, a. a. O., S. 156 f.
[30] Briefw. Nr. 87.

humanistische Realenzyklopädie mit Stücken aus römischen Dichtern, Rednern und Geschichtsschreibern. Die beiden Pläne wurden später zugunsten der *Germania illustrata* fallen gelassen. Die *Norimberga* (1495), die *Amores* (1502) mit der *Germania generalis* sind als Proben und erste Ableger des Werkes anzusehen. An der Organisation dieses wissenschaftlichen Unternehmens hat Celtis lange gearbeitet. Die verschiedenen Akademiegründungen der späteren Zeit sollten zum Teil wenigstens der Verwirklichung des Planes dienen. Mitarbeiter [31] sind nur wenige bekannt geworden: Petrus Tritonius (Treybenreif) wurde für eine Beschreibung des Etschtales gewonnen, Sigmund von Windeck berichtete über die drei Tiroler Burgen Persen, Beseno und Stein am Kallian, Johannes Jacobus a Cruce über Nonsberg in Südtirol. Für die Beschreibung von Olmütz interessierte sich Augustinus Moravus. Um das Interesse Kaiser Maximilians für d i e s e s Werk zu gewinnen, förderte Celtis offenbar um das Jahr 1501 ganz besonders die Darstellung Tirols. Es mußte ihm darum gehen, die Einheit zwischen dem alten und neuen Deutschland zu beweisen und dessen Ebenbürtigkeit gegenüber Italien ins rechte Licht zu stellen. Celtis fühlte sich berufen, diese Aufgabe zu lösen, als Kenner Italiens und als weit in die Lande Gekommener, der vieler Menschen Städte gesehen und ihren Sinn erkannt hatte.

Im Herbst 1491 machte sich Celtis von Krakau über Breslau und Prag auf den Weg nach Nürnberg. Zu Prag verbrachte er einige Tage im Verkehr mit Jacobus Argyrius [32] und verfaßte dort ein freches Gedicht auf den utraquistischen Bischof Augustinus Lucianus, den er als getauften Juden bezeichnete, der den Priesterberuf nur aus Gewinnsucht gewählt habe und nicht einmal die lateinische Sprache beherrsche. Kein Wunder, daß ihm diese Äußerungen eine üble Nachrede und seinen Freunden mancherlei Ungemach bereiteten. Glückliche Sterne standen nicht über der neuen Wendung in seinem Leben. Nach längerem Schwanken, ob er der Einladung der Nürnberger folgen und dort als Lehrer der Poetenschule bleiben oder seine Lehrtätigkeit als Professor der Poetik an der Universität Ingolstadt aufnehmen sollte, entschied er sich zu diesem, wohl ohne über die Verhältnisse genauer unterrichtet zu sein, vielleicht aber auch, weil ihm die Nürnberger keine günstigen Bedingungen bieten konnten. Die Partei unter den Ingolstädter Professoren, welche ihn wünschte, war anscheinend wenig mächtig und mahnte ihn zur Zurückhaltung in seinem Benehmen und in seinen Äußerungen. Der Mann, einen solchen Rat zu befolgen, war Celtis nicht. Aber immerhin war er froh, nach der langen Fahrt im strömenden Regen ein dauerndes Dach über dem Kopf zu haben.

Der Jurist Sixtus Tucher beriet ihn, half ihm mit Geld und Büchern aus. Celtis entwickelte ihm seine Pläne und Absichten, er hoffte die Lehr-

[31] Briefw. Nr. 242, 248, 269, 317.

[32] Briefw. Nr. 11.

kanzel von Johann Riedner, den er später als alten Dichter und Rübenfresser verspottete, übernehmen zu können. Er legte Tucher und Johann Kaufmann, dem Rektor für das Wintersemester 1491/92, den Entwurf seiner Antrittsrede vor [33]. Tucher und Gabriel Baumgartner berieten Celtis in den Angelegenheiten seiner Anstellung und seiner Gehaltsansprüche, aber ihr Einfluß war nicht sehr groß. Schon waren die Gegner am Werk, und da sie an seinen wissenschaftlichen Leistungen nichts aussetzen konnten, brachten sie Gerüchte in Umlauf, warfen ihm Sittenlosigkeit und mangelnde Frömmigkeit vor und verdächtigten seinen Charakter. Dagegen mußte er sich zur Wehr setzen. Als Feiglinge und „factiosas bestias", die ihn bei Herzog Georg dem Reichen von Bayern-Landshut verleumden, kennzeichnet er seine Gegner. Daß sich Celtis in Ingolstadt nicht wohlfühlte, zeigen seine Bemühungen um einen anderen Wirkungskreis. Die Ausübung seiner Lehrtätigkeit wurde ihm gewiß nicht leichtgemacht. Man hat den Eindruck, daß er jede Gelegenheit ergriff, sich von seinem Wirkungsfeld zu entfernen. Die Einladung zu einem Weinlesefest bietet ihm einen willkommenen Anlaß, ein paar Vorlesungstage ausfallen zu lassen. Gern folgt er Dalbergs Aufforderung zu einem kurzen Besuch und Besprechungen von wissenschaftlichen Plänen nach Freising (März 1496). Im Spätsommer 1492 ging er nach Wien, konnte sich aber noch nicht entschließen, dem Drängen seiner Freunde zufolgen und sich dort dauernd niederzulassen. Er zog es vor, anschließend daran sich längere Zeit in Regensburg bei seinem Freunde Tolhopf aufzuhalten und das Amt eines Rektors der dortigen Domschule zu bekleiden. Dazwischen ging er auch nach Nürnberg zu seinen Freunden, ließ den Genius loci auf sich wirken und sammelte das Material, das er später in der *Norimberga* verwertete. Zu Beginn des Jahres 1494 traf in Regensburg die Nachricht ein, daß Riedner in Ingolstadt von der Bildfläche verschwunden sei. Nun konnte Celtis nach Ingolstadt zurückkehren und kurze Zeit später in sein Amt als Ordinarius eintreten, nachdem man ihm vorher nur ein Lektorat, was ungefähr einem Lehrauftrag gleichkam, gewährt hatte. Am 7. Mai 1494 wurde er aufs neue in die Universitätsmatrikel eingetragen. Im Sommer 1495 floh er auf Anraten Tolhopfs vor der Pestepidemie, derentwegen der Lehrbetrieb zu Ingolstadt eingestellt wurde, zu den alten Freunden nach Heidelberg. Die Empfehlung Dalbergs öffnete ihm den dortigen Hof. Er war neben Reuchlin und Adam Werner von Themar Erzieher der Söhne des Kurfürsten Philipp. Daß er sich kaum nach den rübenfressenden Ingolstädtern zurücksehnte, ist wohl begreiflich. Schließlich legte sich der Kurfürst ins Mittel und sandte an Rektor und Universität Ingolstadt einen Entschuldigungsbrief. Daß Celtis über den Vorlesungsbeginn (6. Januar 1496) ausgeblieben sei, sei auf seine Veranlassung geschehen, er habe ihn als Erzieher seiner Söhne bis zum 31. Januar bei sich zurückgehalten, „in getrewlichen genedigen zuversicht, ir werdet ime

[33] Briefw. Nr. 20—22.

das umb unnsernt willen zu gut haben und deßhalb nicht abbrechen noch seins solds abzwecken lassen [34]". Wer diese Briefe liest, in denen zwischen Celtis und seinen Freunden über Berufungsangelegenheiten, Anstellung und Lehrtätigkeit die Rede ist, fühlt sich veranlaßt, Parallelen zwischen damals und heute zu ziehen. Das Cliquenwesen und Intrigenspinnen gehört nun einmal zu den unerfreulichen Erscheinungen im höheren Lehrbetrieb ohne Unterschied der Nationen und Zeiten.

Gegen Ende 1491 arbeitete Celtis an seiner programmatischen Antrittsrede [35]. Am 5. Mai 1492 wurde sein Anstellungsdekret für das Lektorat in Ingolstadt von Herzog Georg dem Reichen unterzeichnet. In der programmatischen Einladung zu seinen Vorlesungen im Sommersemester 1492 wiederholte Celtis die Gedanken seiner Antrittsrede und der *Panegyris ad duces Bavariae,* die zusammen in der ersten Hälfte des Jahres 1492 bei Erhard Ratdolt in Augsburg gedruckt wurden.

Die Stellung, welche Celtis innerhalb des deutschen Humanismus einnimmt, ist einzigartig und neu. Sein Laientum, seine zum Teil aus Erlebnissen gestalteten lateinischen Gedichte, seine Formgewandtheit und Leichtigkeit in der Handhabung antiker Verse, seine Planungen großer wissenschaftlicher Unternehmungen, sein Patriotismus, der ihn zum berufenen Anwalt der deutschen Wissenschaft gegenüber den Italienern machte, seine sprühende anregende Kraft und sein erkennender Sinn, der ihn überall geeignete Männer finden ließ, welche für seine neuen Ideale eintraten, der Gedanke einer Reform des gesamten Unterrichtswesens: dies alles zeigt wohl seine besondere Befähigung zur Erkenntnis der zeitgemäßen wissenschaftlichen Forderungen, zur Aufstellung von Programmen, die der Verwirklichung seiner Ideale dienten, und zur Gründung von wissenschaftlichen Organisationen, welche die Erfüllung dieser Aufgaben ermöglichen sollten, geht aber über eine wichtige Frage hinweg; denn das Ansehen eines Mannes, der lediglich an der artistischen Fakultät Vorlesungen gehört und gehalten hatte, muß aus der Weihe abgeleitet werden, die ihm der kaiserliche Lorbeer und der Name *Poeta* gab. Will man dies richtig verstehen, so muß man alle Begriffe von begnadetem Künstlertum, schöpferischer Kraft, dichterischem Genie, origineller Gestaltung, Abstimmen von Gehalt und Gestalt beiseite lassen und versuchen, den Begriff des Poeten im Sinne der Zeit zu verstehen. In ihm fließt eine Fülle von Vorstellungen, neuen und alten, zusammen. Eine zeitgenössische Definition des Begriffes gibt Celtis selbst: „Poetica est divinus motus animae", wie es die der Ausgabe seiner Oden (Straßburg 1513) vorangestellte Biographie mitteilt [36]. Dieses Göttliche, das die Seele bewegt, darf aber nicht verwechselt werden mit dem

---

[34] Briefw. Nr. 103.

[35] : Oratio in gymnasio in Ingelstadio publice recitata ... Hrsg. v. H. Rupprich. Leipzig 1932.

[36] Briefw. Nr. 339.

Geniebegriff, mit dem es vielleicht einige unwesentliche Züge gemeinsam haben mag. Es ist eine Gnade, die Leben und Wirken bestimmt und keinen Unterschied zwischen Kunst und Wissenschaft macht. Die innere Berufung zu literarischer Tätigkeit ist das Wesentliche. Den Wissenschaftsbegriff, hinter dem die Ratio steht und dessen Ziel die Erforschung der Wahrheit ist, findet man im Zeitalter des Humanismus nur bei einzelnen Vertretern der Himmelskunde. Das Göttliche, das die Seele bewegt, unterscheidet nicht zwischen dem Reich des Verstandes und dem des Gemütes und der Phantasie. Der kritische Geist wird erst langsam flügge, indem er die Leistungen der Gegenwart an den unvergänglichen der Vergangenheit mißt, Vorbilder aufstellt und Nachahmung fordert.

Die Frührenaissance bevorzugt den Ausdruck vates, Seher, und betont damit die urtümlichen Zusammenhänge zwischen Dichtung und Priestertum. Sie errichtet ihrem Vertreter vorerst noch eine bescheidene Wohnung im Bereich der festgelegten wissenschaftlichen Rangordnung des Triviums und Quadriviums. Unter Celtis aber und durch ihn wird der Poeta als Vertreter einer wissenschaftlichen universalen Disziplin zum ausschließlichen Herrscher innerhalb der artistischen Fakultät. Es gehört zum Poeten, daß er das Handwerkszeug beherrscht und bei gegebener Gelegenheit ein paar Distichen oder eine sapphische Ode zusammenzimmert, aber das ist ein sehr äußerliches Merkmal, und die Grade der Fähigkeit in der Handhabung des Verses sind sehr verschieden. Ein gutes Gedächtnis und die Beherrschung von Phrasen, Bildern und Wortverbindungen müssen die Formung eigener Gedanken ersetzen. Es gibt in diesem Bereich keine „geprägte Form, die lebend sich entwickelt", sondern nur eine starre Schablone, die mit Mosaiksteinchen ausgefüllt wird. Der einheitliche Charakter der neulateinischen Lyrik, die zur Reinheit der antiken Formen zurückgefunden hat, hängt zum großen Teil mit der Formenarmut und dem ähnlich oder gleich verlaufenden rhythmischen Gang zusammen, der dazu herausfordert, vorgeprägte Wendungen zu gebrauchen. In der Auffassung der Dichtung besteht zwischen der neulateinischen Kunstübung und dem Meistergesang nur der Unterschied, daß die Tabulatur die Schöpfung metrischer Formen und neuer Melodien ermöglichte. Aber der Anlaß, Stoffe und Motive zeigen gewisse Ähnlichkeiten zwischen gelehrt lateinischer und volkstümlich deutscher Lyrik. Mag diese hausbackener klingen und jene das Gefühl einer Wiedergeburt antiker Zustände betonen: Anschauungsweise und Voraussetzung zu dichten sind einander sehr ähnlich. Nur der Zunftgedanke wirkt sich in den gelehrten Kreisen und ihrer dichterischen Betätigung anders aus. Das Erscheinen eines wissenschaftlichen Werkes, einer Ausgabe oder die Anhimmelung eines Gönners geben der gelehrt humanistischen Dichtung ihre besonderen Motive; die Feier von Gedenktagen, Darstellung von Ereignissen allgemeinen oder persönlichen Interesses werden ziemlich gleichmäßig behandelt, nur daß eben hier die olympischen Götter mit den Musen,

Grazien, Nymphen und Faunen, dort mehr die Heiligen und die christlichen Motive überwiegen. In beiden Bereichen soll die Dichtung das Leben verschönern, veredeln, bedeutsame Geschehnisse festhalten und dem Gedächtnis einprägen. Der Glaube, daß der Dichter eine andere Unsterblichkeit verleihen könne als die der Seele, indem er der Künder des Nachruhms wird, ist naturgemäß in der gelehrten lateinischen Dichtung stark vertreten, das heißt, das geschwellte Selbstbewußtsein des kleinbürgerlichen Meistersängers erstreckt sich doch mehr auf die Freude an der Beherrschung des Handwerklichen, während sich der Humanist — in der Unkenntnis des Abstandes, der ihn von der römischen klassischen Dichtung trennte — berufen fühlte, Persönlichkeiten seiner Umgebung und erlebte Ereignisse für eine Ewigkeit festzuhalten. Besonders deutlich werden diese Beziehungen zwischen gelehrt-lateinischer und volkssprachlicher Dichtung dann in der Barockzeit; deutsche und lateinische Gelegenheitsgedichte, Hochzeits- und Leichencarmina unterscheiden sich da, was Inhalt, Form und Motive betrifft, voneinander nur durch die sozialen Kreise, deren Mitgliedern Unsterblichkeit verkündet wird.

Die Dichtung und die Beherrschung ihres Handwerkzeuges, die Poetik, bilden die Grundlagen für den Poeten. Aber das Reich seiner Betätigung ist viel weiter. Man braucht sich nur die Mitglieder des von Celtis später in Wien geleiteten Collegium Poetarum zu vergegenwärtigen, um zu erkennen, daß der Poet ein homo litteratus im weitesten Sinne des Wortes ist, daß die Bindung der Gelehrsamkeit an die Theologie für ihn nicht zu bestehen braucht. Dieser Schritt, den die Generation von Celtis und seinen Schülern wagt, bedeutet aber keineswegs eine feindselige Einstellung gegenüber der theologischen Wissenschaft oder gar der Religion. Es tritt nur eine Lockerung im Reiche der Wissensdisziplinen ein, indem die Rangordnung der Fakultäten erschüttert wird. Gelehrte Theologen, Äbte und geistliche Würdenträger sind nach wie vor Träger der Gelehrsamkeit. Welche Hochachtung bringt Celtis sein Leben hindurch dem Präsidenten der Sodalitas Rhenana Johann von Dalberg, dem Bischof von Worms und Kanzler des Pfalzgrafen Philipp bei Rhein, dem gelehrten Abt von Sponheim Trithemius und vielen anderen entgegen! Das Einzige, woran die Nähe einer heiteren, antik bestimmten Weltauffassung erkannt werden kann, ist ein negativer Zug: das Zurücktreten des asketischen Gedankens. Eine Wendung zum strengen Mönchstum und Gottesdienst in der Einsamkeit, die die Generation Heinlins vom Stein vollzog, die Geiler und Wimpfeling ernstlich erwogen, gab es für die jüngeren humanistischen Weltgeistlichen nicht. In ihrer Einstellung zum Mönchstum und zu den einzelnen Orden jedoch, ganz besonders in ihrer feindseligen und aristokratischen Haltung gegenüber den Bettelorden besteht kein Unterschied. Alles, was man den Aufstieg der weltlichen Wissenschaften nennt, steht in unmittelbarem Zusammenhang mit der zentralen Stellung der Poetik als Wissenschaft. Diese führt auch zur

Ausbildung eines neuen Menschentypus, des gelehrten Politikers, Hofmanns und Diplomaten. Die Ansätze dazu sind an allen Renaissancehöfen, deren Bestrebungen die nötige Resonanz brauchen, zu beobachten. Seinen Höhepunkt erreicht dieser neue Stand im Zeitalter des Barock.

Poetik ist nicht Wissenschaft im Sinn einer Disziplin, die sich anderen gleichordnet, sondern ein Sammelbegriff für Philologie und Geisteswissenschaft überhaupt ohne Begrenzung der Fächer. Das gestattete die Entfaltungsmöglichkeit der besonderen Talente auf ein Wissensgebiet, das mit der Fachdisziplin späterer Zeiten zusammenfallen kann, aber keineswegs im Sinne einer feststehenden Ordnung. Die Universalität des weltlichen Wissenschaftsbegriffes und die Möglichkeit für den Jünger der Wissenschaft, sich innerhalb seines Faches mit jenen besonderen Gebieten zu beschäftigen, die seiner Neigung und Anlage entsprechen, sind die Hauptmerkmale des humanistischen Universitätsgedankens gegenüber der Auffassung des Mittelalters und der des 19. Jahrhunderts. Davon geht der Gedanke einer Reformierung des Lehrbetriebes aus. Hier stellt man sich in die Schultradition der Antike und empfängt den Sinn für die Bedeutung der Formung des sprachlichen Ausdruckes, sei es in gebundener, sei es in ungebundener Rede. So sah das Fach aus, das Celtis an der bayerischen Universität in Ingolstadt zu lehren hatte.

In der Aufstellung und Verwirklichung von Programmen liegt — worauf schon mehrmals hingewiesen wurde — die Leistung von Konrad Celtis. Er ist Anreger und Erwecker, fühlt sich als Apostel des Humanismus, als Reformator des Unterrichtsbetriebes, Vertreter eines neuen Bildungs- und Lebensideals. Die unstete Wanderlust, die vielen begonnenen und wieder liegen gelassenen Werke und die Gewinnung von Jüngern, die in seinem Sinn weiterarbeiteten, zeigen, daß er ein Geist der Bewegung war, der neue Gestaltungen und Formen vor sich sah, die er in die Tat umsetzen wollte. Er war kein ruhiger Sammler und systematischer Bauer. Denn was ihm eine rege Phantasie vorspiegelte, waren Wunschbilder, die nur Ansätze zu einer klaren Gestalt in sich bergen. Kein großes Werk hat er hinterlassen, aber die Wirkungen seines Geistes sind dennoch lebendig geblieben, wenn er auch wenig ernten und in die Scheuer bringen konnte. In der Ingolstädter Antrittsrede vom 31. August 1492 entwarf Celtis zuerst sein Bildungsprogramm, dessen universale Weite uns die Darlegung seiner Poetik gezeigt hat. Aber das sind nur die äußeren Erscheinungsformen ohne die inneren Triebkräfte, das Ethos des Gelehrten und die patriotische Gesinnung. Die Wurzeln des einen liegen in seiner Heidelberger Studienzeit bei Rudolf Agricola, die der anderen in den engen Beziehungen, die ihn mit dem fränkischen Frühhumanismus, vornehmlich mit Gregor von Heimburg, verbinden. Allerdings ist Celtis weniger von politischen Ideen abhängig als Heimburg, die oberrheinischen Humanisten oder gar Ulrich von Hutten. Es konnte nicht seine Aufgabe auch noch sein, eine Reichsreform durchzuführen oder publizistisch dafür einzutreten. Das lag dem Winzerssohn nicht, dazu fühlten sich die Ritterbürtigen berufen oder jene, die ihre Heimat von fremdem Zugriff bedroht sahen. Auch er träumt von der Festigung und Wiederaufrichtung eines deutschen Imperiums und sieht in Maximilan I. den berufenen Erfüller seines Wunsches, aber daran mitzubauen war nicht seine Aufgabe, diese sah er auf geistigem Boden. Er kämpfte für die Unabhängigkeit der deutschen Wissenschaft, die ihre Daseinsberechtigung durch große Leistungen erwiesen hatte. Sie solle sich selbständig und frei entwickeln, eine Schande sei, daß Griechen und Römer deutsches Land und deutsche Sitte geschildert hätten, der Deutsche aber nicht einmal die Kriege seiner Vorfahren beschreibe. Von diesem Standpunkte aus suchte er die Geschichtschreibung auf eine neue Grundlage zu stellen, indem er von Volkstum und Landschaft ausging, das deutsche Altertum als geistige Wirkenskraft freizumachen suchte, die deutsche Urgeschichte, wie sie Tacitus erzählt, mit der Gegenwart in Einklang zu bringen sich bemühte. So wirkte in ihm das gleiche Gefühl, das Goethe während der ersten Rheinreise im Verkehr mit Fritz Jacobi empfand und von dem er später rückblickend in *Dichtung und Wahrheit* sagte: „Ein Gefühl aber, das bei mir gewaltig überhandnahm und sich nicht wundersam genug äußern konnte, war die Empfindung der Vergangenheit und Gegenwart in eins: eine Anschauung, die etwas Gespenstermäßiges in die Gegenwart brachte [37]." Von einer kritischen Auswertung der alten Quellen war bei Celtis nicht die Rede, aber man begreift, wie er von dem Wunschbild einer Verschmelzung von Altertum und Gegenwart her zu seinen phantastischen Kombinationen kommen konnte. Vom Volkstum aus wollte er „den Idealtypus eines deutschen Menschen [38]" im Gegensatz zum italienischen Wesen erfassen. In dieser Absicht verbinden ihn manche Fäden mit seinem fränkischen Landsmann Hutten und Luther, welche beide auf ihren besonderen Gebieten, der Politik und Religion, Ähnliches wünschen und verwirklichen wollen.

Unter den Neuerungen, welche Celtis im Lehrbetrieb einführte, wird schon in der Urkunde seiner Dichterkrönung hervorgehoben, daß er das Studium des Griechischen unter die Lehrfächer aufgenommen habe. Das Hilfsmittel zum Unterricht muß er sich schon ziemlich früh geschaffen haben. Es wurde handschriftlich verbreitet, offenbar deshalb, weil sich Buchhändler und Verleger keinen großen Absatz versprachen und weil es in den deutschen Druckereien an griechischen Lettern fehlte. Schon Ende 1491 und später 1495 wurde Celtis gebeten, ein Exemplar des Werkes zu verschenken [39]. Eine Abschrift davon von Johann Rosenberger ist erhalten. Später hat Celtis denn auch durch die Verbindung mit Aldus Manutius wahrscheinlich das griechische Lehrbuch des Urbanus Bolzianus seinem Unterricht zugrunde gelegt. Das Angebot einer Drucklegung von Celtis Einführung in

[37] Dicht. u. Wahrh., 3. Teil, 14. Buch.

[38] H. Rupprich, Briefw., S. XV.

[39] Briefw. Nr. 99.

das Griechische lehnte Manutius am 3. September 1504 mit Rücksicht auf ähnliche Werke ab, welche in seinem Verlag erschienen [40].

Das erste Werk, welches Celtis in Ingolstadt drucken ließ, die *Epitoma in utramque Ciceronis rhetoricam*, bietet das Schema seiner Vorlesungen des Sommersemesters 1492. Die Widmung an Kaiser Maximilian ist vom 8. März datiert [41]. Celtis war klug genug, die Gunst des Kaisers immer wieder durch Widmungsschreiben oder panegyrische Dichtungen aufrechtzuerhalten. Er wußte um die Empfänglichkeit hoher Herren für Schmeicheleien und gab ihnen auch zu verstehen, daß dem gekrönten Fürsten das Werk des Dichters die Weihe des Nachruhms gibt. Die Größe der Taten des jungen Kaisers sowie dessen besondere Verdienste um Wissenschaft und Philosophie fordern Celtis zu einem Vergleich Maximilians I. mit Alexander, Caesar und Scipio heraus, nachdem er ihn zuerst als einen zweiten Herkules gefeiert hatte. Daß Celtis mit dieser Hauptvorlesung etwas ganz Besonderes bieten wollte und es vor allem darauf abgesehen hatte, seine neue Lehrweise von der veralteten abzuheben, geht aus den Themen: Rhetorik, Kunst des Briefschreibens und Mnemotechnik hervor, dem Inhalt der Epitoma und der selbstbewußten Ankündigung. Wenn er da vom Gänsegeschnatter und Ochsengebrüll spricht, das die Ohren verletze, und von der barbarischen Behandlung der überaus wohltönenden römischen Sprache, so wußte man, daß er damit die ungepflegte Ausdrucksweise seiner Widersacher meinte. In der wohlgewogenen Abfassung von Briefen, Reden, Gedichten und Geschichtswerken stehen die deutschen Universitäten trotz ihrer großen Zahl und dem vielen Gerede hinter den an Zahl wesentlich kleineren, aber besseren Lehranstalten Italiens zurück. Der Grund davon sei, daß in Deutschland nicht die Möglichkeit bestehe, diesem Übel abzuhelfen. Schicksal und Zeitlage tragen die Schuld daran, nicht die Menschen. Aus Liebe zu seiner Heimat will Celtis dieses Übel beseitigen und sich als erster mit einer Erklärung Ciceros abgeben. Er will praktische Folgerungen aus dieser Beschäftigung mit Ciceros Rhetorik ziehen und sich darum bemühen, daß Cicero in Deutschland richtig, das heißt als Formschöpfer, verstanden werde. Das erst bildet den Zugang zu den übrigen Wissensgebieten. Celtis verfolgt somit mit dieser Vorlesung auch den Zweck einer Einführung in die Methodenlehre. Wer so polemisch auftreten konnte und ein so eindeutiges Programm vor sich hatte, der mußte es auch verstehen, das Interesse an seiner Person im anerkennenden und absprechenden Sinne lebendig zu erhalten. Er mußte werben und gewinnen, durfte nicht mit allzu großer Strenge vorgehen und bediente sich deshalb des bewährten Mittels der Verspottung seiner Gegner. Auf den Gedanken, sie zu parodieren und in ihrer eigenen Ausdrucksweise lächerlich zu machen, ist er nicht gekommen. Er beschimpft sie als Ungebildete, Barbaren, Biersäufer und Rübenfresser.

---

[40] Briefw. Nr. 315.

[41] Briefw. Nr. 25.

Der Humanismus ist der Neuschöpfer des kunstvoll gebauten Briefes. So wie die Aufklärung sich der Zeitschrift, die Romantik sich der Vorlesung, das junge Deutschland sich des Reiseberichtes als Verbreitungsmittel der neuen Ideen bedient, verwertet der Humanismus von Petrarca angefangen die Form des Briefes, der zwar an den vertrauten Freund gerichtet ist, sich aber darüber hinaus an eine größere Zahl von Gesinnungsgenossen wendet. Durch seine Briefe ist Enea Silvio Piccolomini der Apostel der neuen Lebensform nördlich der Alpen geworden. Die Kunst des Briefschreibens schult sich an Cicero, der dadurch zu hohen Ehren gelangt. Das Mittelalter konnte für Cicero als den Vertreter des republikanischen Gedankens weniger Verständnis aufbringen. Jetzt wird er der Wegweiser zu einem neuen Formideal. Seine Briefe werden ihrem Inhalt nach registriert, Phrasen und Gliederung werden übernommen. Er ist der Lehrer des Redners, als den ihn Celtis in der Epitoma vorgeführt hatte, und des Briefschreibers. Darüber gibt der *Tractatus de condendis epistolis* [42] Aufschluß, ein Briefsteller, der sachlich klare Definitionen bietet, über die Einteilung der Briefe handelt und über Anrede und Form, welche den einzelnen Ständen gegenüber anzuwenden sind. Für jede Hauptart der Briefformen führt Celtis ein besonderes, oft sehr persönliches Beispiel an, so für den Liebesbrief einen an Hasilina Eugenia, in dem er diese um Erhörung seines Flehens bittet und sie anschmachtet, daß sie ihm den Genuß ihrer Liebe gewähre. „Denn was gibt es Süßeres, Angenehmeres, als daß wir leben, einander lieben und küssen und miteinander scherzen?" Daß darüber manche Perücke wackelte, bis es staubte, daß die moralische Entrüstung der Biedermänner im Ingolstädter Professorenkollegium hohe Wellen schlug und die Anklage gegen Celtis lautete, er verderbe die Jugend, dürfte kaum zu verwundern sein. — Schließlich bietet er eine Anleitung zur Setzung des richtigen Datums und ein Verzeichnis jener Epitheta, mit denen die Briefschreiber ihrem Rang und Beruf entsprechend zu bedenken sind. Aus den neuen gesellschaftlichen und wissenschaftlichen Verkehrsformen, in der Grundlegung des Aufbaus dieser literarischen Kurzform offenbart sich das Ideal des Humanisten, des Menschen, der modern und lebensnah sein will. Daß die Schüler von Celtis sich in ihren Briefen an den Meister ziemlich genau an diese Vorschriften hielten, läßt sich bis ins einzelne nachweisen. Nur die Freunde und Gleichrangigen fühlen sich nicht so an diese Regeln gebunden. Krachenberger schreibt lieber deutsch: „wie wol ich ain teutscher schreiber bin, so bin ich doch kein teutscher Leser [43]." Celtis fühlte sich aus seiner Kenntnis der Antike heraus dazu berufen, jene verlorengegangene Verbindung zwischen der Wissenschaft, das ist für ihn seinem Fach der Poetik, und dem Leben wiederherzustellen. Darum spricht

[42] Briefw. Nr. 358.

[43] Briefw. Nr. 164.

er offen von allem, was ihn bewegt, und gewährt wie wenige seiner Zeitgenossen offene Einblicke in sein äußeres und inneres Leben.

Neben kleineren Dichtungen wie einer über das Leben des heiligen Sebaldus und den später in den *Amores* und *Oden* aufgenommenen, ist die *Norimberga*[44] das umfangreichste selbständige Werk, das während der Ingolstädter Zeit entstand. Im Hinblick auf die Aussicht einer Anstellung in Nürnberg und eine wohl beschränkte Zeit der Materialsammlung ist dieses Werk wahrscheinlich ziemlich schnell hingeschrieben worden. Für uns ist es von besonderer Bedeutung, weil es als Bruchstück der *Germania illustrata* Einblick in dieses große Unternehmen bietet. Ende 1493 war die erste Fassung der *Norimberga* abgeschlossen, doch ging das Manuskript, das Celtis an verschiedene Freunde zur Begutachtung geschickt hatte, verloren und mußte aus den Notizen recht mühsam wiederhergestellt werden, so daß Celtis erst 1495 dem Nürnberger Rat sein Werk mit einem deutsch abgefaßten Schreiben überreichen konnte. Er hat „nit mit kleynem fleiß, sunder mit willigelich gehabter mue dies buchlein, von gelegenhait, wesen und stannd diser ewrer in aller werlt wolberumbten stat sagende, begriffen, das ich ewren achtperkeyten hiemit laß uberantwurten, euch damit vererende“. Der Nürnberger Rat nahm das Werk huldvoll auf und erwiderte dem Dichter am 9. Juli 1495: „So uns dann das werk solchs puchleins von den des Lateins verstendigen als kunstlich begriffen, artlich gestelt und gancz maisterlich gefertigt sein, gelobt wirdet, so wollen wir dasselb zu teutsch lassen bringen und uns darinn auch erlustigen[45].“ Der Rat bestellte den Losungsschreiber Georg Alt, der sich seiner viel zu schwierigen Aufgabe keineswegs zur Zufriedenheit von Celtis, der schon vor ihm gewarnt worden war, entledigte. Es war eben doch etwas anderes, die Schedelsche *Weltchronik* und den *Processus Satanae* in ein der Vorlage einigermaßen gerechtwerdendes Deutsch zu übertragen, als ein Werk zu übersetzen, das die persönliche Eigenart seines Verfassers, eines Celtis, widerspiegelte. Viel Freude hat Celtis damit nicht erlebt. Mit den *Amores* (1503) ist die lateinische Fassung im Druck erschienen.

Nürnberg öffnet sich dem Humanismus spät. Die geistigen Belange der Stadt richteten sich mehr nach den Möglichkeiten des Erwerbs aus. Deshalb fand Regiomontan dort einen ihm angemessenen Mittelpunkt seines Wirkens. Aber die literarischen und geschichtlichen Interessen der Stadt äußerten sich noch in alten Formen, wie Schedels *Weltchronik*, die ganz von den Quellen abhängig ist und den Stoff über die Form stellt. Daß ein solches Werk dem Geiste der Zeit nicht entsprach, erkannte Sebald Schreyer, der weitschauende Patrizier und erste, der sich Celtis gegenüber als Mäcenas zeigte, in dessen Haus auch rein äußerlich der neue Geist

---

[44] A. Werminghoff, Conrad Celtis und sein Buch über Nürnberg. Freiburg/Br. 1921.

[45] Briefw. Nr. 94 u. 95.

einzog in den Bildnissen antiker Gestalten, unter die Celtis seine sapphischen Strophen setzte. Einem solchen Mann konnte das lederne Latein Schedels nicht behagen, er wünschte den Stoff mit einer anmutigen Form bekleidet. Aber so, wie er es vor Augen hatte, konnte Celtis seine Wünsche nicht erfüllen. Ein Werk im Stil und Geist einer absterbenden Epoche zeigt sich dem Bearbeiter, der es versuchen wollte, es in ein neues äußeres Gewand zu kleiden, widerspenstig und spröde. Es entzieht sich hartnäckig dem behauenden Meißel auch eines ruhigeren Geistes und geduldigeren Arbeiters, als Celtis einer war. Die Einheit von Geist und Form fühlte der Humanismus in einer bisher unbekannten Weise. Deshalb wohl schrieb Celtis als Ersatz seine *Norimberga*, das Vorspiel der *Germania illustrata*, ein Werk, das im gesamten historisch-geographischen Schrifttum der Zeit den höchsten Rang einnimmt, die würdige Dankesgabe eines Dichters an die Stadt, in der ihm als erstem Deutschen vom Kaiser der Lorbeer des Dichters aufs Haupt gesetzt worden war. Man bekommt einen Eindruck von der Anmut des Werkes, wenn man es etwa mit dem unbeholfenen Gestammel eines Meisterlin vergleicht. Wie weit ist hier der Horizont! Wie strömt dem Dichter der Stoff von allen Seiten und Wissengebieten zu! Wie scharf hat der vielgewanderte Mann beobachten gelernt! Wir verspüren die gestaltende Kraft einer ausgeprägten Persönlichkeit. Kein Gelehrter, der in der Studierstube zusammenschreibt, was er sich aus Werken anderer mühsam geistig erwarb oder in Archiven sammelte, hat es geschaffen, sondern ein weltoffener Mensch, der das Leben in seinem Werk festhält, der neue Quellen, wie Tacitus und Plinius, verwertet und dessen Finderglück der Darstellung zugut kommt; denn wahrscheinlich hat Celtis die spätrömische Straßenkarte, welche er an Konrad Peutinger, den Sammler römischer Altertümer, weitergab, damals schon benützen können.

Als Durchstöberer der alten Klosterbibliotheken, glücklicher Finder und Herausgeber wertvoller Texte haben sich die Humanisten besondere Verdienste erworben. Auch da ist Celtis an vorderster Stelle zu nennen. Am 30. Januar 1494 entlieh er zu Regensburg aus der Bibliothek des Benediktinerklosters St. Emmeran die Handschrift der Werke Rosvithas von Gandersheim und verpflichtete sich, sie an Friedrich Rosenritter in Nürnberg zurückzugeben [46]. Trithemius bemühte sich, Johannes Amerbach in Basel als Verleger zu gewinnen. Schließlich erschien die Ausgabe nach der Abschrift von Eberhard Dörs, der auch die Korrekturen des Druckes las, in Nürnberg 1501 und wurde Kurfürst Friedrich von Sachsen gewidmet. Ein ähnliches Finderglück begünstigte Celtis später, als er, wohl von Trithemius veranlaßt, im Kloster Ebrach eine Handschrift des *Ligurinus* aufstöberte, den die Mitglieder der Sodalitas Augustana im April 1507 herausgaben. Es ist kaum übertrieben, wenn Celtis sagt, daß er auf der Suche nach Handschriften ganz Deutschland durchstreift habe.

[46] Briefw. Nr. 70, 267.

Man hat bei Celtis immer den Eindruck, daß er ganz bei der Sache war und seine Ziele, sofern sie nicht schon wieder von anderen verdrängt wurden, mit angespanntem Fleiß verfolgte. Oft betraute er Freunde und Schüler mit der Vollendung, wenn ihm Zeit und Muße mangelten. Ein solches Leben verbraucht schneller als die geruhsame Beschaulichkeit, es zehrt an den Kräften des Geistes und Geldes. Ein Meister im Haushalten ist Celtis nie gewesen. Von seinen regelmäßigen Einnahmen und den Spenden, welche ihm seine Werke von jenen eintrugen, denen er sie widmete, konnte er ein solches Leben nicht führen. Daß er ab und zu Geschenke von anhänglichen Schülern empfing, nützte wenig. Mit den Studenten, welche er gegen einen ordentlichen Pensionspreis als Kostgänger in sein Haus aufnahm, konnte er wohl mitleben. Aber der Aufwand, den er trieb, wurde mit all diesen Einkünften kaum gedeckt. Schulden und Mahnungen der Gläubiger begleiten sein Leben auf lange Strecken. Daß sie sein Gewissen bedrückten, ist kaum anzunehmen. Die nicht sehr zahlreichen Briefe von Celtis an seine Freunde rechtfertigen sich gegen Vorwürfe der Schreibfaulheit, eines freien sittlichen Lebenswandels, der Huldigung der antiken Götter, sie geben Auskünfte auf Fragen, berichten über akademische Neuigkeiten, Personalangelegenheiten und Berufungen, sie bitten um leihweise Übersendung von Büchern, an deren Zurückerstattung er häufig gemahnt werden muß, oder schildern seine mißliche Lage und ersuchen unter Beteuerung der baldigsten Rückgabe um Darlehen. Ähnliches schreiben auch die Freunde an Celtis mit Ausnahme der letztgenannten Briefart, sie wußten, daß von Celtis kein Geld zu bekommen war.

Die Neigung der Jugend, sich einer neuen Geistesrichtung ohne besondere Kritik in die Arme zu werfen, die temperamentvolle Lehrart und die erzieherischen Fähigkeiten des Lehrers erklären die Anhänglichkeit vieler Schüler. Gewiß muß die Überschwenglichkeit des Ausdruckes auf die Freude am hohen Klang der Phrase, auf schmeichelnde Übertreibung und das Streben, zu zeigen, was und wieviel man gelernt hat, gesetzt werden, aber deshalb wird man doch die Zeugnisse ehrlicher treuer Anhänglichkeit als solche empfinden können. Wie viele Freunde und Schüler nehmen den Lehrer und dessen Zeit für ihre besonderen Absichten in Anspruch! Sie bitten um Grabschriften und Erinnerungsverse, lassen ihre eigenen Leistungen oder Handschriften, die sie finden, begutachten, ersuchen um Zusendung von Werken und einzelnen Gedichten des verehrten Meisters, senden Geschenke, wie Fische, Pflaumen oder ein Fäßchen Wein, empfehlen ihre Verwandten oder den Überbringer des Briefes, ersuchen um Auskunft über die Studienverhältnisse in Ingolstadt oder Wien, berichten über ihre Schicksale und wissen wohl, daß Celtis besonders gerne hört, was die italienischen Humanisten planen und leisten. Viele erweisen sich besonders dankbar für hilfreiche Unterstützung ihrer wissenschaftlichen Bestrebungen oder die Anteilnahme an ihrem Schicksal. Sie bitten ihn um seine Freundschaft, feiern ihn als Redner, Dichter und Philosophen, rühmen seine Werke, laden ihn ein, sprechen ihm die Fähigkeiten eines Vergil und Cicero zu, bewundern die Leichtigkeit seines Schaffens, bezeichnen ihn als Bahnbrecher der neuen Weltsicht, versichern ihm, daß sie nichts davon zurückhalten könne, ihm ihre Treue zu bewahren, geben ihm die ihnen zuteil gewordene Anerkennung doppelt und dreifach zurück, fühlen sich gehemmt, weil sie die Eleganz seiner Ausdrucksweise in ihren Briefen doch nicht erreichen können, vergleichen den Vielgewanderten mit Odysseus, feiern ihn als Freund der Musen und einzigartige Zierde des Zeitalters, staunen vor seiner Universalität, die ihn in allen Wissensgebieten, sogar in der Erforschung des alten Rechtes, zum Bahnbrecher mache, sind besorgt um seine Gesundheit, versichern, daß die Flamme liebender Verehrung für ihn ständig in ihnen brenne, vom Ende der Welt seien lernbegierige Schüler zu den weisen Männern des Altertums gereist, deshalb sei es nur selbstverständlich, wenn sie alles daransetzten, um seine Schüler werden zu können; es sei nur recht und billig, wenn er als Gestirn vom Himmel leuchte, sie feiern ihn wie Abt Angelus Rumpler von Formbach bei Passau mit einer überschwenglichen sapphischen Ode, in der der ganze Parnaß, Götter, Patriarchen und Heroen aufgeboten werden, um ihm Beifall zu spenden [47]. Mehr als einmal spricht aber aus den Briefen seiner Freunde neben der warmen Verehrung auch eine aufrichtige Sorge um sein künftiges Seelenheil. Sie fühlen hinter der Offenheit, mit der er von seinen persönlichen Liebesangelegenheiten spricht, und hinter der Verehrung, die er den antiken Göttern entgegenbringt, eine zerstörende Kraft am Werke, welche ihre Axt an die Wurzel der alten Welt legt. So bittet Johannes Jodocus Sturnus aus Schmalkalden den Freund und Bruder, doch eingedenk zu sein des allmächtigen Gottes, in dessen Gnade und Herrlichkeit alle Weisheit ruhe [48]. Rührend ist der Trost, den ihm Charitas Pirckheimer zuteil werden läßt, nachdem sie von dem Raubüberfall im März 1502 gehört hatte, von dem Celtis bedroht worden war: „Wiewol ich nit zweifel, jr seit von der zal der volkumen liebhaber der weißheit, die ain yde widerwertikeyt mit ainem gedultigen gemut wol wissen zu tragen, ob sie auch alle pawfellige und zergengliche dinck verluren, so sie jnen allein den werden schatz der waren kunst und weißheit, der edler ist dann alle reichtumb, behalten." Sie erinnert ihn an St. Bernhard: „Rumet er sich nit vor den köngen und sunst meniglich bey den krigischen und lateinischen, auch andern weisen, das er annderst nichts wuste, dann allein Jesum, den gekreuzigten? Derhalb acht ich, dz ir nit von ungeschichten, sonder aus gotlicher vorsehung diese heiligste zeit, in der wir daz leiden des hern begin, in diese widerwertikeit gevallen seyt [49]."

---

[47] Briefw. Nr. 337.

[48] Briefw. Nr. 312.

[49] Briefw. Nr. 272 a.

So heißt es in der deutschen Übersetzung des Briefes der gelehrten Äbtissin von Christoph Scheurl.

Die Beurteilung, welche die Stellung des Konrad Celtis zur Kirche erfahren hat, ist fast immer von einem Standpunkt aus geschehen, der dem seinen nicht gerecht wird. Die Versuchung zur Vermutung, daß er sich sein Leben nach dem Grundsatz eingerichtet habe: Lustig gelebt und selig gestorben, Heißt dem Teufel die Rechnung verdorben, liegt nahe. Aber das, was Celtis sucht und auf religiöser Grundlage zu verwirklichen trachtet, ist die Wiederaufnahme einer spätantiken oder frühchristlichen Geisteshaltung, welche den gleichen Himmel über das Weltgebäude wölbt und Gegensätze auszugleichen sucht, indem sie deren Entstehung erst in den Zeiten des Verfalls annimmt und damit ihre Daseinsberechtigung leugnet. Mit dem Wunsch nach der Rückkehr zu einem paradiesischen Zustand verquickt sich die Forderung des Rufes zu den Quellen, der am Anfang der neuen Zeit steht. In seiner begeisterten Schilderung der Urzustände, die bei den Lappen anzutreffen sind, welche der vermeintlichen Segnungen der Kultur nicht teilhaftig geworden sind, seiner Absicht, Forschungsgrundlagen für die germanische Urgeschichte durch die Ausgabe der *Germania* des Tacitus zu schaffen und das wesenhafte Urbild der deutschen Landschaften in der *Germania illustrata* festzuhalten, wird Celtis von dem gleichen beherrschenden Grundgedanken bestimmt wie auf religiösphilosophischem Gebiet nach den Ursprüngen zu suchen, in welchen alle Widersprüche aufgehoben sind. Die pythagoräische Weisheit, die Lehre der Druiden und das Urchristentum stellen ihm eine große Einheit dar. Hier ersetzen das Gefühl und der Wunsch, das Weglose und Unerkennbare zu begreifen, alle verstandesmäßigen Grundlagen, die die Scholastik bereitgestellt hatte. Mit ihrer radikalen Ablehnung und der Bekämpfung ihrer Anhänger, mit einer erbarmungslosen Kritik an kirchlichen Mißbräuchen, die er auch in Italien zu beobachten Gelegenheit fand, steht Celtis keineswegs vereinzelt da. Hier sah er sich wirklichen Feinden gegenüber, weil es die gleichen waren, gegen deren Widerstand er eine Reform des höheren Unterrichtswesens durchführen wollte, die ihm das Leben in Ingolstadt und anderswo sauer machten, indem sie seine Lehren und seine Person entweder verdächtigten oder als lächerlich und oberflächlich hinstellten. An den Glaubenslehren oder den Formen des Ritus hat Celtis nie Kritik geübt. Er diente seinem christlichen Gott auf eigene Weise. In seinem Gedicht auf die Schutzpatrone Österreichs führt er Neidhart Fuchs und den Pfaffen von Kahlenberg an, die sich in dieser Gesellschaft gewiß etwas merkwürdig vorgekommen sein mögen. Er weiß, daß er die Heiligen und ihre Fürbitte nicht entbehren kann, daß es ihm vorgeschrieben ist, die priesterliche Urweisheit als wissenschaftliche Aufgabe zu erschließen und als Religion zu verehren. Was er bekämpfte, war nur eine bestimmte Richtung innerhalb der Theologie. Der Reformgedanke, der sich besonders bei den oberrheinischen Humanisten der Zeitklage und Moralsatire bediente und die Forderung nach einer allgemeinen Besserung der Sitten aufstellte, äußerte sich bei Celtis in ganz allgemeinen Umrissen und nur auf dem Gebiete der Erziehung in bestimmten Formen und Forderungen. Mit Absicht hüllen viele Humanisten ihre Bestrebungen in ein schwer zu erhellendes Dunkel. Den Mangel an Klarheit in ihren Sätzen haben schon viele ihrer Zeitgenossen mit ihren unklaren Absichten in Zusammenhang gebracht. Nur wer selbst in die Schule der Scholastik gegangen war und das theologische Studium beendet hatte, war berufen, Wege zu weisen und Methoden anzuwenden, die der mittelalterlichen Weltsicht merkliche Einbußen zufügten. Da erwies sich der lächerlich machende Spott eines Erasmus und Hutten als wirksamere Waffe denn die glatte Ablehnung und die Grenzlinie, welche Celtis zwischen seiner Disziplin und der Theologie aufrichtete. Es fehlte ihm an der Überlegenheit, welche die Kenntnis der Mittel und Methode des Gegners verleiht und ihn mit Humor ad absurdum führen kann.

In einem gewissen Widerspruch mit den Zeugnissen dankbarer Verehrung und Anhänglichkeit steht der Brief einiger Hörer der Ingolstädter Vorlesungen von Konrad Celtis. Er stammt wohl aus einer Zeit, die am Ende seiner Lehrtätigkeit lag. Über die näheren Umstände seiner Entstehung lassen sich nur Vermutungen äußern. Wenn man als die eigentlichen Veranlasser seine „lieben Kollegen“ vermutet, wird man kaum fehlgehen. Sie suchten zu verhindern, daß ihm ein ehrenvoller Abschied und ein freundliches Gedenken in Ingolstadt zuteil wurde. Seine eigenmächtige Entfernung nach Regensburg, sein langer Aufenthalt in Heidelberg und die wiederholten Fahrten nach Nürnberg zeigen, daß er es mit seiner Vorlesungspflicht nicht sehr genau nahm. Aber von diesen Vorwürfen, welche der beratende Gönner Sixtus Tucher und andere vorbrachten, ist in dem Brief der Studenten nicht die Rede. Über ausgefallene Kollegstunden pflegen sich Studenten nie zu beschweren, aber sie sind erregt, wenn sie merken, daß ihnen kein Interesse entgegengebracht wird, daß die Vorlesungen ihnen gleichgültig oder widerwillig wie eine unangenehme Verpflichtung verabreicht werden. Sie wehren sich immer gegen die Langeweile und haben ein sehr richtiges Gefühl für die Bedeutung neuer Erkenntnisse, sobald ihnen der Lehrer Einblick in sein Arbeitsgebiet gewährt. Verspüren sie aber seinen Hochmut oder bringt er seine Überlegenheit ihnen gegenüber häufig zur Geltung, so haben die Nutznießer einer solchen Feindschaft ein leichtes Spiel, die berechtigte Erregung der sich zurückgesetzt Fühlenden für ihre besonderen Zwecke auszunützen. Der Ton, den die Beschwerdeführer anschlagen, ist frech und lehrhaft zugleich. Er nenne sie Dummköpfe und Barbaren, und doch lebe er von ihrem Gelde, irgendwelchen Anteil nehme er nicht an ihnen, mit aufgelegtem Ellbogen, das müde Haupt in die Hand gelegt, spreche er leise vor sich hin, sein Unterricht entbehre des Systems, er solle sich den Spruch merken: nur wer rein erkannt habe, könne klar unterrichten. Nun sei ihre Geduld zu Ende.

Die Drohung, mit der sie schließen, zeigt ihre beleidigte Gereiztheit [50]. Sie brauchten keine disziplinarischen Maßregelungen mehr zu fürchten, weil sie genau wußten, daß mächtigere Fürsprecher als der Angegriffene sich ihrer Sache annehmen werden. Für Celtis waren diese Anschuldigungen wohl ziemlich bedeutungslos, weil er seiner Berufung nach Wien sicher war. Die ungarische Besetzung Wiens und vieler angrenzender Landesteile hatte die Berufung von Celtis in seinen neuen Wirkungskreis stark verzögert.

Seines Wanderlebens müde und durch die Sehnsucht nach einem wohlbestellten häuslichen Herde bestimmt, plante Celtis gegen Ende seiner Ingolstädter Zeit, zu heiraten. Wer die von ihm Erwählte war und ob es sich überhaupt um eine bestimmte Person handelte, ist nicht festzustellen. In den Briefen von vertrauten Freunden, wie Dietrich Ulsenius, Sebald Schreyer und Johann von Sommerfeld dem Älteren, wird auf die Anfrage von Celtis das mittelalterlich-humanistische Thema, ob der Weise heiraten solle oder nicht, angeschlagen. Sie überlassen ihm die endgültige Entscheidung, er sei in dem Alter, in dem man heirate, könne es gut, aber auch schlecht treffen, lauten die Antworten. Man hat den Eindruck, daß die Freunde das leicht entflammbare Herz des Dichters der *Amores* und seine Vorliebe für Hetären kannten und ihm deshalb nicht zu sehr zureden wollten. Nach seiner Erkrankung hört man von den Plänen nichts mehr. Vielleicht steht die bei Johann Winterburger zu Wien um 1500 erschienene kleine Schrift *Oeconomia*, in der die Aussteuer eines wahren philosophischen Hausvaters beschrieben wird, damit in Zusammenhang. — Familiensinn sucht man bei Celtis vergebens. Für seine verarmte Mutter und seine Schwestern hat er auch zu einer Zeit, da ihm die Gläubiger nicht mehr zusetzten, keine Rente ausgesetzt.

Von einigen Schülern, unter anderen vom Neffen des Abtes Virgilius II. von St. Peter in Salzburg, Johannes Camrer, begleitet, traf Celtis Ende September 1497 in Wien ein. Die Freunde bereiteten ihm dort eine herzliche Aufnahme, viele Auswärtige beglückwünschten ihn. Der alte Professor der Theologie in Ingolstadt Georg Zingel mahnte ihn, seinem Hang zur Verschwendung nicht nachzugeben, alle seien gern seine Gäste, aber sie reden nachher wenig liebevoll von ihm, er solle mit den Guten und Ehrenwerten verkehren, welche ihn größer machen. Ein Darlehen, das er ihm offenbar zur Bestreitung der Reisekosten gegeben hatte, solle er ihm spätestens im kommenden Frühling zurückerstatten [51]. Gleich nach seiner Ankunft wurde die Sodalitas litteraria Danubiana, die gelehrte Donaugesellschaft, gegründet. An ihrer Spitze stand Johann Vitez, der einstige Förderer Regiomontans, Bischof von Veßprim und von 1493 an Administrator des Wiener Bistums. Der Wirkungskreis der gelehrten Donaugesellschaft umspannte

[50] Briefw. Nr. 174.
[51] Briefw. Nr. 177.

bald ein großes Gebiet. Die Nürnberger schlossen sich an, dort, in Ofen und Linz bildeten sich kleinere Kreise, die Augsburger taten sich in der Sodalitas Augustana, die Mährer in der Sodalitas Maiorhoviana oder Marcomannia mit dem Sitz in Olmütz zusammen. In den Zugaben zu der Apuleius-Ausgabe hatten die Mitglieder der gelehrten Donaugesellschaft Gelegenheit, mit ihren Begrüßungsgedichten an Celtis an die Öffentlichkeit zu treten [52]. In freundschaftlicher Dankbarkeit widmete Celtis diese Ausgabe den Freunden Johann Fuchsmagen und Johann Krachenberger, den einflußreichen Ratgebern des Kaisers, denen Celtis seine neue Stellung zu verdanken hatte. Auch mit dieser Ausgabe, die sich an den Venediger Druck von 1493 recht eng anschloß, schuf Celtis eine schnelle erste Möglichkeit, die Sodalitas vor der gelehrten Welt in Erscheinung treten zu lassen. Außerdem verband er damit, wie einst in Ingolstadt mit der Epitoma, den Zweck, die Ausgabe seinen Vorlesungen als Lehrbuch zugrunde zu legen.

Das bedeutet, daß er es jetzt weniger auf die formale Seite des Humanismus und die Poetik abgesehen hatte als auf die Philosophie. Vielleicht ist dies darauf zurückzuführen, daß Hieronymus Balbus, der schon 1496 Celtis als seinen Nachfolger vorgeschlagen hatte, noch bis 1499 in Wien blieb und dort wahrscheinlich Poetik und Rhetorik dozierte, Celtis aber ihm nicht ins Gehege kommen wollte. Der philosophisch-geographische Aufbau der *Amores* und der *Germania illustrata*, die ihn um diese Zeit besonders beschäftigen, zeigen, daß seine Neigungen jetzt nach dieser Richtung hingingen. Bei seiner sprunghaften, jede Anregung aufnehmenden und weitergebenden Natur, seinem ständigen Planen und Organisieren darf es nicht wundernehmen, daß seine philologische Herausgebertätigkeit, die mit den Tragödien Senecas (1487) beginnt und sich über den Apuleius (1497) und Rosvitha (1501), die Planung einer Ptolemaios-Ausgabe (1498) zur *Germania* des Tacitus (1500) und zum *Ligurinus* (1507) fortsetzt, sich damit begnügte, eine vorhandene Druckausgabe oder eine Handschrift abzudrucken. Sämtliche erreichbaren Texte und Handschriften heranzuholen, sich mit Lesarten abzugeben und Textkritik zu betreiben, war seine Sache nicht. Die meisten dieser Ausgaben legte er als Lehrbücher seinen Vorlesungen zugrunde. Wie seine mündliche Interpretation vor sich ging, entzieht sich unserer Beurteilung. Soviel aber ist sicher, daß sie lebendig und anregend gewesen sein muß.

Die Anziehungskraft der neuplatonischen Gedankenwelt, die in der dem Apuleius zugeschriebenen, philosophisch-weltbeschreibenden Abhandlung *De mundo*, einer Übersetzung der pseudoaristotelischen Schrift περὶ κόσμου schon vorweggenommen wird, hatte sich schon im italienischen Humanismus gezeigt. Dem Beispiele des Platon und Pythagoras folgend, so erklärt Celtis in seinem Widmungsschreiben an Fuchsmagen und Krachen-

---

[52] Briefw. Nr. 179/80.

berger, habe er sich bemüht, sich auf seinen vielen Reisen in der Beredsamkeit und Philosophie auszubilden. Nun könne sein schwankendes und irrendes Lebensschifflein in sicherem Hafen Anker werfen. Als eine Kostprobe sei die vorliegende Ausgabe anzusehen. Die Schrift biete eine Einführung in das Studium der Weisheit, denn sie erzähle von der Weltschöpfung, vom Geiste, der sie beseele, von der Größe ihres Schöpfers und ihrer Schönheit, unlöslich seien das Göttliche und Menschliche miteinander verbunden. Sich ihrer Betrachtung in diesem kurzen Leben zu weihen, sei eine herrliche Aufgabe, denn in ihrer Erkenntnis erhebe sich der Geist aus den Fesseln in göttliche und himmlische Gefilde und erhalte gleichsam den Vorgeschmack der ewigen Seligkeit, er habe teil an der Göttertafel, genieße Nektar und Ambrosia gemeinsam mit Jupiter. Deshalb habe er sich dazu entschlossen, des Apuleius Schrift herauszugeben, welche den Mechanismus der Welt, ihre einzelnen Teile und Bewegungen behandle. Alles, was Aristoteles, dessen Schüler Theophrast und der göttliche Platon über die Weltbeschreibung sagten, sei in diesem Werke wie in einem Sammelbecken vorhanden. Damit hofft Celtis, seinen Schülern Einblick in eine andere Welt zu gewähren als jene durch Disputationen um nutzloses Zeug verdunkelte. Von der wahren Philosophie geführt, werden sie sich einer gefestigten und hochgelobten Lehre zuwenden. An den Quellen müsse man die Weisheit trinken. Wo man den Dingen auf den Grund gehe, sei die wahre Beredsamkeit, nicht im Streit um Worte und zwecklose Auseinandersetzungen, sondern in der Erklärung der Geheimnisse, wie es die alten Weisen lehren. Unter diesem Zeichen beginne seine Lehrtätigkeit an neuer Wirkungsstätte in dieser schönen und großen Stadt an einer weit berühmten Hochschule. Allen wolle er den Gang der Welt im göttlichen Weltreich vor Augen führen. Er pflegte damit auch die Wissensgebiete, in denen Fuchsmagen und Krachenberger daheim seien. Seine Dankbarkeit werde er noch beweisen, wenn er in der *Germania illustrata* über die Freunde schreiben werde. Mögen ihre Studien und Arbeiten blühen!

Wer über diese philosophische Abhandlung so schreibt, besitzt keinen Einblick in das Wesen der Systeme von Platon und Aristoteles, sondern fühlt sich nur von der antiken Weisheit angezogen wie alle Humanisten, welche mit der antiken Philosophie in eine unmittelbare Berührung kamen. Keiner war sich noch dessen bewußt, daß der interessante Versuch dieser anonymen Schrift einen Ausgleich zwischen dem peripathetischen und stoischen System schaffen wollte, indem er vor allem die Würde und Erhabenheit der Gottheit herausstellte, ohne ihre Einwirkung auf die Welt und ihre Entwicklung zu leugnen. Das ist eine Erkenntnis des Neuplatonismus, der auch in dem Gedanken hervortritt, daß die Wirkung gegensätzlicher Kräfte in der Weltharmonie aufgelöst wird. Das spürte Celtis heraus, der sich auch von der schwungvollen Sprache des Werkes, die durch die lateinische Übersetzung noch hindurchleuchtet, angezogen fühlen mußte.

Im letzten Jahrzehnt seines Lebens stand Celtis auf der Höhe seines Ruhmes. Schon zeigten sich die Spuren seines kräfteverbrauchenden Lebens. Trotz der freundschaftlichen Warnung seines Freundes und Gönners Sebald Schreyer, daß die Franzosenkrankheit nun massenhaft auftrete und er sich in acht nehmen solle, befällt auch ihn diese Geißel der Zeit [53]. Im Frühling 1498 wurde ihm ein besonders tüchtiger Kenner der Heilmittel empfohlen. Sein Freund, der Arzt Johann Benedikt Tichtel, und andere bemühen sich, seine Gesundheit wiederherzustellen. Offenbar gelang es; denn er führte die während der Krankheit gelobte Wallfahrt nach Alt-Ötting aus. Dort feierte er in einem Dankgedicht, das als Einblattdruck zu Wien bei Johann Winterburger 1498 erschien, Maria als gütige Helferin und Fürsprecherin. Manches, was uns im Wesen von Celtis unberechenbar erscheint, findet eine Erklärung in seinem impulsiven Wesen, das alles ihm Zusagende mit Begeisterung aufnahm und weitergab. Planen und Wirken aus unausschöpfbaren geistigen Kräften, Unmögliches zu begehren und alles zum Ganzen zu weben fühlte er als seine Aufgabe. Deshalb zeigt sein Wesen so viele Berührungspunkte mit dem Kaiser Maximilians. Die Vorliebe für krause Phantastik, Symbolik und Herstellung von Beziehungen des Menschenlebens zu geistigen Vorgängen schlingt um den Kaiser und seinen Erzpoeten ein enges Band. Keiner war imstande, das, was er wollte, zu verwirklichen; beide wurden von der Unruhe des Geistes, der Übergangszeiten besonders eigentümlich ist, getrieben, standen in Beziehungen zum größten Maler der Zeit, Albrecht Dürer, und waren begeistert von den Schöpfungen der Kunst. Beide verbanden in ihrem Wesen die naiv kindliche Gläubigkeit des Mittelalters mit dem faustischen Drang, der über die Grenzen der Menschheit hinausschreiten will. In den Plänen beider ist dies deutlich zu erkennen an dem Zug, zu den Anfängen hinabzusteigen. Der Kaiser suchte seine Ahnen im Urbeginn der Geschichte, und Celtis schwebte das Bild eines Goldenen Zeitalters seines Germaniens vor. Die fernste Vergangenheit erhielt nun Züge des goldenen Zeitalters aus Ovids *Metamorphosen* und den Wunschträumen der eigenen Zeit:

Untertan war das Land nicht fremden Göttern, noch gab es
Wenige Priester am Anfang zur Zeit der Rauheit und Wildnis.
Ihre Gebete sangen in heiligen Wäldern Druiden,
Fromme Lieder, so ganz nach dem Herzen des Gottes der Deutschen.
Unbekannt waren die Götter italischen Landes, die später
Unserer Heimat oft wertvolle Güter als Steuer entzogen,
Sondern ein Gott war, der dem Volke den Namen gegeben,
Ihm, der alles vereint, gehörte die Liebe des Volkes.
Das war ein Gott, der keine Steuern an Käse und Butter
Oder Eiern von den Gläubigen fordert' und kaufte.
Sein Geschlecht sind die Karle, die Konrade, Heinriche, Ludwig,

---

[53] Briefw. Nr. 211, 235.

Otto und Friedrich, die Träger der stolzen Namen der Kaiser,
Und die Zierde, der Ruhm, der jüngste Herrscher in Deutschland,
Der sich hoch zu den Sternen erhebet: Maximilianus [54].

Wenn Boguslav Lobkowitz von Hassenstein über Celtis schreibt, daß er es weder an Bescheidenheit noch an Gelehrsamkeit mit seinem Vorgänger Hieronymus Balbus aufnehmen könne, so trifft dies gewiß sehr wesentliche Züge in seinem Charakter. Nur ein sehr gehobenes Selbstbewußtsein führte zu der Stellung, die Celtis innerhalb des Humanismus für sich in Anspruch nahm. Der Spürsinn für das Lebensfähige ließ ihn die Tradition des Klosterhumanismus aufnehmen und seine wissenschaftlichen Forschungsziele mit denen des Kaisers in Einklang bringen. Seine Dichterwürde und das ihm später verliehene Recht, als Vorsitzender des Collegium Poetarum selbst Dichter zu krönen, mußten sein Gefühl noch mehr steigern. Kranz, Kette und Ring sind die Symbole, mit denen er sich fast immer abbilden läßt. Wenn seine Lyrik die Persönlichkeit mit ihren stark hervortretenden Eigenschaften spiegelt, so tritt in seinen Dramen die Vorliebe zu Prunk und Schaulust, das Bedürfnis, wichtige Ereignisse durch festliche Gepränge, zu dem alle Künste ihr Teil beitragen, zu verherrlichen, sichtbar in Erscheinung. Die szenische und musikalische Ausstattung dieser dramatischen Versuche, in denen die Handlung stark zurücktritt, nehmen bereits barocke Tendenzen und Neigungen an. Mancher barocke Zug, wie die Prunkliebe, der Fortunagedanke, von dem er, vielleicht ohne es zu wissen, abhängig ist, die Freude an Festen und das Bewußtsein, für die Nachwelt zu schaffen, läßt sich in den Werken und Gedankengängen von Celtis feststellen. Aber als Dichter hat er seine Leistungen kaum überschätzt. Nicht könne er sie, so sagt er zu den deutschen Dichtern, mit denen der römischen oder spanischen vergleichen, aber er habe sich bemüht, als erster den deutschen Vers von der Rauheit vergangener Zeit zu befreien. Die nach ihm kommen, werden Besseres und Gelehrteres leisten, er vergleicht seine Dichtungen mit denen des Ennius. Man wird in all der Vorliebe für Zeremonien, Festgepränge und öffentliches Auftreten auch die Neigung eines aufstrebenden, eben mündig werdenden weltlichen Gelehrtentums sehen müssen, das die innere Weihe seiner Berufung auch äußerlich zur Schau stellen will. Die Krönung mit dem Lorbeer ist der Ritterschlag zum Gelehrten und Dichter.

Mit seiner Lehrtätigkeit stehen die dramatischen Inszenierungen und studentischen Aufführungen in der Wiener Aula von Werken des Seneca, Plautus und Terenz in Zusammenhang. Seine öffentlichen Triumphe aber wollte der Humanismus im Schaugepränge des Festspiels feiern. Am 1. März 1501 wurde von Mitgliedern der gelehrten Donaugesellschaft auf dem Schloß in Linz vor dem Kaiser und seiner Gemahlin Maria Blanca und dem Hofe, dem Herzog von Mailand, weltlichen und geistlichen Würden-

[54] Amores 2, 9.

trägern das fünfaktige Festspiel *Ludus Dianae* aufgeführt [55]. Die Hauptrollen wurden von Joseph Grünpeck, dem Prologsprecher, Petrus Bonomus, Ulsenius und Vinzenz Lang, der vom Kaiser im dritten Akte mit dem Lorbeer des Dichters gekrönt wurde, gegeben. Die Handlung, welche auch der Vorliebe des Kaisers für das edle Weidwerk huldigte, schlang ein gemeinsames Band um Zuschauer und Darsteller. Das führt schon die Eingangsszene, die Huldigung der von Nymphen begleiteten Diana und ihres Gefolges vor dem Kaiser als ihrem Meister, vor. Sylvanus und Bacchus mit seinen Faunen führen nun ein kleines Oratorium auf. Wieder erscheint Bacchus, der vor dem Kaiser das Knie beugt und von ihm den Lorbeer des Dichters erbittet. Er schwört beim Szepter des donnernden Gottes, immer und überall das Lob des Kaisers zu singen. Darauf erhebt sich der Kaiser, küßt ihn, überreicht ihm den Ring und setzt ihm den Lorbeerkranz aufs Haupt. Jubelnder Dank begrüßt den Kaiser und seinen Dichter in einem Lied der Bacchantinnen. In fröhlicher Trunkenheit erscheint im vierten Akt Silen auf seinem Esel. Er wird von den Dienern des Hofes zum Schweigen verwiesen. Sie kredenzen in goldenen Gefäßen Wein und fordern die Anwesenden auf, das Wohl des Kaisers und seiner edlen Gemahlin zu trinken. Alle Instrumente stimmen in diese Huldigung ein. Zum Schluß nimmt der Kaiser eine Revue der Schauspieler ab. Diana verabschiedet sich mit zierlichen Worten und zieht in ihre Wälder zurück. Die Hauptakzente liegen auf dem Gesang und den festlichen Aufzügen. Noch mehr gilt dies von der *Rhapsodia*, dem zweiten Festspiel von Celtis, das den Sieg des Kaisers vom 2. September 1504 bei Wenzenbach (Oberpfalz) über die böhmischen Söldner feierte. Es ist ein Lobhymnus der von Apollo geführten Musen auf den Kaiser, der diese Huldigung mit den sieben Kurfürsten gnädigst entgegennimmt. Die Darsteller waren Schüler von Celtis, junge Adelige und Söhne von seinen humanistischen Freunden. Im Februar 1506 wurde noch einmal vor Kaiser Maximilian in Wien ein jetzt verschollener philosophisch-poetisch-allegorischer Ludus von Celtis aufgeführt [56].

Man könnte diese beiden dramatischen Werke als Bitte und Dank an Kaiser Maximilian ansehen, denn ihrer Entstehung und Aufführungszeit nach rahmen sie die Gründung des Collegium Poetarum et Mathematicorum ein. Celtis hatte sich lang um die Errichtung dieser gelehrten Vereinigung bemüht. Ihr Name zeigt von neuem die Universalität seines Strebens: Gelehrte der Welt-, Erd- und Weisheitskunde zu gemeinsamer Arbeit zu versammeln. Im Spätsommer 1501 war Celtis in Nürnberg, um die letzten Anordnungen über die Ausgabe der Werke Rosvithas bei Hieronymus Höltzel zu treffen. Die Handschrift aus dem Kloster St. Emmeram zu

---

[55] Nagl und Zeidler, Deutsch-österreichische Literaturgeschichte. 1. Bd. 1899, S. 450 f.

[56] Briefw. Nr. 320.

Regensburg hatte Celtis im Jahr 1494 an Trithemius zur Abschrift weitergegeben. Dietrich Gresemund der Jüngere sollte sie zuerst herstellen, dann übernahm Eberhard Dörs diese Aufgabe. Johann von Dalberg und die Heidelberger Humanisten, welche der Ausgabe Epigramme voranstellten, überwachten den Druck. Sie leisteten die Arbeit, Celtis sonnte sich in seinem Entdeckerglück und stellte seine Tätigkeit im Widmungsschreiben [57] an den Kurfürsten von Sachsen Friedrich III., den Weisen, der die Druckkosten bestritt, in das rechte Licht. In beschwerlichen Wanderungen habe er mancherlei Mühsalen und Gefahren auf sich genommen und das weite Deutschland durchreist. Gern und heiteren Geistes habe er alten Büchern, welche noch nicht gedruckt worden seien, in den Klöstern und Stätten der Druiden nachgestöbert, um sie mit der Kunst des Buchdrucks ans Licht zu bringen. Die Mißgunst seiner Verleumder und Neider konnte ihn nicht von seinen Plänen abbringen. Sie haben damit nur ein Zeugnis ihrer Unwissenheit an den Tag gelegt. Er könne ihnen antworten, daß es für einen Deutschen das Schönste sei und des Lobes seines Volkes würdig, aus Liebe zu Wissenschaft und Vaterland alte Denkmäler aufzuspüren und herauszugeben. Manche wertvolle Handschriften haben die Italiener aus Deutschland nach ihrer Heimat gebracht und sie dort drucken lassen. Deshalb habe er, im Herzen des deutschen Landes geboren, der als erster Deutscher vom Kaiser auf Empfehlung des Kurfürsten zum Dichter gekrönt worden sei, es immer für seine Pflicht gehalten, die Handschriften wie ein edler Jäger das Wild in ihrer Verborgenheit aufzuspüren und als Geschenke seinem Volk zu verehren. Es bestehe die Gefahr, daß viele Werke durch eine nicht sachgemäße und sorglose Aufbewahrung der Vernichtung anheimfallen. In ähnlicher Weise wie um die lateinischen und griechischen Werke habe er sich um die Denkmäler deutscher Geschichte verdient gemacht, um sie in seiner *Germania illustrata* auszuwerten. Sodann berichtet er, wie er die Handschrift in St. Emmeram gefunden habe. Er bewundere mit Johann von Dalberg Fähigkeit und Geist der jugendlichen Dichterin, gewisse sprachliche Eigentümlichkeiten, die Weite ihres Wissens in den freien Künsten, der Mathematik und ihr musikalisches Verständnis, das vor allem aus dem Pafnutius zu erschließen sei. Hierauf teilt er die anderen Werke mit, welche die Handschrift enthält, und zählt berühmte deutsche Frauen von der sagenhaften germanischen Seherin Aurinia-Albruna an auf und stellt sie mit Sappho, Ruth, Judith und Esther, Eustochium, der Freundin des heiligen Hieronymus, zusammen. Von berühmten Zeitgenossinnen nennt er die Zithervirtuosin Anna, die friesische Dichterin Agnula und die Schwester seines Freundes Willibald, Charitas Pirckheimer, mit ihrer Leichtigkeit in der Handhabung des lateinischen Briefstils. Der Kurfürst habe ein besonderes Interesse an den Werken Rosvithas gezeigt, und deshalb preist Celtis nun seine Verdienste um die Wissenschaft, die

[57] Briefw. Nr. 267.

jenen Ottos des Großen zu vergleichen seien. Ebensolche Verdienste habe sich des Kurfürsten Bruder, Erzbischof Ernst von Magdeburg, erworben. Sie haben beide ihre Liebe für die Wissenschaft von ihrem Vater, dem Kurfürsten Ernst von Sachsen, und dessen Gemahlin, Elisabeth, einer bayrischen Herzogin, übernommen. Mit besonderer Liebe und Neigung habe der Kurfürst die Wissenschaften gepflegt, ihm empfehle sich der Herausgeber am Ende.

Von Nürnberg begab sich Celtis wahrscheinlich über Augsburg, Innsbruck und Brixen an das Hoflager des Kaisers in Bozen und erreichte von ihm die Gründung des Kollegiums. Über diese Episode berichten die *Amores* 4, 14:

Bald schon ward mir gewährt, was vom König ich hatte erbeten.
Ich entwickelt' den Weg, der mir vorschwebt im Geist.
Drauf antwortet der König: „'s ist leicht einen Dichter zu nähren,
Wenn eine Gattin du wünschst, das gewähr' ich dir gern,
Willst, mein Celtis, ergebenen Geistes Priester du werden,
Nun es sei, wenn du selbst rückständ'ge Steuern eintreibst".
„Nicht das begehr' ich, mein Fürst, nicht das, mein ruhmreicher Herrscher,
Was meinem Leben doch Kummer und Ärgernis bringt.
Ewig will ich den König feiern in hohen Gesängen,
Überall auf der Welt singen von seinem Ruhm.
Und damit dies geschehe, du unbesiegtester König,
Gib das Jahrgeld mir auch zu dem behaglichen Haus!"
Darauf gewährt' er's und gab mir Brief darüber und Siegel,
Huldreich ließ er mich gehn mit dem gewährten Geschenk.

Die Stiftungsurkunde [58] des Poeten- und Mathematikerkollegs wurde zu Bozen am 31. Oktober 1501 ausgestellt. In ihr bezeichnet der Kaiser die Pflege des römischen Studiums als eine besondere Aufgabe der deutschen Universitäten. Um die alte Beredsamkeit wiederherzustellen, rufe er nun ein Kollegium ins Leben, an welchem zwei Lehrkräfte in Poetik und Redekunst und zwei in den mathematischen Wissenschaften tätig sein sollen. Der Leiter dieses Kollegiums werde vom Kaiser selbst ernannt, es sei sein ehrenwerter, treuer und geliebter Konrad Celtis, der wie alle seine Nachfolger das Recht besitze, Würdige mit dem Lorbeer des Dichters zu krönen. Der Kaiser behielt sich das Recht vor, auch seinerseits Dichterkrönungen vorzunehmen. Lorbeerkranz, Szepter, Siegel, Ring und Barett, die Krönungsinsignien, welche bei der feierlichen Stiftung des Kollegiums am 1. Februar 1502, dem Geburtstag von Celtis, zum erstenmal in Erscheinung traten, haben sich bis in unsere Tage erhalten. Ein Panegyricus von Lon-

[58] Briefw. Nr. 320.

ginus auf Kaiser Maximilian bildete den Höhepunkt der Feier. Unmittelbar nachher, im März 1502, hielt sich Celtis in Nürnberg auf, um dort die Drucklegung der *Amores* bei Hieronymus Höltzel zu betreiben. Das Collegium Poetarum trat mit diesem Werk an eine breitere Öffentlichkeit. In den Lobgedichten der Schüler des Kollegs, welche Celtis gemeinsam mit der *Rhapsodia* 1504/05 drucken ließ, legte er gleichsam über die Leistungen der ihm anvertrauten Schüler Rechenschaft ab. Zu einer wirkenden Kraft im kulturellen und geistigen Leben Deutschlands ist das Kollegium nicht geworden. Der Ehrgeiz, eine gewisse Sucht, originell zu sein, und die Absicht, die deutsche Wissenschaft zur Höhe der italienischen zu erheben, brachten Celtis dazu, immer neue Gegenstände in seiner akademischen Tätigkeit zu behandeln. Er hat als erster Lehrer an einer deutschen Universität im Wintersemester 1503/04 zu Wien in seinen Vorlesungen eine Erklärung des homerischen Urtextes gegeben.

Im Frühling 1502 besorgte Celtis zu Nürnberg im Hause seines Freundes Willibald Pirckheimer die Drucklegung der Gedichtsammlung *Amores*. Die meisten Gedichte sind schon früher entstanden und den Freunden von Celtis in Abschriften mitgeteilt worden. Anordnung und Aufteilung des Stoffes in vier Bücher macht aus den dichterisch gestalteten Erlebnissen des Kernes eine Darstellung und Beschreibung Deutschlands, seiner Landesteile und seiner Geschichte, darüber hinaus sucht das Werk zur Erkenntnis des wahren Wesens der Dinge, zu einem neuen philosophischen Weltbild zu kommen, indem die menschlichen Schicksale zu den Vorgängen im Reich der Gestirne in engste ursächliche Beziehungen gebracht werden. Innerhalb dieser kosmischen Dichtung fließen die Grenzen, das persönlichste Erleben steht plötzlich in Zusammenhängen mit den Vorgängen im Weltraum. Die scheinbar so lose Konzeption, welche durch die Einheit des Liebesgedankens und die gleiche Art des Erlebnisses zusammengehalten wird, wird zum festen Schema eines Weltbaus, in dem das herrschende Prinzip die wahre Liebe ist, zu deren Erkenntnis die Lektüre des Werkes führen soll.

Während zehnjähriger Wanderschaft hat Celtis diese Gedichte, wie er in der Widmung an den Kaiser [59] sagt, geschrieben. Er betrachtet sie als erste selbständige große Dichtung, als Dank an den Kaiser für die Stiftung des Poeten- und Mathematikerkollegs, als Darstellung des von Maximilian regierten Reiches, der vier Weltalter, der Landesbeschreibung und Geschichte mit deutlicher Beziehung zu den vier Himmelsrichtungen. Mag er sich rechtfertigen und verteidigen gegen frühere und zukünftige Angriffe einer Pseudowissenschaft, welche die Leistungen der alten Römer und Griechen nicht anerkennt, das Gefühl, sich mit dem Kaiser in der Erkenntnis der Bedeutung des Humanismus einig zu wissen, ist ihm die Hauptsache. Man müsse auch den Studenten von der Liebe reden und dürfe sie nicht in ab-

[59] Briefw. Nr. 275.

schreckenden Farben malen. Als angenehmster, natürlichster und mächtigster unter den menschlichen Trieben läßt er sich nicht eindämmen, ihn zu kennen sei ein Erfordernis für die Jünger der Wissenschaft, denn diese müssen unterscheiden lernen zwischen der edlen und der gemeinen Liebe. Als weltenbildendes Prinzip gilt jene Liebe, deren Ruhm Apuleius und Ovid in den *Metamorphosen* gesungen haben. Aus dem Chaos entstand durch Liebe Ordnung. In allen Lebewesen, Pflanzen, Steinen und Farben wohnt die Kraft der Liebe, die das Getrennte zu vereinigen strebt. Es gibt keine Erscheinung in der Natur und in der Geschichte, an deren Leben nicht die Liebe mitgewirkt hätte. Um dies zu beweisen, führt Celtis die Bücher der Heiligen Schrift an und zeigt seine Belesenheit in den Werken der Kirchenväter und der Antike. Seine Forderung nach einem naturgemäßen Leben aber nimmt sich nicht das Recht heraus, jene dazu zu bekehren, welche sich selbst züchtigten, in Armut und in der Priesterschaft lebten und um Christi willen sich entmannten. Eins fühlt er sich bei seiner Auffassung mit Rosvitha von Gandersheim, deren Werke er kürzlich herausgab, mit der Heiligen Schrift und den antiken Philosophen. — Die übrigen Teile des Bandes: Das Heldengedicht auf Deutschland, die Beschreibung Nürnbergs, das Dianaspiel und für die Zukunft in Aussicht gestellte Werke möge der Kaiser gnädig aufnehmen. Dabei bezieht er sich auf die vier Bücher Oden, das Buch Epoden und Carmen saeculare, welche nach seinem Tode 1513 von den Heidelbergern bei Matthias Schürer in Straßburg herausgegeben wurden, und die Sammlung seiner Epigramme, die erst Karl Hartfelder 1881 veröffentlichte.

Von der *Maximileide,* einer epischen Dichtung, welche die Taten des Kaisers verherrlichen sollte, ist nichts bekannt als der Name. Vielleicht wurde Celtis zur Mitarbeit an den selbstbiographischen Dichtungen des Kaisers, *Theuerdank* und *Weißkunig,* herangezogen, wahrscheinlicher handelt es sich um eine epische lateinische Dichtung, welche nicht über den Plan hinausgediehen ist und damit das Schicksal der *Theodoriceis* teilt, in der die Anfänge der germanischen Geschichte dargestellt werden sollten. Wie weit der *Parnassus biceps,* ein Werk, in dem die Einigung zwischen den Poeten und Theologen das Grundmotiv bildet, gediehen ist, läßt sich nicht mehr feststellen. Es wurde 1496 von den Heidelberger Humanisten erwähnt und ist in deren Nekrolog auf Celtis angeführt. Es liegt die Vermutung nahe, daß sich seine Gedankengänge da enger mit dem Heidelberger und oberrheinischen Humanismus berührten und Beziehungen zur *Reformatio Poetarum* von Thomas Murner bestanden; denn es ist sehr wohl möglich, daß die Grundgedanken der beabsichtigten Schrift von Jakob Locher Philomusus, dem Schüler und Nachfolger von Celtis an der Ingolstädter Universität, später an Murner weitergegeben wurden. Locher ging es darum, das gemeinsame Ziel der wahren Theologie und Poesie in der „kulturellen Erziehung der Menschheit zur Tugend, Sittlichkeit und Anschauung der höchsten Dinge[60]" zu erkennen. Im prophetischen Schauen, das die Poesie verleihe, liegen die Grundlagen der Erkenntnis, wahre Theologie und Poesie seien immer miteinander verbunden gewesen. Die Erneuerung der kirchlichen Beredsamkeit könne nur durch die Poesie erreicht werden. Von einer römischen Mythologie, die Celtis um 1493 plante, ist nichts erhalten. Die Grundlinien des Traktates *De vera nobilitate*, über den wahren Adel, sind aus der Ingolstädter Antrittsrede zu erkennen.

Die Liebesdichtungen, die Oden und Epigramme sind neben den nicht sehr zahlreichen Briefen von Celtis jene Quellen, aus welchen sein Wesen erschlossen werden muß. Sie begleiten das Leben des Dichters. Als Wanderer wie der junge Goethe pflegt er sich darzustellen, wie dieser spürt er den Quellen des Lebens nach und sucht zu erkennen, was die Welt im Innersten zusammenhält. Fremde Länder sind ihm die besten Lehrer des Lebens. Er bezeichnet sich als fröhlicher Sänger, von seiner geistigen Höhe aus erklärt er, das Geld verachten zu müssen. Heiteren Lebensgenuß hat er nie aufgehört als Zweck des menschlichen Daseins zu preisen. Wie sein hohes Vorbild Horaz, verkündet Celtis in den Oden die Aufforderung, den Gleichmut allen Erlebnissen und Dingen der Außenwelt gegenüber an den Tag zu legen. Deutlich werden auch seine patriotischen Wünsche, sein Widerwille an den verderbten Verhältnissen zu Rom, sein Stolz auf die Erfindung der deutschen Buchdruckerkunst. Aber er flucht dem Erfinder der schweren Feuerwaffen. Die Rätsel des Daseins, die Zusammenhänge des Weltgeschehens mit der Bewegung der Sterne werden immer wieder betont, so werden aus den Gestirnen die Verwandlungen des weiten deutschen Landes und seiner Geschichte abgelesen. Unter dem Dach des Himmelsdomes dient er seinem Gott besser als in der engen Kapelle oder Kirche. Aus dem Erlebnis heraus gestaltet er in klaren Umrissen Menschen und Landschaft. Seiner Abneigung gegenüber den Italienern, Tschechen und rübenfressenden, schlechtgebrautes Bier trinkenden Bayern macht er wiederholt Luft. Mit besonderer Liebe stellt er Heidelberg und seine freundliche Landschaft in Beziehung zu dem edlen Kreis, dem er dort soviel Förderung verdankt. Die Naturkräfte sieht er in lebendigen mythologischen Bildern. Er klagt über das Abnehmen seiner Kräfte, die es ihm nicht mehr erlauben, durch die Lande zu reisen und eins mit der Natur zu sein. Alles, was er in seinen Gedichten gestaltet, steht im Zusammenhang mit seinem Wesen und seiner Persönlichkeit, die den Zeitgenossen ein neues Weltbild erschließen will.

In drei Holzschnitten von Albrecht Dürer und Hans Burgkmaier sind Porträts von Celtis überliefert. Die beiden Darstellungen von Dürer, der ihn kniend, das eine Mal die Ausgabe der Werke Rosvithas an den Kurfürsten von Sachsen, das andre Mal wohl die *Amores* an Kaiser Maximilian überreichen läßt, geht auf die gleiche Skizze zurück. Auf dem zweiten Bild

---

[60] P. Scherrer, Thomas Murners Verhältnis zum Humanismus. Untersucht auf Grund seiner Reformatio Poetarum. Diss. München 1927/1930, S. 4 f.

tritt seine Selbstbewußtheit stärker hervor, denn er hält die Zeichen seiner Würde, Lorbeerkranz und Barett, in der Hand. Unter der die Haare zusammenfassenden Haube kommen die Locken hervor, die leuchtenden Augen sind auf ein fernes Ziel gerichtet, die feingewölbte Stirn und der lächelnde Mund üben eine freundliche Anziehung aus. Das gleiche ist auf dem Holzschnitt Burgkmaiers zu erkennen, der ihn als Gründer des Poeten- und Mathematikerkollegs mit den Zeichen seiner Würde abbildete. Da senkt Celtis die schweren Augenlider, sein Gesicht hat müde, leidende Züge. Die Lebenserfahrung, welche Dürer so gut in seinen Holzschnitt zu bannen weiß, ist einer blasiert überlegenen Wehmut gewichen. Dennoch hat man das Gefühl einer leben- und geistsprühenden Persönlichkeit gegenüberzustehen, sobald die Schleier weichen, welche die Würde über sie gebreitet hat. — Das von der gelehrten Rheinischen Gesellschaft verfaßte Lebensbild [61] schildert Celtis als mittelgroß und beleibt, sein Antlitz war klar, die Augen leuchtend und groß, der Mund feingeschwungen, das Haar schütter und an den Schläfen gelockt, früh ergraute der spärliche Bartwuchs, und das Haupt war kahl. Das Bild, das sich die begeisterte Phantasie des Theodoricus Rhenanus [62] im Herbst 1492 von Celtis vorgaukelte, macht eine Idealgestalt aus ihm. Die Heidelberger rühmen seine Heiterkeit, seine hoheitsvolle Miene und seine Gesundheit. Sie berichten nur über seinen schwachen Magen. Sonne, Wälder, Berge, fröhliche Zechgenossen und Saitenspiel waren seine Freunde. Freigebig spendete er von seinem Wissen, er war der große Anreger, der eifrige Forscher nach den Altertümern der Vorzeit, mild und freundlich im Verkehr, doch jähzornig und nicht leicht zu versöhnen. Als großzügig und frei wird sein Wesen gerühmt. Die Freunde der Dichtung waren auch die seinen.

Zu Beginn des Jahres 1508 verschlimmerte sich die Krankheit von Celtis. Am 24. Januar legte er in seiner Wohnung zu St. Anna in Gegenwart des Notars Ulrich Kastner und einiger Freunde als Zeugen eine öffentliche Beichte ab und ließ sein Testament [63], das die Billigung des damaligen Rektors, des Theologieprofessors Johann Heckmann aus Schillingstadt, fand, amtlich beglaubigen. Darin traf er Bestimmungen über die Messen, welche zu seinem Seelenheil gelesen werden sollten, und eine Jahrzeit zu St. Stephan, vermachte die Zeichen seiner Würde dem Poeten- und Mathematikerkolleg zum Eigentum, traf Bestimmungen über seine reichhaltige Büchersammlung, über astronomische Geräte. Besonders bedachte er die Lilienburse. Er wünschte, daß in späteren Drucken seiner Werke Stellen, welche andere beleidigten, ausgemerzt werden sollten. Entscheidungen über seinen literarischen Nachlaß und dessen Drucklegung zu treffen, beauftragte Celtis Konrad Peutinger, dem er die berühmte Tabula als Geschenk ver-

[61] Briefw. Nr. 339.
[62] Briefw. Nr. 40.
[63] Briefw. Nr. 338.

machte. In seinen letzten Lebensjahren unterhielt Celtis mit Peutinger rege Beziehungen. Er besuchte ihn im Herbst 1505 und noch im April 1507. Im Haus zu St. Anna sollten seine literarischen Notizen verbleiben. Von dem aus dem Verkauf seiner Kleider und seines Hausrates eingehenden Beträgen sollten die Kosten seiner Beerdigung gedeckt werden, falls das dafür ausgesetzte Geld zu wenig sei. Sein Freund und Gläubiger Krachenberger dürfe sich aus seiner Bibliothek zwei oder drei Bücher auswählen. Außerdem vermachte er ihm seinen kostbaren Mantel aus Camelot und seine Schaube. Seine übrigen Kleidungsstücke und der Hausrat sollten verkauft und der Ertrag zur Unterstützung armer Studenten verwendet werden. Zurückgezahlte Schulden sollten der Lilienburse zugewendet werden. Als Testamentsvollstrecker wurden Johann Krachenberger, Martin Siebenburger, Thomas Resch und Stephan Rosinus bestimmt. Ferner führte er eine Reihe von ausgeliehenen Büchern und Geldern an und traf darüber Verfügungen. Am 5. Februar, drei Tage nach seinem 49. Geburtstage, starb er. Die ganze Universität Wien geleitete, was an Celtis sterblich war, zu seinem Grab an der Ostseite des St. Stephansdomes. In Epigrammen und Dichtungen feierten fast alle Humanisten und gelehrten Freunde sein Andenken.

Die Spur von Celtis' Erdentagen ist bald untergegangen, wie immer bei Menschen, deren Absichten nur zu einem kleinen Teil verwirklicht werden können. Was Celtis an eigenen Werken hinterlassen hat, ist viel weniger als die Versprechungen, die er in seinen Programmen und Vorreden gemacht hatte. Die anregende Kraft, die von ihm ausging, war groß, aber es fehlte ihm doch an der Fähigkeit, jene Form einer dauerhaften gelehrten Organisation zu schaffen, die das leistete, was ihm vorschwebte. Wohl verstand er es, andere für sich arbeiten zu lassen; denn den Druck seiner Ausgaben und Werke überwachte er selten. Er glänzte lieber in der Vorrede, als daß er sich über schwierige Überlieferungen den Kopf zerbrach oder Textkritik übte. Was er an Anregungen mündlich weitergab, ist schwer festzustellen. Aber fehlgehen wird man kaum, wenn man vieles, was bei seinen Schülern und geistigen Erben, besonders bei Jakob Locher, Johannes Aventinus und Joachim von Watt begegnet, auf Celtis zurückführt. Daraus kann die Vielseitigkeit seiner Wissensgebiete erkannt werden: in der Lehre der Dichtkunst baut Locher auf seinen Leistungen weiter, in der Geschichtsschreibung Aventin, in der Erdkunde und Lehre von der Dichtkunst Vadian, der vielleicht das geistige Vermächtnis von Celtis am meisten gefördert hat.

Lebendige Kräfte im geistigen Leben seines Volkes hat Celtis nutzbar gemacht. Das Andenken des Fürsten, als den er sich im Reiche des Geistes fühlte, hielt sich, solange jene am Leben waren, in deren Gedächtnis er eine bleibende Spur hinterlassen hatte. Die Späteren konnten mit dem Namen keine bestimmten Vorstellungen verbinden. Erst die Gelehrtengeschichte des 18. Jahrhunderts, die verdienstvollen Sammlungen von Clemens Engelbert

Klüpfel und die Forschungen von Gustav Bauch und Hans Rupprich haben ihn wieder auferstehen lassen. Eine Wiedergeburt werden seine Ideen nie erleben, aber seine Persönlichkeit ist mit dem Lorbeer des ersten, vom Kaiser gekrönten Dichters in die Geistesgeschichte eingegangen.

DESIDERIUS ERASMUS VON ROTTERDAM

Es gibt wenige Kunstwerke, von denen eine solche geistige Ruhe ausströmt wie von dem Bildnis des Erasmus, das die Meisterhand Hans Holbeins des Jüngeren geschaffen hat. Sammlung und Überlegenheit führen ihm die Feder, das Auge folgt aus den halbgeöffneten Lidern den klaren Schriftzügen, die die ruhige Gelehrtenhand aufs Papier setzt, der dünnlippige, feingeschwungene Mund, die scharfe vorspringende Nase und das wohlgeformte Kinn drücken Selbstbewußtsein, Klarheit und Erfahrung in harmonischer Einheit aus. Über den grauen Haaren sitzt das schwarze Barett, das die Stirne deckt. Dünn sind die Augenbrauen, sie zeigen, daß der Wille und die Andacht des Gelehrten größer sind als seine Energie. Ernst und Schlichtheit wirken auf den Beschauer, der unter das Bild das Wort Humanitas setzen möchte, um den Fürsten im Reich des Geistes damit zu ehren. Wer als später Beurteiler diese Gestalt in geschichtliche Zusammenhänge setzen will, wird ihre Aufgabe und Sendung darin erkennen, daß sie ein großes Tor öffnet, durch das das helle Tageslicht hereinflutet. Auch von Erasmus gilt das Wort: „Bewundert viel und viel gescholten", das von der Schönheit des Körpers auf die des Geistes umgeprägt wird. Was Wieland im Jahr 1776 von der gegensätzlichen Beurteilung des Erasmus durch Katholiken und Protestanten sagte, gilt auch für uns heute noch: „Ich wünsche etwas beizutragen, daß dem Charakter dieses vortrefflichen Mannes mehr Gerechtigkeit widerfahre, als noch immer geschieht und geschehen kann, solang er von beiden Parteien, die sich durch sein Betragen in den Religionshändeln beleidigt glauben, in einem zu strengen Lichte gesehen wird. Beide finden, daß er zuviel für die Gegenpartei und zu wenig für die ihrige getan habe; und bloß weil er gerecht gegen beide sein wollte, rechnet ihm keine das, was er wirklich für sie tat, zum Verdienst an ... Beide Parteien vereinigten sich, um seine Tugenden selbst — seine Unparteilichkeit, seine Klugheit, seine Begierde, den Frieden zu erhalten und den schrecklichen Übeln eines öffentlichen Bruchs vorzubeugen, seine Billigkeit und Mäßigung, auch nachdem die Sachen endlich zu dieser gewaltsamen Krisis gekommen waren, seine unverletzt fortdauernde und unterhaltene Freundschaft mit den Gelehrtesten und Weisesten beider Hauptparteien usw. — zum Verbrechen zu machen [64]." Dieses Schicksal, das ihn im Leben schwer belastete, hat auch seine Beurteilung auf weite Strecken

[64] Wieland, Sämtl. Werke (Göschen), Bd. 35 (1858), S. 138 f.

bestimmt. Er, der sich nie ganz einer Partei anschließen oder verschreiben konnte, litt unter der Parteien Haß und Gunst. Wer konnte und kann sich ihm geistesverwandt fühlen? Er stand an einer Wende der Zeiten, in der das Alte stürzte und Neues in wilder Gärung sich Bahn brach, in der die Unruhe über die Geister herrschte, Zerstören und eiliges Bauen einander ablösten, in der eben eine neue Gelehrsamkeit sich ihr Lebensrecht erkämpft hatte. Er stand zwischen zwei Generationen, deren ältere ihr Ziel in der Rückkehr zu den Formen des Mittelalters sah, deren jüngere eine Umformung des geistigen Lebens nach den Richtlinien der Vergangenheit und deren Autoritäten verwarf. Er war Theologe und Humanist. Seine Leistungen brachten ihm Ansehen und Ehren ein, seine zum Ausgleich neigende Natur Verständnislosigkeit und Haß. Er sah sein Gelehrtenideal zusammensinken in einem Kampf, den er ungewollt mit entfesselt hatte. Aber nicht die Ahnungslosigkeit des vorwitzigen Zauberlehrlings ist seine Geisteshaltung, sondern das Ethos eines Gelehrten, das über die Jahrhunderte strahlt. Vor dieser Tragik der Zwischenstellung konnte ihn niemand bewahren. Er ist der Zeitloseste unter den Humanisten, denen diese Blätter gewidmet sind [65].

In der Nacht vom 27. auf den 28. Oktober 1466 ist Erasmus zu Rotterdam geboren. Er war das zweite Kind aus der Verbindung eines Priesters namens Rotger Gerard(s) mit der Tochter eines Arztes. In der Taufe erhielt er den Namen des Nothelfers Erasmus, von 1496 an legte er sich nach dem Freunde des heiligen Hieronymus den Namen Desiderius zu. In jugendlichem Alter wurde er gemeinsam mit seinem ältern Bruder Peter in der Schule zu Gouda, später in der Domschule in Utrecht unterrichtet, wo er Chorknabe war. 1478 zog seine Mutter nach Deventer, dort trat er in den Kreis der Brüder vom gemeinsamen Leben. Erst gegen Ende seines Aufenthaltes war Alexander Hegius sein Lehrer. Die Devotio moderna ist der Nährboden des Humanismus im ganzen Rheingebiet. In ihren Brüderhäusern und den Augustinerchorherrenklöstern der Windesheimer Reform erwuchs der Geist fürsorgender Innigkeit, die sich der Krankenpflege und des Gemeinschaftslebens annahm. Ihr geistiger Vater ist der Reformator des religiösen und sittlichen Lebens im 14. Jahrhundert, Geert Groote. Sein Erziehungswerk kam den Kindern des niederen Bürgerstandes, die in die Ordnung und Zucht des Gemeinschaftslebens aufgenommen wurden und durch die Verpflichtung, Bücher abzuschreiben, ihren Lebensunterhalt erwarben, besonders zugute. Die Anhaltung zu nützlicher Tätigkeit und Seßhaftigkeit, die freiwillige Armut und das Gemeinschaftsleben sind die Mittel dieser neuen, so viele strebende Geister erfassenden Erziehung,

[65] P. S. Allen, Opus epist. Des. Erasmi. Oxford 1906 ff. — Briefe. Verdeutscht und hrsg. v. W. Köhler. Leipzig 1938. — Ausgewählte Werke d. Erasmus. Hrsg. v. Holborn. München 1933. — J. Huizinga, Erasmus. Deutsch von W. Kaegi. 2. Aufl. Basel 1936. — Gedenkschrift zum 400. Todestage. Basel 1936.

welche durch das gute Beispiel selbstloser Lehrer noch besonders gefördert wurde. Des Hegius Festtagsreden und eine Ansprache Rudolf Agricolas an die Schüler in Deventer vermittelten dem Schüler Erasmus die ersten Eindrücke des Humanismus. Wenn Erasmus später seine Herkunft, welche ihm die Möglichkeit eines Aufstieges zu höheren geistigen Würden verwehrte, seine Jugendzeit und erste Ausbildung mit Absicht in Dunkel hüllt, ja wenn er im August 1516 statt eines Gesuches an die päpstliche Kurie um Dispens von den Klostergelübden eine Art selbstbiographischer Novelle schreibt [66], wenn in seiner Erinnerung die trüben Eindrücke aus der Zeit seiner Entwicklung überwiegen, so mag dies in Erstaunen versetzen, zumal er in seinen Briefen nie Verstecken spielt, sondern sogar von den einzelnen Phasen seiner Erkrankung mit einer Deutlichkeit, Offenheit und Ausführlichkeit berichtet, die seinen egozentrischen Standpunkt ins Licht treten lassen. Viele Erklärungen dieses scheinbaren Widerspruchs sind schon versucht worden, und fast alle sehen die Voraussetzungen dazu in seiner Natur oder seinem Charakter, ohne den Versuch zu machen, die besonderen Verhältnisse, unter denen Erasmus heranreifte, besser ins Auge zu fassen. Es mag daher erlaubt sein, eine Erklärung dieser Widersprüche zu suchen und den Grund, warum sich Erasmus an seine Jugendzeit so ungern erinnert und welche unangenehmen Eindrücke wohl die Veranlassung dazu gaben. Man stelle sich einen zarten, sensiblen Knaben — denn das war Erasmus, der immer von seinen Leiden und seinem Körperchen schreibt — im Kreis von robusten und gesunden Altersgenossen des Kleinbürgerstandes vor, einen Knaben, der mit dem Makel einer außerehelichen Geburt behaftet ist und der wohl früh darum wußte. Die besten Lehrer und Erzieher können ein solches Kind nicht vor den Taktlosigkeiten und Roheiten seiner Altersgenossen schützen, wenn es nach den Hänseleien nicht selbst seine Fäuste als Argumente gebrauchen kann. Andernfalls wird es sich verschüchtert auf sich selbst zurückziehen, unter einem solchen Zustand leiden, sich bemühen, die Kräfte seines Geistes auszubilden, um sich wenigstens in der Schule keine Blöße zu geben. Das drückt ihm eine besondere Haltung auf und macht es zum Beobachter seiner selbst und der anderen. Und damit gewährt es ihm früh eine geistige Überlegenheit. Es waren gewiß weniger der Unterricht und die Lehrmethode, über die Erasmus später so scharf urteilte, was ihm bei den Brüdern vom gemeinsamen Leben so schwer tragbar erschien, als die Angriffe und Beleidigungen, die ihm seine Mitschüler zufügten. Die Verbindung von praktischer Tätigkeit und mystischer Beschaulichkeit, wie sie die Brüder vom gemeinsamen Leben erstrebten, ließen Erasmus schon früh den Gegensatz zwischen der Wirkung der Gefühls- und der Denkkräfte ahnen, das eröffnet ihm auch die Erkenntnis des Gegensatzes zwischen der Lehre der Brüder und der Scholastik. Aus der Devotio moderna als Wurzel wächst für Erasmus die Sehnsucht nach der christlichen Schönheit.

[66] Briefe, Nr. 94, S. 143—162.

Nachdem im Jahr 1484 die Mutter des Erasmus an der Pest und bald nachher sein Vater gestorben waren, zogen die verwaisten Kinder wieder nach Gouda. Die drei Vormünder, welche für sie bestellt wurden, unter ihnen der Schulmeister Peter Winckel, scheinen sich um ihre Pflichten wenig gekümmert zu haben. Sie glaubten ihnen am besten nachzukommen, wenn sie ihren Schutzbefohlenen den Eintritt in ein Kloster nahelegten. Vorerst sandten sie die Brüder nach Herzogenbusch, wo sie im Hause der Fraterherren aufgenommen wurden. Mit Abscheu berichtet Erasmus später von den zwei verlorenen Jahren und der Roheit, die ihn umgab. 1487 verließen die Brüder, vor der Pest fliehend, ihren Studienort und kehrten nach Gouda zurück. Ihre Vormünder hatten inzwischen einiges vom spärlichen Vermögen ihrer Schutzbefohlenen verbraucht, zu einem Universitätsstudium gaben sie keine Einwilligung. Ein Fluchtplan der Brüder wurde nicht ausgeführt. Peter entschloß sich, bei den regulierten Augustiner-Chorherren in Sion bei Delft einzutreten, und Erasmus zog etwas später in das Kloster Steyn oder Emaus bei Gouda.

Früh kündigt sich in Selbstzeugnissen der unermüdliche Schreiber an, der seine Empfindungen und Gefühle tagebuchmäßig analysiert. Demnach bestimmt sein Wesen ein sentimentaler Zug. Schwärmende, zu Übertreibungen neigende Empfindsamkeit und Sehnsucht nach unbestimmbaren Idealen können sich nur schwach dem Zwang widersetzen, der ihn von der freien Entwicklung seines Geistes abhält. Mißtrauen und die Neigung, sich von Feinden, die ihn an der Ausführung seiner Arbeiten hindern wollen, verfolgt zu sehen, werden ihn sein ganzes Leben begleiten. Eine Empörernatur, die den Zwang von sich abschüttelt und den Klostermauern entflieht, ist Erasmus nicht gewesen. Die schlechten Eindrücke blieben besser in seinem Gedächtnis haften als die guten. Lehrern, die ihn förderten, dankbar zu sein, war seine Sache nicht. Früh brauchte er Wiederhall und Bewunderung, das linderte die Wunden seiner leicht verletzbaren Seele.

Der Unterricht, den Erasmus in Steyn empfing, erschloß ihm die Schönheit des reinen lateinischen Stils. In ihm fand er die Form, die er bewunderte und in deren Beherrschung er es zu einer unerreichten Meisterschaft brachte. Sein Stilgefühl bestimmte ihn gleichsam zum Philologen und führte ihn seinem eigentlichen Berufe zu, der außerhalb des Klosters lag. Als Ideal seiner Zukunft schwebte ihm schon bald ein Leben vor, das keine Verpflichtungen an Gelübde kennt, geistig Gleichgesinnte in freier Freundschaft vereint und dessen Aufgabe das ungestörte Studium der antiken Schriftsteller ist. Wohl konnte er im Kloster seinen Neigungen zu gelehrter und künstlerischer Tätigkeit als Dichter und Maler folgen. Das zeigt, daß er eine gute Ausbildung erhielt und mit der Abfassung eines literarischen Werkes, der *Antibarbari*, begann. Aber der Zwang der Ordensregel, die gleichmäßige Tageseinteilung, die Unmöglichkeit, jederzeit das tun zu können, wozu ihn sein Wille trieb, lasteten auf ihm. Am 25. April 1492 wurde Erasmus vom Bischof von Utrecht David von Burgund zum Priester geweiht. Bald nachher verließ er das Kloster mit Einwilligung seiner Oberen, die es gewiß als auszeichnend und ehrend empfanden, daß er seiner literarischen Fähigkeiten wegen von Heinrich von Bergen, dem Bischof von Cambrai, als Sekretär aufgenommen wurde und sich ihm die Möglichkeit einer Entwicklung bot. Bald aber wurden ihm die vielen Reisen und das äußerlich sehr bewegte Leben zur Last, er begann zu klagen, er hatte das Gefühl, daß er nicht imstande sei, seine langsam Gestalt gewinnenden Pläne zu verwirklichen, seinen Fleiß und seine Arbeitskraft richtig zu entfalten. Eifrige Lektüre der Kirchenväter, vor allem der Werke Augustins und des Hieronymus, gewann ihn immer mehr seinem christlichen Humanismus im Geiste einer platonischen Vereinigung. Seine erste Schrift *Antibarbari* legt davon Zeugnis ab.

In Bergen op Zoom gestaltet er die begonnene Schrift neu in der Form eines Dialogs, der uns vor folgendes Bild stellt: Erasmus und seine Freunde Jakob Batt, der Schulmeister, Willem Hermans, sein alter Vertrauter von Steyn her, der Bürgermeister und der Stadtarzt von Bergen. In ungezwungenem Ton unterhält sich die Gesellschaft über den Wert des lateinischen Schrifttums. Die Behauptung, daß die Beschäftigung mit Literatur die Entfaltung frommer Gesinnung hemme, wird entrüstet zurückgewiesen. Viele Beispiele von Autoritäten werden nach mittelalterlicher Weise erbracht. Nicht das ist wichtig, wenn es auch auf die große Belesenheit des Verfassers schließen läßt, sondern der Geist der Humanitas als einer Seelenhaltung, die das Wesen des Erasmus widergibt. Es ist kein Zufall, daß diese Abhandlung, welche so Grundlegendes über Erasmus aussagt, ihren Schöpfer so lange begleitete, häufig umgestaltet und erst 1520 nach einer Fassung der neunziger Jahre veröffentlicht wurde, der Zeit seiner beginnenden Reife. Schon der Titel des Werkes drückt den Standpunkt der Unterredner aus. Sie kämpfen gegen die Barbarei für ihr Lebens- und Wissenschaftsideal. Dieses stammt aus der Antike und versinnbildlicht eine in engstem Zusammenhang mit der christlichen Religion stehende Bildung. Es ist gleichsam ein Vorauswirken christlichen Geistes, was die Humanitas verkörpert. In Cicero, der ihm die reinste Form der Humanitas vor das geistige Auge stellte, verehrte Erasmus „jenes heilige Herz, das von göttlichem Geist angehaucht war". Als Grundlage und Voraussetzung aller Kultur bedeutet Humanitas über das der menschlichen Natur Gemäße hinaus „ein Betragen, das der Natur des Menschen würdig ist [67]". Es verbinden sich in diesem Begriff sehr viele Forderungen zu einer Einheit, in der alle Gegensätze aufgehoben sind. Als Voraussetzung kann der Wille zu mildem Ausgleich angesehen werden. Die Universalität ist das Merkmal seines Wesens. Erst in dieser Gesamtheit, die zu einer aufsteigenden Entwicklung der Kultur führen muß, wird die Humanitas durch eine gepflegte Form und ein gebildetes Betragen über

[67] Vgl. R. Pfeiffer, Humanitas Erasmiana. Leipzig 1931, S. 9.

ihre größte Feindin, die Barbarei, siegen. Der Begriff einer Geistesaristokratie, der den Vertretern des Humanismus eigentümlich ist, wird hier geprägt. Man bedient sich nicht mehr gelehrter Organisationen oder fordert die Erfüllung gemeinsam zu leistender Arbeiten, sondern man eröffnet dem einzelnen die Möglichkeit, seinen Arbeiten in Ruhe und Freiheit nachzugehen. Wie sehr diese Gedankengänge des Erasmus mit den Ideen der Zeit, der Forderung nach der Rückkehr zu den Quellen und dem Gedanken der Wiedergeburt, zusammenhängen, zeigt seine Rechtfertigung [68] gegen die beiden Vorwürfe der Zeitgenossen, er wolle Neues an Stelle des bewährten Alten bieten und er sei weltlich-heidnisch. Demgegenüber antwortete er: er setze verlorenes Altes instand, decke also gleichsam verschüttete Quellen auf und bringe sie zu lebendigem Sprudeln. Es sei immer sein Bestreben, die humanae litterae mit den sacrae litterae zu versöhnen. Dieser Gedanke der Einheit und der Einigung, des Ausgleichs der Gegensätze, der sich immer wieder mit Gedanken der Spätantike und der Kirchenväter berührt, ist das Zentralproblem des Humanismus. Man begreift daraus, daß es sich in den Glaubensstreitigkeiten nicht durchsetzen konnte und nur in den Zeiten der Ruhe eine Heimstätte findet. Alles kämpferische Draufgängertum weist er von sich zurück. Es ist die Tragik des Humanismus, daß ihm die Haltung kämpferischer Abwehr von jenen Zeitgenossen aufgedrängt wurde, die in den neuen Ideen eine Gefährdung ihrer Welt sahen und zwischen sich und dem Radikalismus der Gewalt eine Schranke aufrichten mußten, über welche sich die Brandung menschlicher Leidenschaften nicht ergießen sollte. Kämpft er, so ist es der notgedrungene Kampf der Verteidigung, der sehr häufig in dem Bewußtsein der Resignation, auf verlorenem Posten zu stehen, sein Ende findet. Aber seine Ideale gibt der wahre Humanismus nie leichtfertig auf. Der Glaube an die gute Natur des Menschen führte das griechisch-römische Altertum zu Erkenntnissen, welche die Lehre der besten, der christlichen Religion stützen müssen. „Das Evangelium ist zwar die beste göttliche Offenbarung, aber zugleich die Krönung antiker Humanitas [69].“ Diese enge Verbindung ist die Grundlage des erasmischen Weltbildes. Die hohe Einschätzung des Apostels Paulus zeigt, daß Erasmus den Aufstieg des Christentums aus seiner Vereinigung mit der antiken Bildung ableitet. Daraus läßt sich seine schwärmerische Verehrung für das reine Wort in den Texten der Evangelien, seine Zuneigung zum ältesten philologischen Kirchenvater Hieronymus und seine Berufung zur Philologie ableiten. Unkenntnis der Sprache und wirre Gelehrsamkeit haben die Reinheit der Quelle getrübt. „Überlieferungen, die sich unrechtmäßig dazwischengestellt, versperren den Ausblick auf den Archetypus, das Urbild [70].“ Den Gedanken der Sprachentartung als Ursache des Kulturverfalls hat Lorenzo Valla

[68] R. Pfeiffer, a. a. O., S 8.
[69] R. Pfeiffer, a. a. O., S. 9.
[70] R. Pfeiffer, a. a. O., S. 11.

zuerst geäußert. Erasmus zieht die gleichen Folgerungen wie dieser, aber sein Ziel ist die Rückkehr zur reinen göttlichen Lehre, nicht zum Heidentum. Eine Wissenschaft, die Stoffmassen anhäuft und nur Kenntnisse vermitteln will, oder eine des ästhetischen Wohlbehagens an der Form konnte ihn nicht dazuführen. Die wahre Bildung konnte nach seiner Auffassung nur hergestellt werden durch die Erneuerung der Sprache um der christlichen Religion willen. Sie ist kein Geschenk von oben und keine Gnade, sondern das Ergebnis eifriger geistiger Arbeit. „Prometheus müssen wir nachahmen, der für sein Gebilde aus Lehm das Leben von den Sternen zu holen wagte, aber erst dann, als er alles getan hatte, was durch seine menschliche Kunstfertigkeit geleistet werden konnte. Wir bieten die rohe Masse und dürften hoffen, daß der Geist uns alles im Schlaf vollbringen werde [71]?" Dieser Gedanke freier Schöpfung aus menschlicher Kraft zeigt, auf welchem Wege Erasmus die Voraussetzung der Devotio moderna überwand und daß er zur Ablehnung der Astrologie und ihrer Lehre der Abhängigkeit des Menschen von den Sternen kommen mußte. In seinem Weltbild war kein Raum für phantasievolle Spekulationen. „Mögen andere die Sterne beobachten, wenn es ihnen beliebt; ich glaube, man muß auf der Erde suchen, was uns glücklich oder unglücklich macht [72]." Die Andacht zum Worte, zum Logos ist der Wesenszug seiner Wissenschaft. „Mit der Menschenwürde verträgt sich nur eine Waffe, das ist der sermo, die menschliche Rede, das Wort [73]." Das ist Humanismus in reinster Form, nicht verbunden mit Wunschträumen nach einer besseren Zukunft, politischen Reformen, der Erstarkung staatlicher Einrichtungen und nationaler Ziele und auch nicht verbunden mit einer Wissensdisziplin, die es sich zur Aufgabe gesetzt hat, mit Hilfe der antiken Weisheit zu neuen Erkenntnissen zu gelangen. Soweit sich überhaupt menschliches Sinnen und Trachten von zeitgebundenen Gedanken und Hoffnungen trennen kann und Ideale sprachlichen Ausdruck gewinnen und einen Ewigkeitswert für sich beanspruchen können, treten sie in dieser Seelenhaltung und dem Wollen des Erasmus in Erscheinung.

Es ist das Verdienst Jakob Batts, erkannt zu haben, daß ein Mann mit den Fähigkeiten eines Erasmus erst nach einem geregelten Studiengang seine Sendung erfüllen könne; denn er veranlaßte ihn, die Erlaubnis seines Bischofs zu einem Studienaufenthalt in Paris einzuholen. Im Herbst 1495 traf Erasmus an dieser Pflanzstätte spätmittelalterlicher Gelehrsamkeit ein. Eine Welt der Unruhe und die Luft bevorstehender geistiger Entscheidungen umfing ihn. Die Zwecklosigkeit literarischer Fehden widerte ihn an. Durch die scholastische Bildung ging er nicht mehr. Um ihrer selbst willen hat er keine Wissenschaft betrieben, deshalb blieb er von der Philosophie wenig

[71] R. Pfeiffer, a. a. O., S. 15.
[72] R. Pfeiffer, a. a. O., S. 16.
[73] R. Pfeiffer, a. a. O., S. 17.

berührt, er konnte sich nie einer Partei anschließen, dem alten oder dem neuen Weg der Scholastik ebensowenig wie den Philosophen des Humanismus oder dem Ordensgeneral der Trinitarier Robert Gaguin, der ihm liebenswürdig entgegenkam und ihm in der Druckausgabe seiner zusammenfassenden Geschichte Frankreichs (Herbst 1495) Platz gewährte für die Veröffentlichung eines Preisgedichtes, oder dem Vertreter eines neuen Aristotelismus, wie Jakob Faber Stapulensis, der kurz vor der Ankunft des Erasmus aus Italien und dem Kreise der florentinischen Akademie nach Paris zurückgekehrt war. Im Collège Montaigu berührte ihn der spätmittelalterliche Reformgedanke mit der Lehre und Ordnung der Brüder vom gemeinsamen Leben, welche der Provisor Jan Standonck aus Mecheln handhabte. Über die strenge Askese und ungenügende Unterkunft sowie das schlechte Essen hat sich Erasmus oft beschwert.

Man beobachtet im Leben des Erasmus immer wieder, daß er sich aus seiner gegenwärtigen Lage, die ihm vorher Gegenstand heißen Begehrens war, hinaussehnt und mit vielen Mitteln trachtete, eine Veränderung herbeizuführen. Die Unzufriedenheit mit der Gegenwart gehört so zu seinem Leben wie die gewaltige Arbeit, welche er leistete, die Fähigkeit, sich seiner Sache ganz hinzugeben. Schon förderte er in Paris seine großen Ausgaben. In diesen Jahren lernte er erst die Scholastik von Grund auf kennen und faßte jenen Widerwillen, der ihn sein ganzes Leben begleitete und seiner Spottlust immer neue Nahrung bot. Das Wort „Scotist" wurde ihm damals zu einem Schimpfwort, das ihm leicht über die Lippen und in die Feder kam. Mögen die Werke des Scotus verlorengehen, wenn nur Cicero und Plutarch erhalten bleiben! Im Frühling 1496 erkrankte Erasmus, den Sommer verbrachte er zur Erholung wieder in seiner holländischen Heimat, vor allem in Bergen. Im Herbst nahm er seine Studien zu Paris auf. Er hatte die Absicht, sie mit dem Doktorat der Theologie abzuschließen. In das Collège Montaigu wollte er nicht wieder zurückkehren, deshalb bemühte er sich um eine Pfründe und einen Protektor. Davon hoffte er seinen Lebensunterhalt bestreiten zu können, mußte sich aber bescheiden mit Honoraren für die Privatstunden, welche er jungen Studenten erteilte. Unter diesen waren die beiden Lübecker Kaufmannssöhne Christian und Heinrich Northoff und zwei Engländer, Thomas Grey und Robert Fisher. Obwohl Erasmus eine öffentliche Lehrtätigkeit fast nie ausgeübt hat und die Zahl seiner Privatschüler begrenzt ist, darf man ihn doch einen praeceptor mundi nennen. Seine Werke, seine Briefe und Ratschläge haben im Umkreis der Gebildeten des Abendlandes gewirkt. Wie bei den meisten Zeitgenossen, so sind auch bei Erasmus die ersten Veröffentlichungen Lehrbücher gewesen. Die große Zahl der damals erscheinenden Bücher dieser Art zeigt, daß die bisher allgemein gültigen Lehrmittel durch andere ersetzt werden und viele neue methodische Versuche an die Stelle der scholastischen Einheit treten. Erst eine größere Anzahl von

Schülern oder geldspendende Gönner konnten einen Verleger veranlassen, solche Werke zu drucken. Diese Art der Veröffentlichung blieb für Erasmus ein Durchgangsstadium; denn später erfaßte er das Verlagswesen ganz im modernen Sinn als Vermittlertum zwischen Autor und Leser. Er sieht in den Verlegern einen neuen Stand, dessen Wesen auf der glücklichen Vereinigung von kaufmännischem Unternehmertum und wissenschaftlichem Geist beruht. Im Auftrage eines Verlags zur Erfüllung eines von anderen aufgestellten Programms hat Erasmus nie gearbeitet. Seine späteren Werke verfolgen ausschließlich jene Ziele, die er sich selbst gesteckt hatte und über die er mit dem Verlag einig geworden war. Wenn er die Verbindung mit den besten Verlagen der Zeit suchte, so war es nicht, um sich in deren Abhängigkeit zu begeben und wissenschaftliche Fronarbeit zu leisten, sondern weil er im besten Einvernehmen mit dem Verlag den Buchdruck zur Verbreitung seiner Gedanken und Ideale brauchte.

In diesem Sinne ist Erasmus der erste Großliterat nördlich der Alpen, weil er wie kaum einer seiner Zeitgenossen Wert und Bedeutung der mechanischen Buchherstellung erkannte und für seine Zwecke auszunützen wußte. Die veränderte Einstellung zum gedruckten Buch ist aus drei einander schnell ablösenden Haltungen zu erkennen: die italienischen Humanisten stellen die Handschrift über den Druck; Celtis war die Arbeitserleichterung die Hauptsache, weil er die Herstellung der Vorlage für den Druck und das Korrekturenlesen anderen überlassen konnte; Erasmus freute sich an der gefälligen Klarheit der Buchstaben, er bedurfte leistungsfähiger Druckereien, die seinen Wünschen und Absichten nachkamen, ihm gewährte die Drucklegung auch die Erfüllung seines Dienstes am reinen Wort. Aber noch war er weit von diesem Ziel entfernt. Der Unterricht, den er den beiden Lübeckern erteilte, veranlaßte ihn, Musterbeispiele des gepflegten Gesprächs zusammenzustellen. Für Robert Fisher begann er eine Abhandlung über die Kunst des Briefes zu schreiben. Das sind die Keimzellen zu den *Colloquia* und der Schrift *De conscribendis epistolis*, zwei Werken, die aus dem Geiste des Humanismus geboren sind. Eine Paraphrase zu Lorenzo Vallas *Elegantiae linguae latinae*, eine Abhandlung *De copia verborum ac rerum*, das ist eine Anleitung zur richtigen Wortwahl und Anregung, in den stilistischen Wendungen abzuwechseln, und schließlich eine Schrift über das richtige Lernen stehen im engeren und weiteren Zusammenhang mit seiner Unterrichtstätigkeit. Diese Werke lagen in ihren geistigen Grundlinien am Ende der Pariser Zeit fest, das heißt der Humanist Erasmus wollte sein gesamtes Bildungsmaterial sehr bald vor den Zeitgenossen ausbreiten und zeigen, daß er es mit den Besten seiner Zeit aufnehmen könne. Eifer und Ehrgeiz müssen diesen Geist beseelt und ihm jene Energie und Zähigkeit verliehen haben, die bei der Sache bleibt und zu vollenden versteht. Die geistige Disziplin des Erasmus steht im schroffsten Gegensatz zur Wesensart des Konrad Celtis, dessen Visionen seiner Aufgaben in unerreichbarer Ferne lagen, während Erasmus Kräfte und Fähigkeiten richtig einschätzte und da anwendete, wo sie zum Ziel gelangen konnten. Ihm lächelte die Gnade planvoller Arbeit als bestes Erbteil der Philologie. Den Jünger der Geisteswissenschaft verlockt es zu häufig nach Fahrten ins Weglose, aber dafür gewinnt er leichter hohe Gönner als der andere. Das mußte Erasmus verspüren, als er im Sommer 1498 bei seinem Bischof in Holland eintraf. Man war unzufrieden mit ihm, glaubte, er habe sich in Paris dem Wohlleben hingegeben und Schulden gemacht. Daß er, der sein Pfund nicht vergraben hatte, sich gedemütigt fühlte, sein Leben als Sklaverei empfand und aus dieser Atmosphäre kleinlicher Gehässigkeit wegstrebte, wer konnte es ihm verargen! Die Unterstützung, welche ihm auf Empfehlung Batts von Anna von Borselen, der Frau van Veere, zuteil wurde, sollte ihm eine Reise nach Italien ermöglichen. In Paris suchte er auch seinen Schüler William Blount, den jungen Lord Mountjoy, als Förderer dieses Planes zu gewinnen. Aber im Frühling 1499 folgte er der Einladung des jungen Lords nach England und verzichtete damit vorläufig darauf, seine Studien an der Universität Bologna abzuschließen.

Während seines Aufenthaltes in England bis zum Beginn des Jahres 1500 vollzog sich in gleitenden Übergängen eine wichtige Wandlung seines Geistes und seiner Stellung zur Umgebung. Er gewann die innere Sicherheit. So wie dem Wesen des Erasmus alle Schroffheit und plötzliche Sinnesänderungen widersprachen, so lassen sich auch seine Wandlungen nicht unmittelbar mit einzelnen Erlebnissen verknüpfen. Sein geistiges Wachstum steht unter dem Gesetz einer organischen, seiner Natur gemäßen Entwicklung. Von geistigen Krisen, die das Leben ringender Geister bestimmen, blieb er verschont. Deshalb fehlt ihm das Verständnis für Naturen wie Luther oder Hutten, die ihre ganze Persönlichkeit immer einsetzen und einen Kampf der Geister eröffnen. „Perrumpendum est" war nicht seine Lebensdevise. Als Dichter und Redner, als Künder von Formidealen kam Erasmus nach England. Dort erst begannen die Probleme der Gottesgelehrtheit seinen Geist in Fesseln zu schlagen. Als einer, dessen Leben von Gönnern abhängig ist und im Schatten der Großen steht, betrat er die Insel, und als selbständiger ernster Geist verließ er sie. Das Leben der Edelleute mit seiner freien Geselligkeit entsprach seinem Wesen. Von entscheidender Bedeutung für seine Entwicklung waren die engen Beziehungen zu John Colet und Thomas Morus, die sich sehr bald knüpften. Im Oktober 1499 ging Erasmus nach Oxford. Von der Erklärung der Paulusbriefe, welche er im akademischen Unterricht behandelte, war Colet zu der Erkenntnis vorgestoßen, daß der reine Sinn des Bibelwortes ohne Rücksicht auf die späteren Erklärungen erfaßt werden mußte. Da er die griechische Sprache nicht beherrschte, konnte er sich nur mit dem Text der Vulgata beschäftigen. Ernst und Begeisterungsfähigkeit des gleichaltrigen

Anregers verfehlten ihre Wirkung auf Erasmus nicht. Eine mündliche Unterhaltung mit Colet, die in einem Briefwechsel fortgesetzt wurde, ist die Voraussetzung zur ersten kleinen theologischen Schrift des Erasmus, der *Kleinen Disputation über Angst, Furcht und Trauer Jesu.* Noch muß er seine Natur bekämpfen, seine Neigung zu den Dingen der Welt, aber schon beginnt ihn die Berufung zu seiner Sendung zu erfüllen. In der richtigen Erkenntnis seiner Fähigkeiten — das ist es, was Erasmus von fast allen Humanisten unterscheidet — lehnte er den Antrag Colets ab, die Bücher Mosis oder den Propheten Jesaja in Vorlesungen zu erklären. „Wenn ich einst die Gewißheit habe, daß mir die nötigen Kräfte zu Gebote stehen, dann werde auch ich dein Teil erwählen und der Verteidigung der Theologie, wenn nicht eine hervorragende, so doch eine ernsthafte Arbeit widmen [74]." Die unmittelbare Folgerung, welche Erasmus aus dieser Erkenntnis zog, war, daß er sich von nun an mit besonderem Eifer dem Studium des Griechischen hingab.

Die glückliche Zeit in England brach mit einem Mißton ab. Die Zöllner in Dover nahmen Erasmus seine Ersparnisse von 20 englischen Pfund, welche ihn für die nächste Zeit der Sorge um seinen Lebensunterhalt enthoben hätten, bis auf einen kleinen Rest ab. So sehr ihn dieser Zwischenfall auch betrübte, er gab die Veranlassung zu einem Werk, das seinen Ruhm zuerst in die gelehrte Welt trug. Zwar bedeutet es ein Abzweigen von jenem Weg, den er in England beschritten hatte. Als Poet stellte Erasmus die *Adagia* zusammen, eine Sammlung und Erklärung von Sprichwörtern aus den römischen Autoren, Vorbilder einer gepflegten Ausdrucksweise. Damit wurde eine literarische Form geschaffen, hinter der nicht der stoffansammelnde Eifer der Exempla und Beispiele stand, welche dem Prediger des ausgehenden Mittelalters das Material boten, sondern über dem Inhalt und der moralischen Tendenz stand der Formwille. Bis in das 18. Jahrhundert hinein sind die *Adagia* eine der wichtigsten Quellen gewesen, aus welcher antikes Geistesgut in die Bildung des Abendlandes floß. Eine Legion von Nachahmungen, Sammlungen lateinischer und volkssprachlicher Texte schloß sich daran an. Wenn auch in diesen Werken die Absicht zu formaler Schulung und Bildung oft hinter dem Stofflichen zurücktritt, so sind sie doch die Boten eines neuen Geistes, sie nehmen ihren Ausgangspunkt von der exzerpierenden Arbeitsweise der Humanisten und entspringen dem Willen, die Antike als Lebensspenderin den geistigen Interessen der Zeit nutzbar zu machen. Den Erstdruck *Adagiorum Collectanea* widmeter Erasmus Lord Mountjoy. Er erschien 1500 zu Paris bei Johannes Philippi. Die mittelalterlichen Gesichtspunkte der Einschätzung der Antike als Autores und Exempla, ansehenheischende Autoritäten und Vorbilder sittlicher Haltung, sind auch für Erasmus bestimmend. Aber bei ihm kommt der Gedanke der Zierde und der Weihe, welche das Alter

[74] Huizinga, a. a. O., S. 44.

verleiht, noch hinzu. Der Geist des klassischen Altertums wird hier in einem Kompendium eingefangen und strömt aus diesem in die Weite. Kein humanistisches Werk konnte bisher eine solche Wirkung ausüben wie die *Adagia* und später die *Parabolae*, die *Apophthegmata* und *Colloquia*. Was der Humanismus vorher geleistet hatte, hat nur einzelne Wissensdisziplinen, wie die Himmelskunde, die Geschichtsschreibung oder die Philosophie, gefördert. Hier aber konnte die Universalität des antiken Geistes erfaßt werden. Es war einzigartig, daß ein Mann wie Erasmus, der seinen Lebensberuf nicht in der Lehrtätigkeit an einer Universität fand, als Erzieher und Bildner humanistischer Generationen auftrat und viel stärker wirken konnte als die meisten seiner Zeitgenossen. Der gesamte humanistische Sprachstil der Zeit wurde durch diese Leistung umgeformt. Wie richtig Erasmus den Wert dieser Werke einschätzt, zeigt, daß er sie immer wieder ergänzte, daß seine Sammlungen wuchsen, griechische Lesefrüchte mit aufgenommen wurden und die Exkurse sich zu selbständigen Abhandlungen, beinahe Büchern, ausweiteten. Dem Benützer kommen die ausführlichen Register, welche er selbst verfaßte, entgegen. Man braucht sie nur mit denen anderer Werke zu vergleichen, um zu erkennen, daß es ihm immer um das Wesentliche zu tun ist. An Ursprünglichkeit, derbem Realismus, volkstümlicher Redensart und Auffassung hatte er keine besondere Freude. Wie hätte er damit auch die geistige Elite der Humanisten des Abendlandes anregen, zusammenschließen und ihr Vorbild werden können? Wer in dem ausschließlichen Gebrauch der bildungtragenden lateinischen Sprache eine Hemmung der geistigen Entwicklung sieht, muß dem Verhalten des Erasmus verständnislos gegenüberstehen, weil er nicht begreifen kann, wie jemandem eine an der Antike geschulte Ausdrucksweise in ihrer Natürlichkeit zu einem Lebenselement werden kann. Aber das ist sie eben gerade für Erasmus. Mit ihr allein erfaßt er die Gutgesinnten, die er für den Weiterbau seiner Absichten braucht. Dabei kam es ihm nie auf eine möglichst große Anzahl von Anhängern und Freunden an, sondern nur auf ihren inneren Wert. Es lag auch nicht in seiner Absicht, die Gefühle der Zeitgenossen zu erwecken, ein zerstörendes Feuer zu entfachen, in dem das Alte aufgehen sollte. Von diesem Gesichtspunkte aus haben Luther und Hutten allein schon dadurch, daß sie sich der Volkssprache bedienten, um die Allgemeinheit und alle sozialen Schichten erfassen zu können, zwischen sich und Erasmus eine Kluft aufgerissen. Die gefällige, leichte, an der Antike geschulte anmutige Sprache, deren sich Erasmus bedient, ist aber auch durch eine andere Kluft von der Sprache der Scholastik getrennt. Er sah in deren Ausdrucksformen einen wissenschaftlichen Jargon, eine Geheimsprache und eine barbarische Terminologie.

Gleich nach seiner Rückkehr aus England wendete sich Erasmus nach Paris und Orléans. Im Frühsommer 1501 floh er vor der Pest nach der holländischen Heimat. Er fühlte sich dort verkannt, äußerte sich absprechend über Land und Leute und glaubte dem burgundischen Gebiet, dem größeren und wertvolleren kulturellen Raum, enger verbunden zu sein. — Die Vereinigung zweier zeitbeherrschender Ideen und ihre Verwirklichung bestimmten nun seine Arbeiten und Pläne: der Ruf zu den Quellen und der Reformgedanke. Jener führte ihn zur Ausgabe des Urtextes des Neuen Testaments und der Werke des heiligen Hieronymus. Deshalb übte er sich im Griechischen, so daß er gegen Ende des Jahres 1502 griechische Briefe schreiben konnte und von 1504 an viele griechische Texte ins Lateinische übertrug. Der Reformgedanke, welcher das ganze 15. Jahrhundert beherrschte und die Rückkehr der Klöster zur alten Regel forderte, trat ihm während seines Aufenthaltes zu St. Omer im Franziskanerkloster St. Bertin und dem nahegelegenen Schlosse Courtebourne vom Herbst 1501 bis zum Sommer 1502 nahe. Jean Vitrier, der Guardian des Klosters, einst von der Sorbonne wegen seiner Aufdeckung der Zustände in den Klöstern verurteilt, war der richtige Mann, eine heilsame Reform in Männer- und Frauenklöstern durchzuführen. Zu ihm, einem wahren Theologen und guten Mönch, fühlte sich Erasmus hingezogen. Er stand Pate bei einem Gelegenheitswerk, das später auf seine Anregung hin weiter ausgebaut wurde, dem *Handbuch des christlichen Ritters*. Erasmus entwickelte dieses Bild zuerst auf Veranlassung seines Freundes Batt, den die edle und gottesfürchtige Frau eines ungenannten Ritters gebeten hatte, Erasmus zu einem Brief an ihren Mann zu veranlassen, in dem das Ideal christlicher Ritterschaft als Mahnung zur Besserung des Lebenswandels entwickelt werden sollte. Das Werk ist 1504 bei Dirk Maertens in Antwerpen erschienen. Es hat in seiner endgültigen Fassung den ursprünglichen Charakter des Mahnbriefes abgestreift und wird zu einer grundsätzlichen Darlegung der Christenpflicht überhaupt. Reinheit und Klarheit der Ideale sollen durch die Beseitigung äußerlicher Bräuche, die nicht um ihrer selbst willen da sein können, wiederhergestellt werden. Dem Kriegsmann wird der Weg zu Christus gewiesen. Der doppelte Sinn des Wortes Enchiridion als Dolch und Handbuch führt gleichsam von selbst zu einer symbolischen Ausdeutung der Waffen des Kriegsmannes.

In der geistigen Entwicklung des Erasmus steht das Werk an sichtbarer Stelle, weil es ihm Gelegenheit zur Darlegung seiner kommenden literarischen Absichten bietet und zeigt, daß die *Adagia* fast ein unfreiwilliger Abstecher in das Gebiet der Poetik waren. Jetzt heißt es, daß man zur Reinheit und ursprünglichen Bedeutung, also zum Urtext der Heiligen Schrift zurückkehren müsse. Die Vorbereitung zur Erfüllung dieser Aufgabe liege im Studium der Antike und der Kirchenväter. Die Erneuerung der Seele hänge nicht von der Befolgung rein äußerlicher Zeremonien ab. Erasmus sah seine Aufgabe darin, von den Dingen die verdunkelnden Schleier zu heben und zur Wahrheit vorzudringen. Aus der Seele ist dieses Werk geschrieben, hinter ihm steht die fertige Überzeugung des reifen Mannes. Nun fühlte sich Erasmus bereit zur Wiederherstellung der wahren Religion. Er ist und bleibt aber der Humanist, dem seine Studien das Rüstzeug zur Erfüllung seiner Aufgabe schenkten. Er hat sie aber nicht um ihrer selbst willen betrieben oder sein Ziel im Verfolg der weltlichen Gelehrsamkeit gesehen, sondern seine Absicht ist es, „den Tempel des Herrn, den etliche durch ihre Unwissenheit und Barbarei allzu sehr entehrt haben, mit fremder Hilfe nach unseren Kräften zu schmücken, so daß auch edle Geister sich werden entflammen können in Liebe zur Heiligen Schrift [75]". Der Weg zu Christus, den das *Enchiridion* vorschreibt, ist im Epilog zum Epheserbrief gewiesen. In weitem Sinn könnte man das ganze Werk als eine Paraphrase dieser Paulusstelle bezeichnen. Erasmus will damit eine Einführung in die Kunst der Frömmigkeit schreiben, er will „jene Leute von ihrem Irrtum heilen, die gemeiniglich dafür halten, daß die Religion in mehr als jüdischen Zeremonien und Observanzen äußerlicher Art bestehe und die jene Dinge vernachlässigen, die der Frömmigkeit dienen [76]". Er zieht damit einen Trennungsstrich zwischen seinen Ansichten und der von ihm so gehaßten Scholastik, er schaltet aber auch die Kräfte des Gefühls und Gemütes aus. Es war also nur der Zug zur Mystik, der ihm an den Bestrebungen der Devotio moderna nicht zusagte. In fast allen seinen sonstigen Unternehmungen tritt er ihr Erbe an, ohne es selbst wahrhaben zu wollen. Wer wird ihm diesen Irrtum als Charakterschwäche oder Mangel an Pietät auslegen? Wer kann die Wurzeln seiner eigenen Bildung selbst aufdecken, wer die geistigen Bindungen ganz von den persönlichen schlechten und guten Erfahrungen, die sie begleiten, trennen? Werke, die auf einer rationalistischen Grundlage bauen, können nie auf sehr lange Sicht zur Menschheit sprechen. Nur innere Wärme und Begeisterung ziehen die Menschen an und entzünden ihren Geist. Wo der Verstand allein arbeitet, weht es kühl und entwickelt sich selten keimkräftiges Leben. Das ist der tiefere Grund dafür, daß Luther und Hutten auf Zeitgenossen und Nachwelt so stark wirkten, daß Goethes und Schillers Jugenddramen hinreißen und der kunstvolle Bau der *Iphigenie* und *Braut von Messina* bewundert wird, aber die bewegenden Kräfte aller Seelen doch nicht zum Mitschwingen bringt, daß die weise maßvolle Ausgeglichenheit des Erasmus keine Zukunft in seiner Religion hatte, daß die Jesuiten und die Scholastik zu Ehre und Ansehen kamen, daß in der Geschichte viel mehr von Erasmus dem Humanisten als von Erasmus dem Theologen gesprochen wird. — Erst in den Übersetzungen in die Volkssprachen konnte das Handbüchlein des christlichen Streiters sich an ein größeres Publikum wenden.

Das Jahr 1502 war für Erasmus reich an Verlusten von Freunden und Gönnern. Batt starb, nach ihm Heinrich von Bergen und der Erzbischof

[75] Huizinga, a. a. O., S. 66.
[76] Huizinga, a. a. O., S. 66 f.

von Besançon, Franz von Busleiden, von dem er für die Zukunft Unterstützung erhofft hatte. Anna von Veere ging eine neue Ehe ein und legte damit gleichsam ihr Amt als Schutzherrin des Erasmus nieder. Nun zog er für zwei Jahre bis zum Herbst 1504 nach Löwen. Adrian von Utrecht, Dekan von St. Peter und Professor an der theologischen Fakultät, der spätere Papst, wollte ihm einen Lehrstuhl verschaffen, aber Erasmus lehnte es ab, sei es, weil er Neider fürchtete und gehässigen Zungen keine Angriffspunkte bieten wollte, sei es, weil er sich durch eine solche Tätigkeit von seinen wahren Zielen abgezogen sah und seine Unabhängigkeit wahren wollte. Er mußte also wieder einmal vom Ertrag literarischer Arbeiten, Übersetzungen und Preisgedichten seinen Lebensunterhalt bestreiten. Gegen Ende des Jahres 1504 ging er wieder nach Paris und widmete sich mit besonderem Eifer dem Studium der Theologie. Um seinetwillen, erklärte er, nehme er willig Not und Entbehrungen auf sich. Von der Gunst Fortunas fühlte er sich wenig berührt. Er war nicht der Mann, Zugeständnisse zu machen und sich als Literat und Poet an einem Fürstenhof oder als Lehrer an einer Universität ein warmes Plätzchen zu sichern, das ihn so mancher Sorgen enthoben hätte. Er kannte keine Hindernisse, die ihn von seinen Zielen abbringen konnten. Reiste er, so trieben ihn die Notwendigkeit, die Hoffnung auf bessere Arbeit und leichtere Lebensbedingungen, er zog nicht umher zur Unterhaltung, aus Wanderlust oder um durch das Reisen Lebenserfahrungen zu sammeln.

In seiner Forschungsarbeit gewann das Ziel immer deutlicher Gestalt. Sein Geist entzündete sich wieder an Lorenzo Valla, dessen *Elegantiae* ihm einst den Weg zur klassischen Latinität gewiesen hatten. Im Sommer 1504 geriet ihm im Prämonstratenserkloster Paro bei Löwen eine Handschrift von Vallas Bemerkungen zum Neuen Testament in die Hand. Diese bilden das Programm zu seiner sofort in Angriff genommenen Arbeit und veranlaßten ihn, die Ausgabe der Werke des Hieronymus und den Kommentar zu Paulus vorläufig zurückzustellen. Die Druckausgabe des Werkes bei Jost Badius in Paris war eine mutige Tat. — Die Bemühungen um den reinen Text der Vulgata setzten schon um 1300 ein. Nun aber berief sich ein Theologe auf einen Philologen. Das mußte ihm als Vermessenheit ausgelegt werden. Erasmus hat so wenig mit dem impulsiven und feurigen Drauflosgehen eines Lorenz Valla gemeinsam, daß es verwundern mag, wenn er seine Ziele in dessen Werken vorgebildet sah. Es war der gleiche Wille, zu den Quellen in ihrer Reinheit hinabzusteigen, der beide beseelte. Wenn Vallas Abhandlung über die konstantinische Schenkung von Hutten herausgegeben wurde, so wird damit an einem neuen Beispiel der große Einfluß gezeigt, den Valla auf den Humanismus nördlich der Alpen ausgeübt hat. Er öffnete ihm den Formsinn für die Schönheiten der lateinischen Ausdrucksweise, wies ihm den Weg zur philologischen Kritik des Bibeltextes und gab ihm Waffen zum Kampf gegen die weltliche Macht der Kirche in die Hand.

Im Herbst 1505 waren die Mittel des Erasmus für einen Pariser Aufenthalt erschöpft. An einer voreiligen Ausgabe der *Adagia* bei Johannes Philippi in Paris (1505) hatte er wenig Freude, der Text genügte ihm längst nicht mehr. — Nun suchte er die alten Freunde in England auf. Das legte man ihm in seinem Kloster als eigenmächtige Entfernung aus. Was England ihm in reichem Maße bescherte, war der Verkehr mit gelehrten Kennern des Griechischen, wie Morus, Linacre, Grocin, Latimer und Tunstall, die Verbindung zu den einflußreichen Kirchenfürsten. König Heinrich VII. wollte ihm eine englische Pfründe verleihen, wozu auch Papst Julius II. am 4. Januar 1506 seine Einwilligung gab. Aber erhalten hat sie Erasmus nicht. In kurzen Abständen konnten seine lateinischen Übersetzungen aus Lukian und Euripides erscheinen. Er widmete sie seinen Gönnern. Wieder bereitete sich in seinem Wesen während dieses englischen Aufenthaltes eine Wandlung vor. „Ich sehe", so schreibt er dem Prior von Steyn, seinem Freunde Servatius, am 1. April 1506, „daß das Menschenleben, auch wenn es lang dauert, ein flüchtiges und verschwindendes Ding ist; ich weiß, daß ich von zarter Körperbeschaffenheit bin und daß meine Kräfte nicht wenig durch das Studium und auch etwas durch das Mißgeschick angegriffen sind [77]." Mochte es der Ausdruck einer augenblicklichen Stimmung sein, die ihn den Vorsatz fassen ließ, sein Leben ganz der Frömmigkeit und Christus zu weihen: das Gefühl, seine Lebenszeit sei nur von kurzer Dauer und das Greisenalter nahe, verließ ihn von da an nicht mehr.

Ein unerwartetes Angebot, die Söhne des königlichen Leibarztes, des Genuesers Giovanni Battista Boerio, an die italienischen Universitäten zu begleiten, erfüllte ihm einen lange gehegten Wunsch. Den Juni und Juli 1506 verbrachte er mit seinen Schutzbefohlenen in Paris. Dort übergab er Badius seine neuen Werke und Übersetzungen zum Druck. Im August machte sich die kleine Reisegesellschaft auf den Weg nach dem Süden. Kleine Zwistigkeiten mit den anderen zwangen Erasmus eine selbstgewählte geistige Einsamkeit und Sammlung auf. Da überblickte er sein Leben, wurde wieder zum Poeten und schrieb sein *Carmen alpestre*, das in dem Gedanken an die Nachteile des Greisenalters und dem Entschluß, von Freude, Scherz und Spiel sich zu trennen, ausklingt. — Unmittelbar nach seiner Ankunft in Turin schloß er rein äußerlich und formell seine Studien am 4. September 1506 mit dem Doktorat der Theologie ab. Die Kriegswirren veranlaßten ihn, sein Ziel Bologna vorläufig aufzugeben und einige Zeit in Florenz zu verbringen. Er suchte nicht die Werke der Kunst, sondern die gelehrten Studien. Am 11. November war er Augenzeuge des siegreichen Einzuges von Julius II. in Bologna. Sein Mentorenamt an Boerios Söhnen übte er gemäß seiner Verpflichtung aus. Die freie Zeit, welche ihm für eigene Arbeiten blieb, verbrachte er mit der Sammlung von Ergänzungen für

[77] Huizinga, a. a. O., S. 73.

seine *Adagia*. Das veranlaßte ihn, im Oktober 1507 die Verbindung mit dem berühmten Drucker Aldus Manutius aufzunehmen und sich gegen Ende des Jahres nach Venedig zu begeben.

Nun hatte er das Gefühl, an einem geistigen Mittelpunkt zu sein und von dort aus die ganze gebildete Welt mit seinen Werken zu erreichen. Freunde, Mitglieder der neuen Akademie, brachten ihm Texte, aus denen er für seine Sprichwörtersammlung Auszüge machte oder die er herausgab. Jetzt ist er der Literat großen Stils, dem der Verleger einen eigenen Korrektor zur Verfügung stellt, der bei seinem unermüdlichen Schreiben, Zusammenstellen, Exzerpieren und Korrekturenlesen ganz in seinem Element ist. Im September 1508 war der Satz der *Adagia* fertiggestellt. Anschließend besorgte Erasmus noch für Manutius die Ausgaben der Komödien des Plautus und des Terenz und der Tragödien Senecas. Ein volles Glück aber bescherte ihm dieser Aufenthalt dennoch nicht. Die schlechte Kost, welche ihm bei seinem Gastgeber Andrea Asolani, dem Schwiegervater des Manutius, gereicht wurde, war nach seiner Meinung die Ursache seines Steinleidens, das ihn von da an bis an sein Lebensende plagte. Er mag daher gerne die Gelegenheit zu einem Wechsel des Aufenthaltes ergriffen und das Angebot, den jungen Alexander Stewart, einen Bastard König Jakobs IV. von Schottland, zu Padua in die Rhetorik einzuführen, angenommen haben. Vor den Kriegswirren floh er mit seinem Zögling nach Siena. Von dort aus erwirkte er sich die Erlaubnis zu einem Besuche in Rom. Er wurde von Giovanni de Medici, dem späteren Papst Leo X., und anderen Humanisten begeistert aufgenommen. Noch einmal besuchte er die Ewige Stadt mit Alexander Stewart, den er nachher auch nach Neapel begleitete. Ob Erasmus ernstlich daran gedacht hatte, nach Erfüllung seiner Lehrpflicht der Einladung großer Gönner zu folgen und seine Zelte dauernd im Kreise der römischen Humanisten aufzuschlagen, ist schwer festzustellen, weil aus dieser wichtigen Lebenszeit keine Briefe erhalten sind.

Wieder öffneten sich nach dem Tode König Heinrichs VII. von England für Erasmus Möglichkeiten, unter Heinrich VIII. als Mäzen den Studien ein sorgenfreies Leben weihen zu können. Mountjoy und Morus schickten ihm das Reisegeld. Im Juli 1509 machte er sich auf den Weg, der ihn diesmal über den Septimerpaß führte. Wieder bot ihm die Reise Gelegenheit, sein Leben und seine Zeit in lebendigen Bildern an sich vorüberziehen zu lassen. In dieser Selbstbesinnung liegt die Voraussetzung zu dem Werk, das seinem Geist und seiner Seelenhaltung so ganz entspricht, zum *Lob der Torheit*. Schon die ironische Beziehung, die er zwischen dem Namen seines Freundes Thomas Morus und der Moria herstellte, deutet darauf hin, daß er seine Abhandlung als ein heiteres Spiel aufgefaßt wissen wollte, hinter dem allerdings ein bitterer Ernst stand. Wer konnte erwarten, daß Erasmus, der sich dem Studium der Weisheit im Geiste der

Wahrheit geweiht hatte, nun deren Gegenspielerin, die Torheit, zu Wort kommen ließ? Besonnene Überlegenheit, Humor und Ironie haben das wundersame Werk geschaffen. Im Hause des Thomas Morus gewannen die Bilder, welche ihm seine Phantasie vorgegaukelt hatte, nun literarische Gestalt. Wer dieses unsterbliche Werk mit dem volkstümlichen *Narrenschiff* Sebastian Brants vergleicht, das von Basel aus mit dem letzten Wind des Mittelalters fröhlich in die Neuzeit hineinsegelte, dem kommt der Unterschied des Geschmacks, der sozialen Schichten, an die sich die beiden Werke wenden, zwischen gelehrt humanistischer Kunstübung und moral-satirischer Revue, zwischen der geschliffenen, anmutigen lateinischen Prosa und dem derben herausfordernden Knittelvers zum Bewußtsein. Konnte man beim Hören einzelner Abschnitte des *Narrenschiffs* hell auflachen über eine unerwartete fröhliche Charakterisierung, konnte man die Fülle des Stoffes, die primitive Einfachheit und die endlose Kette der Seefahrer auf dem Narrenschiff bewundern: die erdrückende Masse des Stoffes läßt doch immer nur Einzelfälle festhalten, die lose und zwanglos nach des Dichters Willkür aneinandergereiht wurden. Darauf kommt es Erasmus bei seinem Werk gar nicht an; denn es wird von der Eleganz der Form und deren Harmonie mit dem Inhalt getragen. Der persönliche Stil des Erasmus krönt dieses Werk mit Anmut und Grazie der Gestalt, mit der Würde der Gesinnung und dem Reichtum an maßvoller Phantasie.

Die Eitelkeit der Welt, ein beliebtes Thema der Erbauungsliteratur des ausgehenden Mittelalters, ist eines der Leitmotive. Als Tochter Plutos, des alleinigen Vaters der Götter und Menschen, und der Neotes, der lieblichsten Nymphe, als Kind der Liebe stellt sich die Torheit vor. Aus den Brüsten der Methe, der Trunkenheit, und Apaidia, der Unbildung, habe sie die erste Nahrung empfangen. Selbstgefälligkeit, Schmeichelei, Ausgelassenheit und Faulheit bilden ihren Hofstaat. Wie die Gestalten eines allegorischen Schauspiels steigen die Personifikationen der Laster, Fehler und Schwächen vor uns auf. Die Göttlichkeit der Moria bildet den ersten Teil der Abhandlung, den zweiten die Beweisführung aus dem Leben und den Schriften. Mit einem Gott vergleicht sie sich, der sich erst dadurch offenbare, daß er den Menschen Gutes tue. Ihr sei das Werden der Menschen überlassen, ihre Zofe Anoia führe die Menschen zur Ehe. Welcher Unterschied zu dem Liebeshymnus, den Celtis gesungen hatte! Wie sich die Weisheit zur Torheit verhält, so steht die Vernunft zu den Empfindungen. Immer gibt sich der Menschengeist der Täuschung hin, läßt sich von Schmeichelei blenden und bewundert zu gerne. Die Torheit begleitet das Leben der Menschen. Sie verleihe Göttern und Menschen ewige Jugend, sie stifte die Ehe. Von der Selbstgefälligkeit werde sie in ihrem Vorhaben unterstützt, und dadurch bringe sie Heldentum und Kunstfleiß hervor. Sie halte Scham und Furcht zurück, wiege die Menschen im süßen Wahn und führe sie zur Natur. Reines Glück genieße nur der Tor, ihm gaukle sie süße Bilder und Wünsche vor, biete sie angenehme Schmeichelei dar, sie wirke wie ein ewig währender Rausch. Sie verlange keine Opfer, nur daß man sie von Herzen liebe. Jetzt kann sie ihren Beweis führen, allgemein aus dem Leben der Menschen und im besonderen an den Gelehrten, den Schulmeistern, die sich so unnütz plagen, den Dichtern und Rednern, den Rechtsgelehrten und Philosophen, den Theologen, den Königen und Hofleuten, ja selbst den hohen und höchsten geistlichen Würdenträgern. Es fehlt auch nicht an Belegstellen aus den heidnischen Schriftstellern und der Heiligen Schrift, die dem beipflichten. Am Schluß aber ist die Moria des übermütig frechen Tones satt und erhebt ihre warnende Stimme. Der bittere Ernst, der in den Predigten eines Geiler, den Moralsatiren der oberrheinischen Rügedichter sich hinter der Maske lebensprühender Fröhlichkeit verbirgt und nur selten hervortritt, kommt bei Erasmus, dem Gelehrten, den das Ethos seiner Wissenschaft zum Aufspüren der Quellen brachte, nun zum Durchbruch. Wenn die Moria am Schlusse sich in den Gefilden der Seligkeit bewegt, so stört Erasmus diese Illusion schnell, zeigt sie als Ludi magistra und fordert die Anwesenden auf, ihr Beifall zu klatschen. Das heißt: Es ist ja doch nur eine Komödie. — Das Lob des Schlechten und Widersinnigen machte im Schrifttum des Abendlandes Schule. Ungezählte kleine Abhandlungen und Gedichte in allen abendländischen Sprachen zehren bis weit ins 18. Jahrhundert hinein vom Geiste des Erasmus. Ihre Verfasser setzen sich oft in die Pose der Überlegenheit und täuschen vor, was ihm eine selbstverständliche freie Äußerung war und seiner großen Persönlichkeit entsprach. Erasmus selbst faßte sein Werk als launiges Spiel auf, er hat es wenig geschätzt, und doch trug es seinen Ruhm über die Jahrhunderte. Allein als ästhetisches Kunstwerk betrachtet, das aus dem Geist einer Epoche und eines Mannes wie Erasmus geboren ist, erscheint das *Lob der Torheit* als ein Gipfel, der sich aus einer Ebene erhebt. Mag es für uns so sein, den Zeitgenossen ist bei der Lektüre kaum so zumute gewesen, ihnen stand ein reicheres Vergleichsmaterial zu Gebote, sie erlebten die Entwicklung mit. Sei es, daß sie selbst einem Kreis angehörten, der die Zeitideen trug, sei es, daß sie sich in einem Überblick Rechenschaft über die Leistungen ihrer Zeit ablegten: sie wollten an der Gestaltung der Zukunft ihren Anteil nehmen. Eine solche Betrachtungsweise bringt erst die Vielseitigkeit einer geistigen Bewegung wie des Humanismus ganz zum Bewußtsein und zeigt, welche Fäden ihn mit der Vergangenheit verknüpfen, wie er sie weiterspinnt oder löst und auf ihre Fortführung verzichtet.

Der Ausbau einer Fachdisziplin war die Leistung Regiomontans, der aus der Generation der Frühhumanisten wie ein Stern hervorleuchtet, die Pflege weltlicher Wissenschaft, der Kampf um ihre Gleichberechtigung mit der Gottesgelehrtheit, die Weckung eines neuen Formgefühls war die Absicht des Konrad Celtis, die Reinheit des Glaubens wiederherzustellen war der Wille des Erasmus. In seinem Lebenswerk gewinnt die Auseinandersetzung mit der Vergangenheit erst ihren tiefen Sinn, weil er auf einem festen Grund bauen will. Zwar machte auch er die Gegner lächerlich, und das Wort „*Scotist*" aus seiner Feder ist ein ähnliches Schimpfwort wie die zahlreichen, mit denen Celtis seine Widersacher bedachte. Aber diesem bleibt die Theologie ein Buch mit sieben Siegeln, während Erasmus die Schlüssel der Pforte, durch die er die neue Zeit hereinführt, fest in seiner Hand hält. Er lenkt den Humanismus in jenes Gebiet, auf welchem er in der Zukunft sein eigentliches Arbeitsfeld findet. Und das tat er am sichtbarsten für seine Zeitgenossen mit dem *Lob der Torheit*. Viele von ihnen sahen wohl in dem Werk ein aus der volkstümlichen Sphäre in die gelehrte Welt gehobenes *Narrenschiff* und empfanden den Abstand zwischen beiden ähnlich wie wir, wenn wir die Holzschnitte des Narren- und Weltspiegels mit den Ornamenten, Zeichnungen und Vignetten vergleichen, mit denen die Ausgabe des *Encomiums* geschmückt ist. Es ist etwas anderes, wenn der biedere Stadtbürger vom Oberrhein und Jurist Sebastian Brant mit der alten heimatlichen Form des deutschen Reimpaars arbeitet und zur Fahrt nach Narragonien einlädt und der gelehrte humanistische Theologe das Götterkind Torheit auf dieser Erde wandeln läßt und verantwortlich macht für alles, was in der Welt uneben ist. Die Ironie in der Form einer Preisrede, die geschliffenen und unerwarteten Redewendungen, die zugeflogene Gelehrsamkeit und die Fülle von Beispielen bewiesen die geistige und formale Überlegenheit ihres Schöpfers, der an dem Werk keine Freude hatte und schon 1515 behauptete, es habe ihn berühmt und berüchtigt gemacht.

Von 1509 bis 1511 fehlt jede Nachricht aus dem Leben des Erasmus. Gewiß hat er während seines Aufenthaltes in England begonnene Werke, wie die Hieronymus-Ausgabe und seine Arbeit am Text des Neuen Testamentes, gefördert. Im Jahr 1511 begab er sich mit dem Manuskript des *Encomium Moriae* zu dem Drucker Gilles Gourmont nach Paris. Im August lag er am Schweißfieber krank in London und reiste nach seiner Genesung in das Queen's College nach Cambridge. Noch immer mußte er sich um seinen Lebensunterhalt abquälen. Zum Straßburger Nachdruck des *Lobes der Torheit* mit Wimpfelings Vorrede mußte er gute Miene machen, wenn er es nicht mit den oberrheinischen Humanisten verderben wollte. Endlich im März 1512 erhielt er vom Erzbischof William Warham von Canterbury die Rektorei von Aldington in Kent als Pfründe. Voll Dankbarkeit nannte ihn Erasmus nicht nur seinen Mäzen, sondern den aller Gebildeten. Dennoch war er der Sorgen um den Lebensunterhalt nicht ganz enthoben, so daß er alles, was nicht den vorbereitenden Arbeiten für die Herausgabe des Neuen Testamentes — darin unterstützte ihn John Colet ganz besonders — und der Werke des Hieronymus diente, als Ablenkung von seinen Zielen empfand, wie die dritte Auflage der *Adagia*, die fünfte der *Moria*, die Übersetzung der Dialoge Lukians u. a. Alle diese Werke verlegte Jost Badius, ein Brabanter, der sich in Paris niedergelassen und schon seit 1505 mit Erasmus in Verbindung stand. Reich war die Entlohnung nicht, welche Badius für diese Leistungen bezahlte, er war sich dessen bewußt und meinte, daß die Götter und die eigene Tugend seinem Autor die schönste Belohnung schenken werden. Während sich Celtis um Gönner bemühen mußte, die die Kosten zur Drucklegung seiner Werke bestritten, bemühten sich die Verleger um Erasmus, weil sie das Gefühl für seine Größe hatten und ahnten, daß er auf der Höhe der Wissenschaft stand und sich mit Fragen beschäftigte, die für die Entwicklung der Zukunft entscheidend waren. Es ist daher begreiflich, daß die Bemühungen um die Drucklegung von Werken des Erasmus nicht immer gerade Wege gingen. Anfang 1513 übergab Erasmus in London einem Verlagsreisenden namens Franz Berckmann aus Köln das Manuskript der Neuauflage der *Adagia* und der vom 5. Januar datierten Vorrede, damit er es bei Badius in Paris abliefere. Dort ist es nicht angekommen, sondern bei Johann Froben in Basel, der mit Johannes Amerbach zusammenarbeitete. Damit wurde eine für Erasmus entscheidende Verbindung geknüpft, die ihm willkommen war, wenn er sich darüber auch entrüsten mußte, daß Badius hintergangen worden sei. Dieser benahm sich im übrigen würdig und trug die Angelegenheit mit Gleichmut. — Der Kriegszug Heinrichs VIII. im Frühjahr 1513, die Pest und sein Steinleiden machten Erasmus mißmutig.

Die kriegerischen Ereignisse und ihre Auswirkungen brachten Erasmus den Wahnwitz zum Bewußtsein, „der die Christen und überhaupt die Menschen dazu treibt, mit solchen Kosten, unter solchem Gebahren gegenseitig ins Verderben zu rennen". So schreibt er am 14. März 1514 aus London an seinen alten Freund Anton von Bergen, den Abt des Zisterzienserklosters in St. Omar: „Unsere Kriege entspringen zumeist dem Ehrgeiz, dem Jähzorn, der Begierde oder einer ähnlichen Geisteskrankheit ... Kann uns, die wir uns des Namens Christi rühmen, der nur Sanftmut lehrte und lebte, die wir Glieder an einem Leibe sind, ein Fleisch, die wir von einem Geiste belebt, durch dieselben Sakramente gespeist werden, Jünger eines und desselben Hauptes sind, zu einer Unsterblichkeit berufen, auf jene höchste Gemeinschaft hoffen, daß, wie Christus und der Vater eins sind, so auch wir eins mit ihm sind — kann uns irgend etwas, das von dieser Welt ist, so wertvoll sein, um deswegen Krieg anzufangen, eine so verderbliche, so widerwärtige Sache, die, selbst wenn der Krieg noch so gerecht ist, keinem wirklich guten Menschen gefallen kann [78]?!" Die Gedanken dieses Briefes sind ihm eine Herzensangelegenheit, sie erhielten in dem Adagium *Dulce bellum inexpertis* und in der *Querela pacis* (1517) neue Prägungen. Bei dem Italiener Andreas Ammonius aus Lucca, als dessen Gast Erasmus in einem Hause an der Themse weilte, eröffnete ihm der päpstliche Diplomat Graf Canossa die Aussicht, zu Rom, wo er der erste sein könne, sein Leben ganz den gelehrten Studien zu weihen. Erasmus lehnte es ab.

Kurze Zeit später verließ er England und begab sich zunächst nach dem

[78] Briefe, S. 97.

Schloß Hammes bei Calais. Der unmittelbare Zweck seiner Reise war, die Verbindung mit einem großen Verlag aufzunehmen. Diese Absicht versuchte der Prior von Steyn, sein Freund Roger Servatius, zu durchkreuzen, indem er ihm Vorstellungen über sein langes Fernbleiben vom Kloster machte und ihn aufforderte, dahin zurückzukehren. Das konnte und wollte Erasmus nicht. Deshalb sah er sich in einem langen Schreiben zu einer Rechtfertigung seines Verhaltens, einem Rückblick auf sein Leben und einer Darlegung seiner Geistesart veranlaßt. „Ich habe", so schreibt er am 8. Juli 1514, „unter vernünftigen Menschen gelebt, ich habe in wissenschaftlichen Studien gelebt, die mich von manchem Laster fernhielten, ich durfte mit wahrhaft christlichen Männern verkehren, und durch die Unterhaltung mit ihnen bin ich besser geworden [79]." Seine gefährliche und schmerzhafte Krankheit schreibe ihm eine Lebensweise zu, wie er sie im Kloster nicht führen könne. Er hält die klösterlichen Übungen und Zeremonien für gefährlich, weil sie das Bild Christi verfälscht haben. Die Apostel und selbst der Mönch Hieronymus seien viel gewandert. An Ehren und Anerkennung seiner wissenschaftlichen Leistungen fehle es ihm nicht, er könne sich darauf berufen, wie man ihn in England unterstützt habe. Durch einige seiner Arbeiten, besonders das Handbüchlein des christlichen Ritters, habe er die Frömmigkeit, durch andere die Wissenschaft gefördert. In den letzten Jahren habe er sich um den reinen Text der Werke des Hieronymus und des Neuen Testaments bemüht. „Es ist mein fester Entschluß, in der Beschäftigung mit den Heiligen Schriften zu sterben. Da ist meine Muße und meine Arbeit [80]." Diese Leistungen werden von bedeutenden Männern anerkannt, als Mönch könne er nichts leisten. Dem Vorwurf gegenüber, er habe das Ordensgewand abgelegt, rechtfertigt er sich mit der ihm von Papst Julius II. erteilten Erlaubnis, nach Belieben das Mönchsgewand zu tragen oder nicht, wenn er sich nur priesterlich kleide.

Erasmus folgte der Sendung, zu der er sich berufen fühlte. Anfang August erneuerte er alte Bekanntschaften in Löwen, gegen Ende des Monats traf er in Basel bei Johannes Froben ein, nachdem ihn kurz vorher der elsässische Humanistenkreis mit Wimpfeling an der Spitze zu Straßburg begrüßt hatte. In einem begeisterten Schreiben an Wimpfeling vom 21. September pries er die schönen Tage, die er unter Gleichgesinnten hatte verbringen dürfen. „Im höchsten Maße entzückte mich jene wundervolle Harmonie der Sphären, die gleichsam aus den verschiedensten Tönen einen prächtigen Zusammenklang schuf [81]." Es war der Dank für das Entgegenkommen eines Kreises, der die Überlegenheit seines Geistes fühlte, ihn in rückhaltloser Bewunderung feierte und die geistige Verwandschaft mit ihm genoß, welche sich auf dem gleichen geistigen Nährboden der Devotio

[79] Briefe, S. 100 f.
[80] Briefe, S. 105.
[81] Briefe, S. 113.

moderna hatte entwickeln können. Der Reformgedanke, die Liebe zum Wort, die Herausgabe alter Texte, die Geißelung der Mißstände, die Pflege der Predigt, kurzum, die allgemeine Einstellung zu Wissenschaft und Leben boten viele Brücken, auf denen sich der Geist des Erasmus mit seinen neuen Freunden finden konnte. Aber über dieser Zusammenkunft und dem geistigen Sichfinden liegt für uns die farbenprächtige Leuchtkraft eines Herbsttages. Die Männer, die damals in Straßburg beisammen saßen, arbeiteten an einer sittlichen, geistigen und religiösen Erneuerung ihrer Zeit, sie strebten nach Idealen, die in der Vergangenheit lagen, und wollten sich durch die Rückkehr zu den Ursprüngen und reinen Quellen den Weg in die Zukunft bahnen. Die Kräfte der Beharrung und der Bewährung sollten denen des Fortschritts die Waage halten, nur das Abgelebte sollte zerstört werden, aber vieles mußte umgeformt und in die richtige Bahn gelenkt werden. Wer konnte ahnen, daß dafür die Zeit vorbei war, daß die alten Formen nicht geeignet waren, die Zukunft zu tragen, daß die friedlichen Männer, welche vom besten Geiste beseelt waren, der jüngeren Generation die Waffen zu einem Kampf lieferten, der sie selbst zu vernichten drohte und ihre Leistungen nicht zur vollen Wirkung kommen ließ? Wer konnte ahnen, daß der „unvergleichliche junge Jakob Sturm", den Erasmus besonders grüßen ließ, als einen, „der durch Lauterkeit des Charakters zeigt, was seine Vorfahren waren, der seine Jugend ziert mit dem sittlichen Ernste des Alters und mit einer keineswegs mittelmäßigen Gelehrsamkeit eine kaum glaubliche Bescheidenheit prächtig verbindet [82]", wenige Jahre später als Stättmeister von Straßburg die Reformation durchführte?

Der erste Aufenthalt des Erasmus in Basel von Ende August 1514 bis Mitte März 1515 ist vielleicht die glücklichste Periode seines Lebens. Er stand auf der Höhe seines Ruhms. „Mir ist ganz, als ob ich in einem allerangenehmsten Museion verkehrte [83]." Er fand die Verbindung mit einem angesehenen Verlag, durch den er seine Pläne verwirklichen konnte. Als erstes erschien seine Übersetzung von Plutarchs kleineren Schriften, eine Neuauflage der *Adagia* wurde besorgt, die Seneca-Ausgabe und der *Libellus de octo orationis partium constructione*, ein Werk über den lateinischen Satzbau, konnten 1515 veröffentlicht werden. Gleichzeitig druckte Dirk Maertens in Löwen eine Sammlung leichter lateinischer Texte, die ihm Erasmus dort vor seiner Abreise nach Basel übergeben hatte, und in Straßburg verließen die *Parabolae sive similia* die Offizin Matthias Schürers. Das alles aber empfand er nur als Nebenbeschäftigung. Er stand vor der Verwirklichung seines großen Planes, die Briefe des Hieronymus herauszugeben. Im Jahr 1500 äußerte er diese Absicht zum erstenmal. „Schon längst habe ich ein unbändiges Verlangen, die Briefe des Hieronymus zu kommentieren, irgendein Gott hat mein Herz entflammt und treibt mich,

[82] Briefe, S. 113.

[83] Huizinga, a. a. O., S. 108.

eine so große, bisher von niemand versuchte Sache ins Auge zu fassen. Es packt mich die Frömmigkeit des himmlischen und zweifellos gelehrtesten und redegewandtesten Mannes unter allen Christen; seine Schriften verdienen es, von allen allenthalben gelesen und kennengelernt zu werden. Aber tatsächlich lesen ihn kaum einige wenige, noch wenigere bewundern ihn, die allerwenigsten verstehen ihn ... Ich gebe mich keiner Täuschung darüber hin, wie verwegen mein Vorhaben ist. Zunächst, welche Mühe es kosten wird, durch Jahrhunderte hindurch eingesessene Textfehler auszumerzen. Sodann, wieviel Antike, wieviel griechische Wissenschaft, wieviel Geschichtsstoff steckt in ihm! Schließlich, welche Ausdrucksform, welche Kunst der Rede! Da läßt er ja nicht nur alle Christen weit hinter sich zurück, sondern wetteifert geradezu mit Cicero [84]." Im Jahre 1512 waren die Vorarbeiten so weit gediehen, daß er mit Badius über die Drucklegung verhandeln konnte. Es mußte ihn freuen, daß die oberrheinischen Humanisten bei Johannes Amerbach eine Ausgabe des Kirchenvaters erscheinen lassen wollten. Seine Sammlungen und Vorarbeiten aber übertrafen bei weitem alles, was bisher geleistet worden war. So konnte er die Redaktion über die Gesamtausgabe übernehmen. „Im Schweiße meines Angesichts", schreibt er nach seiner Ankunft in Basel an Gregor Reisch, „habe ich mich bemüht und bemühe ich mich noch, die Briefe des göttlichen Hieronymus bereinigt unter die Leute zu bringen. — Es ist der verderbteste Text, den es gibt, dabei ist, soviel ich urteilen kann, Hieronymus fast der einzige lateinische Theologe, der es verdient, von allen gelesen zu werden [85]." In neun Teilen erschien nun das Werk bei Froben von 1516 an, die ersten vier, die Briefe, besorgte Erasmus allein, von den übrigen Teilen las er die Korrekturen und schrieb die Vorreden dazu. Über den Plan, der mit Froben eingehend besprochen wurde, berichtete er von London aus am 21. Mai 1515 an Papst Leo X.: „Schon lange also ist das gewaltige Werk im Feuer, und in der berühmten deutschen Stadt Basel erlebt der ganze Hieronymus eine Wiedergeburt, und zwar im Frobenschen Verlag, dem sorgfältigsten von allen, aus keinem anderen gehen so viel gute Bücher hervor, zumal theologische. Es handelt sich nicht um die Arbeit eines einzelnen, auch nicht um das Geld eines einzelnen. Denn bei den übrigen Schriften des Hieronymus, die ich nicht mir vorbehielt, helfe ich zwar je nachdem etwas, im übrigen haben da schon längst mehrere sehr gelehrte Männer es sich Schweiß kosten lassen. Darunter jener berühmte Mann Johannes Reuchlin aus Pforzheim, dreier Sprachen, des Lateinischen, Griechischen, Hebräischen, fast gleich gut kundig, dazu in jeder Art von Wissen so beschlagen, daß er mit den Besten die Klinge kreuzen konnte. Mit Recht achtet und verehrt daher ganz Deutschland diesen Mann wie einen Phönix und wie seine einzige Zier." Von den übrigen Mitarbeitern erwähnt Erasmus besonders den

[84] Briefe, S. 65 f.

[85] Briefe, S. 115.

gelehrten Dominikaner Johann Cono aus Nürnberg, Beatus Rhenanus und die drei Brüder Bonifatius, Bruno und Basilius Amerbach. „Dank ihrer Mühe und ihrer geldlichen Beihilfen an Froben wird in erster Linie das Werk vollendet. Das Haus Amerbach scheint vom Schicksal dazu geschaffen zu sein, den Hieronymus wieder erstehen zu lassen. Der Vater, der beste Mensch auf der Welt, hatte seine drei Söhne im Griechischen, Hebräischen und Lateinischen unterrichten lassen. Sterbend empfahl er seinen Kindern dieses Studium als Erbe und bestimmte sein Vermögen dafür. Und die trefflichen jungen Leute packen rührig den Auftrag des trefflichen Vaters an und haben sich mit mir so in den Hieronymus geteilt, daß ich die Briefe, sie das übrige besorgen [86]."

Die Absicht, von Basel aus nach Italien zu gehen, gab Erasmus auf. Vor Frühlingsbeginn 1515 zog er wieder nach dem Norden. Am erzbischöflichen Hof zu Frankfurt am Main suchte er Hutten auf, und dann ging es über Gent zu einem kurzen Aufenthalt nach England. Er war wenig befriedigt davon. Sein unruhiger Geist wurde von der Sehnsucht nach Rom gequält. „Sooft ich daran denke, was ich an Freiheit, an Wirkungsmöglichkeit, an Licht, an Spaziergängen, Bibliotheken, entzückenden Gesprächen mit den gebildetsten Menschen, an Prominenten aus der ganzen Welt, die nach mir verlangten, in Rom zurückließ [87]." Offenbar kehrte Erasmus mit seinem Manuskript der Textausgabe und der neuen gereinigten Übersetzung des Neuen Testaments aus dem Griechischen ins Lateinische auf das Festland zurück. Die Reise ging diesmal über Antwerpen rheinaufwärts nach Basel. Dort konnte er nun auch sein Manuskript des Neuen Testaments Froben zur Drucklegung übergeben. Zu Beginn des Jahres 1516 erschien es unter dem Titel *Novum Instrumentum* [88]. Das Werk umfaßt den gesäuberten griechischen Text und eine neue lateinische Übersetzung. Er konnte sich auf Lorenzo Valla, der mehr „Rhetor als Theologe [89]" war, und den Kommentar der Paulusbriefe von Faber Stapulensis berufen. „Ich habe", so rechtfertigte er sich gegenüber dem Professor der Philosophie in Löwen, Martin Dorp, „das ganze Neue Testament nach griechischen Handschriften textlich hergerichtet und habe griechische Varianten beigefügt, damit jeder vergleichen kann. Separat habe ich Anmerkungen beigegeben, in denen ich teils selbst begründe, teils die Autorität alter Theologen zum Beweise dafür anführe, daß meine Verbesserungen nicht ohne Grund erfolgten — meine Korrekturen sollen glaubwürdig sein und nicht leichthin verderbt werden können. Hätte ich doch leisten können, was ich so ernstlich wollte! Denn was die Kirche betrifft, so scheue ich mich gar nicht, dieses Werk durchwachter Nächte jedem Bischof, jedem Kardinal, auch jedem römischen Papst zuzueignen, wenn es nur ein Papst ist, wie wir ihn jetzt

[86] Briefe, S. 124.
[87] Briefe, S. 120.
[88] Vorreden: s. Ausgabe Holborn, a. a. O.
[89] Briefe, S. 129.

haben [90]." Ihm, Leo X., hat Erasmus seine Ausgabe gewidmet. Mit diesen beiden Ausgaben begründete Erasmus seinen Ruhm als Theologe. Welcher Verleger hat je wieder in so kurzer Frist Werke eines Gelehrten gedruckt, nach denen die Zeit verlangte und die eine solche geistige Umwälzung herbeiführten!

Wenn die spätere volkstümliche Auffassung Erasmus als Müller darstelle, der das reine Mehl von der Kleie gesäubert habe, indem er das wahre Wort Gottes wiederhergestellt habe, so bringt sie ihn in jenen für ihn so unseligen Zusammenhang mit der Reformation, die konsequent, aber von ihm aus gesehen einseitig, die Schlüsse aus seinen Folgerungen zog. Die Tatsache, daß die von Erasmus betriebene „göttliche Mühle" — so nennt sich das Zürcher Flugblatt von 1521 — wieder den Stoff liefert, aus dem gutes Brot gebacken werden könne, bleibt nun einmal bestehen. Hier liegt die Tragik, daß der Mann, der sich seine Forschungsaufgaben selbst stellte, dessen Lebensideale ruhige Entwicklung und besonnene Klarheit waren, Waffen lieferte, die in der Hand eines Luther und Zwingli sich gegen ihn erhoben. In dem Wirken der beiden Ausgaben — der des Neuen Testamentes im Sinne der Reformation und der des Hieronymus im Sinne der Wiedergeburt des patristischen Schrifttums — auf den neuen und alten Glauben wird gleichsam symbolhaft die Einheit seines Strebens gewaltsam zerrissen. So fühlen sich lange Zeit die Gelehrten der beiden Konfessionen den Leistungen des Erasmus verpflichtet. Aber von dankbarer Anerkennung hat er später wenig erfahren. Mit der Verschärfung des Konfliktes siegte der Radikalismus, und gegen diesen mußte Erasmus sein Lebenswerk nach zwei Seiten später verteidigen. Vorerst darf das unumstrittene Ansehen, das die beiden Ausgaben dem Theologen Erasmus verliehen, nicht darüber hinwegsehen lassen, daß die Humanitas den Kern seines Wesens bildet. Sie tritt nun, nachdem er seine großen Aufgaben erfüllt hatte und auf der Höhe seiner geistigen Entwicklung stand, wieder sichtbarer an das Licht in den kleineren Werken, welche nun erschienen. Das erste ist gleichsam eine Erhöhung des Enchiridions, eine Dankesgabe an den Kaiserenkel Karl V., der ihm zu Beginn des Jahres 1516 den Titel eines „Fürstlichen Rates" verliehen hatte. Er wollte diesen Ehrentitel nicht als bloßes Geschenk, das mit einer nicht immer ausbezahlten Jahresgabe von 200 Gulden verbunden war, ohne Gegenleistung annehmen und verfaßte die *Institutio principis christiani*, deren Vorrede an den jungen Anwärter des Kaiserthrones vom März 1516 aus Basel datiert ist [91].

Das Werk stellt sich in eine lange Tradition frühhumanistischen Schrifttums und zeigt manchen Zusammenhang mit der Erbauungsliteratur. Von dem Beichtspiegel *Erchantnus der sünd*, den Heinrich Hembuche von Langenstein für die jungen österreichischen Herzöge schrieb, läßt sich über

---

[90] Briefe, S. 130.

[91] Briefe, Nr. 87.

des Enea Silvio Erziehungslehre, die für den jugendlichen Ladislaus Posthumus verfaßt worden ist, bis zu dem Werk des Erasmus eine Entwicklungslinie feststellen, an der die Wandlung der Erziehungsideale, die den habsburgischen Prinzen vorgestellt wurden, deutlich sichtbar wird. In seiner Vorrede preist Erasmus es als etwas „Übermenschliches und wahrhaft Göttliches, über freie und selbständige Menschen zu herrschen". Er führt eine freimütige überzeugungstreue Sprache. „Edler Fürst Karl, wie du Alexander an Glück übertriffst, so, hoffen wir, wirst du ihn auch an Weisheit übertreffen. Er hatte ja zwar ein großes Reich erobert, jedoch nicht ohne Blutvergießen und nicht von langer Dauer. Du bist schon in ein wunderschönes Reich hineingeboren, bist für ein noch größeres bestimmt; wie jener sich mühte, zu erobern, so wird es vielleicht deine Aufgabe sein, freiwillig auf einen Teil des Reiches lieber zu verzichten, als ihn in Besitz zu halten. Du dankst es den Himmlischen, daß dir ohne Blutvergießen und ohne daß irgend jemand Schaden davon hatte, dein Reich zufiel; es wird Aufgabe deiner Weisheit sein, es ebenso unblutig und ruhig zu erhalten [92]." Es war der Fürst, in dessen Reich die Sonne nie unterging und unter dessen Regierung es an kriegerischen Auseinandersetzungen nicht fehlte. Auch in dieser Schrift vermied es Erasmus wie fast immer, geschichtliche Entwicklungen vorzuführen oder seine Auffassungen aus gegebenen äußerlichen Voraussetzungen abzuleiten. Sein Fürst soll weniger durch geschichtliche Werke als durch moralische Schriften gebildet werden. Aufgabe des Fürsten ist es, das Recht zu erhalten und die Güter der Kultur zu wahren. Vor jeder Politik, welche zur Vergrößerung der Macht führt, sei es durch Kriege, Heiraten oder Bündnisse, solle er sich hüten. Nur als Materialsammlung, aus der lehrreiche Beispiele und Richtlinien gewonnen werden, scheint ihm die Geschichte nützlich zu sein. Sie tritt als Lehrmeisterin neben das Leben und hat die gleichen Aufgaben wie dieses zu erfüllen. Dennoch hat Erasmus wie kaum ein anderer die Entwicklung der geschichtlichen Disziplinen gefördert, weil er mit seinen Ausgaben ein Beispiel gab für die Methode von Text- und Quellenkritik. Die Vergleichung von Handschriften, die Überlieferungsgeschichte der Texte, das Vorgehen, aus stilistischen Gründen den Verfasser eines Werkes festzustellen, sei es, ein anonym überliefertes Werk einem Verfasser zuzuweisen, sei es, die Echtheitsfrage zu lösen, wenn ein Werk einem bestimmten Verfasser zugeschrieben wurde, die Bestimmung gewisser Charakter- und Lebenszüge des Verfassers aus seinen Werken: dies alles konnten die nachkommenden Generationen der Historiker bei Erasmus lernen. Die wissenschaftliche Ausgabentechnik [93] ist jene Leistung, durch welche Erasmus den Humanismus nördlich der Alpen von seinen italienischen Vorbildern unabhängig machte. Damit wurden die Ziele von Celtis und seinen Gleichstrebenden erst verwirklicht, aber würdigen konnten die

---

[92] Briefe, S. 135 f.

[93] Joachimsen, a. a. O., S. 105 ff.

Zeitgenossen diese Leistung des Erasmus in ihrer ganzen Bedeutung nicht. Er ist auch in dieser Richtung ein Erzieher großen Stiles gewesen.

Der Gedanke eines ewigen Weltfriedens [94], auf den Erasmus nach der Schlacht bei Marignano (1515) hoffen konnte, veranlaßte ihn zur Abfassung der *Querela pacis* (1517), eines Werkes, das zu den vielen gehört, in denen er als Tagesschriftsteller zu wichtigen Fragen der Zeit Stellung nimmt. Die Sphäre seines Werkes entspricht seinem Wesen ebenso wie das gelehrte Ethos, das ihn die Quellen des Christentums aufspüren ließ. Man muß sich davor hüten, zwei Seelen in seiner Brust zu suchen, von denen die eine in der reinen Höhe objektiver Wissenschaft, die andere auf dieser Erde wandelt und aus Liebhaberei in Fragen des Tages und der Politik dilettiert. Wie weit ist Erasmus herumgekommen und mit wie vielen Menschen hat er verkehrt! Er war nicht der Mann, an den Dingen vorbeizusehen oder seine Meinung vor den Freunden zu verschließen. Er mußte seine Glossen zum Erlebten und zum Zeitgeschehen von seiner Warte aus machen und alles, was ihn zutiefst erregte, an seiner humanistischen Freiheitsidee und dem Begriff der Menschenwürde messen. Mit den wirklichen Grundlagen zu rechnen wie der Krieger und Staatsmann, war seine Aufgabe nicht. Aber man wird diese Einstellung zu den Gegebenheiten nicht als weltfremde Beurteilung aus der Gelehrtenstube abtun können, man müßte denn den festen Glauben an das Gute und Entwicklungsfähige im Menschen so nennen.

Es war für Erasmus eine Herzensangelegenheit, alles, was er erlebte, an seinem Wesen zu messen, seine warnende Stimme erschallen zu lassen und in geschliffener Form seine Ansichten vorzutragen. Dabei stellte er seine Person in den Hintergrund, bediente sich häufig der Allegorie und führte die weiblichen Gestalten der Torheit als Lobrednerin und des Friedens als schutzflehender Klägerin dar. Auch da befindet er sich in einer spätantiken Tradition, die im Mittelalter nie erloschen ist, aber er löst gleichsam die starren Gebärden und Gesten, den Faltenwurf der Gewänder und haucht diesen Gestalten neues Leben ein. Dann werden sie ihm zu wirksamen Helferinnen für die Verbreitung seiner Ideen. Sein Schaffen läßt sich somit in die Parallelentwicklung der Kunst stellen, die aus den Planetenbildern und Steinmetzzeichen, in denen berühmte Skulpturen der antiken Göttergestalten, Grazien, Musen und Genien in erstarrter Form als keimkräftige Samen schlummerten, wieder die edle Urgestalt in ihrer menschlich-körperlichen Schönheit hervorzauberte. Diese Gestalten brauchten keine Spruchbänder mehr, sie konnten eine konventionelle Ausdrucksweise ablegen, sie bewegten sich frei und setzten ihre Worte nach den Idealen eines neuen Formsinnes. So treten in den allegorischen Darstellungen der bildenden Renaissancekunst die schöpferischen Kräfte der neuen Zeit am sichtbarsten in Erscheinung. Viel schwieri-

[94] E. Constantinescu-Bagdat, La "Querela pacis" d'Erasme. Thèse Fribourg 1924.

ger sind die Übergänge und Lösungen der starren Gebärden in den Werken des Schrifttums zu erkennen. Das alte Hilfsmittel christlicher Interpretation bewährte sich auch hier. Als Quelle, Mutter, Erhalterin und Beschützerin aller guten Dinge im Himmel und auf Erden führt sich die Gestalt des Friedens ein. Die Tiere leben untereinander in Eintracht, die Elefanten schließen sich zusammen, die Schafe weiden gemeinsam, Kraniche und Häher fliegen in Gruppen, ein Vorbild für Anhänglichkeit und Güte seien die Störche, in schöner Gemeinschaft leben die Delphine. Welche Ordnung und Weisheit herrschen in den Staaten der Ameisen und Bienen! Im Reiche der Pflanzenwelt findet man innige Verbundenheit: der Weinstock umarmt die Rüster, der Pfirsichbaum liebt den Weingarten. Die gefühllosen Dinge genießen die Wohltaten des Friedens, die Idee des Friedens und der Harmonie ist in einen Stein eingeschlossen. Welche Anziehungskraft liegt im Eisen! Selbst unter den wilden Tieren besteht das Gesetz, daß sie untereinander im Frieden leben. Das gilt für Löwen, Wildschweine, Luchse, Drachen, Wölfe, deren Weisheit sogar sprichwörtlich geworden ist. Nur die Menschen, die höchsten Lebewesen auf dieser Erde, bekämpfen einander. Die Not hat die Gesellschaft geschaffen, in allen lehrt die Natur Frieden und Eintracht. Wie unersättlich sind die Menschen im Streit! Nie sind sie einig. Die Fürsten lassen sich weniger von der Vernunft als von den Leidenschaften bestimmen, bei den Vertretern der göttlichen Weisheit bekämpft eine Schule die andere. Gewisse Wahrheiten, welche gefunden wurden, kommen nicht über das Meer, die Alpen oder den Rhein. In der gleichen wissenschaftlichen Vereinigung bekämpft der Redner den Meister im Disputieren, der Theologe den Rechtsgelehrten und selbst im gleichen Fach der Scotist den Thomisten, der Nominalist den Realisten, der Peripathetiker den Platoniker, in der gleichen Berufsklasse der Dominikaner den Franziskaner, der Benediktiner den Zisterzienser. Wo sie hinsieht: die Menschen sind nie untereinander einig, überall ist die Eris am Werk und sät Zwietracht. Was bleibt anderes als die Hoffnung auf eine bessere Zeit, in der die Leidenschaften gedämpft werden und die Menschen nach des Heilands Gebot der Liebe leben? Wie oft haben die Propheten und Paulus vom Frieden gesprochen! Welcher Unterschied besteht zwischen dem Gott der Juden, dem Gotte der Waffen und der Rache, und dem Gott der Christen. Christus ist nicht unter dem Klang von Trommeln und Trompeten geboren worden, sondern Engel sangen als Boten des Friedens. Deshalb grüßt der Christ mit den Worten: „Der Friede sei mit euch!" Der letzte Wille des Heilands war, daß seine Gebote gehalten werden und unter diesen besonders das Gebot, den Frieden zu lieben. Der Christ darf also die Eintracht der Menschen und seiner Glaubensgenossen, mit denen er gemeinsam den Leib des Herrn empfängt, nicht stören. Wie schrecklich sind die Waffen des Zornes und der Rache! Es wurde Mißbrauch mit dem göttlichen Wort getrieben, als Julius II. ins Feld zog. Es ist ein Mißbrauch des Kreuzsymbols, unter seinem Zeichen in den

Krieg zu ziehen. Aus dem Gebot, das Christus die Menschheit gelehrt hat, kann das Recht zum Kriege nicht abgeleitet werden. Die Kriege, welche die Griechen untereinander führten, nannte Platon Aufruhr, unsere Zeit aber spricht von gerechten Kriegen, vertraut Urteil und Entscheidung den Waffen an und gibt den Feinden der Christenheit, den Türken, das Argument in die Hand, daß die Christen selbst einander bekämpfen. Es ist kein Friede so ungerecht, als daß er nicht dem gerechtesten Kriege vorgezogen werde sollte. Deshalb müssen die Fürsten vor der Eröffnung eines Krieges die Lage eingehend überprüfen, und soll das Ansehen des Papstes die Menschen zur Wahrung des Friedens bringen. Dafür bietet Papst Leo X. jetzt zum Unterschied von seinem Vorgänger die beste Gewähr. Ebenso müssen sich Adel und Ratgeber an diese Grundsätze halten. Als Mittel, die Kriege zu verhindern, schlägt sie feststehende Staatsgrenzen vor, eine gesetzlich geregelte Nachfolge in der Regentschaft, die Entscheidung des Volkes über Kriege. Zur Erhaltung des Friedens unter den Christen — davon ist fast ausschließlich die Rede — müssen auch Opfer gebracht werden und müssen alle Stände sich bemühen, ein wahrhaft christliches Leben zu führen. Kriegstrophäen gehören nicht in die Kirchen. Wenn schon Kriege geführt werden müssen, so sollte die abendländische-christliche Einheit gegen die Türken kämpfen. Damit nimmt Erasmus wieder einen Gedanken auf, der sich schon im 15. Jahrhundert besonders unter der Regierung Papst Pius' II. mit der Reformidee verbunden hatte. Das allgemeine Wohl wird sehr häufig als Kriegsursache den eigentlichen und persönlichen Interessen der Fürsten vorgespannt. Die Nationen, welche einander hassen, vergessen, daß sie alle Christen sind. Was zwei Länder voneinander trennt, ist nicht das Geistige, sondern das Körperliche. Mag der Rhein die Franzosen und Deutschen, mögen die Pyrenäen Franzosen und Spanier, das Meer die Engländer und Franzosen voneinander trennen: Christen können durch solche Grenzen nicht von Christen getrennt werden. Hier setzt die große Aufgabe der Kirche ein. Vor jedem Krieg müssen eingehende Erwägungen darüber angestellt werden, welche Vorteile der Friede und welche Nachteile die Schlachten mit sich bringen. Der Krieg ist die Geißel des Staates und das Grab der Gerechtigkeit, im Lärm der Waffen schweigen die Gesetze, in seiner Gefolgschaft erstehen Mord, Laster, Ehebruch und Schändung. Unter allen Umständen müssen Kriege vermieden werden. Die Künste siechen dahin, der Handel wird lahmgelegt, alle Kräfte werden zur Zerstörung eingesetzt. Welche grausame Ironie, daß es Christen waren, die die höllische Maschine der Kanonen erfunden haben! Wie selten war zu Rom der Janustempel geschlossen! Ähnlich steht es in der neueren Zeit. Eindringlich wendet sich die schutzflehende Friedensgestalt am Ende an die Fürsten, das Bild Christi vor Augen zu haben und auf die Stimme des göttlichen Meisters zu hören, der zum Frieden mahnt. Natur und Menschlichkeit seien die Grundlinien künftiger Handlungen und Entscheidungen; Franz I.

von Frankreich, der junge Prinz Karl von Österreich, Kaiser Maximilian I. und König Heinrich VIII. von England haben bewiesen, daß sie entschlossen sind, den Frieden zu halten, das bietet hoffnungsvolle Aussichten in die Zukunft.

Die Friedensidee und -hoffnung begleiten Erasmus. Es ist ein Zeichen für den Gang seiner Entwicklung, die ihn im letzten Jahrzehnt seines Lebens ganz in die Welt der Erbauungsliteratur und zur Form eindringlicher Mahnrede führte, wenn er im März 1530 noch eine kleine Schrift *Ultissima ratio de bello Turcis inferendo* abschloß, die den ganzen Türkenkrieg als ein Gottesgericht ansieht, das den Menschen zu eindringlicher Mahnung gesandt worden sei. Das politische Motiv ist ihm nur ein Vorwand, seine Herzensangelegenheit, die eindringliche Mahnung zur Sinnesänderung, anzubringen: „Wir haben unser Vertrauen in unsere eigene Kraft gesetzt und haben in türkischer Gesinnung gegen die Türken gekämpft. Wir entsetzen uns über die türkischen Greuel und vergessen darüber, daß überhaupt jeder Krieg ein Greuel ist und daß, wenn wir Christen einander das Gleiche antun wie die Türken, es viel schlimmer ist. Wenn wir das nicht ändern, wofür Gott uns diese Strafe geschickt hat, so beginnen wir den Krieg schon unter unseligen Auspizien. Gottlos ist es auch, wenn man meint, den Türken beliebig das Wort brechen und jeden Türken wie einen Hund totschlagen zu dürfen[95]."

Noch mehr als aus dem Lob der Torheit spricht hier der Reformer und Erzieher Erasmus. Er möchte das ganze sittliche Leben der Menschen unter den Einfluß des Christentums stellen. Wie ernst er diese Aufgabe nahm, ging schon aus seiner Schrift über die Fürstenpflichten hervor, in der die formalen und Bildungswerte hinter den allgemeinen moralischen zurücktreten. Auf Einfachheit und Vernunft gründet er seine Lehre. Im Preise des Glücks bei einem Naturvolk berührt er sich mit Celtis; eigene schlimme Erfahrungen mit Lehrern überzeugen ihn davon, daß die milde freundliche Ermahnung ein besseres Erziehungsmittel ist als der Stock und die polternde Schimpfrede. Diese modern anmutenden Auffassungen sind in seinem Wesen begründet. Er spricht Erfahrungen aus, die er lange gesammelt hatte. Der kühle Welt- und Lebensbeobachter hat so vielen etwas zu sagen. Sein Bedürfnis zu schreiben, seine Gedanken klar zu formulieren, kommt dieser Neigung entgegen. Die Kunst des Briefschreibens, der Personencharakterisierung, der realistischen Darstellung einer Episode ist ebenso seine Domäne wie der klare Aufbau, die zwingende logische Entwicklung von Gedankengängen. Aber das schreibt ihm nicht eine feste Marschroute vor, sondern gestattet ihm, seine Abstecher zu machen, sich über Einzelheiten auszulassen, so daß er ohne besondere Absicht zu einem Führer auf einem Spaziergang im Reiche des Geistes wird. Man vergißt darüber fast, daß es ihm bitterer Ernst ist, zu moralisieren, daß es ihm wirklich um eine

[95] Gedenkschrift, a. a. O., S. 161 f.

Herzensangelegenheit geht. Deshalb legt er allen Spott und alle Ironie ab. Er glaubt an die Erfüllung seiner Wünsche. Will er eindringlicher wirken, so verzichtet er auf alle ironische Überlegenheit. Er legt seine Finger auf die tiefen Wunden, deren Heilung eine bessere Zukunft verspricht. Es ist kein Zufall, daß das Lob der Torheit und die Klage des Friedens jene Jahre einrahmen, in denen Erasmus am weitesten über die ganze gelehrte Welt hin wirkte, stolz in der Höhe seines Ruhms lebte und seine eigentliche Lebens- und Forschungsaufgabe erfüllt sah, was freilich nicht bedeutet, daß er sich der Behaglichkeit und dem Müßiggang hingab. Bald nachher mußte er durch die Entfesselung der Reformation eine ganz andere Haltung einnehmen. Während er bisher als aufbauender Kritiker tätig war und glücklichere Verhältnisse im geistigen Leben herbeizuführen hoffte, konnte er später nur mehr wünschen, daß sich das gute gereinigte Alte erhalte. Er kehrte damit immer mehr und mehr zu Formen und Gedankengängen zurück, welche die letzten Jahrzehnte des 15. Jahrhunderts beherrscht hatten, zur Predigt, Seelsorge und Erbauung. Das wird noch zu beobachten sein.

Die literarische Verwandtschaft zwischen dem Lob der Torheit und der Klage des Friedens wird besonders deutlich, wenn man die beiden Werke in Zusammenhang mit der gelehrten und volkstümlichen Literatur der Zeit stellt. Hier scheinen mir enge Beziehungen zu der sehr beliebten Prozeßallegorie zu bestehen, die bei Konrad von Würzburg, Hermann von Sachsenheim, in der *Welschgattung* u. ö. begegnet, die auch in der lateinischen Prozeßliteratur (*Belial*) und im *Ackermann aus Böhmen* begegnen. Aber während in diesen Werken meistens nach dem Natureingang der Gerichtshof mit Kläger und Angeklagten vor unseren Augen steht und wir die Verteidigungsrede als Hauptstück in einem ausführlich beschriebenen Rahmen eingefügt sehen, verzichtet Erasmus völlig auf einen epischen Eingang oder die Darstellung der Gerichtsatmosphäre und läßt die eine weibliche Gestalt, welche sich im Titel des Werkes vorgestellt hat, ihren Monolog an die Menschheit halten. Dem Charakter der beiden Werke entsprechend tritt die Torheit frech und anmaßend auf, stellt ihre Persönlichkeit und ihre Leistungen in einer gelehrten Prunkrede heraus, während die leidende, von seelischen Schmerzen bedrückte edle Gestalt des Friedens bescheiden wirkt und deshalb um so eindringlicher ihren Zuhörern zu Gemüte sprechen kann. Der Spott des Lobs der Torheit weicht der ernsten Mahnrede, die aus dem Herzen ihres Schöpfers kommt. An die Stelle des Hohns ist eine liebevolle leidenschaftliche Hingabe getreten. — Ansehen und Überlegenheit konnten Erasmus die beiden Werke bei seinen Zeitgenossen verleihen. Sein Ruhm und seine Größe lagen auf der Ausgabe und der lateinischen Übersetzung des Neuen Testamentes begründet. Er freute sich über die allgemeine Anerkennung, welche dem Werk zuteil wurde. Gregor Reisch, Ludwig Ber, Wolfgang Capito, Theoderich Wichwall, Christoph von Utenheim, der

Bischof von Basel stellten sich als Bewunderer ein. Herzog Ernst von Bayern bot Erasmus eine Professur in Ingolstadt mit einem Jahresgehalt von 200 Goldgulden an.

Am 30. Mai 1516 — so meldet sein Brief an Thomas Morus — traf Erasmus in Antwerpen ein. „Ich wollte durch Lothringen reisen, war bis Kaisersberg in den Vogesen gekommen, doch als ich allenthalben Soldatenhaufen, Bauern vom Lande in die Stadt wandern sah, und es verlautete, es käme ein großes Heer, änderte ich meinen Plan und bin so der Gefahr zwar nicht entronnen, erfuhr sie aber in anderer Form. In Köln traf ich italienische Gesandte, mit ihnen zusammen machten wir etwa 80 Reiter aus. Aber selbst bei dieser Zahl war die Reise nicht gefahrlos [96]." Bei seinem Freunde Peter Gilles, der seit 1510 als Stadtsekretär in Antwerpen tätig war, verbrachte Erasmus einige Tage. Es waren vor allem Fragen der Buchveröffentlichung, welche die beiden damals miteinander besprachen. Ein Band der Freundschaft umschlingt Erasmus, Thomas Morus und Peter Gilles. Das Denkmal dieser Freundschaft hält die *Utopia* fest, um deren Drucklegung sich Gilles mit Erfolg bei Dirk Maertens in Löwen bemüht hatte und für deren günstige Aufnahme bei den Lesern Erasmus Eulogien sammelte. Den Garten des edlen Gastgebers Gilles zeigt ein Bild der *Utopia*.

Die geistige Verwandtschaft zwischen Erasmus und Morus [97] versinnbildlicht ihre gemeinsame *Lukian-Übersetzung*, die zu Paris 1506 erschienen war. Sie ist eine der wichtigsten Kanäle, durch welche das antike Lebensgefühl in das Zeitalter der Reformation einströmt. Vom Geist des überlegenen antiken Spötters lebt das *Lob der Torheit*, nährt sich die *Utopia* und werden die Dialoge Ulrichs von Hutten beschwingt. An Lukian schulte sich die überlegene Ironie der Stachelschriften, seien sie Vorboten oder unmittelbare Äußerungen der geistigen Revolution. Auf der Grundlage des Rationalismus, der klaren Beurteilung des Lebens und der Erhebung der Vernunft zum Richtmaß der Zeit, nicht in der verschwommenen Begeisterung und gefühlsmäßig bestimmten Verehrung für die alten philosophischen und literarischen Denkmäler wie bei Celtis tritt die Antike nun ganz anders als Bildungsmacht hervor. Jetzt und nicht in den allgemeinen Bildungsprogrammen von Celtis konnte sie erst Mittel der Erziehung zu einer reineren Sittlichkeit und höheren Entwicklungsstufe der Menschheit werden. Lukianischer Geist hat das *Lob der Torheit* und die *Utopia* aus der Taufe gehoben. Lachend sagen beide die Wahrheit, aber Erasmus bleibt der geistreiche, in anmutigem Spiel seine Weisheit vorbringende Kritiker der Zeit, während das Ziel des Thomas Morus viel deutlicher in Erscheinung tritt, weil er Wege und Methoden zu zeigen bemüht ist, durch die eine Besserung der Verhältnisse herbeigeführt werden soll. Die poli-

---

[96] Briefe, S. 140.

[97] H. Exner, Der Einfluß des Erasmus auf die englische Bildungsidee. Berlin 1939.

tischen Ideen des Weltbürgers Erasmus träumen von einem ewigen Frieden, sie gestalten edle Wünsche, deren Erfüllung ihm die beiden Säulen des Mittelalters, Papsttum und Kaisertum, gewährleisten sollen. Ganz anders rechnet der Staatsmann Thomas Morus mit den harten Tatsachen und Gegebenheiten, wie die Darstellung des Kriegswesens in seiner *Utopia* zeigt. Die Voraussetzungen eines friedlichen Zusammenlebens der Menschen, das ihren Aufstieg und ihre Entwicklung zu Höherem erst möglich macht, sind für Erasmus und Morus die Wahrung der Sitte und der Humanitas. Welch schönes Denkmal hat Erasmus später am 23. Juli 1519 wieder als Gast von Gilles in Antwerpen dieser Freundschaft gesetzt, als er Ulrich von Hutten auf dessen Wunsch das ganze Bild des Thomas Morus mehr skizzierte als ausmalte [98]. Zu dieser in dem einzigartigen Dokument versinnbildlichten geistigen Vereinigung der drei so verschieden gearteten Charaktere hat viel weniger das gemeinsame Wollen oder eine ähnliche geistige Veranlagung geführt als ein Zug in ihrem Wesen, den das Verständnis zu Lukian bestimmte. Wer des Erasmus Schilderung seines edlen Freundes, dessen Äußeres, Lebensweise, Kleidung, Studien, verwandtschaftliche Verhältnisse und politische Tätigkeit in abgewogenen Worten und freundschaftlich verehrender Wertung er entwickelte, mit den mittelalterlichen Personenbeschreibungen oder Charakteristiken vergleicht, der wird zwischen der bildnerisch und literarisch darstellenden Porträtkunst des Mittelalters und der des Humanismus mehr als eine Parallele ziehen können. Zu solchen Beobachtungen mag ein Vergleich der Darstellung eines Evangelisten oder mittelalterlichen Gelehrten, der stereotyp in Haltung und Faltenwurf vor seinem Pult sitzt, die Feder in der Hand hält und mit leeren Augen entweder in die Ferne oder auf das vor ihm liegende Werk blickt, mit einem Tafelbild anregen, den Porträtdarstellungen der Freunde Erasmus und Gilles, die Quentin Metsys im Mai und Juni 1517 zu Antwerpen auf einer Doppeltafel malte, welche Morus als Geschenk überreicht wurde [99]. Allein schon die Einzelheit, welche Erasmus über die Herstellung seines Bildes bringt, zeigt, daß die bildenden Künstler Seele und Geist der Menschen bei der Wiedergabe ihres Äußeren festhalten wollen. „Ich hatte schon mit den Sitzungen beim Maler begonnen, doch als ich nach Einnahme der Pillen zu ihm zurückkehrte, sagte er, ich hätte nicht mehr denselben Gesichtsausdruck. So wurde die Malerei für ein paar Tage hinausgeschoben, bis ich etwas frischer werde [100].“

Nach kurzem Aufenthalt bei Gilles (Juni 1516) ging es über Brüssel und St. Omer nach London und Rochester. Die Eile, mit der Erasmus die Reise betrieb, läßt darauf schließen, daß er seine Stellung zum Kloster Steyn mit Hilfe seiner englischen Gönner endgültig zu regeln hoffte. Dem

---

[98] Briefe, Nr. 153.

[99] Allen, a. a. O., Bd. 2 (1910), S. 576.

[100] Briefe, S. 171.

Bischof von Worcester, Silvestro Gigli, übergab Erasmus ein langes Rechtfertigungsschreiben, das dieser während seiner Anwesenheit beim Laterankonzil in Rom weiterleitete. Im Januar 1517 gingen ihm endlich zwei päpstliche Briefe zu, in denen ihm die Führung eines freien gelehrten Lebens gestattet wurde. Das Rechtfertigungsschreiben des Erasmus ist eine Darstellung seiner äußeren und inneren Entwicklung. Er suchte sich darin als einen vom Schicksal Verfolgten und zum Mönchtum Gepreßten darzustellen. Er fühlte sich „durch kein Gelübde gebunden, jedenfalls nicht mehr, als wenn er Seeräubern, die ihn mit dem Tode bedrohten, einen schmählichen Eid geleistet hätte. Ich zweifle nicht, daß der römische Papst in seiner Frömmigkeit über diese Seelenverkäufer ebenso entrüstet ist." Im August 1516 war er schon wieder in Calais, von wo er sich nach Brüssel und Antwerpen begab. Im Frühling 1517 wurde er nach England zurückberufen. Dort wurde er endlich am 9. April im Hause seines Freundes Andreas Ammonius von seinen Klostergelübden feierlich entbunden. Er konnte sich nun sein Leben nach eigenem Ermessen einrichten. Ehrenvolle Angebote, in England zu bleiben, eine Einladung zu Budäus nach Paris, ein Ruf des Kardinals Ximenes an die Universität Alcala, ein anderer des Kurfürsten Friedrich von Sachsen nach Leipzig, eine Einladung Pirckheimers nach Nürnberg mußten ihm zeigen, wie sehr man ihn schätzte. Ohne eine klare Entscheidung zu treffen, wählte er den Weg, der ihm die Erfüllung seiner Aufgaben am leichtesten zu ermöglichen schien, und ging zunächst nach den Niederlanden an den Hof Erzherzog Karls, der ihn einlud, nach Spanien mitzureisen. „Ich bin nach Löwen gewandert, bis ich sehe, welcher Platz für das schon anklopfende, ja schon sich hereindrängende Greisenalter der geeignetste ist [101]." Sosehr ihm die Anerkennung wohltat und er im Glanz eines Hofes oder als Mittelpunkt einer gelehrten Gesellschaft leben wollte, er konnte sich doch nie in eine selbstgewählte Abhängigkeit begeben, weil er alle Entscheidungen hinausschob und immer freie Entschlüsse haben wollte, weil er zur Verwirklichung seiner wissenschaftlichen Pläne Arbeitsmöglichkeiten und die Verbindung mit den großen Druckereien haben mußte. Es war sein Schicksal, daß er sich immer einen dauernden Aufenthalt wünschte, aber trotz der Bemühungen eines verehrenden Freundeskreises nie einen Platz finden konnte, an dem er seinen Lebensabend verbringen wollte. Es ist schwer zu sagen, ob diese Unruhe in seinem Wesen lag oder ob sich ihm die Unruhe der Zeit mitteilte.

Die Leistung und das Ansehen des Erasmus spiegelt sich in den *Dunkelmännerbriefen* [102] wider, deren erster Teil im Oktober 1515 und zweiter spätestens im Frühling 1517 erschien. Die Feststellung, daß Eras-

---

[101] Briefe, S. 173.

[102] Epistolae obscurorum virorum. Ed. A. Bömer. 2 Bde. Heidelberg 1924 (zitiert als EOV).

mus ein homo pro se [103] sei, zeigt, daß man ihn in die ganze Angelegenheit weder hineinziehen konnte noch wollte. Zwar sahen die Verfasser in ihm einen Bundesgenossen gegen die Scholastik und erkannten sofort die Bedeutung [104] seiner Ausgabe des Neuen Testamentes, welches im Februar 1516 erschien. Sie bedienten sich seines Ansehens. Aber er ist ihnen doch das miraculum mundi, das sie nicht antasten. Die Dunkelmänner wollen Erasmus ausschalten, indem sie fordern, daß Poeten und Juristen nicht mehr theologische Werke schreiben dürfen. Die Proverbia des Erasmus sind ihnen überflüssig, zumal man die Sprichwörter Salomons habe. An dem übermütigen Spott, der sprachlichen Form, Grundhaltung und Absicht, die Vertreter der Scholastik mit ihren Waffen zu schlagen, hätte Erasmus wohl seine Freude haben können. Das Wort vom barbarischen Spott über die Barbarei ist gewiß von ihm geprägt worden. Mochte er sich als Humanist an der Form gefreut haben und als Theologe von der sich weitenden Kluft zwischen seiner philologischen Textkritik und der scholastischen Methode befriedigt gewesen sei, so zeigt doch schon sein Verhalten gegenüber Reuchlin [105], daß er die Mittel und Methoden dieser literarischen Kämpfe nicht billigte. Er lobte vor seinen gelehrten Freunden Reuchlins „glückliches und fruchtbares Genie [106]“, bewunderte seine Siegeszuversicht, die in der Verteidigungsschrift zu Wort kam; nur meinte Erasmus, Reuchlin könnte sich kürzer fassen und die offenen Schimpfworte meiden. Der Ton der *Dunkelmännerbriefe* ist ihm doch anstößig: „Ich habe Gefallen an Scherzen, aber es darf niemand dadurch beleidigt werden [107].“ Er hält es für Pflicht der Gelehrten, „öffentlich für die Ehrbarkeit der Wissenschaft zu sorgen, die sie durch solche Scherze in unwürdiger Weise beflecken“. Mag er auch von der Majestät Reuchlins [108] sprechen, so will er doch die reine Wissenschaft von Reuchlins Prozeß getrennt wissen. Er drückt sein Mißfallen über die „giftigen Kämpfe [109]“ aus. „Ich habe an Kabbala und Talmud niemals Freude gehabt [110].“ Er nennt seine Beziehungen zu Reuchlin eine „Anstandsfreundschaft“. Später sagte er, Reuchlin ziehe so offen und zügellos schimpfend über seine Gegner los. Aber auch an Reuchlins Gegner Jakob von Hochstraaten schreibt er, daß er die Würde der Wissenschaft nicht gewahrt habe: „Ich will nicht alles auskramen, was mich da verletzte, und den ganzen Fall gar nicht berühren, denn er geht mich nichts an. Wahrhaftig, an sehr vielen Stellen vermißte ich die Milde und Mäßigung, die sich für einen Christen, einen Theologen, einen Prediger ziemt.

[103] EOV II, Nr. 59.
[104] EOV II, Nr. 49 f.
[105] Briefe, S. 124.
[106] Briefe, S. 108 f.
[107] Briefe, S. 175.
[108] Briefe, S. 220; vgl. auch S. 180.
[109] Briefe, S. 260.
[110] Briefe, S. 241.

Wie oft zuckte ich zusammen, wie oft errötete ich für dich, ehe ich jene Vorrede zu Ende las [111]!" Am Ende kann er mit Recht darüber spotten, daß die Franziskaner und Dominikaner in England die *Dunkelmännerbriefe* als einen Angriff der Mönche gegen Reuchlin ganz Ernst nahmen, daß ein Dominikanerprior zu Brabant „einen ganzen Haufen dieser Büchlein zusammengekauft habe", um sie möglichst weit zu verbreiten, weil er nicht daran zweifelte, daß sie zur Ehre des Ordens geschrieben worden seien. „Gibt es etwas Bornierteres?! Aber diese Kerle bilden sich ein, die tragenden Säulen der schwankenden Kirche zu sein, aus ihren Reihen nimmt man die Wächter über die kirchlichen Lehren, sie fällen den Spruch über die Bücher des Erasmus, und je nachdem sie entscheiden, sind wir Christen oder Ketzer [112]."

Bei Paludanus, dem Professor der Rhetorik, wohnte Erasmus zuerst, dann zog er in das Kollegium der Lilie. Der Theologe van Dorp und die Freunde Adrians von Utrecht, des späteren Papstes, der Löwen damals schon verlassen hatte, Jean Briard von Ath, der Vizekanzler der Universität, nahmen sich seiner an. Mit Ungeduld und Mißmut verfolgte er die Entwicklung. Er glaubte zu sehen, daß sich seine Ansichten über den Bibeltext nur langsam durchsetzten, er fühlte sich mißverstanden und sah sich sehr bald in den beginnenden Weltbrand der Reformation einbezogen. Seiner friedfertigen Natur widerstrebten alle scharfen Auseinandersetzungen, und gerade von ihm hoffte man Richtlinien für die eigene Haltung zu bekommen. Die ganzen Verhältnisse drängten ihn dazu, seinen Standpunkt zu wahren und Grenzlinien zwischen seiner Meinung und der der anderen zu ziehen. Der Verfasser der *Querela pacis* konnte hoffen, wissenschaftliche Meinungsverschiedenheiten in freundschaftlicher Aussprache zu bereinigen, und mußte sich gegen Mißverständnisse, Unklarheiten und Verdächtigungen zur Wehr setzen. Der Polemiker Erasmus erscheint in einer Pose, die seinem Wesen völlig fremd ist. Er, der sich so ungern eine Blöße gab, wurde durch die Verhältnisse dazu gezwungen, die Schwächen seines Charakters zu zeigen. Der Polemiker Erasmus ist das tragische Kapitel in seinem Lebensbuch, der Humanist öffnet sich den seinem Geiste angemessenen Weg in die Wissenschaft, und der Theologe allein genießt den unbestrittenen Ruhm, der Erste unter den gelehrten Zeitgenossen gewesen zu sein.

Die Verbindung mit Froben blieb aufrecht. Erasmus fand sich im Sommer 1518 zu einem längeren Aufenthalt in Basel ein. Neben der Neuausgabe des *Neuen Testamentes*, des *Enchiridion* (1518), der *Colloquia* und *Adagia* (1521), der Herausgabe der Grammatik des Theodor von Gaza (1516), der *Scriptores historiae Augustae* (1518), des Josephus über den Tod der Makkabäer (1518), des Sueton (1519) erschienen unter

[111] Briefe, S. 259.
[112] Briefe, S. 437.

anderem die *Querela pacis* (1517), die Paraphrase zum Römerbrief (1517) und zu den Korintherbriefen (1519), die *Antibarbari* (1520) und die Verteidigungsschrift gegen Jakob Faber Stapulensis (1517), der in seinem Kommentar der Paulusbriefe die Anmerkung des Erasmus zum Hebräerbrief 2, 7 bestritten hatte. Erasmus fühlte sich in seiner Ehre gekränkt und meinte, die ganze gelehrte Welt halte über dieser Auseinandersetzung den Atem an. Es kommt ihm in seiner Apologie nur darauf an, wie er versicherte, „den Vorwurf der Gottlosigkeit und Lästerung, den er wer weiß wodurch erhoben hatte, zurückzuweisen[113]". Am wohlsten war es Erasmus gewiß, wenn er, wie zu dieser Zeit, viele Drucker beschäftigen konnte.

Einige Wochen nach seiner Ankunft in Löwen sandte er Mitte Oktober 1518 einen längeren Reisebericht an Beatus Rhenanus: „Noch etwas empfindlich und schlapp, wie du weißt, verließ ich Basel, ich war beim Himmel noch nicht wieder in Gunst, weil ich mich so lange daheim versteckt gehalten hatte, während unablässiger Arbeit. Die Fahrt zu Schiff war nicht reizlos, nur mittags war die Sonnenhitze lästig. In Breisach frühstückten wir, unangenehmer denn je. Der Nebel brachte einen fast um, schlimmer noch waren die Fliegen ... Gegen Abend wurden wir in ein kaltes Dorf verschlagen, den Namen wollte ich nicht wissen, und wenn ich ihn wüßte, möchte ich ihn nicht verraten ... Frühmorgens, noch in tiefer Nacht, werden wir durch das Geschrei der Schiffer aus den Betten gescheucht. Nüchtern und unausgeschlafen betrete ich das Schiff. Wir landeten in Straßburg vor dem Frühstück, etwa um neun Uhr; dort war es mit der Aufnahme angenehmer, zumal Schürer Wein spendierte. Ein Teil des Gelehrtenkreises war da, bald kamen sie alle zur Begrüßung, am zuvorkommendsten war Gerbel. Gebwiler und Rudolphinger wollten mich freihalten; was sie bei mir ja immer zu tun pflegen. Von dort brachen wir zu Pferde nach Speyer auf; nirgends sahen wir eine Spur von Militär, trotz schlimmer Gerüchte. Das englische Pferd war völlig erschöpft und kam kaum bis Speyer; so hatte es der verruchte Schmied behandelt, der ihm beide Ohren mit einem glühenden Eisen gebrannt hatte ... Von dort fuhr ich im Wagen nach Worms und von dort nach Mainz ... Als wir nach Boppard kamen und, während das Schiff auf Schmuggelware durchsucht wurde, am Ufer spazierengingen, erkannte mich irgendwer und führte mich zum Zollbeamten: ‚Das ist er.' Es war der Zollbeamte Christoph, täusche ich mich nicht, Cinicampius, zu Deutsch: Eschenfelder. Es läßt sich kaum sagen, wie der Mensch seiner Freude Ausdruck gab. Auf einem kleinen Tische lagen unter Zollpapieren die Bücher des Erasmus. ‚Wie glücklich bin ich!' rief er und holte seine Kinder, seine Frau, alle seine Freunde. Inzwischen riefen die Schiffsleute, da schickte er zwei Kannen Weins heraus, sie riefen wieder, da schickte er nochmals zwei und erklärte sich bereit, jenem, wenn er

113 Briefe, S. 182.

wieder einmal aufs Zollamt käme, die Zollgebühr zu erlassen, da er ihm solch einen Mann hergebracht hätte ... So kamen wir denn frühmorgens vor sechs Uhr nach Köln, an einem Sonntag, bei scheußlichem Wetter. Ich gehe in die Herberge, gebe den Dienern dort Auftrag, einen Zweispänner zu mieten und bestelle Essen auf zehn Uhr. Ich höre eine Messe, das Frühstück verzögert sich, mit dem Zweispänner klappt es nicht, ich versuche, ein Pferd zu mieten, denn meine Pferde waren unbrauchbar. Nichts glückte. Ich merkte den Sachverhalt: ich sollte dort hängenbleiben, das wollte man. Sofort lasse ich meine Pferde satteln, lege den einen Mantelsack auf, den anderen vertraue ich dem Wirt an und eile auf meinem lahmen Gaul zum Grafen von Neuenahr — ein Weg von fünf Stunden —; der Graf war in Bedburg. Bei ihm habe ich fünf Tage äußerst angenehm zugebracht, so voll Ruhe und Muße, daß ich ein gut Teil Textverbesserung bei ihm erledigt habe — ich hatte soviel vom Neuen Testament mitgenommen ... Schon war ich wieder auf dem Damm und ein bißchen kräftig, schon war mir wieder wohl ums Herz, und ich hoffte, gesund den Bischof von Lüttich besuchen und mich schnell zu den Brabanter Freunden begeben zu können. Was stellte ich mir nicht an Gastmählern, an Beglückwünschungen, an Plauderstunden vor! Ich wollte bei schönem Herbstwetter nach England und den so oft ausgesprochenen Anerbieten des Königs Folge leisten. Doch ach, wie so trügerisch sind Menschenhoffnungen!" Er klagt nun über Magenbeschwerden, eiternde Geschwüre, befürchtet, an der Pest erkrankt zu sein, und erholt sich schließlich nach einem vierwöchentlichen Krankenlager. „Meine ganze Hoffnung stand auf Christus allein, ich erbat mir von ihm nichts anderes, als er solle mir geben, was für mich nach seinem Urteil das Heilsamste wäre. Ich erinnere mich, als Jüngling pflegte ich einst schon beim Worte ‚Tod' zu erschrecken. Da habe ich mit dem Älterwerden doch sicher etwas gelernt, den Tod fürchte ich kaum noch, und Menschenglück messe ich nicht an langem Leben. Ich bin über fünfzig Jahre hinaus; da von vielen nur wenige so alt werden, kann ich mit Recht nicht klagen, ich hätte nicht lange genug gelebt. Ferner, wenn das etwas zur Sache tut, so ist jetzt das Denkmal fertig, durch das ich der Nachwelt bezeugen kann, daß ich gelebt habe. Und vielleicht wird am Scheiterhaufen, wie die Dichter sagen, der Neid verstummen, aber um so mehr der Ruhm leuchten, obwohl ein Christenherz kein menschlicher Ruhm berühren darf — möchte mir der Ruhm zuteil werden, von Christus für tüchtig gefunden zu werden [114]!"

So abgeklärt und altersweise diese Worte klingen: einem jungen Engländer Edward Lee gegenüber, der in Löwen Griechisch studierte und seine kritischen Bemerkungen über die Textausgabe des Neuen Testamentes in einer selbständigen Schrift zusammenfaßte, zeigte Erasmus wenig Ruhe und Selbstbeherrschung. Die Verschärfung der Gegensätze zwischen der

[114] Briefe, Nr. 132, S. 207—219.

konservativen Löwener Theologie und ihm traten in dieser Auseinandersetzung hervor. Wieder meinte er, die ganze gelehrte Welt müsse den züchtigen, der es gewagt hatte, ihm zu widersprechen. Wohl hielt sie den Atem an, aber nicht seinetwegen, sondern weil sich die Geister nun scheiden mußten, da die ersten Flammen des religiösen Aufstandes emporflackerten.

Noch glaubte Erasmus, daß Luthers Thesen allen gefallen haben „mit Ausnahme der paar Sätze über das Fegefeuer ... ich sehe, daß die Monarchie des römischen Oberpriesters, so wie sie jetzt ist, eine Pest der Christenheit bedeutet; ihm schmeicheln in allen Stücken die Dominikaner ohne jegliche Scham. Und doch weiß ich nicht, ob es sich empfiehlt, dieses Geschwür offen zu berühren [115]." An Colet schreibt er acht Tage später, am 23. Oktober 1518: „Wie wechselt gegenwärtig die Szenerie der irdischen Dinge! Aus Menschen machen wir Götter, und das Priestertum wandelt sich in Tyrannei. Die Fürsten verschwören sich mit dem Papste und vielleicht mit den Türken gegen das Geschick des Volkes. Christus wird aufs Altenteil gesetzt, und wir folgen Moses [116]." An den Kurfürsten Friedrich den Weisen von Sachsen, dem er seine Ausgabe der Kaiserbiographien Suetons gewidmet hatte, schrieb Erasmus am 14. April 1519 aus Antwerpen: „Luther ist mir vollkommen unbekannt, ich kann also nicht in den Verdacht kommen, ich begünstige einen Freund. Seine Schriften zu verteidigen ist ebensowenig meine Aufgabe wie sie zu mißbilligen, ich habe sie bisher nur stellenweise gelesen. Sein Leben billigt ganz gewiß jeder, der ihn kennt. Jeglicher Verdacht auf Habsucht und Ehrgeiz liegt ihm fern, die Reinheit der Sitten findet infolgedessen selbst bei den Heiden Beifall. Wie wenig paßt es zur theologischen Milde, sofort ohne auch nur ein Buch gelesen zu haben, so furchtbar gegen Namen und Ruf eines rechtschaffenen Mannes loszuziehen [117]!"

Erasmus konnte sich selbst vielen Mißverständnissen ausgesetzt sehen und in Luther eine Art Leidensgenossen erblicken, so wenn er schreibt: „Als das Neue Testament in dem von mir bereinigten Texte zuerst ans Licht kam, verkündete ein Karmeliter, ein Theologe, der sich selbst hervorragend gelehrt und fromm dünkte, der christlichen Religion drohe eine Gefahr, das Kommen des Antichristen stehe bevor — mit derartigem ‚tragischem' Geschwätz beunruhigen sie die abergläubische Masse. Als wir ins Gespräch kamen und ich den Menschen fragte und drängte, er solle sagen, was er am Neuen Testamente beanstande, antwortete er reichlich offenherzig, er habe den Band weder gelesen noch gesehen. Das erfahre ich fast immer, niemand erhebt ein gehässiges Geschrei, als wer unsere Schriften nicht liest [118]."

---

[115] Briefe, S. 219 f.
[116] Briefe, S. 221.
[117] Briefe, S. 231 f.
[118] Briefe, S. 235 f.

Reich an Freunden ist das Leben des Erasmus, älteren, die ihn fördern, Weggenossen, deren Einstellung zur Wissenschaft mit der seinen übereinstimmt, jüngeren, die verehrend zu ihm aufblicken. Die Liebe zu den Wissenschaften ist die Grundlage dieser Freundschaften, das gemeinsame Ziel die Bloßlegung der Quellen in ihrer Reinheit. So stellt sich Erasmus schon im Oktober 1499 dem Haupt der englischen Humanisten, John Colet, vor: „Du bekommst einen Menschen mit geringem, ja gar keinem Vermögen, frei von Ehrgeiz, sehr bereit zur Liebe, in der Wissenschaft noch schwach, aber ihr glühendster Bewunderer, der bei anderen die Bewährtheit fromm verehrt, aber noch keine eigene besitzt, der an Gelehrsamkeit allen nachsteht, an Treue niemand, einen schlichten, offenen, freimütigen Kerl, der von Heucheln und Verleugnen nichts weiß, kleinen aber reinen Geistes ist, der nicht viel redet; kurz, einen Menschen, von dem du außer der Gesinnung nichts erwarten magst. Kannst du, lieber Colet, einen solchen Menschen lieben, achtest du ihn deiner Freundschaft würdig, so rechne den Erasmus zu deinen Aktivposten wie keinen zweiten [119]." Spitzfindigkeiten und sophistische Redereien haben für Erasmus nichts mit Wissenschaft zu tun: „Das Schlimmste ist: die Theologie, die Königin aller Wissenschaften, geziert und geschmückt durch die Beredsamkeit der Alten, verschandeln sie durch ihr Geschwätz und dreckiges Gespei; so binden sie die vom Genius der Alten zur Freiheit geführte mit Spitzfindigkeiten fest, verknoten alles, während sie alle Knoten zu lösen versuchen, wie sie selbst sagen. Daher kannst du die einstige erhabene Herrscherin, voller Majestät jetzt fast stumm sehen, hilflos, zerlumpt [120]." In diesen Worten legt er sein wissenschaftliches Programm fest.

Die Freunde der älteren Generation hat Erasmus nie enttäuscht. Wie leidet er unter dem Tod Colets. „Ich glaube nur noch halb zu leben, seitdem Colet tot ist. Welch einen Mann hat England, welchen Freund habe ich verloren [121]!" In allen Freunden sah er die Mitstrebenden, welche in freier Gemeinschaft die gleichen Ziele wie er verfolgten. Förderung und Anregung blieb seine Aufgabe. Mit keinem von jenen, die später seine Feinde wurden, hat er den Streit entfesselt, er suchte die Meinungsverschiedenheiten durch mündliche oder schriftliche Diskussionen auszugleichen und streckte dem einstigen Genossen lang die versöhnende Hand hin. Nur von den Vertretern scholastischer Wissenschaft trennte ihn eine Kluft. Sie machte er für den Niedergang der Studien, die Verfälschung der reinen Lehre und die Trübung der Quellen verantwortlich. Alles, was ihm die Wiederherstellung der wahren Gelehrsamkeit zu stören schien, bekämpfte er. Daß er dabei das Maß verlor, aus der Fassung geraten konnte, wenn Einzelheiten seiner Forschungsergebnisse von anderen an-

[119] Briefe, S. 38.
[120] Briefe, S. 39.
[121] Briefe, S. 259.

gegriffen wurden, darf nicht ausschließlich als gekränkte Eitelkeit oder Regung eines Geltungsbedürfnisses beurteilt werden, wie es so oft geschehen ist. Er hatte immer sein ganzes Ziel vor Augen und sah dieses gefährdet, wenn Budäus oder Lee einzelne seiner Interpretationen für unrichtig erklärten. Er glaubte an die absolute Richtigkeit seiner Erkenntnisse und Forschungsergebnisse und meinte, sie könnten mit einem Schlag allgemein Anerkennung finden. Aus dem Widerspruch gegen seine Leistungen erstanden die ersten Feinde, denen jene folgten, die von ihm eine Festlegung des Standpunktes in den Fragen der Reformation verlangten. Sie verstanden ihn nicht und — verdächtigten seinen Charakter. Unter der Mißgunst seiner Gegner hat Erasmus in den beiden letzten Jahrzehnten seines Lebens schwer gelitten. Die ersten Anfeindungen, denen er ausgesetzt war und gegen die er sich wehren mußte, verleideten ihm den Aufenthalt in Löwen. Als ihren Träger sah er Hieronymus Aleander [122], den er zu Venedig im Spätjahr 1507 kennengelernt hatte. Noch bezeichnete er ihn im August 1520 als seinen Freund, war aber schon mit der Haltung, die Aleander als päpstlicher Nuntius Luther gegenüber einnahm, nicht einverstanden. Er ist ihm der Anreger des radikalen Vorgehens gegen Luther: „Sie haben mich lügenhaft bei dem Nuntius Aleander denunziert, als wenn ich allein die Sache Luthers vor dem Untergang bewahrte — denn auf den allein wollen sie hinaus, nicht auf eine Meinungsänderung Luthers ... Er (Aleander) ist ein Mensch, der drei Sprachen kann, aber alle sagen, er sei ein Jude; gewiß ist er nach aller Zeugnis ein vortrefflicher Mann [123].“ Aber schon bald wird ihm Hochmut und Unsinnigkeit vorgeworfen: „Aleander ist ganz verrückt, ein schlechter und törichter Mensch [124].“ Erasmus mußte sich dagegen wehren, daß ihn Aleander als den Verfasser zweier reformationsfreundlicher Flugschriften erklärte, und schließlich machte er ihn dafür verantwortlich, daß ihm der Aufenthalt in Löwen unerträglich geworden sei: „Es folgte Aleander, und als von Luther noch nicht die Rede war, tat er Erasmus an, was ein bösartiger Töpfer etwa seinem Genossen zufügt: er zertöpfert gleichsam sein Werk! Er ist von hochtrabendem Wesen, frech, reizbar, von unersättlicher Ruhm- und Gewinngier. Gewisse Leute redeten ihm das Ohr so voll Lügen und stachelten ihn so an, daß er sich gar kein Gewissen daraus machte, über mich Aussagen zu machen, selbst bei den angesehensten Männern, wenn er mich nur vernichten konnte. Mir persönlich jedoch schwor er hoch und heilig, es gäbe keinen besseren Freund des Erasmus als ihn. Bei seinem Weggang aus den Niederlanden ließ er als wohlinstruierte Werkzeuge zwei Löwener Theologen zurück, ferner den Herrn Caracciolo, den Bischof von Lüttich, dem die Zunge allzu lose im Mund sitzt ... In Rom hat er den Stunica, der nach allgemeinem Urteil

[122] Briefe, S. 274.
[123] Briefe, S. 279.
[124] Briefe, S. 284.

toll und schmähsüchtig ist. Der hatte dem Papst Leo eine Flugschrift gezeigt mit 6000 Ketzereien aus meinen Werken, und schon stand es schlimm für mich, wenn nicht der Tod Papst Leo hinweggerafft hätte, der im übrigen dem Erasmus wohlwollte [125]."

Mit dem Beginne der Reformationswirren wurde Erasmus von seinen Gegnern in Löwen angegriffen. Er zog es daher vor, mehrmals (April, Mai, Juli—August 1519) seinen Freund Gilles in Antwerpen zu besuchen. Die Beziehungen zum kaiserlichen Hof und seine Anwesenheit in Calais, wo sich Karl V. mit Franz I. und Heinrich VIII. im Sommer 1520 zu gemeinsamen Besprechungen zusammenfanden, läßt den Schluß zu, daß Erasmus sich nun auch wie sein großer englischer Freund Thomas Morus der Politik zuwenden wollte, zumal es nahelag, daß man auf das Urteil des Theologen hören und sich zu einer versöhnenden Haltung entschließen werde. Unmittelbar einzugreifen aber setzte eine Haltung voraus, die seinem Wesen nicht entsprach. Bald mußte er auch zur Erkenntnis kommen, daß es zu einem versöhnenden Machtwort zu spät war; denn schon hatten die Scheiterhaufen in Deutschland und England, auf denen Luthers Bücher verbrannt wurden, das gegenseitige Verständnis unmöglich gemacht. Erasmus mußte sehr bald das Gefühl haben, daß er mit seinen Ansichten nicht durchdringen könne. Wohl traf er zum letztenmal mit seinen englischen Freunden wie Thomas Morus und Heinrich VIII. zusammen, aber ein Votum über die Lage hat er nicht abgegeben. Sehr wahrscheinlich nahm er auch als kaiserlicher Rat an der Krönung Karls V. in Aachen am 22. Oktober 1520 teil. Später befand er sich im Gefolge des Kaisers zu Köln, wo er eingehende Besprechungen mit dem Kurfürsten Friedrich dem Weisen von Sachsen hatte, deren Ergebnisse er in „22 Axiomata für die Sache Martin Luthers" zusammenfaßte, einer Schrift, die sehr bald wider seinen Willen verbreitet wurde. Die Zusammenkunft mit seinem Gegenspieler Aleander, der den Kaiser zur Verhängung der Reichsacht über Luther zu bewegen suchte, mußte es Erasmus zum Bewußtsein bringen, daß er mit den ihm allein zu Gebote stehenden Mitteln der Gelehrsamkeit seine Meinung nicht durchsetzen konnte. Er durchschaute die Lage, als er nach dem Wormser Reichstag von einer „Tragödie" sprach. Die Rolle, welche der Verfasser des *Handbüchleins für den christlichen Ritter* dabei übernahm, gab nirgends den Ausschlag, aber bitter ernst war das, was sie ihm auferlegte.

Das war zuerst sein Abzug von Löwen, wo er sich verfolgt glaubte und von Gehässigkeiten umringt sah. Er mußte sich rechtfertigen gegen die Angriffe des Karmeliters Nikolaus von Egmond und des Dominikaners Vincent Dirks aus Harlem. Selbst sein würdevoller Freund Latomus nahm es ihm übel, daß er nicht öffentlich gegen Luther aufgetreten war. Das veranlaßte Erasmus zu einem Schreiben an die Fakultät, in dem er die

[125] Briefe, S. 301 f.

Gründe entwickelte, welche ihn zu seiner Haltung bestimmten. Er wolle nun Luthers Schriften lesen und eine Arbeit über die Angelegenheit veröffentlichen. Ausgeführt hat er diesen Entschluß nicht. Er wollte noch immer seinen Standpunkt wahren, und dies schien ihm nur möglich an einem Ort, wo er seine geistige Unabhängigkeit wahren konnte. Im Frühsommer 1521 richtete er aus Anderlecht seine Absage und Rechtfertigung an die Löwener Theologen. Darin heißt es: „Ich habe mich weder in den Reuchlin- noch in den Luther-Handel je eingemischt, stets war ich nach Kräften auf die Förderung der Ehre Christi bedacht. Eurer Universität habe ich keine Unehre oder Ungelegenheit bereitet. Gegen die Lutherischen Bücher habe ich mehr als irgendein Mensch Stellung genommen; ich weiß wohl, daß Luther zumeist in guter Absicht Ermahnungen ausspricht, aber ich bin der Ansicht, es ist besser, zur rechten Zeit zu schweigen, als es mit falschen Heilmitteln zu versuchen. Was man nur immer zu Recht oder Unrecht Luther zuschreibt, kein Pünktchen davon ist von mir ... Mit Händen und Füßen habe ich abgewehrt. Von den Gegnern, besonders den Mönchen, bin ich so scharf angegriffen worden, daß mich, auch wenn ich vorher ein Feind Luthers gewesen wäre, dieser Haß hätte auf seine Seite treiben können. Anderseits merke ich, daß Luthers Anhänger mich auf jede Weise hinterlistig in diesen Streit ziehen wollten, unter Umständen mit Gewalt. Nichts von dem allem konnte mich von meinem Verhalten abbringen. Mag man alle meine Schriften hervorzerren, auch die im Scherz beim Becher hingeworfenen Worte, man wird nichts anderes erfahren, als daß mir das plötzliche und aufrührerische Schreien vor dem Volke mißfallen hat, und daß ich wünschte, die Sache würde ohne Beunruhigung der Welt durchgeführt. Beliebt anderen ein anderer Weg, so bitte ich, es möchte ein Weg für Christus sein, aber noch weiß ich nicht, wie die Sache auslaufen wird[126]." — Am 28. Oktober 1521, seinem Geburtstag, verließ Erasmus Löwen und traf am 15. November in Basel ein.

Erasmus hat schwer an der Tragik gelitten, die das Leben großer Menschen umlauert, wenn sich die Umwelt im Streit der Meinungen für eine Partei entscheidet und von den Maßgebenden verlangt, daß auch sie einen der beiden Standpunkte beziehen und sich mit ihrer Persönlichkeit und ihrem Ansehen dafür einsetzten. Er litt daran, daß es unter solchen Verhältnissen unmöglich ist, einem objektiven Urteil nachzuleben und zu handeln. Die Voraussetzungen zu einer solchen Haltung zwischen den Parteien lagen bei Erasmus in seiner abwägenden, verständnisvoll ergründenden und alle Lagen kühl berechnenden friedfertigen Natur, die an eine ruhige Entwicklung im Sinne der Rückkehr zu den alten Quellen glaubte, in seiner Humanitas und seinem Wesen, das allen Einflüssen gegenüber die Unabhängigkeit zu wahren bestrebt war. Er wußte um die kaum voneinander zu trennenden Phasen eines Überganges und die Un-

[126] Briefe, S. 291 f.

möglichkeit einer scharfen Grenzziehung zwischen ihnen. Er blieb sich selbst treu und konnte sich nicht im Bereich entscheidender Fragen mit einer Lösung zufrieden geben ohne die oft unmögliche Prüfung der Verhältnisse. Vor einer solchen Haltung steht die Umwelt, welche ihre eigenen Entschlüsse nur zu gern mit einer Autorität rechtfertigt, oft fassungslos, sie verlegt sich aufs Drängen, wird ungeduldig, verdächtigt und schimpft in grundlosem Zorn. In solchen Zeiten und Lagen lassen sich die Menschen nicht mit Felsen vergleichen, welche die Wogen umbrausen und doch nicht von ihrem Standpunkt verrücken können. Mag der Kern ihres Wesens unberührt bleiben von der Parteien Haß und Gunst: ihre Person, ihr menschliches Sein wird doch hineingerissen in die Täler und auf die Kämme der Wogen, hin- und hergezerrt, verleumdet und immer wieder gezwungen, zu bekennen, wo es doch nur um ein Urteil und die Wahrung persönlichster Rechte gehen kann. Schließlich bedient sich die Verständnislosigkeit altbewährter Mittel, indem sie Äußerungen aus dem Zusammenhang reißt oder ihren Sinn durch Verdrehung der Worte umbiegt und endlich den Charakter des Gegners schlecht macht. Wer sich von der Gunst der Zeit heben lassen will, muß sich von den Parteien tragen lassen, Programme aufstellen oder auf sie schwören. Erasmus, der das reine Christentum suchte, sah sich plötzlich vereinsamt. Ihm, den die gelehrte Welt als Gipfel und Zierde der Wissenschaft gefeiert hatte, der die Freundschaft der Gleichgesinnten suchte, verboten Gewissen und Weltauffassung, sich in diesem Streit der Meinungen, den er selbst heraufbeschworen hatte, einer Gruppe anzuschließen oder gar selbst die Fahne zu ergreifen, um die sich die Anhänger zum Kampf sammeln sollten. Mochten die Erfahrungen, daß er nun in den Streit hineingezogen wurde, beide Parteien sich auf ihn berufen zu können glaubten und die alten Gegner, die er für bezwungen hielt, nun wieder ihr Haupt erhoben, für ihn bitter sein, weil sie ihn von seiner Höhe in die Sphäre widrigen Gezänks hinabzogen: was sein Verhalten bestimmte, war nicht gekränkte Eitelkeit oder Schmerz über den Verlust ruhmreicher Anerkennung, die ihm in den letzten Jahren in so großem Maße zuteil geworden war, sondern Besonnenheit, Friedensliebe und Humanitas. Der Humanist und der Theologe Erasmus sind in dieser seiner kritischen Lebensperiode nicht voneinander zu trennen.

In seiner vorurteilslosen, ruhigen Betrachtung aller Erscheinungen wird man vergebens leidenschaftliche Bekenntnisse suchen. In allen Lebenslagen wollte Erasmus seine geistige Unabhängigkeit wahren und frei entschließen können. In den Entscheidungsjahren der Reformation mußte er das Gefühl haben, daß die Verhältnisse stärker waren als er und ihn dazu zwangen, aus seinem Wesen herauszutreten. Alter, Überlegenheit und Ansehen suchte er zur Geltung zu bringen. Den inneren Menschen beschäftigten die Fragen und Ereignisse, er setzte sich mit ihnen auseinander und schrieb Briefe in einer Fülle wie nie zuvor, mit einer Eindringlichkeit und Beharrlichkeit, die zeigen, daß er die Gefahren erkannt hatte. Aber welche Mittel standen ihm zu Gebote, ihnen entgegenzutreten? Konnte er sich über die Zeitlage so klar sein und erkennen, daß er selbst den Führern der Reformation die Waffen geliefert hatte? In der Lösung der vielen Aufgaben, die sich ihm stellten, in seiner Herausgeber- und publizistischen Tätigkeit mußte er sich gehemmt sehen. Wer die Briefe des Erasmus aus jenen Jahren liest, hat den Eindruck, daß er sich ausschließlich mit den Problemen der Reformation, ihren geistigen Trägern und Widersachern beschäftigte, und doch war dies nur eine Seite seiner Tätigkeit; denn er arbeitete unermüdlich. Für Froben veröffentlichte er gewissenhaft vorbereitete Neuauflagen älterer Arbeiten, die dritte und vierte Ausgabe des Neuen Testamentes, die zweite der *Colloquia*, der Paraphrasen der Evangelien und der Apostelgeschichte, die Neuausgaben der Kirchenväter Chrysostomus, Basilius, Origines, Irenäus, Ambrosius und Augustin, lateinischer und griechischer Autoren bzw. Übersetzungen von Plutarch, Galen, Terenz, Livius, Seneca und den Disticha Catonis, einen Kommentar zu Ovid, zahlreiche Interpretationen und Kommentare. Und doch konnte er, der das gute Gewissen der Besten seiner Zeit sein wollte, über dieser gelehrten Tätigkeit nicht vergessen, welche Stürme über die Zeit hinbrausten. Er blieb der Publizist, der das Zeitgeschehen und die geistigen Erlebnisse mit seinen Glossen begleitete und, wenn es ihm nötig schien, sein Wort in die Waagschale warf, um sein Verhalten zu rechtfertigen.

Es mußte Erasmus bedrücken, daß sich am Anfang der Reformation die Blicke auf ihn richteten und von ihm Entscheidungen verlangt wurden, die er nicht treffen konnte, weil er die Berechtigung der neuen Forderungen erkannte, und die Hüter des alten Glaubens Methoden anwendeten, die ihm verhaßt waren, mit deren Bekämpfung er einen großen Teil seines Lebens zugebracht hatte. Aber er maßte sich selbst kein Urteil an, sondern legte es in die Hände der geistlichen und weltlichen Autoritäten, mit denen er selbst in persönlichen Beziehungen stand. „Möchten doch Papst Leo und der Kaiser die Dinge so kennen, wie sie wirklich liegen! Sie würden gegen niemand mehr Bann und Acht verhängen. Jetzt weiß der Papst nur das, was er aus den Briefen gewisser Leute erfährt, die mehr ihre Sache als die des Papstes betreiben [127].“ Bald nachher (am 15. April 1521) hoffte er auf eine günstige Wendung: „Wenn es den Fürsten mehr beliebt, mit Strenge die Sache zu erledigen, so möchte ich wünschen, daß bei dem, was jenen besonders gefällt, eine glückliche Hand walte, glücklich für die Sache des Christentums, nicht für die Pläne gewisser Menschen, die nach dem trachten, was von dieser Welt ist [128].“ Aber das blieb nur ein Wunsch, der sich nicht erfüllte, und er mußte nur zu bald (14. Mai) einsehen, daß das Übel unheilbar sei. „Nach der Art seines Vorgehens zu urteilen, sieht

[127] Briefe, S. 283.
[128] Briefe, S. 287.

es fast so aus, als wolle Luther nicht gerettet werden. Anderseits führen gewisse Leute die Sache so töricht vor dem Volke, als wenn sie mit Luther ihr Spiel trieben und in der Sache des Papstes unredlich handelten. Ich bitte ..., daß Christus, der Höchste und Beste, alles zum Guten wenden möge; denn er allein kann es [129]."

Den eigentlichen Gegenstand der Auseinandersetzung berührte Erasmus vorerst kaum. Er kannte, wie er sagte, die Schriften Luthers nicht, nur vom Psalmenkommentar hatte er einiges mit Wohlgefallen gelesen. Er wolle sich der Auseinandersetzung fernehalten, so schrieb er in seinem ersten Antwortbrief vom 30. Mai 1519 auf Luthers ersten Brief vom 28. März: „Soviel wie möglich halte ich mich neutral, um desto mehr dem Wiederaufblühen der Wissenschaft nützlich zu sein. Meines Erachtens kommt man mit bescheidenem Anstand weiter als mit Sturm und Drang. Auf diese Weise hat Christus sich die Welt unterworfen oder Paulus das jüdische Gesetz abgeschafft, indem er alles allegorisch deutete [130]." Aber eben diese allegorische Deutung war es, die Luther später mit ätzender Verachtung verspottete, weil er die Antike nur als Bildungsmittel, nicht als Lebenselement wie Erasmus anerkennen wollte. Für Luther war der Würfel gefallen, er konnte nicht zurück, und die wohlmeinende Mahnung des Erasmus war in den Wind gesprochen: „Immer muß man sich davor hüten, anmaßend oder parteiisch zu reden oder zu handeln; so, glaube ich, ist es dem Geiste Christi angenehm. Inzwischen muß man sich ein Herz bewahren, das durch Zorn oder Haß oder Ruhm nicht verdorben werden kann, denn mitten im Streben nach Frömmigkeit drohen Fußangeln ... Der Herr Jesus möge dir täglich mehr von seinem Geiste mitteilen, zu seiner Ehre und zum allgemeinen Nutzen [131]!" Immer wieder betonte Erasmus, daß es nicht so sehr der Inhalt von Luthers Schriften war, der ihn so beunruhigte, als ihr Ton: „In Luthers Büchern steckt viel Wissenswertes; gewisse Dinge sind darunter, die er besser unterlassen hätte, und alles ist zu scharf, um nicht zu sagen aufrührerisch; hätte er das zur Sache Gehörige maßvoller gesagt, so hätte er, selbst wenn er die unerträglichen Laster der römischen Kurie ganz freimütig getadelt hätte, alle auf seiner Seite gehabt — und doch weiß ich nicht, warum die gegen ihn Schreibenden so gar nichts beibringen, was sich zu lesen lohnt. War sein Schreiben Wahnwitz, so ist es ihre Antwort noch weit mehr. Und unter denen, die Luther vernichtet wünschen, sehe ich keinen guten Menschen [132]." Noch im Dezember 1520 betonte er seine neutrale Haltung in der Luther-Sache: „Ich war der erste, der befürchtete, seine Bücher möchten Unruhe hervorrufen. Ich war der erste, der sich ihrem Druck in Basel widersetzte, und zwar energisch, zuerst persönlich durch Einrede und Drohungen, dann aus der

[129] Briefe, S. 289.
[130] Briefe, S. 246.
[131] Briefe, S. 247.
[132] Briefe, S. 280 f.

Ferne brieflich. Oft und dringlich habe ich gemahnt, bald brieflich, bald durch Freunde, was ich bei ihm vermieden wissen wollte. Ich tat es so freimütig, daß Freundesbriefe mich mahnten, ich solle doch nicht durch solche Schreiben die meisten Deutschen mir entfremden, wo doch die Theologen, die sich für tapfere Widersacher Luthers hielten, nichts dergleichen täten. Niemand ermahnte ihn brüderlich, niemand schreckte ihn ab, niemand lehrte ihn, niemand widerlegte ihn. Sie schrien nur [133]."

Krank und mißmutig traf Erasmus in Basel ein, er suchte Erholung und Anschluß an die alten Freunde. Es sollte nach seiner Absicht nur ein kurzer Aufenthalt werden, denn er wollte seine Zelte in Rom aufschlagen. Im September 1522 zog er rheinaufwärts, aber in Konstanz überfiel ihn sein Leiden, die Nierensteine plagten ihn, nach einem längeren Krankenlager kehrte er nach Basel zurück, das ihm bis zum Frühling 1529 zur Heimat wurde. Er unternahm nur kleinere Reisen, wie 1524 eine Fahrt nach Dôle. „Alle beladen mich mit Haß, einige bringen mich sogar in Schande, und die mich loben, verletzen mich mehr als die mich schmähen [134]." Diese Worte, welche er kurz vor seiner Abreise nach Basel schrieb, könnten als Motto über diesem Lebensabschnitte stehen. Hatten es die Anfeindungen, welche Erasmus in der ersten Zeit erfuhr, darauf abgesehen, ihn zur Stellungnahme zu zwingen, so erreichten sie damit doch nur, daß er, seinen Standpunkt wahrend, er, der vor dem Aufbruch der Reformation im hellen Lichte der geistigen Bewegung gestanden hatte, nun langsam im Schatten verschwand. Die Zeit, in der die Welt aufhorchte, wenn ein neues Werk von ihm herauskam, in der er das Imperium der neu aufblühenden Wissenschaften führte und die alten Quellen aufdeckte, war vorüber. Die Dinge und Fragen, welche jetzt im Mittelpunkt des Interesses standen, die Formen des Kampfes, die Leidenschaften, welche entfesselt wurden, suchte er von seinem Wesen fernzuhalten. Aber er mußte sich doch endlich entschließen, gegenüber den Verdächtigungen beider Parteien seinen Standpunkt festzulegen. Wie sehr er sich diese Fragen überlegt hatte und wie klar er das Wesentliche erfaßte, geht daraus hervor, daß das Problem der Willensfreiheit im Mittelpunkt der literarischen Polemik steht, in der sich Erasmus und Luther nun auseinandersetzen mußten und worüber es schließlich zum Bruch kam. Im September 1524 kam des Erasmus Abhandlung *De libero arbitrio diatribe* an die Öffentlichkeit. Sorgsam und wohlüberlegt bewies er aus vielen Gewährsmännern und Gründen der Vernunft die seinem Wesen entsprechende Auffassung vom freien Willen. Nur wenn der Wille des Menschen wirklich frei sei, habe die Gerechtigkeit und Barmherzigkeit einen Sinn. Die Zwecklosigkeit so vieler Bemühungen sei klar, wenn der Wille unfrei sei. Der ganze Bau der Moral ruhe auf der Säule der Freiheit.

[133] Briefe, S. 281.
[134] Briefe, S. 291.

Diese Argumente zu entkräften, war die Leidenschaft Luthers trotz eines die Tatsachen vergewaltigenden Determinismus nicht fähig. Verbissen und scharf suchte er in Gott zwei verschiedene Willen festzustellen und die Bindung des menschlichen Willens in Symbolen darzustellen. Auf Luthers Schrift *De servo arbitrio* hat Erasmus dann noch im *Hyperaspistes* ein letztes Wort gesprochen. „Hätte er", so schreibt Erasmus am 2. März 1526 über Luther, „meine Erwägungen in schriftlicher Auseinandersetzung mit Gründen frei und tapfer widerlegt, so hätte er seiner Sache gedient und viele für sich gewonnen, die er jetzt sich entfremdet, nicht nur in dieser Frage vom geknechteten Willen, sondern auch in der ganzen von ihm vertretenen Lehre. Er rühmt sich, er habe den Geist, aber wer mag glauben, daß Christi Geist in einem Herzen wohnt, aus dem eine so anmaßende, bittere, freche, verleumderische und fratzenhafte Rede kommt? Trotzdem er so oft ermahnt wurde, bessert er das nicht nur nicht, sondern macht es immer schlimmer [135]." Eine Widerlegung des Erasmus hat Luther auch nicht zustande gebracht. Das gab Erasmus seine Überlegenheit dem Reformator gegenüber zurück. „Wen Du", so schreibt er am 11. April 1526, „der Gewalt der Finsternis entrissen hast, weiß ich nicht, aber gegen diese Undankbaren solltest Du lieber den Dolch Deiner Feder zücken als gegen einen maßvollen Disputator. Ich würde Dir einen anderen, besseren Geist wünschen, wenn Du nicht mit Deinem Geiste so zufrieden wärest. Mir kannst Du wünschen, was Du willst, nur nicht Deinen Geist, es sei denn, daß Gott Dir unterdessen einen anderen gegeben hat [136]." Dieses Wort ist im wesentlichen das Ende des Briefwechsels zwischen Erasmus und Luther. Von da an begründete Erasmus häufig seinen Standpunkt und zog zwischen sich und den anderen einen Trennungsstrich. Er wußte, daß Gott selbst der Erkenntnis gewisse Grenzen gesetzt hat, und glaubte, es sei Vermessenheit, diese Grenzen zu überschreiten.

Trotz mancher treuer Freunde und ihn umsorgender Beschützer kann man von einem „einsamen Erasmus" sprechen. Viele Freunde und Schüler, denen gegenüber er es nie an ermunterndem Zuspruch und fördernder Anteilnahme hatte fehlen lassen, wechselten in das Lager der Reformation hinüber und nahmen es ihm übel, daß er ihnen nicht das Vorbild zu diesem Schritt gegeben hatte. Das mußte ihn ebenso enttäuschen, wie daß man seine Autorität, wenn man sie brauchte, auf beiden Seiten anrief oder seine Haltung befehdete, sowie das Gefühl, daß er die Höhe seines Ruhmes und Einflusses auf die gelehrte Welt überschritten hatte, und die Erkenntnis, daß seine neuen Arbeiten und Leistungen nur mehr wenigen etwas zu sagen hatten. Die besten Freunde, wie Colet (1519), Froben (1527), Pirckheimer (1530), Warham (1532), Gilles (1533), Mountjoy (1534), raubte ihm der Tod, andere, wie Berquin (1529), Thomas Morus und Fisher

[135] Briefe, S. 367 f.
[136] Briefe, S. 373.

(1533), verfielen einem grauenvollen Schicksal. „Wie meine Liebe zu ihm", so schreibt er nach Frobens Tod, „als er noch lebte, das übliche Maß überstieg, so quält mich jetzt die Sehnsucht nach dem mir Entrissenen über die Maßen. Ich liebte ihn ja noch mehr wegen der Wissenschaft, zu deren Bereicherung und Förderung er durch die Vorsehung bestimmt erschien, als wegen seiner Zuneigung zu mir und seines überaus lauteren Charakters. Wer sollte einen solchen Geist nicht lieben? Er war nur Freund für den Freund, so schlicht und aufrichtig, daß er nicht heucheln oder verleugnen konnte, selbst wenn er gewollt hätte, seine Natur hätte es nicht gelitten. Er war so zuvorkommend und bereitwillig, sich um alle verdient zu machen, daß er sich freute, wenn auch die von ihm Gutes empfingen, die dessen nicht wert waren [137]."

Die gewaltsame Durchführung der Reformation, der Tod des Bischofs Christoph von Utenheim, der Aufstieg Oekolampads, das Verbot des alten Gottesdienstes (Februar 1529) und der Bildersturm in Basel veranlaßten Erasmus, am 13. April 1529 seinen ihm so lieb gewordenen Arbeitsplatz zu verlassen und in Freiburg im Breisgau ein Asyl zu suchen: „Der Rat der Stadt Freiburg", so berichtet er an Pirckheimer, „bewies mir ganz von selbst alle Freundlichkeit, noch ehe mich König Ferdinand brieflich empfahl. Man gab mir ein fürstliches Haus, seinerzeit für Kaiser Maximilian gebaut, aber unvollendet. Einige Monate werde ich hierbleiben, falls kein Krieg entsteht. Es kommen nämlich nicht wenige aus Basel hierher, und man sagt, das ganze Stiftskollegium werde nach hier übersiedeln — das würde natürlich schneller die Wut der Feinde hierherziehen. Allem Anschein bin ich hier allen soweit willkommen [138]." Bald wurde Erasmus in den Rat der theologischen Fakultät aufgenommen. Da ihm der Aufenthalt in dem Hause nur gegen Entrichtung einer Miete gewährt wurde, verzichtete er bald darauf, kaufte sich ein eigenes Haus, das er von Handwerkern erst richtig für seine Zwecke instand setzen lassen mußte. „Es ist so widerwärtig, daß ich lieber volle drei Jahre mich mit noch so unangenehmen wissenschaftlichen Arbeiten beschäftigen als nur einen einzigen Monat mit dieser Art Sorgen plagen möchte [139]." Basel ist ihm doch die zweite Heimat geblieben. „Ich bin ihr auch, wenn ich mich nicht täusche, kein lästiger oder unbequemer Gast gewesen. Das habe ich kurz vor dem Besteigen des Schiffes durch ein kleines Gedicht bezeugt, das mein guter, treuer Freund Bonifazius Amerbach sich aufnotiert hat. Es ist ein richtiges Seemannslied, wenn Du es hören willst:

Nun ade mein liebes Basel, langer Jahre beste Bleibe,
Freude wünsch' ich dir, nur frohe Gäste,
wie Erasmus einer war.

---

[137] Briefe, S. 413.
[138] Briefe, S. 464.
[139] Briefe, S. 517.

Ich glaube bestimmt, niemand kann dort mit Grund über mich klagen. Bevor die Lutherei dorthin kam, war ich sowohl den Predigern als Rat und Volk willkommen [140]." Nach wie vor folgte Erasmus mit gespanntem Interesse den wichtigen Ereignissen der Zeit, der Entwicklung der Reformation, dem Reichstag zu Augsburg, der rechtlichen Grundlage von Heinrichs VIII. Ehescheidung. Die Bangigkeit vor der Zukunft brachte ihn dazu, seine Friedenshoffnungen und -forderungen wieder aufzustellen und seine kirchenpolitischen Ideen in einer besonderen Schrift niederzulegen. Diese ist unter dem Titel *De sarcienda ecclesiae unitate*, von der Wiedergewinnung der kirchlichen Einheit, 1533 erschienen. Mit der Forderung eines allgemeinen Konzils und so manchen fruchtbringenden Gedanken nimmt er Ideen und Wünsche des 15. Jahrhunderts wieder auf und sucht die Einheit im Sinne einer Reinigung an Haupt und Gliedern wiederherzustellen. Auf der gleichen Linie steht seine Neigung zu Predigt und Erbauungsschrifttum, wovon noch zu sprechen sein wird. Es sind die gleichen Mittel, mit denen Geiler und Wimpfeling eine Besserung der geistigen Verhältnisse herbeizuführen hofften. Die Beziehungen des Erasmus zu Christoph von Utenheim, der, ehe er zum Bischof von Basel gewählt wurde, sich mit Geiler und Wimpfeling in die klösterliche Einsamkeit hatte zurückziehen wollen, stellen auch eine persönliche Verbindung zu dieser Geisteshaltung her, welche allerdings ihr Ziel mit Mitteln verfolgte, die sich zu schwach und unzulänglich erwiesen hatten. Unbeirrt von den Bestrebungen der Zeit bemühte sich Erasmus, den Glauben in seiner Reinheit wiederherzustellen. Die zerstörte Einheit und die Vielheit der Meinungen wurde besonders in den verschiedenen Auffassungen der Abendmahlslehre sichtbar. „Wieviel besser wäre es", sagt Erasmus, „bei der Überlieferung der katholischen Kirche zu bleiben, die durch so viele Jahrhunderte geheiligt ist [141]." Unter den Fürsten schien ihm Herzog Johann III. von Jülich mit seiner Kirchenordnung und seinen Reformbestrebungen den richtigen Weg einzuschlagen.

Ende Mai 1535 kam Erasmus nach Basel, um wieder enger mit der Frobenschen Offizin zusammenzuarbeiten; denn er hatte sein großes Werk *Ecclesiastes*, der Prediger, abgeschlossen. Noch im August schwankte er, ob er nach Freiburg zurückkehren solle. Wie fast immer, so konnte er auch jetzt nicht einen Entschluß über eine dauernde Niederlassung fassen. Er berichtete darüber ausführlich an Peter Tomiczki am 31. August 1535: „In einem bedeckten Wagen, wie ihn die Frauen zu gebrauchen pflegen, bin ich nach Basel gefahren, dessen liebenswürdige Gastfreundschaft ich mehrere Jahre genossen hatte. — In Erwartung meiner Rückkehr hatte man mir zuliebe ganz nach meinem Geschmack, den man kennt, ein Zimmer hergerichtet. Ich mußte damals den ‚Prediger' drucken, der noch manche

[140] Briefe, S. 467.

[141] Briefe, S. 539 f.

Lücken hatte und unvollendet war; er hätte kaum abgeschlossen werden können, wenn ich nicht persönlich dagewesen wäre. Die Stadt, die ich vor etwa sieben Jahren in ziemlicher Unruhe verlassen hatte, fand ich durchaus ruhig und in guter sittlicher Verfassung. Gewiß weiß ich um die Meinungsverschiedenheiten unter den Leuten, kenne die zu Verdächtigungen nur zu sehr geneigte Gesinnung der meisten, doch glaube ich durch Alter, Erfahrung und etwelche Bildung dahingekommen zu sein, daß ich getrost an jedem Orte wohnen kann. Doch bin ich nicht in der Absicht aus dem Nest gekrochen, in Basel mich dauernd niederzulassen, falls es nicht unumgänglich notwendig würde; vielmehr wollte ich, wenn mir mein kühnes Unterfangen schlecht bekäme, wieder nach Freiburg zurück in mein hübsches Haus, das ich gekauft und sorgsam nach meinem Geschmack eingerichtet und mit bequemen Möbeln ausgestattet hatte. Vertrüge ich aber den Klimawechsel, so dachte ich, von hier nach Brabant oder nach Burgund zu ziehen. Nach Brabant zieht mich neben vielem anderem der kaiserliche Hof und die für den Fall meiner Rückkehr bereitliegende Pension; dem Rat und der Geistlichkeit von Besançon hat mich Karl V. längst, als ich einmal dahinziehen wollte, brieflich angelegentlich empfohlen. Und ohne Burgunderwein steht es auf der Stelle schlimm um mich; hierher kommt er nur für schweres Geld, großenteils haben ihn diebische Fuhrleute ausgetrunken oder verpanscht, doch darüber hätte ich mich hinwegsetzen können. In Freiburg ist eine berühmte Universität, alle Art von Studien blüht; ich lebte auch nicht ungern im Gebiet König Ferdinands, dessen besondere Gunst ich vielfach erfahren durfte. Aber das dortige Klima schien mir immer für mein Körperchen wenig günstig, und auch mein hübsches Haus hatte seine Schattenseiten. Hier geht es mir etwas weniger schlecht; die Hoffnung auf ein wirkliches Wohlbefinden ist mir genommen, wenigstens für das irdische Leben [142]." — Im Oktober verkaufte er sein Haus in Freiburg. Das bedeutete, daß er dahin nicht mehr zurückkehren wollte.

Der *Ecclesiastes* ist gleichsam das Vermächtnis des Erasmus an die Theologen. Wenn er selbst auch mit der praktischen Seelsorgetätigkeit nie etwas zu tun hatte und von der Kanzel aus nie seine Ideen verkündete, weil er nicht über die Voraussetzungen verfügte, eindringlich zum Volk in dessen Sprache zu reden, und sich sein ganzes Leben hindurch davor hütete, in der Öffentlichkeit eine Stelle anzunehmen, auf die sich die Blicke aller sammeln konnten, so ist er doch mit den Elementen der Seelsorge gut vertraut und hält die Predigt für das beste Mittel zur Erhaltung und Stärkung des Glaubens. Er nimmt damit jene spätmittelalterliche Haltung ein, mit der er durch die Brüder vom gemeinsamen Leben vertraut wurde. Hier schließt sich gleichsam der Kreis seiner Entwicklung, welche den reifen, altersweisen Erasmus zu seinem geistigen Ausgangspunkte zurückkehren ließ. Über den Humanismus und seine Ver-

[142] Briefe, S. 557 f.

einigung mit der Theologie wurde der alte Erasmus zum Erbauungsschriftsteller. Sein Büchlein von der Vorbereitung auf den Tod (1533) stellt sich in die lange Tradition der Sterbebüchlein, welche in fast zahllosen Handschriften und Drucken Verbreitung fanden. Unter den Verfassern treten neben vielen Ungenannten der Kardinal Dominicus Capranica und Johann Geiler von Kaisersberg hervor. Reiche Erfahrungen brachte das Werk über den Prediger in die Scheuer. Wahrheit, Klarheit und schöne Formung sind die Voraussetzungen für eine gute Predigt. Die beabsichtigte Widmung des Werkes an John Fisher, den Bischof von Rochester, vereitelte dessen Enthauptung am 22. Juni 1535. Bei ihm hoffte Erasmus vollstes Verständnis für seine Ideen zu finden. Nun war es der Augsburger Bischof Christoph von Stadion, dem er das Werk widmete. Die Aufgaben, welche ihm sein Gewissen stellte, suchte Erasmus mit Mühe und Sorgfalt zu erfüllen. Diese Ziele hielten ihn davon ab, der Aufforderung des neuen Papstes, Paul III., zu folgen, der ihn um seine beratende Stimme beim kommenden allgemeinen Konzil gebeten hatte; sie müssen ihn so erfüllt haben, daß sie die Auswirkungen von Erschütterungen, von denen man erwarten konnte, daß sie die tiefsten Eindrücke in seinem Gemüt zurücklassen würden, dämpften. Oder verschloß er den Schmerz über die Enthauptung seiner edlen Gesinnungsgenossen John Fisher und Thomas Morus in seinem Herzen, in dessen letzte Kammer niemand Einblick gewinnen kann? An so vielen Stellen seines Lebens und seiner geistigen Haltung setzte die Kritik an Erasmus ein und suchte gegenüber vermeintlichen Mängeln in seinem Charakter sich wohlwollend zu gebärden. Es sollte aber viel weniger auf eine Rettung oder Rechtfertigung des Erasmus als eine Erklärung seiner Haltung und seiner Handlungen aus seinem Charakter abgezielt werden. Voraussetzungen des Charakters und Wesenszüge aus den vielen Äußerungen zu erschließen und zu zeigen, daß er so war, bietet für die Erfassung einer Persönlichkeit eine Grundlage, die mir fester zu sein scheint als eine Haltung, welche den Menschen als Gegenständen der Forschung gegenüber sich immer veranlaßt sieht, erzieherisch zu wirken.

Als kranker Mann zog Erasmus im Haus „Zum Luft“ in Basel ein. Er hat es nur selten mehr verlassen. Viele Zeit mußte er im Bett zubringen. Aber ein Ausruhen von geistiger Arbeit gab es für ihn nicht.

Ziel und Aufgabe des erasmischen Bildungsideals können nur im Zusammenhang mit seinem Wesen bestimmt werden. Er war sich seiner Leistungen voll bewußt und davon überzeugt, daß er absolutes Ansehen im Reiche des Geistes besitze, er gab sich der Hoffnung hin, die gebildete Menschheit zu einer höheren Stufe führen zu können, er sah sich als Bringer geistiger Freiheit und Schöpfer neuer geistiger Werte. Diese Haltung machte ihn zum Kritiker an Verhältnissen und Zuständen, die er als überlebt ansah, weil er davon überzeugt war, daß die Seele aus ihnen geflohen war und nur eine leicht zerbrechliche hohle Form zurückgelassen hatte. Die

Waffe, welche er dagegen anwendete, schenkte ihm zu seiner scharfen verstandesmäßig urteilenden Fähigkeit der antike Spötter Lukian, dessen geistesgeschichtlichen dekadenten Standpunkt er ebensowenig richtig erkennen konnte wie Celtis den des Verfassers der Schrift *De mundo*. Mit unbarmherzigem Spott und wortgewandtem Eifer verfolgte Erasmus die Pseudowissenschaft, als deren Träger er die Bettelmönche, in erster Linie die Dominikaner, sah. Die gewaltsame Einschnürung der Gedanken in die logischen Kategorien sei ihr Werk, sie erzögen zur Gedankenakrobatik und dazu, allen Erscheinungen mit Spitzfindigkeiten zu begegnen. Ebenso zog er auch zwischen seiner Anschauung und der Mystik einen scharfen Trennungsstrich. Der Allegorie konnte er nicht entraten — wie lebensvoll dramatisch ließ er Torheit und Friede auftreten! —, aber er schränkte ihren Gebrauch ein und stand ungefähr da, wo die Kirchenväter begannen, das antike Geistesgut in den Mantel der Allegorie zu hüllen. Die reine Klassizität mit dem biblischen Christentum zu vereinigen, die Antike mit dem Licht des christlichen Glaubens zu erhellen, war sein Lebensziel. Was dieses störte, galt als barbarisch. Seine Vorstellung davon war viel klarer als die des Konrad Celtis. Erasmus ließ sich auch nicht in jene Spekulationen ein, die die Humanisten um Maximilian gerne anstellten, er betonte: „Ich habe an Kabbala und Talmud niemals Freude gehabt. Mit Reuchlin bin ich nur einmal in Frankfurt zusammengetroffen, es besteht zwischen uns nur eine Anstandsfreundschaft, wie sie nahezu zwischen allen Jüngern der Wissenschaft zu bestehen pflegt, im weiteren besteht zwischen mir und diesem Manne keine irgendwie für mich schimpfliche Verbindung [143]." Dieses Studium erscheint ihm zwecklos, viel gefährlicher aber sind ihm die Erznarren, die ihn verleumden. Sie sind die Urheber des Unheils, in dessen Bekämpfung er sich mit Luther einig fühlte. „In erster Linie muß man die Quellen dieses ganzen Unglücks ins Auge fassen. Die Welt ist belastet mit menschlich-allzumenschlichen Einrichtungen. Sie ist beschwert von scholastischen Meinungen und Dogmen. Ist beschwert von der Tyrannei der Bettelorden; sie sind Trabanten des Römischen Stuhles, haben aber so an Macht und Anzahl gewonnen, daß sie selbst dem römischen Papste und manchen Königen furchtbar sind. Wenn der Papst ihnen nach ihrem Willen willfährt, ist er mehr als Gott; bei Dingen gegen ihren Vorteil ein bloßer Schemen. Ich verurteile nicht alle, aber die meisten dieser Art beschweren aus Gewinnsucht und Tyrannei absichtlich die Gewissen der Menschen. Und schon hatten sie die Stirne, unter Beiseiteschiebung von Christus nur ihre neuen und immer unverschämter werdenden Lehren zu verkünden. Über die Ablässe redeten sie so, daß es selbst für Idioten unerträglich war. Dadurch und durch vieles andere dieser Art schwand allmählich die Kraft evangelischer Lehre. Es würde immer schlimmer werden und schließlich der Funke christlicher Frömmigkeit, an dem sich die erloschene Liebe wieder entzünden

[143] Briefe, S. 241 f.

könnte, gänzlich erstickt werden. Die Hauptsache der Religion droht zu mehr als jüdischen Zeremonien zu werden. Darüber seufzen und jammern alle Guten. Das gestehen auch die Theologen, die nicht Mönche sind, auch einige Mönche im Privatgespräch. — Diese Dinge, glaube ich, haben Luther bewogen, zuerst zu wagen, sich der unerträglichen Unverschämtheit gewisser Leute entgegenzustemmen [144]." Von dieser Seite her fürchtete Erasmus die Vernichtung seines Lebenswerkes. „Schon längst ärgert sie das Aufblühen der Wissenschaften und der Sprachen, das Wiederaufleben der alten Autoren, die bisher staubbedeckt die Würmer fraßen, und der Ruf an die Welt: ‚Zu den Quellen!'. Sie fürchten für ihre Versumpftheit, sie wollen nicht irgendwie unwissend erscheinen, fürchten, etwas an ihrer Majestät einzubüßen. Dieses Geschwür haben sie lange verborgen gehalten, aber vor kurzem ist es doch aufgebrochen, der Schmerz war stärker als die Kraft, es geheimzuhalten. Bevor Bücher von Luther erschienen, drängten sie schon mit großem Eifer darauf hin, namentlich Dominikaner und Karmeliter — wären doch die meisten von ihnen nicht noch verruchter als sie dumm sind! Sobald die Bücher von Luther herausgekommen waren, benutzten sie das als Handhabe und begannen, die Sache der Sprachen, der Wissenschaften, Luthers, ja auch meine Sache zusammenzuwerfen; das war nicht nur eine üble Auswahl, sondern auch eine üble Differenzierung; denn was haben zunächst wissenschaftliche Studien mit einer Glaubensangelegenheit zu tun? Was habe ich ferner mit der Sache Reuchlins und Luthers zu tun? Aber das mengen sie künstlich durcheinander, um alle Verehrer der Wissenschaften mit einem Hasse niederzuwerfen ... Einst galt als Ketzer, wer von den Evangelien, den Glaubensartikeln oder ihnen an Autorität Gleichwertigem abwich. Heute wird, wer irgendwie von Thomas von Aquino abweicht, Ketzer genannt; ja wenn er von einem erdichteten Argument abweicht, das gestern irgendein Sophist in den Schulen ersann. Was nicht beliebt, was man nicht versteht, ist Ketzerei. Griechisch zu können, ist Ketzerei, sich gewählt ausdrücken zu können, ist Ketzerei. Was sie selbst nicht tun, ist Ketzerei! Ich gebe zu, Antastung des Glaubens ist ein schweres Verbrechen, aber es ist nicht nötig, jedes Beliebige zu einer Glaubensfrage zu machen. Und wer mit Glaubenssachen zu tun hat, muß von jedem Schein des Ehrgeizes, der Gewinnsucht oder des Hasses und der Rache vollkommen frei sein [145]." So schreibt Erasmus an Erzbischof Albrecht von Mainz am 19. Oktober 1519.

Alles, was die Harmonie, die Serenitas stört, hat in dem Weltbild des Erasmus keinen Platz. Sein Hintergrund sind Wahrheit und Natürlichkeit, den wahren Lebensgenuß gewähren Tugend und Frömmigkeit. Alle Übertreibungen wollte er daraus gebannt wissen, jede Erregtheit — mochte sie dem Zorn oder übermäßiger Liebe entspringen. Deshalb war ihm auch die

---

[144] Briefe, S. 263 f.

[145] Briefe, S. 266 ff.

pathetische Gebärde so fremd. Ein Leben nach der Vernunft muß zur Einfachheit führen. Deshalb pries er auch, ähnlich wie Celtis, die Lappen, die Inselbewohner in ihrer Abgeschlossenheit von der übrigen Welt. Der Zauber der Reinheit, der seinen Sinn beherrscht, ist auch das Leitmotiv seiner wissenschaftlichen Arbeit, die ihn zum ursprünglichen Text der Evangelien zurückführte. Die Leichtigkeit und Klarheit seiner Ausdrucksweise, die realistische Darstellung der vielen Ausschnitte aus dem eigenen Leben und dem anderer sind aus seinem Wesen zu erklären. Der Beobachter seiner selbst, welcher die Phasen seiner Steinerkrankung genau registrierte, und seiner Umwelt kommt immer wieder in seinen persönlichsten Werken, den Briefen, zu Wort. Immer urteilt er über die Dinge aus der Mitte seiner Persönlichkeit, mag er sich freuen über edle Freunde und Gesinnungsgenossen, mag er sich wehren gegen ungerechte Verdächtigungen anderer, mag er seine Handlungen gegen mißgünstige Vorwürfe rechtfertigen. Deshalb nahm er auch sein Körperchen so wichtig, war um seine Gesundheit besorgt, glaubte, nur eine besondere Temperatur in den Räumen, wo er sich aufhielt, vertragen zu können, schrieb sich eine besondere Diät vor und führte die meisten Erkrankungen auf eine seiner Natur nicht gemäße Lebensweise zurück. Er glaubte, nur der Burgunderwein, der ihm in Basel zur Verfügung stehe, sei für ihn am bekömmlichsten. Wie oft ist in seinen Briefen von seiner Abneigung gegen schlechte Gerüche die Rede!

Wurzel und Kern seines Wesens bleibt die Humanitas, der Wille zur Eintracht. Lange Zeit schrieb er nicht gegen die Vertreter der Reformation, sondern für die Herstellung der gestörten Einheit. Erst als er es in Basel mit Anhängern Luthers zu tun hatte, gab er diese Haltung auf. Er sah, daß gewisse Lutheraner schwerer als Luther selbst sündigten. Mit beschwörendem Ernst und bei der Ehre des Evangeliums bat er Zwingli am 8. September 1522: „Wenn Du künftig etwas herausgibst, so nimm eine ernste Sache ernst und denke sowohl an die Bescheidenheit als auch an die Klugheit, die das Evangelium lehrt. Frage gelehrte Freunde um Rat, ehe Du etwas veröffentlichst[146]!" Und im gleichen Sinne heißt es etwas später von Luther: „Hätte Luther doch durch die Ermahnungen der Freunde so zur Mäßigung zurückgebracht werden können, wie er durch den Haß gewisser Leute wütend gemacht wird[147]!"

Beobachtungsgabe und Unterscheidungsvermögen befähigten Erasmus zum Beurteiler seiner Zeitgenossen. Wenn er aber erkennen mußte, daß ihn die ersten Eindrücke, bei denen sich die Menschen so geben wie sie zu sein wünschen, betrogen, so suchte er noch immer die edleren und besseren Regungen, die er an ihnen liebte, zu wecken. Erst wenn er sich davon überzeugt hatte, daß sie mit seiner Auffassung nicht übereinstimmten, wurde er bitter, scharf, gehässig und ungerecht und grenzte den Umkreis

[146] Briefe, S. 311.
[147] Briefe, S. 313.

seines Wesens scharf von ihnen ab. Am deutlichsten wird dies in seinem Verhältnis gegenüber Ulrich von Hutten zu beobachten sein. Mit Melanchthon, von dem er sagte, er werde ihn ganz in den Schatten stellen, hat er die wissenschaftliche und menschliche Verbindung bis in sein letztes Lebensjahr aufrechterhalten.

Es scheint mir nicht richtig zu sein, aus seinem Verhalten einen großen und einen kleinen oder kleinlichen Erasmus zu erschließen und die Ursachen der vielen Meinungsverschiedenheiten, die ihn von seinen Zeitgenossen trennten, in zwei Seelen zu suchen, die in seiner Brust wohnten. Der Zwiespalt lag im Gegenstand und der Art und Weise seiner Beurteilung. Die Enttäuschung, welche ihm so viele seiner ehemaligen Freunde und Schüler bereiteten, lag im Auseinanderklaffen von Wunsch und Wirklichkeit, in der Störung seines Glaubens an die Entwicklung der edlen geistigen Kräfte durch die Erkenntnis, daß wenige Fackelträger des Edlen auf dieser Erde wandeln. Was er befürchtete, war der Sieg der Barbaren über die Wissenschaft, deren Ideale er vertrat. Er konnte sich verfolgt sehen, in mißmutiger, durch die Erkrankung gesteigerter Stimmung an eine Verschwörung der üblen Elemente gegen ihn glauben. Von einem Manne der Feder, dessen „Körperchen“ gerade den Strapazen der Reise und des Lebens gewachsen war, darf man keine lauten Rufe, Äußerungen und Handlungen erwarten, die aus mutiger und kampffroher Stimmung kommen. Soll man es ihm zum Vorwurf machen, daß er, an gelehrte Diskussionen und Aussprachen gewöhnt, die Entwicklung der Dinge nicht gleich am Anfang voraussah? Das hieße, von ihm einen Weitblick verlangen, der allen seinen Zeitgenossen fehlte. In solchen Zeiten sieht niemand in die Zukunft. Was vor den Menschen liegt, ist in undurchdringliches Dunkel gehüllt, durch welches die nie sich erfüllenden Wünsche aller vergeblich hindurchzudringen versuchen.

Sein letztes Werk, eine Erklärung des 14. Psalms, widmete Erasmus jenem Zöllner Eschenfelder zu Boppard, dessen Gast er im Jahr 1518 gewesen war. Es ist wieder ein Werk der Erbauungsliteratur und trägt den Titel: *De puritate Ecclesiae christianae.* Die Ruhe eines heiteren Abends liegt über diesem Vermächtnis des Seelsorgers Erasmus, der vom Willen zu diesem Beruf erfüllt ist. Er übt ihn — so widerspruchsvoll es auch sein mag — in der Stille seiner Gelehrtenstube gleichsam in einem Selbstgespräch aus, als dessen Hörer er sich seine Gesinnungsgenossen denkt. Man wird diese Lebensphase und Seelenhaltung des Erasmus nicht mit der seiner Höhe vergleichen können, weil sie nicht von einer ähnlichen geistigen Kraft getragen wird, aber so wie die anderen wird sie von seinem Wesen und seiner Natur bestimmt. Nicht als Erfüller einer Sendung und in der Erkenntnis, seinen Zeitgenossen eine neue geistige Welt erschlossen zu haben, aber als redlicher Vertreter einer Geisteshaltung, die ihre Selbständigkeit in den geistigen Kämpfen einer unruhigen Zeit zu wahren suchte, ist Erasmus nach langer Krankheit und Regelung seiner persönlichen Angelegenheiten bis ins einzelne, wohlvorbereitet für die Reise in die Ewigkeit, am 12. Juli 1536 von dieser Welt geschieden.

Auf keinen der Humanisten läßt sich das Wort über Faust: „Es kann die Spur von seinen Erdentagen nicht in Äonen untergehen" so anwenden wie auf Erasmus. Er hat nichts gemein mit dem Geiste, in dessen Brust zwei Seelen wohnen, den die Gärung in die Ferne treibt und der nie befriedigt wird. Sein Vermächtnis an die Nachwelt liegt heute weniger in einzelnen Erkenntnissen und Ergebnissen seiner Forschung als in seiner Haltung, im Ethos des Gelehrten, das er der Nachwelt übermittelte, in der ruhigen Überlegung und Prüfung der Gegebenheiten des Daseins. Es kann sein, daß dieser erasmische Geist nur wenige Heimstätten auf dieser Erde findet: Er ist dennoch ein unverlierbarer Besitz, um den sich immer edle Menschen bemühen werden. Der Geist des Erasmus ist Rückkehr, Einkehr, Gleichmaß und Klarheit.

ULRICH VON HUTTEN

„Was uns das Glück gegeben, nimmt es meist wieder weg, und das nicht allein; auch alles andere, was sich an den Menschen von außen anschließt, sehen wir dem Zufall unterworfen. Nun aber streb' ich nach Ehren, die ich ohne Mißgunst zu erlangen wünschte, in welcher Weise es auch sei; denn es besitzt mich ein heftiger Durst nach dem Ruhm, daß ich soviel als möglich geadelt zu sein wünschte. Es würde schlecht mit mir stehen, teurer Willibald, wenn ich mich schon jetzt für einen Edelmann hielte, ob ich gleich in diesem Rang, dieser Familie, von solchen Eltern geboren worden, wenn ich mich nicht durch eigenes Bestreben geadelt hätte." Wenn Goethe [148] aus dem Gefühl geistiger Wahlverwandtschaft seiner fordernden Epoche mit dem Zeitalter des Humanismus diese Worte aus Huttens Brief an Pirckheimer als Beispiel „tüchtiger und kräftiger Gesinnungen" anführt, so ist dies ein Beispiel für viele, daß jene geistigen Bewegungen des 18. Jahrhunderts, welche sich der geistigen Werte der deutschen Vergangenheit bewußt wurden und sie für ihre eigene Zeit nutzbar machen wollten, sich von der Gestalt des fränkischen Ritters Ulrich von Hutten angezogen fühlten. Wieland und Herder setzten ihm Denkmäler, und Goethe ist nicht der letzte gewesen, der Hutten auf Kutten gereimt hat. An Ausgaben seiner Werke [149], wissenschaftlich mehr oder weniger fundierten biographischen Arbeiten, an Romanen, Dramen und Gedichten, in denen Hutten Hauptperson ist, fehlt es nicht. Der Grund, daß er gleichsam zu einer geistigen

---

[148] Dichtung u. Wahrheit, 4. Teil, 17. Buch.

[149] Ulrich von Hutten, Opera. Ed. E. Böcking. Leipzig 1859/70. — D. F. Strauß, Hutten. Neu hrsg. von Otto Clemen. Leipzig 1914. — H. Grimm, Ulrichs von Hutten Lehrjahre an der Universität Frankfurt (Oder) und seine Jugenddichtungen. Frankfurt (Oder) 1938.

Macht geworden ist und eine Wirkung über die Jahrhunderte ausstrahlt, muß darin liegen, daß sein Leben und seine Persönlichkeit viele Züge aufweisen, die ihn zu einem Vorahner und Anbahner spät erfüllter Wünsche und Entwicklungen machen oder wenigstens in einem solchen Sinne gedeutet werden können.

Der Begeisterung und Zorn erweckende Redner, der Enthüller unerfreulicher Zustände, der Publizist und Mann des Volkes, der Meister des geschliffenen Wortes, der jugendliche, heimatlos gewordene Ritter, der sich in einem dunklen Drange einen neuen geistigen Adel zu erwerben suchte, lebte schon im Volkslied seiner Zeit als Vorkämpfer der Wahrheit. Conz Leffel besingt den „edlen Hut aus Franken“ und bekennt sich zu dem redlichen Mann [150]. Viele seiner treffenden sprachlichen Prägungen hat die Umwelt aufgenommen und an Zeiten weitergegeben, welche die Öffentlichkeit als Widerhall der Meinungen brauchen. Wie viele sprachen und werden von der neugeborenen Wahrheit sprechen oder von dem Jahrhundert, in dem es eine Lust zu leben ist, von der Barbarei, die den Strick nehmen soll, vom Morgenrot der Freiheit und von der Herberge der Gerechtigkeit! Die glückliche, fast möchte man sagen epigrammatische Prägung eines Gedankens, der Wollen und Stimmung von vielen wiedergibt, seine Haltung, die ihn nie Kompromisse eingehen ließ, sein Draufgängertum, seine Frechheit, welche wenig Rücksicht auf Tradition und ruhige Verhältnisse kannte, sind die tragfähigen Säulen seines Ruhmes. Er ist ein Geist der Unruhe, und wo es nach geistigem, wirtschaftlichem oder politischem Umsturz aussieht, wird er als der Ritter vom Geiste beschworen: es mögen die entgegengesetztesten Richtungen und Menschen sein, sie fühlen sich von ihm angezogen. Wer von Hutten mehr weiß als die paar zum Überdruß gebrauchten Schlagworte und sich nicht vom Worte berauschen oder von der Persönlichkeit seines Prägers bezaubern läßt, wird durch die Leichtigkeit seines Schaffens, die sprachliche Meisterschaft, die geistige Wendigkeit, die große Begabung und das Hinreißende der ganzen Persönlichkeit in den Bann gezogen. In der endlosen Liste seiner Bewunderer und derjenigen, die sich auf ihn berufen, erscheinen die Namen von Ludwig Uhland, David Friedrich Strauß, Georg Herwegh, Ferdinand von Lassalle und Alfred Rosenberg. Wie er zu Lebzeiten verehrende Liebe und Haß auf sein Haupt geladen hat, so hat auch die wissenschaftliche Forschung sich nur selten ganz freimachen können von Vorurteilen, die das richtige Maß einer Wertung stören. Zu viele haben sich selbst und ihr Wollen im Leben und Wirken Huttens gespiegelt. Die Versuchung dazu liegt ebenso nahe wie die zur Verurteilung des Störers der Ordnung. Es sind fast stets moralische Feststellungen und Maßstäbe, welche an ihn angelegt wurden. Als ob diese ewig gültig wären! Auch sie passen sich den Forderungen einer Zeit an und

[150] Abgedruckt in: R. v. Liliencron, Die historischen Volkslieder der Deutschen ... Bd. 3. Leipzig 1867, Nr. 350, S. 362.

sind dem Wandel unterworfen. Demgegenüber sollte sich eine ernste Forschung darum bemühen, die Dinge zu erklären, wie sie aus der Lage der Zeit herauswuchsen und sich unter bestimmten Einflüssen entwickelten. Sie sollte nicht tadeln; denn der Fehler, bei dem sie den Delinquenten ertappt, müßte genau untersucht werden. Da die Einvernahme von Gewährsmännern und Zeugen aber nicht so möglich ist, wie man es nötig hätte, sind die Voraussetzungen zu exakten Feststellungen gar nicht vorhanden. Die Rolle des Untersuchungsrichters ist für den Vertreter der Wissenschaft sehr undankbar, weil sie zu unsicheren Ergebnissen führt oder das Wachsen von Vorurteilen begünstigt.

Das Bild Ulrichs von Hutten ist mehr durch der Parteien Gunst mit einem Strahlenkreuz geziert worden, als es von ihrem Haß verzerrt wurde. Geschliffene Worte und Waffen klingen lauter über die Jahrhunderte als die eindringlichste Mahnrede oder die ruhige Gemessenheit eines Erasmus. Ein bewegtes, kampferfülltes Leben, eine vom Pathos des Zornes getragene Rede lassen noch spät Saiten im Wesen der Menschen klingen. Entrüstung, Stolz, Mut, Unbändigkeit, ehrliches Wollen und Planen sind selten in einem Menschen so eng miteinander verbunden wie in Hutten. Dem späten Beurteiler kommt es dabei viel weniger auf den Erfolg an als auf die Feststellung, daß ein solcher Geist seiner Zeit vorauseilte und sein Wirken zu früh entfaltete, so daß ihn nur wenige ganz verstanden. Aber auch diese Auffassung von Hutten ist einseitig, denn er kam von den Vorurteilen und Idealen seines Standes nicht los. Was so modern an ihm anmutet, ist seine Wirkung als Publizist, sein Bemühen um die Bildung einer öffentlichen Meinung und Stimmung. Feder und Schwert sind die Symbole, die seinen Ruhm durch die Jahrhunderte begleiten.

> Mein ganzes knappes Hausgerät ist hier,
> Mit Schwert und Feder half und riet ich mir [151].

Mit Tod und Teufel nimmt er es auf:

> Dem garst'gen Paar, davor den Männern graut,
> Hab' immerdar ich fest ins Aug geschaut [152].

So hat es Dürer in seinem Kupferstich festgehalten.

Die Holzschnitte [153], welche das Bild Huttens überliefern, zeigen ihn immer in der Rüstung und meistens mit dem Lorbeer des Dichters. Lange, in die Stirne gekämmte Haare umrahmen den harmonisch gebildeten Kopf. Ein starker Schnurrbart gibt dem Antlitz eine kriegerische Note. Auf Energie deutet die starke Nase. Die großen, auf ein fernes Ziel gerichteten Augen bringen einen fremden, verträumten Zug in das Wesen des Ritters, der manche Enttäuschung und viel Leid erfahren hat, aber ungebrochenen Geistes blieb. Dennoch paßt die Devise „Dirumpamus vincula eorum et

151 C. F. Meyer, Huttens letzte Tage III.
152 C. F. Meyer, a. a. O., IV.
153 Bei D. F. Strauß, a. a. O., Nr. 1, 12, 14, 18, 21, 33.

proiiciamus a nobis iugum ipsorum[154]!" nicht recht dazu, weil dieser Gestalt die durchbrechende Kraft, die sehnige Ausdauer und trotz des zum letzten entschlossenen Willens die Siegeszuversicht fehlen. Auch die beiden Holzschnitte von Hans Weiditz[155], welche seine Stellung im Kampf für Reuchlin ins Licht setzen, zeigen, daß dieser Geist nicht mit den Gegebenheiten des Lebens zu rechnen versteht, sondern von Bildern der Phantasie beherrscht wird.

Die meisten Humanisten, welche als Poeten oder Theologen ihre großen Leistungen aufzuweisen haben, entstammen dem Kleinbürgertum oder dem Bauernstand, die Juristen gehören dem Stadtpatriziat, Rittertum oder Adel an, sie finden ihren Lebensberuf nicht in der Wissenschaft, sondern in der Politik. Aber es wäre doch verfehlt, dies ganz zu verallgemeinern oder eine strenge Scheidung nach der Tätigkeit in den Fakultätswissenschaften vorzunehmen. Wie mancher ist Theologe und Jurist, Arzt und Poet oder auch Politiker, Arzt und Dichter wie Vadian! Stand und Familieninteressen schrieben Hutten entweder eine geistliche Laufbahn oder eine im Kreis eines Hofes vor. Beide hätten es ihm ermöglicht, den Neigungen des Poeten nachzugehen, wozu er vielleicht die größte Begabung hatte. Aber dazu fehlte die Selbstzucht. Sein Geist flammte immer wieder auf und empörte sich, wenn er sah, daß er sein Wollen, seine Persönlichkeit und sein Programm nicht durchsetzen konnte. Das machte ihn zum Agitator, zum Rufer im Streit, zum Sammler der Kräfte, über deren Größe und Leistungsfähigkeit er nie ein klares Bild hatte. Er war kein Mann des langsamen Bauens, er wollte zuviel und sah zu wenig klar: Das sind die Voraussetzungen seines Mißerfolges. Die geistige Zucht, welche ihn schöne Verse bauen und kunstvoll gegliederte Reden verfassen ließ, beherrschte sein Denken und Handeln nicht. Aber hinter allem, was er tat, steht seine Persönlichkeit mit ihrer Geisteskraft und dem hinreißenden Feuer innerer Begeisterung. Man wird sich vor Augen halten müssen, daß manches Wort Huttens schon sehr bald zum abgedroschenen Schlagwort wurde, aber damals in seiner ersten Prägung oder seinem besonderen Sinn viele Zeitgenossen zu plötzlichen Erkenntnissen führen konnte, weil es einen Gedanken oder Wunsch, der in der Luft lag, in einer leichtfaßlichen Form wiedergab und Stimmung verbreitete. Deshalb lebt er als Agitator fort, und deshalb sind auch die Wurzeln seines Wesens so spät aufgedeckt worden. Im 19. Jahrhundert bedeutete der Name Hutten ein politisches Programm. Da war er der Vorahner und Bannerträger einer liberalen, demokratischen und nationalen Parteiordnung, da faßte man seinen Kampf gegen das Papsttum rein parteipolitisch auf und grüßte ihn als Ahnherrn oder frühvollendeten Mitkämpfer. Damit versetzte man die Wurzeln seines Seins in einen völlig anderen Nährboden. Seine Freiheit und die Wahrheit,

[154] D. F. Strauß, a. a. O., Nr. 21.
[155] D. F. Strauß, a. a. O., Nr. 5, 6.

deren Wiedergeburt er verkündete, hat mit dem Liberalismus nichts zu tun. Sein ritterliches Standesbewußtsein ist weit entfernt von einer demokratischen Geisteshaltung, seine nationalen Gedanken werden von der Kaiseridee [156] gespeist und die Voraussetzungen seines Kampfes gegen Rom sind nicht der Wille zum Abfall von einem Glaubensbekenntnis, sondern die Erkenntnis der Unversöhnbarkeit zwischen Papsttum und Kaisertum. Er leitet sie aus der Streitschriftenliteratur des Investiturstreites, den Briefen des Petrus de Vineis und Vallas Schrift über die Konstantinische Schenkung ab. Er sah die Eröffnung dieses Kampfes, in dem er zum mächtigen Rufer wurde, schon in den Eroberungszügen der Römer gegen Germanien, und deshalb wurde sein Held Hermann der Cherusker. Durch Hutten wurde die Gestalt des Arminius zu einem national-politischen Symbol. Die Ausgabe der ersten fünf Bücher der *Annalen* des Tacitus (1515) stellte ihm diesen Träger deutscher Freiheit vor Augen. In einem Totengespräch (1519) ließ Hutten den Arminius vor Minos seinen vergessenen Ruhm wiederherstellen, indem er dem Feldherrn einen Platz vor Alexander und Hannibal einräumte und ihn zum Freund der Tyrannen, zu einem zweiten Brutus machte. Damit überwand er den Stammespatriotismus der frühhumanistischen Zeit und bekannte sich als Deutscher zu einem großen Vaterland. Celtis, der sich die Vertrautheit mit dem deutschen Lande erwandert hat, kam auf völkischer Grundlage zu ähnlichen Erkenntnissen, aber er zog aus der Einheit des deutschen Altertums keine politischen und praktischen Folgerungen wie Hutten, dem Abstammung und Erleben die Haltung des zornigen Kämpfers aufzwangen.

An der fränkisch-hessischen Grenze stand die Burg Steckelberg, das Stammschloß einer Linie der weitverbreiteten reichsritterlichen Familie Hutten. Dort ist Ulrich von Hutten am 21. April 1488 geboren. Wenn er sich auch später eines neuen geistigen Adels rühmt, er ist doch in den Grenzen des Standes, seiner Vorurteile, Rechte und Pflichten aufgewachsen. Die Zeiten, in denen die Ritter Träger der Kultur und der Politik waren, waren längst vorüber. In der Wirtschaft, im Hofdienst bei weltlichen und geistlichen Herren fanden sie nun ihre Berufe. Auf den Abgaberechten bestanden sie mit verbissener Zähigkeit, und wenn der Kaufmann nicht freiwillig bezahlte, so wurden ihm die Waren abgenommen. Im Gegensatz zu den Städten mit ihren Bürgern, zu den Bauern und Fürsten standen die Ritter in Angriff und Abwehr. Die Feuerwaffe, die neue Kriegstechnik, in der das Fußvolk den Ausschlag gab, entwerteten die alte Kampfweise, welche gleichsam das Recht der bevorzugten Reiter war. Als selbständige Macht, als geschlossene Standesgruppe, Träger neuer Ideen und erhaltende Kraft hatte das Rittertum seine Rolle ausgespielt. Die Welt des schönen Scheins, die es einst in edle Formen des Lebens und der Kunst gegossen hatte, war ihm längst entglitten. Man versteht, daß viele seiner Vertreter, die Gebilde-

[156] Joachimsen, a. a. O., S. 108 ff.

ten, welche an den welschen Universitäten studiert hatten, den Anschluß an den Humanismus suchten und fanden. Wollten sie sich mit den übrigen Humanisten vereinigen, so mußten sie manches Vorurteil ablegen. Ihren Namen haben sie aber nie abgelegt. Keiner von ihnen hat sich nach dem Vorbild des Celtis den dreifachen römischen Namen gewählt.

Was die Eltern, den Vater Ulrich von Hutten und seine Ehefrau Ottilia, geborene von Eberstein, dazu bestimmt haben mag, ihren erstgeborenen Sohn dem geistlichen Stand zu weihen und im Jahr 1499 an die Klosterschule nach Fulda zu schicken, steht nicht fest. Mag es ein Gelübde oder die schwächliche Konstitution des Knaben gewesen sein: die Aussicht auf eine engere Bindung an das altehrwürdige Kloster, dessen Lehensmann der Vater war, und eine gute Pfründe, die dem einstigen Klosterschüler als Kapitelherrn zuteil werden konnte, schienen seine Zukunft zu sichern. „Etwa in meiner jugent, nämlich do ich eylff iar alt gewesen, haben mich mein vater vnd muter, auß andächtiger gutter meinung, in den stifft Fulda, mit dem fürsatz ich solt darinn verharren, vnd eyn münich seyn, gethan. Da wider ich dann zur selbigen zeit nit gemocht, hab auch (als zu ermessen) das vorstäntnus noch nit gehapt, das ich hette wissen mügen, was mir nütz vnd gut vnd war zu ich geschickt wär. Do ich aber ein wenig daz leben erkändt, vnd mich bedaucht, ich vorwüste mich meiner natur nach, in einem andern stand vil baß got gefällig vnd der welt nutzlich wandelenn, hab ich mich, als noch mit keiner Profeß oder gehorsam vorbunden oder vorstrickt... darauß gethan vnd andern dingen, die ich mich zu vorwesen geschickter geacht, nachgegangen. Dißes habenn meine freünd die Curtisanen, vnd ire anhänger, wer die seind, geschöpft, vnd geben, wiewol noch heimlich vnd hinder meinem rucken, von mir auß, ich sey ein münich gewesen, haben auch an vilen örtern gifftige redt daruon gehapt. vnd nachdem sy die sach nit wie an jr selbst, sonnder als sölt ich gehorsam oder Profeß gethan haben, fürgegeben, haben sy mich hiermit in ein nachred zu bringen vnderstanden [157]."

Über die Jugend Huttens ist wenig bekannt, man wird sich ihn als einen leicht erregbaren, sensiblen, aufgeweckten und aufrechten Knaben vorzustellen haben, der vielleicht unter der allzu großen Strenge eines starrköpfigen Vaters zu leiden hatte. Wollte er später Eindruck machen, so bemühte er sich, Macht und Ansehen seines Vaters zu zeigen. Aber mit besonderen Reichtümern war die Familie gewiß nicht gesegnet. Von dem, was ihm später nach dem Tode seines Vaters zufiel und was er mit fünf Geschwistern zu teilen hatte, sagte er, könne er nicht standesgemäß leben. Daß er sich nicht zu mönchischer Askese berufen fühlte, mag er selbst früh erkannt haben. Wie seine fränkischen Landsleute Regiomontan und Celtis trieben auch ihn die Gärung und das Bedürfnis, Menschen und Welt kennenzulernen, die Quellen einer neuen Weisheit aufzuspüren,in die Ferne. Ob er

[157] Op. 2, S. 145.

mit humanistischem Gedankengut schon so früh in Berührung kam, ist kaum festzustellen. Jedenfalls vermittelte ihm die Klosterschule einen soliden Grundstock von Lateinkenntnissen, vielleicht ohne formale Schulung.

In Köln, wo er sich zum Wintersemester 1505/06 einfand, wurde ihm diese Schulung kaum zuteil. Der Antrieb zum Studium war für Hutten gewiß mehr ein allgemeiner Bildungsdrang als die Absicht, ein bestimmtes akademisches Ziel zu erreichen. In ein engeres Verhältnis zu einem humanistischen Kreis kam er in Erfurt im Sommersemester 1506 und im darauffolgenden Winter in Frankfurt a. d. O. Dort war Johannes Rack aus Sommerfeld in der Niederlausitz, Rhagius Aesticampianus[158] genannt, ein Freund von Konrad Celtis, sein Lehrer, dem er dann auch im Frühling 1508 von Frankfurt nach Leipzig folgte. Im September 1506 erlangte Hutten in Frankfurt den ersten akademischen Grad eines Baccalaureus artium [159]. Er ist noch weniger durch die scholastische Schule gegangen als Celtis und Erasmus, mit denen er den Widerwillen gegen die Lehrmethode teilte. Auch ihn erfaßte der Ruf zu den reinen Quellen und das klare Formideal der Antike. Seine Wissenschaft wurde die Poetik. Er besaß ähnlich wie Celtis ein Talent zur Freundschaft, das ihn dazu führte, sich Gleichstrebenden anzuschließen. Aber das mochte mehr auf sein Mitteilungsbedürfnis und dem Umstande beruhen, daß er auf die Unterstützung und das Wohlwollen von Gönnern angewiesen war. Ritterliche Rauflust hat ihn gewiß auch damals schon Anfeindungen ausgesetzt.

Der erste Freund, an den sich Hutten enger anschloß, war Johannes Crotus Rubeanus (Jäger aus Dornheim), der wie er zu Anfang des Wintersemesters 1505/06 in der Matrikel der artistischen Fakultät zu Köln eingetragen wurde. Sein höheres Alter — er wurde 1480 geboren —, seine satirische Begabung, innere Fröhlichkeit und Spottlust ließen ihn leicht seine geistige Überlegenheit dem jüngeren Freund gegenüber zeigen. Mutian nannte ihn den „Mann aller Stunden“, womit er seine heitere Gemütsart kennzeichnete. Und dieser Mutianus Rufus, der wie Erasmus durch die Schule der Brüder vom gemeinsamen Leben in Deventer gegangen war und nach einem längeren Studienaufenthalt in Bologna und Rom als Kanonikus zu Gotha einem Kreis von Jüngern Lehrer und Vorbild war, vermittelte Hutten die erste Berührung mit der humanistischen Geisteswelt. Sehr eng und von langer Dauer kann sie kaum gewesen sein. Wie mit Crotus schloß Hutten eine wirkliche Lebensfreundschaft zu Erfurt mit dem gleichaltrigen Eobanus Hessus [160], der sich als ersten Namen den des Sonnengottes Helius zulegte. In seiner Gutherzigkeit, inneren Heiterkeit und seinem Lebensmut ist er wirklich das Sonnenkind des Kreises, der Dichter, den die Zeitgenossen

[158] Celtis-Briefw., a. a. O., Nr. 241.

[159] H. Grimm, a. a. O., S. 58.

[160] C. Krause, Helius Eobanus Hessus. Sein Leben und seine Werke. 2 Bde. Gotha 1879.

mit Vergil und Ovid verglichen; denn wie diesem wurde ihm jede sprachliche Formung zum Vers. Mit größter Leichtigkeit dichtete er in den klassischen Versmaßen und übersetzte er aus dem Griechischen ins Lateinische. Dieses Talent bewährte er zuerst gerade zur selben Zeit, als er wie Hutten an der artistischen Falkultät zu Erfurt eingeschrieben war, in zwei Gedichten[161], einem kürzeren in Distichen *Vom Kampfe der Erfurter Studenten mit einigen verschworenen Taugenichtsen* und einem längeren in Hexametern *Vom Auszug der Erfurter Studenten zur Zeit der Pestilenz.* Ihm widmete Hutten die achte Elegie der *Querelen* [162], und in der zehnten nannte er ihn seinen Lehrer in der Dichtkunst [163], habe er auch als Jüngling das Wort mit finsterem Gebrüll verwoben, so sei er nun Sieger über die Zeit durch die Pflege der neuen Form, ein Erfahrener, oder wie Crotus sagte, „an Jahren ein Knabe, an dichterischer Kunst ein Greis“ [164]. Entscheidenden Einfluß hat wohl nur Rhagius, der unstete Wanderer, der an so vielen Universitäten gelehrt hat, auf Hutten ausgeübt. Von ihm konnte er den Ruf zu den Quellen am deutlichsten vernehmen. Mit seiner Auswirkung auf das Praktische, seiner Absicht einer moralischen Auswertung der Kirchenväter nahm er eine eigentümliche Zwischenstellung zwischen Erasmus und Celtis ein. In eine ähnliche Berührung mit der Gedankenwelt von Celtis kam Hutten durch den Rat der Kurfürsten Johann und Joachim I. von Brandenburg, Eitelwolf vom Stein. Ihn feierte Hutten als einen, den der besondere Adel des Ritters ziere:

Der im grausigen Lärm, in der Verwüstung der Kriege
Und in des Kaisers Heer in seiner deutschen Schar,
In der mordenden Feldschlacht und blutigem Waffengetümmel
Immer mit heiterem Geist Treue den Musen bewahrt [165].

In diesen beiden Mentoren, dem Politiker und Ritter Eitelhof vom Stein und dem akademischen Lehrer Rhagius, treten die beiden Seiten von Huttens Entwicklung zum Poeten und politischen Publizisten in Erscheinung, mochte er auch vorläufig nicht ahnen, daß die rein humanistische Beschäftigung mit der Dichtung für ihn nur ein Durchgangsstadium war, daß sie nur die Grundlage für seine spätere Betätigung bildete und ihn über das Studium des deutschen Altertums zu den zeitnahen Problemen der Politik führte. Soviel ist gewiß, daß Hutten in den wenigen Studiensemestern bei Vigilantius Axungia [166] und Rhagius Ästicampianus ganz dem Humanismus gewonnen wurde und sich das handwerksmäßige Rüstzeug zu Poetik und Rhetorik wohl aneignen konnte. Das sieht man aus seinen

[161] C. Krause, a. a. O., 1. Bd., S. 30 ff.
[162] Op. 3, S. 59 ff.
[163] Op. 3, S. 69, Vers 83 f.
[164] C. Krause, a. a. O., 1. Bd., S. 56.
[165] Op. 3, S. 67, Vers 51—54.
[166] H. Grimm, a. a. O., S. 81 ff.

ersten poetischen Werken [167], der Elegie an Eobanus Hessus, einer neidlosen Anerkennung der Fähigkeiten des Freundes, und dem Lobgedicht auf die Mark, einer poetischen Zugabe zu des Vigilantius Beschreibung dieser Provinz. Stadt, Land und Fürsten feiert der jugendliche dankbare Dichter. Die moralische Erziehung, welche Rhagius seinen Schülern zuteil werden ließ, begegnet in Gedichten Huttens, von denen eines in dem Frankfurter Druck (1507) der Tafel des Cebes [168] neben einem Briefe des Rhagius abgedruckt wurde. Die Themen De virtute und Vir bonus (Druck 1513) stellen sein Lebensideal bereits deutlich heraus. Daß in dem Renaissancebegriff der Virtù, welcher hier abgewandelt wird, auch Züge der ritterlichen Standesehre erscheinen, verwundert ebenso wenig wie der Blick auf die unberechenbare Laune der Glücksgöttin, der Hutten später eine besondere Abhandlung widmete.

Aber weder mit diesen noch einigen anderen Gedichten an Freunde und Gönner konnte Hutten seinen Ruhm begründen. So schnell wie es bei Celtis und Erasmus mit dem Berühmtwerden ging, kam ein Jünger der Poetik im 16. Jahrhundert nicht mehr zu Ansehen. Es war ein äußeres Erlebnis, das ihn in jene Seelenlage versetzte, welche so eigentlich die Grundlage für sein ganzes literarisches Schaffen bildet. Die Umstände, unter denen Hutten die Leipziger Universität verließ, sind unbekannt. Viele Freuden gewährte ihm Fortuna in jenen Jahren kaum. Das unstete Wanderleben, dem er sich spätestens vom Frühling 1509 an hingab, entzieht ihn den Blicken der Forschung. Es ist sehr wahrscheinlich, daß er schon zu dieser Zeit von der Franzosenkrankheit befallen wurde. Das gesteigerte Selbstbewußtsein, der Sinn für kühne Unternehmungen und das plötzliche Erlahmen der Kraft, ehe das Ziel erreicht wird, das Planen und Nievollenden sind Erscheinungen, die man häufig in der Gefolgschaft und als Auswirkungen dieser Krankheit auf den Geist ihres Trägers beobachten kann. Körperlich und geistig heruntergekommen, traf Hutten im Herbst 1509 in Greifswald ein. Er wurde unentgeltlich in die Universitätsmatrikel eingetragen. Im Hause des Professors Henning Lötz und dessen Vater, des Bürgermeisters Wedeg Lötz, fand Hutten vorerst gastliche Aufnahme. Später wurde er weniger liebenswürdig behandelt, man verspottete seine humanistisch-poetischen Neigungen. So erzählt Hutten. Wahrscheinlich war sein Auftreten nicht so bescheiden, wie er es darstellt. Auch hat er wohl seinen Gastgebern Hoffnungen auf reichliche Rückerstattung der vorgeschossenen Beträge gemacht. So ist es kaum verwunderlich, daß Hutten nach einiger Zeit als Hochstapler angesehen wurde, es zu unerfreulichen Auseinandersetzungen kam, und er es vorzog, Greifswald zu verlassen und in Rostock sein Glück zu versuchen. Wohl erreichte er sein Ziel, aber in elendem Zustand, denn Vater und Sohn Lötz hatten ihm seine Kleidung und

---

[167] H. Grimm, a. a. O., S. 106 ff.

[168] H. Grimm, a. a. O., S. 120 ff.

Bücher wegnehmen lassen. Ob dieses durch Reiter geschah, welche dem Flüchtling nachhetzten, oder noch in Greifswald durch eine Pfändung, wird schwer festzustellen sein. Genug! Hutten hatte einen begründeten Anlaß zur Entrüstung, und das war die Stimmung, welche er brauchte, um seine Muse mit eindringlichen Worten sprechen zu lassen. So entstand das erste Werk, in dem sich sein Geist offenbart: die *Querelae* [169], die Klagegedichte gegen die Lötze. Es war seine Art, einen Einzelfall, der ihm selbst bekannt war oder ihn betraf, zu einem typischen Ereignis zu machen, an dem die Verderbtheit und Verworfenheit einer Persönlichkeit oder eines ganzen Standes offenbar wird. Dabei gelang es ihm, seine Person und sein Schicksal nicht aufdringlich in den Vordergrund zu stellen, sondern er bemühte sich, als Vertreter einer Ansicht, eines Standes, einer Nation oder ganz bestimmten politischen Richtung zu erscheinen, der als Sprecher und Ankläger für viele auftritt. Noch ist es ihm nicht darum zu tun, einen Anhang vorzutäuschen und damit seine Gegner einzuschüchtern. Alle Humanisten seien in ihm aufs härteste getroffen worden, oder der Herzog von Pommern, so meint er, werde es nicht dulden, daß in seinem Lande noch einmal einem wandernden Poeten ein solches Unrecht geschehe. Ähnlich versteht er es später, einen persönlichen Raufhandel zu einer nationalen Ehrenangelegenheit zu machen. Immer mehr steigert er sich in die Entrüstnug hinein und legt dann mit einem kaum zu überbietenden Pathos los. In der Hitze des Fiebers ist manches Werk Huttens ausgeglüht worden. Er liebte den Kontrast. Den beiden Bösewichtern Wedeg und Henning Lötz stellte er die gefeierten sechzehn Rostocker Professoren gegenüber, deren jedem er ein Tetrastichon widmete. Sie sind gleichsam der Gerichtshof, vor dem er seine Klage vorbringt. Diese ist zuerst ganz allgemein gehalten, dann erfolgt der Bericht über die Untat, welche an ihm begangen wurde. Er wendet sich an einen Studenten und einen Professor der Rostocker Universität um Hilfe. Hierauf wird die Klage wegen Friedensbruchs vor dem Herzog von Mecklenburg gegen die Lötze erhoben. Im gleichen Sinn soll sich Valentin Stoientin, ein Freund aus Frankfurt, beim Herzog von Pommern bemühen. Der Oheim Ludwig von Hutten wird aufgefordert, dem alten Lötz, wenn er nach Frankfurt a. M. zur Messe fahre, aufzulauern und ihn in Gewahrsam zu nehmen. Dem Dank an jene, die ihn vor den Lötzen gewarnt haben, folgt eine Beschreibung seines Wesens und seiner Absichten. Hutten stellt sie den dunklen Machenschaften seiner Widersacher gegenüber. Soweit das erste Buch der Elegien. Im zweiten sind es mehr persönliche Bitten an Freunde und Versuche seiner Rechtfertigung. Am Ende hält er eine Revue über den humanistischen Parnaß und seine Freunde ab, die sich alle durch die ihm angetane Schmach beleidigt fühlen müssen. Wahrscheinlich gab Hutten das Manuskript der Klagereden in der Offizin des Johannes Hanow zum Druck.

[169] Op. 3, S. 19 ff.

Anscheinend hat auch die Ausführung des *Nemo*[170] Hutten schon in dieser Zeit beschäftigt. Im Frühling 1510 wurde dieses Werk bei Sebaldus Striblitas zu Erfurt gedruckt. Hutten nahm den Text später (1515) nochmals vor und erweiterte ihn von 96 auf 156 Verse (Druck von 1518). In der mittelalterlichen Legendenliteratur vom Ende des 12. Jahrhunderts begegnet der heilige Nemo zuerst. Den Stoff erweiterte um die Mitte des 13. Jahrhunderts der Mönch Radulphus von Anjou, der alle Bibelstellen sammelte, in denen das Wort Nemo vorkommt. Zu Ende des 15. Jahrhunderts wurde der Stoff von einem Straßburger Barbier namens Jörg Schan in einem volkstümlichen Flugblatt verbreitet, auf dem der Niemand für alles verantwortlich gemacht wird, was im Hause geschehen ist, und wozu sich jemand nicht gerne bekennen will. Diese volkstümliche Auffassung beherrscht den zweiten Teil von Huttens Gedicht. Da ist der Nemo der Sündenbock, der Krüge zerschlägt und allerlei Zerstörungen auf dem Kerbholz hat. Der erste Teil, der in der zweiten Fassung besonders erweitert wurde, führt ein geistreiches Spiel durch, in dem Nemo als Person eingeführt wird, von der die unwahrscheinlichsten Dinge behauptet werden. Er war schon vor der Erschaffung der Welt da, weiß alles, besitzt das ewige Leben und ist frei von allen Fehlern. Diese Gestalt lebt vom Sprichwörtergut und hat besonders in ihrer späteren Neuformung dem *Lob der Torheit* des Erasmus manchen Zug abgeborgt. Das geistreiche Werklein, das der unbekannte Hutten, selbst ein Nemo, dessen sich die Verwandten schämten und dessen Name kaum bekannt war, veröffentlichte, hat später viele Auflagen erlebt. Es stellt uns nicht den kampffrohen Hutten vor Augen, sondern einen ernsten Zweifler, der schwer an seinem Schicksal trägt, der um die Gunst der Fortuna vergeblich gerungen hat. Das dunkle Gefühl, an einer Zeitwende zu stehen, wird seiner häufig Herr. Mögen diese gedrückten Stimmungen auch vorübergehende Äußerungen sein und mit seiner Krankheit zusammenhängen: sie bringen doch Züge der Schwermut und der Unentschlossenheit in sein Bild. Der zuversichtliche Glaube an einen Sieg des Humanismus, wie ihn Celtis ausstrahlt und der für Erasmus gleichsam ein Axiom ist, fehlt bei Hutten. Er konnte sich dem Augenblick hingeben, der Errungenschaften seines Zeitalters froh sein und mit Stolz seiner Leistungen gedenken, aber wenn er reformieren und in die Zukunft hineinbauen wollte, so fehlte ihm häufig der Glaube. Mochte diese resignierende Müdigkeit auch oft von seinem feurigen Wollen niedergerungen werden, in entscheidenden Augenblicken und da, wo er sein Innerstes bloßlegt, zeigte er sich dem Zweifel verfallen.

Von größerer Bedeutung als diese Werke ist Huttens *Verskunst*[171], deren Widmung an die beiden Brüder Johannes und Alexander Osten vom 31. Dezember 1510 datiert ist. Der Druck wurde am 1. Januar 1511 von Wolfgang Monacensis zu Leipzig abgeschlossen. Hutten war damals schon

[170] Op. 3, S. 107 ff. — H. Grimm, a. a. O., S. 137 ff.

[171] Op. 3, S. 89 ff. — H. Grimm, a. a. O., S. 163 ff.

längere Zeit in Wittenberg bei seinem lieben Freunde Phachus, Balthasar Fabricius aus Vacha. Es ist wahrscheinlich, daß er durch diesen und auf Grund seines Werkes hofft, es werde sich ihm nun die Möglichkeit einer akademischen Lehrtätigkeit eröffnen. Die *Verskunst* stellt sich in eine längere humanistische Tradition, sie soll die handwerklichen Voraussetzungen zur Abfassung von Dichtungen bieten. Lehren der Grammatik und Prosodie werden in leichtfaßlicher und übersichtlicher Form geboten. Neue Gedanken vermißt man, aber dem Lehrzweck entsprach die Dichtung gewiß. Das zeigt der Umstand, daß sie mehrmals abgedruckt wurde. Mit übergroßer Bescheidenheit spricht Hutten in der Widmung von einer Schülerarbeit, die er rasch zusammengeschrieben habe. Schnell gelangt er aber nicht damit zu einem akademischen Lehramt, und auch der Versuch, sich mit seiner Familie zu versöhnen, mißlang. Sein Freund Crotus hatte sich ins Mittel gelegt. Man forderte von ihm die Rückkehr in das Kloster Fulda, dann werde ihm der Vater gestatten, juristische Studien aufzunehmen. Damit war Hutten nicht einverstanden, er sah vorerst seinen Lebensberuf in der Poesie. —

Mit einem Begrüßungsgedicht [172] führte sich Hutten, der durch Böhmen und Mähren gewandert war, in Wien ein. Zu Olmütz hatten ihn Bischof Stanislaus Thurzo und Propst Augustin Moravus [173], der Freund von Konrad Celtis, mit einem Pferd, Reisegeld und einem kostbaren Ring ausgestattet. Nun saß er bei den Mitgliedern der gelehrten Donaugesellschaft, den Freunden und Schülern von Celtis. Vor allem Vadianus nahm sich seiner an. Als Weitgereister, mit mancher Anspielung an das ähnliche Schicksal des Odysseus stellte sich Hutten vor. Lachesis habe ihm ein solches Los geworfen, jetzt aber, da er in Wien eintrete, liege gleichsam ein neues Leben vor ihm, denn allzu vieles habe er gesehen und gelitten:

Reiche, du ruhmvolle Stadt, dem Dichter die freundliche Rechte,
  Das beschwöret er dich, die du der Wissenschaft dienst.
Wahrlich genug der Unbilden trug der ruhlose Wandrer,
  Vieles hat er erlebt auf dem beschwerlichen Pfad,
Krankheit suchte ihn heim, und tückischen Plünderern verfiel er,
  Wunden, Elend und Trug waren sein grausig Geschick.
Nun gewährt ihm ein gütiges Schicksal, sicher zu leben,
  Weil ihm die freundliche Stadt viele der Freuden vergönnt [174].

In Wien kam Hutten durch den Kreis seiner humanistischen Freunde zum erstenmal in engere Berührung mit der Reichspolitik Maximilians I. Sein langes Mahngedicht an den Kaiser [175], den begonnenen Krieg gegen die Venediger fortzusetzen, bringt Gedanken an die lateinische Versform, welche besonders am Oberrhein auch in der volkstümlichen Dichtung wie der

[172] Op. 3, S. 159 f.
[173] Celtis-Briefw., Nr. 181 u. Nr. 310.
[174] Celtis-Briefw., a. a. O., Vers 21—28.
[175] Op. 3, S. 121 ff.

Welschgattung abgewandelt wurden. Wenn er aber in einer heroischen Dichtung[176], welche er nach sieben Jahren (1518) aufs neue herausgab, nachweist, daß Deutschland weder in bezug auf die Tugend noch auf die maßgebenden Grundlinien von seinen Anfängen abgewichen sei, so konnte er die Grundgedanken des Gedichtes aus der geistigen Erbschaft von Celtis übernehmen. Es ist der allgemeine Zug zur deutschen Urgeschichte, der auch ihn erfaßt hat und dem er später durch die Begründung des Arminiuskults einen sichtbaren Ausdruck verliehen hat, als dies von Celtis und seinem Kreise geschehen ist. Nur hat man bei Hutten den Eindruck, daß er für die politischen Fragen der Gegenwart einen viel offeneren Sinn besaß als die humanistischen Gelehrten. Er war und blieb der ritterliche Draufgänger, der an die Wiederherstellung der Größe seines Vaterlandes glaubte und zum Kampf gegen die Venezianer rief, deren Unternehmungen und Absichten von der schwankenden französischen Bündnispolitik mit den italienischen Kleinstaaten abhängig waren. Das venezianische Thema[177], den Fischzug und Markuslöwen, wandelte er später in Hexameterdichtungen ab. Die heraldischen Tiere Adler und Löwe versinnbilden ihre Länder und Heere. Man dürfte in keinem der Werke von Hutten, welche die propagandistische Weissagungsliteratur um die Jahrhundertwende in einer höheren Ebene fortsetzen, einen Gedanken oder eine Formung finden, die nicht schon vor ihm von dem gesunden Sinn der elsässischen Humanisten vom Schlag eines Wimpfeling oder Ringmann geprägt wurden. Aber das ist das Neue, daß er dieses Gedankengut mit der wissenschaftlichen Richtung der Epigonen von Celtis vereinigte. Vielleicht spielt er in seinem Begrüßungsgedicht an die Stadt Wien mit dem Hinweis auf seine Wanderungen und dem Vergleich mit Odysseus, den auch Vadian zu ihm in Beziehung setzte, auf Celtis an. Aber bei diesem wurde die Beschäftigung mit der deutschen Urzeit von wissenschaftlich phantastischen Erwägungen getragen, während Hutten sie praktisch für die Lösung von Fragen der Gegenwart auszuwerten suchte, das heißt mit anderen Worten: Er fühlte sich als politischer Publizist. Bei der Hast seiner Produktion ist es selbstverständlich, daß er sich weder mit der Lösung von Forschungsaufgaben noch mit den Fragen der Ausgabentechnik oder Textkritik beschäftigte. Es kam ihm trotz seiner formalen Begabung und der Fähigkeit, die Sprache zur Erregung von Stimmungen auszuwerten, viel weniger auf die Gestalt seiner Werke an, als auf ihren Inhalt und die Erfüllung seiner Absichten. Daß er später seine Werke ins Deutsche übersetzte oder deutsch abfaßte, daß er in deutscher Sprache dichtete, zeigt, wie wenig es ihm um das zu tun war, was den Humanismus ausmacht, die reine Sprache, die Harmonie zwischen Inhalt und Gestalt, die stolze Macht der Form, die Rückkehr zur Weisheit der Alten. Einen Hymnus auf die Liebe als bewegende Kraft hat er ebenso wenig angestimmt,

---

[176] Op. 3, S. 331 ff.

[177] Op. 3, S. 287 ff; 301 ff.

wie er ein einzelnes Liebeserlebnis besungen hat. Von der Humanitas Erasmiana hat er nur wenig Hauch verspürt. Wie seinen Ahnen und Standesgenossen die Erregung das Schwert führte, so führte ihm die Entrüstung die Feder. Mit Hutten gleitet der Humanismus, dessen Erscheinungsformen er im Kreise von Celtis vor allem bei Vadian und später im persönlichen und brieflichen Verkehr mit Erasmus kennenlernte, von der Höhe ästhetischen Empfindens und dem edlen Dienst am Wort in das rauhe Leben, dahin, wo sich im Raume hart die Sachen stoßen.

Damit soll weder über den Menschen Hutten noch über seine Leistung ein absprechendes Urteil gefällt werden. Aber man muß die Dinge so sehen, wenn man an die aus der Enge erlösende Macht des Humanismus glaubt. Daß Huttens Geist nicht untergehen wird und sich an seinen Taten und Worten immer wieder Menschen begeistern werden, ist allein schon ein Zeugnis für seine Bedeutung und Größe. Er muß genommen und beurteilt werden, wie er ist. In dem Sinn gibt er in seinen letzen Tagen dem Arzt, der ihm mit dem richtigen Rezept für seine Genesung naht:

> Vergesset, Ritter, was die Welt bewegt
> Und Euch in jeder Fiber aufgeregt!
> In dieser Bucht erstirbt der Sturm der Zeit:
> Vergesset, Hutten, daß ihr Hutten seid!

die richtige Antwort:

> Freund, was du mir verschreibst, ist wundervoll:
> Nicht leben soll ich, wenn ich leben soll [178].

Daß sich Hutten durch sein freches Benehmen in Wien unliebsam machte, erzählen die *Dunkelmännerbriefe* [179]; denn er ist wohl jener Geselle aus Mähren, der sich gegen das ausdrückliche Verbot des amtierenden Rektors Heckmann anmaßte, an der Wiener Universität Vorlesungen über Verskunst zu halten. Als dieser den Studenten den Besuch der Vorlesungen untersagte, „rückte der Lotterbube, wie ein Krieger einherschreitend, mit einer Sturmhaube auf dem Kopf und einem langen Messer an der Seite, dem Rektor zu Leibe und wagte ihn sogar zu duzen. Dafür wäre er in den Karzer geflogen . . ., wenn er nicht einflußreiche Bekannte gehabt hätte.“ Aber auch diese Freunde, unter denen gewiß Vadian war, konnten ihn nicht halten und rieten ihm, die Donaustadt zu verlassen. — In unruhigen Tagen begann er zu Pavia mit dem Studium der Rechtswissenschaft, das heißt, er hatte sich dem Wunsche seines Vaters gefügt. Als die Eidgenossen die Stadt im Juli 1512 belagerten, machte er sich als Anhänger des Kaisers den Franzosen verdächtig und wurde von ihnen bis zum Einzug der Schweizer in Gewahrsam gehalten. Aber auch diese behandelten ihn mit Mißtrauen. Endlich gelang es ihm, seine Studien in Bologna wieder aufzunehmen. In völliger Mittellosigkeit mußte er sich schließlich anwerben lassen und

---

[178] C. F. Meyer, a. a. O., V.

[179] EOV I, Nr. 14; cf. Bömer, EOV. Heidelberg 1924. 1. Bd.: Einführung, S. 59.

Kriegsdienste im kaiserlichen Heer leisten. Einen Überblick über die politische Lage konnte er kaum haben. Er hielt mit anhänglicher Begeisterung am Kaisertum fest, und diese Gedanken spiegeln sich in seinen *Epigrammen* [180] wieder. Sie sind gleichsam sein poetisches Tagebuch der Jahre 1512 und 1513, aber ihr Gegenstand ist nicht mehr ein persönliches Erleben, für das er die gelehrte Welt zu interessieren hofft, sondern sein Urteil über die augenblickliche politische Lage, die Kräfte, welche sich gegen den Kaiser aufbäumen, der doch allein der rechtmäßige Herr ist. Hat er sich früher von den Launen der Kriegsgöttin verfolgt dargestellt, so wird deren Walten für ihn nun zu einem den Weltlauf bestimmenden Prinzip. Unberechenbar bleibt ihre Laune, aber der kühne Lebensmut nimmt es dennoch mit ihr auf, und je größer die Hindernisse sind, welche überwunden werden müssen, um so mehr müssen sich die edlen Kräfte und Fähigkeiten im einzelnen und in der Nation üben und entfalten. Mit besonderer Schärfe verurteilt Hutten die Kriegspolitik Julius' II. Der mächtige päpstliche Kriegsfürst, den ein Holzschnitt in fürstlicher Rüstung mit der Tiara auf dem Haupt darstellt, wird dem ersten Statthalter Christi Petrus und dessen apostolischer Einfachheit gegenübergestellt. Ein Bild, das die reformatorische Streitschriftenliteratur bis zum Überdruß wiederholte. Wie tief das Ansehen des Papsttums gesunken war, wie wenig Ehrfurcht man seinen unwürdigen Trägern entgegenbrachte, belegt der Titel des Epigramms *De Iulii perfidia* [181]. Ein anderes Mal meint er, Julius werde mit den Giganten die Götter aus dem Olymp vertreiben, und wenn dann Jupiter nicht mehr dort sei, werde der Papst die Sterne und den himmlischen Hausrat verkaufen. Als einem Hirten in Wolfsgestalt schreibt ihm Hutten eine Grabschrift. Die scharfe Kritik an der Leitung der Kirche, einer der besonderen Züge von Huttens Werken, ist hier zum erstenmal zu beobachten. Er sah in dem Umstand, daß der Statthalter Christi ein italienischer Landesfürst war, eine große Gefahr für die Zukunft. Der Inhalt der Epigramme wird aus mancherlei Quellen gespeist, am stärksten wohl aus dem eigenen Erleben, aus Gedanken, Einfällen und Witzworten, wie sie im Lager umliefen. Sie geben allgemeine Stimmungen und Absichten wieder, wie man sie in solchen Zeiten überall hören kann, Wünsche, Hoffnungen, Beurteilungen einzelner Ereignisse, Versuche, nähere und weitere Zusammenhänge herzustellen, so daß Huttens Werk mehr ein Sammelbecken umlaufender Meinungen ist, als daß es seine persönlichen Absichten und Gedanken widerspiegelt. Er bewährte also auch hier seine Berufung zum Publizisten, der zwar seine Persönlichkeit in den Vordergrund rückt, aber doch nur die Fähigkeit beweist, Gedanken, die Allgemeingut sind, in eine verständliche und eindringliche Form zu fassen. Mit dieser Fähigkeit verbindet er die andere, Stimmung zu verbreiten und für seine Ideen zu werben. Aber dieses publizistische

[180] Op. 3, S. 205 ff.

[181] Op. 3, Nr. 137, S. 263; cf. Nr. 145, S. 266 ff.: De indulgentiis Iulii.

Wirken hat es nicht auf die Allgemeinheit abgesehen, sondern vorerst nur auf den Kreis der Auserwählten, der Humanisten, Freunde und Gesinnungsgenossen. — Es ist für Hutten eine Selbstverständlichkeit, sich der lateinischen Sprache, der an Cicero geschulten Rhetorik, der epischen Verse, des Hexameters und Distichons zu bedienen.

Besonders freundlich wird Hutten in der väterlichen Burg Steckelberg kaum aufgenommen worden sein, als er im Jahr 1513 aus Italien zurückkehrte. Seine Eigenwilligkeit hatte die Pläne des Vaters durchkreuzt, die Laufbahn des Mönchs und des Juristen hatte er begonnen und abgebrochen. Seine Neigung gehörte der neuen Wissenschaft, der zwecklosen Dichtkunst. Selbst seine Gönner, der Oheim Frowin von Hutten und Eitelwolf vom Stein, welche ihn veranlaßten, an den neugewählten Erzbischof von Mainz, den Hohenzollern Albrecht, ein lateinisches Begrüßungsgedicht [182] zu verfassen, waren sich darin einig, daß er erst nach Vollendung seiner juristischen Studien an einer italienischen Universität eine Lebensstellung am Mainzer Hof finden könne. In 1300 Hexametern schilderte Hutten des neuen Erzbischofs und Erzkanzlers Einzug zu Mainz. Er hatte sich ähnliche panegyrische Gedichte italienischer Humanisten, welche die Sforzas und Borgias verherrlichten, zum Vorbild genommen. Das Aufgebot an Allegorien, Personifikationen, Göttern und Genien, an geschichtlichem Wissen und freudig erregtem Pathos hat hier ein würdiges Denkmal geschaffen, das von den Vertretern des Humanismus mit befriedigter Anerkennung aufgenommen wurde. Die Darstellung des hohenzollern-brandenburgischen Gebietes, aus dem der neugewählte Erzbischof, der vorher in Magdeburg residiert hatte, stammte, gab Hutten Gelegenheit, von dem zu sprechen, was er sich erwandert hatte. Da berührte er sich auch mit dem Erbe von Konrad Celtis und der *Germania illustrata.* Mit einer besonderen Liebe hat Hutten die Flüsse Germaniens eingeführt, wie sie sich vereinigen, um dem neuen Fürsten zu huldigen. Ludwig Schubart hat diese Stelle schon 1791 in beschwingte Verse übertragen:

. . . Auch Rhenus kommt und begrüßet
Seinen Fürsten und Herrn. Nie war das Antlitz des Gottes
So voll Freude wie heut. Da sitzt er hehr und erhaben,
Fährt im jauchzenden Fluß mit jenem Antlitz, womit er
Eben ein Gastmahl verließ, und rollt die munteren Augen
Dahin und dorthin — das tauende Haar von Nymphen gekräuselt.
Blüten winden sie ihm, und Kränz' und lachende Rosen
Um die träufelnde Stirn, umflechten mit Lilienkronen
Ihm die schlagenden Schläfen — gemischt mit hellen Violen,
Die kein Winterfrost knickt und keine Hitze vertrocknet.
Zweig' umblühen die Hörner, von Blumen jeglicher Farbe
Glüht sein bläuliches Haupt, es glänzen ihm Auge und Wange;

[182] Op. 3, S. 353 ff.

Balsam träufelt der Bart, und Bäche entrieseln der Scheitel,
Rauschen ihm froh von der Brust, er schwillt mit steigenden Wogen,
Hebt den Hals empor, kaum faßt das Bette den Stolzen.
Laut aufrauschen die Ufer. Und sieh, mit trunkener Freude
Taumeln die Heimatflüsse rings um den freundlichen Gott her,
Jauchzen Liebe ihm zu und singen mit sanftem Gemurmel
Ihres Königs Lob. Er selbst gibt hohe Befehle.
Festlich ist sein Gewand; ein langer fließender Mantel
Deckt seine mächtige Schulter in busige Wogen verbreitet,
Manche Flur durchrauscht und manches grasige Waldtal
Seine träufelnde Schleppe [183].

Die Anerkennung und Huld des geistlichen Würdenträgers wurde Hutten zuteil. Eitelwolf übergab ihm im Auftrage des Erzbischofs 200 Dukaten als Ehrengeschenk. Davon konnte er seine juristischen Studien in Italien abschließen. Nachher hatte er die Sicherheit, am Mainzer Hof als erzbischöflicher Rat der Dichtung und Wissenschaft leben zu können. Aber das juristische Studium und der in Aussicht stehende Hofdienst waren wenig nach Huttens Sinn. Er befand sich in Gegensatz zu seinen Standesgenossen, die er Kentauren nannte, und ehrte Eitelwolf vom Stein als rühmliche Ausnahme und Vorbild. Er möchte den Rittern zeigen, daß es mit ihrem Ansehen und ihrer Bedeutung für immer vorbei sei, wenn sie auf ihren Sitzen und in ihrem bisherigen Leben verharrten, und ihnen als neuen Kulturträgern die Laufbahn der Bildung als Ziel vor Augen halten.

Da trat ein Ereignis ein, das ihn wieder in engere Beziehungen zu seiner Familie und seinen Standesgenossen brachte. Sein Vetter Hans von Hutten, Stallmeister des Herzogs Ulrich von Württemberg, wurde von seinem Herrn erschlagen, weil dieser die schöne Frau seines Hofmannes allein besitzen wollte. Jetzt erhob sich die Sippe und rief zum Rachekampf gegen den Herzog auf. Was sie mit dem Schwert zu erreichen wünschten, sollte die Feder des Publizisten Ulrich von Hutten vorbereiten. Jetzt war er den Seinen nicht mehr der Niemand, der sich nutzlosen Studien hingegeben hatte, sondern der Rufer zum Streit. Wieder konnte er aus einer ehrlichen Entrüstung heraus schreiben und die öffentliche Meinung zum Richter machen über die Schandtat eines Tyrannen. In diesem Handel wendete er sich zum erstenmal gegen einen Fürsten in einer ihn persönlich berührenden Angelegenheit. Später nahm er den Kampf gegen alle großen Territorialherren auf und hoffte, damit eine durchgreifende Reform des Reichsregiments zu erzielen. Man hat die Reden [184] Huttens gegen Ulrich von Württemberg mit den Reden des Demosthenes gegen Philipp von Mazedonien verglichen. Sie werden von der gerechten inneren Erregung und dem Geiste Ciceros getragen. Hier handelt es sich nicht um eine per-

[183] Op. 3, S. 373 f., Vers 652—677; H. Grimm, a. a. O., S. 167 f.
[184] Op. 5, S. 1 ff.; D. F. Strauß, a. a. O., S. 80 ff.

sönliche Auseinandersetzung wie die mit den Lötzen, sondern um die Ehrenrettung eines Ermordeten. Wieder trat er als Kläger auf, diesmal aber nicht vor den Gelehrten, sondern vor Kaiser und Reich. Was er zuerst in Briefen niedergelegt hatte, wird nun zu einer an die breite Öffentlichkeit gerichteten Aufklärungsschrift. Er stellte zuerst die Parteien vor, den Vater des Ermordeten, die Brüder, die Sippe, die fränkische Ritterschaft, die sich aufs tiefste beleidigt fühlt. Ihnen gegenüber steht der unmenschliche Herzog, befleckt vom Blut seines Opfers. Dann werden ausführlich die Vorbereitungen des Herzogs zum Mord und die Schreckenstat selbst geschildert. Und nun erhebt Hutten seine Forderungen. Der Herzog, der das Recht so schändlich gebrochen hat, müsse nach dem Recht abgeurteilt werden. Dann redet er ihn an: „Du Schandfleck des schwäbischen Namens, ewige Schmach deines Volkes, durch Frechheit, Frevel, Wut, Grausamkeit, Treulosigkeit, Undankbarkeit, Bosheit, Unmenschlichkeit für alle Jahrhunderte gezeichnetes Scheusal, du hast über die Grenzen menschlicher Sitte hinaus gerast, gewetteifert hast du um jeden Greuel, nichts lag dir am Herzen, als wie du durch einen Inbegriff aller Verbrechen alle Bösen, die jemals gewesen, übertreffen mögest [185]." Wie edel und rein steht ihm gegenüber das Opfer, dessen Schatten am Schluß sanfte Vorwürfe gegen den Mörder richtet und Abschied nimmt von seiner Heimat, den Verwandten und Standesgenossen.

Vorerst wurde die Rede in Abschriften verbreitet und wirkte. Ein Ausgleich zwischen den Parteien wurde vom Kaiser vorgeschlagen, aber die Flucht der Gemahlin Herzog Ulrichs nach Bayern brachte eine neue Lage, welche Hutten sofort in einer zweiten Rede ausnützte. Die Verzögerung des Vorgehens gegen den Herzog habe diesem Gelegenheit zu einem neuen Verbrechen geboten. Jetzt verbünde er sich mit den Eidgenossen und Frankreich und spotte des Gerichtes, das ihn zur Verantwortung ziehen solle. Hutten mahnt zur Eile. Er zeichnet das Bild des von Gewissensbissen gepeinigten Herzogs. „Die Wellen der Sorge treiben ihn um, die Brände seiner Schandtaten zehren ihn auf." Sei die oberste Reichsgewalt zu langsam, so sollen sich die Schwaben erheben gegen das blutige Untier, den Räuber und Meuchelmörder. Als helles Gegenbild stellt er nun die Herzogin Sabina in ihrer Schönheit, Sanftmut und Liebenswürdigkeit dar. Der Ausgleich, welchen der Kaiser vorgeschlagen hatte, wird zurückgewiesen. Bald rüsteten sich die Parteien, die Huttensche verstärkt durch die Bayern, zum Kampf. Diese neue Lage hält Huttens dritte Rede vom Anfang September 1516 fest. Nun sei das eingetreten, was er längst vorausgesagt habe, noch sei es Zeit, den Herzog zu verurteilen, ehe die Entscheidung mit Waffen falle, vor der sich die Vertreter der gerechten Sache nicht fürchteten. Aber welche Schmach werde dem deutschen Namen daraus erwachsen, „wenn es hieße, in Deutschland sei kein Recht zu erlangen, außer durch Waffengewalt". Nun suchte sich der Herzog zu rechtfertigen, er sei gemäß „den

185 D. F. Strauß, a. a. O., S. 83.

Rechten der freien Stühle heimlicher Gerichte" gegen Hans von Hutten vorgegangen. Gegen dieses Manifest des Herzogs wendet sich Huttens vierte Rede, in der er eine Behauptung nach der anderen widerlegt. Jetzt deckt er auch den Ehehandel des Herzogs mit des Ermordeten Gattin auf, die er die Helena dieses Krieges nennt. Seine ganze Redekunst stellt Hutten darauf ab, den verhaßten Gegner in seiner ganzen Verworfenheit darzustellen. Mit einem flammenden Appell an den Kaiser schließt diese Rede.

Die dritte und vierte Rede wurden zu einem späteren Zeitpunkt, als sie datiert sind, in Italien abgefaßt. Hutten entsprach dem Wunsch Eitelwolfs vom Stein und wollte seine Studien abschließen. Die Ermordung seines Vetters verzögerte seine Abreise nach dem Süden. Wie sehr er unter diesem Eindruck und dem des Todes seines Gönners Eitelwolf stand, belegt ein Brief [186], den er am 13. Juni 1515 an den Kanonikus von Bamberg und Würzburg, Jakob Fuchs, schrieb. Während einer Badekur in Ems erhielt er die traurigen Botschaften. Damit schwanden seine Hoffnungen auf eine Entwicklung von Mainz zu einem humanistischen Musensitz, eine Reform der dortigen Universität im Geiste der neuen Weltsicht. Das andere Ereignis war dazu angetan, ihn ebenso von diesem Ziel zu entfernen. Aus dieser Stimmung ist die später (1518) gedruckte Vorrede [187] zum *Nemo*, die Widmung an Crotus Rubeanus entstanden. „Niemand läßt den guten Studien einen würdigen Lohn zuteil werden", ist ihr Motto. Hier zieht Hutten einen Trennungsstrich zwischen seinem Ziel und den Methoden der Scholastik. Ein Dummkopf sei kürzlich von Italien heimgekehrt, nun werde er, der viel weniger wisse als Hutten, unter die Doktoren gezählt. „O Sitten, o Studien, o ihr Häupter dieser Zeit, streifen wir doch diese Nebel ab, und sehen wir doch einmal die Wahrheit [188]!" Das klingt anders als jenes Wort aus dem Brief an Pirckheimer vom 25. Oktober 1518: „O Jahrhundert! O Wissenschaft! Es lohnt sich zu leben, man darf sich nicht zur Ruhe setzen. Aufleben die Wissenschaften, es blühen die Geister. Und du nimm den Strick, Barbarei, und bereite dich vor auf deine Verbannung [189]!" Diese beiden Haltungen bezeichnen die Grenzpunkte, zwischen denen sich das Pendel von Huttens Geist bewegt: den Zweifel an einer glücklichen Entwicklung und den stolzen Glauben an eine bessere Zukunft. Daraus wird klar, daß er immer wieder das Problem der Fortuna abwandelte und hoffte, sich mit Begeisterung in jede neue Unternehmung stürzte und sich mit seiner ganzen Persönlichkeit für eine Sache einsetzte, von der er glaubte, daß sie ihm Ehre, Ansehen, Ruhm und Geltung eintrage, daß er bis zum Ende seines bewegten Lebens für eine Sache kämpfte, auch wenn sich sein Verstand sagen mußte, daß sie verloren sei, daß er sich nicht bemühte, die

[186] Op. 1, S. 40 ff.
[187] Op. 1, S. 175 ff.
[188] Op. 1, S. 180.
[189] Op. 1, S. 195 ff.

Kräfte, welche er aufbieten konnte, mit denen seiner Gegner zu vergleichen und die Aussichten auf einen Erfolg mit kühler Überlegung abzuschätzen.

Die Trauer um den Tod des Gönners Eitelwolf von Stein und des Vetters Hans brachte Hutten, wie dies immer wieder zu beobachten ist, zu einem persönlichen Bekenntnisbrief, in dem er einem Freund gegenüber seinen gegenwärtigen Zustand von den Voraussetzungen ableitet, tiefe Einblicke in sein Inneres gewährt und seine Zukunftspläne entwickelt. Es ist ein starker sentimentaler Zug, der in Huttens Wesen immer wieder beobachtet werden kann und sich mit dem stets wiederkehrenden Bedürfnis einer Selbstanalyse häufig verbindet. Beides lag in seinem Wesen und wurde durch seine ungeregelte geistige Entwicklung, seine ungestüme Art und die Auswirkungen seiner Krankheit noch verstärkt. Es entspricht diesen Voraussetzungen, daß Hutten eine Angelegenheit, für die er sich mit seiner ganzen Persönlichkeit eingesetzt hatte, plötzlich aufgab und sich ganz anderen Fragen zuwendete, daß er aus einer vorübergehenden Stimmung heraus, in deren Trostlosigkeit er sich noch hineinsteigerte, entscheidende Entschlüsse faßte, die für ihn zuerst verbindlich waren, aber bald mit ihren Vorgängerinnen das Schicksal teilten. So ist auch der Satz aus dem Brief an Jakob Fuchs vom 13. Juni 1515 aufzufassen: „Jetzt hat Deutschland nichts, was mich freuen könnte [190].“ In einer solchen Stimmung wurde es ihm leicht, den Wunsch seiner Familie und des verstorbenen Gönners zu erfüllen und nach Italien zu gehen. Die Abfassung der ersten Rede gegen Herzog Ulrich verzögerte die Abreise, zu der sich Hutten erst im Herbst 1515 bereitmachte. Mochte er auch die feste Absicht haben, mit einem juristischen akademischen Grad einer italienischen Universität wieder in die Heimat zurückzukehren: seine besondere Neigung gehörte doch den reinen humanistischen Studien.

Im August 1514 und Frühling 1515 kam Erasmus zu Mainz mit Hutten zusammen. Der Eindruck, den die beiden so verschiedenen Männer voneinander hatten, war der denkbar beste. Erasmus glaubte so oft, daß die Menschen wirklich so seien, wie sie sich ihm gegenüber gaben, und mußte darum so viele Enttäuschungen erleben. Für Hutten konnten enge Beziehungen zu Erasmus nur von Vorteil sein. Vielleicht hoffte er, Erasmus für den Mainzer Hof gewinnen zu können, wodurch der Plan Eitelwolfs seiner Verwirklichung entgegenreifte. Das Bewußtsein, daß er so viel vor allem im Griechischen von Erasmus lernen konnte, verband sich mit seinen Hoffnungen auf ein Leben im Dienste der Musen. Es ist aber auch für Hutten bezeichnend, daß er die Verbindung zu den größten und nach seiner Meinung einflußreichsten Männern suchte, um durch sie selbst gehoben zu werden. Beziehungen, welche für ihn von Einfluß waren oder es werden konnten, hat Hutten besonders gepflegt. So ist auch sein Brief [191] an Eras-

[190] Op. 1, S. 42, § 15.
[191] Op. 1, S. 102 f.

mus vom 24. Oktober 1515 aus Worms zu verstehen. Er möchte zu ihm wie Alkibiades zu Sokrates stehen, damit hat er vielleicht ohne es zu wollen seine Stellung als ritterlicher Humanist oder als humanistischer Ritter und seine Neigung zur Politik bezeichnet. Er bedauert, nicht ständig um ihn sein zu können und ihn jetzt auf dem Wege nach Italien nicht in Basel aufsuchen zu können. Ob ihn Erasmus bei seiner Verbindlichkeit und Zurückhaltung wirklich so ernst nahm, ist schwer zu sagen, aber wenn er ihn nicht hoch geschätzt hätte, so hätte er ihm kaum jenen umfangreichen Brief [192] vom 23. Juli 1519 mit der Charakteristik des Thomas Morus geschickt oder ihn so freundschaftlich vor den Launen des Mars gewarnt: „Ich lobe das tapfere Herz, doch, wenn Du auf mich hörst, so erhalte Hutten den Musen, denn wenn Dir etwas zustieße, wer gäbe uns wieder ein solches Genie? Die Himmlischen mögen es verhüten! Du kennst die Laune des Mars, er ist den guten Geistern nicht gerade gewogen, denn er ist der törichteste unter allen Göttern. Sei's drum; doch wenn Dir etwas zustößt, so hast Du Dir durch Deine Schriften ein Denkmal errichtet, dauernder als Erz [193]."

Hutten bemühte sich in dieser Zeit um den Humanismus vielleicht mehr in der Opposition gegen die ihm vorgeschriebene juristische Laufbahn und den Kerker der Gesetze als aus einem inneren Drang. Aber der Unterschied in der Auffassung des Humanismus der Richtung von Celtis, die er in Wien kennengelernt hatte, und der des Erasmus ist ihm kaum zum Bewußtsein gekommen. Von Erasmus übernahm er die Abneigung gegen die Scholastik. Es war keineswegs die christliche Lehre, welche er angriff, und auch gegen die Praxis des Inquisitionsverfahrens nahm er nicht Stellung, wie eine lateinische Dichtung [194] über die Verbrennung des getauften Juden Johannes Pfefferkorn zu Halle am 1. September 1514 zeigt. Hutten, der vielleicht am Verhör und der Exekution teilnahm, war davon überzeugt, daß Pfefferkorn alle ihm zur Last gelegten Schandtaten, wie Kirchenraub, Hostienschändung, Schlachtung von Christenkindern, begangen habe, und beglückwünschte Erzbischof Albrecht, daß er ein solches Ungeheuer aus der Welt geschafft habe. Huttens Auffassung von den Pflichten der Priester und Theologen — er entwickelte sie in dem Widmungsbrief des *Nemo* an Crotus — stellt eine Mischung erasmianischen Gedankengutes mit dem von Konrad Celtis dar. Hutten trat für die Rechtfertigung Reuchlins ein: „Nicht so haben die Pariser Theologisten geurteilt, sich selbst zur Schande. Wenn ich mich daran erinnere, so kommt damit auch der Gedanke, was diese dreihundertjährige Theologie der christlichen Religion für einen Schaden zugefügt hat. Mit dem Verlassen jenes alten echten Glaubens — hier denkt man an die von Celtis als Hüter der Religion bezeichneten Druiden —

[192] Erasmus-Briefe, S. 249 ff.

[193] Erasmus-Briefe, S. 237 f.

[194] Op. 3, S. 345 ff.

versank auch mit der gelehrten Beschäftigung die Religion und herein brach die allerscheußlichste Pest, der Aberglaube, der mit seiner Dunkelheit den wahren Gottesdienst entstellte, so daß du nicht weißt, ob vieles, dem du mit Ehrerbietung begegnest, Christi ist oder irgendeines neuen Gottes, der es sich für die letzten Tage der Welt zugelegt hat [195]." Hier liegt ein Ansatz vor zum Einströmen eschatologischer Vorstellungen, wie der des Antichrist in die Reformationsliteratur und zur späteren Gleichsetzung des Papstes mit dem Antichrist. So konnten sich die Gedanken der Devotio moderna wandeln, welche Hutten durch verschiedene Mittler, wie die Kölner Universität, den Kreis um Mutianus Rufus, die Schüler des Celtis, Erasmus und wohl auch Crotus berührten. Aber es blieb doch nur eine oberflächliche Berührung, denn das, worum es ging, die Herstellung der Quellen des Glaubens in ihrer Reinheit, die Rückkehr zum Urtext des Evangeliums und zu den Kirchenvätern, blieb Hutten in seiner Bedeutung verborgen. Das, was für Erasmus ausschließlicher Selbstzweck war und worin er seine Lebensaufgabe und seinen Beruf gefunden hatte, konnte für Hutten nur ein Mittel zum Zweck sein. Vom reinen Geiste des Humanismus, auf dessen Höhen Erasmus wandelte, hat Hutten nur einen schwachen Hauch verspürt. Er sah nie die Sachen und bemühte sich auch nicht, sie zu erkennen, sondern nur die Menschen als Vertreter ihrer Anschauungen. Im gleichen Geist bekämpfte er den Formalismus der Scholastik und des römischen Rechtes, ohne sich über die Bedeutung und die Vorteile klar zu sein, welche die Vereinheitlichung des Rechtes bot, das nun an den Höfen der Territorialfürsten durch die Gelehrten, welche an den italienischen Universitäten studiert hatten, seine wichtigsten Pflegestätten fand. Gerade dafür sollte Hutten nach dem Wunsch seiner Verwandten und Gönner in der Zukunft wirken. Deshalb zog er mit recht gemischten Gefühlen über die Alpen. Vorerst gehörte seine Neigung viel mehr dem Humanismus als der Politik, aber die neuen Erlebnisse in Italien und der Kampf seiner Sippe gegen den württembergischen Herzog zogen ihn von der reinen Wissenschaft ab und ließen ihn seine Fähigkeiten und Kenntnisse in den Dienst der Politik stellen. Die Eindrücke, welche er im Sommer 1516 zu Rom empfing, beschleunigten diese Wendung. Die Behandlung der Angelegenheit Reuchlins vor der Kurie gewährte ihm Einblick in eine Praxis, die er verurteilen mußte. Dem Freunde Crotus Rubeanus schickte er in geschliffenen Epigrammen seine Glossen zu dem, was er sah und erlebte:

Also sah ich sie denn, Roms halbzertrümmerte Mauern,
Wo mit dem Heiligen man selber den Gott auch verkauft.
Sah den erhabenen Priester, o Freund, mit dem heiligen Rate,
Und Kardinäle, geschart, prächtig in schleppendem Zug.
Schreiber so viel und Troß von überflüssigen Menschen,
Die mit den Pferden zugleich wallender Purpur bedeckt.

---

[195] Op. 1, S. 182.

Tätig die einen in schandbarem Werk, die anderen leidend,
Unter dem heiligen Schein frönend der wildesten Lust.
Andre sodann, die selbst auch den Schein des Guten verschmähen
Und mit erhobener Stirn Sitte verhöhnen und Zucht.
Welche mit Lust schlecht sind und mit Vollmacht; ach, und in deren
Joch das teutonische Volk leider so willig sich fügt.
Sie handhaben Verbot und Erlaubnis, schließen und öffnen,
Und, wie es ihnen beliebt, teilen den Himmel sie aus.
Römerinnen, und Römer nicht mehr; voll Üppigkeit alles,
Alles, wohin du auch blickst, voll der verworfensten Lust.
Und das alles in Rom, wo Curius einst und Metellus
Und Pompeius gelebt: oh, der veränderten Zeit!
Drum dem Verlangen entsage, mein Freund, nach der heiligen Roma:
Römisches, welches du suchst, findest in Rom du nicht mehr [196].

An diesen Zuständen trägt ihm die schwache Politik des Kaisers, des legitimen Erben des römischen Weltreiches, die Schuld. Das mittelalterliche Kaisertum in seinem Glanz wiederherzustellen, wurde für ihn zur Aufgabe der Zeit. Er blickte als Politiker nicht in die Zukunft und vermochte es nicht, mit den Gegebenheiten seiner Zeit zu rechnen, sondern gab sich wie so viele seiner Zeitgenossen, vor allem die oberrheinischen Humanisten, einem romantischen Traum hin. Er verfolgte dieses Ziel aber auch noch, als die Italienpolitik Kaiser Maximilians völlig gescheitert war und bemühte sich um eine politische Reform des Reiches, die es wieder zu Macht und Ansehen bringen sollte. Dieser Seite von Huttens Wesen hat die Forschung vom 18. Jahrhundert an ihr besonderes Augenmerk geschenkt. Hutten konnte nun seine politischen mit seinen gelehrten Absichten verbinden. Diese Möglichkeit eröffnete ihm die Lektüre der *Annalen* des Tacitus, welche im gleichen Jahre, als er nach Italien kam, zu Rom mit päpstlichem Schutz vor dem Nachdruck erschienen waren. In der Gestalt des Arminius konnte er das Urbild eines Deutschen erkennen. Sie wurde ihm zum Symbol deutscher Treue und deutschen Freiheitssinnes. Im Kampf gegen Rom fühlte er sich später eins mit dem Cheruskerfürsten, dem ersten, der mit Rom um die Herrschaft rang, dem Ahnherrn der universalen Weltmonarchie des mittelalterlichen Kaisertums, das gleichzeitig aber auch Erbe und Fortsetzung des römischen-antiken Kaisertums war.

Auch dieser zweite Aufenhalt Huttens in Italien stand unter keinem guten Stern. Ein Anfall seiner Krankheit veranlaßte ihn, Rom zu verlassen und Heilung in einem Bad zu suchen. In Viterbo auf dem Wege dahin kam er in Händel mit einigen Franzosen. Die gereizte politische Stimmung mochte die Gegensätze verschärft haben. Einen der in überlegener Zahl angreifenden Gegner erschlug Hutten. Er hat dieses Ereignis in einigen

---

[196] Op. 3, S. 278 ff.; Übersetzung nach D. F. Strauß, a. a. O., S. 104 f.

Epigrammen [197] festgehalten und nicht versäumt, seine verzweifelte Lage der angreifenden Übermacht gegenüber und sein Heldentum ins rechte Licht zu stellen. Unter diesen Umständen mußte sich Hutten aus dem Kirchenstaat entfernen, um seine in Rom begonnenen juristischen Studien in Bologna abzuschließen. Als Syndikus der deutschen Nation hat er dort wohl eine führende Rolle bei den Kämpfen der streitenden Parteien gespielt. Mit Eifer widmete er sich dem Studium des Griechischen. Der Lukianische Dialog bot ihm eine literarische Form, die er sehr bald mit Meisterschaft handhabte und die ihm Gelegenheit gab, die Dinge von der Seite der Dialogsprecher aus zu beleuchten. Seine Belesenheit im humanistischen Schrifttum stammt aus dieser Zeit. Nun arbeitete er an den *Dunkelmännerbriefen* mit und verfaßte Reden gegen Herzog Ulrich sowie den Dialog *Phalarismus*, in dem der Herzog als Tyrann von Merkur und Charon aufgenommen, über den Styx geleitet wird und sich als gelehriger Schüler von seinen Vorbildern in der Praxis des Tyrannenmordes unterweisen läßt, ehe er wieder zum Tageslicht zurückkehrt. In Bologna konnte sich Hutten nach den Studentenunruhen nicht mehr halten. Er reiste über Ferrara zu seinen Vettern nach Venedig, von dort noch einmal kurz nach Bologna und machte sich dann auf die Heimkehr nach Deutschland.

Diesmal war ihm das Glück günstig. Auf die Verwendung Peutingers und anderer Humanisten hin wurde Hutten am 12. Juli 1517 zu Augsburg zum Dichter gekrönt. Die nach Jahresfrist gedruckten, aber durch Abschriften und Einzeldrucke schon früher bekanntgewordenen *Epigramme* Huttens an den Kaiser ließen diese Ehre als wohlbegründet erscheinen. Die Dichterkrönung konnte den Ersatz für den aus Bologna nicht mitgebrachten akademischen Grad bilden und Hutten zu seiner Stelle am Mainzer Hof befähigen. Die Mainzer Stiftsadligen haben sich für ihn wohl auch nach dem Tode Eitelwolfs vom Stein bemüht. Erzbischof Albrecht hielt an dem Plan, Mainz zu einer besonderen Pflegestätte des Humanismus zu machen, fest, aber es gelang ihm doch nicht, Erasmus an seinen Hof zu ziehen. Die Rolle, welche Hutten zunächst in Mainz übernahm, war die, Statthalter des Erasmus bei Hofe zu sein; denn dessen Urteil über den „jungen, ebenso gebildeten wie ahnenreichen Ulrich von Hutten, dessen wahrer Adel freilich nur darin liegt, daß seine Hoheit ihn unter die wichtigen und vertrauten Beamten aufzunehmen geruhte [198]“, mußte auf Albrecht Eindruck machen. Nicht ganz zwei Jahre, bis zum Sommer 1519, war Hutten, vom Hofdienst allerdings kaum in Anspruch genommen, für den Erzbischof tätig. Im Dezember 1517 wurde er mit einem politischen Auftrag an den Hof Franz' I. geschickt. Im Gefolge des Erzbischofs war er in Halle und beim Reichstag in Augsburg. Im Juni 1519 wurde er beauftragt, Erasmus einen goldenen Pokal zu überreichen. Bald darauf nahm er an der Kaiserwahl in

[197] Op. 3, Nr. 9—14, S. 280 ff.

[198] Erasmus-Briefe, S. 183.

Frankfurt teil. Abgesehen von diesen kleineren Reisen und Unternehmungen hätte er genügend Muße gehabt, seinen Studien und wissenschaftlichen Aufgaben zu leben. Aber sein ganzes Wesen und seine Unruhe ließen ihn nie zur Planung größerer Werke kommen. Seine Stellung im Dienste des Erzbischofs verpflichtete ihn zur Zurückhaltung in kirchenpolitischen Fragen. Noch beschäftigte ihn der Handel mit Herzog Ulrich, gegen den er mit dem Schwäbischen Bund im Frühjahr 1519 ins Feld zog. Dabei lernte er Franz von Sickingen, den Mann nach seinem Herzen, den Richtigen zur Verwirklichung großer Reformpläne, kennen. Hutten sah endlich, daß die Pflege und Verbreitung des Humanismus für Albrecht nie eine Herzensangelegenheit und Lebensaufgabe werden konnte, daß er für ihn nie Herr oder Bundesgenosse im Kampf gegen die Barbarei der Scholastik sein konnte.

In diesem Kampfe stand Hutten in vorderster Reihe. Es lag seinem Wesen, die Gegner mit ihren eigenen Mitteln und Ausdrucksformen lächerlich zu machen. Deshalb arbeitete er mit Eifer an den *Dunkelmännerbriefen* mit. Sein energisches Eintreten für Reuchlin [199] im *Triumphus Capnionis* (Tübingen 1517), an dem er schon im Sommer 1514 zu Mainz gearbeitet hatte und die gerade in diesen Jahren besonders gepflegte Freundschaft zu dem alten Studiengenossen Crotus Rubeanus, an den sich die Vorrede des *Nemo* und die *Epigramme* des zweiten italienischen Aufenhaltes richten, deuten schon auf Huttens Mitarbeit an den *Dunkelmännerbriefen* hin. Um ihr baldiges Erscheinen (Ende Oktober 1515) wußte Hutten bereits vor seiner Abreise nach Rom. Hatte er doch, nach dem Zeugnis des Erasmus, das Gastmahl der Magister, den ersten Brief des ersten Teiles sowie eine beträchtliche Anzahl von Briefen des zweiten Teiles (erschienen Frühling 1517) verfaßt. Die Frage der Mitarbeiter und der Zuweisung einzelner Briefe an bestimmte Verfasser ist oft schon untersucht worden. Von Crotus wird erzählt, er habe schon in Fulda sein Material gesammelt, bei Mahlzeiten, Zusammenkünften und Spaziergängen durch seine lustigen Geschichten eine ganze Gesellschaft zu unterhalten verstanden. Die Mitarbeit Huttens, besonders am zweiten Teil, geht aus der genauen Lokalkenntnis Italiens und jener Gegenden hervor, in welchen er sich aufgehalten hatte, sowie aus manchen selbstbiographischen Zügen. Es ist immer schwer, aus inhaltlichen und stilistischen Kriterien eine solche Gemeinschaftsarbeit ihren Urhebern [200] richtig zuzuteilen. Gerade bei satirischen Werken, zu denen mehrere Verfasser Material, Gedanken und Einfälle zusammentragen, der einzelne seine Beiträge liefert, die der Letzte redigiert, wird sich nie der fröhliche Zechgenosse feststellen lassen, welcher zu dem Werk einen Zug oder Gedanken bei einem Symposion beigesteuert hat. Es kommt viel mehr auf den Geist, den Inhalt und die Tendenz an. Daß die Anonymität vor der breiteren Öffentlichkeit gewahrt wurde, geschah nicht, weil sich die Verfasser

[199] cf. auch EOV II, Nr. 18.

[200] Bömer, EOV, Bd. 1, a. a. O., S. 74—102.

keinen Anfeindungen aussetzen wollten, sondern weil sie aufrechterhalten wollten, daß es sich um Originalbriefe scholastischer Theologen handle. Der harmlos fröhliche Witz eines Crotus, der ganz ähnlich wie Erasmus die Kunst des kleinen literarischen Genrebildes beherrschte, zielte viel mehr auf das Allgemeine ab, während Huttens leidenschaftliches Draufgängertum immer wieder auf den Streit um Reuchlin zurückkommt. Er polemisiert mit dem Hammer und dreht seine Gedanken in gleichen Kreisen. Er wiederholt sie, malt schwarz und weiß und hetzt manchen Einfall zu Tode. Crotus, Hutten, Hermann von dem Busche, vielleicht Jakob Fuchs und der Elsässer Nikolaus Gerbel haben an den *Dunkelmännerbriefen* mitgearbeitet. Ihr Werk, das mit einem solchen Beifall aufgenommen wurde, stellt die letzte Phase des Kampfes der Humanisten gegen die Scholastik dar. Es bedient sich einer neuen Waffe, indem es die Gegner der Lächerlichkeit preisgibt. Formal zeigen die Briefe den gewaltigen Abstand, der zwischen der reinen, zum Klassischen zurückkehrenden Sprache der Humanisten und dem späten Mittellatein scholastischer Prägung besteht. Ähnlich hat der italienische Humanismus einen Trennungsstrich zwischen der Eleganz der lateinischen Sprache und dem Küchenlatein gezogen. Inhaltlich zeigen die *Dunkelmännerbriefe*, wie sich der Humanismus und seine Vertreter in den Köpfen und der Gedankenwelt ihrer Gegner spiegeln. Immer bitterer wird der Kampf in dieser leidenschaftlichen Schrift, die Skandalgeschichten aufdeckt und für Reuchlin im Namen des Humanismus kämpft. Wenn dieser Kampf, den Erasmus mit seinen Mitteln bis zu seinem Tode fortsetzte, durch die *Dunkelmännerbriefe* nicht zu Gunsten einer Partei entschieden wurde und nur vorübergehend zu einer in der breiten Öffentlichkeit behandelten Angelegenheit wurde, so hat dies vor allem darin seinen Grund, daß das allgemeine Interesse von ihm abgelenkt wurde durch jene Auseinandersetzung, in der sich die Scheidung der Geister endgültig vollzog, die Reformation. Ohne besondere Wirkung waren die päpstliche Verdammungsbulle der Briefe vom 15. März 1517, die lahme Ehrenrettung Johannes Pfefferkorns und die Verteidigung des Hauptes der Angegriffenen, Ortwin Gratius, der sich des gleichen Mittels bediente und aus den Humanisten Dunkelmänner machte. Eine ehrliche Entrüstung über die unwahren Anschuldigungen der Briefe wurde besonders da laut, wo Gratius die Behauptung seiner unehelichen Geburt zurückweist. Aber zu dieser Zeit war die eigentliche Voraussetzung des ganzen Streites längst schon vergessen: das mannhafte Eintreten Reuchlins gegen den eifernden Konvertiten Johann Pfefferkorn und seinen Anhang, welche den jüdischen Wuchergeist und Christenhaß aus dem „loegenhafftighen, bedriegelichen und valschen[201]" Talmud ableiteten und eine Auslieferung sämtlicher jüdischer Bücher verlangten. Reuchlins Gutachten über diesen, mit der leidenschaftlichen Überzeugung des Renegaten vorgebrachten Vorschlag betonte im Gegensatz zu den Auffassungen der

[201] Bömer, a. a. O., S. 7.

Universitäten Mainz, Köln und Erfurt, „daß man nur gegen solche Bücher, die offenbare Schmähungen enthielten, vorgehen, die übrigen aber unbedenklich in den Händen der Juden lassen sollte[202]“. Es gehörte ein besonderer Mut dazu, gegen die allgemeine antisemitische Zeitstimmung — man braucht nur an Äußerungen des Erasmus oder Huttens Urteil über den Fall Pfefferkorn in Halle denken — den Grundsatz der Toleranz zu vertreten, den Vorboten einer freien Wissenschaft. An die Stelle des Grundsatzes traten nur zu bald die leidenschaftlich beurteilte Einzelheit, die Praxis, den Gegner durch Bücherverbote um die Auswirkung seiner Gedanken zu bringen, sein Privatleben hereinzubeziehen und ihn vor der Öffentlichkeit als moralisch minderwertig hinzustellen, sowie die Erbitterung der durch den Humanismus in ihrer Existenz bedrohten Scholastik und die persönlichen Gegensätze. Das war Huttens Kampffeld. Er brauchte einen Gegner wie die Lötze und Ulrich von Württemberg, um seine Entrüstung gegen sie spielen zu lassen. — Auch seine Herausgebertätigkeit stellte er mit der Veröffentlichung von Lorenzo Vallas Schrift über die Konstantinische Schenkung (1517) in diesen Dienst, indem er sie Papst Leo X. selbst widmete.

In der ruhigen Hofatmosphäre zu Mainz wurden die Augenblicke der Selbstbesinnung bei Hutten häufiger. Sie ruhen auf dem Hang zur Selbstanalyse und darin, daß er sich Freunden gegenüber erschließt und zeigen will, wie es in seinem Inneren aussieht. Die Wiederkehr des Fortunagedankens hat uns schon darauf hinweisen lassen. Ein ähnlicher Gedanke, der schon in der Spätantike und im Frühhumanismus oft abgewandelt wurde, ist der des Hoflebens. Ihn beleuchtete Hutten nun in der Lukianischen Dialogform von den beiden Seiten des Castus und Misaulus. Auf Lukians Schrift *Von den gedungenen Gelehrten,* welche Erasmus ins Lateinische übersetzt hatte, wurde Hutten von seinem Arzt Heinrich Stromer, dem er sein Gespräch vom Hofleben widmete, aufmerksam gemacht. Enger als an Lukian schloß er sich an Enea Silvios Schrift *De miseria curialium* an. Der Gedanke der Freiheit, die der Hofmann aufgibt, wird hier abgewandelt. Alter, Erfahrenheit und Zurücksetzung lassen Misaulus am Hofleben keinen Gefallen mehr finden, er hält es für eine schlechte Schule, während Castus gerade die erzieherische Bedeutung des Hoflebens vor sich sieht, sich aber nach der Schilderung des Misaulus doch nicht entschließen kann, in den Hofdienst zu treten. Mit dem Meer und seiner Unberechenbarkeit hat das Hofleben nach Misaulus vieles gemeinsam. Gunst, Neid, Ehrgeiz und Üppigkeit sind wie die Stürme, sie rauben dem Gemüt Ruhe und Fassung, Syrten und Skyllen drohen dem Reisenden wie die Verbrechen der Unterschlagung und des Verrats dem Hofmann. Klippen muß er meiden, die größte ist der Zorn des Fürsten, eine kleinere der Argwohn. Zu einem Felsen, der die Fahrt hindert, kann die schöne Frau oder

[202] Bömer, a. a. O., S. 9.

Tochter des Fürsten werden. Seeräuber sind die Feinde des Fürsten, die den Hofmann in den Kerker führen, in dem er entweder zugrunde geht oder aus dem er sich mit eigenen Mitteln loskaufen muß. Dem Kielwasser vergleicht Misaulus die Unsauberkeit und die vielen Gesellen, welche sich bei Hofe herumtreiben. So viele üble Erfahrungen, wie sie der alte Misaulus ausschüttete, konnte Hutten in Mainz gar nicht gesammelt haben. Das gab ihm Pirckheimer zu verstehen, dem er darauf seinen berühmten Rechtfertigungsbrief vom 25. Oktober 1518 sandte. Wohl winkte ihm die Aussicht, seinen humanistischen Studien in Ruhe leben zu können und sie wie Pirckheimer von seiner praktischen Tätigkeit ganz zu trennen, aber noch fühlte er sich zu jung, und was Pirckheimer von ihm verlangte, entsprach seiner Natur nicht. „Folgte ich dir und begrübe mich ganz in der Ruhe der Gelehrsamkeit, verlegte ich mich ganz auf die Wissenschaft und das Bücherschreiben, wozu ich dir — warum weiß ich nicht — besonders befähigt scheine, was meinst du, werde ich dann haben, um mich mit den Genossen meiner Studien, so oft man geistig zu ruhen wünscht, angenehm zu unterhalten? Was für Geschichten soll ich erzählen und über welche Dinge sprechen, da ich doch nichts erfahren habe? Denn während meiner zwölfjährigen Wanderfahrten, die mich zwar viel sehen und kennen lehrten, habe ich nichts ausgeführt, was mich befriedigt hätte. Deshalb, glaube ich, muß ich jetzt zu leben beginnen; denn alles andere war nur ein Vorspiel des Lebens, eine Zurüstung zu dieser Tragödie [203].“ Das Hofleben, so meint Hutten noch, gebe ihm doch die beste Gelegenheit, die gesteckten Ziele zu erreichen. Sein Humanismus muß ihn für den Lebenskampf mit den nötigen Kräften speisen. Durch ihn empfängt er die Kräfte zur Bewährung seiner Persönlichkeit. In dem dunkeln Gefühl, daß seiner noch harte Proben harren, hat sich Hutten nicht getäuscht. Die Unruhe ist sein Lebenselement und der Nährboden seines Geistes, sie ist das Erbe seiner ritterlichen Abkunft, die ihn den Problemen der Politik zuführt. In diesem Sinne wurde ihm der Humanismus zu einem politischen Instrument an den Höfen der Fürsten, deren Aufgabe es sein soll, wie Mäcenas oder Augustus zu wirken.

Von diesem Standpunkte aus begrüßte er das Auflodern der Reformation vorerst aber nur als Mönchsgezänk. Die Gegner des Humanismus sollen sich nur gegenseitig zugrunde richten, das werde den Siegeszug der neuen Weltsicht begünstigen. Während seines Aufenthaltes in Paris (1517) hatte Hutten Gelegenheit, die Pariser Humanisten und Freunde des Erasmus wie Budäus und Faber Stapulensis kennenzulernen, den Humanismus als eine allgemein abendländische Geistesbewegung anzusehen und an seinen Sieg zu glauben. Davon lenkte ihn seine Anwesenheit beim Reichstag zu Augsburg wieder ab. Dort hoffte er, seine Türkenrede [204] vortragen zu können. Darin wurde er enttäuscht. Eine besondere Wirkung hat dieses Werk seiner

[203] Op. 1, S. 195 f.
[204] Op. 5, S. 97 ff.

Rhetorik auch nicht auszuüben vermocht, wenn es sich auch ganz in den Bahnen der kaiserlichen Politik bewegt, die Huttens Kurfürst nun unterstützte, nachdem er sein Bündnis mit Frankreich gelöst hatte. Schon in Italien hatte sich Hutten als Herold der kaiserlichen Politik gefühlt, aber damals besaß er noch keinen Einblick in die zu Gebot stehenden Machtmittel. Jetzt konnte er Vorschläge machen, welche den großen Organismus des Reiches zur Einheit und Kraftentfaltung bringen sollten. Hier zeigen sich die ersten Ansätze zu einer Reichsreform. Mit seiner Auffassung, daß der Türkenkrieg unter dem Oberbefehl des Kaisers unternommen werden müsse, steht Hutten einerseits im Gegensatz zu den Ständen, welche sich in eine solche Unternehmung nicht einlassen wollten, anderseits im Gegensatz zur Kurie, welche die Leitung dieses allgemein abendländischen Feldzuges nicht aus der Hand geben wollte. Mit den Ständen trug er die Beschwerden gegen Rom vor, schilderte in grellen Farben das päpstliche Finanzwesen und verdächtigte die Kurie, sie benütze die Vorbereitungen zum Krieg zur Bereicherung. Der Türkenkrieg sei im Gegensatz zu der beim Laterankonzil vorgetragenen Auffassung eine deutsche Angelegenheit. Erhebt Euch, Ihr müßt wissen, daß Ihr Deutsche seid! Eure Schuld ist es, wenn Ihr bei den anderen Völkern kein Ansehen habt. Eisen und Erz verlieren den Glanz, wenn sie nicht gebraucht werden, und werden rostig. Deshalb übt Euch, dann wird auch der alte Ruhm wieder aufblühen, die alte deutsche Tugend lebendig werden, wie die Pflugschar erglänzt, wenn sie die Furchen zieht. Schuld an der deutschen Uneinigkeit tragen die nur auf eigene Interessen bedachten Territorialfürsten, die Tyrannen. So hatte er schon Ulrich von Württemberg genannt. Sie sind die Feinde des Standes der Reichsritter, dem er zugehört. Auf ständischer Grundlage wollte er seine Reichsreform aufbauen. Damit blieb er ganz auf dem Boden des Mittelalters, und deshalb scheiterten auch seine Pläne, aber sein Freiheitsgedanke blieb dennoch lebendig, wenn er auch die deutsche Einheit nur als Wunschbild durch Jahrhunderte getragen hat.

Was Hutten in Augsburg sah und erlebte, regte ihn aufs neue dazu an, als Publizist aufklärend zu wirken und für seine Pläne zu werben. Er bediente sich dazu wieder der Dialogform. Ziel seines Angriffs war der würdige Kardinal Cajetan, früher General des Dominikanerordens, aus dem Hutten in seinem *Ersten Fieber* eine richtige Karikatur machte. Er wurde zu einer Personifikation der päpstlichen, antikaiserlichen Politik, und um das darzustellen, war Hutten jedes Mittel, auch das der Verleumdung, recht. Sein Temperament ließ ihn für wahr halten, was ihm rege Phantasie vorgegaukelt hatte. Seine Wunschbilder wurden zu Wirklichkeiten. Im Februar 1519, kurz vor seinem Abritt zum Heer des Schwäbischen Bundes, wurde das Gespräch gedruckt. Es war das erste Werk, aus dem Hutten seinem Freunde und Gönner Franz von Sickingen vorlas und mit dem er ihn für seine Pläne zu gewinnen suchte. Während des Feldzugs gegen Ulrich von Württemberg war Hutten Sickingens Zeltgenosse, er führte ihn in Reuchlins Haus zu Stuttgart, erzählte ihm den ganzen Handel und erhielt die Zusicherung tatkräftiger Hilfe. Hutten konnte in Sickingen nicht den Glücksritter und mächtigen Söldnerführer sehen, der Armeen aus dem Boden stampfte und um dessen Gunst sich Könige, ja der Kaiser selbst, bemühten, sondern verschrieb sich ihm mit kritikloser Begeisterung. Das Standbild der beiden auf der Ebernburg, Sickingen in voller Rüstung mit der Hand am Schwertknauf, zu seiner Rechten Hutten mit ausgestrecktem, in die Zukunft weisendem Arm, ist ebenso ein Wunschtraum des 19. Jahrhunderts wie der Glaube an die Einheit von Ritter, Bürger und Bauer, welche in Hutten, Pirckheimer und der Dialoggestalt Karsthans in Erscheinung getreten sein soll. — In den Reuchlinhandel griff Sickingen mit großer Energie ein. Die Sistierung des Prozesses, dessen Kosten Reuchlin zum armen Mann gemacht hatten, kam einer Niederschlagung gleich. Das wurde als Sieg der Dominikaner angesehen, und dagegen empörte sich Hutten. Vor Sickingens Fehdebrief vom 29. Juli 1519 mit der Aufforderung zur Rückerstattung der Prozeßkosten an Reuchlin zitterte die oberrheinische Provinz des Dominikanerordens. Hochstraten wurde abgesetzt. Reuchlins Ehre schien hergestellt, die Kosten wurden ihm im Mai 1520 ersetzt. Aber Hochstraten sorgte mit der Begründung, die Milde gegen Reuchlin habe Luthers dreistes Auftreten begünstigt, für eine Wiederaufnahme des Verfahrens. Schließlich unterwarf sich Reuchlin dem Urteil. Er, der Vorkämpfer der Reformation, ein Idealbild eines humanistischen Gelehrten für die Jungen, ließ sich nicht dazu bewegen, auf der Ebernburg in Sickingens Schutz zu leben oder sich der Reformation anzuschließen. Das empörte Hutten. Am 22. Februar 1521 sandte er ihm seine Absage [205]. Furcht und Schwäche wirft er ihm vor, schiebt ihm alle Verantwortung für den elenden Ausgang der Angelegenheit zu und glaubt mit der alten Zuversicht an das Ende der römischen Herrschaft.

Einmal noch vorher zog ihn das ruhige Gelehrtenleben in seinen Bann, nachdem er in einer fünften Rede [206] den Schlußstrich unter den württembergischen Handel gesetzt hatte. Er verfaßte sie im Mai 1519 in Wildbad und in Eßlingen. Als eine Tat der Selbsthilfe faßt er den siegreichen Krieg auf; denen, die mutig zu den Waffen griffen, habe Gott selbst geholfen, durch Naturereignisse und glückliche Fügungen, wie den Abzug der Eidgenossen, durch die Macht des Gewissens, das den Verbrecher zu Boden geschlagen habe. Im übrigen wird dem Herzog alle Schande in breiter Wiederholung und Übertreibung nachgesagt. Die fünf Reden gab Hutten mit seiner Klage über den Tod des Vetters und dem Trostbrief an Ludwig von Hutten im September 1519 heraus. Es war vielleicht die glücklichste Zeit seines Lebens, welche ihm nun lächelte. Zwar wurde er vom Kur-

[205] D. F. Strauß, a. a. O., S. 316 f

[206] D. F. Strauß, a. a. O,. S. 237.

fürsten Erzbischof Albrecht von den Pflichten des Hofdienstes befreit, aber seine Einkünfte blieben dieselben, er konnte nach seinem eigenen Ermessen seinen Aufenthalt bald in Mainz, bald auf Steckelberg, bald bei Sickingen wählen. Ob seine Heiratsabsichten damals besonders ernst waren, ist ebensowenig wie einst bei Celtis zu entscheiden, denn das beliebte Thema, ob ein wahrhaft weiser Mann heiraten solle, wurde von den Humanisten immer wieder abgewandelt, so auch von Hutten im *Zweiten Fieber,* vor allem aber in seinem anziehendsten Gespräch *Fortuna*, das er im Sommer 1519 niederschrieb. Auch dieses Werk ist aus seinem Hang zur Selbstanalyse entstanden. Es geht ihm um die Erfassung eines Problems, das er wieder durchdachte und nun in die ihm gemäße Form kleidete. Der Glaube an die Drehung des Glücksrades, das ihn wieder auf die Höhe bringen werde, hat ihn auch in den dunkeln Tagen nie verlassen. Nun bittet er die Fortuna, ihm zu gewähren, was er nötig habe, um sich der Wissenschaft zu weihen. Es ist nicht wenig und zeigt, daß Hutten sich ein ähnliches Leben wie der Nürnberger Patrizier, sein Freund Willibald Pirckheimer, als standesgemäß vorstellt. Zum reinen Lebensunterhalt reiche ihm aus, was der väterliche Besitz eintrage, aber er bedürfe noch mehr, um mit Anstand und Würde leben zu können: eine Frau, ein Haus in der Stadt, Gärten, Güter, Jagdhunde, Pferde, Dienerschaft, Vieh, ein behaglich ausgestattetes Heim; mit 1000 Goldgulden im Jahr glaubt er auszukommen. Fortuna zweifelt, daß diese Summe reiche, andere, wie die Fugger, haben viel mehr nötig, und ihnen müsse sie zuerst helfen. Sie verteilt eben, wie Hutten feststellen muß, ihre Gaben ohne Wahl und Billigkeit. Jupiter, an den sich Hutten wenden werde, höre nicht auf die Bitten der Menschen. Richtig sei es allein, um eine gesunde Seele in einem gesunden Leib zu bitten. Der Gute werde belohnt, wenn es ihm gut gehe, und aus Liebe gezüchtigt, wenn es ihm schlecht gehe. Gehe es dem Bösen gut, so werden viele Gründe angeführt, wie Gottes Langmut, die ihn zur Besserung einlade, gehe es ihm schlecht, so sei es eine gerechte Strafe. Alles könne man begründen. Was habe Hutten gearbeitet, alles zu seiner Ausbildung, jetzt solle er, meint Fortuna, arbeiten, um reich zu werden. Das habe er bei Hofe versucht, doch sei es ihm in zwei Jahren nicht gelungen. Ähnliche Versuche nochmals anzustellen, sei er nicht in der Lage. Auf Fortunas Einwand, Reichtum sei gefährlich, antwortet Hutten, er wolle nicht reich sein, sondern nur sein Auslangen finden. Nun wirft Fortuna ihre Gaben aus dem Füllhorn auf die Erde nach Spanien und schenkt dem jungen König Karl zu seinen vielen Kronen auch noch die deutsche Kaiserkrone. Selbst in diesem persönlichen Bekenntnisgespräch, in dem Hutten das Problem der Vorsehung behandelt und seine Wünsche an das Schicksal vorträgt, kommt er nicht von der Politik los. Andere Anwärter auf die Kaiserkrone und der Papst seien über diese Wendung sehr enttäuscht. Unglück suche Afrika heim, dort habe Karls Armee einige Barbarenfürsten besiegt. Wieder trägt Hutten seinen Wunsch vor: eine

Frau als treue Lebensgefährtin. Alle Warnungen vor den Sorgen der Ehe und die Ausflucht der Fortuna, sie besitze in ihrem Horn kein Wesen, das Huttens Wünschen entspreche, weist Hutten zurück, er blickt in das Füllhorn, findet darin ein Mädchen, so wie er sich's erträumt hat, und will sie mit Gewalt an sich reißen. Aber Fortuna wehrt es ihm und wirft das Mädchen aus dem Horn mitten in die Arme eines Hofmannes, der wie eine Karikatur gezeichnet ist. Mit dem gleichen Wurf der Glücksgöttin brach ein Ungewitter über die Huttenschen Güter herein, so daß die ganze Familie nun völlig verarmt ist und Hutten nichts übrigbleibt, als sich von Fortuna loszusagen und den Heiland in der nächsten Kapelle um eine gesunde Seele in einem gesunden Leib zu bitten.

Aber selbst mit dem Verzicht auf alle äußeren Glücksgüter konnte Hutten die Erfüllung dieses Wunsches nicht erzwingen. Wohl war zu dieser Zeit durch die Anwendung des neuen Heilmittels, des Guajakholzes, und die Behandlung des Arztes Heinrich Stromer eine Besserung in seinem Zustande eingetreten, aber sie blieb nicht von langer Dauer. Die Heilmethoden, welche er, soweit er die Möglichkeit dazu hatte, vorher angewendet hatte, der Besuch von Bädern, Schwitzkuren, Einreibungen mit ätzenden Mitteln und Salben aller Art, hatten immer nur vorübergehende Erleichterungen gebracht. Erst während des Augsburger Reichstages im Sommer 1518 unterzog er sich der neuen langwierigen Kur, welche durch Hungern, den Genuß eines Gebräus aus dem gekochten Guajakholz und Schwitzen eine Reorganisation des Körpers und durch äußere Behandlung der offenen Wunden mit Salben eine Linderung der Schmerzen und der vielen unangenehmen Nebenerscheinungen dieser Krankheit herbeiführte. Hutten wollte die guten Erfahrungen, welche er damit gemacht hatte, bekanntgeben und schrieb im Herbst 1518 sein Werk über das Guajakholz, eine ausführliche sachliche Beschreibung der Heilmittel und Kuren, welche er bisher ohne besonderen Erfolg angewendet hatte, und eine eingehende Darstellung des neuen Heilverfahrens. Er widmete die Schrift seinem Kurfürsten. In ihrer Sachlichkeit ist sie eine gute Quelle für die Geschichte der Heilkunde. Einmal kommt Hutten auf den verderblichen Einfluß der Üppigkeit, Schwelgerei und Trunksucht zu sprechen und preist die Einfachheit, Biederkeit, Mäßigkeit und alten Sitten. Die Vorliebe für das Fremde und besondere Genüsse haben die Fugger, gegen die er sich in der Zukunft häufig wenden sollte, reich gemacht. In zahlreichen Übersetzungen fand das Werk weiter Verbreitung.

Mit der Ruhe eines beschaulichen Gelehrtendaseins und der Befriedigung an eigenen literarischen Arbeiten konnte sich Hutten nie abfinden. Er brauchte die innere Erregung und Entrüstung. Um seine flammenden Anklagen und Proteste loszulassen, versetzte er sich häufig in die Rolle eines Klägers und verstand es, die öffentliche Meinung für seine Unternehmungen zu interessieren. Er fühlte sich zum Publizisten berufen und verfolgte seine Absichten mit jugendlichem Draufgängertum. War er nicht im Kampf, so rüstete er zum Angriff. In diesem Zeichen steht die Zeit, da seine Bindungen an den Mainzer Hof sich lösten. Der Dunkelmännerstreit schien durch Sickingens energisches Eingreifen beendet, Herzog Ulrich war bezwungen. Das konnte Hutten Gutes hoffen lassen für den Ausgang seines Kampfes gegen die römische Kurie. Nun hielt er unter Freunden Heerschau, schrieb am 3. August 1519 den alten Genossen Eobanus Hessus [207] und Petrejus Eberbach, suchte Sickingen später für Luther, in dem er früher als die meisten Zeitgenossen einen revolutionären Geist und Bundesgenossen erkannte, zu interessieren und hoffte vom neuen Kaiser Karl V., dessen Wahl in Frankfurt er aus der Nähe erlebte, eine Erstarkung des Reiches. Es galt also nun für Hutten, tätig zu sein, aufklärend zu wirken und zum Kampf zu rufen.

In dieser Spannung und Erwartung auf eine Zeitwende schrieb Hutten das Gespräch *Trias Romana* oder *Vadiscus*. „Unsere Freiheit war", wie es in der Widmung des Gesprächs an den Mainzischen Rat Sebastian von Rotenhan heißt, „gefesselt und von des Papstes Stricken gebunden: ich löse sie. Verbannt war die Wahrheit . . . : ich führe sie zurück [208]." Mit Mainzischen Hofleuten kommt Hutten nach Frankfurt und trifft dort seinen Freund Ernholdus, den er von Rom her kennt. Es ist wohl Anton Glauberger. Über Leos X. Druckmonopol der *Annalen* des Tacitus und die echt humanistische Empörung darüber wird das Gespräch dem eigentlichen Thema zugelenkt. Unlängst sei Vadiscus bei Hutten gewesen, der während eines Aufenthaltes in Rom seine Beobachtungen in Triaden, zusammengehörige Dreiheiten, gebracht habe, die Hutten nun aus der Erinnerung zum besten gibt. Die epigrammatisch zugespitzte Aufzählung wird durch einzelne Erläuterungen und Bemerkungen unterbrochen. Die Anregung zu diesen Zusammenstellungen ging von Crotus aus. Als Probe der Dreiheiten seien folgende genannt: „Drei Dinge erhalten Rom bei seinen Würden: das Ansehen des Papstes, die Gebeine der Heiligen und der Ablaßkram. Drei Dinge sind ohne Zahl in Rom: gemeine Frauen, Pfaffen und Schreiber. Drei Dinge dagegen sind aus Rom verbannt: Einfalt, Mäßigkeit und Frömmigkeit . . . Drei Dinge begehrt jedermann zu Rom: kurze Messen, alt Gold und ein wollüstiges Leben. Von dreien hingegen hört man daselbst nicht gern: von einem allgemeinen Konzil, von Reformation des geistlichen Standes und daß die Deutschen anfangen klug zu werden. Mit drei Dingen handeln die Römer: mit Christo, mit geistlichen Lehen und mit Weibern . . . Drei Dinge pflegen die Pilger aus Rom zurückzubringen: unreine Gewissen, böse Magen und leere Beutel. Drei Dinge haben bisher Deutschland nicht klug werden lassen: der Stumpfsinn der Fürsten, der Verfall der Wissenschaft und der Aberglaube des

[207] Op. 1, S. 301 ff.
[208] D. F. Strauß, a. a. O., S. 263.

Volkes. Drei Dinge fürchten sie zu Rom am meisten: daß die Fürsten einig werden, daß dem Volke die Augen aufgehen und daß ihre Betrügereien an den Tag kommen. Und nur durch drei Dinge wäre Rom zurechtzubringen: durch der Fürsten Ernst, des Volkes Ungeduld und ein Türkenheer vor seinen Toren [209]." Es sind die alten Gravamina, welche seit fast einem Jahrhundert nicht verstummt sind, nur werden sie hier mit einer unerbittlichen Schärfe vorgetragen, die zeigen soll, daß es mit der deutschen Geduld nun ein Ende habe. Finanzielle Ausbeutung und sittlicher Niedergang sind die Folgen dessen, daß die apostolische Einfachheit verlassen wurde. Das beste Mittel, die Rückkehr dazu zu erzwingen, sei, alle Zahlungen an die Kurie einzustellen. Die letzte Zusammenfassung in Distichen hat Hutten später in deutsche Reimpaare übertragen. Sie schließen mit den Worten:

Dieweyl es nun ist so gestalt,
So ist vonnöten mit gewalt
den sachen bringen hilff vnd rat,
Herwieder an der lugen stat
die göttlich warheit füren sein,
die hatt gelitten schmach vnd pein,
Den falschen Symon treiben auß,
dz halt sanct Peter wider hauß [210].

Zum Augsburger Reichstag führt das letzte Gespräch der Sammlung, welche Hutten im Frühjahr 1520 herausgab: *Die Anschauenden*, das sind der Sonnengott und sein Sohn Phaeton, die von der Himmelshöhe auf die schwäbische Bischofsstadt niederschauen, in der sich so viele Männer versammelt haben zu behaglichem Schmaus und ernster Beratung. Kardinal Cajetan wird mit leeren Händen nach Italien abziehen, denn es ist nahe daran, daß die Deutschen weise werden. Der Sonnengott erzählt seinem Sohn von den Sitten der Deutschen, ihren Gewohnheiten, staatlichen Einrichtungen und Ständen, er spricht vom Handel, der der alten Sittenreinheit ebenso schade wie der Trug der Priester und Mönche. Mit einer Auseinandersetzung zwischen Cajetan, der sich über die mangelnde Sonnenwärme beklagt, und dem Gotte schließt das Gespräch.

Daß es in Huttens Leben um die Entscheidung Humanist oder Politiker ging — mochte er sich selbst auch noch für einen politisierenden Humanisten oder humanistischen Politiker halten —, hat Erasmus als erster klar erkannt. Auf die Nachricht, daß Hutten gegen den württembergischen Herzog ins Feld zog, schrieb Erasmus [211] bewundernd und zweifelnd. Am 19. Oktober 1519 schrieb er [212] dann an den Erzbischof Albrecht von Mainz

[209] D. F. Strauß, a. a. O., S. 267.
[210] Op. 4, S. 261.
[211] Erasmus-Briefe, S. 237 f.
[212] Erasmus-Briefe, S. 260 ff.

jenen verständnisvollen Brief, in dem er zur Besonnenheit mahnte und den Rat gab, Luthers Bemühungen um die Lehre des Evangeliums nicht zu verdammen. Diesen Brief sollte Hutten dem Erzbischof überreichen. Er ließ ihn aber drucken, weil er darin ein sehr wichtiges, Ansehen forderndes Zeugnis sah. Seine ganzen Bestrebungen gingen darauf aus, alle Kräfte zum Kampf zu sammeln, deshalb übermittelte er das Schutzangebot Sickingens über Melanchthon an Luther. Große Hoffnungen setzte Hutten auf des Kaisers jüngeren Bruder, Erzherzog Ferdinand. Ihm widmete er die Ausgabe einer Schrift aus dem Investiturstreit, die er in Fulda gefunden hatte, und forderte ihn auf, mit dem Freiheitskampf der deutschen Nation zu beginnen. Sickingen verschaffte ihm am Hof Ferdinands in Brabant eine Stelle. Nachricht darüber erreichte Hutten in Bamberg, wo er mit dem eben aus Italien zurückkehrenden Crotus zusammentraf. Die beiden Freunde suchten den Anschluß an Luther. Man machte sich Hoffnungen, sämtliche Kräfte unter dem jungen Habsburger zusammenzufassen, und so reiste Hutten mit großen Plänen nach Brabant. Es war eine fieberhafte Tätigkeit, die er nun in den Vorsommerwochen 1520 entfaltete. Seine wissenschaftlich-humanistischen Arbeiten treten nun völlig zurück. Auch als Herausgeber wirkt er im Dienste der Publizistik. Als er im Mai den Rhein hinabfuhr, wurde er beim Zöllner Eschenfelder freundschaftlich empfangen. Die gemeinsame Verehrung für Erasmus und die gelehrten Studien boten die Voraussetzung zu einer gelehrten Unterhaltung und zum Stöbern unter Eschenfelders Büchern. Dabei fielen Hutten einige Streitschriften aus der Zeit des großen Schismas in die Hand. Er bat, sie herausgeben zu dürfen, und versah sie mit einem Sendschreiben an alle freien Deutschen als Widmung. „Im Reiten“ ist dieses heißatmige Manifest verfaßt worden. Es geht ihm um die Befreiung Deutschlands vom römischen Joch. Er will den Kampf gegen die scholastischen Theologen, den Erasmus mit der Feder begonnen hatte, nun mit allen Mitteln zum siegreichen Ende führen. Aber ihm ging es nicht um die Reinheit des alten Glaubens oder das Ethos des Gelehrten, sondern um ein politisch-romantisches Ziel. Auch er will zu den Quellen zurück, aber diese sprudeln ihm da, wo Deutschland mächtig und groß war und seine Unabhängigkeit vom Papsttum zu wahren wußte. Ein solcher Zustand müsse wiederhergestellt werden, sein Vaterland dürfe sich nicht demütigen vor den fremden Machthabern. Er wendet sich nicht gegen die Kirche oder die Religion. „Für ihn wie für seine Zeit war die Gottheit eine selbstverständliche Realität, mit der man Frieden zu haben trachtete. Ebenso blieb die Kirche eine der für notwendig erachteten Gemeinschaftsformen [213].“ Er will die Priester zu ihren Pflichten zurückführen, daß altdeutsche Sitte und Einfachheit wieder zu Ehre komme. Das ist die klare Linie, in deren Verfolgung er zwangsläufig zur Gewinnung eines breiten Anhangs die Formen, die ihm der Humanismus

[213] Ausgabe Holborn, a. a. O., S. 109.

geliehen hatte, aufgab, sich der deutschen Sprache bediente und seine wichtigste Aufgabe in der Agitation sah. Damit verblaßte das rein humanistische Ideal, dessen Pflege er nur in ruhigen Zeiten für möglich hielt, immer mehr in seinen Äußerungen, und zwischen ihm und Erasmus wurde eine Kluft aufgerissen. Die Gegensätze in den Charakteren und Auffassungen traten nun bald hervor, an die Stelle verehrender Liebe, vertrauenden Zusammengehörigkeitsbewußtseins und aufmunternder Teilnahme trat der leidenschaftliche Haß. Er verklärte das Bild des todgeweihten Kämpfers und machte aus dem sich wehrenden und seinen Standpunkt rechtfertigenden Erasmus einen hämischen Neider und mißgünstigen Feigling. Die Drucklegung des Briefes von Erasmus über Luther darf nicht nach den Grundsätzen einer späteren Zeit, in der es allgemeine Pressegesetze und publizistische Anstandsregeln gibt, gewertet werden. Sie entspricht Huttens Wesen und der Auffassung dieser Zeit, in welcher die Briefe gelehrter Männer ohne deren Zutun und Genehmigung durch Abschriften und Drucke verbreitet wurden. In Erasmus, der sich durch das vorschnelle Vorgehen Huttens vor der Öffentlichkeit als geistiger Anwalt Luthers preisgegeben sah, wurde das Mißtrauen zuerst im Herbst 1520 wach. Er schrieb damals: „War das Zufall, so war es ein sehr unglücklicher; war es aber Perfidie, so war sie schlimmer als die der Punier [214].“ Nach zwei Jahren, am 25. Dezember 1522, wünschte er Hutten nicht mehr zu sehen: „Meinen Segen hat er, wenn er sich recht zu benehmen weiß. Ich habe anderes zu tun [215].“ Zwischen diesen beiden Äußerungen liegt die Zeit, in der Hutten sein Reformprogramm mit allen Mitteln durchsetzen wollte und in einem Kampf stand, der über das Schicksal seines Vaterlandes entscheiden sollte und dem er selbst zum Opfer fiel.

Wenn edlem Wollen und reiner Absicht der Erfolg nicht beschieden ist, weil die Kräfte, welche dafür kämpfen, zu schwach sind, so wird das Urteil mancher Zeitgenossen und vieler Enkel durch ein Gefühl des erlittenen Unrechts bestimmt, das in einer Anklage gegen das Schicksal ausklingt. Ist dieses Wollen und diese Absicht in eine klare Form gekleidet, so wirkt es wie der Klang einer in die Jahrhunderte hineinschallenden Posaune. Damit kann man Huttens Einleitungsgedicht zum Gesprächbüchlein (1521) vergleichen:

Die Wahrheit ist aufs neu geborn,
Und hat Betrug sein' Schein verlorn.
Deß sag' Gott jeder Lob und Ehr,
Und acht nicht fürder Lügen mehr.
Ja, sag' ich, Wahrheit war erdrückt,
Ist wieder nun herfür gerückt . . .
. . . .

[214] Erasmus-Briefe, S. 278.
[215] Erasmus-Briefe, S. 312.

Ach, fromme Deutschen, haltet Rat,
Da 's nun so weit gegangen hat.
Daß 's nicht geh wieder hinter sich:
Mit Treuen hab's gefordert ich.
Und will deß weiter kein Genuß
Als, wenn mir darum würd' Verdruß,
Daß man mit Hilf mich nit verlaß,
So will ich auch geloben das:
Von Wahrheit will ich nimmer lân,
Das soll mir bitten ab kein Mann.
Auch schafft zu stillen mich kein Wehr,
Kein Bann und Acht, wie fast und sehr
Man mich damit zu schrecken meint;
Wiewohl mein' fromme Mutter weint,
Da ich die Sach gefangen an:
Gott woll sie trösten! Es muß gân,
Und sollt es brechen auch vorm End,
Will's Gott, so werd' es nit gewend't,
Dazu will brauchen Füß' und Händ.
Ich hab's gewagt[216]!

Es ist nicht der zuversichtliche Glaube an den Erfolg seines Wollens, sondern die entschlossene Seelenhaltung, welche in diesen Versen lebt. Man wird hier von einer Umsetzung der äußeren Haltung des ritterlichen Standes ins Geistige sprechen können. Damit verbindet sich die Vorstellung vom Kämpfer, der auf verlorenem Posten ausharrt. Sie begegnet in der Elegie Huttens, dem neuen Lied, das ebenfalls 1521 als Flugblatt gedruckt wurde.

Ich hab's gewagt mit Sinnen
Und trag' deß noch kein Reu,
Mag ich nit dran gewinnen,
Noch muß man spüren Treu.
Darmit ich mein'
Nicht ein' allein
Wenn man es wollt' erkennen;
Dem Land zu gut;
Wiewohl man tut
Ein' Pfaffenfeind mich nennen.

Da laß ich jeden lügen
Und reden was er will;
Hätt' Wahrheit ich verschwiegen
Mir wären hulder viel'.
Nun hab' ich's g'sagt,

[216] Zitiert nach: K. Kaulfuß-Diesch, Das Buch der Reformation. Geschrieben von Mitlebenden. Leipzig 1917. S. 194.

Bin drum verjagt,
Das klag' ich allen Frommen;
Wiewohl noch ich
Nicht weiter fliech,
Vielleicht werd' wiederkommen.

Um Gnad will ich nit bitten,
Dieweil ich bin ohn' Schuld;
Ich hätt' das Recht gelitten;
Doch hindert Ungeduld,
Daß man mich nit
Nach alter Sitt'
Zu G'hör hat kommen lassen.
Vielleicht will's Gott
Und zwingt sie Not
Zu handeln diesermaßen.

Nun ist oft desergleichen
Geschehen auch zuvor,
Daß einer von den Reichen
Ein gutes Spiel verlor:
Oft große Flamm
Vom Fünklein kam,
Wer weiß ob ich's werd' rächen.
Steht schon im Lauf,
So setz' ich drauf:
Muß gehen oder brechen.

. . . .

Ob mir dann nach tut denken
Der Kurtisanen List:
Ein Herz läßt sich nit kränken,
Das rechter Meinung ist.
Ich weiß noch viel',
Woll'n auch ins Spiel,
Und sollten 's drüber sterben:
Auf Landsknecht' gut
Und Reuters Mut,
Laßt Hutten nit verderben [217]!

Immer, wenn eine geistige Haltung sich gegen Haß und Verleumdung der Umwelt wehren muß, weil ihre Verfechter in Acht und Bann getan wurden, so findet sie in den Worten dieses unvergleichlichen Liedes Trost und Kraft. Man muß hier von allem Gegenständlichen und von den leidenschaftlich erörterten geistigen Fragen der Zeit absehen: das Menschentum,

[217] K. Kaulfuß-Diesch, a. a. O., S. 209.

dessen Größe sich gegen eine überlegene Masse behaupten und bewähren muß, ist das größte und beste Erbe des Humanismus.

Was in diesen Kampfjahren in Huttens Werken und Taten immer begegnet, ist die Forderung nach einem gesetzmäßigen Verfahren und das Eintreten für das Recht seiner Persönlichkeit. Diese wird in den Selbstzeugnissen stark idealisiert, behält aber die scharfen Umrisse und wird immer von den Ideen, zu denen ihr Träger steht, bestimmt. Wie so ganz anders gestaltet sich das Bild des Erasmus aus seinen Briefen. Sein Menschentum ist viel enger verbunden mit den Dingen der Umgebung, seine geistige Haltung muß erst hinter dem Schillern und Schwanken der äußeren Erscheinungen erschlossen werden. Er gibt sich ganz wie er ist, während Hutten sich so gibt, wie er sein will. Nun heißt es bei ihm: Alea jacta est. Er übersetzt es mit: Ich hab's gewagt! Das ist das Leitmotiv der deutschen Übersetzung seines Gesprächbüchleins. Mit dem Scheitern seiner Sendung bei Erzherzog Ferdinand, den Angriffen und dem Einschreiten der Kurie fiel für Hutten die Entscheidung. Er brauchte nun keine besonderen Rücksichten mehr zu nehmen wie etwa früher gegen den Erzbischof Albrecht. Seine Sympathiekundgebung für Luther nach dessen Exkommunikation zeigt, daß er ähnlichen Verfügungen, wenn sie ihn treffen sollten, mit Gleichmut begegnen werde. Er wollte sofort angreifen, mit einer besonderen Eile drängte er während der Fahrt nach Brabant zum Losschlagen. Etwa fünfzehn wenn auch nicht sehr umfangreiche Veröffentlichungen — darunter auch einige Ausgaben und Übersetzungen — sind von Hutten im Jahr 1520, in dem er so weit im Land herumkam, erschienen. Wer seine Stimmung und seine Absichten um diese Zeit kennenlernen will, der muß die Vorreden, Aufrufe und Briefe lesen. Daraus erfährt man einiges über seine Reformabsichten. Diese berühren sich durch die Forderung nach einer von Rom unabhängigen Kirche sehr nahe mit den Forderungen der Reformation. Aber Luther lehnte schon jetzt und ganz besonders nach der revolutionären Wiedertäuferbewegung alle Gewaltmittel ab. Beide, Luther und Hutten, wurden in ihren Handlungen von den Idealen ihrer Stände bestimmt. Die mittelalterliche Einheit, deren Symbol der geistliche Ritter und der mönchische Kämpfer ist, war zerrissen. Auch in der Unterredung, welche Hutten am 20. Juni 1520 mit Erasmus in Löwen hatte und von der dieser in seiner *Spongia* berichtet, zeigte die Sprengung der Einheit des Mittelalters, das auf den Säulen des Kaisertums und Papsttums ruhte. Ausgangspunkt für Huttens Reichsreform war die Idee einer Wiederherstellung der Unabhängigkeit des Kaisertums. Ein klares Programm sucht man aber da vergeblich. Das Entscheidende für seine zukünftige Entwicklung blieb, daß diese Idee zum Mittelpunkt aller seiner Unternehmungen wurde und er bereit war, ihr sein Leben und seine gelehrten Studien zu opfern. Einer solchen Haltung gegenüber mußte Erasmus fassungslos dastehen und sie als Verrat empfinden.

Unverrichteter Dinge zog Hutten aus den Niederlanden ab, eben zu einer Zeit, als der Papst bei Erzbischof Albrecht wegen einiger Veröffentlichungen Huttens anfragte und ihn zum Einschreiten veranlaßte. Daraus machte eine rege Phantasie einen päpstlichen Befehl, Hutten zu ergreifen und gefesselt nach Rom zu bringen. Der Erzbischof rechtfertigte sich damit, daß er Hutten wegen seiner Angriffe auf Kardinal Cajetan von seinem Hof entfernt habe, jetzt sei es schwer, gegen ihn vorzugehen, da er sich in festen Burgen aufhalte und militärische Kräfte sammle, welche für den Erzbischof selbst eine große Gefahr bedeuteten. Hutten wußte sich also durch den Aufenthalt in Steckelberg und auf den Schlössern Sickingens dem Zugriff der geistlichen Gerichte zu entziehen. Gegen Aufgabe seines romfeindlichen Schrifttums hätte er sich damals eine ruhige Zukunft sichern können. Aber die Stimmung des Gehetzten und Kämpfers, die aus allen Briefen dieser Zeit spricht, ließ ihn weder zu einer ruhigen Überlegung kommen noch den Kampf aufgeben. Er war von anderem Geist als Reuchlin. Jetzt hieß es: perrumpendum est, auch wenn der Erfolg ausblieb. Er fühlte sich einig mit Luther, dessen Flugschrift *An den Adel deutscher Nation von des christlichen Standes Besserung* in ihren Grundgedanken mit seinen Absichten übereinstimmt, da auch sie die nationalen Kräfte zur Erneuerung der Kirche einsetzen wollte. Dieses geistige Zusammengehen der beiden wird auch daraus sichtbar, daß die päpstliche Kurie im gleichen Rechtsverfahren gegen Luther und Hutten als Häretiker vorgehen wollte. Sehr bald aber trennte sich der Weg Luthers, welcher zur christlichen Freiheit fern von der Welt führte und nur durch den Glauben und das reine Wort Gottes eine innere menschliche Erneuerung suchte, von dem Huttens, den die politische Lage und die Ausnützung des Geistes und der Waffen zu seinem Ziel bringen sollten. Der Erfolg mußte ihm von vornherein zweifelhaft erscheinen, nachdem ihn Acht und Bann getroffen hatten. Seine Helfer waren Sickingen, die Hoffnung auf einen allgemeinen Volksaufstand und — wenigstens am Anfang — der Kaiser. Ohne jedes Gerichtsverfahren hatte man über Hutten den Stab gebrochen.

In diesem Geiste und mit dieser Absicht entfaltete er im September 1520 eine energische und zielbewußte Tätigkeit. Auf Sickingens festestem Platz, der Ebernburg bei Kreuznach, die ihm zur „Herberge der Gerechtigkeit" wurde, arbeitete er nun und führte mit seinen Flugschriften [218] einen Kampf um sein Recht. Er bestand darauf, vom kaiserlichen Gericht zur Verantwortung gezogen zu werden. Noch liege es in des Kaisers Hand, die Entscheidung zu fällen, aber mit der Fehde beginnt er bereits zu drohen. Er wollte seine Reform auf gesetzlicher Grundlage durch die Reichsstände unter Führung des Kaisers durchsetzen, wenn nötig mit Gewalt. Er sah sich offen und im geheimen verfolgt und eröffnete den Angriff. Der Streifzug nach Köln im November 1520 sah der Unternehmung eines

[218] Ausgabe Holborn, a. a. O., S. 124.

Raubritters recht ähnlich. Die Drohungen gegen die päpstlichen Nuntien Aleander und Caraccioli waren ein Einschüchterungsversuch. Ihn drängte es zur Tat, während sich Erasmus in den Briefen an seine Freunde gegen Aleander nur mit den heftigsten Worten wendete. Das aber war für den Ritter Hutten keine genügende Abwehr und kein Angriff. Die Auffassungen und Gewohnheiten seines Standes siegten über die Streitformen des Humanismus. Von einem gewaltsamen Vorgehen scheint ihn Sickingen, der noch immer den Kaiser zu gewinnen hoffte, zurückgehalten zu haben; denn Sickingen erhielt vom Kaiser zu Köln die Zusicherung, daß Hutten nicht ohne Verhör verurteilt werde. Er, der dem immer wieder um Geld verlegenen Habsburger damals 20 000 rheinische Gulden lieh, hoffte auf eine Verschärfung des Gegensatzes zwischen Kaiser und Papst. Seine gerade Ritterart stellte die Schliche der spanischen und päpstlichen Diplomatie nicht in Rechnung, er meinte, es könne sich noch alles zum besten wenden, wenn der Kaiser die Kirchenreform in die Hand nehme. Im Spätjahr 1520 hatte es Hutten nicht leicht, seinen Gastgeber für die Sache der Reformation zu gewinnen. Strauß entwirft davon folgendes Bild, das er eines der schönsten in der deutschen Geschichte nennt: „Am gastlichen Tische der Ebernburg sitzen in den Winterabenden zwei deutsche Ritter in Gesprächen über die deutscheste Angelegenheit. Der eine Flüchtling, der andere sein mächtiger Beschützer: aber der Flüchtling, der Jüngere, ist der Lehrer, der Ältere schämt sich des Lernens nicht, wie der ritterliche Lehrer selbst neidlos dem größern Meister, dem Mönch zu Wittenberg, sich unterordnet [219]." — Butzenscheiben dazu, braunes Getäfel mit Schnitzereien, Zinngeschirr darüber, ein kredenzender Kellermeister mit einer ziselierten Kanne und einer roten weinseligen Nase, auf dem Tisch neben den Büchern ein Brotlaib und ein gewaltiger Schinken, durch den Türspalt sieht man einen Federhut, Spitzenärmel, blonde Locken und einen schalkhaft lächelnden Mund. So läßt sich das Bild noch weiter verkitschen. Es sah anders aus.

Sickingen wollte Hutten nur so lange unterstützen, als er sich um ein Verhör bemühte. Hutten mußte seine ganze Kunst aufbieten, um Sickingens Glauben an die Legalität des Papsttums zu erschüttern. Erst als ihm einleuchtete, daß er die neue Lehre für seine politischen Absichten ausnützen könne, schloß er sich ihr an. Er konnte auch Huttens Reformpläne gut mit seinen Absichten in Einklang bringen. Wie schwer es aber Hutten hatte, gegen andere Einflüsse, welche sich an Sickingen heranzumachen suchten, anzukämpfen, geht aus den neuen Gesprächen hervor, in welchen er Sickingen als Gesprächspartner einführt. Man wird mit der Vermutung, daß die meisten Gegenstände dieser Gespräche von Hutten und Sickingen wirklich diskutiert wurden, der Wahrheit nahekommen. Beide hofften zuviel; ob sie ein Recht dazu hatten oder ihre Macht überschätzten, wird sich kaum feststellen lassen. Das Glück war ihnen bisher günstig. Immer wieder

[219] D. F. Strauß, a. a. O., S. 245.

weist Hutten auf sein Ziel hin: die Erstarkung der kaiserlichen Macht und die Schwächung der Kurie. Er glossierte die päpstliche Bulle gegen Luther, schrieb den Dialog *Bullentöter*[220], in welchem die deutsche Freiheit mit der Bulle kämpft. Er suchte immer die Brücke zwischen seinem Kampf für die Freiheit und Luthers Zielen zu schlagen, um ein gemeinsames Vorgehen zu ermöglichen. Aus den gleichen Gründen wie Luther bediente er sich der deutschen Sprache und handhabte sie sehr bald mit größerer Meisterschaft als Luther zu Anfang. Wie schwer und hart klingen die ersten Aufrufe und Flugschriften Luthers! Sie sind lateinisch gedacht und entworfen und dann erst ins Deutsche übertragen worden. Huttens Aufrufe und Gespräche in ihrer neuen Gestalt passen sich der Denk- und Sprechweise des einfachen Mannes besser an. Er will zu Herzen reden, aufklären und schreibt tendenziöse Geschichte nicht als Fälscher von Tatsachen, sondern weil er aus seiner Zeitlage und seinem Wesen heraus die Dinge gar nicht anders sehen kann. Dieses zu verurteilen, hieße die Maßstäbe eines späteren Wissenschaftsbegriffes anwenden. Nach allen Seiten hin, auch gegen Verdächtigungen, die vor Sickingen gegen ihn vorgebracht wurden, mußte er sich rechtfertigen. Er kam schließlich nach reiflicher Überlegung zu dem Entschluß, seine Rechtsansprüche [221] mit Gewalt durchzusetzen. Er sah in den Romanisten Feinde des Vaterlandes und Friedensbrecher. Zwischen seiner persönlichen Notwehr und dem Kampf für die Erneuerung der Kirche fließen die Grenzen. Fest aber war sein Entschluß, seine Ehre wieder herzustellen, sei es durch ein Verhör vor dem Kaiser, sei es durch das Recht der Fehde. Was ist er anderes als ein Selbsthelfer in anarchischer Zeit?

Zur Zeit des Wormser Reichstages wurden in der Öffentlichkeit die beiden Namen Luther und Hutten häufig nebeneinander genannt. Weithin wurden Huttens Ideen getragen. Im Triumphzug [222] der Wahrheit reitet Hutten voran. Mit Ketten, die an den Schwanz seines Rosses gebunden sind, folgt ihm die Schar seiner Widersacher, voran der Papst mit umgestürzter Tiara, Bischöfe, Äbte, Bettelmönche mit Tiergesichtern, darunter Murner mit dem Katzenkopf. Hinter der eingeschlossenen Meute naht auf dem Triumphwagen das Symbol der reinen evangelischen Lehre, gezogen von Löwen, Stier und Adler unter dem Banner des Engels: der Erlöser mit segnender Hand. Unmittelbar vor ihm schreiten mit Siegespalmen Karlstadt zur Rechten und Luther zur Linken des Wagens. Patriarchen, Propheten und Apostel retten das Grab der Heiligen Schrift, aus dem sie wiedererstehen wird. Dankbar begleitet das gemeine Volk den Aufzug des Sinnbildes, das es auf eine glückliche Zukunft hoffen läßt.

Dem alten Freunde Crotus, der Hutten zugetan blieb, gesellten sich

[220] Op. 4, S. 309 ff.

[221] Ausgabe Holborn, a. a. O., S. 239.

[222] D. F. Strauß, a. a. O., Abb. 14.

neue Kämpfer wie Eberlin von Günzburg und der Elsässer Nikolaus Gerbel. Sie sind seine Mitstreiter, die er neben vielen anderen durch seine Flugschriften gewann. Die schützende Hand Sickingens machte Hutten zu einer Größe, mit der man rechnen mußte. — Wieder war es das trügerische diplomatische Spiel, das Hutten nicht durchschauen konnte. Ihm fiel er zum Opfer. Kaiser und Kurie gewannen Zeit und schlugen ihm die Waffen, die er bereit hatte, damit aus der Hand. Aleander ließ Hutten durch Capito wissen, daß er nicht exkommuniziert sei. Die Bemühungen Spenglers und Pirckheimers um eine Lösung vom Bann und die auf Sickingens energisches Eintreten sich eröffnende Aussicht auf einen bevorstehenden Dienst am kaiserlichen Hof nährten in Hutten Hoffnungen, die sich bald als trügerisch erweisen sollten. Am 27. März und 8. April 1521 schickte Hutten von der Ebernburg aus seine Sendbriefe [223] an den Kaiser nach Worms. Sie waren ein letzter eindringlicher Versuch, sein Ziel auf gesetzlichem Weg zu erreichen. „Gefesselt sind Deutschlands Hoffnungen, gib sie frei, laß sie nicht verzweifeln an der Gerechtigkeit, gib Dich nicht selbst auf und sei nicht der Urheber des Bösen, das sich gegen Dich wenden wird! Genug des Übels hat Dir das Schicksal zugeteilt, reize die Allerelendesten nicht noch mehr gegen Dich auf und führe kein neues Unheil herbei! Wie sind wir Dir zugetan! Wir bitten, daß Du Dein Ansehen in Deinem Reiche bewahrst und nicht Deine Würde der Verachtung preisgibst [224].“ In banger Angst vor dem Kommenden malt er grellfarbig die Zukunft, in der die alte Größe Deutschlands für immer verlorengehen werde. Die Abgesandten des Kaisers Paul von Armstorff und Glapion — des Kaisers Beichtvater — konnten Hutten und Sickingen auf der Ebernburg davon überzeugen, daß der Kaiser eine Reichsreform durchführen werde und man in der Angelegenheit Luthers noch eine abwartende Haltung einnehmen müsse. Wieder hoffte Hutten auf eine günstige Entwicklung. Er nahm den ihm vom Kaiser ausgesetzten Gehalt. Als er aber später erfuhr, welches Spiel man mit Luther trieb, trat er aus dem kaiserlichen Dienst aus. Da erst begann er mit dem offenen Kampf gegen die Kurtisanen. Er selbst nannte sein Beginnen ein menschliches, während er in Luther einen Kämpfer für das Göttliche sah. Hinter beiden lagen abgebrochene Brücken. Luther verschwand in der Einsamkeit der Wartburg.

Hutten betrat die Bühne und handelte. Er bewunderte Luthers Mut und unerschütterlichen Glauben. Vor dem Wormser Reichstag hatte er noch hoffen können, alle romfeindlichen Kräfte zu sammeln und dem Kaiser für den Kampf um die nationale Ehre und Größe zur Verfügung zu stellen. Jetzt mußte er einsehen, daß Luther seinen Kampf mit geistigen Mitteln führen werde, Fürsten und Kaiser ihre Politik verfolgten und das Volk unschlüssig blieb. Sickingen allein und die Reichsritter hatte er auf seiner Seite.

[223] Op. 2, S. 38 ff.; 47 ff.

[224] Op. 2, S. 42.

Stand und Herkunft bestimmten nun sein Handeln. Er eröffnete die Fehde. Der „Pfaffenkrieg“ begann. Ein Anfall seiner Krankheit verhinderte ihn, mit der nötigen Energie aufzutreten. Zweimal zog er ins Feld: im Oktober 1521 gegen die Straßburger Karthäuser und um die Osterzeit 1522, als er mit Hartmut von Cronberg einen Handel mit einem alten Feind aus dem Reuchlinschen Streite bereinigen wollte. Aber da schützten die Reichsstädte Frankfurt und Straßburg die Angegriffenen. Mit Raubzügen einiger seiner Anhänger endete das ganze Unternehmen. Die Form, in der er es führte, unterscheidet sich kaum von den Beutezügen der Wegelagerer. Damit verließ er die Basis des Rechtes. Es ist die Tragik eines Michael Kohlhaas, von der er umwittert ist. Ob er einsehen konnte, daß sein Vorgehen die Grundlagen des Rechtsstaates, den er ersehnte, erschütterte, muß dahingestellt bleiben. Sein ungestümer Wille und seine Unfähigkeit, mit den Gegebenheiten zu rechnen, rissen ihn die Bahn hinab. Nun sind es die Fürsten, denen er sich entgegenstemmt. Seine Reichsreform wollte sich auf Ritter und Städte stützen. Beide aber waren mißtrauisch gegeneinander und bereits von den Fürsten zu abhängig, um aus freiem Ermessen handeln zu können. Wie bitter sich Hutten auch darin täuschte, brachte ihm erst der Untergang Sickingens im Kampf gegen die Fürsten zum Bewußtsein.

Nach der unglücklichen Unternehmung gegen Trier im Herbst 1522 konnten die Schlösser und festen Burgen, auf denen sich Sickingen nun verteidigen mußte, für den landflüchtigen Hutten kein genügender Schutz mehr sein. Von Schlettstadt aus traf er im November 1522 in Basel ein. Als vornehmer Gast wurde er von der Basler Regierung freundlich empfangen. Seine publizistische Tätigkeit aber gefährdete Ruhe und Ordnung. Das war es auch, was Erasmus, auf den Hutten seine Hoffnung setzte, störte. Lang schon bestanden keine freundschaftlichen oder gelehrten Beziehungen mehr zwischen den beiden. Daß Erasmus den Mann der Fehde, der dem Recht durch Unrecht und Gewalt zum Sieg verhelfen wollte, nicht sehen wollte, wer kann es ihm verargen? Er wollte nicht auch noch als Autorität in diesen Streit hineingezogen werden. Heinrich Eppendorf, der damals in Basel studierte, trug die mündlichen Botschaften zwischen Erasmus und Hutten hin und wider. Daß dabei manches entstellt und mißverstanden wurde, ist bei der gereizten Stimmung, in der sich Hutten befand, kaum zu verwundern. Er konnte es nicht verstehen, daß jemand in solchen Zeiten seiner inneren Berufung weiter folgte, das Recht seiner Persönlichkeit wahrte und sich nicht in den Streit hineinziehen ließ. Die Universalität des Erasmus und sein Streben nach reiner Geistigkeit mußten sich abgestoßen fühlen von den Kämpfen, welche Huttens Leben immer begleiteten, von seinen aufpeitschenden Reden und Rufen, seiner impulsiven Kampfnatur, die mit dem Schwert durchsetzen wollte, was die Feder verkündete. Das war in des Erasmus Augen ein Rückfall in die Barbarei. Ihr begegnete er mit Haß und Verachtung, sie wollte er von der friedlichen

Stille seines inneren und äußeren Wesens fernhalten. So steht er als Antibarbarus gegen den ewigen Feind wahrer und echter Bildung [225].

Hutten ist einer von denen, welche Erasmus zwingen wollten, Farbe zu bekennen und sich für die Reformation zu begeistern, und doch wünschte er, daß Erasmus jene Wissenschaft erhalte, die es ihm selbst nicht vergönnt war weiterzupflegen. Keiner von beiden konnte sich in den andern hineindenken. Erasmus konnte kein Verständnis für Huttens innere Entwicklung aufbringen, und Hutten konnte es nie begreifen, daß sich Erasmus nicht wenigstens seinen geistigen Erben, den Reformatoren, anschloß, zumal er doch der Vorkämpfer gegen die Scholastik gewesen war. Das erschien ihm Verrat an der Sache der Reformation, und darüber mußte die Öffentlichkeit aufgeklärt werden. Bitter und hart forderte er den einst verehrten Meister heraus: „Das wird Deine Gegner von einst am meisten verdrießen, daß, solange wir kämpfen werden, Deine Briefe für uns kämpfen werden, denn Du stehst nicht weniger auf unserer Seite, wenn Du Dich auch zu jenen gewendet hast, als wie Du mit Eifer und treuer Mühewaltung Dein Werk tatest. Ohne daß Du es willst, sind Deine Helfer in unserem Lager: Deine Bücher, die Du einst schriebst, und die besser sind als jene, welche Du schreiben wirst, vorausgesetzt, daß Dich nicht früher der Ekel am Leben zum Tode treiben wird [226].“ Die Anhänger der Reformation in Basel veranlaßten Hutten dazu, diese Herausforderung — wieder ein Wort und ein Brauch, der ritterlichem Standesbewußtsein entspricht — an Erasmus zu verfassen. Sie wollten ihn zwingen, Farbe zu bekennen. Reizbarkeit, überempfindliches Gefühl, Angriffslust, gesteigerte Empörung und Verzweiflung, die nichts mehr zu verlieren hat, führten Hutten nun seine scharfe Feder. Vielleicht hielt er Erasmus für den Urheber seiner Ausweisung aus Basel. Der Rat begründete sie damit, daß er Ruhe und Ordnung gestört und das Gastrecht mißbraucht habe, weil er seinen Kampf gegen die Kurtisanen fortgesetzt und Streitschriften verfaßt hatte, eine gegen einen Arzt und eine andere gegen den Pfalzgrafen Ludwig.

Zu Beginn des Jahres 1523 war Hutten in Mühlhausen. Inzwischen rüstete sich Erasmus zur Erwiderung und zum vernichtenden Schlag gegen den einstigen Jünger und Freund. Sein „*Schwamm gegen die Anspritzungen Huttens* [227]“ ist das Werk unversöhnlichen Hasses. Breit und ausführlich erzählt er von seinem Verhältnis zu Hutten, stellt ihn bloß und schiebt ihm alle Schuld zu. Er ist größer, wenn er den jungen Freund geistig an seinem Reich teilnehmen läßt, als wenn er ihn von sich stößt und die ehemalige geistige Gemeinschaft gewaltsam zerbricht. Eine eigentümliche Mischung von Angst vor der Dämonie eines leidenschaftlichen, verzweifelnden und zu allem fähigen Menschen und dem Willen, seinen Standpunkt zu wahren,

---

[225] Pfeiffer, a. a. O., S. 24.
[226] Op. 2, S. 234 f.
[227] Op. 2, S. 265 ff.

führte ihn dazu, alle Verdächtigungen, er könne doch noch gemeinsame Sache mit Hutten machen, mit Energie zurückzuweisen. Hutten hatte Unmögliches verlangt: „Du kennst die Wahrheit, übe nicht Verrat, gib Zeugnis, wage eine Mannestat [228]!" Erasmus bekannte sich nie zu einer Partei, sondern nur zu einer Gemeinschaft im Geiste. Dieser Wesenszug war in Huttens Augen eine Satyrmaske. Hinter der Leidenschaft, die des Erasmus sich bemächtigt hatte, stand dennoch seine Humanitas, sein Ideal des freien christlichen Menschen, das nur in der friedlichen Stille gedeihen kann. Der Kampf mit den ungleichen Waffen — geistige Überlegenheit und Schärfe gegen die Bitterkeit des Enttäuschten, der nach vielen Seiten um sich schlägt — endete nicht mit der Reinigung des Erasmus, sondern mit dem Tode Huttens, der die *Spongia* nicht mehr zu lesen bekam.

Die Angst vor Verfolgung und Störung seiner Ruhe und der Zwang, sich in aller Öffentlichkeit zu bekennen, führten Erasmus dazu, Zwingli und den Rat von Zürich am 10. August 1523 zu warnen, einen Mann, der überall den Frieden störe, bei sich aufzunehmen [229]. Kurze Zeit nachdem Hutten die Nachricht von Sickingens Niederlage und Tod erhalten hatte (7. Mai), mußte er Mülhausen verlassen. Er wendete sich nach Zürich. Aufregung und Kraftanstrengung verbrauchten seine letzten körperlichen Reserven. Ob der Geist ungebrochen blieb, könnte nur festgestellt werden, wenn seine Schrift *In Tyrannos* gegen die Fürsten — es sind wohl die Sieger über den Freund Franz von Sickingen — erhalten wäre. Ihr Titel hat die Feuerseele des Dichters der *Räuber* noch nach 250 Jahren zum Schwingen gebracht. — Es war eine mannhafte Tat, dem Verfemten und Gehetzten Asylrecht und damit die Möglichkeit zu geistiger Arbeit zu gewähren sowie sich den harten Angriffen der überall lauernden Gegner Huttens auszusetzen. Zwingli nahm es auf sich. Er sandte den siechen Mann, von dem er kaum wußte, wie stark ihn schon der Tod gezeichnet hatte, auf die Insel Ufenau im Zürichsee in die Pflege des Kräuterpfarrers Johannes Klarer, genannt Schnegg. Dort kannte niemand den Namen des Ritters, dessen sterblichen Teil man um die Wende vom August zum September in die Erde versenkte. Erst später erfuhr man, daß Hutten es gewesen sei, und machte dem Pfarrer das Dasein auf der Insel so sauer, daß er sie verlassen mußte.

Was Hutten noch schrieb, ist Abwehr und Angriff. Hoffnungen auf einen Erfolg hatte er längst aufgegeben. Am 21. Juli verfaßte er den letzten Freundesbrief an Eobanus Hessus. Ihm und den anderen Freunden wie Eberbach und Crotus aus dem Kreis, in dem er zum Humanisten wurde, bewahrte er die Freundschaft, so wie er auch dann noch wie einst um die Gunst jener Göttin rang, die ihm ihre Gabe im Leben so oft versagt hatte, der Fortuna.

---

[228] C. F. Meyer, a. a. O., XXXIV.

[229] Erasmus-Briefe, S. 320.

ELSÄSSISCHE CHARAKTERKÖPFE AUS DEM ZEITALTER DES HUMANISMUS
(1944)

JOHANN GEILER VON KAISERSBERG

Ein Vertreter der Theologie im ausgehenden Mittelalter sah vor allem zwei Aufgaben vor sich, den Weiterbau und die Ausgestaltung des scholastischen Gedankendomes mit Zierat und feinster Formung der Kreuzblumen, des Maßwerkes und der Türmchen, die Seelsorge und die Predigt. Glücklich, wer beiden Zielen nachjagen konnte. Das bewahrte die wissenschaftliche Arbeit vor allzu großer Verstiegenheit und bot der praktischen Tätigkeit den geistigen Grund. Den großen Vertretern der Scholastik gelang diese Umfassung. Je weiter aber das Wissensgebiet sich dehnte, je mehr sich die Gedankenreihen ausbreiteten und je mehr betont wurde, daß das Denken erst gelernt werden müsse und weniger eine natürliche Gabe Gottes sei, desto notwendiger wurde es für den Theologen, sich zu entschließen, welchen Wirkungskreis er wählen wollte. Sollte ihm das gelehrte Studium seiner Wissenschaft Selbstzweck und alleinige Lebensaufgabe sein, oder sollte es ihm einen Hort abgeben, aus dem er dann selbst seine Gaben spenden könne zum Wohle der sündigen Menschheit? Im ersten Falle glaubte er, seinen Gottesdienst in der Stille mit den Mitteln der allgemeinen Kirchensprache zu leisten, im anderen Falle bestieg er die Kanzel und verkündigte das Wort Gottes in der Sprache des Volkes. Suchte er im ersten Falle, dem höchsten Wesen in seiner einsamen Geistigkeit durch die schwierigsten Gedankengänge in einer wissenschaftlichen Geheimsprache, die von dem Allweisen verstanden werden mußte, gerecht zu werden, so war er genötigt, im anderen Falle in der Vorstellungswelt, den Gedanken und Bildern des Volkes zu reden. Eine solche Tätigkeit erforderte Welt- und Lebenserfahrung und einen gefestigten Charakter. Jugendlicher Übereifer stürzt sich lieber auf die schwierigen Probleme des Denkens und turnt in schwindliger Höhe, wohin der Notschrei und die Sorgen des Alltags nicht empordringen. So erklärt es sich, daß Gottesgelehrte oft in jungen Lebensjahren bedeutsame Werke schreiben und von einer praktischen Tätigkeit nichts wissen wollen, Prediger meistens in reiferem Alter stehen, der Gottesgelehrte nicht selten um sein vierzigstes Lebensjahr seinem Beruf entsagt und aus der Fülle seiner Kenntnis heraus Prediger wird, weil er vom Nutzen dieser Tätigkeit mehr überzeugt ist. Man kann diese Erscheinung erst an den neugegründeten Universitäten, also im deutschen Sprachgebiet vom Ende des 14. Jahrhunderts an, deutlicher beobachten. Es wäre nun freilich verfehlt, überall da, wo man von einem gelehrten Theologen erfährt, daß er sich im reifen Mannesalter der praktischen Seelsorgetätigkeit zuwendet, von einer geistigen Wandlung, einem Überdruß an der Wissenschaft, einem Aufgeben des Gelehrtendünkels zu sprechen. Der ist kein richtiger Gelehrter, der sich nicht von Zeit zu Zeit die Frage über den Nutzen seines Wirkens stellt und zu der Erkenntnis kommt, daß er in Wolken wandelt und sich von der Nähe der Erde entfernt. Ein solcher Berufswechsel kann durch besondere Umstände, die Entdeckung bisher unbekannter Fähigkeiten durch andere oder durch sich selbst, herbeigeführt werden, er kann aber auch in der festen Planung des Lebens und Berufsweges vorgezeichnet sein. Im 15. Jahrhundert zeigt sich das eine, daß die Kluft, die sich zwischen Theorie und Praxis in der Gottesgelehrsamkeit öffnet, von keinem Segen für die Zukunft war.

Man würde Geiler von Kaisersberg [1] gerne in einer Geschichte der deutschen Predigt seinen Platz anweisen und die Entwicklungslinien aufzeigen, welche zu ihm hinführen und von ihm weitergehen. Aber dazu fehlen trotz schöner Ansätze die nötigen Vorarbeiten. Zudem ist es schwer, eine so persönliche Schöpfung wie eine Predigt auf sich wirken zu lassen. Sie ist uns kaum im gleichen Wortlaut, wie sie gehalten wurde, überliefert. Ihr Wesen ist das lebende klingende Wort und nicht der tote Buchstabe auf dem Papier. Sie lebt daraus, daß sie auf Wirkung berechnet ist, ihr Erfolg wird sichtbar, wenn die Hörer sich nachher vor den Beichtstühlen und an den Kommunionbänken stauen oder demütig Zwiesprache mit ihrem Gott halten. Die Mittel, die der Prediger anwendet, sind die verschiedensten: er kann durch seine Gefühle, glühende Liebe und Gottdurchdrungenheit hinreißen und seine Hörerschaft in einen Ring der Begeisterung

---

[1] R. Newald, Geiler von Kaisersberg. In: Verfasserlexikon 2. Bd. (1936), Sp. 8—14; dort die bis 1930 erschienene wichtigste Literatur verzeichnet. Ferner heute noch unentbehrlich: L. Dacheux, Un réformateur catholique à la fin du XVe siècle. J. Geiler de Kaisersberg, prédicateur à la cathédrale de Strasbourg 1478 bis 1510. Straßburg 1876. — Ders., Geilers von Kaisersberg älteste Schriften. Freiburg/Br. 1882.

Allgemeine Literatur zu den Elsässischen Charakterköpfen: Rudolf Wackernagel, Geschichte des Elsasses. Basel 1919. — W. Andreas, Straßburg an der Wende vom Mittelalter zur Neuzeit. In: Elsass-Lothring. Jb. 13 (1934), S. 27—67. — G. Ritter, Erasmus und der deutsche Humanistenkreis am Oberrhein. Freiburg/Br. 1937 = Freiburger Universitätsreden 23. — Für viele Fragen wird auch heute noch immer mit Gewinn herangezogen: Ch. Schmidt, Histoire littéraire de l'Alsace à la fin du XVe et au commencement du XVIe siècle. 2 Bde. Paris/Straßburg 1879.

Johannes Ficker und Otto Winckelmann, Handschriftenproben des 16. Jahrhunderts nach Straßburger Originalen. Große Ausgabe. Straßburg Bd. 1 (1902), Bd. 2 (1905); Kleine Ausgabe. Straßburg 1906.

schließen, die dem edlen Beispiel und Vorbild folgt; er kann mit den Worten und der Haltung des Weltrichters von der Sündenlast sprechen und die drohenden Strafen vor dem angstvollen Gewissen ausmalen; er kann den Sünder lächerlich machen und dem fröhlichen oder bitteren Spott der Hörer überliefern. Er verfügt über Hunderte von Registern, die er, der augenblicklichen Eingebung folgend, ziehen kann. Er ist ein König, wenn er es richtig versteht, die Augen und Ohren der Gemeinde an seine Lippen zu bannen.

Man hat Geiler mit Berthold von Regensburg oder Abraham a Santa Clara verglichen und geglaubt, die Verschiedenheit seines Wirkens von dem des großen Predigers des Hochmittelalters und die Ähnlichkeit seiner Predigtweise mit der Abrahams feststellen zu können, aber die Zeiten und die Voraussetzungen, unter denen diese drei populärsten und bekanntesten deutschen Prediger wirkten, die freilich für allzuviele nur Namen sind, sind so verschieden, daß ein Vergleich immer hinken muß. Auch ist das überlieferte Material so ungleichartig, daß eine Ebene, von der aus man vergleichen sollte, kaum zu gewinnen ist. Die Predigt ist als literarische Gattung weder in ihrer historischen Entwicklung, noch im Zusammenhang mit verwandten Formen kaum in einem bestimmten Zeitraum oder innerhalb eines Ordens erfaßt worden. Viele Fragen sind hier noch zu klären. Man müßte Geiler eine Stelle unter den vielen oberrheinischen Zeitgenossen, Heinlin vom Stein, Peter von Andlau, Gabriel Biel, Johannes Pauli u. a. zuweisen[2]. Wie aber können wir dies, da wir von den meisten Predigern nur lateinische Konzepte ihrer Arbeiten und von vielen nicht einmal diese besitzen? Was nützt da, daß zeitgenössische Zeugnisse von der großen Wirkung dieser Predigten berichten, wenn wir ihren Wortlaut nicht kennen? So können wir nicht beurteilen, ob die vielen Predigten, welche damals am Oberrhein gehalten wurden, aus einer Schule stammen und welches die Leistung des einzelnen war.

Weite Verbreitung am Oberrhein und im übrigen Westen fand die Sammlung des Franziskaners Johann Gritsch, der um 1440 gewirkt hat. Seine Pflege der gelehrten Studien und der Predigt stellt ihn auf eine ähnliche Stufe wie Heinlin vom Stein. Seine Predigtsammlung *Quadragesimale* ist ein reichhaltiges Repertorium für den Fastenprediger, bietet aber darüber hinaus noch reiche Anregungen. Ähnliches wollte der Franziskaner Johannes Meder, der 1495 zu Basel sein *Quadragesimale novum* erscheinen ließ. Zwischen ihm und Sebastian Brant lassen sich freundschaftliche Be-

[2] M. Hossfeld, Johannes Heynlin aus Stein. Ein Kapitel aus der Frühzeit des deutschen Humanismus. In: Basler Zschr. f. Gesch. u. Altertumskunde 6 (1907), S. 309—56; 7 (1908), S. 79—219, 235—431. — F. Landmann, Zum Predigtwesen der Straßburger Franziskanerprovinz in der letzten Zeit des Mittelalters. In: Franziskan. Stud. 14 (1927), S. 317—332. Ders., Erasmus Schaltdorffer O.Min., ein Straßburger Klosterprediger aus dem Jahre 1477. In: Arch. f. elsäss. Kirchengesch. 7 (1932), S. 161—78.

ziehungen feststellen. In der Vorrede zu seiner Sammlung erklärt Meder, „er habe sich lange gefragt und kummervoll überlegt, wie er bei dem Volke, das verwöhnt sei und an dem schlichten Gotteswort keinen Gefallen finde, in dieser Fastenzeit seines Predigtamtes walten solle." Er wählt das Gleichnis vom verlorenen Sohn und bringt darin vierzig Predigten unter, die mit dem Hauptthema in organischem Zusammenhang stehen. Wo es sich um größere Zusammenfassungen, auch um einzeln überlieferte Predigten handelt, ist man nicht selten erstaunt über den kunstvollen Aufbau und die gedankenreiche, phantasievolle Ausschmückung der einzelnen Teile. Man wird hier und beim Observanten Konrad Österreicher (*Venustissima materia passionis,* Memmingen 1502) gleichsam wie von selbst auf die Verwandtschaft zwischen geistlichem Drama und Predigt hingewiesen. Die ganze Schöpfung steht dem Verfasser zu Gebot und alle Kreise, in denen die Menschenseele wohnt. Es ist wie eine Vorwegnahme der Barockzeit, wenn allegorische Gestalten von Tugenden und Lastern auftreten, wenn der Kampf des guten und bösen Prinzips in der Seele des Menschen durch diese Allegorien gleichsam über dem Menschen ausgetragen wird. Die häufige Einkleidung der Gedanken in einen Rechtshandel ist altes Erbgut. Wir finden sie unzählige Male in der lateinischen und volkssprachlichen Literatur. Burdach hat in seinen weitausgreifenden Untersuchungen über den *Ackermann aus Böhmen* darauf hingewiesen. Der groß angelegte Plan, das Leiden Christi in Prozeßform darzustellen, begegnet uns auch bei dem Straßburger Arzt Johann Adolph Muling (1514).

Man mag aus diesen Beispielen von zeitgenössischen franziskanischen Predigten der oberdeutschen (Straßburger) Provinz ersehen, daß die Ausgestaltung einer interessanten Predigt mit neuen, gelehrten, volkstümlichen und vor allem eindringlichen sowie anschaulichen Elementen und Bildern überall mit Erfolg versucht wurde. Die Erkenntnis, daß die besonderen Zeitverhältnisse auch die Anwendung neuer Mittel erforderten, daß der Abfall lauer Gemeindemitglieder unmittelbar bevorstehe, wenn ihnen nicht mit allem Nachdruck ins Gewissen geredet werde, ist bei allen jenen vorhanden, deren ehrliches Bemühen die Sitten der Zeit bessern möchte. Über Inhalt und Gegenstand der Predigten, über den gedanklichen Aufbau, die feststehenden Formeln des Eingangs und Schlusses, die Anlässe, bei denen sie gehalten wurden, lassen sich zuverlässige Nachrichten gewinnen. Aber das ist zu wenig, um uns die Zeit selbst lebendig vor das geistige Auge zu malen. Wir müssen uns davor hüten, der Phantasie dabei ein zu großes Feld der Betätigung zuzuweisen. Eine Predigt hat manchen Zug mit dem Theater gemeinsam; denn beide setzen eine unmittelbare Aufnahme durch den Zuhörer voraus. Aber das Theater kann wiederholt werden, die Predigt ist einmalig, sie ist ein persönliches Werk, das von seinem Schöpfer zu einem ganz bestimmten Anlaß vorgetragen wird, und ihre Wirkung ist einzig von ihm abhängig, sie kann nicht wiederholt oder vervielfältigt werden. Es sind immer nur Bruchstücke und Bausteine, aus denen wir versuchen, einen einzelnen Zug deutlicher zu erkennen, um daraus dem Wesen der Erscheinung näher zu kommen.

Hans Burgkmaiers Bildnis (1490), der Straßburger Holzschnitt Hans Wächtelins und das vor wenigen Jahren entdeckte Bildnis Lukas Cranachs zeigen uns Geilers scharfgeschnittene hagere Gesichtszüge, ein durchdringendes, in die Ferne gerichtetes, gütiges Auge, einen unerbittlichen Mund [3]. Harte Erfahrungen und bittere Enttäuschungen formten sein Antlitz. Ein unbeugsamer Wille, geistige Überlegenheit, hochstrebender Sinn, Wohlwollen mit den Hilfesuchenden, Tatkraft und Begeisterung, die sich den anderen mitteilt, wohnen darin. Im Kampf gegen die Umwelt, im Leid um die Verderbnis und im Festhalten an einer inneren Berufung bildet sich ein solches Antlitz. Es verbirgt mehr, als es offen an den Tag legt, es verschließt die Seele vor dem Blick, der in ihr Wesen zu dringen versucht. Aber zuverlässig und treu, zielbewußt und fest sind solche Menschen. Man kann sich diesen Mann auf der Kanzel des Straßburger Münsters vorstellen, ganz von seiner Sendung durchdrungen, im heiligen Eifer der Rede wirkend, durch nichts abzubringen von dem, was ihm sein Gewissen vorschreibt. Die schmetternde Posaune des Straßburger Münsters, wie ihn die Zeitgenossen nannten, ist bald verstummt. Ihre Wirkung verhallte mit ihrem Klang. Aber unter der Stätte, wo sie erklungen war, ruht heute noch der Leib des unerschrockenen und mutigen Mannes, der mit trauernder Seele das Ende einer Zeit herankommen ahnte. Man wird kaum recht haben, ihm die künstlerische Begabung abzusprechen und ihn als nüchternen Verstandesmenschen zu sehen. Der Einfall des Augenblickes, die Gestaltung des kleinen Bildes oder übertreibenden Zuges läßt keineswegs auf einen Mangel an Phantasie schließen. Der Zwiespalt im eigenen Inneren lag vielleicht in der Neigung zu gelehrten Studien und in der Berufung, tätig einzuwirken auf das religiöse Leben und das Gewissen der Zeitgenossen. Hier wählte er neue Mittel und glaubte, mit ihnen Erfolg zu haben. Dem Augenblick konnte er dienen, aber tiefer in das Wesen ist er bei der Breite seiner Zuhörerschaft kaum eingedrungen. Es war seine Tragik, daß er sie nicht emporziehen konnte aus dem Kreise und der Umwelt ihrer Gedanken, daß sie lachend zwar manchen ihrer Fehler einsah, aber eine ernstliche Besserung und eine große sendungsbewußte Gefolgschaft blieb seinem Wirken versagt. Wer vom besten Willen beseelt ist und mit einer solchen Erkenntnis seinen Lebensabend verbringt, dem stirbt das Lächeln auf den Lippen, der wird auch gegen die anderen hart, wie er selbst gegen sich ein ganzes Leben hindurch hart und unerbittlich gewesen war.

Dem Schaffhauser Unterschreiber gebar seine Gattin Anna Zuber am 16. März 1445 einen Knaben, der in der Taufe den Namen Johann erhielt.

[3] L. Pfleger, Die Geilerbildnisse Hans Wächtelins, Hans Burgkmaiers und Lukas Cranachs. In: Arch. f. elsäss. Kirchengesch. 7 (1932), S. 179—188.

Kurze Zeit später wurde Geilers Vater als Stadtschreiber nach Ammerschweier im Oberelsaß berufen. Dort starb er schon im Jahre 1447 an den Folgen von Wunden, die er im Kampf mit einem Bären davongetragen hatte. Wohl vom Vater erbte der Knabe Mut und Unerschrockenheit, sie sollten die lebendige Erinnerung an das Haupt der Familie ersetzen. Die Mutter muß eine besinnliche, stille, hilfsbereite Frau gewesen sein. Voll Stolz erlebte sie den Aufstieg ihres großen Sohnes. Der Großvater in Kaisersberg, in dessen Obhut sich die Familie begab, konnte seinen Teil zur Erziehung des Knaben beitragen. Er schickte ihn in die Stadtschule nach Kaisersberg, wo er mit den Elementen der Bildung bekannt und vertraut wurde. 1457 war zu Freiburg im Breisgau eine Universität gegründet worden. Dahin kam der junge Geiler und wurde am 28. Juni 1460 an der artistischen, der vorbereitenden Fakultät eingeschrieben. Sein Studiengang und die erworbenen Kenntnisse sind gleichartig und unterscheiden sich nicht von denen der Zeitgenossen. Einmal mußte er wegen des Tragens auffälliger und verbotener Kleidungsstücke getadelt werden. Nach der vorgeschriebenen Zeit errang er die akademischen Grade, zu Jahresbeginn 1462 das Bakkalaureat und ein Jahr später das Magisterium. Er blieb der Fakultät treu, wurde 1465 in ihren weiteren und 1467 in ihren engeren Rat aufgenommen, aus dem er für das Studienjahr 1469/70 zum Dekan gewählt wurde. Lehrend als Artist und lernend als Theologe verbrachte er seine Zeit. Er hielt Vorlesungen über scholastische Themen der aristotelischen Philosophie und des Alexander von Villa Dei *Doctrinale*, dessen erster Teil in den vorbereitenden artistischen Studienjahren gelesen und erklärt werden mußte. Kurz nach der Priesterweihe, die ihm nach Ablauf des Dekanatsjahres 1470 zuteil wurde, ging er an die Nachbaruniversität zu Basel, deren theologische Fakultät sich allgemeinster Anerkennung erfreute. Auch dort bekleidete er 1474 das Dekanat an der artistischen Fakultät. 1475 erlangte er den höchsten Grad, welchen eine Universität erteilen konnte, das Doktorat der Theologie. Im letzten Jahr seines Basler Aufenthaltes kam Johann Heinlin vom Stein nach der Rheinstadt. Aber nicht mehr als Gelehrter und Lehrer an der theologischen Fakultät wirkte diese Leuchte der Pariser Hochschule, sondern als Prediger verkündete er das Wort Gottes. Am 27. November 1474 predigte er das erste Mal zu St. Theodor in Kleinbasel, später dann in anderen Gotteshäusern. Es ist wohl anzunehmen, daß Geiler sehr bald mit dem berühmten Manne bekannt wurde, der schon früher mit dem Elsässer Theologen Peter von Andlau dem Nominalismus als Lehrmethode an der Basler Universität Eingang verschafft hatte und später freundschaftliche Beziehungen zum Straßburger Kreis unterhielt. Durch Heinlin wurden die meisten Elsässer dieser philosophischen Richtung gewonnen. Nun mußte es auf Geiler einen gewaltigen Eindruck machen, daß der gefeierte Lehrer, der zu Paris die höchsten akademischen Würden bekleidet hatte, der Vorkämpfer des Buchdrucks, seine gelehrte Tätigkeit aufgab und sich der praktischen Seelsorge widmete. Die Not der Zeit und die Verderbnis der Sitten rief die besten Männer auf die Kanzel. Schon um diese Zeit übte Geiler auch etwas die praktische Seelsorge aus, so unternahm er mit einer größeren Pilgerschar eine Wallfahrt nach Maria Einsiedeln und im Anschluß daran besuchte er den Bruder Nikolaus von der Flüe in seiner Einsiedelei.

Im Jahr 1476 kehrte Geiler an die Freiburger Universität zurück, zu deren Rektor er schon am 31. Oktober gewählt wurde. Im Herbst 1477 verließ er Freiburg und entsagte der akademischen Lehrtätigkeit für immer. Vorerst führte ihn sein Weg auf eine Wallfahrt zum Grabe der Maria Magdalena in Ste. Baume. Die gleiche Reise hatte aber auch noch die beiden Städte Lyon und Marseille, sowie die Karthause von Avignon zum Ziel; denn Geiler begann nun mit vorbereitenden Arbeiten für die Ausgabe der Schriften des Theologen und Kanzlers der Pariser Universität (1395) Johannes Gerson. Im Jahr 1488 konnte Geiler die ersten drei Bände der gemeinsam mit Wimpfeling unternommenen Ausgabe vorlegen. Damit stellte sich Geiler in eine gelehrte Überlieferung, die seit den Tagen des großen Schismas Entscheidendes zu sagen hatte; denn Gerson, dessen Schriften eine weite Verbreitung fanden, hatte durch sein energisches Eingreifen beim Konstanzer Konzil wesentlich zur Wiederherstellung der kirchlichen Einheit beigetragen. Er war Parteigänger des Nominalismus und davon überzeugt, daß ein Wandel in der Verworrenheit der Meinungen nur durch die Pflege des inneren Menschen herbeigeführt werden könne. Das ließ ihn auch die Brüder vom gemeinsamen Leben gegen die vielen Anklagen in Schutz nehmen, die beim Konzil und später gegen sie erhoben wurden. Nachstellungen, die von franziskanischer Seite gegen ihn wegen seiner Verurteilung der Ermordung des Herzogs von Orléans erhoben worden waren, mußte er sich durch die Flucht nach Bayern entziehen. Den strengen Vertretern der Scholastik, vor allem den Anhängern des Realismus, wurde er durch seine wohlwollende Haltung gegenüber den Mystikern verdächtig. Seine ausgeglichene Natur aber wehrte sich gegen allen Gefühlsüberschwang, indem er betonte, daß alle Regungen des Herzens und des Gemütes durch klare Erkenntnisse eingedämmt werden müssen. Den Ehrennamen eines Doctor christianissimus, der ihm von seinen Zeitgenossen und der großen Gemeinde seiner verehrenden Schüler erteilt worden war, verdankte er vor allem seinen Eifer und dem Eintreten für eine praktische Frömmigkeit. Diesem Ideal folgte auch Geiler, es war ihm durch seine Abstammung, seine Ausbildung und seine Erlebnisse gleichsam vorherbestimmt. Diese Seite seines Lebens, die starke geistige Abhängigkeit von Gerson, der in einem Kloster zu Lyon im Jahr 1429 gestorben war, und der Drang nach Rückkehr zur alten Frömmigkeit bestimmten die epigonenhaften Züge im Bilde Geilers.

Die Frage nach seinem Verhältnis zum Humanismus ist noch kaum gestellt worden. Man begnügte sich damit, ihn als einen der Väter der oberrheinischen Humanisten, als älteren Freund Wimpfelings und Brants zu bezeichnen. Gewiß ist auch für diese geistige Gruppe das Wort Humanismus nicht gerade glücklich gewählt, denn es gibt viele Geister des Mittelalters, die einen ausgeprägteren Formensinn und ein lebendigeres Verhältnis zur Antike besitzen. Wer unter Humanismus lediglich das Verhältnis zum klassischen Altertum versteht, wird die Werke dieses Kreises nicht sehr ergiebig finden. Der Ruf zu den Quellen, um daraus Leben und Dasein reiner und besser zu gestalten, erklang in den Geistern um Heinlin, Geiler und die Schule von Schlettstadt nur darum, weil sie das sittliche und religiöse Leben im mittelalterlich-kirchlichen Sinne erneuern wollten. In den Streit um die Bedeutung der klassischen Autoren hat Geiler kaum eingegriffen. Seine Einstellung entsprach dem mittelalterlichen Geist, er hielt sich an das Bienengleichnis des heiligen Basilius oder betonte im Sinne Wimpfelings den erzieherischen Wert einzelner Schriften. Das wichtigste Vorbild für seine Predigten ist ihm Johannes Chrysostomus. Der Herausgeber Gersons hält sein Latein frei von Barbarismen, aber immer stand ihm der Inhalt, der Stoff, über dem äußeren Kleide der Form und der kunstvollen Gestaltung der Sprache. Auch das mag dazu geführt haben, Geiler als kühlen Verstandesmenschen oder gar amusisch anzusehen. Der Wille zu bessern, auf die geistige und sittliche Wohlfahrt seiner Zeitgenossen einzuwirken wird immer stärker in ihm. Daneben tritt alles, was um sein Leben kreist, zurück. Wann und wie diese Erkenntnis zuerst über ihn kam, ob der Entschluß, Prediger zu werden, plötzlich in ihm wach wurde, nachdem er den Erfolg seiner Tätigkeit sah, ob er langsam in ihm reifte und ihn durch eine längere, innere Vorbereitung begleitete, können wir kaum sagen. Soviel aber ist sicher, daß er das dazu nötige Werkzeug bei der Hand hatte, schärfte und sich in seinem Gebrauch übte. Die gelehrte Bildung und die Kenntnisse, die er sich an zwei Hochschulen lernend und lehrend erworben hatte, waren der Grundstock. Aber wie konnte er damit auf das Volk wirken, wenn er sich nicht seiner Sprache, seiner Vorstellungen und Anschauungen bediente, wenn er nicht das Leben, das um ihn war, aufgerufen hätte, wenn er sich nicht auf die Quellen des Seins besonnen hätte, um mit ihrer Hilfe und an ihrem Vorbild das Innere seiner Mitwelt neuzugestalten?

Gegen das Ende des Jahres 1477 predigte Geiler in Baden-Baden. Angesehene Bürger von Würzburg, welche sich dort zur Kur aufhielten, gewannen ihn als Prediger für ihre Heimatstadt. Sie stellten ihm ein Jahresgehalt von 200 Golddukaten in Aussicht. Geiler nahm an, er begab sich nach Basel, um seine Angelegenheiten in Ordnung zu bringen, und von dort nach Straßburg, um von seinen Freunden Abschied zu nehmen. In einer weichen Stimmung gab er jedoch dem Zuspruch seines Freundes, des Ammeisters Peter Schott, nach und blieb in der Heimat. Wohl zog es ihn auch später noch manchmal, verlockenden Angeboten nachzugeben, aber er wußte, daß sein Platz am Oberrhein war, wo ihm alles von Kindheit an vertraut blieb. Peter Schott, der zwischen 1470 und 1489 viermal die Stelle des Ammeisters bekleidete, wußte, daß in seiner Vaterstadt niemand besser für die religiöse Erneuerung wirken konnte als Geiler. Deshalb stellte er, in seinem Vorhaben durch den Zuspruch seiner Gemahlin Susanne von Cöllen bestärkt, vorläufig aus eigenen Mitteln die Grundlagen für eine neuzuschaffende Predigerstelle am Münster sicher. Damit ward Geiler für mehr als ein Menschenalter der Mahner und Rufer, das edle Vorbild und der treue Helfer seiner Mitbürger. Er fand einen Lebensberuf, der seinem innersten Wesen ganz entsprach. Wenn es auch noch eine Weile dauerte, bis die gegebenen Versprechungen durch den Bischof (am 3. Juli 1489) bestätigt wurden, so war damit doch die Voraussetzung für seine Erfolge und für seinen Ruhm geschaffen. Er besaß ein Betätigungsfeld, das seinem Wesen und seinen Absichten entsprach. Der gelehrte Theologe und akademische Lehrer sehnte sich nicht nach dem Hörsaal und der stilleren Arbeit. Einem inneren Drange folgend, wollte er in die Zeit hineinschreien, um ihre Fehler zu brandmarken und die Menschen zu bessern.

Es ist die gleiche Erscheinung, die sich immer wieder auch mit anderen Mitteln vollzieht und die so häufig im Alemannenland zu beobachten ist. Aus der gleichen Einstellung zur Zeit und dem inneren Drang, die Menschen zu bessern und zu bekehren, dichtete Sebastian Brant sein *Narrenschiff*, verfaßte Murner seine satirischen Lehrdichtungen, sammelte Johannes Pauli moralische Beispiele in *Schimpf und Ernst*, um damit Regeln für die Gestaltung des Lebens und das Verhalten in besonderen Lagen aufzustellen, mahnten Moscherosch, Graviseth und Albrecht von Haller, der Tugenden der Väter eingedenk zu sein, schrieb Pestalozzi seine Erziehungslehre in Romanform nieder und gestaltete Albert Bitzius als Jeremias Gotthelf das Leben der Bauern, um ihnen wie in einem Spiegel Segen und Unsegen ihres Handelns und Denkens ins Gewissen zu rufen. Immer wieder sucht sich dieser Drang in literarischen Formen zu äußern, die dem Zeitgeschmack am besten entsprechen und sich als besonders wirksam erweisen, sodaß die verstimmende Absicht nicht allzu deutlich in Erscheinung zu treten braucht. Geiler wirkte durch das lebendige Wort. Zu seinen Lebzeiten hat er wenig Predigten veröffentlicht. Er dachte eher daran, seine Gedanken in Form von Erbauungsliteratur solchen zu vermitteln, die ihn nicht hören konnten, oder seinen Hörern in Erinnerung zu rufen. Daß er ein Freund des gedruckten Buches war, ist nirgends bezeugt. Deshalb entschloß er sich wohl auch nicht dazu, seine Gedanken in Verse zu kleiden, wie es sein lieber Freund Dr. Sebastian Brant tat. Der Umstand, daß uns von Geiler weder deutsche noch lateinische Verse überliefert sind, sollte nicht dazu führen, in ihm einen kalten Verstandesmenschen zu sehen, dem die Fähigkeit gemangelt haben sollte, in einer ausgebildeten Technik seine Sprüchlein zu sagen. Ganz gewiß war er davon überzeugt, für die Durchführung seiner Absichten eine Form gewählt zu haben, die seinem Wesen und seiner Begabung am besten entsprach. Er konnte das Gefühl haben, am Oberrhein der unerreichte Meister im Predigen zu sein. Sollte er nun seine Zeit dazu opfern, in Reimpaaren zu sagen, was in den Versen des Freundes Sebastian Brant schon in aller Munde war? Es war sicher nicht Geilers Art, eine Richtung und literarische Gestaltung, mit der er seine Absichten durchsetzen zu können glaubte, bloß deshalb aufzugeben, weil ein anderer neben ihm sich einer anderen Form mit ähnlichem oder größerem Erfolg bedient hatte. Zudem war er der Ältere und wie seine gleichgerichteten Jünger und Schüler darauf aus, im Sinne des Reformgedankens und der Erneuerung der alten Frömmigkeit zu wirken. Dieser Absicht dienten Predigt, Satire und Erbauungsliteratur. In ihnen finden sich die gleichen Gedanken, Motive und Vorstellungen, sie sind die Quellen, aus denen eine Geschichte der mittelalterlichen Frömmigkeit geschrieben werden kann. In ihnen vermischen sich Lebenserfahrung, Weisheit der Ahnen und Gelehrten, verstandesmäßige Erkenntnisse, gefühlsinnige Versenkung und Ergebung in den Willen Gottes, Daseinsfreude und Weltentsagung, Besinnung auf die Vergangenheit, tatkräftiges Vorwärtsdringen und Weiterbauen an einer besseren Zukunft, deren Maße aus dem Bestehenden gewonnen werden. Die Voraussetzungen, von denen diese literarischen und geistigen Unternehmungen ausgehen, die Grundfesten, auf denen sie ruhen, sind das Reich des Kaisers auf dieser Erde und das ewige unwandelbare Reich Gottes, das seinen Himmel über die Welt wölbt, dessen Stellvertreter, der Bischof von Rom, über die Mittel der Gnade und geistigen Macht verfügt, mit denen er über die Seelen der Menschen herrscht. Konnte die Menschheit sehen, daß ein Unwürdiger sie in selbstsüchtiger Weise mißbrauchte und damit das Ansehen der Kirche schädigte, so daß seine Handlungen das Mißtrauen großwerden ließen, daß der Kaiser seinen Willen nicht durchsetzen konnte gegenüber den vielen großen und kleinen Herren, denen das Gefühl, über eigene Machtmittel zu verfügen, in den Kopf gestiegen war, so sah sie das Weltgebäude wanken, und jeder bemühte sich, einer inneren Stimme und der besten Absicht folgend, da einzugreifen und zu bessern, wo die Gefahr des Einsturzes am schwersten zu drohen schien. Aber was nützte es, dem kleinen Mann die Gefahren der Jagd nach Besitz und Reichtum, die doch nie innere Zufriedenheit bringen kann, vor Augen zu führen, wenn die Großen und Mächtigen dieser Erde sich nicht daran hielten? Was nützte die kunstvolle Arbeit und Leistung des einzelnen, das Bauen in einer weltumspannenden Halle, deren Wände rissig geworden waren und die nur nach dem Willen eines Menschen, der in die Zukunft blicken konnte und die kommenden Gefahren zu bannen verstand, neugestaltet werden konnte?

Selten sind die wegbahnenden Zeitalter und immer sind es solche, die durch Not und Elend gehen mußten und in denen die Hoffnung auf bessere Tage nie erstarb. Sie richten ihren Blick in die Zukunft und stellen den kommenden Geschlechtern Aufgaben, sie bedürfen der Männer, die ihren unerschütterlichen Glauben an die Zukunft teilen und eine Schar bilden, die von dem gleichen Willen beseelt, von Glaubenseifer und Tatendrang erfüllt ist. Häufiger sind die Zeitalter und Menschen, deren Blick und Wesen in der Vergangenheit wie in einem glücklichen Eiland ruhen, die einer verlorenen goldenen Welt nachtrauern, in der ihre Ahnen gelebt haben. Sie erkennen ihre Aufgabe darin, diesem Vorbild nachzueifern. Sie werden nicht selten von der Größe der Vergangenheit und hoher Vorbilder, die für sie Gesetzeskraft erhalten, erdrückt, und ihre Leistung wird fast immer nur ein Teilgebiet, für das sie eine besondere Begabung besitzen, umspannen können. Ihr sehnsüchtiger Blick aber ist auf das Ganze gerichtet, es fehlt ihnen der Mut und die innere Berufung zu einer Neugestaltung von Grund auf. Auf solchen Zeiten und Menschen lastet die Ahnung einer kommenden Katastrophe, und Männer, die sie nahen fühlen, können meistens nicht mehr tun, als ihre warnende Stimme erheben. Dabei sind es aber auch sie, die die Erkenntnis der Schäden in weite Kreise tragen, die die Stimmung der Unzufriedenheit vermehren, die mit Recht als Vorläufer einer neuen Bewegung angesehen werden müssen. Aber die Führung entgleitet ihnen und, sobald die Katastrophe eingetreten ist, erkennen sie sie entweder nicht oder sie ziehen sich entrüstet zurück mit dem Wort auf den Lippen: „Ich verstehe die Welt nicht mehr". Der Reichtum des geistigen und kulturellen Lebens im 15. Jahrhundert zeigt uns noch einmal Größe und Leistung des Mittelalters, eine Vergangenheit im Lichte der Scheinwerfer, aber auch eine Gedankenfülle aus dem Geist jener Vorausahner, die für ihre Zeit zu früh kamen und deren Wirken schnell vergessen wurde, weil sie von den radikalen Elementen abgelöst wurden.

Einzelnes davon, nicht aber den völligen Zusammenbruch der geistigen Hoheit des Mittelalters hat Geiler erlebt. Das muß einem Mann von seinem Geist und seiner leidenschaftlichen Hingabe an die Seele greifen und ihm manches Beispiel aus seiner Zeit in Erinnerung bringen von Männern, die sich wie Heinlin vom Stein, Johannes Rohde von St. Matthias in Trier, Johann Alantsee, Johannes Hochberg, Gossembrot u. a. aus dem tätigen Leben zurückgezogen und dem aufflackernden Ideal des heiligen Bernhard in der Contemplatio weihten; denn nichts als Enttäuschungen sahen sie sich in mißmutigen Stunden als Lebensernte einbringen, und deshalb wollten sie in der Einsamkeit und Stille schauender Betrachtung ihre Seele auf jenes Leben vorbereiten, das über alle Lebensnot, Sorge und Pein erhaben ist. Ein Beispiel aus seiner unmittelbaren Nähe, daß der Pfarrer Johann Roth zu Straßburg nach einem Zusammenstoß mit den Predigern (1490) sein Amt niederlegte und in den Karthäuserorden eintrat, mußte auf Geiler großen Eindruck machen. Es verwundert nicht, wenn bei ihm von 1497 an der Gedanke einer völligen Weltentsagung auftaucht. Wie eng die Verbindung von Gottesgelehrsamkeit, hoher Wissenschaft, Reformeifer, praktischer Tätigkeit und schließlichem Zurückziehen von allen Beschäftigungen, die in der Öffentlichkeit liegen, sein kann, zeigt auch eine Persönlichkeit wie Gabriel Biel, der wie sein jüngerer Freund Geiler gemäßigter Nominalist war, der Organisator der Tübinger Universität, dessen Wesen selbstlose Arbeit im Dienste der kirchlichen Erneuerung und innige Frömmigkeit auszeichnete. Gemeinsam mit Wimpfeling und dem Straßburger Stiftsherrn Christoph von Utenheim entschloß sich Geiler um die Jahrhundertwende, dem Ruf in die beschauliche Einsamkeit zu folgen. Die Wahl Christophs zum Basler Bischof vereitelte diesen Plan. In der Fülle der einzelnen Erscheinungen wiederholen sich immer wieder gleiche Züge: eine Verbindung ähnlicher Eigenschaften und Absichten, ein Kräfteeinsatz an verschiedenen Stellen, eine lastende Tradition, die durch einen gemäßigten Fortschritt nicht überwunden werden kann. Aber so gleichartig auch gewisse Einzelheiten und Gemeinsamkeiten, die Geiler mit sehr vielen seiner älteren und jüngeren Zeitgenossen teilt, sein mögen, er ist uns doch eine viel deutlicher und klarer zu fassende Persönlichkeit als die meisten seiner Zeitgenossen. Das steht damit im Zusammenhang, daß sein Gesamtwerk ein Weltbild versinnbildet, vielleicht das letzte des Mittelalters, das aus einer einheitlichen Schau gewonnen wurde. Es ist weder von der wandernden Seele, die durch die drei Reiche, Hölle, Fegfeuer und Himmel, schreitet, aus gesehen, noch von den Schellen der Narrenkappe umrahmt, noch von der Höllenphantasie jenes oberrheinischen Dichters diktiert, der den Teufel mit seinem Fischernetz über die Welt dahinziehen läßt, sondern aus der Gelehrsamkeit und Lebenserfahrung zugleich in kleinen Bildchen und Bausteinen mosaikmäßig zusammengestellt worden. In Straßburg und für die Straßburger hat Geiler gewirkt, und so sind seine Werke gleichzeitig auch Kulturbilder der oberrheinischen Stadt, deren Leben und Treiben, Denken und Handeln wie in einem Guckkasten festgehalten wird.

In Straßburg hat Geiler mit kurzen Unterbrechungen durch mehr als ein Menschenalter als Prediger gewirkt. Am 20. Januar 1478 ist er als Zeuge bei der Grundsteinlegung der neuen Kirche des St. Magdalenenklosters anwesend und am 1. April predigt er in der St. Lorenzkirche. Am 7. Juli 1479 wurde Geiler vom Vizedekan des Domkapitels, dem Grafen Heinrich von Henneberg, in sein Amt als Münsterprediger eingeführt, nachdem die Stelle schon am 1. April 1478 geschaffen worden war. Vor Geiler wirkten die Bettelmönche auch im Münster als Prediger. Man kann sich wohl vorstellen, das kleinere Gotteshäuser die Zahl von Geilers Hörern nicht zu fassen vermochten und daß im Münster schließlich für ihn eine Kanzel errichtet wurde, auf der er von 1486 an seine Tätigkeit entfalten konnte. Vielseitige Aufgaben hatte Geiler als Münsterprediger zu erfüllen. Eine Abgrenzung zwischen der Tätigkeit, zu der er vertraglich verpflichtet war, und jener, zu der ihn Gewissen und Eifer trieben, ist kaum vorzunehmen. In die politischen Parteiungen des Domkapitels wollte man ihn hineinziehen, bei Besetzungsfragen freigewordener Domherrnstellen suchte er seine Kandidaten durchzusetzen. In manchen Fällen, wie damals, als es ihm gelang, seinen Kandidaten Hoyer als Nachfolger Friedrichs von Zollern durchzusetzen, erwies sich seine Menschenkenntnis als unzureichend; denn Hoyers Lebenswandel erregte öffentlichen Anstoß. Verstorbenen Bischöfen und hervorragenden Mitgliedern des Kapitels hielt Geiler humanistisch angehauchte Gedenkreden, die in der Form eine gewisse Ähnlichkeit mit den Prunkreden des Trithemius haben. Auch vor Wahlkollegien hielt er Reden. Die Eröffnungsrede bei der Straßburger Synode am 18. April 1482 wurde ebenfalls Geiler übertragen. Hier entwickelte er den gleichen Reformeifer, vielleicht noch etwas konzentrierter als der gelehrte Abt von Sponheim. Zur Verwirklichung seiner Pläne suchte er tätig daran mitzuwirken, daß die kirchlichen Würdenträger ihr Amt nicht mißbrauchten und sich an die strengen Vorschriften früherer Zeiten hielten, daß die Achtung des Volkes vor dem Heiligen und den geweihten Räumen des Gotteshauses zunehme, daß die Armen menschlicher behandelt werden sollten und den zum Tod Verurteilten das Sakrament nicht verweigert werden dürfe. Der gleiche Geist spricht aus den Denkschriften, welche Geiler der Kurie und der Stadtverwaltung von Straßburg überreichte, besonders aus seinen 21 Artikeln, die er gegen Ende des Jahres 1500 dem Rat unterbreitete: „Disz sindt die Artickel der gewonheiten, statuten und bruchs der stat Straszburg, in denen not ist das man behutsamlich wandle und rats pflege der gotzförchtigen, ersamen, wisen und gelerten in keyserlichen, bebstlichen und götlichen rechten, zu erkennen ob die selben gewonheit bruch und statuten nit sihen wider christeliche gäsatz und gottes gebotte, dodurch die regierer der selben stat und ander ire inwoner, durch haltung sollicher statut und gewonheiten und gebruchs, fallen in ungenod gottes und ewige irer selen verdamnisz." Überall, wo er mit Regierungsstellen verhandelte, fallen seine ruhige Überlegenheit, seine maßvolle Haltung, die Sicherheit seines Auftretens und das Bewußtsein, einer höheren Sendung zu dienen, auf. Nie ließ er sich durch Übereifer zur Hast reizen oder mahnte er zu geschäftiger Eile. Vor halben Maßnahmen warnte er, seine Gedanken mußte er häufig wiederholen, wenn er einen Erfolg seines Wirkens sehen wollte. Von dem einmal als richtig erkannten Weg ließ er sich durch nichts irre machen.

Den weltlich gesinnten Mitgliedern des Straßburger Domkapitels war dieser Mann, der unbeirrt und im festen Glauben, seiner Sendung zu dienen, wirkte, gewiß nicht sehr bequem, zumal er sich im Einverständnis mit den strenger gesinnten Mitgliedern an die Abstellung von Mißbräuchen machte und darum bemühte, daß die Andacht der Gläubigen beim Gottesdienst und während der Predigt nicht durch das Auftreten des wilden Weibes von Geispolsheim, der spottlustigen Gliederpuppe, genannt Roraffe, oder den Abschluß von Geschäften gestört wurde. Der Ruhm seiner Beredsamkeit und seiner Erfolge drang über den Oberrhein hinaus. Basel, Köln und

Augsburg wollten ihm Heimstätten für eine neue Wirksamkeit bieten. Als eine der entscheidenden Gefahren erkannte Geiler, daß die Kirche den Einfluß beim Volk verlieren könnte. Dem arbeitete er mit allen Mitteln entgegen. Er beteiligte sich an den Klostervisitationen, die die Reform durchführten und überwachten, war Mitglied zahlreicher Kommissionen, er warnte vor ehrgeizigen Unternehmungen, die den Erfolg beeinträchtigten, vor der Mißgunst, die zwischen den Angehörigen der verschiedenen Orden bestand: „darumb hinder kein orden den andern, und veracht in nit, wan wir allesamen ein orden sein, und Cristus ist unser aller apt." Mit Offenheit sprach er von den Fehlern der Angehörigen des eigenen Standes, darum konnte er auch den Bürgern seine Meinung sagen, ihnen ihre Titelsucht, ihren Luxus vorhalten und sie davor warnen, die guten alten Sitten der Väter zu verlassen. Aber Ernst, guter Wille und edles Beispiel hatten trotz der beharrlichen Eindringlichkeit, mit der sie vorgetragen wurden, keine durchschlagende und hinreißende Kraft. Mit zäher Beständigkeit allein konnte die Entwicklung nicht in andere Bahnen gelenkt, sondern nur vorübergehend gehemmt werden. An zu vielen Orten mußte reformiert werden, da der ehrfurchtsvolle Glaube den Reformeifer hinderte, dem Übel da beizukommen, wo es am wirksamsten bekämpft werden konnte, an dem morsch gewordenen hierarchischen Bau. Selbst an den Päpsten hatte Geiler auszusetzen, daß sie der Türkengefahr ungenügende Aufmerksamkeit schenkten, daß die massenweise Ausschreibung von Ablässen den Glauben an die Gnadenmittel der Kirche beeinträchtige. Als eine der Hauptaufgaben seiner Sendung erkannte er, die Mitglieder der ihm anempfohlenen Gemeinde auf einen Gott wohlgefälligen Tod vorzubereiten. Auch damit nimmt er einen Gedanken auf, den das Reformschrifttum des 15. Jahrhunderts in den Artes moriendi besonders pflegte, und der sich in die Neuschöpfungen der bildenden Kunst, vor allem des Freskogemäldes und Holzschnittes, wie planmäßig einfügte. Für die Bildung der Laien und des geistigen Nachwuchses setzte er sich ein. Wie hätten sein Wirken und seine Absichten Erfolg haben können, wenn er nicht unter der Jugend Anhänger zu gewinnen suchte, wenn er nicht dafür sorgte, daß seine Grundsätze der Erziehung in der Schule eingeführt wurden? Hier stellen sich Beziehungen zu den Brüdern vom gemeinsamen Leben her. Auch mit fragender Methode des Unterrichtes hat sich Geiler ernstlich beschäftigt und von seinem Standpunkt aus die mnemotechnischen Neuerungen Murners und dessen Kartenspiel als Scharlatanerie verurteilt.

Durch Geilers Vermittlung kamen die Freunde und Jünger Sebastian Brant, Jakob Wimpfeling, Hieronymus Gebwiler und Beatus Rhenanus aus Basel und Schlettstadt in die Stadtkanzlei oder an die Domschule nach Straßburg. In diesem Kreis der jüngeren Freunde genoß Geiler hohes Ansehen. Er war bestrebt, durch sein Beispiel der Schlichtheit zu wirken und seine Liebe zur Wahrhaftigkeit den andern mitzuteilen. Daß er als elsässischer Patriot auch die Absicht hatte, mit Hilfe der Kräfte, die er in den ersten Jahren des neuen Jahrhunderts nach Straßburg zog, eine dritte oberrheinische Universität neben Basel und Freiburg zu begründen, liegt auf der Hand. Keiner der elsässischen Frühhumanisten genoß bei den Zeitgenossen so unbestrittenes Ansehen wie Geiler. Es ruht auf seinem Alter, seiner lauteren Gesinnung, seinen erzieherischen Fähigkeiten, die das Maß zwischen Strenge und Nachgiebigkeit zu halten wußten, und seiner Würde, die sich überall durchzusetzen verstand. Selbst Wimpfeling zeigte sich ihm gegenüber nachgiebig, er läßt sich zu historischen Arbeiten und zur Verteidigungsschrift gegen Locher durch Geiler anregen. Brant verfaßte die Grabschrift Geilers in lateinischen Distichen und hielt das edle Bild für die Nachwelt fest:

Straßburg, den mit Recht nach Verdienst du beweinest, Johannes
  Geiler, der treffliche Mann, der aus Kaisersberg stammt:
Unter der Kanzel hier ruht er, der Herold des Höchsten.
  Das heilbringende Wort dreißig Jahr' kündet's sein Mund.
Zierde des Standes, Spiegel ehrfürchtiger Treue, der Tugend
  Freund, der Gerechtigkeit treu, Hort des Friedens, bewährt.
Mahner zu edlerer Sitte, du Todfeind des lähmenden Lasters,
  Kämpfer im ewigen Streit gegen die Mächte der Sünd'.
Trost der Beladnen im Elend, du Vater und Schutzherr der Armen,
  Gütig warst du und mild jedem, der sich dir naht'.
Niemandem gabst du den Vorzug vor andern, mit gleichem Gewichte
  Hast du gewogen. Dein Wort, wo Du es sprachst, war gerecht.
Wahrlich bescheiden warst du, in deinem Kreise zufrieden,
  Jagd nach Pfründen war Dir in der Seele verhaßt.
Reichtum hast du verachtet, Gepränge und sichtbare Ehren,
  Unbarmherzig warst du gegen der Geistlichen Gier
Nach den Schätzen. Ein Wort wie ein Mann war dein Wesen
  Nicht wie ein schwankendes Rohr oder ein biegsamer Halm.
Was du tatest, war gut, du botest den andern ein Beispiel,
  Daß sie treulich gelehrt wandeln auf Pfaden des Rechts.
Wollust hast du geflohen und eitle Freuden des Daseins,
  Dir war das göttliche Wort so wie wen'gen vertraut.
Darum erblickst du jetzt auch unter dir die Sterne des Himmels,
  Deiner Tugenden Lohn ist nun das himmlische Reich.

Daß Geilers edles Beispiel auch auf die Jugend wirken mußte, beweist sein Verhältnis zu dem hoffnungsvollen Sohn seines Freundes, des Ammeisters Peter Schott. Der begeisterungsfähige Jüngling Peter Schott (geb. 10. Juli 1460) zog Geiler ins Vertrauen, als er erst gegen den Willen seiner Eltern sich entschloß, Priester zu werden. Er war die Hoffnung des Kreises, Gelehrsamkeit und Frömmigkeit vereinten sich in ihm zu harmonischer Bindung. Er verstand es auch, seinen Studienfreund von Bologna her,

Bohuslav Lobkowitz von Hassenstein, für Geiler zu begeistern. Es war ein harter Schlag für Geiler, als der begabte Peter Schott, nachdem er begonnen hatte mit jugendlichem Feuereifer gegen die kirchlichen Mißbräuche aufzutreten, am 12. September 1490 das Opfer einer Seuche wurde.

Schon während seiner Freiburger Zeit verband Geiler ein freundschaftlich-erzieherisches Verhältnis mit dem Grafen Friedrich von Zollern[4]. Ihm widmete er eine Art Fürstenspiegel (ca. 1478). Als Domdechant in Straßburg trat Friedrich neuerdings in Geilers Gesichtskreis. Während seiner dreijährigen Amtszeit unterstützte Friedrich mit Erfolg Geilers Kampf gegen die eingerissenen Mißbräuche im Straßburger Münster. Mit der Wahl Friedrichs zum Bischof von Augsburg sah Geiler die errungenen Erfolge gefährdet. Er wollte den jugendlichen Freund für Straßburg erhalten.Anderseits bemühte sich der neugewählte Bischof, den Mentor als ständigen Berater an seinen Regierungssitz oder als Prediger an den Augsburger Dom zu ziehen. Er schreibt an Geiler: „Daher bitte ich Euch bei der Liebe zu meinem Herrn Jesus Christus, daß Ihr mir eine Möglichkeit zeigt, Euch als meinen Lehrer und Helfer dauernd bei mir zu behalten, damit Ihr mir beistehet, den Stall für meine Schäflein zu bereiten. Und wenn ich das nicht erreichen kann, so möchte ich doch wenigstens, daß Ihr mir ein Jahr schenkt, auch das wäre mir eine besondere Wohltat, denn ich sehe, ja ich bin ganz davon überzeugt, daß Ihr eine fruchtbringende Arbeit in der Gemeinde leisten und mir dabei helfen werdet, daß ich einst dem Allerhöchsten mit einem besseren Gewissen werde Rechenschaft ablegen können über das mir anvertraute Bistum. Vielleicht ergreift Ihr doch die Gelegenheit zum Nutzen des Nächsten und zum Lobe Gottes. Ich beabsichtige nämlich — mit Eurem Einverständnis — eine Predigerstelle in meinem Dom einzurichten, sobald es mir gelingt, einen guten geeigneten Prediger zu finden, der es versteht zu beraten und den Weg zu Gott aus diesem Tale der Tränen zu weisen. Es ist mir schwer, ja unmöglich zu hoffen, außer Euch, meinem Führer und Lehrer, eine geeignete Persönlichkeit für diese Aufgabe zu erhalten.“ So verlockend dieses Angebot für Geiler auch sein mochte, er konnte die angefangene Arbeit nicht im Stich lassen und fand sich schließlich mit der Trennung von seinem lieben jungen Freunde ab. Erst nach mehr als einem Jahr folgte er einer Einladung Friedrichs nach Augsburg und predigte dort regelmäßig von der Kirchweih bis zum Tag der unschuldigen Kinder 1488 (29. September bis 28. Dezember). Um die Jahreswende von 1490 war Geiler nochmals in Augsburg. Nachdem der Freiburger Münsterpfarrer, Geilers Freund, Dr. Johann Kerer, als Prediger nach Augsburg gekommen war, sahen Geilers Freunde endlich die Gefahr, er könne dem Oberrhein ganz entzogen werden, gebannt. Zum letzten Mal sah Geiler den bischöflichen Freund im Sommer 1503.

[4] K. Stenzel, Geiler von Kaisersberg und Friedrich von Zollern. In: Zschr. f. Gesch. d. Oberrheins 79 NF 40 (1927), S. 61—113.

Während seines damaligen Aufenthaltes im Augsburger Bistum traf er mit Kaiser Maximilian, der ihn 1501 zu seinem Hofkaplan ernannt hatte, in Füssen zusammen.

Darüber berichtet Geiler an Wimpfeling: „Zwei Tage vor St. Magdalena kam ich nach Füssen. Am Magdalenentag selbst ließ der König in der Kirche von St. Mang, wo er der heiligen Messe beiwohnte, nach mir fragen. Ich aber verbarg mich in der Zelle des Klosters. Ich wurde nun vors Kirchentor gerufen. Dort grüßte mich der König, empfing mich freundlich und wünschte, ich sollte noch etwas Geduld haben. Tags darauf, an einem Sonntag, ließ er mich nach dem Frühstück rufen und sprach mit mir ganz allein so vertraut und herzlich, daß ich mich sehr wundern mußte, wie er einem ihm völlig unbekannten Menschen, mit dem er vorher weder gesprochen noch verkehrt hatte, solches Vertrauen schenkte. Er legte fast seine ganze kaiserliche Würde ab. Und als ich einmal mein Barett vom Kopfe nahm, um mir Kühlung zu verschaffen, weil es sehr heiß war, glaubte er, daß ich dies aus Ehrfurcht vor ihm tue, und bat mich, mein Haupt wieder zu bedecken. Zwei gleiche Sessel hatte er in einem geschlossenen Raume aufstellen lassen, dort setzten wir uns und er sprach, was mir zu erzählen nicht ziemt. Nach reichlicher Überlegung hat er mich rufen lassen. Er wünschte, daß ich über den Inhalt unseres Gesprächs niemandem etwas sagen sollte und verpflichtete mich, es damit so zu halten, wie wenn er mir gebeichtet hätte. So ging die Unterredung zwischen uns zu Ende, und nun begannen wir schriftlich einen Dialog zu verfassen, wobei Seine Majestät die Meinung niederschrieb und von mir wünschte, ich sollte aus dem Stegreif antworten. Nachdem dies geschehen war, bestimmte er, daß wir den nächsten Tag damit fortfahren sollten. Er ist ein guter Lateiner, aber im schriftlichen Ausdruck besser als in der mündlichen Rede. Als wir bei unserer Unterhaltung auf seine Neider zu reden kamen, sagte er: ‚Ich wer langst ful, wann ich mich solcher sachen allzit angenommen oder zu hertzen gon lassen‘. Inzwischen predige ich dort an allen Festtagen und man sagt, daß Seine Majestät, sei es öffentlich, sei es von verborgener Stelle aus, mein Zuhörer ist.“

Das waren seltene Freudentage im Leben des alternden Predigers. Im März des nächsten Jahres (1504) traf ihn die erschütternde Nachricht vom Tode Friedrichs von Zollern. Es war ein trauriges Schicksal für ihn, den Tod der hoffnungsvollsten unter seinen Schülern erleben zu müssen. Wenn er nun den Rechnungsstrich unter sein Wirken zog, nach bedeutenden Erfolgen seiner Tätigkeit Ausschau hielt oder an eine gleichmäßige Fortsetzung seiner Arbeit dachte, so mußte er zu der bitteren Erkenntnis kommen, die Welt sei reif für den Untergang und das Reich des Antichrist sei nahe. Aber er muß sich davor gehütet haben, seine Untergangsstimmung den anderen mitzuteilen, denn ein eigenartiger Zauber ging von ihm aus, Liebe und Verehrung folgten seinen Spuren, nicht Furcht und Einschüchterung. Auch dieses zeigt, daß er kein einseitiger Verstandesmensch gewesen ist. Mit welcher Phantasie wußte er das Leben der Welt in kleinen und großen Zügen zu gestalten, mit welchem Einfühlungsvermögen dachte er sich in die Seele seiner Hörer. Daraus erklären sich seine Volkstümlichkeit und seine Erfolge. Daß er es nicht vermochte, seine Zuhörer zu sich hinaufzuziehen in höhere Sphären, daß es uns scheint, er habe sie oft nur belustigen wollen, zeigt, daß ein einzelner trotz des besten Willens wenig vermag, wenn er dem Strom der Entwicklung entgegenwirkt.

„Du kennst meine Derbheit, wonach ich wie der Fuhrmann die Reisenden auf der Landstraße zu fahren gewohnt bin und von Weglein nichts wissen will, auf denen man zwischen dem Wasser und dem Land noch gehen zu können glaubt", schrieb Geiler an Friedrich von Zollern. Ein anderesmal vergleicht er sich mit einem fröhlichen fahrenden Gesellen, der durch sein Gaukelspiel, seine Verrenkungen und Narrheiten bemüht ist, die Sorge von der Stirn hoher Herren zu verscheuchen. Er faßt seinen Lebensberuf als Dienst an der Menschheit auf seine besondere Weise auf. Daß er als Prediger nach solchen Grundsätzen handelte, kann aus vielen Beispielen seiner Schriften belegt werden. Allerdings ist das wenigste von ihm selbst herausgegeben und beim Druck überwacht worden. Skizzenhafte Entwürfe in lateinischer Sprache, Niederschriften und gedächtnismäßige Aufzeichnungen einiger Zuhörer dienten den Herausgebern von Geilers Werken, seinem Neffen Peter Wickgram und dem Franziskaner Johannes Pauli, sowie manchen geschäftstüchtigen Literaten als Grundlage für ihre Tätigkeit. Der Eindruck, den wir daraus gewinnen, entbehrt wohl einer gewissen Ausgeglichenheit. Aber allein schon Themen und Überschriften zeigen uns Geistesart, Streben und Wirkensweise des eigenartigen Mannes. Aus einer staunenswerten Belesenheit im gelehrten und volkstümlichen Schrifttum, den Kirchenvätern und Scholastikern, den Predigtmärlein und Legenden, volksmäßiger Überlieferung und Kenntnis von Sitte und Brauch seiner Umwelt, Lebenserfahrung und Seelenkunde sind seine Werke gestaltet und zusammengefügt. Es wäre ein müßiges Unterfangen, überall den Quellen nachzugehen, die neben seinem Lebensweg und in seine Sammlungen einflossen. Er gestaltete sie nicht in einer großen, gerundeten und abgewogenen Schau oder wies einzelnen Teilen einen Platz in einem nach großen Maßen errichteten Gebäude zu, sondern er reihte sie wie Glasperlen aneinander und wählte eine Gedankenreihe, in die er sie — für uns nicht immer ganz sinnvoll — doch immer auf die Wirkung berechnet, einordnet. Damit stützt er das Gedächtnis seiner Zuhörer und erzielt, daß mit der Erinnerung an die Einzelheit auch der Zusammenhang mit dem Ganzen wachbleibt. Er geht vom allgemein Interessierenden oder Alltäglichen aus, sei es, daß er das weit bekannte *Narrenschiff* seines Freundes Sebastian Brant in 110 Predigten in den Jahren 1498/99 im Münster zu Straßburg seinen Zuhörern erörtert, oder ihnen das Schiff der Buße, das sie zum Heil führen soll, beschreibt, sei es, daß er den wegfertigen Pilger, der mit Fleiß und eilend seine zeitliche Heimat aufsucht, vor den Augsburgern darstellt, sei es, daß er das Treiben des Jahrmarkts in Beziehung zum Weltleben bringt, daß er die Zubereitung des Hasenpfeffers oder Lebkuchens im geistlichen Sinne ausdeutet, die 23 Buchstaben des Alphabetes wie Blätter an einen Lebensbaum heftet, sei es, daß er das Leben der Ameisen an den Fastensonntagen bespricht, sei es, daß er Gelegenheit findet, eine Vertrautheit mit der Umwelt des Kaufmanns zu zeigen oder endlich dem mittelalterlichen Brauch folgt, die Sonntags- und Festtagsevangelien durch das Kirchenjahr hindurch seinen Hörern zu erläutern. Häufig fesselt er durch die unerwartete Beziehung zwischen Leitmotiv und Inhalt. Fast immer sucht er vom Lebensnahen, Bekannten und Vertrauten auszugehen und dieses in Beziehung zu setzen zu religiösen Wahrheiten und Erkenntnissen, zur Mahnung oder Lehre der Sittlichkeit; denn er will seinen Jüngern zeigen, daß ihr Werkeltag in höheren Zusammenhängen einen besonderen Sinn hat, er will sie von ihrer Arbeit in geistige Bereiche führen, er will, daß sie sich bei ihrer Tätigkeit, von der er in der Predigt sprach, später daran erinnern, in welche Beziehungen er sie mit dem Sittlichen und Göttlichen gesetzt hat, er will, daß sie auch im Alltag und nicht allein in der Kirche an Gott und das Jenseits denken. Dabei lächelt er über die Torheit der Menschen und bringt sie selbst, indem er ihr Treiben darstellt, darüber zum Lachen, mag er breit ausholen, den einzelnen Zug übertreiben oder im plötzlichen Einfall das Ernste durch eine unerwartete Wendung ins Gegenteil verkehren.

Hier zeigt sich seine Originalität, nicht in den Ideen, im Gedankengut, das er oft seitenweise aus seinen Quellen übernahm, oder aus einer lateinischen gelehrten Vorlage in sein volkstümliches Deutsch übertrug und den Anschauungen seiner Hörer oder Leser anpaßte. Die Auswertung der Quellen, ihre Verbindung mit Leben und Gegenwart ist sein Werk. Das Märchen und die Volkssage, der Geisterglaube, die zahllosen mythologischen Gestalten und Motive, die im Glauben des Volkes lebten, sind oft Ausgangspunkt und Voraussetzung zur Darlegung theologischer Erkenntnisse oder moralischer Erfahrungen. Selten, daß er in der Übertreibung verletzend wirkt oder auf die Köpfe der Gemeinde niederdonnert. Liebenswürdige gütige Abgeklärtheit schimmert immer wieder durch. Die plötzliche Umkehr von der Fröhlichkeit in den Ernst, von der Ermahnung zum Lachen, der Wechsel der Stimmung und das Auf und Ab entsprechen der mittelalterlichen Gesinnung, die im Drama nach ernster Trauer über den Abschied des Heilands von seinen Jüngern sofort lachen konnte, wenn die Kriegsknechte ihre derben Späße zum besten gaben. Warum sollte die Kirche, in der sich das geistliche und weltliche Leben widerspiegelt, nicht vom Lachen fröhlicher Menschen widerhallen, wenn es geschah, sie zu bessern? Die innere Freude und Heiterkeit des Christentums, die heute nur wenigen zuteil ist, war damals viel mehr Allgemeingut, denn die Kirche erfüllte das Leben der Menschen nicht nur als Gnadenspenderin, sondern oft als alleinige Erzieherin und Bildnerin. Ihre Vertreter wußten nur zu gut, daß die lachende Erkenntnis eigener Fehler oft ein besseres Heilmittel ist als die donnernde Brandrede. Geiler nennt die Dinge beim Namen, scheut sich nicht, das Natürliche von der Kanzel herab zu sagen, er konnte ja nicht wissen, daß allzu Eifrige im Jahr 1559 seine Werke auf den Index der verbotenen Bücher setzen würden, weil er den eigenen Standesgenossen ihr gottloses Leben und ihren Mangel an Sitte und Zucht vorgehalten hatte, oder daß spätere Prüderie sich über Ausdrücke und Bilder entsetzte, die aus der Lebensfülle einer gesunden Geistigkeit und einer saftigen Derbheit kamen.

Das Studium der Geschichte und Fragen der aktuellen Politik, wie sie Brant und Wimpfeling beschäftigten, berührten Geiler weniger. Seine vaterländische Gesinnung und Kaisertreue stellten ihn wohl auf die gleiche Plattform wie die jüngeren Freunde. Aber die Gefahren, welche von dieser Seite herkamen, schienen ihm nicht so drohend zu sein, wie diejenigen, welche eine Folge des allgemeinen Sittenverfalls waren. Seine unbestechliche Ehrlichkeit, sein aufgeschlossener Wahrheitssinn, seine bodenständige Treue zur Heimat sahen in aller Klarheit die Gefahren, die überall drohten, aber er wußte, daß der Rechtsgelehrte Sebastian Brant und die Männer, die sich, einem inneren Drang folgend, mit dem geschichtlichen Hintergrund der Politik beschäftigt hatten, darüber Besseres und Begründeteres zu sagen hatten als er selbst, der sich darin mehr vom Gefühl und persönlichen Beziehungen leiten ließ. Die führende Stellung im Freundeskreis, das Ansehen das ihm überall zuteil wurde, verdankt Geiler seinen hervorragenden menschlichen Eigenschaften und der Klarheit seines Geistes. Selbst die schlechtesten Herausgeber, die bei ihrer Tätigkeit vom Eigennutz geleitet wurden und manches Eigene in den Wortlaut einfließen ließen, haben die Klarheit des Aufbaus von Geilers Werken nicht zu zerstören vermocht.

Für immer verstummte der beredte Mund des berühmten Straßburger Predigers, der als der erste von der Münsterkanzel gesprochen hat, am 10. März 1510. Verehrende Liebe führte seinen Schülern und Freunden Wimpfeling und Beatus Rhenanus die Feder, als sie sein Lebensbild entwarfen zum Gedächtnis für die Nachwelt. Ein stolzer Zeuge mittelalterlichen Stadtbürgertums mit seiner Geistigkeit, ein Kenner der Welt und des Lebens, ein Freund und Erzieher der Jugend, ein gefeierter Liebling seiner Zeitgenossen, ein gefürchteter, zur Besinnung aufrufender und rücksichtsloser Verurteiler der Fehler, in deren Gefolgschaft er das Verderben sah, ein Mahner und Rufer zur Einkehr, ein echter und edler Sohn seiner Heimat, ist mit ihm ins Grab gesunken.

JAKOB WIMPFELING

Schwerer als über seine Genossen ist über Wimpfeling[5] zu urteilen; denn seine Tätigkeit ist vielleicht noch zeitgebundener und seine Wirkung beschränkt sich auf einen kleineren Kreis. Er ist weder als Prediger noch als Volksschriftsteller aufgetreten. Dennoch fehlten ihm der aristokratische Zug und das Bewußtsein, humanistischen Geistesadel zu verkörpern. Von vielen geachtet, von Schülern und Trabanten hoch verehrt, wollte er das Sonnenlicht der Wissenschaft ausstrahlen und gab doch nur ihren schimmernden Schein in gleichmäßig mildem Lichte wieder, wie der Mond, dessen wechselnde Phasen auch in seinen Stimmungen sich zeigen. In das Wesen der Dinge und Erscheinungen wollte er nie eindringen, solche Probleme gab es für ihn nicht. Er wollte das Neuerrungene nur als Grundlage der Bildung und für die Erziehung verwerten. In die Geheimnisse der Natur, das Wandeln und Kreisen der Sterne hat er nie geblickt. Die Menschen und die Geschichte sind ihm wichtig als Beispiele für das Gute und Schlechte zu lehrhafter Ausnützung. Wohl mag er sich nur im Kreise seiner Anhänger gefühlt haben. Er bedurfte der Resonanz und des Weihrauchs. Widerspruch konnte er nicht vertragen. Das Klagen über die schlechte Welt und seine Widersacher ist ihm zur zweiten Natur geworden, mit Vorliebe führt er Beschwerde. Von hoher Warte aus hat er das Welttreiben nie betrachtet, sein Platz ist die Studierstube, von der er vergrämt, in einen schmierigen Pelz gehüllt, vom Zipperlein und Stein geplagt durch trübe Fenster blickt. Zufriedenheit mit den Verhältnissen ist ihm fremd geblieben. Häufig wechselte er seinen Aufenthalt und doch kehrte er immer wieder auf die gleichen Plätze zurück.

In einigen Wesenszügen läßt sich eine gewisse Verwandtschaft mit Johann Jakob Bodmer feststellen, denn wie dieser wirkte er als Erzieher, ließ sich von beflissenen Jüngern verehren, griff in die Politik ein, erzog zum richtigen Gebrauch der Sprache, kämpfte für ein neues Ideal, das er für allgemein verpflichtend hielt, fühlte sich zurückgesetzt von jenen, die über das hinausschritten, was er in seiner Arbeit gewonnen hatte. Über beide ist die Entwicklung unbarmherzig hinweggegangen. Auch von Wimpfeling kann man sagen, daß er die Hebamme junger Talente gewesen ist. Aber eines unterscheidet ihn deutlich von Bodmer: ihm fehlte das mutige Draufgängertum. Sehen wir Wimpfeling angreifen, so geschieht es fast immer, weil er sich beleidigt fühlt, weil er seinen Einfluß und seinen Geltungsbereich geschmälert sieht. Zu mutiger Tat ließ er sich nie hinreißen. Die Angst vor der Verantwortung hat oft auf seinem Leben gelastet. Früh und schnell wurde er berühmt und genoß großes Ansehen,

[5] J. Knepper, Jakob Wimpfeling (1450—1528). Sein Leben und seine Werke. Freiburg/Br. 1902. K. verarbeitet zweifellos das reichste Material, der Überbewertung des Helden gegenüber regte sich sehr bald eine besonnene Kritik.

er glaubte es für sein ganzes Leben erhalten zu können, wenn er die gleichen Gedanken und Absichten immer wiederholte. Wimpfeling ist einer der fruchtbarsten Schriftsteller seines geistigen Raumes. Ausgaben, Widmungen und eigene Werke — fast durchwegs von einem bescheidenen Umfang — liegen von ihm vor. Seine Lieblingsgedanken kehren darin bis zum Überdruß wieder. Dieses Ceterum censeo verdeckt häufig den Aufbau der eigenen Werke und stört den Fluß der Gedanken. Im ständigen Kreislauf bewegt sich sein Denken um die kirchliche Erneuerungsbewegung, den Einfluß der Mönche, den Reichsgedanken und die Erziehung, die Aufdeckung der Schäden und Mißstände, weniger aber um die Sammlung der abhilfeschaffenden Kräfte. Wimpfeling war nicht der Mann, die Kanzel zu besteigen und Denkschriften zu verfassen wie Geiler oder in Rügedichtungen dem Volk seine Fehler und Narrheiten vorzuhalten wie Brant und Murner, vor der breiten Öffentlichkeit aufzutreten und in die Zeit hineinzuschreien. Er glaubte, durch die Reformierung seines Kreises und eine geschlossene Freundesgruppe Zellen zu schaffen, von ihnen aus in die Öffentlichkeit dringen und die breiten Massen des Volkes bessern zu können. Der Abfall manches Schülers bereitete ihm harte Enttäuschungen und verbitterte den leicht gekränkten Mann.

Wimpfeling war einer der ersten Deutschen, der das humanistische Ideal des Großliteraten vertreten wollte. Aber er erreichte sein Ziel nur unvollkommen, weil er die anderen nicht dauernd an sich zu fesseln verstand. Wer seine Briefe mit denen Petrarcas und des Erasmus vergleicht, wird die überlegene Weltschau und den Zug ins Große, das Vorstoßen zum Allgemeinen vermissen, wenn er auch die Vielseitigkeit der Interessen, die Tätigkeit auf den verschiedensten Gebieten der Geisteswissenschaften, den Reformeifer und Erkenntnisdrang, den Willen, die Reinheit der Quellen aufzusuchen, anerkennen muß. Klagen über Krankheit, Armut und Schicksal spendet Wimpfeling in gerütteltem Maß, als ob er an die heilende Wirkung des Mitleids glauben würde. Die egozentrische Beurteilung aller Erscheinungen, die sich mit dem Alter steigernde Verbissenheit, mit der er seine Ideen verfolgt, lassen uns zum inneren Kern des seltsamen Mannes kaum ganz vordringen. Ja selbst die Gaben, welche er der Heimat verdankt, sind bei ihm weniger deutlich erkennbar als bei den anderen. Es ist, als ob er seine Persönlichkeit nie ganz zeigen wollte; denn eine leidenschaftliche Dämonie, wie sie für Murner eigentümlich ist, ein ungezähmtes und rücksichtsloses Dreinfahren widerstrebte seiner irenischen Natur. Kam es zum Kampf, so ließ er sich gern durch den Zorneseifer der anderen decken und sorgte aus der Entfernung dafür, daß das Feuer der Kampfbegeisterung erhalten blieb. Rücksichtslos war er nur im Aufdecken der kirchlichen Mißbräuche und in den nimmermüden Arbeiten, sie zu beseitigen, als Warner vor den Gefahren, die dem Reiche drohten, dem es beschieden war, über die Welt zu regieren. Die Gefährdung der Weltordnung von einer anderen Seite her hat Wimpfeling wenn auch nicht klar erkannt, so doch wenigstens geahnt und dagegen seine Stimme erhoben. Der Einbruch des Kapitalismus in die christliche Hierarchie, die Korruption des hohen und niederen Klerus, der Verfall des Mönchtums, der Widerstreit der einzelnen Gruppen gegeneinander, die Störung der Einheit und Größe schienen ihm durch eine Reformation im Geiste des Konstanzer Konzils beseitigt werden zu können. Daß die Scholastik selbst geistig ausgehöhlt war, daß eine Erstarkung des alten Glaubens mit anderen Mitteln durchgeführt werden mußte, entging ihm. Aber die Allmacht des Geldes und ihre sittenzerstörende Wirkung mußten dem zwischen Gelehrtenstube und klösterlicher Zurückgezogenheit schwankenden Geist, dem das Leben selbst allen Überfluß versagte, als die schwerste Zeitkrankheit erscheinen. Die Wiederaufnahme der apostolischen Einfachheit zu verkünden, war er berufen. Aber dem franziskanischen Ideal freiwilliger Armut gegenüber zeigte er sich fremd. Was er am Mönchtum schätzte, waren einzig die gelehrte benediktinische Tätigkeit und der Geist ihrer Ursprungsverwandtschaft mit Cassiodors Vivarium, deshalb auch seine Lebensfreundschaft mit dem gelehrten Meister Johannes Trithemius, der sich streng an die Bursfelder Reform hielt. Für den seelsorgetreibenden, predigenden oder politisierenden Mönch war in der Welt Wimpfelings kein Raum. Er sah die kirchliche und sittliche Ordnung zusammenfallen, wenn die Sucht nach irdischen Gütern, die Hast nach Würden und glänzendem Aufstieg den Frieden der Seele bedrohten. Nicht umsonst ist Karl der Große eine Lieblingsgestalt Wimpfelings, um die seine Gedanken kreisen. Er ahnte das Verdienst dieses Schöpfers der staatlichen Einheit des Mittelalters unter germanischer Hand. Er wußte, daß der jugendliche Geist der germanischen Stämme im Reiche Karls des Großen sich mit der antik-christlichen Bildung vermählt hatte, daß dort Sitte und Formstreben sich glücklich zur Einheit verbanden und die Säulen jenes Reiches waren, über das nun sein geliebter Kaiser Maximilian regierte. So wie dieser sich von der Wiedergeburt des höfisch-ritterlichen Geistes die Kraft für die Lösung seiner höchsten Aufgabe, die Bezwingung der Türken erhoffte, aber nur im Traum seiner Dichtungen verwirklichen konnte, so sah sich auch Wimpfeling nur in der Idee und in holden Träumen als Sieger im Kampf gegen die Ungunst der Zeit.

Die Familie Wimpfeling entstammt einem Bauerngeschlecht aus Brumat im Unterelsaß. Nikolaus Wimpfeling, der Vater des Humanisten, war Bürger und Sattler in Schlettstadt. Sein Bruder Johann wirkte dort ebenfalls als Sattler, zog aber später nach Sulz bei Molsheim, vielleicht auf Veranlassung des dritten Bruders Ulrich, der dort Pfarrer war. Der vierte Bruder, von dem wenig bekannt ist, war Gärtner in Straßburg. Jakob Wimpfeling entstammt also einer Handwerkerfamilie, die zu höherer geistiger Bildung emporstrebte. Nikolaus Wimpfeling war mit Katharina Bleger aus St. Pilt bei Rappoltsweiler verheiratet. Von ihren drei Kindern übernahm Johannes die Werkstatt des Vaters, Magdalena heiratete den Bäckermeister Jakob Spiegel und Jakob, der am 25. Juni 1450 geboren wurde, wurde vielleicht seiner schwächlichen Gesundheit wegen für den geistlichen Stand bestimmt. Die Schule der Heimatstadt schenkte ihm die erste Bildung. Die neue Lehrweise, wie sie die Vertreter der Devotio moderna anwendeten, legte einen guten wissenschaftlichen Grund. Der grammatische Formalismus eines starren Unterrichtssystems war der neuen Methode fremd, sie betonte den Wert der Lektüre vor der Regel und langwierigen Ableitungen. Noch ehe Wimpfeling die Schule verließ, starb sein Vater. Nun griff der Onkel Ulrich in sein Schicksal ein, er ermöglichte ihm das Studium an der jungen Hochschule zu Freiburg i. Br. Dort wurde Jakob Wimpfeling am 31. Oktober 1464 immatrikuliert.

Empfindsame Zaghaftigkeit ist ein deutliches Merkmal seines Wesens, und so dürfen seine Selbstanklagen über sittliche Abwege kaum allzu wörtlich genommen werden. Der Einfluß seines Hauswirtes, des damaligen Rektors Kilian Wolf, ist sicher nicht besonders groß gewesen. Den meisten Eindruck scheint Geiler von Kaisersberg als Lehrer und menschliches Vorbild auf ihn gemacht zu haben. Mit ihm verbindet ihn eine lange Lebensfreundschaft. Zur vorgeschriebenen Zeit, gegen Jahresende 1466, erlangte Wimpfeling den Grad eines Baccalaureus artium. Nach zwei Jahren setzte er dann seine Studien in Erfurt fort. Dort trat die sittliche Läuterung und Wandlung ein, wenn wir seine späteren Äußerungen ganz wörtlich nehmen können. Während eines kurzen Aufenthaltes beim Pfarreronkel in Sulz wurden die materiellen Voraussetzungen für das weitere Studium besprochen. Auf der Rückreise nach Erfurt erkrankte er in Speyer und ließ sich nach notdürftiger Herstellung seiner Gesundheit an der Universität Heidelberg am 2. Dezember 1469 immatrikulieren. Der Gegensatz zwischen Realisten und Nominalisten berührte ihn wenig. Im März 1470 schloß er seine artistischen Studien mit dem Magisterium ab. Nach einem Abstecher in das Studium des kanonischen Rechtes begann er mit der Theologie als Lernender und unterrichtete gleichzeitig in den artistischen Fächern. Seinen Lehrern Stephan Hoest und Pallas Spangel hielt er durchs ganze Leben treue Anhänglichkeit. Aus dieser Zeit liegen seine ersten lateinischen Dichtungen vor. Sie huldigen dem Landesherrn und dem Bischof von Worms, zeigen ihn in naher Beziehung zu Johann von Dalberg und dem Kreis der Humanisten. Es ist kaum anzunehmen, daß er anders als auf äußere Veranlassung hin solche Verse zusammenschmiedete. Seiner Verbundenheit mit dem Schicksal der Heimat verleiht nur ein Gedicht, ein poetischer Dialog über den Tod Peter Hagenbachs [6], Ausdruck. Es ist bald nach dessen Hin-

[6] W. Wattenbach, Jakob Wimpfelings poetischer Dialog über Peter Hagenbachs Tod. In: Zschr. f. Gesch. d. Oberrheins 22 (1869), S. 390—97. — H. Heimpel, Das Verfahren gegen Peter von Hagenbach zu Breisach (1474). Ein Beitrag zur Geschichte des deutschen Strafprozesses. In: Zschr. f. Gesch. d. Oberrheins, NF 55 (1942), S. 321—357.

richtung entstanden. Ein Bote naht dem Dichter und bringt ihm die Nachricht vom Schicksal des Tyrannen, der in kühner Steigerung als „Nero, infelix bestia, pestis atrox, pessima bellua“ bezeichnet wird. Dann erst tritt der Dichter mit dreifacher Anrede hervor an Hagenbach, den das Rad der Glücksgöttin von der Höhe ins Verderben gestürzt hat, an die Breisacher, ob man ihn nicht schonen könne, worauf ihm eine scharfe Antwort zuteil wird, und an Erzherzog Sigismund als obersten Richter. Der Anklage folgt die Verteidigung, Peter sei von Karl dem Kühnen eingesetzt worden und habe nur nach dessen Willen gehandelt. Eine solche Entschuldigung kann aber nicht gelten, denn die Handlungsweise des Angeklagten richtete sich gegen die Weltordnung, er hat sich daher gegen Gott versündigt. Hier tritt zum erstenmal jener Gedanke an die Einheit, Ewigkeit und Göttlichkeit des Reiches hervor als Abwehrschild gegen die Ansprüche auf das Elsaß, wie sie von Burgund und später von Frankreich erhoben wurden. Sie werden, wie später in der *Germania,* mit Entrüstung zurückgewiesen; denn der Spruch der Richter kennt als Sühne für Hagenbachs Taten nur den Tod. In einem Epilog klagt Peter Karl den Kühnen an, durch den er sich hatte verblenden lassen. Sieben Grabschriften auf den Verurteilten schließen die Dichtung ab. Begreiflich, daß auch die Murtener Schlacht den jungen Dichter zu feiernden Versen begeistert. — Ein Lehrbuch der Metrik ist aus dem Unterricht hervorgegangen. Hinter einer Frühjahrsrede vor dem Wormser Klerus (1477) steht die Erkenntnis, daß das Ethos des Priesterstandes erhalten bleiben müsse, und in der Programmrede, die der Baccalaureus Theologiae (1478) hielt, treten bereits deutlich seine ausgeglichenen pädagogischen Ideale hervor: Beständigkeit und Gleichmaß, Zeitforderungen, denen er selbst nicht allzu häufig in seinem Leben nachgekommen ist, sind die Grundlagen, auf denen sich die Bildung entwickelt. Die unverrückbaren Voraussetzungen allen Wissens hat Aristoteles geschaffen. Jedes Hinausstreben über die Grenzen, welche Gott dem Dasein gesetzt hat, ist gefährlich. Der goldene Mittelweg soll als Lebenspfad eingeschlagen werden, sonst ergeht es dem Wanderer wie Dädalus oder Phaëton. Jede Hybris ist gefährlich.

Von 1479 bis 1481 bekleidete Wimpfeling in der artistischen Fakultät die höchsten Stellen als Vizekanzler, Dekan und Vorsteher des Kollegiums. Von Dezember 1481 bis Juni 1482 war er Rektor. Die Pfingstrede über den Heiligen Geist, welche er in diesem Amte hielt, kreist um seine Lieblingsgedanken, die Abschaffung kirchlicher Mißbräuche und den verderblichen Geist, der in den meisten Klöstern herrsche, aber noch tritt der Gegensatz zwischen Welt- und Klosterklerus nicht deutlich in Erscheinung. Die Beziehung zwischen dem Titel und dem behandelten Thema sowie dem gedanklichen Aufbau herzustellen, ist nicht nur bei diesem Werke Wimpfelings schwierig. Während seines Rektoratsjahres fand Wimpfeling in offizieller Eigenschaft Gelegenheit, im Sinne des Papstes Sixtus IV. und des

Kardinalkollegiums gegen Erzbischof Andreas von Krania, sein Eintreten für ein allgemeines Konzil und seine Angriffe gegen das Papsttum Stellung zu nehmen. Nach einem Frühjahrsaufenthalt (1483) in der Heimat, bei dem er an der Hochzeit seiner Schwester teilnahm, scheint sich Wimpfeling in Heidelberg nicht mehr recht wohlgefühlt zu haben. Er nahm eine mehr nebenamtlich ausgeübte Dompredigerstelle in Speyer an. Was ihn bewogen hat, die akademische Lehrtätigkeit, zu der es ihn immer wieder zurückzieht, aufzugeben und sich der Seelsorge zu widmen, ist kaum festzustellen. Daß es der gleiche Drang wie bei Geiler war, als Redner und Mahner auf das Volk zu wirken und ihm die Sünden und ihre Verhütung, den Niedergang und die Vorbedingungen zu neuem Aufstieg vor Augen zu führen, ist nicht anzunehmen und läßt sich auch aus den unmittelbaren Zeugnissen nicht belegen.

In Heidelberg noch ist Wimpfelings dramatisches Spiel *Stylpho*[7] entstanden. Über seine Beziehungen zur frühhumanistischen Komödie ist viel herumgeredet worden. Auch als Denkmal humanistischen Geistes ist das Werk stark überschätzt worden. Als Verteidigung in Komödienform wurde der *Stylpho* von Heidelberger Studenten unter Wimpfeling als Vizekanzler der artistischen Fakultät, also 1479/80, aufgeführt. Die Darstellung war in einen akademischen Festakt, die Verleihung des Bakkalaureats eingebaut. Die erzieherische Absicht vermischt sich mit der Zeitklage und Verurteilung der Pfründenjagd. Zwei angehende Geistliche stehen einander gegenüber. Stylpho, der Blender, will durch einflußreiche Beziehungen und ihre Ausnützung auf mühelosem Weg sein Ziel erreichen. Sein Jugendfreund und siegreicher Gegenspieler Vincentius hat sich während seines Studiums durch Fleiß und besonderen Eifer ausgezeichnet und sich damit auf seinen künftigen Beruf als Seelsorger und Volksberater wohl vorbereitet. Der Tüchtige setzt sich durch, steigt von Stufe zu Stufe und wird schließlich Bischof. Stylphos Glanz aber verbleicht schnell, er zeigt sich unfähig und muß froh sein, daß er schließlich Schweinehirt werden kann. Terenzische Wendungen und Anspielungen auf bestehende Verhältnisse verliehen dem Werk bei seiner Aufführung eine besondere Frische, die in dem späteren Druck (1494), zu einer Zeit, als die Tendenz des Streitdialogs schon in weite Kreise gedrungen war, längst verloren gegangen war; denn da wußte man, daß durch eine schulmäßige Erläuterung solcher lebenswichtigen Fragen vor einem akademischen Zuhörerkreis dem allgemeinen Übel der Zeit nicht beizukommen war. Dennoch impfte der *Stylpho* das erste Reis für eine Kunstgattung, die sich in Heidelberg mit Reuchlins *Henno* und *Sergius* zu schöner Blüte entfaltete.

Bis 1496 blieb Wimpfeling in Speyer. Die Zeit wurde zur Vertiefung

[7] Der Name Stylpho stammt aus der Komödie *Phormio* des Terenz (389, 390, 740); ob W. an einen Zusammenhang des Namens mit dem Verbum *στίλβειν* = *glänzen, leuchten* gedacht hat, ist kaum festzustellen. Vielleicht wollte er mit dem Namen andeuten, daß der Einfache (Vicentius) über den Blender siege.

der Bildung und Sammlung von Wissensstoff ausgenützt. Wimpfeling ist einer der belesensten Geister des Kreises. Seine Bildung geht mehr in die Breite als in die Tiefe. Seine Interessen wenden sich jenen Gebieten zu, die man heute die Geisteswissenschaften nennt. Am 9. Februar 1496 wurde er Licentiat der Theologie. Anschließend daran besuchte er den gelehrten Benediktinerabt Johannes Trithemius in Sponheim, mit dem ihn eine Lebensfreundschaft und die gleiche Geistesrichtung verbindet. Der Reformeifer paart sich in beiden mit humanistischem Sammeleifer und praktischer Ausnützung des Gewonnenen. Einen Ruf nach Heidelberg, wo sich eben die hervorragendsten Vertreter des Humanismus zusammenfanden und Celtis sich darum bemühte, den würdigen Freund der Jugend einem Kreis zu gewinnen, dem sich Reuchlin und Rudolf Agricola gesellten und der sich der Gunst des Pfalzgrafen Philipp des Aufrichtigen erfreute, lehnte Wimpfeling vorerst noch, seine schwache Gesundheit vorschützend, ab. Ähnliche Angebote hat er noch öfter ausgeschlagen und hinterher darüber geklagt, daß ihm die Gunst des Glückes nicht lächle. Die beste Erklärung für ein solches Verhalten ist wohl diese, daß er es immer vermied, in einer Gesellschaft von Gesinnungsgenossen aufzutreten, wenn er nur Gleichberechtigter unter mehreren hätte sein können. Er wußte wohl, daß ihm die gleiche Rolle, welche er im Heidelberger Kreis um Dalberg, der 1497 gestorben war, gespielt hatte, in der neuen Umgebung nicht zufallen würde. Nur dann, wenn er wenigstens als primus inter pares angesehen wurde, oder als Wortführer einer Gruppe einem Berühmteren gegenübertreten konnte, wie bei der späteren Begrüßung des Erasmus zu Straßburg, fühlte er sich wohl. Diesen Zug mag er mit dem jungen Caesar gemein haben. Die Energie aber, sich eine solche Stellung zu erkämpfen, den Siegerplatz gegen andere zu verteidigen, einen einmal gefaßten Plan durchzuführen und alle Hindernisse zu beseitigen, fehlte ihm. Er zog es dann vor, sich zu beklagen und alle möglichen Umstände oder Neider für sein trauriges Schicksal verantwortlich zu machen. Diese wehleidigen Klagen stimmen so schlecht mit seiner Angriffslust und der Zähigkeit überein, mit der er seine Lieblingsgedanken verfocht.

Die drei letzten Lustren des Jahrhunderts sind die fruchtbarste Zeit in Wimpfelings Leben. Wohl zeigt sich seine Reizbarkeit und verwickelt ihn in manche Fehde. Aber er braucht dies auch, um angeregt zu werden. Während der Humanismus zu dieser Zeit seine Siegesfahrt antrat und daranging, seinen Tempel außerhalb der Kirche zu errichten, herrschte in Wimpfelings Denken und Wollen der Reformgedanke, die Absicht einer Neugestaltung der unhaltbar gewordenen Verhältnisse im Sinne der Rückkehr zur alten Frömmigkeit. Er nähert sich auf eigenen Wegen dem Standpunkt seines Lehrers Geiler, mit dem er wieder freundschaftliche Beziehungen aufnimmt. Zur Erreichung seines Zieles ist ihm die Erziehung das Wichtigste. Mit glühendem Eifer und innerer Wärme verehrt er Maria. Ein langes gelehrtes

Gedicht, eine umfangreiche Kompilation aus dem marianischen Schrifttum, verfaßt er. Ein Marien- und ein Josephoffizium stellt er zusammen. In den dogmatischen Auseinandersetzungen über die Frage, ob Maria mit oder ohne Erbsünde geboren wurde, bekämpft er wie alle Elsässer den Standpunkt der Dominikaner, die ihre Freiheit von der Erbsünde leugneten. Auch ältere Schriften über den gleichen Gegenstand gab Wimpfeling heraus. Seine trockene pedantische Art, seine Vorliebe für das Klare und Einfache wirken für uns heute, die wir keinen Sinn dafür haben, daß dogmatische Fragen in langatmigen Lehrgedichten erörtert werden, platt und nüchtern.

Mit ähnlicher Pedanterie wie er das Marienthema dichterisch behandelte, ging er auch an eine Schilderung des Speyerer Domes oder erörterte er kirchenrechtliche Fragen, wie die Stellung des Papstes zum Konzil. Daß er sich an den neugewählten Alexander VI. um Schutz gegen die Verfolger des Klerus und unter anderem auch gegen eine zu starke Steuerbelastung wendet, ist eine besondere Ironie des Schicksals. Wenn Wimpfeling als Publizist eine Sache verfocht, die von politischen oder allgemeinem Interesse war, und damit einen verhältnismäßig geringen Erfolg hatte, oder ihn nur ein beschränkter Kreis von Gelehrten hörte, so liegt das z. T. daran, daß er vorhandene oft ausgeleierte literarische Formen und Versmaße dafür anwendete, sich zumeist der gelehrten lateinischen Sprache oder eines zwar korrekten aber keineswegs volkstümlichen Deutsch bediente. Wie konnten die lateinischen und dann ins Deutsche übersetzten geharnischten sapphischen Strophen von 1492 mit dem Refrain „Die lilgen welken“ gegen Karl VIII. und seinen Trabanten Robert Gaguin die ehrliche Empörung über die Schmach, welche der welsche König dem römischen Kaiser Maximilian angetan hatte, ins Volk tragen! Ein Schrei der Entrüstung ging durch das humanistische Schrifttum. Auch Willibald Pirckheimer [8] ist gleichen Sinnes und macht seinem Ärger in zwei Gedichten darüber Luft, daß Karl VIII. die per procura mit Maximilian vermählte Anna von Bretagne mit Gewalt zwang, seine Gemahlin zu werden und Maximilians Tochter Margarete, die ihm anverlobt war, wie eine Gefangene in Frankreich zurückbehielt (1491). Hier fühlte sich Wimpfeling als Schildträger des Reiches. Dadurch, daß er, selbst ein Mann des Volkes und stets für das Wohl des kleinen Mannes eintretend, zu sehr Humanist ist und eine aristokratische Geistesrichtung vertritt, daß er trotz bester Absichten in der Wahl seiner Kampf- und Einsatzmittel der Tradition treu bleibt und nicht zu verstiegenen Formen greift, konnte er nie ins Weite wirken. Selbst wenn er Eberhard von Württemberg als Gründer der Tübinger Universität feierte, vielleicht um dort einen neuen Wirkungskreis zu finden, kam er auf seine Lieblingsgedanken zurück. 1495 bei der Wormser Tagung lernte Wimpfeling eine kleine Schrift

[8] Willibald Pirckheimers Briefwechsel. 1. Bd. München 1940, S. 46 ff. = Humanistenbriefe Bd. 4.

des Ritters Hans von Hermannsgrün *Traum* kennen. Sie warnt vor der Bedrohung des Reiches durch die Franzosen und setzt Gedankengänge von Trithemius in wirksamer Gestalt fort. Von Osten und Westen drohen die Feinde des Reiches, Türken und Franzosen. Diese bemühten sich nun, das Andenken Karls des Großen für ihre politischen Ansprüche auszunützen. Das war für Wimpfeling eine Wiederholung der burgundischen Übergriffe auf seine elsässische Heimat, als deren Wortführer er dem Peter Hagenbach schon jenes leidenschaftliche literarische Denkmal gesetzt hatte. Den Inschriften der Kaisergräber widmete er Studien, und gemeinsam mit Brant gab er 1497 das Werk Lupolds von Bebenburg *Germanorum veterum principum zelus et fervor in Christianam religionem deique ministros* heraus. Hier verbinden sich seine schon in der *Agatharchia* niedergelegten pädagogischen Ansichten über die Fürstenerziehung mit der Behandlung der für ihn nun überaus wichtigen Frage über das Deutschtum Karls des Großen. Schon um diese Zeit tauchte der Plan einer Vollendung des Werkes von Sebastian Murrho auf.

Vor allem aber bemüht sich Wimpfeling in seiner Speyerer Zeit um die Grundlegung eines pädagogischen Systems. Es liegt ihm daran, geeignete Lehrbücher für den Unterricht zu verfassen und anzuregen, sowie seine Erfahrungen für die Erziehung und Hebung des Standes der Lehrenden auszuwerten. Er ist sich dessen bewußt, daß die spätscholastische Terminologie, der barocke, mehr mit den Worten spielende als auf Sinn und Klarheit bedachte Sprachgebrauch der Methode des Unterrichts schade, diese von allem Überfluß gesäubert und zur Klarheit der Quellen zurückgeführt werden müsse. Damit setzt er Schlettstädter Traditionen fort. Man darf aber in Wimpfelings Werken das Humanistische nicht zu sehr in den Vordergrund stellen. Zwischen seinen Bestrebungen und denen eines Lorenzo Valla liegt eine für Wimpfeling unübersteigbare Höhe: die Erkenntnis der künstlerischen Kräfte und der formalen Schönheit. Wimpfeling ist viel zu sehr Praktiker, um sich ernstlich mit solchen Fragen zu beschäftigen. Seine Bedeutung in diesem Gebiet kann allerdings erst dann in den richtigen Rahmen gestellt werden, wenn einmal eine Untersuchung über die geschichtliche Entwicklung der Methode des Lateinunterrichts und damit des Sprachunterrichts überhaupt vorliegen wird. Sie müßte nicht nur von dem Standpunkt gefordert werden, daß daran der langsame Übergang vom Mittellatein zum Neulatein [9], der keineswegs so schroff sein dürfte, wie man ihn darzustellen beliebt, zu ersehen ist, sondern auch deshalb, weil die ersten Grammatiken der Volkssprachen nach den reformierten lateinischen Grammatiken gestaltet wurden. Wimpfelings zahlreiche Hinweise und gelegentliche Bemerkungen über den Gebrauch deutscher grammatischer Formen

[9] Cf. R. Newald, Der Übergang vom Mittellatein zum Humanistenlatein. In: Archivum Latinitatis Medii Aevi 16 (1941), S. 113—125. [In dieser Ausgabe abgedruckt S. 113—121.]

zeigen ihn als einen Vorläufer von Claj, Ikelsamer und Kolroß. Überhaupt tritt das alemannische Gebiet mit grammatischen Arbeiten und Reformvorschlägen ganz besonders hervor. Wimpfelings Unterrichtsmethode entspricht mit ihren Anweisungen und der Anleitung, alphabetisch geordnete Sammlungen von Lesefrüchten anzulegen, sowie der Berufung auf Hieronymus und Augustin ganz dem Geiste des frühen Mittelalters. Sein Humanismus ist eine Rückkehr zum Bienengleichnis des hl. Basilius: nicht alles, was die Antike überlieferte, ist ohne weiteres zu benützen, sondern nach kluger Prüfung wähle man das Wertvolle nach seiner erziehenden Kraft. Die Aufstellung eines Kanons der zu lesenden Schriftsteller, die starke Betonung der christlichen Dichtung, die Gleichsetzung der rhythmischen und metrischen Kunst, die enzyklopädistische Methode zeigen, daß Wimpfelings Streben sich mehr für eine Wiederholung der karolingischen Renaissance einsetzte, als daß er neue Ziele im Auge hatte. Wenn er auf die moralische Persönlichkeit des Lehrers, sein persönliches und vorbildliches Verhalten hinwies, zur Sammlung von Erfahrungen und Beobachtungen anregte, die praktischen Bedürfnisse in den Vordergrund stellte, so zeigt dies deutlich, daß seine Reform bei der Erziehung einsetzte. Seine Ideale in einer von ihm selbst gegründeten und geleiteten Schule, die ganz nach seinem Programm eingerichtet sein sollte, zu verwirklichen, war er nicht der Mann. Zu den Hochschulen in Heidelberg, Basel, Freiburg und Tübingen eine elsässische zu errichten, fehlte es ihm an Energie und entscheidendem Einfluß. Er kam mit diesem Gedanken um drei Jahrzehnte zu spät oder zu früh. Dieser Tätigkeitsdrang und die Absicht zu intensiver Wirkung steht in einem eigentümlichen Widerspruch zu der asketisch-mittelalterlichen Stimmung, die ihn dazu treibt, mit Freunden die klösterliche Einsamkeit aufzusuchen. Das ist die Wiederholung einer Seelenhaltung, die das frühe Mittelalter, Cassiodor und Benedikt von Nursia, geschaffen hat aus Ekel über das Treiben in der Welt und aus dem Bewußtsein, daß bedrohte kulturelle Werte gerettet werden müssen. Für Wimpfeling und seine Freunde, dem Domherrn zu Straßburg Christoph von Utenheim und Geiler von Kaisersberg, war dies mehr eine Stimmung, die vorüberging. Bei der Abneigung vor allem Wimpfelings gegen die Mönche ist es verständlich, daß man kaum daran dachte, so etwas wie einen neuen Orden zu schaffen. Die schlechten Erfahrungen, die selbst ein Heinlin vom Stein im Karthäuserkloster zu Basel hatte machen müssen, und vielleicht auch der Umstand, daß andere, die das gleiche getan hatten, nicht den gesuchten Seelenfrieden in der Abgeschiedenheit des Klosters gefunden hatten, konnten abschrecken. Es lag aber auch in Wimpfelings Natur, lebenswichtige Entscheidungen hinauszuschieben und sein Schicksal von außen her bestimmen zu lassen. Mit der Wahl Christophs von Utenheim zum Bischof von Basel (1501) rückte die Verwirklichung des Planes in unbestimmte Fernen.

Es ist kaum anzunehmen, daß Wimpfeling, der nüchterne Kompilator und Vertreter einer praktisch gerichteten Wissenschaft, der nach Klarheit und Zusammenfassung strebende Geist, von mystischen Neigungen tiefer berührt war, als sie die Überlieferung der Brüder vom gemeinsamen Leben mit der Betonung der Pflege des inneren Menschen vermittelte. Wimpfeling war kein Mann, der sich Betrachtungen für längere Zeit hingab. Dazu war er viel zu unruhig und eifrig. Im Sommer 1498 ging er eben doch nach Heidelberg und begann als Professor der Rhetorik und Poesie seine Tätigkeit mit der Interpretation von Hieronymus und Prudentius. Seine schriftstellerische Tätigkeit dehnte er nun auch auf die Fragen der Fürstenerziehung aus, indem er seinen Fürstenspiegel *Agatharchia* dem ältesten Sohn seines Landesherrn widmete. Hier entwickelte Wimpfeling in einer viel gebrauchten, spätmittelalterlichen literarischen Gattung das Ideal des christlichen Herrschers. Allein schon der Umstand, daß Kaiser Heinrich II. als Vorbild hingestellt wird, zeigt, wie weit ab Wimpfeling vom Herrenmenschentum der Renaissance und vom *Principe* Macchiavellis steht.

Wimpfelings Beweisführung und wissenschaftliche Methode ist echt mittelalterlich, er sucht immer mit der Kraft der Autoritäten zu wirken; nur in der Betonung, daß die Reinheit der Quellen hergestellt werden und der Urtext von den Zutaten Späterer gesäubert werden müsse, bleibt er der Humanist. Von diesen Gedanken ausgehend tritt er für eine Reformierung des Kirchengesanges ein, wozu Geiler den unmittelbaren Anlaß gegeben hatte. Ein scharfer Antisemitismus und wiederholte Angriffe auf die Juden zeigen, daß Wimpfeling mit Reuchlin und anderen Humanisten nicht einig ging. Zu einer akademischen Festvorführung auf dem Heidelberger Schloß am 9. Oktober 1498 schrieb Wimpfeling einen Dialog, der dem Kurfürsten die Bedeutung der Wissenschaft für einen Regenten vorführen sollte. Die eigentliche Absicht des Werkes aber war wohl ein energischer Hinweis auf die drohende Türkengefahr. Immer habe man für diesen heiligen Krieg Geld gesammelt, es in Rom aufgespeichert, um es seiner baldigen Verwendung zuzuführen. Von einer dramatischen Spannung ist in dem Dialog nichts zu spüren. Lehrhaftigkeit und Absicht drängen sich vor. Auf dem Wege zu einer neuen Komödienform, den der *Stylpho* vor 18 Jahren beschritten hatte, bedeutet die Philippica — aus dem Titel wird ihr Zusammenhang mit der Rhetorik klar — einen Schritt zurück. Mit Dietrich von Pleningen und Werner von Themar, den Heidelberger Humanisten und Diplomaten, stand Wimpfeling in naher Beziehung. Seine deutschen Übersetzungen haben mit den gleichgerichteten Arbeiten dieses Kreises manchen Zug gemeinsam.

Was Wimpfeling veranlaßte, im Sommer 1501 seine Lehrtätigkeit aufzugeben: die lockende gelehrte Einsamkeit mit den gleichgesinnten Freunden, Zerwürfnisse mit Kollegen in Heidelberg oder die Aussicht einer Universitätsgründung in Straßburg, deren Organisation er übernehmen sollte, ist nicht eindeutig festzulegen. Seine Rastlosigkeit mochte selbst viele Ursachen bereithaben, den häufigen Wechsel des Aufenthaltes zu begründen. Nun tritt er Geiler und Sebastian Brant, den Geistesverwandten, besonders nahe. Das zeigen schon sehr bald seine Arbeiten: die Ausgabe einer lateinischen Narrenschiffparaphrase von Jodocus Badius (1502) und des 4. Bandes der Werke von Gerson (1502). Aber auch mit dem Freunde Christoph von Utenheim hält er die Verbindung aufrecht. In seinem Sinn gibt er eine humanistische Dichtung von Wiegand Trebellius' *Concordia curatorum et fratrum mendicantium* heraus und bespricht während eines Aufenhaltes in Basel (Herbst 1503) eine wirksame Durchführung der Reform, die Beseitigung des Pfründenschachers und der Konkubinenwirtschaft. Als treuer Anhänger des Kaisers fühlte er sich in der jungen eidgenössischen Stadt nicht wohl, er glaubte sich beobachtet, machte eine bittere Bemerkung über die vermeintliche Freiheit des Staatswesens, das sich freiwillig einem harten Zwang unterstellt habe, und schrieb an Sebastian Brant, den die Verhältnisse in der Stadt seiner langjährigen Tätigkeit interessieren mußten: „Pro solo cogitatu poena timenda est." Die Basler wußten, wie der Verfasser der *Germania* von ihnen dachte. Ein humanistisches Gedicht auf Straßburg im Geiste des beliebten Städtelobs, wie es auf die meisten deutschen Städte von der Mitte des 15. Jahrhunderts an deutsch und lateinisch gesungen wird, sollte ihm die Gunst der regierenden Behörde warmhalten.

Eng schloß sich nun das Dreigestirn Geiler, Wimpfeling und Brant zusammen, die Männer des Übergangs, welche voll Sorge in eine Zukunft blickten, auf deren Gestaltung sie keinen entscheidenden Einfluß nehmen konnten, die aber auch voll Sehnsucht nach der Vergangenheit zurückschauten und sich ihre leuchtenden Sterne zu Richtpunkten wählten, ernste Männer, aber ohne jugendlichen Schwung. Die Zukunft gehörte anderen Männern. Die Trennung Basels vom Reich versinnbildete den Hütern des Alten neue Gefahren und stärkte ihre Treue zu Kaiser und Reich. Kein Wunder, daß Wimpfeling nun seinen Lieblingsplan einer Schulgründung zu Straßburg mit einer geschichtlichen Arbeit verband, die von aktuellem politischen Interesse war. Sie verwickelte ihn in eine literarische Fehde, zu der er mächtige Hilfstruppen aufbieten konnte. Seine literarischen Arbeiten, Ausgaben und Vorreden, sein umfangreicher Briefwechsel zeigen, daß neben den Neigungen, sich zurückzuziehen und in gelehrten Unterhaltungen mit Gesinnungsgenossen ein gottzugewandtes Leben zu führen, immer auch der Ehrgeiz, ins Weite zu wirken und Großliterat im Geist von Petrarca und Erasmus zu sein, vorhanden ist. Seine Aufenthalte im Kloster der Wilhelmiter und später bei den Nonnen in der Zurückgezogenheit des Schwarzwaldes oder der Vogesen zeigen, daß diese Stimmungen in seinem Leben wiederkehren. Die politische Entwicklung der letzten Jahre, der ungünstig verlaufene Schweizer Krieg in Graubünden, der Aufstieg der Eidgenossenschaft, das notgedrungene Nachgeben Maximilians gegenüber Frankreich drängten

Wimpfeling dazu, seine unterbrochenen geschichtlichen Arbeiten wieder aufzunehmen und vorerst in Verbindung mit einem anderen Lieblingsgedanken zu veröffentlichen.

Bald nach seiner Ankunft in Straßburg, im Einverständnis mit Geiler und Brant, setzte Wimpfeling schon mit einer publizistischen Tätigkeit ein. Der Rat sollte durch eine Denkschrift für die Gründung einer neuen Lehranstalt gewonnen werden. Deshalb ist in der ursprünglichen Fassung der Schrift viel von den Tugenden des Staatsbürgers und den Bedingungen die Rede, unter denen ein Staatswesen von seinen einsichtigen Führern geleitet wird. Mit den öffentlichen Geldern müsse man sparsam umgehen, die Gerechtigkeit über alles hochhalten; neben solchen allgemeinen Gedanken wird auf die Notwendigkeit des Gleichgewichtes unter den Kräften hingewiesen, die in einem Staatswesen wirksam sind, des Zusammenhaltens der verschiedenen sozialen Schichten, der Volksbildung, die besonders von guten Predigern besorgt werde, der Bevorzugung heimischer Kräfte bei der Besetzung von wichtigen Stellen. Das Weltpriestertum, welches sich vor der Pfründenjagd zu hüten habe, sei dem Mönchtum vorzuziehen. Alle diese Gedanken, die nicht gerade neu sind und von Wimpfeling schon wiederholt in anderen Zusammenhängen geäußert worden waren, umkreisen den wichtigsten: die Schulgründung. Wimpfeling, der immer wieder auf die Bedeutung der Lateinkenntnis als Grundlage zur Ausübung vieler Berufe hinweist, nennt die neue Schule, deren Programm ungefähr dem einer artistischen Fakultät entspricht, Gymnasium. Dieses sollte eine allgemeine Vorbildung für viele Berufe vermitteln und auf den Besuch der höheren Fakultäten vorbereiten. Trotz aller gegenteiligen Versicherungen wurde der Wirkungskreis der in Straßburg bereits bestehenden Schulen durch dieses Programm beeinträchtigt, zum mindesten bestand nach seiner Verwirklichung für andere Schulen nicht mehr die Möglichkeit, sich zu einer höheren Unterrichtsanstalt zu entwickeln. Das war vor allem bei den Franziskanern der Fall, wo der eben als Baccalaureus der Theologie aus Krakau heimgekehrte Thomas Murner die ersten Erfolge eines lebendigen Unterrichts davontrug und man einsah, daß es sehr bald darum gehen mußte, einen Kampf um wichtige Einfluß- und Einnahmequellen mit dieser neuen Lehranstalt und ihren Anregern zu führen. Es erschien daher dem temperamentvollen Wimpfeling hochwillkommen, eine aussichtsreiche Polemik gegen ein Mitglied des Franziskanerordens gleichzeitig mit dieser Denkschrift zu eröffnen. Der Erfolg seiner literarischen Unternehmung war umso sicherer, wenn er seinen Gegner verdächtigen konnte, daß er eine der allgemeinen nationaldeutschen Auffasung über die Herkunft des Elsaß entgegengesetzte Ansicht geäußert habe. Durch die Voranstellung dieses Gedankens ohne die namentliche Erwähnung seines Urhebers Murner konnte Wimpfeling sicher sein, die öffentliche Meinung für sich zu gewinnen und umso leichter seinen

Schulgründungsplan durchzusetzen. Unter diesen Voraussetzungen entstand Wimpfelings *Germania* [10].

Es schien vielleicht gewagt, unmittelbar nach dem Schwabenkrieg, da die eidgenössische Idee sich auch in anderen Städten des Elsaß bedrohlich ausbreitete, ein politisches Thema dieser Art zu behandeln, sich auf die Seite des Kaisers zu schlagen und die deutsche Herkunft des Elsaß als Richtschnur für die gegenwärtige Politik festzulegen. Aber die Urteile Sebastian Brants, der mit einem solchen Standpunkt einig ging, und des anderen städtischen Zensors Jakob Merswin fielen günstig aus, und so erschien auf Weihnachten 1501, umrahmt von einem Dialog des älteren Philippus Beroaldus und einer Marienrede Wimpfelings aus seiner Heidelberger Zeit, bei Johann Prüß zu Straßburg die *Germania.* Eine von Schülern angefertigte deutsche Übersetzung fand unter jenen Lesern, die des Lateinischen nicht mächtig waren, in Abschriftten Verbreitung. Der erste Teil von Wimpfelings Schrift, welcher den Titel *Germania* besser verdient als der zweite, nur in losem Zusammenhang damit stehende und bereits besprochene Plan einer Schulgründung, ist aus einer Zeitstimmung der lebendigen Erinnerung an die burgundischen Übergriffe im 15. Jahrhundert, die er als Jüngling erlebt hatte, und aus dem ehrlichen Willen, vor Gefahren zu warnen, entstanden. Es wird darin eine Frage von daseinentscheidender Bedeutung für das elsässische Land mit sehr primitiven Mitteln gelöst, indem die Ansprüche Frankreichs auf das linke Rheinufer zurückgewiesen werden. Auf die lange Diskussion dieser Frage, die seit den Reichsteilungen von 843, 870 und 880 immer wieder gestellt und leidenschaftlich erörtert wurde, ihren Zusammenhang vor allem mit der Frage um die Nationalität Karls des Großen hier einzugehen, verbietet der Rahmen der Darstellung. Im 13. Jahrhundert mußten sich bereits Jordanus von Osnabrück und Alexander von Roes gegen die Ansprüche Frankreichs wehren. Im gleichen Sinn hat der spätere Bamberger Bischof Lupold von Bebenburg unter anderem auch in zwei 1340 und 1342 entstandenen Schriften gewirkt, die von Brant (1497) und Wimpfeling (1508) neu herausgegeben wurden. Es ist auch wohl anzunehmen, daß Wimpfeling mit den Ansichten des ehemaligen Protonotars am Hofe Kaiser Friedrichs III., des späteren Papstes Pius II., vertraut war. Die persönlichen Beleidigungen, welche König Karl VIII. von Frankreich dem deutschen Kaiser Maximilian zugefügt hatte, konnten diese Stimmung bei Wimpfeling nur verstärken. Höchst schwach aber sind die Versuche, seine Ansichten historisch zu begründen.

Die Gegenschrift Murners, *Germania nova,* über die unten berichtet

---

[10] Solange keine neuen Quellen aufgefunden werden, scheint mir in dem die Forschung immer interessierenden *Germania*streit, auf den hier und im Murner-Kapitel (S. 400 ff.) Bezug genommen wird, Emil von Borries, Wimpfeling und Murner im Kampf um die ältere Geschichte des Elsasses. Ein Beitrag zur Charakteristik des deutschen Frühhumanismus. Heidelberg 1926, das letzte Wort gesprochen zu haben.

wird, brachte Wimpfeling in Harnisch. Er richtete ein Rundschreiben an Freunde und Schüler, bemühte sich um Sympathiekundgebungen und die Unterdrückung der Verbreitung von Murners Werk durch Maßnahmen der Zensur. Der Straßburger Rat entschied wohl auf Betreiben von Sebastian Brant am 23. August, daß der Drucker kein Exemplar von Murners Werk verkaufen dürfe. Darauf erfolgte Wimpfelings Fehdeerklärung in einem Brief vom 1. September 1502. Murner aber nahm in einem scharfen Antwortschreiben den Kampf auf. Es konnte Wimpfeling, der über eine überlegene Streitmacht verfügte, nur recht sein, seinen Gegner zu erledigen. Maßlos waren seine Empörung und nervöse Gereiztheit über den jungen Mönch, der es wagte, ihm, dem auf der Höhe des Lebens stehenden, gefeierten Lehrer, entgegenzutreten, noch dazu in einer Form, die er selbst angewendet hatte, und oft mit den gleichen nur wenig veränderten und im gegenteiligen Sinne gebrauchten Worten und Wendungen. Und daß er noch seine Gedanken dem Spotte der Leser überlieferte! In der Polemik und der Verwertung seiner Argumente ist der erfahrene Schriftsteller Wimpfeling dem jugendlich sprunghaften Murner gegenüber oft überlegen. Aber im Pathos des Zornes vergißt er zu leicht, daß eine Keule gegen Nadelstiche eine schlechte Abwehr ist. Mit der Ausnützung seiner Beziehungen zur Zensurbehörde zeigte er selbst, für wie gefährlich er seinen Gegner hielt.

Nun schickte er andere ins Treffen. Thomas Wolf, Straßburger Patriziersohn und Altersgenosse Murners, übernahm es, dem väterlichen Freunde beizustehen, indem er an Murner offene Briefe mit groben Anschuldigungen richtete und eine Verteidigungsschrift der *Germania* Wimpfelings herausgab. Auf ihrem Titelblatt gibt ein Holzschnitt die Szene wieder, wie er sie sah. Da steht Wimpfeling rechts im Kreise von sieben namentlich genannten Schülern, die sich gleichsam schützend um ihn versammeln, links steht Murner mit hochmütiger Kopfhaltung und durch das Spruchband gekennzeichnet: „Praeter me nemo." Wimpfeling greift nur in der Einführung zum Wort und beschwert sich darüber, daß er von Murner angegriffen worden sei, weil er Straßburg gepriesen habe. Damit wird der Beurteiler, dem Murners Text kaum zugänglich war, auf eine falsche Fährte gewiesen und die Grundlage des Gegensatzes verschleiert. Kann man Wimpfeling wirklich glauben, daß es ehrlich gemeint sei, wenn er Gott bittet, seinen Widersacher zu bessern? Außer metrischen Vergehen, persönlichen Angriffen, Spott über die Kartenspielmethode, Vorwürfen über die Prahlereien und der Anschuldigung, der beabsichtigten Schulgründung entgegengearbeitet zu haben, finden sich auch noch andere Schmähungen. Murner wird mit Thersites, Herostrat und Zoilos verglichen, seinem Latein wird alle Schande nachgesagt. Das Entscheidende unter allen Beiträgen dieser Verteidigungsschrift sagt Peter Gunther Murena, wenn er die Übereinstimmung Wimpfelings und Murners in der Kernfrage über das Deutschtum im Elsaß feststellt und daraus folgert, daß Murner nur aus Neid und Mißgunst zu seinem Vorgehen gegen Wimpfeling veranlaßt worden sei. Dem kann nun eine ausgedehnte Verdächtigung von Murners Charakter folgen und der Versuch, ihn durch einige Freundlichkeiten, die über berühmte Angehörige des Franziskanerordens gesagt werden, um seinen Anhang zu bringen. Briefe, die zwischen Murner und Wimpfeling anfangs gewechselt wurden, werden gleichsam als Quellen und zur Entlastung Wimpfelings angeführt.

Man hat den Eindruck, daß Wimpfeling in diesem ganzen Streit von nun an nicht mehr zu tun hatte, als das Feuer der Entrüstung seiner Anhänger gegen Murner in gleicher Stärke zu erhalten oder manchmal ein wenig anzublasen. In gemeinsamen Gesprächen und bei Zusammenkünften wurden die Fragen besprochen, Material gesammelt, neue Anregungen gegeben, sodaß es schwer ist, die Urheber der einzelnen Gedanken festzustellen. Es ist für solche Gemeinschaftsarbeiten, die das gleiche Ziel verfolgen, bezeichnend, daß ihnen der Stoff nie mangelt und daß ihnen immer neue Hilfskräfte zuströmen, die auf eine Fortsetzung hindrängen. So entstand unter besonderer Förderung der beiden Freunde Thomas Wolf und Theoderich Gresemund sowie unter Mitwirkung des Humanisten Rhagius Aesticampianus eine zweite Schmähschrift gegen Murner, die *Versiculi*, welche gegen Ende des Jahres 1502 erschienen. Hier werden im wesentlichen die Anschuldigungen der Verteidigungsschrift wiederholt, nur daß jetzt die ganze Angelegenheit mehr als eine gemeinsame Abwehr der Humanisten gegen den Bettelmönch in der stinkenden Kutte erscheint. In vieler Hinsicht ist die Schrift eine Vorwegnahme der Dunkelmännerbriefe. Murners Antwort, die unter der Person eines N. die ganze Gegnerschaft abwehrt, blieb durch ein Zensurverbot ohne äußere Wirkung. Aber wenn auch Wimpfeling schließlich von seinem Anhang und einigen humanistischen Freunden wie Konrad Peutinger und Ulrich Zasius beglückwünscht wurde: die Verwirklichung seines Lieblingsplanes war gescheitert.

Im Wirken Wimpfelings aber ist die Germaniaepisode die entscheidende Vorstufe für sein historisches Werk *Epitoma rerum Germanicarum*, das er als Fortsetzer und Vollender der Arbeiten seines Freundes Sebastian Murrho im Frühjahr 1505 vorlegen konnte. Es ist die „erste deutsche Geschichte, die nur dieses sein will [11]". Bei der Durchführung des großen Planes, durch umfassende geschichtliche Studien den Nachweis für die kulturellen Leistungen des deutschen Volkes zu erbringen, ist Wimpfeling die treibende Kraft. Auf seine Veranlassung stellte Trithemius die berühmten Deutschen zusammen im *Liber de luminaribus sive de illustribus viris Germaniae*, der mit der Ausgabe Lupolds von Bebenburg und dieser Epitoma die Grundlegung für alle künftigen Arbeiten über deutsche Geschichte werden sollte. Die Ausführung blieb wohl auch für den Verfasser und die Zeitgenossen hinter diesem Wunsche zurück. Aber ein Denkmal deutscher Größe ist Wimpfelings

[11] P. Joachimsen, Geschichtsauffassung und Geschichtsschreibung in Deutschland unter dem Einfluß des Humanismus. Leipzig/Berlin 1910, S. 64 ff.

Werk doch. Es liegt ihm daran, zu zeigen, daß die Deutschen immer fremde Ansprüche, die auf ihr Land gestellt wurden, zurückgewiesen haben. Mit der Darstellung der Kaisergeschichte von Karl dem Großen an befindet sich Wimpfeling auf festerem Boden. Bei jenen Kaisern, die nach seiner Auffassung Größe und Ruhm des Reiches vermehrten, verweilt er länger. Andere, die ihre Pflichten vernachlässigten, trifft sein Tadel. Mit einer Aufforderung zur Vertreibung der Türken schließt dieser Hauptteil, der ganz den politischen Absichten Kaiser Maximilians entsprach. In einem letzten allgemeinen Abschnitt werden die neuen deutschen Leistungen, die Erfindung der Kanone und des Buchdrucks, sowie die Pflege der bildenden Kunst und die allgemeinen Eigenschaften des Volkes gewürdigt. Der Gedanke, daß sich das deutsche Volk in seiner Geschichte und seinen Taten im Bereich der Kultur würdig neben das Altertum stellen könne, weist dem Büchlein Wimpfelings einen bedeutsamen Platz in der Geschichte des deutschen Nationalbewußtseins zu. Der edlen Absicht des Verfassers und seiner sich an manchen Stellen zu stolzer Begeisterung erhebenden Darstellung stehen Mängel in Gliederung und Aufbau, häufige Wiederholungen und Abschweifungen vom Thema gegenüber. Nicht unmittelbar aus den Quellen ist ihm der Stoff zugeflossen. Die Materialsammlungen Murrhos boten Auszüge aus den großen Geschichtswerken der italienischen Humanisten Platina und Biondo und den Reden von Philippus Beroaldus und Antonio Campano.

Die Einstellung nicht nur Wimpfelings sondern der elsässischen Humanisten überhaupt zu den Fragen der Kirchenpolitik steht unter dem Eindruck der großen Konzile des 15. Jahrhunderts. Wie sie über die Ansichten Gersons im Gebiete der Gottesgelehrtheit nicht hinauskamen, so fehlte ihnen auch der Zugang zu den eigentlichen Quellen, aus denen das Verhältnis zwischen Kirche und Staat im Mittelalter erschlossen werden kann. In der späteren Zusammenfassung einer Entwicklung, wie er sie im Katalog der Straßburger Bischöfe bot, zeigt Wimpfeling eine größere Begabung als Geschichtsschreiber. Zum Erforscher und Interpreten einer geschichtlichen Erscheinung oder Aufdecker von großen Zusammenhängen fehlte Wimpfeling der durchdringende Geist, der wissenschaftliche Sinn, welcher Befangenheiten und vorgefaßte Meinungen abzuschütteln versteht. So erscheinen uns seine geschichtsschreibenden Unternehmungen als eine sonderbare Mischung von Erbauung und Aufruf, werbender Zeitgebundenheit und Abwehr gegen Angriffe. Im Grunde der Seele dieses Mannes aber brennt die reine Flamme der Liebe zu seiner Heimat und seinem großen Volk. Er kennt die Gefahren, die diesem drohen, und will sie bannen, indem er vor ihnen warnt und mit dem Aufgebot einer stattlichen Gelehrsamkeit nachweist, daß ein Vorstoß gegen die ererbte politische Ordnung einer Versündigung gegen die göttliche Weltordnung gleichkommt. Bei diesen Gedanken aber konnte man nicht stehen bleiben. Unter dem Eindruck des historischen Erlebens schärften sich die Methoden und erwuchs der kritische Humanismus, dessen elsässischer Vertreter Beatus Rhenanus das Erbe Wimpfelings einer vorläufigen Vollendung zuführte. Aber schon Wimpfeling ist es, wie er in seinem Versuch einer Geschichte des Straßburger Bistums zeigt, nicht um eine Aufzählung von Daten und Jahreszahlen zu tun, sondern um das Erfassen von Persönlichkeiten. Er plant als Gemeinschaftsarbeit mit Sebastian Brant eine systematische Sammlung der elsässischen Chroniken.

Von Basel kehrte Wimpfeling unerwartet schnell zu Beginn des Jahres 1504 nach Straßburg zurück. Eine Pfründe sollte ihm den Lebensunterhalt sichern, aber die Aussichten darauf zerschlugen sich nur zu bald. Er hatte nun wieder Grund, sein Schicksal zu beklagen. Es war wohl nicht die Bevorzugung eines besonderen Günstlings durch die Stelle, welche die Pfründe zu vergeben hatte, allein, die ihn leer ausgehen ließ, sondern auch seine vielen freimütigen Äußerungen, die die Obrigkeiten veranlaßten, den Mann, der ihr Treiben durchschaute, von der Futterkrippe fern zu halten. Selbst von grammatisch-stilistischen Untersuchungen her findet Wimpfeling nun den Übergang zu bitteren Bemerkungen und Warnungen, daß das Volk aufstehen werde, um den Klerus zu reformieren, wenn dieser nicht selbst zur Einsicht komme. In der Vorrede zur Ausgabe der Werke Picos della Mirandola versetzte er den Astrologen einen Hieb, vielleicht in der Absicht, Murner damit zu treffen. Er mied auch die Nähe des Widersachers nicht, indem er sich als Mentor mit den beiden Straßburger Patriziersöhnen Jakob Sturm und Franz Paulus im Herbst 1504 nach Freiburg begab. Wenn er dort Frieden und Muße zur Arbeit zu finden hoffte, so täuschte er sich. Seinem Reformeifer boten sich unerwartete Kampffelder. Den Priestern wollte er in der Schrift *De integritate* ein Vademecum mitgeben. Mit einer Leidenschaft geht er zu Werk, als ob es gelte, die Neider und Widersacher allesamt zu erledigen und sich zu verteidigen, nicht die allgemein wichtige Frage der Sittenreinheit und priesterlichen Keuschheit, als deren Vorbild er sich selbst hinstellte, vorzutragen. Die Bedeutung der Bildung wird in den Heidelberger Schriften besonders hervorgehoben. Unter den Vorbildern, die er der Nacheiferung empfiehlt, nennt er vor allem den heiligen Augustin. Das gibt Gelegenheit zu einer langen Abschweifung vom Thema, die von der Voraussetzung ausgeht, daß Augustinus nie Mönch gewesen sei, und zu einer Verteidigung des Weltklerus gegen die Mönche, im besonderen die Augustiner, die sich nach seiner Auffassung bei einer feierlichen Prozession in Freiburg ungebührlich betragen hätten. Kein Wunder, daß der Orden sich zur Wehr setzte und gegen Wimpfeling in Rom eine Beschwerde überreichte. Nun wurde ihm der Boden in Freiburg zu heiß, er zog sich nach Straßburg zurück und suchte sich in zahlreichen Bemerkungen, die er in seine Schrift *Apologia pro Republica Christiana* einfügte, zu rechtfertigen. In der Neuauflage des Werkchens *De integritate* setzte er diese Polemik zwar fort, erklärte aber, es sei ihm ferngelegen, den Klosterstand zu beleidigen. Die Bemerkungen über den Mangel an Sittlichkeit und die Unwissenheit der Mönche wurden allerdings noch vermehrt. Im Schutze seiner Freunde und Lehrer, die einzelne Beiträge dazulegten, fühlte sich Wimpfeling wieder ganz sicher. Aber die Gegner ruhten nicht, bis sie eine Vorladung Wimpfelings nach Rom erreichten. Alter und Gebrechlichkeit vorschützend bittet er nun Papst Julius II. in einem Gedicht, davon abzustehen. Die Verse vermochten wahrscheinlich weniger zur Erfüllung seiner Bitte beizutragen, als die große Anzahl von Freunden, Gönnern und Schülern, die gleichzeitig mit Erfolg für seine Rechtfertigung eintraten. Ganz ähnlich erging es seinen Ausfällen gegen die Schwaben, von denen er behauptete, daß sie das Elsaß überfluteten. Dem Angriff folgte sehr bald ein Entschuldigungsbrief. Gleichzeitig kämpfte Wimpfeling auch noch gegen Locher. Die Politik, die Kaiser- und Reichsidee wurden aufs neue in der angriffslustigen Flugschrift gegen die Eidgenossen entwickelt, der er den Namen gab: *Soliloquium pro pace Christianorum et pro Helvetiis, ut resipiscant.* Die Form seiner Zwiesprache mit Gott stimmt schlecht zu den Angriffen, die er gegen das „halbwilde Bauernvolk" schleudert. Es sind ähnliche Gedanken, wie sie der Zürcher Chorherr Felix Hemmerlin vor rund einem halben Jahrhundert in seiner Schrift *De Nobilitate et rusticitate* geäußert hatte. Doch verlegt Wimpfeling den Gegensatz von der sozialen Grundlage auf die politische und hält den Schweizern ihren Ungehorsam gegen Kaiser und Reich vor. Er brauchte sich nicht zu wundern, daß man zu Basel nicht gut auf ihn zu sprechen war und er von Freunden gewarnt wurde, die Stadt zu betreten.

Man kann sich des Eindruckes nicht erwehren, daß Wimpfelings Gereiztheit durch diesen Vierfrontenkampf zunahm, daß ihm aber die Ausdauer und der Mut fehlten, seinen Mann zu stellen und durchzuhalten, nachdem er vorher seine Gegner herausgefordert und sich als Beurteiler von Erscheinungen aufgespielt hatte, die von seinen früheren Arbeitsgebieten weit ablagen. Nicht wenn er anschließend an den Straßburger Bischofskatalog sein Ideal eines Kirchenfürsten entwickelt, aber wenn er sich zum Anwalt der Bauern aufspielt, für die Volksrechte ins Zeug geht, als Antisemit dreinhämmert, hat man den Eindruck, daß er krampfhaft in die Weite wirken will, trotz des guten Willens und gefühlsmäßiger Bindungen aber ohne eingehende Begründung und Überlegung der Voraussetzungen und Folgen mehr einer Laune nachgibt, als aus der Geschlossenheit einer Weltanschauung urteilt. Betriebsamkeit und Eifer unterbrechen Wimpfelings Entwicklung und Aufstieg ziemlich früh. Später fehlt ihm die Muße, neues hinzuzulernen oder das alte nochmals durchzudenken. Gewiß erkannte er, daß es notwendig war, die gleichen Gedanken und Forderungen zu wiederholen und zu warnen, die Gravamina der deutschen Nation vorzutragen, die Mißbräuche abzustellen, das Fließen der deutschen Steuergelder nach Rom zu verhindern. Aber so zielbewußt wie der ältere Genosse

Geiler von Kaisersberg, dem er ein schönes Denkmal dankbarer Freundschaft setzte, ist Wimpfeling nie vorgegangen. Den Wunsch Geilers, Lochers Mauleselbuch zu beantworten, hat Wimpfeling nur dem toten Freund erfüllen können. Man merkt die Hast, mit der das Werkchen hingeschrieben wurde, an dem Übereifer, mit dem jetzt auf einmal alles heidnische Schrifttum in Grund und Boden verdammt wird. Die Maßlosigkeit steht dem Manne schlecht, der sich schon vor einiger Zeit als gebrechlichen Greis bezeichnet hatte. Zäher Eigensinn betont die eigenen Verdienste, wehrt ab und greift an. Mit einem Seitenblick auf den undankbaren Schüler Locher führt Wimpfeling seine zahlreichen Freiburger und Heidelberger Lehrer an, denen er zeitlebens Verehrung und Liebe entgegengebracht habe. Seine ablehnende Haltung gegenüber Locher und der weltlichen Wendung des Humanismus scheint im Widerspruch dazu zu stehen, daß er fast gleichzeitig mit seiner Abwehr eine Einführung in das *Lob der Torheit* von Erasmus schrieb. Man kann daraus ersehen, daß er die rein formalen Vorzüge des Humanismus schätzt und ihn dann unterstützt, wenn er kirchliche Mißbräuche angreift. Die religiös indifferente oder gar heidnische Äußerung der neuen Bewegung bekämpft er und dabei kann er in solchen Eifer geraten, daß er scheinbar die ganze humanistische Weltauffassung verwirft.

Als Mentor des jungen begabten Peter Sturm kam Wimpfeling nochmals zu Anfang des Jahres 1508 nach Freiburg. Er begleitete ihn und andere junge Straßburger zwei Jahre später nach Heidelberg. Von dort wurde er für eine neue Aufgabe im Dienste Kaiser Maximilians gewonnen. Der Friede des Papstes Julius II. mit den Venezianern veranlaßte den Kaiser zu einer energischeren Politik gegenüber der Kurie. Als Ziel seiner Pläne mit Rom schwebte ihm eine ähnliche Vereinbarung wie die von Frankreich getroffene Pragmatische Sanktion vor. Wimpfelings Neffe Jakob Spiegel, der mit der Aufgabe, diese Verhandlungen zu führen, nach Rom gesandt worden war, konnte sich beim Kaiser mit Erfolg dafür einsetzen, Wimpfelings Ansehen und publizistische Tätigkeit im gleichen Sinne zu verwerten. Wimpfeling sagte zu, legte aber in seiner Denkschrift weniger Wert auf die politischen Ziele des Kaisers und die Darstellung der Zugeständnisse, die dieser von der Kurie zu erreichen hoffte, als auf die Ausführung seines Lieblingsgedankens einer Behebung der Mißstände durch gesunde Reformen. Die Beschwerden der deutschen Nation wurden von ihm in jener Fassung vorgetragen, wie sie Martin Mair schon 1457 Enea Silvio Piccolomini mitgeteilt hatte. So wie Wimpfeling als Theologe bei Gerson, als Humanist bei Hieronymus und als Reformator beim Konstanzer Konzil stand, so ist er auch als Politiker von Normen und Ansichten abhängig, die nicht geeignet waren, gestaltenskräftig eine neue Zeit zu formen. Von 1511 an wirkte Wimpfeling mit einigen Unterbrechungen durch Aufenthalte in der Umgebung wieder in Straßburg. Es sind wieder die gleichen Beschwerden, die er diesmal dem Papst überreicht. Seine Schrift *Soliloquium ad Divum Augustinum* ist die vollständigste und schärfste Zusammenfassung alles dessen, was er gegen die reformfeindlichen Mönche vorzubringen hat. Habsucht und Geiz wirft er ihnen vor oder raffinierte Methoden, mit denen sie das Volk aus den Pfarrkirchen in die klösterlichen Andachtsstätten bringen, darunter leide der Glaube. Vaterland und Kirche seien in Gefahr.

Im Sommer 1512 veranlaßte der Basler Bischof Christoph von Utenheim Wimpfeling, in einem Nonnenkloster im Schwarzwald die Leitung zu übernehmen. In die Diskussion um den Pisaner Konzilsversuch Ludwigs XII. und Maximilians griff er auf der Seite Julius II. ein und sprach seine Hoffnung auf die Auswirkungen des bevorstehenden Laterankonzils aus: Böhmen solle ganz zurückkehren in den Schoß der Kirche und die Mittel zur Wiedereroberung von Konstantinopel müßten bereitgestellt werden. Diese Gedanken treten über die allgemeinen Zeitklagen hinaus. Zum letztenmal faßte er auch seine praktisch erzieherischen Vorschläge in der *Diatriba* zusammen. Auch hier stören Abschweifungen den Gedankengang dieses Handbuches für Lehrer an Trivialschulen. Beachtenswert sind die Bemerkungen über die Auswahl der Schullektüre und die Empfehlung der Werke Enea Silvios, weil aus ihnen Kenntnisse über die eigene Geschichte gewonnen werden. Die Lehrer sollen sich davor hüten, jüngere Schüler nur wegen des Geldes in die von ihnen geleiteten Schulen aufzunehmen, ein Studienaufenthalt im Ausland sei durchaus nicht nötig, auf die Pflege der Schrift sei trotz des Buchdrucks ein besonderer Wert zu legen. Die Grundlage aller Erziehung ist die Gottesfurcht, man zwinge aber keinen Zögling zu einer frühen Berufswahl oder ins Kloster. Der Heranbildung des Priesters sind die letzten Abschnitte gewidmet. Die Rechtfertigungsschrift gegen seine Verkleinerer zeigt, daß auch innerhalb des Klosterfriedens seine Gedanken um die gleichen Mittelpunkte kreisen: Kirchenreform, Kaiser und Reich, Erziehung und Abwehr. Daneben ruht seine Tätigkeit als Herausgeber nicht. Den Werken der Kirchenväter und italienischen Humanisten schließen sich nun eine Predigt Geilers an und ähnliche literarische Denkmäler, wie er diesem eines gesetzt hatte, schreibt er für die ehemaligen Heidelberger Lehrer Pallas Spangel und Stephan Hoest.

Endlich gelang es den Freunden und Schülern Wimpfelings, eine humanistische Sodalität in Straßburg zu gründen, deren Mittelpunkt und Seele Wimpfeling und Brant waren. Das Vorbild bildeten die von Celtis ins Leben gerufenen gelehrten Gesellschaften an Donau und Rhein. Hieronymus Gebwiler, Othmar Luscinius, Johann Ruser, Johann Guida, Thomas Vogler, Johann Rudolphinger, Thomas Rapp, Jakob Sturm, Matthias Schürer, Stephan Thiler, Peter Heldung und Nikolaus Gerbel sind Mitglieder des Kreises. Geschlossen versammelte er sich im August 1514, um den aus England nach Basel reisenden Erasmus zu feiern. Später hat die

Reformation die Geister geschieden. Es war wohl das letztemal, daß sich Wimpfeling im Kreise der Gleichgesinnten an seinem Ruhme sonnen konnte. Seinen Leiden gesellte sich nun wahrscheinlich noch die Zuckerkrankheit zu. Das würde auch seine wechselnden Stimmungen nicht nur als Äußerungen einer inneren Unruhe und eines Geltungsdranges erklären, sondern auch als Kennzeichen seiner körperlichen Leiden. Wieder greift er im nationalen Geist zur Feder, um seine Landsleute diesmal gegen Enea Silvio und seine Beurteilung der deutschen Barbarei zu verteidigen und seine alten Gravamina vorzubringen. Im Sommer 1515 nahm Wimpfeling dauernden Aufenthalt in seinem Heimatorte Schlettstadt. Das erste Werk, das er dort abschloß, war seine Geschichte des Mainzer Bistums. Auch hier bieten sich ihm viele Gelegenheiten, seine Lieblingsideen vorzubringen, als Anwalt des Volkes den Gebildeten gegenüber aufzutreten und vor den bösen Mönchen zu warnen. Im Gedenken an Geiler widmete er dessen Neffen Konrad Wickgram die Ausgabe einer Schrift des Nikolaus von Dinkelsbühl, den Geiler so hoch geschätzt hatte. Auch daraus ist zu ersehen, daß Wimpfelings Theologie über die Zeiten des Konstanzer Konzils nicht hinauskommt. Die Klarheit Vallas und des Erasmus steht dieser von Wimpfeling vertretenen Richtung ferner als die unfruchtbaren spekulativen theologischen Erörterungen. In der gleichen Richtung bewegt sich auch die Ausgabe von Johannes Niders *Formicarius* (1517). Wie er den gelehrten Freunden und Gönnern Nachrufe gewidmet hatte, so sendet er auch dem verstorbenen Kaiser Maximilian, dessen Regierung er mit hochgespannten Hoffnungen und nie erlahmender Feder begleitet hatte, einen Gruß in das Grab. 1520 gingen wohl auf Veranlassung Jakob Spiegels die letzten Reformschriften Wimpfelings in die Öffentlichkeit. Dann mußte er noch erleben, daß seine Reformgedanken von anderen aufgegriffen und gegen die alte Ordnung eingesetzt wurden. Die volle Bedeutung der Reformation konnte er kaum erkennen. Sein Leben und Wirken stand ihm zu sehr im Vordergrund, aber unter dem Niedergang der Schlettstädter Schule und unter den Anfeindungen einiger Abtrünniger hatte er schwer zu leiden. Ein Gutachten über die Reformierung der Heidelberger Universität brachte an Gedanken nichts Neues. Aber es mochte dem alten Manne schmeicheln, daß sein Urteil dort noch etwas galt, wo er vor einem Menschenalter die ersten Erfolge errungen hatte. Desgleichen mag ihn die Rolle, die er in der literarischen Gesellschaft von Schlettstadt spielte, befriedigt haben. Johannes Sapidus, der Rektor der Schule, Beatus Rhenanus, der 1519 aus Basel kam, und der humanistische Stadtpfarrer Phrygio bilden mit Wimpfeling den Kern jenes geistig regsamen Kreises, der einen weitgespannten Briefwechsel unterhält und sich besonders durch Ausgaben antiker und humanistischer Werke verdient machte. Aber die alten Anfeindungen und die Enttäuschungen, welche ihm ehemalige Freunde durch ihr Eintreten für die Reformation bereiteten, setzten Wimpfeling hart zu. Äußerungen des Lebensüberdrusses sind nicht selten. Altersmüde nimmt er die Feder doch immer wieder zur Hand. Als im Bauernkrieg fünf seiner Verwandten von den Aufrührern enthauptet worden waren, konnte er erkennen, wie schnell sich die Zeit gewandelt hatte, und daß die Verwirklichung seiner Absichten in eine sehr weite Ferne gerückt wurde. Am schwersten mußte es ihn drücken, daß seine Bemühungen nicht mehr ernst genommen wurden. Den Vereinsamten und Lebensmüden erlöste endlich der Tod am 15. November 1528. Als einen Erwecker der Musen und edlen Lehrer der Jugend feierten ihn die letzten Freunde.

SEBASTIAN BRANT

Wer das Wesen des oberrheinischen Alemannentums im ausgehenden Mittelalter in einem Vertreter erfassen will, in dem fast alle Bestrebungen der Zeit in Erscheinung treten, dürfte wohl am besten die Gestalt Sebastian Brants wählen. Er hat in seinem Hauptwerk, dem *Narrenschiff*[12], das Leben seiner Zeit volkstümlich und gelehrt zugleich eingefangen, ein reiches Kulturgemälde gestaltet, als Chronist manches denkwürdige Ereignis aus dem politischen Leben oder auch seltsame Naturerscheinungen mit wundergläubigem Geist festgehalten, als Rechtsgelehrter und Humanist den Ruhm der Basler Fakultät gemehrt, als reichs- und kaisertreuer Mann an das staatliche Gefüge des Mittelalters wie an die göttliche Weltordnung geglaubt und von diesem Standpunkt aus Geschichte geschrieben. Leuchtende Tüchtigkeit, gefestigte Charakterstärke, edles Mannestum, ergebene Frömmigkeit, reiche Erfahrung, bescheidenes Zurücktreten und Sichfügen, Ergebenheit in das Schicksal statten seine Persönlichkeit mit einem konservativen Charakter aus und machen ihn trotz des Umstandes, daß er immer wieder zu den Humanisten gezählt wird, zu einem Vertreter der alten Zeit. Er ist es nicht so ausschließlich, wie es vielleicht den Anschein hat. Starken Konflikten und jedwedem Streit mit der Waffe oder dem Wort ist er ausgewichen. Was er in seinem Inneren ausfocht, verbarg er der Mit- und Nachwelt, selten sprach er von sich, nie verwies er selbstbewußt auf seine Leistung und das Vollbrachte. Er, dessen Ruhm das fahrtfrohe Schiff mit seiner Narrenfracht von Basel aus in die ganze Welt trug, blieb seinem Wesen und seinem Berufe treu, er tat seine Pflicht als beispielhafter Lehrer, Korrektor oder Berater der Offizinen und Beamter in der Staatskanzlei seiner Heimatstadt. Von seiner Kunst und seiner Leistung hat er nie Wesens

[12] Bis heute unübertroffen bleibt die Ausgabe von Friedrich Zarncke, Leipzig 1854. — Literatur: Ruth Westermann in: Verfasserlexikon 1 (1933), Sp. 276—289. — Hermann Gumbel, Brants „Narrenschiff" und Freidanks „Bescheidenheit" — Gestaltwandel der Zeitklage und die Wirklichkeit. In: Beiträge zur Geistes- und Kulturgesch. d. Oberrheinlande. Franz Schultz z. 60. Geburtstag gewidmet. Franfurt/M. 1938, S. 24—39.

gemacht. Aus der stillen Menschen- und Weltbeobachtung ist sein Hauptwerk gewachsen. Daß es den Zeitgenossen gefiel und eine weite Verbreitung — man kann sagen über die ganze Welt — fand, zeigt, wie nötig es war, so zu denken, aus der Fülle des Lebens zu gestalten und zu schreiben, wie es ihm sein Geist eingab. Unversiegbar ist der Quell, der ihm zuströmt aus einer breiten Kenntnis alles dessen, was ihn umgibt, was er wortkarg mit klarem Auge und unerbittlicher Schärfe durchschaut und mit lächelnder Überlegenheit formt, sodaß es keinen verletzen konnte. Das war die Kunst, daß jeder, der gemeint war, nicht sich selbst, wohl aber den anderen im Bilde erkannte und sich über ihn lustig machen konnte. Deshalb begegnete Brant nicht jener Feindschaft, der sich Murner so oft aussetzte, weil er angriffslustig und ehrgeizig war. Milde Gelassenheit und entschlossenes Festhalten spricht aus dem Antlitz des gelehrten Doktors, der mit festen Händen das Buch hält, wie es sein Bild darstellt, das ihn mit Barett und im Talar zeigt. Leben und Schicksal haben den Mann geformt, in den beiden Bischofsstädten am Oberrhein rollt sein Leben ab, dessen Anfang und Ende sein vielgeliebtes Straßburg einschließt. Die ruhmvolle Mannesleistung liegt dazwischen in Basel.

Brant ist Laie. Als Theologe hätte er vielleicht ein sorgloseres Leben gehabt, aber er beklagt sich selten über die Mißgunst der Zeit. Das unterscheidet ihn von seinen Freunden Geiler und besonders von Wimpfeling, der sich immer über etwas zu beschweren hat. Mit Freundschaften war er gesegnet. Man kann sich wohl denken, daß ihm die schöne Gabe des Zuhörenkönnens, wenn die anderen erzählten, beschert war. Nie drängt es ihn darnach, die erste Geige zu spielen. Das überließ er den anderen, die glaubten, sich besser darauf zu verstehen. Das führte dazu, in ihm „einen Zug fast weiblicher, ja jüngferlicher Empfindsamkeit und Idiosynkrasie" festzustellen. Aber Männlichkeit braucht sich nicht immer als Rauflust und Unbändigkeit zu äußern. Wer in das Wesen der Zeiten geblickt hat und seine Ideale nicht verwirklichen kann, dem ist das Schreien vergangen: er erfüllt in der Stille, was er als seine Pflicht erkannt hat. Je lauter die anderen rufen und je stürmischer es wird, um so stiller wird Brant. Ihm zerrann die Hoffnung auf eine bessere Zukunft, die er sich nur in einer Rückkehr zu den Verhältnissen der Vergangenheit vorstellen konnte. Dadurch erhält der Verfasser des *Narrenschiffes*, so paradox es klingen mag, einen tragischen Zug.

Wie so mancher Dichter, dem wir ein Bild seiner Zeit verdanken — Grimmelshausen, Abraham a Santa Clara, Johann Beer — stammt auch Sebastian Brant aus einem Wirtshaus. Sein Vater, der Sohn des gleichnamigen Ratsherrn Diebolt Brant, war Wirt zum Goldenen Löwen. Die Mutter hieß Barbara Pickerin. Als der Knabe zehn Jahre alt war, am 6. Januar 1468, starb der Vater. Über die frühe Jugend Brants fehlen wie bei fast allen seinen Zeitgenossen die Nachrichten. Wenn wir uns sein waches Leben zwischen Wirtsstube und Straße, zwischen Weinfaß und Gästebank, becherfüllend und dem Wink der Mutter gehorchend vorstellen, so gehört dazu keine übergroße Phantasie. Ein solches Kind beginnt früher als andere zu beobachten, der Erzählung des Landfahrers zu lauschen, Stadtneuigkeiten zu beurteilen, und macht sich Gedanken über die Nachrede, die dem Abwesenden zuteil wird, lernt schweigen, wo andere sich vorlaut äußern würden. Mutter Brant mag vielleicht nach dem Tod ihres Mannes ein besonders eindrucksvolles strenges Regiment geführt haben, um den Familienbesitz beieinander zu halten. Den ersten Unterricht empfing Sebastian wohl in einer der geistlichen Schulen Straßburgs, vermutlich zu St. Thomas. Mit Peter Schott, dem Sohne des Ammeisters, verbindet ihn eine Lebensfreundschaft. Ob diese in der Elementarschule zu Straßburg oder in Schlettstadt geschlossen wurde, ist nicht festzustellen, jedenfalls tritt Brant früh mit dem Kreis um Geiler, Wimpfeling und Schott in Beziehung. Zum Wintersemester 1475 wurde er an der Basler Universität als Artist immatrikuliert. Er war Mitglied der Hieronymusburse und besonderer Schüler von Jakob Hugonis. Im neuen Jahr 1477 erlangte er das Bakkalaureat an der artistischen Fakultät. Dem Wunsche der Mutter gegenüber, nun das Theologiestudium zu wählen, setzte er seinen Willen durch und wurde Jurist, 1484 erlangte er das Lizentiat und 1489 das Doktorat beider Rechte. Seine Lehrtätigkeit mit der Erklärung des römischen und kanonischen Rechtes eröffnete er schon zu Beginn der achtziger Jahre.

Die Basler Studien- und erste Dozentenzeit war entscheidend für Brants geistigen Standort, den er nunmehr bezog und nicht mehr verließ. Die starke Persönlichkeit Johannes Heinlins vom Stein zog auch Brant in ihren Umkreis. Damit wurde er für immer dem gemäßigten Nominalismus gewonnen, jener vorsichtigen Richtung, die nur einen Zweckhumanismus zur Unterstützung des scholastischen Weltbaues kannte, die sich jeder freieren Regung und dem erwachenden Schönheitsgefühl gegenüber ablehnend verhielt. Was diese Geistesrichtung während der großen Konzilien und vor allem durch Johannes Gerson geleistet hatte, begann aber jetzt in einer allzu einseitigen Betonung des lehrhaft Moralischen zu erstarren. Männer dieser Richtung vertreten einen Humanismus, der durch das ganze Mittelalter hindurch immer wieder anzutreffen ist, er beruft sich wie in der Spätantike auf das Bienengleichnis des Kirchenvaters Basilius. Geiler als Herausgeber Gersons, Heinlin, später Wimpfeling und Brant halten ihre starken Bastionen am Oberrhein und müssen sich später gegen Abtrünnige, wie Jakob Locher, verteidigen. Sie verkörpern durchaus ein statisches Element gegenüber der Dynamik jener revolutionär wirkenden Richtung. Man sieht, wie sich die alten Gegensätze innerhalb der Scholastik gleichsam im Humanismus fortsetzen. Nur fehlte eine von der Zeit selbst geschaffene Terminologie und die spätere Zeit pflegte bei allen Erscheinungen, die mit dem Humanismus etwas zu tun haben, zu sehr nach Individualitäten zu suchen. Man übersieht zu leicht, daß Basel nach der Konzilszeit und in den ersten Jahrzehnten, da sich das geistige Leben der Stadt zwischen den Klöstern und der Universität abspielte, sich erst langsam jene führende Stellung als Humanistenstadt erkämpfte, die vom Zusammentreffen großer Drucker und Humanisten begünstigt wurde, ein Vorgang, der sich nur am Rande des geistigen Lebens der Universität abspielte. Der Umstand, daß sich Brant so ausschließlich an Heinlin vom Stein anschloß und dessen Ideen bis in das Alter treu blieb, erklärt es auch, warum wir jugendliche Züge in seinem Wesen so ganz vermissen. Er zimmerte sich mit den Erfahrungen und Grundsätzen der anderen seine Weltansicht zurecht und wirkte dadurch älter, als seine Lebensjahre es anzeigen. Temperamentvoll und in jugendlichem Eifer sieht man ihn dennoch den plumpen Anschuldigungen eines Ungenannten begegnen, der sich als NNN bezeichnet, was Brant veranlaßt, ihn einen dreifachen Narren zu nennen (1480), und in einem Gedicht für die päpstliche Autorität Sixtus' IV. gegen die Angriffe des Erzbischofs Andreas von Krania (1482) Partei zu nehmen. Er empfand in den Angriffen des kirchlichen Würdenträgers auf das schlechte Kirchenregiment und der Aufforderung eines allgemeinen Konzils, wozu die Basler wieder gewonnen werden sollten, einen Versuch der Untergrabung des Ansehens der von Gott eingesetzten Obrigkeit. In der ersten Abwehr schon einen Vorboten des Narrenschiffes zu sehen, ist immerhin möglich. Wichtiger ist, daß Brant hier bereits seinen Standpunkt der beschwingteren Richtung des Humanismus und den Vertretern einer radikalen Kirchenreform gegenüber bezieht.

Neben der akademischen Lehrtätigkeit setzte Brant nun auch die Traditionen Heinlins und Reuchlins fort, indem er als Korrektor und Herausgeber gleichsam zum Treuhänder des Basler Buchhandels wurde. Einleitungen, Anfangs- und Schlußgedichte hat er zu vielen in Basel herausgegebenen Werken geschrieben, häufig als Ungenannter, nur bei jenen, wo er sich die Mitarbeit zur Ehre anrechnet, setzte er seinen Namen darunter. Die Verbreitung des Buchdruckes, die Herstellung schöner Bücher, die sich den Handschriften, welche noch immer hochgeschätzt waren, würdig zur Seite stellten, sah er als eine seiner vornehmsten Aufgaben an. Mit Begeisterung dichtete er über die neue Kunst und widmete die überströmenden Verse seinem Verlegerfreund Johann Bergmann von Olpe, der den ersten Druck des *Narrenschiffes* herstellte. Von 1484 an gab Brant eine Reihe von Texten heraus, die ihm als Lehrbehelf beim akademischen Unterricht dienten. Gewiß gehört er zu den beliebtesten Lehrern der Basler juristischen Fakultät. Klarheit und Schlagfertigkeit, Lebensnähe und gediegene Gesetzeskenntnis boten hierzu die Grundlagen. Aber er selbst klagt, daß es ihm versagt sei, an reiner Quelle mit den Musen zu trinken, daß er dafür wortreiche Gesetze erklären müsse, doch so wollten es die

Götter. Wenn er sich auch bemühte, seinen poetischen und prosaischen Neigungen nachzuleben, so war er doch kein Verächter seiner Disziplin. Er war ein Vorkämpfer für die Anwendung des römischen Rechtes in Deutschland. Seine Veröffentlichungen auf diesem Gebiete stellen sich die Aufgabe einer volkstümlichen Aufklärung des Laienvolkes in Rechtsfragen. Um den Romgedanken bauen sich die Grundanschauungen Brants auf. Die Ewige Stadt als der Sitz des Stellvertreters Christi, von dem das deutsche Königtum seine Weihe erhielt, als Mittelpunkt der Welt, als Gesetzgeberin für den Erdkreis, als Zentralstelle der Wissenschaft und Dichtung vereinigt in sich alles, was für Brant geistiges Dasein bedeutet. Es ist die durch das ganze Mittelalter lebendige vergilische Tradition, die sich hier noch einmal in der Verklärung des Abendrotes zeigt.

Ob es richtig ist, die große literarische Fruchtbarkeit Brants während seiner Basler Zeit mit dürftigen Lebensverhältnissen zu erklären, möchte ich nicht so ohne weiteres behaupten. Der moralische Wille, der hinter den meisten seiner zahlreichen größeren und kleineren Werke steht, ist derselbe, der Heinlin vom Stein als Prediger, akademischen Lehrer und Seelsorger über die Zeitgenossen gehoben und diese zur Nacheiferung erzogen hatte. Aber als Laien fehlte Brant die Kanzel, von der aus er in die Breite wirken konnte, als Jurist verfügte er über Kenntnisse des geistlichen und weltlichen Regiments und der Mittel, wie von Staats wegen im gleichen Sinne gewirkt werden könne, als Literat und Verfasser volkstümlicher Schriften suchte er, die gegebenen Möglichkeiten in einem neuen Sinne auszunützen, und hatte dabei die Aufklärung der Laien und die Hebung ihrer Bildung zuerst im Auge. Ausgaben und selbständige Schriften dienen dem gleichen Ziel. Aber für unser Empfinden erscheint er gehemmt, er kann nicht so wirken wie er es möchte, es fehlt ihm vielleicht wegen der Vielheit der übernommenen Aufgaben die Möglichkeit, seine Persönlichkeit in die Schanze zu schlagen und seine Ideen als persönliche Anliegen und Forderungen an das Schicksal vorzutragen. Man kann vielleicht seine Traditionsgebundenheit, sein mittelalterliches Denken, sein Suchen nach Wirkensmöglichkeiten, sein vorsichtiges Abtasten des Geländes mit einzelnen literarischen Gattungen und Formeln in deutscher und lateinischer Sprache darauf zurückführen. Wie alle Elsässer dieses Zeitalters so fühlt sich auch Sebastian Brant als Anwalt Marias und ihrer Jungfräulichkeit. Im Streit um ihre unbefleckte Empfängnis schlägt er warme Töne einer innigen Verehrung an. Die hohe Einschätzung der Vita solitaria und des Einsiedlerlebens mag auf Anregungen Heinlins beruhen. Daß er als Jurist im heiligen Ivo eine Art Schutzpatron sieht, zeigt, daß er sich Vorbilder im mittelalterlichen Sinne wählt. Wenn die Musen und Apollo in Brants Dichtungen auftauchen, und er vorgibt, gleich ihnen an der Hippokrene getrunken zu haben, so ist dies kaum als etwas Neues im Sinne des Humanismus aufzufassen, denn Gottfried von Straßburg gebraucht lange vor ihm die gleichen Bilder und erfreut sich der Kastalischen Quelle. Auch eine metrische, dem Vorbild streng folgende Übersetzung lateinischer Sequenzen ins Deutsche ist keine literarische Großtat Brants. Bedeutsamer sind seine Schriften, mit denen er in die Politik der Zeit eingreifen will. Aus ihnen spricht seine Kaisertreue und warme Verehrung für Maximilian I. Wohl sind seine Gedanken einer Reichsreform, seine Bemühungen um eine Wiederkehr der alten Kaiserherrlichkeit, seine Versuche, zum Kreuzzug gegen die Türken Kräfte zu sammeln, keineswegs originell und vielleicht weniger klar, als es in den Schriften für die Reichsreform im 15. Jahrhundert zum Ausdruck kam, aber am ehrlichen Willen und den besten Absichten des Verfassers ist nicht zu zweifeln. Hier steht Brant auf dem gleichen Boden wie Wimpfeling. Was nützte ihnen die Kenntnis der Gefahren, wenn die Mittel fehlten, ihnen wirksam zu begegnen? Wundergläubig meint Brant, daß Zeichen am Himmel und auf der Erde eine traurige Zeitwende verkünden. Er beschreibt nach Art der späteren neuen Zeitungen einen Meteorstein, eine Mißgeburt zu Worms oder die zwiefältige Gans und Sau zu Gugenheim (1492), er setzt sich mit Verkündigungen und Prophezeiungen der Astrologen ähnlich wie Thomas Murner auseinander. Er stellt auch unmittelbar nach dem Erscheinen des *Narrenschiffes* eine Warnung an den Kaiser zusammen in der 1497 erschienenen *Fuchshatz*. So wie Trithemius in seiner fünften Prunkrede[13], die er am 28. April 1496 gehalten hatte und die noch im gleichen Jahr zu Mainz gedruckt wurde, die zwölf Verwüstungen des Ordensgehorsams als Füchse bezeichnet, die man fangen und unschädlich machen müsse, warnt nun auch Brant den Kaiser vor drohenden Gefahren, die durch Füchse versinnbildet werden. Die nahe Verwandtschaft dieser kleinen Dichtung mit dem *Narrenschiff* geht aus den Holzschnitten hervor, die in einer ähnlich engen Verbindung mit dem Texte stehen. Auch hier treffen wir kaum auf eine originelle Idee oder einen neuen Vorschlag, alles scheint vorgedacht und vorgebildet, aber Brant fühlt sich berufen, weitere Kreise als seine Vorgänger für diesen Gedanken zu gewinnen. Er wirbt um einen gleichgesinnten Anhang, deshalb folgt er auch seiner friedvollen Natur, er wettert und schimpft nicht, niemals geht sein Temperament mit ihm durch. Das unterscheidet ihn auch von dem stets gekränkten und abwehrbereiten Wimpfeling und dem angriffslustigen, zornigen Murner, denn Brant sieht seine Aufgabe darin, die Mitwelt zu mahnen, indem er ihrem Treiben den Spiegel vorhält. Auch diese Haltung ist mittelalterlich.

Im Jahre 1492 bekleidete Brant das Amt eines Dekans der juristischen Fakultät. Nebenher setzte er seine Lehrtätigkeit an der artistischen Fakultät fort und hatte eine Stelle als Beisitzer beim markgräflich badischen Gerichtshof inne. Im Jahr 1485 hatte er mit Elisabeth Burg den Ehebund

[13] B. Thommen, Die Prunkreden des Abtes Johannes Trithemius († 1516). 2 Teile. Beilage zum Jahresbericht der kantonalen Lehranstalt Sarnen 1933/34 und 1934/35; 1. Teil, S. 31 ff.: Rede von den zwölf Füchsen.

geschlossen. Von seinen ihn überlebenden Kindern ist nur sein Sohn Onofrius, der gleich dem Vater als Jurist und Verfasser von Gelegenheitsgedichten auftrat, bekannt geworden. Brant ließ während seines Dekanatsjahres den Namen dieses Kindes in die Basler Matrikel eintragen.

Literarische Großtaten werden entweder von überragenden Geistern vollbracht, die mit offenem Sinn in das geistige Leben eingreifen und das Rad der Entwicklung vorstoßen, oder von mittleren Köpfen, die einer Zeitstimmung jenen geformten Ausdruck verleihen, der ihr den Eingang in weite Kreise öffnet. Ausdruck einer solchen Stimmung ist das *Narrenschiff*. Es ist weniger wesentlich, daß ein gelehrter Doktor beider Rechte und angesehener Universitätslehrer zu Basel dieses Werk schrieb, als daß es mit vollen Segeln vom letzten Wind des Mittelalters getrieben in die neue Zeit hineinfuhr. Eine letzte Heerschau der Welt, wie sie Dantes große Dichtung gewagt hatte, wie sie alemannisch volkstümlich ein unbekannter Dichter im 15. Jahrhundert vielleicht unter dem Eindruck des Konstanzer Konzils in der umspannenden Weltschau von *Des Teufels Netz* anstellte, zieht an uns vorüber. Eine seltsame Fracht nimmt dies Schiff — oder da es so groß ist — diese Flottille mit. Menschliches, Allzumenschliches vielleicht in unserem Sinne, aber auch ewig Gleiches in zeitgebundener Zeitlosigkeit. Himmel und Hölle, die Scharen der Seligen und die Heere der Teufel sind entschwunden, und als Schauplatz eröffnet sich nur die Erde mit ihren Bewohnern: den Narren. Was gilt da die Weisheit, wo der Narr seinen Triumph feiert? Aus dem Lebenskreis fließt dem oberrheinischen Alemannen Anschauung und Stoffwelt zu. Das Wasser ist sein Element, wenn er als Fischer seine Netze auslegt und einzieht wie der Teufel und seine Gesellen, wenn er das Schiff besteigt, das ihn mit seinen Waren in die Ferne entführt, wenn er das Segel refft, sich in die Ruder legt oder das Steuer nach der stärksten Strömung hinführt. Leben und Umwelt sind die Voraussetzungen für sein literarisches Schaffen. Sein Geist ergründet nicht den Weltenbau mit den drei Räumen, der Hölle mit ihren Kreisen und Tiefen, dem Berg der Läuterung mit seinen gezählten Stufen und dem Himmel mit seiner Rangordnung. Es fehlt ihm die Fähigkeit, mit einer gebändigten Phantasie in überirdische Sphären zu dringen, aus der Vielheit des visionär Geschauten die Einheit des Weltganzen harmonisch zu gestalten, den Himmel zu wölben und von einer geistigen Mitte aus nach allen Richtungen hin in die Ebenen, Höhen und Tiefen zu denken. Gebunden ist sein Schaffen an das Gegebene, Erde, Heimat und Stoff und den Willen, durch die Verzerrung die Mitwelt zu bessern.

Brants *Narrenschiff* ist das erste große Werk in deutscher Sprache, das seiner Entstehung und Wirkung nach aus seinen neuen Daseinsbedingungen und dem neuen Material, aus dem es lebt und wirkt, verstanden werden muß: als gedrucktes Buch, dessen Text und Holzschnitt zu einer unlöslichen Einheit verbunden sind. Das war das Neue, daß die

Technik des Holztafeldrucks, der aus der Einheit des Inhalts durch die Erklärung des Bildes mit dem Wort lebte, nun auf ein ganzes Buch angewendet wurde, daß Schauen, Erkennen und Lesen erst zum vollen Verstehen dieses Bilderbuches führen konnten, daß der Dichter den Lesern seines Werkes gleichsam die Vorstellungen und Bilder seiner Phantasie aufzwang oder durch die Bilder die Richtung wies, wie er verstanden sein wollte. Die Auswertung der neuen Technik kam aber auch der Bildungslage des Zeitalters entgegen; denn dem deutschen Buch mußte erst ein Leserkreis gewonnen werden. Viele, die sich des *Narrenschiffes* dennoch erfreuten, waren des Lesens unkundig, sie konnten, wenn ihnen der Vorleser fehlte, sich den Sinn aus dem Bilde holen, und aus dem, was sie unmittelbar sahen, gestaltete ihre Phantasie weiter und schrieb sich ihren besonderen Text. So wird auch die Fülle der aneinander gereihten Holzschnitte zu einem mosaikartig zusammengesetzten Zeitgemälde. Das aber konnte nur einer gestalten, der eben wie Brant mit der Technik des Buchdrucks vertraut war, der die praktische Durchführbarkeit seiner Ideen kannte und den unternehmenden Leiter der Offizin dafür zu gewinnen wußte. In der künstlerischen und dramatischen Auswertung des Holzschnittes schritt Basel weiter mit dem Totentanz Hans Holbeins und den Fastnachtspielen Pamphilus Gengenbachs. Brant aber war einer der ersten, der seine literarische Verwendbarkeit in größerem Ausmaß erkannte, der der Moralsatire, einer längst vorhandenen literarischen Form, eine Gestalt gab, die von den Zeitgenossen begeistert aufgenommen wurde. Das Werk kam einem Zeitbedürfnis entgegen. Das beweist, daß es der gelehrten Welt sehr bald zugänglich gemacht wurde durch Jakob Lochers mit den gleichen Holzschnitten ausgestattete lateinische Übersetzung (1497). In dieser Form trat das *Narrenschiff* seine Weltfahrt an, in den Predigten Geilers wurde es am Oberrhein und besonders in der elsässischen Heimat seines Schöpfers weiter bekannt.

Das *Narrenschiff* gehört in die weite mittelalterliche Dichtungsgattung der Zeitklage. Ihr Schöpfer ist wie so viele seiner Vorgänger und Zeitgenossen ein laudator temporis acti. An der Vergangenheit und ihrer Wertbeständigkeit wird die Gegenwart gewogen und zu leicht befunden. Ihr Blick wendet sich zurück im Sinne einer Formung nach großen Vorbildern und in die Zukunft, indem sie die Kräfte des Widerstandes sammeln und von der Leuchtkraft hoher Ideale neues Leben spenden wollen. Den eigenen Erfahrungen gesellt sich die festgefügte Ordnung einer beständigen Moral, die aber doch vom Standpunkt des gelehrten Stadtbürgers aus geformt ist. Mehr zufällig und ohne inneren Zusammenhang reihen sich die Erfahrungen aneinander. Man könnte sich eine Fortsetzung ins Endlose denken. Das Bild der Reise ist nicht mit sicherer Hand festgehalten. Das Einzelne besteht für sich und wird mit dem Gleichartigen auf einen Haufen geworfen. Es ist gleichgültig, in welcher Reihenfolge es uns entgegentritt. So kann der Leser das Buch aufschlagen, wo er will, er kann von jeder Seite und aus jedem Bild Nutzen ziehen und sich freuen an den kleinen Zügen, dem bunten, wirr durcheinander flutenden, farbigen Leben, das in der Vielfalt seiner Regungen eingefangen wird. Nicht die Gesamtheit wird vorgeführt oder das Gemeinsame betont, sondern dem einzelnen wird das Unsinnige seines Treibens vorgeführt. Die Narrheit ist der gemeinsame Zug in der Gestaltenfülle, sei es, daß sich ihre Auswirkungen gegen den einzelnen kehren, sei es gegen die Gesamtheit. Die Narrheit ist die Maske, hinter der sich immer ein schlechter Kern verbirgt. Er wird gegen das Echte und Wahre, das Klare und Sinnvolle, das wenige Worte braucht, weil es sicher in sich ruht, gehalten. Schädlich ist alles, was über das Maß hinausweist, was an der gerechten Ordnung mäkelt oder ergründen will, was dem menschlichen Geist verschlossen ist. Der Weisheit letzter Schluß ist Selbstbescheidung und Selbsterkenntnis, wie es die Worte des delphischen Heiligtums verkünden. Ein Mikrokosmos für sich ist der weise Mann, ihn stellt das letzte (112.) Stück nach den Worten der Weisheit (22. Stück) und unter ihrem Bilde dar. Er verwirft aus seiner Selbstsicherheit heraus das Böse und lobt das Gute. Er bekümmert sich nicht um das Urteil der Welt, ist sein eigener Richter, „Er ist rotund, gantz wie eyn ey." Das ist die wahre Weisheit, die Sophrosyne, die mâze, die sich so selten auf Erden heimisch fühlt.

Mit welchem Aufwand an Namen, Gestalten, Worten und Zitaten, mit welcher Fülle von Beispielen wird diese Moralenzyklopädie ausgestattet! Ein Fastnachtsgeschenk für die Narrenkirchweih von 1494, würdig jener Stadt, die bis heute an diesem Brauch festgehalten hat, deren volkstümlich literarisches Schaffen mit dem Brauchtum durch die Jahrhunderte verbunden blieb. Wer das *Narrenschiff* liest, wundert sich, daß es nach dem 20. Abschnitt noch immer weitergeht, und wenn er am Ende angelangt ist, so wundert er sich, daß es zu Ende ist.

Für dieses Werk gilt das Goethewort [14]:

Sind nun die Elemente nicht
Aus dem Komplex zu trennen,
Was ist denn an dem ganzen Wicht
Original zu nennen?

Moralsatire, Rügedichtung, Zeit- und Weltspiegel, gelehrt-enzyklopädischer Wissensstoff für das Stadtbürgertum des ausgehenden Mittelalters, Spruchweisheit, volkstümliche Vorstellungen, gelehrter Ballast, Beweismaterial aus dem Alten Testament, dem klassischen Altertum, den weisen Meistern und Kirchenvätern, persönliche Beobachtungen, Seelenergründung und Besserungswille, Angelesenes und Erlebtes, Allgemeines und Besonderes, Traditionsgebundenes und vorsichtig in die Zukunft hinein Tastendes, Vorgedachtes und Neugeformtes, nach der Studierstube Schmeckendes

[14] Z. Xen. VI.

und aus dem vollen Menschenleben Stammendes vereinigt sich in diesem sonderbaren Buch unter dem auf alemannischem Boden erwachsenen Symbol des Narren. Im Kleinen und Großen werden schöpferische Kraft und Begabung ersetzt durch den Fleiß des zusammentragenden Aneinanderreihers, dem der Stoff in breiter Fülle zuströmt, und der sich aus dem Zunächstliegenden wählt, was ihm gerade brauchbar erscheint. Am Mörtel fehlt es ihm, und an die Stelle einer schönen Fassade setzt er, wo es ihm paßt, eine schlichte Eingangstür. Wohl ist mancher Gedanke schon vorher selbständig gestaltet worden, ehe er in den Zusammenhang der Dichtung hineingestellt wurde, wie sich bei der *Thesmophagia de moribus et facetiis mensae* (1490) zeigt,die wir im *Narrenschiff* unter dem Titel *Von disches vnzucht* (Kap. 110 a) wiederfinden. Gediegenheit und Tüchtigkeit, ehrlicher Wille und leise spottender Frohsinn müssen ersetzen, was der göttliche Funke des Genies nicht zu geben vermag. Eine sanft wärmende, von blauen Flammen durchzuckte Glut kommt so bestenfalls zustande, nie aber eine hellbrennende Flamme, die als Fackel den Umkreis erleuchtet.

Daß die Gestalt des Narren in dieser Übergangszeit auf alemannischem Boden mit so besonderer Liebe und Sorgfalt gestaltet wurde, ist oft beobachtet worden. Nadler sah in ihr ein Symbol der Weltauffassung, wie er im Teufel ein solches der fränkischen Sicht erkannte. Der Franke sieht im Laster die Eingebung des Feindes von Anbeginn, der den Menschengeist in seinen Bann zieht und nicht mehr losläßt. Deshalb warnt er eindringlich und sieht das Opfer des Teufels wie einen Verlorenen, der nicht mehr zu retten ist. Der Alemanne empfindet das Treiben und Tun der Menschen als Wirkung der Narrheit, er übergoldet den tauben Kern und die abwegige Neigung des Menschen mit dem freundlichen Schimmer eines Wortes, dessen Sinn zwar einen Angriff auf die geistigen Fähigkeiten des Opfers bedeutet, aber kein moralisches Werturteil fällt, er gibt den Mitmenschen nicht verloren, aber er liefert ihn mitunter erbarmungslos dem Gelächter aus. Darin liegt die wirkende Kraft der gewollten Belehrung und Besserung. Wie eindringlich wird diesen Scharen von Narren und Gäuchen, welche von nun an in der alemannischen Dichtung sich ihres Daseins freuen, ihre Hartnäckigkeit, ihre Verstocktheit, die sie wissend ins Unheil führte, vorgehalten. Weniger die Narrheit selbst, von der niemand frei ist, als die Besessenheit in der Narrheit, der verharrende Dauerzustand ist das Gefährliche. Wer die Reise auf dem Schiff wagt, ist ihm rettungslos verfallen. Der Umfang der Narrheit ist überweit. Er umfaßt alles, von kleinen menschlichen Schwächen angefangen bis hinab zum Laster. Das Bild des Schiffes wird nicht festgehalten. Wir ahnen nur das traurige Ziel der Reise. Vielleicht fühlte Brant, daß er weder eine Zusammenfassung unter einem einheitlichen Gesichtspunkte, noch auch wirklich tragische Züge zu geben imstande war. Das Motiv der Schiffahrt in Verbindung mit der Lebensreise ist alt. Es war Brant sicher aus dem gelehrten Schrifttum in lateinischer

Sprache oder der deutschen Erbauungsliteratur bekannt. Er brauchte das Reiseziel seines Narrenschiffes nicht zu nennen und nicht zu sagen, daß es im Verderben und im ewigen Tode lag; denn ähnliche Worte wie der Eingang von Heinrichs von Langenstein Schrift *Erkanntnus der sünd* waren allgemein bekannt: „Unser Herr Jesus Christus, der all dew werlt mit seiner parmherczichait umbfangen hat, der hat dem menschen der durch das sorigleich mer diser werlt chumerleich schiffet und vert und der auch laider oft versinkt vil hilf fürgelait und beraitet unter dem er den menschen besunder zway schef beraitt hat damit er uber das gruntlos und sorigleich mer schiffet. Das erst schef ist dij tawff domit der mensch von den angeerbten sunden gelediget wirt und ain newer mensch wirt. Das ander schef ist dij puess domit der mensch von den begangen sunden erstet und erledigt wirt und sich chert zu den gnaden unsers herren und dij sund auch furbas nicht beget noch tut." In gleichem Sinne schrieb Geiler sein *Schiff der buss.*

Auf die enge Verbindung von Text und Bild ist schon hingewiesen worden. Über den Meister, der die Holzschnitte schuf, ist nichts bekannt. Er hat gewiß nach der Anleitung Brants gearbeitet. Es ist überhaupt charakteristisch für diese oberrheinischen Bilderbogenbücher, daß ihre Schöpfer wie Brant und Murner bei der technischen Ausführung und Herstellung ihrer Werke Entscheidendes zu sagen haben, daß ihre Redaktionstätigkeit auch in der Einheit und inneren Geschlossenheit ihrer Bücher in Erscheinung tritt. Ein Blick in die Geschichte des *Narrenschiffes,* seiner Nachdrucke und späteren Bearbeitungen zeigt, daß es dem Werk ging wie aller volkstümlichen Dichtung, die den Begriff des geistigen Eigentums nicht kennt. Es wird zersungen, zerspielt, ist Strandgut, von dem sich jeder nimmt, was ihm zusagt und Freude macht. Volkstümlich zu sein, war Brants Absicht und die hat er in ungeahntem Maße erreicht. Wie wenn er das Schicksal seines Werkes wüßte, hält er sich an die Weisung des Theaterpraktikers:

Die Masse könnt ihr nur durch Masse zwingen,
Ein jeder sucht sich endlich etwas aus.
Wer vieles bringt, wird manchem etwas bringen;
Und jeder geht zufrieden aus dem Haus.
Gebt ihr ein Stück, so gebt es gleich in Stücken!
Solch ein Ragout, es muß euch glücken;
Leicht ist es vorgelegt, so leicht als ausgedacht.
Was hilft's, wenn ihr ein Ganzes dargebracht,
Das Publikum wird es euch doch zerpflücken.

Idee und Plan treten daher im *Narrenschiff* völlig zurück, nicht aber in der lateinischen Fassung, die Brant erst selbst plante, die Ausführung aber dann später seinem Schüler Jakob Locher übergab. Mit Brants Anmerkungen und gleichsam unter seiner Aufsicht lief die *Stultifera Navis* im Jahr 1497 vom Stapel. Wer die Texte miteinander vergleicht, wird der verschiedenen Standpunkte inne, von denen aus die beiden Fassungen bewertet werden müssen. Der anspruchsvollere Leser des lateinischen Wortlautes läßt sich durch die Fülle des Materials allein nicht blenden, er freut sich des klareren Aufbaus, der Eindämmung des Derben und Breiten und der zusammengefaßten Sittenlehre. Grundlinien und Grundgedanken und überhaupt alles, was mit der Konstruktion des Werkes in Zusammenhang steht, treten deutlich hervor. Die beiden Gestalten des Werkes verhalten sich zueinander ähnlich wie der lateinisch überlieferte Text einer Predigt mit der Betonung des tragenden Gedankengerippes, das auch einem anderen Prediger über das gleiche Thema nützlich sein konnte, zu der deutschen Form, in der sie wirklich gehalten wurde. Oder man könnte auch sagen: erst aus der Paraphrase des Themas wird dieses klar geformt. Jodocus Badius Ascensius übersetzte das *Narrenschiff* (1505) nochmals ins Lateinische. Aber die wahren Freunde des Werkes liebten seine volkssprachliche Ausdrucksform. Ins Niederdeutsche, Französische und Englische wurde es mehrfach übersetzt. Das zeigt trotz seiner Schollengebundenheit an den Oberrhein, daß es einer allgemeinen Zeitstimmung Ausdruck verliehen hatte. Die Vertrautheit dieser Dichtung mit ihrer Heimat wird erst deutlich in den vielen Abwandlungen des Narrenmotivs bei Murner, Pamphilus Gengenbach und Fischart, in der Ausgestaltung des heiligen Grobianus (72. Kap.) durch Dedekind und Kaspar Scheit. Eine Entwicklung ins Weite liegt in der Fracht dieses sonderbaren Schiffes. Sein Schöpfer aber beschreitet, wenigstens von uns aus gesehen, als Moralsatiriker einen rückläufigen Weg, indem er sich damit begnügte, alte Morallehren wie den *Facetus* (1496), den *Cato* (1498) und den *Moretus*, eine berufsmäßige Überschau (1499), in der gleichen Technik zu behandeln oder den Freidank zeit- und geschmacksgemäß umzudichten (1508).

Mit keinem anderen Werk ist Brant berühmt geworden. Er stand auf der Höhe des Lebens, als das *Narrenschiff* erschien (1494). Hatte er das Gefühl, mit seinen Äußerungen zu weit gegangen zu sein? Waren es andere Aufgaben, die sich neben seinen Willen stellten, die Menschen zu bessern und zu bekehren? Drückte ihn das dumpfe Gefühl, an einer Zeitwende zu stehen? Wir können keine dieser Fragen klar beantworten. Seiner Kaisertreue und seinem Heimatsinn stellte sich bald die Bewährungsprobe. Um den Menschen Brant wurde es einsamer. Am 12. März 1496 starb in der Karthause zu Basel Johannes Heinlin vom Stein. Brant war der einzige Laie, der beim Tod des verehrten Meisters zugegen war. Ein schlichtes Gedicht sang er dem väterlichen Freund ins Grab nach. Sein Erbe anzutreten, fühlte er in sich keine Berufung. Rund vier Jahre später, nachdem sich Basel der Eidgenossenschaft angeschlossen und die Bande, die es an das Reich hielten, zerschnitten hatte, verließ Brant mit seiner Familie die Stadt, deren Genius loci er wie selten einer erfaßt und gestaltet hat. Er war nicht der Mann, Ärger und Verbitterung, die ihm diese politische

Wendung aufdrängen mußte, die Freunde entgelten zu lassen oder der Stadt, der er seine Bildung verdankte und in der er es zu einer angesehenen Stellung gebracht hatte, mit zornigen Versen entgegenzutreten, weil sie nach seiner Auffassung die Weltordnung durchbrach, indem sie sich von Kaiser und Reich lossagte. Vielleicht widerstrebte es ihm auch, den Eidgenossen, in denen er die Retter des Reiches vor dem burgundischen Zugriff durch die Schlachten von Grandson, Murten und Nancy sehen mußte, nun flammende Proteste entgegenzuschleudern. Brant wäre kaum der große moralische Erzieher, wenn ihn nicht durch das ganze Leben ein Gefühl der Dankbarkeit begleiten würde.

Die Heimatstadt Straßburg nahm ihn mit seiner Familie auf. Seine Mutter Barbara war noch am Leben, von seinen Brüdern waren Johann Wirt zum Goldenen Löwen und Matthias Inhaber einer Offizin. Im Münster hatte Geiler im Jahr 1498 seine berühmten Predigten über das *Narrenschiff* gehalten. Freunde von früher her, die Beziehungen zur Familie Schott und die ihm eröffneten Aussichten auf eine Anstellung im politischen Dienste der Stadt machten ihm und den Seinen diese entscheidende Lebensveränderung kaum schwer. Man bemühte sich, ihm die Stelle eines Stadtsyndikus und Advokaten nach dem Rücktritt Dr. Jakob Weltzers zu verschaffen. Am 17. August 1500 wurde Brant ernannt und am 13. Januar 1501 in sein Amt eingeführt. Von 1503 an bekleidete er dazu nach dem Rücktritt des Schlettstädters Johann Munch das Amt eines Stadtschreibers. Die Aufgaben, die mit den beiden hohen Ämtern der Rechtsberatung und Kanzleiverwaltung einer so wichtigen Stadt wie Straßburg verbunden waren, boten dem aufs Praktische gerichteten Geist Brants ein zusagendes Betätigungsfeld. Während in Basel seine zwischen der juristischen und artistischen Fakultät geteilte Lehrtätigkeit, die Beratung der Drucker und die Arbeiten im Dienste der Musen zu einer Zersplitterung seiner Kräfte und zu einer Überanstrengung, die ihn gegen Ende des Jahrhunderts auf das Krankenbett warf, führen mußten, lebte er nun einem Beruf, der seinem Wesen und seinen Fähigkeiten entsprach als Dienst für die Heimat, in der Verfolgung einer kaisertreuen Reichspolitik, im Verkehr mit gleichgesinnten humanistischen Freunden. Als gewissenhafter Stadtchronist begegnet er dem Forscher immer wieder. Es gibt kein Ereignis aus der Straßburger Stadtgeschichte und den bewegten Anfängen der Reformation, zu dem Brant nicht in irgendeiner Form Stellung genommen hätte. Überall in seinen selbständigen Entschließungen und Entscheidungen rückt er die Belange des Staatswesens, der Ruhe und Ordnung in den Vordergrund, selbst wenn es gegen seine innere religiöse Überzeugung gehen mochte. Nie daß er seine Persönlichkeit in die Schanze schlägt, daß er steht und fällt mit seinen Meinungen. Er suchte den Ausgleich im Interesse des Friedens.

Was die Generation Brants an politischen Ereignissen erlebt hatte, ließ die Sorge um das Schicksal der Heimat nie ganz zur Ruhe kommen.

Die glückliche Abwehr der burgundischen Bedrohung stärkte die Hoffnung auf eine siegreiche Selbstbehauptung. Die frechen Ansprüche Karls VIII., die Beleidigungen, die er dem Kaiser zufügte, und die Werbekraft der sich dehnenden Eidgenossenschaft riefen nach einer Besinnung auf das eigene Wesen. Die ritterliche Gestalt des jungen Kaisers, der sich des habsburgischen Stammlandes in Treuen erinnerte, zog die geistigen Kräfte des Landes an sich, das Bewußtsein, ein Reichsland zu sein, blieb so stets lebendig. Das Land konnte den Gegensatz fühlen, der sich nun zwischen ihm, der hochalemannischen Eidgenossenschaft und dem Schwabenlande eröffnete. Es galt, diesen Standpunkt geschichtlich-wissenschaftlich zu begründen und auf eine lange Tradition zu verweisen. Unter diesem Vorzeichen erhielt die Geschichtschreibung neue Auftriebe. Es kam der Ernst dazu, mit dem die Weltlage beurteilt wurde. Wie der Wunsch nach einer moralischen und religiösen Festigung die geistigen Führer des Elsaß alte Pfade beschreiten ließ, so versuchten sie auch auf dem Boden der Politik einen Zustand herbeizuführen, der jenem ähnlich war, in dem sich der Geist des Mittelalters am reinsten entfaltet hatte. Es war der Kreuzzugsgedanke, dessen Verwirklichung dem bedrohten Abendlande die Segnungen der christlichen Religion gleichsam wiederschenken sollte, der nun mit glühendem Eifer wiederaufgenommen wurde. Der letzte und höchste Wunsch des Kaisers, wie er sich in seinen großen, nur zum Teil verwirklichten literarischen Plänen äußert, ging damit einig. Unter dieser Voraussetzung wurden die Südostpolitik des Reiches und die Kreuzzüge in engere Zusammenhänge mit der Gegenwart gebracht. Man ging noch weiter. Die Krönung des Kaisers am Grabe der Apostelfürsten zu Rom bedeutete wenig gegenüber der ruhmvolleren Tat, dem siegreichen Einzug im heiligen Land und der Befreiung des heiligen Grabes vom Joche der Türken. Das Kreuzritterideal im Geiste des 12. und 13. Jahrhunderts sollte dieses Ziel verwirklichen. Der romantische Zauber des Mittelalters aber erwies sich in dieser bedrängten Zeit nicht als werbende Kraft. Die Sorgen des näheren Umkreises ließen ihn nur in frommen Wünschen sich äußern.

Noch zu Basel legte Brant diese Gedanken in der Schrift *De origine et conversatione bonorum Regum: et laude civitatis Hierosolymae cum exhortatione eiusdem recuperandae* nieder, die bei Johann Bergmann von Olpe 1495 erschien. Der Titelholzschnitt stellt den Kaiser dar, der mit dem Kreuzzugsbanner das große Werk unternimmt und dem die Hand Gottes vom Himmel herab Schwert und Palmzweig in die Rechte legt. Eine Zusammenfassung der geschichtlichen Weltordnung bot Brants Gedichtanhang zur zweiten Ausgabe von Lochers lateinischer Bearbeitung des *Narrenschiffes* (1498). Damit werden die gedankenmäßigen Zusammenhänge seiner geschichtlichen Grundanschauung mit seinem Hauptwerk hergestellt; denn nun wird die Frage aufgeworfen, weshalb die Narrheit in die Welt gekommen sei.

Maß und Gesetz und Weg, die die göttliche Ordnung bestimmte,
Sind aus der sicheren Bahn in die Verwirrung gestellt.
Alles, was lebet im Himmel, auf Erden und in den Gewässern,
Fasset die Ordnung in sich, sie ist's, die es erhält.
Werden die Wege der Ordnung verlassen in frevler Gesinnung,
Unabänderlich stürzt alles hinab in das Nichts.
Nimmer auf schwankendem Grunde besteht ein festes Gebäude,
Alles hat sein Gesetz: Stunde und flüchtige Zeit
Und das Werden und Wachsen, das reifende Leben und endlich
Auch der bittere Tod folget dem ordnenden Geist.
Darin liegt seine Größe, daß unter dem richtigen Maße
Alles dem Willen gehorcht ruhend in Gottes Gewalt;
Denn so will es der Höchste, daß Kleines dem Größern sich füge.
Auf Gesetz und Befehl bauet die Ordnung sich auf.

Lucifer, der Störer der himmlischen Ordnung, mußte fallen. Seitdem die Sünde in die Welt kam, konnte kein Reich auf die Dauer bestehen, weder die Herrschaft der Assyrer noch die der Meder noch das Königtum der Juden, der Perser, Alexanders Reich oder das der Römer, bis die christliche Weltordnung einzog, die durch Constantinus eine Staatsform erhielt, nach der der Stellvertreter des Heilands auch der weltlichen Herrschaft die Weihe gab. Von Konstantinopel, dem griechischen Reich, fiel die Weltherrschaft dem deutschen Kaiser Karl dem Großen zu, jetzt war ihr die Dauer verliehen, denn sie ruht auf dem Kaiser, den Kurfürsten und den Reichstagen. Ihr Bestehen ist durch den Einfall der Türken bedroht, aber der Reichstag zu Worms (1495) hat die Hoffnungen der Feinde des Reiches zerstört, denn die Einigkeit, mit der Kaiser und Stände den ewigen Landfrieden und den gemeinen Pfennig einführten, bietet die Gewähr für eine glückliche Zukunft.

Zum Darsteller deutscher Geschichte nach diesen verheißungsvollen dichterischen Ansätzen und chronikalischen Arbeiten, zu denen ihn sein Amt und seine Beratung der literarischen und geschichtlichen Pläne Maximilans I. geführt hatten, ist Brant dennoch nicht geworden [15]. Mahnung und Warnung vor kommenden Gefahren liegen wie ein gedämpfter Klang über seinem Stolz, ein Deutscher zu sein: „Und das billich die Teutschen durch ire frumbkeyt, macht und manheyt willen die keyserliche kron aller erden erlangt haben und aus sonderer ordnung und fürsehung des allmechtigen mit tapferlich regierung und fürwesen erlich auftragen. Und ach und o lieber Gott, das doch die Teutschen in irem wesen und fürsichtigkeit sich der massen zusammen hielten als andere zungen; wer sunder zweifel nit alleyn der regierend titel, ja vil mer der regierend gewalt und herliche oberkeyt aller erden nun langest bei den henden und gepotten der Teutschen gestanden." Als Historiker zeigte Wimpfeling die glücklichere Hand, wenn

[15] Joachimsen, a. a. O., S. 60 ff.

ihm auch die Quellen nicht so zu Gebote standen und er auch nicht so wie Brant durch seinen Beruf mit Fragen der Politik vertraut war.

Stand Brant bescheiden hinter dem älteren Freunde, den er wohl als Helfer mit Material versah, zurück? Fehlte es ihm an Zeit, seine Gedanken ausreifen zu lassen? Fühlte er seine Kraft der großen Aufgabe nicht gewachsen? Blieben seine Entwürfe hinter strengen Forderungen, die er an seine Arbeit stellte, zurück? Sind seine amtlich abgefaßten Relationen, wie die umfangreichste über die Wahl und Weihe des Bischofs Wilhelm von Honstein (1506), als Vorarbeiten für eine größere Zusammenfassung anzusehen? Alle diese Fragen müssen offen bleiben. Weit und wenig bekannt war das Feld der deutschen Geschichte, das die elsässischen Geschichtsschreiber im Glauben an die ewige Ordnung und an die göttliche Sendung des Reiches zu bebauen begannen. Den Ruhm ihres Volkes zu kündigen ist ihnen deshalb nicht leicht geworden, weil die alten und neuen Römer so wenig darüber berichten, es gilt daher, die Quellen, die Chroniken aus dem eigenen Lande, nutzbar zu machen. Aber auch die Anregung zur Übersetzung antiker Geschichtsschreiber wird fruchtbar in Ringmanns Caesarübersetzung. Unmittelbar aus dem Boden der Heimat erwächst der Stolz, ein Deutscher zu sein. Den Vorwurf der Barbarei, der gegen ihr Volk erhoben wurde, weist diese Geschichtsschreibung erhobenen Hauptes zurück. In der Auffassung des Geschehenen bedeutet die Leistung der elsässischen Frühhumanisten, soweit sie als Geschichtsschreiber anzusehen sind, nichts anderes als eine Fortsetzung des scholastischen Humanismus. Das Neue und Fruchtbringende aber war die Anregung zur Sammlung und Erhaltung der Quellen. Durch ihre Auswertung und Kritik konnten sie nicht zu neuen Erkenntnissen vorstoßen, weil sie sich der alten kompilatorischen Methode bedienten, die es auf Zusammenstellungen, Übereinstimmung und Einordnung in das vorhandene Geschichtsbild abgesehen hatte. Es wiederholt sich bei den geschichtlichen Leistungen und in den politischen Anschauungen des Kreises die gleiche Erscheinung, die wir auf religiös-weltanschaulichem Boden schon beobachten konnten. Man ist unzufrieden mit dem gegenwärtigen Zustand, sucht Mittel der Abhilfe zu schaffen und glaubt diese in der Rückkehr zur Vergangenheit und ihren Methoden gefunden zu haben, man hütet sich ängstlich davor, Gewalt anzuwenden, man sieht Ziele vor Augen, aber darüber, wie sie zu erreichen sind, weiß man keinen Rat. Solange die Welt steht, haben Männer von solcher Seelenverfassung, Romantiker, die eine vergangene Herrlichkeit neu erstehen lassen wollten, nie eine neue Zeit geformt.

Das ist die Grundlage, auf der sich die Neigungen der Elsässer mit der Geisteshaltung des Kaisers treffen. Am Hofe Maximilians zu Innsbruck verweilte Brant längere Zeit zu Anfang des Jahres 1502. Die Ernennung zum kaiserlichen Rat und später zum Pfalzgrafen, sowie zum Beisitzer des Speyerer Hofgerichts, ehrte den rechtsgelehrten Berater des Kaisers. Mit begeistertem Überschwang erhofften sich die Elsässer von dem jungen König Maximilian nach dem Tode Friedrichs III., der ihnen ewig fremd geblieben war, eine Zeitwende zum Besseren. Durch ein Menschenalter begleiteten Brants Huldigungsgedichte den verehrten Herrscher. Die schimmernde Jugend, die anziehende Kraft, welche der kühne Jäger, Reiter und Turnierfechter ausstrahlte, der Verkehrston, den er mit aller Welt anzuschlagen wußte, sicherte dem Kaiser in allen Kreisen einen treuen Anhang, den selbst seine Mißerfolge im Schwabenkrieg nicht zu erschüttern vermochten. Das goldene Zeitalter sollte der Kaiser, der Glanz und Leuchtkraft des Reiches noch einmal im Geiste sah und in der Welt seiner späten höfischen Epen verkörperte, herbeiführen. Deshalb trifft des Dichters Zorn die Flamen, welche ihn zu Brügge gefangen setzten (1482); mit einem Aufgebot von Rhetorik und mythologischen Gestalten werden Himmel und Erde gleichsam erschüttert über den Frevel, der Maximilian angetan wurde. Mit einer geradezu fanatischen Leidenschaft verfolgt der Dichter, in dem wir den ruhigen klugen Weltbeobachter des Narrentreibens kaum wiedererkennen können, sein Ziel. Nach Friedrichs Tod erinnert er den neuen Kaiser an seine Pflichten und seine Aufgabe. Als Seher, Vorzeichendeuter und Augur tritt er verkündend und warnend immer wieder vor ihn und erinnert ihn an die hohe Sendung des Reiches. Auch da läßt er sein Ceterum censeo, den Aufruf zum Türkenkrieg, nie verstummen. 1496 nimmt Brant die Jagdbeute des Kaisers, eine am 1. März im Sundgau erlegte gewaltige Hirschkuh, zum Anlaß eines Gedichtes, in dem er eine ins Allegorische gestellte Parallele zwischen der Jagdbeute und dem Kaiser zieht. Mit dem Tod Maximilians trägt Brant endgültig seine Hoffnungen auf einen Aufstieg des Reiches und eine Rückkehr zur Herrlichkeit und Größe der Vergangenheit zu Grabe.

Eine besonders gekennzeichnete Stellung zu religiösen Fragen hat Brant nicht eingenommen, sie lagen dem Freunde Heinlins, Geilers und Wimpfelings kaum fern, aber als Laien geziemte es ihm nur, in Gedichten den Preis des Höchsten zu singen. Paraphrasen, Ausgaben, Übersetzungen älterer Hymnen sind Brants Werk. In die Diskussion über die unbefleckte Empfängnis Mariä griff er mit glühender Leidenschaft ein. Hier tut er es den Theologen gleich, indem er die Haltung des Basler Konzils, Geilers und Wimpfelings einnimmt. Den Ketzern und Juden, welche die Jungfräulichkeit Marias leugneten, tritt er mit geharnischten Distichen entgegen, er lehnt sich gerne an ältere Quellen, in diesem Falle an Franz von Retz, an. In der Sammlung seiner lateinischen Gedichte stellte er die Mariengedichte an den Anfang. Bei aller Hochachtung vor Thomas von Aquino, der gewiß ein guter Mann gewesen sei, geht er hier nicht einig mit ihm; denn Gefühl und Verstand sagen dem Dichter, daß die Mutter des Heilands ohne Sünde geboren sei und daß nach dem Willen Gottes die Geburt des Erlösers nur ohne Sünde vor sich gehen konnte. Mit dem Pathos des gerechten Zornes wird nun Wigand Wirt angegriffen, Konzilsbeschlüsse werden ihm in einer Fülle von Belegen, die in rhetorische Fragen gekleidet sind, entgegengehalten und alle die Strafen, die seiner im Jenseits warten. Mit einer atemlosen Hast und in ständiger Steigerung überbietet gleichsam ein Argument das andere. Man liest fast aus jeder Zeile des Gedichtes, das dem Basler Domdechanten Adelbert von Rothberg gewidmet ist, für welche ernste und ihm heilige Sache Brant kämpft. Im gleichen Geiste schreibt er auch einen Epilog zum Jetzerhandel.

Brants Stellung zum jüngeren Humanismus ist aus der Haltung zu ersehen, die ihm die *Dunkelmännerbriefe* [16] geben. Magister Philipp Schlauraff schildert in der dichterischen Darstellung seiner Reise durch ganz Deutschland sein Straßburger Erlebnis:

Venit Sebastianus Brant, der nahm mich bei der hant
Dicens: „Mihi sequere nos volumus navigare
Ab hinc in Narragoniam propter tuam stultitiam."

Johannes Helferich berichtet an Ortwin Gratius, daß es viele Ketzer und falsche Christen gäbe wie Reuchlin, Erasmus, Pirckheimer, Hutten, Hermann von der Busche, Wimpfeling, der gegen die Augustiner, und Brant, der gegen die Dominikaner mit scharfem Tadel geschrieben habe. Man rechnet also Brant zu den Humanisten, den Feinden der Mönche, und hält ihn für einen Bundesgenossen im Kampf gegen die Scholastik, besonders die dominikanische Hochburg Köln. Aber so ganz sicher fühlte man sich doch nicht damit, wenn man Brant diese Stellung anweist, denn während der Standort der fünf erstgenannten ohne weiteres klar ist, bedarf es doch einer Begründung, warum Wimpfeling und Brant als Verfasser von Schriften gegen Mönche in dieser illustren Gesellschaft erscheinen. Als ehrwürdiger Schalk mußte der Schöpfer des *Narrenschiffes* den jüngeren Zeitgenossen gelten. In seiner Haltung begegnen sich Züge des getreuen Eckhart mit denen des Narrenführers. Alte Beziehungen verbinden ihn von seiner Basler Zeit her mit Johannes Reuchlin, dem er sein Gedicht über die Lustseuche widmete. In Reuchlins literarische Fehde aber hat Brant nicht eingegriffen. Die Wendung zum Heidnischen, welche sein Schüler Locher einschlug, führte eine Entfremdung herbei. Brant stellte sich ganz auf die Seite von Wimpfeling und Zasius. Weitgespannt ist sein Briefwechsel, fast alle Humanisten schätzen ihn seiner Leistung und sittlichen Haltung wegen. Wenn man die Stoffe und Gelegenheiten, die Brant veranlaßten, sich auf den Pegasus zu schwingen, betrachtet, so sind weitgehend der Zufall, persönliche Neigungen und Interessen maßgebend gewesen. Der Gegenstand seiner Widmungen, Zusammenfassungen und Dichtungen an Maria, die Heiligen, den Kaiser, Freunde und Vorgesetze beschränken sich auf ein kleineres Gebiet als seine selbständigen kompilatorischen Schriften, in denen

[16] Epistolae obscurorum virorum. Ed. A. Bömer. Heidelberg 1924, II, Nr. 9; II, Nr. 51.

er das Römische Recht volkstümlich zu machen suchte, oder die Ausgaben von Kirchenvätern, philosophischen, pädagogischen und scholastischen Traktaten, Erbauungsbüchern, Legenden, politischen Flugschriften, humanistischen Werken, Übersetzungen und antiken Autoren. Auswahl und Absicht, Planung und Gestaltung sind, so hat man wenigstens den Eindruck, weitgehend von den Wünschen der Verleger und Drucker abhängig. Die Einheit von Brants literarischem Schaffen wird mehr durch seine Absicht zu bessern und die überall durchschimmernde sittliche Haltung bestimmt. Sein literarisches Schaffen steht in engstem Zusammenhang mit den Ideen und der Geisteshaltung seiner älteren theologischen Freunde. Er sieht seine Aufgabe darin, ihre Ideen auf seine Weise in weite Kreise des Volkes zu tragen. Er mußte es aber erleben, daß ihm damit kein Erfolg beschieden war; denn das Feuer der Begeisterung, mit dem diese Gedanken vorgetragen werden sollten, fehlte. Der Gelehrte vermochte es nur selten, seine ernste würdevolle Haltung aufzugeben und aus der Fülle des Erlebten so zu gestalten, daß der dauernde Eindruck einer ihr geistiges Dasein einsetzenden Persönlichkeit auch wirklich gefühlt und erlebt werden konnte.

Strenge Rechtlichkeit zeichnet Brants Wesen aus, deshalb war er der richtige Mann im Regiment seiner Vaterstadt zu Anfang der Reformationswirren. Er scheint auch Wimpfelings Einflüsterungen eines Parteiergreifens gegen Murner nicht nachgegeben zu haben. Wenn er Murner später auch nicht in seinem Kampf um den alten Glauben unterstützt, so hat er ihm von sich aus auch nichts in den Weg gelegt. Als die Zensur eine Veröffentlichung der *Gäuchmatt* in Straßburg verbot, sorgte Brant dafür, daß Murner wieder in den Besitz seiner Handschrift kam. Von der Tragweite der Tat Luthers hat sich Brant kein Bild mehr machen können. Die Ereignisse konnten höchstens in ihm den Glauben an ein bald bevorstehendes Ende der Welt und ein Erscheinen des Antichrists bestärken. Die Stellung der Sterne schien ihm Trübes zu verkünden, besonders für das Jahr 1520 befürchtete er Katastrophen. Als Abgesandter der Stadt begab sich Brant an den Hof Karls V., um von diesem eine Bestätigung der Rechte und Freiheiten Straßburgs zu erhalten. Bis in seine letzten Lebenstage hinein war er in seinem Amte tätig. Des Lebens und der Arbeit müde, in seinen Hoffnungen enttäuscht, bedrückt durch die Angst vor der Zukunft, ernst und ahnungsvoll schritt Sebastian Brant durch seine letzten Tage. Er starb am 10. Mai 1521. Von den alten Freunden lebten nur wenige. In ihren Sorgen um die Gestaltung der Zukunft beneideten sie ihn vielleicht, daß sein unsterblicher Teil nun in einem besseren Jenseits eine dauernde Heimat gefunden hatte.

Es ist nur nebenhin bemerkt worden, daß der kluge Menschenbeobachter Sebastian Brant auch ein Freund der Natur war, daß er den Genius loci Basels dichterisch schaute, daß sich sein Geist in die Landschaft versenken konnte und er daraus innere Ruhe und Sammlung zog. Der stille Kenner seiner Zeit und Umgebung, der hinter den geltungsbedürftigen und lauteren

Zeitgenossen zurücktretende Gelehrte und Mensch bleibt dem heutigen Frager manche Antwort schuldig. Auch ihm gegenüber zeigt Brants freundlich ernstes Antlitz das überlegene Lächeln, das den Verfasser des *Narrenschiffs* seinen Zeitgenossen so wert und teuer gemacht hat.

THOMAS MURNER

Murner [17] ist einer der produktivsten Dichter der entscheidenden Übergangszeit, er steht gleichsam zwischen zwei Generationen: jener, die vor ihm behandelt wurden, das sind die um 1455 Geborenen wie Geiler, Wimpfeling und Brant, und der Generation jener neuen Männer, welche das perrumpendum est auf ihre Fahnen geschrieben haben, das sind die um 1490 Geborenen, die Menschen vom Schlag eines Luther, Zwingli und Hutten, die Leuchtenden, welche ihre geschichtliche Umgebung verdunkeln. Eine große Persönlichkeit von starker Eigenprägung leidet unter dieser Konjunktur. Die Älteren verschließen sich ihren Ideen und erklären sie ohne nähere Prüfung als unreif, sie fühlen sich angegriffen, selbst da, wo kaum eine Absicht der Gegnerschaft besteht, die Jüngeren sehen in ihnen eine allzu traditionsgebundene Einstellung und sind geneigt, ihnen alles zur Last zu legen, was die gesamte Vergangenheit gesündigt haben soll. Eine solche Beurteilung mußte Murner von den Dunkelmännerbriefen, von Luther, Zwingli und Hutten und ihrem Anhang erfahren. Er wurde zu einem der markantesten Vertreter der Rückständigkeit gestempelt.

Es kommt dazu, daß er Mönch und Angehöriger eines Ordens war, der in keinem hohen Ansehen und für sich allein stand. Dem Weltklerus mußte ihn schon die Seelsorgetätigkeit verdächtig machen. Den Dominikanern gegenüber lag der Gegensatz in der verschiedenen Geistigkeit der Ordensgründer, Franziskus und Dominikus. Er wirkt sich in dogmatischer Hinsicht und in Bezug auf die Marienverehrung aus. Der erstarrenden Scholastik gegenüber vertraten die Franziskaner ein lebensnahes und naturverbundenes Ideal. Das geht schon aus den zahlreichen Legenden und Sagen hervor, die markanten Vertretern des Mönchtums überhaupt angedichtet wurden. Manchen sind da Erkenntnisse und Fähigkeiten zugeschrieben worden, in denen sich Züge des Magiers bergen, wie dem weisen Albertus Magnus oder dem gelehrten Benediktinerabt Johannes Trithemius von Sponheim. Sie erwarben sich diesen Ruf durch ihre Weltweisheit oder eine ausgebreitete Materialkenntnis, von der der Schriftstellerkatalog des Trithemius noch heute Zeugnis ablegt. Die Franziskaner aber blättern im Buch der Natur, dem Gründer ihres Ordens erwuchs die Kraft seines Wirkens aus der Verbindung mit den Quellen des Lebens, die Sonne war ihm ein

[17] Zur Murner-Literatur: R. Newald, Wandlungen des Murnerbildes. In: Beiträge zur Geistes- und Kulturgeschichte der Oberrheinlande. Franz Schultz zum 60. Geburtstag. Frankfurt/M. 1938, S. 40—78.

Bruder, das Dasein der Tiere, Vögel, Schmetterlinge und Käfer war ihm vertraut, er versenkte sich in die Schönheit der Welt und gewann aus ihr seine Liebe zu Gott und den Menschen. Das kindliche Staunen vor der Natur, ihrer Schönheit und ihren Kräften konnte zur Versuchung führen, sich diese Kräfte dienstbar zu machen, das Wesen der Elemente zu erfassen und neue Gebilde aus bekannten Stoffen zu mischen. So ließ die Sage den Freiburger Franziskaner Berthold Schwarz das Pulver erfinden. In diesem Orden lebte der Sinn zu ergründen, was die Welt im Innersten zusammenhält. Deshalb ist es auch kein bloßer Zufall, daß der Versucher sich des franziskanischen Ordenskleides bedient, wie es noch das Faustbuch zu erzählen weiß. Es wäre zuviel gesagt, Murner einen Gleichgesinnten des Dr. Faust zu nennen oder bei ihm von einem Streben zu sprechen, das über die gesetzten Grenzen der Erkenntnis hinaus will, aber der Tätigkeitsdrang, der sein Leben bestimmt, die Vielseitigkeit seiner Beschäftigungen und Arbeiten, die Absolvierung von drei Fakultäten, die innere Berufung zu wirken, sind für ihn wie für manche seiner Zeitgenossen lebensbestimmende Mächte. Im Suchen und in der Unrast, im selbständigen Bahnen des Weges, in der Unabhängigkeit des Geistes, der die Gefahren des Mißkanntwerdens und der Verleumdung auf sich nimmt, offenbaren sich Seiten seines Wesens, die innerhalb des Franziskanerordens noch die wenigsten Hemmungen erfuhren. Ein solcher Mann widersetzt sich der Einordnung in eine Gruppe. Er steht für sich. Das Beste und Beständigste gab ihm die Heimat und die Herkunft mit auf den Lebensweg. Ihr gehörte sein Wirken und in ihr ruht, was von ihm sterblich ist. Im Schrifttum der Heimat setzte er eine Überlieferung fort, die durch Geiler und Brant vertreten wird. Als Prediger ist er der Schüler des gefeierten Münsterredners, wie dieser spricht er zum Herzen des Volkes aus einem Reichtum gesammelter Erfahrungen und einem erworbenen Schatz der Weisheit, als Moralschriftsteller reiht er an das große Weltbilderbuch des *Narrenschiffes* seine Dichtungen, in denen das erzählende Element immer stärker zutage tritt. Mit dem elsässischen Humanismus verbindet ihn die Marienverehrung und der gleiche Wille als Erzieher zu wirken. Aber es trennt ihn davon ein unstetes Treiben, der Wille, sich in den verschiedensten Formen zu äußern, ein Wirkensdrang, der viele Felder der Betätigung sucht, es fehlen ihm die innere Ruhe und das Talent zur Freundschaft. Das konnte ihm als Hochmut, der in den Augen der Umwelt einem Bettelmönch besonders schlecht ansteht, oder als Ehrgeiz und unbelehrbarer Eigensinn ausgelegt werden. Zu gemeinsamem Philosophieren und zur Besprechung eigener Absichten fehlte ihm die Gelegenheit. Eifersucht und das Gefühl, den Einfluß bei den Zeitgenossen zu verlieren, taten das ihre, um diese Spannungen noch zu verstärken.

Ungeeignet wie die der Zeitgenossen waren auch oft die Maße, mit denen die Nachwelt den Menschen Murner und seine Absichten bewertete. Die Vertreter des reformierten Glaubens konnten ihm seine scharfen Angriffe auf Luther, seine feindselige Haltung gegen die Reformation nicht verzeihen und unterschoben seiner Handlungsweise Motive, die sein ehrliches Wollen nicht zur Geltung kommen ließen. Damit, daß die Frage nach Murners Charakter von einem einseitigen Standpunkte aus gestellt wurde, ging eine Ablehnung seiner moralischen Persönlichkeit Hand in Hand. Der Widersprüche und Rätsel stellt ein solcher Mann viele, wenn versucht werden soll, ein Lebens- und Charakterbild mit Maßstäben zu messen, die aus einer völlig anderen Welt und Umgebung genommen sind. Wie konnte das Wanderleben, der schnelle Wechsel weit auseinanderliegender Universitäten, die Abfassung satirischer Schriften, die Lehrtätigkeit an verschiedenen Fakultäten, das Zetergeschrei über den Sittenverfall, eine nennenswerte Übersetzertätigkeit im Geiste des Humanismus, das energische Wirken gegen die Reformation von einem ernsten Mann vollbracht werden? Das Nein, das diese Frage beantwortete, mußte zum zwingenden Schluß führen: nur ein Scharlatan und Gaukler vermag so etwas. Erst wenn die Wechselwirkung von Leben und Leistung erkannt ist, wenn die Grundlagen eines geistigen Organismus bloßgelegt werden können, besitzt man den Schlüssel zu einigen ihrer wesentlichen Züge. Aber den Zauberstab, eine Persönlichkeit aus der Vergangenheit zu Rede und Antwort über ihr Wesen aufzurufen, hat uns die Forschung noch nicht in die Hand gegeben, denn darüber wallen die geheimnisvollen Schleier des Lebens selbst. Eine Mißachtung dieser Erkenntnis kann zu einer Überschätzung der erklärenden und forschenden Tätigkeit führen, die immer im Dienste der Wahrheit steht und nie um ihrer selbst willen da ist. Aber das eigene Erleben, die Beobachtung und Beurteilung miterlebter Ereignisse, kann plötzlich auch ein Licht in der Vergangenheit aufblühen lassen, das dunkle Stellen erhellt, in die bisher noch wenige gesehen haben.

In den Jahren, die Murners Lebenszeit umspannen, fallen große Entscheidungen im deutschen Geistesleben, die nicht bloß durch den Übergang vom Mittelalter zur Neuzeit bezeichnet sind. Murner mußte mit dem Bewußtsein von dieser Erde scheiden, daß die Menschen anders geworden waren, härter und rauher im Kampf mit den Waffen, die aus Erz und der Sprache geschmiedet werden, und unduldsamer im Urteil, daß manches aus gutem Samen sich zum Bösen entwickelt hatte, eine fruchtverheißende Ernte vernichtet worden war und endloses neues Leid bevorstand. Solche Erkenntnisse brechen selbst den Lebensmut und die Geisteskraft eines Murner. Fehde und Streit im großen und kleinen, den Wettlauf der Fürsten um die Macht im Staat, aufflackernde Kämpfe zwischen Kaiser und König um den Rhein, offener Aufruhr der Bauern, Erbitterung gegen die Pfeffersäcke und Geldverleiher, Haarspaltereien um ein geistiges Nichts und die Erörterung der entscheidenden Frage um die Macht und Bedeutung der religiösen Gnadenmittel, ein neues Formgefühl, das an den ausgeliehenen Maßen der Antike sich bildete: dies alles hat Murner erlebt, an vielen Stellen ist er als Kämpfer für eine Partei oder auch für sich allein in die Bresche gesprungen und hat ausgeharrt, solange es seine Kraft aushielt und die Klugheit, die ihn andere nicht ins Verderben ziehen ließ. Wenn ein solches ruhmvoll und tatenfroh begonnenes Leben in stiller Resignation der erlahmenden Kraft und hart zusetzender Krankheit ausklingt, dann ist es weiter kein Wunder. Das beste Pfund, mit dem Murner gewuchert hat, war sein Erbteil aus der Heimat am Fuß der Vogesen. In allen Lebenslagen tritt eine der vielen Seiten deutlich hervor, die das Elsässertum Murners bewahrte, denn er ist vorsichtig kritisch, zäh am Althergebrachten hangend, humorvoll, überzeugungstreu, das eigene Innere keusch verhüllend, bitter und scharf, wenn er sich ungerecht beleidigt sieht, ohne Bedenken und Rücksicht, wenn es der eigene Wille gebietet, mutig, unerschrocken, selbstbewußt, herausfordernd und beharrend, fromm von Herzen und ehrenhaft.

Die neue Ausgabe bzw. Übersetzung und Erklärung der erhaltenen Jugendwerke Thomas Murners und ihre Untersuchung eröffnen neue Einblicke in seine Entwicklungsjahre und damit auch Ansätze, sein Charakterbild in eine neue Beleuchtung zu stellen. Das entscheidende Erlebnis in Murners Jugend war eine Erkrankung, die ihn als reiferen Knaben befiel. Er berichtet selbst darüber, daß er durch einen Hexenzauber gelähmt worden sei und ihn ein Gegenzauber geheilt habe, aber ein körperliches Leiden blieb zurück: er hinkte. Mit ziemlicher Wahrscheinlichkeit handelte es sich um eine spinale Kinderlähmung, als deren Entstehungsursache nach den Vorstellungen der Zeit garnichts anderes als eine Behexung in Frage kommt. Der eigentliche Urheber ist der Feind von Anbeginn, der Teufel. Von größerer Bedeutung aber als der zeitgenössische Erklärungsversuch des Übels, worüber der *Tractatus perutilis* [18] Auskunft gibt, ist die Auswirkung der Krankheit auf das Leben und den Charakter Murners. Er war ein Gezeichneter, der an den Spielen der Altersgenossen nicht teilnehmen konnte, den man für einen bürgerlichen Beruf, wie ihn seine beiden Brüder Johann und Beat ergriffen, untauglich hielt, ein Einzelgänger, der viel sich selbst überlassen blieb, aus seiner Stille alles beobachtete und sich seine Erklärungen eigenwillig zurechtzimmerte, einer, der sich zurückgesetzt, von der Natur benachteiligt fühlte, der alle Kraft zur Überwindung seiner Zurückgebliebenheit anspannen mußte, der mehr leisten wollte als andere, dessen Geltungsbedürfnis sich steigerte, dessen Unternehmungen von einem nie erlahmenden Ehrgeiz diktiert wurden, aber auch einer, der Beleidigungen und harte Bemerkungen der anderen schwer trug und sich dagegen zur Wehr setzte, der die sprachlichen Mittel, die ihm zu Gebote standen, ausbilden mußte, um gegen Neckereien, Hänseleien und Tätlichkeiten ge-

[18] M. Sondheim, Thomas Murner als Astrolog. Straßburg 1938 = Schriften der Els.-Lothr. Wiss.Ges. i. Straßburg Reihe A: Alsatica et Lotharingica XX. Dort wird die Vermutung ausgesprochen, daß die Behexung Murners eine spinale Kinderlähmung gewesen sei, ein Beweis dafür läßt sich natürlich nicht erbringen. Die Entwicklung und Frühreife von Murners Charakter erhält dadurch eine neue und wie mir scheint auch zutreffende Erklärung.

wappnet zu sein. Ein solcher wird sich früher als andere Klarheit über seine Fähigkeiten verschaffen müssen, er wird sehr bald von seiner Umgebung als stolz und unverträglich verschrieen werden. Das Aufbrausende, hastig Nervöse, das unvermittelt erscheinende Überspringen von einer Tätigkeit in die andere, das Greifen nach dem Höchsten, eine sich übersteigernde Maßlosigkeit und Unerbittlichkeit, Reizbarkeit und Wildheit, eine Zähigkeit, mit der eingeschlagene Wege verfolgt werden, lassen sich aus diesen Voraussetzungen erklären, d. h. die vorhandenen Anlagen wurden durch die Krankheit geweckt und das Erleben hat sie weiter entwickelt. Der Dämon, der ihm die Krankheit durch ein altes Weib schickte, entfesselte die leidenschaftliche Natur des ungewöhnlich begabten und eigenwilligen Menschen, dem der Orden des heiligen Franziskus den Lebens- und Wirkenskreis bestimmte. Erziehung, Studium und wissenschaftliche Ausbildung hatten die Aufgabe, diese dämonischen Kräfte einzudämmen, und bis zu einem gewissen Grade ist es ihnen wohl gelungen. So wird es uns mehr als einmal begegnen, daß Murner seinem Gegenangriff eine versöhnliche Schlußwendung gibt, daß er einen Vorschlag zur Einigung macht und seinem Feind die Hand hinstreckt, ja daß er ihn als Freund und Bruder bittet, seine ehrlich gemeinten Einwände zu prüfen und seiner Ermahnung zu folgen, daß er die Schärfe des Vorgebrachten abschwächt, daß er seine Erfahrungen und Erlebnisse preisgibt, um dem Gegner oder seinen Beurteilern zu zeigen, wie hart er es selbst gehabt habe. Es mußte ihn schwer treffen, wenn eine solche Haltung von seinen Gegnern als bloße Geste oder gar als unehrlich verurteilt wurde, denn Volkstum und Elternhaus hatten ihn dazu erzogen, der Wahrheit zu folgen. Er diente dem, was er für wahr und richtig erkannt hatte, mit einem Eifer und einer Kraft, die er einem schwächlichen Körper und einer schwankenden Gesundheit immer wieder abringen mußte. Er nutzte seine Kenntnisse im Dienste seines vorgezeichneten Lebenszieles der Reinigung und Erhaltung des Glaubens. Von den Gegnern wurde seine Person in den Vordergrund gerückt und der Gegensatz damit auf eine andere Ebene verschoben. Die Technik des geistigen Kampfes, die ihm die streitlustige Spätscholastik und der noch streitbarere, weil um sein Dasein kämpfende Humanismus lieferten, konnte sich Murner schnell aneignen. Sie entsprach seinem inneren Wesen. Als gelehrter Jurist hat er schließlich einen Kampf um sein Recht geführt und seine Gesetzeskenntnis ausgespielt gegen die neuen Geister, die seiner Welt ein Ende bereiteten. Die Regsamkeit dieses überlebendigen Mannes, die Schärfe und Schnelligkeit seines Eingreifens dürfen nicht darüber hinwegtäuschen, daß er einer beharrenden Parteirichtung mit seinen Mitteln zum Siege verhelfen wollte. In einem solchen Leben sind die Augenblicke der besinnlichen Ruhe und der reifen Erkenntnisse selten, denn Kampf heißt die Losung und wenn sie zum Untergang führen sollte, wie es ja schon die Schrift gegen Wimpfeling ausdrückt. Der rücksichtslose persönliche Einsatz läßt uns vergessen, daß in der Seele dieses Mannes die Sehnsucht schlummerte, sich einem Ziele ganz zu weihen. So wurde ihm die vielgestaltige Begabung zum Gelehrten, Seelsorger, Prediger, Volksschriftsteller und eindrucksvollen Warner, Meister des Wortes in Rede und Schrift, ja selbst in technischen Dingen, wie dem Buchdruck und Holzschnitt, zum Verhängnis.

In Murners Leben lassen sich vom Beginn seiner schriftstellerischen Tätigkeit an drei Perioden — eine jede rund von einem Jahrzehnt — unterscheiden. Dabei ist allerdings zu beachten, daß der Wunsch seiner Oberen, äußere Umstände und schließlich erst der eigene Wille sein Schicksal bestimmten. Die erste Periode von seinen Schriften gegen die Astrologen (1498) bis zum Jetzerhandel (1508) kann man als die Zeit des Suchens bezeichnen, des Wählens zwischen Scholastik und Humanismus, des Schwankens zwischen der artistischen und theologischen Fakultät, Naturwissenschaft und politischer Geschichte, zwischen Erziehung und Seelsorge, öffentlicher und gelehrter Tätigkeit. Die zweite umfaßt die Jahre von 1509 bis 1519. Er tut im Jetzerhandel, in dem er ganz die Partei seines Ordens vertritt, tiefe Blicke in die Verworrenheit und Verderbtheit der Zeit, wird zur Lösung ehrenvoller Aufgaben innerhalb seines Ordens bestimmt, steht als Warner und Seelsorger auf der Höhe des Lebens, als Volksmann in dem seinem Wesen zusagenden Element. Für die letzte bis zu seiner Flucht aus Luzern reichende Periode, mit der seine publizistische Tätigkeit im wesentlichen schließt, hat er sich selbst in der Rolle des Verteidigers gezeigt. Mit allen Mitteln, die seiner wendigen Natur entsprechen, mit allen Kenntnissen, die er sich erworben hat, mit glühendem Eifer geht er ans Werk und kämpft, bis die Waffen der müden Hand entsinken und er schließlich die letzte Ruhestätte in der Heimat findet.

Am Weihnachtsabend 1475 [10] ist Thomas Murner zu Oberehnheim geboren. Mit drei Brüdern, Johann, Beat und Sixt, die zum Teil auch als Schriftsteller, entscheidender aber als Buchdrucker ein literarisches Wirkensfeld fanden, wuchs er in Straßburg auf, denn dort hatte der Vater Matthäus Murner 1482 das Bürgerrecht erworben. Er bekleidete als Sachwalter und Redner des Großen Rates eine angesehene Stellung. Das bereits erwähnte körperliche Gebrechen veranlaßte die Eltern, Thomas für den geistlichen Stand zu bestimmen. Auch die Predigten Geilers werden nicht ohne Einfluß auf die Entwicklung des Knaben gewesen sein. Er besuchte die Klosterschule der grauen Mönche, der Franziskanerkonventualen, zu Straßburg. 1490 trat er in den Orden ein und schon 1494 erhielt er die Priesterweihe, dann besuchte er die Universität Freiburg i. Br. als Artist. Während dieser

---

[10] N. Paulus, Murners Geburtsjahr. In: Arch. f. elsäss. Kirchengesch. 2 (1927), S. 446 f. glaubt als Geburtsjahr Murners 1469 annehmen zu sollen. Solange kein Beweis dafür erbracht wird, glaube ich, daß man kaum gut daran tut, die allerdings aus einer Murner feindlichen Quelle stammende Angabe seines Geburtstages zu bezweifeln, denn was hätten Murners Gegner für ein Interesse daran gehabt, dieses Datum zu fälschen, es sei denn, daß für den 25. Dezember 1475 eine Sternstellung errechnet wurde, die Murner ein übles Prognostikon stellte.

Zeit stand er in nahen Beziehungen zu Hans Werner von Mörsperg, dem Sohn des Landvogtes und obersten Hauptmanns im Elsaß, des Reichsfreiherrn Kaspar von Mörsperg und Beffort. Wahrscheinlich war Murner der Erzieher und Mentor des etwa 5 Jahre jüngeren, asthmatisch veranlagten Hans Werner, der 1495, also ein Jahr nach Murner, an die Freiburger Universität kam und dort wohl durch drei bis vier Jahre von Murner als Hofmeister betreut wurde. Hans Werner widmete sich dem Studium der Theologie, am 31. Oktober 1499 wählte man ihn zum Rektor der Universität Freiburg. Zu Jahresbeginn 1500 kam er an das Domstift zu Basel, 1501 wurde er Domherr und von 1510 bis zu seinem Tode (1525) bekleidete er das Amt des Dompropstes. Er hat wohl noch später Beziehungen zu Murner unerhalten. Allein schon der Umstand, daß Murner dieser hoch angesehenden Familie nahestand, zeigt, daß er sein Geltungsbedürfnis durchzusetzen wußte. Zu Beginn des Jahres 1498 verließ Murner als Magister artium die oberrheinische Hochschule.

Er widmete sich dem Studium der Theologie an vielen Universitäten, zuerst im Sommersemester 1498 in Köln, im darauffolgenden Wintersemester wahrscheinlich zu Paris, dann vielleicht in Rostock, dazwischen war er einige Monate in Freiburg oder daheim und begann seine Tätigkeit als Publizist. Man wird Murner und seiner Tätigkeit gerechter, wenn man darauf besonders hinweist, daß die meisten seiner Werke im Dienste des Tages entstanden sind. Seine ganze Veranlagung führte ihn zum Journalismus, sei es daß es sich um das Eingreifen in politische Angelegenheiten und Fragen, sei es allgemein moralische Erscheinungen, sei es kirchlich-religiöse Entscheidungen handelt; es ist wie so oft, daß das Wesen und die spätere Entwicklung eines Mannes der Feder schon in der ersten Abhandlung so deutlich wird, daß alle späteren Erscheinungen in ihr gleichsam als Keime beobachtet werden können. Natürlich werden sich in der schnell hingeworfenen Schrift eines Dreiundzwanzigjährigen sehr viele unreife Gedanken, Wiedergaben von Meinungen anderer, unverdaute Schulweisheit, mit großem Selbstbewußtsein und beachtenswerter Altklugheit vorgetragen, feststellen lassen. Aber wer darf da den ersten Stein auf ihn werfen? Die drei ersten Schriften Murners: *Practica* (gedruckt bei Riedrer in Freiburg i. Br. im Laufe des Jahres 1498), *Invectiva contra astrologos* (gedruckt bei Hüpfuff in Straßburg am 8. Mai 1499), *Tractatus perutilis de Phitonico contractu* (gedruckt bei Hüpfuff in Straßburg am 1. Oktober 1499) hängen in erster Linie mit seiner Lehrtätigkeit an der artistischen Fakultät zusammen, dann betreffen sie wichtige im Interesse der Zeit stehende Fragen und schließlich gehen sie auch auf den Verfasser selbst ein, der in eigener Sache das Wort ergreift. Das sind Erscheinungen und Gesichtspunkte, die uns bei Murner immer wieder begegnen werden, ja es läßt sich die Entstehung fast aller seiner Werke mit diesen Gesichtspunkten in Verbindung bringen.

Die Ausbildung, die Murner in der franziskanischen Schule zu Straßburg, vornehmlich durch den von ihm hochverehrten Lehrer Konrad von Bondorf, und an der Universität Freiburg empfing, war sicher nichts für die damalige Zeit Außergewöhnliches. Von der Leuchtkraft des Humanismus ist nur ein schwacher Schimmer, vielleicht durch Jakob Locher, in sein Dasein gefallen. Aber Murner versucht dennoch, sich eine eigene vom allgemeinen Gebrauch abweichende Sprache zurechtzuzimmern, er hat vielleicht das dunkle Gefühl, daß mit dem Mittellatein, dem scholastischen Gebrauchslatein, nicht mehr viel anzufangen ist, und versucht nun auf seine Weise eine Regeneration dieser Sprache, indem er mit Vorliebe seltene Wörter und eigenwillige gesuchte Wendungen gebraucht, aber damit die Mängel und Armut seines Wort- und Phrasenschatzes nicht zu decken vermag. Man kann aber darin auch sein Bestreben erkennen, aufzufallen, und die Äußerungen eines eitlen Geltungsbedürfnisses. Dieses aber wird wiederum gehemmt durch den Zwang, den Sprache, Terminologie und angelesene Schulweisheit auf seine Ausdrucksmittel ausüben. Die Phrasen- und Sentenzensammlungen, wie auch der Umstand, daß Wendungen, die er gelesen hatte und die beim Unterricht vor ihm und von ihm behandelt wurden, in seinem Gedächtnis blieben, übten auf die Formung seiner Gedanken einen entscheidenden Einfluß aus. Er konnte sich daraus jene Technik, die uns in seinen polemischen Schriften häufig begegnet, zurechtlegen, eine Äußerung des Gegners durch eine leichte Veränderung in einem anderen als dem vorgebrachten Sinne zu verwerten. Wissen und Methode sind spätscholastisch und werden durch die Grundpfeiler der Scholastik, auctoritas und ratio, bestimmt, d. h. die Vernunft trägt das Material zusammen und betrachtet den Gegenstand von verschiedenen Standpunkten. Die letzte Entscheidung aber wird durch eine bewährte geistige Kraft, ihre Erkenntnisse oder Aussprüche gefällt.

Die im Druck überlieferten und bisher bekannt gewordenen drei kleinen Schriften Murners sind nicht die einzigen, die er zu dieser Zeit veröffentlicht hat; denn er beruft sich darin auf drei Arbeiten, in denen er Gegenstände der Astrologie behandelte. Er hat also in Freiburg, ehe er zur theologischen Fakultät hinüberwechselte, als Lehrer der Astrologie in der höheren Abteilung der artistischen Fakultät, dem Quadrivium, gewirkt, und sein Zögling und Schutzbefohlener, Hans Werner von Mörsperg, dem er die *Practica* widmete, war darin sein Schüler. Als weltliche Wissenschaft steht die Sternenkunde auf der höchsten Stufe, das Studium der Sternbewegungen ist nicht zu trennen von dem des Einflusses der Planeten auf das menschliche Schicksal. Dieses wird, soweit es das Körperliche betrifft, von den Sternen, soweit es aber die Seele angeht, von Gott bestimmt. Da aber die Seele unter dem Einfluß des Körpers und der fünf Sinne steht, so steht auch das Gesamtschicksal des Menschen unter dem Einfluß der Sterne. Die Berechnungen, die über ihre Bahnen angestellt werden, sind ungenau; denn die Bahnen der Fixsterne sind uns verborgen, und auch sonst gibt es Fehlerquellen, sodaß die an sich unfehlbare Wissenschaft eben unzulänglich betrieben wird. Alle Veränderungen, die das Leben mit sich bringt, sind von Vorgängen im Weltenraum abhängig, deren letzte Ursache Gott ist. Der dreiundzwanzigjährige Murner äußert damit keine neuen Ideen, er kann sich auf Gewährsmänner berufen, die mit Ptolemaios einsetzen; mit jenen gelehrten Einzelgängern, deren Gedankenflug die ganze Ordnung des Weltalls auf eine neue Grundlage stellte, mit Regiomontan und Kopernikus hat er nichts gemeinsam. Heinrich von Langenstein [20] und die Vertreter der Schuldisziplin sind gleichmäßige Vertreter der Ansichten gewesen, wie sie Murner in seinem ersten Werk praktisch auszuwerten gedenkt. Es stellt sich in eine lange Tradition von Arbeiten, unter denen es weder durch besondere Originalität noch durch irgendwelche andere Eigentümlichkeiten als die eine, daß es auch ein persönliches Dokument ist, auffällt. Murners *Praktik* reiht sich in ein unübersehbares Schrifttum, das sich vom Ende des 15. Jahrhunderts an auch der Volkssprache bedient. Es gehört zur periodischen Gebrauchsliteratur, da es die Vorhersagen auf Ereignisse, die in einem Jahr stattfinden sollen, zusammenfaßt und steht im engsten Zusammenhang mit dem Kalenderschrifttum. Die gleichartige Gestalt machte es einem findigen Kopf nicht schwer, eine solche praktische Anleitung auch ohne wissenschaftliche Grundlage zusammenzustellen. Adolf Hauffen charakterisiert die deutschen Praktiken des 16. Jahrhunderts — die Ableger der wissenschaftlich begründeten lateinischen — als „Quarthefte von wenigen Blättern, oft mit den altüberlieferten Bildern des Jahresregenten, der Planeten usw. versehen, in der Regel in einer absichtlich dunkel, kraus und rätselhaft gehaltenen Prosa abgefaßt. Aus der Stellung der Gestirne werden die zu erwartenden Folgen für ein oder mehrere Jahre abgeleitet. Erst die Witterungsverhälnisse der vier Jahreszeiten und der zwölf Monate, dann folgen Abschnitte über die Kriege und Seuchen des Jahres, über Obst und Feldfrüchte, über die gefährlichen Zeiten, an denen bestimmte Beschäftigungen zu meiden seien, über glückliche oder unglückliche Geburtsstunden des Jahres, über das Schicksal der einzelnen Nationen, Länder und Städte, je nach dem Tierzeichen, unter dem sie liegen, sowie der einzelnen Stände und Menschen, je nach dem Planeten, von dem sie beherrscht werden sollen. Auch Bauernregeln, volkstümliche Heilvorschriften sowie genaue Bestimmungen für den Aderlaß (daher die Bezeichnung „Laßtafel" für die ältesten Kalender) sind meist beigegeben [21]." Gegen Ende des 16. Jahrhunderts erreicht diese Produktion ihren Höhepunkt. Auf Jahrmärkten sind heute noch ihre letzten Ausläufer zu finden. Im Elsaß müssen solche Praktiken besonders beliebt gewesen sein, denn Fischart hat sie parodiert, indem er sich als Kalenderreimer im Jahre 1572 in *Aller Praktik Großmutter* einem verehrten Publikum vorstellte. Murner gibt ein Prognostikum

[20] H. Pruckner, Studien zu den astrologischen Schriften des Heinrich von Langenstein. Leipzig 1933.

[21] A. Hauffen, Johann Fischart. Ein Literaturbild aus der Zeit der Gegenreformation. 2 Bde. Berlin 1921/22; Bd. 1, S. 143 f.

auf das Jahr 1498, also dürfte seine Schrift zu Anfang des astronomischen Jahres, das am 11. März begann, erschienen sein. Sie umfaßt sechs Blätter und macht den Eindruck einer sehr persönlichen, an seinen Zögling gerichteten Schrift. Das Jahreshoroskop für 1498 ist eine Kompilation, die ihn als gewandten Benützer der Quellen und Hilfsmittel zeigt, von irgendeiner selbständigen Tätigkeit, die über die handwerksmäßige Technik einer Zusammenstellung hinausreicht, ist keine Spur vorhanden. Daß sich der kränkliche Sohn des Landvogtes zu einer Zeit, in der das Elsaß von Kriegsgefahr bedroht war — der neue König von Frankreich Ludwig XII. fiel im April 1498, nachdem Maximilian I. die Herausgabe von Burgund gefordert hatte, mit bewaffneter Hand in der Freigrafschaft ein — an seinen befreundeten Lehrer um eine Ausdeutung der Sterne wendete, ist sehr wahrscheinlich; denn unter ähnlichen Voraussetzungen ist ja auch Murners zweite Schrift entstanden.

Auch diese umfaßt 6 Blätter. Sie ist als eine Flugschrift aus dem Beginn des Schwabenkrieges[22] anzusehen, in dem Kaspar von Mörsperg als oberster Hauptmann von Vorderösterreich, der sich auf Maximilians Befehl im Jahr 1490 vergeblich um eine Einigung seines Herrn mit der Eidgenossenschaft bemüht hatte, eine führende Rolle spielte. Der Kaiser traf, nachdem der schwäbische Bund im Februar und März einige Gefechte verloren und das Vordringen der Eidgenossen über den Rhein nicht hatte hindern können, erst Ende April in Überlingen ein. Vorher setzte die feindliche Propaganda mit der Verbreitung von allerlei ungünstigen Gerüchten und astrologischen Prophezeiungen über den nahe bevorstehenden Untergang des Kaisers ein. Daß dem Sohn des obersten Hauptmanns solche Schriften anonym zugesandt wurden, daß er in seiner Not und Angst um den Vater und um den Kaiser wieder Trost bei dem ehemaligen Mentor sucht und dieser in wenigen Tagen eine Schrift zusammenstoppelt, die sich auch an einen größeren Kreis wendet und die Aufgabe hat, die schlechte Stimmung im kaiserlichen Heer zu zerstören, kann teils aus dem Wortlaut des Traktates, teils ohne allzu große Phantasie erschlossen werden. Es war also wieder eine publizistische Aufgabe, die Murner gestellt wurde und die er zu lösen versuchte. Ob es freilich besonders glücklich war, einen jungen Absolventen der artistischen Fakultät, beginnenden Theologen und Bruder des Franziskanerordens mit einer solchen Aufgabe zu betreuen, muß dahingestellt bleiben. Jedenfalls mußte sich Murner geschmeichelt fühlen, wenn ihm ein solcher Auftrag zuteil wurde. Den Titelholzschnitt umspannt als Spruchband ein Zitat aus Augustin *De Civitate Dei* 5. Buch: „Prorsus divina providentia regna constituuntur humana". Bilddarstellung und folgender Text erläutern diesen Satz, den der neugebackene Theologiestudent als Motto seiner Abhandlung wählt. Der Satz ist aber noch viel mehr als

[22] Die Bezeichnung „Schwabenkrieg" wurde von den Eidgenossen für diesen von der anderen Seite „Schweizerkrieg" genannten Krieg geprägt.

dieses. Man darf ihn als Grundpfeiler der politischen Ansichten nicht nur Murners, sondern der Zeit überhaupt ansehen. Der römische Kaiser ist durch die göttliche Vorsehung zum Herrscher über die Christenheit eingesetzt worden, wer dagegen ankämpft, verstößt gegen ein göttliches Gebot. Selbst die Eidgenossen sind der gleichen Auffassung. Nach der Chronik des Nikolaus Schradin führten sie ja diesen Krieg nicht gegen den Kaiser, sondern gegen den Erzherzog von Österreich. Murners Antwort auf die Frage Hans Werners, ob die Vorhersagen von Maximilians Tod im Krieg 1499 eintreffen würden, lautet: Nein, es gibt keine Möglichkeit, zu solchen Erkenntnissen zu kommen. Das wird nun in umständlicher Weise mit dem Aufgebot großer Gelehrsamkeit, dem Prunken mit Kenntnissen von Augustin- und Scotuszitaten bewiesen, dabei wird im Text auf die geschichtlichen Ereignisse nicht angespielt. Man dürfte mit der Annahme kaum fehlgehen, daß Murner eine Vorlesung über Astrologie durch Einbeziehung seiner neuen Kenntnisse erweitert, indem er seine Ansichten oder besser gesagt, das, was er erlernt hat, mit Zitaten aus Augustin, besonders aus dem 5. Buche der *Civitas Dei* und Scotus zu unterbauen und zu vertiefen sucht; denn die Einteilung der Ansichten über Astrologie in die drei Gruppen: die Alten, die Neuen und die Neueren — das sind diejenigen, deren Ansichten mit der Theologie übereinstimmen — scheint auf das Gerippe einer Vorlesung zu deuten. Murners Ansichten sind die gleichen, die er in der *Practica* von sich gegeben hatte, nur schreibt er jetzt als Theologe und arbeitet Gedanken- und Wissensstoff ein, den er sich wohl an der Pariser Universität angeeignet hat. Daß diese Schrift einen Erfolg oder Nachhall fand, ist durch kein zeitgenössisches Zeugnis zu belegen. Der Sieg der Eidgenossen bei Dornach zerstörte die Hoffnungen des Freiherrn von Mörsperg. Nach dem 22. Juli hatte erst recht niemand eine Veranlassung, die allgemeinen wissenschaftlichen Betrachtungen zum Zeitgeschehen zu lesen.

Murners dritte Schrift behandelt einen Gegenstand, der nichts mehr mit dem Zeitgeschehen und seinen Beziehungen zu den Sternen zu tun hat, sondern sie nimmt ihren Ausgang von seinem Krankheitserlebnis und knüpft daran Erläuterungen und Erklärungsversuche. Murner wählt dazu die Form des Gesprächs. Unterredner sind Kasper von Mörsperg, sein Sohn Hans Werner und Murner selbst. Sie sind durch ihre Äußerungen gut charakterisiert: der alte Mörsperg als überlegener Schiedsrichter von Lebens- und Welterfahrung, voll Hochachtung vor der Theologie, der junge als blasierter Skeptiker, altkluger Opponent und scharfer Gegner, Murner als leidender, klagender, vom Unglück heimgesuchter Partner, der über das Krankheitserlebnis hinwegzukommen sucht und dem die helfende Hand von oben beisteht. Er gibt sich ganz besonders als einen Gelehrten, der sich über sich selbst Klarheit zu schaffen versucht. Auch diese Schrift reiht sich in eine Tradition ein. Zu Straßburg ist 1487 der von den Dominikanern

Heinrich Institoris und Jakob Sprenger verfaßte *Hexenhammer* erschienen, von Prozessen wird allenthalben berichtet, auch einigen aus Tirol und Vorderösterreich, Ländern, über die damals noch Erzherzog Sigismund regierte. Ihm schien die Folter nicht geeignet, ein wahres Geständnis der Schuldigen hervorzurufen, und deshalb wendet er sich an Ulrich Molitoris, den Prokurator beim bischöflichen Hofgericht in Konstanz, um Auskunft. Dieser entledigt sich seines Auftrages durch die Abfassung eines Gesprächs zwischen Sigismund, dem Bürgermeister von Konstanz und ihm selbst. Es ist 1489 unter dem Titel *De laniis et phitonicis mulieribus (Über Unholde und Hexen)* erschienen. Murner knüpft daran an, er unternimmt es, Molitoris, den Juristen, mit dessen Ergebnissen er übereinstimmt, aber dessen Beweisführung unzulänglich sei, auf seine Weise und Methode als Theologe zu ergänzen. Wie Molitoris so glaubt auch Murner, daß sich der Teufel der Hexe als eines Werkzeuges bediene, um die Menschen in Versuchung zu führen. Der Kernpunkt ist Murners Behexung. Sie soll philosophisch und naturwissenschaftlich — nicht medizinisch — besprochen und begründet werden. Dabei wird bereits das Humanistenthema Glück und Unglück und mit ihm das Fortunaproblem wenigstens angetönt, vor allem aber wird die Frage über die Entstehung einer solchen Hexerei und ihre Heilung mit einem Gegenzauber aufgeworfen und damit die Beziehung des Themas zur astrologischen Wissenschaft hergestellt. Die Form der Unterredung gibt Murner Gelegenheit, eine neue Methode, die dem Wesen der Scholastik entspricht, anzuwenden und auf eine Synthese hinzuarbeiten. Von einer geistigen Selbständigkeit zeigt sich auch hier keine Spur. Duns Scotus und Albertus Magnus sowie eine diesem zugewiesene Schrift sind Murners Quellen. Als unmittelbare Veranlassung zur Abfassung des Traktats ist die neuaufgeworfene Frage über Murners Behexung anzusehen. Die Behauptung Hans Werners und einiger junger Leute aus seiner Straßburger Umgebung, die Lähmung sei nicht durch Zauber von einer Hexe, sondern durch die Einwirkung der Sterne entstanden, sowie ihr Spott über den Gegenzauber (Tragen eines Sackes durch ein Jahr und Behandlung der erkrankten Stelle mit Spülwasser), gaben nach der schwer zu verstehenden Vorrede den Anstoß zur Abfassung der Abhandlung.

Eine kleine Verstimmung zwischen den Freunden anzunehmen, ist man wohl berechtigt. Man kann sich gut die Herausforderung Murners als Veranlassung für ihn vorstellen, sich und sein Wesen in den Kosmos einzuordnen; denn seine Eitelkeit mußte sich verletzt fühlen, wenn das Leiden, das ihm sicher viele Neckereien und Unannehmlichkeiten eingetragen hatte, ihm von dem jungen Gelehrten nun nochmals vorgehalten wurde. Vielleicht täuscht er das aber doch nur vor und verfaßt eine Rechtfertigungsschrift, in der er den Genossen seiner Jugend zeigt, daß er jetzt als Philosoph und Theologe über all diese Fragen erhaben ist. Zur Einsicht Grillparzers: „Krankheit, du bist Gottes Gabe“ konnte er gar nicht vordringen, weil ihm seine Krankheit vom Teufel geschickt wurde und sie nur durch einen Gegenzauber gebannt werden konnte. Die rein mittelalterliche Einstellung Murners, seine letzte Berufung auf Autoritäten in weltlichen und geistigen Angelegenheiten, seine Beurteilung und Betrachtung der Erscheinungen sind und bleiben durch sein ganzes Leben unverändert. Man könnte sie mit einem Felsen vergleichen, der zwar umbrandet ist, aber allen Einwirkungen und Störungsversuchungen trotzt. Diese mittlere geistige Seelenlage mag durch Spott, übermütige Laune, zorniges Dreinschlagen und einen Hang, über die natürlichen Grenzen hinauszudringen, vielleicht verdeckt sein, zurückgetreten ist sie nie. Bei ihr muß der Hebel einsetzen, wenn die Persönlichkeit zu einer ihrem Wesen entsprechenden Antwort gebracht werden soll.

Das akademische Jahr 1499/1500 verbrachte Murner in Krakau, wo er Unterricht in der Logik erteilte und gleichzeitig auch das Bakkalaureat der Theologie erwarb. Unmittelbar nach der Absolvierung seiner artistischen Studien wendeten sich seine Interessen der Naturwissenschaft zu. Es ist anzunehmen, daß Murner in Krakau auch diese Neigungen, die dort besonders gepflegt wurden, weiter ausbildete. Die Mnemotechnik, die er später im philosophischen und juristischen Lehrbetrieb anwendete, hatte Murner bei Faber Stapulensis in Paris gelernt. Nachdem er noch je ein Semester in Prag und Wien verbracht hatte, kehrte er nach Straßburg in sein Kloster zurück und nahm dort an der franziskanischen Schule seine Lehrtätigkeit in Philosophie auf. Gleichzeitig wurde er als Kanzelredner beschäftigt. Das zeigt seine große Verwendbarkeit. Was der Gelehrte und Lehrer bedurfte, hatte er sich an vielen Universitäten erworben, kaum daß ihn die verschiedenen Richtungen innerhalb der Scholastik beschäftigten. Fragen der Methodik erschienen ihm wichtiger. Was der Prediger nötig hatte, das hatten die Reisen, die langen Wanderungen auf den Landstraßen, der Aufenthalt in den Herbergen, der Verkehr mit dem Volk und die Kenntnis des Lebens eingebracht. Als Disputationsredner hatte Murner große Erfolge. Hier zeichnet sich bereits seine Neigung zur Rechtswissenschaft ab. Das scheinbar unstete Irrlichtelieren zwischen verschiedenen Disziplinen veranlaßte Geiler zu einer abfälligen Bemerkung, die Murner aufgriff und zu einem respektvollen Schreiben an den verehrten Meister mit der Bitte veranlaßte, den für ihn wichtigen Gegenstand in einer Disputation oder einem längeren Briefwechsel zu erörtern. Dem wich Geiler aus, vielleicht weil er sich mit dem jungen Heißsporn nicht einlassen wollte, weil er um die Zwecklosigkeit einer solchen Unternehmung wußte oder weil es seiner Natur widersprach, an einem Streit über wissenschaftliche Fragen teilzunehmen. Der Unterschied im Alter, der Gegensatz zwischen Weltpriester und Mönch, vielleicht auch eine gewisse Eifersucht ließen eine Verständigung nicht aufkommen. Die reformierenden Absichten in Schul- und Erziehungsfragen, ja die Pläne zu einer Universitätsgründung, die unter dem Triumvirat Geiler, Wimpfeling, Brant stehen sollte, drohten der franziskanischen Schule, an der Männer wie Konrad von Bondorf gewirkt hatten, gefährlich zu werden. Murner konnte sich verletzt, ja von der Gruppe der oberrheinischen Humanisten um das geplante Gymnasium geradezu abgestoßen fühlen und begann nun, auf eigene Faust, eine gleichsam in der Luft liegende geschichtliche Frage zu behandeln. Das lag in einer Linie mit seiner Schrift gegen die Astrologen und brachte ihn in Gegensatz zu einem gefährlichen Manne, der einen großen Anhang aufzubieten wußte: Jakob Wimpfeling. Eine solche Polemik über theologische, politische oder rechtliche Fragen ist in dieser streitbaren Zeit am Vorabend der Dunkelmännerbriefe an der Tagesordnung. Man führte sie mit wachsender Erbitterung und suchte schließlich, Machtmittel gegen den Feind anzuwenden und ihm das letzte Wort zu nehmen durch ein Verbot, neue Schriften zu veröffentlichen, oder die Zensur der alten. Daß dabei allerhand persönliche Anschuldigungen und Verdächtigungen zum Vorschein kamen und ausgewertet wurden, um gegen den Feind Stimmung zu machen, ist selbstverständlich [23].

Es kann wohl sein, daß der Kreis um Geiler und Wimpfeling es nicht ungern sah, wenn sich Murner eine Blöße gab. Sie konnten dann gegen ihn mit angesehenen Hilfstruppen und Machtmitteln vorgehen. Seine pädagogischen Erfolge, sein zweifellos lebendiger und anregender Unterricht, von dem man nur weiß, daß er die Tröstungen der Philosophie des Boethius erklärte, seine Art, sich auch mit Fragen anderer Wissensgebiete zu beschäftigen, und schließlich auch das Zurückgreifen auf seine frühere Schrift gegen die Astrologen machen es sehr wahrscheinlich, daß sich Murner auch mit geschichtlichen Fragen beschäftigte oder zum mindesten Bemerkungen über solche Gegenstände machte, zumal wenn eine Beziehung zwischen ihnen und der Tagespolitik bestand. Quellenkritik sucht man bei ihm wie bei fast allen Zeitgenossen vergebens. Und so konnte er leichthin behaupten, die Lilien im Straßburger Stadtwappen seien ein Beweis dafür, daß die Stadt früher unter französischer Herrschaft gestanden hätte. In welchem Zusammenhang und in welcher Form er eine solche Äußerung von sich gab, ist nicht festzustellen. Es besteht auch die Wahrscheinlichkeit, daß sie durch ahnungslose oder übelwollende Zwischenträger in Umlauf gesetzt wurde. In diesem Falle konnte jede Beeinträchtigung des Rivalen oder eine Verdächtigung seiner Ansichten den Anregern der neuen Lehranstalt willkommen sein. Daß Murner aber eine reichsfeindliche Stellung eingenommen habe, ist durchaus unwahrscheinlich, zumal er doch zwei Jahre vorher im Sinne der kaiserlichen Politik als Publizist aufgetreten war und nach fünf Jahren von Kaiser Maximilian zu Wien zum Dichter gekrönt wurde. Wimpfeling aber verfolgte mit seiner im Dezember 1501 erschienenen *Germania* auch den Zweck, Murners Ansehen und Einfluß zu schädigen

---

[23] Cf. Wimpfeling-Kapitel, S. 359 ff.

und ihn als Parteigänger Frankreichs bei den Zeitgenossen verdächtig zu machen. Das ruhig hinzunehmen, war Murner nicht der Mann.

Schnell fertig war die Gegenschrift. Aber sie wurde wohl gehütet. Murner versuchte die Meinungsverschiedenheiten durch einen Besuch bei Wimpfeling zu Beginn der Fastenzeit zu beseitigen und sandte ihm nach dieser Aussprache und in der Überzeugung, ihm einen Dienst zu erweisen, sein Manuskript. Auch nachher noch hat er Wimpfeling besucht, sich Bücher von ihm entliehen und mit ihm über das Werk gesprochen. Es ist heute schwer zu sagen, welche Absichten Murner damit verfolgte. Soviel aber ist sicher, daß sein Verhalten nicht darauf aus sein konnte, einen Streit herbeizuführen. Davon mußten ihn allein schon das große Ansehen und der bedeutende Anhang Wimpfelings zurückhalten. Streitsüchtig wird man aber auch kaum jemanden nennen können, der seine Waffen und Argumente dem Gegner in die Hand legt und ihn bittet, mit ihrer Hilfe seine Stellung zu verbessern. Das tat Wimpfeling auch, indem er seiner *Germania* eine ergänzende Schrift folgen ließ, in der er auf manchen Einwand Murners antwortete und mit einem gewissen Spott gegen ihn vorging. Er dachte also seine Germania nochmals durch und vertiefte manchen dort nur angedeuteten Gedanken. Unmittelbar nach der Veröffentlichung dieser *Declaratio* hat Murner auch seine *Germania nova*, die Gegenschrift gegen Wimpfelings erstes Werk, veröffentlicht. Ob Murner den Auftrag zum Druck seiner *Germania nova* oder Wimpfeling den zum Druck der *Declaratio* früher oder ohne Wissen des Rivalen gegeben hat, wird sich kaum feststellen lassen. Den offenen Streit zu verhindern, war nicht mehr möglich. Murner hatte nun eine Gelegenheit, seine publizistischen Fähigkeiten zu üben.

In diese Zeit fällt auch ein anderes Ereignis, das geeignet war, Murners Selbstbewußtsein zu heben. Auf dem Provinzialkapitel zu Solothurn am 12. Juni 1502 hielt Murner eine lateinische Rede, in der er humanistisch prunkvoll den Reformgedanken in der Rückkehr zur Nachahmung der franziskanischen Liebe herausstellte, die gelehrte Tätigkeit der Ordensmitglieder dürfe nicht erlahmen. Er bringt dabei die Verdienste seines Lehrers Konrad von Bondorf dem Ordensnachwuchs in Erinnerung, der die Arbeit scheute und sich bis zum Überdruß in seinen gelehrten oder seelsorgerischen Äußerungen wiederholte. Den Solothurner Bürgern, die mit ihren Mitteln das Franziskanerkloster neu ausgestattet und sich mit den übrigen Schweizern im Burgunderkrieg, der für Deutschlands Freiheit ausgefochten wurde, ausgezeichnet haben, gilt am Ende der Rede seine Anerkennung. Auf dem nächsten Provinzialkapitel in Eßlingen am 11. Mai 1503 hielt Murner ebenfalls eine lateinische Rede. Auch an den folgenden, 1504 in Straßburg und 1505 in Überlingen, nahm er teil. Bei diesem leitete er mit Georg Hofmann die Disputationes plateales. Unmittelbar nach dem Solothurner Kapitel wurde Murner unter die Fratres aufgenommen. Eine neue abfällige Bemerkung Geilers über seine neuartige Lehrmethode mußte Murner übelnehmen. Es wechselten nochmals einige gleichsam auf Stelzen gehende und von versteckten Bosheiten strotzende Briefe zwischen Wimpfeling, der als Geilers Anwalt auftrat, und Murner hin und her. Die Gegner suchten einander zu reizen, und in dieser Gewitterstimmung wanderten die Handschriften der *Declaratio* und der *Germania nova* in die Druckereien. Die versöhnliche Wendung am Ende der Abhandlung, die folgende Solothurner Kapitelrede und das Schlußgebet an die Jungfrau Maria konnten den Eindruck des Werkes nicht schwächen. In zwei Tagen behauptete Murner es hingeschrieben zu haben. Die Schrift stellt nach seinen eigenen Worten einen überarbeiteten Text jener Handschrift dar, die er Wimpfeling übersandt hatte. Er folgt in der Anordnung und oft auch im Wortlaut der angegriffenen Schrift. Er weist gleich eingangs im Widmungsschreiben an seinen Schüler, den Straßburger Bürgerssohn Hieronymus Happmacher, den Vorwurf zurück, daß er Parteigänger der französischen Sache sei, im Schreiben an den Rat sagt er mit einem gewissen Stolz, daß er aus eigenen Mitteln an verschiedenen Universitäten studiert und ein Recht habe, die Vertreter seiner Vaterstadt vor Männern zu warnen, die mit ihren Plänen eigennützige Absichten verbänden. Daß er hier die geplante Schulgründung meint, liegt wohl auf der Hand. Es ist im wesentlichen ein Streit um Worte, denen entweder ein gegenwärtiger oder ein angenommener Sinn zugrunde gelegt wird, und letzten Endes sind Murners Beweisgründe ebenso wenig stichhaltig wie die seines Gegners. Aber in der Zerpflückung der Ausführungen seines Widersachers, in der parodistischen Auswertung ganzer Sätze des angegriffenen Vorbildes erweist er sich als Meister, denn er wußte ja, daß den eitlen und leicht gekränkten Wimpfeling nichts mehr empören konnte, als wenn man ihn lächerlich machte und er dadurch Gefahr lief, sein Ansehen unter den Zeitgenossen einzubüßen. Die Verdächtigung, die gegen Murner von Wimpfeling zuerst und dann immer wieder erhoben wurde, er habe Straßburg den französischen Ansprüchen überliefert, wird mit den Worten zurückgewiesen: „Wenn daher ein französischer König Straßburg wieder begehrt, das dem Römischen Reiche überantwortet worden ist, so würde er Gott zu widerstreben scheinen, durch dessen Vorsehung dies so geordnet ist.“ Diese wichtige Stelle und das spätere Argument, daß die Franzosen, wenn sie Straßburg begehren, sich gegen den Apostolischen Stuhl vergehen, sind in ihrer Bedeutung nicht immer richtig gewürdigt worden; denn zwischen Murner und Wimpfeling bestehen zwar viele Gegensätze, die zur offenen Feindschaft führen konnten, aber ihre politische Einstellung dem Kaiser und Reich gegenüber ist die gleiche. Es ging ja auch Wimpfeling in seiner *Germania* weniger darum, dies in seiner Schrift zu beweisen, als um die neue Lehranstalt und im Verlauf des Kampfes um eine Ausschaltung des gefährlichsten Gegners, der sich durch seinen versteckten Angriff auf das Glatteis einer schriftlich ausgetragenen Disputation hatte locken lassen. Hinter den Argumenten, die von beiden Seiten in einer im gelehrten Betrieb der Zeit allgemein üblichen Technik und Redegewandtheit vorgebracht wurden, werden die eigentlichen Gegensätze zu verschleiern gesucht. Daß es um nichts anderes ging, als den Gegner auszuschalten, ist aus einer Stelle in einem Brief Murners an Wimpfeling zu ersehen: „Wisse jedoch, daß ich mit solcher Kraft gegen deine Torheit zu Felde ziehen will, daß einer von uns beiden auf dem Platze bleiben muß. Das verspreche ich dir." Hier zeigt sich die ganze Unversöhnlichkeit, mit der nun Murner in dem ungleichen Kampf auftrat. Er konnte gewiß stolz sein, dem Führer des Schlettstädter Humanismus mannhaft entgegengetreten zu sein. Vor einem solchen Gegner schließlich doch die Waffen zu strecken, konnte dem jungen Gelehrten, der keinen geschlossenen Beistand in den Reihen der Mönche fand, nur ehrenvoll sein. Eines ist sicher, daß Murners Name, wenn auch keineswegs rühmlich, in weite Kreise getragen wurde. Die erste Verdächtigung seines Charakters war seinen einflußreichen Gegnern gelungen, und damit erhielt die Persönlichkeit Murners einen besonderen Stempel aufgedrückt, der seinem künftigen Wirken alles andere als günstig war.

Es war nicht Murners Sache, die Schmähschriften der Anhänger Wimpfelings, die *Defensio* und die *Versiculi*, unbeantwortet zu lassen. Ein ganzes Jahr lang schwieg er. Die Aufforderung an Wimpfeling zu freundschaftlicher Disputation blieb unbeantwortet. Darum rüstete er sich zum Gegenangriff in der Schrift *Honestorum poematum condigna laudatio, Impudicorum vero miranda castigatio* (September 1503). Er setzt sich darin mit den Anschuldigungen, die gegen ihn vorgebracht wurden, auseinander und weist sie in würdiger Form zurück. Dann aber wendet er sich an Wimpfeling, den er als Abschreiber, Kleinigkeitskrämer und alten Nörgler hinstellt. Er wird dabei von dem bereits erwähnten Hans Werner Freiherrn von Mörsperg und Beffort und Dr. Erasmus Greselin unterstützt. Bezeichnend ist, daß Murner sich bemüht, seine humanistische Bildung ins rechte Licht zu stellen. Er sucht die Gegner mit ihren eigenen Waffen zu schlagen, bedient sich volkstümlicher Bilder und Anekdoten und belegt seine Ansichten mit Sprichwörtergut. Den Anschuldigungen seiner Widersacher begegnet er mit großem Geschick und schlägt eine mündliche oder schriftliche, sachlich und ohne Leidenschaft vorgetragene Erörterung aller wissenschaftlichen Fragen vor. Er ist endlich auch bereit, die ganze Angelegenheit der Universität Freiburg als Schiedsrichterin vorzutragen. Auch dieser Schrift wurde durch ein Zensurdekret die Möglichkeit zu wirken entzogen. Von einem Sieg der einen oder anderen Partei kann trotz Murners vorheriger Versicherung, den Kampf bis zum bitteren Ende zu fechten, nicht gesprochen werden. Aber er hatte sich bewährt, sein Ansehen gehoben, er hatte eine Kraft bewiesen, mit der in der Zukunft zu rechnen war. Ein weites Feld literarischer Betätigung lag vor ihm.

In der Folgezeit widmete sich Murner theologischen und humanistischen Studien. Seiner Dichterkrönung durch Kaiser Maximilian in Wien — man könnte darin eine Wiedergutmachung der vom Kaiser gutgeheißenen Zensurverordnung gegen die Laudatio sehen — folgte am 26. September 1505 die Ernennung zum Kommissär der österreichischen Minoritenprovinz. Es ist aber bezeichnend, daß sich Murner, obwohl ihm vom Ordensgeneral Aegidius Delphini in einem zu Viterbo am 24. September 1505 datierten Schreiben die Erlaubnis dazu erteilt wurde, nie diesen Titel selbst zulegt, während er seine akademischen Grade fast immer mit seinem Namen zu verbinden pflegt. Im März 1506 promovierte Murner in Freiburg zum Lizentiaten und Doktor der Theologie. Anschließend daran nahm er zu Pfingsten am Generalkapitel des Franziskanerordens in Rom teil. Dieser schnelle Aufstieg und die vielen Aufträge beweisen, daß ihm die humanistische Gegnerschaft aus dem Kreise Wimpfelings wenig anhaben konnte. Die Ausgabe des logischen Kartenspiels [24] (1507 zu Krakau bei Johann Haller, 1509 zu Straßburg bei Johannes Grüninger u. a., noch im 17. Jahrhundert wurde das Werk in Brüssel und Paris neu aufgelegt) zeigt, daß der Erfolg seiner Lehrmethode sich bewährte, die er nun während seiner Tätigkeit an der Freiburger Universität auf den Unterricht im Römischen Recht, der Logik und Prosodie in ähnlicher Weise anwendete. Da ein solches Kartenspiel in Basel aufgefunden wurde, ließe sich Murners Methode wohl rekonstruieren. Soviel ist sicher, daß der beliebte Volksprediger und Volksschriftsteller auch den Unterricht in einem langweiligen Stoff lebendig zu gestalten verstand. Wie um den Vorwürfen seiner Gegner nochmals zu begegnen, scheint er sich auch besonders mit Fragen der Metrik beschäftigt zu haben, über die er dann später eine kleine Schrift herausgab, von der es ausdrücklich heißt, daß sie aus einer zu Freiburg gehaltenen Vorlesung entstanden sei. Es liegt auf der Hand, daß Murner nun besser gerüstet eine Auseinandersetzung mit dem Humanismus suchte, die ihm wieder durch Wimpfeling geboten wurde. Murner konnte nun als Sekundant seines Lehrers Jakob Locher auftreten, den er von seiner Freiburger Zeit her kannte und dessen Auseinandersetzung mit Wimpfeling er damals miterlebte, als er sich auf seine Prüfungen in Freiburg vorbereitete. Der Hintergrund von Murners neuer, im Jahre 1509 zu Straßburg gedruckten *Reformatio poetarum* ist der Streit zwischen Wimpfeling und Locher. Die Widmung an diesen darf über Murners selbständige Auffassung der darin behandelten Themen nicht hinwegtäuschen. Insofern ist die *Reformatio poetarum* ein typisches Werk Murners, als manche Erkenntnisse aus der praktischen Predigertätigkeit gewonnen wurden, denn diese begleitete ihn. Das Amt des Lektors, das er ausübte, verpflichtete ihn dazu. Murner schreibt als berufener Theoretiker und Praktiker. Sein ehrliches

---

[24] L. Sieber, Thomas Murner und sein juristisches Kartenspiel. In: Beiträge zur vaterl. Gesch., hrsg. v. d. hist. Ges. in Basel 10 (1875), S. 273—316.

Streben nach Erkenntnissen zeigt, daß er Zasius, dem Gegner Lochers, die Schrift vorlegte und den mit ihm geführten Briefwechsel als Anhang zur *Reformatio* abdruckte. Auch diese Schrift Murners ist aus einer zu Freiburg gehaltenen Vorlesung entstanden, deren Gegenstand eine nach Augustins *Doctrina christiana* eingerichtete Rhetorik war. Das zeigt, wie nahe beieinander für ihn Predigt und Dichtung lagen, und nimmt gleichsam schon seinen baldigen Schritt vom Prediger zum satirischen Schriftsteller vorweg. Tiefer schürfend als der Literat Locher geht Murner dem Problem zu Leib, daß die kirchliche Beredsamkeit durch die antiken Vorbilder aufzufrischen sei. Abschließendes zu geben sei er nicht imstande. Er möchte vielmehr dazu anregen, diese Fragen von verschiedenen Seiten her durchzudenken. Er bittet auch um eine Berichtigung seiner vorgetragenen Ansichten, die er aus den kirchlichen Autoritäten Hieronymus und Augustin aufzubauen sucht. Welcher Unterschied und welcher Lebensernst, wenn man die frischfröhliche Polemik der *Germania nova* damit vergleicht! Murner folgt dem Rufe ad fontes und sucht im Drang nach objektiven Erkenntnissen, die Grundlagen der Lehre von der Dichtung für sich sprechen zu lassen, dann beginnt er mit seinem eigenen Bau. Die weltliche Poesie — im weiteren Sinne wird darunter die Wissenschaft überhaupt verstanden — führt auf Irrwege, sie ist nur wertvoll, sofern sie Vorbild für sprachliche Übungen ist oder aus ihr moralische Beispiele entnommen werden können. Allein schon die Berufung auf Hieronymus zeigt, daß Murner ein Verfechter des christlichen Humanismus ist, daß die Ansichten der Kirchenväter für ihn von absoluter dogmatischer Giltigkeit sind. Es konnte sich also seiner Ansicht nach bei einer Verbesserung seiner vorgetragenen Meinung durch die Zeitgenossen nur darum handeln zu beweisen, daß er die Kirchenväter nicht richtig verstanden habe. Es gibt kaum ein Denkmal aus der beginnenden Neuzeit, in dem das mittelalterliche absolute Ansehen und die Allgemeingiltigkeit der Lehren der Kirche und ihrer Väter so hart neben dem Willen stehen, durch eigene Erkenntnisse dem Wesen der Dinge auf den Grund zu kommen. Murner fühlte diesen Zwiespalt sicher nicht, aber die Zeitgenossen witterten ihn, deshalb verstanden sie den Mann so wenig und suchten die Widersprüche in seinem Wesen auf seinen schlechten Charakter zu schieben. In der brieflichen Auseinandersetzung mit Zasius, die manches zur Klärung des Problems beigetragen hat, beansprucht Murner den Humanismus in franziskanischem Sinne als Mittel zu wirksamer Ausbreitung des Glaubens in der bürgerlichen Gesellschaft. Er kann also nur für einen höheren Zweck dienstbar gemacht werden und besteht nicht um seiner selbst willen. Dieser harten Theorie wirkt Murners angeborenes Künstlertum entgegen. Es mußte zurücktreten, wenn er dazu gezwungen wurde, seine Erkenntnisse zu formulieren. Gewissen und Neigung, Verstand und Gefühl, Pflichtbewußtsein und innerer Drang können eben bei einem so vielseitigen Menschen wie Thomas Murner nie ganz ausgeglichen werden, und dadurch erklären sich viele Widersprüche, die oft allzu ausschließlich in seinen immer wieder angenommenen schlechten Charakterzügen gesucht worden sind. Er fühlte den durch den Humanismus heraufbeschworenen Gegensatz zwischen Antike und Christentum, kämpfte wie das ganze Mittelalter um seine harmonische Vereinigung und wurde doch wie so viele seiner Zeitgenossen, die man mit größerem Recht als ihn unter die Humanisten zu zählen glaubt, von der kirchlichen Autorität niedergedrückt. Er, der über die Scholastik hinauszukommen suchte, scheiterte an der klaren Begriffsbildung vor allem dadurch, daß er einen Wortschatz gebraucht, der keineswegs eindeutig festliegt, indem dasselbe Wort in verschiedener Sinngebung angewendet wurde. Die Klarheit der Begriffe fehlt, aber das ist eine Erscheinung, die für die meisten seiner Zeitgenossen eigentümlich ist. Deshalb macht es uns so oft den Eindruck, es werde nur des Streites wegen gestritten und am entscheidenden Sinn vorbeigeredet. Die Terminologie und die Wendungen stellen sich wie von selbst ein und lassen sich aus den ausgefahrenen Gleisen nicht herausheben. Das Bewußtsein der sprachlichen Veränderungen, die durch den Humanismus herbeigeführt wurden, ist denen, die die Wandlung selbst miterlebten, nicht zur Erkenntnis gekommen.

Absicht und Streben Murners richteten sich hier wie früher und später nach dem Höchsten. Die schöpferische Idee und der geniale Anlauf, mit dem er sein Ziel in kürzester Zeit erreichen will, lassen die Ausführung weit hinter sich. Wir können sie nur aus dem Aufblitzen wirklich großer Gedanken erschließen, aus tief in das Wesen der Erscheinung eindringenden Bemerkungen eines flackernden Geistes, der wie ein Irrlicht darüber schwebt, das mit der gleichmäßig wärmenden Durchdringung einer in die Tiefen hinableuchtenden Fackel nichts gemein hat. Vom Humanismus aber wurde sein Geist auf besondere Weise berührt, nicht von den künstlerisch formalen Flügeln, vom Glauben an Schönheit und Kunst, sondern von dem Bildungsstreben, vom Glauben an einen sittlichen Aufstieg durch die Nutzbarmachung der ethischen Werte, welche das klassische Altertum erzeugt hat. Diese Auffassung konnte sich nie in einer spekulierenden Ästhetik verlieren, sie blieb der Erde treu und verband sich mit der Auswertung eigener Erfahrungen zur Besserung der Zeitgenossen. Wie immer bei Murner so gingen auch hier Theorie und Praxis Hand in Hand. Wenn auch von einer Wirkung der *Reformatio poetarum* nichts zu verspüren ist, so zeigt sich doch, wie ernst er seine Aufgabe sah, und daß er sich über die Grundlagen der geistlichen Beredsamkeit klar zu werden suchte.

Schon in den ersten Jahren des neuen Jahrhunderts ist Murner als Prediger in Straßburg aufgetreten. Er wirkte im Sinne Geilers für die Herstellung der alten Zucht und wetterte unter anderem gegen das Mitbringen von Hunden und Vögeln in die Kirche. Etwas mehr weiß man von seinen Predigten in der Klosterkirche zu Freiburg, weil er von der Kanzel aus die Rechte der Münsterpfarrkirche, über die das Patronatsrecht von der Universität ausgeübt wurde, angriff. Er bekam deshalb vom Senat einen Verweis. Ferner beschwerte sich der Stadtschreiber Johann Armbroster über eine Äußerung, die Murner gegen seinen verstorbenen nahen Verwandten Dr. Moser von der Kanzel aus getan habe. Murner mußte gegen bedrohliche Angriffe Armbrosters die Hilfe des Rates in Anspruch nehmen, und es kam dann zu einem Vergleich. Aber Armbroster und Zasius, beide nahe Verwandte des verstorbenen Dr. Moser, haben es ihm nie verziehen, daß er von der Kanzel gesagt haben soll, Dr. Moser sei des Teufels und könne nicht zur Gnade gelangen. Es ist möglich, daß dies der Anlaß zu Murners Versetzung an das Barfüßerkloster in Bern war. Er bekleidete dort das Amt eines Lesemeisters. Wahrscheinlich ist jedoch, daß man gerade in diesem Augenblick eine bewährte energische Kraft brauchte, die die Interessen des Ordens wahren und den Aufstieg des Klosters unterstützen sollte. In bitterer Feindschaft lagen einander Franziskaner und Dominikaner gegenüber. Die Auseinandersetzung über die dogmatische Frage der unbefleckten Empfängnis Mariä wurde seit langem mit Leidenschaft geführt. Das konnte die Rivalität der beiden Bettelorden und ihren erbitterten Kampf um den Einfluß beim Stadtvolk selbst den einsichtigen beurteilenden Zeitgenossen kaum verdecken. Um die franziskanische Stellung in diesem Kampfe, der eben jetzt in Bern zu einem entscheidenden Höhepunkt führte, zu verbessern, sollten Murners Persönlichkeit und publizistische Fähigkeit eingesetzt werden.

Sicher war Murner über den bisherigen Verlauf des Jetzerprozesses, der am 28. Juli 1508 eröffnet worden war, unterrichtet; denn es handelt sich um eine Frage, an der sein Orden ganz besonders interessiert war. Hans Jetzer aus Zurzach, ein Laienbruder des Berner Dominikanerklosters, trat als Kläger gegen vier Berner Dominikaner auf, den Prior Johannes Vatter, den Subprior Franz Ültschi, den Lesemeister Dr. Stephan Boltzhurst und den Schaffner Heinrich Steinegg, die Genannten hätten ihn durch allerlei Mittel und Vortäuschungen als Werkzeug und Zeugen dazu mißbraucht, die Unhaltbarkeit der franziskanischen Lehre von der unbefleckten Empfängnis Mariä zu erweisen, sie seien mit dem Teufel im Bunde und hätten mit Frauen und Mädchen aus Bern im Kloster Unzucht getrieben. Das Urteil, das auf Betreiben des Berner Rates von einem hohen Gerichtshof am 24. Mai 1509 gefällt wurde, erkannte auf die ewige Verbannung Jetzers und die Verbrennung der vier Dominikaner. Am 31. Mai 1509 wurde diese auf der Schwellmatte vollzogen. Allein schon der Umstand, daß die Bischöfe von Castelli, Lausanne und Sitten als Untersuchungsrichter tätig waren, daß Papst Julius II. ein Revisionsverfahren von ihnen hatte einleiten lassen, das am 5. Mai begann, sowie viele zeitgenössische Berichte bezeugen, welche Aufregung und leidenschaftliche Parteinahme dieser Prozeß, der der Forschung wohl immer einige unlösbare Rätsel stellen wird, überall hervorgerufen hat. Es war einer jener Skandalprozesse, die von der

Öffentlichkeit mit heißen Köpfen besprochen werden, die zu leidenschaftlicher Parteinahme und zur Zerreißung bestehender Bindungen führen. Sie sind in der Geschichte häufig die Vorboten großer revolutionärer Ereignisse und manche, die ihre unmittelbaren Zeugen sind, ahnen dies.

Ende Februar 1509, also ehe der Prozeß in seine letzte Phase trat, kam Murner nach Bern. Er hatte dort reichlich Gelegenheit, sich durch Augen- und Ohrenzeugen über die Vorgeschichte unterrichten zu lassen. Er begleitete die Verurteilten auf den Richtplatz, war also selbst auch Augenzeuge ihres Endes. Unmittelbar nach der Vollstreckung des Urteils galt es, den Prozeß propagandistisch im Sinne der von den Franziskanern vertretenen Lehre auszunützen. Murner ist also Partei. Das Urteil besteht für ihn zu Recht. Allein schon sein Glaube an die kirchliche Autorität mußte die Auffassung, als liege hier ein Justizmord vor, zurückweisen. Dennoch erschien es keineswegs ratsam, Murners Veröffentlichungen über den Jetzerprozeß mit dem Namen des Verfassers erscheinen zu lassen. Abgesehen davon, daß eine Behandlung des Prozesses für weitere Kreise das allgemeine Ansehen der Kirche schädigte, war ein franziskanischer Verfasser, der seinen Namen nannte, von vornherein des Verdachtes einer Parteinahme gegen die Verurteilten sicher. Immerhin wußten auch die Zeitgenossen, daß Murner der Verfasser der lateinischen Schrift *De quattuor Heresiarchis* und der ebenfalls 1509 erschienenen deutschen mit Holzschnitten von Urs Graf gezierten Reimchronik *von den fier ketzeren* war. Die erste ist für gelehrte Leser bestimmt, sie bedient sich einer ähnlichen Technik wie Murners frühere Streitschriften, indem sie sich im Wortlaut an eine Verteidigungsschrift der vier Dominikaner von ihrem Rechtsbeistand Paulus Hug anlehnt, die Mitte des Jahres 1509 in Basel gedruckt worden war. Ein 16 Distichen umfassendes Gedicht Jakob Lochers über den Jetzerhandel ist dieser Schrift Murners beigedruckt. In der umfangreicheren, etwas später erschienenen anderen Darstellung wendet Murner zum erstenmale deutsche Reimpaare an. Das heißt, der Volksschriftsteller Murner begegnet uns hier zum erstenmale. Wie vertraut sind ihm die Rede und Vorstellungswelt des Volkes, wie kündigt sich hier bereits der Narrenbeschwörer an! Ein späterer ziemlich nachlässiger Druck von Murners Gedicht aus dem Jahr 1521 wurde von Anhängern der Reformation in Straßburg bei Johann Prüß besorgt, er erlebte drei Auflagen. Einerseits sollte Murner dadurch als Vorläufer der Reformation hingestellt werden, anderseits sollte die Gegnerschaft Luthers gegen die Dominikaner auch in der Frage der Marienverehrung festgelegt werden. Der Titelholzschnitt dieses Nachdruckes stellt die neue Kräftegruppierung vor Augen. Auf der linken Seite stehen die drei Patroni libertatis: Luther, Hutten und Reuchlin; Mitte und rechte Seite werden von dem conciliabulum malignantium eingenommen. In der Achse des Bildes erscheint Murner in der Kutte, die Narrenkappe in der linken Hand mit Katzenkopf und Schlangenschweif, zu seiner Rechten fünf Dominikaner, von denen zwei,

Hochstraten und Dr. Jesus, d. i. Johann Burchard, bezeichnet sind, unter den anderen sind vielleicht Tetzel und Emser gemeint. Ganz rechts stehen unter dem Berner Wappen die Makulisten von Bern mit Hans Jetzer. Eine Zutat von 104 Versen stellt den ganzen Handel als eine Büberei der Mönche dar, bezieht sich auf Hochstratens Vorgehen gegen Reuchlin, Murners Angriffe auf Luther und stellt vor allem Ulrich von Hutten in den Vordergrund. In dieser Darstellung erscheint deutlich, daß der Jetzerhandel als Wetterleuchten der Reformation angesehen wurde und daß nun nach dem Glauben der Anhänger der Reformation solche Erscheinungen ein für allemal beseitigt seien. Es schien dem neuen Herausgeber wertvoll, die Erinnerung an den Jetzerhandel lebendig zu erhalten. Für Murner mußte es besonders kränkend sein, daß sein Werk zwölf Jahre nach seinem Erscheinen gegen seine Absichten ausgespielt werden konnte. Seine Frische und Wirksamkeit wird durch diese Neuausgabe gleichsam ungewollt anerkannt.

Auf die Widmung des lateinischen und deutschen Werkes an den ehrsamen und weisen Rat von Bern konnte sich Murner später ohne Erfolg berufen. Weit ausholend wird der dogmatische Gegensatz in Fragen der unbefleckten Empfängnis entwickelt und der Streit zwischen dem dominikanischen Lesemeister Dr. Wigand Wirt einerseits und dem Stadtpfarrer Konrad Hensel und dem ihn unterstützenden Franziskaner Hans Spengler anderseits zu Frankfurt a. M. als ein Vorspiel angesehen. Verteidiger des Stadtpfarrers war Sebastian Brant, als apostolischer Kommissär war an dem Handel Dr. Thomas Wolf beteiligt. Eine Schmähschrift Wirts sei vom Mainzer Erzbischof verboten worden. Ein dominikanisches Ordenskapitel zu Wimpfen habe beschlossen, die Lehre von der befleckten Empfängnis Mariä durch falsche Wunder zu beweisen, nach langen Überlegungen habe man Bern als den geeigneten Ort ausersehen.

Do ist nit vil der künst bekandt.
Sye seind einfeltig / guet zue btriegen
Vnd mercken nit eins yeden liegen.

Die vier Ketzer gingen dann sofort ein Bündnis mit dem Teufel ein, bald bot sich ihnen in Jetzer ein Werkzeug zur Ausführung ihrer Absicht. Sie setzten seiner Einfalt mit Geistererscheinungen, Verkündigungen und Weissagungen zu, dadurch hob sich der Ruf der dominikanischen Frömmigkeit und die armen Franziskaner hatten das Nachsehen. Der Geist gab viele Offenbarungen wieder, auch eine falsche Marienerscheinung wurde Jetzer vorgesetzt, der den Betrug durchschaute, von ihnen aber immer wieder gewonnen wurde, bis er endlich aus dem Kloster floh und wieder Schneider wurde. Durch seine Erzählung wurde der Berner Rat auf die Angelegenheit aufmerksam, und damit begann der Prozeß. Über Anklage und Urteilsvollstreckung wird naturgemäß viel ausführlicher als über die Verteidigung berichtet. Von den letzten Tagen und Stunden der Verurteilten konnte nur ein Augenzeuge wie Murner so anschaulich berichten. Der letzte Blick auf Jetzer zeigt uns den fragwürdigen Gesellen, der zu so trauriger Berühmtheit gelangt ist, eingemauert und bewacht in einem Käfig. Die Unversöhnlichkeit und der Haß Murners machen vor den Anwälten der Dominikaner nicht halt. Einen Schimmer von Mitleid kann man in ihm aufwallen sehen, wenn er berichtet, daß die Henker das Feuer des Scheiterhaufens nur ganz langsam anschürten. Sonst aber war sein Standpunkt, daß Gerichtsverfahren und Urteil dem Willen Gottes entsprechen. Er teilte diese Auffassung mit den meisten seiner Zeitgenossen. Er war davon überzeugt, zur Ehre Marias eingetreten zu sein. Murner erklärte, er habe dem Predigerorden zuleid nichts unternommen, wohl aber seien die vier verurteilten Ketzer einer gerechten Strafe zugeführt worden, und sie sollen ein abschreckendes Beispiel für alle Zeit abgeben. Das allgemein ablehnende Urteil der Humanisten gegenüber den Vorgängen, die der Jetzerprozeß und die Schriften darüber in die Öffentlichkeit brachten, ließ Murner die Anerkennung der Dunkelmännerbriefe zuteil werden, hatte er doch den verhaßten Dominikanern einen Denkzettel gegeben [25]. Es kam dazu, daß er später, im Jahr 1512, zu Frankfurt a. M. in der Druckerei seines Bruders Beat ein Werklein über die Osterfeier und die Gebete der Juden, aus dem hebräischen Original übersetzt, erst in lateinischer und dann in deutscher Sprache veröffentlichte. Damit erwies er sich als Parteigänger Reuchlins.

Murner hatte seine Aufgabe in Bern zur vollen Zufriedenheit seiner Oberen erfüllt. Er war diesmal nicht als Einzelpersönlichkeit, sondern als namenloser Sprecher seines Ordens aufgetreten. Er wußte sich dogmatisch einig mit Wimpfeling und Brant, den Marienverehrern, hatte also keinen Angriff von den früheren Widersachern zu erwarten. In die kirchlichen Mißstände konnte er einen tiefen Blick werfen. Es war nicht Murners Art, aus Bangigkeit und Sorge vor der Zukunft zu beben, sondern er wollte tätig eingreifen. Hier konnte ihm die erfolgreiche, volksaufklärende Schrift einen Weg weisen. Sollte er als akademischer Lehrer weiterwirken und das Berner Erlebnis nur als eine Episode ansehen oder sollte er als Seelsorger, Prediger und Volksschriftsteller wie Geiler oder Sebastian Brant mit dem berühmten *Narrenschiff* wirken? Die endgültige Entscheidung darüber hatten seine Vorgesetzten. Sie sandten ihn von Bern als Guardian nach Speyer. Ob Murner aus eigenem Antrieb oder auf Anweisung eines Oberen den Jetzerhandel in deutschen Reimen darstellte, ist nicht festzustellen. Der Umstand, daß er dieses erste umfangreiche Werk in sehr kurzer Zeit verfaßt haben muß, zeigt, daß er sich einer neuen, bisher in ihm schlummernden Begabung bewußt wurde und wohl schon sehr bald nachher eine größere Dichtung im Stile Sebastian Brants plante.

---

[25] H. v. Grejerz, Der Jetzerprozeß und die Humanisten. In: Arch. d. hist. Ver. d. Kantons Bern 31 (1931/32), S. 243—299.

Als Guardian von Speyer nahm Murner bereits am 3. März 1510 in Straßburg an der Wahl des neuen Provinzials Georg Hofmann teil. Auch in der Pfalz blieb er nicht lange. Von 1511 bis 1513 wirkte er zu Frankfurt a. M. als Prediger und Lesemeister. In dieser Zeit sind aus seiner Predigertätigkeit gleichzeitig lateinische Niederschriften der Grundlinien seiner Predigten und seine ersten deutschen satirischen Werke entstanden. Am Ende der *Narrenbeschwörung* und *Gäuchmatt* verweist er deutlich auf diese Arbeitsweise, die sich nur dadurch von dem bereits bei Heinlin und Geiler erwähnten Brauch, ein lateinisches Konzept der freien deutschen Predigt, deren Ausgestaltung im einzelnen der Gunst des Augenblickes überlassen blieb, zugrunde zu legen, unterscheidet, daß Murner nun die eigene Predigt gleichsam poetisch paraphrasiert und zur Moralsatire ausgestaltet. Er beschreitet den umgekehrten Weg, der von Brants *Narrenschiff* zu Geilers Predigten darüber führt. Wir sehen auch hier die nahe Verwandtschaft zwischen den drei literarischen Gattungen, deren Entstehung und Ausgestaltung von der persönlichen Begabung ihrer Schöpfer abhängt. Es mußte aber den Vertretern des alten Geistes revolutionär vorkommen, daß ein Mönch, ein Theologe, der Moralsatire den höchsten Rang unter den drei Formen, lateinischem Predigtgerippe, deutscher mündlich vorgetragener und durch Improvisationen ausgestalteter Predigt und breit angelegter Moralsatire, eben dieser erteilte, wie er es in der *Geistlichen Badenfahrt* besonders hervorhob. Wenn gelehrte Theologen und Männer der Universität darüber den Kopf schüttelten, so standen sie dem Elsässer, der mit Geiler und Brant in die Schranken trat, und dem Franziskaner, der im Alltag den göttlichen Funken leuchten sah, ohne Verständnis und Fassung gegenüber. Auf die ausgebreitete Predigt- und Seelsorgetätigkeit der Franziskaner am Oberrhein im ausgehenden Mittelalter ist bereits hingewiesen worden. Neben Johannes Meder und Daniel Agricola traten Heinrich Vigilis, Johannes Altpart und Franz Wiler aus Basel hervor. Näher noch als diese Observanten standen Murner seine Ordensbrüder, die Konventualen: Konrad von Bondorf, sein Lehrer, von dessen Erfolgen als Prediger die Solothurner Rede berichtet, und dessen Bruder Stephan, der Wormser Anton Rugreff, der Offenburger Martin Institoris und Johannes Pauli. Den stofflichen Gehalt der Frankfurter Predigten [26] Murners geben uns die großen satirischen Dichtungen wieder, denen ein kleines Denkmal über die Predigt nahestand. Aus Mainz schrieb Philipp Keilbach, ein Anhänger Reuchlins, an Murner, mit dem er zu Freiburg in Beziehung getreten war, er solle ihm doch die Abschrift seiner Predigten senden, viele Mainzer möchten ihn hören. Den Antwortbrief und einen Auszug aus der Adventpredigt von 1511 ließ Murner in einem vier Quartblätter umfassenden Druck in der Offizin seines Bruders Beat erscheinen. Gegenstand

---

[26] F. Landmann, Thomas Murner als Prediger. Eine kritische Nachprüfung. In: Arch. f. elsäss. Kirchengesch. 10 (1935), S. 295—298.

dieser Predigt ist Murners Wappendevise Patientia, er wählte sie als Poeta laureatus. Sie dient ihm gleichsam als Schild zur Abwehr ungerechter Angriffe. Murner unterscheidet zwischen dem gelehrten und dem Volksprediger. Dieser habe bei weitem umfangreichere Aufgaben zu erfüllen. Um allen etwas zu sagen, müsse er für Abwechslung sorgen, belehren, unterhalten und für die Besserung der Hörer sich einsetzen. Den gelehrten Prediger lehnt Murner keineswegs ab, aber die Aufgabe des Volkspredigers ist für ihn wichtiger. Das Leitmotiv Patientia gilt nicht nur für seine Hörer, sondern auch für ihn selbst. Bei der Ausführung dieses Gedankens wird die Schrift zu einer Verteidigung gegen Angriffe. Wenn er aber erklärt, es sei seine Art, nicht zurückzubeißen, sondern Geduld zu üben, so können wir das kaum so ernst nehmen, wie er es gemeint hat. Murners Leben ist wenigstens seit dem Erscheinen von Wimpfelings *Germania* ein ständiger Wechsel von Angriff und Verteidigung. Murner bezeichnet sich als Nachahmer des kürzlich verstorbenen Geiler. Er beruft sich auf seine Naturanlage, die zum Scherz und Spott hinneige. Das habe ihm manche Anfeindung eingetragen. Vielleicht wehrt er sich gegen Thomas Wolf, einen Schüler Wimpfelings, der die franziskanische Art der schönrednerischen Predigt angegriffen hatte. Nun rechnet er ihn zu den theolongi, weil er von Gott weit entfernt sei. Eine andere Anfeindung kam von dem Frankfurter Bürger Hans Mey, dessen Frau sich durch eine allzu deutliche Kanzelglosse Murners auf ihren Lebenswandel beleidigt fühlte. Die Beschwerde war sowohl an Murners Vorgesetzten, den Franziskanerprovinzial, wie den Frankfurter Rat gerichtet. Während der Provinzial gegen Murners ausdrückliche Erklärung behauptete, Murner habe seine Äußerungen zurückgenommen, stand der Rat zwischen den Parteien, indem er Murner weder den Wortlaut des ihn beleidigenden, vom 6. Oktober 1511 datierten Briefes von Hans Mey mitteilte noch dem Gesuch der Frau Mey, sie zur Hebamme zu ernennen, entsprach. Aus vielen Äußerungen in den satirischen Dichtungen ist zu ersehen, daß Murner das Ethos des Kanzelredners verteidigte und die Mißbräuche, die getrieben wurden, verurteilte. Scherz, Spott und übermütige Laune müssen vor dem Ernsten und Heiligen haltmachen, die Kanzel dürfe nicht für persönliche Zwecke mißbraucht werden, sei es, daß saumselige Zahler an ihre Verpflichtungen gemahnt oder Meinungsverschiedenheiten mit Standesgenossen entwickelt werden. Es konnte aber nicht ausbleiben, daß Murner von seinen Widersachern aus dem Lager Wimpfelings, die der gelehrten Predigt eine größere Daseinsberechtigung einräumten, und dem der Reformierten, die es leicht hatten, durch falsche Ausdeutungen einzelner Bemerkungen Murners Absichten einen anderen, ja den entgegengesetzten Sinn zu unterstellen, die schärfsten Angriffe erfahren mußte.

Schon jetzt zeigen sich die ersten Anfeindungen gegen Murner innerhalb des Franziskanerordens. Als Lesemeister und Prediger wirkte er noch in der ersten Hälfte des Jahres 1513 zu Frankfurt. Am 10. Juli stellte ihn das Provinzialkapitel von Nördlingen an einen neuen Platz. Er wurde Guardian des Hauptklosters in seiner Heimatstadt Straßburg. Nach achtjähriger Abwesenheit zog er ein. Inzwischen war sein Name weit herum bekannt geworden. Er hatte das literarische Erbe Sebastian Brants mit zwei Moralsatiren angetreten.

Das gleichzeitige Erscheinen der *Narrenbeschwörung* bei Hüpfuff in Straßburg und *Schelmenzunft* bei Beat Murner in Frankfurt im Jahr 1512 legt die Vermutung nahe, daß sie gleichzeitig bearbeitet wurden. Beide behandeln den gleichen Stoff und ähnliche Motive. Das zusammenhaltende Band — bei der *Narrenbeschwörung* die Rolle des Dichters als Narrenbeschwörer, bei der *Schelmenzunft* die Anordnung der einzelnen Typen durch den Zunftmeister — umschlingt ähnlich wie die Idee der Schiffahrt in Brants *Narrenschiff* nur sehr lose die einzelnen Bildchen. Wenn diese nun in einer ungeahnten Fülle dem ordnenden Dichter zuströmten, so ist es ohne weiteres klar, daß er sie auf die beiden Werke verteilte, daß der Plan durch die Selbständigkeit der zusammengefügten Teile nicht streng beobachtet wurde. Als Hauptquelle ist das *Narrenschiff* anzusehen. Ihm folgen die Einrichtung, die Beziehung zwischen Text und Bild. Die übernommenen Holzschnitte — nur siebzehn wurden für die *Narrenbeschwörung* besonders angefertigt — werden in einem neuen Sinne ausgewertet. Die Technik — Versüberschrift und Abschluß der Kapitel mit dem Ende der Seite — wird vom *Narrenschiff* übernommen. Für die *Schelmenzunft* wurden neue Bilder wohl unter Murners Anweisung angefertigt. Ihre Technik ist freier als die der *Narrenbeschwörung*. Man kann deshalb annehmen, daß sich Murner langsam vom Zwang des Brantschen Vorbildes emanzipiert. Es war wohl die beste Einführung für einen Dichter, der nach Brant die gleiche literarische Form wählte, unmittelbar an das *Narrenschiff* anzuknüpfen. Wenn die Zeit auch andere Ansichten über das Plagiat hatte als wir, so mußte es doch einem so selbständigen Geiste wie Murner widersprechen, eine bloße Fortsetzung oder Paraphrase des *Narrenschiffes* zu bieten. Das hatte ja Geiler schon in seinen Predigten besorgt. Der Ordensmann wählt die ihm zukommende Rolle des Exorzisten. Mit den Narren hat Brant die Welt bevölkert, und er geht ihnen nun wie dem Teufel, von dem die Menschen besessen sind, als Beschwörer zu Leib. Die in Bildnissen der Zeit oft festgehaltene Vorstellung, daß der Teufel aus dem Munde seines Opfers durch den Exorzisten vertrieben wird, wird auf den Narren übertragen. Das ist keineswegs eine Erfindung Murners, sondern im Fastnachtspiel oft zu finden. Der kritische Vergleich ähnlicher Stellen in den drei Dichtungen führt zu der Annahme, daß die Idee der *Narrenbeschwörung* vor der der *Schelmenzunft* liegt. Das bestätigt auch eine naheliegende Vermutung über die Arbeitsweise Murners, der wohl zuerst die einzelnen Kapitel in einer von uns kaum mehr ganz festzustellenden Reihenfolge schrieb und im Verlauf dieser Arbeiten dem Vorbild Brant gegenüber immer selbständiger wurde. Zur Zeit nun, als er die Kapitel der *Narrenbeschwörung* an ihren Platz stellte und die Reihenfolge der Bildertexte für den Druck zurechtlegte, schied er das jüngere gesammelte Material aus und stellte es zu einer neuen, gleichartigen, aber für sich selbständigen Dichtung, der *Schelmenzunft*, zusammen. Die gleichzeitige Predigttätigkeit in Frankfurt, die Abfassung der ersten lateinischen Grundlinien der beiden Werke, wovon er selbst spricht, die Zusammenfassung des gleichartigen Stoffes unter einem Gesichtspunkt, zeigen, daß Murners Phantasie damals ganz in der Welt der Narren und Schelme lebte. Daß die *Narrenbeschwörung* als zweites *Narrenschiff* von den Zeitgenossen angesehen wurde, geht aus einem Auftrag des Kaisers Maximilian an einen Beamten hervor, der auf kaiserlichen Befehl im Jahr 1513 nach Straßburg reiste: „Er soll auch fleißig fragen nach dem Doktor zu Straßburg, der das ander Narrenschiff gemacht hat." Gewiß finden sich zahlreiche Anklänge, Anspielungen und inhaltliche Übereinstimmung. Aber hätte es Murner denn wagen können, zu Straßburg, wo der empfindliche Brant als Zensor wirkte, ein Gedicht herauszugeben, das von allen Lesern, die mit dem Inhalt des Brant'schen Werkes aus eigener Lektüre und durch die Predigten Geilers bekannt waren, als ein bloßer Abklatsch angesehen werden mußte? Murners Künstlertum, das uns noch bei der Charakterisierung seiner Äneisübersetzung begegnen wird, stellte sich in der *Narrenbeschwörung* selbstbewußt und selbstsicher neben den ruhmvollen Verfasser des *Narrenschiffs*. Deshalb suchte er auch einen möglichst engen Anschluß an das *Narrenschiff*. Aber während das *Narrenschiff* zusammenfaßt und sein Verfasser nie wieder etwas Ähnliches versucht hat, sind in der *Narrenbeschwörung* sämtliche Motive zu fast allen späteren Moralsatiren Murners gleichsam in nuce vorhanden.

Murners Stärke und Begabung mußten den Zeitgenossen allein schon in der originellen Umdeutung der gleichen Holzschnitte auffallen. Sein parodistisches Talent und seine Bezugnahme auf andere Werke sind uns schon früher begegnet, ebenso die Verwertung derselben Worte in ähnlichem oder entgegengesetztem Sinne. Wieviele von den verspotteten Einzelheiten waren allgemein bekannt! Wieviele Sprichwörter und Wendungen, die in den Werken beider begegnen, finden sich im allgemeinen Wortschatz der Zeit! Murner konnte sicher sein, durch einen Anklang an Redensarten Brants den Leser an den Wortlaut zu erinnern, und darauf verzichten, ausführlich darzustellen, wo die bloße Andeutung genügte. Er konnte anderseits aber auch eine Andeutung Brants zu einem breit ausgeführten Gemälde verwerten. Wie selbständig er dem Vorbild gegenüber ist, zeigt, daß seine Reime mit denen Brants selten übereinstimmen. Und gerade das mußte den Zeitgenossen, die das *Narrenschiff* gewiß seitenweise auswendig konnten, auffallen. Brant ist pedantischer, reicher an Zitaten, Murner volkstümlicher, gegenwartsbezogener. Er ist sich dessen völlig bewußt, daß er auf alle gelehrten Zierden und Namen, die er doch in anderen Werken verwendet hatte, hier verzichten muß, weil er sich in die Seele des ungelehrten Lesers besser hineindenken kann als Brant. Daß für derartige Dichtungen am unmittelbaren Vorabend der Reformation in den Tagen der Dunkelmännerbriefe die Zeit vorbei war, zeigt, daß die Werke Murners wenn überhaupt nur eine sehr kleine Anzahl von Auflagen erlebten. Es wäre verfehlt, aus diesem Umstande darauf zu schließen, daß sie gegen das *Narrenschiff* nicht aufkommen konnten. Den oft aus Büchern gewonnenen Kenntnissen und der Pedanterie Brants stehen Murners weite verstehende Weltkenntnis und Humor entgegen. Die eigene Beobachtung hat ihm die Fülle der Stoffe eröffnet, er ist realistischer als Brant. Aber nie wird man den Vorwurf Fischarts, der Murner „des heiligen römischen Reiches obersten Dreckrüttler" nannte, für gerechtfertigt halten können. Brant wäre nie so respektlos gewesen, Kaiser und Papst zur Fahrt im Narrenschiff einzuladen. Murner freut sich, daß er auch sie beschwören kann. Eigenart und Selbständigkeit des Moralsatirikers Murner haben in der *Narrenbeschwörung* die erste Bewährungsprobe abgelegt. Die *Schelmenzunft* bedarf keines literarischen Vorbildes mehr.

Wohl kehren auch in der *Schelmenzunft* gleiche Bilder, Motive und Anschauungen wieder, aber die Gegenstände sind so verschieden bearbeitet, daß man vergebens nach wörtlichen Anklängen sucht. *Narrenbeschwörung* und *Schelmenzunft* zeigen aber auch äußere Verschiedenheit. Die einzelnen Kapitel der *Narrenbeschwörung* sind verschieden lang und umfangreicher als die der *Schelmenzunft*, in der jeder Schelm auf einem Blatt mit 40 Versen — vier stehen über dem Holzschnitt und die anderen auf der nebenstehenden Seite — abgewandelt wird. Was die Ausführung betrifft, geht Murner völlig unabhängig von einem Vorbilde vor. Nur der Titel kann sich an eine 1506 erschienene Scherzrede des Bartholomäus Gribus anlehnen. Aber Zusammensetzungen mit Zunft sind in dieser Zeit häufig, so daß an eine bewußte Übernahme des Wortes durch Murner nicht gedacht zu werden braucht. Die *Schelmenzunft* stellt in bezug auf den behandelten Gegenstand eine Verstärkung der *Narrenbeschwörung* dar. Der Schelm ist ein härter gesottener Sünder als der Narr. Ihm gegenüber fruchtet auch die Beschwörung nichts, er gehört dem Henker. Deshalb steigert sich auch die Entrüstung Murners, er wettert in heiligem Zorn und schlägt mit Fäusten drein. Seine Darstellung ist kurz angebunden. Er mochte erkannt haben, daß der breiter ausmalende Humor sich zur Durchführung seiner Absicht weniger gut eigne. Die *Narrenbeschwörung* behandelt allgemeine Themen, in der *Schelmenzunft* werden die besonderen Charaktereigenschaften deutlicher hervorgehoben, insofern der Schelm sein Wesen mit eigenen Worten enthüllt und der Zunftmeister darauf antwortet. In dieser Dialogform liegen Ansätze zu dramatischer Spannung. Der Stoff der

Narrenbeschwörung ist breiter und allgemeiner. Das Kennzeichen des Schelmes ist dieses:

Durch welches oden, falschen mundt
Manch frummer man in noten kumpt.

Das Schelmenkapitel und viele Andeutungen der *Narrenbeschwörung* werden weiter ausgeführt. Die straffere Komposition und zusammenfassende Kürze haben der *Schelmenzunft* eine größere Verbreitung und nachhaltigere Wirkung als der *Narrenbeschwörung* gesichert. Mochte diese die Leser bessern, so beschreibt jene ihre Mitglieder und warnt die Mitwelt vor ihnen. Wie nirgends in seinen Moralsatiren, so macht Murner auch hier nicht halt vor den Standesgenossen. Die Rechtspflege wird kritisiert, der Schwindelgeist, der bei den Kaufleuten eingezogen ist, das Nichtstun herumlungernder Krieger und fauler Schmarotzer, das Treiben des fahrenden Volkes. Überall wird mit dem Mund durch doppelzüngige Rede, Lüge, Verrat und Schmeichelei gesündigt. In der Familie sind Sitte und Ehrbarkeit geschwunden. Bis 1516 ist die *Schelmenzunft* fünfmal gedruckt worden, die Erweiterungen in der zweiten, zu Straßburg erschienenen Ausgabe von 1512 oder 1513 stammen von Murner selbst.

Allein schon der Umstand, daß Murner in einer kurzen Zeitspanne seine umfangreichen Dichtungen schrieb, läßt auf eine einzigartige Schaffenskraft, eine sprudelnde Fülle der ihm zu Gebote stehenden Verse schließen. Eine Stelle am Beschluß der *Gäuchmatt*, wo er darüber spricht, legt einen Vergleich zu den Versen Ovids nahe: Et quidquid tentabam scribere, versus erat. Unmöglich, daß er bei dieser Fülle des Geschaffenen feilt und glättet, daß ihm das Formgewissen weise Beschränkung auferlegen kann. Lieblingsgedanken begegnen häufig, aber sich selbst schreibt er nicht aus, nur einzelne Verse und Wendungen kehren wieder, wenn die Gedanken zu Früherem eine Brücke schlagen. Denselben Gegenstand betrachtet er von verschiedenen Seiten. Die Schaffensart und Tendenz Murners, die Wiederholung der Gedanken an verschiedenen Stellen und in anderen Formen, lassen Murners Werke beinahe als Vorläufer der moralischen Wochenschriften erscheinen. In diesem Zusammenhang erscheint es als eine ziemlich müßige Frage, wann Murner mit der *Narrenbeschwörung* oder der Moralsatire überhaupt begonnen hat. Er mochte sie als einen üppigen Nebentrieb seiner Seelsorgetätigkeit ansehen. Soviel ist sicher, daß er als vielgewanderter Student, als franziskanischer Prediger und Beichtvater, als Gelehrter und Lehrer, als reifer Mann, der schon manchen Kampf ausgefochten hatte und die Anfeindungen der Mitwelt kannte, nicht erst Material zu sammeln brauchte, sondern daß es gleichsam über ihn kam, wie er es selbst in sprudelnden Versen wiedergab. Etwas Fertiges und Abgeschlossenes, künstlerisch Abgerundetes kommt dabei nicht zustande. Aber darauf verzichten wir gern, wenn wir von der Fülle kräftigen Lebens und eines saftigen Daseins berührt werden. Murners dichterisches Schaffen — darauf haben wir schon mehrmals hingewiesen — ist nicht loszulösen von seiner sonstigen Tätigkeit und seinem Franziskanertum. Über welche Zeit hin sich die Arbeit an den Werken gedehnt hat, ist schwer zu sagen. Vieles muß gleichzeitig gestaltet worden sein. Je kürzer die Ausarbeitung, desto geschlossener und einheitlicher wirkt die Dichtung. Die Einheit der *Schelmenzunft* hat Murner nie wieder erreicht. Ein solches Maß von Selbstdisziplin brachte er nicht mehr auf. Er selbst hat auf die Behandlung des Stoffes der beiden Dichtungen in Frankfurter Predigten hingewiesen. Bei der *Schelmenzunft* denkt Florenz Landmann an Advent- oder Fastenpredigten von 1511 bzw. 1512.

Wenn man sich Murners draufgängerische, lebhafte und wirkensfrohe Art, die den Wechsel liebt, sein unruhevolles Wesen und vor allem die vielen literarischen Pläne, die er in den nächsten drei Jahren ausführte, vergegenwärtigt, so wird man einsehen, daß er wenig Begabung besaß für eine Stelle, in der er Klostergut zu verwalten, Berechnungen und Voranschläge zu machen hatte. Eigenwille, Ehrgeiz und leichte Erregbarkeit sind keine günstigen Eigenschaften für einen Ordensoberen in Krisenzeiten. Konsequente Energie fehlte Murner völlig. So ist es begreiflich, daß er nach einigen mißglückten Versuchen, Mißbräuche abzustellen, den Mut verlor, das innere und äußere Leben des ihm unterstellten Klosters entscheidend zu beeinflussen. Habsucht und Eigennutz warf man ihm vor. Er konnte dankbar sein, als er im Mai 1514 seines Amtes enthoben wurde. Sein Angebot, Rechnung zu legen und Schadenersatz zu leisten, wurde abgewiesen. So griff er wieder einmal zur Feder und verfaßte eine deutsche Verteidigung und Flugschrift, die vom 18. August 1515 zu Straßburg datiert ist. Das zeigt, daß seine Mitbrüder und wohl auch die früheren Feinde einen Skandal aus der Angelegenheit gemacht hatten. Murners Angriffe wenden sich vor allem gegen den Provinzial, dem er Parteilichkeit vorwirft. Die Franziskaner veranlaßten den Straßburger Rat zu einer Beschlagnahme der Schrift Murners, sodaß er wieder einmal nicht wirken konnte.

Inzwischen hatten zwei neue Moralsatiren die Straßburger Presse verlassen. Am Oswaldtag 1514 vollendete Grüninger den Druck der *Geistlichen Badenfahrt.* Es ist behauptet worden, daß Murner mit dem fertigen Manuskript der *Badenfahrt* und einer ernsten Schrift, die länger warten mußte, bis sich ein Drucker für sie interessierte, von Frankfurt nach Straßburg gekommen sei. Die Angabe, daß er das Werk aus der Badewanne einem Bruder diktiert habe, wie es der Titelholzschnitt darstellt, ist als Fiktion hingestellt worden. Wenn sich Murner, wie er vorgibt, seine Erkältungskrankheit auf der Rheinfahrt nach Frankfurt geholt habe, so müsse man an ein Taunusbad denken u. ä. Es ist immer gefährlich, unter den vielen Bemerkungen des Dichters eine Auswahl zu treffen, ihren Sinn gleichsam zurechtzubiegen. Es ist nicht Murners Art, solche Angaben zusammenzuphantasieren, wohl aber liebt er es, einzelne Episoden so aneinander zu reihen, daß der wahre Sachverhalt dadurch verschleiert wird.

Vielleicht gibt uns das Zeugnis der *Dunkelmännerbriefe*, in denen es von Murner heißt: in omnibus aliquid, in toto nihil [27], einen Hinweis, wie die Entstehungsgeschichte der *Badenfahrt* rekonstruiert werden kann. Die Kenntnis der Vorgänge in einem Bad, die Tätigkeit des Baders kann Murner sehr wohl aus eigener Erfahrung während eines Kuraufenthaltes kennengelernt haben. Ebenso wahrscheinlich ist es, daß er sich auf einer kalten Frühlingsfahrt auf dem Rhein eine Erkältungskrankheit geholt hat. Es ist zudem mehrfach bezeugt, daß seine Gesundheit nicht sehr fest gewesen ist. Wann er sich aber zum Kurgebrauch in ein Bad begeben hat, ist nicht festzustellen; daß die Idee der geistlichen Umdeutung einer körperlichen Kur zeitlich damit zusammenfällt, ist zum mindesten wahrscheinlich. Wenn der Inhalt des Werkes auch ernster und erbauungsbuchmäßiger ist, so ist es doch keineswegs unter jene Werke zu zählen, von welchen sich die Drucker keinen Erfolg versprachen. Zur selben Zeit wurden in Straßburg bei Hüpfuff, Grüninger, Knoblauch und Schürer die Werke Geilers in lateinischer und deutscher Sprache gedruckt. Das zeigt, daß eine gute Konjunktur für den Absatz solcher Bücher, auch wenn sie im Gegensatz zu Geilers Werken in deutschen Reimen abgefaßt waren, vorhanden war. Der doppelte Zweck der *Badenfahrt*, Gelehrten als Grundlagen zu Predigten und Ungelehrten zur Erbauung zu dienen, wird auf dem Titelblatt angezeigt. Wie weit Planung und Ausführung der Dichtung zeitlich auseinander liegen, ist kaum festzustellen. Murner hat nicht selten das gleiche Bild in verschiedenem Sinne ausgedeutet. Wenn er sich nun als den von Gott als Bader behandelten Patienten darstellt, so kann dies auch als eine ironische Auslegung seines Schicksals angesehen werden. Es war sicher überall bekannt geworden, daß er im Mai 1514 seine Stelle als Guardian niederlegen mußte. Darauf scheint der Vers

Einß mich die not bezwungen hat
Zuo sitzen in ein meynen badt

anzuspielen. Wenn er dann weiter von sich sagt:

Dan ich so rüdig, schebig was
Das mir doch kum mocht werden baß,

so kann dies von seiner geistigen Verfassung gemeint sein. Aber er sieht in der Absetzung eine Art Prüfung oder eine Kur, in die ihn Gott genommen hat. Dieser Gedanke ist zwar nicht in der ganzen Dichtung durchgeführt, was darauf schließen läßt, daß Murner den Plan und Hauptteil des Werkes (Kapitel 1—25) bereits fertig hatte, aber unter dem Eindruck seiner Absetzung dem Werk im Mai 1514 noch einige Zutaten beilegte, mit denen es dann am 4. August die Presse verlassen konnte.

Der Vorgang des Bades verteilt sich auf 25 Kapitel, er beginnt mit

[27] EOV II, Nr. 3.

der Einladung in das Bad, dem Schöpfen und Wärmen des Wassers, dem Kleiderablegen und setzt sich über den eigentlichen Badevorgang bis zum Ankleiden, Heimgehen und Wohlleben fort. Das wird in der allegorischen Auslegung auf die Umwandlung des Menschen durch die göttliche Gnade ausgedeutet. Besonders ausführlich werden die segensreichen Wirkungen des Bußsakramentes behandelt. Acht Kapitel, die von natürlichen und Maienbädern handeln, sind als Ergänzung angefügt. Sie führen einzelne, im Hauptteil angedeutete Gedanken und Bilder weiter aus, indem sie an verschiedene Formen des Bades anknüpfen. Ein Dankgebet an Gott, der seine körperliche und geistige Gesundheit wiederhergestellt habe, bildet den Abschluß. Die Komposition des Werkes (besonders der 25 Kapitel) ist straff und einheitlich, aber der zuströmende Stoff konnte in dieser Einteilung nicht untergebracht werden. 299 Randbemerkungen, lateinische Zitate aus der Bibel, den Kirchenvätern, Rechtsquellen, Scholastikern und antiken Autoren zeigen, daß Murner die deutsche Moralsatire enger an das allgemeine Erbauungsschrifttum und die Grundlagen für den Prediger heranrücken will. Als Seitenfüllsel ist dem Werk noch ein 35. Stück beigegeben, in dem der Baderin, der vom Dichter stets verehrten heiligen Maria, gedacht wird, ihr, der schirmenden Mutter Straßburgs, habe er aus der Ferne die Grüße gesandt, sie gedenke in seiner Todesstunde daran, die Schutzherrin seiner Heimat und seiner geliebten Stadt segne ihm sein Bad!

Die andere Moralsatire Murners, welche 1515 bei Hüpfuff zu Straßburg erschien, ist die *Mühle von Schwindelsheim* und *Gredt Müllerin Jahrzeit.* Gemeint ist eine Mühle zu Schwindratzheim (Schwingelsheim im Volksmund) bei Brumat an der Zorn, 5 Meilen von Straßburg entfernt. Wie *Narrenbeschwörung* und *Schelmenzunft* in engerem Zusammenhang zueinander stehen, so auch *Gäuchmatt* und *Mühle von Schwindelsheim.* Beide Dichtungen haben außer dem Umstand, daß sie auf elsässischem Boden spielen, auch noch die Ähnlichkeit des Hauptmotivs, Darstellung der von der Liebe Besessenen, gemein; nur daß die *Gäuchmatt* die Fehler des männlichen, die *Mühle von Schwindelsheim* die des weiblichen Geschlechts in den Vordergrund rückt. Die kleinere Dichtung ist ein Ableger der größeren, deren Material zu sehr angeschwollen ist. Anderseits läßt sich aber auch eine Entwicklung der Moralsatiren Murners beobachten, der nun einen straffen epischen Plan seinen Werken zugrunde legt: den Gedanken des Bades in der *Badenfahrt,* das verbreitete Mühlenmotiv in der *Mühle von Schwindelsheim,* die Venusherrschaft in der *Gäuchmatt.* Die *Mühle von Schwindelsheim* ist Murners kürzeste Moralsatire, sie erlebte — was den Schwank vom entlaufenen Esel betrifft — als erstes von Murners Werken im 18. Jahrhundert eine Auferstehung. Nach ernsten Erlebnissen und Erfahrungen ist der Dichter härter und unerbittlicher geworden. Seine weltweiten Kenntnisse leuchten unbarmherzig in die Seelen der Zeitgenossen, wes Standes sie immer sein mögen.

Die sonderbare und überaus zahlreiche Gesellschaft, welche der Müller, in dessen Maske sich der Dichter diesmal gesteckt hat, zusammenläutet, damit die Jahrzeit seiner verstorbenen Ehefrau, einer allbekannten Buhlerin, begangen werde, besteht aus Leuten, die die Herrschaft über sich selbst verloren haben, den Schwindlern. Sie bringen ihren Zins. Die Tätigkeit des Müllers wird nach Murners phantasievoller Ausdeutung in der verschiedensten Weise dargestellt. Er benützt ein Motiv, das in der geistlichen Dichtung und Bildkunst des ausgehenden Mittelalters und in der Reformationszeit weit verbreitet war. Die handgreifliche Betätigung des Müllers vornehmlich mit dem Sack, den er liederlichen Frauen und Männern um die Ohren schlägt, die Bitterkeit und Erbarmungslosigkeit, mit der gegen die hartgesottenen vorgegangen wird, zeigt uns jenen Murner, der für sich allein seinen Weg geht. Die *Mühle von Schwindelsheim* ist die einzige Moralsatire Murners, die anonym erschienen ist, und das wohl deshalb, weil die Franziskaner ein scharfes Auge auf die Offizin von Hüpfuff hatten, der sich verpflichten mußte, nichts gegen die Mönche zu drucken. Er hat deshalb auch die *Gäuchmatt* zurückstellen müssen. Einzelne Bemerkungen der *Mühle von Schwindelsheim* über Leben und Treiben der Geistlichen und Mönche konnten Murners Mitbrüder auf sich deuten, vielleicht rächte er sich in dem launigen Werk an ihnen in einigen Stellen aus dem 6. Kapitel, das, wie bemerkt worden ist, aus dem Rahmen des Ganzen herausfällt. Seine Kürze könnte durch die Unterdrückung besonders anzüglicher Stellen erklärt werden. Freundlich werden es die Brüder auch kaum aufgenommen haben, wenn der Müller im letzten Kapitel darüber klagt, daß ihm sein Esel zu den Barfüßern entrann.

Bald legtens im ein kutten an
Vnd machten in do gardian,

selbst wenn man darunter auch nur eine selbstironische Ausdeutung der Tätigkeit Murners sieht.

„Maximiliano dem durchlüchtigen, vnüberwindlichen, Milten, fridsamen vnd angeborner Fürsichtigkeit weisen Fürsten" widmete Murner seine Verdeutschung *Uergilij maronis dryzehen Äneadischen Bücher von Trojanischer zerstörung vnd vffgang des Römischen Reichs.* Das 13. Buch stammt von den Humanisten Mapheus Vegius, es ist in den meisten Handschriften und Drucken der Zeit ohne besondere Kennzeichnung des Verfassers dem Texte Vergils angeschlossen. Murners Werk verließ am 28. August 1515 die Druckerpresse Johannes Grüningers. Über den Beginn und Abschluß der umfangreichen Arbeit, die die beste Übersetzungsleistung und Eindeutschung des großen Werkes in die bürgerliche deutsche Welt des 16. Jahrhunderts bedeutet, ist nichts bekannt. Gottsched und Degen haben im 18. Jahrhundert nachdrücklich darauf hingewiesen, mehr als Erwähnungen sind ihm seither kaum zuteil geworden. Hoffentlich löst Paul Scherrer, dem wir einen lehrreichen Exkurs über Murners Verhältnis zu Vergil verdanken [28], sein Versprechen ein, seine Untersuchungen über die Äneisübersetzung zu veröffentlichen. Um den Wert und die Leistung richtig beurteilen zu können, muß man sie mit den humanistischen Übersetzungen, der harten Prosa eines Niklas von Wyle, Dietrich von Pleningen und den Versuchen einer Eindeutschung Homers durch Simon Minervius Schaidenreißer (1537), Johann Baptista Rexius (1585) und Johannes Spreng (1610) vergleichen. Es ist gewiß richtig, daß Humanisten nach der Art des Erasmus, Eobanus Hessus und Simon Lemnius es unter ihrer Würde halten, ein Werk der Antike in die Volkssprache zu übertragen. Wenn sie übersetzten, so treten sie das Erbe der Italiener an und übertragen ein griechisches Original in lateinische Prosa oder Verse, sie arbeiten nur für die Wissenden, eine kleine gelehrte Gemeinschaft, die eine solche Leistung zu beurteilen und zu würdigen versteht. Wer die Bildung und Kenntnis des Altertums in weite Kreise tragen wollte, mußte die Volkssprache wählen, entweder eine an den Gesetzen der lateinischen Sprache geschulte Prosa oder den Knittelvers. Murner ist der erste deutsche Dichter nach Albrecht von Halberstadt, der eine umfangreiche lateinische Versdichtung des Altertums in deutsche Reimpaare überträgt und sich nicht mit einer Paraphrase der Vorlage zufrieden gibt. Man vergleiche einige Proben seiner Äneisübersetzung mit Sprengs meistersingerischem Versgeklapper, das nach fast einem Jahrhundert erschien, und wird feststellen, daß Murner wirklich einen Hauch des Geistes von seinem Lieblingsdichter verspürt hat.

Daß die Vorstellung und das Bild der Antike, wie es sich die Humanisten zurecht legten, anders gewesen sei als das der popularisierenden Übersetzer, ist eine weit verbreitete Meinung, die sich durch nichts beweisen läßt. Es fehlten beiden die archäologischen Kenntnisse, der Einblick in die anders geartete Geisteswelt, das Wissen um die geschichtliche Entwicklung. Wenn ihre Phantasie das Bild der Antike gestaltete, so geschah es durch die Übertragung der eigenen Welt- und Lebenssicht in die ihnen zeitlich so ferne und ihrem inneren Leben jetzt wieder nahe Vergangenheit. Ein Unterschied zwischen ihnen besteht nur darin, daß die Humanisten eine aristokratische Anschauung vertraten, die dem Volksmann und Prediger Murner, dem franziskanischen Elsässer, wesensfremd war. Wenn gerade das elsässische Schrifttum des ganzen 16. Jahrhunderts von Hieronymus Boner bis hinauf zu Spangenberg besonders reich an deutschen Übersetzungen geschichtlicher Werke und einzelner Komödien ist, so zeigt dies eine lange Zeit hindurch gleichgeartete Geistesrichtung. Holzschnitte, welche die Ausgaben der lateinischen Texte und deutschen Übersetzungen zieren, und Bilder aus der antiken Welt, wie Albrecht Altdorfers Alexanderschlacht, zeigen, daß sowohl der Gelehrte, der die humanistische Würde zu wahren verstand, wie der angeblich ungelehrte Übersetzer, der für das Volk schrieb, die gleichen

---

[28] P. Scherrer, Thomas Murners Verhältnis zum Humanismus. Untersucht auf Grund seiner „Reformatio poetarum". Diss. München 1927 (1930), S. 63 ff.

Vorstellungen von der Antike gehabt haben müssen. Wenn Murner sein Werk dem Kaiser widmete, so unterstützte er dessen Neigungen, die alten höfischen Dichtungen zu sammeln, aber er ist zu sehr Humanist, sodaß er die sagenhafte römische Vorgeschichte nicht mehr mit den Augen eines Heinrich von Veldeke sehen kann, sondern als geschichtliche Quelle, als „Aufgang des römischen Reiches" betrachtet. Er mag dabei an einen Fürstenspiegel gedacht haben und Vorstellungen von der *Äneis* gehabt haben, die ihrem Schöpfer völlig fernlagen. Lebendig war er ihm doch, ein geliebter Führer wie für Dante, der unerreichte und höchste Dichter, der mit seiner anima naturaliter christiana tief in das Wesen und Getriebe der Welt geschaut hat, dessen Werk die gesamte antik-heidnische Literatur verkörpert, wie es die *Reformatio poetarum* wollte. Der Schulautor Vergil ist Murner von den Tagen an vertraut, da er begann, sich in der lateinischen Sprache zu üben. Das Vorbild Sebastian Brants und die zahlreichen, zu Straßburg erschienenen Vergilausgaben hielten seine Neigung immer lebendig. In allen größeren Werken findet er Gelegenheit, seine Vergilkenntnis zu zeigen. Eine treffliche Vorbereitung zur Äneisübersetzung bot seine Freiburger Lehrtätigkeit als eines Vergilinterpreten, die bis zu seiner Abreise nach Bern (1509) angesetzt werden kann. Er war also zu seiner Arbeit wohlgerüstet. Als Übersetzer zeigt Murner eine innere Zucht, die dem Sinn und Wortlaut der Vorlage gerecht zu werden strebt. Legte er seiner Phantasie, der die Fülle des Stoffes aus unversiegbaren Quellen zuströmte, damit wohltuende Fesseln an? Suchte er an der Technik des Epos zu lernen für die Anlage der eigenen immer straffer gebauten Werke, in deren Entwicklung sich der Übergang von der wahllos aneinanderreihenden Moralsatire zum satirischen Epos beobachten läßt? Stellte er sich in stolzem Bewußtsein der Meisterschaft in der Handhabung des deutschen Verses nun die höchste Aufgabe? Zwischen Original und Übersetzung wertet seine Zeit anders als die unsere. War er in der *Narrenbeschwörung* und *Schelmenzunft* dem *Narrenschiff* nachgesegelt, so versuchte er es nun, seinen geliebten Vergil, dessen Kenntnis ein Vorrecht der Gebildeten und Lateinkundigen war, auch für die anderen sprechen zu lassen, die sich diese Bildung nicht aneignen konnten, denen sie aber wohl nützlich war. Mehr als Vermutungen und Fragen über das Werk können ohne eingehende Untersuchungen kaum geäußert werden.

Durch die Streitigkeiten mit seinen Ordensbrüdern wurde für Murner der Straßburger Boden zu heiß. Er ging nach Trier und begann dort Ende November 1515 seine Lehrtätigkeit mit einer Vorlesung über Justinians *Institutiones,* die er nach seiner bekannten und erfolgreichen Kartenspielmethode traktierte. Ebenso scheint er auch in Logik doziert zu haben. 1518 veröffentlichte er dann bei Knoblauch in Straßburg sein *Chartiludium institutae summariae.* Aber auch in Trier war seines Bleibens nicht lange. Dort setzten ihm die Domherren zu. Im April 1517 nahm Murner am

Provinzialkapitel teil, dann fand eine im *Murnarus Leviathan* erwähnte Kontroverse mit dem Astronomen Dr. Weddele statt, die ihn veranlaßte, Straßburg wieder zu verlassen. Es ist möglich, daß er sich in Ordensangelegenheiten — der Streit zwischen Observanten und Konventualen erreichte damals gerade seinen Höhepunkt — einige Zeit in Rom aufhielt. Zu Beginn des Jahres 1518 zog Murner nach Basel und ließ sich an der juristischen Fakultät immatrikulieren. Beziehungen zu Bruno Amerbach und dem ehemaligen Schützling Hans Werner von Mörsperg, der damals Dompropst zu Basel war, mögen seinem Entschluß zugute gekommen sein. Lernend und lehrend war Murner nun auch an der juristischen Fakultät tätig. Die Prüfungen für Lizentiat und Doktorat legte er wahrscheinlich im Frühling 1519 ab. Aber nun regte sich ein alter Bekannter aus Freiburg, Ulrich Zasius. Er schrieb seinem Freunde Catiuncula in Basel am 1. März 1519, es müsse verhindert werden, daß „dieser ungewaschene Mensch mit seiner Narrenkappe das heilige Recht schände". Die feierliche Promotion Murners, zu der dieser schon die Straßburger Stadtpfeifer entboten hatte, wurde vereitelt. Der Senat hielt ein solches Auftreten unziemlich für einen Bettelmönch. Die Entscheidung darüber, ob ein Franziskaner Doktor des kaiserlichen Rechts werden könne und festlich promoviert werden dürfe, erbat der Senat vom päpstlichen Stuhl. Murner selbst scheint die Angelegenheit in Rom betrieben zu haben. Im Juni konnte die Promotion in der Stille stattfinden, denn Murners Übersetzung der Schrift Ulrichs von Hutten *Guaiacum* trägt das Datum vom 1. August 1519, der Übersetzer nennt sich hier zum erstenmal Doktor beider Rechte.

Die für März vorgesehene feierliche Promotion Murners in Basel erhält durch das Erscheinen der *Gäuchmatt,* der letzten großen Moralsatire, noch eine besondere Note. Die liebenswürdige Verbeugung vor den Baslern in der Beschlußrede war eine Bitte um ihre Gunst. Er suchte sie beim Volk, weil sie ihm von den gelehrten Standesgenossen versagt wurde. Die Anregung zur *Gäuchmatt,* dem zuletzt erschienenen großen, allgemein satirischen Werke Murners, kam von Freunden, die ihn baten, die weibischen Männer bloßzustellen. Der Name *Gäuchmatt* stammt nicht von Murner. Den Versammlungsort verliebter Pärchen, die ihre Namen mit einem Herz umrahmt in die Rinden der Bäume einschnitten, so zu nennen, war längst Brauch. Er hat sich lang erhalten. Kulturgeschichtlich ist die Dichtung besonders interessant, weil sie ein Beispiel des abgesunkenen Minnedienstes bietet. Aber wie eigentümlich nehmen sich die Formen der ritterlich-höfischen Kunstübung aus, sobald sie von derbem Lebensdrang und der realistischen Fülle der Sinnlichkeit überwuchert werden. Das allein schon wirkt für unser Empfinden parodistisch. Daß Murner und vielen seiner Zeitgenossen selbst der Kontrast zwischen hoher Minnedichtung und den in der *Gäuchmatt* dargestellten Verhältnissen zum Bewußtsein kam, ist wohl anzunehmen. Aber die hohe Einschätzung der Dichtung aus der mittelalterlichen Glanzzeit und jene Rückkehr zu den hohen Idealen, wie sie von Kaiser Maximilian verkörpert werden, konnten doch nur als Liebhaberei des Fürsten angesehen werden. Sowie sich der Stadtbürger, dessen Leben und Treiben uns in den Predigten Geilers und dem Werk Sebastian Brants entgegentritt, in jener zarten, durch den Sittenkodex streng geregelten Welt der Formen bewegte, mußte es roh und sinnlos wirken. St. Grobianus feiert seinen Triumph, er malt in satten Farben ein Kultur- und Sittengemälde, wie es die niederländischen Bauernmaler und ihr großer Ahnherr Hieronymus Bosch festgehalten haben. Das Volk hat die äußeren Formen des Minnedienstes übernommen, und da wirkt es besonders lächerlich, daß der Mann die Geliebte anschmachtet, seine Ergebenheit in Worten und Taten zeigt, als ihr Diener sie mit allerlei Handreichungen unterstützt, sie mit Geschenken verwöhnt. Dem Gebote der Verschwiegenheit kann der verliebte Narr nicht folgen. Er schickt seiner Herzensdame Liebesbriefe, die er in der Kirche an ihren Platz heftet, er kleidet sich stutzerhaft. Parodistisch werden die Minnegebote des Andreas Cappellanus ausgelegt, Minneallegorie und Minnegericht leben hier fort und stellen die Dichtung in eine literarische Tradition, die von Hadamar von Labar, Hermann von Sachsenheim, aber auch von Heinrich Wittenweiler gepflegt wurde.

Mit diesem Werk hatte Murner Zensurschwierigkeiten. Er verkaufte das Manuskript um 4 Gulden dem Drucker Hüpfuff, wahrscheinlich als er am Provinzialkapitel Ende April 1517 teilnahm. Die Straßburger Franziskaner, welche davon erfuhren, glaubten, Murner werde Angriffe gegen sie veröffentlichen. Der Guardian beklagte sich darüber beim Ammeister, der Murners Manuskript begutachten ließ. Man fand einige politisch anstößige Anspielungen darin und hielt das Manuskript zurück. Das berichtete Hüpfuff an Murner und dieser wendete sich an Sebastian Brant mit der Bitte, beim Ammeister in der Angelegenheit vorstellig zu werden, daß dem Drucker das Manuskript zurückgegeben werde. Hüpfuff verkaufte es dann dem Basler Drucker Adam Petri von Langendorff. Nach einer Umarbeitung des Textes wurde der Satz am 5. April 1519 dort abgeschlossen. Der größte Teil der *Gäuchmatt* war schon 1515 fertig. Murner hat dieses Werk gleichzeitig mit den anderen großen satirischen geplant und wie es seine Art war, auch daran gearbeitet, es dann aber zurückgestellt und nach der Behebung der Zensurschwierigkeiten endlich zu einer Zeit veröffentlicht, in der bereits ganz andere Fragen das brennende Interesse des deutschen Volkes in Anspruch nahmen.

Bei Sulzmatt im Oberelsaß haben wir den Schauplatz der Dichtung zu suchen. Da kommen auf Befehl Murners alle Gäuche zusammen. Ein Charakterzug bestimmt ihr Wesen: sie werfen alle menschliche Würde und alle Vernunft von sich, verfallen den Lockungen der Verführung und verlieren schließlich ihren ganzen Besitz. Der Dichter hat die Rolle des Narrenbeschwörers abgelegt, er ist der Kanzler dieses sonderbaren Reiches. Wir stoßen auch hier wieder auf das Hervortreten der Persönlichkeit des Dichters. Das kann aus verschiedenen Voraussetzungen abgeleitet werden: dem Holzschnitt und seiner Erklärung durch den Mann mit dem Zeigestab, der Predigt und der Auffassung Murners, daß er seinen Lesern und Hörern umso energischer die Wahrheit sagen könne, wenn er sich selbst als den Anführer der Gäuche darstelle. Daß dieses Kostüm des Dichters auch später noch Eindruck machte, können wir beim Flohkanzler Fischart sehen, der dieses Amt noch im Jahr 1573 übernahm. Murner wird so zur eigentlichen Hauptperson, zum Marionettenmeister, der selbst auftritt und seine Gestalten nach einem Willen bewegt. Er verliest im Auftrag der Frau Venus die 22 Artikel, auf die alle Gäuche eidlich verpflichtet werden. Nun folgen Beispiele, wie sich die Beobachtung dieser Artikel auswirkt. 12 Gauchräte und der Kanzler berichten darüber, eine Fülle von Beispielen aus alter und neuer Zeit, Anekdoten und Schnurren. Es ist eine literarische Revue, eine Überschau, in der des *Teufels Netz*, der Totentanz und die Narrenliteratur ins Reich der Frau Venus versetzt werden. Venuspriesterinnen treten als Lehrerinnen in den sieben freien Künsten auf. Die schwerste von allen Künsten aber ist, einen Gauch zur Selbsterkenntnis zu führen. Mit einer Eindringlichkeit spricht Murner hier zu Gewissen, in den abschreckendsten Farben werden die Buhlerinnen gemalt, mit ehrlichem Eifer werden die Mittel genannt, einen Gauch zur Vernunft zu bringen. Das wird von der Theorie auf die Praxis übertragen in der nun folgenden Gerichtsverhandlung, in der ein zum Zunftmeister erwählter Gauch einer Gäuchin gegenübergestellt wird. Der Gerichtshof wird durch sieben böse Weiber, die vom Zunftmeister gestellt werden, verstärkt. Sie stellen sich in Selbstcharakteristiken vor. Der zweite Teil des Werkes knüpft an den ersten an, insofern die Überbietung der 22 Artikel durch den adeligsten Gauch auf Erden dargestellt wird. Murner und dieser Übergauch wechseln als Erzähler von gäuchlichen Ruhmestaten miteinander ab, aber Murner legt hier manchmal die Schellenkappe beiseite und wird zum ernsten, eindrucksvollen Sittenprediger. Sein unbändiges Temperament und sein ehrlicher Wille, die Menschen zu bessern, läßt ihn aus der Rolle fallen und den Rahmen der Dichtung verlassen. Gar mannigfach sind die Behandlungsart und Erziehungsmethoden, die er auf die Gäuche angewendet wissen will. Unbelehrbar sind sie, sie berufen sich auf ihre Freiheit und deshalb sollen sie auch dem Spott anheimfallen.

Wie ein Abschiedswort des Mannes, der nun den Versuch aufgibt, als satirischer Schriftsteller seinen Zeitgenossen ernst und heiter ins Gewissen zu reden, klingt der Beschluß des Werkes. Er ist ganz besonders reich an persönlichen Bemerkungen über Zweck und Ziel der Dichtung, darüber hinaus aber auch ein menschlich warmes Bekenntnis des Dichters, der sein Werk zur Freude und nicht zur Beleidigung als scherzhafte Strafrede den frommen Baslern widmet. Der Beschluß zeigt den gemeinsamen Gesichtspunkt des Verfassers, von dem aus er Narrenbeschwörung und Schelmenzunft geschrieben hat. Er wollte die Sünden beschreiben und vor ihnen warnen; wenn er aber die dem Laster verfallenen Menschen Sünder genannt hätte, so würde man ihn mit Fäusten traktieren, scherzhaft habe er sein können, weil er sie als Narren ansah. Die Narren unter seinen Lesern werden lachen, die Weisen aber werden sich bessern, deshalb bediene er sich immer der Scherzrede, in die er ernste Gedanken mische, anders könne er sein Ziel nicht erreichen, das sei ein Zugeständnis an seine Leser. Wollte er nach seinem Sinne vorgehen, so müßte er mit den Fäusten dreinschlagen. Nach Wunsch und Geschmack der Gemeinde richte sich auch der Prediger. Durch den Ernst zu wirken hat er mit fünfzig Büchern versucht, aber die Drucker sagen ihm, daß die Welt eine heitere Lehre wünsche. Andere wieder mahnen ihn, er solle lateinisch und nicht deutsch schreiben, so gezieme es einem Doktor:

Den gib ich antwurt wider das:
Kein dütsch buoch nie gedichtet was
Von mir in allem mynem leben,
Ich dichts latinisch ouch do neben.
Ich wil dirs zeigen, kum zuo mir,
Vnd wil dir sy all tragen für.

Dadurch bekommen wir einen Einblick in Murners Dichterwerkstatt. Die Drucker seien schuld daran, daß diese lateinischen Werke so langsam erscheinen würden, denn sie sähen auf ihr Geschäft. Mit Gäuchereien sei ein guter Handel zu machen. Man habe ihm vorgeworfen, daß er deutsch in Versen schreibe, das sei seine Natur, er rede wie ihm der Schnabel gewachsen sei. Man habe ihn auch beschuldigt, daß er in der *Badenfahrt*, wo er ernste geistliche Dinge besprochen habe, Gott zu einem Bader gemacht habe, aber er tröste sich damit, daß man es niemandem rechtmachen könne. Wer besser als er dichten könne, fange nur auch zu dichten an! Er habe das Seine geleistet. Härter bedrücke es ihn, daß er zu grob gewesen sei und zu viel von Weibern geredet habe. Dagegen rechtfertigt er sich, daß er alles über die Weiber in Büchern gelesen und der Quelle gegenüber noch sehr vieles gemildert habe. Durch das eifrige Lesen sei vielleicht manches Ungebührliche in das Werk gekommen, aber es habe ihm doch wieder genützt. In häufiger Nachtarbeit sei das Werk entstanden, ohne Gewinn habe er sich um Sachen gekümmert, die ihn nichts angingen. Zum Schlusse bittet er diejenigen, die durch sein Werk verletzt und nicht bestraft wurden, um Verzeihung, desgleichen auch die Frauen, die er nicht samt und sonders in seiner Dichtung habe treffen wollen. Er habe nur an die bösen gedacht, die nach Gottes Wort auch die gebührende Strafe ereilen werde.

Man könnte aus der Beschlußrede die Absicht Murners herauslesen, daß er jetzt sein Dichten in dieser Gattung einstellen werde, wenn man damit nicht eine prophetiam post eventum von sich geben würde. Was die

Durchführung einer straffen Komposition, die Beibehaltung eines Hauptgedankens und der damit verbundenen Bilder betrifft, so zeigt die *Gäuchmatt* eine viel geschlossenere Form als *Narrenbeschwörung* und *Schelmenzunft*. Auch die gelehrte Arbeitstechnik, durch Beispiele nahezu unzählige Geschichten, Bilder, Gedanken und Zitate gleichsam als Gewährsmänner bereitzustellen, ist hier deutlicher vertreten als in anderen Werken, deren Material mehr aus Erfahrungen als aus der Lektüre zusammenkam. In wörtlichen Anklängen werden wir an Geilers Predigten, Brants *Narrenschiff*, das Quodlibet der akademischen Fastnacht erinnert; Bibel, Kirchenväter, Scholastiker, antike Autoren, Minnesänger, italienische Humanisten und deutschsprachige Werke sind ihm wohlbekannt. Im bewußten Gegensatz zum Minnegesang, dem er als realistischer Menschenbeurteiler und Beobachter durchaus ablehnend gegenüberstehen mußte, entwickelte er seine Karikatur der Minne, aber auch diese paßt nur in die Fastnacht. In ihr bewies die Vorstellung der verbuhlten Narren, die durch Venus verführt und schließlich ihrer Kleider, ihres Hab und Gutes beraubt werden, zu Basel neue Lebenskraft in Pamphilus Gengenbachs Fastnachtspiel. Von allen deutschsprachlichen Werken Murners erhebt dieses die höchsten literarischen Ansprüche. Aber auch hier ist ihm sehr vieles aus dem Leben und der Erfahrung zugeflossen, das Angelesene ist von Wärme durchdrungen und wird lebensnah gestaltet. Der Arbeitstechnik nach zeigt die *Gäuchmatt* unter allen deutschen Werken Murners in gebundener Sprache die größte Verwandtschaft mit der Gelehrtenliteratur in lateinischer und der Erbauungsliteratur in deutscher Sprache.

Murners große Werke in deutschen Reimversen sind, soweit sie sich als Zeitklagen an Brants *Narrenschiff* anschließen, in kaum längerer Zeit als einem Lustrum entstanden, es ist das gleiche, in dem auch die Äneisübersetzung erschien. Mit einer *Reimchronik*, die über ein Geschehen berichtete, dem er als Augenzeuge beigewohnt hatte, hat er als deutscher Dichter begonnen. Sie verriet eingehende Kenntnis des Gegenstandes. Die gleiche Voraussetzung brachte er auch für die Abfassung der Zeitklagen mit. Aber das ließ sich nicht durch Lektüre von Protokollen oder das Studium eines Rechtsfalles erwerben. Beobachtungsgabe muß angeboren sein und durch ein waches Erleben der einströmenden Eindrücke lebendig erhalten werden. Hier drängt sich die Frage auf: wie kam Murner zu einer solchen Kenntnis des Lebens, der geheimen menschlichen Gedanken und der breiten Fülle des Daseins? Wenn wir auch von seinem Leben durch die vielen Händel, in die er verwickelt war, mehr wissen als von dem anderer Zeitgenossen, so läßt sich daraus doch keine Erklärung der Frage finden. Der Geist, der hier wirkt, steht, um ein Wort von Hermann Eris Busse hier sinngemäß anzuwenden „nicht im Buch und in den Sternen, er lebt in der lebenden Gemeinschaft, im Kampf um das Recht und das Richtige“. Über die Jahrhunderte reicht Murner seinem Geistes-, Stamm-

und Berufsgenossen Jeremias Gotthelf die Hand. Wie dieser als Bauernspion bezeichnet wurde und der Volkswitz ihm nachsagte, er schleiche sich unter die Betten der Eheleute, um ihre geheimen Gespräche zu belauschen und sie dann in seinen Erzählungen zu verwerten, so könnte man ähnliches auch von Murner sagen. Murner spricht und schreibt die Sprache der Zeit. Sie ist ihm ein Instrument, das er beherrscht und das seinem Willen dient. Er ist kein Sprachschöpfer in dem Sinne, daß er als erster Wörter, Bilder und Wendungen geprägt und geschaffen hat. Aber er beherrscht die Sprache seiner Heimat wie kaum ein anderer und gestaltet aus ihrem Geiste. Er liebt wie jede Volksdichtung die Formel, sie kommt seinen kühnen Improvisationen zu Hilfe. Um Eindruck zu machen, muß er nachdrücklich und breit sein und wiederholen, um einen Gedanken einzuschärfen. Er schlägt das Thema an und kehrt nach einer kleinen Ablenkung wieder zurück. Lange Reihen und Aufzählungen gleichartiger Erscheinungen entsprechen dem Zeitgeschmack der Erbauungsliteratur. Ein Gegengewicht bilden ohne inneren Zusammenhang aneinander gereihte Lebensregeln und Sprüche, wie sie in der Moralsatire von Freidank bis Brant zu beobachten sind. Ein zusammenfassendes Hauptmotiv, das die Möglichkeit eröffnet, alltägliche und bekannte Handlungen symbolisch auszudeuten, faßt Murners Werke zusammen. Doch nimmt er sich die Freiheit, davon abzuweichen. Alles Undeutliche und Unklare wird vermieden, Anschaulichkeit und Deutlichkeit leiten ihn. Durch Gegensatzpaare wird die Eindringlichkeit erhöht. Den scharfen Linien des Holzschnittes entspricht die Kennzeichnung des Guten und Bösen. Die ständige Betonung des Gegensatzes begünstigt die Übertreibung ins Groteske, die Verzerrung und grelle Beleuchtung. Zorn und Erbitterung schmieden die Waffen der Ironie und des beißenden Spottes. Hier scheiden sich die Wege von Brants trockener Lehrhaftigkeit und Murners innerer Ergriffenheit und Leidenschaft. Der objektive Rechtslehrer hält sich den Kreisen seiner Geschöpfe fern, der volksnahe Franziskaner stellt sich selbst in den Mittelpunkt seiner Werke. Als Narrenbeschwörer, Zunftmeister, in die Kur genommener Kranker, Müller und Kanzler der Gäuche kann er sich selbst dem Spiel seiner eigenen Ironie aussetzen. Wenn in den Werken eines solchen Dichters, dessen Eigengesetzlichkeit in der Gestaltung der Gedanken und dem Einsatz der Persönlichkeit sichtbar wird, die künstlerische Ausdrucksform dem eigenwilligen Rhythmus des altdeutschen Verses nähersteht als dem silbenzählenden Gleichmaß und regelmäßigen Wechsel von Hebung und Senkung, so ist es wohl verfehlt, von einer Verrohung der Kunst zu sprechen. Im Germanischen hat immer die Natur über die Regel gesiegt, die Vielfalt des Lebens über das Gesetz, das von außen kam. Hauptsatz steht neben Hauptsatz, gleichartige Satzglieder reihen sich aneinander, die direkte Rede und das Aufzugsmäßige zeigen die schon betonte Neigung zum Dramatischen. Es lag in einer Linie der literarischen Entwicklung, daß Moralsatire und Anklageliteratur sich bald der dramatischen Form bedienten, wie Niklas Manuel im Kampf für die Reformation und sein Sohn Hans Rudolf mit der Mahnung zum Maßhalten beim Genusse des edlen Weines. Murner ist immer auf der Bühne, er bewegt seine Gestalten, deutet ihre Handlung aus, ruft ihnen Stichwörter zu, läßt seine Werke auf bekannten Schauplätzen spielen, zeigt sich als Kenner der Volksbräuche und Sitten, dann wendet er sich wie ein gewandter Conférencier an seine Zuhörer, beruft sich auf die Wahrheit des Vorgebrachten und sorgt, daß das Interesse nie erlahmt. Es ist ein Brillantfeuerwerk, das mit den stärksten Reizmitteln arbeitet, das die Tiefe des Gemütes nicht bewegt, das blendet, aber nicht wärmend durchdringt. Es schmerzt in den Augen und stört die ruhige, sich versenkende Betrachtung. Ein wohlgebildeter Geschmack hat Murners dichterische Welt nicht gebändigt. Er ist weder der getreue Eckhart, die warnende Gestalt, deren Heimat auf dem Schloßhügel gegenüber von Breisach liegt und deren Geist in der Welschgattung lebt, noch Lynkeus, der über Länder und Zeiten hinspäht. Daß ihm solche Seelenhaltungen vorschwebten und daß er ihnen zustrebte, liegt im Bereich des Möglichen, aber der Dämon in der eigenen Brust hetzte ihn von Ort zu Ort, von Beruf zu Beruf, er zwang ihn, seine Kraft zu verbrauchen, mit seinem Pfunde zu wuchern, sein Innerstes und die Sehnsucht nach Ruhe zu verhüllen, sodaß wir nur in sehr wenigen Äußerungen und in den Augenblicken der Besinnung eine Seelenhaltung finden können, die uns bewundernde Ehrfurcht vor einem großen Geist abzwingt. Aus einer solchen Seelenstimmung — damit wird das Vorübergehende angedeutet — sind die Mariengebete und das ergreifende Glaubenslied geschaffen worden.

Mit dem Erscheinen der *Gäuchmatt* hat Murner seinen fruchtbarsten Lebensabschnitt abgeschlossen. Seit er von Freiburg ausgezogen war, um im Auftrag seines Ordens den Jetzerhandel zu beobachten, hatte sich in ihm und um ihn vieles geändert. Den Ausschlag gibt wohl seine veränderte Stellung gegenüber seinem Orden. Bis 1514 wurden ihm ehrenvolle Aufträge zuteil, er wurde auf verantwortungsvolle Posten gesetzt. Man kann also annehmen, daß seine Tätigkeit zur Zufriedenheit seiner Ordensoberen ausgeübt wurde. Die Anfeindungen, welche ihm von 1515 an aus dem Kreise seiner Ordensgenossen zuteil wurden, die Angriffe, welche er gegen den Provinzial richtete, seine Versuche, sich zu rechtfertigen, in der juristischen Lehrtätigkeit zu Trier und Basel neue Lebensstellungen zu suchen, als praktischer Rechtslehrer und Übersetzer im Sinne Kaiser Maximilians zu wirken, worauf die beabsichtigte Widmung eines Werkes, das zur Zeit, als der Kaiser starb, noch nicht abgeschlossen war, hinzuweisen scheint, lassen den Schluß zu, daß er seiner bisherigen Tätigkeit als Seelsorger, Prediger und satirischer Schriftsteller überdrüssig war, weil der Erfolg ausblieb und er sich damit neuen Anfeindungen ausgesetzt hätte. Nun bemühte er sich, durch die Kenntnisse der Gesetze und des Rechtes eine Möglichkeit zu schaffen, in eigener Sache aufzutreten. Der Ruf der Unverträglichkeit ging ihm bestimmt voraus. Der Feinde, die ihm das Leben sauer machten, besaß er seit seinem Handel mit Wimpfeling mehr als genug. Der Umstand, daß ihm überall Hindernisse in den Weg gelegt wurden, in der Ausübung seines Berufes sowohl wie in der Verbreitung seiner Schriften, zeigt aber doch, daß man ihn fürchtete, weil er einen bedeutenden Anhang besaß und sein Einfluß und seine Offenheit als gefährlich erkannt wurden. Die Geradheit, mit der er alles heraussagte, die Deutlichkeit, mit der er gegen Klerus, Mönche und eigene Ordensgenossen vorging, die Anspielungen auf bestehende Verhältnisse und bekannte Persönlichkeiten und Schriften — das meiste davon können wir kaum feststellen — ließen ihn gerade bei den Einflußreichen anstoßen und diese machten ihm das Leben schwer und suchten seinen Einfluß zu beschränken oder auszuschalten. Streitsucht und Übereifer, Spottlust und Bosheit sind gewiß keine Empfehlungen, mit denen man Karriere machen kann. Sich einer einflußreichen Clique anzuschließen, war Murners Sache nicht. Er stand für sich und suchte durch das Volk, mit dem er sich immer verbunden fühlte und in dessen Dienst er seine gesamte aufklärende und belehrende schriftstellerische Tätigkeit stellte, sein Ziel, eine moralisch-christliche Erneuerung im Sinne des alten Glaubens durchzuführen. Dafür sezte er sein Leben und seine Kraft ein. Bisher war er der Angreifer und Kläger, der Kritiker des Bestehenden, der vor den Gefahren gewarnt hatte.

Nun aber erkannten sein wachendes Auge und sein heller Geist, daß es nicht mehr darum ging, sondern daß die Einheit des Glaubens — für ihn eine unverrückbare Wahrheit — bedroht wurde. Er mußte sich zur Verteidigung rüsten. Er trat zum letzten, dem dritten Gang in seinem Lebenskampfe an. Jetzt ist sein Streben, das sich auf so vielen Gebieten versucht hat, einem Ziele, der Rettung und Erhaltung, der Abwehr und Sammlung der Kräfte zu gemeinsamem Vorgehen, zugewendet. Die alten Feindschaften verblassen, aber aus den Reihen seiner ehemaligen Gegner wird ihm keine Hilfe, selbst wenn ihre Geistesrichtung nun die gleiche ist. Neue Gegner aber sammeln sich, ihre Feindschaft und ihr Haß richten sich gegen den Mönch, den Abtrünnigen, der mit Reuchlin befreundet war, gegen die Mißbräuche in der Kirche gewettert hatte und nun zu ihrem Schutz auftrat, den mächtigen Wortführer einer Verteidigung, die sich erst langsam zusammenscharte und um die Seele des Volkes rang, den Vertreter einer Weltansicht, die zu erstarren drohte und sich überlebt zu haben schien. Die Angriffe, denen er sich aussetzte, denen er seine Person, nie aber die Sache preisgab, versetzten ihn in die Haltung des ausharrenden Kämpfers, dem der äußere Sieg versagt ist, der nur in seinem Gewissen Befriedigung findet, für das Rechte eingetreten zu sein.

Die Basler Episode in Murners Leben war bald zu Ende. Seine Verdeutschung der *Institutionen* wandelt auf ähnlichen Wegen wie die Vergilübersetzung, sie sollte den Laien einen Zugang zum Römischen Recht eröffnen. Murners Versuch, den Weg Sebastian Brants von der juristischen Lehrkanzel in Basel in den politischen Dienst seiner Vaterstadt einzuschlagen, scheiterte. Das Schicksal berief nicht zum zweitenmal den Verfasser eines *Narrenschiffes* zum städtischen Advokaten. Er war als Lektor im Franziskanerkloster zu Straßburg und vorübergehend auch in gleicher Eigenschaft zu Augsburg tätig. Im Herbst 1520 begann er seinen Kampf gegen Luther. In zwei Jahren veröffentlichte er sieben Streitschriften, deren Chronologie allein schon durch die Stationen seiner Wandlung vom brüderlichen Mahner zum erbitterten Ankläger und unversöhnlichen Gegner festgelegt werden kann. Es wäre verfehlt, Luther und Murner als die einzigen Vertreter und Gegenspieler der beiden Mächte anzusehen, die auf Jahrhunderte hinaus das Schicksal des deutschen Volkes bestimmen sollten; denn Luther hatte viele Feinde, und Murners Persönlichkeit ist so verschieden von der Luthers, daß ein Vergleich oder der Versuch, das Maß der Kräfte, die von beiden zum Kampfe gesammelt wurden, zu bestimmen, um das Wesen der Auseinandersetzung herumredet. Wir konnten schon mehrmals auf Murners Fingerspitzengefühl hinweisen, wenn er Ereignisse, in denen wir Vorboten der Reformation und der Auflösung der mittelalterlichen Einheit sehen, zu beurteilen hatte. Das verbindet ihn mit Eck, der ebenfalls früher als die meisten anderen erkannte, daß die endgültige Bildung der feindlichen Fronten nun begonnen hatte, daß die Gegensätze aus den Hörsälen, die Gewissenskonflikte der einzelnen, die Unzufriedenheit und alle Versuche, sie zu beruhigen, zu einer Entscheidung in der Öffentlichkeit hindrängten, weil es sich um eine Sache handelte, in der das Volk den Ausschlag gab. Die dämonische Kraft des Wittenbergers, der die Zeitwende und die Scheidung der Geister durchführte, und ihre Einwirkung auf das Volk konnten einem Manne wie Murner nicht verborgen bleiben. Gegen die kirchliche Autorität anzukämpfen, eine Stellung außerhalb jener Gemeinschaft einzunehmen, die für ihn trotz ihrer ihm wohlbekannten Bedrohung durch den moralischen Verfall die Trägerin der Welt war, war nicht die Sache eines Mannes, dessen Wahlspruch nicht perrumpendum est sondern patientia hieß. Die hohe Verantwortung, die für Murner als Seelenhüter des Volkes in seinen Zeitklagen überall durchschimmert, konnte ihn nicht schweigen lassen. Der Gegenstand aber, um den es nun ging, war nicht danach angetan, in Versen und mit fröhlicher Laune behandelt zu werden, auch der lateinische Traktat war keine Form, welche er wählen konnte, um beim Volk Eindruck zu machen. Die Streitschrift in deutscher Prosa ist die wirksamste Waffe im Kampfe der Reformation. Auch Murner wählte sie, außer wenn er den gelehrten Leser für sich gewinnen wollte, und erwies sich als Meister in ihrer Anwendung. Seine Sprachgewalt hatte er längst gezeigt, die Waffen der Disputation hatte der Doktor der Gottesgelehrtheit und beider Rechte geschärft. Er wußte, daß es nicht mit ein paar Schriften getan sein würde, und kündete gleich in der ersten Flugschrift an, daß ihr noch 31 andere folgen würden. Über Materialmangel und eine langsam wirkende Arbeitskraft brauchte er sich nie zu beklagen. Im Federkrieg gegen Wimpfeling hatte er sich vor zwei Jahrzehnten die Sporen verdient. Er besaß die Erfahrungen eines gewiegten Kämpfers und konnte wohlgerüstet in die Schranken treten. Was die Bekämpfung der Mißbräuche betrifft, fühlte er sich vollkommen einig mit Luther, aber eine Reformation durfte nach seiner Ansicht die Einrichtung der Kirche nicht angreifen, nicht ihre Wurzeln und das lebenspendende Organ des Glaubens zerstören, einen zweiten Hussitenkrieg heraufbeschwören, sie mußte beim Klerus einsetzen, durch das Vorbild weitergetragen werden und den Weg zu den Quellen wandeln. Wie aber kann der Ablauf von Jahrhunderten zurückgeschraubt werden, wenn es nicht einmal gelang, die Ereignisse weniger Monate ungeschehen zu machen und die Kluft zu schließen, an deren Rändern nun die Kämpfenden standen und einander mit Leidenschaft zu überschreien suchten?

Es klingt wie eine gesteigerte Wiederholung des Streites mit Wimpfeling, wenn Murner, nachdem er seine *Defension und Protestation, daß er wider Doctor Martin Luther nichtz vnrechts gehandelt hab* mit Einwilligung des Straßburger Rates am 15. März 1521 an zwölf Orten der Stadt angeschlagen hatte, sich erbot, alles, was er in den bei Grüninger zu Straßburg gedruckten Flugschriften und seinen noch geplanten Werken, für die er allein verantwortlich sei, sage, in einer öffentlichen Disputation zu Basel, Freiburg, Mainz oder Heidelberg zu verteidigen. Er hatte auch diesmal mit dem Angebot keinen Erfolg. Was sich an erbärmlicher Schlechtigkeit ausdenken läßt, Verdächtigungen von kaum vorstellbaren Ausmaßen, Angriffe auf sein ehrliches Wollen und Verleumdungen waren die Waffen, mit denen Murner nun vom Anhang Luthers bekämpft wurde. Nikolaus Gerbel, Capito, Vadian, Michael Stifel, Utz Eckstein fielen über ihn her, indem sie seinen Charakter verächtlich machten. Sie wendeten das billigste, aber erfolgreichste Mittel an, um die öffentliche Meinung zu beeinflussen. In der Zeit, da Murner diese Erfahrungen machen mußte, und nach dem vergeblichen Versuch, in einer *Antwurt und Klag* die Anschuldigungen der Widersacher zurückzuweisen, entstanden die beiden Werke, welche den letzten Höhepunkt seines Schaffens und in ihrem scheinbaren Zwiespalt auch die beiden Seiten seiner Natur vielleicht am deutlichsten hervortreten lassen. Der in seiner Ehre gekränkte, angefeindete, verleumdete, ehrgeizige, dem Streit nie aus dem Weg gehende, zornige Spötter und Meister des Verses, der geschmähte Franziskanermönch holt die Requisiten zum Exorzismus hervor, aber diesmal heißt es nicht, Narren, Schelme und Gäuche zu beschwören, sondern den Feind, der die Weltordnung eingerissen hat. Der Mönch und Prediger, der sein Leben hindurch auf seine Weise für die Erneuerung der alten Ordnung eingetreten ist, sieht sein Werk zerfallen, die Welt dem Untergang und den unheimlichen Mächten der Zerstörung preisgegeben. In angstvoller Demut und ergeben in das Unvermeidliche, das die Zukunft birgt, aus dem Quell eines Inneren, das er schamhaft verhüllt und sonst mit übersprudelnder Laune zudeckt, aus der Seelennot und Untergangsstimmung, die einer verlorenen Welt nachtrauert, dichtet er das *Lied vom Untergang christlichen Glaubens.* Keine der beiden Haltungen ist eine Maske, beide entsprechen dem Wesen des rätselhaften Mannes, der nun seinen Weg mit eiserner Konsequenz und nie erlahmendem Mut bis zum bitteren Ende gehen mußte.

Die Flugschriften, der lutherische Narr und das Glaubenslied bilden nicht nur deshalb, weil sie in derselben Zeit — zwischen Herbst 1520 und 1522 — entstanden sind, eine Einheit, sondern auch deshalb, weil die Flugschriften den dogmatischen Unterbau für die beiden Dichtungen abgeben. Die Methode, den Text vorzunehmen und zu glossieren, ist die gleiche spätscholastische, der Murner stets treu geblieben ist. Die Berufung auf die heilige Schrift ohne Rücksichtnahme auf die Tradition sei gefährlich, viele Quellen des religiösen Lebens sind in der heiligen Schrift nicht enthalten, dem Laienvolk müsse das Mitspracherecht in den kirchlichen Angelegenheiten entzogen werden, andernfalls wiederholen sich die Verhältnisse der Hussitenzeit. Die Heiligkeit des Meßopfers werde durch die Einführung der deutschen Sprache gestört, die Kenntnis der zugegebenen Mißbräuche in der Kirche dürfe nicht dazu führen, die Wahrheiten des Glaubens anzugreifen. Vor Luthers innerem Ringen um Wahrheit und seinen Seelenkämpfen steht Murner fassungslos da, weil es für seine im innersten Grund völlig problemlose Natur eine solche Haltung nicht gibt. Der göttliche Ursprung des Papsttums und die Autorität der Obrigkeit stehen für Murner fest, die letzten Entscheidungen dürfen nicht vom aufrührerischen Volk und den Bauern getroffen werden sondern von oben. Die deutsche Übersetzung der lateinischen Verteidigungsschrift König Heinrichs VIII. von England gegen Luther zeigt, daß Murners Kämpfe weite Kreise ziehen. Er setzt auch diese Polemik mit eigenen Mitteln fort und deutet am Ende seiner Schrift schon auf den *Lutherischen Narren* hin, der kurz vor Weihnachten 1522 bei Johannes Grüninger erschien.

Der große lutherische Narr ist ein aufgeschwollenes Ungetüm, eine Verkörperung aller zerstörenden Mächte, die durch Luthers Auftreten entfesselt wurden. Er wird auf einem Schlitten herangezogen und stellt sich, nachdem ihm hart zugesetzt wurde und er sich selbst charakterisiert hat, zur Beschwörung. Aus dem Haupt kommen gelehrte Narren und Kanzelredner, aus der Tasche diejenigen, die auf das Kirchengut lauern, aus dem Bauch die 15 Bundesgenossen des Eberlin von Günzburg. Sie erhalten Verstärkung und formieren sich nun unter Luthers Führung in Schlachtreihen. Durch Beschwörung werden neue Helfer aus Stiefel und Bundschuh, den Gedärmen, dem Speck und den Ohren des großen Narren gewonnen. Trotz Murners Warnung wird der Befehl zum Losschlagen gegeben. Im Fall ihres Versagens oder Geschlagenwerdens finden die Angreifer ihren Platz wieder im großen Narren. Der erste Sturm gilt den Klöstern und Kirchen, der zweite einer Festung, in der nur eine Sau zurückgeblieben ist, der dritte der Hauptfestung, die von Murner verteidigt wird. Dieser weist mehrere Angebote zur Übergabe ab, aber dem Erbieten, Luthers Tochter zu heiraten und dem neuen Glauben beizutreten, kann er nicht widerstehen. Nachdem Luther seine wahren Absichten enthüllt hat, meint Murner, es sei ihm ein leichtes, die neue Lehre anzunehmen. Nach dem Ständchen Murners vor der Braut folgt der Hochzeitsschmaus im Hause Murners, der seine Gäste gehörig traktiert. Während diese noch tafeln, begibt er sich mit seiner Braut ins Schlafgemach, dort gesteht sie ihm:

„Ach liebster hußwirt, lieber man,
  Woltstu mirs nit für vbel han,
Ich wolt dir etwas offenbaren,
  Das nie kein mensch ie mocht erfaren,
Hör, lieber man, mein höchster frindt,
  Vnd schüh nit drab: ich hab den grindt,
Drithalb finger dick fürwar,
  Mir ist gebachen drein das har;
  Das ich allein dir offenbar,
Das du das selb nit weiter sagst,
  Vss gehst von mir vnd iemans klagst.
Wan ich dir sunst holdselig bin,
  So schlag den grind dir vss dem sin
Vnd bring mich nit der welt zuo spot,
  Bit ich dich vmb den werden got."

Das aber ist Murner zu viel, er prügelt sie fort und, von Luther zur Rede gestellt, beruft er sich darauf, daß die Ehe kein Sakrament sei. Daran schließt sich Luthers Sterbeszene. Der Kranke bittet Murner um Verzeihung, worauf dieser eingeht und ihn zu Beichte und Reue auffordert, dann werde er von ihm auch die letzte Ölung erhalten. Dieses Sakrament lehnt aber Luther unmittelbar vor seinem Tode ab. Dafür wird er im Scheißhaus begraben, und ein Katzenchor stimmt unter Murners Leitung den letzten Gesang an. Auch dem großen Narren steht Murner in der Todesstunde bei und läßt ihn dann durch Narren zu Grabe tragen. Am Ende tritt Murner als Testamentsvollstrecker auf. Es bleibt nur eine Narrenkappe zu verteilen, die solle der Stärkste haben, von Rechts wegen aber gebühre sie dem Dichter selbst. Die Anschaulichkeit wird durch die Holzschnitte, die auch dem des Lesens Unkundigen verständlich sein mußten, erhöht. Das ganze Werk lebt aus dem volkstümlichen Denken seines Schöpfers.

Es ist selbstverständlich, daß Murner in diesem satirischen Epos, in dem die Gegensätze mit dramatischer Wucht in Rede und Gegenrede aufeinander prasseln, nur die zerstörenden und ihm gefährlich erscheinenden Seiten der neuen Lehre gleichsam als Karikatur darstellt. Das plötzliche Ende schließt sich vielleicht etwas gezwungen an die Hochzeit und diese wieder an das erhaben wirkende Motiv der Verteidigung des Glaubensschlosses an. Aber man darf mit solchen künstlerischen Bedenken der erzählenden Urkraft eines Zeitdichters nie beikommen, sonst hätte man auch an vielen Werken Jeremias Gotthelfs etwas auszusetzen. Wo Zorn und Erbitterung arbeiten, stehen der Mensch und sein Wollen voran. Aber die ganze Unerbittlichkeit, die dieses Werk ausstrahlt, wollte sein Dichter vielleicht doch durch die alle Gegensätze versöhnende Narrenkappe, die er hier zum letztenmal angelegt hat, abschwächen.

Am 27. Dezember 1522, acht Tage nachdem der Druck fertiggestellt worden war, wurde Grüninger mit anderen Druckern zum Rat befohlen und ihnen verboten, Schmähschriften für und gegen die Reformation zu veröffentlichen; die vorhandene Auflage des lutherischen Narren mußte verbrannt werden, die bereits verkauften Exemplare sollten eingezogen werden. Wenn diese Verordnung auch nicht ganz scharf beobachtet wurde, so hatte Murner doch nur eine sehr beschränkte Möglichkeit, die öffentliche Meinung durch sein Werk zu beeinflussen. Mit Grüninger verlor Murner den letzten Straßburger Drucker, der es wagte, Werke von ihm zu übernehmen.

Als fliegendes Blatt wurde im Jahr 1522 Murners Glaubenslied herausgegeben. Über seine Verbreitung läßt sich kaum etwas ermitteln. Die sittliche Haltung wird ihren Eindruck auf die Zeitgenossen nicht verfehlt haben. Mit ergreifenden schlichten Worten besingt Murner in „Bruder Veiten thon" die Not und das Elend, das über die Welt durch die Glaubenserneuerung gekommen ist. Die Eintracht der Herde ist gestört, die geistliche und weltliche Macht geschwächt, das Unterste ist zu oberst gekehrt, Sakramente werden geleugnet, die ganze Ordnung ist verkehrt:

die stiel ston uff den bencken,
der wagen vor dem roß;
der glaub will gar versencken,
der grund ist bodenloß.

Pfaffen und Mönche werden als Verführer der Christenheit hingestellt, wer lügt und die Obrigkeit verachtet, dem strömen die Menschen zu. Die Entscheidung ist gefallen, der Apfel der Zwietracht ist geworfen, das Evangelium, Gottes frohe Botschaft, ist vergiftet, es wird willkürlich ausgelegt, die Türken hätten uns nicht so zugesetzt wie die Glaubenserneuerer, die alles zerstören, die Heiligen und die Kirchenlehrer, ja selbst vor Maria machen sie nicht halt.

Ach frumen Christen gemein
wölt ir der heiligen nit
behalten doch allein
Mariam, ist mein bit.

Was in 1500 Jahren aufgerichtet wurde, ist nun in zweieinhalb Jahren zerstört worden. Alle wollen herrschen, die Richter haben sie abgeschafft, der Unverständige wird durch sie verführt, alle Schande haben sie den Priestern nachgesagt und damit die Innigkeit des Glaubens befleckt.

die mißbrüch, die sie klagen
die lobt kein erenman
Gott wils nit me vertragen,
daß facht mich duncken an;
allein wil mich betören
das ich von hertzen wein:
den glauben unß zerstören
das selb klag ich allein.

Und nun spricht er sie in zwei Strophen an: einen Aufruhr habt ihr erregt, an euch denkt ihr und nicht an Gott, ihr wollt Mißbräuche abschaffen und wißt doch, daß Gott Gutes und Böses durcheinander wachsen läßt. Die Obrigkeit schläft, Gott möge sie aufwecken! Sie lassen sich nicht davon abbringen, den Glauben zu zerstören, gegen den Ablaß und die Sakramente kämpfen sie an. Man schaffe die Mißbräuche ab, aber der Glaube werde erhalten! Nie ist die Christenheit so schwer heimgesucht worden. Die Uneinigkeit im Klerus ist ein Übel, worüber der Laie lachen kann. Im Glauben an seine Sendung bleibt der Dichter bei der alten Lehre

vnd tu, als tut ein redlich man
dem man ain schloß empfilt:
so lang ich mich gewern kan
bruch ich das schwert vnnd schild.

Wenn er auch gegen die größere Macht unterliegt, so hat er doch seine Ehre gerettet. Niemand soll ihm diese Haltung verübeln, Glaube, Beruf und Ehre gebieten sie ihm. Würde es ihm befohlen zu schweigen, so werde er gehorchen und alles auf sich nehmen, Gott aber helfe und lasse den Glauben nicht verfallen.

Die Gegner ruhten nicht. Zu den alten Feinden gesellten sich der Nürnberger Otto Brunfels, Pamphilus Gengenbach, Eberlin von Günzburg, Johann Bader, Erasmus Alberus und später Niklas Manuel. Es ist überall die gleiche Technik am Werk, durch erfundene oder entstellte Skandalgeschichten, durch Loslösung einer Erscheinung oder Äußerung aus ihren Zusammenhängen den Menschen verächtlich zu machen, durch Namensverspottung und Karikatur zu wirken. Die Katzenphysiognomie, welche Murner zuerst von seinen Gegnern beigelegt wurde, die er aber dann selbst im lutherischen Narren annahm, scheint einige wesentliche Charakterzüge wiederzugeben wie nervöse Fahrigkeit, Angriffslust, Wendigkeit und Zähigkeit. Auch die verschiedenen Äußerungen der Katze vom schmeichelnden Anschmiegen bis zum wütenden Fauchen konnten als Parallelen mit

Murners Schreib- und Redeweise ausgenützt werden. Eine Verwarnung des Straßburger Rates, die Murner wegen Anstiftung zum Volksaufruhr gleichzeitig mit anderen Gesinnungsgenossen im Januar 1523 erteilt wurde, mochte der unmittelbare Anlaß zur Annahme einer Einladung nach England sein. Von einem besonderen Erfolg — Murner versprach sich von dieser Reise vielleicht die Bildung einer geschlossenen Kampfgruppe gegen Luther — ist nichts zu bemerken. Wohl empfahl ihn Thomas Morus am 26. August in einem Schreiben, das seine Verteidigung des Königs gegen Luther und energisches Eingreifen im Sinne der Bewahrung des alten Glaubens hervorhob, an den König, aber mehr als einen reichlich bemessenen Ersatz seiner Reisekosten, ein Empfehlungs- und Sendschreiben an den Straßburger Rat trug es Murner nicht ein. Die Rückreise nach der Heimat trat er mit einer englichen Gesandschaft an, die am Reichstag zu Nürnberg teilnahm. Während seiner Abwesenheit hatte sich die Lage seiner Parteigänger in Straßburg zusehends verschlechtert. Seine Ordensbrüder wollten die Ordenstracht ablegen, und viele hatten die Absicht, das Straßburger Bürgerrecht zu erwerben. Der Rat entschloß sich, den Gottesdienst der Neugläubigen zu schützen und bemühte sich, die Anfeindungen der beiden Religionsparteien zu verbieten. Murner jedoch wetterte von der Kanzel dagegen, und das Volk nahm wieder leidenschaftlich gegen ihn Partei, offene Drohungen wurden laut. Die Haltung des Bischofs und des Rates drängte zu schwerwiegenden Entscheidungen, das Schicksal des Franziskanerklosters, seine bevorstehende Auflösung und Verwaltung wurden erregt besprochen. Das war für Murner ein Grund, vorläufig den Kampf gegen die Neuerer zurückzustellen und in einer Angelegenheit seines Klosters als Wortführer aufzutreten. Er überreichte am 12. März 1524 mit drei Mitbrüdern dem Rat eine Bittschrift, in der die bereits gemeldeten Wünsche — Vertauschung des Ordenskleides mit dem der Weltpriester, Aufnahme in das Straßburger Bürgerrecht und Sicherung des Lebensunterhaltes durch den Ertrag der aus Straßburger Besitz stammenden Klostergüter — und die mißliche wirtschaftliche Lage des Klosters bekanntgegeben wurden. Das Versiegen der bisherigen Einnahmequellen stelle das Fortbestehen des Klosters in Frage, das Gebahren und die Verschwendung des Provinzials Dr. Georg Hofmann — es ist der gleiche, auf dessen Betreiben Murner im Jahr 1515 als Guardian abgesetzt wurde —, müsse abgestellt werden. Die Bittsteller verpflichteten sich: 1) dem Papste die Treue zu halten, 2) den Bischöfen und Richtern gehorsam zu sein, 3) dem Glauben der heiligen römischen Kirche treu zu bleiben, 4) von der Ordenskleidung nur Farbe und Form des Rockes und Mantels zu ändern, 5) die Ordensregel und die Klausur beizubehalten. Dem Rat war diese Beschwerde eine willkommene Handhabe zur Sequestierung des Klosters (am 16. März), Erteilung der Erlaubnis an die Mönche, ihr Ordenskleid abzulegen, und späteren Aufhebung des Klosters (am 5. Dezember 1524). Unmittelbar nach Überreichung der Denkschrift an den Rat ersuchte Murner den Bischof von Straßburg um die Genehmigung des bereits vollzogenen Kleiderwechsels und erhielt den Bescheid, diese Dispens beim Reichstag zu Nürnberg von dem päpstlichen Legaten Lorenzo Campegio zu erwirken. Er erhielt sie unter der Bedingung, daß die eingegangenen Verpflichtungen gehalten würden. Während Murners Anwesenheit in Nürnberg — der Reichstag wurde am 18. April geschlossen — war in Straßburg am 19. April die Reformation durchgeführt worden. Unter diesem Eindruck zogen es Murners Ordensbrüder vor, die übernommenen Verpflichtungen abzuschütteln. Murner stand nun für sich allein, er zog auch äußerlich einen Trennungsstrich zwischen sich und seine Ordensbrüder, indem er das franziskanische Ordenskleid wieder trug, dann suchte er vergeblich durch die Klarlegung des Tatbestandes, den zu verschleiern die Gegner ein Interesse hatten, in einer Flugschrift (*Purgatio vulgaris*) aufklärend zu wirken, weil ihn die Verbote des Rates vom 15. Juni und 12. September verhindert hatten, Streitschriften drucken zu lassen. Zudem erwarteten den gehetzten und unermüdlich tätigen Murner neue Aufgaben, diesmal ging er mit dem Augustinerprovinzial Dr. Konrad Treger gegen die Front der Glaubenserneuerer, vor allem Bucer, Hedio und Capito vor. Vergeblich war es von vornherein, unter den erhitzten Gemütern durch eine Disputation eine Einigung herbeizuführen. Murner wurden schließlich vom Rat die Abfassung und Verbreitung von Kampfschriften verboten. Er eröffnete nun eine eigene Druckerei, und darüber beschwerten sich wieder die Buchdrucker. Während diese Angelegenheit noch schwebte, reiste Murner als Vertreter des Straßburger Bischofs Wilhelm von Honstein zu einer Besprechung der katholischen Fürsten nach Regensburg, wo sich der Widerstand gegen die religiöse Erneuerung versteifte und die Abstellung mancher Mißbräuche beschlossen wurde. Die Beschlüsse wurden am 6. Juli 1524 gefaßt. In Straßburg bemühte sich Murner dann nach der Auflösung seines Klosters, die Grundlagen für seinen Lebensunterhalt zu schaffen, indem er auf seine Einkünfte aus dem Kloster verzichten wollte, wenn ihm der Rat eine jährliche Pension sicherstelle. Er hat lange darum kämpfen müssen. Der Rat begünstigte nunmehr die mächtigere Partei der Reformierten, er konnte die Gefangensetzung Dr. Tregers am 5. September 1524 nicht verhindern. Murners wartete ein ähnliches Los, seine Wohnung wurde am gleichen Tage, während er in Oberehnheim war, von den Aufständischen geplündert, die Druckerei zerstört und eine im Satz befindliche neue Schrift gegen Luther vernichtet. Der Bauernaufstand vom Frühling 1525 und die Belagerung von Oberehnheim wurden für Murner immer gefährlicher, sodaß er „in leyischer Kleidung" die Flucht nach Luzern wagte, wo er abgehetzt und krank vor dem Juli 1525 ankam.

Murner kannte seine Gegner, man hatte ihm jede Möglichkeit genommen, sie in seiner Heimat mit den ihm zu Gebote stehenden Waffen zu bekämpfen. *Der große lutherische Narr* und andere Schriften verfielen dem Zensurverbot. Die Druckerei hatte man ihm zerschlagen, die Kanzel konnte er nicht betreten, die Bauern lauerten ihm auf. Der Fanatismus sammelte und entfesselte Kräfte, gegen die er nicht mehr aufkam. Es war aber nicht seine Art, das Maul zu halten. Als er in Luzern ankam, kannte er auch die Kampfmethoden seiner Gegner und verfügte über Erfahrungen, die er wohl ausnützen konnte. In der Eidgenossenschaft steht Murner ein anderer gegenüber als Luther, ein Mann mit politischem Weitblick, von Vaterlandsliebe, Weltoffenheit und Daseinsfreude durchdrungen, der weder die seelische Belastung durch die Sünde zu tiefst gefühlt, noch um die Erlösung in inbrünstigem Gebete gerungen hat, ein Herrenmensch, wie sie die Renaissance erzeugte, von Energie geladen, ein Angehöriger eines jungen aufstrebenden Staates, dem Erfolg und Gegenwart hold waren, ein kluger Rechner mit den gegebenen Verhältnissen, Gottesmann, Staatslenker, Krieger und Gelehrter zugleich, einer, der wußte, daß die alten Zeiten für immer vorbei waren. Dieser Gegner wirkte in der Nähe, er sprach eine Mundart, die Murner vertraut war; denn beide waren alemannischen Stammes und kannten die humanistische Bildungsstätte Basel, die dem einen den weltweiten Blick geschärft und den Geist an der Antike geschult hatte, dem anderen als Lehrer des Rechts nach seiner Kartenspielmethode eine kurze Lebensstation gewesen war. Andere Berührungspunkte gab es zwischen dem ehemaligen Weltpriester und dem Mönch nicht. Was für Murner die Säulen der Weltordnung waren, waren für Zwingli Ketten, die gesprengt werden mußten. Als Hauptgegner eines Vertreters der Reformation ist Murner immer nur ganz vorübergehend aufgetreten. Es war ihm nie möglich, mit gesammelter Energie ein Ziel bis zum Schluß zu verfolgen, wie es ihm auch nie möglich war, eine Gedankenreihe zu Ende zu denken, einer größeren Dichtung harmonische Rundung und organischen Abschluß zu geben. Er, der fast immer allein kämpfte und Angelegenheiten, die die Allgemeinheit, ja die abendländische Christenheit angingen, ausfocht, als ob er in eigener Sache kämpfte, verband sich nun der Politik eines geschlossenen Staatswesens, das fest entschlossen war, das Alte zu bewahren, die Kräfte zu sammeln und dem Glauben der Väter treu zu bleiben. Das war anders als in Straßburg, wo der Rat die Entscheidungen hinausschob, die Parteien in gleicher Weise zu behandeln suchte und schließlich den Lauteren und Mächtigeren sich beugte, um die Ordnung zu erhalten, den Aufruhr zu bannen und das Blutvergießen zu verhüten. In Luzern war Murner willkommen bei seinen Ordensbrüdern, dem zielbewußten Regiment und dem Volk. Die Erinnerung an die Burgunderkriege, in denen die Väter und Großväter gekämpft und gesiegt hatten, war lebendig und die Größe der unmittelbaren Vergangenheit. Die Gegenwart hatte ihnen nichts Gleichwertiges oder Verheißungsvolleres zu bieten. Es ist der erste Auftakt zur Gegenreformation.

Ein gesunder realistischer Sinn, der sich in politischen Streitigkeiten, in einem langen Kampf um die Selbstbehauptung und Unabhängigkeit bewährt hat, ist weniger leicht aus dem Gleichgewicht zu bringen als ein erregter Geist, der von der Unhaltbarkeit der bestehenden Verhältnisse überzeugt ist. Deshalb treten in Luzern andere als religiöse Interessen zurück. Es ging ja nicht um eine soziale Umwälzung oder den Aufstieg jener Volksschichten zum Regiment, die davon ausgeschlossen waren. Die kirchlichen Mißbräuche konnten dadurch, daß der Staat den Schutz des alten Glaubens übernahm, in kurzer Zeit eingedämmt werden. Damit waren die Voraussetzungen für die Unzufriedenheit beseitigt. Der Staat mußte aber darauf sehen, daß dieser Zustand erhalten blieb, daß der fremden Agitation die Möglichkeit des Wirkens entzogen wurde und der eigene Standpunkt sich behauptete gegenüber den Angriffen. Es ging dabei um religiöse und politische Ziele, die sozialen sind in der Eidgenossenschaft weniger hervorgetreten. Das Gefühl der Bedrohung des Staates war so stark, daß die erhitzten Gemüter sich zweimal zu Disputationen vom 19. Mai bis 8. Juni 1526 in Baden und vom 6. bis 25. Januar 1528 in Bern zusammenfanden, ehe die vorläufige Entscheidung durch den Waffengang bei Kappel und den Tod Zwinglis fiel. Bei der ersten Disputation war Murner anwesend. Als Stadtpfarrer von Luzern, erfolgreicher Prediger auch im Umkreis der Stadt, Mahner und Angreifer, Rügedichter, Verfasser und Drucker von Flugschriften wurde er zur Seele und treibenden Kraft, zum Mittelpunkt des geistigen Lebens in einer kräftigen und gesunden Stadtrepublik. Aber er ist nicht mehr der Draufgänger, der fröhliche Spötter über die menschlichen Fehler, der Dichter, der den Strom seiner Verse nicht bändigen kann. Krank ist Murner nach Luzern gekommen, bedrohender Verfolgung entronnen, ein Mann, der die Höhe des Lebens überschritten hatte, dem das Leben bitterste Enttäuschungen und Anfeindungen gebracht hatte, bar aller Mittel, schwach und abgekämpft, aber ungebrochenen Geistes. Wieder entfaltete er eine vielseitige Tätigkeit, aber die stille Resignation des Alters, der mahnende Zuspruch des Welterfahrenen ist oft an die Stelle seines einstigen Draufgängertums getreten. Die Stimmung, aus der er das Glaubenslied dichtete, breitet sich über seine letzten Jahre. Der Gegner waren zu viele, ihre geistige Bedeutung, Kraft, künstlerische Überlegenheit und jugendlichen Eifer zu bekämpfen, reichten der eine Mann und seine Bundesgenossen nicht aus. Die Unterstützung, die der Luzerner Rat Murners Gesuch an die Straßburger Regierung zuteil werden ließ, hatte Erfolg. Anfang August 1526 erschien Murner nach der Zusicherung freien Geleites vor dem Straßburger Gericht, das einen Ausgleich zwischen dem Rat und ihm guthieß. Demnach gab Murner seine und seiner Erben Ansprüche auf den Besitz des Franziskanerklosters auf, sofern ihm der Rat eine jährliche Pension von 52 Gulden auf Lebenszeit auszahle, dagegen mußte Murner sich verpflichten, alle Feindseligkeiten in Rede und Schrift gegen die Stadt und einzelne ihrer Bürger einzustellen. Er hat sich bis an sein Lebensende an diese Abmachung gehalten. Das mag auch ein Grund sein, weshalb Murner nunmehr nicht so stark im Vordergrunde des Kampfes steht. Es galt für ihn in den neuen Verhältnissen auch nicht, sich mit e i n e m Gegner auseinanderzusetzen, sondern den allgemeinen Kampf als Vertreter der mittelalterlichen Weltordnung gegen ihre Bedroher zu führen. Er tritt dabei keineswegs über die anderen heraus, aber er ist dennoch der einzige, der das Persönliche und den Interessen des Tages Dienende von den grundsätzlichen Dingen, um die es geht, unterscheidet. Der Doktor der Theologie und beider Rechte protestiert im Namen der für ihn einzig gültigen Weltordnung gegen die Wendung der Dinge. Er steht für die Interessen der innerlich gefestigten Luzerner Gemeinschaft ein, darüber hinaus aber tritt er in Baden für die ihm ewige und wertbeständige alte Ordnung mit dem Pathos des Zornes in die Schranken.

Murners literarische Tätigkeit in Luzern ist wiederum ein Abwehrkampf gegen die Angriffe der Gegner, er bedient sich dabei ähnlicher Mittel wie diese, indem er den evangelischen Kalender des Johannes Kopp von Zürich mit einem Gegenstück *Der Lutherischen Evangelischen Kirchendieb- und Ketzerkalender* beantwortet; er veröffentlichte die Akten der Badener Disputation, schrieb Broschüren in deutscher Prosa und verfaßte zwei deutsche Reimdichtungen — die letzten. Auch sie sind vom Geiste der Warnung und Rüge getragen. *Des alten Christlichen beeren Testament* läßt Erinnerungen an sein erstes literarisches Auftreten nach dem Jetzerhandel wach werden, der alte Bär blickt auf die Schar seiner Kinder und verkündet ihnen seine letzten Verfügungen. *Von des jungen Beren zen we im mundt* gibt dem Dichter Gelegenheit, den Gegensatz zwischen Vergangenheit und Gegenwart herauszustellen. Der alte Bär hat an den gleichen Schmerzen gelitten, aber redliche Helfer sind ihm beigestanden und haben sie ihm gelindert. Dem jungen können die schlechten Helfer, die er rief, die Schmerzen nicht vertreiben. Das Jahr 1528 ist das letzte, in dem Murner noch ein reiches Schaffen entfalten konnte. Er suchte in seinen Broschüren seine Anklagen gegen Bern wissenschaftlich zu unterbauen. Dem dichterischen Schwung Niklas Manuels aber konnte er nichts Wirkungsvolles entgegensetzen. Als Prediger hat Murner noch einmal vor den Gesandten Zürichs und Berns am 21. Februar 1529 in Luzern zu Herzen gehend über die Fürbitte der Heiligen gesprochen. Aber der Rechtstag, der im Anschluß daran stattfinden sollte, führte zu keinem Ergebnis. Auch in der Eidgenossenschaft konnte die letzte Entscheidung durch Waffengewalt nicht mehr verhindert werden. Mit den Ratsherren und Priestern Luzerns zog Murner nach Maria Einsiedeln, um Hilfe für die Waffen der Altgläubigen und ihrer Vorkämpfer zu erflehen, eine Prozession des Volkes führte er später zum Gnadenbild nach Ebikon. Er konnte sagen, daß die bevorstehende Schlacht nicht Beute und Pensionen eintragen werde, aber „die

Palme des Himmels und die Krone des Märtyrertums". Es ist das letztemal, daß wir Murner in der mittelalterlichen Gebärde des Kreuzzugspredigers vor uns sehen. Noch konnte die blutige Auseinandersetzung zwischen den Gegnern vermieden werden. Bei den Einigungsverhandlungen vom 25. Juni willigten die Luzerner, um den Frieden zu wahren, ein, Murner zu veranlassen, sich einem Gericht zu Basel vor den Vertretern Zürichs und Bern zu stellen. Auf Anraten guter Freunde verließ Murner, ehe noch das Friedensinstrument ausgehändigt war, die Stadt, die ihm vier Jahre Gastfreundschaft gewährt hatte, und in der er zuletzt mit seinem ganzen Wissen und mit seiner geistigen Kraft für das eingetreten ist, was ihm sein Leben hindurch heilig und teuer war.

Das Bild des einsamen Wanderers, der über den Brünig und die Grimsel nach dem Wallis und von dort nach der elsässischen Heimat zog, schließt die schöpferische und literarische Tätigkeit Murners. Die Vaterstadt Oberehnheim nahm ihn auf. Er bemühte sich beim neuen Provinzial Bartholomäus Hermann, der im Barfüßerkloster zu Hagenau wirkte, um eine Predigerstelle in der Heimat. Aber schon wandte sich das Volk gegen ihn. Weder in der Zurückgezogenheit des Klosters noch am Hofe zu Heidelberg fand er Ruhe. Im Jahr 1530 kehrte er in seinen Geburtsort zurück. Den vermittelnden Kurs, welchen seine Kirche damals einschlug, mitzumachen, war seine Sache nicht. In stiller Zurückgezogenheit übertrug er nun die Weltgeschichte (*Enneaden*) des Venezianers Antonius Coccius Sabellicus in sein geliebtes Deutsch. Die letzte große Weltchronik, die aus dem Geiste des Mittelalter geschrieben wurde, ist uns in der deutschen Fassung, die ihr Thomas Murner gab, nur teilweise und handschriftlich überliefert. Die Bilder hat Murner selbst dazu gezeichnet. Damit mündet seine literarische Tätigkeit in jene Kreise, die er mit seinen ersten kleinen Traktaten berührte. Als Seelsorger hat Murner noch in der St. Johanniskirche von 1533—36 gewirkt. In der Pfarrkirche hielt er auch Fastenpredigten. Vor dem 23. August 1537 hat er, wie noch nach 40 Jahren berichtet wird, „sein End wunderbarlich genommen". Auch hier bleibt eine Frage ungelöst.

Reich war sein Leben, eine mächtige Saat ohne Ernte, eine Fülle von Äußerungen eines Geistes, der nie müßig war, den der Dämon umhertrieb von Kloster zu Kloster, von Wissenschaft zu Wissenschaft, von Anfeindung zu Anfeindung, dessen Lebensweg in einem Raum liegt, zwischen Paris im Westen, Rostock im Norden, Krakau und Wien im Osten, Rom im Süden, der treu an der alten Ordnung hielt, für ihre Erhaltung und ihr Sein gekämpft hat. Er ist in diesem Kampf unterlegen, aber mit der Waffe in der Hand und das brechende Auge gegen den Feind gerichtet. Wie die Entwicklung seines Geistes da mündet, wo sie den Ausgang nahm, in der Weltanschauung des Mittelalters, so endet auch sein Leben an der Stelle, wo es ihm geschenkt wurde, am Fuß der Vogesen.

MATTHIAS RINGMANN

Geschichte und Geistesleben des deutschen Volkes sind reich an Gestalten, die in der Vollkraft eines fruchtverheißenden Wirkens von dieser Erde gehen mußten, deren Lebensfaden die Parze noch vor Vollendung des dritten Lebensjahrzehntes abschnitt. Es ist müßig, darüber Betrachtungen anzustellen, was aus diesen Männern geworden wäre, ob sie die in sie gesetzten Hoffnungen enttäuscht oder übertroffen hätten. Jeder Versuch, sie sich als Männer oder gar als Greise in einem eingebildeten Wirkungskreis vorzustellen, macht sich selbst lächerlich, weil er klüger sein will, als es das Schicksal war. Im Reich der Schatten und in unserer Erinnerung aber wandeln diese Gestalten in ewiger Jugendkraft, leuchtenden Auges, voll stolzen Wagemutes, Unmögliches begehrend, Grenzen einbrechend und sieghaft vorschreitend auf neu gebahnten Wegen, so wie sie die Erde verließen nach früher Vollendung ihrer Zeit. Nicht ahnungslos traf sie das Schicksal, sie bemühten sich, eine reiche Ernte heimzubringen, und sicherten sich damit ein dankbar leidvolles Gedächtnis bei ihren Zeitgenossen und Nachfahren. In der Stimmung, mit der wir sie sehen oder ihr Bild zu zeichnen versuchen, wirkt gleichsam die liebende Trauer der Eltern oder der Braut nach. Wir empfinden die Leere, die bei den Verlassenen zurückblieb, denen ihr lebensprühender Geist Hoffnung und Daseinsfreude geschenkt hatte; denn alles, was sie taten und leisteten, wird von der Vorahnung des frühen Todes beschattet.

Den gereiften Männern, dem Prediger Geiler, dem Erzieher Wimpfeling, den Mahnern und Rügedichtern Brant und Murner gesellt sich in dieser Darstellung als letzter der Bauernsohn aus den Vogesen Matthias Ringmann [29]. Sein Geburtsjahr 1482 stellt ihn in die Reihe jener Generation, die des Klagens und aller Versuche der Rückkehr zum Alten müde ihren Weg vorwärts geht, im Kampf gegen die sterbende Zeit neues schafft und eine bessere Zukunft begründen will. Doch trennen ihn von dieser Generation das edle Vorbild großer Lehrer, vor allem Wimpfelings, und ein im Reiche der Wissenschaft auf vielen Gebieten wirkender Geist. Schon daß er den Beinamen Apollos Philesius mit dem seiner Herkunft Vogesigena verbindet, zeigt, wie er den humanistischen Geist auch äußerlich zur Schau tragen will. In einem Vogesental des Oberelsaß lag wohl der Bauernhof seiner Eltern, die vermutlich Untertanen des Klosters Pairis waren. Vielleicht empfing er an der Schlettstädter Schule den ersten Unterricht. Während seines akademischen Studiums, das ihn wohl nach Heidelberg und Freiburg

---

[29] Ch. Schmidt, a. a. O., Bd. 2, S. 87—132. — A. Ohl, Matthias Ringmann, dit „Philesius" Graveur en bois. In: Bulletin de la société philomatique Vosgienne 59 (1933), S. 27—42, bringt wertvolle Ergänzungen über R. als Holzschneider, ganz konnte er mich nicht überzeugen. — Ferner: Nouv. biogr. univ. 42 (1866), Sp. 302. — G. Ellinger, Gesch. d. neulat. Literatur Deutschlands in 16. Jh. 1. Bd. Berlin 1928, S. 383 f., 428.

führte, empfing er durch Jakob Wimpfeling und Gregor Reisch entscheidende Anregungen. Als Trabant und ehrfuchtsvoll ergebener Schüler Wimpfelings gab er einige Werke des Meisters heraus oder versah sie mit Lobgedichten wie die *Synodalstatuten der Basler Diözese* (1503), die *Adolescentia,* die Schrift *De integritate* (1506) und die Heidelberger *Rede über den Heiligen Geist* (1507). Auch an Wimpfelings Kampfschrift gegen Locher beteiligte er sich. Er bewegt sich in dieser Dichtungsart und Tätigkeit für Verleger ganz auf den Bahnen von Sebastian Brant.

Es war wohl weniger die Reformtätigkeit Wimpfelings, die auf Ringmann einen entscheidenden Eindruck machte, als die humanistische Bildung, die Erziehung und das menschliche Vorbild. Er konnte sich auch eine Förderung von dem einflußreichen Manne versprechen. Er fühlte sich wohl im Kreis der Gleichaltrigen und Gleichgesinnten, die sich mit Thomas Wolf, Jakob Sturm und den anderen wie der Sterne Chor um Wimpfelings leuchtende Sonne stellten. Für die Ausbildung in einzelnen Wissensgebieten scheint aber Gregor Reisch von entscheidender Wirkung auf Ringmann gewesen zu sein. Der Altersunterschied zwischen beiden (12 Jahre) war nicht so groß wie der zwischen Wimpfeling und Ringmann. Reisch weckte Ringmanns mathematisch-naturwissenschaftliche Begabung. Seinem enzyklopädischen Hauptwerk, der *Margarita philosophica* [30] widmete Ringmann ein Gedicht mit der Inhaltsangabe des Werkes und einem Lob seines Verfassers. Die *Margarita philosophica,* die erste philosophische Enzyklopädie mit besonderer Rücksichtnahme auf die naturwissenschaftlichen Fächer, ist 1503 bei Schott in Freiburg erschienen. Sie ist mit reichen Bildbeigaben versehen und stellt eines der beliebtesten Lehrbücher der Zeit dar. In der Auffassung von der Totalität des Wissens ist sie ein rein mittelalterliches Werk, und doch weisen die Bevorzugung der Naturwissenschaften und die Verwertung des Holzschnittes zur Veranschaulichung des abstrakt Vorgetragenen sowie die ausgebreiteten Kenntnisse der Antike, die Verehrung ihres Verfassers für Erasmus und seine weit gespannten Beziehungen zu den Basler und Heidelberger Humanisten auch in die Zukunft. Was den Reformgedanken betrifft, so ist Reisch gleichen Sinnes mit Geiler, Wimpfeling und Trithemius. Wie hoch er von Kaiser Maximilian eingeschätzt wurde, zeigt, daß er mit Hieronymus Baldung zur Begutachtung des Dunkelmännerhandels bestellt und an das Sterbelager des Kaisers nach Wels gerufen wurde.

Von seinen beiden Lehrern Wimpfeling und Reisch konnte Ringmann den Glauben an die unverrückbare mittelalterliche Weltordnung übernehmen, von hier aus gab es keinen Zugang zu Lochers humanistischer Weltsicht, zu einem Formsinn, der der antiken Schönheit Gerechtigkeit widerfahren läßt. Wohl zu Beginn des neuen Jahrhunderts setzte Ringmann seine Studien an der Pariser Universität fort. Er ergriff die günstige

---

[30] G. Münzel, Der Karthäuserprior Gregor Reisch und die Margarita philosophica. In: Zsch. d. Freiburger Gesch.Ver. 48 (1938), S. 1—87.

Gelegenheit, bei Flüchtlingen aus Byzanz griechisch zu lernen, aber der neuen humanistischen Geistesrichtung wurde er erst ganz durch den Italiener Publio Fausto Andrelini gewonnen, der von 1489 bis 1519 das Fach der Dichtkunst dozierte und in der gewandten Handhabung der klassischen Versmaße ein Vorbild geben konnte. Größere Anziehungskraft aber übte Faber Stapulensis aus, der den wachen Sinn des jungen Gelehrten erneut nach der mathematisch-musikalischen Seite hinlenkte und dessen neue pädagogische Methode, karten- und brettspielend wissenschaftliche Stoffe zu vermitteln, schon auf Murner bedeutsamen Einfluß genommen hatte. Die mnemotechnische Methode, die Ringmann selbst später in seiner *Grammatica figurata* (1509) anwendete, gilt durchaus als ernstzunehmender Versuch einer leichteren Vermittlung des Wissensstoffes. Gegen 1503 kehrte Ringmann mit vielen Anregungen, neuen Gedanken und Plänen nach dem Elsaß zurück, zunächst nach Straßburg. Mit Begeisterung unterstützte er Wimpfeling in seinem Kampf gegen Murner, ließ sich zur Mitarbeit an Werken des alten Lehrers gewinnen und schloß sich dem gleichgesinnten Thomas Wolf und Johannes Gallinarius an. Wimpfeling vermittelte ihm auch den Zutritt im Straßburger Patrizierhaus Sturm. Seinen Lebensunterhalt bot ihm eine Korrektorenstelle in der Offizin des Johann Prüß. In diesem Kreise waren Wimpfelings Schulpläne lebendig. Da sie in Straßburg nicht zu dem gewünschten Erfolg geführt hatten, so bemühte man sich nun um eine Neuregelung des Unterrichtes in den übrigen Lehranstalten des Elsaß. Es war wohl Thomas Wolf, Propst von St. Martin in Kolmar, der 1503 den jungen unternehmungslustigen und begabten Ringmann als Schulmeister an die dem Kloster St. Martin angeschlossene Schule brachte. Aber trotz mancher Unterstützung konnte der neue Lehrer seine Pläne einer Reformierung des Unterrichtes in humanistischem Sinne nicht durchsetzen. Geschliffene Verse, mit denen sich der junge Humanist Kolbnarrhensibus quibusdam gegenüber ausläßt, zeigen die Widerstände der Anhänger des Alten und schließen als letztes Rückzugsgefecht des scheidenden Schulmeisters, der so hoffnungsbeschwingt in den neuen Aufgabenkreis getreten war, diese kurze kaum einjährige Episode im Leben des Dichters:

Wenn es das vornehmste Recht ist der Sprache, die Quelle zu suchen,
  Dann gebührt eurer Schul' auch ein besonderer Nam',
Wie's die Erfahrung uns lehrt; denn Schüler sie fehlen euch völlig.
  Und solang ihr regiert, wird es auch weiter so sein.
Bleibende Heimstatt erhofft sich vergebens, wer nach mir versuchte,
  Neu zu beackern das Feld, dem die Frucht ist versagt.

Bald nach seiner Rückkehr schrieb Ringmann auf den Bruder seines Freundes Thomas Wolf, Amandus, der 1505 an Melancholie gestorben war, einen poetischen Nachruf. Bedeutungsvoller war die Gelegenheit, in Straßburg eine Lehranstalt zu eröffnen, die als eine Vorstufe zu dem großen Schulplan Wimpfelings vom Anfang des Jahrhunderts angesehen werden kann. Die neue erfolgreiche Lehrmethode, welche er anwendete, paßte sich ganz den Vorschlägen einer Reformierung des Unterrichtes, wie sie Wimpfeling gemacht hatte, an; denn er bezeichnet es in der Vorrede seiner *Hemistichia sententiosa* als fruchtbarer, Verse, die zum größten Teil aus der Antike stammen, auswendig zu lernen, als sich mit den langweiligen Bettelsuppen des Alexander von Villa Dei herumzuschlagen. Doch geht neben dieser mit seinem Lehramt verbundenen Tätigkeit auch noch eine ernste wissenschaftliche Beschäftigung mit geographischen Fragen parallel, deren Ergebnis eine kleine Veröffentlichung darstellt, die 1505 bei Mathias Hüpfuff in Straßburg erschien. Veranlassung dazu war der Bericht Amerigo Vespuccis über seine dritte Amerikareise im Jahre 1503 an Lorenzo Medici. Ringmann konnte sich diesen Brief wohl in Paris verschaffen. Seine selbständige Leistung bei dieser kleinen Veröffentlichung besteht in dem Versuch, die Nachrichten Vespuccis über den neuen Erdteil und seine Lage an Hand der ptolemäischen Karten im alten Weltbild unterzubringen. Dieses interessante Unternehmen mußte scheitern, aber das kam Ringmann gar nicht zum Bewußtsein. Man merkt ihm die Freude an, sich mit der Kosmographie, seiner Lieblingswissenschaft, abgegeben zu haben. Das Werk ist dem gleichaltrigen Gesinnungsgenossen und Schützling Wimpfelings Jakob Braun, dem späteren Kanonikus von Alt-St. Peter in Straßburg gewidmet.

Im Sommer 1505 verbrachte Ringmann mit Wimpfeling und anderen Freunden einen glücklichen Aufenthalt im Schloß Breuschwickersheim, das Martin Sturm von Sturmeck, dem Vater seines Freundes Jakob Sturm, gehörte. Zu der gleichen Zeit wurde in dem Dorf bei der Herstellung eines Grabens oder einer Wasserleitung ein antikes Relief gefunden, das drei Frauengestalten darstellte, die wegen ihrer Symbole als Pallas, Juno und Venus gedeutet wurden. Martin Sturm verehrte die Skulptur Thomas Wolf. Ringmann verfaßt ein Akrostichon auf diesen Vorfall. Auch von einem fröhlichen Schulfest aus dieser Zeit berichtet Ringmanns Gedichtsammlung *Hemistichia.* Er nennt das Fest Virgidemia. Er ließ die Schüler die Weidenruten, welche für die Erhaltung der Disziplin beim Unterricht damals für unerläßlich gehalten wurden, in der Nähe von Schiltigkeim schneiden und hielt dann ein fröhliches Symposion ab, an das sich ein kleiner Umzug durch das Dorf anschloß. Es scheint sich dabei um einen Sommerbrauch zu handeln, der eine gewisse Verwandtschaft mit dem Knabenbischofspiel zeigt, das am Tage der Unschuldigen Kinder (den 28. Dezember) den Schülern die Rechte der Lehrer und Vorgesetzten einräumt. Ringmann oder seine Vorgänger können aber auch einen volkstümlichen Maibrauch zu einer fröhlichen, kameradschaftlichen Veranstaltung umgewandelt haben.

Im Herbst wollte Ringmann nach Italien zum Grafen Giovanni Francesco Pico della Mirandola (1469—1533) reisen, um von diesem die versprochenen Handschriften seiner philosophisch-theologischen Werke für Thomas Wolf abzuholen. Die Fahrt verzögerte sich durch einen unvorhergesehenen Zwischenfall in Freiburg, wo Ringmann von den Freunden Wimpfelings, besonders Zasius, freundlichst aufgenommen wurde. Dafür mußte er dem temperamentvollen Locher und seinen Genossen büßen; denn der Streit der beiden feindlichen Gruppen stand damals auf dem Höhepunkt. Mit einigen schwäbischen Studenten überfiel Locher den reisenden Ringmann, nachdem er die Stadt verlassen hatte, in der Nähe der Karthause. Man setzte ihm mit Schlägen so hart zu, daß er wieder nach Freiburg zurückkehren mußte. Und nun wechselten die Briefe der Anhänger Wimpfelings zwischen Freiburg und Straßburg. Das Straßburger Stadtregiment und der akademische Senat von Freiburg sollten veranlaßt werden, einzugreifen. Wimpfeling, der damals auch noch seine unglückliche Schwabenfehde auskämpfen mußte, setzte seinen ganzen Anhang in Bewegung. Ringmann wehrte sich in leoninischen Versen, die später in der Verteidigungsschrift Wimpfelings gegen Locher abgedruckt wurden. Da weist er Locher den ersten Platz im Narrenschiff an. Man kann sich des Eindrucks nicht erwehren, daß diese Entrüstung der Gegner Lochers über den Vorfall zwar eine gerechte Empörung wiedergibt, aber wie weit ab steht sie von dem zornigen Unmut und der gewandten Geißel, welche Hutten wenige Jahre später (1510) in seinen *Querelae* gegen die beiden Lötze schwang! Die Reise nach Italien zu Pico, von dem er die gewünschten Handschriften erhielt, scheint für Ringmann dann ohne Zwischenfälle verlaufen zu sein.

Gleich nach seiner Rückkehr gab er bei Knoblauch zu Straßburg die bereits erwähnte Gedichtsammlung *Hemistichia* heraus, eine merkwürdige Zusammenstellung von Gedichten an Heilige, Gönner, Lehrer, Freunde, Altersgenossen und Schüler, mit Verwertung von Motiven, Bildern und Widmungen, die aus der Spätantike stammen und durch das ganze Mittelalter immer wieder angewendet wurden. So ist man geneigt, bei der Lektüre des Gedichtes auf den Hund des Freundes Thomas Wolf an jenes friesische Hündchen zu denken, dem Theoderich vom St. Trond [31] Verse des Gedenkens gewidmet hat. Hin und wieder wird uns ein Einblick in einen geselligen Kreis, der die Freuden der Venus und des Bacchus genießt, geboten. Daß Ringmanns leicht erregbares Herz sich an einer bekannten Straßburger Buhlerin entflammte und er ihr tief empfundene Verse widmete, was ihm den Spott seiner Freunde eintrug, spricht mehr dafür, daß er in diesen Dingen über wenig eigene Erfahrung verfügte. In keinem Falle stünde uns eine sittliche Entrüstung darüber zu, wo auch die Zeitgenossen nur lächelten. Das Akrostichon bevorzugt er mehr als andere, er faßt den Strauß seiner poetischen Blüten gleichsam zusammen. Der Eindruck, den diese Gedichtsammlung dem heutigen Leser hinterläßt, ist der einer Stilmischung und gewiß unbewußten formalen Unsicherheit eines Dichters,

---

[31] Das Gedicht von Theoderich von St. Trond: abgedruckt bei M. Manitius, Geschichte der lateinischen Literatur des Mittelalters. 3. Bd. München 1931, S. 710, 712 sowie N.A. 39, S. 161 ff.

der entwurzelt ist und zugleich traditionsgebunden, der im Stile von Sebastian Brant seine Verse drechselt, aber über eine größere Gewandtheit in der Handhabung rhythmischer und metrischer Formen verfügt, auch neuere italienische Muster kennt und ihnen nacheifert, durch alle möglichen Gegenstände und Gelegenheiten veranlaßt wird, den Pegasus zu besteigen. Aber es fehlt die Kraft, Inhalt und Form harmonisch aufeinander abzustimmen, es fehlt trotz einiger Belesenheit in den antiken Autoren das Empfinden für klassische Formenschönheit, es fehlen häufig innere Ergriffenheit, das Gefühl für Größe, das sichere selbständige Urteil und die Kraft der Überwindung lastender Vorbilder. Jugendliche Sturm- und Drangstimmung, revolutionäre Genialität, die sich mit stolzer Frechheit über das Hergebrachte hinwegzusetzen vermag, bilden sich nur im Kampf gegen den Druck alter Vorurteile und einer absteigenden Generation. Für Ringmann gab es dies kaum. Er folgte mehr verehrten Meistern und großen Vorbildern unter seinen Lehrern, ihre Gegner waren auch seine Gegner. Das Erlebnis mit Locher mag ihn noch mehr darin bestärkt haben, den Anschluß an eine gelehrte Gemeinschaft zu suchen, in der er sich geborgen fühlte, wenn sie ihn auch mehr mit dem Wort als mit der Tat schützen konnte. Die rücksichtslose Aufdeckung der kirchlichen Schäden durch Geiler und Wimpfeling konnte Ringmann zu seinen Meistern nicht in Gegensatz bringen, eher vielleicht noch seine Unbefangenheit, mit der er die Freuden des Lebens besingt, oder ein frisch-fröhliches Draufgängertum, das ihn gewiß nicht nur bei den Kolmarern anstoßen ließ. Aber man hat auch den Eindruck, als ob ihn der Kampf gegen die kirchlichen Mißstände als Laien — denn aus einer einzigen zeitgenössischen Bemerkung, die ihn als theologus anführt, ist kaum zu schließen, daß er je die höheren Weihen empfangen hat —, nicht zu tiefst berühre. Unter den vielen Gebieten, in denen er sich wissenschaftlich betätigte, tritt doch die Kosmographie immer deutlicher hervor.

Bei allem, was Ringmann unternahm, zeigt sich eine unruhvolle Hast, die nichts ausreifen ließ. Das hat er mit Wimpfeling [32], dessen höheres Alter über die eilige Produktion hinwegtäuscht, gemeinsam. Trabant und Jünger zu sein, von der Leistung und dem Ansehen des Lehrers bedrückt zu werden, ist eine Eigentümlichkeit, die den meisten Vertretern dieses Kreises zukommt. Man darf sich deshalb nicht wundern, daß manchen, die ihre geistige Spannkraft bewahrten, der Ausbruch der Reformation die Augen öffnete und sie sich ohne besondere Überlegungen und Gewissenshemmungen der neuen Lehre anschlossen. Das war die unmittelbare Folge der Reformtätigkeit Geilers, Wimpfelings und Murners, welche die Schäden in der alten Kirche mit rücksichtsloser Offenheit aufgedeckt hatten. Wenn Jakob Sturm, von Wimpfeling wegen seines Übertrittes zur neuen Lehre zur Rede gestellt, antworten konnte: „Bin ich ein Ketzer, so hant ir mich

[32] Knepper, a. a. O., S. 324.

zu einem gemacht", so mußte sich die ältere Generation, sofern sie den Umsturz noch erlebte und zu klaren Erkenntnissen kommen konnte, wie der Zauberlehrling vorkommen, der die Geister gerufen hatte und nun nicht mehr loswerden konnte. Der Schritt vom Angriff auf die Mißbräuche zum Angriff auf die Voraussetzungen des ganzen kirchlichen Systems ist in dieser Zeit der Gärungen nicht so groß wie ihn vor allem die konfessionell gebundene Forschung machen möchte. Es ist eine unmittelbare Folge der Tätigkeit Geilers, Wimpfelings und Murners, daß Straßburg neben Wittenberg zum entscheidenden religiösen Kampfplatz wurde. Der Trennungsstrich, den mancher Jugendfreund Ringmanns später zwischen dem einst verehrten Lehrer und sich zog, ist durch eine innere Notwendigkeit bedingt. Ringmanns früh vollendetes Leben bewahrte ihn vor dieser Entscheidung. Es blieb ihm erspart, an Wimpfeling irre zu werden. Er folgte ihm als Übersetzer eines wichtigen geschichtlichen Quellenwerkes.

Am 7. März 1507 vollendete Grüninger den Druck der Caesarübersetzung[33] Ringmanns. Damit wird dieser einer der Miteröffner der humanistischen Übersetzungsliteratur, die nun mit aller Macht einsetzt. Er hat das Gefühl, mit seiner Übersetzung, von der er mit stolzem Bewußtsein berichtet, daß er sie neben anderen Geschäften in fünf Monaten fertiggestellt habe, auf neuen Bahnen zu wandeln. Die Erkenntnis, daß der Satzbau in jeder Sprache anders sei, mußte damals immer wieder betont werden. Ringmann erweist ihre Wahrheit aus den lateinischen Übersetzungen griechischer Originale. Ein getreuliches Folgen von Wort zu Wort und in der gleichen Anordnung der Worte lautet nicht gut „vnd ist nit menglich gefellig". Ebenso ergeht es einem Übersetzer, der ein lateinisches Original ins Deutsche überträgt. Hält er sich an die Reihenfolge der Worte, „so erstat ein seltzame vnuerstendige vnd straffwürdige red doruss". Man wird in dieser Bemerkung gewiß eine Geringschätzung der Arbeiten der Heidelberger Dietrich von Pleningen und Werner von Themar zu sehen haben. Man dürfe aber auch mit der Vorlage nicht zu frei vorgehen, denn wenn es dann auch besser laute, so entferne es sich doch zu sehr vom Original, „verlüret den glauben / vnd würd für fablen gehalten". Ringmann kann sich, wenn er empfiehlt, das richtige Maß zwischen wörtlicher Übersetzung und freier Wiedergabe zu halten, auf Horaz (*Ars poetica* 133) berufen, das biete ihm die Richtschnur, wenn er sich bisher auch noch nie als Übersetzer betätigt habe. Es ist eine anerkennenswerte Leistung, die er vorlegen kann; denn außer den sieben Büchern des gallischen und den drei Büchern des Bürgerkrieges hat er auch noch die nicht von Caesar stammenden Fortsetzungen der Denkwürdigkeiten (das 8. Buch des gallischen Krieges, den alexandrinischen, afrikanischen und spanischen Krieg) und die Lebensbeschreibung Caesars von Plutarch — diese wohl aus einer lateinischen

[33] Schmidt, a. a. O., 2. Bd., S. 398—401. — Ein Verzeichnis der Werke Ringmanns auch bei Goedeke, Grundriß I² (1884), S. 433—435; 446.

Übertragung — übersetzt. Wissensmaterial, nicht nur ein Beitrag für die Weltbeschreibung, sondern auch für die Kriegstechnik, besonders die Belagerung, wird in diesem Werke geboten, deshalb müssen zu seinem vollen Verstehen Kenntnisse vorausgesetzt werden. Nicht Fabeln werden hier erzählt, sondern wahre Geschichten. Der Antike und ihrer Gestalt gegenüber empfindet Ringmann nicht neu, sondern so, wie das ganze Mittelalter, sie bietet lediglich einen für die Gegenwart nutzbar zu machenden Stoff. Deshalb greift er auch zu Caesar, dem Schöpfer des Kaisertums, und widmet das Werk dem Kaiser Maximilian I., dem gegenwärtigen Vertreter dieser höchsten Würde, wenn er auch weiß, daß der Kaiser ohne diese Übersetzung „in Latinischer sprach wie in vil andern zungen durch göttliche schickung gnuogsam bericht ist / solichs zue lesen vnd verston". Die Widmung stellte Ringmann an den Anfang der Vorrede, gegen Schluß der theoretischen Erörterungen kommt er auf seine Übersetzerabsichten nochmals zurück, er will eine wörtliche, schlichte und sinngemäße Übertragung bieten, welche die Worte nicht in der gleichen Reihenfolge bringen kann „dann wer weiss nit daz latin vnd tutsch nit glyche ordnung hat?" Streng möchte er sich an den Sinn und den Wortlaut halten, dabei aber einer schlichten Ausdrucksweise bedienen, um auch vom „gemeinen man" verstanden zu werden. Von den Eigennamen hat er alle, bei denen es möglich war, eingedeutscht oder modernisiert — er beruft sich dabei auf seine Kenntnis des Deutschen und Französischen — alles übrige habe er in der lateinischen Form belassen. Ein alphabetisches Verzeichnis der modernisierten Namen zeigt, daß er sich redlich bemüht hat, die von Caesar beschriebenen Vorgänge geographisch festzulegen. Eine kurze Geschichte Roms schließt mit einer Charakteristik Caesars nach der Stelle aus dem ersten Buch von Lukans *Pharsalia* (146—153), die er in deutschen Versen stark gekürzt wiedergibt:

Wa hin in luod sein zuoversicht,
Thet er sich bald vnd sumt sich nicht.
Die waffen kunt er bruchen flück.
Er trang all zyt nur vff sein glück.
Was im got gunt nam er behend
Vnd schluog alls dar nider on end,
Was im widder war vnd thet leid.
Zuo huff schluog ers mit grosser freid.
Er trang mit macht durch was er möcht
Wie der tunder vom himel schlecht.

Das nun folgende Verzeichnis der Kaiser von Caesar bis Maximilian und noch mehr die kurze mit Homer beginnende Darstellung der Geschichte des Kriegswesens zeigen, daß Ringmann sein Werk in große Zusammenhänge stellen will, ja daß er nichts Geringeres beabsichtigt, als eine Urgeschichte des Kaisertums zu bieten. Es ist sehr wahrscheinlich, daß er sich seine Kenntnisse aus der an historischen Werken besonders reichen Bibliothek des Vizekomturs Jakob von Fleckenstein erworben hat, dem er auch die unmittelbare Anregung zur Abfassung dieser Übersetzung verdankt.

Es geht keineswegs um die Erschließung einer wichtigen Quelle des römischen Altertums, um einen abenteuerlichen Stoff, der der Erzählerfreude sich öffnete, oder um die Vermittlung von historischem Wissen an interessierte Laien, sondern Ringmann bearbeitete einen Gegenstand, dessen unmittelbare Beziehung zu seiner Zeit und Umgebung er hervorhebt. Seine persönliche Einstellung zur Geschichte als Wissenschaft ist in den Grundlagen noch ganz mittelalterlich-humanistisch; denn diese Wissenschaft bietet eine Fülle von Beispielen, die man wie in einem Spiegel sehen kann, sodaß man daraus lernen kann, wem man zu folgen und was man zu meiden habe. Darüber hinaus aber wird auch ihre Ergötzlichkeit betont: „Historia ist nichts anderst dann der zeit zug / der warheit liecht ein vnderweiserin des lebens / vnd der vergangenen welt verkünderin / deren lesen dem menschen nit allein vast nucz / sunder ergötzlich vnd kurtzwilig pflegt zu sein ... Was mag aber vnder allen Historien Teutscher nation fruchtbarer vnd anmütiger sein / denn in welcher gestalt das Keiserthuom entsprungen sei / vnd was der großmechtig erst Roemisch Keiser Julius gehandelt / wie er gekriegt / vnd wa mit er ein so gar vntödlichen namen vberkummen hab."

Nach dem Abdruck der Texte, denen Holzschnitte beigegeben sind, folgt ohne Angabe der Quelle eine freie, stark gekürzte Versübersetzung der Apotheose Caesars aus Ovids *Metamorphosen* (15,780—851). Darin wird von den Wunderzeichen beim Tode Caesars berichtet, der Verdunklung der Sonne, dem Ausbruch des Aetna, Waffenlärm, Stimmen in Wäldern, Erdbeben, Überschwemmungen und Kometenglanz. So wurde Caesar zu einem Gott. Die von Muling besorgte Ausgabe von 1508 stimmt im wesentlichen wörtlich mit der von 1507 überein. 1530 ist Ringmanns Übersetzung nochmals bei Schöffer in Mainz gedruckt worden. Mit der zuerst in Mainz, dann auch bei Grüninger erschienenen Liviusübersetzung, die Bernhard Schöfferlin begann und Ivo Wittig beendete, geht die Verbreitung von Ringmanns Caesarübersetzung ziemlich parallel.

In der Betonung der göttlichen Sendung des Kaisers, der Erfüllung seiner vom Geiste der Vorsehung durchdrungenen Aufgaben, ja in der so ausschließlich politischen Absicht, um die Gestalt des Kaisers einen mystischweihevollen Schleier zu ziehen, liegt die Bedeutung des Werkes, das in der Entwicklung der elsässischen Geschichtschreibung an einer entscheidenden Wende steht. Man sieht in Caesars Werk eine der Chroniken, deren Sammlung und Zusammenstimmung die humanistische Geschichtschreibung als eine Aufgabe sieht, die ihr von Kaiser Maximilian gestellt wurde, vielleicht auch den Anfang des Kaiserbuches, mit dem Maximilian seiner Regierung einen politischen und religiösen Stempel aufzudrücken beabsichtigte. Die eigentümliche Verwebung dieses kaiserlichen Planes mit den wieder auflebenden

Formen höfischer Kunstübung, mit den Abenteuer- und Schlachtenträumen, den Heldenfahrten, Jagd- und Turniererlebnissen in selbstbiographisch-allegorischen Dichtungen legt über die gelehrten Erkenntnisse des Zeitalters einen Nebel, der es erschwert, das Lebenswichtige und in die Zukunft Weisende von dem Phantastischen, sich ins Grenzenlose Hinauswagenden zu scheiden. Der altdeutschen Heldenwelt aus Sage und Dichtung, dem nacheifernswerten Vorbild des Kaisers stellt Ringmann den antiken Ahnherrn seiner Würde gegenüber. Wollte er damit auf die andere kraftspendende Quelle seines Amtes verweisen? Das würde zeigen, daß er seiner Leistung eine andere Aufgabe zuweist als die vom Kaiser selbst dem Verfasser des *Narrenschiffes* gestellte genealogische Zusammentragung der habsburgischen Ahnen bis hinauf zu den römischen Königen und Noah. Wollte Ringmann durch die Wiedergabe einer antiken Quelle in einem klaren und gewandten Deutsch, das sich wohltuend von der holprigen Sprache ähnlicher und kleinerer Versuche Wimpfelings unterscheidet, auch gleichzeitig ein Vorbild aufstellen, wie man die zeitgenössische Geschichte in der Volkssprache darstellen solle, wenn das gebildete deutsche Bürgertum, der geistige Träger des Zeitalters, daran geistigen Anteil nehmen sollte? Stellte er sich bereits durch die Betonung des ehrwürdigen Alters und der weltlichen Säule der mittelalterlichen Weltordnung in eine bewußte Gegnerschaft gegen die andere, die kirchlich-päpstliche, der er nicht mehr das von ihr beanspruchte Vertrauen schenken konnte? Wurde es ihm bewußt, daß die Gleichgewichtsgrundlagen, auf denen die Vergangenheit ruhte, gestört waren, und eine Neuordnung an die Stelle der bewährten alten treten mußte? Oder erlebte er das künftige Schicksal seiner Heimat, ahnte er, daß die Ansprüche auf das Kaisertum und die Weltherrschaft nicht mehr mit seinem Volke verbunden bleiben sollten? Läßt sich von der Gesinnung, aus der die Caesarübersetzung entspringt, eine Verbindung ziehen zu dem oberrheinischen Revolutionär, der die Einsprache des Klerus in weltlich-politische Angelegenheiten stolz zurückweist? Der diese Fragen beantworten könnte, schweigt; denn keine größere geschichtliche Arbeit, vor allem kein selbständiges Werk, aus dem seine Ansicht und Gesinnung zu ersehen wären, liegt von ihm vor. Vorher hatte er die kleine Schrift des Tübinger Humanisten Michael Köchlin (Coccinus) *De imperii a graecis ad germanos translatione* herausgegeben. Sie bot Ringmann wie durch Zufall Gelegenheit, als Seitenfüllsel ein Gedicht [34] einzufügen, das nur in losem Zusammenhang mit dem Gegenstande der Schrift steht. Es ist ein Lob seiner Heimat, des Vogesengaues, von dem so viele Flüsse ins Land strömen, dessen liebliche Schönheit und Fruchtbarkeit er besingt, gewiß traditionsgebunden, aber mit freierem Geist und weniger künstlichem Beiwerk als Sebastian Brant eine solche Aufgabe gelöst

[34] Text in der Ausgabe Ringmanns von Michael Köchlin: Opusculum de imperio a graecis ad germanos translatione. Straßburg 1506; wieder abgedruckt bei Schmidt, a. a. O., S. 105.

hätte. Ein anderesmal (1507) vergleicht Ringmann in einem kleinen Gedicht zur *Cosmographiae introductio* seines Freundes Waldseemüller[35] Kaiser Maximilian mit der Sonne und mit Herkules.

Welch reiche Ernte bescherte das Jahr 1507 dem Fünfundzwanzigjährigen! Die Caesarübersetzung, zahlreiche Arbeiten für die beiden Straßburger Verleger Knoblauch und Grüninger, sei es in der Korrektorenstube, sei es, daß er auf Bitten seiner Freunde schnellfertige Einleitungen und Empfehlungen, Lob- und Widmungsgedichte oder inhaltangebende Zusammenfassungen schrieb, z. B. zu einer Ausgabe der Gedichte des christlichen Bischofs von Vienne, Alcimus Avitus, die sein Freund Johann Adolph Muling dem Kurfürsten und Erzbischof von Trier widmete. Im Hang nach universaler Zusammenfassung und im offensichtlichen Streben, der Bevorzugung heidnisch-antiker Autoren durch die italienischen Drucker ein Gegengewicht zu bieten, in dem betonten Hinweis auf den Nutzen der christlichen Dichter Prudentius und Arator tritt hier der für das ganze Mittelalter so bezeichnende Zug enzyklopädischer Zusammenfassung noch einmal besonders deutlich hervor. Ringmann fühlt sich gewiß aus materiellen Gründen veranlaßt, das Verdienst Grüningers zu preisen. Daß er aber als Berater auf die Pläne der beiden Verleger, für die er arbeitete, irgendeinen Einfluß genommen hat, ist kaum anzunehmen. Er wurde wohl lediglich als vielseitig verwendbare Arbeitskraft für die Herausgabe poetischer Texte, moderner Erbauungswerke wie der Passion geschätzt. Seine Neigung und seine Begabung lagen auf dem Gebiete der Kosmographie, da konnte er Grüninger zur Herausgabe eines Einführungswerkes veranlaßt haben. Von einem neuen Kunst- und Formempfinden kann bei Ringmann ebenso wenig wie bei den Arbeiten seiner älteren hier behandelten Zeitgenossen die Rede sein. Der Ruf ad fontes wurde dieser Gemeinschaft junger Gelehrter, wie es Muling in der Widmung seiner gleichzeitigen Aratorausgabe ausspricht, von den Schlettstadter Lehrern Georg Holnsteiner und Hieronymus Gebwiler vermittelt. So wird auch hier wieder die gemeinsame Geistesrichtung dieser letzten Säulen mittelalterlicher Weltanschauung und Gelehrsamkeit sichtbar, der Männer vom Schlag eines Trithemius, Wimpfeling und Brant. Es ist wohl als eine Folge des Locherhandels anzusehen, wenn nunmehr von den Schlettstadter Schulmeistern, den Männern und Verlegern um Wimpfeling, die Werke der christlichen Dichter herausgegeben wurden.

War es der Zug zur Heimat, die Neigung zu jenen Fächern, die erkennen lehrten, was die Welt im Innersten zusammenhält, oder der endlich erfüllte Wunsch, wie so viele Gelehrte jenseits der Alpen an einem kleinen Musenhof, von einem Fürsten unterstützt, arbeiten zu können, die den Ruhelosen nun zu einer wissenschaftlichen Tätigkeit führten, die sein Erstlingswerk, die Herausgabe des Berichtes von Amerigo Vespucci eröffnet hatte? Soviel ist sicher, daß mit der Übersiedlung Ringmanns nach St. Dié,

[35] ADB 13.

seiner dortigen Lehrtätigkeit und der Erfüllung neuer wissenschaftlicher Aufgaben der letzte Abschnitt in seinem Leben beginnt. Der alte Herzog Renatus II. (1473—1508) von Lothringen, der sein Herzogtum einst gegen Karl den Kühnen, den Feind der Alemannen, behauptet hatte, berief Ringmann an die Lehranstalt in St. Dié. Dort lebte der ahnende Geist einer neuen Zeit, paarte sich ein an der Antike geschulter Formensinn mit tiefer frommer Gesinnung. Nach Paris, Straßburg, Freiburg und Italien unterhielt eine rege geistige Gemeinschaft Beziehungen. Eine Druckerei wurde begründet. Unter Renatus' Nachfolger Herzog Anton, dem Begründer der deutschen Linie, erhielten die naturwissenschaftlich-medizinischen Studien neuen Auftrieb. In St. Dié schloß sich Ringmann, vielleicht angeregt durch die gelehrten Brüder Walter und Nikolaus Lud, an einen älteren Schüler von Gregor Reisch, Martin Waldseemüller, besonders an. Mit ihm ging er an die Lösung einer Aufgabe, die dem Herzog Renatus ganz besonders angelegen war und die er schon in der Ausgabe des Reiseberichtes von Amerigo Vespucci zu lösen versucht hatte: das antike Weltbild des Ptolemaios mit den entdeckten Ländern auszugestalten. Auch dieser Gedanke, der nichts anderes als eine Wiederholung des Zieles der Geschichtsschreibung ist, den Zusammenklang der Quellen zu erzielen, ist echt mittelalterlich, weil er sich davor hütet, die Grenzen der Erkenntnis zu durchbrechen, und darum bemüht, die neuen Gegebenheiten in die unverrückbare bestehende Ordnung einzufügen, also auf anderem Gebiete das gleiche zu tun, was Reisch in der *Margarita philosophica* für die Philosophie geleistet hatte. Es ist nichts anderes als die Erneuerung der kompilatorischen Tätigkeit des Petrus de Alliaco, dessen *Ymago mundi* 1410 zusammengestellt und erst 1490 gedruckt wurde, der früheren Ptolemaiosausgaben des Nicolaus Germanus, des Florentiner Humanisten und Geographen Berlinghieri und Martin Behaims Arbeiten an der Herstellung einer Weltkugel. Ringmann teilte sich mit Waldseemüller in die Arbeit, insofern er das Philologische der Textausgabe und Waldseemüller die Herstellung der Karten übernahm. In der Geschichte der Überlieferung dieser Texte oder des Fortlebens des antiken Weltbildes nimmt diese Arbeit keinen hervorragenden Platz ein. Das Streben nach neuen Erkenntnissen muß sich ganz der Absicht fügen, eine gemeinverständliche Darstellung des Weltbildes zu bieten. Nebenher entfalteten Ringmann und Waldseemüller als Mitarbeiter und Herausgeber der *Margarita philosophica* eine eifrige Tätigkeit.

Die Beziehungen zu Straßburg und Basel wurden durch Ringmanns Aufenthalte in beiden Städten aufrechterhalten. Er bemühte sich um die Einsicht in möglichst viele Handschriften des Ptolemaiostextes sowie in ein griechisches Original, deshalb reiste er nochmals nach Italien, wo er durch Picos Vermittlung seine Absicht erreichte. Gleichzeitig konnte er sich von Lilio Gregorio Giraldi in Ferrara Aufklärung über das griechische Zahlensystem verschaffen. So ging er mit den nötigen Vorbedingungen als einer der wenigen Humanisten des Kreises, die die griechische Sprache beherrschten, an eine Vergleichung des griechischen Originals mit den lateinischen Übersetzungen. Diese philologische Rezensionstätigkeit, von der seine Freunde schreiben, daß sie ihn Tag und Nacht beschäftigte, setzte seiner schwachen Gesundheit hart zu. Walter Lud mußte ihm den Rat geben, sich geistig und körperlich zu erholen. Ringmann folgte dem auf besondere Weise, indem er die Kartenspielmethode, die ihm von seinem Pariser Aufenthalt her und besonders durch Gregor Reisch vertraut sein mußte, auf die lateinische Garmmatik anwendete. Seine *Grammatica figurata* [36], die 1509 erschien, steht auf der gleichen Linie wie Murners philosophisches und juristisches Karten- oder Brettspiel. Wimpfeling hatte längst eine neue Methode des Lateinunterrichtes angeregt und einzuführen versucht, ob diese Lösung jedoch seinen Beifall fand, blieb fraglich, wenn sie nicht Gregor Reisch unterstützt hätte. Der Gedanke des fröhlichen Lernens ist hier neu. Vielleicht lassen sich von diesem Lehrbuch Fäden hinüberziehen zum *Orbis pictus* des Johann Amos Comenius. Das Wortspiel mit dem Namen des Anregers Walter Lud faßt die Absicht des Lehrbuches zusammen: „Artis praeludia ludo disci et exerceri". Das wenige, was wir von Ringmanns Lehrbuch wissen, vermittelt uns vielleicht den ersten Einblick in einen lebensvollen Sprachunterricht aus vergangenen Zeiten. Es zeigt uns, daß er Wimpfelings Anregungen selbständig und originell weitergab.

Dem Herzog Renatus II. († 10. Dez. 1508) widmete Ringmann eine Gedächtnisode. Außer der Beschäftigung mit kleineren Gelegenheitsarbeiten für Verleger setzte er seine kosmographischen Arbeiten fort und schrieb Erläuterungen zur Weltkarte Waldseemüllers. In der Widmung des gemeinsamen Werkes an den jungen Herzog Anton von Lothringen stellte er die Kreuzzugsidee, die Aufforderung an die abendländischen Völker zur gemeinsamen Abwehr der Türkengefahr, einen Lieblingsgedanken der politischen Geschichtschreibung seiner Heimat, in den Mittelpunkt. Zu Anfang des Jahres 1511 mußte sich Ringmann bei seinem Freund und Mitarbeiter Waldseemüller entschuldigen, daß ihn eine schwere Krankheit daran gehindert habe, seine Worte mit der nötigen Gewandtheit und Anmut zu setzen. Seinem durch die Schwindsucht geschwächten Körper rang er bis zum Ende immer wieder wissenschaftliche und künstlerische Leistungen ab. An der Ausgabe der Dichtung des Neapolitaners Joannes Motis, der die Frauen gegen ihre Verkleinerer in Schutz nahm, war er beteiligt. Zuletzt noch

---

[36] Wichtigste Literatur: K. Klement, Neue Belege für das Lebensbild des Philesius Vogesigena. In: Jb. f. Gesch., Sprache u. Lit. Elsaß-Lothringens 20 (1904), S. 298—301. Die darin S. 299, Anm. 1, angekündigte Faksimileausgabe des Werkes im Verlag Heitz, Straßburg, habe ich leider nicht zu Gesicht bekommen. Soviel ist gewiß, daß das Werk in der Geschichte des Lateinunterrichtes eine große Rolle spielt. Aber wer schreibt einmal dieses auch für die Geistesgeschichte so wichtige Werk, in dem sehr wesentliche Grundlagen über den Zeitwandel vom Mittelalter zum Humanismus bloßgelegt werden können?

beschäftigten ihn die Ausgaben der Komödien des Plautus, einer Abhandlung des Giraldus über die Musen und der Dichtung *Nanceis,* einer Verherrlichung des Sieges über Karl den Kühnen, die Pierre de Blarru nicht mehr hatte vollenden können. Herzog Anton von Lothringen wünschte die Vollendung dieses Werkes zum Ruhme seines Vaters und ließ Ringmann 20 Franken dafür auszahlen. Am 1. August 1510 hoffte der Kranke noch auf eine Genesung. Diesem brieflichen letzten Zeugnis eines ungebeugten Lebens- und Arbeitswillens folgt als nächstes die Inschrift des Grabsteins, den Beatus Rhenanus und Johannes Ruser für Ringmann zu Schlettstadt aufrichten ließen.

Die begonnenen Arbeiten und Unternehmungen, die Ausgaben des Ptolemaios (1513) und der *Nanceis* (1518), wurden von anderen fertiggestellt. Sie brachten noch eine reiche Ernte ein. Unrast und Vielseitigkeit, bange Ahnungen eines frühen Todes und einer Zeitwende, Natur- und Lebensverbundenheit, Ehrfurcht vor den Lehrern, dem langsam Gewachsenen und Gewordenen, Wißbegier, die in zeitliche Fernen der Geschichte und räumliche der Erde vordringt, Gewandtheit in der Handhabung der lateinischen und deutschen Sprache, Kenntnis des Griechischen, Heimatsinn und Sehnsucht ins Weite vereinigen sich in diesem früh vollendeten Leben. Wer mag entscheiden, ob die Kräfte der Beharrung oder die des Fortschritts stärker in ihm waren? Suchte er eine humanistische Sodalität nach dem Vorbild von Wien und Heidelberg für Straßburg und Lothringen zu schaffen? Spannte er deshalb die menschlichen und persönlichen Beziehungen über die gebildete Welt nach den geistigen Mittelpunkten des Westens und Südens? Suchte er deshalb als Dichter und Gelehrter in vielen Wissensgebieten zu wirken und Aufgaben zu lösen, die den Kommenden vorbehalten waren? Überwand er durch seine Übersiedlung an den Musenhof zu Lothringen und den Verkehr mit den hochstrebenden gleichgestellten Gelehrten die lastende Autorität seiner elsässischen Schützer?

Wimpfelings reformatorische Lieblingsgedanken treten langsam zurück in Ringmanns Wirken, nur die Neugestaltung des Unterrichtes, die Beseitigung der mittelalterlichen Methode und die geschichtlich-politischen Lehren verfolgt er weiter. Zu den Humanisten in Erfurt und Wien, den stolzen Gestalten eines Peutinger und Pirckheimer liegen trotz ähnlicher Neigungen keine Beziehungen vor. Das Bewußtsein, von den romanischen Ländern zu lernen und gute Freundschaft mit ihnen zu halten, das unbewußte Gefühl, eine kulturell vermittelnde Sendung zu vertreten und eine humanistisch-aristokratische Geisteshaltung waren für Ringmann daseinsbestimmende Mächte. Das Schicksal bewahrte ihn vor Entscheidungen des Gewissens, es ließ ihn nichts vollenden und nur weniges, das er begonnen hatte, kam zum Abschluß. Aus vielen Wissensgebieten, die er pflegte, lag ihm eines besonders: die Kunde der Welt, die Beschreibung der Erde. Wie er als einer der ersten die Schönheit seiner vogesischen Bergheimat besungen hat, wie er die Flüsse pries als völkerverbindende Adern, nahrungs- und segenspendende Quellen, welche aus den Gebirgstälern strömen, wie es ihn aus der Enge in die Weite und aus der Fremde wieder in die Heimat zieht, so ist die Urkraft seines Wesens aus dem Lande geflossen, dem er entstammt. Damit hat er, wenn auch kaum gehört und bald vergessen, dem wechselnden Schicksal seines Volkes besser und deutlicher als viele andere seiner Zeit- und Bildungsgenossen den Weg in die ihm verschleierte Zukunft gewiesen. Wenn die mächtigen Nachbarn mit zäher Verbissenheit und offener Gewalt seine Heimat für sich beanspruchten, wenn seine Landsleute der Stimme des Blutes und dem Gebot der Geschichte nicht folgen konnten, wenn ihnen versagt war, ihr Schicksal nach dem eigenen Willen zu bestimmen, dann blieb ihnen doch wenigstens die Heimat, das Land mit seinen Bergen und Flüssen, den fruchtbaren Ebenen und wohlgefügten Städten als unversiegbare Quelle, aus der sie Kraft und Besinnung schöpfen konnten, ihr Wesen zu bewahren und ihrer Sendung getreu zu sein.

QUELLENVERZEICHNIS

Dem Abdruck der Texte liegt der betreffende Erstdruck zugrunde. Nur bei dem Beitrag *Klassisches Altertum und deutsche Literatur* wurde der Text der zweiten Auflage verwendet. In einigen Fällen standen dem Herausgeber Newalds Handexemplare zur Verfügung, so daß vom Autor erwünschte Korrekturen, die sich meist auf eine genauere Angabe von Daten und Titeln bezogen, berücksichtigt werden konnten. An zwei Stellen hat der Herausgeber sich aus Gründen des Umfangs zu Kürzungen entschließen müssen. Sie betreffen den Anhang der *Beiträge zur Geschichte des Humanismus in Oberösterreich,* in dem von Newald gefundene Briefe des Humanisten Johannes Fuchsmagen an Abt Johann I. von Kremsmünster mitgeteilt wurden, und die Einleitung zu den *Elsässischen Charakterköpfen,* deren Kürzung bei dem Platzmangel vertretbar erschien, da sie sich im wesentlichen auf einen historischen Abriß der Geschichte des Elsaß einließ. Die anderen Texte sind ohne Veränderungen abgedruckt worden. Die Druckvorlagen seien hier ververzeichnet:

Humanitas. Humanismus. Humanität. Essen: Verlag Dr. Hans v. Chamier 1947, 114 S. *Aus der Schriftenreihe des Chamier-Verlages „Zeit und Leben im Geiste des Ganzen".*

Beiträge zur Geschichte des Humanismus in Oberösterreich. In: Jahrbuch des oberösterreichischen Musealvereins 81 (Linz 1926), S. 155—223.

Der Übergang vom Mittellatein zum Humanistenlatein. In: Archivum Latinitatis Medii Aevi (Bulletin du Cange) XVI (Bruxelles 1941), S. 113 bis 125.

Klassisches Altertum und deutsche Literatur. In: *Deutsche Philologie im Aufriß.* Unter Mitarbeit zahlreicher Fachgelehrter herausgegeben von Wolfgang Stammler. Band II. Berlin/Bielefeld: Erich Schmidt Verlag 1954, Sp. 423—454. — Zweite, überarbeitete Auflage ebda. 1960, Sp. 2521—2554: „Für die zweite Auflage durchgesehen von Helene Newald."

Verlag und Herausgeber sind Herrn Professor Dr. Wolfgang Stammler, dem Herausgeber der *Deutschen Philologie im Aufriß,* und dem Erich Schmidt Verlag für die freundliche Genehmigung des Abdrucks dieser Arbeit zu Dank verpflichtet.

Harald Drewinc, Vier Gestalten aus dem Zeitalter des Humanismus. Entwicklung, Höhe und Krisen einer geistigen Bewegung. St. Gallen: Verlag Zollikofer & Co. 1946, 288 S. — Das Buch trägt die Widmung: „Uxori carissimae sacrum".

Verlag und Herausgeber danken dem Verlag Zollikofer & Co. für die freundliche Genehmigung des Abdrucks.

Elsässische Charakterköpfe aus dem Zeitalter des Humanismus. Johann Geiler von Kaiserberg / Jakob Wimpfeling / Sebastian Brant / Thomas Murner / Matthias Ringmann. Kolmar im Elsaß: Alsatia Verlag [1944], 221 S. — Das Buch trägt die Widmung: „Helmut de Boor, dem Freunde".

Der Herausgeber fühlt sich der Gattin Richard Newalds, Frau Dr. Helene Newald, zu großem Dank verpflichtet, daß sie ihm die Edition dieses Gedenkbandes vertrauensvoll übertrug und seine Arbeit durch Hinweise und Material unterstützte. Frau Dr. Newald hatte die Liebenswürdigkeit, an der Zusammenstellung der Bibliographie mitzuarbeiten und eine Korrektur zu lesen. Meine bescheidene Arbeit an diesem Band, die ich gern in dankbarem Gedenken an Richard Newald geleistet habe, sei ihr als herzlicher Dank gewidmet.

Herr cand. phil. Peter Liebenow war so freundlich, eine Korrektur mitzulesen, wofür ihm hier gedankt sei. Dem Verlag Walter de Gruyter & Co., insbesondere Fräulein Dr. Annelore Naumann, schulde ich für hilfreiches Entgegenkommen und große Geduld bei der Herstellung des Bandes meinen aufrichtigsten Dank.

Berlin Hans-Gert Roloff

NACHWORT

Dieser vorliegende Band bietet eine Auswahl von Richard Newalds Einzelschriften zum deutschen Humanismus. Obwohl sie bereits alle gedruckt worden sind, haben nur wenige von ihnen das Glück gehabt, ins allgemeine Bewußtsein zu dringen. Das hängt zum Teil damit zusammen, daß sie an entlegenen Stellen publiziert worden sind, zum Teil aber auch mit der Ungunst der Zeit, in der sie erschienen. So sind vor allem die beiden Essay-Sammlungen *Elsässische Charakterköpfe* und *Vier Gestalten aus dem Zeitalter des Humanismus* so gut wie unbekannt geblieben. Beide Bücher, obwohl 1944 bzw. 1946 erschienen, sind z. B. nicht in Josef Körners *Bibliographischem Handbuch* verzeichnet; auch in den *Jahresbericht für deutsche Sprache und Literatur* 1 (1940—1945) sind die *Elsässischen Charakterköpfe* nicht aufgenommen worden. Ungünstige Verhältnisse zwangen Newald obendrein, die *Vier Gestalten aus dem Zeitalter des Humanismus* unter dem Pseudonym „Harald Drewinc" erscheinen zu lassen, so daß das Buch kaum beachtet wurde. Leider hatte Newald in seinem letzten Literaturbericht (DVjS 27) die unfreiwillig angenommene Maske nicht deutlich genug fallen lassen.

Der Herausgeber glaubte, diesem Gedenkband am besten gerecht zu werden, indem er ihn auf die Humanismusforschungen Newalds beschränkte. Allerdings verbot der ohnehin schon überschrittene Umfang des geplanten Bandes, alle Arbeiten dieses Themenkreises abzudrucken. Die Auswahl erfolgte unter dem Gesichtspunkt, diejenigen Arbeiten aufzunehmen, die für die Forschung wichtig sind und die Newalds lebenslange Beschäftigung mit dem Humanismus erkennen lassen.

Dem Charakter dieses Gedenkbandes entsprechend erschienen ein Überblick über Leben und Arbeitsgebiete Richard Newalds und eine Bibliographie seiner Veröffentlichungen wünschenswert. Ein Personenregister am Schluß des Bandes soll die in verschiedenen Zusammenhängen behandelten Gestalten leichter auffinden lassen.

*

Richard Newald* wurde am 30. Juli 1894 in Lambach/Oberösterreich als Sohn eines Linzer Rechtsanwalts geboren. Er erhielt zunächst Privatunter-

---

* Helmut de Boor, Diether Haacke, Vorrede zum dritten Band des *Corpus der altdeutschen Originalurkunden*. Hrsg. von Helmut de Boor und Diether Haacke.

richt, besuchte dann 1903/04 das Pädagogium in Linz und trat 1904 in die Sexta des Obergymnasiums im Benediktinerkloster Kremsmünster ein. Im Jahre 1912 absolvierte er dort seine Maturitätsprüfung. Die Ausbildung, die Newald an dieser ehrwürdigen, traditionsreichen Schule, die auch Stifter besucht hatte, erfuhr, prägte sein Wesen und bestimmte seinen weiteren Lebensweg. Hier wurden nicht nur die Grundlagen für seine Begeisterung an der Antike gelegt, sondern hier wurden ihm auch die Voraussetzungen für seine spätere wissenschaftliche Arbeit auf dem Gebiete des Nachlebens der Antike zuteil. Obwohl Newald nicht klassische Philologie studiert hatte, verfügte er über so vorzügliche Kenntnisse der antiken Sprachen und Literaturen, daß er sich völlig frei und ungehindert im Schrifttum der Antike und des lateinischen Mittelalters bewegen konnte. Aber er verdankte darüber hinaus bereits dieser Benediktinischen Schule die für ihn entscheidende Berührung mit dem Geiste des Humanismus, dessen Tradition hier noch unmittelbar lebendig war. Bis in unser Jahrhundert hinein ist Kremsmünster weit über seine Schulmauern hinaus eine berühmte österreichische Bildungsstätte, in der im humanistischen Geist die Tradition der Antike gepflegt wird. Noch im Übergang vom siebzehnten zum achtzehnten Jahrhundert hatte sich hier aus diesem Geist heraus eine eigene Kunst und Literatur entfalten können, deren bekanntester Repräsentant Simon Rettenpacher gewesen ist. Um ihn bemühte sich Newald zeit seines Lebens und sah in ihm die wissenschaftliche und künstlerische Gesinnung des Ordens und der Schule am deutlichsten verkörpert. Die spätere Beschäftigung mit diesem Dichter, Wissenschaftler und Pädagogen führte ihn auf das zurück, was er über alle wissensmäßige Belehrung hinaus der „lieben und ehrwürdigen Bildungsstätte“ verdankte. Es war jene heitere, in sich ruhende Humanität, jene „wohlgefügte und auf festen Grundlagen ruhende Welt“ des Geistes, die Newalds menschliche und geistige Erscheinung in jungen Jahren unbewußt geprägt hatte und die ihn bis zu seinem Lebensende mit dieser Bildungsstätte verband: „Wir waren von ihr berührt und wußten es nicht, als wir dort zur Schule gingen. Wir wissen, daß selbst diese Zeiten mit unserem Tod in das Reich der Vergessenheit sinken werden. Aber wir wissen auch, daß das Gedächtnis an sie erhalten werden muß, damit sie wieder die alte lebendige Kraft gewinnen, die von der Bildungsstätte an der Krems durch vier Jahrhunderte ausstrahlt.“

Nach dem Besuch des Benediktinergymnasiums diente Newald 1912/13 sein militärisches Pflichtjahr ab als Einjährig-Freiwilliger im k. u. k. Feld-

---

Lahr/Baden 1957, S. VII—XII. — Josef Quint, *Richard Newald*. In: ZfdPh 74 (1955), S. 77—80. — Hermann Kunisch, *[Richard Newald]*. In: Wirk. Wort 4 (1953/54), S. 319—320. — Ferner: Kürschners *Deutscher Gelehrten-Kalender* 3 (1928/29), 4 (1931), 5 (1935), 7 (1950), 8 (1954), 9 (1961, Nekrolog). — *Der große Brockhaus*. 16. Auflage. 8. Band. Wiesbaden 1955. — Wilhelm Kosch, *Deutsches Literaturlexikon*. Zweite Auflage. 3. Band. Bern 1956. — *Biographisches Lexikon von Oberösterreich*.

haubitzregiment Nr. 3 in Marburg an der Drau. Danach bezog er die Universität München (1913/14), um Deutsche Philologie und Mittlere Geschichte zu studieren. Der Ausbruch des ersten Weltkrieges unterbrach nach zwei Semestern jäh das Studium. Ende Juli 1914 wurde Newald zum Kriegsdienst eingezogen und kämpfte als österreichischer Fähnrich an der Ostfront. Beim Fall der Festung Przemysl am 22. März 1915 geriet er in russische Kriegsgefangenschaft, die ihn nach Sibirien (1915—1918) und dann in die Mandschurei bis an die koreanische Grenze führte. Auszüge aus Tagebüchern lassen trotz der scheinbaren Gelassenheit, mit der sich ihr Autor in sein Schicksal fügte, die qualvolle geistige Eintönigkeit dieser Jahre erahnen. Erst 1920 war es ihm vergönnt, auf dem Seeweg von Wladiwostok über Hamburg nach Linz heimzukehren, wo er im Rang eines Oberleutnants der Reserve aus dem Heeresdienst entlassen wurde.

Trotz der bedrängten wirtschaftlichen Verhältnisse der Nachkriegszeit nahm Newald sein Studium sofort wieder auf. Er studierte in München Deutsche und Slawische Philologie und Mittlere Geschichte. Zu seinen akademischen Lehrern gehörten vor und nach dem Krieg Erich Berneker, Karl Borinski, Otto Crusius, Hermann von Grauert, Paul Joachimsen, Carl von Kraus, Paul Lehmann, Georg Leidinger, Franz Muncker, Hermann Paul, Wilhelm Streitberg, Jakob Strieder, Friedrich Wilhelm, Georg Wolff.

Mit der philologischen Arbeit *Beiträge zur Soldatensprache* promovierte Newald bereits am 22. Juli 1921 zum Dr. phil. Die Drucklegung der Dissertation wurde ihm erlassen; ein Auszug daraus ist erschienen.

Die Begegnung mit zweien seiner akademischen Lehrer, mit Friedrich Wilhelm (1882—1939) und Karl Borinski (1861—1922) war für Newald von schicksalhafter Bedeutung für den weiteren Gang seines Lebens. Beide Lehrer, der Philologe und der Literarhistoriker, haben auf seine wissenschaftliche Entwicklung nachhaltig eingewirkt und den Grundakkord von Newalds Arbeitsweise in Philologie und Literaturwissenschaft angeschlagen.

Friedrich Wilhelm, der Schüler Hermann Pauls und Freund Elias Steinmayers, war Newalds Lehrer in den ersten Studiensemestern 1913/14 gewesen. In ihm begegnete Newald einem eigenwilligen Neuerer auf dem Gebiete der mittelalterlichen Philologie, der ihn von der ersten Kollegstunde an faszinierte. Wilhelm, unter den Junggrammatikern herangebildet, hatte schon in frühen Jahren sich seine eigenen Wege erkämpft. Er führte vor allem einen vor keiner Schärfe zurückschreckenden Kampf gegen die um die Jahrhundertwende aufkommende „Lachmann-Renaissance" mit ihrer — wie ihm schien — überspitzten metrischen Behandlung mittelhochdeutscher Texte und der damit verbundenen Textkritik. So stand er im Gegensatz zu Carl von Kraus, Zwierzina, Edward Schröder — um nur diese zu nennen. Als Historiker und Philologe forderte er für die Behandlung der mittelalterlichen Literatur eine enge Verbindung mit der Geschichte und Politik und eine Erfassung des zeitlichen Hintergrundes der einzelnen Dichtungen.

Newald verdankte Wilhelm die festen Grundlagen seiner philologischen Ausbildung. Als er als junges Semester zum erstenmal in näheren Kontakt mit Wilhelm kam, war dieser damals gerade mit den Vorarbeiten zu dem von ihm begründeten *Corpus der altdeutschen Originalurkunden* beschäftigt. Über diese erste private Begegnung, in der der Gesprächsgegenstand gleich das Corpus war, hat Newald einmal in einem ungedruckten Vortrag berichtet: „Er war in meinen beiden ersten Studiensemestern 1913/14 in München mein Lehrer und als ich bei einem Seminarausflug im Juli 1914 Gelegenheit hatte, mit ihm zu sprechen, da fragte ich ihn, woran er arbeite. Er entwickelte mir darauf den ganzen Plan des Corpus und mir ging es dabei wie dem Schüler im Faust mit dem Mühlrad im Kopfe. Aber ich bekam doch eine Ahnung, daß von diesem künftigen Werk, das erst von 1928 an zu erscheinen begann, manches damals noch allgemein Anerkannte und Angesehene aus den Angeln gehoben werden könnte. Ich bekam auch eine Ahnung davon, daß mit der Anwendung einer bewährten und ausgebildeten Methode eine jeder wissenschaftlichen Arbeit schädliche Mechanisierung eintritt, daß diese einen Stillstand bedeutet, daß auch den verehrten Meistern und Lehrern Grenzen der Erkenntnis gesetzt sind, die es für die Nachkommenden zu erweitern gilt. Ich habe oft an dieses für mich sehr wichtige Privatissimum denken müssen in vielen einsamen Stunden, in denen ich mir Klarheit über mich selbst zu verschaffen suchte." Der Eindruck, den dieses Gespräch hinterließ, und die Ahnung, daß hier Pionierarbeit geleistet wurde, waren so stark, daß sie durch das langdauernde Kriegserlebnis nicht verdunkelt werden konnten. Newald nahm noch im Herbst 1920 mit Friedrich Wilhelm, der inzwischen nach Freiburg im Breisgau als Nachfolger Friedrich Kluges berufen worden war, die Verbindung auf und war ihm zunächst behilflich, Urkunden aus österreichischen Klöstern zu beschaffen — freilich ohne zu ahnen, daß dieses Werk einmal aus Wilhelms Hand in seine übergehen werde.

Nicht weniger bestimmend für seine wissenschaftliche Weiterentwicklung war Newalds vertrautes Verhältnis zu Karl Borinski, dessen großes Arbeitsgebiet das Nachwirken der Antike auf Poetik und Kunsttheorie der europäischen Literaturen war. Hier war Newald auf Grund seiner vorzüglichen Kenntnisse der antiken Sprachen und Literaturen ein willkommener und geschätzter Schüler. Bei Borinski, dem universalgebildeten Mann, dem vertrauten Kenner der europäischen Dichtung, Geistesgeschichte, Kunst und Musik, erfuhr Newald seine literarhistorische Ausbildung und darüber hinaus die Anregung zu seinen späteren Forschungen auf dem Gebiet des Nachlebens der Antike. Wie wir Newalds Nekrolog auf Borinski entnehmen können, ist er von diesem hochverehrten Lehrer nachhaltig beeinflußt worden. Borinski war ein scharfer, freimütiger Urteiler, der einen schweren akademischen Aufstieg bis zum Extraordinariat hatte und enttäuscht, im Gefühl erlittener Ungerechtigkeiten vereinsamt und isoliert lebte und wegen seiner hohen Anforderungen nur von wenigen Schülern umgeben war. Was

Newald hier lernte, war kaum trockenes Kathederwissen. Borinskis Methode schärfte seinen Blick für weitreichende Zusammenhänge im großen und für die feinen Veränderungen und Wechsel im kleinen, sie bestach den verständigen Adepten in ihrer exakten Bewältigung und persönlichen Durchdringung riesiger Stoffmassen. Der Schüler rühmte an seinem Lehrer die durchdachte, planvolle Gliederung der unkonventionellen Kollegs ebenso wie die wohlwollende Güte und den gern erteilten anregenden und weiterführenden Rat gegenüber den Studenten.

Es berührt merkwürdig, daß viele der hier angedeuteten Wesenszüge seiner beiden Lehrer Wilhelm und Borinski sich in Newalds wissenschaftlichem Wesen und in seiner Persönlichkeit wiederfinden. Man dürfte kaum fehl gehen, hierin eine über das Fachliche hinausgehende tiefere geistige Verbindung und seelische Gleichgeartetheit zu sehen, die Newald befähigte, mit diesen beiden gleicherweise einsamen wie rücksichtslos kritischen und offenen Männern, die beide als Diener der Wissenschaft um ihrer selbst Willen mehr Feinde als Freunde besaßen, in vertrauten Verkehr zu kommen, den Sinn ihrer Arbeiten, die ganz und gar nicht dem modischen Zeitstrom entsprachen, zu verstehen und sie später auf die eigenen Schultern zu laden. Wie Newald Wilhelms *Corpus der altdeutschen Originalurkunden* weitergeführt hat, so hatte er vorher schon den Nachlaß Borinskis herausgegeben. Konnte auch das von Newald druckfertig hergestellte nachgelassene Manuskript von Borinskis Geschichte der deutschen Metrik nicht veröffentlicht werden, weil der Verleger der Meinung war, der antiken Metrik sei zuviel Raum gegeben worden, so gelang es Newald, den zweiten Band von Borinskis großem Werk *Die Antike in Poetik und Kunsttheorie* herauszugeben und damit das Lebenswerk des Lehrers vor fragmentarischem Dasein zu bewahren.

Die Jahre zwischen der Promotion und der Habilitation waren schwer und arbeitsreich; die allgemeine Zerrüttung der wirtschaftlichen Verhältnisse durch die Inflation trug das Ihre dazu bei, ein nur der Wissenschaft gewidmetes Leben ohne Hilfe und Unterstützungen nahezu unmöglich zu machen. Doch war Newald nicht der Mann, sich durch äußere Umstände von dem einmal eingeschlagenen Weg abbringen zu lassen. Mit eiserner Energie und großem Arbeitsaufwand versuchte er, den doppelten Anforderungen, die ein auch noch so bescheidener Lebensunterhalt und die Vorbereitung auf das akademische Lehramt stellten, nachzukommen. Er übernahm journalistische Arbeiten und schrieb Artikel, Berichte, Buch- und Theaterrezensionen für österreichische, süddeutsche, westdeutsche und norddeutsche Zeitungen. Er widmete sich selbstlos einer so zeitraubenden wie schwierigen Aufgabe, den nur in einem unvollständigen handschriftlichen Manuskript vorliegenden zweiten Band von Borinskis Werk in verhältnismäßig kurzer Zeit druckfertig zu machen und zu edieren. In seinem kurzen bescheidenen Nachwort wird nur dem Kenner der Materie deutlich, welche Mühen Newald in diese Edition gesteckt hat. Der ganze Anmerkungsteil des über dreihundert Seiten starken Buches mußte erarbeitet und überprüft werden. Nur gelegentlich hatte Borinski knappe Hinweise am Rande seines Manuskripts gemacht, die sich auf Seitenzahlen bezogen, ohne aber die benutzten Werke anzugeben. Mit größter Gewissenhaftigkeit hat Newald sämtliche Zitate dieses an Zitaten aus der Literatur der Antike und des 15. bis 18. Jahrhunderts reichen Buches nachgeprüft, um der Wissenschaft ein verläßliches Arbeitsinstrument zu retten, das ohne diesen Einsatz verloren gewesen wäre. Nur wer selbst einmal solche Arbeiten gemacht hat, kann ermessen, was Newald hier geleistet hat, und nur wenigen wurde angesichts dieser Kärrnerarbeit bewußt, über welche Kenntnisse auf diesem recht abseits liegenden Gebiet der junge Gelehrte verfügte. Die Selbstverständlichkeit, mit der er die entsagungsvolle, keine persönlichen Vorteile einbringende Aufgabe übernommen hatte, ist kennzeichnend für Newalds wissenschaftliches Ethos; es begegnet mehrfach in seinem Leben, daß er seine eigenen Arbeiten zugunsten der Arbeiten anderer, die der Wissenschaft förderlicher zu sein schienen, hintansetzen zu müssen glaubte.

Die Haupttätigkeit dieser Jahre aber war noch eine andere: Newald arbeitete an der von der Deutschen Commission bei der Preußischen Akademie der Wissenschaften zu Berlin vorgenommenen Inventarisierung deutscher Handschriften mit. Im Auftrage der Deutschen Commission nahm er in den oberösterreichischen Klöstern die Bestände an deutschen Handschriften auf. In den Veröffentlichungen der Deutschen Commission vom 28. Januar 1926 und vom 27. Januar 1927 (Sitzungsberichte der Preußischen Akademie der Wissenschaften) sind Auszüge aus Newalds Berichten publiziert worden. Diese Sucharbeiten und die beschauliche klösterliche Arbeitsatmosphäre mögen so recht nach dem Herzen Newalds gewesen sein; doch war es für ihn vor allem förderlich, daß er mit dem Akademie-Auftrag, für den er übrigens eine äußerst geringe Vergütung erhielt, eigene wissenschaftliche Forschungen verbinden konnte, die dem Thema „Rezeption des Humanismus in den oberösterreichischen Klöstern" galten. Die Ergebnisse sind in den *Beiträgen zur Geschichte des Humanismus in Oberösterreich* zusammengefaßt worden. Daneben machte er in den Klosterbibliotheken interessante Funde, die er zum Teil später edieren konnte, so vor allem die erste deutsche Ilias-Übersetzung von Johann Baptista Rexius (1584), die er in St. Florian entdeckte, so auch eine deutsche Übersetzung der Paulusbriefe, die sich im Stift Nonnberg (Salzburg) fand. Diese Inventarisierungsarbeiten trugen Newald außerdem ein Rüstzeug ein, über das nicht jeder Literarhistoriker so vertraut wie er verfügt: es sind die paläographischen Kenntnisse und die praktischen Erfahrungen im Umgang mit mittelalterlichen, spätmittelalterlichen und humanistischen Handschriften; sie gestatteten ihm später, immer wieder germanistische Handschriftenseminare abzuhalten.

Doch damit nicht genug, entstand in diesen Jahren das Buch *Eduard Duller. Ein deutsches Journalistenleben aus dem Vormärz,* das ein „bescheidener Beitrag zur Geschichte des vormärzlichen Journalismus" sein wollte. Damit begab sich Newald auf ein weiteres neues Arbeitsgebiet — das der Literaturgeschichte des 19. Jahrhunderts. Wiederum bezeichnend für ihn ist, daß er gerade auf eine solche „unbekannte Größe" einen Teil seiner wissenschaftlichen Arbeit konzentrierte — „unbekümmert um Gebiete und Fragen, die im Brennpunkt wissenschaftlicher Interessen stehen". War es einmal der schriftstellerische Reiz, den „Typ eines populären Journalisten", der „der Entwicklung des 19. Jahrhunderts und der des letzten Menschenalters vorgearbeitet hat", darzustellen, so war es auf der anderen Seite ein bewußt durchgeführtes Experiment, die Mittel der Literaturwissenschaft zu erproben und in den Griff zu bekommen, so daß die Arbeit auch in methodischer Hinsicht als ein Beispiel, eine kaum bekannte Gestalt aus dem Schattenbereich historischer Vergessenheit hervorzuholen, nicht uninteressant ist.

Seine Absicht, sich in München zu habilitieren, gab Newald im Frühjahr 1925 auf. Für einen Philologen, der aller Wahrscheinlichkeit nach als Schüler Friedrich Wilhelms dessen Methoden weiter ausbauen würde, war eine Habilitation unter Wilhelms erbittertem Gegner Carl von Kraus, der Hermann Pauls Nachfolger geworden war, nicht möglich. Daraufhin schlug ihm Wilhelm vor, es bei ihm in Freiburg zu versuchen, wo Newald auch in dem klassischen Philologen Otto Immisch, dem Newalds Kenntnisse und Leistungen durch die Herausgabe des Borinskischen Nachlasses bekannt waren, einen wohlwollenden Förderer besaß.

Am 22. Juli 1926 — auf den Tag genau fünf Jahre nach der Promotion — habilitierte sich Newald bei Friedrich Wilhelm in Freiburg im Breisgau für Deutsche Philologie. Als Habilitationsarbeit hatte er die kritische Ausgabe der von ihm in St. Florian gefundenen deutschen Ilias-Übersetzung in der Prosa des Johann Baptista Rexius nebst Untersuchungen darüber vorgelegt. Als Ergänzung dazu kamen auf Anraten Wilhelms noch die *Beiträge zur Geschichte des Humanismus in Oberösterreich* hinzu, aber die eigentliche Habilitationsschrift war die Untersuchung und Edition der Ilias-Übersetzung. Sie ist in Auszügen in der Zeitschrift für deutsche Philologie 1929 und in einer Textauswahl gedruckt worden.

Mit der erfolgreichen Habilitation waren die äußeren Voraussetzungen für eine akademische Laufbahn erfüllt. Aber auch innerlich bedeutete der Wechsel von München nach Freiburg zu Wilhelm für Newald Abschluß und Neubeginn. Wie entscheidend die Übersiedlung für ihn war, können wir am besten seinen eigenen Worten entnehmen: „Ich hatte damals meine Wanderjahre abgeschlossen, aber nach einem systemlosen Studium und einer eigenwilligen wissenschaftlichen Ausbildung ohne Lehrer noch vieles nachzuholen. In Wilhelm fand ich den verständnisvollen Freund, der überall, wo er konnte, fördernd eingriff." An der Seite Wilhelms begann Newald nun eine reiche Lehr- und Forschungstätigkeit zu entwickeln. Das Schüler-Lehrer-Verhältnis zwischen ihm und Wilhelm wurde in den folgenden Jahren zu einer Freundschaft und geistigen Gemeinschaft, die sich auch auf den persönlichen Lebenswandel erstreckte. Sie trafen nicht nur eine Fülle von Vorbereitungen zur Schaffung wissenschaftlich notwendiger Hilfsmittel, sie diskutierten auf ihren häufigen Fahrten und Ausflügen in die nähere und weitere Umgebung Freiburgs die Probleme unserer Disziplin, sie unternahmen gemeinsame Studienreisen in Klöster, so z. B. nach Göttweig, wo sie sich — Wilhelm Urkunden abschreibend, Newald Handschriften für die Deutsche Commission beschreibend — im Sommer 1926 aufhielten. Was diese Freundschaft Newald bedeutete, hat er in der Widmung seines Duller-Buches an Friedrich Wilhelm ausgedrückt: „Ihm schulde ich mehr, als jeder Dank abtragen kann, denn das Höchste von allem, das Ethos des Gelehrten, hat er mich erkennen gelehrt."

Aus der Arbeitsgemeinschaft mit Friedrich Wilhelm gingen auch die Editionen der althochdeutschen und mittelhochdeutschen Lesebücher für den Seminarbetrieb hervor. Ihnen folgten noch einige andere Editionsarbeiten Newalds wie Der Wiener Meerfahrt, die deutschen Gedichte Simon Rettenpachers (die lateinischen hatte Newald für eine Edition vorbereitet, doch fand sich kein Verleger dazu bereit!), deutsche Horaz-Übersetzungen und eine deutsche Übersetzung der Paulusbriefe aus dem späten Mittelalter. Fast alle diese Arbeiten gehen, wie auch Plan und Vorarbeiten zu einer kritischen Ausgabe von Langensteins *Erkantnus der sünd* auf die Freiburger Dozentenjahre zurück. Bei der Gretchenfrage, nach welcher textkritischen Methode die Texte dargeboten werden sollten, entschied sich Newald klar für das seiner Zeit nur von Wilhelm und Wolfgang Stammler vertretene Prinzip: Treue zur Handschrift, Verzicht auf Textbesserungen auf Grund moderner Erwägungen und besondere Askese in der Interpunktion. Im Vorwort zur Edition der Paulus-Briefe (S. 8 f.) hat sich Newald diesem Problem gestellt. Freilich war bei dieser ehrlichen und offenen Absage an eine damals allgemein praktizierte Editionsmethode nicht ohne weiteres auf Erfolg und wissenschaftliche Anerkennung zu rechnen.

Neben diesen mittelalterlich-philologischen Arbeiten hatte sich Newald aber in den Freiburger Jahren vor allem durch seine Vorlesungstätigkeit auch in die deutsche Literatur des 18. und 19. Jahrhunderts eingearbeitet, so daß er 1930 als Extraordinarius dem Ruf auf den Lehrstuhl für neuere deutsche Literaturgeschichte an der Universität Fribourg/Schweiz folgen konnte, den vor ihm Josef Nadler und Günther Müller innehatten. Dort wurde er 1933 zum Ordinarius ernannt.

Mit der Übernahme des Lehramtes an der Universität Fribourg und den damit verbundenen Verpflichtungen begann für Newald ein neuer Abschnitt seiner wissenschaftlichen Entwicklung: seine Arbeiten wandten sich vom rein philologischen zum literarhistorischen Gebiet. Neben den Lehrveranstaltungen konzentrierte sich seine Forschungsarbeit auf das Nachleben der Antike und auf die deutsche Ltieratur vom 15. bis zum 17. Jahrhundert. Wer aber die Bibliographie der fünfzehn Schweizer Lebens- und Schaffensjahre überblickt, wird nicht ohne Überraschung feststellen, daß in dieser Zeit keine großen Publikationen erschienen sind. Neben einzelnen Abhandlungen aus den verschiedensten Problemkreisen und neben den Beiträgen zum Verfasserlexikon liegen vor allem Forschungsberichte und Rezensionen aus dieser Zeit vor. Es sind die regelmäßig erschienenen Berichte über die wissenschaftlichen Veröffentlichungen auf den Gebieten des späten Mittelalters, des Humanismus und der Reformation für die Zeitschrift für deutsche Bildung und die Literaturberichte zum Nachleben der Antike, jeweils über hundert Seiten stark, die in den Jahresberichten über die Fortschritte der klassischen Altertumswissenschaft erschienen sind. Hinzu kommen die zahlreichen Rezensionen, vor allem für das Literaturblatt für germanische und romanische Philologie und die umfangreiche Mitarbeit an der Kulturwissenschaftlichen Bibliographie der Antike, die die Bibliothek Warburg herausgab. Allein für dieses Unternehmen hat Newald in den beiden Bänden, die 1934 und 1938 herauskamen, gegen 370 Publikationen angezeigt.

In diesen Jahren hat sich Newald sein unerschöpfliches literarisches Wissen erworben und sich die stofflichen Grundlagen künftiger Darstellungen erarbeitet. Es waren um der Wissenschaft willen entsagungsreiche Jahre, die er am Schreibtisch und am Arbeitsplatz großer Bibliotheken verbracht hat. Am liebsten arbeitete er in Freiburg im Breisgau auf der Universitätsbibliothek. Arbeitsunterbrechungen hat er kaum geduldet; größere Reisen hat er bis auf eine Italienreise (1936) und eine Reise nach Südfrankreich (1939) nicht gemacht. Nur einmal hat er zwei Semester (1935/36) nach dem Tode Zinkernagels in Basel eine Vertretung übernommen.

Als Newald gegen Ende der dreißiger Jahre begann, seine Forschungen zum Nachleben der Antike zusammenzufassen, trat an ihn eine unerwartete und völlig anders geartete Aufgabe heran. 1939 war Friedrich Wilhelm verstorben. Man trug Newald an, das Corpus, mit dem er als Schüler und Freund Wilhelms bis zu einem gewissen Grade vertraut war, fortzuführen. Newald unterzog sich der ebenso schwierigen wie undankbaren Aufgabe, das Lebenswerk Friedrich Wilhelms, das — ehe es noch recht durchgedrungen war — unterzugehen drohte, weiterzuführen. Newald stellte seine eigenen Arbeiten zurück und widmete sich in erster Linie dem Corpus. Es läßt sich kaum ein besseres Beispiel finden für ein Gelehrtenethos, dem der Dienst an der Wissenschaft über die Früchte der eigenen Forschungen geht. „Ich habe“, so erzählte Newald einmal, „den schwerwiegenden Entschluß ohne Bedenkzeit gefaßt. Ich wußte, was es heißt, einem solchen Werk, dem das Leben langsam entwichen war, wieder eine Seele zu geben, durch mehr als zwanzig Jahre

Korrekturen auf dem Schreibtisch zu haben, ausgedehnte Briefwechsel zu führen ... Ich wußte, was es heißt, eine eigene große Arbeit, für die ich fünfzehn Jahre Material gesammelt habe, zurückzustellen und mich in ein Gebiet zu stürzen, das mir wohl einmal vertraut war, in das ich mich aber aufs neue und ganz gehörig einarbeiten mußte. Ich wußte auch, daß es fraglich ist, ob ich das Werk selbst vollende ... Genug damit! Ich glaubte, daß zwischen dem Werk und mir eine schicksalhafte Verbindung besteht, die nicht nur aus dem Verhältnis des Schülers zum Lehrer, Kollegen und Freund erwachsen ist."

Erst zu Anfang der vierziger Jahre fand Newald nebenher Zeit, einige literarhistorische Arbeiten aufzunehmen. Der Anstoß dazu kam von außen. Ein Verleger forderte Newald auf, ein Buch über Thomas Murner zu schreiben. Newald konnte sich zu spezieller monographischer Arbeit nicht entschließen, da ihm vieles Material in Archiven und Bibliotheken durch die Kriegsverhältnisse unzugänglich war. Er machte den Gegenvorschlag, einzelne bedeutende Elsässer, die Murners Zeitgenossen waren, darzustellen. Der Verlag ging darauf ein, und so entstanden die *Elsässischen Charakterköpfe* — für „weitere gebildete Kreise bestimmt". Das Buch erschien kurz vor Kriegsende in Kolmar; nur ein kleiner Teil konnte noch ausgeliefert werden, so daß die Arbeit über den engeren Kreis hinaus nicht bekannt wurde. Ähnlich erging es dem zweiten Buch, das gerade zu Kriegsende fertig wurde, den *Vier Gestalten aus dem Zeitalter des Humanismus*, das 1946 in St. Gallen unter dem Pseudonym Harald Drewinc erschien. Nur wenige wissen bis heute, daß sich hinter „Harald Drewinc" ein Teil der Ergebnisse von Newalds Forschungen zum Humanismus verbergen.

Nach Beendigung des Krieges im Frühjahr 1945 wurde Newald aus der Schweiz ausgewiesen. Er lebte in Freiburg im Breisgau als Privatgelehrter. Doch konnten die unerfreulichen Verhältnisse seinen unermüdlich tätigen Geist nicht lähmen, ja, sie schienen ihn im Gegenteil geradezu zu beflügeln. Allein 1947 erschienen drei Bücher, unter ihnen die wichtige Erasmus-Darstellung; daneben wurde der erste Band des Nachleben-Buches abgeschlossen und der die deutsche Literatur des Humanismus und der Reformation behandelnde Beitrag zu den Annalen der deutschen Literatur geschrieben. In diese Zeit fallen auch noch Pläne, Vorbereitungen und erste Ausarbeitungen zu der mit Helmut de Boor gemeinsam besorgten Geschichte der deutschen Literatur.

Im Frühjahr 1950 nahm Newald eine Gastprofessur an der jüngsten deutschen Universität, der Freien Universität Berlin, wahr und hielt hier im Sommersemester 1950 Vorlesungen und Übungen ab. Danach war er vom Wintersemester 1950 an als Gastprofessor in Freiburg/Breisgau tätig. Zum Wintersemester 1951 erreichte ihn in Freiburg am 22. Juli der Ruf auf das neugeschaffene Berliner Extraordinariat.

Damit war in Newalds Leben eine erfreuliche Wendung eingetreten.

Die — wer konnte es damals ahnen — wenigen Berliner Jahre an der Seite seines Freundes de Boor brachten Newald volle Anerkennung und Bestätigung seiner Forschung und seiner Lehre. Die junge, im Aufbau befindliche Universität wurde ihm eine adäquate Wirkungsstätte. Am internen Aufbau des Germanischen Seminars nahm er tätigen Anteil und gewann sich in kürzester Zeit Achtung und Vertrauen der Kollegen. Einen rasch wachsenden Schülerkreis begeisterte er nachhaltig für seine speziellen Arbeitsgebiete. Von den Studenten wurde er verehrt und geliebt in einem Maße, wie es nur wenigen akademischen Lehrern beschieden ist.

Mit ganzer Kraft und Verantwortung widmete sich Newald den Verpflichtungen des akademischen Amtes und mit ebensolcher Intensität arbeitete er an seinen großen Vorhaben, in erster Linie an der Literaturgeschichte, daneben am Nachleben der Antike und am Corpus. Aber diesem Übermaß an Arbeit waren seine Kräfte allmählich nicht mehr gewachsen. Im Januar 1953 zeigte sich warnend ein erster Zusammenbruch, von dem sich Newald noch einmal erholte. Doch schonte er sich nicht genug. Die Genesungsfrist, die er sich gönnte, war zu kurz, und das täglich konsequent erledigte Arbeitspensum, das er sich abtrotzte, zu anstrengend für die noch der Schonung bedürftigen Kräfte. Als er gerade — wie er glaubte mit frischen Kräften — aus den Semesterferien heimgekehrt war, erfüllt von neuen und alten Arbeitsplänen, geschah das Befürchtete: Newalds Herz hörte für immer zu schlagen auf. Ein gewiß nicht leichtes Leben, das von Anfang an der Wissenschaft geweiht war, hatte sich im Dienste an ihr vollendet. Es entbehrt nicht menschlicher Tragik, daß am Tage seines Todes, am 28. April 1954, im Dekanat der Philosophischen Fakultät seine Ernennung zum Ordentlichen Professor der Deutschen Philologie an der Freien Universität Berlin eintraf, von der er ebensowenig etwas ahnte, wie von den anläßlich seines bevorstehenden sechzigsten Geburtstages vorbereiteten akademischen Ehrungen.

Die Erinnerung an Newald als an einen humanen, geistvollen und liebenswerten Menschen, an einen gütigen, hilfsbereiten und verstehenden Lehrer, an einen selbstlosen, strengen, unbestechlich nach Erkenntnis und Wahrheit strebenden Gelehrten ist bei allen, die ihm jemals begegnet sind, lebendig geblieben.

☆

Das Hauptarbeitsfeld Newalds war die Erforschung der wechselvollen Schicksale der Antike in den europäischen Literaturen. Durch die humanistische Schulausbildung, die er in Kremsmünster genossen hatte, und durch Karl Borinski, der ihn in die Problematik dieses Forschungsgebietes eingeführt hatte, war Newald geradezu prädestiniert für dieses Arbeitsfeld. Er hatte es von Anfang an auf eine systematische, breitangelegte Darstellung abgesehen. Von seinen umfangreichen Vorarbeiten zeugen die reichhaltigen

Literaturberichte in den Jahresberichten über die Fortschritte der klassischen Altertumswissenschaft für die Jahre 1920 bis 1930 und die Mitarbeit an der Nachleben-Bibliographie der Bibliothek Warburg. Mit diesem um die Nachlebenforschung hoch verdienten Institut stand Newald seit 1929 in enger Verbindung. Bereits im ersten Jahresbericht (1930) umriß Newald Bedeutung und Aufgaben dieses Forschungsgebietes: „Der Wandel des antiken Weltbildes im Laufe der Jahrhunderte, das Hervortreten und Verschwinden der einzelnen Vorbilder in verschiedenen Zeiten und bei verschiedenen Nationen zeigt ein Kräftespiel, dessen Auswirkungen zu ergründen eine der reizvollsten Aufgaben unserer Wissenschaft darstellt. Es gibt nichts ewig Gültiges, durch Normen zu Bestimmendes in der Geschichte des geistigen Lebens, und deshalb sind auch die Führer aus der klassischen Welt nie dieselben gewesen, mag die Parole nun Platon oder Aristoteles, Homer oder Vergil lauten. Die Antike ist geistiges Erbgut von ewiger Frische, nicht tote Masse, nicht Gesetz, sondern ein Füllhorn der Weisheit und Kunst, aus dem jede Zeit und jeder selbständige Denker das Wahlverwandte sucht. Unsere vornehmste Aufgabe ist es also, diesen geistigen Zusammenhängen nachzuspüren."

In seinem im Herbst 1933 an der Universität Freiburg im Breisgau gehaltenen Vortrag über *Die Antike in den europäischen Literaturen* klangen Themen und Probleme von Newalds Arbeit zum erstenmal auf. Er wies bei dieser Gelegenheit darauf hin, daß sich ein solches Werk nur auf einem soliden philologischen Unterbau erheben dürfe und daß bei der Behandlung des Gegenstandes zwischen Spezialisierung oder Überschau zu wählen sei. Er hielt eine weite Überschau zunächst für erforderlicher, um einen Eindruck von dem weiten Gebiet geben zu können und um dies Gebiet als vordringlichen Forschungsgegenstand zu präsentieren. Ziel war somit eine Darstellung der „ständigen Auseinandersetzung des Abendlandes mit der Antike".

Der für dieses Gebiet meist verwendete Begriff des 'Nachleben der Antike' ist an sich — wie alle derartige Begriffe — wenig glücklich und sagt nicht das aus, was mit ihm eigentlich gemeint ist. Newald hatte das erkannt und den 'Nachleben'-Begriff als „irreführend" bezeichnet, denn der historische Sachverhalt sei anders als man ihn dem Wort 'Nachleben' entnehmen könne: „die Wirkenskraft irgendeiner antiken Erscheinung liegt nicht in dieser selbst, sondern in der Aufnahmebereitschaft eines Zeitalters"; gemeint ist also die Rezeption der Antike, die zu verschiedenen Zeiten verschiedenartig war. Newald hat den einmal eingeführten Begriff als Verständigungschiffre beibehalten. Was er in seinen Arbeiten anstrebte, war eine Geschichte dieser Rezeption der Antike, die nach seiner Überzeugung in den Stufen der Vermittlung im 7. Jahrhundert, der Wiedergeburt im 14. Jahrhundert und der Wiedergewinnung im 18. Jahrhundert vor sich gegangen war.

Die Ausgabe ausgewählter deutscher Horaz-Übersetzungen aus fünf Jahrhunderten, die Martin Sommerfeld auf Newalds Anregung hin in seine vorzügliche *Literarhistorische Bibliothek* aufgenommen hatte, entspricht nach

Anlage und Tendenz ganz dem Sinn von Newalds Nachleben-Forschung, indem hier eindringlich die zeitbedingten Stufen der Horaz-Rezeption vorgeführt werden. Die Ausgabe darf als ein — wenn auch dem Umfang nach bescheidenes — Muster für die Probleme der Rezeption antiker Literatur angesehen werden. Die hiermit verbundenen Fragen des Übersetzungswesens und seiner literarischen Bedeutung behandelte Newald in einem gesonderten Aufsatz, in dem er auf die von der Forschung noch gar nicht bearbeiteten Gebiete der Übersetzungsliteratur, namentlich der aus der Antike, hinwies. Ein kleiner literarhistorischer Seitensproß dieser Arbeiten war die Betrachtung der deutschen Homer-Übersetzungen des 16. Jahrhunderts, die sich mit seinen literarhistorischen Bemühungen um den Humanismus berührt.

Es gehört zu Newalds Tragik, daß sich die verheißungsvollen Pläne, Ansätze und Vorarbeiten auf diesem Gebiet nicht zu dem geschlossenen Werk auswachsen sollten, das er sich vorgenommen hatte. Mit der Übernahme der Arbeit am *Corpus der altdeutschen Originalurkunden* gerieten Newalds allereigenste Forschungen ins Hintertreffen; in den schweren Jahren zwischen 1945 und 1949 entstand aus den Vorarbeiten nur ein Teil des auf zwei Bände geplanten Werkes, das sicherlich aber weit umfangreicher geworden wäre. Die für 1949 vorgesehene Drucklegung kam nicht zustande, da der Verleger Hans von Chamier plötzlich gestorben war. Die weitere Ausarbeitung der Pläne wurde zunächst zugunsten des großen Unternehmens der Literaturgeschichte zurückgestellt. Newalds Tod verurteilte das Werk zu fragmentarischem Dasein; die Wissenschaft kam um eines ihrer vermutlich wichtigsten Werke und muß sich mit einzelnen Teilen und Teilchen dieses großen informativen Werkes begnügen.

Hierzu gehört der Aufsatz *Renatae Litterae und Reformatio* (1952), der sich mit dem ausgehenden Mittelalter und dem Renaissanceproblem vor allem in der deutschen Geistesgeschichte des 15. Jahrhunderts befaßt. Burdachs deutscher Renaissancebegriff wird zurückgewiesen, die Verbindung mit dem Mittelalter betont und das 15. Jahrhundert unter dem Begriff der „Reformatio“ im Sinne einer bewußten friedlichen „Rückformung“ zu fassen gesucht. Der in der *Deutschen Philologie im Aufriß* erschienene Beitrag *Klassisches Altertum und Deutsche Literatur* bietet einen realienreichen Querschnitt der Antike-Rezeption im Rahmen der deutschen Literatur. Newald hat sich hier mit Rücksicht auf das Sammelwerk streng auf die deutsche Literatur beschränken müssen. Dennoch ist der Abriß reich an Anregungen und Hinweisen, wo künftige Arbeiten anzusetzen hätten. Dieser knappe Überblick läßt ahnen, wie das ganze Werk aufgebaut worden wäre. — Der erst 1960 erschienene erste Teil des Werkes, der seit 1949 im Manuskript vorlag, hat bisher kaum zu Recht das Schicksal posthumer Torsi erleiden müssen. Der Band enthält neben der Darlegung der Grundlagen und methodischen Prinzipien, die dies Forschungsgebiet erfordert, den ersten Teil der Rezeption der Antike: die spätantike Vermittlung und die Auseinandersetzung des

Mittelalters mit der antiken Überlieferung. Mit dem Beginn der Neuzeit bricht der Band ab. Die zum Teil von der Kritik angezweifelte Berechtigung der Publikation dieses Bandes hat meistens den informatorischen Wert, den dieser Torso hat, übersehen. Das Buch will eine Überschau geben, sie war Newalds Ziel von Anfang an. Schließlich sollte man in einem Buch nicht gerade das suchen, was es nicht geben wollte: dezidierte Spezialforschung.

Newalds Beschäftigung mit dem Nachleben der Antike geschah nicht nur aus der rationalen Einsicht, daß das klassische Altertum bis in unsere Tage historisch nachwirke und daß dieser Vorgang dargestellt werden müsse, sondern aus der inneren Überzeugung, daß die Antike in ihrer Zeitlosigkeit eine unversiegbare, lebenspendende Quelle für den Geist des Abendlandes ist, „daß ein Verzicht auf die Antike als Bildungsgut uns auch in unserer eigenen Vergangenheit keine geistige Heimat mehr bieten wird".

Der andere große Arbeitskreis in Newalds Schaffen war die deutsche Literatur des Humanismus und der Reformation. Auch hier hat Newald lebenslang Studien betrieben. Er gehörte zu den seltenen Germanisten, die eine wirkliche Vertrautheit mit dem Latein der Humanisten besitzen und gleichzeitig über breite Kenntnisse der antiken Literatur verfügen. Auch hier zeigt sich ein ähnlicher Arbeitsrhythmus wie bei den Forschungen zum 'Nachleben': Zunächst erscheinen in den zwanziger Jahren eine Anzahl kleinerer Arbeiten zum österreichischen Humanismus, dann folgt eine Periode ausführlicher Beschäftigung mit den Quellen und der vorliegenden Forschung, was sich in vielen Rezensionen niederschlägt, schließlich entstehen seit der Mitte der vierziger Jahre erste größere Einzeldarstellungen von Problemen und Gestalten.

Unter den frühen Arbeiten, die dem Humanismus in Österreich gewidmet sind, ragen Edition und Untersuchung der Ilias-Übersetzung von Rexius und die *Beiträge zur Geschichte des Humanismus in Oberösterreich* hervor. Verdankt jene Arbeit ihre Entstehung dem glücklichen Umstand, daß Newald das Manuskript in St. Florian fand, so ist an dieser Arbeit bedeutsam, daß sie auf wichtige, im einzelnen bis dahin aber unbekannte Wege der Rezeption des Humanismus durch die Klöster hinwies. Die reiche deutsche Übersetzungsliteratur, die im Zeichen der Klosterreformen entstand, läßt diesen Weg bis in einzelne Etappen hinein verfolgen. Newald versuchte hier, in kurzen, faktenreichen Einzeldarstellungen die humanistischen Bestrebungen in Oberösterreich im 15. und 16. Jahrhundert aufzudecken. Dabei verdient vor allem das Kapitel über den Klosterhumanismus in Kremsmünster, Mondsee, Lambach, St. Florian wegen seiner Quellenstudien an Ort und Stelle besondere Beachtung und sollte zu erneuter Beschäftigung mit diesen Fragen anregen. — Das große Aufgabengebiet einer Erforschung der Erbauungs- und Fachliteratur im südostdeutschen Raum behandelte Newald in einem Vortrag, den er 1927 vor der Literaturwissenschaftlichen Sektion der

Görresgesellschaft gehalten hatte. Er selbst beschäftigte sich seit dieser Zeit mit einer Ausgabe von Heinrich Haimbuches von Langenstein für Albrecht IV. verfaßter *Erkantnus der Sünd*, die aber über die Materialsammlung hinaus nicht mehr gediehen ist. Sein letztes angekündigtes, aber nicht mehr abgehaltenes Oberseminar im Sommersemester 1954 sollte diesem Text gelten.

Newalds erste größere Arbeiten zum Humanismus und zur deutschen Literatur der Reformationszeit erschienen in einer Zeit, die kein sonderliches Interesse an der mittleren deutschen Literatur aufkommen ließ. In den *Elsässischen Charakterköpfen* (1944) und den *Vier Gestalten aus dem Zeitalter des Humanismus* (1946) werden in essayistischer Form hervorragende Persönlichkeiten des Humanismus dargestellt. Die einzelnen Gestaltungen beruhen auf den vorausgegangenen umfangreichen Quellenstudien und wollten die Ergebnisse eigener und fremder Spezialforschung zu einem in sich geschlossenen Bild der einzelnen Persönlichkeiten zusammenfassen. Dabei kam es Newald nicht auf sensationelle Neuwertungen, auf unvermutete Akzentsetzungen an, sondern allein darauf, diese Persönlichkeiten aus ihren geschichtlichen Bedingtheiten heraus zu verstehen; deshalb sind die einzelnen Essays auch vom Biographischen her konzipiert. Er wollte nicht die Inhalte von Lehrmeinungen referieren und kritisch wägen, sondern nur von den einzelnen Gestalten an sich, von „ihrer Bedeutung und ihrer Auswirkung auf Menschen, Zeit und Weltbild sprechen". Repräsentiert der Band mit den *Elsässischen Charakterköpfen* von Geiler, Wimpfeling, Brant, Murner und Ringmann Gestalten, für die kennzeichnend ist, daß sie trotz ihrer humanistischen Gedanken dennoch das konservative Element im Übergang vom Mittelalter zur Neuzeit sind, so begegnen uns in dem nächsten Essay-Band jene vier Gestalten, in deren Wesen sich für Newald Entwicklung, Höhe und Krise der humanistischen Bewegung des 15. und 16. Jahrhunderts spiegelten: Regiomontan, Celtis, Erasmus, Hutten. Auch hier kam es Newald nicht darauf an, festzustellen, woher im einzelnen ihre Ideen und Gedanken kamen, sondern wie diese von ihren Trägern für ihre Zeit fruchtbar gemacht wurden und den Anstoß zu geistigen Bewegungen gaben. In neuen Deutungsversuchen und Erklärungen hat Newald gerade bei diesen einzelnen Gestalten die vom 19. Jahrhundert voreilig geschlossenen Akten wieder geöffnet und auf Wege gewiesen, auf denen künftige Forschung zu neuen Einsichten kommen könnte.

Newalds humanistische Arbeiten werden gekrönt von seiner Erasmus-Biographie, die über das Biographische hinaus eine glänzende Einführung in die geistige Welt des Humanismus bietet. Newald unternimmt es hierin, die Einheitlichkeit der Gestalt des Erasmus aus dessen Charakter und den zeitlichen Bedingtheiten herzuleiten. Subjektive Deutung und objektive Darstellung verschmelzen sich zu einem eindrucksvollen Bild dieser bedeutenden Persönlichkeit. Das Werk ragt über die üblichen deutschen Humanistenbiographien hinaus, weil es sich auf Beschreiben und Deuten konzentriert und sich alles phantasievollen Ausgestaltens und jedes einseitigen Ausrichtens nach außerhalb der Person liegenden Maßstäben enthält. Im wahren Sinne des Wortes ist das Buch eine Lebensbeschreibung, die auf den unmittelbaren Zeugnissen dieses Lebens, dem Werk und vor allem dem umfangreichen Briefwechsel, aufbaut. Das ist in der Geschichte der Erasmus-Forschung hier zum erstenmal geschehen, da Newald das ganze Briefwerk zur Verfügung stand und er dadurch in der Lage war, vor allem das letzte Lebensjahrzehnt des Erasmus, das von der Forschung noch wenig beachtet worden war, eingehend zu würdigen. Von der Erasmus-Forschung des 19. Jahrhunderts hat sich Newald absichtlich ferngehalten und ging mit ihr streng ins Gericht. Er wollte das Erasmus-Bild von der üblen Nachrede des 19. Jahrhunderts befreien, das des Erasmus' Verhalten gegenüber der Reformation und seine Absage an Hutten heftig getadelt hatte. Aber auch über die Einzelforschung, die Erasmus jeweils vom Standpunkt des katholischen oder protestantischen Glaubens notwendigerweise verzerrt würdigte, kam Newald hinaus, indem er Erasmus in die vielfältigen geistigen Strömungen der Übergangszeit stellte und seinen Willen zur Formung der neuen Zeit herausarbeitete. Newalds Erasmus steht über den extremen Positionen, die alter und neuer Glaube in ihrem Kampf einnehmen, und ist um den Ausgleich zwischen Tradition und notwendiger Erneuerung bemüht; er ist eigentlich die dritte, leider unterliegende Macht in den Glaubenskämpfen. Damit ist natürlich die Persönlichkeit des Ersamus lebendiger und menschlicher, aber auch problematischer dargestellt worden als je zuvor. Newald lehnte es ab, das Wesen des Erasmus zu harmonisieren oder auf eine Formel zu bringen. Es zeugt von der Bescheidenheit des Autors, daß er diesem Buch nicht mehr zubilligte, als daß es in schwerer Zeit Zugänge zu Erasmus weisen sollte und daß es nur als Versuch gewertet sein wollte, der Verpflichtung eines jeden Zeitalters, sich ein eigenes Erasmusbild zu erarbeiten, Genüge zu tun.

Natürlich lag bei diesem „absichtlichen Verzicht auf Mythisierung und Heroisierung" des Erasmus nahe, das Unternehmen als positivistisch zu brandmarken und abzulehnen — ein Vorwurf, der Newalds Arbeiten nicht oft erspart geblieben ist. Aber — Positivismus und Positivismus ist zweierlei. Newald war insofern ein überzeugter „Positivist", als er davon durchdrungen war, daß „neue Erkenntnisse nur aus den Tatsachen, nicht aus der Phantasie" gewonnen werden könnten und daß die Klarheit der Fakten die unerläßliche Voraussetzung für die ebenso notwendige wie aber auch zeitgebundene Deutung des Gegenstandes wäre.

In einer Broschüre, die im selben Jahre wie das Erasmus-Buch erschien, griff Newald in die Diskussion über den Humanismus-Begriff ein und versuchte, die drei historischen Phasen des Begriffs Humanitas, Humanismus und Humanität in ihrer Problematik aufzuzeigen. Newald wollte die verzweigte Humanismus-Diskussion auf die von Werner Jäger gewiesenen Bahnen lenken. Doch geht die kleine Schrift über den hier geleisteten Diskussionsbeitrag hinaus, denn wir dürfen in ihr Newalds eigenes Bekenntnis zum Humanismus sehen, das durch das unmittelbare Erleben jener chaotischen Krise, in der die scheinbar festen Ordnungen barsten, hervorgerufen wurde. Man spürt vor allem in den letzten Kapiteln, wie sehr Newald um eine Neuwertung und Festigung der humanistischen Geisteshaltung und der Bildungsideale rang, wie sehr sie sein eigenstes Lebenselement waren, dessen Bedrohung nun zu Besinnung und Prüfung aufforderte. In neuen geistigen Lebensformen eines künftigen Humanismus, dessen Geist und Gesinnung in der Antike wurzeln, sah Newald den einzigen Weg, die abendländische Kultur vor dem Untergang zu bewahren. Was hier abermals ertönt, ist der echte Humanistenruf „ad fontes"! zurück zu den Quellen wahren Menschseins, kraft derer eine geistige Neugestaltung möglich sein könnte. „Wir erschauern heute noch vor den Ahnungen und Erkenntnissen der Weisen Griechenlands, welche die Grundlagen der abendländischen Bildung schufen." Newald sah in der Wiedergewinnung der Humanitas, wozu im Schlußwort aufgerufen wird, die vordringlichste Aufgabe einer geistigen Erneuerung nach dem allgemeinen Zusammenbruch des letzten Krieges. Er glaubte fest „an die aus der Enge erlösende Macht des Humanismus". Gerade diese so persönliche Schrift zeigt am besten, wie innig bei Newald Forschungsgegenstand und eigene Gesinnung sich im Streben nach Humanitas verwoben haben. Diejenigen, die Newald persönlich kannten, wissen, daß er nicht nur einer der kenntnisreichsten Historiker des Humanismus, sondern selbst nach Wesen und Gesinnung ein wahrer Humanist war.

Auch auf diesem weiten Arbeitsfeld war es Newald nicht vergönnt, die reiche Ernte seiner jahrzehntelangen Forschungen in die Scheuer zu bringen. Was er hinterließ, sind Vorarbeiten, knappe Übersichten, einzelne ausgewählte Studien. Das große umfassende Gesamtwerk, die Darstellung der Entwicklung der deutschen Literatur vom Spätmittelalter bis ins sechzehnte Jahrhundert hinein — ein Gebiet, das er wie kaum ein anderer bis in die abgelegensten Winkel hinein nach Stoff und Ideen beherrschte — blieb durch seinen frühen Tod ungeschrieben. So müssen wir versuchen, aus Newalds hinterlassenen verstreuten Einzelarbeiten Kenntnisse und Anregungen für künftige Forschungen zu ziehen, die das große Werk uns mühelos vermittelt hätte. Daß Newald unserer Wissenschaft auch durch diese Einzelarbeiten vieles zu sagen hat, dürfte kaum bestritten werden.

Man sollte meinen, daß diese beiden Arbeitsgebiete des Nachlebens und des deutschen Humanismus Newalds ganze Kräfte beansprucht hätten, doch bereits seit dem Jahre 1939 beschäftigte sich Newald mit einem ganz anderen Gegenstand: mit dem *Corpus der altdeutschen Originalurkunden,* dessen Betreuung er nach Friedrich Wilhelms Tod übernommen hatte. Bis zu seinem Tode hat Newald hier entsagungsreiche Kärrnerarbeiten geleistet, um das Urkundenmaterial für die Wissenschaft bereitzustellen. Er wußte, daß er selbst nicht mehr werde auswerten können, was er unermüdlich sammelte. Aber wie sehr er von der Bedeutung des Unternehmens für die Klärung wichtiger Fragen auf den Gebieten der Prosa-Entwicklung, des Werdens der neuhochdeutschen Schriftsprache und der Mundartforschung überzeugt war, geht aus dem Vorwort zum zweiten Band des Corpus hervor. Doch in selbstauferlegter wissenschaftlicher Askese enthielt sich Newald voreiliger Folgerungen seiner Arbeit am Corpus; auch den Arbeiten anderer auf diesem Gebiet begegnete er mit großer Skepsis. Er selbst hat neben ungedruckten Vorträgen, die die engeren Fachgenossen über das Unternehmen und dessen Auswertungsmöglichkeiten informieren sollten, nur zwei Aufsätze veröffentlicht; sie galten dem Problem der Interpunktion und dem Auftreten der deutschen Urkunde in der Schweiz.

Newald hat es schmerzlich empfunden, daß die Mühe und Arbeit, die er diesem Werk angedeihen ließ, in der Fachwelt wenig Echo fanden. Um so erfreulicher war es, daß das Unternehmen in Verbindung mit Helmut de Boor in den Räumen des Germanischen Seminars der Freien Universität Berlin eine feste Bleibe erhielt und jüngere Mitarbeiter fand, die unter de Boors Leitung die von Friedrich Wilhelm begonnenen und von Newald weitergeführten Arbeiten fortsetzen.

Nach 1945 tat sich Newald ein weiteres Arbeitsfeld auf: die Literaturgeschichte. Helmut de Boor und Richard Newald faßten im Jahre 1946 den Plan, eine dreibändige Geschichte der deutschen Literatur zu schreiben, die als Lernbuch für den Studenten gedacht war. Der Plan hat sich dann bei der Ausarbeitung sehr bald zu dem umfangreichen achtbändigen Unternehmen ausgewachsen, das heute aus unserer Disziplin nicht mehr fortzudenken ist. Newald übernahm hierin die Darstellung der deutschen Literatur vom Ausgang des Mittelalters bis zur Romantik — einen literarhistorischen Zeitraum, der an vielen Stellen noch kaum wissenschaftlich erforscht war. Newald stand also auf weiten Strecken wieder vor der Aufgabe, Neuland zu beackern — eine Tatsache, die ihn gerade um so mehr zur Arbeit reizte. Da er in der Literatur des 15. und 16. Jahrhunderts völlig zu Hause war, begann er mit dem fünften Band, der die deutsche Literatur vom Späthumanismus bis zur Empfindsamkeit umfaßt. Daß Newald in verhältnismäßig kurzer Zeit — der Band erschien bereits 1951 — eine so umfassende Darstellung bieten konnte, ist nur deshalb möglich gewesen, weil er auf diesem Gebiet sich in früheren Jahren große Kenntnisse erworben hatte, obwohl er mit keinen eigenen Arbeiten hervorgetreten war. Seine Darstellungsweise unterschied sich von früheren — insbesondere von der Hankamers — darin, daß er keine Deutung des „Barock" geben wollte und ohne Klassifikationen und Etikettierungen auszukommen suchte. Er wollte vielmehr die lebendige Vielfalt der literarischen Erscheinungen dieser Zeit in ihrem Miteinander, Gegeneinander und Nebeneinander zeigen. Das Buch konnte sich bei seinem Erscheinen nicht sofort allgemein durchsetzen. Das Bild, das man von dieser Literatur besaß, war einfacher, in seinen Umrissen linearer und nicht so detailliert gewesen wie das, welches Newald nun bot. Es dauerte einige Jahre, bis man sich an Newalds Bild gewöhnt und in erneuter Nacharbeitung seinen Wert erkannt hatte. Die vierte Auflage innerhalb von zwölf Jahren beweist zur Genüge, daß das Buch seine Stellung behauptet. Den anschließenden sechsten Band zu vollenden, war Newald nicht mehr gegeben. Doch fand sich in seinem Nachlaß ein umfangreiches Manuskript vor, das den ersten Teil dieses Bandes enthielt und mit wenigen Ergänzungen publiziert werden konnte, so daß wir eine Darstellung der deutschen Literatur über rund zweihundert Jahre aus der Feder Richard Newalds besitzen. — Ein schmerzlicher Verlust ist der vierte Band, den Newald als letzten schreiben wollte, da er ihm die wenigste Mühe bereitet hätte.

Dieser Überblick über die Arbeitsgebiete wäre nicht vollständig, wollte man nicht der Lehrtätigkeit gedenken, die bei einem akademischen Lehrer einen großen Teil seiner Arbeitskraft beansprucht und auch ein nicht unbeträchtliches Stück seines Lebenswerkes darstellt. Oft bietet sie die Möglichkeit, durch die mündliche Vermittlung nachhaltiger als durch den Buchstaben zu wirken. Deshalb verdienen auch Newalds Vorlesungen und Übungen der Erwähnung, denn sie ergänzen in einzelnen Partien das Bild von Newalds Lebenswerk und runden es ab. Die Themen seiner Kollegs und Seminare, die nicht auf seine Forschungsgebiete beschränkt waren, veranschaulichen am besten Newalds umfassende Kenntnisse der deutschen Sprache und Literatur. Philologische, literarhistorische und wissenschaftsgeschichtliche Themen begegnen in bunter Folge und erstrecken sich über die ganze Literatur, vom Althochdeutschen bis zum Naturalismus.

Newald hielt pro Semester meist eine dreistündige Hauptvorlesung und ein bis zwei ein- oder zweistündige Ergänzungsvorlesungen. Die einzelnen Vorlesungsthemen kehren im Laufe seiner Lehrtätigkeit mehrfach wieder, wir verzeichnen hier nur die Themen, ohne die Wiederholungen anzumerken. Auf philologischem Gebiet las er mehrmals Althochdeutsch, Mittelhochdeutsch, Die Geschichte der deutschen Sprache, Die neuhochdeutsche Grammatik, Die Geschichte der neuhochdeutschen Schriftsprache. Der Hauptteil der Vorlesungen lag auf literarhistorischem Gebiet: Geschichte der deutschen Literatur im ausgehenden Mittelalter, Geschichte der deutschen Literatur im 14. und 15. Jahrhundert, Die deutsche Literatur im Zeitalter der Renaissance und Reformation, Geschichte der deutschen Literatur im Zeitalter des Humanismus, Geschichte der deutschen Literatur im Zeitalter der Reformation, Deutsche Literatur im Zeitalter des Humanismus und der Reformation, Geschichte der deutschen Literatur im Zeitalter der Renaissance und des Barock, Geschichte der deutschen Literatur vom Hochbarock bis zur Geniezeit, Geschichte der deutschen Literatur von Lessing bis Goethe, Sturm und Drang, Die deutsche Klassik, Die deutsche Romantik, Geschichte der deutschen Literatur von der Romantik bis zum Realismus, Geschichte der deutschen Literatur im Zeitalter des Vormärz, Geschichte der deutschen Literatur vom jungen Deutschland bis zum Naturalismus, Geschichte der deutschen Literatur im 19. Jahrhundert (über zwei Semester), Geschichte der deutschen Literatur vom Naturalismus bis zur Gegenwart, Literaturgeschichte der deutschen Schweiz bis zum 18. Jahrhundert, Die deutsche Literatur der Schweiz im 19. Jahrhundert, Geschichte des deutschen Dramas von den Anfängen bis Heinrich von Kleist, Das moderne Drama, Geschichte des deutschen Lustspiels, Der Roman der Gegenwart, Geschichte der deutschen Novelle, Walther von der Vogelweide, Der junge Goethe, Goethes Faust, Schillers Leben und Werke, Hölderlin, Heinrich von Kleist, Franz Grillparzer, Gottfried Keller, Geschichte der deutschen Metrik, Poetik, Die Antike in den europäischen Literaturen, Klassisches Altertum und deutsche Dichtung, Die Nachwirkung der Antike in der deutschen Literatur. Über methodologische Fragen hielt Newald folgende Vorlesungen: Einführung in das Studium der deutschen Philologie, Bücherkunde zur deutschen Philologie, Geschichte der deutschen Literaturwissenschaft.

In seinen Seminaren behandelte Newald u. a. folgende Themen: Lektüre von Gedichten in Mundart, Hartmanns Gregorius, Lektüre frühneuhochdeutscher Texte, Altdeutsche Urkunden, Lessings Werke, Lessings Laokoon, Der Journalismus des Vormärz, Thomas Murner, Adalbert Stifter, Lyrik des Barock, Christian Reuter, Heinrich Federer, Deutsche Idyllendichtung, Herder als Übersetzer, Horazübersetzungen in der deutschen und französischen Literatur, Politische Lyrik, Das junge Deutschland, Lenau und Freiligrath, Die Lyrik C. F. Meyers, Klassische Lyrik, Übungen zur Fabel, Die Literaturgeschichte Luzerns, Urfaust, Gerhart Hauptmann, Die deutsche Ilias des J. B. Rexius, Hans Sachs, Die oberrheinische Moralsatire, Martin Opitz, Übungen im Beschreiben und Bestimmen deutscher Handschriften und Fragmente, Bücherkunde zur neueren deutschen Literaturgeschichte, Die Methode der Literaturforschung, Stilkritische Übungen, Stilanalysen, Das literarische Urteil, Übungen zur Bestimmung literarischer Texte, Textwandlungen lyrischer Gedichte. Dazu kam regelmäßig pro Semester ein neulateinisches Lektüre-Seminar.

In diesem Zusammenhang müssen auch die von Newald angeregten und betreuten Doktorarbeiten erwähnt werden, deren Themen vom Spätmittelalter bis zum zwanzigsten Jahrhundert reichen*:

Marcel Pobé, *Rainer Maria Rilke. Wandel seiner Geisteshaltung*. Phil. Diss. Freiburg/Ue. 1931 [= Freiburger Forschungen zur Kunst- und Literaturgeschichte I].

* Für freundliche Auskunft über die von Richard Newald betreuten Dissertationen habe ich dem Dekanat der Philosophischen Fakultät der Freien Universität Berlin und dem Décanat de la Faculté des Lettres de l'Université de Fribourg (Suisse) zu danken.

Sr. Roberta-Maria Bürkler, *Die katholische Literatur der deutschen Schweiz von 1918 bis 1930.* Phil. Diss. Freiburg/Ue. 1932 [1933].

Josef Brunner, *Die Literaturkritik in den Historisch-Politischen Blättern 1830—1923. Ein Beitrag zur Geschichte des Verhältnisses der deutschen Katholiken zur nationalen Kultur.* Phil. Diss. Freiburg/Ue. 1933 [1935 = Freiburger Forschungen zur Kunst- und Literaturgeschichte III].

Walter Fischli, *Seckendorffs Pharsalia (1695).* Phil. Diss. Freiburg i. Uechtland 1933 (ungedruckt). Erschien erweitert u. d. T.: *Studien zum Fortleben der Pharsalia des M. Annaes Lucanus* in: Beilage zum Jahresbericht der kantonalen höheren Lehranstalten Luzern 1943/44, und als selbständige Veröffentlichung unter dem gleichen Titel 1945, Luzern.

Richard Matzig, *Antike Gestalten im modernen Drama, besonders die Atriden, Oedipus, Antigone, Odysseus.* Phil. Diss. Freiburg/Ue. 1933.

Josef Ostermayer, *Die geschichtlichen Tragödien der Jungdeutschen Gutzkow und Laube in ihren Beziehungen zu den „drames historiques" Victor Hugo's.* Phil. Diss. Freiburg/Ue. 1933.

Gotthold Schmid, *Marmontel. Seine Moralischen Erzählungen und die deutsche Literatur.* Phil. Diss. Freiburg/Ue. 1934 [1935 = Akademische Abhandlungen zur Kulturgeschichte X, 3].

Bonaventura Thommen, RP. OSB, *Die Prunkreden des Abtes Johannes Trithemius † 1516.* Phil. Diss. Freiburg/Ue. 1934 [1935].

Gerhard Fuchs, *Studien zur Übersetzungstheorie und -Praxis des Gottschedkreises. Versuch einer Wesensbestimmung des nachbarocken Klassizismus.* Phil. Diss. Freiburg/Ue. 1935.

Sr. Hildegardis Jud, *Zur Wortkunst Heinrich Federers. Eine stilkritische Untersuchung.* Phil. Diss. Freiburg/Ue. 1935.

M. Dolorosa Nitschke C.S.C., *Studien zum Gottsuchertum in der schlesischen Literatur.* Phil. Diss. Freiburg/Ue. 1935.

Auguste Stork, *Der Kölner Dom in der deutschen Lyrik.* Phil. Diss. Freiburg/Ue. 1935.

Sigisbert Büeler, *J. H. Waser (1713—1777), Diacon in Winterthur, als Übersetzer der „Hudibras" von S. Butler. Ein Beitrag zur Geschichte des Übersetzens in der Schweiz.* Phil. Diss. Freiburg/Ue. 1936 [1939].

Max Büsser, *Die Römerdramen in der Theatergeschichte der deutschen Schweiz (1500—1800).* Phil. Diss. Freiburg/Ue. 1936. Erschienen in: Schriften der Gesellschaft für schweizerische Theaterkultur, hrsg. v. O. Eberle. 4. Band 1938.

Agnes Hoffmann, *Untersuchungen zu den altdeutschen Marco Polo-Texten.* Phil. Diss. Freiburg/Ue. 1936. [= Freiburger Forschungen zur Kunst- und Literaturgeschichte IV].

Keiichi Togawa, *Studien über das Japanbild in der deutschen Literatur.* Phil. Diss. Freiburg/Ue. 1936.

Paul Arthur Boulanger, *Tennysons „Enoch Arden" und seine deutschen Übersetzer*. Phil. Diss. Freiburg/Ue. 1937.

Heinrich Reinacher, *Studien zur Übersetzungstechnik im deutschen Literaturbarock: Madeleine de Scudéry, Philipp von Zeesen*. Phil. Diss. Freiburg/Ue. 1937.

Rudolf Schwab, *Meinrad Lienerts geschichtliche Dichtung. Entstehung und Quellen*. Phil. Diss. Freiburg/Ue. 1937.

Hans Großrieder, *Reinhard Johannes Sorges „Bettler". Der Schöpfungsgang des ersten expressionistischen Dramas*. Phil. Diss. Freiburg/Ue. 1938 [1939].

Felix Stanislaus Marbach, *Isabelle Kaiser. Der Dichterin Leben und Werk*. Phil. Diss. Freiburg/Ue. 1938 [1940].

Eva Judith Sachs, *Studien zur Übersetzungspraxis und Theorie A. W. Schlegels*. Phil. Diss. Freiburg/Ue. 1938.

Th. Fritz Wiget, *Die Christophorus-Legende in ihrer Entwicklung und Ausgestaltung seit dem 16. Jahrhundert*. Phil. Diss. Freiburg/Ue. 1938.

Otto Wolf, *Der Briefroman bei Enea Silvio, Rousseau und Goethe*. Phil. Diss. Freiburg/Ue. 1938.

Josef Bernhard Birrer, *Die Beurteilung von Martin Opitz in der deutschen Literaturgeschichte*. Phil. Diss. Freiburg/Ue. 1940.

Karl Gemperle, *Das geschichtliche Drama bei* Otto *Ludwig*. Phil. Diss. Freiburg/Ue. 1940 [1941].

Viktor Ott, *Studien zur Darstellung des Kindes in der modernen Schweizer Erzählungsliteratur*. Phil. Diss. Freiburg/Ue. 1940.

Joseph Rodolphe Rast, *Studien über den Aufbau des Dramas und Spielfilms. Mit besonderer Berücksichtigung des Dramas und Spielfilms „Heimat"*. Phil. Diss. Freiburg/Ue. 1940 [1942].

Marie-Anne von Roten, *Die Marienverehrung bei den oberrheinischen Frühhumanisten*. Phil. Diss. Freiburg/Ue. 1940.

Karl J. Walde, *Goethes Briefwechsel mit einem Kinde und seine Beurteilung in der Literaturgeschichte*. Phil. Diss. Freiburg/Ue. 1940 [1942].

Ida-Marie Cattani, *Studien zum deutschen Tassobild des 17. und 18. Jahrhunderts*. Phil. Diss. Freiburg/Ue. 1941.

Karl Lederberger, *Die Prophetin Cassandra in der Literatur*. Phil. Diss. Freiburg/Ue. 1941.

Paul Ferdinand Portmann, *Die deutschen Übersetzungen von Shaflesburys „Soliloquy"*. Phil. Diss. Freiburg/Ue. 1941 [1942].

Elisabeth Flueler, *Die Beurteilung Johann Jakob Bodmers in der deutschen Literaturgeschichte und Literatur*. Phil. Diss. Freiburg/Ue. 1942.

P. Sebald Peterhans, O.F.M.Cap., *Die „Philomela Mariana" oder „Marianische Nachtigall" des P. Mauritius von Menzingen O.M.Cap. (1654 bis 1713). Ein Beitrag zur Erforschung des deutschen Literaturbarock*. Phil. Diss. Freiburg/Ue. 1942 [1944].

Rosalie Daehler, *Manzoni und Goethe*. Phil. Diss. Freiburg/Ue. 1943.

Eugen Egger, *Joannis Barzaei Heroum Helvetiorum Epistolae (1657). Untersuchung zur Erforschung der neulateinischen Epik*. Phil. Diss. Freiburg/Ue. 1943 [1947].

Elisabeth Egli, *Der alte Balbeler, Pfarrer Xaver Herzog von Ballwil (1810—1883) und sein Anteil an der Luzerner Publizistik des 19. Jahrhunderts*. Phil. Diss. Freiburg/Ue. 1943. Erschienen in: Der Geschichtsfreund 98/99 (1946).

Godehard Riedi, OSB, *Bündner Landschaft in deutscher Erzählung*. Phil. Diss. Freiburg/Ue. 1944.

Hugo Wyss, *Das Bild der Frau in der Dichtung Hugo von Hofmannsthals*. Phil. Diss. Freiburg/Ue. 1944.

Hans Will, *Johann Georg Sulzers Persönlichkeit und Kunstphilosophie*. Phil. Diss. Freiburg/Ue. 1945.

Brigitte Ristow, *Grimmelshausen-Studien*. Phil. Diss. Berlin, Freie Universität, 1953 (Masch.).

Eberhard Nitzsche, *Gerhart Hauptmann. Griechentum und Humanismus*. Phil. Diss. Berlin, Freie Universität, 1953 (Masch.).

Christel Hanslik, *Die Wechselbeziehung zwischen Mensch und Natur bei Jean Paul*. Phil. Diss. Berlin, Freie Universität, 1954 (Masch.).

Eberhard Mannack, *Mystik und Luthertum bei Johann Georg Hamann*. Phil. Diss. Berlin, Freie Universität, 1954 (Masch.).

Hans-Joachim Wulschner, *Erasmus von Rotterdam im 19. Jahrhundert. Sein Bild in der deutschen Literatur, vornehmlich gesehen im Hinblick auf seinen Gegenspieler Ulrich von Hutten*. Phil. Diss. Berlin, Freie Universität, 1955 (Masch.).

Newald gehörte zu den akademischen Lehrern, denen eine starke pädagogische Begabung zu eigen ist, die sich nicht so sehr in der geschickten Erklärung schwieriger Probleme als vielmehr in der bewußten Verantwortung für die akademische Jugend zeigt. Das hinderte ihn aber nicht, seine Kollegs auf einem hohen Niveau zu halten, das manchem Anfänger einen heilsamen Schrecken einflößte. Er war auf dem Katheder nie der Mann des großen Wortes, der beschwörenden Geste, der Redner, der zu überzeugen sucht, sondern er war der dienende Vermittler hoher Bildungsgüter, von deren Notwendigkeit für das Leben er vollauf überzeugt war. In der vornehm-zurückhaltenden Art, wie er Dichtung seinen Hörern näherzubringen versuchte, lehrte er sie gleichzeitig die Ehrfurcht vor dem, was menschlicher Geist geschaffen hat. In jedem Kolleg, das er meist frei, nur auf wenige Notizen gestützt, mit leiser Stimme in einfachen, aber genauen Formulierungen hielt, spürte der aufgeschlossene Hörer, daß dahinter das Streben nach immer tieferer Erkenntnis stand. Daneben kam nicht selten der geistreiche, ironiefunkelnde und gelegentlich recht kritikfreudige Humanistengeist zu Wort, der gegen Unwahrheit und Phrase geharnischt zu Felde zog.

Obwohl Newald durch seine Arbeiten bis zum äußersten beansprucht war, hatte er für seine Studenten immer Zeit — und es waren nicht wenige, die bei ihm anklopften. Nie war er unwillig über Fragen oder Bitten, die an ihn herangetragen wurden, er half, wo er konnte, und förderte jeden auf seine Weise. Aber er empfahl nicht nur und erteilte Ratschläge, er kümmerte sich auch darum, was der einzelne daraus gemacht hatte und lenkte ihn, ohne daß er es merkte, auf die seinem Wesen entsprechenden Bahnen.

Wie sehr Newald die solide Ausbildung der Studenten am Herzen lag, zeigt die mit de Boor verfaßte Einleitung zum ersten Band der Literaturgeschichte. Aus demselben Geist heraus ist auch Newalds *Einführung in die Wissenschaft der deutschen Sprache und Literatur* geschrieben worden, die zuerst 1947, in zweiter Auflage 1949 erschienen ist. Das Buch läßt erkennen, wie gut Newald mit den kleinen Nöten und Problemen seiner Studenten vertraut war und wie sehr ihm deren Förderung am Herzen lag. Das Verhältnis zu seinen Studenten hat er mit eigenen Worten in der Vorrede zu dieser Einführung umschrieben: „Vor allem möchte ich den Anfänger dazu einladen, den Rat eines älteren Kommilitonen zu hören, der um seine Not weiß, ihn nicht bevormunden, sondern ihm helfen und zeigen will, wie er mit seiner Zeit und Arbeitskraft möglichst haushälterisch umgehen kann. Ich möchte also beistehen und raten, nicht führen."

Überblicken wir Newalds Lebenswerk im ganzen, so lassen sich von der ersten bis zur letzten Arbeit charakteristische Züge seiner wissenschaftlichen Betrachtungsweise erkennen. Die Goethesche Ehrfurcht und die Andacht zum Kleinen Jacob Grimms waren ihm die unabdingbaren Voraussetzungen für den Umgang mit Literatur. Er war durch und durch Philologe und Historiker und sah die Aufgaben der Forschung darin, „die Dinge zu erklären, wie sie aus der Lage der Zeit herauswuchsen und sich unter bestimmten Einflüssen entwickelten". Sich von Vorurteilen frei zu machen und den Gegenstand zu verstehen zu suchen, statt ihn moralisch zu werten, war ihm selbstverständlich. Im Erasmus-Buch steht der Satz: „Ich lege mehr Wert darauf, für einen verstehenden und anerkennenden Beurteiler zu gelten, als für einen strengen Sittenrichter". Wie in seinem Auftreten, so vermied Newald auch in seiner wissenschaftlichen Arbeitsweise Gewaltsamkeit und Pathos, lehnte ein konstruktives Betrachten, das sich gern in Antithesen bewegt, ab und war gegen nutzlose Begriffsbildnerei und starre Gruppierungen; er sah darin die Gefahr einer Verfälschung der historischen Verhältnisse. Eindringlich bekannte sich Newald zur Respektierung der historischen Distanz: „Wir haben kein Recht, über Gut und Böse zu entscheiden, nach unseren Wünschen das für immer Vergangene einzurichten oder zu zeigen, auf wieviel besseren und geraderen Wegen wir es gemacht hätten, wenn wir mit unseren Kenntissen damals gelebt hätten. Wir müssen die Ereignisse nehmen, wie sie sind, die Persönlichkeiten aus dem Gegebenen deuten, mit Lob und Tadel zurückhalten, im Schicksalhaften das Walten einer unergründlichen Vorsehung erkennen und Ursache und Wirkung in einen richtigen Zusammenhang stellen. Wir sollen aus den Quellen verstehen lernen, warum der einzelne in dieser bestimmten Lebenslage und unter den Voraussetzungen so gehandelt hat, ja nahezu zwangsläufig so handeln mußte." Die historischen Phänomene zu verstehen und ihnen gerecht zu werden, war sein Anliegen; gegen Originalität um jeden Preis und phantasievolles Gestalten verwahrte er sich scharf.

Solche Prinzipien fanden natürlich nicht überall einhelligen Beifall, und eine voreilige Kritik glaubte in ihnen eine Rückkehr zum Positivismus des 19. Jahrhunderts zu erkennen, was nun ganz und gar nicht der Fall war. Ebenso häufig wurde eine andere Haltung Newalds mißverstanden. Bei seinen biographischen Darstellungen war er dem Prinzip historischer Forschung gefolgt und sah im „Durchdenken und Überlegen, im Erkennen und Urteilen, im Streben, ein neues in sich abgeschlossenes Bild, das möglichst aus der vollen Kenntnis der Quellen gewonnen wird" seine Aufgabe. Dem Kenner erschloß sich Newalds eigene Meinung und sein Hinausdrängen über das Bekannte, dem uneingeweihten Leser aber sollte eine mit Verantwortung gearbeitete Ganzheit des Gegenstandes geboten werden. Es war ungerecht, diese Arbeiten mit dem pejorativen Begriff der Kompilation abzutun. In einem großen Teil seiner Arbeiten, die nicht ausschließlich der engeren Fachwelt galten, brach aber auch Newalds humanistisches Sendungsbewußtsein durch, nicht nur Hüter, sondern auch Vermittler geistiger Traditionen an einen weiteren Kreis von Gebildeten zu sein. Diese Einstellung gab nicht selten den Antrieb zu Newalds Publikationen.

Newalds Werk erweist sich als eine achtunggebietende Leistung, die in jeder ihrer Äußerungen vom erasmischen Geiste der Humanität durchdrungen ist. Leben und Werk stellen eine unteilbare Einheit dar, die von geistiger Selbstzucht, geistiger Verantwortung und von menschlichem Erkenntnisdrang geprägt ist. Newalds Leben war, wie wir es heute beurteilen können, reich an Arbeiten, an erworbenem Wissen und an tiefen Erkenntnissen und Einsichten, aber es war auch ebenso reich an Entsagungen, an erlittenem Unrecht und der bitteren Erfahrung, unberechtigt abgelehnt und mißverstanden worden zu sein. „Erst nach seinem Tode" — wie de Boor es in seinem Nekrolog auf den Freund sagte — „ist es der germanistischen Wissenschaft eigentlich klar geworden, was er bedeutete und was sie an ihm verloren hat." Heute haben Werk und Persönlichkeit des Gelehrten in der Geschichte der deutschen Literaturwissenschaft ihren anerkannten festen Platz. Richard Newald wird — wie es Josef Quint in seinem Nachruf auf den Verstorbenen ausdrückte — „unvergessen bleiben, solange echte Humanität, bedeutendes Wissen und Können, gepaart mit ehrlichem Wahrheitsstreben und Herzensgüte in den Reihen der Germanisten in Geltung und Wertschätzung stehen".

BIBLIOGRAPHIE DER ARBEITEN RICHARD NEWALDS

I. Buchpublikationen

1932

Goethe und die Antike. Vortrag. Gehalten bei der Goethefeier am 29. Februar 1932 an der Universität Freiburg/Schweiz. Freiburg/Schweiz 1932. 15 S.

1934

Eduard Duller. Ein deutsches Journalistenleben aus dem Vormärz. Berlin 1934. 109 S. = Freiburger Forschungen zur Kunst- und Literaturgeschichte 2.

1944

Elsässische Charakterköpfe aus dem Zeitalter des Humanismus. Johann Geiler von Kaisersberg / Jakob Wimpfeling / Sebastian Brant / Thomas Murner / Matthias Ringmann. Kolmar im Elsaß (1944). 221 S.

1946

Vier Gestalten aus dem Zeitalter des Humanismus. Entwicklung, Höhe und Krisen einer geistigen Bewegung. St. Gallen 1946. 228 S.*

1947

Humanitas, Humanismus, Humanität. Essen 1947. 114 S.

Erasmus Roterodamus. Freiburg/Breisgau 1947. 392 S.

Einführung in die Wissenschaft der deutschen Sprache und Literatur. Lahr 1947. 198 S.; zweite, durchgesehene und verbesserte Auflage ebd. 1949. 227 S.

1951

Die deutsche Literatur vom Späthumanismus zur Empfindsamkeit 1570—1750. München 1951. VII, 556 S.; zweite, verbesserte Auflage ebd. 1957. IX, 560 S.; dritte, verbesserte Auflage mit einem bibliographischen Anhang ebd. 1960. IX, 564 S.; vierte, verbesserte Auflage mit einem bibliographischen Anhang ebd. 1963. IX, 569 S. = Geschichte der deutschen Literatur von den Anfängen bis zur Gegenwart von Helmut de Boor und Richard Newald. Fünfter Band.

---

* Unter dem Pseudonym (Anagramm) „Harald Drewinc“ erschienen.

1954

(zusammen mit Brigitte Ristow) *Sachwörterbuch zur Deutschen Philologie*. Lahr 1954. 144 S.

posthum

Von Klopstock bis zu Goethes Tod. 1750—1832. Erster Teil: Ende der Aufklärung und Vorbereitung der Klassik. München 1957. IX, 438 S.; zweite Auflage ebd. 1959. 438 S.; dritte Auflage ebd. 1961. 438 S. = Geschichte der deutschen Literatur von den Anfängen bis zur Gegenwart von Helmut de Boor und Richard Newald. Sechster Band. Erster Teil.

Nachleben des antiken Geistes im Abendland bis zum Beginn des Humanismus. Eine Überschau. Tübingen 1960. XIII, 454 S.

*II. Beiträge zu Sammelwerken Zeitschriften und Zeitungen***

1922

Beiträge zur Soldatensprache. Diss. phil. München vom 22. Juli 1921, II, 57 S. (Masch.). Auszug: 2 Seiten (1922).

Karl Borinski. In: Deutsches Biographisches Jahrbuch 1922, S 16—21.

1923

Das Kind in der Dichtung. In: Das Kind. Hrsg. von Julius Weiß. Stuttgart (1923), S. 627—653.

Aus österreichischen Klosterbibliotheken. In: Sammler. Beilage der München-Augsburger Abendzeitung 92 (1923/24), Nr. 124.

1924

Aus alten Münchner Zeitungen. In: Der Sammler. Beilage der München-Augsburger Abendzeitung 93 (1924), Nr. 48.

„Dye siben seulein." In: Münchener Museum für Philologie des Mittelalters und der Renaissance 4 (1924), S. 320—322.

Eine verschollene Wertherparodie. In: Der Sammler. Beilage der München-Augsburger Abendzeitung 93 (1924), Nr. 92.

Die St. Wolfgang Legende. In: Gelbe Hefte 1 (1924), S. 1051—1056.

1925

Proben aus der deutschen Iliasübersetzung des Johannes Baptista Rexius. In: Bayerische Blätter für das Gymnasialschulwesen 61 (1925), S. 219—238.

** Von den Zeitungsbeiträgen wurden nur die wichtigsten aufgenommen.

1926

Beiträge zur Geschichte des Humanismus in Oberösterreich. Mit einem Anhang: Die Briefe des Humanisten Johannes Fuchsmagen an Abt Johann I. von Kremsmünster. In: Jahrbuch des Oberösterreichischen Musealvereins 81 (1926), S. 155—223.

(1. Bericht über die Inventarisierung deutscher Handschriften im Auftrage der Deutschen Kommission der Preußischen Akademie der Wissenschaften.) Auszug in: Sitzungsberichte der Preußischen Akademie der Wissenschaften. Deutsche Commission. Öffentliche Sitzung vom 28. Januar 1926. S. LXVII f.

Das Kloster Kremsmünster. In: Allgemeine Rundschau (München) 24 (1926), S. 799 ff.

Ein neuer Lyriker (Julius Zerzer). In: Der Familienfreund. Wochenbeilage der Warmia, Nr. 31 (1. August 1925).

Die neueren Methoden der deutschen Literaturgeschichtsschreibung. In Bayerische Blätter für das Gymnasialschulwesen 62 (1926), S. 65—78.

Adalbert Stifter und der Kefermarkter Altar. Unveröffentlichte amtliche Eingaben. Mit einer Abbildung. In: Euphorion 27 (1926), S. 408—423.

Das österreichische Volksdrama. In: Die ostbairischen Grenzmarken. Heimatkundliche Blätter ... 15, 6 (1926), S. 154—162.

Erneuerer der deutschen Sage. Leopold Weber zum 60. Geburtstag. In: Münchner Neueste Nachrichten, Nr. 24 (24. Januar 1926), S. 3.

1927

(2. Bericht über die Inventarisierung deutscher Handschriften im Auftrage der Deutschen Kommission der Preußischen Akademie der Wissenschaften.) Auszug in: Sitzungsberichte der Preußischen Akademie der Wissenschaften. Deutsche Commission. Öffentliche Sitzung vom 27. Januar 1927, S. XLVIII—L.

Karl Borinski, geboren 11. Juni 1861, gestorben 12. Januar 1922. Ein Nachruf. In: Jahresberichte über die Fortschritte der klassischen Altertumswissenschaft 219 (1927), S. 15—33.

Die Teufelliteratur und die Antike. In: Bayerische Blätter für das Gymnasialschulwesen 63 (1927), S. 340—347.

1928

Der Schriftsteller Eduard Duller. In: Hessische Biographien 3 (1928), S. 91—96.

Der südostdeutsche Humanismus und die deutsche Prosaliteratur des 15. Jahrhunderts. In: Literaturwissenschaftliches Jahrbuch der Görres-Gesellschaft 3 (1928), S. 28—44.

1929

Aus dem Dunkeln ins Helle. Erwachen der deutschen Literatur im 16. Jahrhundert. In: Literarische Umschau. Beilage der Nachrichten für Stadt und Land (Oldenburg), Nr. 182 (8. 7. 1929).

Von germanischer Heldensage. In: 2. Beilage der Nachrichten für Stadt und Land (Oldenburg), Nr. 27 (28. 1. 1929).

Von germanischer Heldensage. In: Im Schritt der Zeit. Sonntagsbeilage der Kölnischen Volkszeitung, Nr. 861 (8. 12. 1929).

Die erste deutsche Iliasübersetzung in Prosa des Johannes Baptista Rexius (1584). In: Zeitschrift für deutsche Philologie 54 (1929), S. 339—359.

Gotthold Ephraim Lessing. Zu seinem 200. Geburtstag am 22. Januar 1929. In: Freiburger Tagespost Nr. 18 (22. 1. 1929).

Erneuerung deutscher Sage. In: Freiburger Tagespost Nr. 3 (4. 1. 1929).

1930

Die deutschen Berufssprachen. In: Im Schritt der Zeit. Sonntagsbeilage der Kölnischen Volkszeitung Nr. 213 (27. 4. 1930); Nr. 226 (4. 5. 1930); Nr. 239 (11. 5. 1930).

Mittelalter, Humanismus und Reformation. (Literaturbericht). In: Zeitschrift für deutsche Bildung 6 (1930), S. 43—53.

Zur Tausendjahrfeier der isländischen Verfassung. Ein Wort über Leopold Webers Mythen- und Sagenerneuerungen. In: Zeitschrift für Deutschkunde 44 (1930), S. 499—503.

Zur Tausendjahrfeier der isländischen Verfassung. In: Kölnische Volkszeitung, Nr. 319 A (25. 6. 1930).

Ein Weihnachtsbuch für Jungen. In: Freiburger Tagespost, Nr. 288 (12. 12. 1930).

1931

Nachleben der Antike. 1920—1929. (Literaturbericht). 1. Teil. In: Jahresberichte über die Fortschritte der klassischen Altertumswissenschaften 232 (1931), 122 S.

Der Humor in der deutschen Dichtung. In: Schweizerische Rundschau 31 (1931), S. 55—62.

Literatur und Recht. In: Im Schritt der Zeit. Sonntagsbeilage der Kölnischen Volkszeitung, Nr. 288 (20. 6. 1931).

Deutsche Mystikerbriefe des Mittelalters. In: Literarische Beilage der Augsburger Postzeitung, Nr. 37 (17. 9. 1931).

Wilhelm Raabe. In: Schweizerische Rundschau 31 (1931), S. 650—652.

1932

Ein hervorragender Germanist. Prof. Friedrich Wilhelm zu seinem 50. Geburtstag am 22. Februar. In: Münchner Neueste Nachrichten, Nr. 51 (22. 2. 1932).

Goethe und der Katholizismus. In: Akademische Monatsblätter 44 (1932), S. 213—222.

Die deutschen Homerübersetzungen des 16. Jahrhunderts. In: Das humanistische Gymnasium 43 (1932), S. 47—52.

Mandschurische Erinnerungen. In: Sonntagsbeilage der Augsburger Postzeitung, Nr. 1 (3. 1. 1932).

Mandschurisches Tagebuch. In: Kölnische Volkszeitung Nr. 45 (14. 2. 1932); Nr. 46 (15. 2. 1932); Nr. 47 (16. 2. 1932); Nr. 48 (17. 2. 1932); Nr. 49 (18. 2. 1932); Nr. 50 (19. 2. 1932); Nr. 51 (20. 2. 1932).

Ostasiatisches Tagebuch. In: Kölnische Volkszeitung, Nr. 224 (16. 8. 1932); Nr. 225 (17. 8. 1932); Nr. 226 (18. 8. 1932); Nr. 227 (19. 8. 1932); Nr. 228 (20. 8. 1932); Nr. 229 (21. 8. 1932); Nr. 230 (22. 8. 1932); Nr. 231 (23. 8. 1932); Nr. 232 (24. 8. 1932).

Vom Mittelalter zum Humanismus. (Literaturbericht). In: Zeitschrift für deutsche Bildung 8 (1932), S. 394—400.

Probleme der neuhochdeutschen Schriftsprache. In: Zeitschrift für deutsche Bildung 8 (1932), S. 177—185.

Religion und Dichtung. (I) In: Kölnische Volkszeitung, Nr. 53 (22. 2. 1932).

Religion und Dichtung. (II). In: Literarische Blätter. Beilage der Kölnischen Volkszeitung, Nr. 57 (26. 2. 1932).

Religion und Dichtung. (III). In: Kölnische Volkszeitung, Nr. 67 (7. 3. 1932).

Neue Wege der deutschen Sprachforschung. In: Kölnische Volkszeitung Nr. 158 (8. 6. 1932).

Altdeutsche Urkunden. In: Die Welt der Bücher. Literarische Umschau der Nachrichten für Stadt und Land (Oldenburg), 10. 6. 1932.

1933

Ulrich Füetrer. In: Die deutsche Literatur des Mittelalters. Verfasserlexikon. Bd. 1 (1933), Sp. 781—783.

Der russische Volkscharakter. In: Sonntagsbeilage zur Augsburger Postzeitung, Nr. 32 (12. 8. 1933); Nr. 33 (19. 8. 1933).

1934

Die Antike in den europäischen Literaturen. In: Germanisch-Romanische Monatsschrift 22 (1934), S. 106—115.

Das deutsche Fastnachtspiel. In: Sonntagsbeilage der Augsburger Postzeitung, Nr. 6 (9. 2. 1934).

1935

Der Fall der Festung Przemysl. In: Deutsche Allgemeine Zeitung. 2. Beiblatt, Nr. 187 (21. 4. 1935).

Mittelalter, Humanismus und Reformation. (Literaturbericht). In: Zeitschrift für deutsche Bildung 11 (1935), S. 402—406.

1936

Die Odyssee deutsch. Zu Leopold Webers 70. Geburtstag. In: Neue Zürcher Zeitung, Nr. 135 (24. 1. 1936), Bl. 6.

Nachleben der Antike. 1920—1930. (Literaturbericht). 2. Teil. In: Jahresberichte über die Fortschritte der klassischen Altertumswissenschaften 250 (Supplementband) (1936), 144 S.

Johann Geiler von Kaisersberg. In: Die deutsche Literatur des Mittelalters. Verfasserlexikon. Bd. 2 (1936), Sp. 8—14.

Johannes Hartlieb. In: Die deutsche Literatur des Mittelalters. Verfasserlexikon. Bd. 2 (1936), Sp. 195—198.

Johannes Heynlin (von Stein). In: Die deutsche Literatur des Mittelalters. Verfasserlexikon. Bd. 2 (1936), Sp. 434—440.

Kaspar von der Rhön. In: Die deutsche Literatur des Mittelalters. Verfasserlexikon. Bd. 2 (1936), Sp. 771—772.

Orazio nella letteratura tedesca. (Veröffentlichungen des) Istituto di Studi Romani. Rom 1936.

Von deutscher Übersetzerkunst. In: Zeitschrift für Geistesgeschichte 2 (1936), S. 190—206.

Das Wiener Volksdrama. In: Neue Zürcher Zeitung, Nr. 1462 (27. 8. 1936), Bl. 1.

1937

Die deutsche Bibelübersetzung vor Luther. In: Neue Zürcher Zeitung, Nr. 1119 (21. 6. 1937), Bl. 3.

Nikolausbräuche. In: Der Wächter. Zeitschrift für alle Zweige der Kultur 19 (1937), S. 115—121.

1938

Das Klassische. In: Neue Zürcher Zeitung, Nr. 445 (13. 3. 1938), Sonntagsausgabe Literatur und Kunst, Bl. 3; Nr. 456 (14. 3. 1938), Bl. 7; Nr. 462 (15. 3 1938), Bl. 3.

Thomas Murner. Zu seinem 400. Todestag. In: Zeitschrift für deutsche Geistesgeschichte 4 (1938), S. 2—8.

Wandlungen des Murnerbildes. In: Beiträge zur Geistes- und Kulturgeschichte der Oberrheinlande. Franz Schultz zum 60. Geburtstag. Frankfurt 1938, S. 40—78. = Schriftenreihe des Wissenschaftlichen Instituts der Elsaß-Lothringer im Reich.

Regiomontanus. In: Neue Zürcher Zeitung. Nr. 902 (20. 5. 1938), Bl. 1; Nr. 910 (21. 5. 1938), Bl. 1.

1939

Gouchmat. In: Neue Zürcher Zeitung, Nr. 220 (5. 2. 1939), Bl. 3.

Martin Opitz. Zum 300. Todestag am 20. 8. 1939. In: Neue Zürcher Zeitung, Nr. 1509 (20. 8. 1939), Bl. 6.

Deutsche Urkunde und Schriftsprache. In: Neue Zürcher Zeitung, Nr. 1365 (27. 7. 1939); Nr. 1371 (28. 7. 1939).

Friedrich Wilhelm gestorben. In: Münchner Neueste Nachrichten, Nr. 155 (4. 6. 1939), S. 4.

Der Germanist Friedrich Wilhelm † 30. 5. 1939. In: Forschungen und Fortschritte 15 (1939), S. 256.

Andreas Heusler. In: Neue Zürcher Zeitung, Nr. 328 (5. 3. 1940).

1941

Zur Interpunktion. In: Bibel und deutsche Kultur 11. Festschrift für Hans Vollmer. Potsdam 1941, S. 14—18.

Der Übergang vom Mittellatein zum Humanistenlatein. In: Archivum Latinitatis Medii Aevi 16 (1941), S. 113—125.

1942

Das erste Auftreten der deutschen Urkunde in der Schweiz. In: Zeitschrift für Schweizer Geschichte 22 (1942), S. 489—507.

1943

Marquart von Stein. In: Die deutsche Literatur des Mittelalters. Verfasserlexikon. Bd. 3 (1943), Sp. 275—277.

Maximilian I., In: Die deutsche Literatur des Mittelalters. Verfasserlexikon. Bd. 3 (1943), Sp. 303—310.

Sigismund Meisterlin. In: Die deutsche Literatur des Mittelalters. Verfasserlexikon. Bd. 3 (1943), Sp. 345—349.

Johannes Pauli. In: Die deutsche Literatur des Mittelalters. Verfasserlexikon. Bd. 3 (1943), Sp. 836—839.

Melchior Pfinzing. In: Die deutsche Literatur des Mittelalters. Verfasserlexikon. Bd. 3 (1943), Sp. 876—877.

Hans Ried. In: Die deutsche Literatur des Mittelalters. Verfasserlexikon. Bd. 3 (1943), Sp. 1075—1077.

1944

Die Lehre des Nikolaus Kopernikus. In: Neue Zürcher Zeitung, Nr. 1064 (23. 6. 1944), Bl. 1; Nr. 1067 (23. 6. 1944), Bl. 4.

Thomas Murner. In: Bodenseebuch 31 (1944), S. 36—41.

1949

Bemühung um Erasmus. Zum Bild des Humanisten in der Gegenwart. In: Badische Zeitung. Länderausgabe (6. 9. 1949), S. 5.

P. Simon Rettenpachers poetisches Tagebuch. In: Altkremsmünsterer Festschrift zum 400jährigen Bestande des öffentlichen Obergymnasiums der Benediktiner zu Kremsmünster. 1949, S. 67—76.

Walther von der Vogelweide und der Passauer Hof. In: Archiv für Literatur und Volksdichtung 1 (1949), S. 114—118.

1951

Humanismus und Reformation. 1490—1600. In: Annalen der deutschen Literatur. Geschichte der deutschen Literatur von den Anfängen bis zur Gegenwart. Eine Gemeinschaftsarbeit zahlreicher Fachgelehrter. Hrsg. von Heinz Otto Burger. Stuttgart 1951, S. 287—338; zweite, unveränderte Auflage ebd. 1962.

Linzer in der Freiburger Universitätsmatrikel. In: Jahrbuch der Stadt Linz 1951, S. 262—266.

Thomas Murner als Tagesschriftsteller. In: Beiträge zur Sprachwissenschaft und Volkskunde. Festschrift für Ernst Ochs. Lahr 1951, S. 190—196.

1952

Renatae litterae und Reformatio. Gedanken zur Geistesgeschichte des ausgehenden Mittelalters. In: Historisches Jahrbuch 71 (1952), S. 137—164.

Johannes Baptista Rexius. In: Freistädter Geschichtsblätter. Heft 3 (1952), S. 34—47.

Über eine deutsche Urkunde. In: Jahrbuch der Stadt Linz 1952 (1953), S. 381—384.

1953

Deutsche Literatur im Zeitalter des Humanismus. Ein Literaturbericht. In: Deutsche Vierteljahrsschrift für Literaturwissenschaft und Geistesgeschichte 27 (1953), S. 309—326.

Konrad Summenhart. In: Die deutsche Literatur des Mittelalters. Verfasserlexikon. Bd. 4 (1953), Sp. 330—332.

Marcus Treitzsauerwein. In: Die deutsche Literatur des Mittelalters. Verfasserlexikon. Bd. 4 (1953), Sp. 496—498.

Welschgattung. In: Die deutsche Literatur des Mittelalters. Verfasserlexikon. Bd. 4 (1953), Sp. 892—893.

1954

Klassisches Altertum und deutsche Literatur. In: Deutsche Philologie im Aufriß. Unter Mitarbeit zahlreicher Fachgelehrter hrsg. von Wolfgang Stammler. Berlin, Bielefeld 1954, Bd. II, Sp. 423—454; zweite Auflage ebd. 1960, Sp. 2521—2554.

1958

Dichterkrönung. In: Reallexikon der deutschen Literaturgeschichte. Zweite Auflage. 1. Bd. (Berlin 1958), S. 261—262.

Außerdem war Newald Mitarbeiter von:

Lexikon für Theologie und Kirche. Hrsg. v. Michael Buchberger. Freiburg 1930—1938.

Der große Brockhaus. 16., völlig neu bearbeitete Auflage. Wiesbaden 1952 ff.
Neue deutsche Biographie. Hrsg. von der Historischen Kommission bei der Bayerischen Akademie der Wissenschaften. Berlin 1953 ff.

III. Editionen

1924

Karl Borinski. *Die Antike in Poetik und Kunsttheorie. Vom Ausgang des klassischen Altertums bis auf Goethe und Wilhelm von Humboldt. II.* Aus dem Nachlaß herausgegeben von Richard Newald. Leipzig 1924, 412 S. = Das Erbe der Alten, Heft 10.

1928

Friedrich Wilhelm und Richard Newald. *Poetische Fragmente des 12. und 13. Jahrhunderts.* Heidelberg 1928, VII, 49 S. = Germanische Bibliothek 1, Reihe 3, Bd. 8.

1929

Ilias Homeri. Die Bücher von dem Khrig ... durch mich Johannem Baptis Rexium verteütscht 1584. Hrsg. v. Richard Newald. Berlin 1929, 57 S. = Kleine Texte für Vorlesungen und Übungen 159.

1930

Friedrich Wilhelm und Richard Newald. *Althochdeutsches Lesebuch. 1. Prosaische Denkmäler.* Hrsg. von Richard Newald. Heidelberg 1930, VI, 70 S. = Germanische Bibliothek 1, Reihe 3, Bd. 10.

Deutsche Gedichte Simon Rettenbachers. Hrsg. und mit einer Einleitung versehen von Richard Newald. Augsburg 1930, 72 S. = Schriften zur deutschen Literatur 14.

Der Wiener Meerfahrt. Hrsg. von Richard Newald. Heidelberg 1930, 27 S. = Germanische Bibliothek, 2. Abtl., Bd. 30.

1933

Deutscher Horaz in fünf Jahrhunderten. Berlin 1933. 153 S. = Literarhistorische Bibliothek, Bd. 5.

Freiburger Forschungen zur Kunst- und Literaturgeschichte. Hrsg. von Heribert Reiners und Richard Newald. Berlin 1933 ff.

1934

Verdeutschung der Paulinischen Briefe von den ersten Anfängen bis Luther. Beiträge zu ihrer Geschichte. Mit neuen Texten, synoptischen Tabellen und drei Bildtafeln hrsg. in Gemeinschaft mit Fritz Jülicher, Willy Lüdtke und Richard Newald von Hans Vollmer. Potsdam 1934 = Bibel und deutsche Kultur 4. Hierin S. 8—9 und 128—228 von Richard Newald: *Deutsche Übersetzung der Paulusbriefe nach der Gothaer und Salzburger Handschrift.*

Corpus der altdeutschen Originalurkunden bis zum Jahre 1300. Begründet von Friedrich Wilhelm, fortgeführt von Richard Newald. 2. Bd. Lahr 1943, XXXVI, 812 S.

*IV. Rezensionen****

1922

Konrad Schiffmann, *Das Land ob der Enns. Eine altbaierische Landschaft in den Namen ihrer Siedlungen, Berge, Flüsse und Seen.* München und Berlin 1922. In: Historisch-Politische Blätter für das katholische Deutschland 169 (1922), S. 445—448.

1923

Karl Borinski, *Geschichte der deutschen Literatur.* In: Historisch-Politische Blätter für das katholische Deutschland 170 (1923), S. 232—238.

Die deutsche Lyrik des Barock. (Zugleich eine Besprechung von: Walter Unus, *Die deutsche Lyrik des Barock.* Ausgewählt und eingeleitet. Berlin 1922.) In: Linzer Morgenpost, Nr. 271 (7. 12. 1923), S. 6.

1925

Die Gelben Hefte. In: Deutsche Akademische Blätter für das junge katholische Deutschland. 1. Jg, 2. Folge, S. 19—22.

J. A. Lux, *Zur Revision der deutschen Literaturgeschichte. Paderborn* (1924) — Ders., *Weimar und die Romantik seit 1800.* Paderborn (1925). In: Bayerische Blätter für das Gymnasialschulwesen 61 (1925), S. 168—170.

Germanische Götter- und Heldensage. In: Literarische Umschau. Beilage der Nachrichten für Stadt und Land (Oldenburg), Nr. 166 (22. 4. 1925).

*** Es wurden nur Rezensionen wissenschaftlicher Werke berücksichtigt.

H. v. Rimscha, *Der russische Bürgerkrieg und die russiche Emigration.* Jena 1924. In: Gelbe Hefte 2 (1925), S. 658—667.

M. Zois, *Der Frauendienst Ulrichs von Lichtenstein.* Stuttgart 1924. In: Bayerische Blätter für das Gymnasialschulwesen 61 (1925), S. 409—411.

1926

F. Braig, *Heinrich von Kleist.* München 1925. In: Bayerische Blätter für das Gymnasialschulwesen 62 (1926), S. 349.

P. Kluckhohn, *Die deutsche Romantik.* 1924. In: Gelbe Hefte 3 (1926), S. 773—779.

J. A. Lux, *Ein Jahrtausend deutscher Romantik. Zur Revision der deutschen Literaturauffassung.* Innsburck 1925. In: Bayerische Blätter für das Gymnasialschulwesen 62 (1926), S. 110—112.

A. Mayer-Pfannholz, *Aus der Geschichte des Mittelalters. In: Gelbe Hefte 2* (1926), S. 940.

A. Mayer-Pfannholz, *Eichendorff über die Romantik.* München, Berlin 1925. In: Gelbe Hefte 3 (1926), S. 71.

Deutsche Stammesart und deutsches Schrifttum. (Rezension von Josef Nadler, *Literaturgeschichte der deutschen Stämme und Landschaften).* In: Gelbe Hefte 3 (1926), S. 35—51.

F. R. Schröder, *Germanentum und Hellenismus.* Heidelberg 1924. In: Bayerische Blätter für das Gymnasialschulwesen 62 (1926), S. 115—116.

Schuster, *Altertum und deutsche Kultur.* Wien 1926. In: Bayerische Blätter für das Gymnasialschulwesen 62 (1926), S. 184—185.

M. Thalmann, *Gestaltfragen der Lyrik.* München 1925. In: Bayerische Blätter für das Gymnasialschulwesen 62 (1926), S. 113—115.

L. Weber, *Die Hegelingen.* In: Oberösterreichische Tageszeitung, Nr. 17 (14. 1. 1926).

1927

M. Hochgesang, *Wandlungen des Dichtstils. Dargestellt unter Zugrundelegung deutscher Macbeth-Übertragungen.* München 1926. In: Bayerische Blätter für das Gymnasialschulwesen 63 (1927), S. 47—48.

F. Panzer, *Italische Normannen in deutscher Heldensage.* Frankfurt/M. 1925. In: Bayerische Blätter für das Gymnasialschulwesen 63 (1927), S. 40.

K. Schiffmann, *Neue Beiträge zur Ortsnamenkunde Oberösterreichs.* Linz 1926. In: Bayerische Blätter für das Gymnasialschulwesen 63 (1927), S. 38.

1928

A. Schröfl, *Der Urdichter des Liedes von der Nibelunge Not und die Lösung der Nibelungenfrage.* München 1927. In: Allgemeine Rundschau 25,1 (7. 1. 1928).

1929

E. Beutler, *Forschungen und Texte zur frühhumanistischen Komödie.* Hamburg 1927. In: Göttinger Gelehrte Anzeigen 191 (1929), S. 231—236.

H. Brinkmann, *Zu Wesen und Form mittelalterlicher Dichtung.* Halle 1928. In: Deutsche Literaturzeitung NF 6 (1929), Sp. 857—861.

M. Enzinger, *Die deutsche Tiroler Literatur.* Wien 1929. In: Literarische Umschau. Beilage der Nachrichten für Stadt und Land (Oldenburg), Dezember 1929.

W. Grenzmann, *Die Jungfrau von Orleans in der Dichtung.* Berlin 1929. In: Literarischer Handweiser (1928/29), Heft 8, Sp. 615—616.

Literaturwissenschaftliches Jahrbuch der Görresgesellschaft. Hrsg. v. Prof. Günther Müller. Bd. IV: Barock. Freiburg 1929. In: Literarische Blätter. Beilage der Kölnischen Volkszeitung, Nr. 33 (31. 12. 1929).

J. Jarislowsky, *Schillers Übertragung aus Vergil im Rahmen der deutschen Aeneisübersetzung des 18. Jahrhunderts.* Jena 1928. In: Gnomon 5 (1929), S. 173—174.

Eine Johannestragödie des 16. Jahrhunderts. (Zugleich Besprechung von Johannes Aal, *Tragödie Johannis des Täufers.* Hrsg. von Ernst Meyer. Halle 1929). In: Neue Zürcher Zeitung, Nr. 2301 (27. 11. 1929), Bl. 1.

E. Schrumpf, *Friedrich Schillers irdische Bahn.* München 1929. In: Literarischer Handweiser (1928/29), Heft 9, Sp. 864.

Die deutsche Literaturgeschichte. (Rezension von Franz Schultz, *Das Schicksal der deutschen Literaturgeschichte.* Frankfurt 1929). In: Sonntagsbeilage der Kölnischen Volkszeitung (29. 12. 1929).

A. Wien, *Die Stadt in den Wolken. Zur religiösen Kulturkrise der Gegenwart.* Braunschweig (1928). In: Freiburger Tagespost, Nr. 37 (10. 2. 1929).

1930

H. Assmann Frh. von Abschatz, *Anemons und Adonis Blumen.* Hrsg. von Günther Müller. Halle 1929. In: Literarischer Handweiser 1929/30, Heft 12, Sp. 945.

P. Claudel, *Ars poetica mundi.* Ins Deutsche übertragen von Robert Grosche. Hellerau 1930. In: Literarische Blätter, Beilage zur Kölnischen Volkszeitung, Nr. 47 (10. 4. 1930).

Th. Däubler, *Der Fischzug. Ein Prosabuch.* Hellerau 1930. In: Literarische Blätter. Beilage der Kölnischen Volkszeitung, Nr. 51 (8. 5. 1930).

O. Eberle, *Theatergeschichte der innern Schweiz. Das Theater in Luzern, Uri, Schwyz, Unterwalden und Zug im Mittelalter und der Zeit des Barock. 1200—1800.* Königsberg 1929. In: Historisches Jahrbuch der Görresgesellschaft 50 (1930), S. 274.

G. Ellinger, *Die neulateinische Lyrik Deutschlands in der ersten Hälfte des 16. Jahrhunderts.* Berlin 1929. In: Literarischer Handweiser 66 (1929/30), Sp. 372.

K. Federer, *Das Leben Heinrich von Kleists.* Berlin 1929. In: Literarische Blätter, Beilage der Kölnischen Volkszeitung, Nr. 34 (9. 1. 1930).

O. Flake, *Ulrich von Hutten.* Berlin 1929. In: Literarischer Handweiser 66 (1929/30), Sp. 604.

H. Gies, *Eine lateinische Quelle zum „Cherubinischen Wandersmann" des Angelus Silesius.* Breslau 1929. In: Historisches Jahrbuch der Görresgesellschaft 50 (1930), S. 287—288.

R. Gießler, *Die geistliche Lieddichtung der Katholiken im Zeitalter der Aufklärung.* Augsburg 1929. In: Literarischer Handweiser 66 (1929/30), Sp. 297.

Vor dem Untergang des alten Reiches. 1756—1795. Hrsg. von E. Horner. Leipzig 1930 = Deutsche Literatur ... in Entwicklungsreihen. In: Literarischer Handweiser 66 (1929/30), Sp. 604.

Literaturwissenschaftliches Jahrbuch der Görresgesellschaft. Hrsg. von Günther Müller, Bd. V. Freiburg 1930. In: Literarischer Handweiser 67 (1930/31), Sp. 491.

W. Imhoof, *Der „Europamüde" in der deutschen Erzählungsliteratur.* Zürich 1930. In: Deutsche Literaturzeitung 1930, Sp. 2376—2377.

P. L. Kämpchen, *Die numinose Ballade. Versuch einer Typologie der Ballade.* Bonn 1930. In: Literarische Blätter. Beilage der Kölnischen Volkszeitung, Nr. 50 (30. 4. 1930).

N. Langer, *Das Problem der Romantik bei Nietzsche.* Münster 1929. In: Literarische Blätter. Beilage der Kölnischen Volkszeitung, Nr. 36 (23. 1. 1930).

G. E. Lessing, Band 5 der Denkmäler der Deutschen Dichter-Gedächtnisstiftung. Hamburg 1929. In: Literarische Blätter. Beilage der Kölnischen Volkszeitung, Nr. 50 (30. 4. 1930).

Deutsche Literatur. Sammlung literarischer Kunst- und Kulturdenkmäler in Entwicklungsreihen. Reihe 9, 14, 17, 19, 25. In: Literarischer Handweiser 67 (1930/31), Sp. 554 ff.

H. Mertens, *Unheldenhafte und heldenhafte Menschen bei den Wiener Dichtern um 1900.* Bonn 1929. In: Literarische Blätter. Beilage der Kölnischen Volkszeitung, Nr. 59 (3. 7. 1930).

G. Müller, *Deutsche Dichtung von der Renaissance bis zum Ausgang des Barock.* Potsdam 1930. In: Literarischer Handweiser 67 (1930/31), Sp. 752.

H. Naumann und G. Müller, *Höfische Kultur.* Halle 1929. In: Literarischer Handweiser 66 (1929/30), Sp. 460.

Aus Petrarcas ältestem deutschem Schülerkreise. Texte und Untersuchungen. Berlin 1929. In: Literarischer Handweiser 66 (1929/30), Sp. 373.

K. Philip, *Julianus Apostata in der deutschen Literatur.* Berlin 1929. In: Literarischer Handweiser 66 (1929/30), Sp. 946.

K. Sternberg, *Heinrich Heines geistige Gestalt und Welt.* Berlin 1929. In: Literarischer Handweiser 66 (1929/30), Sp. 777.

A. M. Wagner, *Lessing. Das Erwachen des deutschen Geistes.* Berlin 1931. In: Literarischer Handweiser 67 (1930/31), Sp. 616.

A. Wagner, *Unbedeutende Reimwörter und Enjembement bei Rilke und in der neueren Lyrik.* Bonn 1930. In: Literarische Blätter. Beilage der Kölnischen Volkszeitung, Nr. 82 (12. 12 1930).

1931

H. Ammon, *Geschichte der deutschen Literatur in Frage und Antwort. 1. Teil. Gotisch. Althochdeutsch. Altsächsich. 2. durchgesehene und vermehrte Auflage.* Berlin und Bonn 1931. In: Literarische Blätter. Beilage der Kölnischen Volkszeitung, Nr. 113 (2. 7. 1931).

G. Ellinger, *Geschichte der neulateinischen Literatur Deutschlands im 16. Jahrhundert. I. Italien und der deutsche Humanismus in der neulateinischen Lyrik.* Berlin, Leipzig 1929. In: Literaturblatt für germanische und romanische Philologie 52 (1931), Sp. 26—28.

E. Engel, *Deutsche Stilkunst. 31. neubearbeitete Auflage.* Leipzig/Wien 1931. In: Wir lesen 1 (1931).

O. Forst de Battaglia, *Der Kampf mit dem Drachen. Zehn Kapitel von der Gegenwart des deutschen Schrifttums und von der Krise des deutschen Geisteslebens.* Berlin 1931. In: Wir lesen 1 (1931).

H. v. Glasenapp, *Die Literatur Indiens von ihren Anfängen bis zur Gegenwart.* Potsdam 1930 = Handbuch der Literaturwissenschaft. In: Wir lesen 1 (1931).

W. Hofer, *Die Mütter. Geschichte der Menschwerdung Goethes.* Stuttgart 1931. In: Literarische Blätter. Beilage der Kölnischen Volkszeitung, Nr. 91 (13. 2. 1931).

H. v. Hofmannsthal, *Die Berührung der Sphären.* Berlin 1931. In: Literarische Blätter. Beilage der Kölnischen Volkszeitung, Nr. 128 (15. 10. 1931).

J. Hofmiller, *Das deutsche Wanderbuch. Wanderfahrten von Goethe bis zur Gegenwart.* München 1931. In: Wir lesen 1 (1931).

R. Huch, *Alte und neue Götter. Die Revolution des 19. Jahrhunderts in Deutschland.* Berlin-Zürich 1930. In: Wir lesen 1 (1931).

Th. Kampmann, *Dostojewski in Deutschland.* Münster 1931. In: Wir lesen 1 (1931).

A. Kleinberg, *Die europäische Kultur der Neuzeit. Umrißlinien einer Sozial- und Geistesgeschichte.* Leipzig, Berlin 1931. In: Wir lesen 1 (1931).

J. Kleiner, *Die polnische Literatur.* Potsdam (1930) = Handbuch der Literaturwissenschaft. In: Wir lesen 1 (1931).

P. Kluckhohn, *Die Auffassung der Liebe im 18. Jahrhundert und in der Romantik.* Zweite Auflage. Halle 1931. In: Wir lesen 1 (1931).

H. A. Korff, *Geist der Goethezeit. Versuch einer ideellen Entwicklung der klassisch-romantischen Literaturgeschichte. II. Teil. Klassik.* Leipzig 1930. In: Wir lesen 1 (1931).

Deutsche Literatur. Sammlung literarischer Kunst- und Kulturdenkmäler in Entwicklungsreihen. Das Ordensdrama. Hrsg. von W. Flemming. Leipzig 1930. In: Wir lesen 1 (1931).

Luxemburgische Sprachgesellschaft. Jahrbuch. Berlin 1930. In: Literarische Blätter. Beilage der Kölnischen Volkszeitung, Nr. 104 (30. 4. 1931).

F. Melzer, *Im Ringen um den Geist. Der neue Weg der Literaturwissenschaft.* Berlin 1931. In: Wir lesen 1 (1931).

Th. Matthias, *Sprachleben und Sprachschäden.* 6. Auflage. Leipzig 1930. In: Literarische Blätter. Beilage zur Kölnischen Volkszeitung, Nr. 98 (27. 3. 1931).

J. Mühlberger, *Marie von Ebner-Eschenbach. Eine Studie.* Kassel-Wilhelmshöhe 1930. In: Wir lesen 1 (1931).

Neue Forschungen über den Minnesang (Besprechung von Hans Naumann, *Das Das Gesicht des deutschen Minnesangs und seine Wandlungen.* Heidelberg *Bild Walthers von der Vogelweide.* Berlin 1930; und Hellmuth Langenbucher, 1930). In: Literarische Blätter. Beilage der Kölnischen Volkszeitung, Nr. 88 (22. 1. 1931).

H. Naumann, *Die deutsche Dichtung der Gegenwart. Vom Naturalismus bis zur neuen Sachlichkeit. Fünfte Auflage.* Stuttgart 1931. In: Wir lesen 1 (1931).

R. Plate, *Geschichte der gotischen Literatur.* Berlin, Bonn 1931. In: Literarische Blätter. Beilage der Kölnischen Volkzeitung, Nr. 113 (2. 7. 1931).

Expeditus Schmidt, *Faust. Goethes Menschheitsdichtung in ihrem Zusammenhange mit uralten Sagenstimmen und im Zusammenhange ihres gedanklichen Aufbaues dargelegt. Zweite, durchgearbeitete Auflage.* München 1930. In: Literarische Blätter. Beilage der Kölnischen Volkszeitung, Nr. 102 (17. 4. 1931).

F. Schmidt, *Die Theorie der Geisteswissenschaften vom Altertum bis zur Gegenwart.* München 1931. In: Wir lesen 1 (1931).

M. Sommerfeld, *Deutsche Lyrik 1880—1930. Nach den Motiven ausgewählt und geordnet.* Berlin 1931. In: Wir lesen 1 (1931).

Th. Steche, *Die deutsche Rechtschreibung. Stillstand oder Verbesserung?* Breslau 1932. In: Literarische Blätter. Beilage der Kölnischen Volkszeitung, Nr. 136 (5. 12. 1931).

A. Suchel, *Unser Goethe.* Berlin 1931. In: Literarische Blätter. Beilage der Kölnischen Volkszeitung, Nr. 134 (25. 11. 1931).

L. Thoma, *Erinnerungen.* In: Wir lesen 1 (1931).

O. Walzel, *Deutsche Dichtung von Gottsched bis zur Gegenwart. 1. Band.* Potsdam 1930/31. In: Wir lesen 1 (1931).

F. J. Weinreich, *Die heilige Elisabeth von Thüringen. Zweite Auflage.* München 1931. In: Wir lesen 1 (1931).

P. Wiegler, *Geschichte der deutschen Literatur. 2 Bände.* Berlin 1930/31. In: Wir lesen 1 (1931).

Ph. Witkop, *Goethe. Leben und Werk.* Stuttgart 1931. In: Wir lesen 1 (1931).

J. Zupitza, *Einführung in das Studium des Mittelhochdeutschen. 14. Auflage.* Jena/Leipzig 1931. In: Wir lesen 1 (1931).

1932

H. Borelius, *Nordische Literaturen.* Potsdam 1931/32 = Handbuch der Literaturwissenschaft. In: Wir lesen 2 (1932).

V. Bibl, *Lügen der Geschichte.* Dresden-Hellerau 1931. In: Wir lesen 2 (1932).

K. Dinter, *Fünfzig Jahre deutscher Dichtung. Vom Naturalismus zur Gegenwart.* Breslau 1931. In: Wir lesen 2 (1932).

E. Hagnauer, *Gotthelf und seine Zeit, dargestellt an Idee und Gestaltung der Ehe.* Bern 1931. In: Literarische Blätter. Beilage der Kölnischen Volkszeitung, Nr. 147 (15. 1. 1932).

H. Hecht und L. L. Schücking, *Englische Literatur im Mittelalter.* Potsdam 1931 = Handbuch der Literaturwissenschaft. In: Wir lesen 2 (1932).

W. Keller und B. Fehr, *Englische Literatur von der Renaissance bis zur Aufklärung.* Potsdam 1931/32 = Handbuch der Literaturwissenschaft. In: Wir lesen 2 (1932).

H. Kindermann, *Goethes Menschengestaltung. Versuch einer literarhistorischen Anthropologie. 1. Der junge Goethe.* In: Wir lesen 2 (1932).

H. Lohmeyer, *Vergil im deutschen Geistesleben bis auf Notker III.* Berlin 1930. In: Literaturblatt für germanische und romanische Philologie 53 (1932), Sp. 293—295.

H. Palgen, *Kurze Lautlehre der Mundart von Echternach.* Luxemburg 1931. In: Literarische Blätter. Beilage der Kölnischen Volkszeitung, Nr. 145 (22. 1. 1932).

H. Pirchegger, *Geschichte und Kulturleben Deutsch-Österreichs von 1526—1792.* Wien 1931. In: Literarische Blätter. Beilage der Kölnischen Volkszeitung, Nr. 147 (15. 1. 1932).

F. Zollinger, *Goethe in Zürich.* Zürich 1932. In: Wir lesen 2 (1932).

1933

L. Etscheid, *Das Gotteserlebnis des germanischen Menschen.* In: Literarische Blätter. Beilage der Kölnischen Volkszeitung, Nr. 217 (20. 3. 1933).

1934

A. Schmitt, *Die deutsche Heiligenlegende von Martin Cochem bis Alban Stolz.* Freiburg/Br. 1932. In: Literaturblatt für germanische und romanische Philologie 55 (1934), Sp. 211—212.

Kulturwissenschaftliche Bibliographie zum Nachleben der Antike. Erster Band ... In Gemeinschaft mit Fachgenossen bearbeitet von Hans Meier, Richard Newald, Edgar Wind. Hrsg. von der Bibliothek Warburg. Leipzig, Berlin 1934. Hierin von Richard Newald die Nummern: 8, 40, 51, 55—57, 68, 69, 73, 81, 82, 106, 116, 117, 257, 263, 265, 271, 279, 280, 364, 401, 402, 409, 410, 415, 424, 427, 432, 436, 439, 441—444, 450, 465—469, 476, 477, 481, 484, 504, 569, 727, 803, 805, 820, 835, 838, 857, 866, 867, 875, 880, 882, 883, 885—887, 890, 891, 895, 897, 902, 907, 940, 942, 943, 946, 947, 949, 950, 953—961, 970, 972, 973, 975, 976, 988, 995, 998, 1005, 1008—1012, 1024, 1038, 1043, 1044, 1046, 1047, 1049, 1050, 1054, 1056, 1058, 1061, 1062, 1069, 1083, 1087—1089, 1091, 1092, 1094, 1097, 1105, 1108, 1109, 1110, 1131, 1134, 1165, 1167, 1168, 1174—1181, 1183, 1184, 1186, 1190, 1204, 1207, 1210—1213, 1215, 1216, 1222, 1224—1229, 1237, 1238.

1935

G. Eis, *Die Quellen für das Sanctuarium des Mailänder Humanisten Bonimus Mombritius. Eine Untersuchung zur Geschichte der großen Legendensammlungen des Mittelalters.* Berlin 1933. In: Literaturblatt für germanische und romanische Philologie 56 (1935), Sp. 457—459.

1936

Sr. Mary P. Goetz OSB, *The Concept of Nobility in German Didactic Literature of the thirteenth Century.* Washington 1935. In: Literaturblatt für germanische und romanische Philologie 57 (1936), Sp. 377—378.

Deutsche Barocklyrik. (Besprechung von Herbert Cysarz, *Deutsches Barock in der Lyrik.* Leipzig 1936). In: Neue Zürcher Zeitung, Nr. 28 (7. 1. 1937).

1937

G. Eis, *Beiträge zur mittelhochdeutschen Legende und Mystik. Untersuchungen und Texte.* Berlin 1935. In: Literaturblatt für germanische und romanische Philologie 58 (1937), Sp. 17—18.

G. Korte OFM, *P. Christian Brez OFM. Ein Beitrag zur Erforschung des Barockschrifttums.* Werl 1935. In: Literaturblatt für germanische und romanische Philologie 58 (1937), Sp. 240—242.

W. Schildknecht, *Deutscher Sophokles. Beiträge zur Geschichte der Tragödie in Deutschland.* Würzburg 1935. In: Literaturblatt für germanische und romanische Philologie 58 (1937), Sp. 319.

G. Weber, *Der Gottesbegriff des Parzival.* Frankfurt/M. 1935. In: Literaturblatt für germanische und romanische Philologie 58 (1937), Sp. 93 ff.

W. Weisbach, *Geschichtliche Voraussetzungen der Entstehung einer christlichen Kunst.* Basel 1937. In: Zeitschrift für deutsche Geistesgeschichte 3 (1937), S. 311.

E. Wetzel, *Der Kolumbusstoff im deutschen Geistesleben.* Breslau 1935. In: Literaturblatt für germanische und romanische Philologie 58 (1937), Sp. 379—380.

Ch. A. Williams, *The German Legends of the Hairy Anchorite, with two old French Texts of La Vie de St. Jehan Paulus.* Illinois Studies in Language and Literature vol. 8, No. 1—2. 1935. In: Literaturblatt für germanische und romanische Philologie 58 (1937), Sp. 239.

1938

A. M. E. Draak, *Onderzoekingen over de Roman van Walewein.* Haarlem 1936. In: Literaturblatt für germanische und romanische Philologie 59 (1938), Sp. 319.

K. Fuchs, *Die Religiosität des Johann Jakob Christoffel von Grimmelshausen.* In: Literaturblatt für germanische und romanische Philologie 59 (1938), Sp. 11—12.

H. Hansel, *Die Maria-Magdalena-Legende. Eine Quellenuntersuchung.* Greifswald 1937. In: Zeitschrift für deutsche Philologie 63 (1938). S. 421—422.

Der mitteldeutsche Marco Polo nach der Admonter Handschrift hrsg. von E. H. von Tscharner. Berlin 1935. In: Literaturblatt für germanische und romanische Philologie 59 (1938), Sp. 9—10.

Gegenerwiderung auf eine Erwiderung von Tscharners auf die Marco Polo-Rezension. In: Literaturblatt für germanische und romanische Philologie 59 (1938), Sp. 304.

Gelehrtenerinnerungen aus wilhelmischer Zeit. (Rezension von Werner Weisbach, *Und alles ist zerstoben.* Wien 1937). In: Neue Zürcher Zeitung, Nr. 68 (13. 1. 1938), Bl. 1.

Kulturwissenschaftliche Bibliographie zum Nachleben der Antike. Zweiter Band ... In Gemeinschaft mit Fachgenossen bearbeitet von Hans Meier, Richard Newald, Edgar Wind. Hrsg. von der Bibliothek Warburg. London 1938. Hierin von Richard Newald die Nummern: 3, 81, 82, 127, 134, 137—139, 141—143, 150, 226, 227, 353, 355, 356, 388—391, 402, 446, 455, 458, 459, 469, 471, 472, 477, 479, 480, 482, 484, 489, 490, 494—499, 505, 506,

508—511, 513, 514, 521, 524—526, 530, 533, 633, 635—637, 642, 647, 705, 736, 747—749, 752, 759, 765, 785—788, 794, 795, 798—806, 808, 809, 813—819, 824, 825, 827, 829, 830, 833, 835, 838, 840, 842, 844, 846, 855, 858, 860—863, 876, 877, 879, 942, 945, 946, 954, 955, 960, 964, 968, 970, 977, 1007—1009, 1015—1017, 1019, 1030, 1034—1036, 1041—1043, 1046, 1049, 1050, 1054, 1055, 1057—1060, 1064, 1065, 1067—1070, 1079, 1080, 1088—1092, 1098, 1113, 1118, 1135, 1138, 1142, 1144, 1145, 1147—1151, 1155, 1156, 1158, 1162, 1163, 1165, 1169, 1171—1174, 1194, 1195, 1197—1201, 1207, 1229, 1231, 1233, 1236, 1240, 1242, 1246—1249.

1939

L. M. van Dis, *Reformatorische Rederijkersspelen uit de eerste helft van de zestiende eeuw.* Haarlem 1937. In: Literaturblatt für germanische und romanische Philologie 60 (1939), Sp. 176.

C. von Faber du Faur, *Deutsche Barocklyrik. Eine Auswahl aus der Zeit von 1620—1720.* Salzburg 1936. In: Literaturblatt für germanische und romanische Philologie 60 (1939), Sp. 96—97.

P. Herzog, *Johannes von Müller und die französische Literatur.* Zürich 1938. In: Literaturblatt für germanische und romanische Philologie 60 (1939), Sp. 452.

A. Krefting, *St. Michael und St. Georg in ihren geistesgeschichtlichen Beziehungen.* Jena 1938, In: Literaturblatt für germanische und romanische Philologie 60 (1939), Sp. 369—370.

R. Müller, *Dichtung und bildende Kunst im Zeitalter des deutschen Barock.* Zürich 1937. In: Literaturblatt für germanische und romanische Philologie 60 (1939), Sp. 451—452.

K. Ortel, *Proximus und Lympida. Eine Studie zum idealistischen Roman Grimmelshausens.* Berlin 1936. In: Literaturblatt für germanische und romanische Philologie 60 (1939), Sp. 98.

H. F. Rosenfeld, *Der heilige Christophorus. Seine Verehrung und seine Legende. Eine Untersuchung.* Leipzig 1937. In: Literaturblatt für germanische und romanische Philologie 60 (1939), Sp. 310—312.

F. Sengle, *Goethes Verhältnis zum Drama. Die theoretischen Bemerkungen im Zusammenhang mit seinem dramatischen Schaffen.* Berlin 1937. In: Literaturblatt für germanische und romanische Philologie 60 (1939), Sp. 241—242.

A. Taylor, *The Literary History of Meistergesang.* New York 1937. In: Literaturblatt für germanische und romanische Philologie 60 (1939), Sp. 7—8.

1940

L. Beriger, *Die literarische Wertung. Ein Spektrum der Kritik.* Halle 1938. In: Literaturblatt für germanische und romanische Philologie 61 (1940), Sp. 252—253.

H. Fischer, *Der Intellektualwortschatz im Deutschen und Französischen des 17. Jahrhunderts.* Berlin 1938. In: Literaturblatt für germanische und romanische Philologie 61 (1940), Sp. 1—3.

Lectulus Noster Floridus. Unser Blumenbettchen. Eine devot-mystische Schrift des 15. Jahrhunderts. Niederdeutsch von Johannes Veghe. Zum ersten Mal herausgegeben von H. Rademacher. Hiltrup 1938. In: Literaturblatt für germanische und romanische Philologie 61 (1940), Sp. 206—207.

H. Ibach, *Leben und Schriften des Konrad von Megenberg. Berlin 1938.* In: Literaturblatt für germanische und romanische Philologie 61 (1940), Sp. 299.

J. Messerschmidt-Schulz, *Zur Darstellung der Landschaft in der deutschen Dichtung des ausgehenden Mittelalters.* Breslau 1938. In: Literaturblatt für germanische und romanische Philologie 61 (1940), Sp. 139—140.

F. P. Pickering, *A German Mystik Miscellany of the late fifteenth Century in The John Rylands Library.* Sonderausgabe aus: Bulletin of the John Rylands Library. Vol. 22,2 (1938). In: Literaturblatt für germanische und romanische Philologie 61 (1940), Sp. 140.

E. Schröter, *Die Sprache der deutschen Namen des bischöflichen Traditionsbuches von Passau.* Halle 1938, (Sonderausgabe aus: Beiträge zur Geschichte der deutschen Sprache und Literatur 62 (1938), S. 161—285). In: Literaturblatt für germanische und romanische Philologie 61 (1940), Sp. 83.

M. Wehrli, *Das barocke Geschichtsbild in Lohensteins Arminius.* Frauenfeld 1938. In: Literaturblatt für germanische und romanische Philologie 61 (1940), Sp. 10—11.

1941

Streiflichter auf die deutsche Erzählerkunst der Gegenwart. In: Schweizer Journal. Revue Suisse 7,11 (1941).

H. Augustin, *Goethes und Stifters Nausikaa-Tragödie. Über die Urphänomene.* Basel 1941. In: Das neue Buch 3 (1941), S. 14—15.

E. Ermatinger, *Das dichterische Kunstwerk. Grundbegriffe der Urteilsbildung in der Literaturgeschichte. Dritte neubearbeitete Auflage.* Leipzig, Berlin 1939. In: Literaturblatt für germanische und romanische Philologie 62 (1941). Sp. 129—130.

A. Z. Huisman, *Die Verehrung des heiligen Pancratius in West- und Mitteleuropa.* Haarlem 1939. In: Literaturblatt für germanische und romanische Philologie 62 (1941), Sp. 250—251.

L. M. Kerstholt, *Das Bild der Welt in Brentanos Romanzen vom Rosenkranz.* Berlin 1939. In: Literaturblatt für germanische und romanische Philologie 62 (1941), Sp. 308.

Die deutsche Romantik in neuer Sicht. (Besprechung von H. A. Korff, *Geist der Goethezeit. 3. Teil. Frühromantik.* Leipzig 1940). In: Neue Zürcher Zeitung, Nr. 211 (9. 2. 1941), Bl. 6.

Neue Bücherlexika. Deutsches Land in deutscher Erzählung. Herausgegeben von Arthur Luther. Zweite Auflage Leipzig 1937, und *Deutsche Geschichte in deutscher Erzählung. Herausgegeben von Arthur Luther.* Leipzig 1940. In: Neue Zürcher Zeitung, Nr. 860 (4. 5. 1941).

Thomas Murner im Schweizer Glaubenskampf. Herausgegeben von Wolfgang Pfeiffer-Belli. Münster 1939. In: Deutsche Literaturzeitung (1941), Sp. 401—402.

W. Rehm, *Griechentum und Goethezeit. Geschichte eines Glaubens.* Leipzig 1938. In: Literaturblatt für germanische und romanische Philologie 62 (1941), Sp. 188—193.

M. Tienefeld, *Wilhelm Raabes Menschengestaltung.* Berlin 1939. In: Literaturblatt für germanische und romanische Philologie 62 (1941), Sp. 308.

1943

Cusanus Texte . . . Herausgegeben und untersucht von J. Koch und H. Teske. Heidelberg 1940. In: Historisches Jahrbuch 62/69 (1949), S. 789.

H. Oehler, *Prinz Eugen in Volkslied und Flugschrift.* Gießen 1941. In: Historisches Jahrbuch 62/69 (1949), S. 805—806.

Willibald Pirckheimers Briefwechsel. Herausgegeben von A. Reimann und E. Reicke. I. Band. München 1940. In: Historisches Jahrbuch 62/69 (1949), S. 795.

P. van Tieghem, *Histoire littéraire de l'Europe et de l'Amérique de la Renaissance à nos jours.* Paris 1941. In: Historische Zeitschrift 167 (1943), S. 391.

H. Werner, *Der Untergang Roms.* Stuttgart 1939. In: Historisches Jahrbuch 62/69 (1949), S. 750—751.

1944

J. Boesch, *Das Aufkommen der deutschen Urkundensprache in der Schweiz und seine sozialen Bedingungen.* Zürich 1943. In: Zeitschrift für schweizerische Kirchengeschichte (1943/44), S. 411—412.

G. Bohnenblust, *Vom Adel des Geistes. Gesammelte Reden.* Zürich 1943. In: Zeitschrift für deutsche Philologie (1944/45), S. 241—243.

1950

Lebendige Antike (Sammelbesprechung von Fritz Taeger, *Die Kultur der Antike.* Köln 1949. — Richard Harder, *Eigenart der Griechen. Eine kultur-physiognomische Skizze.* Freiburg 1949. — Bernhard Knauss, *Staat und Mensch in Hellas.* Berlin 1949. — Eduard Semplinger, *Antiker Volksglaube).* In: Badische Zeitung (Länderausgabe, 7. 6. 1950), S. 7.

1952

Die Himmelsvorgänge und ihre Deutung im Wandel der Zeiten (Besprechung von Ernst Zinner, *Astronomie. Geschichte ihrer Probleme*. Freiburg, München 1951). In: Badische Zeitung (7. 5. 1952), S. 4.

Die Götter Griechenlands. Zu zwei Büchern von Hubert Schrade und Walther Rehm. In: Badische Zeitung (Länderausgabe, 11. 11. 1952).

1953

Ein literarhistorischer Ploetz. (Über Herbert A. Frenzel, *Daten deutscher Dichtung*) In: Neue Zeitung, Literaturbeilage, Nr. 39 (15. 2. 1953), S. 14.

NAMENREGISTER

Abano, Petrus de 171
Abraham a Sancta Clara 137, 328, 369
Adalbero (Gründer von Lambach) 92
Adrian von Utrecht 237, 259
Aesop 137
Agricola, Daniel 411
Agricola, Rudolf 78, 96, 184, 185, 186, 187, 188, 200, 225, 352
d'Ailly, Pierre 187
Aischylos 33, 145
Alantsee, Johann 336
Alberich von Besançon 131
Alberti, Leon Battista 101, 102, 172
Albertus Magnus 188, 387, 398
Alberus, Erasmus 137, 436
Albrecht IV., Herzog 69, 71, 72
Albrecht von Halberstadt 132, 421
Albrecht, Erzbischof von Mainz 277, 295, 300, 303, 304, 310, 313, 318, 319
Aldobrandini, Kardinal 109
Aleander, Hieronymus 264, 265, 320, 322
Alexander VI., Papst 353
Alexander a Lacu 88, 89, 92
Alexander von Roes 359
Alexander von Villa Dei 446
Alfons I. v. Sizilien 84
Alkibiades 300
Alt, Georg 204
Altorfer, Albrecht 96, 421
Altpart, Johannes 411
Ambrosius von Mailand 268
Amerbach, Basilius 247
Amerbach, Bonifatius 247, 272
Amerbach, Bruno 247, 423
Amerbach, Johannes 205, 243, 246
Ammonius, Andreas 243, 257
Amyot 139
Anakreon 136, 139
Andreas von Krania, Erzbischof 351, 371
Andreas von St. Pölten 95
Andreas Cappellanus 424
Andrelini, Publio Fausto 445
Anna von Bretagne 353
Anomaeus 105, 106
Antiphanes von Berge 127
Anton von Bergen, Abt des Zisterzienserklosters in St. Omar 243
Anton, Herzog von Lothringen 454, 455, 456
Apuleius 211, 212, 219
Arator 453
Argyrius, Jacobus 195
Aristophanes 105, 138, 147
Aristoteles 28, 41, 123, 124, 129, 131, 137, 140, 160, 212
Armbroster, Johann 407
Armstorff, Paul von 322
Asolani, Andrea 239
d'Aubignac 32
Augustinus 99, 124, 227, 268, 355, 363, 396, 405
Augustinus Datus 93
Aventinus, Johannes 91, 98, 111, 159, 222
Avitus, Alcimus 453
Axungia, Vigilantius 287, 288

Babrios 137
Bachofen, Johann Jakob 147
Bader, Johannes 436
Bader, Karl S. 145
Badius, Jost 237, 238, 242, 243, 246
Badius Ascensius, Jodocus 357, 379
Balbi, Giovanni 78
Balbus, Hieronymus 211, 214
Balde, Jakob 147
Baldung, Hieronymus 444
Barbaro, Ermolao 94, 101, 152
Barbaro, Francesco 91
Barthélemy, St. 139
Basilius 10, 15, 124, 268, 333, 355, 370
Batt, Jakob 227, 229, 232, 235, 236
Batteux, Charles 140

Bauch, Gustav 223
Baumgartner, Gabriel 196
Beer, Johann 369
Behaim, Martin 177, 454
Belial 254
Benedikt I. 97
Benedikt, Abt von Mondsee 90
Benedikt von Nursia 10, 41, 355
Benedikt I. von Seitenstetten 72
Bentley, Richard 140
Ber, Ludwig 254
Berckmann, Franz 243
Bergmann von Olpe, Johann 371, 381
Berlinghieri, Francesco 454
Beroaldus, Philippus 72, 191, 359, 362
Berquin, Louis 271
Berthold von Regensburg 156, 328
Bertram, Johann Friedrich 18
Bessarion, Kardinal 72, 73, 76, 169, 170, 171, 172, 173, 176, 180, 183, 186, 187
Bianchini, Giovanni 170, 172, 177
Biel, Gabriel 328, 337
Biondo, Flavio 194, 362
al-Bitruji 168
Blar, Albert 191
Blarru, Pierre de 456
Bleger, Katharina 348
Blotius, Hugo 68
Blumauer, A. 144
Boccaccio, Giovanni 32, 83, 91, 102, 152
Bodmer, Johann Jakob 346
Boerio, Giovanni Battista 238
Boethius 189, 400
Bohenus 76, 97
Boltzhurst, Stephan 407
Bolzianus, Urbanus 201
Bondorf, Konrad von 394, 400, 401, 411
Bondorf, Stephan von 411
Boner, Ulrich 137
Boner, Hieronymus 421
Bonomus, Petrus 215
Borgia, Cesare 153
Borgogna, Alessio di 109
Borselen, Anna, Frau van Veere 232, 237
Bosch, Hieronymus 424
Brant, Diebolt 369
Brant, Johann 380
Brant, Matthias 380
Brant, Onofrius 374
Brant, Sebastian 83, 137, 138, 240, 242, 328, 333, 334, 335, 339, 340, 343, 345, 347, 354, 357, 358, 359, 360, 363, 366, 368—387, 388, 400, 409, 410, 413 ff., 422, 424, 427, 428, 431, 443, 444, 448, 452, 453
Brassican 78
Braun, Jakob 446
Briard von Ath, Jean 259
Brönner, Heinrich Ludwig 163
Brunfels, Otto 436
Bruni Aretino, Leonardo 13, 84, 90, 91, 94, 101, 102, 174
Bruschius, Caspar 68, 91, 94, 97, 99, 101
Bucer, Martin 438
Budäus, Wilhelm 257, 264, 307
Buffon 29
Bünderlin, Johannes 103
Burchard, Johann 409
Burdach, Konrad 73, 329
Burg, Elisabeth 373
Bürger, Gottfried August 141
Burgkmaier, Hans 220, 221, 330
Busche, Hermann von dem 305
Busleiden, Franz von, Erzbischof von Besançon 237
Busse, Hermann Eris 427
Byron, Lord 143

Caesar 119, 130, 135, 202, 449, 450, 451
Calaminus, Georg 105, 107
Calfurnio, Giovanni 191
Calvin, Jean 109
Cajetan, Thomas de Vio, Kardinal 308, 313, 319
Camerarius, Joachim 137
Campano, Antonio 362
Campanus, Johannes 178
Campegio, Lorenzo 438
Camrer, Johannes 210
Canisius, Petrus 145
Capesanus, Marcus 101
Capito, Wolfgang 254, 322, 432, 438
Capranica, Dominikus, Kardinal 99, 275
Caracciolo, Bischof von Lüttich 264
Caraccioli, Marino, Kardinal 320
Caspar II. Vorster, Propst von St. Florian 95, 96
Cassiodor 10, 41, 348, 355
Castiglia, Damian 109
Catiuncula, Claudius 423
Cato 129
Catull 146
Celtis, Konrad Protucius (Konrad

Bickel aus Wipfeld bei Würzburg) 77, 78, 83, 87, 93, 94, 135, 138, 153, 162, 180, 182—223, 231, 240, 241, 242, 243, 249, 253, 255, 276, 278, 284, 285, 286, 287, 288, 290, 291, 292, 293, 295, 300, 301, 310, 352, 366
Chelidonius, Abt der Schotten (Wien) 78, 138
Christoph von Utenheim, Bischof von Basel 254, 272, 273, 337, 355, 357, 366
Chrysostomus, Johannes 268, 333
Cicero 5, 12, 13, 38, 43, 69, 77, 94, 99, 101, 128, 129, 130, 133, 135, 136, 160, 183, 188, 202, 203, 207, 227, 230, 246, 295, 296
Claj, Johann 355
Colet, John 232, 233, 242, 262, 263, 271
Colinaeus, Simon 84
Collimitius 78
Cöllen, Susanne von 334
Comenius, Johann Amos 24, 29, 455
Cono, Johann 247
Corneille, Pierre 137, 140
Corvinus, Laurentius 191
Cospi, Angelo 78
Cranach, Lucas 330
Cremono, Gherardo da 169
Creuzer, Friedrich 147
Cronberg, Hartmut von 323
Crotus Rubeanus, Johannes (d. i. Jäger aus Dornheim) 286, 287, 291, 298, 300, 301, 304, 305, 312, 314, 321, 325
Curtius, Ernst Robert 133
Curtius Rufus 131
Cuspinian, Johannes 77, 78, 91, 153
Cydonius, Andreas 101
Czerny, A. 87, 95

Dalberg, Johann von 185, 187, 196, 199, 216, 349, 352
Danhauser, Peter 194
Dante, Alighieri 160, 374, 422
Dares Phrygius 128, 132
David von Burgund, Bischof von Utrecht 227
Dedekind, Friedrich 379
Degen, Johann Friedrich 420
Delphini, Aegidius 404
Demosthenes 296
Denis 70
Des Teufels Netz 374
Dictys Cretensis 128, 132
Dilthey, Wilhelm 30
Diogenes Laertius 83
Diophant 169
Dirks, Vincent 265
Dörs, Eberhard 205, 216
Donatus 119
Dondis, Johannes de 171
Dorn, Hans 174
Dornach, Stefan von, Abt von Baumgartenberg 100
Dorp, Martin, Professor in Löwen 247, 259
Drexler, Hans 54
Droysen, Johann Gustav von 147
Dschabir 170
Dürer, Albrecht 74, 153, 213, 220, 221, 282
Dunkelmännerbriefe 257—259, 293, 303, 304, 305 f., 385, 418
Duns Scotus 230, 397, 398

Ebendorffer von Haselbach, Thomas 69, 72
Eberbach, Petrejus 312, 325
Eberhard, Abt von Weihenstefan 89
Eberhard von Württemberg 353
Eberhardi, Ulrich 95
Eberlin von Günzburg 322, 433, 436
Ecbasis Captivi 130
Eccius dedolatus 138
Eck, Johann 103, 106, 431
Eck von Piburg, Benedikt, Abt v. Mondsee 89
Eckstein, Utz 432
Egg, Martin, Propst von Waldhausen 101
Emser, Hieronymus 409
Enea Silvio Piccolomini, nachmaliger Papst Pius II, 68, 70, 72, 75, 76, 77, 82, 83, 84, 93, 94, 96, 100, 101, 102, 152, 161, 165, 172, 183, 187, 194, 203, 249, 252, 306, 359, 365, 366, 367
Enenkel, Joh. Hartmann, Freiherr v. 105, 107
Engelbert, Abt von Admont 165
Enzmiller, Joachim 107
Eobanus Hessus, Helius 139, 159, 286, 288, 312, 325, 421
Epikur 28
Eppendorf, Heinrich 323
Erasmus, Abt von Engelszell 97
Erasmus von Rotterdam, Desiderius

2, 15, 24 f., 29, 30, 35, 38, 43, 65, 136, 137, 138, 153, 159, 162, 184, 187, 209, 223—280, 282, 286, 287, 288, 290, 293, 299, 300, 301, 303, 304, 305, 306, 307, 313, 314, 315, 318, 320, 323, 324, 325, 347, 352, 357, 366, 367, 421, 444
Ernst, Herzog von Bayern 255
Ernst von Sachsen, Erzbischof von Magdeburg 189, 217
Ernst, Kurfürst von Sachsen 217
Eschenfelder, Christoph, Zollbeamter 260, 279, 314
Euklid 140, 165, 168, 178
Eulenspiegel 127
Euripides 137, 143, 145, 148, 238
van Eyck 74, 90

Faber Stapulensis, Jakob 230, 247, 260, 307, 399, 445
al-Farghani 171
Ferdinand, Erzherzog 314, 318
Ferdinand I., König 79, 272, 274
Fernberger auf Egenberg, Johann 103
Fichte, Johann Gottlieb 31, 145
Ficino, Marsilio 13, 14, 83, 90, 152, 158
Filelfo, Francesco 70, 83, 90, 93
Fischart, Johann 138, 144, 379, 415, 425
Fisher, Robert 230, 231, 271, 275
Fleckenstein, Jakob von 451
Florian, Prior von Mondsee 91
Franklin, Benjamin 19
Franz I., König von Frankreich 252, 265, 303
Freisleben (Eleutherobius), Leonhard 103
Fridenstainer de Maur, Lucas, Propst von St. Florian 94
Friedrich von Aich, Abt von Kremsmünster 82
Friedrich II., Abt von Garsten 72
Friedrich, Abt von Niederaltaich 93
Friedrich, Graf von Zollern 341, 342, 343
Friedrich der Große 19
Friedrich III., Kaiser 77, 79, 85, 95, 97, 102, 110, 165, 167, 191
Friedrich III., der Weise, Kurfürst von Sachsen 189, 190, 205, 216, 220, 257, 262, 265
Frischlin, Nikodemus 138
Froben, Johann 243, 244, 246, 247, 259, 271, 272,
Fuchs, Jakob 298, 299, 305
Fuchsmagen, Johann 78, 86, 211, 212
Fuchsmagen, Leopold 100

Gallinarius, Johannes 445
Gaguin, Robert 230, 353
Galen 268
Galfred von Vinosalvo 188
Galilei, Galileo 170
Gebwiler, Hieronymus 260, 339, 366, 453
Geibel, Emanuel 145
Geiler von Kaisersberg, Johann 156, 199, 241, 273, 275, 326—345, 347, 349, 351, 352, 355, 356, 357, 358, 365, 366, 367, 369, 370, 375, 380, 384, 387, 388, 392, 399, 400, 402, 406, 410, 411, 412, 414, 418, 424, 427, 443, 444, 448, 449
Gellius, Aulus 13
Gengenbach, Pamphilus 375, 379, 427, 436
Georg der Reiche, Herzog von Bayern-Landshut 196, 197
Georg der Reiche, Herzog 197
Georg, Herzog von Sachsen 190
Georg von Trapezunt 173 f., 180
Georg, Propst von Klosterneuburg 75
George, Stefan 147
Gerard(s), Rotger 224
Germanus, Nicolaus 454
Gerbel, Nikolaus 260, 305, 322, 366, 432
Gerson, Johannes 99, 187, 332, 333, 357, 362, 365, 370
Geßner, Salomon 141
Gesta Romanorum 137
Ghirlandajo 175
Giller, Peter 255 f., 265, 271
Giraldi, Lilio Gregorio 454, 456
Girardi, Gabriel 109
Girolami 77
Gigli, Silvestro, Bischof von Worcester 257
Glapion, Johannes 322
Glauberger, Anton (Ernholdus?) 312
Gleim, Johann Wilhelm Ludwig 141
Gleink, Abt von 87
Goethe, Johann Wolfgang von 20, 31, 32, 34, 36, 44, 45, 139, 141 ff., 149, 161, 164, 201, 220, 236, 280
Goldkofer, Ludwig, Abt von Lambach 94

Gossembrot, Sigismund 336
Gossenberger, Erhard, Propst von Ranshofen 98
Gottesgnad, Abt von Admont 94
Gottfried von Straßburg 372
Gotthelf, Jeremias 334, 428, 435
Gottsched, Johann Christoph 130, 420
Gourmont, Gilles 242
Grabbe, Christian Dietrich 146
Graf, Urs 408
Grasser 175
Gratius, Ortwin 305, 385
Graviseth, Jakob von 334
Gregor von Heimburg 200
Greselin, Erasmus 403
Gresemund d. J., Dietrich 216
Gresemund, Theoderich 361
Grey, Thomas 230
Gribus, Bartholomäus 415
Griffolini 139
Grillparzer, Franz 146, 398
Grimmelshausen, Hans Jakob Christoffel von 369
Gritsch, Johann 328
Grocin, William 238
Gros, Petrus 87
Groote, Geert 224
Grotius, Hugo 24, 29
Grüninger, Johannes 404, 417, 418, 432, 433, 435, 449, 451, 453
Grünpeck, Josef 78, 100, 215
Gryphius, Andreas 137
Guarini, Giovanni Battista 101, 191
Guida, Johann 366
Gunderstorffer, Friedrich, Propst von Ranshofen 98
Gutenberg, Johannes 164
Gwiner de Stira, Georg 82

Haberl, Wolfgang (Herbelinus), Abt von Mondsee 78, 86, 90 f., 92
Hadrian VI., Papst (1522/23) 87
Hätzlerin, Klara 99
Hagenbach, Peter 349 f., 354
Hager, Evermod 89
Haller, Albrecht von 334
Haller, Johann 404
Hamann, Johann Georg 29, 32, 44, 139
Hamerling, Robert 148
Handl de Zlawings, Thomas 85
Hanow, Johannes 289
Happmacher, Hieronymus 402
Hartfelder, Karl 219
Hasel, Johann 87
Hasenclever, Walter 148
Haskins, Charles Homer 135
Haslinger, Johann, Pfarrer in Pfarrkirchen 82
Hauffen, Adolf 395
Hauptmann, Gerhart 148
Heckmann, Johann 221, 293
Hedio, Kaspar 438
Hegel, Georg Friedrich Wilhelm 147
Hegius, Alexander 184, 224, 225
Heimburg, Gregor 85, 101
Heinlin vom Stein, Johannes 156, 199, 328, 331, 333, 336, 355, 370, 371, 372, 379, 384, 411
Heinrich II., Kaiser 356
Heinrich VII., König von England 238, 239
Heinrich VIII., König von England 239, 243, 252, 265, 273, 433
Heinrich von Bergen, Bischof von Cambrai 227, 236
Heinrich, Graf von Henneberg 337
Heinrich von Langenstein 69, 70, 72, 99, 165, 248, 378, 395
Heinrich von Melk 70
Heinrich von Morungen 133
Heinrich von Neustadt 133
Heinrich von Oyta 70
Heinrich von Veldeke 131, 422
Heinse, Wilhelm 143, 146
Heldung, Peter 366
Hemmerlin, Felix 364
Hensel, Konrad 409
Herberstorf 110, 112
Herbort von Fritzlar 132
Herder, Johann Gottfried 2, 19 ff., 28, 29, 30, 31, 32, 33, 34, 35, 38, 40, 44, 46, 47, 139, 140, 144, 145, 280
Hermann, Bartholomäus 442
Hermann von Sachsenheim 254, 424
Hermans, Willem 227
Hermannsgrün, Hans von 354
Herodot, 27, 104
Herwegh, Georg 281
Hieronymus 10, 136, 162, 227, 235, 237, 242, 244 ff., 355, 356, 365, 405
Hieronymus von Werdea 90
Hildebert von Lavardin 191
Hinderbach, Johannes 72, 74, 84
Hipparch aus Nikaia 177
Hochberg, Johannes 336
Hochstraten, Jakob von 258, 309, 409
Hölderlin, Friedrich 144, 146

Höltzel, Hieronymus 215, 218
Hoest, Stephan 349, 366
Hofmann, Georg 401, 411, 437
Hofmannsthal, Hugo von 148
Holbein d. J., Hans 223, 375
Holnsteiner, Georg 453
Holzner, Pangraz 97
Homer 27, 28, 31, 32, 33, 41, 44, 83, 123, 128, 139, 140, 141, 142, 147, 183, 421, 450
Honstein, Wilhelm von, s. Wilhelm v. H.
Horawitz, Adalbert 68, 88, 91, 92, 93, 99, 110
Horaz 69, 77, 79, 84, 102, 129, 130, 136, 139, 147, 188, 189, 220, 449
Hoyer, Bartholomäus, Propst von Reichersberg 98
Hubmair, Balthasar 103, 104
Hug, Paulus 408
Hüpfuff, Matthias 393, 413, 418, 419, 420, 424, 446
Hugonis, Jakob 370
Humboldt, Wilhelm von 31—39, 40, 43, 44, 47, 51, 145
Hurch, J. 97
Huter, Jakob 103
Hutten, Frowin von 295
Hutten, Hans von 296, 298, 299
Hutten, Ludwig von 289, 309
Hutten, Ottilia von, geb. von Eberstein 285
Hutten, Ulrich von 42, 102, 135, 138, 153, 162, 200, 201, 209, 232, 234, 236, 237, 247, 255, 256, 279, 280 bis 325, 387, 408, 409, 423, 447

Ikelsamer, Valentin 355
Ilkusch, Martin 173, 174
Innozenz VIII., Papst 191
Institoris, Heinrich 398
Institoris, Martin 411
Irenäus (Kirchenvater) 268
Isidorus 119
Isokrates 157
Isotta 84
Jacobi, Fritz 201
Jacobus Cremonensis 174
Jakob IV., König von Schottland 239
Jakob von Speyer 172
Jaeger, Werner 54
Jetzer, Hans 407, 409, 410
Jörger von Tollet 103
Jörger, Helmhart 107
Johann III. von Jülich 273
Johann, Abt von Kremsmünster 78, 87
Johann II. Trennbeck, Abt von Mondsee 89
Johann von Neumarkt 68, 73
Johann I., Propst von Reichersberg 98
Johann, Abt von Schotten 89
Johann VI., Abt von Suben 98
Johann von Gmunden 70, 105, 165
Johann von Konstanz 94
Johann von Soest 78
Johannes de Brethaym 76
Johannes Jacobus a Cruce 195
Johannes, Abt von Lambach 96
Johannes III. Dachsberg, Abt von Lambach 92
Johannes IV. Schwarzwadel, Abt von Lambach 93
Johannes von Perchtoldsdorf 75
Johannes, Propst von Schlägl 89
Johannes Secundus 45
Jordanus von Osnabrück 359
Joseph II., Kaiser 20
Josephus 259
Julian Apostata 132
Julianus, Andreas 101
Julius Valerius, s. Valerius, Julius
Julius II., Papst 238, 244, 251, 294, 364, 365, 366, 407
Justinian 422
Juvenal 102, 166

Kaiser, Lienhard 103
Kaiserchronik 130
Kallisthenes, (Pseudo-) 131
Kaltenmarkter 77, 103
Kant, Immanuel 25, 31, 34, 145
Karl IV., Kaiser 68, 73, 106, 248, 252, 257, 265, 274, 310, 312, 386
Karl VIII., König von Frankreich 353, 359, 381
Karl der Kühne 350, 454, 456
Karlstadt, Andreas Bodenstein von 321
Karsthans 309
Kastner, Ulrich 221
Kaufmann, Johann 196
Keilbach, Philipp 411
Kepler, Johannes 105
Kerer, Johann 341
Kersperger, Friedrich 82
Keutschach, Leonhard, Erzbischof 100
Khevenhiller, Grafen 110

Khuenegger, Balthasar 104
Klarer, Johannes, gen. Schnegg 325
Kleist, Heinrich von 145
Klinger, Friedrich Maximilian 145
Klopstock, Friedrich Gottlieb 141, 146
Klüpfel, Clemens Engelbert 223
Knoblauch, Drucker in Straßburg 418, 422, 447, 453
Knor, G. W. 175
Köchlin (Coccinus), Michael 452
Kolroß, Johannes 355
Kolumbus 178
Konrad von Megenberg 165
Konrad von Würzburg 132, 254
Kopernikus, Nikolaus 136, 170, 181, 191, 395
Kopp, Johannes 441
Krachenberger, Johann 78, 203, 211, 212, 222
Krenfuß, Wolfgang 97
Kronfuß, Abt von Garsten 97
Kropff, Martin 74
Kuefstein, Hans Ludwig 110
Kuttner 104

Ladislaus Posthumus 249
Lagarde, Paul de 116
Lamberg, Georg Sigismund Graf von 88, 109 f.
Lamprecht 131
Landmann, Florenz 417
Lang, Matthäus 91
Lang von Wellenburg, Matthäus, Erzbischof von Salzburg 100
Lang, Vinzenz (Longinus) 215, 217
Lappitz, Marusch von 107
Lassalle, Ferdinand von 281
Latimer, Wilhelm 238
Latomus, Jakob 265
Laurentius, Abt von Maria Zell 82
Lechner, Gregor, Abt v. Kremsmünster 87, 88
Lee, Edward 261, 264
Leffel, Conz 281
Leibniz 24, 29
Lemnius, Simon 139, 421
Leo X., Papst 73, 239, 246, 248, 252, 264, 268, 306, 312
Leo, Erzpriester 131
Leonhard, Abt von Garsten 97
Leonhard, Bischof von Passau 75
Leonore von Portugal 167
Lessing, Gotthold Ephraim 2, 33, 124, 140, 155
Laetus, Pomponius 186, 191
Ligurinus 205, 211
Linacre, Thomas 238
Livius 136, 268, 451
Loans, Rabbiner 77
Lobkowitz von Hassenstein, Bohuslaw 85, 214, 341
Locher Philomusus, Jakob 219, 222, 340, 364, 365, 370, 375, 378, 381, 385, 394, 404, 405, 408, 444, 447, 453
Lötz, Henning 288 f.
Lötz, Wedeg 288 f.
Losenstein, Sebastian von 79
Lotichius Secundus, Petrus 147
Lucan 77
Lucianus, Augustinus, Bischof von Prag 195
Lud, Nikolaus 454
Lud, Walter 454, 455
Luder, Peter 152, 183
Ludwig XII., König von Frankreich 366, 396
Ludwig, Pfalzgraf 324
Lukian 127, 128, 136, 138, 238, 242, 255, 256, 276, 306
Lupold von Bebenburg 354, 359, 361
Lupus von Ferrière 159
Luscinius, Othmar 366
Luther, Martin 79, 103, 109, 137, 201, 232, 234, 236, 262, 264, 265, 266, 269, 270, 271, 276, 277, 278, 312, 314, 315, 318, 319, 321, 322, 386, 387, 408, 409, 431, 432, 433, 434, 437, 438, 439

Macchiavelli, Niccolo 112, 356
Maertens, Dirk 235, 245, 255
Mänseer de salina, Erhard 100
Magdeburgius, Prediger 106
Magnus von Anhalt 190
Mair, Martin 365
Makart, Hans 148
Maltatesta, Lodovico 101
Manuel, Niklas 429, 436, 441
Manuel, Hans Rudolf 429
Manutius, Aldus 191, 201 f., 239
Marc Aurel 28, 129
Martin, Abt von St. Peter in Salzburg 100
Martin, Abt von Schotten 82

Matthias, Erzherzog 109
Matthias I. Corvinus, König von Ungarn 77, 173, 174, 177, 180
Maurer, F. 97
Mauritius, Georg 104
Maximilian I., Kaiser 77, 78, 86, 87, 90, 91, 92, 97, 98, 101, 106, 111, 130, 161, 167, 187, 195, 201, 202, 213, 215, 218, 220, 252, 276, 291, 302, 342, 348, 353, 357, 359, 362, 365, 366, 367, 373, 382, 383, 384, 396, 397, 400, 404, 414, 420, 424, 429, 444, 450, 451, 453
Metsys, Quentin 256
Mechthild, Pfalzgräfin 161
Meder, Johannes 328, 411
Medici, Lorenzo 446
Megiser, Hieronymus 105
Meisl 144
Melanchthon, Philipp 79, 153, 157, 279, 314
Memhard 105, 106
Mendelssohn, Moses 34
Mensurato, Angelo 109
Merswin, Jakob 359
Messala 119
Mey, Hans 412
Michelangelo 67
Mirabilia urbis Romae 131
Mitternauer, Laurenz 87
Mörike, Eduard 146
Mörsperg, Hans Werner von 393 f., 397 f., 403, 423
Mörsperg, Hans Werner von 393, 394, 397, 398, 403, 423
Molitoris, Ulrich 398
Monacensis, Wolfgang 290
Montaigne, Michel de 2, 29, 43, 152
Moravus, Augustinus, Propst 195, 291
Moritz, Karl Philipp 34
Moritz von Craon 129
Morus, Thomas 232, 238, 239, 240, 255, 256, 265, 271, 275, 300, 437
Moscherosch, Johann Michael 334
Motis, Joannes 455
Mountjoy, Lord William Blount 232, 233, 239, 271
239, 271
Mülich, Peter 78
Müling, Johann Adolph 329, 451, 453
Müller, Friedrich (Maler Müller) 141
Münchhausen 127
Münstinger, Georg, Prior von Klosterneuburg 165
Munch, Johann 380
Murena, Peter Gunther 360
Murner, Beatus 390, 392, 410, 411, 413
Murner, Johann 390, 392
Murner, Matthäus 392
Murner, Sixtus 392
Murner, Thomas 130, 159, 219, 321, 334, 339, 347, 358 ff., 363, 369, 373, 378, 379, 386, 387—442, 443, 445, 448, 449, 455
Murrho, Sebastian 354, 361, 362
Mussato, Abertino 190
Musurus, Marcus 191
Mutianus Rufus, Konrad 184, 286, 301

Nadler, Josef 377
Naogeorg, Thomas 138
Nero 130, 132, 148
Neuhaus auf Villanders, von 102
Neuenahr, Graf von 261
Neve, Petrus 192
Nider, Johannes 70, 99, 367
Nietzsche, Friedrich 47, 147
Nihil, Johann 166
Nikolaus Cusanus 73, 74, 90, 91, 98, 171
Nikolaus von Dinkelspühl 70, 72, 99, 367
Nikolaus von Egmond 265
Nikolaus von der Flüe 332
Nikolaus von Wyle 84, 421
Nikolaus V., Papst 174
Nogarola, Isota 101
Northoff, Heinrich 230
Novara, Dominico Maria 181

Österreicher, Konrad 329
Oekolampad, Johann 272
Opitz, Martin 109, 138, 141
Origines 268
Ossian 141
Osten, Alexander 290
Otfried von Weißenburg 126
Otto I., Kaiser 73
Ovid 70, 79, 128, 132, 133, 213, 219, 268, 287, 416, 451

Pacher, Michael 74, 90, 102
Pachmair, Chronist des Klosters Kremsmünster 83
Paesdorfer, Konrad 96, 97
Paludanus, Johannes 259
Panzer, Friedrich 130

Papias 119
Paracelsus, Theophrastus 2, 100
Paul II., Papst 180
Paul III., Papst 275
Pauli, Johannes 328, 334, 343, 411
Paulus, Franz 363
Paulus, Prior von Lambach 93
Pegaeus 104
Perger, B. 77, 78
Perikles 33, 141
Persius 102
Pestalozzi, Johann Heinrich 334
Petrarca, Francesco 2, 12, 28 f., 31, 32, 43, 83, 97, 99, 135, 152, 203, 347, 357
Peter von Andlau 328, 331
Petrus de Alliaco 454
Petri von Langendorff, Adam 424
Petronius 148
Petrus II. Sighartner, Propst von St. Florian 95, 96
Petrus Amaltheus 77
Petrus III. Maurer, Propst von St. Florian 96
Petrus von Rosenheim 71, 74
Petrus de Vineis 284
Petschacher, Nikolaus 71
Peuerbach, Georg von 70, 73, 76, 77, 90, 97, 105, 165, 166, 169, 171, 173, 178, 191
Peutinger, Konrad 153, 205, 221 f., 303, 361, 456
Pfefferkorn, Johanna 300, 305, 306
Phachus (d. i. Balthasar Fabricius aus Vacha) 291
Phaedrus 137
Philipp der Aufrichtige, Pfalzgraf 352
Philipp von Mazedonien 296
Philippi, Johannes 233, 238
Phokylides 83
Piccolomini, Enea Silvio s. Enea
Pichler, Vigil, Abt von St. Peter in Salzburg 100
Pickerin, Barbara 369, 380
Pico della Mirandola 152, 363, 446, 454
Pietreich, Margaretha 100
Pighinutius, Fridianus (aus Lucca) 189
Pindar 28, 33, 141
Pinturicchio 175
Pirckheimer, Charitas 207, 216
Pirckheimer, Willibald 153, 181, 218, 271, 272, 280, 298, 307, 309, 310, 322, 353, 456
Pius II., s. Enea
Planudes, Maximus 137
Platen, August von 146, 147
Platina (Bartolomeo Sacchi) 83, 90, 362
Platon 28, 40, 41, 83, 104, 123, 129, 145, 160, 173, 183, 185, 211, 212, 252
Plautus, 137, 214, 239, 456
Pledel, Wolfgang, Konventuale in Mondsee 92
Pleningen, Dietrich von 159, 356, 421, 449
Plinius 137, 189, 205
Plotin 144
Plutarch 83, 105, 139, 141, 230, 245, 268, 449
Poggio Bracciolini, Gian Francesco 71, 83, 90, 101, 152, 174
Poliziano, Angelo 94
Pope, Alexander 32
Porcellius Neapolitanus 84
Pozzo Toscanelli, Paolo da 172
Priscianus 119
Prodikos 138
Prudentius 356, 453
Prüß, Johann 359, 408, 445
Prutz, Robert 147
Pseudo-Dionysius Areopagita 127
Pseudoovid 84, 102
Ptolemaios 136, 169, 173, 175, 177, 211, 395, 454, 456
Püchler, Leonhard, Konventuale in Lambach 93
Puelinger 78
Pütreich, Kilian, Abt von St. Peter in Salzburg 100
Purkner, Matthäus, Propst von Reichersberg 98
Pythagoras 28, 211

Quintilian 69, 94, 130

Rabelais, François 42
Rabenstein, Familie 88
Radulphus von Anjou 290
Ränacher, Lienhard 78
Rapp, Thomas 366
Ratdolf, Erhard 197
Regiomontan (Johann Müller aus Königsberg in Franken) 73, 77, 83, 153, 161, 163—181, 182, 191, 193, 204, 210, 241, 285, 395
Reisch, Gregor 246, 254, 444, 454, 455

Renatus II., Herzog von Lothringen 454, 455
Resch, Thomas 222
Rettenbacher, Simon 112, 147
Retz, Franz von 69, 384
Reuchlin, Johannes 77, 135, 196, 246, 258, 259, 266, 276, 277, 283, 300, 301, 304, 305, 309, 319, 352, 356, 371, 385, 408, 409, 410, 411, 430
Reuchlin, Simon, Abt von Mondsee 89
Rexius, Johann Baptista 142, 421
Rhagius Aesticampianus, (Rack, Johannes, aus Sommerfeld) 286, 287, 288, 361
Rhenanus, Beatus, 260, 339, 345, 363, 367, 456
Rhenanus, Theodoricus 221
Rieder, Andreas, Propst in Schlägl 88
Riedner, Johann 196
Riedrer, Drucker in Freiburg/Br. 393
Rilke, Rainer Maria 148, 161
Rimicius 137
Ringmann, Matthias 135, 194, 292, 383, 443, 457
Roder, Christian 175, 177, 178, 179
Röckel, Erasmus 84 f.
Rödern, Erasmus von 107
Rohde, Erwin 47
Rohde, Johannes 336
Rollenhagen, Georg 137
Romulus 137
Rondo, Matteo 97
Rosenberg, Alfred 281
Rosenberger, Johann 201
Rosenkranz, Karl 147
Rosenritter, Friedrich 205
Rosinus, Stephan 222
Rosvitha von Gandersheim 130, 205, 221, 215 f., 219, 220
Rotenhan, Sebastian von 312
Roth, Johann 336
Roth-Scholtz, Friedrich 175
Rothberg, Adelbert von 385
Rousseau, Jean Jacques 5, 29, 143
Rudolf von Ems 131
Rudolf von Habsburg 118
Rudolphinger, Johann 260, 366
Rugreff, Anton 411
Rumpler, Angelus, Abt von Formbach bei Passau 207
Ruodlieb 130
Rupprich, Hans 223
Ruser, Johann 366, 456
Rzytonic, Haselina von 191 f.
Sabbioneta, Gherardo da 165, 172
Sabellicus, Antonius Coccius 191, 442
Sabina, Gemahlin Herzog Ulrichs von Württemberg 297
Sacchi, Bartolomeo s. Platina
Sachs, Hans 137, 138, 159
Sacrobosco 165
Sallust 77
Salutati, Coluccio 93
Sapidus, Johannes 367
Scaliger, Julius Caesar 135
Scipio 157, 202
Scotus s. Duns Scotus
Seiringer, Nikolaus 71
Seld, Nikolaus 88
Semper, H. 90
Seneca 123, 124, 128, 129, 133, 136, 137, 140, 190, 211, 214, 239, 245, 268
Servatius, Roger, Prior von Steyn 238, 244
Servius 119
Shaftesbury, Anthony 29, 34, 140
Shakespeare, William 132, 137, 140, 145
Sickingen, Franz von 304, 308 f., 312, 314, 319, 320, 322, 323, 325
Siebenburger, Martin 222
Sigismund, Erzherzog 350, 398
Sigismund, Propst von St. Florian 96
Simon, Propst von Klosterneuburg 76
Simon Magus 130
Sixtus IV., Papst 180, 350, 371
Sokrates 28, 105, 140, 144, 183, 300
Sommerfeld, Johannes von, Kanonikus bei St. Florian in Krakau 191, 210
Sophokles 140, 145, 147
Spanelius 104
Spangel, Pallas 349, 366
Spangenberg, Wolfhart 421
Spengler, Hans 322, 409
Speratus, Paul 103
Spiegel, Jakob 349, 365, 367
Spindler, Johann 88
Spitteler, Carl 147
Spranger, Eduard 32
Spreng, Johannes 421
Sprenger, Jakob 398
Sueton 259, 262
Sulzer, Johann Georg 34
Suntheim 78
Symmachus 59

Schaidenreisser, Simon Minervius 103, 159, 421

Schallenberg, Christoph von 68, 105, 107 ff., 142
Schan, Jörg 290
Schaunberg, Ulrich von 102
Schedel, Hartmann 175, 180, 194, 204, 205
Schedel, Hermann 177, 178
Schedner, Hartmann, Abt von Baumgartenberg 101
Scheinbeck, Otto, Propst von Waldhausen 101
Scheit, Kaspar 379
Schellhorn 69
Schelling, Friedrich Wilhelm Joseph 33, 145
Scherfenberg 106
Scherpp, Konrad 178, 180
Scherrer, Paul 420
Scheurl, Christoph 208
Schiller, Friedrich von 31, 32, 34, 36, 40, 124, 130, 137, 143, 144, 145, 236
Schilling, Leonhard 91, 92
Schlaffer, Hans 106
Schlegel, Friedrich 144
Schlegel, Johann Adolf 140
Schleiermacher, Daniel Friedrich 145
Schlitpacher, Johannes 72, 73, 82, 89, 93
Schmidt, P. Hugo 85
Schöffer, Peter 451
Schöfferlin, Bernhard 451
Schöner, Johann 179
Schoppenzaun, Ulrich, Abt von Kremsmünster 82
Schott, Peter 333, 334, 340, 341, 370, 444
Schottenius, Petrus 85
Schradin, Nikolaus 397
Schrein(er) de Zlawings, Johannes 85, 86, 87, 92, 95
Schreiner, Leonhard 103
Schreyer, Sebald 194, 204, 210, 213
Schrodt, Konrad, Propst von Waldhausen 101
Schröder, Rudolf Alexander 146 f.
Schubart, Ludwig 295
Schubert, Gotthilf Heinrich 145
Schürer, Matthias 219, 245, 260, 366, 418
Schwarz, Berthold 388
Schwarzenthaller 108

Stadion, Christoph von, Bischof von Augsburg 275
Stainhöwel, Heinrich 136
Standonck, Jan 230
Starhemberg (Haus) 49
Starhemberg, Bartholomaeus 103
Starhemberg, Gundacker von 107
Starhemberg, Rüdiger IX. von 106
Statius 123, 130
Staupitz, Johannes von 100
Stefan von Melk 72
Stein, Eitelwolf vom 287, 295, 296, 298, 299, 303
Steinegg, Heinrich 407
Steinhehler 95
Stettheimer, Andreas, Abt von Admont 94
Stewart, Alexander 239
Stiefel, Kaplan 103
Stifel, Michael 432
Stifter, Adalbert 74
Strauß, David Friedrich 281
Strein, Reichard Freiherr von 88, 105
Striblitas, Sebaldus 290
Stromer, Heinrich 306, 311
Stoientin, Valentin 289
Stolberg, Friedrich Leopold 141
Stoß, Veit 175
Stunica, Jacobus Lopez 264
Sturm, Johannes 45, 79, 104
Sturm, Jakob, 245, 363, 366, 444, 446, 448
Sturm, Peter 365
Sturm von Sturmeck, Martin 446
Sturnus, Johannes Jodocus 207

Tacitus 27, 28, 135, 194, 201, 205, 208, 211, 284, 302, 312
Tauber, Kaspar 103
Tauler, Johannes 155, 156
Terenz 5, 94, 97, 102, 124, 130, 137, 214, 239, 268
Tertullian 124
Tetzel, Johann 409
Tiberius 188
Tichtel, Johann Benedikt 213
von Themar, Adam Werner 196, 356, 449
Theodor von Gaza 259
Theon von Smyrna 168, 173, 174
Theophrast 138, 212
Thiler, Stephan 366
Thomas a Kempis 99
Thomas, Prior von Lambach 89
Thomas de Retz, Prior von Lambach 92

Thukydides 33
Thurzo, Stanislaus, Bischof zu Olmütz 291
Tichtel, Johannes 78
Tolhopf 196
Tollinger 108
Tomitzki, Peter 273
Trapp, Johannes 78, 86
Trebanius, Basinius 84
Trebellius, Wiegand 357
Treger, Konrad 438
Treutlkofer, Jacob, Abt von Kremsmünster 82
Trithemius, Johannes, Abt von Sponheim 187, 199, 205, 216, 338, 348, 352, 354, 361, 373, 387, 444, 453
Tritonius (Treybenreif), Petrus 195
Tschernembl, Georg Erasmus, Freiherr von 109
Tucher, Sixtus 83, 195, 196, 209
Tunstall, Cuthbert, Bischof von London 238
Turndl, Kaspar, Propst von Ranshofen 98
Turrianus 77, 103

Ültschi, Franz, Subprior des Dominikanerklosters in Bern 407
Uhland, Ludwig 281
Ulrich, Herzog von Württemberg 296 f., 303, 304, 306, 308, 312
Ulrich, Abt zu Kremsmünster 85
Ulrich von Alm 85
Ulrich II., Propst von Schlägl 89
Ulsenius, Dietrich 210, 215
d'Urbino, Frederico 172
Urkauff, Johannes, Konventuale in Kremsmünster 83, 84
Utenheim, Christoph von, s. Christoph von Utenheim

Vadian (Joachim Watt) 78, 96, 153, 222, 283, 291, 292, 293, 432
Valerius, Julius 131
Valerius Maximus 137
Valla, Lorenzo 13, 15, 90, 91, 119, 139, 152, 227, 231, 237, 247, 284, 306, 354, 367
Varro 5, 119
Vatter, Johannes, Prior des Dominikanerklosters in Bern 407
Vegius, Mapheus 420
Vellini, Giovanni Riccuzzi (Camers) 78, 86
Venantius Fortunatus 102
Vergerio, Pietro Paolo 84, 91
Vergil 31, 41, 77, 123, 128, 130, 133, 136, 140, 144, 166, 183, 207, 287, 420, 422
Vespucci, Amerigo 446, 453, 454
Vico, Gianbattista 29, 32, 44, 139
Vielhaber, Gottfried 89
Vincenz von Beauvais 137
Virgilius II., Abt von St. Peter in Salzburg 210
Vigilis, Heinrich 411
Vitez, Johann, Erzbischof von Gran 173, 174, 210
Vitrier, Jan 235
Vogel, Georg 96
Vogler, Thomas 366
Voigt, Georg 18
Voit, Erhard 88
Voltaire (Franz Maria Arouet) 140
Volterra, Raphael von 139
Voß, Johann Heinrich 141, 142

Wächtelin, Hans 330
Wagner, Richard 147
Waldis, Burchard 137
Waldseemüller, Martin 453, 454, 455
Waltharius 130
Walther, Bernhard 177, 178, 179, 180, 181
Walther von der Vogelweide 132 f.
Wann, Paulus, Domprediger in Passau 88, 95, 98
Warham, William, Erzbischof von Canterbury 242, 271
Warnstorffer 103
Weichselbaumer, Aegid 104
Weiditz, Hans 283
Weiner, Markus, Abt von Kremsmünster 87
Welschgattung 254, 292
Weltzer, Jakob 380
Werfel, Franz 148
Wichwall, Theoderich 254
Wickgram, Konrad 367
Wickgram, Peter 343
Wickram, Jörg 132
Widmer, Wolfgang, Abt von Kremsmünster 85
Wieland, Christoph Martin 139, 144, 223, 280

Wilczek, Bernardinus, Erzbischof von Lemberg 192
Wildgeferd, Hans von, Dompropst von Salzburg 99
Wiler, Franz 411
Wilhelm von Hirnkofen, genannt Renwart 84
Wilhelm von Honstein, Bischof von Straßburg 383, 438
Wilhelm von Savona 76
Wimpfeling, Jakob 187, 199, 242, 244, 273, 292, 332, 333, 337, 339, 340, 342, 345, 346—368, 369, 370, 373, 382, 384, 385, 386, 387, 391, 400 f., 404, 410, 412, 430, 432, 443, 444, 445, 446, 447, 448, 449, 452, 453, 455, 456
Wimpfeling, Johann 348
Wimpfeling, Johannes 349
Wimpfeling, Magdalena 349
Wimpfeling, Nikolaus 348
Wimpfeling, Ulrich 348, 349
Windeck, Sigmund von 195
Winckel, Peter 226
Winckelmann, Johann Joachim 34, 140, 141, 143, 144
Winterburger, Johann 210, 213
Winthager 76, 95
Wittenweiler, Heinrich 424
Wittig, Ivo 451
Wirt, Wigand 385, 409
Wochner, Michael 83, 85, 89, 101
Wolf, Amandus 445
Wolf, Friedrich August 51, 139
Wolf, Kilian 349
Wolf, Thomas 360, 361, 409, 412, 444, 445, 446, 447
Wolff, Christian 144, 145
Wolfgang I., Abt von Baumgartenberg 100
Wolfgang, Propst von Ranshofen 98
Wolfgang von Salm, Bischof von Passau 98
Wolfradt, Anton 88
Wolgemut, Michael 175, 178
Wood, Anthony 32, 139
Wunder, Sigismund 104

Ximines, Kardinal 257

Zasius Ulrich 361, 385, 405, 407, 423, 447
Zelking, Christoph von 102, 106
Zeno 28
Zerer, Siegmund, Propst von Schlägl 89
Zingel, Georg 210
Zollern, Friedrich von 338
Zuber, Anna 330
Zwingli, Huldrych 278, 325, 387, 439, 440

HERMANN SCHNEIDER

Kleinere Schriften

zur germanischen Heldensage und Literatur des Mittelalters

Herausgegeben von

Kurt Herbert Halbach und Wolfgang Mohr

Groß-Oktav. VIII, 291 Seiten. 1962. Ganzleinen DM 44,—

„In welch glücklicher Weise sich bei Hermann Schneider strenges Forschen, reiches Wissen und Scharfsinn verbanden, geht aus jeder der Studien hervor. Als Beispiel sei hier der Aufsatz über das Muspilli-Gedicht erwähnt, der klarmachen kann, mit welcher Umsicht und Genauigkeit Schneider arbeitete. Was er über die germanische Himmelsreligion, über das Wechselverhältnis von Christentum und Germanentum feststellen konnte, stammt nicht nur aus weltweiter Sicht, sondern beruht auf einer umfassenden Kenntnis geschichtlich-mythischer Vergangenheit. Noch eines darf nicht vergessen werden: Schneider stellte nicht nur Fakten dar. Weil er über den Dingen stand, wagte er Synthesen und hielt mit seinem Werturteil nicht zurück. Wer deutsche Literatur und Sprache studiert, müßte diesen Gedenkband in die Hand nehmen, um sich klar darüber zu werden, was es heißt, Ehrfurcht vor dem Gewordenen zu haben.“ *Das Neueste, Stuttgart*

WALTER DE GRUYTER & CO. · BERLIN 30

FSC
www.fsc.org
MIX
Papier | Fördert gute Waldnutzung
FSC® C083411

Kolibri 360 GmbH
Ferdinand-Jühlke-Straße 7
99095 Erfurt, Deutschland
produktsicherheit@kolibri360.de